材 料 科 学 基 础

Fundamentals of Materials Science

（第四版）

戎咏华　蔡　珣　李铸国　朱申敏　王晓东　**编著**

上海市教育委员会组编

上海交通大学出版社

内容简介

材料科学是研究材料的成分、组织结构、制备工艺与材料性能和应用之间相互关系的新兴学科,它将金属、陶瓷、高分子等不同材料的微观特性和宏观规律建立在共同的理论基础上,对生产、使用和发展材料具有指导意义。本书是材料科学与工程专业的基础理论教材,属上海市普通高校"九五"重点教材建设项目,"十二五"普通高等教育本科国家级规划教材,并且列入"2003年度国家精品课程""2022年国家一流本科课程"教材。第三版获首届全国教材建设奖全国优秀教材(高等教育类)一等奖。其内容包括:材料的微观结构,晶体缺陷,原子及分子的运动,材料的范性形变和再结晶,相平衡及相图,固态相变基础及材料的亚稳态,材料的物理特性等,着重于基本概念和基础理论,强调科学性、先进性和实用性,介绍材料科学领域的新发展,注意应用理论于解决实际问题。本书第四版是在教学实践和学科发展的基础上,对第三版内容作了修改和补充。同时,对于较难理解的知识点,新增了在线资源(动画等),以适应教学和学习之需。

本书既是材料科学与工程或相关专业的教材,也可用作从事材料研究、生产和使用的科研人员和工程技术人员的参考书。

图书在版编目(CIP)数据

材料科学基础/戎咏华等编著. -- 4 版. --上海:
上海交通大学出版社,2024.8(2025.9 重印). -- ISBN
978-7-313-31504-5

Ⅰ. TB3

中国国家版本馆 CIP 数据核字第 2024375ST1 号

数字资源使用说明:

1. 刮开封二的二维码涂层,扫描后下载"交我学"APP

2. 用手机号注册登录,并使用 APP 内右上角"扫一扫"扫描二维码激活资源

3. 本书二维码数字资源赠送给首次正版用户本人线上辅助学习,使用时需用注册手机号登录;其他用户付费后也可使用

4. 可在 APP 内直接使用本书数字资源;或用微信直接扫描书内二维码,若微信绑定的手机号和注册手机号不是同一号码,则需用注册手机号重新登录

5. 技术问题可咨询:029 - 68518879

材料科学基础(第四版)

CAILIAO KEXUE JICHU(DI-SIBAN)

编　　著:	戎咏华　蔡　珣　李铸国　朱申敏　王晓东		
出版发行:	上海交通大学出版社	地　　址:	上海市番禺路 951 号
邮政编码:	200030	电　　话:	021 - 64071208
印　　制:	常熟市文化印刷有限公司	经　　销:	全国新华书店
开　　本:	787mm×1092mm　1/16	印　　张:	34.25
字　　数:	840 千字	插　　页:	2
版　　次:	2000 年 11 月第 1 版　　2024 年 8 月第 4 版	印　　次:	2025 年 9 月第 50 次印刷
书　　号:	ISBN 978-7-313-31504-5	音像书号:	ISBN 978-7-88941-682-5
定　　价:	68.00 元		

序

　　"材料科学基础"是材料科学与工程专业的主要理论基础课程。这个专业建立已逾40年,但国际上还没有很合适的材料科学基础教材。编写这类教材的困难之处在于,既要横向地融合金属材料、陶瓷材料和高分子材料的基础理论于一炉,又要纵向地充分运用本专业学生已学过的基础知识(包括材料热力学、材料动力学、固体物理、量子力学和统计物理等),并能连接继后有关材料测试、加工和应用等课程。本人在担任"材料科学基础"教席数年经验的基础上和其他同事们共同编写了《材料科学导论》(上海科学技术出版社,1986),权作为这门课程的教材,并经几所大学(武汉大学等)试用。此书虽名为导论,实际执笔者较多,篇幅较大,上述两个困难并未很好给以解决。十余年来国内大学材料系中多数似仍以金属学(台湾称物理冶金学)作为基础课程。面向扩大专业内容的教学改革,"材料科学基础"的确已属共识,相应的教材就显得十分需要。上海市人民政府高瞻远瞩,着重专业教材建设。上海市教委于1998年决定以《材料科学基础》为"九五"重点教材并资助出版。上海交通大学胡赓祥教授、蔡珣教授、戎咏华教授和华东理工大学黄怿副教授都具有丰富的教学经验并热心教学改革,勇于担任本书的编著任务,无疑是一项艰巨和珍贵的尝试。本书的出版标志着我国材料专业建设迈入新的征程,承前启后,作用匪浅。

　　教材建设需经千锤百炼。随着我国经济的持续发展,科教兴国战略的深入贯彻,新型的、较有宽广材料基础、并有志教育人才的苗长,材料专业的教学改革和教材建设事业必将更加灿烂夺目。在草草阅读本书样稿后,谨记述个人的感触情怀,聊以为序。

徐祖耀
2000年9月

前　言

　　材料科学是研究材料的成分、组织结构、制备工艺与材料性能和应用之间相互关系的科学,它对生产、使用和发展材料具有指导意义。材料对人类历史的进展起着重要的作用,人类使用材料已有悠久的历史,随着人类文明和生产的发展,对材料的要求不断增加和提高,于是由采用天然材料进而为加工制作,再发展为研制合成。在近代科学技术的推动下,材料的品种日益增多,不同性能的新材料不断涌现,原有材料的性能也更为改善与提高、力求满足各种使用要求,故材料科学又成为科学技术发展的基础、工业生产的支柱。在材料科学发展过程中,为了改善材料的质量、提高其性能、扩大品种、研究开发新型材料,人们必须加深对材料的认识,从理论上阐明其本质,掌握其规律,以此指导实践。通过从其他学科如物理、化学、力学、工程学等领域吸取有关的理论基础,进行彼此间的交叉渗透,并应用各种实验手段从宏观现象到微观结构作测试分析,结合生产和应用实践,予以分析归纳、总结深化,取得了材料理论的迅速进展。但原先由于所用原料及制备过程的不同,通常把材料归类为金属材料、陶瓷材料、高分子材料等类型,故材料理论的发展也分别有金属学、陶瓷学、高分子物理学等范畴。随着认识的提高和深入,人们发现不同类型的材料虽各有其特点,却有许多共性和相通之处,它们的微观特性和宏观规律能以统一的理论来概括,于是就逐渐形成材料科学这门新兴学科。

　　学科的发展必然带来教学体系的相应变化,自 20 世纪 60 年代起,美国高校开始出现以“材料科学与工程”系取代原先冶金系的变革,将专业范围由金属扩大到陶瓷,并进一步包含高分子材料。这些年来,这一变革逐渐为国际同行所认同,纷纷相继成立这方面的系或专业,我国也于 20 世纪 80 年代初经国家教委决定试办材料科学专业,以此与国际接轨。近年教育部已将材料科学与工程定为一级学科,这是材料学科发展的必然方向,是适应 21 世纪对材料领域专门人才需求的必要措施。针对上述情况,作为专业基础理论的课程“材料科学基础”迫切需要适用的教材以解决教学之需。本书是根据上海市普通高校“九五”重点教材建设计划所提出的任务而编写的。其意图是改革传统的按材料分类的专业理论基础,拓宽专业面,将原先限于各自范畴的内容在共同的基础上融合为一体。其编写原则是从教学要求出发,着重于基本概念和基础理论,适当地掌握内容的深度和广度,要求科学性、先进性和实用性,并引导学生应用理论以解决材料工程的实际问题。

　　本书的内容安排如下:材料内部的微观结构,包括原子态到聚合态(第 1 章),从理想的完整结构(第 2 章)到存在各种缺陷的不完整晶体结构(第 3 章),原子和分子在固体中的运动(第4章),以及材料在受力变形时组织结构的变化和恢复过程(第5章);在上述基础上,进一步介绍材料组织结构的转变规律,包括单元系转变(第6章),二组元间的相互作用及转变(第7章)和三元系的相互作用规律(第8章),通过这些内容了解材料的形成规律和存在状态。鉴于上述内容主要是对材料处于平衡状态(稳定态)而言,而实际材料(特别是金属材料)却往往在非平衡的亚稳态使用,因为材料处于亚稳态时其某些性能往往远高于平衡态时的性能,为此编写了有关材料亚稳态的内容列于第9章中,其中还介绍了近年来在亚稳态研究中的一些新成就,如纳米晶、准晶态及非晶态材料等,让学生了解材料科学发展的一些动态。

本书的编写者为上海交通大学蔡珣教授(第1,2,3,5,8章),上海交通大学戎咏华教授(第4,6,7章),上海交通大学胡赓祥教授(第9章),华东理工大学黄惇副教授(各章中有关高分子材料部分),全书由胡赓祥教授、蔡珣教授、戎咏华教授编著。上海市教委、上海交通大学对本书的编写和出版给予大力支持和提供经济资助,中科院院士、上海交通大学徐祖耀教授对本书的编写十分关心和支持,在此一并表示衷心的感谢。

本书的编写是新的尝试过程,由于水平有限,经验不多,缺点和错误之处恳切希望读者提出宝贵意见。

编著者

2000 年 7 月

第二版说明

这本教材自2000年底出版以来已印刷了7次,共计17000余册,这表明它在我国高校有关教学中已得到广泛的采用和认同。5年来,经过教学实践,师生们对教材提出了不少宝贵的意见和建议。因此,这次再版时,我们据此又进行了修订。

本书在首批国家精品课程评选中被列入"2003年度国家精品课程"教材。

材料科学作为一门新兴学科,这几年中又有许多新的发展,在修订教材时应如何考虑之?按照本书前言中所明确的编写原则:"从教学要求出发,着重于材料科学的基本概念和基础理论,适当地掌握内容的深度和广度,要求科学性、先进性和实用性,并引导学生应用理论去解决材料工程的实际问题。"经过认真的审定,我们认为,虽然近年来材料科学在不断地发展中,但仍建立在原先的基本概念和基础理论上,原教材的内容依然是掌握本学科所必需的和适用的。据此,在修订中只作了一些必要的修改和补充,以保持其科学性、先进性和实用性。

本书这次修订的主要内容有以下几点:

(1) 适当地充实有关高分子及陶瓷方面的内容,如第1章中添加了高分子链构象统计;第5章中补充了陶瓷材料变形的特点;第7章中增加了高分子聚合方法及三类用途的高分子基本知识。

(2) 对有关基本理论方面作了补充:第2章中添加了倒易点阵知识;第4章加强了对扩散第二定律的不同解法和关联;第5章中介绍了热变形时的动态回复和再结晶;第6章中增加了气-固相变和薄膜生长,以及凝固理论的应用举例,以充实新材料制备技术所需的理论知识。

(3) 对当前材料科学领域的发展动态,难以列入作为专业基础教材的内容中,但为了启发学生对新事物的兴趣和探讨,在第9章中,提到了当前科学界和工程界均极为关注的纳米碳管,将其作为典型介绍一下,以能起到引导作用。

(4) 鉴于功能材料在当前新材料领域中占有极重要的地位,而原教材中对功能材料所需的基础知识显然不足。为此增添了第10章,主要对材料的电、磁、热和光学特性的表述、起源和对它们的影响因素等内容进行介绍,为以后涉及这方面的材料提供了必要的基础知识。

以上修订工作均由各章的原编写人进行,增添的第10章"材料的功能特性"由戎咏华教授编写。

虽然我们在修订中作了努力,但错误和不当之处仍然难免,请读者们继续提出宝贵意见。

编著者
2006年1月

第三版说明

近些年来,应高、新科学技术及工程、制造等产业飞速发展之需,相应的新材料、新工艺大量涌现,而传统材料和生产技术也不断提高更新。材料领域的进展森罗万象,令人目不暇接。要求学生全面、具体地掌握这样蔚为大观的内容显然是不可能、也不必要的。事实上,万变不离其宗,各种材料的研究开发和制备仍然遵循着"成分-组织结构-性能"之间的基本关系展开的。材料科学的基本概念和基础理论仍然是材料工作者的专业基础。这项认识促成了《材料科学基础》教材第三版的出版。

根据师生们通过教学实践对本书提出的进一步意见和建议,我们在第三版作了相应的修订,包括某些内容的适当增减;对第二版排印中文字图表错误予以纠正;并添加了英文目录和关键词的中英文对照表,以便于学生参阅英文文献。

正如序言中所指出的:"教材建设须经千锤百炼",我们虽不断努力,但难以完善,请读者继续提出宝贵意见。

编著者

2009 年 9 月

首届全国教材建设奖
全国优秀教材证书
(高等教育类)

第四版说明

在距《材料科学基础》第三版问世的十几年里，材料科学技术又得到长足的发展，对其内容的更新势在必行，由此促成第四版的出版。李铸国教授主持第四版修订和增补的工作，包括新增在线课程资源（动画、虚拟现实），并负责对第1章和第2章进行修订和增补。朱申敏教授增补了各章中的高分子内容，为第四版添加了浓彩一笔。王晓东教授撰写第9章"固态相变基础及材料的亚稳态"，取代原有"材料的亚稳态"，增加了固态相变的分类和固态相变的热力学和动力学。戎咏华教授起草了新增的"绪论"，简写了第8章"三元相图"，对第3章至第10章的内容进行修订和增补。蔡珣教授完善了原编写内容。第四版还调整了第三版中"固体原子及分子的运动""材料的形变及分子的运动"的编排次序。

第四版内容的亮点主要有：①位错越过马氏体/奥氏体相界面（DAMAI）的增塑效应；②bcc晶体{010}解离面形成的位错机制；③长周期堆垛有序（LPSO）结构；④金属和陶瓷的其他功能特性：内耗和阻尼，压电和磁致伸缩；⑤功能高分子材料：导电高分子材料，电致变色高分子材料和电致发光高分子材料等。

谨请读者继续提出宝贵意见。

编著者

2023 年 9 月

目　　录

Contents

绪　　论

材料是具有广泛用途和极高价值的物质。工农业生产的发展、科学技术的进步和人民生活水平的提高,均离不开品种繁多且性能各异的金属材料、陶瓷材料和高分子材料,以满足不同的需求。人类的发展史是一部以材料划分的时代史,粗略地可划分为石器时代(公元前 100万年)、陶器时代(公元前 1 万年)、铜器时代(公元前 3 000 年)、铁器时代(公元前 1 000 年)、钢时代(1 800 年)和硅(信息)时代(1950 年至今)。以材料划分时代,表明材料的发展在促进人类文明中的重要性,或者说,材料的发展史就是一部人类文明的发展史。另外,每个时代的年代随材料的发展而快速缩短,表明每种新材料的发现、应用,加速了人类文明的进程。

材料科学是一门集数学、物理、化学和力学的交叉学科,其聚焦于材料的成分-结构-加工(合成)-性能之间关系的研究。通常将成分-结构-加工(合成)-性能之间关系构成四面体,以便更形象地理解。“成分(composition)”一词是指一种物质的化学组成;“结构(structure)”一词是指原子排列的描述,更合适使用“微观结构”(microstructure)来描述。它不仅包含原子排列的点阵结构和由此构成的相,还包括相的形貌,因为具有不同形貌的相同结构的相呈现不同的力学性能。例如,钢中的铁素体和马氏体均是体心立方结构,但它们的形貌和位错密度不同,铁素体软,马氏体硬。“合成(synthesis)”一词指的是材料如何是由天然的或人造的化学物质制成的。“加工(processing)”一词意味着材料如何被加工成有用的构件。“性能(property)”一词指的是力学性能、物理性能和化学性能。现代将材料科学的内容归纳为:材料的制备加工工艺(processing)、材料微观结构的表征(characterization)、材料的性质(property)、理论与建模(theory and modeling)。在制备加工工艺中,纳米技术的发现(1959 年 R. P. Feynman 提出的概念),开辟了未来材料发展的前景,因为它将材料的制备由“自上而下”(如金属先制成锭而后制成零件)变为“自下而上”,即利用自组装(self-assembly)的方法来制备材料和零部件,尤其是增材制造(Additive Manufacturing)的 3D 打印(Charles Hull 于 1986 年颁布的第一个专利,第一台商用 3D 打印机于 1988 年问世)不同于传统的“自上而下”的减材制造(Subtractive Manufacturing)技术,它避免了减材制造中对复杂部件难以加工的困境和昂贵的加工成本,加快了材料按需设计,并达到节约资源和能源的目的。基于理论与建模,结合大量的实验数据所形成的“材料基因工程”,其将为加速新材料的开发提供了有力的工具。美国前总统奥巴马在 2011 年 4 月 24 日提出的“材料基因组计划”(Materials Genome Initiative, MGI),它是先进制造业的组成部分。该计划是利用现代数据库、计算机技术,并根据量子力学基本原理从原子尺度出发,直接面向最终的应用需求,进行新材料的探索、性能的优化等过程,加速材料走向市场的步伐,以此改变材料领域的发展模式。材料工程与材料科学稍有不同,其聚焦于如何运用材料科学的知识来加工或合成所需的构件和装置。这也体现材料科学家和材料工程师不同的专业所长。下面通过 1986 年发明的陶瓷超导体为例,说明材料科学家和材料工程师对新材料的发现到商业应用在紧密合作中所作出的不同贡献。众所周知,陶瓷材料通常不导电。科学家们偶然发现了一种钇钡铜氧的陶瓷氧化物(YBCO),在一定条件下可以无电阻地携带电流,即超导现象。基于当时对金属超导体的了解,陶瓷的电学性质,陶瓷的超导行为被认为不太可能。陶瓷材料的超导行为的发现,改变了传统的认知。YBCO 是首个超导温度在 77K(液氮温度)以上的材料,被称为高温超导,也就是说它的转变温度高于液氮的沸点,用相对便宜的液氮就可以冷却它。之前发现的超导体,如半导体氧化物(超导温度 35K 以下)都在液氮温度以下(称为低温超导体),必须用液氦或液氢冷却。材料科学家通过研究成分和微观结构如何影响超导性的行为,以期进一步提高超导温度。而材料工程师所考虑的问题是,超导体的商业应用之一是如何取代铜线和铝线实现在长距离内传输大量电流。陶瓷超导体易碎,用其制造长线材的工艺极其复杂。因此,必须开发材料加工技术来制造这些线。一个制造这些超导导线的成功方法是用超导体陶瓷粉填充中空的银管,然后再拔丝。尽管陶瓷超导体的发现确实引起了很大的兴奋,但将这一发现转化为有用产品的道路上将遇到与这些材料的合成和加工有关的诸多挑战。

材料分类方法众多,无统一论述,故作者将材料分为熟知的 8 类:①金属材料;②陶瓷材料;③高分子材料(聚合物);④半导体材料;⑤复合材料;⑥纳米材料;⑦生物材料;⑧智能材料。每一类材料都具有不同的结构和性能,因而具有不同的用途。

金属材料通常是金属元素的组合。它们是由周围电子不受特定束缚的原子组成,原子由金属键结合在一起。金属的许多特性是由金属键直接引起的。金属具有极好的导电性和导热性,对可见光是不透明的;抛光的金属表面具有光泽的外观。此外,金属强度很大,但易变形,这就是金属在工业中作为结构材料被广泛应用的原因。

在金属材料的研究中,作为被广泛应用的钢铁材料是最早被研究的,其科学的研究方法被随后的其他材料研究所借鉴。Widmanstatten 在 19 世纪初用硝酸水溶液腐刻铁陨石切片,观察到片状 Fe-Ni 奥氏体为规则分布(魏氏组织),预告了金相学即将诞生。Sorby 在 1863 年用反射式显微镜观察抛光腐蚀的钢铁试样,观察到钢中有铁素体和渗碳体构成的层片状的珠光体组织,并对钢的淬火和回火进行了初步的探讨,宣告金相学已基本形成。19 世纪与 20 世纪之交,Martens 和 Osmond 对金相学的发展和金相检验在厂矿中的推广作出重要贡献。同时,Roberts-Austen 和 Roozeboom 初步绘制出 Fe-C 平衡相图,为金相学奠定了理论基础。到了 20 世纪中叶,金相学已逐步发展成金属学、物理冶金学和材料科学。Fe-C 平衡相图的建立及其实验方法、相关理论和对钢铁材料的研究为其他材料的研究提供了极其重要的借鉴作用。Roberts-Ausen 在 1896 年绘制出 Fe-C 临界点图,接着又在 1897 年给出了第一个 Fe-C 平衡相图,其中有碳在 γ-Fe 中的单相区(后来 Howe 称之为奥氏体)。两年后他又给出了第二个 Fe-C 平衡相图,并根据 Gibbs 相律指出,包晶、共晶、共析三相反应都发生在一个固定温度。一年后(1900 年),Bakhuis-Roozeboom 引入 Fe_3C(渗碳体)并根据 Gibbs 相律绘出 Fe-Fe_3C 亚稳平衡相图,与现今使用的 Fe-C 平衡相图基本相同。Fe-C 平衡相图给出了不同温度下所存在的平衡相,这是制备不同铸铁和碳钢的理论基础。鉴于碳钢的广泛使用,随后出现过冷奥氏体等温转变曲线——TTT(Time-Temperature-Transformation)曲线和连续冷却转变曲线——CCT(Continuous Cooling Transformation)。TTT 曲线又称 C 曲线,是过冷奥氏体等温转变曲线。而 CCT 曲线是过冷奥氏体连续冷却转变曲线。TTT 和 CCT 曲线中的转变产物包括 Fe-C 相图的平衡组织:铁素体、渗碳体和珠光体和不出现在 Fe-C 相图中的亚稳相:贝氏体和马氏体。它们是分别分析等温或连续冷却过程中奥氏体转变过程及产物组织和性能的依据,是制定碳钢热处理工艺的基础。根据材料科学的相变理论和位错理论,通过相变和形变(位错增殖)可以显著提高钢的力学性能。例如,广泛应用于汽车的先进高强度钢(Advanced

High Strength Steels，AHSSs)，近几十年的新颖热处理工艺的出现使成分几乎相同(Fe-Mn-Si 基)的低合金钢获得不同的优异性能，相继产生的 AHSSs 有：由铁素体和马氏体组成的双相(Dual Phase，DP)钢；由铁素体、贝氏体和残留奥氏体组成的相变诱发塑性(Transformation Induced Plasticity，TRIP)钢；由马氏体和残留奥氏体组成的淬火和分配(Quenching and Partitioning，Q&P)钢和由马氏体、残留奥氏体和碳化物组成的淬火-分配-回火(Quenching-partitioning-tempering)钢。它们的力学性能远优于由铁素体、珠光体和碳化物平衡组织组成的传统的高强度低合金(High Strength Low Alloy，HSLA)钢。AHSSs 在热处理前通过热轧和冷轧(形变)可进一步提高其力学性能。将轧制(形变)和热处理(相变)有机结合起来，形成热机械控制工艺(Thermomechanical Control Processing，TMCP)。例如，传统低碳钢经过 TMCP 工艺使晶粒细化，从而使强度提高一倍，成为所谓的新材料——"超级钢"。法拉第是合金钢研究的先驱，在 1820—1822 年间，他以"炒菜"方式进行合金钢配方的试验，在钢中加入 Ni、Cr、Cu 等，还加入一些贵金属，如 Au、Ag、Pt、Rh、Os、Pd 等，但未直接导致实用的合金钢。法拉第在电磁学方面的辉煌成就掩盖了他在冶金方面的贡献，以致不为人熟知。1868 年，Mushet 研制出高碳高钨自淬火工具钢，逐渐形成了 18-4-1 型高速钢(1906 年)。Brearley 在 1913 年研制出低碳高铬(1Cr13)马氏体不锈钢，随后铬镍奥氏体不锈钢相继问世。20 世纪初，汽车工业的兴起促进了合金结构钢的发展，而两次世界大战都伴随着合金钢的产量和品种的大发展，尤其是 20 世纪 70 年代以来 AHSSs 的相继问世，使汽车轻量化，达到显著降重减排之效果。

　　继钢铁之后，就是铅、锌、贵金属、轻金属和稀有金属。铜是次于银的电导体，贵金属中的铂是极佳的催化剂，轻金属中的铝是仅次于钢铁的第二大金属结构材料。钛是另一种受人关注的轻金属。它密度低、强度高和耐腐蚀，最常用的是 Ti-6Al-4V(TC4)合金。钛与人体的相容性好，所以钛合金广泛作为医用材料。镁是最轻的金属结构材料，其密度是铝的 2/3，蕴藏量又丰富，但镁有致命缺点，即易燃、不抗氧化和腐蚀，而且强度不高，塑性差，以致长期得不到发展。但在进入 21 世纪后，镁的研发很快，先是用于电子工业以代替塑料，因镁有屏蔽功能，适用于作笔记本电脑和手机的壳体，随后向用作摩托车和汽车零部件发展，如用于制作车毂，可节油 20%，但由于抗腐蚀性差，难以大规模推广应用。最后是用于航空和航天的高温合金。飞机的发明是在 100 多年前，先是采用内燃机作动力。喷气发动机源于 20 世纪 40 年代初，当时的工作温度只有 700℃ 左右，而今民用机接近 1500℃，军用机在 2000℃ 左右，这就要求发展高温合金。高温合金先是发展锻造铁基或镍基合金，1958 年开始采用铸造方法以提高合金元素的含量，而后又用定向凝固法(1965 年)制备柱状晶，尤其是籽晶法制备单晶(1970 年)，以消除晶界在高温下的低强度影响。为了提高合金的强度，合金化程度不断提高，近年来发展的高温合金，含 Re(铼)和贵金属。第三代单晶高温合金中，Ta(钽)和 Re 的含量很高，分别为 7.2wt% 和 5.4wt%。最初，高温合金只是在 Fe-Ni 合金中加入 Al 和 Ti 产生沉淀强化作用，后来加入高熔点合金元素 W、Mo、Nb 等，而今加入更多的稀有元素，如 Re 和贵金属。为了提高叶片的工作温度，还需采用冷却技术，现冷却效果可达 600～700℃。另一种措施是热障涂层，也可使工作温度提高 100℃ 左右。即使采用各种措施也难以满足不断发展的要求，因此，航空发动机涡轮叶片的开发是一个广阔的领域。

　　1960 年，美国加州大学 Dowez 发现高速快冷(每秒 10^4～10^5℃)可使某些金属形成玻璃态(非晶)。自此以后，金属玻璃态成为材料科学工作者研究的热点，并开发出多种非晶金属材料，随后发展出多元素、无需快冷的大块非晶合金。非晶合金的一个显著特点是其弹性伸长量远高于一般金属，因而用于制造穿甲弹有显著的优越性。

陶瓷是由金属和非金属元素构成的化合物。因为陶瓷至少是由两种元素组成的，晶体结构通常比金属结构更复杂，它们通常是氧化物、氮化物和碳化物。陶瓷的成键范围从纯离子键到完全共价键。陶瓷的离子键和共价键的本征特性决定了它们具有典型的绝缘性、耐高温、耐腐蚀、高硬度和脆性。陶瓷的本征特性决定了陶瓷材料不能采用金属材料常用的各种工艺进行制备（制锭→开坯→轧制成型或铸造直接成型），而必须通过粉体的制备、成型和烧结的方法进行制备。

陶瓷可以定义为无机晶体材料。陶瓷可能是最"自然"的材料。海滩、沙滩和岩石都是自然陶瓷的例子。先进陶瓷是由天然材料精制而成的。先进陶瓷被用作计算机芯片、传感器和执行器、电容器等的衬底。一些陶瓷被用作热障涂层来保护涡轮发动机中的金属基板，使燃气轮机叶片工作温度大幅度提高。陶瓷也用于生产消费品中的涂料、塑料、轮胎等。其工业应用广泛，如太空舱的瓦片、催化剂的支撑设备，以及汽车的氧气传感器的制作中均用这种材料。传统的陶瓷用于制砖、餐具、洁具、耐火材料（耐热材料）和研磨剂。新的加工技术使陶瓷具有良好的抗断裂性能，可用于生产承重设备，例如涡轮发动机的叶轮。

玻璃和微晶玻璃是一种非晶材料，通常是由熔融二氧化硅制成。光纤工业是建立在由高纯石英玻璃制成的光纤的基础上。玻璃也被用在房子、汽车、电脑和电视屏幕上。玻璃可以进行热处理使它们变得更强硬。通过一种特殊的热处理使它们成为内部产生微晶的陶瓷材料，被称为玻璃陶瓷。Zerodur^{TM}是玻璃陶瓷材料的一个例子，用于制造大型望远镜（例如哈勃望远镜）的镜基板。玻璃和微晶玻璃的加工通常采用熔炼和铸造的方法。

聚合物是一种典型的有机材料，其生产过程被称为聚合。聚合物材料包括橡胶（弹性体）和多种类型的黏合剂。聚合物为碳、氢和其他非金属构成的化合物。此外，它们有非常大的分子结构，故聚合物通常又称为高分子材料。这些材料通常具有低密度和良好的柔顺性。许多聚合物具有很好的电阻率和良好的保温性。虽然它们强度较低，但是有一个很好的强度/重量比。某些高分子纤维的比强度和比模量远高于陶瓷纤维及金属，成为防弹衣不可或缺的材料。它们通常不适合在高温下使用，这是由它们的分子链结构所决定的。许多聚合物具有很好的耐腐蚀的化学性质。聚合物有数千应用范围：从防弹背心、光盘（CD）、绳索、液晶显示器（LCD）到衣服、咖啡杯。聚合物所以被广泛应用，其原因是原料充足、性能优异（密度小、易成形、耐腐蚀、可回收）、投资少、见效快。例如，自 1975 年起，全世界合成树脂产量已超过了粗钢产量。热塑性聚合物具有良好的延展性，因为它们不存在刚性连接的长分子链。热固性聚合物更强但更脆，因为分子链紧缚相连。热塑性塑料是通过熔融态成型的，如挤压成型、吹塑成型、注射成型、轧膜成型、纺丝成型等。热固性材料通常通过模具成型，如模压成型、传递成型等。

以硅、锗和砷化镓为基的半导体是电子材料中更广泛应用的一类材料。半导体材料的导电性介于陶瓷绝缘体和金属导体之间。半导体开启了信息时代。在半导体中，控制电导率可使它们能用于制造集成电路的二极管、三极管等电子器件中。半导体和集成电路的发现和发明促进了计算机的小型化和性能的提高。在许多应用中，我们需要大的单晶硅，现最大为 $18 \text{ in}(1 \text{ in} = 2.54 \text{ cm})$，因为一个半导体晶体管的价格与硅单晶直径的平方成反比。而且因一个半导体晶体管的价格与特征线宽的平方成正比，所以线宽越来越细，从微米级细至纳米级，已达到 2 nm。因此,光刻技术是最大的难点。

自 1948 年发明半导体晶体管以来,半导体发展已形成三代。第一代半导体材料主要是 Si、Ge 半导体材料,它们被广泛应用于集成电路、电子信息网络工程、电脑、手机、电视、航空航天器、硅光伏产业等方面。第二代半导体材料主要是化合物半导体材料,如砷化镓(GaAs)、锑化铟(InSb);三元化合物半导体,如 GaAsAl、GaAsP;还有一些固溶体半导体,如 Ge-Si、GaAs-GaP;玻璃半导体(又称非晶态半导体),如非晶硅、玻璃态氧化物半导体;有机半导体,如酞菁、酞菁铜、聚丙烯腈等。第二代半导体使微电子领域进入光电子领域。第三代半导体材料主要以碳化硅(SiC)、氮化镓(GaN)、氧化锌(ZnO)、金刚石、氮化铝(AlN)为代表的宽禁带半导体材料。其主要应用于半导体照明、电力电子器件、激光器和探测器等。Si 和化合物半导体是两种互补的材料,化合物的某些性能优点弥补了 Si 晶体的缺点,而 Si 晶体的生产工艺有明显的不可取代的优势,且两者在应用领域都有一定的局限性,因此在半导体的应用上常常采用兼容手段将这二者兼容起来,取各自的优点,从而生产出符合更高要求的产品,如高可靠、高速度的国防军事产品。因此第一、二代是一种长期共同的状态。但是第三代宽禁带半导体材料,可以被广泛应用在各个领域,如消费电子、照明设备、新能源汽车、导弹、卫星等方面,且具备众多的优良性能,可突破第一、二代半导体材料的发展瓶颈。

复合材料是由两种或两种以上的材料形成的,具有任何单一材料都没有的特性。混凝土、胶合板和玻璃纤维均是复合材料的例子。玻璃纤维是将玻璃纤维分散在聚合物基体中。玻璃纤维使聚合物基体更加刚性,但不显著增加它的密度。有了复合材料,我们可以生产轻质、强韧、耐高温的材料。先进的飞机和航空航天器以及车辆等制造都严重依赖复合材料,如碳纤维增强聚合物。体育器材,如自行车、高尔夫球杆、网球拍都使用轻质刚性的复合材料。

复合材料有各种类型,如高分子基:树脂+增强体,目前应用广泛。金属基:成本高,回收难,未能大量推广。陶瓷基:耐高温、高强度、高刚度。碳-碳复合材料:超高温、高强、高模量,主要用于航空航天领域。对这种材料除了强度要求外,还要求其高纯度、抗离子云等。用于卫星的碳纤维材料要求高模量,以防止在运行过程中因变形而改变参数。复合材料的密度低,因而在比强度、比模量方面有很大的优越性。复合材料存在的问题是:一是不同材料的物理性能(如弹性模量和膨胀系数等)的匹配存在一些问题;二是不同材料的界面强度不同,导致界面易开裂。

纳米材料是指在三维空间中至少有一维处于纳米尺寸(1~100 nm)或由它们作为基本单元构成的材料。纳米材料可以是金属、陶瓷、聚合物和复合材料四种基本材料中的任何一种。但是,由于它的尺寸已经接近电子的相干长度,因此,它的性质因为强相干所带来的自组织使得其性质发生很大变化;而且其尺度已接近光的波长,加上其具有大表面的特殊效应,因此其所表现的特性(例如熔点、磁性、光学、导热、导电特性等),往往不同于该物质在块体状态时所表现的性质。物质表现出的一些物理和化学特性可能随着粒径接近原子尺寸而发生剧烈变化,在宏观领域中不透明的材料可能会变成纳米级的透明材料;一些固体成为液体,化学稳定的材料变成可燃物,电绝缘体变成导体,其性质可能取决于纳米尺度的大小。纳米材料是一类具有特殊性能和巨大应用前景的新材料。

生物材料是为医学和生物学应用而设计和使用的材料,它们旨在与生物体系互动,并能对其细胞、组织和器官进行诊断治疗、替换修复或诱导再生的一类天然或人工合成的具有特殊功能的材料,又称生物医用材料。生物材料不得产生对人体有毒的物质,必须具有生物相容性和生物活性。生物材料具备或完成某种生物功能时应该具有的一系列性能。根据用途生物材料主要分为：承受或传递负载功能，如人造骨骼、关节和牙等；具有控制血液或体液流动功能，如人工瓣膜、血管等；具有电、光、声传导功能，如心脏起搏器、人工晶状体、耳蜗等；具有填充功能，如整容手术用的填充体等。

金属、陶瓷、聚合物和复合材料都可能作为生物材料。金属生物材料包括医用不锈钢、钛合金、钴铬合金等传统不降解医用金属，以及镁合金、锌合金为代表的可降解医用金属。金属生物材料被广泛应用于骨科、齿科、心血管等领域的植/介入类医疗器械。陶瓷、玻璃和碳素等生物医用无机非金属材料，主要用于骨科、牙齿、承重关节等硬组织的修复和替换以及药物释放载体，生物碳还可以用于血液接触材料，如人工心脏瓣膜等。生物陶瓷的生物活性离子被用来诱导皮肤、心肌等软组织和器官的修复再生。纳米氧化物材料在重大疾病诊断、治疗等生物医学领域显示出了巨大的潜力。医用高分子材料包括聚乳酸、聚乙烯、聚醚醚酮、聚氨酯等。

智能材料是指具有感知环境刺激，对之能够进行分析、处理、判断，并采用一定的措施进行适度响应的具有智能特征的新型功能材料。这些响应包括形状、颜色、位置、固有频率、温度和导电性等的改变。智能材料能实现光电和电能、光能和热能、机械能和光能等多种信号和能量形式间的可控转化，在传感、通信、生物医学、信息存储、智能控制等高新技术领域发挥重要作用。

智能材料可分为形状记忆合金、压电陶瓷、磁致伸缩材料和电流变液，其驱动场分别为温度场、应力场、磁场和电场。形状记忆合金是在变形后的金属，当温度改变时恢复到原来的形状。压电陶瓷是在机械力作用下电极化强度可发生改变的材料。磁致伸缩材料是磁场作用下可发生伸长或缩短的材料。电流变液是黏度随着电场强度的增大而增大，当电场增大到一个阈值时会发生液相到固相转变的新型智能材料。

形状记忆效应是瑞典化学家奥兰德于 1951 年在 Au-Cd 合金中发现的。随后，Ni-Ti、铜基、铁基、磁驱动形状记忆合金等相继被发现。Ni-Ti 形状记忆合金在舰载机液压系统、人体骨骼固定器械等方面获得重要应用。1880 年，居里兄弟在石英晶体中首先发现压电效应。1947 年，人们在 $BaTiO_3$ 陶瓷中获得了大压电效应。近年来，以锆钛酸铅、铌镁酸铅等所代表的高性能压电陶瓷得到长足的发展。压电陶瓷在声呐、超声医疗仪、超声马达驱动器等领域具有广泛的应用。磁致伸缩材料最早由焦耳于 1842 年在纯铁中发现。20 世纪 40 年代，出现了以镍、钴等磁性金属和合金为代表的第一代磁致伸缩材料；20 世纪 70 年代，人们研发出了以 Tb-Dy-Fe 合金为代表的第二代稀土基巨磁致伸缩材料。21 世纪初出现了第三代非稀土 FeGa 大磁致伸缩材料。磁致伸缩材料在通信、能源、航空航天和机械制造等领域已获得重要应用。电流变液最早由温斯洛在 1949 年所报道。21 世纪初，出现的新型巨电流变液的强度满足了工程应用的要求，应用于汽车悬挂系统主动抑振和制动系统等阻尼器件上。

总之，我们知道材料的性能不仅取决于成分，而且取决于材料的合成和加工，最重要的是取决于它们的内部结构。材料科学的知识将为你对各种材料性能的理解和使用以及新材料的开发奠定理论基础。

第1章 原子结构与键合

长期以来,人们在使用材料的同时,一直在不断地研究、了解影响材料性能的各种因素和掌握提高其性能的途径。通过实践和研究表明:决定材料性能的最根本的因素是组成材料的各元素的原子结构,原子间的相互作用、相互结合,原子或分子在空间的排列分布和运动规律,以及原子集合体的形貌特征等。为此,首先需要了解材料的微观构造,即其内部结构和组织状态,以便从其内部的矛盾性找出改善和发展材料的途径。

物质是由原子组成的,而原子是由位于原子中心的带正电的原子核和核外带负电的电子构成的。在材料科学中,一般人们最关心的是原子结构中的电子结构。

原子的电子结构决定了原子键合的本身。故掌握原子的电子结构既有助于对材料进行分类,也有助于从根本上了解材料的物理、化学和力学等特性。

1.1 原子结构

1.1.1 物质的组成

众所周知,一切物质是由无数微粒按一定的方式聚集而成的。这些微粒可能是分子、原子或离子。

分子是能单独存在且保持物质化学特性的一种微粒。分子的体积很小,如 H_2O 分子的直径约为 $0.2\,nm$;而分子的质量则有大有小:H_2 分子是分子世界中最小的,它的相对分子质量只有 2,而天然的高分子化合物——蛋白质的分子就很大,其平均相对分子质量可高达几百万。

进一步分析表明,分子又是由一些更小的微粒——原子所组成的。在化学变化中,分子可以再分成原子,而原子却不能再分,故原子是化学变化中的最小微粒。但从量子力学中得知,原子并不是物质的最小微粒。它具有复杂的结构。原子结构直接影响原子间的结合方式。

1.1.2 原子的结构

近代科学实验证明:原子是由质子和中子组成的原子核,以及核外的电子所构成的。原子核内的中子呈电中性,质子带有正电荷。一个质子的正电荷量正好与一个电子的负电荷量相等,它等于 $-e(e=1.6022\times10^{-19}\,C)$。通过静电吸引,带负电荷的电子被牢牢地束缚在原子核周围。因为在中性原子中,电子和质子数目相等,所以原子作为一个整体,呈电中性。

原子的体积很小,原子直径约为 $10^{-10}\,m$ 数量级,而其原子核直径更小,仅为 $10^{-15}\,m$ 数量级。然而,原子的质量主要集中在原子核内。每个质子和中子的质量大致为 $1.67\times10^{-24}\,g$,而电子的质量约为 $9.11\times10^{-28}\,g$,仅为质子的 1/1836。

1.1.3 原子的电子结构

电子在原子核外空间作高速旋转运动,就好像带负电荷的云雾笼罩在原子核周围,故形象地称它为电子云。电子既具有粒子性又具有波动性,即具有波粒二象性。电子运动没有固定的轨道,但可根据电子的能量高低,用统计方法判断其在核外空间某一区域内出现的几率的大小。能量低的,通常在离核近的区域(壳层)运动;能量高的,通常在离核远的区域运动。在量子力学中,反映微观粒子运动的基本方程为薛定谔(Schrödinger E.)方程,解得的波函数描述了电子的运动状态和在核外空间某处的出现几率,相当于给出了电子运动的"轨道",即原子中一个电子的空间位置和能量可用四个量子数来确定:

(1) 主量子数 n——决定原子中电子能量以及与核的平均距离,即表示电子所处的量子壳层(见图 1.1),它只限于正整数 $1,2,3,4,\cdots$ 量子壳层可用一个大写英文字母表示。例如,$n=1$ 意味着最低能级量子壳层,相当于旧量子论中讲的最靠近核的轨道,命名为 K 壳层;相继的高能级用 $n=2,3,4$ 等表示,依次命名为 L,M,N 壳层等。

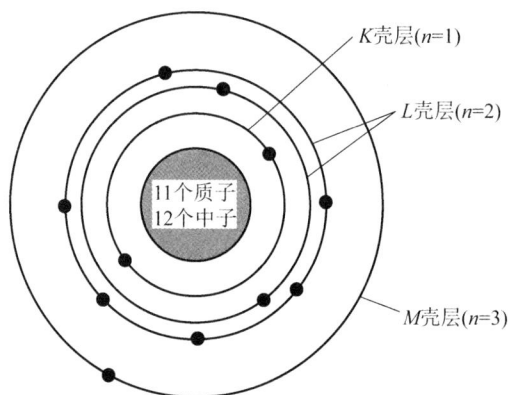

图 1.1 钠(原子序数为 11)原子结构中 K,L 和 M 量子壳层的电子分布状况

(2) 轨道角动量量子数 l_i——给出电子在同一量子壳层内所处的能级(电子亚层),与电子运动的角动量有关,取值为 $0,1,2,\cdots,n-1$。例如 $n=2$,就有两个轨道角动量量子数 $l_2=0$ 和 $l_2=1$,即 L 壳层中,根据电子能量差别,还包含有两个电子亚层。为方便起见,常用小写的英文字母来标注对应于轨道角动量量子数 l_i 的电子能级(亚层):

$$l_i:\quad 0\quad 1\quad 2\quad 3\quad 4$$
$$能级:\quad s\quad p\quad d\quad f\quad g$$

在同一量子壳层里,亚层电子的能量是按 s,p,d,f,g 的次序递增的。不同电子亚层的电子云形状不同,如 s 亚层的电子云是以原子核为中心的球状,p 亚层的电子云则是纺锤形……。

(3) 磁量子数 m_i——给出每个轨道角动量量子数的能级数或轨道数。每个 l_i 下的磁量子数的总数为 $2l_i+1$。对于 $l_i=2$ 的情况,磁量子数为 $2\times2+1=5$,其值为 $-2,-1,0,+1,+2$。

磁量子数决定了电子云的空间取向。如果把在一定的量子壳层上具有一定的形状和伸展方向的电子云所占据的空间称为一个轨道,那么 s,p,d,f 四个亚层就分别有 $1,3,5,7$ 个轨道。

(4) 自旋角动量量子数 s_i——反映电子不同的自旋方向。s_i 规定为 $+\frac{1}{2}$ 和 $-\frac{1}{2}$,反映电子顺时针和逆时针两种自旋方向,通常用"↑"和"↓"表示。

至于在多电子的原子中,核外电子的排布规律则遵循以下三个原则:

(1) 能量最低原理:电子的排布总是尽可能使体系的能量最低。也就是说,电子总是先占据能量最低的壳层,只有当这些壳层布满后,电子才依次进入能量较高的壳层,即核外电子排满了 K 层才排 L 层,排满了 L 层才排 M 层……由内往外依次类推;而在同一电子层中,电子则依次按 s,p,d,f 的次序排列。

(2) 泡利(Pauli)不相容原理:在一个原子中不可能有运动状态完全相同的两个电子,即不能有上述四个量子数都相同的两个电子。因此,主量子数为 n 的壳层,最多容纳 $2n^2$ 个电子。

(3) 洪德(Hund)定则:在同一亚层中的各个能级中,电子的排布尽可能分占不同的能级,而且自旋方向相同。当电子排布为全充满、半充满或全空时,是比较稳定的,整个原子的能量最低。例如,碳、氮和氧三元素原子的电子层排布应如图 1.2 所示。

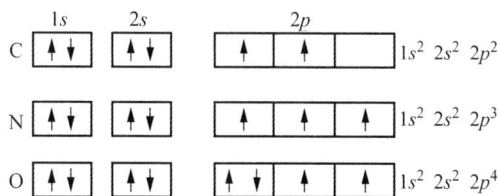

图 1.2　碳、氮、氧原子的电子层排布

但是,必须注意:电子排列并不总是按上述规则依次排列的,特别在原子序数比较大,d 和 f 能级开始被填充的情况下,相邻壳层的能级有重叠现象。例如,$4s$ 的能量水平反而低于 $3d$;$5s$ 的能量也低于 $4d,4f$。这样,电子填充时有可能出现内层尚未填满前就先进入下一壳层的情况。以原子序数为 26 的铁原子为例,理论上,其电子结构似乎应为:

$$1s^2 2s^2 2p^6 3s^2 3p^6\ \boxed{3d^8}$$

然而,实际上铁原子的电子结构却为:

$$1s^2 2s^2 2p^6 3s^2 3p^6\ \boxed{3d^6 4s^2}$$

它偏离了理论电子结构,未填满的 $3d$ 能级使铁产生磁性行为。

还需强调的一点:对前面单个原子亦即孤立原子,其电子处在不同的分立能级上,可通过求解薛定谔方程,由 4 个量子数组(n　l_i　m_i　s_i)来描述其运动状态。但是,当大量的原子构成固体后,固体中电子不再束缚于个别的原子,而是在整个固体内运动,各个原子的能级因电子云的重叠而形成近似连续变化的能带。由于在固体中存在大量的电子,它们的运动是相互关联的,每个电子的运动都要受其他电子运动的牵连,因此这种多电子系统严格的解显然是不可能的。能带理论的建立帮助解决这一多电子系统的复杂问题。固体能带理论是目前凝集态物理,特别是研究固体中电子运动的基础理论,固体的许多性质,如电学特性、磁性能等都与固体的电子结构密切相关,有关的知识可参考相关书籍,在此不再展开。

1.1.4　元素周期表

元素是具有相同核电荷数的同一类原子的总称。

元素的外层电子结构随着原子序数(核中带正电荷的质子数)的递增而呈周期性的变化规律,称为元素周期律。

元素周期表(见本书末折页图 1.3)是元素周期律的具体表现形式,它反映了元素之间相互联系的规律,元素在周期表中的位置反映了那个元素的原子结构和一定的性质。在同一周期中,各元素的原子核外电子层数虽然相同,但从左到右,核电荷数依次增多,原子半径逐渐减小,电离能趋于增大,失电子能力逐渐减弱,得电子能力逐渐增强,因此,金属性逐渐减弱,非金属性逐渐增强;而在同一主族的元素中,由于从上到下电子层数增多,原子半径增大,电离能一般趋于减小,失电子能力逐渐增强,得电子能力逐渐减弱,所以,元素的金属性逐渐增强,非金属性逐渐减弱。同样道理,由于同一元素的同位素在周期表中占据同一位置,尽管其质量不同,但它们的化学性质完全相同。

从元素周期表中还可方便地了解一种原子与其他元素化合的能力。元素的化合价跟原子的电子结构,特别是与其最外层电子的数目(价电子数)密切相关,而价电子数可根据它在周期表中的位置加以确定。例如,氩原子的最外层($3s+3p$)是由 8 个电子完全填满的,价电子数为零,故它无电子可参与化学反应,化学性质很稳定,属惰性类元素;而钾原子的最外层($4s$)仅有 1 个电子,价电子数为 1,它极易失去,从而使 $4s$ 能级完全空缺,属化学性质非常活泼的碱金属元素;至于过渡族元素则较复杂。这里,参加键的形成不仅有 s 电子,同时 d 电子甚至 f 电子也可参加键的形成,因此,过渡族元素一般有多种化合价。

总之,元素性质、原子结构和该元素在周期表中的位置三者有着密切的关系。故可根据元素在周期表中的位置,推断它的原子结构和一定的性质;反之亦然。

1.2　原子间的键合

自然界中,往往不存在单原子形式,原子间通常结合成集团,再组成物质。

当两个或多个原子形成分子或固体时,它们是依靠什么样的结合力聚集在一起的,这就是原子间的键合问题。原子通过结合键可构成分子,原子之间或分子之间也靠结合键聚结成固体状态。

以两个孤立原子从无限远靠近时的相互作用,来说明原子间的键合。当两个原子距离较远时,原子间的键合力可以忽略不计。但当两个原子靠近时,就会相互施加作用力。原子间的相互作用力分为吸引力(F_A)和排斥力(F_R),作用力大小取决于原子间距离(r)。图 1.4(a)给出了原子间的相互作用力和原子间距离的关系。

原子间的合力(F_N)等于吸引力和排斥力的总和。

$$F_N = F_A + F_R。 \tag{1.1}$$

原子间的合力也是原子间距离的函数,如图 1.4(a)所示。当 F_A 和 F_R 大小相等、符号相反时,原子间的合力为零,处于平衡状态。

$$F_N = F_A + F_R = 0。 \tag{1.2}$$

处于平衡状态时,两个原子间中心之间的距离为 r_0,如图 1.4(a)所示。对于大部分原子来讲,r_0 大约等于 0.3 nm。处于平衡状态的两个原子,分开时需要克服拉应力,靠近时需要克服压应力。

原子间的相互作用也可以用能量来描述。原子间的总能量 E_N 和结合力 F_N 的关系表示为:

$$E_N = \int_r^\infty F_N \, dr = \int_r^\infty F_A \, dr + \int_r^\infty F_R \, dr = E_A + E_R, \tag{1.3}$$

式中,E_N,E_A 和 E_R 分别表示两个相邻原子间的总能量、吸引能和排斥能。

图 1.4(b)给出了两个原子间的总能量、吸引能、排斥能和原子间距离的关系图。如图所示,在平衡状态 r_0 时,两个原子间的总能量最低。两个原子间的结合能(键合能)E_0,等于平衡状态时原子间的总能量。结合能 E_0 表示,将这两个原子分开到无限远时所需要的能量。

前面的描述只涉及两个原子的理想情况。对于固体材料来说,应该考虑诸多原子间的相互作用。尽管如此,每个原子都有类似于上面结合能 E_0。结合能的大小以及能量与原子间距离的关系曲线因材料而异,取决于原子结合的类型。此外,许多材料性能取决于结合能、能量曲线形状和结合类型。例如,具有高结合能的材料通常也具有高熔化温度;在室温下,高结合能材料通常为固态物质,而低结合能材料往往为气态物质;当原子间的结合能处于中等水平时,材料通常呈现出液态。另外,材料的刚度(弹性模量)取决于这种材料的原子间合力和原子间距离的关系曲线的形状。在 $r = r_0$ 的平衡位置,如果曲线的斜率比较陡,材料的刚度往往比较大。材料热胀冷缩的能力,也就是热膨胀系数,也和 E_0—r_0 曲线的形状有关。具有大结合能的材料,E_0—r_0 曲

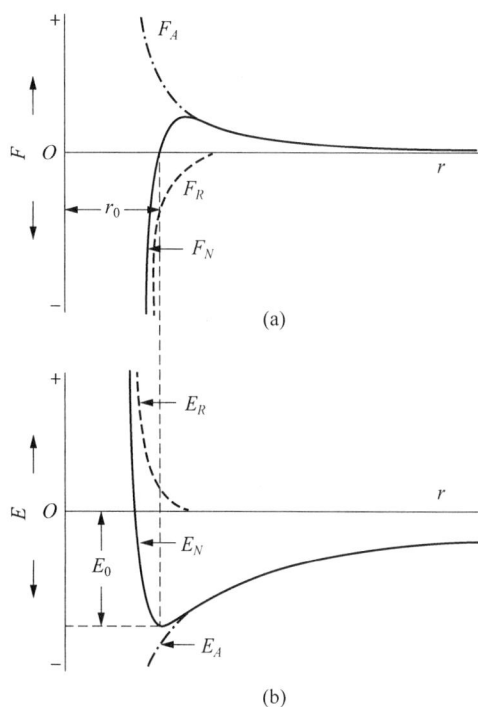

图 1.4　原子间的相互作用

(a) 两个独立原子间吸引力、排斥力和合力与原子间距离的关系;(b) 两个独立原子间吸引能、排斥能和总能量与原子间距离的关系

线通常呈现出深而窄的"槽"的特征,其热膨胀系数往往比较低,温度变化时,材料的尺寸变化往往比较小。

原子间的结合键可分为化学键和物理键两大类。化学键即主价键,它包括金属键、离子键和共价键;物理键即次价键,也称范德瓦耳斯(Van der Waals)力。此外,还有一种称为氢键的,其性质介于化学键和范德瓦耳斯力之间。下面将作一一介绍。

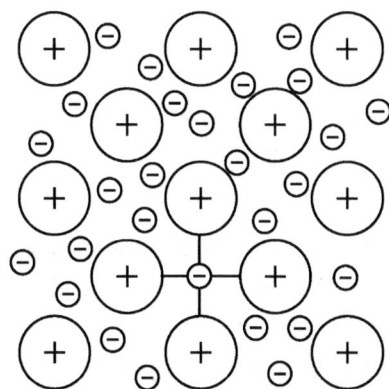

图 1.5　金属键示意图

1.2.1　金属键

典型金属原子结构的特点是其最外层电子数很少,且原属于各个原子的价电子极易挣脱原子核的束缚而成为自由电子,并在整个晶体内运动,即弥漫于金属正离子组成的晶格之中而形成电子云。这种由金属中的自由电子与金属正离子相互作用所构成的键合称为金属键,如图1.5 所示。绝大多数金属均以金属键方式结合,它的基本特点是电子的共有化。

由于金属键既无饱和性又无方向性,因而每个原子有可能与更多的原子相结合,并趋于形成低能量的密堆结构。当金属受力变形而改变原子之间的相互位置时不至

于破坏金属键,这就使金属具有良好的延展性,并且,由于自由电子的存在,金属一般都具有良好的导电和导热性能。金属键的结合强度,差异很大。水银(Hg)的结合能为 62 kJ/mol,其熔点为 −39℃;钨(W)的结合能为 850 kJ/mol,其熔点高达 3 414℃。

1.2.2 离子键

大多数盐类、碱类和金属氧化物主要以离子键的方式结合。这种结合的实质是金属原子将自己最外层的价电子给予非金属原子,使自己成为带正电的正离子,而非金属原子得到价电子后使自己成为带负电的负离子,这样,正负离子依靠它们之间的静电引力结合在一起。故这种结合的基本特点是以离子而不是以原子为结合单元。离子键要求正负离子作相间排列,在库仑力作用下,同性相斥,异性相吸,并使异号离子之间吸引力达到最大,而同号离子间的排斥力为最小(见图 1.6),故离子键无方向性和饱和性。因此,决定离子晶体结构的因素就是正负离子的电荷及几何因素。离子晶体中的离子一般都有较高的配位数。

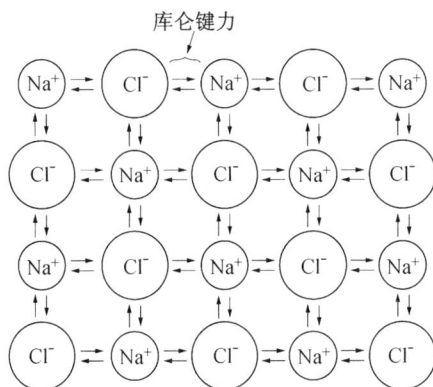

图 1.6 NaCl 离子键的示意图

一般离子晶体中正负离子静电引力较强,通常,离子键的结合能位于 600～1 500 kJ/mol。因此,离子晶体结合牢固,其熔点和硬度均较高。另外,在离子晶体中很难产生自由运动的电子,因此,它们都是良好的电绝缘体。但当处在高温熔融状态时,正负离子在外电场作用下可以自由运动,此时即呈现离子导电性。

1.2.3 共价键

共价键是由两个或多个电负性相差不大的原子间通过共用电子对而形成的化学键。根据共用电子对在两成键原子之间是否偏离或偏近某一个原子,共价键又分成非极性键和极性键两种。

氢分子中两个氢原子的结合是最典型的共价键(非极性键)。共价键在亚金属(碳、硅、锡、锗等)、聚合物和无机非金属材料中均占有重要地位。图 1.7 为 SiO_2 中硅和氧原子间的共价键示意图。

原子结构理论表明,除 s 亚层的电子云呈球形对称外,其他亚层如 p,d 等的电子云都有一定的方向性。在形成共价键时,为使电子云达到最大限度的重叠,共价键就有方向性,键的分布严格服从键的方向性;当一个电子和另一个电子配对以后,就不再和第三个电子配对了,

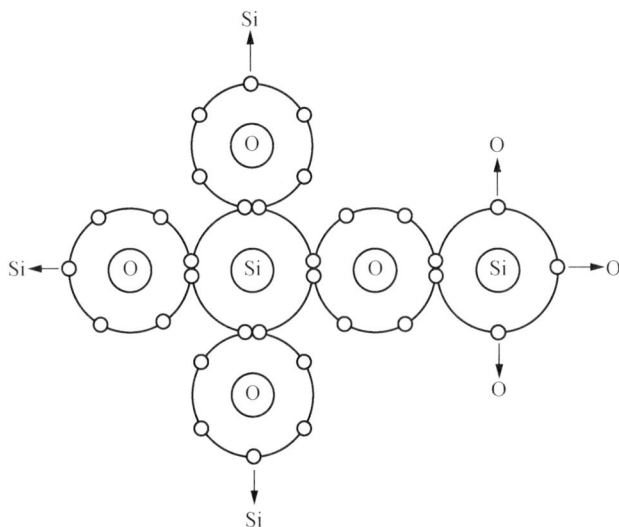

图 1.7　SiO_2 中硅和氧原子间的共价键示意图

成键的共用电子对数目是一定的,这就是共价键的饱和性。

　　另外,共价键晶体中各个键之间都有确定的方位,配位数比较小,共价键的结合可以极为牢固,比如金刚石中的 C-C 键,导致金刚石具有极高的硬度和熔点(>3 550℃);共价键的结合也可以非常弱,比如亚金属铋(Bi)中的 Bi-Bi 键,导致铋的熔点仅约 270℃。由于束缚在相邻原子间的"共用电子对"不能自由地运动,共价键结合形成的材料一般是绝缘体,其导电能力较差;有些材料为半导体。共价键结合形成的材料,其力学性能差异较大:有些强度高,有些强度低;有些质硬脆,有些延展性好。一般来讲,从键合特性预测共价键材料的力学性能是比较困难的。

1.2.4　范德瓦耳斯力

　　尽管原先每个原子或分子都是独立的单元,但由于近邻原子的相互作用引起电荷位移而形成了偶极子。范德瓦耳斯力是借助这种微弱的、瞬时的电偶极矩的感应作用,将原来具有稳定的原子结构的原子或分子结合为一体的键合(见图 1.8)。它包括静电力、诱导力和色散力。静电力是由极性原子团或分子的永久偶极之间的静电相互作用所引起的,其大小与绝对温度和距离的 7 次方成反比;诱导力是当极性分(原)子和非极性分(原)子相互作用时,非极性分子中产生诱导偶极与极性分子的永久偶极间的相互作用力,其大小与温度无关,但与距离的 7 次方成反比;色散力是由于某些电子运动导致原子瞬时偶极间的相互作用力,其大小与温度无关,但与距离的 7 次方成反比,在一般非极性高分子材料中,色散力甚至可占分子间范德瓦耳斯力的 80%～100%。

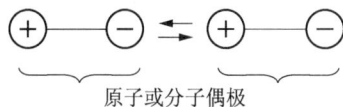

原子或分子偶极

图 1.8　极性分子间的范德瓦耳斯力示意图

　　范德瓦耳斯力属物理键,系一种次价键,没有方向性和饱和性。它普遍存在于各种分子之间,对物质的性质,如熔点、沸点、溶解度等的影响很大,通常它的键合能比化学键的小 1～2 个数量级,约 4～30 kJ/mol,远不如化学键结合牢固。如将水加热到沸点,可破坏水分子间的范德瓦耳斯力而变为水蒸气,然而要破坏氢和氧之间的共价键则需要极高的温度。一些物质的键能列于表 1.1 中。注意,高分子材料的相对分子质量很大,其总的范德瓦耳斯力甚至超过化学键的键能,故在去除所有的范德瓦耳斯力作用前化学键早已断裂了。所以,高分子往往没有气态,只有液态和固态。

表 1.1 某些物质的键能和熔融温度

物质	键合类型	键 能		熔融温度/℃
		kJ/mol	eV/原子、离子、分子	
Hg	金属键	68	0.7	−39
Al		324	3.4	660
Fe		406	4.2	1 538
W		849	8.8	3 410
NaCl	离子键	640	3.3	801
MgO		1 000	5.2	2 800
Si	共价键	450	4.7	1 410
C(金刚石)		713	7.4	>3 550
Ar	范德瓦耳斯力	7.7	0.08	−189
Cl_2		31	0.32	−101
NH_3	氢键	35	0.36	−78
H_2O		51	0.52	0

范德瓦耳斯力也能在很大程度上改变材料的性质。如不同的高分子聚合物之所以具有不同的性能,分子间的范德瓦耳斯力不同是一个重要的因素。

1.2.5 氢键

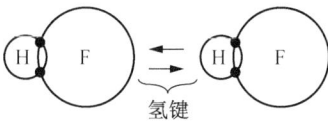

图 1.9 HF 氢键示意图

氢键是一种极性分子键,存在于 HF,H_2O,NH_3 等分子间。由于氢原子核外仅有一个电子,在这些分子中氢的唯一电子已被其他原子所共有,故结合的氢端就裸露出带正电荷的原子核。这样它将与邻近分子的负端相互吸引,即构成中间桥梁,故又称氢桥(见图 1.9)。氢键具有饱和性和方向性。

严格地讲氢键也属于次价键。因它也是靠原子(分子或原子团)的偶极吸引力结合在一起的。它的键能介于化学键与范德瓦耳斯力之间。氢键可以存在于分子内或分子间。氢键在高分子材料中特别重要,纤维素、尼龙和蛋白质等分子有很强的氢键,并显示出非常特殊的结晶结构和性能。

值得注意的是,实际材料中单一结合键的情况并不多见,大部分材料内部原子间结合往往是各种键合的混合体。例如,金属材料中占主导的是金属键,然而过渡族金属 W,Mo 等的原子结合中也会出现少量的共价结合,这也正是它们具有高熔点的原因所在;而金属与金属形成的金属间化合物,由于组成的金属之间存在电负性的差异,有一定的离子化倾向,于是出现金属键和离子键的混合现象;陶瓷化合物中出现离子键与共价键混合的现象更是常见,化合物 AB 中离子键的比例取决于组成元素 A 和 B 的电负性差,电负性相差越大,则离子键比例越高。化合物 AB 中离子键所占的比例 IC 可近似地用下式表示:

$$IC = \left[1 - e^{-0.25(x_A - x_B)^2}\right] \times 100\%, \tag{1.4}$$

式中,x_A 和 x_B 分别为 A 和 B 元素的电负性值。又如金刚石具有单一的共价键,而同族(IVA)的 Si,Ge,Sn,Pb 元素在形成共价键结合的同时,则有一定比例的自由电子,即意味着存在一部分的金属键,而且金属键所占的比例按族中自上至下的顺序递增,到 Pb 已成为完全的金属键结合。许多常见的分子是由原子组成的,这些原子被强大的共价键结合在一起,这包括双原子分子(F_2、O_2、H_2 等)和化合物分子(H_2O、CO_2、HNO_3、C_6H_6、CH_4 等)。在液体和固体状态下,分子间的结合是较弱的次价键。因此,分子材料的熔化和沸腾温度相对较低。大多数具有由几个原子组成的小分子材料,在常温常压下呈气态。至于聚合物和许多有机材料的长键分子内部是共价键结合,链与链之间则是范德瓦耳斯力或氢键结合,颇为复杂。下一节专门讨论高分子链的结构。

1.3　高分子链

与低分子材料相比,高分子材料的结构要复杂得多。这是因为高分子具有高的相对分子质量,可高达几万甚至上百万;其次,高分子的分子量具有多分散性,高分子中包含的结构单元可能不止一种,每一种结构单元又可能有不同的构型,结构单元连接时,还可能有不同的键接方式与序列;而且高分子具有多种形状结构(包括线性、支化、交联和网状等),见图 1.10。

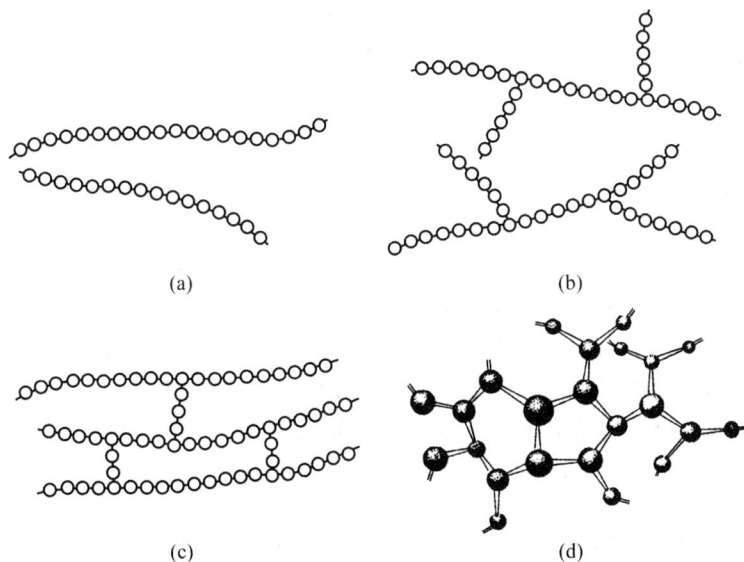

图 1.10　高分子的线性(a)、支化(b)、交联(c)和网状(d)结构示意图

高分子的结构包括两个方面:即单个高分子链结构和聚集态结构。高分子结构的最大特点是具有多层次性,一般可分为三个层次,一级结构也叫近程结构,指结构单元的化学组成和

立体化学结构;二级结构也叫远程结构,指整条分子链的大小与形态,链的柔顺性及分子在各种环境中所采取的构象。单个高分子的几种构象示意图见图1.11。三级结构即凝聚态结构,指多个高分子链的堆砌结构,包括结晶态、非晶态、取向态、液晶态等。更高层次的多相体系称为织态结构,而织态结构是指不同分子之间或高分子与添加剂分子之间的排列或堆砌结构,包括共混态、共聚态等。不同的结构层次具有不同的运动形式,所以高分子的运动具有多层次特征(化学键运动、链段运动、分子链运动)。

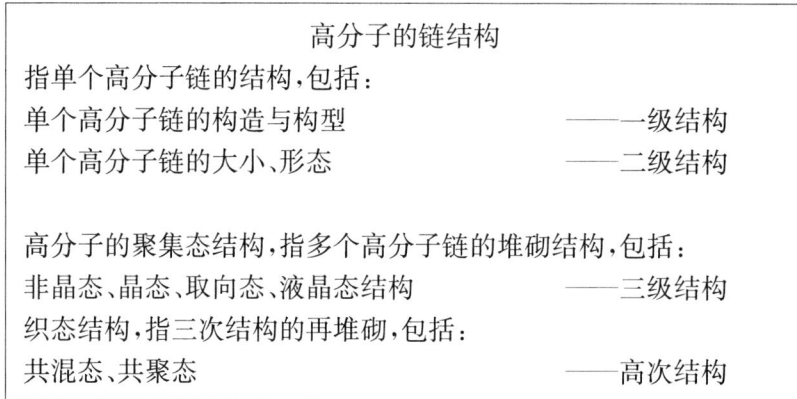

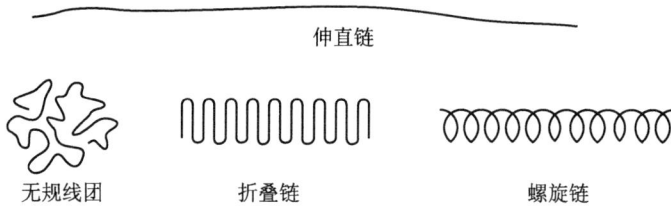

> 高分子的链结构
>
> 指单个高分子链的结构,包括:
> 单个高分子链的构造与构型　　　　　——一级结构
> 单个高分子链的大小、形态　　　　　——二级结构
>
> 高分子的聚集态结构,指多个高分子链的堆砌结构,包括:
> 非晶态、晶态、取向态、液晶态结构　　——三级结构
> 织态结构,指三次结构的再堆砌,包括:
> 共混态、共聚态　　　　　　　　　　——高次结构

图 1.11　单个高分子的构象示意图(二级结构)

1.3.1　高分子链的近程结构

近程结构是指大分子中与结构单元相关的化学结构,包括构造与构型两部分。构造(construction)是指结构单元的化学组成、键接方式及各种结构异构体(支化、交联、互穿网络)等;构型(configuration)是指分子链中由化学键所固定的原子在空间的几何排列,因此要改变构型,必须经过化学键的断裂与重组,构型不同的异构体通常有两类:旋光异构体,又叫立体异构体;顺反异构体,又叫几何异构体。下面从结构单元的化学组成、键接方式、立体异构、高分子链的支化和交联四个方面进行详细阐述。

1. 链结构单元的化学组成

高分子链的结构单元或链节的化学组成,是由参与聚合反应的单体化学组成和聚合的方式决定的,按照主链化学组成的不同,可将高分子分为碳链高分子、杂链高分子和元素有机高分子等类型。高分子链的化学组成不同,高分子的化学和物理性能也不同。

下面介绍一些常用的高分子链结构单元(图1.12为聚乙烯的结构单元)。

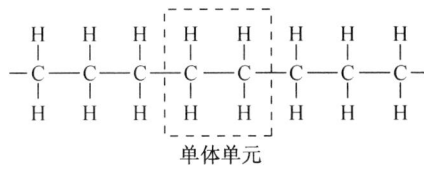

图 1.12 聚乙烯的结构单元

(1) 碳链高分子类型。

$\begin{array}{l}\text{—[} CH_2\text{—}CH_2 \text{—]}_n\end{array}$ 聚乙烯

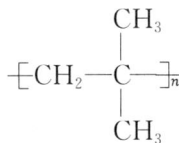 聚丙烯

 聚苯乙烯

聚异丁烯

聚丙烯酸

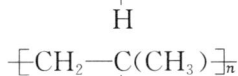 聚甲基丙烯酸甲酯

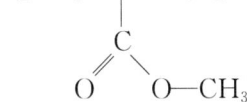

$\begin{array}{l}\text{—[} CF_2\text{—}CF_2 \text{—]}_n\end{array}$ 聚四氟乙烯

以上这些高分子均属于碳链高分子,其分子主链全部由碳原子以共价键相连的高分子组成,它们的结构差别仅在于侧基不同。它们大多由加聚反应制得,不易水解,易加工,易燃烧,易老化,耐热性较差,除聚四氟乙烯外都是典型的热塑性塑料,可以制成薄膜、片材、各种异型材及纺丝。

(2) 杂链高分子类型。

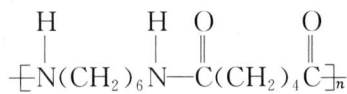 聚己二酸己二胺(尼龙 66)

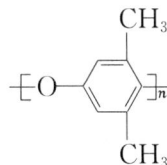 聚苯醚(PPO)

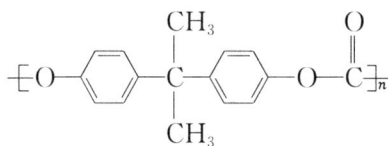

聚碳酸酯(PC)

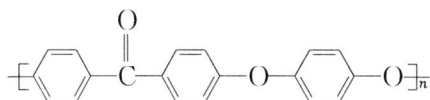

聚醚醚酮(PEEK)

杂链高分子的分子主链由两种或两种以上原子组成的,如 O, N, S, C 等以共价键相连。这类高分子是由缩聚反应或开环聚合而成的,因主链带极性,易水解、醇解或酸解。优点是耐热性好,强度高,这类高分子材料主要用作工程塑料,如尼龙 66 属杂链高分子,其分子主链上除碳原子外还含有氮原子。

(3) 元素有机高分子。

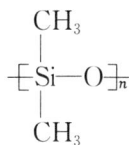

聚二甲基硅氧烷(硅橡胶)

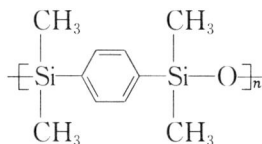

聚四甲基对亚苯基硅氧烷

元素有机高分子主链含 Si,P,Al,Ti,As,Sb,Ge 等无机元素,侧基为有机基团。由此,这类高分子材料的特性是具有无机物的热稳定性,有机物的弹性和塑性,强度较低,典型的如聚二甲基硅烷,为有机硅橡胶,其主链不含碳原子,而是由硅和氧组成,侧基含有有机基团。

值得注意的是,除主链结构单元的化学组成外,侧基和端基的组成对高分子材料性能的影响也非常突出。端基不是重复结构单元的一部分,但是端基对聚合物高分子材料化学性能影响很大。例如,聚碳酸酯的羟端基和酰氯端基都会影响材料的热稳定性,如果在聚合时加入苯酚类化合物进行"封端",发现体系的热稳定性显著提高。还有,聚乙烯是塑料,而氯磺化聚乙烯(部分—H 被—SO_2Cl 取代)却是一种橡胶材料。

2. 结构单元的键接方式

键接方式是指结构单元在高分子链中的连接形式。由缩聚或开环聚合生成的高分子,其结构单元键接方式是确定的,而由自由基或离子型加聚反应生成的高分子,结构单元的键接会因单体结构和聚合反应条件的不同而出现多种不同方式,最终影响产物的性能。

结构单元对称的高分子,如聚乙烯,结构单元的键接方式只有一种。而带有不对称取代基的单烯类单体(CH =CHR)(见图 1.13)聚合生成高分子时,结构单元的键接方式则可能有三种不同方式:头—头、头—尾、尾—尾键接。

$$
\begin{array}{c}
R \\
| \\
CH_2=CH
\end{array}
$$

图 1.13 带有不对称取代基的单烯类单体结构示意图

（1）头—头键接。

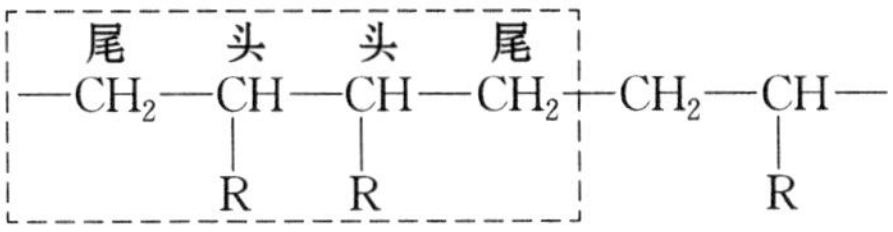

（2）头—尾键接。

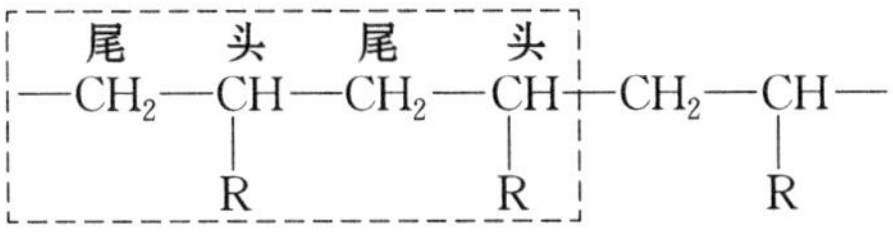

（3）尾—尾键接。

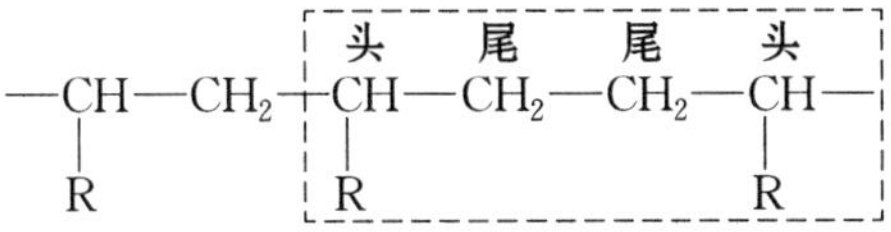

这种由键接方式不同而产生的异构体称为顺序异构体。如果 R 取代基位阻较高,头—头键接所需的能量较大,因此结构不稳定,所以大多自由基或离子型聚合得到的高分子采用头—尾键接方式,其中夹杂少量的(约 1%)头—头或尾—尾键接方式,其强度也较高。有些高分子,形成头—头键接的位阻比形成头—尾键接要低,则产物中头—头键接的含量较高,如聚偏氟乙烯中,头—头键接方式的含量可达 8%。

结构单元的结构是决定聚合物性能的基础。如用聚乙烯醇(见图 1.14)合成维尼纶(即聚乙烯醇缩甲醛)时,只有头—尾键接的聚乙烯醇才能与甲醛缩合,得到聚乙烯醇缩甲醛(见图 1.15),而头—头键接的聚乙烯醇中的羟基,有些就不能与甲醛进行缩醛化反应(见图 1.16)。这些不能缩醛化的羟基,会增加纤维的吸水性能,最终影响维尼纶纤维的强度。

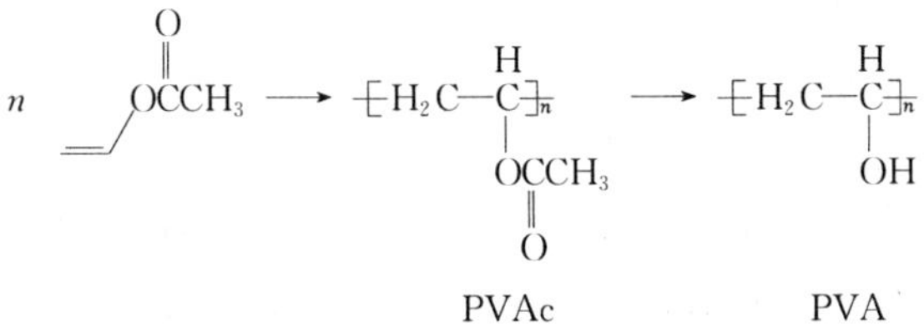

图 1.14 醋酸乙烯酯聚合水解生成聚乙烯醇

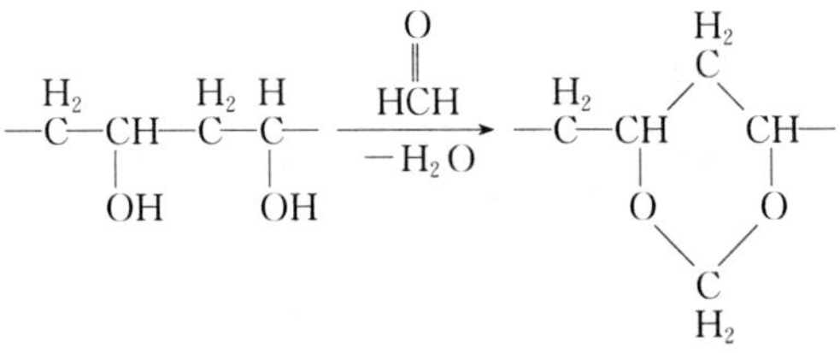

图 1.15 头—尾键接的聚乙烯醇甲醛化生成主要含六元环结构的聚合物

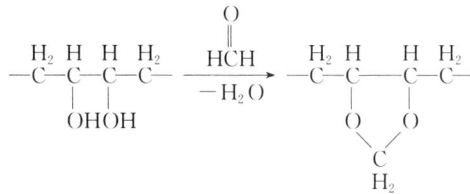

图 1.16　头—头键接的聚乙烯醇甲醛化生成主要含五元环结构的聚合物

对于双烯类单体(如 $CH_2=CR-CH=CH_2$)聚合而成的高分子,其结构单元的键接方式更加复杂,见图 1.17。首先,由于双键打开的位置不同而有 1,4-加聚、1,2-加聚和 3,4-加聚三种方式。其次,对于 1,2-加聚或 3,4-加聚产物而言,键接方式又有头—尾键接和头—头键接之分;对于 1,4-加聚的聚异戊二烯,因主链含有双键,又有顺式和反式几何异构之分。

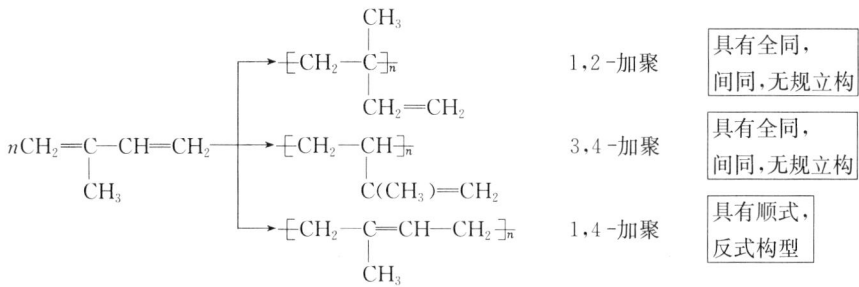

图 1.17　双烯类单体聚合时结构单元的键接方式

键接方式对高分子材料的物理性质有很大的影响,最明显的是不同的键接方式使高分子链具有不同的结构规整性,而影响高分子的结晶能力,最终影响材料的性能。

3. 链结构单元的立体异构

链的构型是指分子链中由化学键所固定的原子在空间的几何排列。由于这种排列是稳定的,要改变分子的构型需要经过化学键的断裂和重组。由构型的不同而形成的异构体分为两类:立体异构(也称旋光异构)和几何异构(也称顺反异构)。

(1)立体异构。立体异构通常指小分子中由于存在具有四个不同取代基的不对称碳原子 C^*,故能构成两种互为镜影像关系的构型,而表现出不同的旋光性,也称旋光异构,见图 1.18。

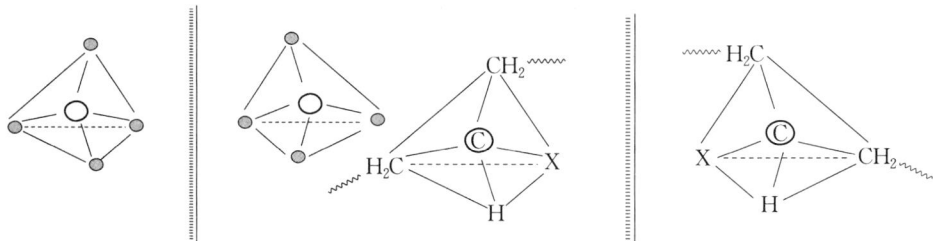

互为旋光异构,各有不同的旋光性　　　　两者互为旋光异构体

图 1.18　小分子旋光异构体和高分子旋光异构体示意图

这两种不同的旋光性构型可分别用 d 和 l 表示。

对高分子而言,如结构单元为—CH_2—C^*HR—的高分子,由于两端的链节不完全相同,在每一个结构单元中就有一个不对称碳原子 C^*。立体异构是指原子以相同的顺序(头尾相连)连接在一起,但空间排列不同的情况。当其中所有 R 基团都位于链的同一侧时,如下所示,就被称为全同立构。

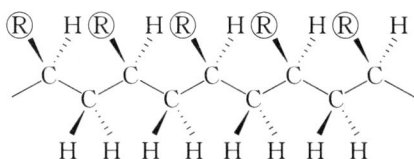

当 R 基团在链的两边交替排列时,被称为间规构型。

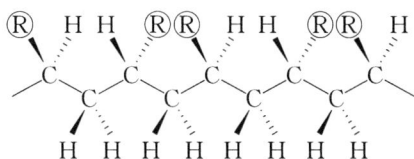

当 R 无规排列时,就是无规立构。

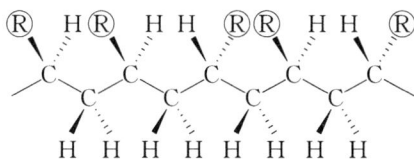

从一种立体异构体到另一种立体异构体(如从全同立构到间同立构)的转换,不能通过单键的旋转来实现。而必须断链,然后经过适当的旋转才能形成。实际上,一种特定的聚合物在不同的合成条件和合成方法下,能够形成多种构型。

(2) 几何异构。当双烯类单体进行 1,4-加成聚合时,生成的高分子链的每一重复单元中有一个内双键,由于主链上的双键不能旋转,所以双键上的基团在键两侧排列的方式有两种不同的构型,即顺式和反式,称为几何异构体。高分子链中取代基分布在双键同侧者称顺式构型;取代基在两侧者称反式构型。

以 1,4-加成聚合得到的聚异戊二烯为例,当 CH_3 基团和 H 原子位于双键的同一侧,被称为顺式聚异戊二烯,是天然橡胶成分。其顺式结构为

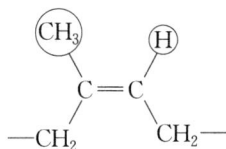

对于顺式构型,由于位阻效应,基团之间的距离较大,在室温下呈现的是一种高弹性的橡胶材料。当 CH_3 和 H 位于双键的对面,则为反式结构:

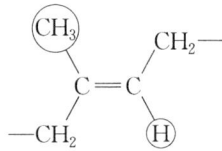

从上面的结构可以看出，反式结构聚异戊二烯结构比较规整，所以容易结晶，熔点在148℃以下是一种脆性的类塑料材料（杜仲胶）。通常，在聚合物链结构中，既有有规立构（全同和间同立构），也有无规立构。因此，表征一个聚合物的立构规整性需要三个参数：立构类型、立构规整度和平均序列长度。这些参数可以通过红外光谱、核磁共振、X射线衍射等方法进行表征。

由此可见，高分子链的立构规整性对高分子材料的性能影响极大，最典型的实例是，如全同立构和间同立构的聚丙烯，熔融温度分别高达180℃和134℃，它们可以称为纺丝，也被称为丙纶；而无规立构的聚丙烯是一种强度很差的橡胶，一般是生产聚丙烯的副产品，没有多少用处，多作为无机填料的改性剂。

4. 高分子链的支化与交联

高分子链结构有线型、支化、交联、互穿网络等多种形式。二官能度单体聚合的结果为线形聚合物，线形高分子分子长链可卷曲成团，也可伸展成直线，这取决于分子本身的柔顺性及外部条件。其分子间没有化学键结合，在受热或受力情况下分子间可相互滑移，所以线形高分子可以溶解，加热时可以熔融，易于加工成型。支化和交联的产生来源于聚合过程中发生的链转移反应，或双烯类单体在反应中第二双键得到了活化，或缩聚过程中有三官能度以上单体的存在而产生的结果。

支化的结果使高分子主链带上了支链，支链的长短是不均一的。一般，短链的支化呈梳形，长链的支化除了梳形以外，还可能形成星形和超支化等类型（图1.19为几种支化高分子链结构模型图）。

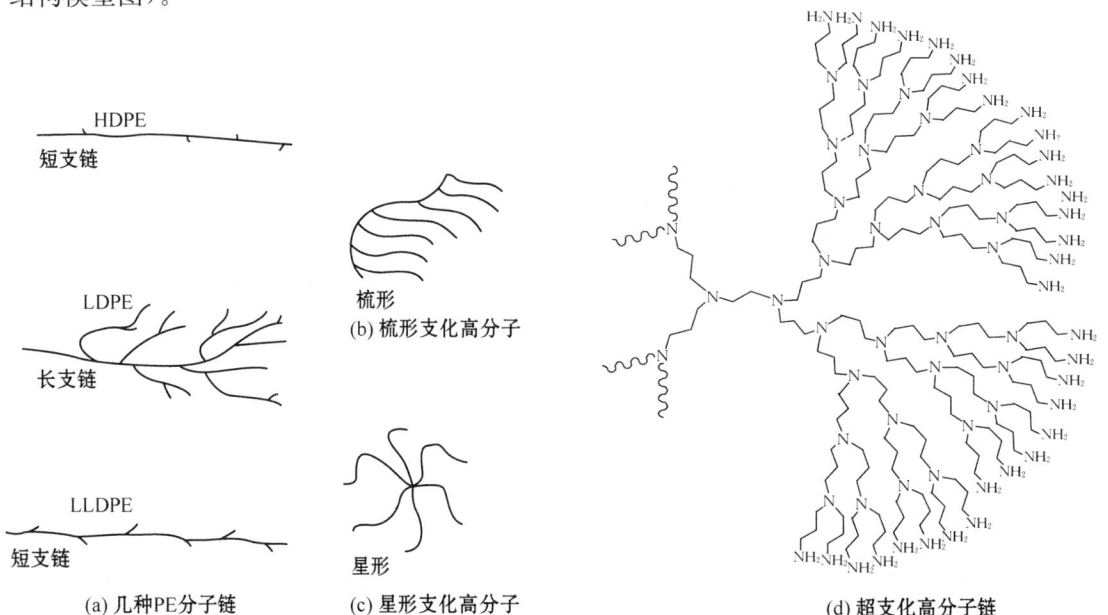

图 1.19　支化高分子链的几种模型

支化高分子和线型高分子的化学性质是相似的,支化高分子也能溶解在合适的溶剂中,加热时可熔融,但支链的存在对高分子材料的物理和力学性能的影响很大。最典型的例子就是聚乙烯,在高温高压下,通过自由基聚合得到的是低密度聚乙烯(low density polyethylene, LDPE),这是一种长链支化型高分子。而在 Ziegler-Natta 催化剂作用下,聚合是在低压下进行的,得到的是高密度聚乙烯(high density polyethylene, HDPE),是一种含有少量短支链的线型高分子。虽然 LDPE 和 HDPE 的化学性质相同,但它们的结晶度、熔点、密度等物理性质相差很大。测试表明,低密度聚乙烯的结晶度约为 65%,熔点为 105℃,密度为 0.916 g·cm^{-3},而高密度聚乙烯的结晶度高达 95%,熔点达到 135℃,密度 0.964 g·cm^{-3}。LDPE 和 HDPE 这些性能的不同归因于支化结构的不同。

此外,支链的长短对高聚物性能也有较大的影响。通常,短支链主要对高分子材料的结晶、熔点、透气性、屈服强度、刚性等物理性能影响较大,而长支链对熔体的流动性能和黏弹性能影响较大。

交联是指高分子链之间通过某种化学键相连接,形成一个分子量无限大的三维网状结构,这有一个过程。交联与支化有质的区别,它不溶不熔,不能溶解也不能熔融,整块材料就是一个大分子。只有当交联度不太大时才能在溶剂中溶胀。热固性树脂、硫化橡胶、羊毛和头发等都是交联结构的高分子。例如,硫化橡胶属于交联高分子,硫化的天然橡胶就是聚异戊二烯分子链通过硫桥形成的网状结构(见图 1.20),硫化对于橡胶的实际应用至关重要,生橡胶未交联前,能溶于溶剂,在受热、受力后又容易变软发黏,塑性变形大,使用价值小。生胶只有经过交联(硫化)后,分子链间才能够形成具有一定强度的网状结构,成为具有实用价值的弹性体,不仅有良好的耐热、耐溶性,而且具有高弹性和相当的强度。

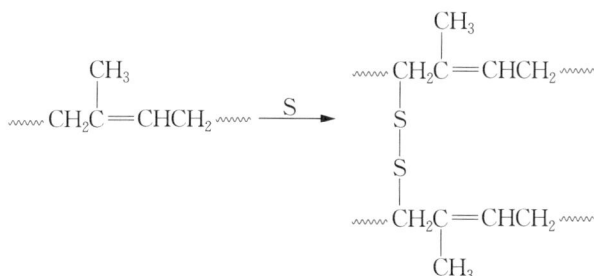

图 1.20 橡胶硫化是在聚异戊二烯的分子间产生硫桥并形成轻度交联聚合物的过程

由此可见,线形和支链形聚合物为热塑性聚合物,交联形聚合物为热固性聚合物。支化高分子通过选择合适的溶剂,是能够溶解的,而交联高分子只能在溶剂中溶胀,这是由于分子链间存在的化学键使分子链不能相对滑移,因而不能溶解。

1.3.2 高分子链的远程结构

高分子链的远程结构指的是高分子的大小和构象。高分子的大小包括相对分子质量及相对分子质量分布;构象包括大分子部分或整链在空间的几何排列。

1. 高分子的大小和分布

对化合物分子大小的量度,最常用的是相对分子质量。

与小分子相比,高分子的相对分子质量有两个特点,一是相对分子质量大,二是相对分子质量具有多分散性。对一根高分子链,其聚合度或相对分子质量是确定的,但对全部高分子而言,其聚合度或相对分子质量是非均一的,具有某种分布性,即聚合物的相对分子质量具有多分散性。由于高分子是由大小不同的同系物组成的,其相对分子质量具有统计平均的意义,根据统计平均的方法不同,可以分成数均分子量、重均分子量、黏均分子量等。

假设,高聚物的总质量为 w,总摩尔数为 n,同系物种类序数以 i 表示,由此,第 i 种分子的分子量为 M_i,摩尔数为 n_i,质量为 w_i,在整个试样中的质量分数为 W_i,摩尔分数为 N_i,那么这些量之间有如下关系:

$$\sum_i n_i = n;\quad \sum_i w_i = w;\quad \sum_i N_i = 1;\quad \sum_i W_i = 1;$$

$$N_i = \frac{n_i}{n}。$$

数均相对分子质量定义为

$$\overline{M_n} = \frac{\sum_i n_i M_i}{\sum_i n_i} = \sum_i N_i M_i。 \tag{1.5}$$

重均相对分子质量定义为

$$\overline{M_w} = \frac{\sum_i n_i M_i^2}{\sum_i n_i M_i} = \frac{\sum_i w_i M_i}{\sum_i w_i} = \sum_i W_i M_i。 \tag{1.6}$$

黏均相对分子质量定义为

$$\overline{M_\eta} = \left(\sum_i W_i M_i^a\right)^{1/a}。 \tag{1.7}$$

通常,高分子的 α 值在 $0.5\sim1$ 之间,因此,$\overline{M_w} > \overline{M_\eta} > \overline{M_n}$。

高分子的相对分子质量分布称为多分散性系数(polydispersity index,PDI),这是指相对分子质量的多分散性程度,定义为

$$\text{PDI} = M_w/M_n。 \tag{1.8}$$

合成高分子的 PDI 值一般在 $1.5\sim50$ 之间。图 1.21 是相对分子质量的微分分布曲线。从图中不仅能知道高分子的平均大小,还可以知道相对分子质量的分散程度,即相对分子质量分布宽度,分布宽时表明相对分子质量很不均一;分布窄时则表明相对分子质量比较均一。

高聚物的相对分子质量的大小及其分散性对高分子材料的性能影响显著。一般地,高聚物的力学性能随相对分子质量的增大而提高。其通常包含两部分:一是高聚物的玻璃化转变温度(T_g)、密度、拉伸强度等性能,随分子量的增大而提高,一般会有一个极限值;二是黏度、弯曲强度等性能,随分子量的增大而不断提高,没有极限值。

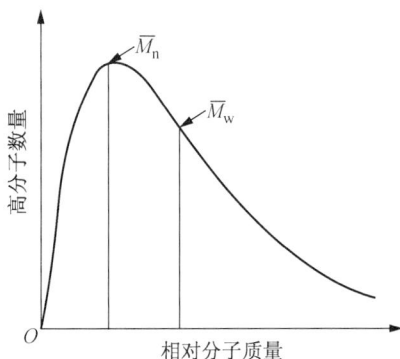

图 1.21 典型高分子的相对分子质量的微分分布曲线

如图 1.22 所示是聚碳酸酯(PC)和聚苯乙烯(PS)两种聚合物由低聚物转向高分子时,强度随相对分子量变化的关系图,从中可以看出随相对分子量的增加,强度有规律地增大。但增长到一定的相对分子质量后,这种依赖性又变得不明显了,强度逐渐趋于一极限值。这一性能转变的临界相对分子质量 M_c 对于不同的高分子具有不同的数值,而对于同一高分子具有不同的性能也具有不同的 M_c。由此可见,相对分子质量的提高,有利于材料的机械性能发展,但过高的相对分子质量,会导致材料熔融时的黏度较大,不利于材料的加工。因此,在满足材料的机械性能的前提下,高分子的相对分子质量应尽可能小一些,以有利于材料的加工。

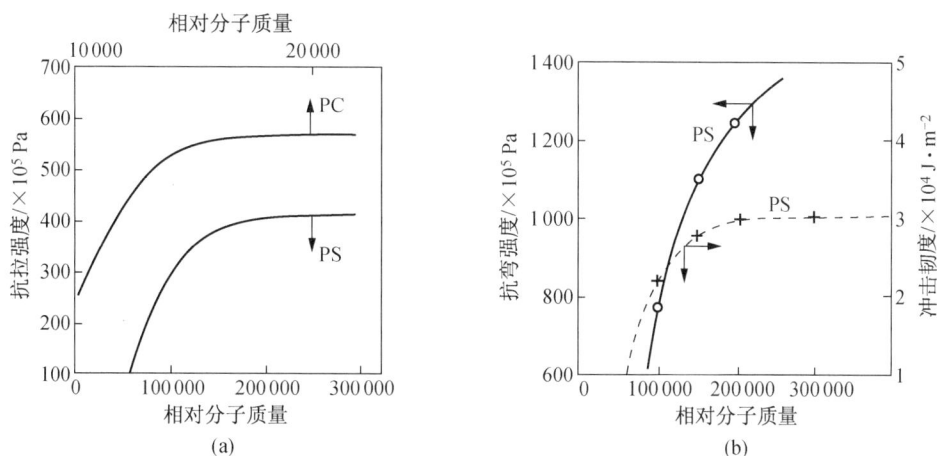

图 1.22 聚苯乙烯(PS)和聚碳酸酯(PC)的力学性能与相对分子质量的关系

2. 高分子链的内旋转构象

构象(conformation)是指高分子链中由单键的内旋转所产生的分子在空间的不同形态。高分子链的形态有微构象与宏构象之分:微构象指高分子主链键构象;宏构象是指整个高分子链的形态。与构型不同,构象的改变并不需要化学键的断裂,只要化学键的旋转就可以实现。

什么样的化学键可以旋转呢？大家知道,碳链高分子中的 C—C 单键是 σ 键,电子云呈轴对称分布,分子运动时,由 σ 键相连的 C—C 单键可以围绕着轴线相对旋转(内旋转),而不影响其电子云的分布。两个相邻 C—C 键的键角为 $109°28'$(见图 1.23),假定碳原子上不带任何其他原子或基团,则 C_2—C_3 单键可以在固定键角不变的情况下,围绕 C_1—C_2 单键旋转,其运动轨迹是一个圆锥面。也就是说,由于 C_1—C_2 单键的旋转,C_3 原子有可能出现在圆锥底面圆周的任何位置。同理,C_3—C_4 的单键围绕 C_2—C_3 单键旋转的轨迹也是一个圆锥面。由于一根高分子链由许多单键组成,每一根单键都在同时发生旋转,可以想象,整个分子链在空间的几何形态即构象有"无穷"多个。假设一根高分子链含有 N 个单键,每个单键可取 M 个不同的旋转角,则该高分子可能的构象数为: M^N,即使排除了由于各种

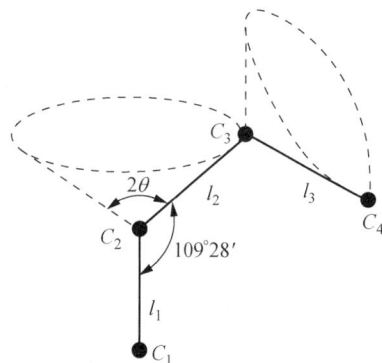

图 1.23 单键的内旋转

原因阻碍单键内旋转的因素,实际出现的构象数没有这么多,但最终的构象数还是非常大的。除了 C—C 单键,C—O,C—N 等单键也是 σ 键,也是可以内旋转的。

由于分子的热运动,分子的构象是在时刻改变着的。因此,高分子链的构象是具有统计性的。由统计规律知道,分子链呈伸直构象的几率是极小的,而呈蜷曲构象的几率较大。可见,内旋转愈自由,高分子链呈蜷曲的趋势就越大,我们将这种不规则的蜷曲的高分子链的构象称为无规线团,见图 1.24。

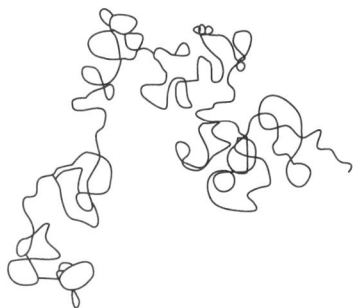

图 1.24　高分子的无规线团模型

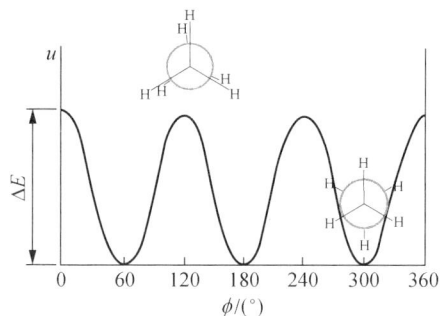

图 1.25　乙烷分子的内旋转势能曲线

假如碳上没有任何基团,能够达到自由内旋转,实际上不可能没有取代基的。实际上,由于分子上非键合原子之间的相互作用,内旋转一般会受阻,所以叫受阻内旋转,即旋转时需要消耗一定的能量。以乙烷分子为例(CH_3—CH_3)(见图 1.25),当两个甲基上的氢原子处于相对交错的位置时(氢原子间的距离为 0.25 nm),它们之间的相互斥力最小,这时乙烷分子的势能处于最低状态(U_1),此时的构象称为反式构象。如从反式构象进行相对旋转,氢原子间的距离逐渐缩小,相互斥力逐渐增加,乙烷分子的势能逐渐增加。当旋转角达到 60°时,两个甲基上的氢原子相互重叠,这时的距离最近,达到 0.228 nm,氢原子间的斥力达到最大,乙烷分子的势能最高(U_2),此时的构象称为顺式构象。反式构象与顺式构象的势能差为 $\Delta U = U_2 - U_1$,被称为内旋转势垒,又称内旋转活化能,是分子内旋转的难易程度的一种表现。由此可见,乙烷分子的反式构象因能量低而稳定,顺式构象因能量高而不稳定。

将高分子链构象不断变化的性质,称为柔顺性。高分子链的内旋转像低分子一样,因受分子链上的原子或基团的影响,不是完全自由的。人们将理想柔性链描述为:孤立的高分子链,即没有高分子链间的相互作用;全部由单键组成;内旋转完全自由;键角是固定的;单链本身没有体积。旋转完全自由的 C—C 单键是不存在的,因为碳键上总要带有其他原子或基团,当这些原子或基团充分接近时,原子的外层电子云之间将产生斥力使之不能接近。因此,内旋转总是不完全自由的。为了描述真实情况,引入"链段"的概念。假设,高分子链中第($i+1$)个键的取向与第 1 个键的取向无关,那么由这 i 个化学键组成的一段链就可以被看成是一个独立的运动单元,称为"链段"。当温度一定时,高分子链上可以独立运动的链段长度相当于一个键的长度,说明链段极端柔顺;如果链段长度等于整个链的伸直长度,说明链极端刚硬;通常,高分子链段长度介于这两种极端情况之间。对同一种高分子,温度越高可以独立运动的链段就越短,分子链的柔性就越好。也就是说,链段的长短除了与分子的结构有关之外,还与大分子所处的条件,如温度、外力、介质和高分子聚集态中的分子间相互作用有关。

1.3.3　高分子链的柔顺性

高分子链能够通过其内旋转作用改变其构象的性能称为高分子链的柔顺性。这就是高聚物的许多性能不同于小分子物质的主要原因。高分子链能形成的构象数越多,柔顺性越大。高分子链的柔顺性可以从静态和动态两个方面来理解。

1. 静态柔顺性

静态柔顺性又称平衡态柔顺性,是指热力学平衡条件下的柔顺,由反式和旁式的构象势能差与热运动动能的比值 $\Delta U/(kT)$ 决定(见图 1.26)。在高分子链中,单键内旋转是采取反式还是旁式构象的几率,在热力学平衡的状态下,由 $\Delta U/(kT)$ 的值决定。当温度 T 是定值时,仅仅取决于 ΔU。可见,当 ΔU 较大时,反式构象就占优势。此时,高分子链呈伸展状态,链的柔顺性较差;而 ΔU 越小,反式与旁式构象出现的几率就越接近,高分子链呈现无规线团状,此时,链柔顺性就好。

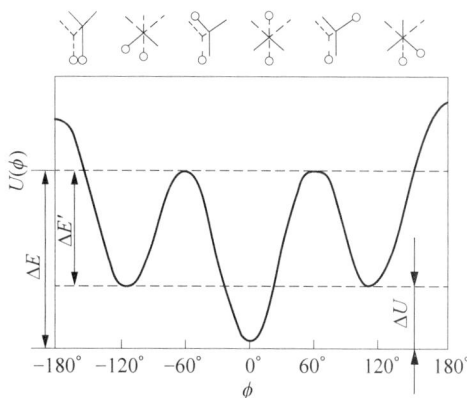

图 1.26　乙烷分子的内旋转势能曲线

高分子链的静态柔顺性,常用链段长和均方末端距来表征。"链段"是指高分子链中能够自由运动的最小单元。从上面的分析可知,高分子链单键的内旋转受到一定的阻碍,如果把多个单键看作是一个链段,链段中单键的数目又足够多,使得链段与链段之间的运动被看作是自由的,这时的高分子链可以被认为是以链段为运动单元的自由联接链。由此可见,组成高分子链的链段越短,说明分子链的运动越容易,柔顺性也越好。如果组成高分子链的单键都是自由联结的,这时的链段长就等于单键的键长,这种高分子链就是理想的柔顺链。反之,如果分子链上所有的单键都不能内旋转,则链段的长度等于整个分子链的长度,这时高分子链就是理想的刚性链。实际高分子的链段长度约包含几个到几十个结构单元,介于链节和分子链长度之间。

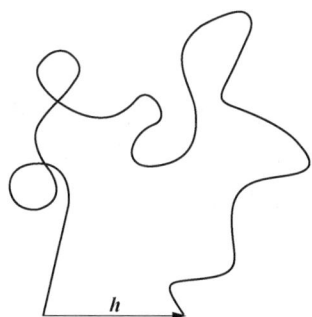

图 1.27　柔顺性高分子链的末端距

高分子链的柔顺性也可用均方末端距来进行表征。均方末端距 $\overline{h^2}$,指末端距的平方按构象分布求统计的平均值,是一个统计平均值。需要注意的是,末端距 h 指分子链两端点之间的直线距离(见图 1.27)。由于末端距随不同的分子和不同的时间在不停地改变,所以是统计平均值。对瞬息万变的无规线团状高分子,在数学处理中,常采用向量运算,求末端距平方的平均值,即均方末端距。因此,高分子链越柔顺,卷曲越厉害,均方末端距 $\overline{h^2}$ 也越小。

对于一个自由结合链(f,j),即内旋转既没有键角的限制,也没有内旋转势垒的存在,通过几何或统计法,可以得到均方末端距为

$$\overline{h_{f \cdot j}^2} = nl^2, \tag{1.9}$$

式中，n 为键的数量，l 为键长。

假设，单键的内旋转是在保持键长和键角为定值的情况下进行的，这种分子链的模型称为自由旋转链，可求得其均方末端距 $\overline{h_{f \cdot r}^2}$ 为

$$\overline{h_{f \cdot r}^2} = nl^2 \frac{1 + \cos \theta}{1 - \cos \theta}, \tag{1.10}$$

式中，θ 为单键键角的补角，对碳链高分子而言，$\theta = 70°32'$，$\cos \theta \approx 1/3$，因此 $\overline{h_{f \cdot r}^2} = 2nl^2$。

实际的高分子链，既不可能是完全的自由结合链，也不可能是自由旋转链。这是因为高分子链中的单键旋转时会互相牵制，一个键的转动，必然带动附近的键一起运动，即每一个键不会成为一个独立的运动单元。如果将若干个键组成的一段链看作是一个独立的单元（即"链段"），达到链段与链段之间的联结运动可以被看作是自由的，就可以认为高分子链是由链段与链段自由结合的，这种链就称为"等效自由结合链"。等效自由结合链的链段分布符合高斯分布函数，所以又称"高斯链"。高斯链体现了大量柔性高分子的共性。它的均方末端距可表示为

$$\overline{h_0^2} = n_e l_e^2, \tag{1.11}$$

式中，n_e 为高分子链含的链段数，l_e 为每个链段的长度。

2. 动态柔顺性

高分子链的动态柔顺性，是指在一定的外界条件下，分子链从一种平衡态构象向另一种平衡态转变的难易程度，它取决于位能曲线上反式与旁式构象之间转变的位垒 $\Delta \mu_b$。这种构象间的转变所需要的时间，定义为 τ_p，τ_p 的大小与内旋转势能值 ΔE（见图 1.26）和外场作用能 kT 有关，由以下的关系式表示：

$$\tau_p = \tau_0 \exp(\Delta E / kT), \tag{1.12}$$

式中，τ_p 称持续时间。若 $\Delta E \ll kT$，则 τ_p 很小（约 10^{-11} s），表明分子链平衡态构象间的转变非常快，也就是说分子链的动态柔顺性好。

一般讨论的分子链的柔顺性，是指静态柔顺性，如考虑加工条件下的黏性流动时，就需要考虑高分子链的动态柔顺性。

1.3.4 影响高分子链柔顺性的结构因素

影响高分子链柔顺性的因素概括为内在因素和外界因素两方面。内在因素也叫结构因素，指主链结构、侧基（或取代基）、其他结构因素（支化与交联，分子链长度，分子间作用力，聚集态结构等）；外界因素包括温度、外力及溶剂等。下面从主链结构、取代基结构以及交联、分子间的相互作用力等几个方面论述。

1. 主链结构的影响

主链结构对高分子链的柔顺性起决定性作用。例如，三种单链的柔顺性 Si—O＞C—O＞C—C。原因如下：与 C—C 相比，C—O 中氧原子周围没有其他的原子或基团。因此，C—O—C 链中非键合原子间的距离比 C—C—C 链中的远，相互作用小，单键的内旋转的阻碍就小。

对 Si—O 键而言,不仅具有 C—O 键的特点,而且 Si—O—Si 的键长(0.164 nm,C—C 的 0.154 nm)、键角(142°)比 C—O—C(111°)和 C—C—C(109.5°)的都大(见图 1.28),使得 Si—O—Si 链中非键合原子间的距离更大,相互作用力更小。这也解释了为什么聚酯、聚酰胺、聚氨酯和聚二甲基硅氧烷等是柔性高分子链的原因,特别是含有 Si—O 键的聚二甲基硅氧烷(见图 1.29)的柔性非常好,它在低温下仍然是一种橡胶。

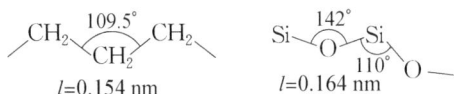

图 1.28　Si—O—Si 键与 C—C—C 键的对比

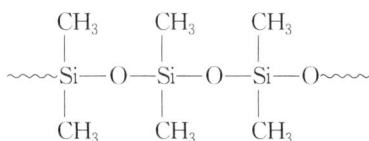

图 1.29　聚二甲基硅氧烷

如果主链上带有芳杂环结构和共轭双键的高分子链的柔顺性较差,刚性较强。这类高分子的耐高温性能优良,如聚碳酸酯、聚砜、聚苯醚等,都可用作耐高温的工程塑料。其中,聚苯醚(PPO)(见图 1.30)的结构中,在主链结构中含有芳环,使分子链呈刚性,材料耐高温。同时,主链上又有 C—O 键,具有柔性,所以,基于聚苯醚的产品可通过注塑成型。

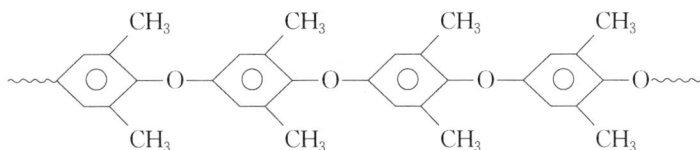

图 1.30　聚苯醚(PPO)结构式

具有共轭双键的高分子链其共轭双键电子云在最大限度上交叠时,是上下对称的,这类分子链不能旋转,因为内旋转会使键的电子云变形和破裂,所以是刚性分子链。例如,聚乙炔～CH=CH—CH=CH—CH=CH～、聚苯乙炔以及某些杂环高分子(聚吡咯、聚苯胺)等均是典型的刚性分子链。

值得注意的是,对于含孤立双键的双烯类高分子(—C—C=C—C—),虽然双键本身不能旋转,但由于双键上氢原子的减少,使邻近单键的内旋转阻力减小,而使内旋转容易进行,柔顺性变好。所以,具有孤立双键的聚合物具有较好的柔性,可作为橡胶,如聚异戊二烯、聚丁二烯等。

2. 取代基的影响

取代基的影响通常可以归纳成三方面:①取代基位阻越大(基团大),链柔顺性越差;②极性越强,链柔顺性越差;③取代基对称性越好,链柔顺性也越好。

首先,取代基的体积大小决定着位阻效应的大小,如从聚乙烯、聚丙烯到聚苯乙烯,取代基的体积依次增大,空间位阻效应也逐渐增大,因而,分子链的柔顺性依次减小。同时,取代基极性的大小也决定着分子内的吸引力和势垒,最终影响分子间作用力的大小。

其次,取代基的极性越大,非键合原子间的相互作用就越强,内旋转阻力就越大,分子链的柔顺性就越差,如聚丙烯、聚氯乙烯和聚丙烯腈三种高分子,其中聚丙烯中的甲基是弱极性基团,聚氯乙烯中的氯原子是极性基团,但其极性不如聚丙烯腈中的 CN,因此三种取代基团的极性是递增的,所以分子链的柔顺性是依次递减的。

极性基团数量的多少也有影响。如果极性基团数量少,则在链上间隔的距离较远,分子链之间的作用力及空间位阻的影响就低,分子内旋转比较容易,柔顺性就好。典型的例子有氯化聚乙烯和聚氯乙烯。将聚乙烯氯化得到的氯化聚乙烯,与聚氯乙烯相比,极性取代基氯原子在主链中的数目较少,因此氯化聚乙烯分子链的柔顺性就较好,并随氯化程度的增加柔顺性降低。

最后,取代基的对称性与否对分子链的柔顺性也有影响。通常,取代基对称性分布的分子链的柔顺性要高于非对称分布的分子链。如聚偏氯乙烯的柔顺性高于聚氯乙烯分子链,聚异丁烯的柔顺性好于聚丙烯。

3. 其他影响因素

首先,交联的影响:当高分子链之间用化学键交联起来时,交联点附近的单键的内旋转就会受到阻碍。当交联程度较低时,交联点之间的分子链的长度大于链段的长度,这时作为运动单元的链段还能运动,高分子链还能表现出一定的柔顺性。如通常的橡胶,具有低硫化程度,交联度不超过 30%,一方面,橡胶的主链本身具有良好的柔顺性,另一方面,交联的硫桥之间间距较大,交联点之间能够容许链段内旋转,这时的橡胶仍能保持较好的柔顺性。如果交联度大,交联点之间单键内旋转很困难,就不存在柔顺性了。

其次,分子间相互作用力(氢键、范德华作用等)的影响。例如,同是极性分子链,聚酰胺分子链的柔顺性比聚乙酸乙烯酯差,这是由于聚酰胺的分子链之间能够形成大量的氢键,这种强的分子链间相互作用力使分子链的构象通过分子内旋转加以改变,刚性增大。

此外,结晶、温度、外力的作用速度等因素,也会影响高分子链的柔顺性。温度能够提供克服内旋转位垒的能量,温度升高,内旋转容易,柔性增大;外力作用的速率太快时,分子链来不及通过内旋转而改变构象,表现出刚性。

第2章 固体结构

物质通常有三种聚集状态:气态、液态和固态。而按照原子(或分子)排列的特征又可将固态物质分为两大类:晶体和非晶体。

晶体中的原子在空间呈有规则的周期性重复排列;而非晶体的原子则是无规则排列的。原子排列在决定固态材料的组织和性能中起着极重要的作用。金属、陶瓷和高分子材料的一系列特性都其原子的排列密切相关。如具有面心立方晶体结构的金属 Cu,Al 等,都有优异的延展性能,而密排六方晶体结构的金属,如 Zn,Cd 等则较脆;具有线型分子链的橡胶兼有弹性好、强韧和耐磨之特点,而具有三维网络分子链的热固性树脂,一旦受热固化便不能再改变形状,但具有较好的耐热和耐蚀性能,硬度也比较高。因此,研究固态物质内部结构,即原子排列和分布规律,是了解、掌握材料性能的基础,只有这样,才能从物质内部找到改善和发展新材料的途径。

必须指出的是,一种物质是否以晶体或以非晶体形式出现,还需视外部环境条件和加工制备方法而定,晶态与非晶态往往是可以互相转化的。

2.1 晶体学基础

晶体结构的基本特征是,原子(或分子、离子)在三维空间呈周期性重复排列,即存在长程有序。因此,它与非晶体物质在性能上区别主要有两点:①晶体熔化时具有固定的熔点,而非晶体却无固定熔点,存在一个软化温度范围;②晶体具有各向异性,而非晶体却为各向同性。

为了便于了解晶体中原子(离子、分子或原子团等)在空间的排列规律,以便更好地进行晶体结构分析,下面首先介绍有关晶体学的基础知识。

2.1.1 空间点阵和晶胞

实际晶体中的质点(原子、分子、离子或原子团等)在三维空间可以有无限多种排列形式。为了便于分析研究晶体中质点的排列规律性,可先将实际晶体结构看成完整无缺的理想晶体,并将其中的每个质点抽象为规则排列于空间的几何点,称之为阵点。这些阵点在空间呈周期性规则排列,并具有完全相同的周围环境,这种由它们在三维空间规则排列的阵列称为空间点阵,简称点阵。为便于描述空间点阵的图形,可用许多平行的直线将所有阵点连接起来,于是就构成一个三维几何格架,称为空间格子,如图 2.1 所示。

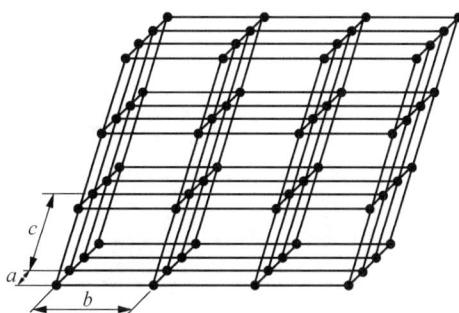

图 2.1 空间点阵的一部分

为说明点阵排列的规律和特点,可在点阵中取出一个具有代表性的基本单元(最小平行六面体)作为点阵的组成单元,称为晶胞。将晶胞作三维的重复堆砌就构成了空间点阵。

同一空间点阵可因选取方式不同而得到不相同的晶胞,图 2.2 表示在一个二维点阵中可取出多种不同晶胞。为了最能反映点阵的对称性,选取晶胞的原则为:

(1) 选取的平行六面体应反映出点阵的最高对称性。

(2) 平行六面体内的棱和角相等的数目应最多。

(3) 当平行六面体的棱边夹角存在直角时,直角数目应最多。

(4) 在满足上述条件的情况下,晶胞应具有最小的体积。

为了描述晶胞的形状和大小,常采用平行六面体的三条棱边的边长 a,b,c(称为点阵常数)及棱间夹角 α,β,γ 6 个点阵参数来表达,如图 2.3 所示。事实上,采用 3 个点阵矢量 a,b,c 来描述晶胞将更为方便。这 3 个矢量不仅确定了晶胞的形状和大小,并且完全确定了此空间点阵。

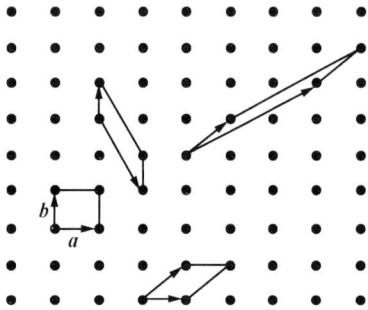

图 2.2　在点阵中选取晶胞

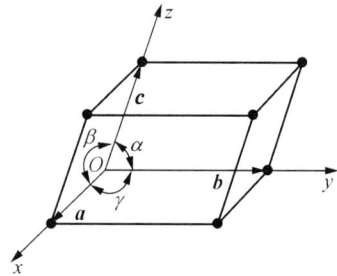

图 2.3　晶胞、晶轴和点阵矢量

根据 6 个点阵参数间的相互关系,可将全部空间点阵归属于 7 种类型,即 7 个晶系,如表 2.1 所列。

表 2.1　晶系

晶　　系	棱边长度及夹角关系	举　　例
三　斜	$a \neq b \neq c, \alpha \neq \beta \neq \gamma \neq 90°$	K_2CrO_7
单　斜	$a \neq b \neq c, \alpha = \gamma = 90° \neq \beta$	β-S,$CaSO_4 \cdot 2H_2O$
正　交	$a \neq b \neq c, \alpha = \beta = \gamma = 90°$	α-S,Ga,Fe_3C
六　方	$a_1 = a_2 = a_3 \neq c, \alpha = \beta = 90°, \gamma = 120°$	Zn,Cd,Mg,NiAs
菱　方	$a = b = c, \alpha = \beta = \gamma \neq 90°$	As,Sb,Bi
四　方	$a = b \neq c, \alpha = \beta = \gamma = 90°$	β-Sn,TiO_2
立　方	$a = b = c, \alpha = \beta = \gamma = 90°$	Fe,Cr,Cu,Ag,Au

按照"每个阵点的周围环境相同"的要求,布拉维(Bravais A.)用数学方法推导出能够反映空间点阵全部特征的单位平面六面体只有 14 种,这 14 种空间点阵也称布拉维点阵,如表 2.2 所列。

表 2.2 布拉维点阵

布拉维点阵	晶 系	图2.4	布拉维点阵	晶 系	图2.4
简单三斜	三 斜	(a)	简单六方	六 方	(h)
简单单斜	单 斜	(b)	简单菱方	菱 方	(i)
底心单斜		(c)			
简单正交		(d)	简单四方	四 方	(j)
底心正交	正 交	(e)	体心四方		(k)
体心正交		(f)	简单立方		(l)
面心正交		(g)	体心立方	立 方	(m)
			面心立方		(n)

14 种布拉维点阵的晶胞,如图 2.4 所示。

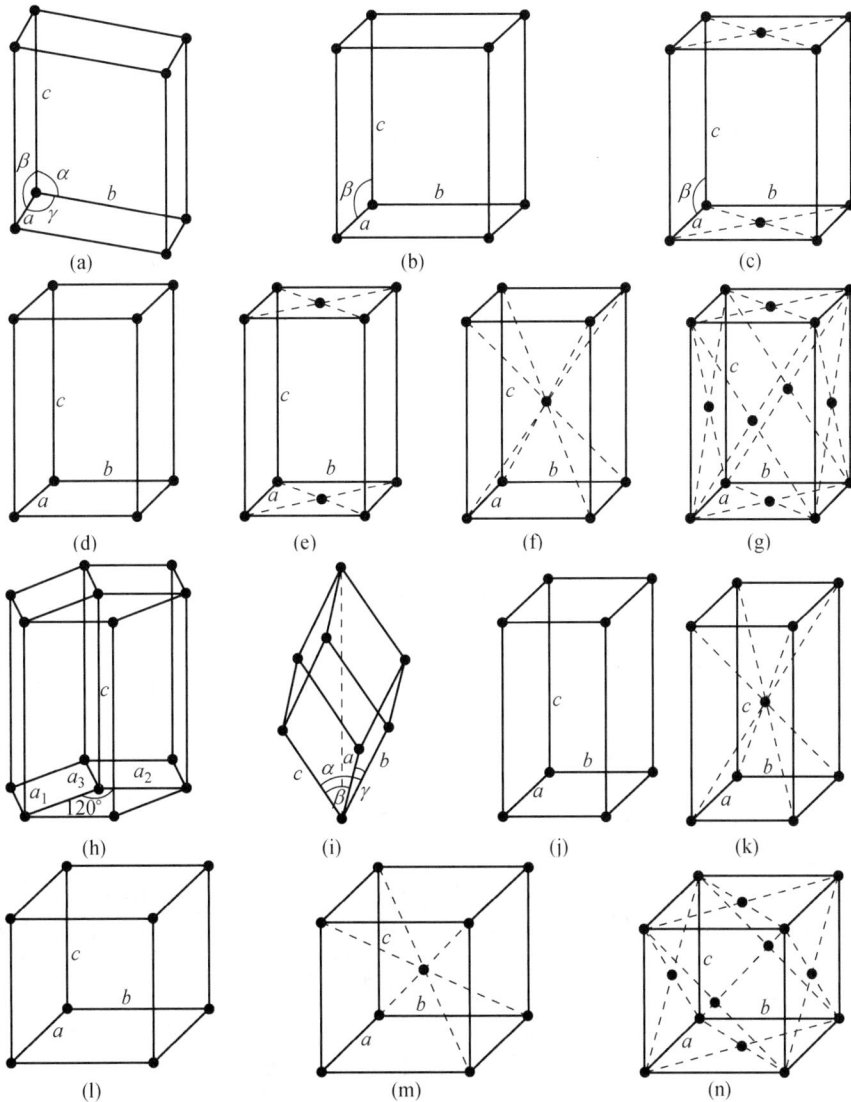

图 2.4 14 种布拉维点阵的晶胞

同一空间点阵可因选取晶胞的方式不同而得出不同的晶胞。如图 2.5 所示,立方晶系中若体心立方布拉维点阵晶胞用图 2.5(b)中实线所示的简单三斜晶胞来表示,面心立方点阵晶胞用图 2.5(c)中实线所示的简单菱方来表示,显然,新晶胞不能充分反映立方晶系空间点阵的对称性,故不能这样选取。

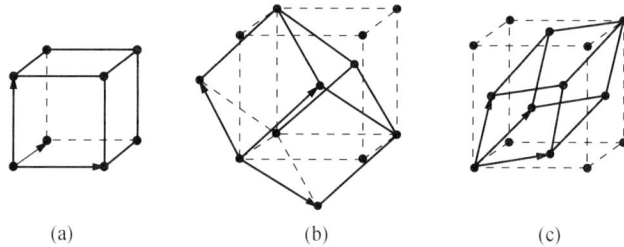

(a)   (b)   (c)

图 2.5 立方晶系布拉维点阵晶胞的不同取法

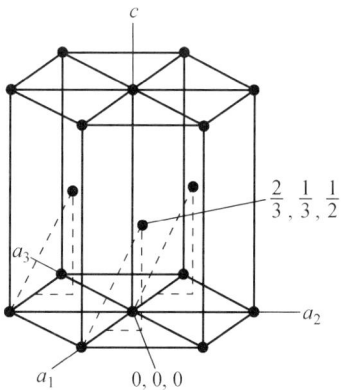

图 2.6 密排六方晶体结构

必须注意,晶体结构与空间点阵是有区别的。空间点阵是晶体中质点排列的几何学抽象,用以描述和分析晶体结构的周期性和对称性,由于各阵点的周围环境相同,故它只能有 14 种类型;而晶体结构则是指晶体中实际质点(原子、离子或分子)的具体排列情况,它们能组成各种类型的排列,因此,实际存在的晶体结构是无限的。图 2.6 为金属中常见的密排六方晶体结构,但不能把它看作一种空间点阵。这是因为位于晶胞内的原子与晶胞角上的原子具有不同的周围环境。若将晶胞角上的一个原子与相应的晶胞之内的一个原子共同组成一个阵点($0,0,0$ 阵点可看作由 $0,0,0$ 和 $\frac{2}{3},\frac{1}{3},\frac{1}{2}$ 这一对原子所组成),这样得出的密排六方结构应属简单六方点阵。

图 2.7 所示为 Cu,$NaCl$ 和 CaF_2 三种晶体结构,显然,这三种结构有着很大的差异,属于不同的晶体结构类型,然而,它们却同属于面心立方点阵。又如图 2.8 所示为 Cr 和 $CsCl$ 的晶体结构,它们都是体心立方结构,但 Cr 属体心立方点阵,而 $CsCl$ 则属简单立方点阵。

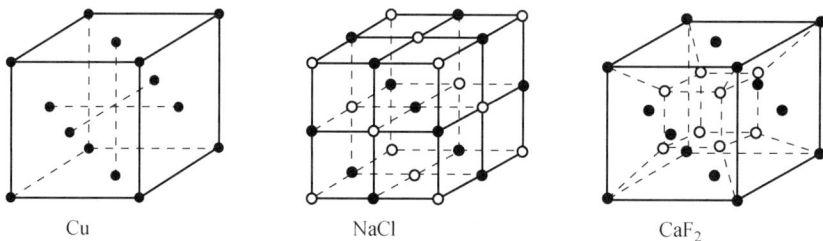

Cu   NaCl   CaF$_2$

图 2.7 具有相同点阵的晶体结构

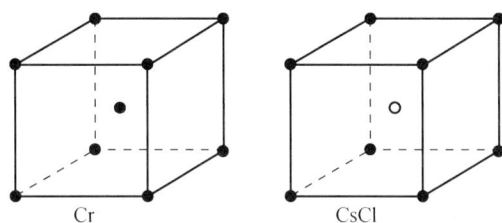

图 2.8 晶体结构相似而点阵不同

2.1.2 晶向指数和晶面指数

在材料科学中讨论有关晶体的生长、变形、相变及性能等问题时,常须涉及晶体中原子的位置、原子列的方向(称为晶向)和原子构成的平面(称为晶面)。为了便于确定和区别晶体中不同方位的晶向和晶面,国际上通常用米勒指数(Miller indices)来统一标定晶向指数与晶面指数。

1. 晶向指数

从图 2.9 可得知,任何阵点 P 的位置可由矢量 $\boldsymbol{r}_{uvw}$ 或该阵点的坐标 u,v,w 来确定:

$$\boldsymbol{r}_{uvw} = \overrightarrow{OP} = u\boldsymbol{a} + v\boldsymbol{b} + w\boldsymbol{c} \text{。} \tag{2.1}$$

不同的晶向只是 u,v,w 的数值不同而已。故可用约化的 $[uvw]$ 来表示晶向指数。晶向指数的确定步骤如下:

(1) 以晶胞的某一阵点 O 为原点,过原点 O 的晶轴为坐标轴 x,y,z,以晶胞点阵矢量的长度作为坐标轴的长度单位。

(2) 过原点 O 作一直线 OP,使其平行于待定的晶向。

(3) 在直线 OP 上选取距原点 O 最近的一个阵点 P,确定 P 点的 3 个坐标值。

(4) 将这 3 个坐标值化为最小整数 u,v,w,加上方括号,$[uvw]$ 即为待定晶向的晶向指数。若坐标中某一数值为负,则在相应的指数上加一负号,如 $[1\bar{1}0]$,$[\bar{1}00]$ 等。

图 2.10 中列举了正交晶系的一些重要晶向的晶向指数。

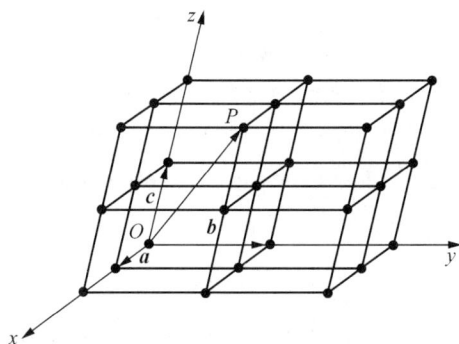

图 2.9 点阵矢量

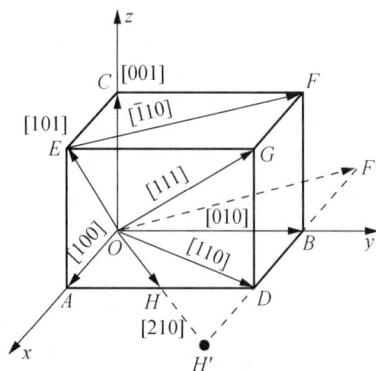

图 2.10 正交晶系一些重要晶向的晶向指数

显然,晶向指数表示着所有相互平行、方向一致的晶向。若所指的方向相反,则晶向指数的数字相同,但符号相反,如$[110]$和$[\bar{1}\bar{1}0]$就是两个相互平行,而方向相反的晶向。另外,晶体中因对称关系而等价的各组晶向可归并为一个晶向族,用$\langle uvw \rangle$表示。例如,立方晶系中的八条体对角线$[111]$,$[\bar{1}11]$,$[1\bar{1}1]$,$[11\bar{1}]$和$[\bar{1}\bar{1}1]$,$[\bar{1}1\bar{1}]$,$[1\bar{1}\bar{1}]$和$[\bar{1}\bar{1}\bar{1}]$就可用符号$\langle 111 \rangle$表示。

2. 晶面指数

晶面指数标定步骤如下:

(1) 在点阵中设定参考坐标系,设置方法与确定晶向指数时相同,但不能将坐标原点选在待确定指数的晶面上,以免出现零截距。

(2) 求得待定晶面在三个晶轴上的截距,若该晶面与某轴平行,则在此轴上截距为∞;若该晶面与某轴负方向相截,则在此轴上截距为一负值。

(3) 取各截距的倒数。

(4) 将三个倒数化为互质的整数比,并加上圆括号,即表示该晶面的指数,记为(hkl)。

图 2.11 中待标定的晶面 $a_1 b_1 c_1$ 相应的截距为 $\dfrac{1}{2}$,$\dfrac{1}{3}$,$\dfrac{2}{3}$,其倒数为 $2,3,\dfrac{3}{2}$,化为简单整数为 $4,6,3$,故晶面 $a_1 b_1 c_1$ 的晶面指数为(463)。如果所求晶面在晶轴上的截距为负数,则在相应的指数上方加一负号,如$(\bar{1}10)$,$(11\bar{2})$等。图 2.12 为正交点阵中一些晶面的晶面指数。

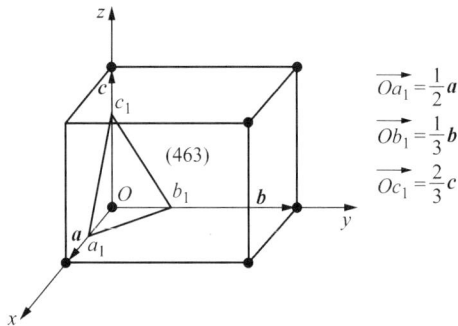

图 2.11 晶面指数的表示方法

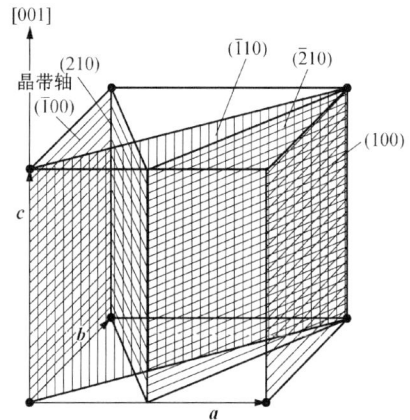

图 2.12 正交点阵中一些晶面的晶面指数

同样,晶面指数所代表的不仅是某一晶面,而是代表着一组相互平行的晶面。另外,在晶体内凡晶面间距和晶面上原子的分布完全相同,只是空间位向不同的晶面可以归并为同一晶面族,以$\{hkl\}$表示,它代表由对称性相联系的若干组等效晶面的总和。例如,在立方晶系中:

$$\{110\} = (110) + (101) + (011) + (\bar{1}10) + (\bar{1}01) + (0\bar{1}1) +$$
$$(1\bar{1}0) + (10\bar{1}) + (01\bar{1}) + (\bar{1}\bar{1}0) + (\bar{1}0\bar{1}) + (0\bar{1}\bar{1})。$$

这里前六个晶面与后六个晶面两两相互平行,共同构成一个十二面体。所以,晶面族$\{110\}$又称为十二面体的面。

$$\{111\} = (111) + (\bar{1}11) + (1\bar{1}1) + (11\bar{1}) +$$

$$(\bar{1}\bar{1}1) + (\bar{1}1\bar{1}) + (1\bar{1}\bar{1}) + (\bar{1}\bar{1}\bar{1})。$$

这里前四个晶面和后四个晶面两两平行,共同构成一个八面体。因此,晶面族{111}又称八面体的面。

此外,在立方晶系中,具有相同指数的晶向和晶面必定是互相垂直的。例如[110]垂直于(110),[111]垂直于(111),等等。

3. 六方晶系指数

六方晶系的晶向指数和晶面指数同样可以应用上述方法标定,这时取 a_1,a_2,c 为晶轴,而 a_1 轴与 a_2 轴的夹角为 $120°$,c 轴与 a_1,a_2 轴相垂直,如图 2.13 所示。但按这种方法标定的晶面指数和晶向指数,不能显示六方晶系的对称性,晶体学上等价的晶面和晶向,其指数却不相类同,往往看不出它们之间的等价关系。例如,晶胞的六个柱面是等价的,但按上述三轴坐标系确定的晶面指数却分别为(100),(010),($\bar{1}$10),($\bar{1}$00),(0$\bar{1}$0)和(1$\bar{1}$0)。为了克服这一缺点,通常采用另一专用于六方晶系的四轴坐标系指数。

根据六方晶系的对称特点,对六方晶系采用 a_1,a_2,a_3 及 c 四个晶轴,a_1,a_2,a_3 之间的夹角均为 $120°$,这样,其晶面指数就以 $(h\,k\,i\,l)$ 四个指数来表示。根据几何学可知,三维空间独立的坐标轴最多不超过 3 个。前三个指数中只有两个是独立的,它们之间存在以下关系:$i=-(h+k)$。晶面指数的具体标定方法同前面一样,在图 2.13 中列举了六方晶系的一些晶面的指数。采用这种标定方法,等价的晶面可以从指数上反映出来。例如,上述六个柱面的指数分别为($10\bar{1}0$),($01\bar{1}0$),($\bar{1}100$),($\bar{1}010$),($0\bar{1}10$)和($1\bar{1}00$),这六个晶面可归并为$\{10\bar{1}0\}$晶面族。

采用四轴坐标时,晶向指数的确定原则仍同前述(见图 2.14),晶向指数可用 $[u\,v\,t\,w]$ 来表示,这里要求 $u+v=-t$,以能保持其唯一性。

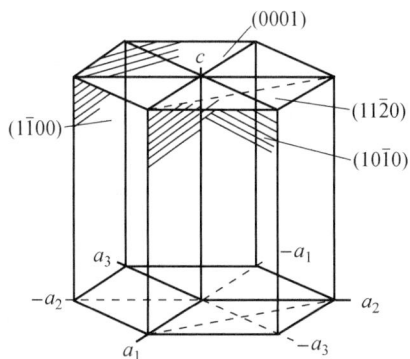

图 2.13 六方晶系一些晶面的指数

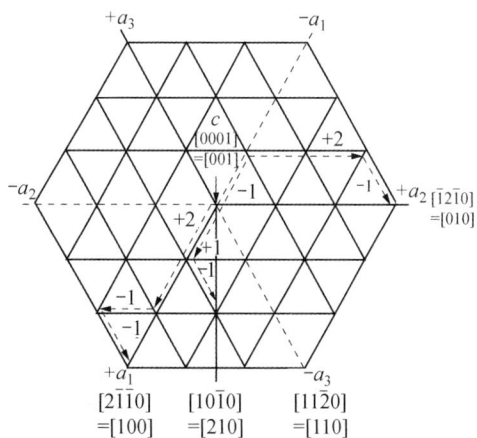

图 2.14 六方晶系晶向指数的表示方法(c 轴与图面垂直)

六方晶系按两种晶轴系所得的晶面指数和晶向指数可相互转换如下:对晶面指数而言,从 $(h\,k\,i\,l)$ 转换成 $(h\,k\,l)$ 只要去掉 i 即可;反之,则加上 $i=-(h+k)$。对晶向指数而言,则

$[U\,V\,W]$与$[u\,v\,t\,w]$之间的互换关系为：

$$U=u-t,\quad V=v-t,\quad W=w;$$

$$u=\frac{1}{3}(2U-V),\quad v=\frac{1}{3}(2V-U),\quad t=-(u+v),\quad w=W。\qquad(2.2)$$

4. 晶带

所有平行或相交于某一晶向直线的晶面构成一个晶带，此直线称为晶带轴。属此晶带的晶面称为共带面。

晶带轴$[u\,v\,w]$与该晶带的晶面$(h\,k\,l)$之间存在以下关系：

$$hu+kv+lw=0。\qquad(2.3)$$

凡满足此关系的晶面都属于以$[u\,v\,w]$为晶带轴的晶带，故此关系式也称作晶带定律。根据这个基本公式，若已知有两个不平行的晶面$(h_1k_1l_1)$和$(h_2k_2l_2)$，则其晶带轴的晶向指数$[u\,v\,w]$可以从下式求得：

$$u:v:w=\begin{vmatrix} k_1 & l_1 \\ k_2 & l_2 \end{vmatrix}:\begin{vmatrix} l_1 & h_1 \\ l_2 & h_2 \end{vmatrix}:\begin{vmatrix} h_1 & k_1 \\ h_2 & k_2 \end{vmatrix},$$

或写作如下形式：

$$\begin{bmatrix} u & v & w \\ h_1 & k_1 & l_1 \\ h_2 & k_2 & l_2 \end{bmatrix}。\qquad(2.4)$$

同样，已知二晶向$[u_1v_1w_1]$和$[u_2v_2w_2]$，由此二晶向所决定的晶面指数(hkl)则为

$$h:k:l=\begin{vmatrix} v_1 & w_1 \\ v_2 & w_2 \end{vmatrix}:\begin{vmatrix} w_1 & u_1 \\ w_2 & u_2 \end{vmatrix}:\begin{vmatrix} u_1 & v_1 \\ u_2 & v_2 \end{vmatrix},$$

或写作如下形式：

$$\begin{bmatrix} h & k & l \\ u_1 & v_1 & w_1 \\ u_2 & v_2 & w_2 \end{bmatrix}。\qquad(2.5)$$

而已知三个晶轴$[u_1v_1w_1]$，$[u_2v_2w_2]$和$[u_3v_3w_3]$，若

$$\begin{vmatrix} u_1 & v_1 & w_1 \\ u_2 & v_2 & w_2 \\ u_3 & v_3 & w_3 \end{vmatrix}=0,$$

则三个晶轴同在一个晶面上。

已知三个晶面$(h_1k_1l_1)$，$(h_2k_2l_2)$和$(h_3k_3l_3)$，若

$$\begin{vmatrix} h_1 & k_1 & l_1 \\ h_2 & k_2 & l_2 \\ h_3 & k_3 & l_3 \end{vmatrix}=0,$$

则此三个晶面同属一个晶带。

5. 晶面间距

晶面指数不同的晶面之间的区别主要在于晶面的位向和晶面间距不同。晶面指数一经确

定,晶面的位向和面间距就确定了。晶面的位向可用晶面法线的位向来表示,而空间任一直线的位向则用它的方向余弦表示。对立方晶系而言,已知某晶面的晶面指数为 h,k,l,该晶面的位向则从以下关系求得:

$$\begin{cases} h:k:l=\cos\alpha:\cos\beta:\cos\gamma, \\ \cos^2\alpha+\cos^2\beta+\cos^2\gamma=1。 \end{cases} \tag{2.6}$$

由晶面指数还可求出面间距 d_{hkl}。通常,低指数的面间距较大,而高指数的晶面间距则较小。图 2.15 所示为简单立方点阵不同晶面的面间距的平面图,其中(100)面的面间距最大,而(320)面的间距最小。此外,晶面间距越大,则该晶面上原子排列越密集;晶面间距越小,则排列越稀疏。

晶面间距 d_{hkl} 与晶面指数 $(h\,k\,l)$ 的关系式可根据图 2.16 的几何关系求出。设 ABC 为距原点 O 最近的晶面,其法线 N 与 a,b,c 的夹角为 α,β,γ,则得

$$d_{hkl}=\frac{a}{h}\cos\alpha=\frac{b}{k}\cos\beta=\frac{c}{l}\cos\gamma,$$

$$d_{hkl}^2\left[\left(\frac{h}{a}\right)^2+\left(\frac{k}{b}\right)^2+\left(\frac{l}{c}\right)^2\right]=\cos^2\alpha+\cos^2\beta+\cos^2\gamma。 \tag{2.7}$$

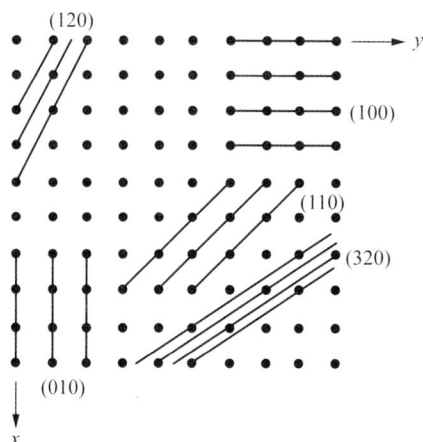

图 2.15　晶面间距

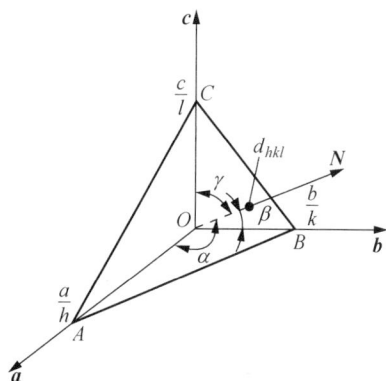

图 2.16　晶面间距公式的推导

因此,只要算出 $\cos^2\alpha+\cos^2\beta+\cos^2\gamma$ 之值就可求得 d_{hkl}。对直角坐标系 $\cos^2\alpha+\cos^2\beta+\cos^2\gamma=1$,所以,正交晶系的晶面间距计算公式为:

$$d_{hkl}=\frac{1}{\sqrt{\left(\frac{h}{a}\right)^2+\left(\frac{k}{b}\right)^2+\left(\frac{l}{c}\right)^2}}。 \tag{2.8}$$

对立方晶系,由于 $a=b=c$,故上式可简化为:

$$d_{hkl}=\frac{a}{\sqrt{h^2+k^2+l^2}}。 \tag{2.9}$$

对六方晶系,可求得其晶面间距的计算公式为:

$$d_{hkl}=\frac{1}{\sqrt{\frac{4}{3}\frac{(h^2+hk+k^2)}{a^2}+\left(\frac{l}{c}\right)^2}}。 \tag{2.10}$$

2.1.3 晶体的对称性

对称性是晶体的基本性质之一。自然界的许多晶体如天然金刚石、水晶、雪花晶体等往往具有规则的几何外形。晶体外形的宏观对称性是其内部晶体结构微观对称性的表现。晶体的某些物理参数如热膨胀、弹性模量和光学常数等也与晶体的对称性密切相关。因此,分析探讨晶体的对称性,对研究晶体结构及其性能具有重要意义。

1. 对称元素

如同某些几何图形一样,自然界的某些物体和晶体中往往存在着可分割成若干个相同的部分,若将这些相同部分借助某些辅助性的、假想的几何要素(点、线、面)变换一下,它们能自身重合复原或者能有规律地重复出现,就像未发生一样,这种性质称为对称性。具有对称性质的图形称为对称图形,而这些假想的几何要素称为对称元素,"变换"或"重复"动作称为对称操作。每一种对称操作必有一对称元素与之相对应。

晶体的对称元素可分为宏观和微观两类。宏观对称元素反映出晶体外形和其宏观性质的对称性,而微观对称元素与宏观对称元素配合运用就能反映出晶体中原子排列的对称性。

a. 宏观对称元素

(1)回转对称轴。当晶体绕某一轴回转而能完全复原时,此轴即为回转对称轴。注意:该轴线定要通过晶格单元的几何中心,且位于该几何中心与角顶或棱边的中心或面心的连线上。在回转一周的过程中,晶体能复原 n 次,就称为 n 次对称轴。晶体中实际可能存在的对称轴有 1,2,3,4 和 6 次五种,并用国际符号 1,2,3,4 和 6 来表示,如图 2.17 所示。关于晶体中的旋转轴次可通过晶格单元在空间密排和晶体的对称性定律加以验证,5 次及高于 6 次的对称轴并不存在,因为它们不具有平移性。

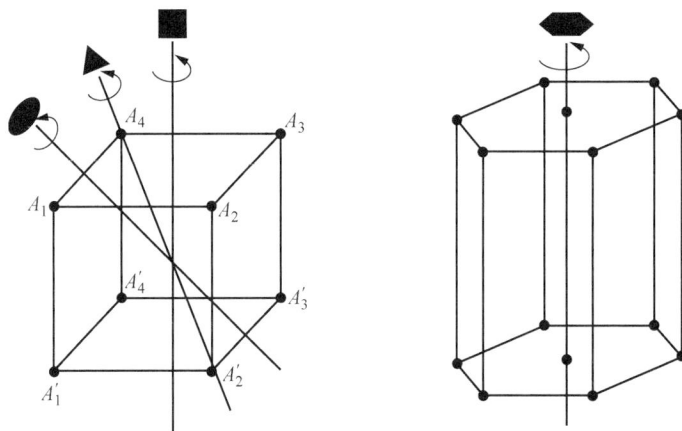

图 2.17 对称轴

(2)对称面。晶体通过某一平面作镜像反映而能复原,则该平面称为对称面或镜面(见图 2.18 中 $B_1B_2B_3B_4$ 面),用符号 m 表示。对称面通常是晶棱或晶面的垂直平分面或者为多面角的平分面,且必定通过晶体几何中心。

(3)对称中心。若晶体中所有的点在经过某一点反演后能复原,则该点就称为对称中心

(见图 2.19 中 O 点),用符号 i 表示。对称中心必然位于晶体中的几何中心处。

(4)回转-反演轴。若晶体绕某一轴回转一定角度($360°/n$),再以轴上的一个中心点作反演之后能复原时,此轴称为回转-反演轴。图 2.20 中,P 点绕 BB' 轴回转 $180°$ 与 P_3 点重合,再经 O 点反演而与 P' 重合,则称 BB' 为 2 次回转-反演轴。从图中可以看出,回转-反演轴也可有 1,2,3,4 和 6 次五种,分别以符号 $\bar{1}$,$\bar{2}$,$\bar{3}$,$\bar{4}$,$\bar{6}$ 来表示。事实上,$\bar{1}$ 与对称中心 i 等效;$\bar{2}$ 与对称面 m 等效;$\bar{3}$ 与 3 次旋转轴加上对称中心 i 等效;$\bar{6}$ 则与 3 次旋转轴加上一个与它垂直的对称面等效。为便于比较,将晶体的宏观对称元素及对称操作列于表 2.3。

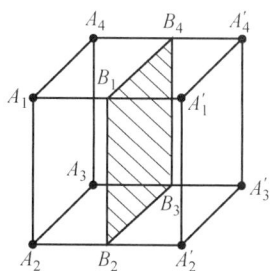

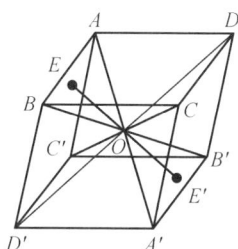

图 2.18 对称面   图 2.19 对称中心   图 2.20 回转-反演轴

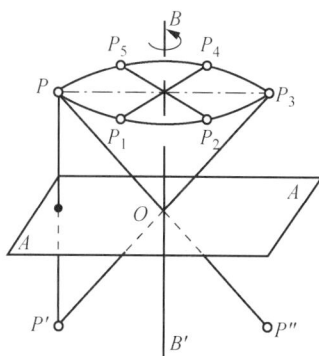

表 2.3 晶体的宏观对称元素和对称操作

对称元素	对 称 轴					对称中心	对称面	回转-反演轴		
	1 次	2 次	3 次	4 次	6 次			3 次	4 次	6 次
辅助几何要素	直 线					点	平面	直线和直线上的定点		
对称操作	绕直线旋转					对点反演	对面反映	绕线旋转＋对点反演		
基转角 $\alpha/(°)$	360	180	120	90	60			120	90	60
国际符号	1	2	3	4	6	i	m	$\bar{3}$	$\bar{4}$	$\bar{6}$
等效对称元素						$\bar{1}$	$\bar{2}$	$3+i$		$3+m$

b. 微观对称元素 在分析晶体结构的对称性时,除了上面所述的宏观对称元素外,还须增加包含有平移动作的两种对称元素,这就是滑动面和螺旋轴。

(1)滑动面。它由一个对称面加上沿着此面的平移所组成,晶体结构可借此面的反映并沿此面平移一定距离而复原。例如,图 2.21(a)中的结构,点 2 是点 1 的反映,BB' 面是对称面;但图 2.21(b)所示的结构就不同,单是反映不能得到复原,点 1 经 BB' 面反映后再平移 $a/2$ 距离才能与点 2 重合,这时 BB' 面是滑动面。

滑动面的表示符号如下:如平移为 $a/2$,$b/2$ 或 $c/2$ 时,写作 a,b 或 c;如沿对角线平移 $1/2$ 距离,则写作 n;如沿着面对角线平移 $1/4$ 距离,则写作 d。

(2)螺旋轴。螺旋轴由回转轴和平行于轴的平移所构成。晶体结构可借绕螺旋轴回转 $360°/n$ 角度同时沿轴平移一定距离而得到重合,此螺旋轴称为 n 次螺旋轴。图 2.22 为 3 次螺旋轴,一些结构绕此轴回转 $120°$ 并沿轴平移 $c/3$ 就得到复原。螺旋轴可按其回转方向而有右旋和左旋之分。

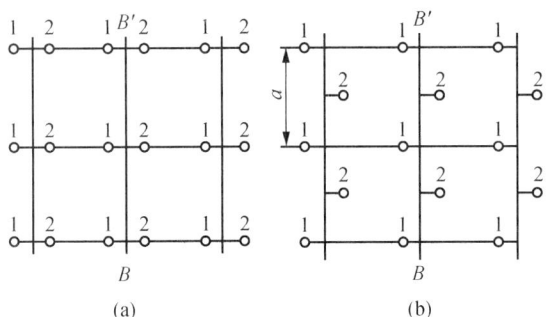

图 2.21　滑动面

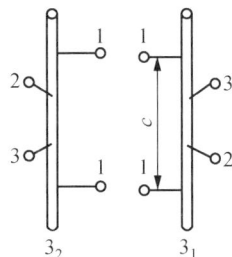

图 2.22　螺旋轴

　　螺旋轴有 2 次(平移距离为 $c/2$,不分右旋和左旋,记为 2_1)、3 次(平移距离为 $c/3$,分为右旋或左旋,记为 3_1 或 3_2)、4 次(平移距离 $c/4$ 或 $c/2$,前者分为右旋或左旋,记为 4_1 或 4_3,后者不分左右旋,记为 4_2)、6 次(平移距离 $c/6$,分右旋或左旋,记为 6_1 或 6_5;平移距离 $c/3$,分右旋或左旋,记为 6_2 或 6_4;平移距离为 $c/2$,不分左右旋,记为 6_3)几种。

2. 32 种点群及空间群

　　点群是指一个晶体中所有点对称元素的集合。点群在宏观上表现为晶体外形的对称。

　　晶体可能存在的对称类型可通过宏观对称元素在一点上组合运用而得出。利用组合定理可导出晶体外形中只能有 32 种对称点群。这是因为:① 点对称与平移对称两者共存于晶体结构中,它们相互协调,彼此制约;② 点对称元素组合时必须通过一个公共点,并且遵循一定的规则,使组合的对称元素之间能够自洽。32 种点群如表 2.4 所列。

表 2.4　32 种点群

晶　系	三斜	单斜	正交			四方	菱方	六方	立方		
对称要素	1 $\overline{1}$	m 2 $2/m$①	2 2 $2/m$	m 2 $2/m$	m 2 $2/m$	$\overline{4}$ 4 $4/m$ $\overline{4}$ 4 4 $4/m$					

　　① $2/m$ 表示其对称面与 2 次轴相垂直,其余类推。

　　2.1.1 节已指出,根据 6 个点阵参数间的相互关系可将晶体分为 7 种晶系,而现在按其对称性又有 32 种点群,这表明同属一种晶系的晶体可为不同的点群。因为晶体的对称性不仅决定于所属晶系,还决定于其阵点上的原子组合情况。表 2.4 中所列的特征对称元素系指能表示该晶系的最少对称元素,故可借助它来判断晶体所属的晶系,而无须将晶体中的所有对称元素都找出来。

　　空间群用以描述晶体中原子组合所有可能的方式,是确定晶体结构的依据,它是通过宏观和微观对称元素在三维空间的组合而得出的。属于同一点阵的晶体可因其微观对称元素的不同而分属于不同的空间群。故可能存在的空间群数目远远多于点阵,现已证明晶体中可能存在的空间群有 230 种,分属于 32 个点群。

2.1.4 极射投影

在进行晶体结构的分析研究时,往往要确定晶体的取向、晶面或晶向间的夹角等。为了方便起见,通过投影作图可将三维立体图形转化到二维平面上去。晶体的投影方法很多,其中以极射投影最为方便,应用也最广泛。

1. 极射投影原理

现将被研究的晶体放在一个球的球心上,这个球称为参考球。假定晶体尺寸与参考球相比很小,就可以认为晶体中所有晶面的法线和晶向均通过球心。将代表每个特定晶面或晶向的直线从球心出发向外延长,与参考球球面交于一点,这一点即为该晶面或晶向的代表点,称为该晶面或晶向的极点。极点的相互位置即可用来确定与之相对应的晶向和晶面之间的夹角。

极射投影的原理如图 2.23 所示。首先,在参考球中选定一条过球心 C 的直线 AB,过 A 点作一平面与参考球相切,该平面即为投影面,也称极射面。若球面上有一极点 P,连接 BP

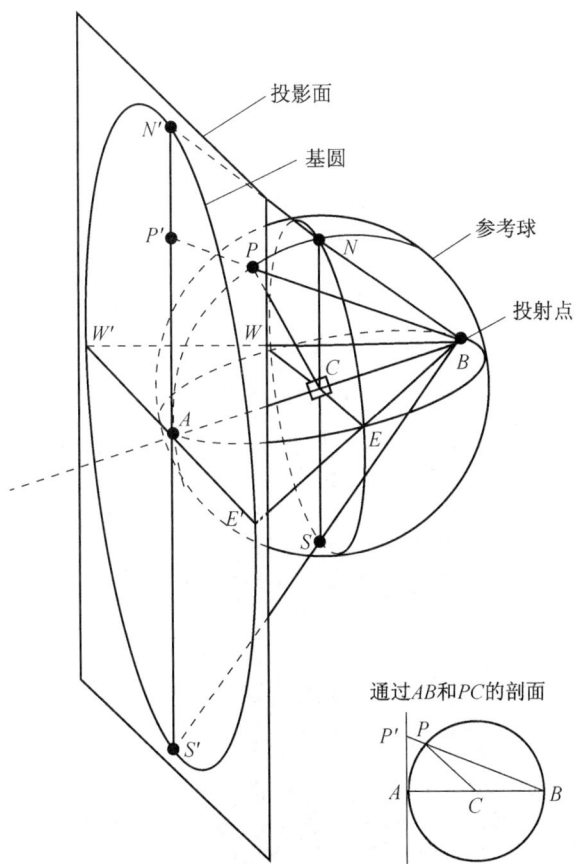

图 2.23 极射投影原理图

并延长之,使其与投影面相交于 P',P' 即为极点 P 在投影面上的极射投影。过球心作一平面 $NESW$ 与 AB 垂直(与投影面平行),它在球面上形成一个直径与球径相等的圆,称为大圆。大圆在投影面上的投影为 $N'E'S'W'$,也是一个圆,称为基圆。所有位于左半球球面上的极点,投影后的极射投影点均将落在基圆之内。然后,将投影面移至 B 点,并以 A 点为投射点,将所有位于右半球球面上的极点投射到位于 B 处的投影面上,并冠以负号。最后,将 A 处和 B 处的极射投影图重叠地画在一张图上。这样,球面上所有可能出现的极点,都可以包括在同一张极射投影图上。因此,晶体在三维空间的取向问题就可以很方便地转化为一种二维平面关系,极射投影图上极点间的相互位置即可用来确定与之相对应的晶向或晶面之间的夹角。

参考球上包含直线 AB 的大圆在投影面上的投影为一直线,其他大圆投影到投影面上时则均呈圆弧形(两头包含基圆直径的弧段),而球面上不包含参考球直径的小圆,投影的结果既可能是一段弧,也可能是一个圆,不过其圆心将不在投影圆的圆心上。投影面的位置沿 AB 线或其延长线移动时,仅图形的放大率改变,而投影点的相对位置不发生改变。投影面也可以置于球心,这时基圆与大圆重合。如果把参考球看似地球,A 点为北极,B 点为南极,过球心的投影面就是地球的赤道平面。以地球的一个极为投射点,将球面投射到赤道平面上就称为极射赤面投影;投影面不是赤道平面的,则称为极射平面投影。

2. 乌尔夫网(Wulff net)

分析晶体的极射投影时,乌尔夫网是很有用的工具。

如图 2.24 所示,乌尔夫网由经线和纬线组成,经线是由参考球空间每隔 2° 等分且以 NS

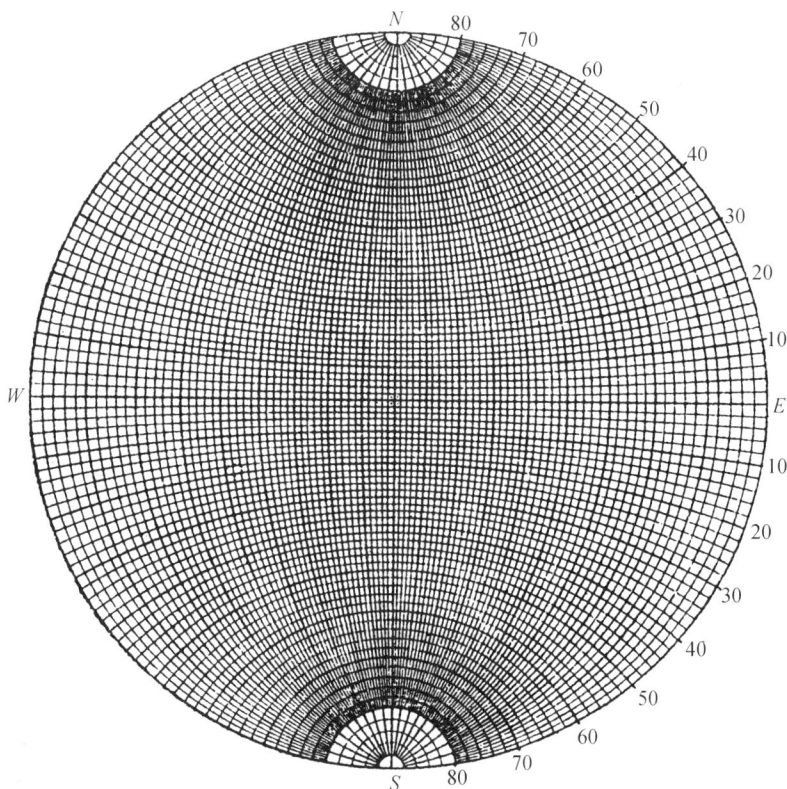

图 2.24　乌尔夫网(分度为 2°)

轴为直径的一组大圆投影而成;而纬线则是垂直于 NS 轴且按 2°等分球面空间的一组大圆投影而成。乌尔夫网在绘制时如实地保存着角度关系。经度沿赤道线读数;纬度沿基圆读数。

测量时,先将投影图画在透明纸上,其基圆直径与所用乌尔夫网的直径大小相等,然后将此透明纸复合在乌尔夫网上测量。利用乌尔夫网不仅可以方便地读出任一极点的方位,而且可以测定投影面上任意两极点间的夹角。

特别注意的是,使用乌尔夫网时应使两极点位于乌尔夫网经线或赤道上,才能正确度量晶面(或晶向)之间的夹角。图 2.25(a)中 B 和 C 两极点位于同一经线上,在乌尔夫网上可读出其夹角为 30°。对照图 2.25(b),可见 $\beta=30°$,反映了 B,C 之间空间的真实夹角。然而位于同一纬度圆上的 A,B 两极点,它们之间的实际夹角为 α,而由乌尔夫网上量出它们之间的经度夹角相当于 α',由于 $\alpha \neq \alpha'$,所以,不能在小圆上测量这两极点间的角度。要测量 A,B 两点间的夹角,应将复在乌尔夫网上的透明纸绕圆心转动,使 A,B 两点落在同一个乌尔夫网大圆上,然后读出这两极点的夹角。

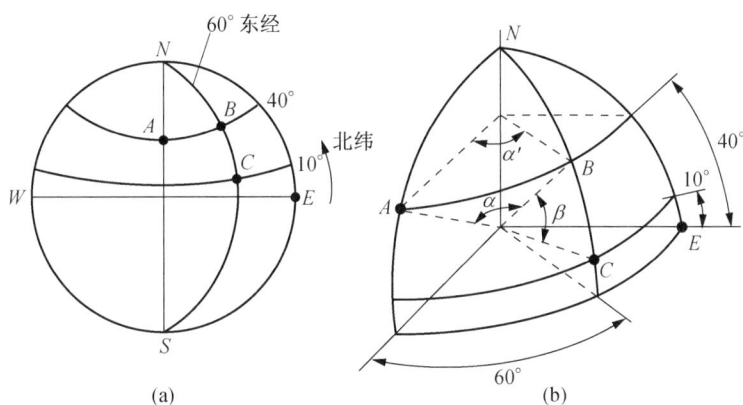

图 2.25 乌尔夫网和参考球的关系

3. 标准投影

以晶体的某个晶面平行于投影面上作出全部主要晶面的极射投影图,称为标准投影。一般选择一些重要的低指数的晶面作为投影面,这样得到的图形能反映晶体的对称性。立方晶系常用的投影面是(001),(110)和(111);六方晶系则为(0001)。立方晶系的(001)标准投影如图 2.26 所示。对于立方晶系,相同指数的晶面和晶向是相互垂直的,所以标准投影图中的极点既代表了晶面又代表了晶向。

同一晶带各晶面的极点一定位于参考球的同一大圆上(因为晶带各晶面的法线位于同一平面上),因此,在投影图上同一晶带的晶面极点也位于同一大圆上。图 2.26 绘出了一些主要晶带的面,它们以直线或弧线连在一起。由于晶带轴与其晶面的法线是相互垂直的,所以可根据晶面所在的大圆求出该晶带的晶带轴。例如,图 2.26 中(100),(1̄11),(011),(1̄1̄1),(1̄00)等位于同一经线上,它们属于同一晶带。应用乌尔夫网在赤道线上向右量出 90°,求得其晶带轴为[011]。

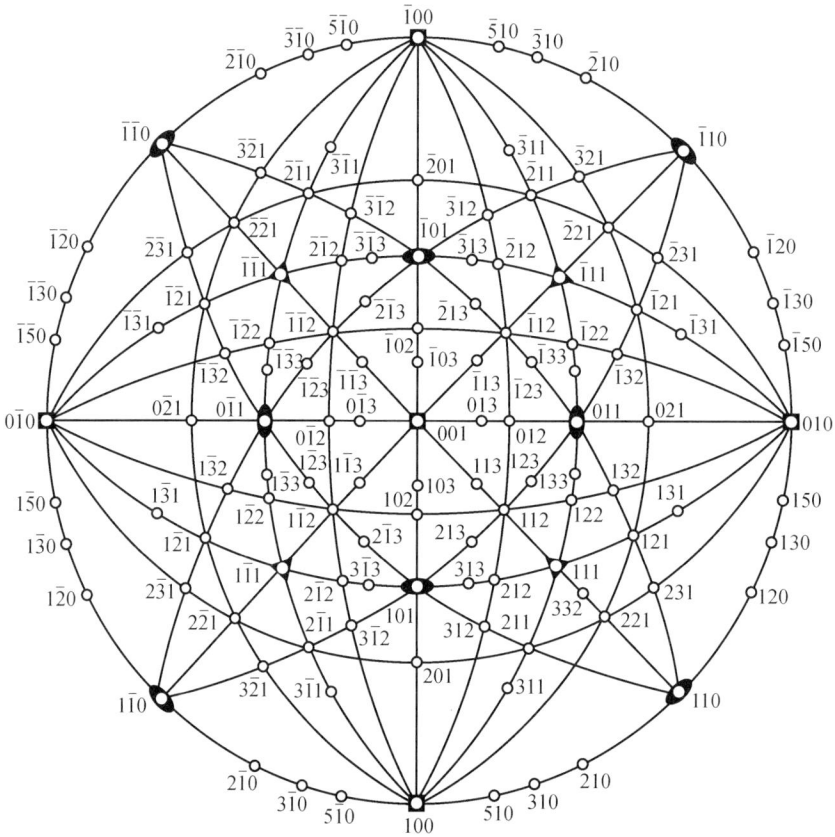

图 2.26　立方晶体详细的(001)标准投影图

2.1.5　倒易点阵

在研究晶体衍射时,某晶面(hkl)能否产生衍射的重要条件是,该晶面相对入射束的方位和晶面间距 d_{hkl} 应满足布拉格方程:$n\lambda = 2d\sin\theta$。因此,为了从几何上形象地判定衍射条件,须寻求一种新的点阵,使其每一结点对应着实际点阵中的一定晶面,同时,既能反映该晶面的取向,又能反映其晶面间距。倒易点阵就是从实际点阵(正点阵)经过一定转化导出的抽象点阵。如图 2.27 所示,若已知某晶体点阵(正点阵)中的三个基矢为 a,b,c,则其相应的倒易点阵的基矢 a^*,b^*,c^* 可以定义如下:

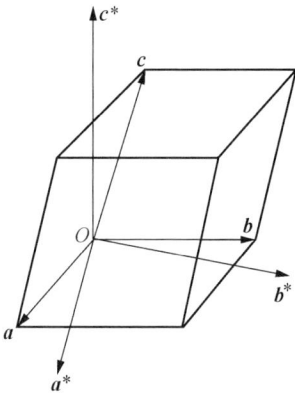

图 2.27　a^*,b^*,c^* 与 a,b,c 的关系示意图

$$a^* = \frac{b \times c}{a \cdot (b \times c)} = \frac{1}{V_0}(b \times c),$$
$$b^* = \frac{c \times a}{a \cdot (b \times c)} = \frac{1}{V_0}(c \times a),$$
$$c^* = \frac{a \times b}{a \cdot (b \times c)} = \frac{1}{V_0}(a \times b),$$

(2.11)

式中,V_0 为正点阵中晶胞体积。

可以证明,两者基本关系为:

$$a^* \cdot b = a^* \cdot c = b^* \cdot a = b^* \cdot c = c^* \cdot a = c^* \cdot b = 0,$$
$$a^* \cdot a = b^* \cdot b = c^* \cdot c = 1。 \tag{2.12}$$

这样,晶体点阵中的任一组晶面(hkl)在倒易点阵中,可用一个相应的倒易阵点[hkl]* 来表示,而从倒易点阵的原点到该倒易点阵的矢量称为倒易矢量 $\boldsymbol{G}_{hkl}$。倒易矢量 $\boldsymbol{G}_{hkl}$ 的方向即为晶面 (hkl) 的法线方向,其模则等于晶面间距 d_{hkl} 的倒数。通常写为:

$$\boldsymbol{G}_{hkl} = h\boldsymbol{a}^* + k\boldsymbol{b}^* + l\boldsymbol{c}^*,$$
$$|\boldsymbol{G}_{hkl}| = \frac{1}{d_{hkl}}。 \tag{2.13}$$

综上所述,正点阵与倒易点阵之间是完全互为倒易的。例如,正点阵中一个一维的点阵方向与倒易点阵中一个二维的倒易平面对应,而前者的二维点阵平面又与后者的一维倒易点阵方向对应。用倒易点阵描述或分析晶体的几何关系有时比正点阵还方便。

倒易点阵的主要应用有以下三方面:① 解释 X 射线及电子衍射图像,即通过倒易点阵可以把晶体的电子衍射斑点直接解释为晶体相应晶面的衍射结果;② 研究能带理论;③ 推导晶体学公式,如晶带定律方程,点阵平面间距公式,点阵平面的法线间的夹角及法线方向指数,等等。

2.2 金属的晶体结构

金属在固态下一般都是晶体。决定晶体结构的内在因素是原子或离子、分子间键合的类型及键的强弱。金属晶体的结合键是金属键。由于金属键具有无饱和性和无方向性的特点,从而使金属内部的原子趋于紧密排列,构成高度对称性的简单晶体结构;而亚金属晶体的主要结合键为共价键,由于共价键具有方向性,从而使其具有较复杂的晶体结构。

2.2.1 三种典型的金属晶体结构

元素周期表中所有元素的晶体结构几乎都已用实验方法测出。最常见的金属晶体结构有面心立方结构(A1 或 fcc)、体心立方结构(A2 或 bcc)和密排六方结构(A3 或 hcp)三种。若将金属原子看作刚性球,这三种晶体结构的晶胞和晶体学特点分别如图 2.28、图 2.29、图 2.30 所示和表 2.5 所列。下面就其原子的排列方式,晶胞内原子数、点阵常数、原子半径、配位数、致密度和原子间隙大小几个方面来作进一步分析。

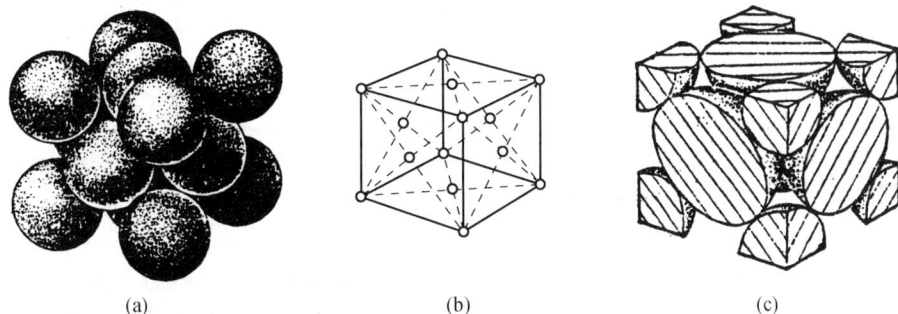

动画演示

fcc 四面体

动画演示

fcc 八面体

(a)　　　　　(b)　　　　　(c)

图 2.28　面心立方结构

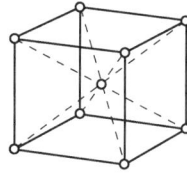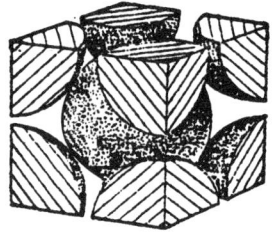

(a)　　　　　　　　　　　　(b)　　　　　　　　　　　　(c)

图 2.29　体心立方结构

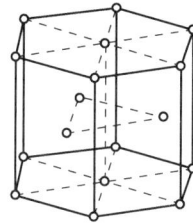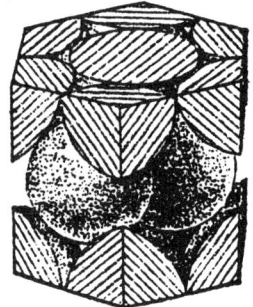

(a)　　　　　　　　　　　　(b)　　　　　　　　　　　　(c)

图 2.30　密排六方结构

表 2.5　三种典型金属结构的晶体学特点

结构特征		晶 体 结 构 类 型		
		面心立方(A1)	体心立方(A2)	密排六方(A3)
点阵常数		a	a	a、c $(c/a = 1.633)$
原子半径 R		$\dfrac{\sqrt{2}}{4}a$	$\dfrac{\sqrt{3}}{4}a$	$\dfrac{a}{2}\left(\dfrac{1}{2}\sqrt{\dfrac{a^2}{3}+\dfrac{c^2}{4}}\right)$
晶胞内原子数 n		4	2	6
配位数 CN		12	8	12
致密度 K		0.74	0.68	0.74
四面体间隙	数量	8	12	12
	大小	$0.225R$	$0.291R$	$0.225R$
八面体间隙	数量	4	6	6
	大小	$0.414R$	$0.154R\langle100\rangle$ $0.633R\langle110\rangle$	$0.414R$

1. 晶胞中的原子数

由于晶体具有严格对称性,故晶体可看成由许多晶胞堆砌而成。从图 2.28、图 2.29、图 2.30 可以看出晶胞中顶角处为几个晶胞所共有,而位于晶面上的原子也同时属于两个相邻的晶胞,只有在晶胞体积内的原子才单独为一个晶胞所有。故三种典型金属晶体结构中每个晶胞所占有的原子数为:

面心立方结构 $n=8\times\dfrac{1}{8}+6\times\dfrac{1}{2}=4$；

体心立方结构 $n=8\times\dfrac{1}{8}+1=2$；

密排六方结构 $n=12\times\dfrac{1}{6}+2\times\dfrac{1}{2}+3=6$。

2. 点阵常数与原子半径

晶胞的大小一般是由晶胞的棱边长度(a,b,c)即点阵常数(或称晶格常数)衡量的,它是表征晶体结构的一个重要基本参数。点阵常数主要通过 X 射线衍射分析求得。不同金属可以有相同的点阵类型,但各元素由于电子结构及其所决定的原子间结合情况不同,因而具有各不相同的点阵常数,且随温度不同而变化。

如果把金属原子看作刚球,并设其半径为 R,则根据几何关系不难求出三种典型金属晶体结构的点阵常数与 R 之间的关系:

面心立方结构:点阵常数为 a,且 $\sqrt{2}a=4R$；

体心立方结构:点阵常数为 a,且 $\sqrt{3}a=4R$；

密排六方结构:点阵常数由 a 和 c 表示。在理想的情况下,即把原子看作等径的刚球,可算得 $c/a=1.633$,此时,$a=2R$；但实际测得的轴比常偏离此值,即 $c/a\neq1.633$,这时,$(a^2/3+c^2/4)^{\frac{1}{2}}=2R$。

表 2.6 列出常见金属的点阵常数和原子半径。

表 2.6 常见金属的点阵常数和原子半径

金属	点阵类型	点阵常数/nm（室温）	原子半径/nm（CN=12）	金属	点阵类型	点阵常数/nm（室温）	原子半径/nm（CN=12）
Al	A1	0.404 96	0.143 4	Cr	A2	0.288 46	0.124 9
Cu	A1	0.361 47	0.127 8	V	A2	0.303 82	0.131 1（30℃）
Ni	A1	0.352 36	0.124 6	Mo	A2	0.314 68	0.136 3
γ-Fe	A1	0.364 68（916℃）	0.128 8	α-Fe	A2	0.286 64	0.124 1
β-Co	A1	0.354 4	0.125 3	β-Ti	A2	0.329 98（900℃）	0.142 9（900℃）
Au	A1	0.407 88	0.144 2	Nb	A2	0.330 07	0.142 9
Ag	A1	0.408 57	0.144 4	W	A2	0.316 50	0.137 1
Rh	A1	0.380 44	0.134 5	β-Zr	A2	0.360 90（862℃）	0.156 2（862℃）
Pt	A1	0.392 39	0.138 8	Cs	A2	0.614（−10℃）	0.266（−10℃）
Ta	A2	0.330 26	0.143 0	α-Co	A3	0.250 2 1.625 0.406 1	0.125 3

金属	点阵类型	点阵常数/nm（室温）	原子半径/nm（CN=12）	金属	点阵类型	点阵常数/nm（室温）	原子半径/nm（CN=12）
Be	A3	a　0.228 56 c/a 1.567 7 c　0.358 32	0.114 3	α-Zr	A3	0.323 12 1.593 1 0.514 77	0.158 5
Mg	A3	0.320 94 1.623 5 0.521 05	0.159 8	Ru	A3	0.270 38 1.583 5 0.428 16	0.132 5
Zn	A3	0.266 49 1.856 3 0.494 68	0.133 2	Re	A3	0.276 09 1.614 8 0.445 83	0.137 0
Cd	A3	0.297 88 1.885 8 0.561 67	0.148 9	Os	A3	0.273 3 1.580 3 0.431 9	0.133 8
α-Ti	A3	0.295 06 1.585 7 0.467 88	0.144 5				

注：原子半径并非一常数。它除了与温度、压力等外界条件有关外，与晶体结构（配位数）和结合键的变化也密切相关。根据 Goldschmidt VM 的工作表明，原子半径随着配位数的减小而减小，因此，只有在相同配位数的情况下来比较元素间的原子半径才有意义。故表 2.6 中所列各元素的原子半径均按配位数为 12 计算。

3. 配位数和致密度

晶体中原子排列的紧密程度与晶体结构类型有关，通常以配位数和致密度两个参数来描述晶体中原子排列的紧密程度。

所谓配位数（CN）是指晶体结构中任一原子周围最近邻且等距离的原子数；而致密度是指晶体结构中原子体积占总体积的百分数。如以一个晶胞来计算，则致密度就是晶胞中原子体积与晶胞体积之比值，即

$$K = \frac{nv}{V},$$

式中，K 为致密度，n 为晶胞中原子数，v 是一个原子的体积。这里将金属原子视为刚性等径球，故 $v = 4\pi R^3 / 3$，V 为晶胞体积。

三种典型金属晶体结构的配位数和致密度如表 2.7 所列。

表 2.7　典型金属晶体结构的配位数和致密度

晶体结构类型	配位数 CN	致密度 K
A1	12	0.74
A2	8(8+6)	0.68
A3	12(6+6)	0.74

注：1. 体心立方结构的配位数为 8。最近邻原子相距为 $\frac{\sqrt{3}}{2}a$，此外尚有 6 个相距为 a 次近邻原子，有时也将之列入其内，故有时记为(8+6)。

2. 密排六方结构中，只有当 $c/a = 1.633$ 时其配位数为 12。如果 $c/a \neq 1.633$，则有 6 个最近邻原子(同一层的 6 个原子)和 6 个次近邻原子(上、下层的各 3 个原子)，故其配位数应记为(6+6)。

2.2.2 晶体的原子堆垛方式和间隙

从图 2.28、图 2.29、图 2.30 可看出,三种晶体结构中均有一组原子密排面和原子密排方向,它们分别是面心立方结构的$\{111\}\langle110\rangle$,体心立方结构的$\{110\}\langle111\rangle$和密排六方结构的$\{0001\}\langle11\bar{2}0\rangle$。这些原子密排面在空间一层一层平行地堆垛起来就分别构成上述三种晶体结构。

从上节得知,面心立方和密排六方结构的致密度均为 0.74,是纯金属中最密集的结构。因为在面心立方和密排六方结构中,密排面上每个原子和最近邻的原子之间都是相切的;而在体心立方结构中,除位于体心的原子与位于顶角上的 8 个原子相切外,8 个顶角原子之间并不相切,故其致密度没有前者大。

进一步观察,还可发现面心立方结构中$\{111\}$晶面和密排六方结构中$\{0001\}$晶面上的原子排列情况完全相同,如图 2.31 所示。若把密排面的原子中心连成六边形的网格,这个六边形的网格又可分为六个等边三角形,而这六个三角形的中心又与原子之间的六个空隙中心相重合。从图 2.32 可看出这六个空隙可分为 B、C 两组,每组分别构成一个等边三角形。为了获得最紧密的堆垛,第二层密排面的每个原子应坐落在第一层密排面(A 层)每三个原子之间的空隙(低谷)上。不难看出,这些密排面在空间的堆垛方式可以有两种情况,一种是按 $ABAB\cdots$ 或 $ACAC\cdots$ 的顺序堆垛,这就构成密排六方结构(见图 2.30);另一种是按 $ABCABC\cdots$ 或 $ACBACB\cdots$ 的顺序堆垛,这就是面心立方结构(见图 2.28)。

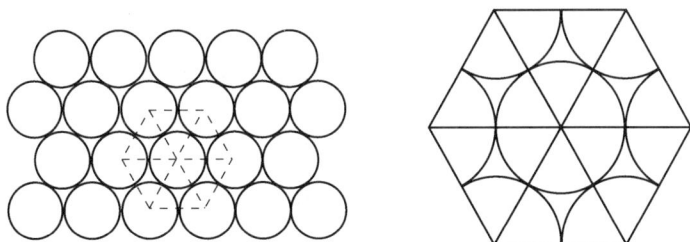

图 2.31 密排六方结构和面心立方结构中密排面上的原子排列

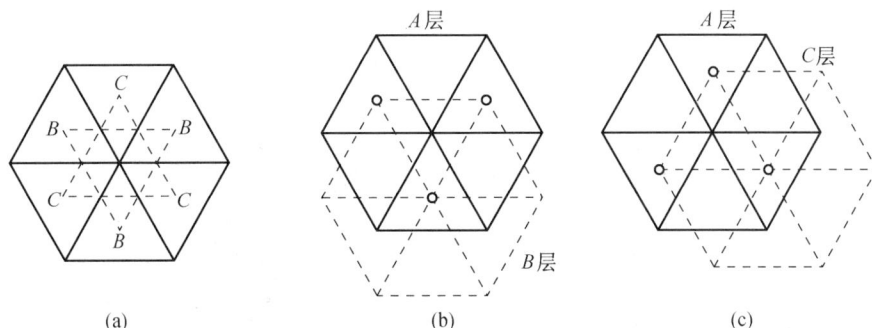

图 2.32 面心立方和密排六方结构中密排面的分析

从晶体中原子排列的刚性模型和对致密度的分析可以看出,金属晶体存在许多间隙,这种间隙对金属的性能、合金相结构和扩散、相变等都有重要影响。

图 2.33、图 2.34 和图 2.35 为三种典型金属晶体结构的间隙位置示意图。其中位于 6 个原子所组成的八面体中间的间隙称为八面体间隙,而位于 4 个原子所组成的四面体中间的间

隙称为四面体间隙。图中实心圆圈代表金属原子,令其半径为 r_A;空心圆圈代表间隙,令其半径为 r_B。r_B 实质上表示能放入间隙内小球的最大半径(见图 2.36)。

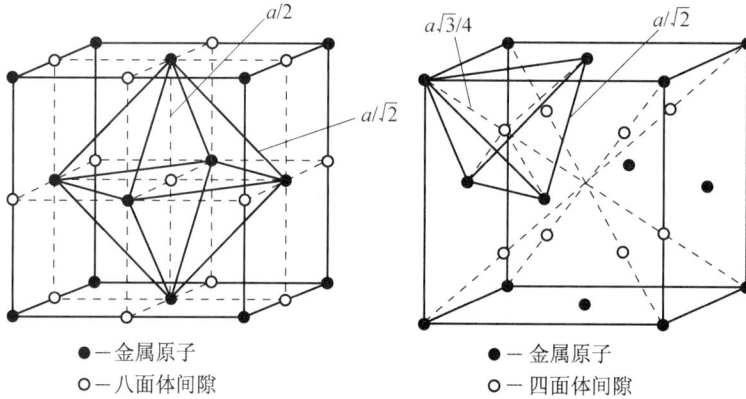

图 2.33　面心立方结构中的间隙

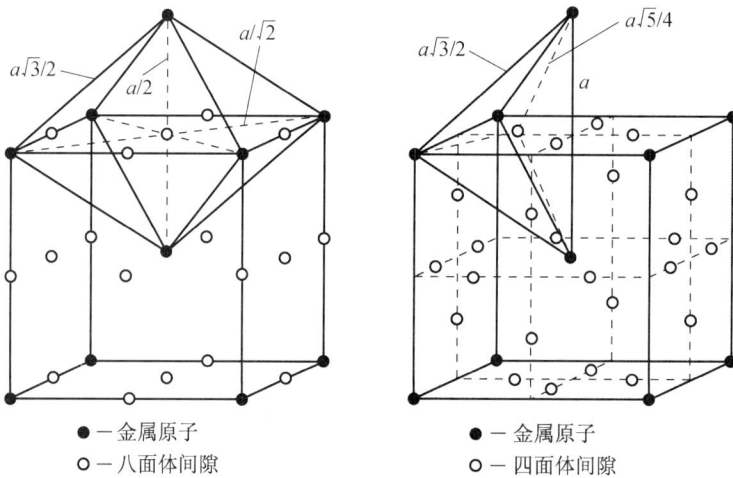

图 2.34　体心立方结构中的间隙

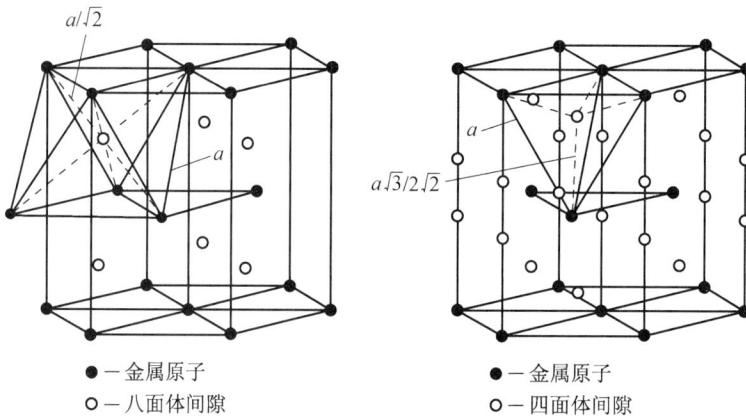

图 2.35　密排六方结构中的间隙

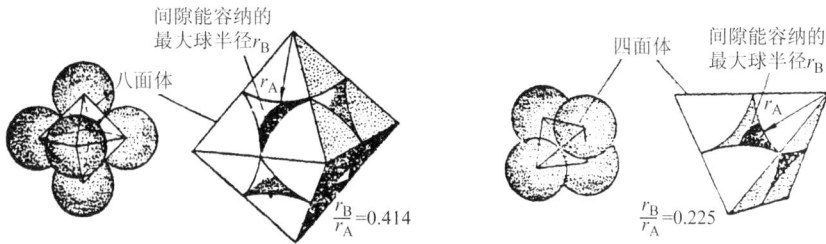

图 2.36 面心立方晶体中间隙的刚球模型

利用几何关系可求出三种晶体结构中四面体和八面体间隙的数目和尺寸大小,计算结果如表 2.8 所列。

表 2.8 三种典型晶体中的间隙

晶体结构	间隙类型	间隙数目	间隙大小(r_B/r_A)
面心立方 (fcc)	四面体间隙 八面体间隙	8 4	0.225 0.414
体心立方 (bcc)	四面体间隙	12	0.291
	八面体间隙	6	0.154⟨100⟩ 0.633⟨110⟩
密排六方($c/a=1.633$) (hcp)	四面体间隙 八面体间隙	12 6	0.225 0.414

注:体心立方结构的四面体和八面体间隙都是不对称的,其棱边长度不全相等,这对以后将要讨论到的间隙原子的固溶及其产生的畸变将有明显的影响。

2.2.3 多晶型性

有些固态金属在不同的温度和压力下具有不同的晶体结构,即具有多晶型性,转变的产物称为同素异构体。例如,铁在 912℃ 以下为体心立方结构,称为 α-Fe;在 912~1394℃ 具有面心立方结构,称为 γ-Fe;温度超过 1394℃ 至熔点间又变成体心立方结构,称为 δ-Fe。由于不同晶体结构的致密度不同,当金属由一种晶体结构变为另一种晶体结构时,将伴随有质量体积的跃变,即体积的突变。图 2.37 为实验测得的纯铁加热时的膨胀曲线,在 α-Fe 转变为 γ-Fe 及 γ-Fe 转变为 δ-Fe 时,均会因体积突变而使曲线上出现明显的转折点。具有多晶型性的其他金属还有 Mn,Ti,Co,Sn,Zr,U,Pu 等。

同素异构转变对于金属是否能够通过热处理操作来改变它的性能具有重要的意义。

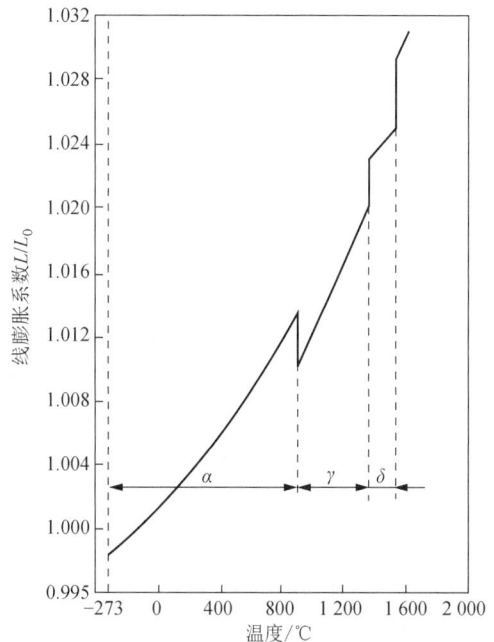

图 2.37 纯铁加热时的膨胀曲线

2.3　合金相结构

虽然纯金属在工业中有着重要的用途,但由于其强度低等原因,因此,工业上广泛使用的金属材料绝大多数是合金。

所谓合金,是指由两种或两种以上的金属或金属与非金属经熔炼、烧结或其他方法组合而成,并具有金属特性的物质。组成合金的基本的、独立的物质称为组元。组元可以是金属或非金属元素,也可以是化合物。例如,应用最普遍的碳钢和铸铁就是主要由铁和碳所组成的合金;黄铜则为铜和锌的合金。

改变和提高金属材料的性能,合金化是最主要的途径。要知合金元素加入后是如何起到改变和提高金属性能的作用,首先必须知道合金元素加入后的存在状态,即可能形成的合金相及其组成的各种不同组织形态。而所谓相,是指合金中具有同一聚集状态、同一晶体结构和性质并以界面相互隔开的均匀组成部分。由一种相组成的合金称为单相合金,而由几种不同的相组成的合金称为多相合金。尽管合金中的组成相多种多样,但根据合金组成元素及其原子相互作用的不同,固态下所形成的合金相基本上可分为固溶体和中间相两大类。

固溶体是以某一组元为溶剂,在其晶体点阵中溶入其他组元原子(溶质原子)所形成的均匀混合的固态溶体,它保持着溶剂的晶体结构类型;而如果组成合金相的异类原子有固定的比例,所形成的固相的晶体结构与所有组元均不同,且这种相的成分多数处在 A 在 B 中溶解限度和 B 在 A 中的溶解限度之间,即落在相图的中间部位,故称它为中间相。

合金组元之间的相互作用及其所形成的合金相的性质主要是由它们各自的电化学、原子尺寸和电子浓度三个因素控制的。

2.3.1　固溶体

固溶体晶体结构的最大特点是保持着原溶剂的晶体结构。

根据溶质原子在溶剂点阵中所处的位置,可将固溶体分为置换固溶体和间隙固溶体两类,下面将分别加以讨论。

1. 置换固溶体

当溶质原子溶入溶剂中形成固溶体时,溶质原子占据溶剂点阵的阵点,或者说溶质原子置换了溶剂点阵的部分溶剂原子,这种固溶体就称为置换固溶体。

金属元素彼此之间一般都能形成置换固溶体,但溶解度视不同元素而异,有些能无限溶解,有的只能有限溶解。影响溶解度的因素很多,主要取决于以下几个因素:

a. 晶体结构　晶体结构相同是组元间形成无限固溶体的必要条件。只有当组元 A 和 B 的结构类型相同时,B 原子才有可能连续不断地置换 A 原子,如图 2.38 所示。显然,如果两组元的晶体结构类型不同,组元间的溶解度只能是有限的。形成有限固溶体时,若溶质元素与溶剂元素的结构类型相同,则溶解度通常也较不同结构时为大。表 2.9 列出一些合金元素在铁中的溶解度,就足以说明这一点。

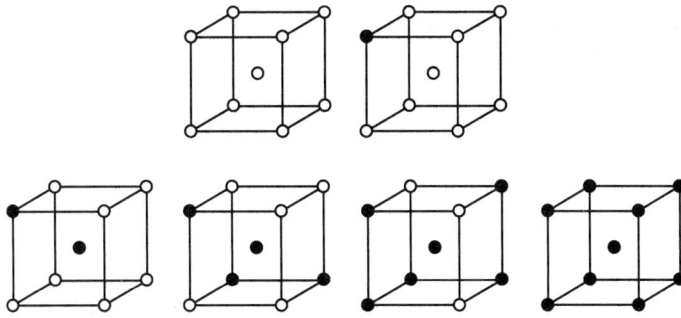

图 2.38　无限置换固溶体中两组元素原子置换示意图

表 2.9　合金元素在铁中的溶解度

元素	结 构 类 型	在 γ-Fe 中最大溶解度/%	在 α-Fe 中最大溶解度/%	室温下在 α-Fe 中的溶解度/%
C	六　　　　方 金　刚　石　型	2.11	0.0218	0.008(600℃)
N	简　单　立　方	2.8	0.1	0.001(100℃)
B	正　　　　交	0.018~0.026	~0.008	<0.001
H	六　　　　方	0.000 8	0.003	~0.000 1
P	正　　　　交	0.3	2.55	~1.2
Al	面　心　立　方	0.625	~36	35
Ti	β-Ti 体心立方(>882℃) α-Ti 密排六方(<882℃)	0.63	7~9	~2.5(600℃)
Zr	β-Zr 体心立方(>862℃) α-Zr 密排六方(<862℃)	0.7	~0.3	0.3(385℃)
V	体　心　立　方	1.4	100	100
Nb	体　心　立　方	2.0	α-Fe1.8(989℃) δ-Fe4.5(1 360℃)	0.1~0.2
Mo	体　心　立　方	~3	37.5	1.4
W	体　心　立　方	~3.2	35.5	4.5(700℃)
Cr	体　心　立　方	12.8	100	100
Mn	δ-Mn 体心立方(>1 133℃) γ-Mn 面心立方(1 095~1 133℃) α, β-Mn 复杂立方(<1 095℃)	100	~3	~3
Co	β-Co 面心立方(>450℃) α-Co 密排六方(<450℃)	100	76	76
Ni	面　心　立　方	100	~10	~10
Cu	面　心　立　方	~8	2.13	0.2
Si	金　刚　石　型	2.15	18.5	15

　　b. 原子尺寸因素　大量实验表明,在其他条件相近的情况下,原子半径差 $\Delta r < 15\%$ 时,

有利于形成溶解度较大的固溶体;而当 $\Delta r \geqslant 15\%$ 时,Δr 越大,则溶解度越小。

原子尺寸因素的影响主要与溶质原子的溶入所引起的点阵畸变及其结构状态有关。Δr 越大,溶入后点阵畸变程度越大,畸变能越高,结构的稳定性越低,溶解度则越小。

c. 化学亲和力(电负性因素) 溶质与溶剂元素之间的化学亲和力越强,即合金组元间电负性差越大,倾向于生成化合物而不利于形成固溶体;生成的化合物越稳定,则固溶体的溶解度就越小。只有电负性相近的元素才可能具有大的溶解度。各元素的电负性如图 2.39 所示,并表示了电负性与原子序数的关系。从图中可以看出,它是有一定的周期性的,在同一周期内,电负性自左向右(即随原子序数的增大)而增大;而在同一族中,电负性由上到下逐渐减小。

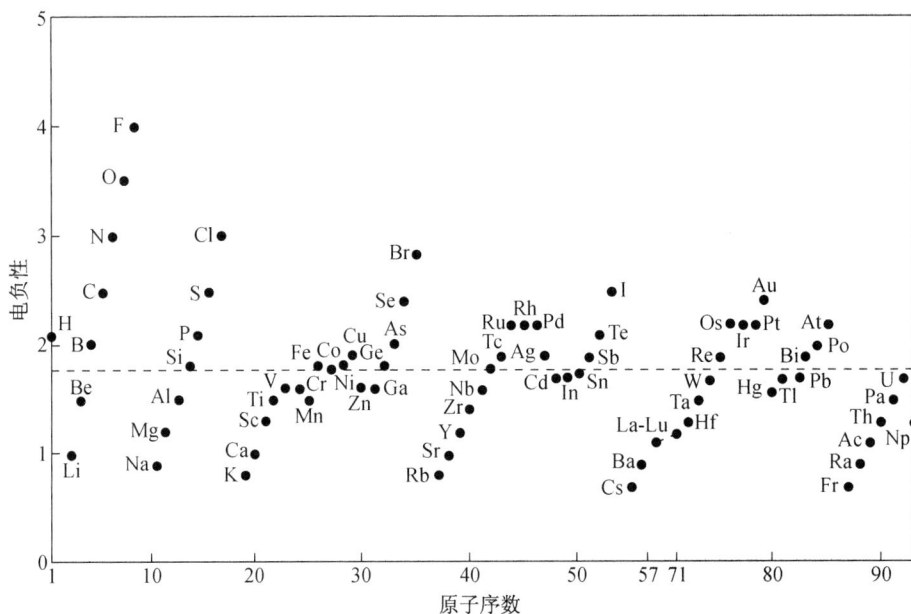

图 2.39　元素的电负性(虚线表示铁的电负性数值)

d. 原子价因素 实验结果表明,当原子尺寸因素较为有利时,在某些以一价金属(如 Cu,Ag,Au)为基的固溶体中,溶质的原子价越高,其溶解度越小。如 Zn,Ga,Ge 和 As 在 Cu 中的最大溶解度分别为 38%,20%,12% 和 7%(见图 2.40);而 Cd,In,Sn 和 Sb 在 Ag 中的最大溶解度则分别为 42%,20%,12% 和 7%(见图 2.41)。进一步分析得出,溶质原子价的影响实质上是"电子浓度"所决定的。所谓电子浓度就是合金中价电子数目与原子数目的比值,即 e/a。合金中的电子浓度可按下式计算:

$$e/a = \frac{A(100-x)+Bx}{100}。 \tag{2.14}$$

式中,A,B 分别为溶剂和溶质的原子价,x 为溶质的原子数分数(%)。如果分别算出上述合金在最大溶解度时的电子浓度,可发现它们的数值都接近 1.4。这就是所谓的极限电子浓度。超过此值时,固溶体就不稳定而要形成另外的相。极限电子浓度与溶剂晶体结构类型有关。对一价金属溶剂而言,若其晶体结构为 fcc,极限电子浓度为 1.36;bcc 时为 1.48;hcp 时为 1.75。

还应指出,影响固溶度的因素除了上述讨论的因素外,固溶度还与温度有关,在大多数情况下,温度升高,固溶度升高;而对少数含有中间相的复杂合金,情况则相反。

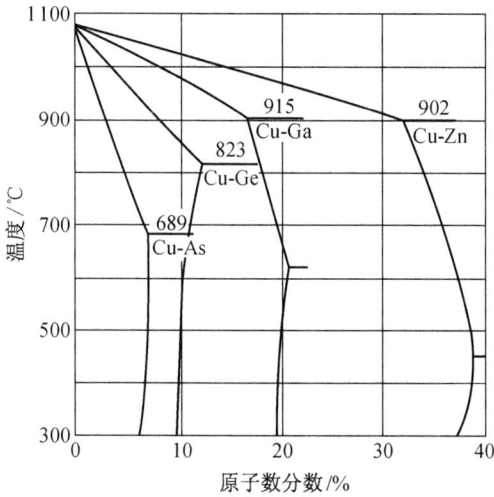

图 2.40　铜合金的固相线和固溶度曲线

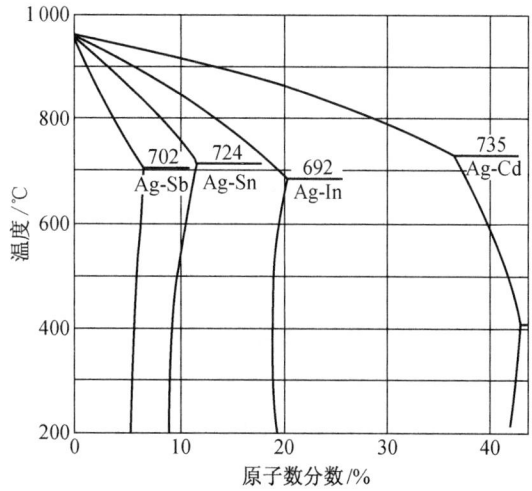

图 2.41　银合金的固相线和固溶度曲线

2. 间隙固溶体

溶质原子分布于溶剂晶格间隙而形成的固溶体称为间隙固溶体。

从前面得知,当溶质与溶剂的原子半径差大于 30% 时,不易形成置换固溶体;而且,当溶质原子半径很小,致使 $\Delta r > 41\%$ 时,溶质原子就可能进入溶剂晶格间隙中而形成间隙固溶体。形成间隙固溶体的溶质原子通常是原子半径小于 0.1nm 的一些非金属元素。如 H,B,C,N,O 等(它们的原子半径分别为 0.046,0.097,0.077,0.071 和 0.060 nm)。

在间隙固溶体中,由于溶质原子一般都比晶格间隙的尺寸大,所以当它们溶入后,都会引起溶剂点阵畸变,点阵常数变大,畸变能升高。因此,间隙固溶体都是有限固溶体,而且溶解度较低。

间隙固溶体的溶解度不仅与溶质原子的大小有关,还与溶剂晶体结构中间隙的形状和大小等因素有关。例如,C 在 γ-Fe 中的最大溶解度为质量分数 $w(C) = 2.11\%$,而在 α-Fe 中的最大溶解度仅为质量分数 $w(C) = 0.0218\%$。这是因为固溶于 γ-Fe 和 α-Fe 中的碳原子均处于八面体间隙中,而 γ-Fe 的八面体间隙尺寸比 α-Fe 的大的缘故。另外,α-Fe 为体心立方晶格,而在体心立方晶格中四面体和八面体间隙均是不对称的,尽管在 $\langle 100 \rangle$ 方向上八面体间隙比四面体间隙的尺寸小,仅为 $0.154R$,但它在 $\langle 110 \rangle$ 方向上却为 $0.633R$,比四面体间隙 $0.291R$ 大得多。因此,当 C 原子挤入时只要推开 Z 轴方向的上下两个铁原子即可,这比挤入四面体间隙要同时推开四个铁原子较为容易。虽然如此,其实际溶解度仍是极微的。

3. 固溶体的微观不均匀性

图 2.42 为固溶体中溶质原子的分布示意图。

事实上,完全无序的固溶体是不存在的。可以认为,在热力学上处于平衡状态的无序固溶体中,溶质原子的分布在宏观上是均匀的,但在微观上并不均匀。在一定条件下,它们甚至会呈有规则分布,形成有序固溶体。这时溶质原子存在于溶质点阵中的固定位置上,而且每个晶

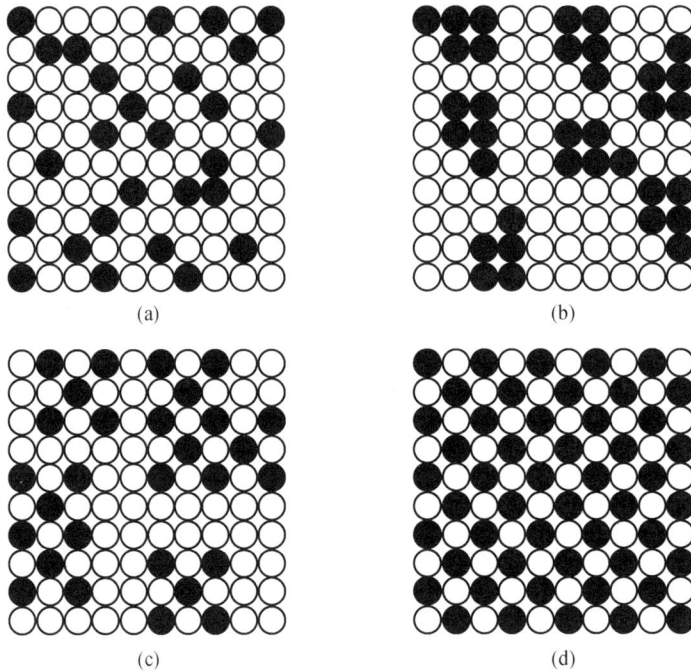

图 2.42　固溶体中溶质原子分布示意图
(a) 完全无序；(b) 偏聚；(c) 部分有序；(d) 完全有序

胞中的溶质和溶剂原子之比也是一定的。有序固溶体的点阵结构有时也称超结构，这将在下面一节中另行阐述。固溶体中溶质原子取何种分布方式主要取决于同类原子间的结合能 E_{AA}，E_{BB} 和异类原子间的结合能 E_{AB} 的相对大小。如果 $E_{AA} \approx E_{BB} \approx E_{AB}$，则溶质原子倾向于呈无序分布；如果 $(E_{AA} + E_{BB})/2 < E_{AB}$，则溶质原子呈偏聚状态；如果 $E_{AB} < (E_{AA} + E_{BB})/2$，则溶质原子呈部分有序或完全有序排列。

为了了解固溶体的微观不均匀性，可引用短程序参数 α 加以说明。假定在一系列以溶质 B 原子为中心的各同心球面上分布着 A，B 组元原子。如在 i 层球面上共有 c_i 个原子，其中 A 原子的平均数目为 n_i 个，若已知该合金成分中 A 的原子数分数为 m_A，则此层上 A 原子数目应为 $m_A c_i$。短程序参数 α 定义为：

$$\alpha_i = 1 - \frac{n_i}{m_A c_i}。 \tag{2.15}$$

显然，当固溶体为完全无序分布时，n_i 应等于 $m_A c_i$，即 $\alpha_i = 0$。若 $n_i > m_A c_i$ 时，α_i 为负值，表明 B 原子与异类原子相邻的几率高于无序分布，即处于短程有序状态。若 $n_i < m_A c_i$ 时，α 为正值，则固溶体处于同类原子相邻几率较高的偏聚状态。

4. 固溶体的性质

和纯金属相比，由于溶质原子的溶入导致固溶体的点阵常数、力学性能、物理和化学性能产生了不同程度的变化。

a. 点阵常数改变　形成固溶体时，虽然仍保持着溶剂的晶体结构，但由于溶质与溶剂的原子大小不同，总会引起点阵畸变并导致点阵常数发生变化。对置换固溶体而言，当原子半径

$r_B > r_A$ 时,溶质原子周围点阵膨胀,平均点阵常数增大;当 $r_B < r_A$ 时,溶质原子周围点阵收缩,平均点阵常数减小。对间隙固溶体而言,点阵常数随溶质原子的溶入总是增大的,这种影响往往比置换固溶体大得多。

b. 产生固溶强化   和纯金属相比,固溶体的一个最明显的变化是由于溶质原子的溶入,使固溶体的强度和硬度升高。这种现象称为固溶强化。有关固溶强化机理将在后面章节中进一步讨论。

c. 物理和化学性能的变化   固溶体合金随着固溶度的增加,点阵畸变增大,一般固溶体的电阻率 ρ 升高,同时降低电阻温度系数 α。又如 Si 溶入 α-Fe 中可以提高磁导率,因此质量分数 $w(Si)$ 为 2%~4%的硅钢片是一种应用广泛的软磁材料。又如 Cr 固溶于 α-Fe 中,当 Cr 的原子数分数达到 12.5% 时,Fe 的电极电位由 $-0.60\ V$ 突然上升到 $+0.2\ V$,从而有效地抵抗空气、水气、稀硝酸等的腐蚀。因此,不锈钢中至少含有 13% 以上的 Cr 原子。

有序化时因原子间结合力增加,点阵畸变和反相畴存在等因素都会引起固溶体性能突变,除了硬度和屈服强度升高,电阻率降低外,甚至有些非铁磁性合金有序化后会具有明显的铁磁性。例如,Ni_3Mn 和 Cu_2MnAl 合金,无序状态时呈顺磁性,但有序化形成超点阵后则成为铁磁性物质。

2.3.2   中间相

两组元 A 和 B 组成合金时,除了可形成以 A 为基或以 B 为基的固溶体(端际固溶体)外,还可能形成晶体结构与 A,B 两组元均不相同的新相。由于它们在二元相图上的位置总是位于中间,故通常把这些相称为中间相。

中间相可以是化合物,也可以是以化合物为基的固溶体(称为第二类固溶体或称二次固溶体)。中间相可用化合物的化学分子式表示。大多数中间相中,原子间的结合方式属于金属键与其他典型键(如离子键、共价键和分子键)相混合的一种结合方式。因此,它们都具有金属性。正是由于中间相中各组元间的结合含有金属的结合方式,所以表示它们组成的化学分子式并不一定符合化合价规律,如 CuZn,Fe_3C 等。

和固溶体一样,电负性、电子浓度和原子尺寸对中间相的形成及晶体结构都有影响。据此,可将中间相分为正常价化合物、电子化合物、与原子尺寸因素有关的化合物和超结构(有序固溶体)等几大类,下面分别进行讨论。

1. 正常价化合物

在元素周期表中,一些金属与电负性较强的 ⅣA,ⅤA,ⅥA 族的一些元素按照化学上的原子价规律所形成的化合物称为正常价化合物。它们的成分可用分子式来表达,一般为 AB,A_2B(或 AB_2),A_3B_2 型。如二价的 Mg 与四价的 Pb,Sn,Ge,Si 形成 Mg_2Pb,Mg_2Sn,Mg_2Ge,Mg_2Si。

正常价化合物的晶体结构通常对应于同类分子式的离子化合物结构,如 NaCl 型、ZnS 型、CaF_2 型等。正常价化合物的稳定性与组元间电负性差有关。电负性差越小,化合物越不稳定,越趋于金属键结合;电负性差越大,化合物越稳定,越趋于离子键结合。如上例中由 Pb 到 Si 电负性逐渐增大,故上述四种正常价化合物中 Mg_2Si 最稳定,熔点为 1 102℃,而且系典型的离子化合物;而 Mg_2Pb 熔点仅为 550℃,且显示出典型的金属性质,其电阻值随温度升高而增大。

2. 电子化合物

电子化合物是休姆-罗瑟里(Hume-Rothery)在研究ⅠB族的贵金属(Ag,Au,Cu)与ⅡB、ⅢA、ⅣA族元素(如 Zn,Ga,Ge)所形成的合金时首先发现的,后来又在 Fe-Al、Ni-Al、Co-Zn 等其他合金中发现,故又称休姆-罗瑟里相。

这类化合物的特点是电子浓度是决定晶体结构的主要因素。凡具有相同的电子浓度,则相的晶体结构类型相同。电子浓度用化合物中每个原子平均所占有的价电子数(e/a)来表示。计算不含ⅠB、ⅡB的过渡族元素时,其价电子数视为零。因其 d 层的电子未被填满,在组成合金时它们实际上不贡献价电子。电子浓度为 $\frac{21}{12}$ 的电子化合物称为 ε 相,具有密排六方结构;电子浓度为 $\frac{21}{13}$ 的为 γ 相,具有复杂立方结构;电子浓度为 $\frac{21}{14}$ 的为 β 相,一般具有体心立方结构,但有时还可能呈复杂立方的 β-Mn 结构或密排六方结构。这是由于除主要受电子浓度影响外,其晶体结构也同时受尺寸因素及电化学因素的影响所致。表 2.10 列出一些典型的电子化合物。

表 2.10　常见的电子化合物及其结构类型

电子浓度$=\frac{3}{2}$,即$\frac{21}{14}$			电子浓度$=\frac{21}{13}$	电子浓度$=\frac{7}{4}$,即$\frac{21}{12}$
体心立方结构	复杂立方 β-Mn 结构	密排六方结构	γ 黄铜结构	密排六方结构
CuZn	Cu_5Si	Cu_3Ga	Cu_5Zn_8	$CuZn_3$
CuBe	Ag_3Al	Cu_5Ge	Cu_5Cd_8	$CuCd_3$
Cu_3Al	Au_3Al	AgZn	Cu_5Hg_8	Cu_3Sn
Cu_3Ga①	$CoZn_3$	AgCd	Cu_9Al_4	Cu_3Si
Cu_3In		Ag_3Al	Cu_9Ga_4	$AgZn_3$
Cu_5Si①		Ag_3Ga	Cu_9In_4	$AgCd_3$
Cu_5Sn		Ag_3In	$Cu_{31}3i_8$	$Λg_3Εn$
AgMg①		Ag_5Sn	$Cu_{31}Sn_8$	Ag_5Al_3
AgZn①		Ag_7Sb	Ag_5Zn_8	$AuZn_3$
AgCd①		Au_3In	Ag_5Cd_8	$AuCd_3$
Ag_3Al①		Au_5Sn	Ag_5Hg_8	Au_3Sn
Ag_3In①			Ag_9In_4	Au_5Al_3
AuMg			Au_5In_8	
AuZn			Au_5Cd_8	
AuCd			Au_9In_4	
FeAl			Fe_5Zn_{21}	
CoAl			Co_5Zn_{21}	
NiAl			Ni_5Be_{21}	
PdIn			$Na_{31}Pb_8$	

① 不同温度出现不同的结构。

电子化合物虽然可用化学分子式表示,但不符合化合价规律,实际上其成分是在一定范围内变化,可视其为以化合物为基的固溶体,其电子浓度也在一定范围内变化。

电子化合物中原子间的结合方式以金属键为主,故具有明显的金属特性。

3. 与原子尺寸因素有关的化合物

一些化合物类型与组成元素原子尺寸的差别有关,当两种原子半径差很大的元素形成化合物时,倾向于形成间隙相和间隙化合物,而中等程度差别时则倾向形成拓扑密堆相,现分别讨论如下:

a. 间隙相和间隙化合物 原子半径较小的非金属元素如 C,H,N,B 等可与金属元素(主要是过渡族金属)形成间隙相或间隙化合物。这主要取决于非金属(X)和金属(M)原子半径的比值 r_X/r_M;当 $r_X/r_M < 0.59$ 时,形成具有简单晶体结构的相,称为间隙相;当 $r_X/r_M > 0.59$ 时,形成具有复杂晶体结构的相,通常称为间隙化合物。

由于 H 和 N 的原子半径仅为 0.046 nm 和 0.071 nm,尺寸小,故它们与所有的过渡族金属都满足 $r_X/r_M < 0.59$ 的条件,因此,过渡族金属的氢化物和氮化物都为间隙相;而 B 的原子半径为 0.097 nm,尺寸较大,则过渡族金属的硼化物均为间隙化合物。至于 C 则处于中间状态,某些碳化物如 TiC,VC,NbC,WC 等系结构简单的间隙相,而 Fe_3C,Cr_7C_3,$Cr_{23}C_6$,Fe_3W_3C 等则是结构复杂的间隙化合物。

(1) 间隙相。间隙相具有比较简单的晶体结构,如面心立方(fcc)、密排六方(hcp),少数为体心立方(bcc)或简单六方结构,它们与组元的结构均不相同。在晶体中,金属原子占据正常的位置,而非金属原子规则地分布于晶格间隙中,这就构成了一种新的晶体结构。非金属原子在间隙相中占据什么间隙位置,也主要取决于原子尺寸的因素。当 $r_X/r_M < 0.414$ 时,可进入四面体间隙;若 $r_X/r_M > 0.414$ 时,则进入八面体间隙。

间隙相的分子式一般为 M_4X,M_2X,MX 和 MX_2 四种。常见的间隙相及其晶体结构如表 2.11 所列。

表 2.11 间隙相举例

分子式	间隙相举例	金属原子排列类型
M_4X	Fe_4N,Mn_4N	面心立方
M_2X	Ti_2H,Zr_2H,Fe_2N,Cr_2N,V_2N,W_2C,Mo_2C,V_2C	密排六方
MX	TaC,TiC,ZrC,VC,ZrN,VN,TiN,CrN,ZrH,TiH	面心立方
	TaH,NbH	体心立方
	WC,MoN	简单六方
MX_2	TiH_2,ThH_2,ZrH_2	面心立方

在密排结构(fcc 和 hcp)中,八面体和四面体间隙数与晶胞内原子数的比值分别为 1 和 2。当非金属原子填满八面体间隙时,间隙相的成分恰好为 MX,结构为 NaCl 型(MX 化合物也可呈闪锌矿结构,非金属原子占据了四面体间隙的半数);当非金属原子填满四面体间隙时(仅在

氢化物中出现),则形成 MX_2 间隙相,如 TiH_2(在 MX_2 结构中,H 原子也可成对地填入八面体间隙中,如 ZrH_2);在 M_4X 中,金属原子组成面心立方结构,而非金属原子在每个晶胞中占据一个八面体间隙;在 M_2X 中,金属原子按密排六方结构排列(个别也有 fcc,如 W_2N,MoN等),非金属原子占据其中一半的八面体间隙位置,或四分之一的四面体间隙位置。M_4X 和 M_2X 可认为是非金属原子未填满间隙的结构。

尽管间隙相可以用化学分子式表示,但其成分也是在一定范围内变化,也可视为以化合物为基的固溶体(称为第二类固溶体或缺位固溶体)。特别是间隙相不仅可以溶解其组成元素,而且间隙相之间还可以相互溶解。如果两种间隙相具有相同的晶体结构,且这两种间隙相中的金属原子半径差小于 15%,它们还可以形成无限固溶体,例如 TiC-ZrC,TiC-VC,ZrC-NbC,VC-NbC 等。

间隙相中原子间结合键为共价键和金属键,即使非金属组元的原子数分数大于 50% 时,仍具有明显的金属特性,而且间隙相几乎全部具有高熔点和高硬度的特点,是合金工具钢和硬质合金中的重要组成相。

(2)间隙化合物。当非金属原子半径与过渡族金属原子半径之比 $r_X/r_M>0.59$ 时所形成的相往往具有复杂的晶体结构,这就是间隙化合物。通常过渡族金属 Cr,Mn,Fe,Co,Ni 与碳元素所形成的碳化物都是间隙化合物。常见的间隙化合物有 M_3C 型(如 Fe_3C,Mn_3C),M_7C_3 型(如 Cr_7C_3),$M_{23}C_6$ 型(如 $Cr_{23}C_6$),和 M_6C 型(如 Fe_3W_3C,Fe_4W_2C)等。间隙化合物中的金属元素常常被其他金属元素所置换而形成化合物为基的固溶体。例如 $(Fe,Mn)_3C$,$(Cr,Fe)_7C_3$,$(Fe,Ni)_3(W,Mo)_3C$ 等。

间隙化合物的晶体结构都很复杂。如 $Cr_{23}C_6$ 属于复杂立方结构,晶胞中共有 116 个原子,其中 92 个为 Cr 原子,24 个为 C 原子,而每个碳原子有 8 个相邻的金属 Cr 原子。这一大晶胞可以看成是由 8 个亚胞交替排列组成的(见图 2.43)。

Fe_3C 是铁碳合金中的一个基本相,称为渗碳体。C 与 Fe 的原子半径之比为 0.63,其晶体结构如图 2.44 所示,为正交晶系,三个点阵常数不相等,晶胞中共有 16 个原子,其中 12 个 Fe 原子,4 个 C 原子,符合 Fe:C=3:1的关系。Fe_3C 中的 Fe 原子可以被 Mn,Cr,Mo,W,V 等金属原子所置换形成合金渗碳体;而 Fe_3C 中的 C 可被 B 置换,但不能被 N 置换。

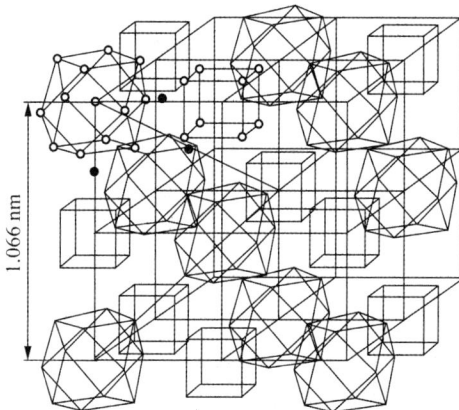

图 2.43　$Cr_{23}C_6$ 的晶体结构

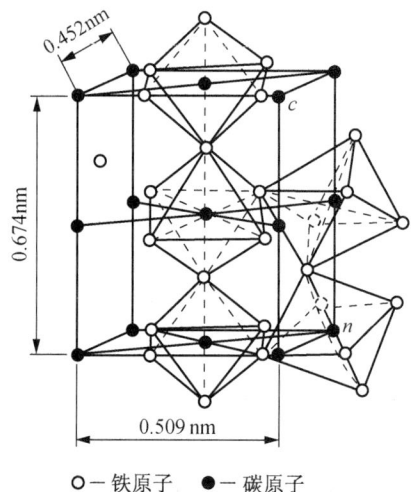

○—铁原子　●—碳原子

图 2.44　Fe_3C 晶体结构

　　间隙化合物中原子间结合键为共价键和金属键。其熔点和硬度均较高(但不如间隙相),是钢中的主要强化相。还应指出,在钢中只有周期表中位于 Fe 左方的过渡族金属元素才能形成碳化物(包括间隙相和间隙化合物),它们的 d 层电子越少,与碳的亲和力就越强,则形成的碳化物越稳定。

　　b. 拓扑密堆相　　拓扑密堆相是由两种大小不同的金属原子所构成的一类中间相,其中大小原子通过适当的配合构成空间利用率和配位数都很高的复杂结构。由于这类结构具有拓扑特征,故称这些相为拓扑密堆相,简称 TCP 相,以区别于通常的具有 fcc 或 hcp 的几何密堆相。

　　这种结构的特点是:

　　(1) 由配位数(CN)为 12,14,15,16 的配位多面体堆垛而成。所谓配位多面体是以某一原子为中心,将其周围紧密相邻的各原子中心用一些直线连接起来所构成的多面体,每个面都是三角形。图 2.45 为拓扑密堆相的配位多面体形状。

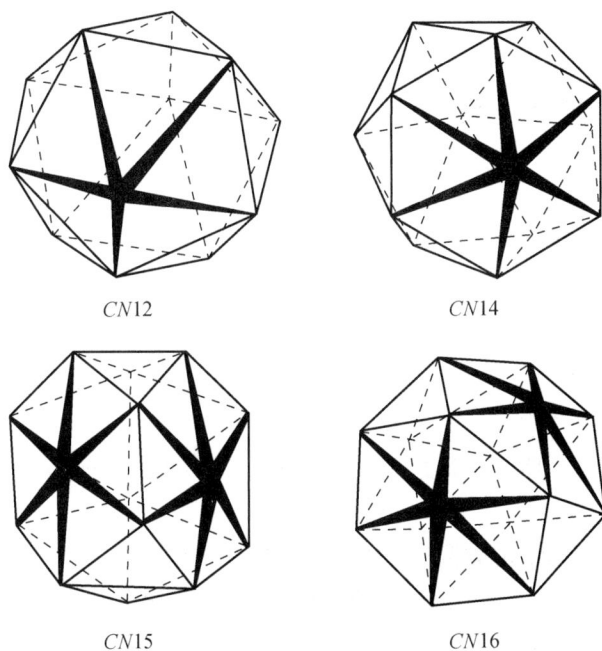

CN12　　　　　　CN14

CN15　　　　　　CN16

图 2.45　拓扑密堆相中的配位多面体

　　(2) 呈层状结构。原子半径较小的原子构成密排面,而密排面间嵌镶有原子半径较大的原子,由这些密排层按一定顺序堆垛而成,从而构成空间利用率很高,只有四面体间隙的密排结构。

　　原子密排层系由三角形、正方形或六角形组合起来的网格结构。网格结构通常可用一定的符号加以表示:取网格中的任一原子,依次写出围绕着它的多边形类型。图 2.46 为几种类型的原子密排层的网格结构。

　　拓扑密堆相的种类很多,已经发现的有拉弗斯相(如 $MgCu_2$,$MgNi_2$,$MgZn_2$,$TiFe_2$ 等),σ 相(如 FeCr,FeV,FeMo,CrCo,WCo 等),μ 相(如 Fe_7W_6,Co_7Mo_6 等),Cr_3Si 型相(如 Cr_3Si,Nb_3Sn,Nb_3Sb 等),R 相(如 $Cr_{18}Mo_{31}Co_{51}$ 等),P 相(如 $Cr_{18}Ni_{40}Mo_{42}$ 等)。下面简单介绍拉弗斯相和 σ 相的晶体结构。

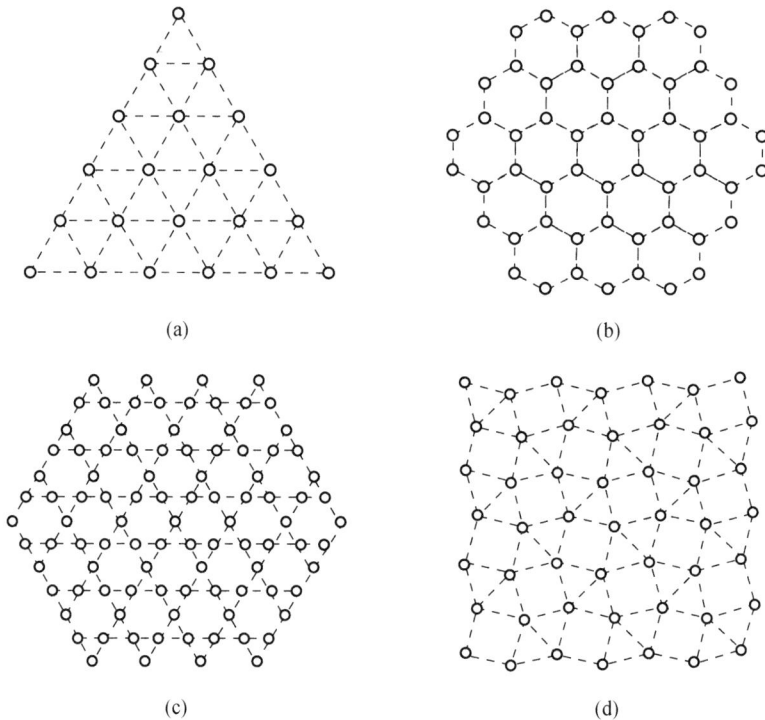

图 2.46　原子密排层的网格结构

(a) 3^6 型；(b) 6^3 型；(c) $3 \cdot 6 \cdot 3 \cdot 6$ 型；(d) $3^2 \cdot 4 \cdot 3 \cdot 4$ 型

(1) 拉弗斯相。许多金属之间形成金属间化合物属于拉弗斯相。二元合金拉弗斯相的典型分子式为 AB_2，其形成条件为：

① 原子尺寸因素。A 原子半径略大于 B 原子，其理论比值应为 $r_A/r_B = 1.255$，而实际比值约在 $1.05 \sim 1.68$ 范围之间。

② 电子浓度。一定的结构类型对应着一定的电子浓度。

拉弗斯相的晶体结构有三种类型。它们的典型代表为 $MgCu_2$，$MgZn_2$ 和 $MgNi_2$。它们相对应的电子浓度范围见表 2.12 所列。

表 2.12　三种典型拉弗斯相的结构类型和电子浓度范围

典型合金	结构类型	电子浓度范围	属于同类的拉弗斯相举例
$MgCu_2$	复杂立方	$1.33 \sim 1.75$	$AgBe_2$，$NaAu_2$，$ZrFe_2$，$CuMnZr$，$AlCu_3Mn_2$
$MgZn_2$	复杂六方	$1.80 \sim 2.00$	$CaMg_2$，$MoFe_2$，$TiFe_2$，$TaFe_2$，$AlNbNi$，$FeMoSi$
$MgNi_2$	复杂六方	$1.80 \sim 1.90$	$NbZn_2$，$HfCr_2$，$MgNi_2$，$SeFe_2$

以 $MgCu_2$ 为例，其晶胞结构如图 2.47(a) 所示，共有 24 个原子，Mg 原子(A)8 个，Cu 原子(B)16 个。(110) 面上原子的排列如图 2.47(b) 所示，可见在理想情况下，$r_A/r_B = 1.225$。晶胞中原子半径较小的 Cu 位于小四面体的顶点，一正一反排成长链，从 [111] 方向看，是 $3 \cdot 6 \cdot 3 \cdot 6$ 型密排层，如图 2.48(a) 所示；而较大的 Mg 原子位于各小四面体之间的空隙中，本身

又组成一种金刚石型结构的四面体网络,如图 2.48(b)所示,两者穿插构成整个晶体结构。A 原子周围有 12 个 B 原子和 4 个 A 原子,故配位多面体为 CN16;而 B 原子周围是 6 个 A 原子和 6 个 B 原子,即 CN12。因此,该拉弗斯相结构可看作由 CN16 与 CN12 两种配位多面体相互配合而成。

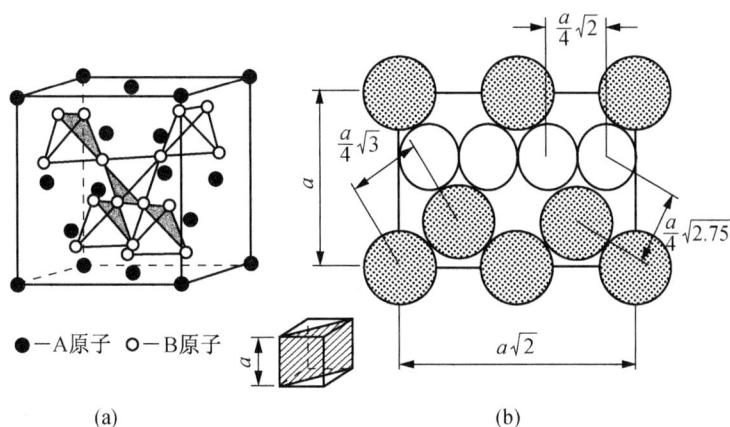

图 2.47 $MgCu_2$ 立方晶胞中 A,B 原子的分布

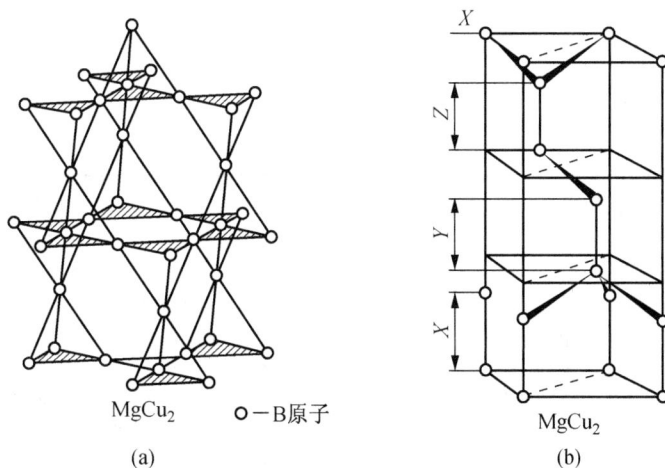

图 2.48 $MgCu_2$ 结构中 A,B 原子分别构成的层网结构

拉弗斯相是镁合金中的重要强化相;而对于高合金化的不锈钢和铁基、镍基高温合金而言,有时也会以针状的拉弗斯相分布在固溶体基体上,当其数量较多时会降低合金性能,故应适当控制。

(2)σ 相。σ 相通常存在于过渡族金属元素组成的合金中,其分子式可写作 AB 或 A_xB_y,如 FeCr,FeV,FeMo,MoCrNi,WCrNi,$(Cr,Wo,W)_x(Fe,Co,Ni)_y$ 等。尽管 σ 相可用化学式表示,但其成分是在一定范围内变化,即也是以化合物为基的固溶体。

σ 相具有复杂的四方结构,其轴比 $c/a \approx 0.52$,每个晶胞中有 30 个原子,如图 2.49 所示。

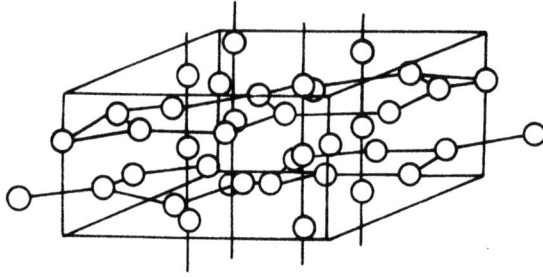

图 2.49　σ 相的晶体结构

σ 相在常温下硬而脆,它的存在通常对合金性能有害。在不锈钢中出现 σ 相会引起晶间腐蚀和脆性;在 Ni 基高温合金和耐热钢中,如果成分或热处理控制不当,则会发生片状的硬而脆的 σ 相沉淀,而使材料变脆,故应避免出现这种情况。

4. 超结构(有序固溶体)

在某些成分接近于一定的原子比(如 AB 或 AB$_3$)的无序固溶体中,当它从高温缓冷到某一临界温度以下时,溶质原子会从统计随机分布状态过渡到占有一定位置的规则排列状态,即发生有序化过程,形成有序固溶体。长程有序的固溶体在其 X 射线衍射图上会产生外加的衍射线条,这称为超结构线,所以有序固溶体通常称为超结构或超点阵。

(1)超结构的主要类型:超结构的类型较多,主要的几种见表 2.13 所列和图 2.50 所示。

表 2.13　几种典型的超结构

结构类型	典型合金	晶胞图形	合金举例
以面心立方为基的超结构	Cu$_3$Au I 型 CuAu I 型 CuAu II 型	图 2.50(a) 图 2.50(b) 图 2.50(c)	Ag$_3$Mg,Au$_3$Cu,FeNi$_3$,Fe$_3$Pt AuCu,FePt,NiPt CuAu II
以体心立方为基的超结构	CuZn(β 黄铜)型 Fe$_3$Al 型	图 2.50(d) 图 2.50(e)	β'-CuZn,β-AlNi,β-NiZn,AgZn, FeCo,FeV,AgCd Fe$_3$Al,α'-Fe$_3$Si,β-Cu$_3$Sb,Cu$_2$MnAl
以密排六方为基的超结构	MgCd$_3$ 型	图 2.50(f)	CdMg$_3$,Ag$_3$In,Ti$_3$Al

(2)有序化和影响有序化的因素:有序化的基本条件是异类原子之间的相互吸引大于同类原子间的吸引作用,从而使有序固溶体的自由能低于无序态。

通常可用"长程有序度参数"S 来定量地表示有序化程度:

$$S = \frac{P - X_A}{1 - X_A},$$

(2.16)

式中,P 为 A 原子的正确位置上(即在完全有序时此位置应为 A 原子所占据)出现 A 原子的几率,X_A 为 A 原子在合金中的原子数分数。完全有序时,$P=1$,此时 $S=1$;完全无序时,$P=X_A$,此时 $S=0$。

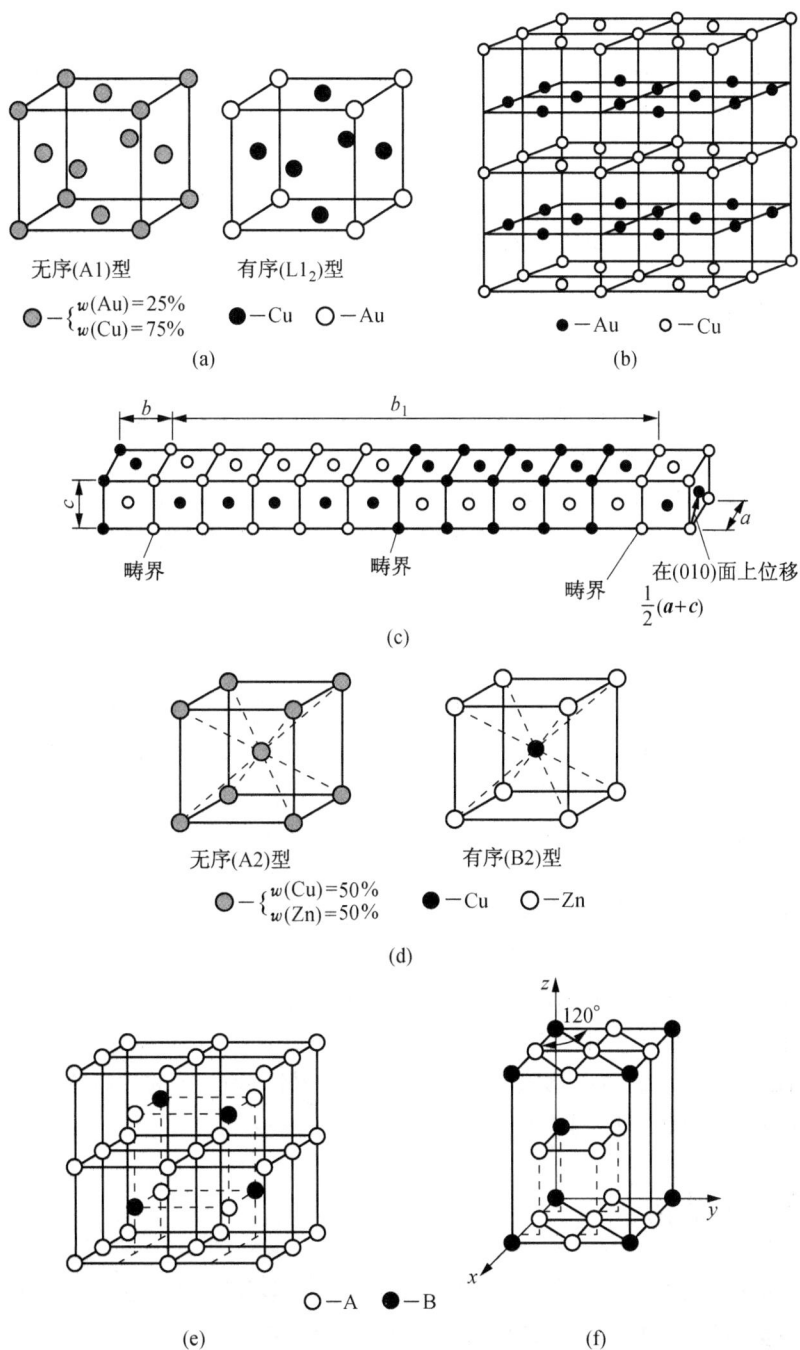

图 2.50　几种典型的超点阵结构

(a) Cu_3Au I 型超点阵;(b) CuAu I 型超点阵;(c) CuAu II 型超点阵;

(d) β 黄铜($CuZn$)型超点阵;(e) Fe_3Al 型超点阵;(f) $MgCd_3$ 型超点阵

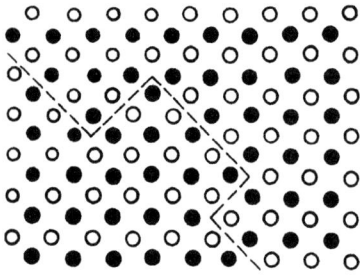

图 2.51　反相畴结构

从无序到有序的转变过程是依赖于原子迁移来实现的,即存在形核和长大过程。电镜观察表明,最初核心是短程有序的微小区域。当合金缓冷经过某一临界温度时,各个核心慢慢独自长大,直至相互接壤。通常将这种小块有序区域称为有序畴。当两个有序畴同时长大相遇时,如果其边界恰好是同类原子相遇而构成一个明显的分界面,称为反相畴界,反相畴界两边的有序畴称为反相畴,如图 2.51 所示。

影响有序化的因素有温度、冷却速度和合金成分等。温度升高,冷速加快,或者合金成分偏离理想成分(如 AB 或 AB_3)时,均不利于得到完全的有序结构。

5. 金属间化合物的性质和应用

金属间化合物由于原子键合和晶体结构的多样性,使得这种化合物具有许多特殊的物理、化学性能,已日益受到人们的重视,不少金属间化合物特别是超结构已作为新的功能材料和耐热材料正在被开发应用。现列举如下:

(1) 具有超导性质的金属间化合物,如 Nb_3Ge,Nb_3Al,Nb_3Sn,V_3Si,NbN 等。

(2) 具有特殊电学性质的金属间化合物,如 InTe-PbSe,GaAs-ZnSe 等在半导体材料中的应用。

(3) 具有强磁性的金属间化合物,如稀土元素(Ce,La,Sm,Pr,Y 等)和 Co 的化合物,具有特别优异的永磁性能。

(4) 具有奇特吸释氢本领的金属间化合物(常称为储氢材料),如 $LaNi_5$,FeTi,R_2Mg_{17} 和 $R_2Ni_2Mg_{15}$ 等(R 代表稀土 La,Ce,Pr,Nd 或混合稀土)是一种很有前途的储能和换能材料。

(5) 具有耐热特性的金属间化合物,如 Ni_3Al,NiAl,TiAl,Ti_3Al,FeAl,Fe_3Al,$MoSi_2$,N_bBe_{12},$ZrBe_{12}$ 等,不仅具有很好的高温强度,并且在高温下具有比较好的塑性。

(6) 耐蚀的金属间化合物,如某些金属的碳化物、硼化物、氮化物和氧化物等,在侵蚀介质中仍很耐蚀,若利用表面涂覆方法,可大大提高被涂覆件的耐蚀性能。

(7) 具有形状记忆效应、超弹性和消振性的金属间化合物,如 TiNi,CuZn,CuSi,MnCu,Cu_3Al 等,已在工业上得到应用。

此外,LaB_6 等稀土金属硼化物所具有的热电子发射性,Zr_3Al 的优良中子吸收性等在新型功能材料的应用中显示了广阔的前景。

2.4　离子晶体结构

陶瓷材料属于无机非金属材料,是由金属与非金属元素通过离子键或兼有离子键和共价键的方式结合起来的。陶瓷的晶体结构大多属于离子晶体。

典型的离子晶体是元素周期表中ⅠA 族的碱金属元素 Li,Na,K,Rb,Cs 和ⅦA 的卤族元素 F,Cl,Br,I 之间形成的化合物晶体。这种晶体是以正负离子为结合单元的。例如,NaCl 晶体是以 Na^+ 和 Cl^- 为单元结合成晶体的。它们的结合是依靠离子键的作用,即依靠正、负离子间的库仑作用。

为形成稳定的晶体还必须有某种近距的排斥作用与静电吸引作用相平衡。这种近距的排斥作用归因于泡利原理引起的斥力:当两个离子进一步靠近时,正负离子的电子云发生重叠,此时电子倾向于在离子之间作共有化运动。由于离子都是满壳层结构,故共有化电子必倾向于占据能量较高的激发态能级,使系统的能量增高,即表现出很强的排斥作用。这种排斥作用与静电吸引作用相平衡就形成稳定的离子晶体。

在人们对晶体结构进行长期的研究过程中,从大量的实验数据和结晶化学理论中,发现了离子化合物晶体结构的一些规律。在讨论典型的离子晶体结构前,先来讨论离子晶体的结构规则。

2.4.1 离子晶体的结构规则

鲍林(L. Pauling)在大量的实验基础上,应用离子键理论,归纳总结出离子晶体的结构规则如下。

1. 负离子配位多面体规则

鲍林认为:"在离子晶体中,正离子的周围形成一个负离子配位多面体,正负离子间的平衡距离取决于离子半径之和,而正离子的配位数则取决于正负离子的半径比。"这就是鲍林第一规则。这一规则是符合最小内能原理的。运用它,将离子晶体结构视为由负离子配位多面体按一定方式连接而成,正离子则处于负离子多面体的中央,故配位多面体才是离子晶体的真正结构基元。

为了降低晶体的总能量,正负离子趋向于形成尽可能紧密的堆积,即一个正离子趋向于以尽可能多的负离子为邻。因此,一个最稳定的结构应当有尽可能大的配位数,而这个配位数又取决于正、负离子半径的比值(R^+/R^-),如表 2.14 所列。另外,只有当正、负离子相互接触时,离子晶体的结构才稳定。因此,配位数一定时,(R^+/R^-)有一下限值,这就引入一个临界离子半径比值的概念。

离子晶体中,正离子的配位数通常为 4 和 6,但也有少数为 3,8,12。

表 2.14 离子半径比(R^+/R^-)、配位数与负离子配位多面体的形状

R^+/R^-	正离子配位数	负离子配位多面体的形状		
0→0.155	2	哑铃状		
0.155→0.225	3	三角形		
0.255→0.414	4	四面体		

（续表）

R^+/R^-	正离子配位数	负离子配位多面体的形状		
0.414→0.732	6	八面体		
0.732→1.00	8	立方体		
1.00	12	最密堆积		

陶瓷材料中常见正离子和负离子的半径如表 2.15 所示。应当指出,离子半径和诸多因素相关。其中一个因素是配位数,随着相邻的异种电荷离子数量增加,离子半径会有所增加。表 2.15 中给出的是配位数为 6 时的离子半径。因此,配位数为 8 时的离子半径要比表 2.15 中的数据更大一些,而配位数为 4 时的离子半径要更小一些。此外,离子电荷数也会影响离子半径。表 2.15 中,Fe^{2+} 和 Fe^{3+} 离子半径分别为 0.077 和 0.069 nm。原子或者离子失去电子后,剩余电子将更加紧密地围绕在原子核周围,从而导致离子半径进一步减少。

表 2.15 常见正离子和负离子的半径(配位数为 6)

阳离子	离子半径/nm	阴离子	离子半径/nm
Al^{3+}	0.053	Br^-	0.196
Ba^{2+}	0.136	Cl^-	0.181
Ca^{2+}	0.100	F^-	0.133
Cs^+	0.170	I^-	0.220
Fe^{2+}	0.077	O^{2-}	0.140
Fe^{3+}	0.069	S^{2-}	0.184
K^+	0.138		
Mg^{2+}	0.072		
Mn^{2+}	0.067		
Na^+	0.102		
Ni^{2+}	0.069		
Si^{4+}	0.040		
Ti^{4+}	0.061		

2. 电价规则

在一个稳定的离子晶体结构中,每个负离子的电价 Z_- 等于或接近等于与之邻接的各正离子静电键强度 S 的总和:

$$Z_- = \sum_i S_i = \sum_i \left(\frac{Z_+}{n}\right)_i, \tag{2.17}$$

式中,S_i 为第 i 种正离子静电键强度,Z_+ 为正离子的电荷,n 为其配位数。这就是鲍林第二规则,也称电价规则。

由于静电键强度实际是离子键强度,也是晶体结构稳定性的标志。在具有大的正电位的地方,放置带有大负电荷的负离子,将使晶体的结构趋于稳定。这就是鲍林第二规则所反映的物理实质。

3. 负离子多面体共用顶、棱和面的规则

在分析离子晶体中负离子多面体相互间的连接方式时,电价规则只能指出共用同一个顶点的多面体数,而没有指出两个多面体间所共用的顶点数。鲍林第三规则指出:“在一配位结构中,共用棱特别是共用面的存在,会降低这个结构的稳定性。对于电价高,配位数低的正离子来说,这个效应尤为显著。”

从几何关系得知,两个四面体中心间的距离,在共用一个顶点时设为 1,则共用棱和共用面时,分别等于 0.58 和 0.33;在八面体的情况下,分别为 1,0.71 和 0.58。根据库仑定律,同种电荷间的斥力与其距离的平方成反比,这种距离的显著缩短,必然导致正离子间库仑斥力的激增,使结构稳定性大大降低。

4. 不同种类正离子配位多面体间连接规则

在硅酸盐和多元离子化合物中,正离子的种类往往有多种,可能形成一种以上的配位多面体。鲍林第四规则认为:“在含有两种以上正离子的离子晶体中,一些电价较高,配位数较低的正离子配位多面体之间,有尽量互不结合的趋势。”这一规则总结了不同种类正离子配位多面体的连接规则。

5. 节约规则

鲍林第五规则指出:“在同一晶体中,同种正离子与同种负离子的结合方式应最大限度地趋于一致。”因为在一个均匀的结构中,不同形状的配位多面体很难有效地堆积在一起。

鲍林规则虽是一个经验性的规则,但在分析、理解离子晶体结构时简单明了,突出了结构的特点。它不但适用于结构简单的离子晶体,也适用于结构复杂的离子晶体及硅酸盐晶体。

2.4.2 典型的离子晶体结构

离子晶体按其化学组成分为二元化合物和多元化合物。其中二元化合物中介绍 AB 型、AB_2 型和 A_2B_3 型化合物;多元化合物中主要讨论 ABO_3 型和 AB_2O_4 型。

1. AB 型化合物结构

a. CsCl 型结构　CsCl 型结构是离子晶体结构中最简单的一种,属立方晶系简单立方点阵,$Pm3m$ 空间群。Cs^+ 和 Cl^- 半径之比为 0.169 nm/0.181 nm＝0.933,Cl^- 离子构成正六面体,Cs^+ 在其中心,Cs^+ 和 Cl^- 的配位数均为 8,多面体共面连接,一个晶胞内含 Cs^+ 和 Cl^- 各一个,如图 2.52 所示。属于这种结构类型的有 CsBr,CsI。

b. NaCl 型结构 自然界有几百种化合物都属于 NaCl 型结构,有氧化物 MgO,CaO,SrO,BaO,CdO,MnO,FeO,CoO,NiO;氮化物 TiN,LaN,ScN,CrN,ZrN;碳化物 TiC,VC,ScC 等;所有的碱金属硫化物和卤化物(CsCl,CsBr,CsI 除外)也都具有这种结构。

NaCl 属立方晶系,面心立方点阵,$Fm3m$ 空间群,Na^+ 和 Cl^- 的半径比为 0.525,Na^+ 位于 Cl^- 形成的八面体空隙中,如图 2.53 所示。实际上,NaCl 结构可以看成是两个面心立方结构,一个是钠离子的,一个是氯离子相互在棱边上穿插而成,其中每个钠离子被 6 个氯离子包围,反过来氯离子也被等数量的钠离子包围。每个晶胞的离子数为 8,即 4 个 Na^+ 和 4 个 Cl^-。

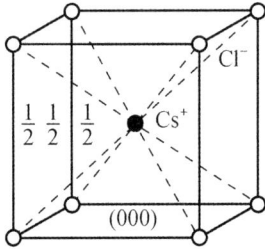

图 2.52 CsCl 型结构的立方晶胞

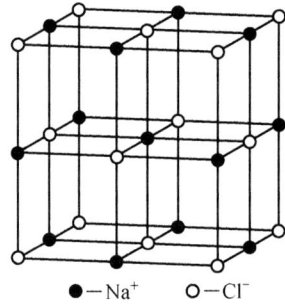

图 2.53 NaCl 型晶体结构

c. 立方 ZnS 型结构 立方 ZnS 结构类型又称闪锌矿型(β-ZnS),属于立方晶系,面心立方点阵,$F\bar{4}3m$ 空间群,如图 2.54 所示。从图中可以看出 S^{2-} 位于立方晶胞的顶角和面心上,构成一套完整的面心立方晶格,而 Zn^{2+} 也构成了一套面心立方格子,在体对角线 1/4 处互相穿插。这可从图 2.54(b)的投影图中清楚看到,这里所标注的数字是以 Z 轴晶胞的高度为 100,其他离子根据各自的位置标注为 75,50,25,0。

在闪锌矿的晶胞中,一种离子(S^{2-} 或 Zn^{2+})占据面心立方结构的结点位置,另一种离子(Zn^{2+} 或 S^{2-})则占据四面体间隙的一半。Zn^{2+} 配位数为 4,S^{2-} 的配位数也为 4。四面体共顶连接(见图 2.54(c))。理论上 $r_{Zn^{2+}}/r_{S^{2-}}$ 为 0.414,配位数应为 6,但 Zn^{2+} 极化作用很强,S^{2-} 又

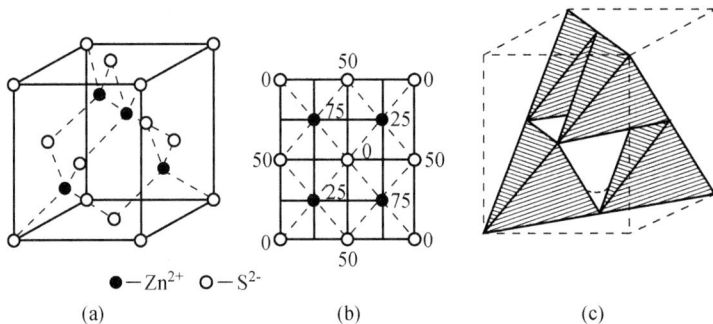

图 2.54 立方 ZnS 型结构

(a) 晶胞结构;(b) (001)面上的投影图;(c) 多面体图

极易变形,因此,配位数降至 4,一个 S^{2-} 被 4 个 $[ZnS_4]$ 四面体共用。

Be,Cd 的硫化物,硒化物,碲化物及 CuCl 也属此类型结构。

d. 六方 ZnS 型结构 六方 ZnS 型又叫纤锌矿型,属六方晶系,$P6_3mc$ 空间群,晶体结构如图 2.55 所示。

从图中可看出每个晶胞内包含 4 个离子,其坐标为:

$$2S^{2-}:0\,0\,0;\frac{2}{3}\frac{1}{3}\frac{1}{2} \qquad 2Zn^{2+}:0\,0\,\frac{7}{8};\frac{2}{3}\frac{1}{3}\frac{3}{8}$$

这个结构可以看成较大的负离子构成 hcp 结构,而 Zn^{2+} 占据其中一半的四面体空隙,构成了 $[ZnS_4]$ 四面体。由于离子间极化的影响,使配位数由 6 降至 4,故每个 S^{2-} 被 4 个 $[ZnS_4]$ 四面体共用,且 4 个四面体共顶连接。

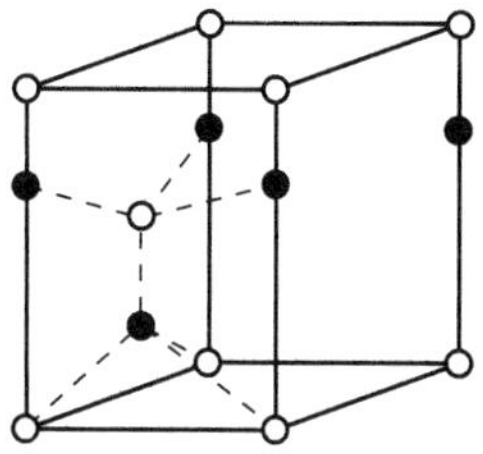

属于这种结构类型的有 ZnO,ZnSe,AgI,BeO 等。

图 2.55 六方 ZnS 型结构

○—S^{2-} ●—Zn^{2+}

2. AB$_2$ 型化合物结构

a. CaF$_2$(萤石)型结构 CaF_2 属立方晶系,面心立方点阵,$Fm3m$ 空间群,其结构如图 2.56 所示,正负离子数比为 1∶2。

从图中可看出,Ca^{2+} 处在立方体的顶角和各面心位置,形成面心立方结构。F^- 离子位于立方体内 8 个小立方体的中心位置,即填充了全部的四面体空隙,构成了 $[FCa_4]$ 四面体,见图 2.56(c),配位数为 4。若 F^- 作简单立方堆积,Ca^{2+} 填于半数的立方体空隙中,则构成 $[CaF_8]$ 立方体,故 Ca^{2+} 的配位数为 8,立方体之间共棱连接,见图 2.56(b)。从空间结构看,Ca^{2+} 构成一套完整的面心立方结构,F^- 构成了两套面心立方格子,它们在体对角线 $\frac{1}{4}$ 和 $\frac{3}{4}$ 处互相穿插。属于 CaF_2 型结构的化合物有 ThO_2,CeO_2,VO_2,$C\text{-}ZrO_2$ 等。

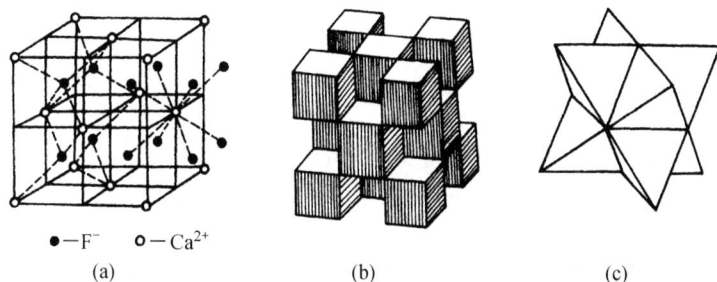

●—F^- ○—Ca^{2+}

(a)   (b)   (c)

图 2.56 萤石(CaF_2)型结构

(a) 晶胞图;(b) $[CaF_8]$ 多面体图;(c) $[FCa_4]$ 多面体图

b. TiO$_2$(金红石)型结构 金红石是 TiO_2 的一种稳定型结构,属四方晶系,$P\dfrac{4}{m}nm$ 空间群,其结构如图 2.57 所示。每个晶胞有 2 个 Ti^{4+} 离子,4 个 O^{2-} 离子;正负离子半径比为 0.45,其配位数分别为 6 和 3,每个 O^{2-} 同时与 3 个 Ti^{4+} 键合,即每 3 个 $[TiO_6]$ 八面体共用一个 O^{2-};而 Ti^{4+} 位于晶胞的顶角和中心,即处在 O^{2-} 构成的稍有变形的八面体中心,这些八面体之间在(001)面上共棱边,但八面体间隙只有一半为钛离子所占据。

属于这类结构的还有 GeO_2,PbO_2,SnO_2,MnO_2,VO_2,NbO_2,TeO_2 及 MnF_2,FeF_2,MgF_2 等。

c. β-方石英(方晶石)型结构   方晶石为 SiO_2 高温时的同素异构体,属立方晶系,其晶体结构如图 2.58 所示。Si^{4+} 离子占据全部面心立方结点位置和立方体内相当于 8 个小立方体中心的 4 个。每个 Si^{4+} 同 4 个 O^{2-} 结合形成[SiO_4]四面体;每个 O^{2-} 都连接 2 个对称的[SiO_4]四面体,多个四面体之间相互共用顶点,并重复堆垛而形成 β-方石英型结构,故与球填充模型相比,这种结构中的 O^{2-} 排列是很疏松的。

SiO_2 虽有多种同素异构体,但其他的结构都可看成是由 β-方石英的变形而得。石英晶体中由于具有较强的 Si—O 键及完整的结构,因此具有熔点高、硬度高、化学稳定性好等特点。

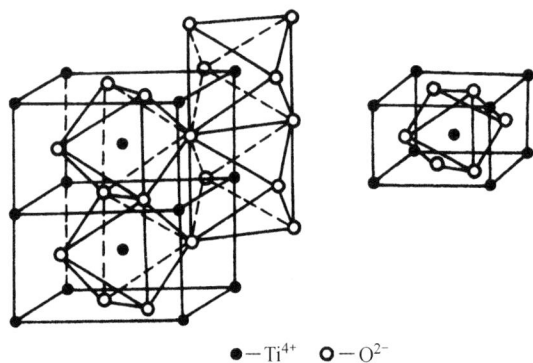

●—Ti^{4+} ○—O^{2-}

(a)   (b)

图 2.57 金红石(TiO_2)型结构
(a) 负离子多面体图;(b) 晶胞图

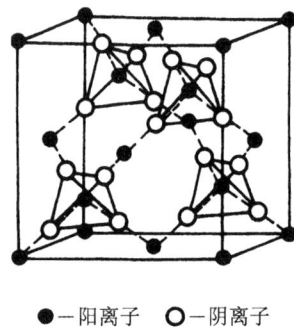

●—阳离子   ○—阴离子

图 2.58 β-方石英型结构

3. A_2B_3 型化合物结构

以 α-Al_2O_3 为代表的刚玉型结构,是 A_2B_3 型的典型结构。

刚玉即 α-Al_2O_3,为无色透明的天然 α-Al_2O_3 单晶体,称为白宝石,呈红色(含铬)的称红宝石(ruby),呈蓝色(含钛)的称蓝宝石(sapphire)。其结构属菱方晶系,$R3C$ 空间群。正负离子的配位数分别为 6 和 4,O^{2-} 近似作密排六方堆积,Al^{3+} 位于八面体间隙中,但只填满这种空隙的 2/3。铝离子的排列要使它们之间的距离最大,因此每三个相邻的八面体空隙,就有一个是有规则地空着的,这样六层构成一个完整的周期,如图 2.59 所示。按电价规则,每个 O^{2-} 可与 4 个 Al^{3+} 键合,即每一个 O^{2-} 同时被 4 个[AlO_6]八面体所共有;Al^{3+} 与 6 个 O^{2-} 的距离有区别,其中 3 个距离较近为 0.189 nm,另外 3 个较远为 0.193 nm。每个晶胞中有 4 个 Al^{3+} 和 6 个 O^{2-}。

刚玉性质极硬,莫氏硬度 9,不易破碎,熔点 2 050℃,这与结构中 Al—O 键的结合强度密切相关。属于刚玉型结构的化合物还有 Cr_2O_3,α-Fe_2O_3,α-Ga_2O_3 等。

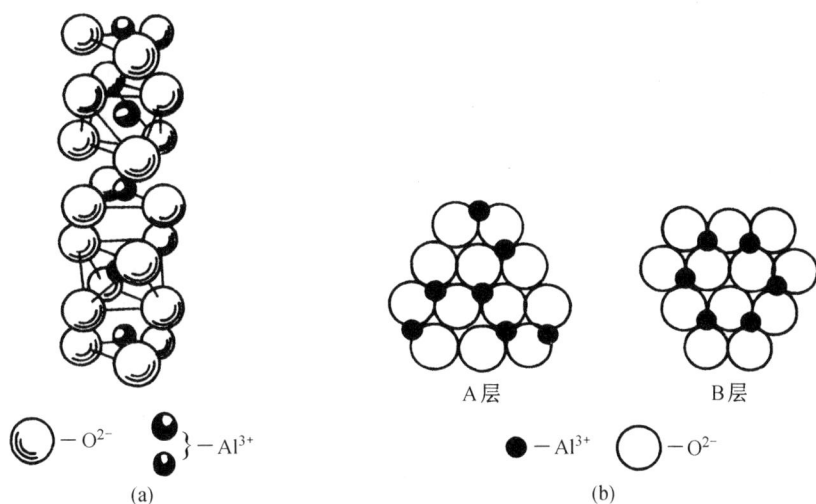

图 2.59 α-Al_2O_3 的结构

(a) 晶格结构；(b) 密堆积模型

4. ABO_3 型化合物结构

a. $CaTiO_3$（钙钛矿）型结构   钙钛矿又称灰钛石，系以 $CaTiO_3$ 为主要成分的天然矿物，理想情况下为立方晶系，在低温时转变为正交晶系，$PCmm$ 空间群。

图 2.60 为理想钙钛矿型结构的立方晶胞。Ca^{2+} 和 O^{2-} 构成 fcc 结构，Ca^{2+} 在立方体的顶角，O^{2-} 在立方体的六个面心上；而较小的 Ti^{4+} 填于由 6 个 O^{2-} 所构成的八面体 $[TiO_6]$ 空隙中，这个位置刚好在由 Ca^{2+} 构成的立方体的中心。由组成得知，Ti^{4+} 只填满 1/4 的八面体空隙。$[TiO_6]$ 八面体群相互以顶点相接，Ca^{2+} 则填于 $[TiO_6]$ 八面体群的空隙中，并被 12 个 O^{2-} 所包围，故 Ca^{2+} 的配位数为 12，而 Ti^{4+} 的配位数为 6，见图 2.60(b) 所示。

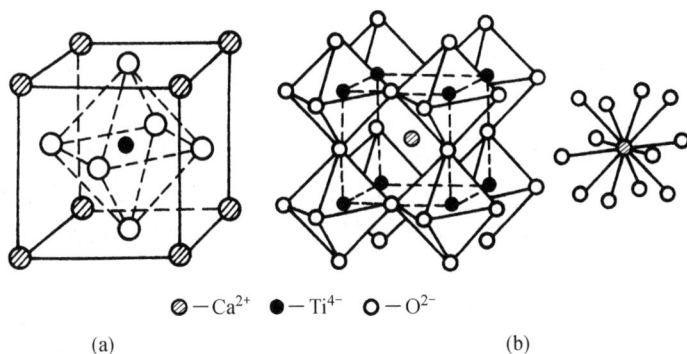

图 2.60 钙钛矿型结构

(a) 晶胞结构；(b) 配位多面体的连接和 Ca^{2+} 配位数为 12 的情况

从鲍林规则得知：Ti—O 离子间的静电键强度 S 为 $\frac{2}{3}$，而 Ca—O 离子间的 S 为 $\frac{1}{6}$，每个 O^{2-} 被 2 个 $[TiO_6]$ 八面体和 4 个 $[CaO_{12}]$ 十四面体所共用，O^{2-} 的电价为 $\frac{2}{3} \times 2 + \frac{1}{6} \times 4 = 2$，即

饱和,结构稳定。

属于钙钛矿型结构的还有 $BaTiO_3$,$SrTiO_3$,$PbTiO_3$,$CaZrO_3$,$PbZrO_3$,$SrZrO_3$,$SrSnO_3$ 等。

b. 方解石($CaCO_3$)型结构 方解石属菱方晶系,$R3C$ 空间群,其结构如图 2.61 所示。每个晶胞有 4 个 Ca^{2+} 和 4 个 $[CO_3]^{2-}$ 络合离子。每个 Ca^{2+} 被 6 个 $[CO_3]^{2-}$ 所包围,Ca^{2+} 的配位数为 6;络合离子 $[CO_3]^{2-}$ 中 3 个 O^{2-} 作等边三角形排列,C^{4+} 在三角形之中心位置,C—O 间是共价键结合;而 Ca^{2+} 同 $[CO_3]^{2-}$ 是离子键结合。$[CO_3]^{2-}$ 在结构中的排布均垂直于三次轴。

属于方解石型结构的还有 $MgCO_3$(菱镁矿),$CaCO_3 \cdot MgCO_3$(白云石)等。

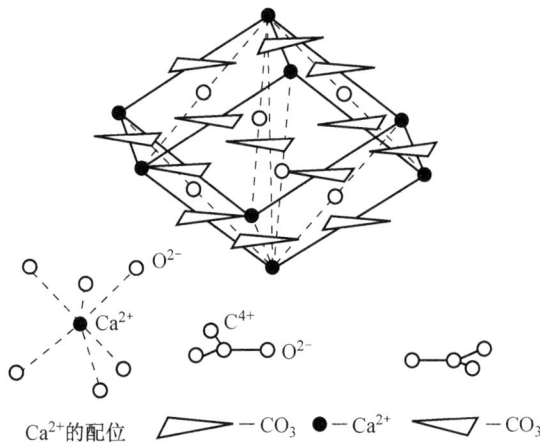

图 2.61 方解石型结构

2.4.3 硅酸盐的晶体结构

硅酸盐晶体是构成地壳的主要矿物,它们也是制造水泥、陶瓷、玻璃、耐火材料的主要原料。

硅酸盐的成分复杂,结构形式多种多样。但硅酸盐的结构主要由三部分组成,一部分是由硅和氧按不同比例组成的各种负离子团,称为硅氧骨干,这是硅酸盐的基本结构单元,另外两部分为硅氧骨干以外的正离子和负离子。因此,硅酸盐晶体结构的基本特点可归纳如下:

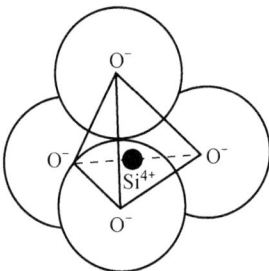

图 2.62 $[SiO_4]^{4-}$ 四面体

(1) 构成硅酸盐的基本结构单元是硅和氧组成的 $[SiO_4]^{4-}$ 四面体,如图 2.62 所示。在 $[SiO_4]^{4-}$ 中,4 个氧离子围绕位于中心的硅离子,每个氧离子有一个电子可以和其他离子键合。硅氧之间的平均距离为 0.160 nm,这个值比硅氧离子半径之和要小,说明硅氧之间的结合除离子键外,还有相当数量的共价键,一般视为离子键和共价键各占 50%。

(2) 按电价规则,每个 O^{2-} 最多只能为两个 $[SiO_4]^{4-}$ 四面体所共有。如果结构中只有一个 Si^{4+} 提供给 O^{2-} 电价,那么 O^{2-} 的另一个未饱和的电价将由其他正离子如 Al^{3+}，Mg^{2+}……提供，这就形成了各种不同类型的硅酸盐。

（3）按鲍林第三规则，$[SiO_4]^{4-}$ 四面体中未饱和的氧离子和金属正离子结合后，可以相互独立地在结构中存在，或者可以通过共用四面体顶点彼此连接成单链、双链或成层状、网状的复杂结构，但不能共棱和共面连接，否则结构不稳定（见图 2.63），且同一类型硅酸盐中，$[SiO_4]^{4-}$ 四面体间的连接方式一般只有一种。

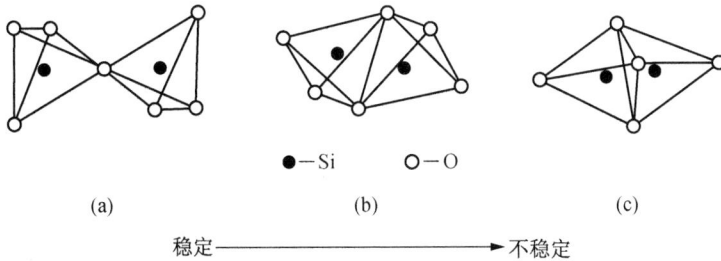

●—Si　　○—O

（a）　　　　　　　　　　（b）　　　　　　　　　（c）

稳定 ————————————————→ 不稳定

图 2.63　$[SiO_4]^{4-}$ 四面体相互连接

（a）共顶点连接；（b）共棱连接；（c）共面连接

（4）$[SiO_4]^{4-}$ 四面体中的 Si—O—Si 结合键通常并不是一条直线，而是呈键角为 145° 的折线。

所以，硅酸盐结构是由 $[SiO_4]^{4-}$ 四面体结构单元以不同方式相互连成的复杂结构。因此其分类不能按化学上的正、偏硅酸盐来分，而是按照 $[SiO_4]^{4-}$ 的不同组合，即按 $[SiO_4]^{4-}$ 四面体在空间发展的维数来分。下面即来简单介绍孤岛状、组群状、链状、层状和架状硅酸盐的晶体结构。

1. 孤岛状硅酸盐

所谓孤岛状结构，是指在硅酸盐晶体结构中，$[SiO_4]^{4-}$ 四面体是以孤立状态存在，共用氧数为零，即一个个 $[SiO_4]^{4-}$ 四面体只通过与其他正离子连接，而使化合价达到饱和时，就形成了孤立的或岛状的硅酸盐结构，又称原硅酸盐。正离子可是 Mg^{2+}，Ca^{2+}，Fe^{2+}，Mn^{2+} 等金属离子。

属于孤岛状硅酸盐结构的矿物有镁橄榄石 $Mg_2[SiO_4]$，锆英石 $Zr[SiO_4]$ 等。下面即以镁橄榄石为例说明该结构的特点。镁橄榄石 $Mg_2[SiO_4]$ 属正交晶系，$P6nm$ 空间群。每个晶胞中有 4 个"分子"，28 个离子。其中有 8 个镁离子，4 个硅离子和 16 个氧离子。图 2.64 为镁橄榄石结构在(100)面投影图。为醒目起见，位于四面体中心的 Si^{4+} 未画出。其结构的主要特点如下：

（1）各 $[SiO_4]^{4-}$ 四面体是单独存在的，其顶角相间地朝上朝下；

（2）各 $[SiO_4]^{4-}$ 四面体只通过 O—Mg—O 键连接在一起；

（3）Mg^{2+} 离子周围有 6 个 O^{2-} 离子位于几乎是正八面体的顶角，因此整个结构可以看成是由四面体和八面体堆积而成的；

（4）O^{2-} 离子近似按照六方排列，这是由于氧离子与大多数其他离子相比尺寸较大的缘故。氧离子成密堆积结构是许多硅酸盐结构的一个特征。

二价铁离子 Fe^{2+} 和钙离子 Ca^{2+} 可以取代镁橄榄石中的 Mg^{2+}，而形成 $(Mg,Fe)_2[SiO_4]$ 或 $(Ca,Mg)_2[SiO_4]$ 橄榄石。

镁橄榄石结构紧密，静电键也很强，结构稳定，熔点高达 $1890℃$，是碱性耐火材料中的重要矿物相。

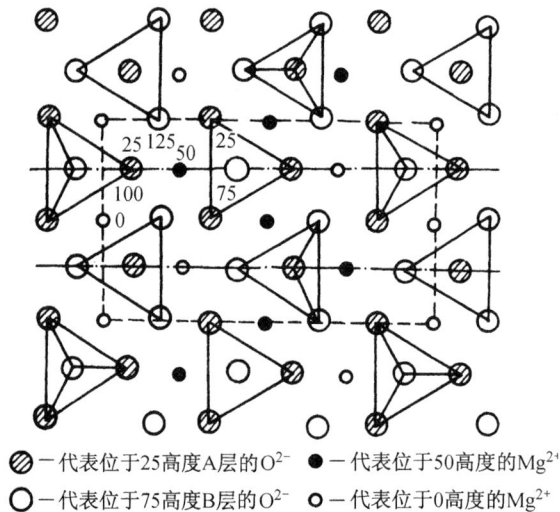

图 2.64 镁橄榄石结构在(100)面投影图

2. 组群状硅酸盐晶体结构

组群状结构是指由 $[SiO_4]^{4-}$ 通过共用 1 个或 2 个氧(桥氧)相连成的含成对、3 节、4 节或 6 节硅氧团组群(见图 2.65)。这些组群之间再由其他正离子按一定的配位形式构成硅酸盐结构。下面以绿柱石 $Be_3Al_2[Si_6O_{18}]$ 为例来说明这类结构的特点。

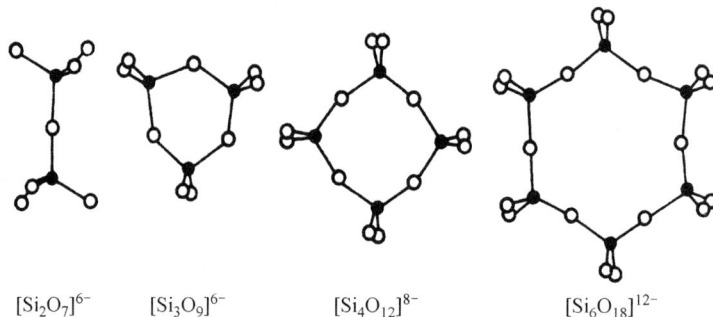

$[Si_2O_7]^{6-}$ $[Si_3O_9]^{6-}$ $[Si_4O_{12}]^{8-}$ $[Si_6O_{18}]^{12-}$

图 2.65 孤立的有限硅氧四面体群的各种形状

绿柱石 $Be_3Al_2[Si_6O_{18}]$ 结构属六方晶系，$P6/mcc$ 空间群。图 2.66 是其晶胞投影。其基本结构单元是 6 个硅氧四面体形成的六节环，这些六节环之间靠 Al^{3+} 和 Be^{2+} 离子连接，Al^{3+} 的配位数为 6，与硅氧网络的非桥氧形成 $[AlO_6]$ 八面体；Be^{2+} 配位数为 4，构成 $[BeO_4]$ 四面体。

环与环相叠,上下两层错开 $30°$。从结构上看,在上下叠置的六节环内形成了巨大的通道,可储有 K^+,Na^+,Cs^+ 离子及 H_2O 分子,使绿柱石结构成为离子导电的载体。

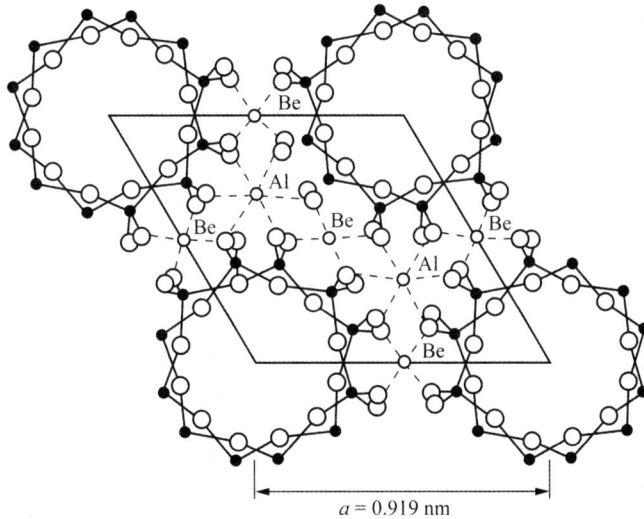

$a = 0.919\ nm$

图 2.66　绿柱石的结构

具有优良抗热、抗振性能的董青石 $Mg_2Al_3[AlSi_5O_{18}]$ 的结构与绿柱石相似,只是在六节环中有一个 $[SiO_4]$ 四面体中的 Si^{4+} 被 Al^{3+} 所取代,环外的 (Be_3Al_2) 被 (Mg_2Al_3) 所取代而已。

3. 链状硅酸盐

$[SiO_4]^{4-}$ 四面体通过桥氧的连接,在一维方向伸长成单链或双链,而链与链之间通过其他正离子按一定的配位关系连接就构成了链状硅酸盐结构(见图 2.67)。

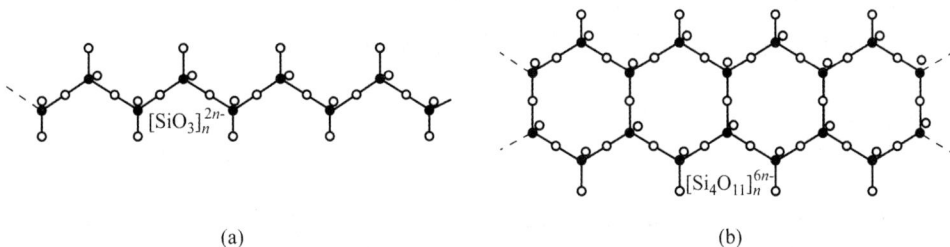

$[SiO_3]_n^{2n-}$

$[Si_4O_{11}]_n^{6n-}$

(a)　　　　　　　　　(b)

图 2.67　链状硅酸盐结构

(a)单链;(b)双链

单链结构单元的分子式为 $[SiO_3]_n^{2n-}$。一大批陶瓷材料具有这种单链结构,如顽辉石 $Mg[SiO_3]$,透辉石 $CaMg[Si_2O_6]$,锂辉石 $LiAl[Si_2O_6]$,顽火辉石 $Mg_2[Si_2O_6]$。在单链状结构中由于 Si—O 键比链间 M—O 键强得多,因此链状硅酸盐矿物很容易沿链间结合较弱处裂成纤维。

双链的结构单元分子式为 $[Si_4O_{11}]_n^{6n-}$。透闪石 $Ca_2Mg_5[Si_4O_{11}]_2(OH)_2$,斜方角闪石

$(Mg,Fe)_7[Si_4O_{11}]_2(OH)_2$，硅线石 $Al[AlSiO_5]$ 和莫来石 $Al[Al_{1+x}\cdot Si_{1-x}O_{5-x/2}]_{(x=0.25\sim0.40)}$ 及石棉类矿物都属双链结构。

4. 层状结构硅酸盐

$[SiO_4]^{4-}$ 四面体的某一个面(由 3 个氧离子组成)在平面内以共用顶点的方式连接成六角对称的二维结构，即为层状结构。它多为二节单层，即以两个 $[SiO_4]^{4-}$ 四面体的连接为一个重复的周期，且它有 1 个氧离子处于自由端，价态未饱和，称为活性氧，它将与金属离子(如 Mg^{2+}，Al^{3+}，Fe^{2+}，Fe^{3+}，Mn^{3+}，Li^+，Na^+，K^+ 等)结合而形成稳定的结构，如图 2.68 所示。在六元环状单层结构中，Si^{4+} 分布在同一高度，单元大小可在六元环层中取一个矩形，结构单元内氧与硅之比为 10∶4，其化学式可写成 $[Si_4O_{10}]^{4-}$。

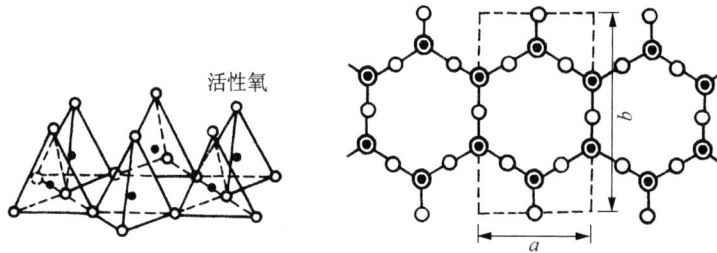

图 2.68　层状硅酸盐中的四面体

当活性氧与其他负离子一起与金属正离子如 Mg^{2+}，Ca^{2+}，Fe^{2+}，Al^{3+} 等相连接时，构成了 $[Me(O,OH)_6]$ 八面体层。它与四面体层相连接就构成双层结构；八面体层的两侧各与四面体层结合的硅酸盐结构称为三层结构。

在层状硅酸盐结构中，层内 Si—O 键和 Me—O 键要比层与层之间分子键或氢键强得多，因此这种结构容易从层间剥离，形成片状解理。

具有层状结构的硅酸盐矿物高岭土 $Al_4[Si_4O_{10}](OH)_8$ 为典型代表，此外还有滑石 $Mg_3[Si_4O_{10}](OH)_2$，叶蜡石 $Al_2[Si_4O_{10}](OH)_2$，蒙脱石 $(M_x\cdot nH_2O)(Al_{2-x}Mg_x)[Si_4O_{10}](OH)_2$ 等。

2.5　共价晶体结构

元素周期表中Ⅳ，Ⅴ，Ⅵ族元素、许多无机非金属材料和聚合物都是共价键结合。由于共价晶体中相邻原子通过共用价电子形成稳定的电子满壳层结构，因此，共价晶体的共同特点是配位数服从 8-N 法则，N 为原子的价电子数，这就是说结构中每个原子都有 8-N 个最近邻的原子。这一特点就使得共价键结构具有饱和性。另外，共价晶体中各个键之间都有确定的方位，即共价键有着明显的方向性，这也导致共价晶体中原子的配位数要比金属型和离子型晶体的小。

共价晶体最典型代表是金刚石结构，如图 2.69 所示。金刚石是碳的一种结晶形式。这里，每个碳原子均有 4 个等距离(0.154 nm)的最近邻原子，全部按共价键结合，符合 8-N 规则。其晶体结构属于复杂的面心立方结构，碳原子除按通常的 fcc 排列外，立方体内还有 4 个原子,它们的坐标分别为 $\frac{1}{4}\frac{1}{4}\frac{1}{4}$, $\frac{3}{4}\frac{3}{4}\frac{1}{4}$, $\frac{3}{4}\frac{1}{4}\frac{3}{4}$, $\frac{1}{4}\frac{3}{4}\frac{3}{4}$,相当于晶体内其中 4 个四面体间隙中心的位置。故晶胞内共含 8 个原子。实际上,该晶体结构可视为两个面心立方晶胞中的一个沿着另一个的体对角线相对位移 $\frac{1}{4}$ 距离穿插而成。

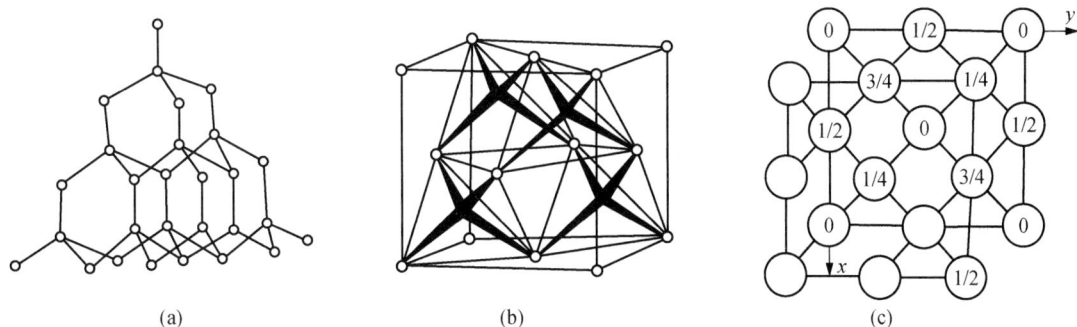

图 2.69　金刚石型结构

(a) 共价键;(b) 晶胞;(c) 原子在底面上的投影

具有金刚石型结构的还有 α-Sn,Si,Ge。另外,SiC,闪锌矿(ZnS)等晶体结构与金刚石结构也完全相同,只是在 SiC 晶体中硅原子取代了复杂立方晶体结构中位于四面体间隙中的碳原子,即原有的一半碳原子占据的位置被 Si 原子取代;而在闪锌矿(ZnS)中,S 离子取代了 fcc 结点位置的碳原子,Zn 离子则取代了 4 个四面体间隙中的碳原子而已。

图 2.70 为 As,Sb,Bi 的晶体结构。它属菱方结构(A7),配位数为 3,即每个原子有 3 个最近邻的原子,以共价键方式相结合并形成层状结构,层间具有金属键性质。

图 2.71 为 Se,Te 的三角晶体结构(A8)。它的配位数为 2,每个原子有 2 个近邻原子,以共价键方式相结合。原子组成呈螺旋形分布的链状结构。

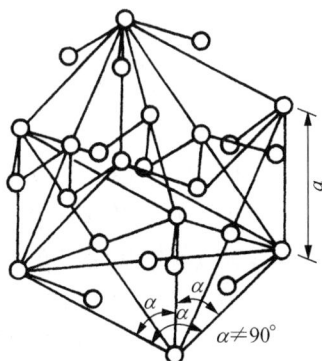

图 2.70　第ⅤA族元素 As,Sb,Bi 的晶体结构

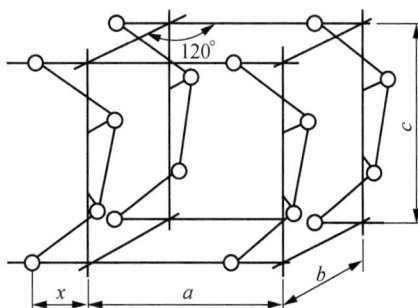

图 2.71　Se 和 Te 的晶体结构

2.6　高分子的凝聚态结构

凝聚态是指大量的原子或分子以某种方式聚集在一起,形成在自然界相对稳定存在的物

质形态。它是物质的物理状态,是根据物质的分子运动在宏观力学性能上的表现来区分的,通常包括固、液、气,称为物质三态。而相态是指物质的热力学状态,是根据物质的结构特征和热力学性质来区分的,包括晶相、液相和气相。对于小分子而言,气体为气相,液体为液相,但固体并不都是晶相,如玻璃是固体,是非晶相。高分子凝聚态指高分子链之间的几何排列和堆砌状态,高分子只有固、液两态,而没有气态,这是由于高聚物的内聚能大,通常在未加热到汽化时,就已经分解了。

由于高分子链分子结构的特殊性,其存在的状态要比小分子复杂得多。高分子的凝聚态结构包括非晶态(包括玻璃态、高弹态、黏流态)、结晶态(包括不同晶型)、液晶态、取向态和织态结构等聚集状态。因为分子运动的形式、分子间作用力形式等均与小分子不同,高分子的结构和形态有其独特性。下面进行具体讨论。

2.6.1　高聚物的分子间作用力

高聚物的分子间作用力分为分子内作用力和分子间作用力。高分子中的原子主要依靠共价键结合形成长链结构,这种化学键力称为主价键力,属于分子内作用力。主价键完全饱和的原子,也有吸引其他分子中饱和原子的能力,称为次价键力,属于分子间作用力。高聚物的分子间作用力形式多样,不同的分子间作用力强度不同,具有不同的方向性及对距离和角度的依赖性,这是高分子凝聚态多样性的成因。

首先,分子间作用力有范德华(van de Waals)力,指分子间吸引和排斥作用之和。其中吸引力,包括永久偶极矩间的作用力(即取向力)、偶极矩与诱导偶极矩间的作用力(即诱导力)、非极性分子之间的作用力(即色散力);而排斥力是指分子间的距离小到一定的程度下表现出来的相互排斥力。

其次,分子间的作用力还包括氢键。氢键是高分子中一种非常重要的分子间相互作用。氢键的形成条件是具有空轨道的原子如 H 与电负性很大的原子如 N 形成的一种弱的非成键作用。氢原子除了能够与电负性很大的原子 X 以共价键结合外,还可以与另一个电负性较大的原子 Y 形成一个较弱的键,即氢键 X—H⋯Y。氢键的键能一般在 $10\sim50\,kJ\cdot mol^{-1}$,比化学键能小,比范德华力大。键长比范德华半径之和小,比共价键半径之和大很多。与范德华力不同,氢键有饱和性和方向性,一般情况下,每个氢,只能与邻近两个电负性大的原子 X 和 Y 形成氢键。如图 2.72 所示,是尼龙(聚酰胺)分子间的氢键和纤维素分子内的氢键的示意图。

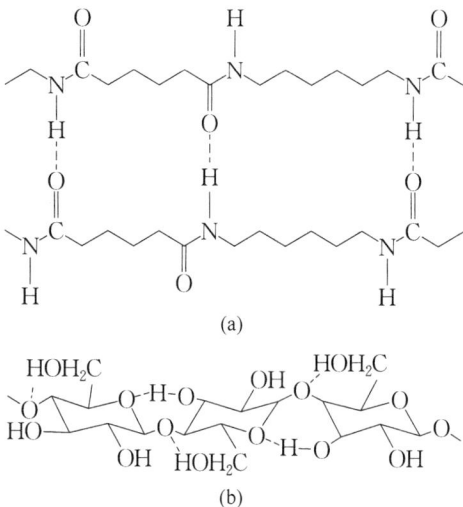

图 2.72　尼龙(聚酰胺)分子间的氢键和纤维素
分子内的氢键的示意图
(a)尼龙的分子间氢键;(b)纤维素的分子内氢键

分子间作用力通常比化学键能(离子键、共价键、金属键,$200\sim600\,kJ\cdot mol^{-1}$ 范围内)小 1～2个数量级。对于高分子而言,由于具有非常大的相对分子质量,分子间的次价键力之和是相当大的,往往超过了化学键的主价键力,而对高分子凝聚态的结构和性能起关键作用。以聚乙烯(PE)为例,如它的相对分子质量在十几万以上,就有上千个结构单元,假定每个结构单元与其他单元间的相互作用能大约为 $4\,kJ\cdot mol^{-1}$,则聚乙烯链间的次价键力总和达到几千 $kJ\cdot mol^{-1}$,这一数值远高于主价键能。这也说明了,当聚乙烯等高分子材料在受外力作用发生破坏时,首先断裂的是高分子链上的化学键。

表征分子间作用力大小的物理量一般用内聚能或内聚能密度表示。内聚能是指克服分子间作用力,将 $1\,mol$ 凝聚体汽化时所需要的能量 ΔE,单位为 $kJ\cdot mol^{-1}$,内聚能密度(Cohesive Energy Density,CED)是指单位体积凝聚体汽化时所需要的能量。对于低分子材料而言,可以通过测定汽化热,求出其内聚能密度。高分子不存在气态,所以不能用汽化的方法求得内聚能密度,可以用间接的方法,如溶胀平衡法或溶解度参数法来进行测量。

高分子材料的许多性质,包括溶解度、黏度、相容性、弹性模量等,都与内聚能密度有关。例如,聚酰胺(尼龙)、聚丙烯腈(腈纶)等,可以做成性能优良的纤维材料,归因于分子链上强的极性基团(腈基),或分子链间容易形成氢键(酰胺基团),而使分子间的作用力变大,使内聚能密度增高($600\,MJ\cdot m^{-3}$ 以上)。橡胶一般是非极性高分子,如聚丁二烯,聚异戊二烯等,这些非极性高分子链间作用力较弱,加之分子链柔顺性较好,使材料易于变形,富于弹性,通常内聚能密度在 $300\,MJ\cdot m^{-3}$ 以下(见表 2.16)。作为塑料的高聚物的分子间作用力居中,内聚能密度一般为 $300\sim400\,MJ\cdot m^{-3}$。由此可见,高聚物分子链间的作用力大小直接影响高聚物凝聚态的结构和材料的性能、用途。

表 2.16 几种通用高分子的内聚能密度

高聚物	内聚能密度/($MJ\cdot m^{-3}$)	高聚物	内聚能密度/($MJ\cdot m^{-3}$)
聚乙烯	259	聚甲基丙烯酸甲酯	347
聚异丁烯	272	聚醋酸乙烯酯	368
天然橡胶	280	聚氯乙烯	381
聚丁二烯	276	聚对苯二甲酸乙二酯	477
丁苯橡胶	276	尼龙 66	774
聚苯乙烯	305	聚丙烯腈	992

2.6.2 高聚物的非晶态结构

对固态高分子材料而言,其聚集态主要可分为非晶态、结晶态、取向态三种结构。如果分子链在三维空间进行规整排列,即存在长程有序,就形成结晶态结构;如果分子链无序地聚集在一起,呈无规线团构象,则形成非晶态结构;如果施加外力,分子链沿一维或二维方向局部有序排列,就形成取向态结构。高分子材料如果以晶态结构为主,被称为结晶高分子,如高密度聚乙烯;如果是非晶态或以非晶态为主称为非晶高分子。值得注意的是,通常高分子材料是晶态与非晶态结构共存的。而且,结晶与非晶在高温下会发生转变,结晶高分子在超过熔点时会熔融,而变成无规线团的非晶态结构。

高分子材料的非晶态结构特点是分子排列长程无序,其形式多样,包括玻璃态、高弹态、黏流态和结晶高分子中的非晶区。非晶态聚合物通常指完全不结晶的聚合物,包括玻璃体、高弹体和熔体。从分子结构上讲,非晶态聚合物包括:链结构规整性差的高分子,如 a-PP,PS 等;链结构具有一定的规整性,但结晶速率极慢的高分子,如聚碳酸酯(PC)等;常温为高弹态的橡胶,如聚顺丁二烯(PB)等。

根据实验现象,人们提出多种理论模型描述非晶态高聚物,典型的有 Flory 的无规线团模型[见图 2.73(a)],它根据统计热力学理论,推导并实验测定了大分子链的均方末端距和均方回转半径值而提出的。该模型认为,非晶固体中的每一根高分子链都取无规线团的构象,各高分子链之间可以相互贯通、缠结,但并不存在局部的有序的结构,因而非晶态高分子在聚集态结构上是均相的。分子链的构象与其在 θ 溶剂中的无扰分子链构象相似。随后,人们利用中子散射等技术测定了聚苯乙烯、聚甲基丙烯酸甲酯,以及相应的氘代聚合物等非晶态高分子在 Tg 温度以下的分子链的均方回转半径,结果发现,其尺寸是与聚合物分子链在 θ 溶剂中的均方回转半径相同,因而证实了非晶态高分子的排列是呈无规线团构象的。

无规线团模型也有很多其他的实验证据,比较重要的有:

(1)橡胶的弹性模量和应力—温度系数关系不随稀释剂的加入而有反常的改变,说明非晶态弹性体的结构是均匀的、无远程有序的。

(2)利用高能辐射使在本体和溶液中的非晶态高分子分别发生交联,实验结果发现,本体体系与溶液中发生分子内交联的倾向是相似的,说明本体中并不存在诸如紧缩的线团或折叠链那样局部的有序结构。

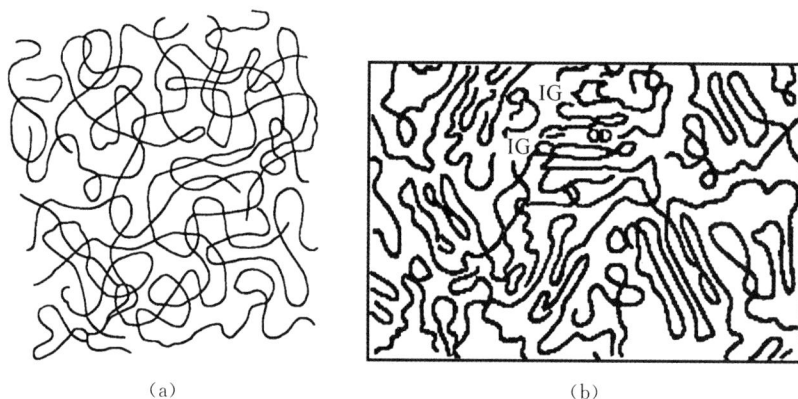

(a)   (b)

图 2.73 非晶态高聚物理论模型

(a) Flory 的无规线团模型;(b) Yeh 的折叠链缨状胶束粒子模型

这种无规线团模型能够解释一些现象,但也遇到了一些无法解释的现象,如聚乙烯为什么具有极快的结晶速度。通过无规线团模型,人们很难想象处于杂乱而无规缠结的分子链会在快速冷却过程中,瞬间完成在三维空间的规则排列而形成结晶。为此,人们认为非晶态结构高分子可能存在短程有序。Yeh 于 1972 年提出折叠链缨状胶束粒子模型[见图 2.73(b)],即两相球粒模型。该模型认为在非晶高聚物中,除了无规排列的分子链以外,还存在局部的短程"有序区",在这些区域内,分子链是折叠的,排列比较规整,有序区尺寸约 3~10 nm。

2.6.3 高聚物的晶态结构

1. 高分子晶体的结构特点

高聚物结晶与小分子结晶相似,高分子链会按一定的规则排列成三维有序的结构,形成晶胞,但与小分子物质的结晶又有不同,小分子如水和甲烷,通常要么完全结晶(固体),要么完全无定形(液体)。同样,金属试样几乎总是完全结晶的,而许多陶瓷要么是完全结晶的,要么是完全非结晶的。而高分子具有长链分子结构,结晶具有自身的特点。首先,高分子的分子链很长,一条分子链可以穿过几个晶胞;其次,由于一个晶胞中有可能容纳多根分子链的局部链段,一同形成有序结构。这种结构导致了高分子晶体的不完善性,如晶区缺陷较多,结晶速度较慢,结晶和非晶共存,熔点不是确定值。这种结构也可能造成结晶高分子材料不可能形成立方晶系。究其原因,是因为在晶胞中,高分子链采取轴平行方式排列,轴向为晶胞 c 轴,也就是沿晶胞 c 轴方向的作用是化学键,而沿晶胞 a、b 轴方向的作用是链与链间的作用,是范德华力相互作用,晶体产生各向异性,因此无法形成立方晶系。除此以外,其他在金属、无机非金属中常见的六种晶系在高分子晶体中都可能存在。

图 2.74 为聚乙烯的晶体结构。右图为与聚乙烯结晶的纤维轴(c 轴)平行的平面上和垂直平面上的投影。若从纤维轴方向上看,分子链堆砌时,则分子链的水准线全部一致。聚乙烯的晶格属正交晶系,晶胞参数为:$a = 0.741\,\text{nm}$,$b = 0.494\,\text{nm}$,$c = 0.255\,\text{nm}$。 两条分子链贯穿一个晶胞。

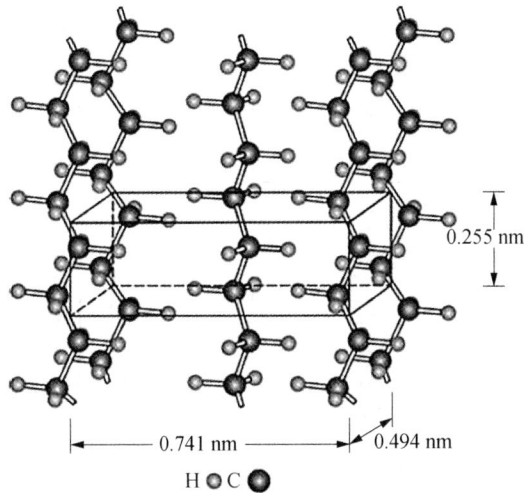

图 2.74 聚乙烯晶胞结构示意图

需要注意的是,依赖于结晶的条件,同种聚合物会形成多种晶型(见表 2.17)。例如,全同立构聚丙烯的晶胞有三种类型:α 型单斜晶系,β 型假六方晶系,γ 型三斜晶系。

表 2.17 某些高分子化合物在 25℃ 时的晶胞参数和晶体形状

聚合物	晶胞中单基数目	晶胞参数/nm			螺旋[①]	晶系
		a	b	c		
聚乙烯	2	0.736	0.492	0.2534	—	斜方
间同聚氯乙烯	4	1.040	0.530	0.510	—	斜方
聚异丁烯	16	0.694	1.196	1.863	8/5	斜方
全同聚丙烯(α 型)	12	0.665	2.096	0.650	3/1	单斜

（续表）

聚合物	晶胞中单基数目	晶胞参数/nm			螺旋[1]	晶系
		a	b	c		
全同聚丙烯（β型）	—	0.647	1.071	—	3/1	假六方
全同聚丙烯（γ型）	3	0.638	0.638	0.633	3/1	三斜
间同聚丙烯	8	1.450	0.581	0.73	4/1	斜方
全同聚乙烯基环己烷	16	2.19	2.19	0.65	4/1	正方
全同聚邻甲基苯乙烯	16	1.901	1.901	0.810	4/1	正方
全同聚-1-丁烯（1型）	18	1.769	1.769	0.650	3/1	三斜
全同聚-1-丁烯（2型）	44	1.485	1.485	2.060	11/1	正方
全同聚-1-丁烯（3型）	—	1.249	0.896	—	—	斜方
全同聚苯乙烯	18	2.208	2.208	0.663	3/1	三斜

[1] 由于取代基的形状和大小不同，以及取代基的极性不同，有时一个等同周期中可形成多个螺旋，如8/5就表示它由8个结构单元旋转5圈形成的一个等同周期。

通常情况下，晶格中分子链的构象有两种方式：一是平面锯齿状的反式构象，另一种是反式—旁式相间的螺旋构象。对于取代基较小或没有取代基的碳链高分子，如聚丙烯腈和聚乙烯等，其晶格中的分子链通常采取反式构象（见图2.75）。对于分子链上有较大侧基的高分子，如全同立构的聚丙烯，侧基的甲基体系较大，晶格中的高分子链采取螺旋构象（见图2.76）。因此，在聚丙烯晶胞中，每三个结构单元形成一个螺圈，循环出现，等同周期为0.65 nm。

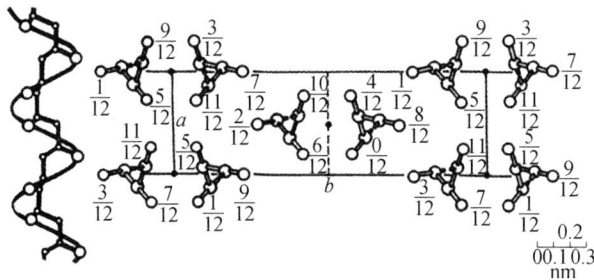

图2.75 聚丙烯分子的形态和在晶胞中的排列

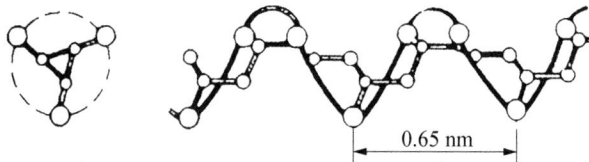

图2.76 聚丙烯分子链的螺旋形构象

2. 高分子的结晶形态

影响高分子晶体形态的因素包含两个方面：晶体内部结构和晶体生长的外部条件。内部结构指化学组成、规整度、取代基极性作用；外部条件指包括溶液的成分、黏度、晶体生长所处的温度、所受作用力的方式、作用力的大小等。最基本的可以分成两类:一种是热诱导结晶,通过热的作用,使分子链沿晶片厚度方向以折叠排列方式形成折叠链晶片,结晶需要温度场;另一种是应力诱导结晶,在应力场的作用下,使伸展分子链形成伸直链晶片,结晶主要是在应力场中完成。其中,折叠链晶片组成的晶体形态有:单晶、球晶及其他形态的多晶聚集体;而伸直链晶片组成的晶体形态有:纤维状晶体和串晶等。下面对典型的几种高分子结晶形态进行描述。

(1) 单晶。单晶的结构特点是具有一定外形,长程有序。1957 年,Keller 等人首先从极稀的聚乙烯三氯甲烷溶液(0.01%)中,在极缓慢冷却时制备得到了聚乙烯单晶(见图 2.77),随后,研究人员用相似的方法制备得到一些其他高聚物单晶,这些单晶具有明显的特点:规则的形状,如长方形、菱形或六角形片状,单晶的横向尺寸几微米到几十微米,厚度均在 10 nm 左右。在电镜下可观察到片状晶体,并呈现出单晶特有的电子衍射图。人们很想知道,高分子链的长度通常达到几百纳米,又是怎样在晶片中进行排列的呢? 电子衍射研究发现,高分子链的链轴方向与片晶的平面垂直,由此可以推测,高分子链只能以折叠的方式进行排列才能得到厚度仅为 10 nm 左右的片晶(见图 2.78)。高分子单晶的成功制备,开创了对高分子链近邻折叠方式形成晶片的认识。

图 2.77 聚乙烯单晶的电子显微图

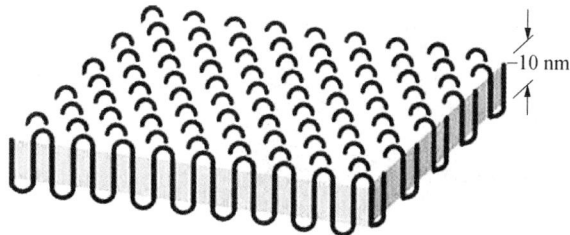

图 2.78 高分子单晶形成的折叠链模型

(2) 球晶。球晶是聚合物结晶时的一种最常见的特征形式,在溶液或熔体结晶时得到,是一种多晶聚集体,其基本结构仍是折叠链片晶。球晶是由一个晶核开始,片晶辐射状生长而成的球状多晶聚集体(见图 2.79)。微束 X 射线图象进一步证明,结晶聚合物分子链通常是沿着垂直于球晶半径方向排列的。球晶呈圆球形,直径通常在 $0.5 \sim 100 \, \mu m$ 之间,大的甚至达到厘米数量级。

球晶的结构在正交偏光显微镜下,呈现特有的黑十字消光图(见图 2.80)。通过电子显微镜,发现组成球晶单元的晶片在径向生长过程中会出现扭曲,在组成球晶的晶片中分子链的方向(c 轴方向)是垂直于球晶的半径方向的。当球晶结构

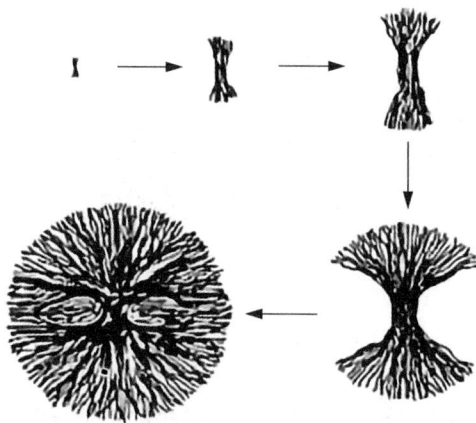

图 2.79 球晶的结构和生长过程示意图

的结晶接近完成时,相邻球晶的端部开始相互碰撞,形成或多或少的平面边界。在此之前,它们保持球形。

Courtesy F.P.Prico. General Electric Company

图 2.80　聚乙烯球晶结构的透射显微照片

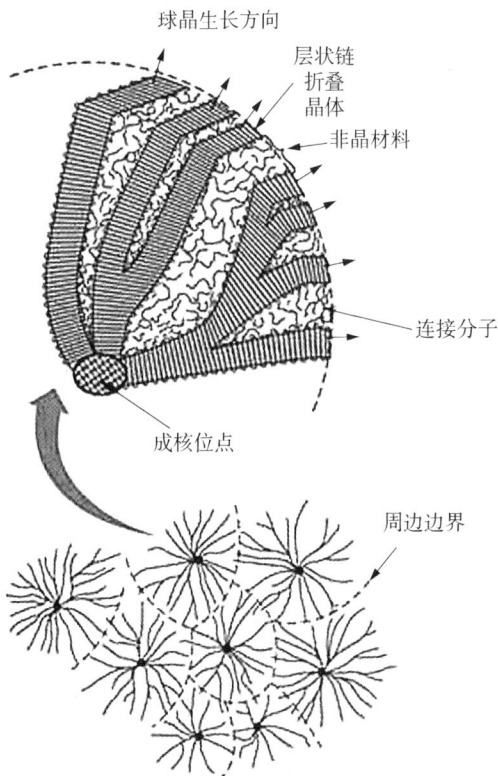

图 2.81　球晶内部分子链取向模型

球晶的详细结构如图 2.81 所示。这里显示的是由无定形材料分开的、由单个链折叠成的层状晶体。在相邻片层之间起连接作用的链结构分子通过这些无定形区域,在球晶的长大过程中,会不断地把不结晶的分子链或链段排斥到片晶或片晶束或球晶之间,形成了大量的连接链,这些连接链的存在对高分子材料的力学性能有很大影响。在高分子材料的加工过程中,容易形成球晶,而且由于加工条件的不同,会使球晶的结构、尺寸和类型发生变化,也对材料的性能影响很大。球晶的大小直接影响聚合物的力学性能,球晶越大,材料的冲击强度越小,越容易破裂。球晶的大小对聚合物的透明性也有很大影响,通常,非晶聚合物是透明的,而结晶聚合物由于存在晶相和非晶相,两相折射率不同,使得物质呈现乳白色而不透明。聚乙烯、聚丙烯、聚氯乙烯、聚四氟乙烯和尼龙从熔体结晶时就形成球晶结构。

（3）伸直链晶体。伸直链晶是一种纤维状的晶体,是在一定的应力场的作用下形成的。如高温高压下的结晶,或在高速拉伸（10^5 m·min^{-1}）和快速淬火下的纺丝过程中,能够形成伸直链晶。典型的是聚乙烯在 500 MPa 的静压下,于 230℃结晶 8 h,能够得到聚乙烯的伸直链晶,其密度达到 0.993 8 g·cm^3,结晶度 97%,熔点 140℃,接近于理想 PE 晶体的值。

通过双折射仪实验证明,聚乙烯伸直链片晶中分子链的轴垂直于片晶表面,片晶厚 100 nm 以上,厚度的分布比较宽(见图 2.82)。值得注意的是,由于聚合物分子量存在分布,链长短不一,这就意味着,在伸直链晶片中,不是 100% 的高分子链都能完全伸直的,而是以伸直链与折叠链共存的形态出现。从热力学角度分析,伸直链晶体是能量最低、最稳定的高分子晶体,其强度极大,研究表明,如聚乙烯纤维中含有 10% 伸直链晶体,其抗拉强度高达 480 MPa。

图 2.82 聚乙烯伸直链晶体照片

由此可见,伸直链晶的形成需要应力场,在高分子材料的实际加工过程中,既有温度场作用,也存在应力场作用,所以,实际上常得到的是既有伸直链晶体又有折叠链片晶的串晶和柱晶。

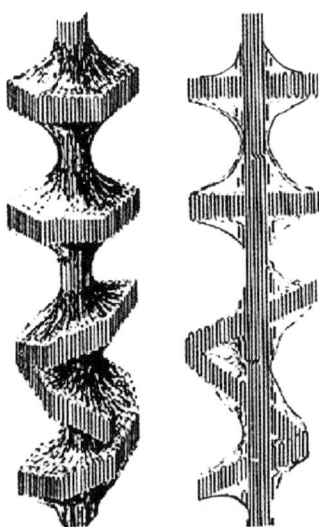

图 2.83 既有伸直链晶体又有折叠链片晶的串晶示意图

串晶是高分子溶液温度较低时边搅拌边结晶而形成的。具有伸直链结构的中心线,中心线周围间隔地生长着折叠链的片晶,同时具有伸直链和折叠链两种结构单元组成的多晶体(见图 2.83)。

3. 聚合物晶态结构的模型

随着人们对高分子晶体的认识,在实验的基础上提出了各种模型,试图解释观察到的各种实验现象。下面介绍其中典型的两种:

(1) 缨状微束模型也称为两相模型。对两相模型所持的观点是:晶态聚合物中同时存在着晶区和非晶区;一个高分子长链可以贯穿几个晶区和非晶区;分子链在晶区是有规则排列的(微束),在非晶区是完全无规则堆砌的;晶区的尺寸很小(10 nm)。

缨状微束模型是 Bryant 在 1947 年提出来的(见图 2.84)。他们用 X 射线研究了很多结晶型高分子,结果否定了以往关于高分子无规线团杂乱无章的聚集态概念,证明不完善结晶结构的存在,并认为结晶高分子中晶区与非晶区互相穿插同时存在,见图 2.77。它解释了 X 射线衍射和其他很多实验观察的结果,如高分子的密度比晶胞的密度小是因为两相共存的结果;高分子拉伸后,由于微晶的取向使得 X 射线衍射图上出现圆弧形;由于微晶大小的差异使得结晶高分子在熔融时存在一定大小的熔限;由于非晶区比晶区的可渗透性大,造成化学反应和物理作用的不均匀性;拉伸高分子的光学双折射现象是由非晶区中分子链取向造成的。

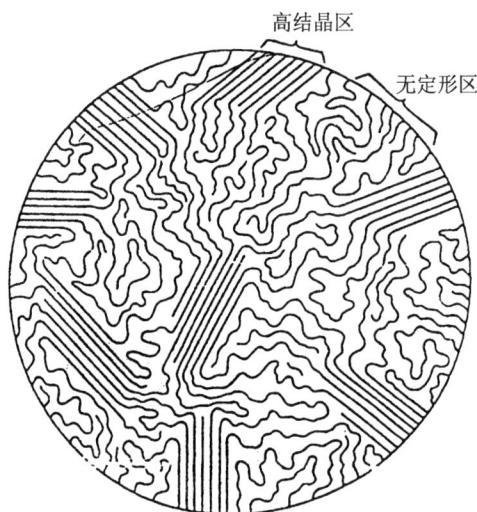

图 2.84 半结晶高分子的缨状微束模型示意图

在晶片中,同一分子相连的两链段并不像折叠链模型那样都是相邻排列的,也有非相邻排列的,或相邻排列的链段可以属于不同的分子,但不能解释用电子显微镜及其他方法对单晶的研究中发现的现象(尤其是从极稀溶液中产生的晶体)。这种理论在结晶度较低时才有真实性。

(2)折叠链模型。折叠链模型是在聚合物晶体中,大分子链以折叠的形式堆砌起来的,如图 2.85 所示。1957 年 Keller 等人,用很稀的 PE-二甲苯溶液缓慢结晶得到具有以下特征的晶体,并因此提出来的。除了 PE 单晶实验,折叠链模型还有许多其他的实验依据,如许多高聚物得到单晶片;不同的高聚物得到的单晶片外形不同,高度都是 10 nm;晶片厚度与平均分子质量无关;分子链垂直于晶片厚度方向。那么,线形的高分子链是怎样规整地排入 10 nm 厚的晶片中的? 主要原因是:结晶性高分子在一定条件下,伸展的高分子链趋向相互靠近,有规整地聚集成链束(其长度可比分子链更长)。因链束细而长,具有较大的表面能,所以很不稳定,进而由链束自发地折叠成带状结构。依据表面能减少的趋势,则"带"能自发规整地排成晶片,再由晶片排列为单晶或者其他形状的晶体。

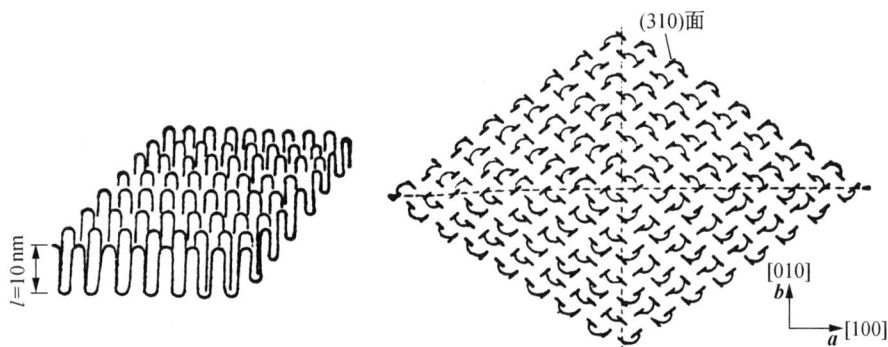

图 2.85 Keller 近邻规则折叠链结构模型

2.6.4 高分子的取向态结构

高聚物的取向态结构(orientation)指的是在外力作用下,分子链沿外力方向平行排列。聚合物的取向现象包括分子链、链段的取向以及结晶聚合物的晶片等沿特定方向的择优排列。取向态结构中由于大分子链的取向,会使材料产生各向异性。

取向是大分子热运动和外力作用的矛盾统一体。

大分子热运动	外力作用
大分子产生回缩力	取向力
混乱排列	有序排列
解取向	取向
热力学自发过程	强制过程

取向态结构在非晶态和晶态高分子中的表现形式是不同的。对非晶态高聚物而言,取向按取向的单元长短可分为两类:链段的取向和整个分子链的取向(见图 2.86)。当链段进行取向时,链段会沿外场方向平行排列,此时分子链的排列有可能是杂乱的;当分子链进行取向时,整个高分子链会沿外力的方向平行排列,此时链段可能取向也可能不取向。非晶态高分子的取向,其实质是一种热力学上的非平衡状态,取向是分子链在外力场作用下的一种有序化过程,所以在外场去除后,分子链由于热运动又会回缩,即解取向。所以,取向和解取向是可以循环的。

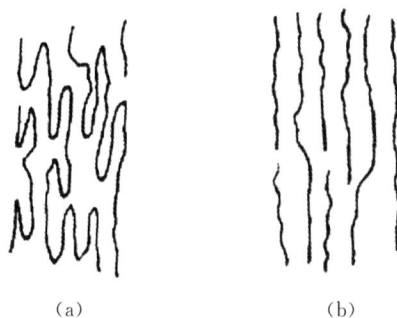

图 2.86 分子链取向示意图
(a) 链段取向;(b) 分子链取向

与非晶高聚物不同,结晶高聚物由于结晶的不完善性,在外力场的作用下,既可能发生非晶区的链段取向或分子链取向,还能发生晶粒的变形、取向排列。在外力场作用下,球晶的内部片晶发生变形和重排,高分子球晶会先变成椭圆形,继续拉伸球晶会伸长,"冷拉"时球晶会变成带状结构(见图 2.87)。

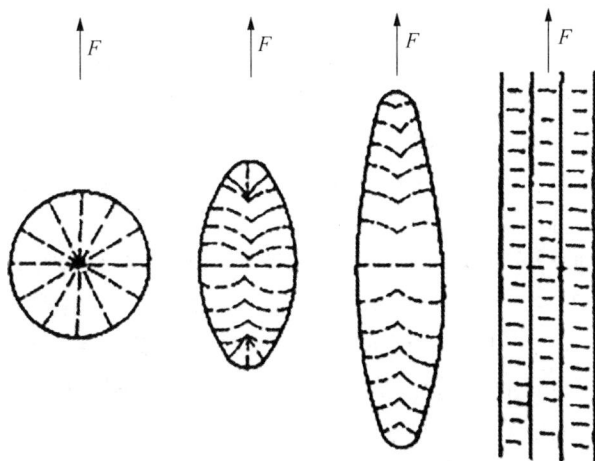

图 2.87 球晶拉伸形变时内部晶片变化示意图

　　高聚物的取向按照拉伸方向不同可分为单轴取向和双轴取向两种。单轴取向是高聚物材料只沿一个方向拉伸,分子链、链段或晶片、晶带倾向于沿着与拉伸方向平行的方向排列。对纤维进行单轴取向,可以提高取向方向上纤维的断裂强度和冲击强度(因断裂时主价键的比例增加)。沿两个互相垂直的方向进行拉伸叫双轴取向,这时高分子链或链段与拉伸平面平行排列,而在平面内,高分子链的排列可能是无序的。取向会使材料的力学、光学和热性能出现各向异性,归因于高聚物沿取向方向和垂直于取向方向的分子间作用力的不同。如模量、强度在取向方向比未取向时明显增大,而在与取向方向垂直方向上的模量、强度减小,典型的如尼龙纤维,未取向时的抗拉强度为 $70\sim80$ MPa,而在拉伸取向后,在拉伸方向上的强度达 $470\sim570$ MPa。对于高聚物的双向拉伸(见图 2.88),一般在两个垂直方向施加外力,如薄膜双轴拉伸,使分子链取向平行于薄膜平面的任意方向。在薄膜平面的各方向的性能相近,但薄膜平面与平面之间易剥离。在平面方向上的强度和模量会比未拉伸前增高,而在厚度方向的强度和模量会降低,平面内出现明显的各向异性,在平行于取向的方向上,薄膜的强度有所提高,但在垂直于取向方向上却使其强度下降了,实际强度甚至比未取向的薄膜还差,例如包装用的塑料绳(称为撕裂薄膜)。

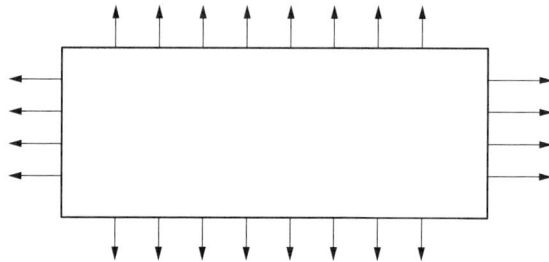

图 2.88　高聚物薄膜的双向拉伸示意

2.6.5　高分子的液晶态结构

　　液晶(liquid crystal)是介于晶态和液态之间的一种热力学稳定的相态,它既具有晶态的各向异性,又具有液态的流动性。液晶最早于 1888 年由奥地利植物学家莱尼茨尔(F. Reinitzer)发现。他在测定有机物的熔点时,发现某些有机物(胆甾醇的苯甲酸脂和醋酸脂)熔化后,经历一个不透明的呈白色浑浊液体状态,并发出多彩而美丽的珍珠光泽,只有继续加热到某一温度才会变成透明清亮的液体。1889 年,德国物理学家莱曼(O. Lehmann)使用自己设计的附有加热装置的偏光显微镜对这些酯类化合物进行了观察,发现这类白而浑浊的液体外观上虽然属于液体,但却显示出各向异性晶体特有的双折射性。于是莱曼将其命名为“液态晶体”,这就是“液晶”名称的由来。由于液晶材料的特殊结构致使它的一些物理性能呈现出各向异性,而且其分子取向分布易通过外加的场强控制,所以液晶材料在光学记录、贮存材料,特别是在液晶显示器(LCD)技术中得到重要的应用。1973 年,英国格雷教授发现了稳定的液晶材料(联苯系)。1976 年,由 SHARP 公司在世界上首次将其应用于计算器的显示屏上。此外,由取向液晶聚合物获得的高性能纤维材料也备受人们的青睐。

　　形成液晶的物质通常具有刚性的分子结构,这些刚性结构部分称为致晶单元,其分子的长度和宽度的比例 R≥1,通常呈棒状或盘状的构象(见图 2.89),而且这类刚性致晶单元几乎无一例外地都连有一个或几个柔性的分子链,如同"尾巴"一样。同时,液晶的形成需要具有在液态下维持分子的某种有序排列所必需的凝聚力,这种凝聚力通常是与结构中的强极性基团、高度可极化基团、氢键等相联系的。致晶单元和极性基团是分子在液态时仍保留一定有序性的必要条件,而柔性"尾巴"使体系具有液体的形变能力和流动性。

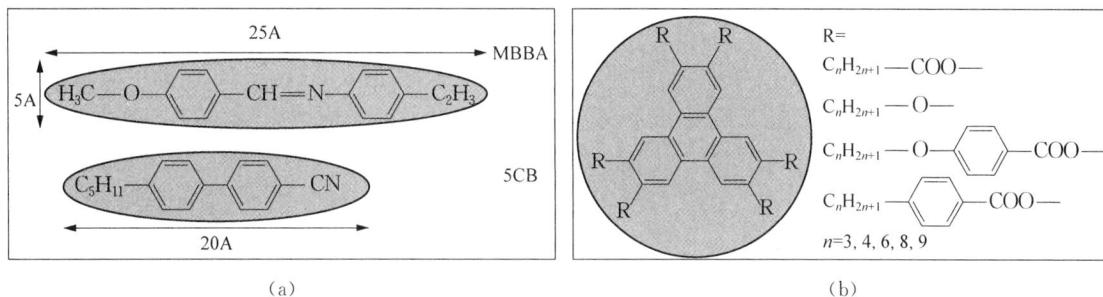

图 2.89 致晶单元的构象

(a)棒状致晶单元;(b)盘状致晶单元

高分子液晶指的是在一定条件下仍可能保持液晶特征的高分子化液晶。一般通过某些液晶分子连接成大分子,或者可通过官能团的化学反应连接到高分子骨架上而形成的。从结构上分析,除致晶单元、取代基、端基的影响外,高分子链的性质、连接基团的性质均对高分子液晶的相行为产生影响。与小分子液晶相比,液晶高分子具有下列特殊性:①热稳定性大幅度提高;②热致性高分子液晶有较大的相区间温度;③黏度大,流动行为与一般溶液显著不同。

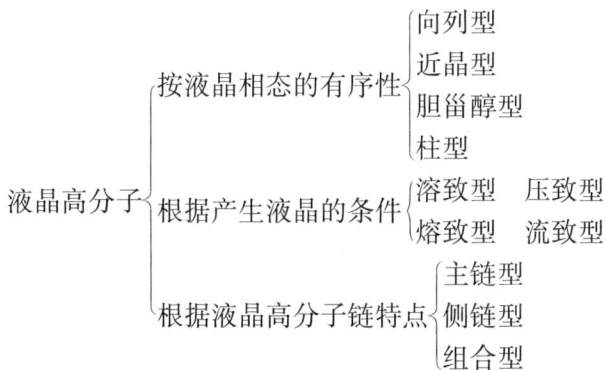

液晶高分子
- 按液晶相态的有序性:向列型、近晶型、胆甾醇型、柱型
- 根据产生液晶的条件:溶致型 压致型、熔致型 流致型
- 根据液晶高分子链特点:主链型、侧链型、组合型

根据高分子链中致晶单元的排列形式和有序性的不同,高分子液晶可分为:近晶型、向列型、胆甾型和柱型。至今为止大部分高分子液晶属于向列型液晶。

1. 液晶的结构

(1)近晶型结构。近晶型液晶系层状结构,是所有液晶中最接近结晶结构的一类,故有近晶型之称。如图 2.90(a)所示,棒状分子依靠所含官能团提供的垂直于分子长轴方向的强有力的相互作用力,平行排列成层片状结构,分子的长轴垂直于层片平面。在层内,分子排列保持着二维有序性,分子可以在层内活动,但不能来往于各层之间,因此柔性的二维分子薄片层之间可互相滑动,而垂直于层片方向的流动则困难得多。该结构决定了其黏度呈现各向异性,只是通常各部分的层片取向并非统一,因而近晶型液晶在各个方向上一般都是非常黏滞的。

（2）向列型结构。向列型液晶分子分布的示意图如图 2.90(b)。棒状分子的长轴方向倾向于沿一个共同的主轴平行排列,但它们的重心排列则是无序的,因而呈现一维有序性,并且这些分子的长轴方向是到处都在发生着连续的变化。在外力作用下,由于这些棒状分子容易沿流动方向取向,并可在流动取向中互相穿越,因此,向列型液晶均有较大的流动性。

（3）胆甾型结构。胆甾型液晶分子分布如图 2.90(c)所示。在这类液晶中,长形分子基本上是扁平的,依靠端基的相互作用,彼此平行排列成层状结构,但它们的长轴是在层片平面上的。层内分子排列与向列型的相似,而相邻两层间,分子长轴的取向,由于伸出层片平面外的光学活性基团的作用,而依次规则地扭转一定角度,层层累加而形成螺旋面结构。分子的长轴方向在旋转 360° 后复原,这两个取向相同的分子层之间的距离,称为胆甾型液晶的螺距,它是表征该液晶的一个重要物理量。由于这些扭转的分子层的作用,因此当白光射入时会反射,光发生色散,透射光发生偏振旋转,使胆甾型液晶具有彩虹般的颜色和极高的旋光本领等优越的光学性能。

（4）柱状型结构。柱状型液晶分子分布的示意图见图 2.90(d)。在低温或高浓度下盘状分子可以形成这样的柱状型液晶。它比由盘状分子组成的向列型液晶更有序。在柱状结构中,盘状分子堆垛成柱体,这些柱体形成二维长程有序的六角形排列,而在柱内分子仅像液体那样面对面堆垛。

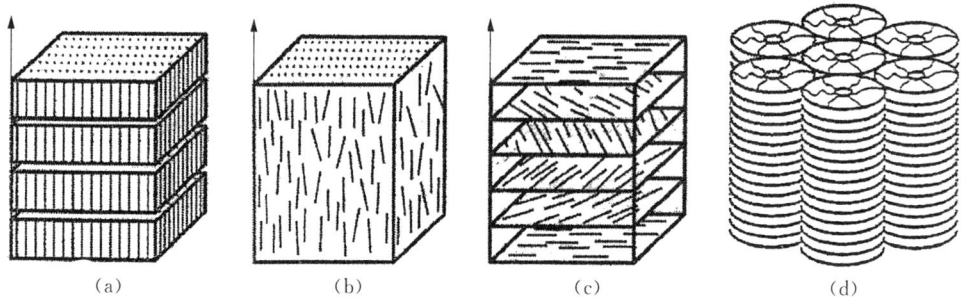

图 2.90　液晶的四种不同的结构类型
(a) 近晶型;(b) 向列型;(c) 胆甾型;(d) 柱状型

根据产生液晶的条件,可以将液晶分成溶致性液晶、热致性液晶、压致型液晶、流致型液晶,等等。溶致型液晶(lyotropic)指在适当的溶剂中溶解,有些高分子达到一定的浓度时,会形成液晶,这种液晶称为溶致型液晶。常见的高分子液晶是溶致型液晶,刚性较大的分子链会以棒状的形式存在于溶液中,当浓度达到一定的程度时,高分子链发生缔合,形成三维有序的结构。如聚对苯二甲酰对苯二胺(PTTA)的浓硫酸溶液,室温下,当浓度达到一定值时,可形成向列型液晶。溶致型液晶在生物系统中大量存在,生物膜就具有液晶的特征。最常见的溶致液晶有肥皂水、洗衣粉溶液和表面活化剂溶液等。

热致型液晶(thermotropic)指某些结晶高分子在加热熔融时,会经历液晶态,然后才变成各向同性的液态,如单成分的纯化合物或均匀混合物在加热至熔点以上的某一个温度范围时呈现出液晶性能。近年来,发现许多芳族共聚酯在熔点以上的某个温度区时具有热致型液晶的特性。

聚乙烯在某一压力下可呈现液晶态,这是一种压致型液晶。聚对苯二甲酰对氨

基苯甲酰肼在施加流动场后可呈现液晶态，属于流致型液晶

$\text{[CO}\text{—◯—CO—NH—◯—CONHNH]}_n$。

在溶致型液晶中，溶剂与高分子液晶分子之间的作用非常重要，溶剂的结构和极性决定了与液晶分子间的亲和力的大小，进而影响液晶分子在溶液中的构象，能直接影响液晶的形态和稳定性。控制高分子液晶溶液的浓度是控制溶液型高分子液晶相结构的主要手段。而在热致性高分子液晶中，对相态和性能影响最大的因素是分子构型和分子间力。分子间力大和分子规整度越高虽然有利于液晶形成，但是相转变温度也会因为分子间力的提高而提高，使液晶形成温度提高，不利于液晶的加工和使用。控制温度是形成高分子液晶和确定晶相结构的主要手段。

根据液晶高分子链特点，按照致晶单元的连接方式，可以分为主链型液晶、侧链型液晶和不含刚性液晶原的液晶高分子等（见图2.91）。

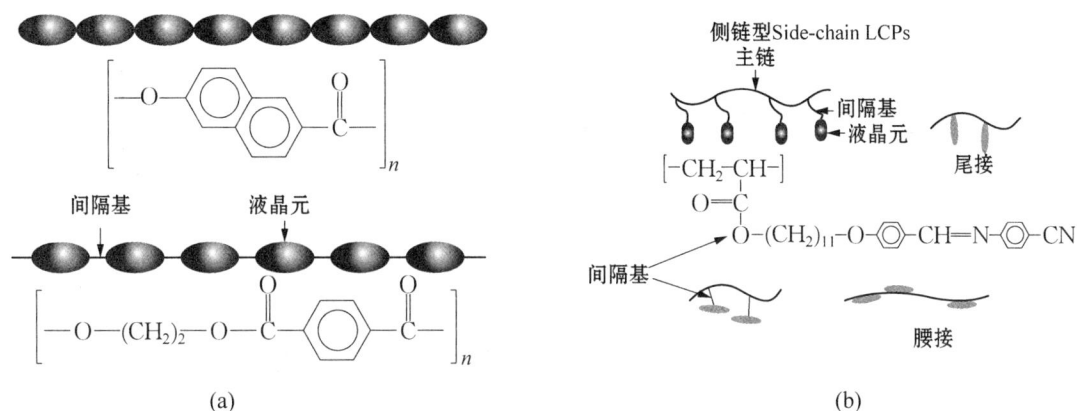

图2.91 液晶高分子链的分类
(a) 主链型高分子液晶；(b) 侧链型高分子液晶

致晶单元形状对液晶形态的形成有密切关系，致晶单元呈棒状的，有利于生成向列型或近晶型液晶；致晶单元呈片状或盘状的，易形成胆甾醇型或盘型液晶。高分子骨架的结构、致晶单元与高分子骨架之间柔性链的长度和体积对致晶单元的旋转和平移会产生影响。因此，也会对液晶的形成和晶相结构产生作用。

高分子液晶最大的特点是其流动行为，具有高浓度、低黏度、低剪切应力下的高取向等特点。由此，采用液晶纺丝的方法可以克服一般的高分子纺丝中高浓度带来的高黏度问题，从而可以获得高强度的纤维。美国杜邦公司著名的 Kevlar 纤维，就是利用聚对苯二甲酰对苯二胺采用液晶纺丝得到的，其抗拉强度达到 2815 MPa，弹性模量高达 126.5 GPa。

2.7 准晶态结构

准晶（quasicrystal）是准周期性晶体的简称，它是一种介于晶态和非晶态之间的新的原子聚集状态的固态结构。

从"2.1 晶体学基础"一节中得知：原子呈三维周期有序排列的晶体不可能有5次及高于6次的对称轴，因为它们不能满足平移对称的条件。但是，随着近代材料制备技术的发展，谢

特曼(Shechtman)等人于 1984 年报道了在快冷 $Al_{86}Mn_{14}$ 合金的电子衍射图中发现了具有二十面体对称性的斑点分布,斑点的明锐程度不亚于晶体情况,说明其中含有 5 次对称轴的结构,如图 2.92 所示。这种不符合晶体的对称条件、但呈一定的周期性有序排列的类似于晶态的固体被称为准晶。

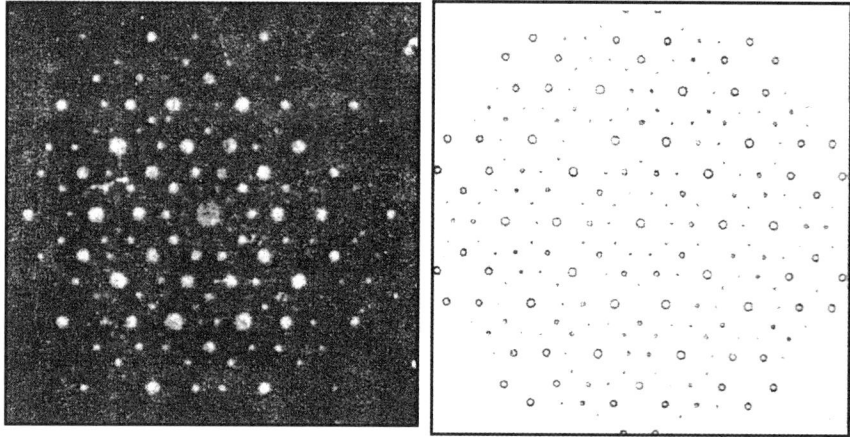

图 2.92　AlMn 合金的电子衍射图

准晶态的结构既不同于晶体,也不同于非晶态。准晶态结构有多种形式,有一维准晶、二维准晶和二十面体对称的三维准晶等。至于如何描绘准晶态结构,由于它不能通过平移操作实现周期性,故不能如晶体那样取一个晶胞来代表其结构,目前较常用的是以拼砌花砖方式的模型来表征准晶态结构。有关准晶态的结构和拼砌将在 9.7 节中详细讨论。

除了少数准晶为稳态相之外,大多数准晶相均属亚稳态结构,它们主要通过快冷方法形成,此外经喷涂、离子轰击或气相沉积等途径也能形成准晶。目前已在数十种合金系中发现了准晶,除了 5 次对称,还有 8,10,12 次对称轴结构。

2.8　非晶态结构

固态物质除了上述讨论的各类晶体、准晶外,还有一大类称为非晶体。从内部原子(或离子、分子)排列的特征来看,晶体结构的基本特征是原子在三维空间呈周期性排列,即存在长程有序;而非晶体中的原子排列却无长程有序的特点。

非晶态物质包括玻璃、凝胶、非晶态金属和合金、非晶态半导体、无定形碳及某些聚合物等。若将它分类的话,非晶态物质可分为玻璃和其他非晶态两大类。所谓玻璃,是指具有玻璃转变点(玻璃化温度)的非晶态固体。玻璃与其他非晶态的区别就在于有无玻璃转变点。

玻璃是从一种过冷状态液体中得到的。对于有可能进行结晶的材料,决定液体冷却时是否能结晶或形成玻璃的外部条件是冷却速度,内部条件是黏度。如果冷却速率足够高,任何液体原则上都可以转变为玻璃。特别是对那些分子结构复杂、材料熔融态时黏度很大,即流体层间的内摩擦力很大或是结晶动力学迟缓的物质,冷却时原子迁移扩散困难,则晶体的组成过程很难进行,容易形成过冷液体。随着温度的继续下降,过冷液体的黏度迅速增大,原子间的相互运动变得更加困难,所以当温度降至某一临界温度以下时,即固化成玻璃。这个临界温度称为玻璃化温度 T_g。一般 T_g 不是一个确定的数值,而是随冷却速度变化而变化的温度区间,通常在 $\left(\dfrac{1}{2} \sim \dfrac{1}{3}\right) T_m$(熔点)范围内。

在这方面,金属、陶瓷和聚合物有较大的区别。金属材料由于其晶体结构比较简单,且熔融时黏度小,冷却时很难阻止结晶过程的发生,故固态下的金属大多为晶体;但如果冷速很快时,如利用激冷技术,充分发挥热传导机制的导热能力,可获得 $10^5 \sim 10^{10} \mathrm{K/s}$ 的冷却速度,这就能阻止某些金属或合金的结晶过程,此时,过冷液态的原子排列方式保留至固态,原子在三维空间则不再呈周期性的规则排列,形成非晶态的所谓"金属玻璃",但它不存在玻璃化转变温度,例如铁基非晶磁性材料就是这样制得的。随着现代材料制备技术的发展,通过蒸镀、溅射、激光、溶胶凝胶法和化学镀法均可以获得"金属玻璃"和非晶薄膜材料。有关非晶态的形成和非晶合金的性能还将在 9.8.1 和 9.8.3 节中进一步讨论。

陶瓷材料晶体一般比较复杂,特别是能形成三维网络的 SiO_2 等。尽管大多数陶瓷材料可进行结晶,但也有一些是非晶体,这主要是指玻璃和硅酸盐结构。硅酸盐的基本结构单元是 $[SiO_4]^{4-}$ 四面体(见图 2.62),其中 Si 离子处在 4 个氧离子构成的四面体间隙中。值得注意的是,这里每个氧离子的外层电子不是 8 个而是 7 个。为此,它或从金属原子那里获得电子,或再和第二个硅原子共用一个电子对,于是形成了多个四面体群。对于纯 SiO_2,没有金属离子,每个氧都作为氧桥连接着 2 个硅离子。若 $[SiO_4]^{4-}$ 四面体可以在空间无限延伸,形成长程的有规则网络结构,这就是前面讨论的石英晶体结构;若 $[SiO_4]^{4-}$ 四面体在三维空间排列是无序的,不存在对称性及周期性,这就是石英玻璃结构。图 2.93 是石英晶体及无规则网络的石英玻璃结构示意图。

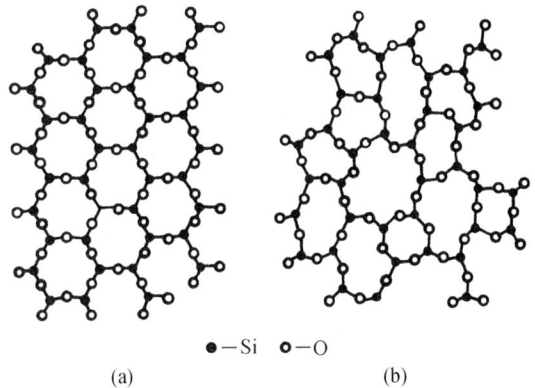

●—Si ○—O

图 2.93 按无规则网络结构学说的结构模型示意图
(a) 石英晶体结构模型; (b) 石英玻璃结构模型

第 3 章　晶 体 缺 陷

在实际晶体中,由于原子(或离子、分子)的热运动,以及晶体的形成条件、冷热加工过程和其他辐射、杂质等因素的影响,实际晶体中原子的排列不可能那样规则、完整,常存在各种偏离理想结构的情况,即晶体缺陷。晶体缺陷对晶体的性能,特别是对那些结构敏感的性能,如屈服强度、断裂强度、塑性、电阻率、磁导率等都有很大的影响。另外,晶体缺陷还与扩散、相变、塑性变形、再结晶、氧化、烧结等有着密切关系。因此,研究晶体缺陷具有重要的理论与实际意义。

根据晶体缺陷的几何特征,可以将它们分为三类:

(1) 点缺陷,其特征是在三维空间的各个方向上尺寸都很小,尺寸范围约为一个或几个原子尺度,故称零维缺陷,包括空位、间隙原子、杂质或溶质原子等。

(2) 线缺陷,其特征是在两个方向上尺寸很小,另外一个方向上延伸较长,也称一维缺陷,如各类位错。

(3) 面缺陷,其特征是在一个方向上尺寸很小,另外两个方向上扩展很大,也称二维缺陷。晶界、相界、孪晶界和堆垛层错等都属于面缺陷。

在晶体中,这三类缺陷经常共存,它们互相联系,互相制约,在一定条件下还能互相转化,从而对晶体性能产生复杂的影响。下面就分别讨论这三类缺陷的产生和发展、运动方式、交互作用,以及与晶体的组织和性能有关的主要问题。

3.1　点缺陷

点缺陷是最简单的晶体缺陷,它是在结点上或邻近的微观区域内偏离晶体结构正常排列的一种缺陷。晶体点缺陷包括空位、间隙原子、杂质或溶质原子,以及由它们组成的复杂点缺陷,如空位对、空位团和空位-溶质原子对等。对于溶质原子的问题已在上一章中讨论过,故在此主要讨论空位和间隙原子。

3.1.1　点缺陷的形成

在晶体中,位于点阵结点上的原子并非是静止的,而是以其平衡位置为中心作热振动。原子的振动能是按几率分布,有起伏涨落的。当某一原子具有足够大的振动能而使振幅增大到一定限度时,就可能克服周围原子对它的制约作用,跳离其原来的位置,使点阵中形成空结点,称为空位。离开平衡位置的原子有三个去处:一是迁移到晶体表面或内表面的正常结点位置上,而使晶体内部留下空位,称为肖特基(Schottky)缺陷;二是挤入点阵的间隙位置,而在晶体中同时形成数目相等的空位和间隙原子,则称为弗仑克尔(Frenkel)缺陷;三是跑到其他空位中,使空位消失或使空位移位。另外,在一定条件下,晶体表面上的原子也可能跑到晶体内部的间隙位置形成间隙原子,如图 3.1 所示。

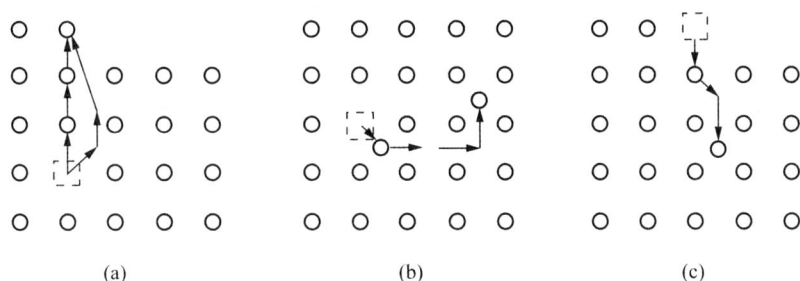

图 3.1　晶体中的点缺陷

(a) 肖特基缺陷；(b) 弗仑克尔缺陷；(c) 间隙原子

晶格正常结点位置出现空位后，其周围原子由于失去了一个近邻原子而使相互间的作用力失去平衡，因而它们会朝空位方向作一定程度的弛豫，并使空位周围出现一个波及一定范围的弹性畸变区。空位形成时，除引起点阵畸变，产生畸变能外，还会割断键力，改变周围的电子能量（势能和动能）。因此，空位的形成能 E_v 被定义为在晶体内取出一个原子放在晶体表面上（但不改变晶体的表面积和表面能）所需要的能量。通常材料的熔点越高，结合能越大，则空位的形成能也越大。处于间隙位置的间隙原子，同样会使其周围点阵产生弹性畸变，而且畸变程度要比空位引起的畸变大得多，也会改变其周围的电子能量，因此，它的形成能大，在晶体中的浓度一般低得多。

上述由于热起伏促使原子脱离点阵位置而形成的点缺陷称为热平衡缺陷。另外，晶体中的点缺陷还可以通过高温淬火、冷变形加工和高能粒子（如中子、质子、α 粒子等）的辐照效应等形成。这时，往往晶体中的点缺陷数量超过了其平衡浓度，通常称为过饱和的点缺陷。

对于高分子晶体除了上述的空位、间隙原子和杂质原子等点缺陷外，还有其特有的点缺陷。图 3.2(a)所示的点缺陷是由分子链上的异常键合所形成的。如在顺 1.4-丁二烯分子链上有个别 1.2-加成的点就形成这种点缺陷；图 3.2(b)是分子链位置发生交换的情况；图 3.2 (c)表示两个分子链相对方向折叠的情况。

在离子晶体中，由于要维持电中性，故点缺陷更加复杂，若离子晶体中有 1 个正离子产生空缺，则邻近必有 1 个负离子空位，这就形成了 1 个正负离子空位对，即 Schottky 缺陷，如图 3.3 所示；如果 1 个正离子跳到离子晶体的间隙位置，则在正常的正离子位置出现了 1 个正离子空位，这种空位-间隙离子对即为 Frenkel 缺陷。当离子晶体中出现这种点缺陷时，电导率会增加。另外，离子晶体内质点的电子通常都是稳定在原子核周围的特定位置上，不会脱离原子核对它的束缚而自由运动。但某电子由于受激活而逸出，脱离原子核束缚变成载流子进入到负离子的空位上，在它原来位置上留下了空位（正孔），这种并发的缺陷称为色心 F_{ch}；空位进入到正离子空位上的并发缺陷称为色心 V_{ch}，这种缺陷常在卤化碱晶体中出现，对其导电性有明显的影响。因为失去电子的位置留下了电子空穴，得到电子的位置就使之负电量增加，从而使晶体内电场发生变化，引起周围势场的畸变，造成晶体的不完整性，故这种缺陷也称为电荷缺陷。

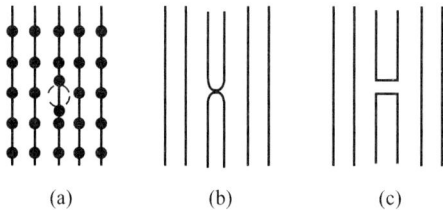

(a)　　　　(b)　　　　(c)

图 3.2　高分子晶体中特有的点缺陷

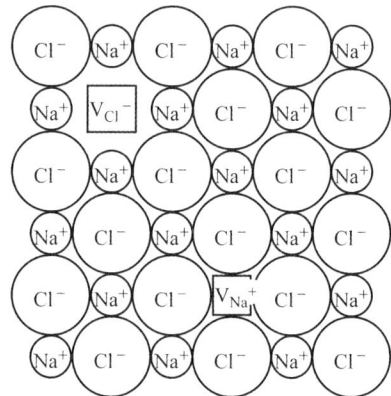

图 3.3　NaCl 点阵中(100)面上离
子位置及空位分布的示意图

3.1.2　点缺陷的平衡浓度

晶体中点缺陷的存在,一方面造成点阵畸变,使晶体的内能升高,降低了晶体的热力学稳定性;另一方面,由于增大了原子排列的混乱程度,并改变了其周围原子的振动频率,引起组态熵和振动熵的改变,使晶体熵值增大,增加了晶体的热力学稳定性。这两个相互矛盾的因素使得晶体中的点缺陷在一定的温度下有一定的平衡浓度。它可根据热力学理论求得。现以空位为例,计算如下:

由热力学原理可知,在恒温下,系统的自由能

$$F = U - TS。 \tag{3.1}$$

式中,U 为内能,S 为总熵值(包括组态熵 S_c 和振动熵 S_f),T 为绝对温度。

设由 N 个原子组成的晶体中含有 n 个空位,若形成一个空位所需能量为 E_v,则晶体中含有 n 个空位时,其内能将增加 $\Delta U = nE_v$,而几个空位造成晶体组态熵的改变为 ΔS_c,振动熵的改变为 $n\Delta S_f$,故自由能的变化为:

$$\Delta F = nE_v - T(\Delta S_c + n\Delta S_f)。 \tag{3.2}$$

根据统计热力学,组态熵可表示为:

$$S_c = k\ln W, \tag{3.3}$$

式中,k 为玻耳兹曼常数(1.38×10^{-23} J/K),W 为微观状态的数目。因此,在晶体中 $N+n$ 阵点位置上存在 n 个空位和 N 个原子时,可能出现的不同排列方式数目

$$W = \frac{(N+n)!}{N!\,n!}。 \tag{3.4}$$

于是,晶体组态熵的增值

$$\Delta S_c = k\left[\ln\frac{(N+n)!}{N!\,n!} - \ln 1\right] = k\ln\frac{(N+n)!}{N!\,n!}。 \tag{3.5}$$

当 N 和 n 值都非常大时,可用 Stirling 近似公式($\ln x! \approx x\ln x - x$)将上式改写为:

$$\Delta S_c = k[(N+n)\ln(N+n) - N\ln N - n\ln n]。$$

于是

$$\Delta F = n(E_v - T\Delta S_f) - kT[(N+n)\ln(N+n) - N\ln N - n\ln n]。$$

在平衡时,自由能为最小,即 $\left(\frac{\partial \Delta F}{\partial n}\right)_T = 0$。

$$\left(\frac{\partial \Delta F}{\partial n}\right)_T = E_v - T\Delta S_f - kT[\ln(N+n) - \ln n] = 0。$$

当 $N \gg n$ 时,

$$\ln \frac{N}{n} \approx \frac{E_v - T\Delta S_f}{kT}。$$

故空位在 T 温度时的平衡浓度为

$$C = \frac{n}{N} = \exp\left(\frac{\Delta S_f}{k}\right)\exp\left(-\frac{E_v}{kT}\right) = A\exp\left(-\frac{E_v}{kT}\right)。 \quad (3.6)$$

式中,$A = \exp(\Delta S_f/k)$ 系由振动熵决定的系数,一般估计在 $1 \sim 10$ 之间,如果将上式中指数的分子分母同乘以阿伏伽德罗常数 $N_A(6.023 \times 10^{23} \mathrm{mol}^{-1})$,于是有

$$C = A\exp\left(-\frac{N_A E_v}{kN_A T}\right) = A\exp\left(-\frac{Q_f}{RT}\right)。 \quad (3.7)$$

式中,$Q_f = N_A E_v$ 为形成 1 摩尔空位所需作的功,单位为 J/mol,$R = kN_A$ 为气体常数[$R = 8.31 \mathrm{J/(mol \cdot K)}$]。

按照类似的计算,也可求得间隙原子的平衡浓度为

$$C' = \frac{n'}{N'} = A'\exp\left(-\frac{E_v'}{kT}\right)。 \quad (3.8)$$

式中,N' 为晶体中间隙位置总数,n' 为间隙原子数,E_v' 为形成一个间隙原子所需的能量。

在一般的晶体中间隙原子的形成能 E_v' 较大(约为空位形成能 E_v 的 $3 \sim 4$ 倍)。因此,在同一温度下,晶体中间隙原子的平衡浓度 C' 要比空位的平衡浓度 C 低得多。例如,铜的空位形成能为 1.7×10^{-19} J,而间隙原子形成能为 4.8×10^{-19} J,在 1273K 时,其空位的平衡浓度约为 10^{-4},而间隙原子的平衡浓度仅约为 10^{-14},两者浓度比接近 10^{10}。因此,在通常情况下,相对于空位,间隙原子可以忽略不计;但是在高能粒子辐照后,产生大量的弗仑克尔缺陷,间隙原子数就不能忽略了。

对离子晶体而言,计算时应考虑到无论是 Schottky 缺陷还是 Frenkel 缺陷均是成对出现的事实;而且相对于纯金属而言,离子晶体的点缺陷形成能一般都相当大,故一般离子晶体中,在平衡状态下存在的点缺陷浓度是极其微小的,实验测定相当困难。

须指出,有时晶体的点缺陷的浓度可能高于平衡浓度,特别是晶体从高温快速冷却至低温(淬火)、冷加工和受到高能粒子(中子、质子、氘核、α 粒子、电子等)辐照时,其点缺陷浓度显著高于平衡浓度,即形成过饱和空位或过饱和间隙原子。这种过饱和点缺陷是不稳定的,会通过种种复合过程消失掉或形成较稳定的复合体。

3.1.3 点缺陷的运动

从上面分析得知,在一定温度下,晶体中达到统计平衡的空位和间隙原子的数目是一定的,而且晶体中的点缺陷并不是固定不动的,而是处于不断地运动过程中。例如,空位周围的原子,由于热激活,某个原子有可能获得足够的能量而跳入空位中,并占据这个平衡位置。这时,在该原子的原来位置上,就形成一个空位。这一过程可以看作空位向邻近阵点位置的迁移。同理,由于热运动,晶体中的间隙原子也可由一个间隙位置迁移到另一个间隙位置。在运

动过程中,当间隙原子与一个空位相遇时,它将落入该空位,而使两者都消失,这一过程称为复合。与此同时,由于能量起伏,在其他地方可能又会出现新的空位和间隙原子,以保持在该温度下的平衡浓度不变。

点缺陷从一个平衡位置到另一平衡位置,必须获得足够的能量来克服周围势垒的障碍,故称这一增加的能量为点缺陷的迁移能 E_m。点缺陷的迁移能 E_m 与迁移频率 ν 存在如下关系:

$$\nu = \nu_0 Z \exp\left[\frac{S_m}{k}\right] \exp\left[-\frac{E_m}{kT}\right], \tag{3.9}$$

式中,ν_0 为点缺陷周围原子的振动频率,Z 为点缺陷周围原子配位数,S_m 为点缺陷的迁移熵,k 为玻耳兹曼常数。

晶体中的原子正是由于空位和间隙原子不断地产生与复合,才不停地由一处向另一处作无规则的布朗运动,这就是晶体中原子的自扩散,也是固态相变、表面化学热处理、蠕变、烧结等物理化学过程的基础。

点缺陷的存在也导致晶体性能发生一定的变化。例如,它使得金属的电阻增加,体积膨胀,密度减小,使离子晶体的导电性改善。另外,过饱和点缺陷,如淬火空位、辐照缺陷,还可以提高金属的屈服强度。

3.2　位错

晶体的线缺陷表现为各种类型的位错。

位错的概念最早是在研究晶体滑移过程时提出来的。当金属晶体受力发生塑性变形时,一般是通过滑移过程进行的,即晶体中相邻两部分在切应力作用下沿着一定的晶面和晶向相对滑动,滑移的结果在晶体表面上出现明显的滑移痕迹——滑移线。为了解释此现象,根据刚性相对滑动模型,对晶体的理论抗剪强度进行了理论计算,所估算出的使完整晶体产生塑性变形所需的临界切应力约等于 $G/30$,其中 G 为切变模量。但是,由实验测得的实际晶体的屈服强度要比这个理论值低 3～4 个数量级。为了解释这种差异,1934 年,Taylor,Orowan 和 Polanyi 几乎同时提出了晶体中位错的概念,他们认为:晶体实际滑移过程并不是滑移面两边的所有原子都同时作整体刚性滑动,而是通过在晶体存在着的称为位错的线缺陷来进行的,位错在较低应力的作用下就能开始移动,使滑移区逐渐扩大,直至整个滑移面上的原子都先后发生相对位移。按照这一模型进行理论计算,其理论屈服强度比较接近于实验值。在此基础上,位错理论也有了很大发展,直至 20 世纪 50 年代后,随着电子显微分析技术的发展,位错模型才为实验所证实,位错理论也有了进一步的发展。目前,位错理论不仅成为研究晶体力学性能的基础理论,而且还广泛地被用来研究固态相变,晶体的光、电、声、磁和热学性,以及催化和表面性质等。

本节将就位错的基本概念,位错的弹性性质,位错的运动、交割、增殖和实际晶体的位错进行分析和讨论。

3.2.1　位错的基本类型和特征

位错是滑移面上已滑动区域与未滑动区域的分界线,位错运动的前方为未滑动区,位错运动的后方为已滑动区,这是位错的最早定义。位错是一种线缺陷,位错概念引入之初,位错观察限于当时实验条件只能采用间接方法,例如采用腐蚀的方法使位错在晶体表面的露头被腐蚀为腐蚀坑。图 3.4 是氟化锂表面的位错腐蚀坑。自 20 世纪 50 年代起,位错被透射电子显微镜(TEM)直接观察到,如图 3.5 和图 3.6 所示。高分辨 TEM(HRTEM)通过分辨原子面而更直接显示出位错,如图 3.7 所示。

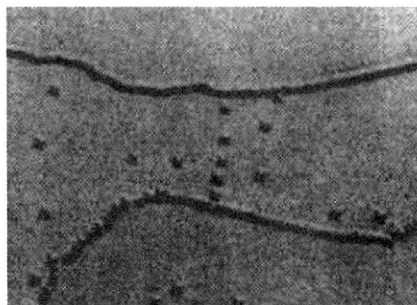

图 3.4　氟化锂表面的位错腐蚀坑

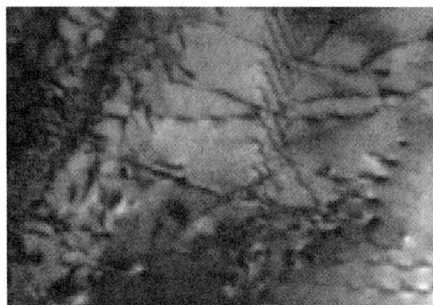

图 3.5　Ti 合金 BCC β 相中形成的位错组态的 TEM 像

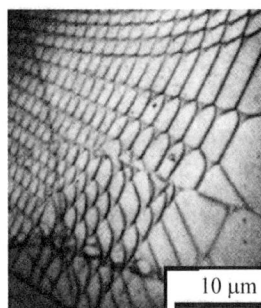

图 3.6　BCC 金属中位错网的 TEM 像

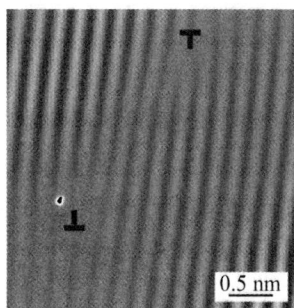

图 3.7　Fe-Ni 合金中奥氏体中刃位错的 HRTEM 像

位错是晶体原子排列的一种特殊组态。从位错的几何结构来看,可将它们分为两种基本类型,即刃型位错和螺型位错。

1. 刃型位错

刃型位错的结构如图 3.8 所示。设含位错的晶体为简单立方晶体,在其晶面 ABCD 上半部存在多余的半排原子面 EFGH,这个半原子面中断于 ABCD 面上的 EF 处,它好像一把刀

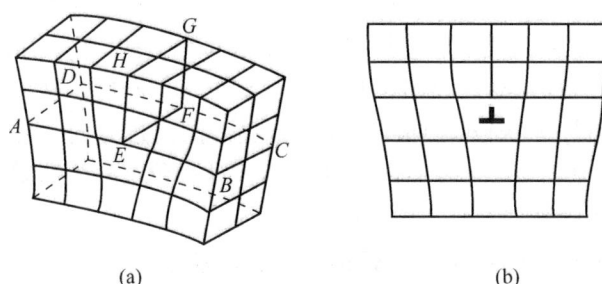

(a)　　　　　　　　　　　　　(b)

刃型位错

图 3.8　含有刃型位错的晶体结构

(a)立体模型;(b)平面图

刃插入晶体中,使 $ABCD$ 面上下两部分晶体之间产生了原子错排,故称"刃型位错",多余的半原子面与滑移面的交线 EF 就称作刃型位错线。

刃型位错结构的特点:

(1) 刃型位错有一个额外的半原子面。一般把多出的半原子面在滑移面上边的称为正刃型位错,记为"⊥";而把多出在下边的称为负刃型位错,记为"⊤"。其实这种正、负之分只具相对意义,而无本质的区别。

(2) 刃型位错线可理解为晶体中已滑移区与未滑移区的边界线。它不一定是直线,也可以是折线或曲线,但它必与滑移方向相垂直,也垂直于滑移矢量,如图 3.9 所示。

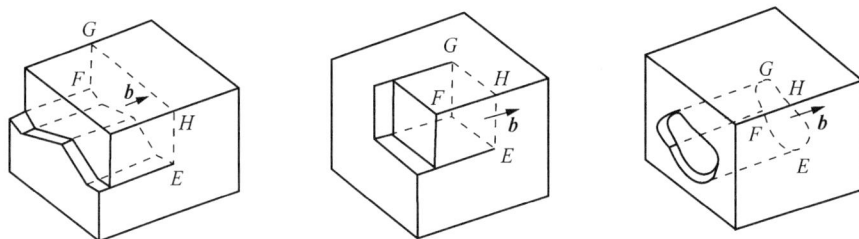

图 3.9 几种形状的刃型位错线

(3) 滑移面必定是同时包含有位错线和滑移矢量的平面,在其他面上不能滑移。由于在刃型位错中,位错线与滑移矢量互相垂直,因此,由它们所构成的平面只有一个。

(4) 晶体中存在刃型位错之后,位错周围的点阵发生弹性畸变,既有切应变,又有正应变。就正刃型位错而言,滑移面的上方点阵受到压应力,下方点阵受到拉应力;负刃型位错与此相反。

(5) 在位错线周围的过渡区(畸变区)每个原子具有较大的平均能量。但该区只有几个原子间距宽,畸变区是狭长的管道,所以刃型位错是线缺陷。

2. 螺型位错

螺型位错是另一种基本类型的位错,它的结构特点可用图 3.10 来加以说明。设立方晶体右侧受到切应力 τ 的作用,其右侧上下两部分晶体沿滑移面 $ABCD$ 发生了错动,如图 3.10(a)所示。这时已滑移区和未滑移区的边界线 bb'(位错线)不是垂直,而是平行于滑移方向。图 3.10(b)是其 bb' 附近原子排列的顶视图。图中以圆点"·"表示滑移面 $ABCD$ 下方的原子,用圆圈"○"表示滑移面上方的原子。可以看出,在 aa' 右边晶体的上下层原子相对错动了一个原子间距,而在 bb' 和 aa' 之间出现了一个约有几个原子间距宽的、上下层原子位置不相吻合的过渡区,这里原子的正常排列遭到破坏。如果以位错线 bb' 为轴线,从 a 开始,按顺时针方向依次连接此过渡区的各原子,则其走向与一个右螺旋线的前进方向一样(见图 3.10(c))。这就是说,位错线附近的原子是按螺旋形排列的,所以把这种位错称为螺型位错。

螺型位错具有以下特征:

(1) 螺型位错无额外半原子面,原子错排是呈轴对称的。

(2) 根据位错线附近呈螺旋形排列的原子的旋转方向不同,螺型位错可分为右旋和左旋螺型位错。

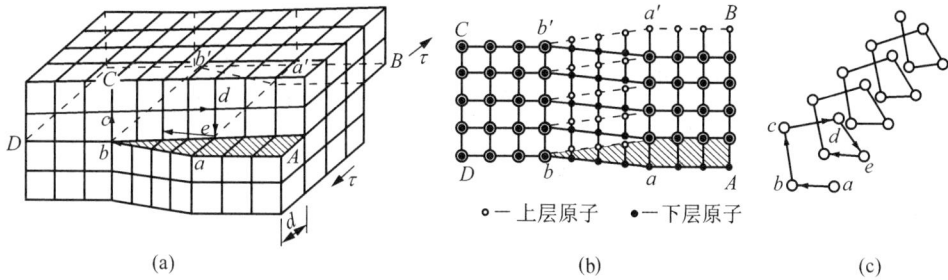

图 3.10 螺型位错

（3）螺型位错线与滑移矢量平行,因此一定是直线,而且位错线的移动方向与晶体滑移方向互相垂直。

（4）纯螺型位错的滑移面不是唯一的。凡是包含螺型位错线的平面都可以作为它的滑移面。但实际上,滑移通常是在那些原子密排面上进行的。

（5）螺型位错线周围的点阵也发生了弹性畸变,但是,只有平行于位错线的切应变而无正应变,则不会引起体积膨胀和收缩,且在垂直于位错线的平面投影上,看不到原子的位移,看不出有缺陷。

（6）螺型位错周围的点阵畸变随离位错线距离的增加而急剧减少,故它也是包含几个原子宽度的线缺陷。

3. 混合位错

除了上面介绍的两种基本型位错外,还有一种形式更为普遍的位错,其滑移矢量既不平行也不垂直于位错线,而与位错线相交成任意角度,这种位错称为混合位错。图 3.11 为形成混合位错时晶体局部滑移的情况。这里,混合位错线是一条曲线。在 A 处,位错线与滑移矢量平行,因此是螺型位错;而在 C 处,位错线与滑移矢量垂直,因此是刃型位错。A 与 C 之间,位错线既不垂直也不平行于滑移矢量,每一小段位错线都可分解为刃型和螺型两个分量。混合位错附近的原子组态如图 3.11(c)所示。

注意:由于位错线是已滑移区与未滑移区的边界线。因此,位错具有一个重要的性质,即一根位错线不能终止于晶体内部,而只能露头于晶体表面(包括晶界)。若它终止于晶体内部,

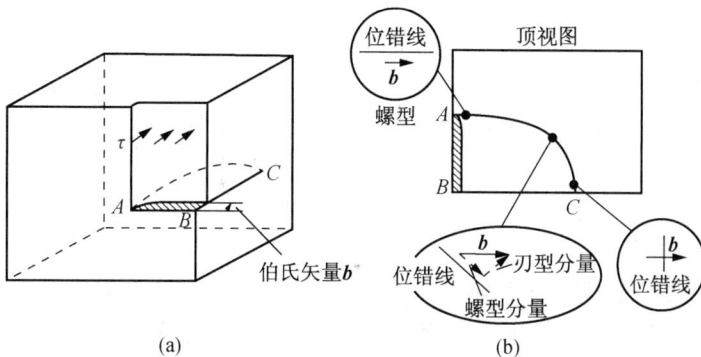

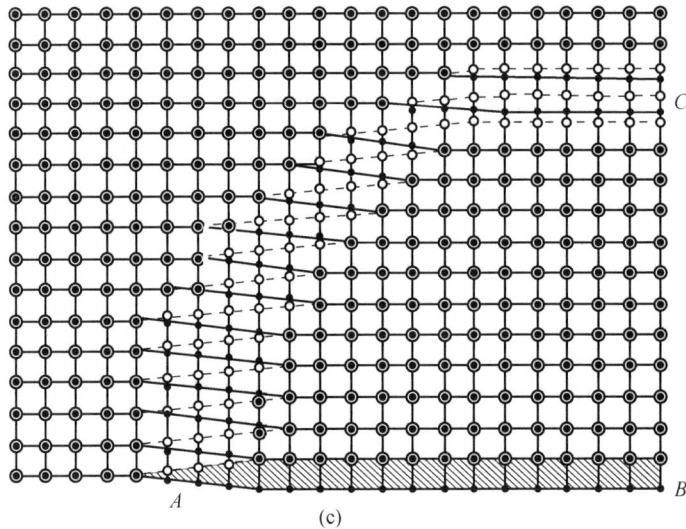

图 3.11　混合位错

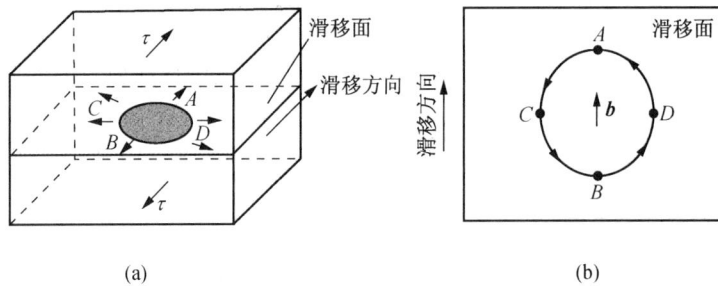

(a)　　　　　　　　　　　(b)

图 3.12　晶体中的位错环

（a）晶体局部滑移形成的位错环；（b）位错环各部分的结构

则必与其他位错线相连接，或在晶体内部形成封闭线。形成封闭线的位错称为位错环，如图 3.12 所示。图中的阴影区是滑移面上一个封闭的已滑移区。显然，位错环各处的位错结构类型也可按各处的位错线方向与滑移矢量的关系加以分析，如 A、B 两处是刃型位错，C、D 两处是螺型位错，其他各处均为混合位错。

3.2.2　伯氏矢量

为了便于描述晶体中的位错，以及更为确切地表征不同类型位错的特征，1939 年伯格斯（J. M. Burgers）提出了采用伯氏回路来定义位错，借助一个规定的矢量即伯氏矢量可揭示位错的本质。

1. 伯氏矢量的确定

伯氏矢量可以通过伯氏回路来确定。图 3.13(a)、(b)分别为含有一个刃型位错的实际晶体和用作参考的不含位错的完整晶体。确定该位错伯氏矢量的具体步骤如下：

（1）首先选定位错线的正向（ξ），例如，通常规定出纸面的方向为位错线的正方向。

（2）在实际晶体中，从任一原子出发，围绕位错（避开位错线附近的严重畸变区）以一定的步数作一右旋闭合回路 $MNOPQ$（称为伯氏回路），如图 3.13(a) 所示。

（3）在完整晶体中按同样的方向和步数作相同的回路，该回路并不封闭，由终点 Q 向起点 M 引一矢量 b，使该回路闭合，如图 3.13(b) 所示。这个矢量 b 就是实际晶体中位错的伯氏矢量。

由图 3.13 可见，刃型位错的伯氏矢量与位错线垂直，这是刃型位错的一个重要特征。刃型位错的正、负，可借右手法则来确定（参考图 3.20），即用右手的拇指、食指和中指构成直角坐标，以食指指向位错线的方向，中指指向伯氏矢量的方向，则拇指的指向代表多余半原子面的位向，且规定拇指向上者为正刃型位错；反之为负刃型位错。

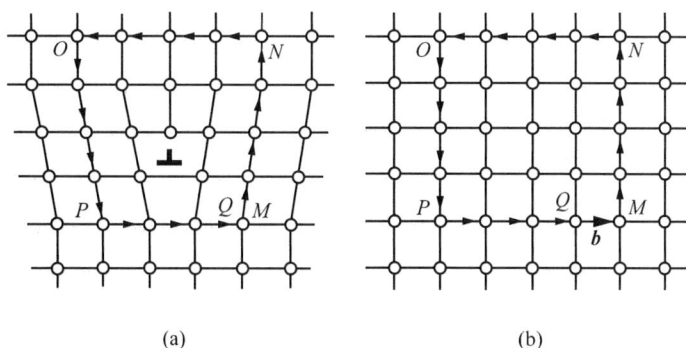

图 3.13　刃型位错伯氏矢量的确定
（a）实际晶体的伯氏回路；（b）完整晶体的相应回路

螺型位错的伯氏矢量也可按同样的方法加以确定，如图 3.14 所示。由图中可见，螺型位错的伯氏矢量与位错线平行，且规定 b 与 ξ 正向平行者为右螺旋位错，b 与 ξ 反向平行者为左螺旋位错。

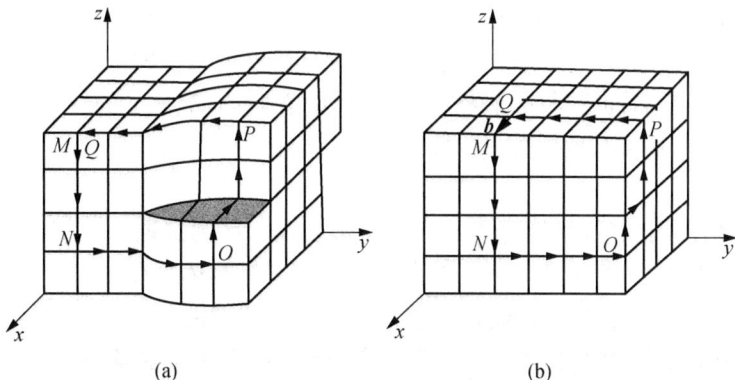

图 3.14　螺型位错伯氏矢量的确定
（a）实际晶体的伯氏回路；（b）完整晶体的相应回路

至于混合位错的伯氏矢量既不垂直也不平行于位错线，而与它相交成 φ 角 $\left(0<\varphi<\dfrac{\pi}{2}\right)$，

则可将其分解成垂直和平行于位错线的刃型分量（$b_e = b\sin\varphi$）和螺型分量（$b_s = b\cos\varphi$）。

用矢量图解法可形象地概括三种类型位错的主要特征，如图 3.15 所示。

据此可定义：

刃型位错：$b \cdot \xi = 0$；

右螺旋位错：$b \cdot \xi = b$；

左螺旋位错：$b \cdot \xi = -b$；

混合型 $\begin{cases} \text{螺型分量：} b_s = (b \cdot \xi)\xi, \quad b_s = b\cos\varphi; \\ \text{刃型分量：} b_e = [(b \times \xi) \cdot e](\xi \times e), \quad b_e = b\sin\varphi; \end{cases}$

其中，e 为垂直于滑移面的单位矢量，$e = \dfrac{b \times \xi}{|b \times \xi|}$。

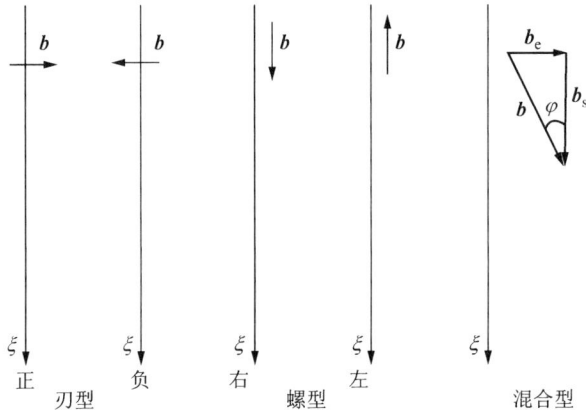

图 3.15 三种类型位错的主要特征

2. 伯氏矢量的特性

（1）位错周围的所有原子，都不同程度地偏离其平衡位置。通过伯氏回路确定伯氏矢量的方法表明：伯氏矢量是一个反映位错周围点阵畸变总累积的物理量。该矢量的方向表示位错的性质与位错的取向，即位错运动导致晶体滑移的方向；而该矢量的模 $|b|$ 表示了畸变的程度，称为位错的强度，这就是伯氏矢量的物理意义。由此，我们也可把位错定义为伯氏矢量不为零的晶体缺陷。

（2）在确定伯氏矢量时，只规定了伯氏回路必须在好区内选取，而对其形状、大小和位置并没有作任何限制。这就意味着伯氏矢量与回路起点及其具体途径无关。如果事先规定了位错线的正向，并按右螺旋法则确定回路方向，那么一根位错线的伯氏矢量就是恒定不变的。换句话说，只要不和其他位错线相遇，不论回路怎样扩大、缩小或任意移动，由此回路确定的伯氏矢量是唯一的，这就是伯氏矢量的守恒性。

（3）一根不分岔的位错线，不论其形状如何变化（直线、曲折线或闭合的环状），也不管位错线上各处的位错类型是否相同，其各部位的伯氏矢量都相同；而且当位错在晶体中运动或者改变方向时，其伯氏矢量不变，即一根位错线具有唯一的伯氏矢量。

（4）若一个伯氏矢量为 b 的位错可以分解为伯氏矢量分别为 $b_1, b_2, \cdots, b_n$ 的 n 个位错，则分解后各位错伯氏矢量之和等于原位错的伯氏矢量,即 $b = \sum\limits_{i=1}^{n} b_i$。如图 3.16(a)所示,$b_1$ 位错分解为 b_2 和 b_3 两个位错,则 $b_1 = b_2 + b_3$。显然,若有数根位错线相交于一点(称为位错结点),则指向结点的各位错线的伯氏矢量之和应等于离开结点的各位错线的伯氏矢量之和 $\sum b_i = \sum b_i'$。作为特例,如果各位错线的方向都是朝向结点或都是离开结点的,则伯氏矢量之和恒为零,即 $\sum b_i = 0$,如图 3.16(b)所示。

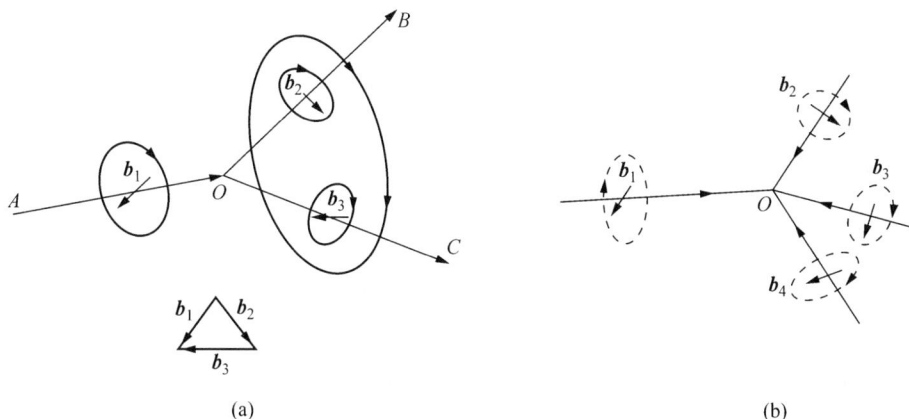

图 3.16 位错线相交与伯氏矢量的关系

(a) 位错结点 $b_2 + b_3 = b_1$;(b) 伯氏矢量的总和为零的情况 $\sum b_i = 0$

(5) 位错在晶体中存在的形态可形成一个闭合的位错环,或连接于其他位错(交于位错结点),或终止在晶界,或露头于晶体表面,但不能中断于晶体内部。这种性质称为位错的连续性。

3. 伯氏矢量的表示法

伯氏矢量的大小和方向可以用它在晶轴上的分量,即点阵矢量 a,b 和 c 来表示。对于立方晶系晶体,由于 $a = b = c$,故可用与伯氏矢量 b 同向的晶向指数来表示。例如伯氏矢量等于从体心立方晶体的原点到体心的矢量,则 $b = a/2 + b/2 + c/2$,可写成 $b = \dfrac{a}{2}[111]$。一般立方晶系中伯氏矢量可表示为 $b = \dfrac{a}{n}\langle u\,v\,w\rangle$,其中 n 为正整数。

如果一个伯氏矢量 b 是另外两个伯氏矢量 $b_1 = \dfrac{a}{n}[u_1 v_1 w_1]$ 和 $b_2 = \dfrac{a}{n}[u_2 v_2 w_2]$ 之和,则按矢量加法法则有

$$b = b_1 + b_2 = \frac{a}{n}[u_1 v_1 w_1] + \frac{a}{n}[u_2 v_2 w_2]$$

$$= \frac{a}{n}[u_1 + u_2 \quad v_1 + v_2 \quad w_1 + w_2]。 \tag{3.10}$$

通常还用 $|b| = \dfrac{a}{n}\sqrt{u^2 + v^2 + w^2}$ 来表示位错的强度,称为伯氏矢量的大小或模,即位错的

强度。

同一晶体中,伯氏矢量越大,表明该位错导致点阵畸变越严重,它所处的能量也越高。能量较高的位错通常倾向于分解为两个或多个能量较低的位错:$b_1 \rightarrow b_2 + b_3$,并满足 $|b_1|^2 > |b_2|^2 + |b_3|^2$,以使系统的自由能下降。

3.2.3 位错的运动

位错的最重要性质之一是它可以在晶体中运动,而晶体宏观的塑性变形是通过位错运动来实现的。晶体的力学性能如强度、塑性和断裂等均与位错的运动有关。因此,了解位错运动的有关规律,对于改善和控制晶体力学性能是有益的。

位错的运动方式有两种最基本形式,即滑移和攀移。

1. 位错的滑移

位错的滑移是在外加切应力的作用下,通过位错中心附近的原子沿伯氏矢量方向在滑移面上不断地作少量的位移(小于一个原子间距)而逐步实现的。

图 3.17 是刃型位错的滑移过程。在外切应力 τ 的作用下,位错中心附近的原子由“·”位置移动小于一个原子间距的距离到达“。”位置,使位错在滑移面上向左移动了一个原子间距,如图 3.17(b)所示。如果切应力继续作用,位错将继续向左逐步移动。当位错线沿滑移面滑移通过整个晶体时,就会在晶体表面沿伯氏矢量方向产生宽度为一个伯氏矢量大小的台阶,即造成了晶体的塑性变形。从图中可知,随着位错的移动,位错线所扫过的区域 ABCD(已滑移区)逐渐扩大,未滑移区则逐渐缩小,两个区域始终由位错线为分界线。另外,值得注意的是,在滑移时,刃型位错的运动方向始终垂直于位错线而平行于伯氏矢量。刃型位错的滑移面就是由位错线与伯氏矢量所构成的平面,因此刃型位错的滑移限于单一的滑移面上。

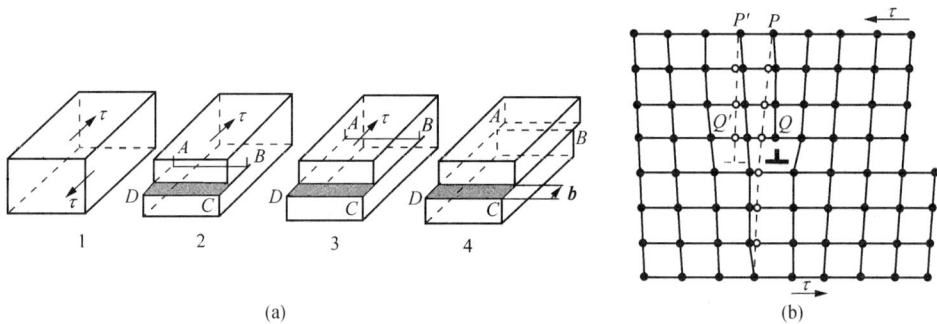

图 3.17 刃型位错滑移
(a) 滑移过程;(b) 正刃型位错滑移时周围原子的位移

图 3.18 为螺型位错滑移过程示意图。由图 3.18(b)和(c)可见,如同刃型位错一样,滑移时位错线附近原子(图面为滑移面,图中“。”表示滑移面以下的原子,“·”表示滑移面以上的原子)的移动量很小,所以使螺型位错运动所需的力也是很小的。当位错线沿滑移面滑过整个晶体时,同样会在晶体表面沿伯氏矢量方向产生宽度为一个伯氏矢量 b 的台阶。应当注意,在滑移时,螺型位错的移动方向与位错线垂直,也与伯氏矢量垂直。对于螺型位错,由于位错线与

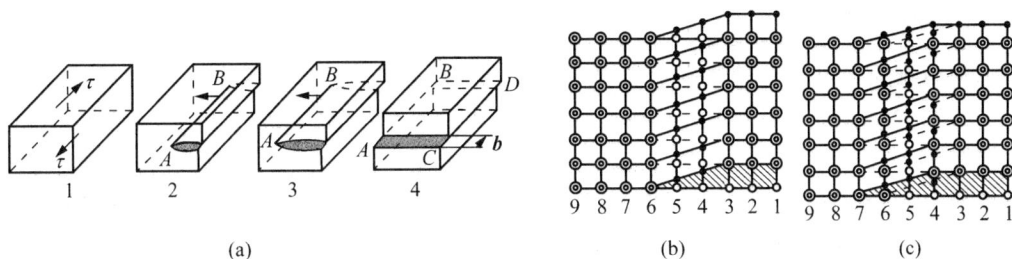

图 3.18   螺型位错的滑移

(a) 滑移过程；(b) 原始位置；(c) 位错向左移动了一个原子间距

伯氏矢量平行，故它的滑移不限于单一的滑移面上。

图 3.19 是混合位错沿滑移面的移动情况。前已指出，任一混合位错均可分解为刃型分量和螺型分量两部分，故根据以上两种基本类型位错的分析，不难确定其混合情况下的滑移运动。根据确定位错线运动方向的右手法则(见图 3.20)，即以拇指代表沿着伯氏矢量 b 移动的那部分晶体，食指代表位错线方向，则中指就表示位错线运动方向，即伯氏矢量所指的方向，该混合位错在外切应力 τ 作用下将沿其各点的法线方向在滑移面上向外扩展，最终使上下两块晶体沿伯氏矢量方向移动一个 b 大小的距离。

必须指出：对于螺型位错，由于所有包含位错线的晶面都可成为其滑移面，因此，当某一螺型位错在原滑移面上运动受阻时，有可能从原滑移面转移到与之相交的另一滑移面上去继续滑移，这一过程称为交滑移。如果交滑移后的位错再转回和原滑移面平行的滑移面上继续运动，则称为双交滑移，如图 3.21 所示。

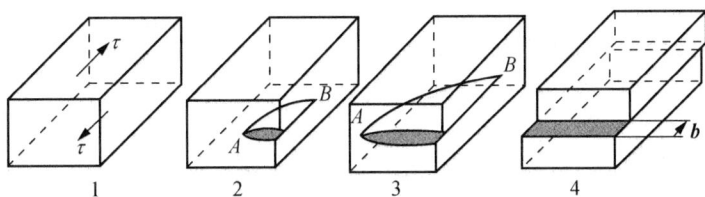

图 3.19   混合位错的滑移过程

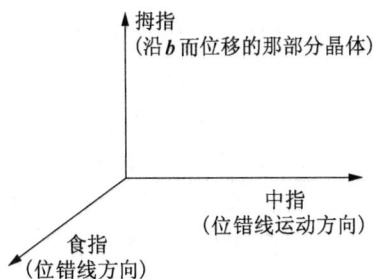

图 3.20   确定位错线运动方向的右手法则

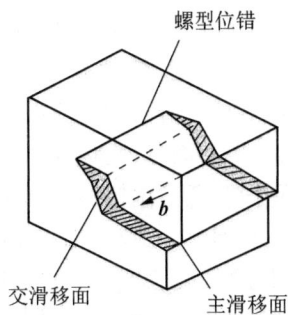

图 3.21   螺型位错的交滑移

2. 位错的攀移

刃型位错除了可以在滑移面上滑移外,还可以在垂直于滑移面的方向上运动,即发生攀移。通常把多余半原子面向上运动称为正攀移,向下运动称为负攀移,如图 3.22 所示。刃型位错的攀移实质上就是构成刃型位错的多余半原子面的扩大或缩小,因此,它可通过物质迁移即原子或空位的扩散来实现。如果有空位迁移到半原子面下端,或者半原子面下端的原子扩散到别处时,半原子面将缩小,即位错向上运动,则发生正攀移(见图 3.22(b));反之,若有原子扩散到半原子面下端,半原子面将扩大,位错向下运动,就发生负攀移(见图 3.22(c))。螺型位错没有多余的半原子面,因此,不会发生攀移运动。

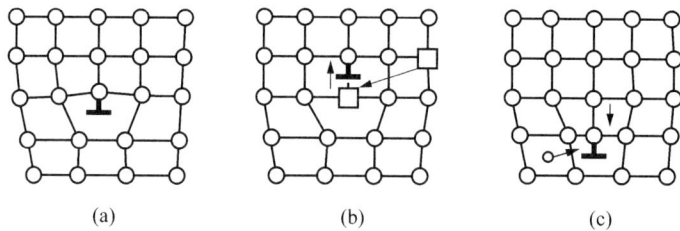

图 3.22　刃型位错的攀移运动模型
(a) 未攀移的位错;(b) 空位运动引起的正攀移;(c) 间隙原子引起的负攀移

由于攀移伴随着位错线附近原子的增加或减少,即有物质迁移,因此需要通过扩散才能进行。故把攀移运动称为"非守恒运动";而相对应的位错滑移为"守恒运动"。位错攀移需要热激活,较之滑移所需的能量更大。对大多数材料,在室温下很难进行位错的攀移,而在较高温度下,攀移较易实现。

经高温淬火、冷变形加工和高能粒子辐照后,晶体中将产生大量的空位和间隙原子,晶体中过饱和点缺陷的存在有利于攀移运动的进行。

3. 运动位错的交割

当一位错在某一滑移面上运动时,会与穿过滑移面的其他位错(通常将穿过此滑移面的其他位错称为林位错)交割。位错交割时会发生相互作用,这对材料的强化、点缺陷的产生有重要意义。

a. 割阶与扭折　在位错的滑移运动过程中,其位错线往往很难同时实现全长的运动。因而一根运动的位错线,特别是在受到阻碍的情况下,有可能通过其中一部分线段(n 个原子间距)首先进行滑移。若由此形成的曲折线段就在位错的滑移面上时,称为扭折;若该曲折线段垂直于位错的滑移面时,则称为割阶。扭折和割阶也可由位错之间交割而形成。

从前面得知,刃型位错的攀移是通过空位或原子的扩散来实现的,而原子(或空位)并不是在一瞬间就能一起扩散到整条位错线上,而是逐步迁移到位错线上的。这样,在位错的已攀移段与未攀移段之间就会产生一个台阶,于是也在位错线上形成了割阶。有时位错的攀移可理解为割阶沿位错线逐步推移,而使位错线上升或下降,因而攀移过程与割阶的形成能和移动速度有关。

图 3.23 为刃型和螺型位错中的割阶与扭折示意图。应当指出,刃型位错的割阶部分仍为

刃型位错,而扭折部分则为螺型位错;螺型位错中的扭折和割阶线段,由于均与伯氏矢量相垂直,故均属于刃型位错。

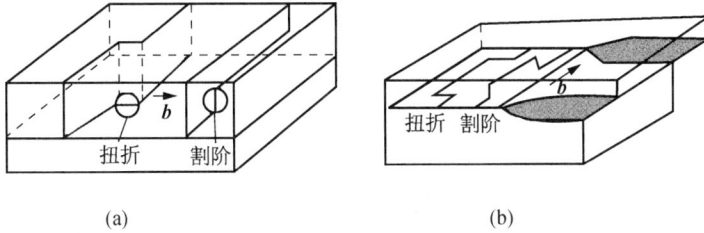

动画演示

刃位错的扭折

图 3.23 位错运动中出现的割阶与扭折示意图

(a) 刃型位错;(b) 螺型位错

b. 几种典型的位错交割

(1) 两个伯氏矢量互相垂直的刃型位错交割。如图 3.24(a)所示,伯氏矢量为 b_1 的刃型位错 XY 和伯氏矢量为 b_2 的刃型位错 AB 分别位于两垂直的平面 P_{XY},P_{AB} 上。若 XY 向下运动与 AB 交割,由于 XY 扫过的区域,其滑移面 P_{XY} 两侧的晶体将发生 b_1 距离的相对位移,因此,交割后,在位错线 AB 上产生 PP' 小台阶。显然,PP' 的大小和方向取决于 b_1。由于位错伯氏矢量的守恒性,PP' 的伯氏矢量仍为 b_2,b_2 垂直于 PP',因而 PP' 是刃型位错,且它不在原位错线的滑移面上,故是割阶。至于位错 XY,由于它平行于 b_2,因此,交割后不会在 XY 上形成割阶。

(2) 两个伯氏矢量互相平行的刃型位错交割。如图 3.24(b)所示,交割后,在 AB 和 XY 位错线上分别出现平行于 b_1,b_2 的 PP',QQ' 台阶,但它们的滑移面和原位错的滑移面一致,故为扭折,属螺型位错。在运动过程中,这种扭折在线张力的作用下可能被拉直而消失。

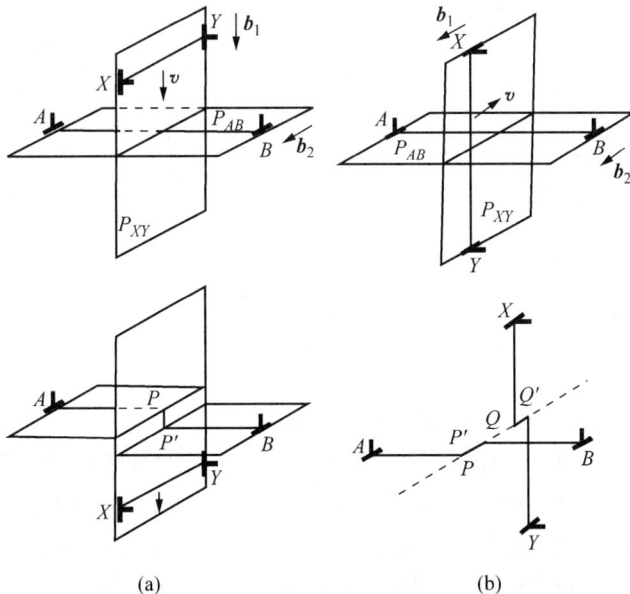

图 3.24 两个互相垂直的刃型位错的交割

(a) 伯氏矢量互相垂直;(b) 伯氏矢量互相平行

(3) 两个伯氏矢量垂直的刃型位错和螺型位错的交割。如图 3.25 所示,交割后在刃型位错 AA' 上形成大小等于 $|b_2|$ 且方向平行于 b_2 的割阶 MM',其伯氏矢量为 b_1。由于该割阶的滑移面(图 3.25(b)中的阴影区)与原刃位错 AA' 的滑移面不同,因而当带有这种割阶的位错继续运动时,将受到一定的阻力。同样,交割后在螺型位错 BB' 上也形成长度等于 $|b_1|$ 的一段折线 NN',由于它垂直于 b_2,故属刃型位错;又由于它位于螺型位错 BB' 的滑移面上,因此 NN' 是扭折。

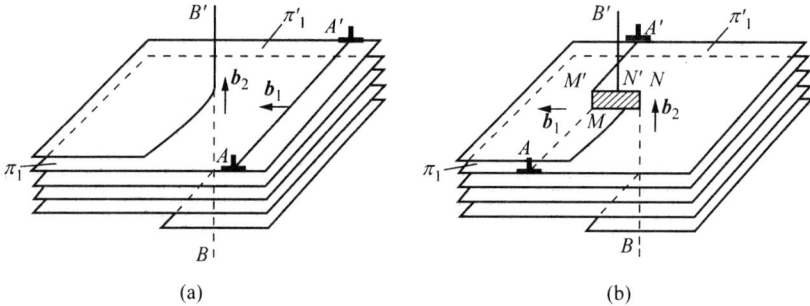

图 3.25 刃型位错和螺型位错的交割
(a) 交割前;(b) 交割后

(4) 两个伯氏矢量相互垂直的两螺型位错交割。如图 3.26 所示,交割后在 AA' 上形成大小等于 $|b_2|$,方向平行于 b_2 的割阶 MM'。它的伯氏矢量为 b_1,其滑移面不在 AA' 的滑移面上,是刃型割阶。当 BB' 位错的滑移面为图 3.25(b)中的阴影面时,在位错线 BB' 上也形成一刃型割阶 NN'。这种刃型割阶都能阻碍螺型位错的移动。

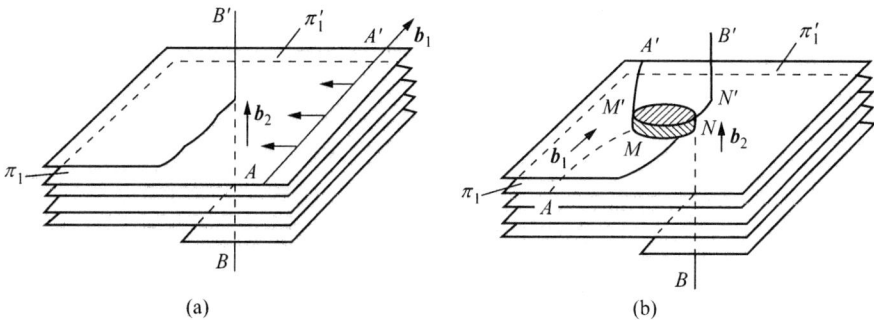

图 3.26 两个螺型位错的交割
(a) 交割前;(b) 交割后

综上所述,运动位错交割后,每根位错线上都可能产生一扭折或割阶,其大小和方向取决于另一位错的伯氏矢量,但具有原位错线的伯氏矢量,所有的割阶都是刃型位错,而扭折可以是刃型也可是螺型的。另外,扭折与原位错线在同一滑移面上,可随主位错线一道运动,几乎不产生阻力,而且扭折在线张力作用下易于消失。但割阶则与原位错线不在同一滑移面上,故除非割阶产生攀移,否则割阶就不能跟随主位错线一道运动,成为位错运动的障碍,通常称此为割阶硬化。

带割阶位错的运动,按割阶高度的不同,又可分为三种情况:第一种割阶的高度只有 1～2 个原子间距,在外力足够大的条件下,螺型位错可以把割阶拖着走,在割阶后面留下一排点缺陷(见图 3.27(a));第二种割阶的高度很大,约在 20 nm 以上,此时割阶两端的位错相隔太远,它们之间的相互作用较小,它们可以各自独立地在各自的滑移面上滑移,并以割阶为轴,在滑移面上旋转(见图 3.27(c)),这实际也是在晶体中产生位错的一种方式;第三种割阶的高度是在上述两种情况之间,位错不可能拖着割阶运动。在外应力作用下,割阶之间的位错线弯曲,位错前进就会在其身后留下一对拉长了的异号刃型位错线段(常称为位错偶)(见图 3.27(b))。为降低应变能,这种位错偶常会断开而留下一个长的位错环,而位错线仍回复到原来带割阶的状态,而长的位错环又常会再进一步分裂成小的位错环,这是形成位错环的机理之一。

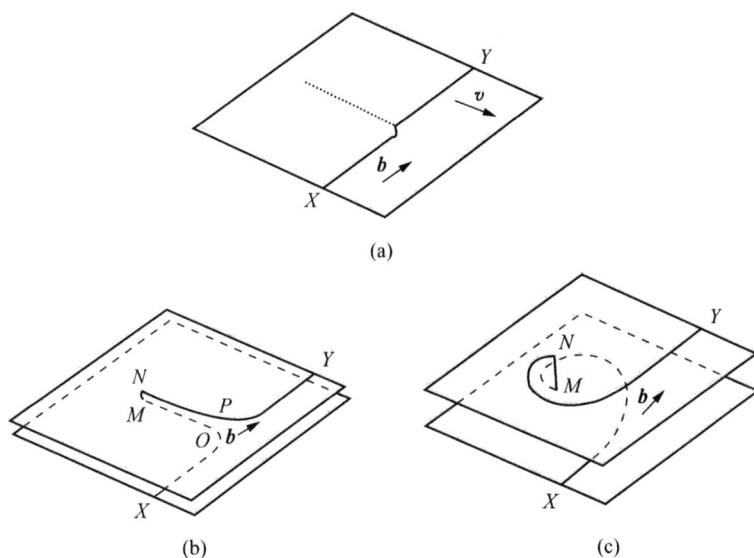

图 3.27　螺型位错中不同高度割阶的行为

(a) 小割阶被拖着一起走,后面留下一串点缺陷;(b) 中等割阶——位错 NP 和 MO 形成位错偶;
(c) 非常大的割阶——位错 NY 和 XM 各自独立运动

对于刃型位错而言,其割阶段与伯氏矢量所组成的面,一般都与原位错线的滑移方向一致,能与原位错一起滑移。但此时割阶的滑移面并不一定是晶体的最密排面,故运动时割阶段所受到的晶格阻力较大,然相对于螺型位错的割阶的阻力则小得多。

3.2.4　位错的弹性性质

位错在晶体中的存在,使其周围原子偏离平衡位置,而导致点阵畸变和弹性应力场的产生。要进一步了解位错的性质,就须讨论位错的弹性应力场,由此可推算出位错所具有的能量、位错的作用力、位错与晶体其他缺陷间交互作用等问题。

1. 位错的应力场

对晶体中位错周围的弹性应力场准确地进行定量计算,是复杂而困难的。为简化起见,通常可采用弹性连续介质模型来进行计算。该模型首先假设晶体是完全弹性体，服从胡克定律；其次，把晶体看成是各向同性的；第三，近似地认为晶体内部由连续介质组成，晶体中没有空隙，因此晶体中的应力、应变、位移等量是连续的，可用连续函数表示。应注意：该模型未考虑到位错中心区的严重点阵畸变情况，因此导出结果不适用于位错中心区，而对位错中心区以外的区域还是适用的，并已为很多实验所证实。

从材料力学中得知，固体中任一点的应力状态可用 9 个应力分量来表示，图 3.28(a)，(b) 分别用直角坐标和圆柱坐标给出单元体上这些应力分量，其中 σ_{xx}，σ_{yy} 和 σ_{zz}（σ_{rr}，$\sigma_{\theta\theta}$ 和 σ_{zz}）为 3 个正应力分量，而 τ_{xy}，τ_{yx}，τ_{xz}，τ_{zx}，τ_{yz} 和 τ_{zy}（$\tau_{r\theta}$，$\tau_{\theta r}$，$\tau_{z r}$，τ_{rz}，$\tau_{z\theta}$ 和 $\tau_{\theta z}$）则为 6 个切应力分量。这里应力分量中的第一个下标表示应力作用面的外法线方向，第二个下标表示应力的指向。

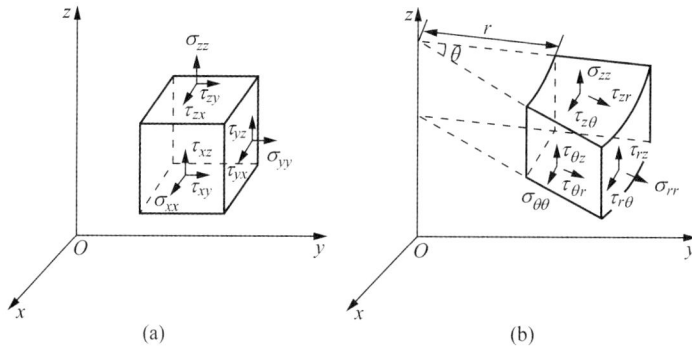

图 3.28　单元体上的应力分量
（a）直角坐标；（b）圆柱坐标

由于物体处于平衡状态时，$\tau_{ij} = \tau_{ji}$，即 $\tau_{xy} = \tau_{yx}$，$\tau_{yz} = \tau_{zy}$，$\tau_{zx} = \tau_{xz}$（$\tau_{r\theta} = \tau_{\theta r}$，$\tau_{\theta z} = \tau_{z\theta}$，$\tau_{zr} = \tau_{rz}$），因此实际上只要 6 个应力分量就可决定任一点的应力状态。相对应的也有 6 个应变分量，其中 ε_{xx}，ε_{yy} 和 ε_{zz} 为 3 个正应变分量，γ_{xy}，γ_{yz} 和 γ_{zx} 为 3 个切应变分量。

a. 螺型位错的应力场　设想有一各向同性材料的空心圆柱体，先把圆柱体沿 xz 面切开，然后使两个切开面沿 z 方向作相对位移 b，再把这两个面胶合起来，这样就相当于形成了一个伯氏矢量为 b 的螺型位错，如图 3.29 所示。图中 OO' 为位错线，$MNO'O$ 即为滑移面。

由于圆柱体只有沿 z 方向的位移，因此只有一个切应变：$\gamma_{\theta z} = b/(2\pi r)$。而相应的切应力便为 $\tau_{z\theta} = \tau_{\theta z} = G\gamma_{\theta z} = Gb/(2\pi r)$。其余应力分量均为 0，即 $\sigma_{rr} = \sigma_{\theta\theta} = \sigma_{zz} = \tau_{r\theta} = \tau_{\theta r} = \tau_{rz} = \tau_{zr} = 0$。

若用直角坐标表示，则

$$\left.\begin{aligned} \tau_{yz} = \tau_{zy} &= \frac{Gb}{2\pi} \cdot \frac{x}{x^2 + y^2}, \\ \tau_{zr} = \tau_{xz} &= -\frac{Gb}{2\pi} \cdot \frac{y}{x^2 + y^2}, \\ \sigma_{xx} = \sigma_{yy} &= \sigma_{zz} = \tau_{xy} = \tau_{yx} = 0。 \end{aligned}\right\} \quad (3.11)$$

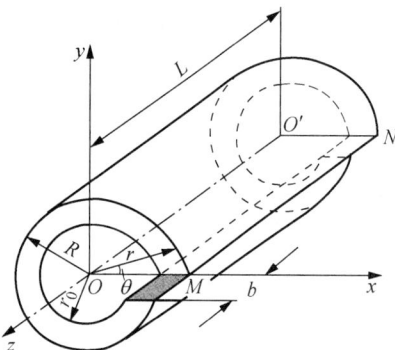

图 3.29　螺型位错的连续介质模型

因此，螺型位错的应力场具有以下特点：

(1) 只有切应力分量,正应力分量全为零,这表明螺型位错不会引起晶体的膨胀和收缩。

(2) 螺型位错所产生的切应力分量只与 r 有关(成反比),而与 θ,z 无关。只要 r 一定,$\tau_{z\theta}$ 就为常数。因此,螺型位错的应力场是轴对称的,即与位错等距离的各处,其切应力值相等,并随着与位错距离的增大,应力值减小。

注意:这里当 $r \rightarrow 0$ 时,$\tau_{\theta z} \rightarrow \infty$,显然与实际情况不符,这说明上述结果不适用于位错中心的严重畸变区。

b. 刃型位错的应力场 刃型位错的应力场要比螺型位错复杂得多。同样,若将一空心的弹性圆柱体切开,使切面两侧沿径向(x 轴方向)相对位移一个 b 的距离,再将其胶合起来,于是,就形成了一个正刃型位错应力场,如图 3.30 所示。

根据此模型,按弹性理论可求得刃型位错诸应力分量

$$\left.\begin{aligned}
\sigma_{xx} &= -D\frac{y(3x^2+y^2)}{(x^2+y^2)^2}, \\
\sigma_{yy} &= D\frac{y(x^2-y^2)}{(x^2+y^2)^2}, \\
\sigma_{zz} &= \nu(\sigma_{xx}+\sigma_{yy}), \\
\tau_{xy} &= \tau_{yx} = D\frac{x(x^2-y^2)}{(x^2+y^2)^2}, \\
\tau_{xz} &= \tau_{zx} = \tau_{yz} = \tau_{zy} = 0.
\end{aligned}\right\} \quad (3.12)$$

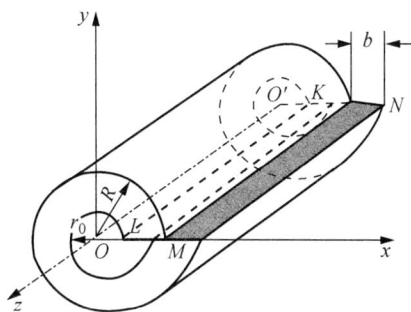

图 3.30 刃型位错的连续介质模型

若用圆柱坐标,则其应力分量

$$\left.\begin{aligned}
\sigma_{rr} &= \sigma_{\theta\theta} = -D\frac{\sin\theta}{r}, \\
\sigma_{zz} &= -\nu(\sigma_{rr}+\sigma_{\theta\theta}), \\
\tau_{r\theta} &= \tau_{\theta r} = D\frac{\cos\theta}{r}, \\
\tau_{rz} &= \tau_{zr} = \tau_{\theta z} = \tau_{z\theta} = 0.
\end{aligned}\right\} \quad (3.13)$$

式中,$D = \dfrac{Gb}{2\pi(1-\nu)}$,$G$ 为切变模量,ν 为泊松比,b 为伯氏矢量的大小。

可见,刃型位错应力场具有以下特点:

(1) 同时存在正应力分量与切应力分量,而且各应力分量的大小与 G 和 b 成正比,与 r 成反比,即随着位错距离的增大,应力的绝对值减小。

(2) 各应力分量都是 x,y 的函数,而与 z 无关。这表明在平行于位错线的直线上,任一点的应力均相同。

(3) 刃型位错的应力场对称于多余的半原子面(y-z 面),即对称于 y 轴。

(4) $y=0$ 时,$\sigma_{xx}=\sigma_{yy}=\sigma_{zz}=0$,说明在滑移面上,没有正应力,只有切应力,而且切应力 τ_{xy} 达到极大值 $\left(\dfrac{Gb}{2\pi(1-\nu)} \cdot \dfrac{1}{x}\right)$。

(5) $y>0$ 时,$\sigma_{xx}<0$;而 $y<0$ 时,$\sigma_{xx}>0$。这说明正刃型位错的位错滑移面上侧为压应力,滑移面下侧为张应力。

(6) 在应力场的任意位置处,$|\sigma_{xx}| > |\sigma_{yy}|$。

(7) $x = \pm y$ 时，σ_{yy}，τ_{xy} 均为 0，说明在直角坐标的两条对角线处，只有 σ_{xx}，而且在每条对角线的两侧，$\tau_{xy}(\tau_{yx})$ 及 σ_{yy} 的符号相反。

图 3.31 显示了刃型位错周围的应力分布情况。注意：如同螺型位错一样，上述公式不能用于刃型位错的中心区。

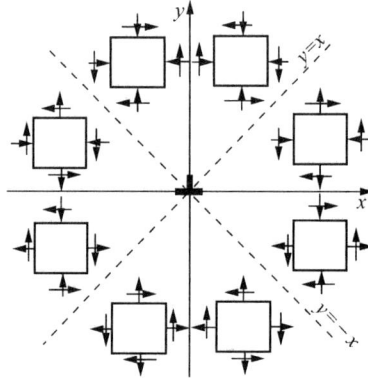

图 3.31　刃型位错各应力分量符号与位置的关系

2. 位错的应变能

位错周围点阵畸变引起弹性应力场导致晶体能量的增加，这部分能量称为位错的应变能，或称为位错的能量。

位错的能量可分为两部分：位错中心畸变能 E_c 和位错应力场引起的弹性应变能 E_e。位错中心区域由于点阵畸变很大，不能用胡克定律，而须借助点阵模型直接考虑晶体结构和原子间的相互作用。据估算，这部分能量大约为总应变能的 $1/10 \sim 1/15$ 左右，故常予以忽略，而以中心区域以外的弹性应变能代表位错的应变能，此项能量可利用连续介质弹性模型根据单位长度位错所做的功求得。

假定图 3.30 所示的刃型位错系一单位长度的位错。由于在造成这个位错的过程中，沿滑移方向的位移是从 0 逐渐增加到 b 的，因而位移是个变量，同时滑移面 MN 上所受的力也随 r 而变化。故在位移过程中，当位移为 x 时，切应力 $\tau_{\theta r} = \dfrac{Gx}{2\pi(1-\nu)} \cdot \dfrac{\cos\theta}{r}$，这里 $\theta = 0$，因此，为克服切应力 $\tau_{\theta r}$ 所做的功

$$W = \int_{r_0}^{R} \int_{0}^{b} \tau_{\theta r} \, \mathrm{d}x \, \mathrm{d}r = \int_{r_0}^{R} \int_{0}^{b} \frac{Gx}{2\pi(1-\nu)} \cdot \frac{1}{r} \, \mathrm{d}x \, \mathrm{d}r = \frac{Gb^2}{4\pi(1-\nu)} \ln \frac{R}{r_0}. \tag{3.14}$$

这就是单位长度刃型位错的应变能 E_e^e。

同理，可求得单位长度螺型位错的应变能

$$E_e^s = \frac{Gb^2}{4\pi} \ln \frac{R}{r_0}.$$

而对于一个位错线与其伯氏矢量 b 成 φ 角的混合位错，可以分解为一个伯氏矢量为 $b\sin\varphi$ 的刃型位错分量和一个伯氏矢量为 $b\cos\varphi$ 的螺型位错分量。由于互相垂直的刃型位错和螺型位错之间没有相同的应力分量，它们之间没有相互作用能，因此，分别算出这两个位错

分量的应变能,它们的和就是混合位错的应变能,即

$$E_e^m = E_e^e + E_e^s = \frac{Gb^2\sin^2\varphi}{4\pi(1-\nu)}\ln\frac{R}{r_0} + \frac{Gb^2\cos^2\varphi}{4\pi}\ln\frac{R}{r_0} = \frac{Gb^2}{4\pi K}\ln\frac{R}{r_0}, \tag{3.15}$$

式中,$K=\dfrac{1-\nu}{1-\nu\cos^2\varphi}$,称为混合位错的角度因素,$K\approx 1\sim 0.75$。

实际上,所有的直位错的能量均可用上式表达。显然,对螺型位错,$K=1$;刃型位错,$K=1-\nu$;而对混合型位错,则 $K=\dfrac{1-\nu}{1-\nu\cos^2\varphi}$。由此可见,位错应变能的大小与 r_0 和 R 有关。一般认为 r_0 与 b 值相近,约为 10^{-10}m,而 R 是位错应力场最大作用范围的半径,实际晶体中由于存在亚结构或位错网络,一般取 $R\approx 10^{-6}$m。因此,单位长度位错的总应变能可简化为:

$$E = \alpha Gb^2, \tag{3.16}$$

式中,α 为与几何因素有关的系数,其值约为 $0.5\sim 1$。

综上所述,可得出如下结论:

(1) 位错的能量包括两部分:E_c 和 E_e。位错中心区的能量 E_c 一般小于总能量的 $1/10$,常可忽略;而位错的弹性应变能 $E_e\propto\ln\dfrac{R}{r_0}$,随 R 缓慢地增加,所以位错具有长程应力场。

(2) 位错的应变能与 b^2 成正比。因此,从能量的观点来看,晶体中具有最小 b 的位错应该是最稳定的,而 b 大的位错有可能分解为 b 小的位错,以降低系统的能量。由此,也可理解为滑移方向总是沿着原子的密排方向的。

(3) $E_e^s/E_e^e=1-\nu$,常用金属材料的 ν 约为 $1/3$,故螺型位错的弹性应变能约为刃型位错的 $2/3$。

(4) 位错的能量是以位错线单位长度的能量来定义的,故位错的能量还与位错线的形状有关。由于两点间以直线为最短,所以直线位错的应变能小于弯曲位错的,即更稳定,因此,位错线有尽量变直和缩短其长度的趋势。

(5) 位错的存在均会使体系的内能升高,虽然位错的存在也会引起晶体中熵值的增加,但相对来说,熵值增加有限,可以忽略不计。因此,位错的存在使晶体处于高能的不稳定状态,可见位错是热力学上不稳定的晶体缺陷。

3. 位错的线张力

位错总应变能与位错线的长度成正比。为了降低能量,位错线有力求缩短的倾向,故在位错线上存在一种使其变直的线张力 T。

线张力是一种组态力,类似于液体的表面张力,可定义为使位错增加单位长度所需的能量。所以位错的线张力 T 可近似地用下式表达:

$$T \approx kGb^2, \tag{3.17}$$

式中,k 为系数,约为 $0.5\sim 1.0$。

需要指出:位错的线张力不仅驱使位错变直,而且也是晶体中位错呈三维网络分布的原因。因为位错网络中相交于同一结点的诸位错,其线张力处于平衡状态,从而保证了位错在晶体中的相对稳定性。

当位错受切应力 τ 而弯曲,其曲率半径为 r 时,线张力将产生一指向曲率中心的力 F',以

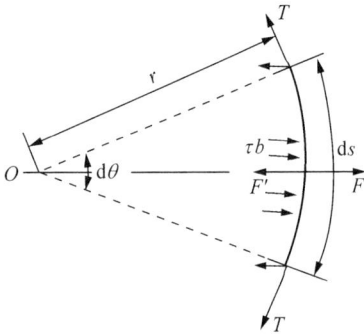

图 3.32　位错的线张力

平衡此切应力，$F' = 2T\sin\left(\dfrac{\mathrm{d}\theta}{2}\right)$（如图 3.32 所示）。若位错长度为 $\mathrm{d}s$，单位长度位错线所受的力为 τb，则平衡条件为

$$\tau b \cdot \mathrm{d}s = 2T\sin\frac{\mathrm{d}\theta}{2}。 \tag{3.18}$$

由于 $\mathrm{d}s = r\mathrm{d}\theta$，当 $\mathrm{d}\theta$ 很小时，$\sin\dfrac{\mathrm{d}\theta}{2} \approx \dfrac{\mathrm{d}\theta}{2}$，故

$$\tau b = \frac{T}{r} \approx \frac{Gb^2}{2r} \quad 或 \quad \tau = \frac{Gb}{2r}。 \tag{3.19}$$

即一条两端固定的位错在切应力 τ 作用下将呈曲率半径为 r 的弯曲。

4. 作用在位错上的力

在外切应力的作用下，位错将在滑移面上产生滑移运动。由于位错的移动方向总是与位错线垂直，因此，可理解为有一个垂直于位错线的"力"作用在位错线上。

利用虚功原理可以导出这个作用在位错上的力。如图 3.33 所示，设有切应力 τ 使一小段位错线 $\mathrm{d}l$ 移动了 $\mathrm{d}s$ 距离，结果使晶体中的 $\mathrm{d}A$ 面积（$\mathrm{d}A = \mathrm{d}l \cdot \mathrm{d}s$）沿滑移面产生了 b 的滑移，故切应力所做的功为：

$$\mathrm{d}W = (\tau\mathrm{d}A) \cdot b = \tau\mathrm{d}l\mathrm{d}s \cdot b。$$

此功也相当于作用在位错上的力 F 使位错线移动 $\mathrm{d}s$ 距离所做的功，即 $\mathrm{d}W = F \cdot \mathrm{d}s$，

$$\tau\mathrm{d}l\mathrm{d}s \cdot b = F \cdot \mathrm{d}s。$$
$$F = \tau b \cdot \mathrm{d}l, \tag{3.20}$$
$$F_d = F/\mathrm{d}l = \tau b。$$

F_d 是作用在单位长度位错上的力，它与外切应力 τ 和位错的伯氏矢量 b 成正比，其方向总是与位错线相垂直并指向滑移面的未滑移部分。

需要特别指出的是，作用于位错的力只是一种组态力，它不代表位错附近原子实际所受到的力，也区别于作用在晶体上的力。F_d 的方向与外切应力 τ 的方向可以不同，如对纯螺型位错，F_d 的方向与 τ 的方向相互垂直（见图 3.33(b)）；其次，由于一根位错具有唯一的伯氏矢量，故只要作用在晶体上的切应力是均匀的，那么各段位错线所受的力的大小完全相同。

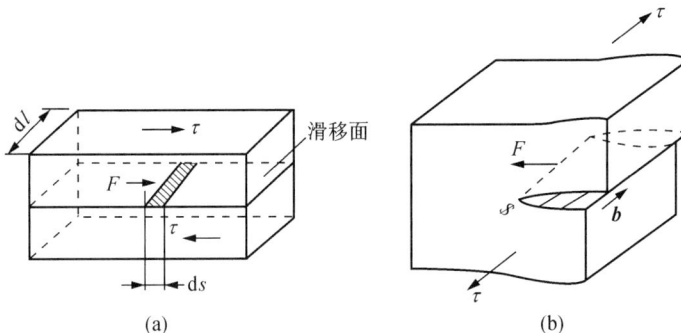

(a)　　　　　　　　　　　(b)

图 3.33　作用在位错上的力

(a) 一小段位错线移动；(b) 作用在螺型位错上的力

以上是切应力作用在滑移面上使位错发生滑移的情况,这种位错线的受力也称滑移力。但如果对晶体加上一正应力分量,显然,位错不会沿滑移面滑移,然而对刃型位错而言,则可在垂直于滑移面的方向运动,即发生攀移,此时刃型位错所受的力也称为攀移力。

如图 3.34 所示,设有一单位长度的位错线,当晶体受到 x 方向的拉应力 σ 作用后,此位错线段在 F_y 作用下向下运动 $\mathrm{d}y$ 距离,则 $F_y \cdot \mathrm{d}y$ 为位错攀移所消耗的功。位错线向下攀移 $\mathrm{d}y$ 距离后,在 x 方向推开了一个 b 大小,引起晶体体积的膨胀为 $\mathrm{d}y \cdot b \cdot 1$,而拉应力所作的膨胀功为 $\sigma \cdot \mathrm{d}y \cdot b \cdot 1$,故根据虚功原理则有

$$F_y \mathrm{d}y = \sigma \cdot \mathrm{d}y \cdot b \cdot 1,$$
$$F_y = \sigma b. \tag{3.21}$$

由此可见,作用在单位长度刃型位错上的攀移力 F_y 的方向和位错线攀移方向一致,也垂直于位错线。σ 是作用在多余半原子面上的拉(正)应力,它的方向与 b 平行。式中正号表示 σ 为拉应力,这时 F_y 向下;负号表示 σ 为压应力,这时 F_y 向上。

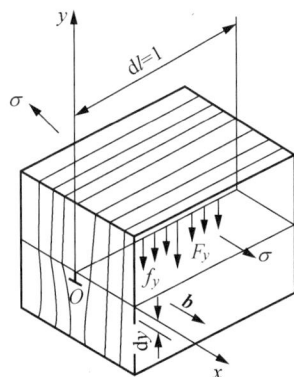

图 3.34 刃型位错的攀移力

5. 位错间的交互作用力

晶体中存在位错时,在它的周围便产生一个应力场。实际晶体中往往有许多位错同时存在。任一位错在其相邻位错应力场作用下都会受到作用力,此交互作用力随位错类型、伯氏矢量大小、位错线相对位向的变化而变化。

a. 两平行螺型位错的交互作用 如图 3.35 所示,设有两个平行螺型位错 s_1,s_2,其伯氏矢量分别为 b_1,b_2,位错线平行于 z 轴,且位错 s_1 位于坐标原点 O 处,s_2 位于 (r,θ) 处。由于螺型位错的应力场中只有切应力分量,且具有径向对称之特点,位错 s_2 在位错 s_1 的应力场作用下受到的径向作用力为

$$f_r = \tau_{\theta z} \cdot b_2 = \frac{G b_1 b_2}{2\pi r}. \tag{3.22}$$

f_r 方向与矢径 r 方向一致。同理,位错 s_1 在位错 s_2 应力场作用下也将受到一个大小相等、方向相反的作用力。

因此,两平行螺型位错间的作用力,其大小与两位错强度的乘积成正比,而与两位错间距成反比,其方向则沿径向 r 垂直于所作用的位错线,当 b_1 与 b_2 同向时,$f_r > 0$,即两同号平行螺型位错相互排斥;而当 b_1 与 b_2 反向时,$f_r < 0$,即两异号平行螺型位错相互吸引(见图 3.35(b))。

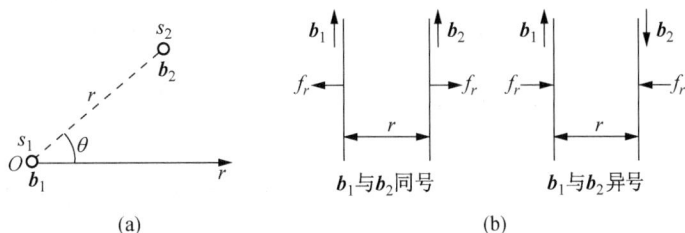

图 3.35 两平行螺型位错的交互作用力

(a)计算交互作用力的示意图;(b)交互作用力的方向

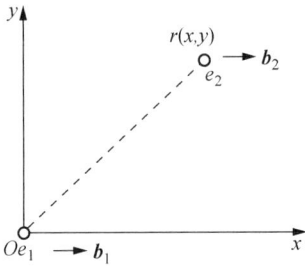

图 3.36　两平行刃型
位错间的交互作用

b. 两平行刃型位错间的交互作用　如图 3.36 所示,设有两平行 z 轴,相距为 $r(x,y)$ 的刃型位错 e_1,e_2,其伯氏矢量 $\boldsymbol{b}_1$ 和 $\boldsymbol{b}_2$ 均与 x 轴同向。令 e_1 位于坐标原点上,e_2 的滑移面与 e_1 的平行,且均平行于 $x\text{-}z$ 面。因此,在 e_1 的应力场中只有切应力分量 τ_{yx} 和正应力分量 σ_{xx} 对位错 e_2 起作用,分别导致 e_2 沿 x 轴方向滑移和沿 y 轴方向攀移。这两个交互作用力分别为

$$\left.\begin{aligned}
f_x &= \tau_{yx} \cdot b_2 = \frac{Gb_1b_2}{2\pi(1-\nu)} \frac{x(x^2-y^2)}{(x^2+y^2)^2}, \\
f_y &= -\sigma_{xx} \cdot b_2 = \frac{Gb_1b_2}{2\pi(1-\nu)} \frac{y(3x^2+y^2)}{(x^2+y^2)^2}。
\end{aligned}\right\} \quad (3.23)$$

对于两个同号平行的刃型位错,滑移力 f_x 随位错 e_2 所处的位置而变化,它们之间的交互作用如图 3.37(a)所示,现归纳如下:

当 $|x|>|y|$ 时,若 $x>0$,则 $f_x>0$;若 $x<0$,则 $f_x<0$,这说明当位错 e_2 位于图 3.37(a)中的①,②区间时,两位错相互排斥。

当 $|x|<|y|$ 时,若 $x>0$,则 $f_x<0$;若 $x<0$,则 $f_x>0$,这说明当位错 e_2 位于图 3.37(a)中的③,④区间时,两位错相互吸引。

当 $|x|=|y|$ 时,$f_x=0$,位错 e_2 处于介稳定平衡位置,一旦偏离此位置就会受到位错 e_1 的吸引或排斥,使它偏离得更远。

当 $x=0$ 时,即位错 e_2 处于 y 轴上时,$f_x=0$,位错 e_2 处于稳定平衡位置,一旦偏离此位置就会受到位错 e_1 的吸引而退回原处,使位错垂直地排列起来。通常把这种呈垂直排列的位错组态称为位错墙,它可构成小角度晶界。

当 $y=0$ 时,若 $x>0$,则 $f_x>0$;若 $x<0$,则 $f_x<0$。此时 f_x 的绝对值和 x 成反比,即处于同一滑移面上的同号刃型位错总是相互排斥的,位错间距离越小,排斥力越大。

至于攀移力 f_y,由式(3.23)可知它与 y 同号,当位错 e_2 在位错 e_1 的滑移面上边时,受到的攀移力 f_y 是正值,即指向上;当 e_2 在 e_1 滑移面下边时,f_y 为负值,即指向下。因此,两位错沿 y 轴方向是互相排斥的。

对于两个异号的刃型位错,它们之间的交互作用力 f_x,f_y 的方向与上述同号位错时相反,而且位错 e_2 的稳定平衡位置和介稳定平衡位置正好互相对换,$|x|=|y|$ 时,e_2 处于稳定平衡位置,如图 3.37(b)所示。

图 3.37(c)综合地展示了两平行刃型位错间的交互作用力 f_x 与距离 x 之间的关系。图中 y 为两位错的垂直距离(即滑移面间距),x 表示两位错的水平距离(以 y 的倍数度量),f_x 的单位为 $\dfrac{Gb_1b_2}{2\pi(1-\nu)y}$。可以看出,两同号位错间的作用力(图中实线)与两异号位错间的作用力(图中虚线)大小相等,方向相反。

至于异号位错的 f_y,由于它与 y 异号,所以沿 y 轴方向的两异号位错总是相互吸引,并尽可能靠近乃至最后消失。

除上述情况外,在互相平行的螺型位错与刃型位错之间,由于两者的伯氏矢量相垂直,各自的应力场均没有使对方受力的应力分量,故彼此不发生作用。

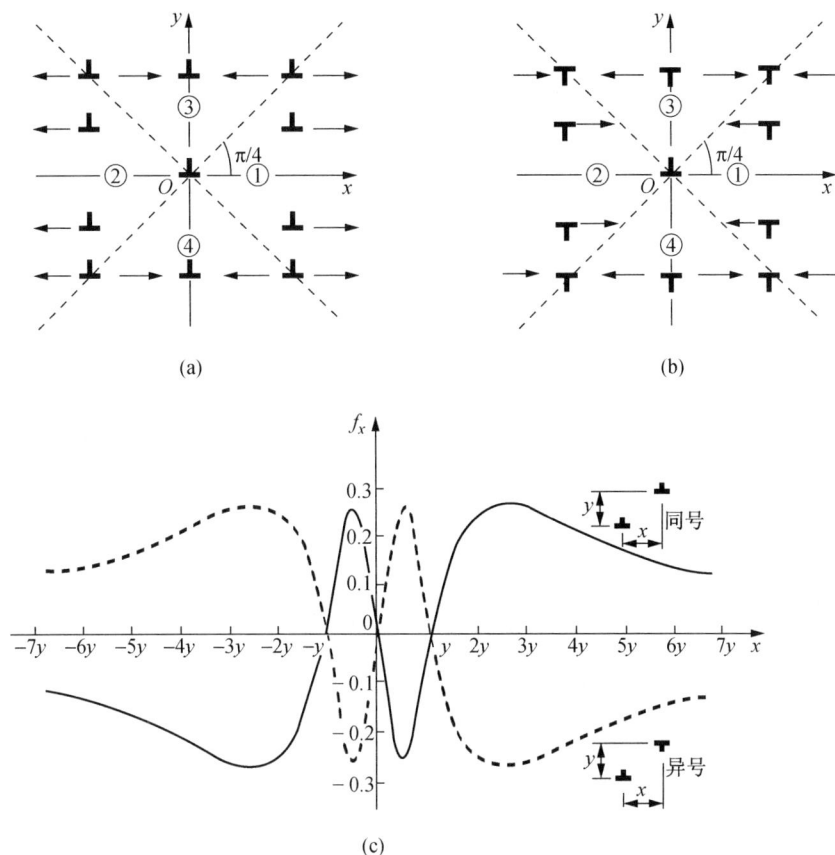

图 3.37　两刃型位错在 x 轴方向上的交互作用

（a）同号位错；（b）异号位错；（c）两平行刃型位错沿伯氏矢量方向的交互作用力

　　若是两平行位错中有一根或两根都是混合位错时，可将混合位错分解为刃型和螺型分量，再分别考虑它们之间作用力的关系，叠加起来就能得到总的作用力。

3.2.5　位错的生成和增殖

1. 位错的密度

　　除了精心制作的细小晶须外，在通常的晶体中都存在大量的位错。晶体中位错的量常用位错密度表示。

　　位错密度定义为单位体积晶体中所含的位错线的总长度，其数学表达式为

$$\rho = \frac{L}{V} \quad \mathrm{cm}^{-2},\tag{3.24}$$

式中，L 为位错线的总长度，V 是晶体的体积。

　　但是，在实际上，要测定晶体中位错线的总长度是不可能的。为了简便起见，常把位错线当作直线，并且假定晶体的位错从晶体的一端平行地延伸到另一端，这样，位错密度就等于穿

过单位面积的位错线数目,即

$$\rho = \frac{nl}{lA} = \frac{n}{A},\tag{3.25}$$

式中,l 为每条位错线的长度,n 为在面积 A 中所见到的位错数目。显然,并不是所有位错线与观察面相交,故按此求得的位错密度将小于实际值。

实验结果表明:一般经充分退火的多晶体金属中,位错密度约为 $10^6 \sim 10^8 \, \text{cm}^{-2}$;但经精心制备和处理的超纯金属单晶体,位错密度可低于 $10^3 \, \text{cm}^{-2}$;而经过剧烈冷变形的金属,位错密度可高达 $10^{10} \sim 10^{12} \, \text{cm}^{-2}$。

2. 位错的生成

上面曾述及大多数晶体的位错密度都很大,即使经精心制备的纯金属单晶中也存在着许多位错。这些原始位错究竟是通过哪些途径产生的?晶体中的位错来源主要可有以下几种。

(1)晶体生长过程中产生位错。其主要来源有:

① 由于熔体中杂质原子在凝固过程中不均匀分布使晶体先后凝固部分的成分不同,从而点阵常数也有差异,形成的位错可能作为过渡;

② 由于温度梯度、浓度梯度、机械振动等的影响,致使生长着的晶体偏转或弯曲引起相邻晶块之间有位相差,它们之间就会形成位错;

③ 在晶体生长过程中,由于相邻晶粒发生碰撞或因液流冲击,以及冷却时体积变化的热应力等原因,会使晶体表面产生台阶或受力变形而形成位错。

(2)由于自高温较快凝固及冷却时,晶体内存在大量过饱和空位,空位的聚集能形成位错。

(3)晶体内部的某些界面(如第二相质点、孪晶、晶界等)和微裂纹的附近,由于热应力和组织应力的作用,往往出现应力集中现象,当此应力高至足以使该局部区域发生滑移时,就在该区域产生位错。

3. 位错的增殖

由于在晶体中一开始已存在一定数量的位错,因而晶体在受力时,这些位错会发生运动,最终移至晶体表面而产生宏观变形。

但按照这种观点,变形后晶体中的位错数目应越来越少。然而,事实恰恰相反,经剧烈塑性变形后的金属晶体,其位错密度可增加 4~5 个数量级。这个现象充分说明晶体在变形过程中位错必然在不断地增殖。

位错的增殖机制可有多种,其中一种主要方式是弗兰克-里德(Frank-Read)位错源。

图 3.38 表示弗兰克-里德源的位错增殖机制。若某滑移面上有一段刃型位错 AB,它的两端被位错网结点钉住,不能运动。现沿位错 b 方向施加切应力,使位错沿滑移面向前滑移运动。但由于 AB 两端固定,所以只能使位错线发生弯曲(见图 3.38(b))。单位长度位错线所受的滑移力 $F_d = \tau b$,它总是与位错线本身垂直,所以弯曲后的位错每一小段继续受到 F_d 的作用,沿它的法线方向向外扩展,其两端则分别绕结点 A,B 发生回转(见图 3.38(c))。当两端弯出来的线段相互靠近时(见图 3.38(d)),由于该两线段平行于 b,但位错线方向相反,分别属于左螺旋和右螺旋位错,它们互相抵消,形成一闭合的位错环和位错环内的一小段弯曲位错线。只要外加应力继续作用,位错环便继续向外扩张,同时环内的弯曲位错在线张力作用下又

被拉直,恢复到原始状态,并重复以前的运动,络绎不绝地产生新的位错环,从而造成位错的增殖,并使晶体产生可观的滑移量。

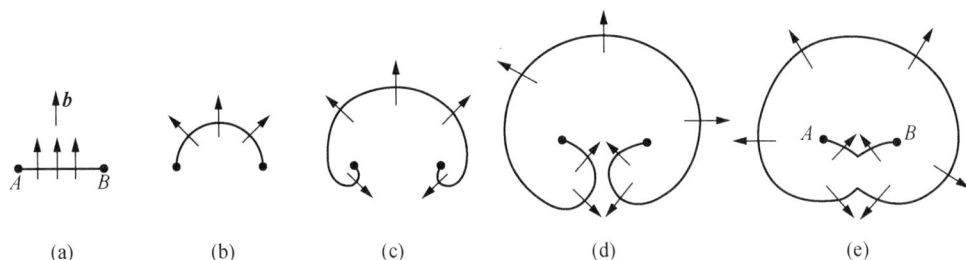

图 3.38　弗兰克-里德源动作过程

为使弗兰克-里德源动作,外应力须克服位错线弯曲时线张力所引起的阻力。由位错的线张力一节中得知,外加切应力 τ 与位错弯曲时的曲率半径 r 之间的关系为 $\tau = \dfrac{Gb}{2r}$,即曲率半径越小,要求与之相平衡的切应力越大。从图 3.38 可以看出当 AB 弯成半圆形时,曲率半径最小,所需的切应力最大,此时 $r = \dfrac{L}{2}$,L 为 A 与 B 之间的距离,故使弗兰克-里德源发生作用的临界切应力为

$$\tau_c = \frac{Gb}{L}。 \tag{3.26}$$

弗兰克-里德位错增殖机制已为实验所证实,人们已在硅、镉、Al-Cu,Al-Mg 合金,不锈钢和氯化钾等晶体直接观察到类似的弗兰克-里德源的迹象。

位错的增殖机制还很多,例如双交滑移增殖、攀移增殖等。前面已指出,螺型位错经双交滑移后可形成刃型割阶,由于此割阶不在原位错的滑移面上,因此它不能随原位错线一起向前运动,使其对原位错产生“钉扎”作用,并使原位错在滑移面上滑移时成为一个弗兰克-里德源。图 3.39 给出双交滑移的位错增殖模型。由于螺型位错线发生交滑移后形成了两个刃型割阶 AC 和 BD,因而使位错在新滑移面(111)上滑移时成为一个弗兰克-里德源。有时在第二个

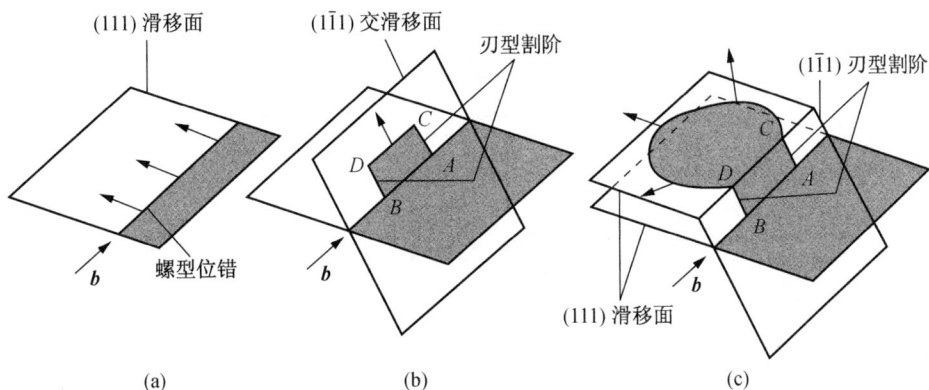

图 3.39　螺型位错通过双交滑移增殖

(111)面扩展出来的位错圈又可以通过交滑移转移到第三个(111)面上进行增殖。从而使位错迅速增加,因此,它是比上述的弗兰克-里德源更有效的增殖机制。

3.2.6 实际晶体结构中的位错

前面所讲的有关晶体中的位错结构及其一般性质,主要以简单立方晶体为研究对象,而实际晶体结构中的位错更为复杂,它们除具有前述的共性外,还有一些特殊性质和复杂组态。

1. 实际晶体中位错的伯氏矢量

通常把伯氏矢量等于单位点阵矢量的位错称为"全位错",故全位错滑移后晶体原子排列不变;把伯氏矢量小于点阵矢量的位错称为"不全位错",不全位错滑移后原子排列规律发生了变化。表 3.1 给出了典型晶体结构中,全位错的伯氏矢量及其大小和数量。图 3.40 给出奥氏体不锈钢中全位错的 TEM 明场像,清楚地显示出在同一滑移系的位错。

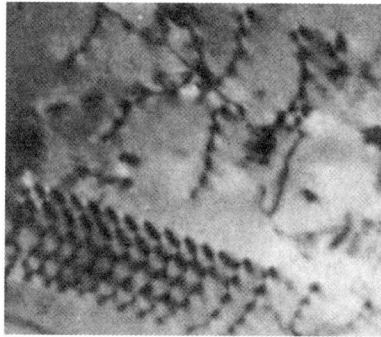

图 3.40　不锈钢 FCC 奥氏体中全位错的 TEM 明场像

实际晶体结构中,位错的伯氏矢量不能是任意的,它要符合晶体的结构条件和能量条件。晶体结构条件是指伯氏矢量必须连接一个原子平衡位置到另一平衡位置。从能量条件看,由于位错能量正比于 b^2,因此 b 越小则越稳定,即单位位错应该是最稳定的位错。

表 3.1 给出了典型晶体结构中,单位位错的伯氏矢量及其大小和数量。

表 3.1　典型晶体结构中单位位错的伯氏矢量

结构类型	伯氏矢量	方　向	$|b|$	数　量
简单立方	$a<100>$	$<100>$	a	3
面心立方	$\frac{a}{2}<110>$	$<110>$	$\frac{1}{2}\sqrt{2}a$	6
体心立方	$\frac{a}{2}<111>$	$<111>$	$\frac{1}{2}\sqrt{3}a$	4
密排六方	$\frac{a}{3}<11\bar{2}0>$	$<11\bar{2}0>$	a	3

2. 堆垛层错

实际晶体中所出现的不全位错通常与其原子堆垛结构的变化有关。第 2 章中曾述及,密排晶体结构可看成由许多密排原子面按一定顺序堆垛而成:面心立方结构是以密排的{111}按 $ABCABC\cdots$ 顺序堆垛而成的;密排六方结构则是以密排面{0001}按 $ABAB\cdots$ 顺序堆垛起来的。为了方便起见,若用 △ 表示 AB,BC,CA,$\cdots$ 顺序;▽ 表示相反的顺序,如 BA,AC,CB,$\cdots$。因此,面心立方结构的堆垛顺序表示为 $\triangle\triangle\triangle\triangle\cdots$(见图 3.41(a)),密排六方结构的堆垛顺序表示为 $\triangle\triangledown\triangle\triangledown\cdots$(见图 3.41(b))。

实际晶体结构中,密排面的正常堆垛顺序有可能遭到破坏和错排,称为堆垛层错,简称层错。例如,面心立方结构的堆垛顺序若变成 $ABC\overset{\downarrow}{\ }BCA\cdots$(即 $\triangle\triangle\overset{\downarrow}{\triangledown}\triangle\triangle\cdots$),其中箭头所指相当于抽出一层原子面($A$ 层),则称为抽出型层错,如图 3.42(a)所示;相反,若在正常堆垛顺序中插入一层原子面(B 层),即可表示为 $ABC\overset{\downarrow}{\ }B\overset{\downarrow}{\ }ABCA\cdots$($\triangle\triangle\overset{\downarrow}{\triangledown}\overset{\downarrow}{\triangledown}\triangle\triangle\cdots$),其中箭头所指的为插入 B 层后所引起的二层错排,则称为插入型层错,如图 3.42(b)所示。两者对比结果,可见一个插入型层错相当于两个抽出型层错。从图 3.42 中还可看出,面心立方晶体中存在堆垛层错时相当于在其间形成了一薄层的密排六方晶体结构。图 3.43 给出了面心立方奥氏体中层错的 TEM 像。

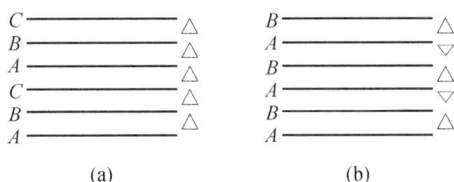

图 3.41 密排面的堆垛顺序

(a) 面心立方结构;(b) 密排六方结构

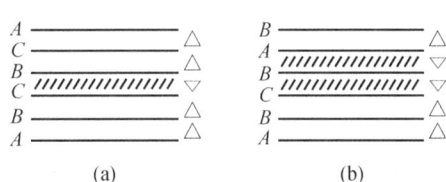

图 3.42 面心立方结构的堆垛层错

(a) 抽出型;(b) 插入型

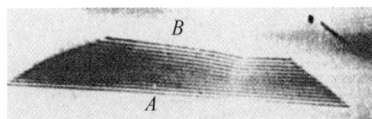

图 3.43 奥氏体不锈钢(fcc)中倾斜表面层
错的 TEM 明场像

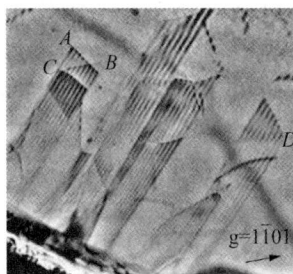

图 3.44 Mg-Y-Zn 合金密排六方结构
中层错的 TEM 明场像

密排六方结构也可能形成堆垛层错,其层错包含有面心立方晶体的堆垛顺序:具有抽出型层错时,堆垛顺序变为 $\cdots\triangledown\triangle\triangledown\triangledown\triangle\triangledown\cdots$,即 $\cdots BABACAC\cdots$;而插入型层错则为 $\cdots\triangledown\triangle\triangledown\triangledown\triangledown\triangle\triangledown\cdots$,即 $\cdots BABACBCB\cdots$。图 3.44 给出了 Mg-Y-Zn 合金密排六方结构(hcp)中倾斜表面层错的 TEM 明场像。

体心立方晶体的密排面{110}和{100}的堆垛顺序只能是 $ABABAB\cdots$,故这两组密排面

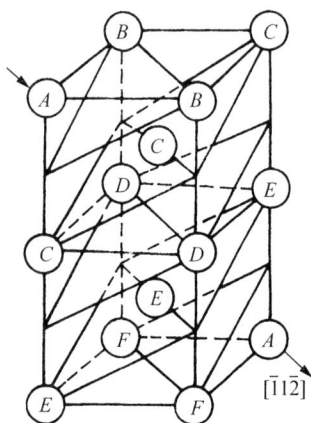

图 3.45 体心立方结构
(112)面的堆垛顺序示意图

上不可能有堆垛层错。但是,它的{112}面堆垛顺序却是周期性的,如图 3.45 所示。由于立方结构中相同指数的晶向与晶面互相垂直,所以可沿[$\bar{1}12$]方向观察(112)面的堆垛顺序为 $ABCDEFAB\cdots$。当{112}面的堆垛顺序发生差错时,可产生 $ABCDCDEFA\cdots$堆垛层错。体心立方晶体中这种堆垛层错能太高,实际中不存在。

形成层错时几乎不产生点阵畸变,但它破坏了晶体的完整性和正常的周期性,使电子发生反常的衍射效应,故使晶体的能量有所增加,这部分增加的能量称"堆垛层错能 $\gamma(\mathrm{J/m^2})$"。它一般可用实验方法间接测得。表 3.2 列出了部分面心立方结构晶体层错能的参考值。从能量的观点来看,显然,晶体中出现层错的几率与层错能有关,层错能越高则几率越小。如在层错能很低的奥氏体不锈钢中,常可看到大量的层错,而在层错能高的铝中,就看不到层错。

表 3.2 一些金属的层错能和平衡距离

金属	层错能 $\gamma/(\mathrm{J \cdot m^{-2}})$	不全位错的平衡距离 d /原子间距	金属	层错能 $\gamma/(\mathrm{J \cdot m^{-2}})$	不全位错的平衡距离 d /原子间距
银	0.02	12.0	铝	0.20	1.5
金	0.06	5.7	镍	0.25	2.0
铜	0.04	10.0	钴	0.02	35.0

3. 不全位错

若堆垛层错不是发生在晶体的整个原子面上而只是部分区域存在,那么,在层错与完整晶体的交界处就存在伯氏矢量 b 不等于点阵矢量的不全位错,如图 3.46 所示。

在面心立方晶体中,有两种重要的不全位错:肖克利(Shockley)不全位错和弗兰克(Frank)不全位错。

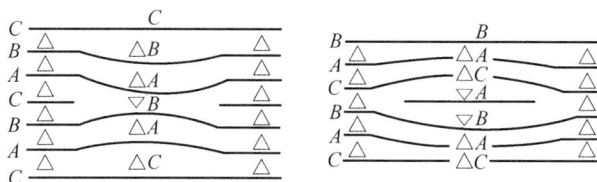

图 3.46 层错的边界为位错

a. 肖克利不全位错 图 3.47 为肖克利不全位错的结构。图面代表($10\bar{1}$)面,密排面(111)垂直于图面。图中右边晶体按 $ABCABC\cdots$正常顺序堆垛,而左边晶体按 $ABCBCAB\cdots$顺序堆垛,即有层错存在,层错与完整晶体的边界就是肖克利位错。这相当于左侧原来的 A 层原子面在$[1\bar{2}1]$方向沿滑移面到 B 层位置,从而形成了位错。位错的伯氏矢量 $\boldsymbol{b}=\dfrac{a}{6}[1\bar{2}1]$,它与位错线互相垂直,故系刃型不全位错。

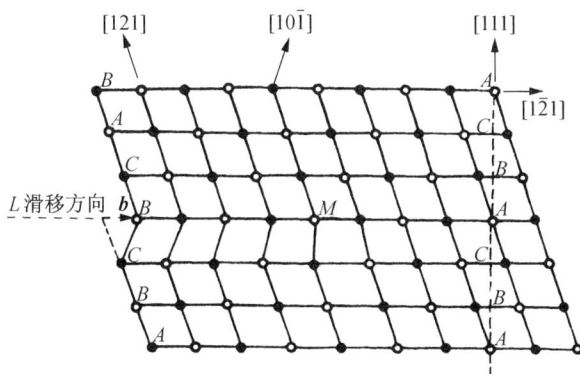

图 3.47　面心立方晶体中的肖克利不全位错

　　根据其伯氏矢量与位错线的夹角关系,它既可以是纯刃型,也可以是纯螺型或混合型。肖克利不全位错可以在其所在的{111}面上滑移,滑移的结果使层错扩大或缩小。但是,即使是纯刃型的肖克利不全位错也不能攀移,这是因为它有确定的层错相联,若进行攀移,势必离开此层错面,故不可能进行。

　　b. 弗兰克不全位错　图 3.48 为抽去半层密排面形成的弗兰克不全位错。与抽出型层错联系的不全位错通常称负弗兰克不全位错,而与插入型层错相联系的不全位错称为正弗兰克不全位错。它们的伯氏矢量都属于$\dfrac{a}{3}\langle 111\rangle$,且都垂直于层错面{111},但方向相反。弗兰克位错属纯刃型位错。显然这种位错不能在滑移面上进行滑移运动,否则将使其离开所在的层错面,但能通过点缺陷的运动沿层错面进行攀移,使层错面扩大或缩小。所以弗兰克不全位错又称不滑动位错或固定位错,而肖克利不全位错则属于可动位错。

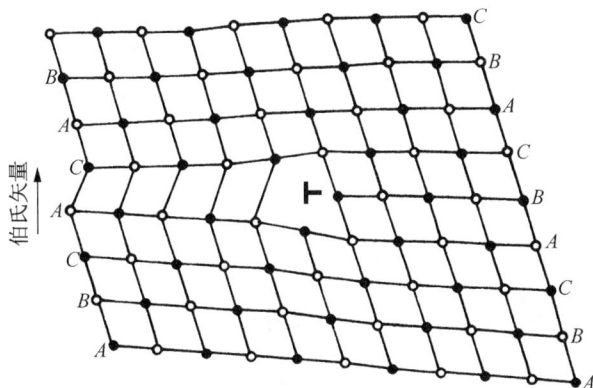

图 3.48　抽去半层密排面形成的弗兰克不全位错

　　不全位错特性和全位错一样,也由其伯氏矢量来表征。但注意,不全位错的伯氏回路的起始点必须从层错上出发。

密排六方晶体和面心立方晶体相似,可以形成肖克利不全位错或弗兰克不全位错。对于体心立方晶体,当在{112}面出现堆垛层错时,在层错边界也出现不全位错。

4. 位错反应

实际晶体中,组态不稳定的位错可以转化为组态稳定的位错;具有不同伯氏矢量的位错线可以合并为一条位错线;反之,一条位错线也可以分解为两条或更多条具有不同伯氏矢量的位错线。通常,将位错之间的相互转化(分解或合并)称为位错反应。

位错反应能否进行,决定于是否满足如下两个条件:

(1) 几何条件:按照伯氏矢量守恒性的要求,反应后诸位错的伯氏矢量之和应该等于反应前诸位错的伯氏矢量之和,即

$$\sum \boldsymbol{b}_b = \sum \boldsymbol{b}_a。 \tag{3.27}$$

(2) 能量条件:从能量角度,位错反应必须是一个伴随着能量降低的过程。为此,反应后各位错的总能量应小于反应前各位错的总能量。由于位错能量正比于 b^2,故可近似地把一组位错的总能量看作是 $\sum |\boldsymbol{b}_i|^2$,于是便可引入位错反应的能量判据,即

$$\sum |\boldsymbol{b}_b|^2 > \sum |\boldsymbol{b}_a|^2。 \tag{3.28}$$

下面将结合实际晶体中的位错组态进行讨论。

5. 面心立方晶体中的位错

a. 汤普森(Thompson N.)四面体　面心立方晶体中所有重要的位错和位错反应,可用汤普森提出的参考四面体和一套标记,清晰而直观地表示出来。

如图 3.49 所示,A,B,C,D 依次为面心立方晶胞中 3 个相邻外表面的面心和坐标原点,以 A,B,C,D 为顶点连成一个由 4 个{111}面组成的,且其边平行于<110>方向的四面体,这就是汤普森四面体。如果以 $\alpha,\beta,\gamma,\delta$ 分别代表与 A,B,C,D 点相对面的中心,把 4 个面以三角形 ABC 为底展开,得图 3.49(c)。由图中可见:

(1) 四面体的 4 个面即为 4 个可能的滑移面:$(111),(\overline{1}11),(1\overline{1}1),(11\overline{1})$面。

(2) 四面体的 6 个棱边代表 12 个晶向,即为面心立方晶体中全位错 12 个可能的伯氏矢量。

(3) 每个面的顶点与其中心的连线代表 24 个 $\frac{1}{6}$<112>型的滑移矢量,它们相当于面心立方晶体中可能的 24 个肖克利不全位错的伯氏矢量。

(4) 4 个顶点到它所对的三角形中点的连线代表 8 个 $\frac{1}{3}$<111>型的滑移矢量,它们相当于面心立方晶体中可能有的 8 个弗兰克不全位错的伯氏矢量。

(5) 4 个面中心相连即 $\alpha\beta,\alpha\gamma,\alpha\delta,\beta\gamma,\gamma\delta,\beta\delta$ 为 $\frac{1}{6}$<110>是压杆位错的一种,详见后述。

有了汤普森四面体,面心立方晶体中各类位错反应尤其是复杂的位错反应都可极为简便

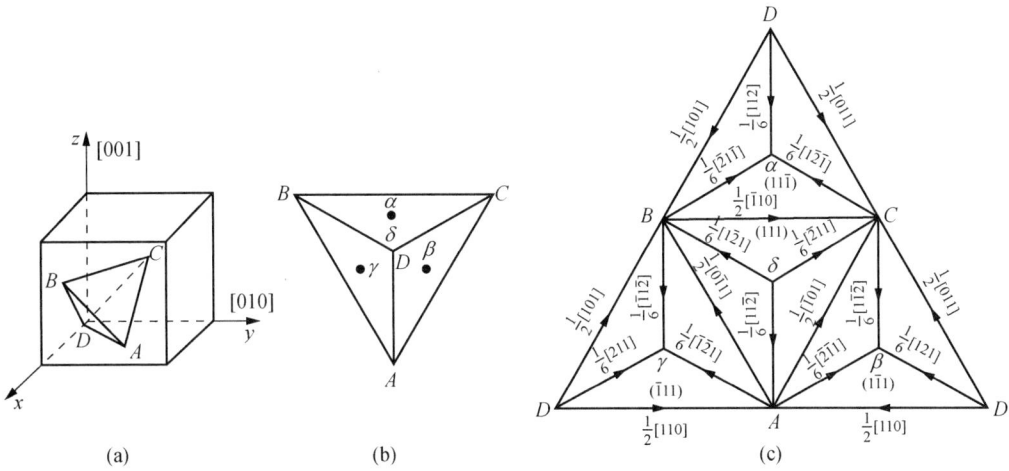

图 3.49　Thompson 四面体及记号

地用相应的汤普森符号来表达。例如(111)面上伯氏矢量为 $\dfrac{a}{2}\big[\overline{1}10\big]$ 的全位错的分解,可以简便地写为:

$$\boldsymbol{BC} \rightarrow \boldsymbol{B\delta} + \boldsymbol{\delta C}。 \tag{3.29}$$

b. 扩展位错　面心立方晶体中,能量最低的全位错是处在{111}面上的伯氏矢量,它为 $\dfrac{a}{2}<110>$ 的单位位错。现考虑它沿{111}面的滑移情况。

从第 2 章中可知,面心立方晶体{111}面是按 $ABCABC\cdots$ 顺序堆垛的。若单位位错 $\boldsymbol{b}=\dfrac{a}{2}\big[\overline{1}10\big]$ 在切应力作用下沿着(111)$\big[\overline{1}10\big]$ 在 A 层原子面上滑移时,则 B 层原子从 B_1 位置滑动到相邻的 B_2 位置,需要越过 A 层原子的“高峰”,这需要提供较高的能量(见图 3.50)。但

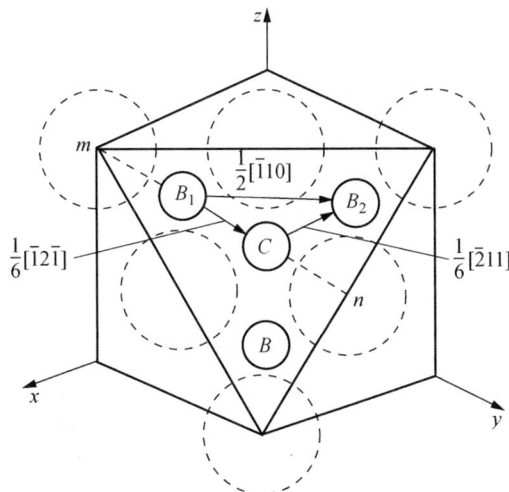

图 3.50　面心立方晶体中(111)面上全位错 $\dfrac{a}{2}\big[\overline{1}10\big]$ 的分解

如果滑移分两步完成,即先从 B_1 位置沿 A 层原子间的"低谷"滑移到邻近的 C 位置,即 $\boldsymbol{b}_1=\frac{1}{6}[\bar{1}21]$;然后再由 C 滑移到另一个 B_2 位置,即 $\boldsymbol{b}_2=\frac{1}{6}[2\bar{1}1]$,这种滑移比较容易。显然,第一步当 B 层原子移到 C 位置时,将在(111)面上导致堆垛顺序变化,即由原来的 $ABCABC\cdots$ 正常堆垛顺序变为 $ABCACB\cdots$,而第二步从 C 位置再移到 B 位置时,则又恢复正常堆垛顺序。既然第一步滑移造成了层错,那么,层错区与正常区之间必然会形成两个不全位错。故 $\boldsymbol{b}_1$ 和 $\boldsymbol{b}_2$ 为肖克利不全位错。也就是说,一个全位错 $\boldsymbol{b}$ 分解为两个肖克利不全位错 $\boldsymbol{b}_1$ 和 $\boldsymbol{b}_2$,全位错的运动由两个不全位错的运动来完成,即 $\boldsymbol{b}=\boldsymbol{b}_1+\boldsymbol{b}_2$。

这个位错反应从几何条件和能量条件来判断均是可行的,因为

$$\frac{a}{2}[\bar{1}10] \rightarrow \frac{a}{6}[\bar{1}2\bar{1}] + \frac{a}{6}[\bar{2}11], \tag{3.30}$$

$$BC \rightarrow B\delta + \delta C,$$

几何条件:

$$\frac{a}{6}[\bar{1}2\bar{1}] + \frac{a}{6}[\bar{2}11] = \frac{a}{2}[\bar{1}10], \tag{3.31}$$

能量条件:

$$b^2 = \frac{1}{2}a^2, \quad b_1{}^2 + b_2{}^2 = \frac{a^2}{6} + \frac{a^2}{6} = \frac{1}{3}a^2,$$

故

$$b^2 > b_1{}^2 + b_2{}^2。 \tag{3.32}$$

由于这两个不全位错位于同一滑移面上,彼此同号且其伯氏矢量的夹角 θ 为 $60°$,又 $\theta < \frac{\pi}{2}$,故它们必然相互排斥并分开,其间夹着一片堆垛层错区。通常把一个全位错分解为两个不全位错,中间夹着一个堆垛层错的整个位错组态称为扩展位错,图 3.51 即为 $\frac{a}{2}[\bar{1}10]$ 扩展位错的示意图。

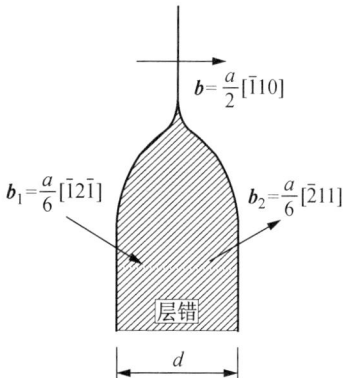

图 3.51 面心立方晶体中的扩展位错

(1)扩展位错的宽度。为了降低两个不全位错间的层错能,力求把两个不全位错的间距缩小,这相当于给予两个不全位错一个吸力,数值等于层错的表面张力 γ(即层错能)。而两个不全位错间的斥力则力图增加宽度,当斥力与吸力相平衡时,不全位错之间的距离一定,这个平衡距离便是扩展位错的宽度 d。

从前面已知,两个平行不全位错之间的斥力

$$f = \frac{G\boldsymbol{b}_1 \cdot \boldsymbol{b}_2}{2\pi r},$$

式中 r 为两不全位错的间距。当层错的表面张力与不全位错的斥力达到平衡时,两不全位错的间距 r 即为扩展位错的宽度 d,即

$$\gamma = f = \frac{G\boldsymbol{b}_1 \cdot \boldsymbol{b}_2}{2\pi d},$$

$$d = \frac{G\boldsymbol{b}_1 \cdot \boldsymbol{b}_2}{2\pi\gamma}。 \tag{3.33}$$

由此可见,扩展位错的宽度与晶体的单位面积层错能 γ 成反比,与切变模量 G 成正比。例如,铝的层错能(见表 3.2)很高,故扩展位错的宽度很窄(仅 1～2 个原子间距),实际上可认为铝中不会形成扩展位错;而奥氏体不锈钢,由于其层错能很低,扩展位错可宽达几十个原子间距。

(2)扩展位错的束集。由于扩展位错的宽度主要取决于晶体的层错能,因此凡影响层错能的因素也必然影响扩展位错的宽度。当扩展位错的局部区域受到某种障碍时,扩展位错在外切应力作用下其宽度将会缩小,甚至重新收缩成原来的全位错,称为束集,如图 3.52 所示。束集可以看作位错扩展的反过程。

(3)扩展位错的交滑移。由于扩展位错只能在其所在的滑移面上运动,因此若要进行交滑移,扩展位错必须首先束集成全螺位错,然后再由该全位错交滑移

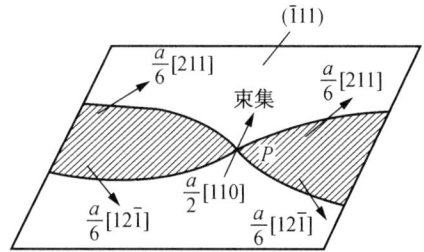

图 3.52 扩展位错在障碍处束集

到另一滑移面上,并在新的滑移面上重新分解为扩展位错,继续进行滑移。图 3.53 给出了面心立方晶体中 $\frac{a}{2}[110]$ 扩展位错的交滑移过程。

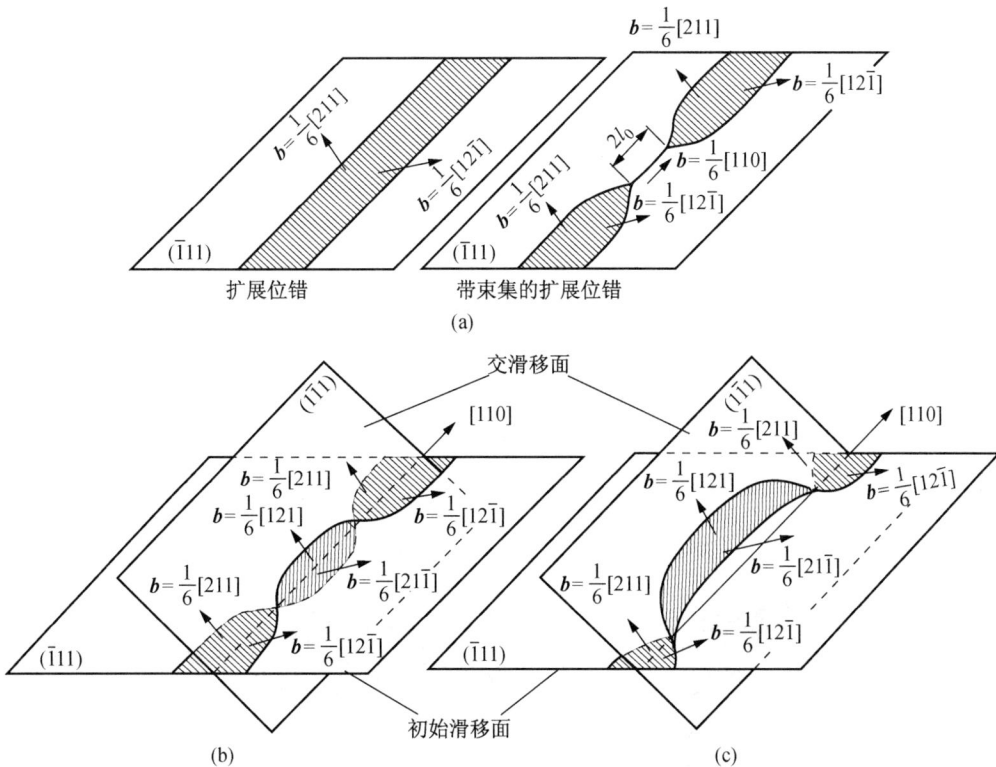

图 3.53 扩展位错的交滑移过程

　　显然,扩展位错的交滑移比全位错的交滑移要困难得多。层错能越低,扩展位错越宽,束集越困难,交滑移越不容易。

　　若层错面上存在杂质原子或其他障碍时,可使该处的能量增高或降低,导致扩展位错宽度缩小或扩大。例如,通过加入降低层错能的合金元素,使扩展位错难以束集而不能产生交滑移,由此产生强化效应,称为铃木效应。扩展位错的束集与交滑移可因温度升高而加速,通过热激活可促进束集与交滑移。

　　c. 位错网络　　实际晶体中,当存在几种伯氏矢量的位错时,有时会组成二维或三维的位错网络。图 3.54(a)a 面上有一组塞积的位错群($\boldsymbol{b}_1$)和 d 面上一个螺型位错($\boldsymbol{b}_2$)相交截,两伯氏矢量的夹角为 120°,相交吸引,由位错反应产生 $\boldsymbol{b}_3$ 的位错:$\boldsymbol{b}_1 + \boldsymbol{b}_2 \to \boldsymbol{b}_3$(见图 3.54(b))。由于线张力的作用,在平衡条件下,位错线如图 3.54(c)所示,形成六方位错网络。

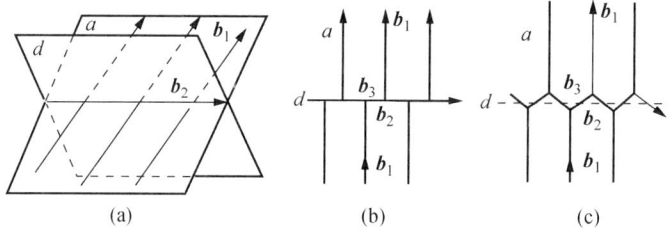

图 3.54　位错交截形成网络

　　d. 面角位错(Lomer-Cottrell 位错)　　面角位错是 fcc 中除 Frank 位错外又一类固定位错。

　　如图 3.55(a)所示,在(111)和(11$\bar{1}$)面上分别有全位错 $\dfrac{a}{2}[10\bar{1}]$ 和 $\dfrac{a}{2}[011]$,它们在各自滑移面上分解为扩展位错:

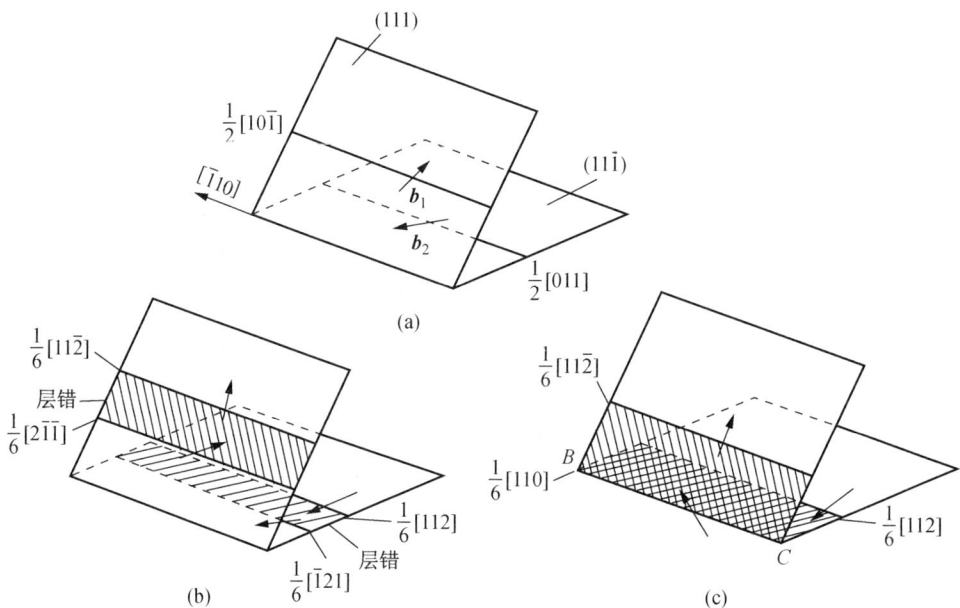

图 3.55　Lomer-Cottrell 位错的形成过程

$$\frac{a}{2}\left[10\bar{1}\right]=\frac{a}{6}\left[\bar{2}11\right]+\frac{a}{6}\left[11\bar{2}\right], \quad 即\ CA=C\delta+\delta A,$$

$$\frac{a}{2}\left[011\right]=\frac{a}{6}\left[\bar{1}21\right]+\frac{a}{6}\left[11\bar{2}\right], \quad 即\ DC=D\alpha+\alpha C。 \tag{3.34}$$

两个领先位错合并后的新位错的伯氏矢量为：

$$\frac{a}{6}\left[\bar{2}11\right]+\frac{a}{6}\left[\bar{1}21\right]=\frac{a}{6}\left[\bar{1}10\right],即\ \alpha C+C\delta \rightarrow \alpha\delta。 \tag{3.35}$$

新位错的位错线方向为两个滑移面法向的叉积：$[111]\times[1\bar{1}1]$ // $[\bar{1}10]$。由此可知,新位错为刃型位错,其滑移面为其伯氏矢量与位错线方向的叉积：$[\bar{1}10]\times[\bar{1}10]$ // $[001]$,(001)面不是密排面,故新位错不能滑移,为不动位错,成为面角位错,也称为压杆位错,或 L-C 位错,它对面心立方晶体的加工硬化可起重大作用。

6. 其他晶体中的位错

a. **体心立方晶体的位错**　前已指出,体心立方晶体的单位位错为 $\frac{a}{2}\langle111\rangle$,其滑移方向为 $\langle111\rangle$ 方向,但体心立方的滑移面则是不确定的,通常可能的滑移面有 $\{110\}$,$\{112\}$ 和 $\{123\}$,它随成分、温度及形变速度而异。由于滑移面很多,因而常由于交滑移而使滑移线呈波纹形。体心立方易发生交滑移的事实说明它的层错能很高,因而它不易出现扩展位错（或层错宽度极窄）。实际上,迄今为止也没有在电子显微镜中直接观察到 bcc 的扩展位错和层错。在 bcc 晶体中位错交互作用会产生裂纹位错和位错环。图 3.56 显示在 bcc 晶体中位错运动在一个障碍处（如晶界）受阻后形成微裂纹机制的示意图 3.56(a) 或在两个滑移面的交界处图 3.56(b)。在图 3.56 的 bcc 金属中,在 $(0\bar{1}1)$ 滑移面上有一个 $\frac{a}{2}[\bar{1}11]$ 的全位错,在(011)滑移面上有一个 $\frac{a}{2}[1\bar{1}1]$ 的全位错,当这两个位错在各自滑移面上滑移并相遇形成以下新的位错,

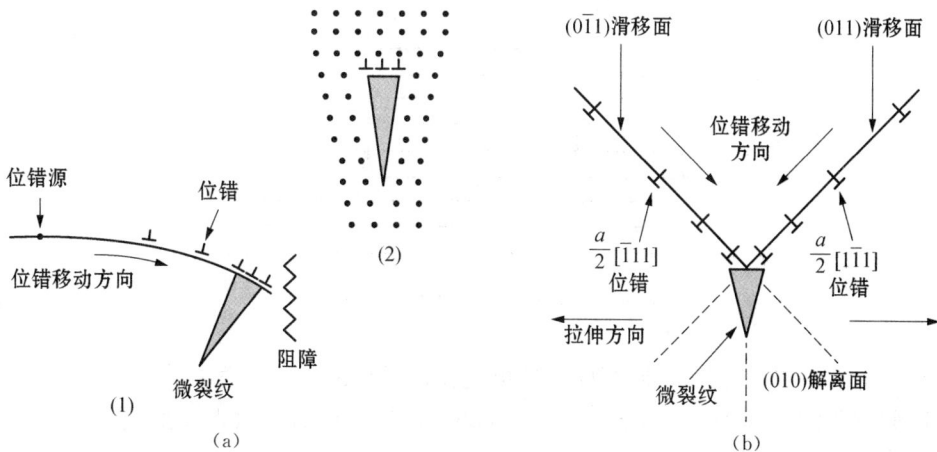

图 3.56　在 bcc 晶体中位错运动在一个障碍处（如晶界）受阻后形成微裂纹机制示意图
(a)或运动在两个滑移面的交界处图(b)

其伯氏矢量为:

$$\frac{a}{2}[\bar{1}11]+\frac{a}{2}[1\bar{1}1]=a[001]$$

而两个滑移面的交截线就是 $a[001]$ 全位错的位错线方向,即两者法向的叉积:

$$[0\bar{1}1]\times[01\bar{1}]=[\bar{2}00]//[\bar{1}00]$$

由于 $a[001]$ 位错的伯氏矢量方向与其位错线方向垂直,故形成的新位错为刃型位错。它的滑移面为伯氏矢量方向与位错线方向的叉积:

$$[\bar{1}00]\times[001]=[0\bar{2}0]//[0\bar{1}0]$$

(010)滑移面也正好是 bcc 金属的解理面,因此,不断的 $a[001]$ 全位错的累积,由此导致微裂纹的形成,如图 3.57 所示。由于新位错的(010)滑移面不是 BCC 金属的{110}密排滑移面,故新位错为不可动位错。

b. 密排六方晶体的位错   对 hcp,最短的点阵矢量是沿 $<11\bar{2}0>$,次短的点阵矢量为 $<0001>$,因此它的单位位错为 $\frac{a}{3}<11\bar{2}0>$,$c<0001>$,其外还有 $\frac{1}{3}<11\bar{2}3>$ 等;而滑移面与轴比有关,当 $\frac{c}{a}\geqslant1.633$ 时,滑移面为(0001),当 $\frac{c}{a}<1.633$ 时,滑移面将变为{10$\bar{1}$0}或斜面{10$\bar{1}$1}。

对于层错能小的 Co,Zn 和 Cd 等晶体曾观察到伯氏矢量为 $\frac{1}{3}<11\bar{2}0>$ 的位错在基面上按下列反应分解:

$$\frac{1}{3}[11\bar{2}0] \rightarrow \frac{1}{3}[10\bar{1}0]+\frac{1}{3}[01\bar{1}0]。 \tag{3.36}$$

右边两项为肖克利不全位错的伯氏矢量,它们之间存在一片层错,构成扩展位错,如图 3.57 所示。

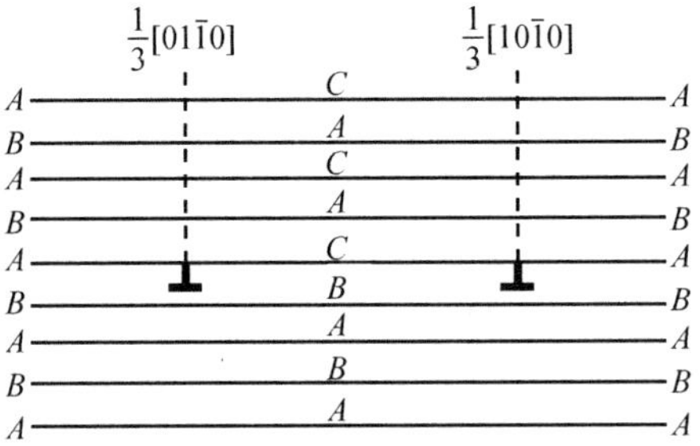

图 3.57   密排六方晶体中的扩展位错

对于 $c/a<1.633$ 的合金,除基面外还可能在柱面和锥面上产生层错。图 3.58 是电子束熔化(EBM)制备的 Ti-6Al-4V 合金($c/a=1.586$)3D 打印样品经激光冲击喷丸(LSP)后产生的上述三种类型层错的高分辨透射电镜像(HRTEM)像。

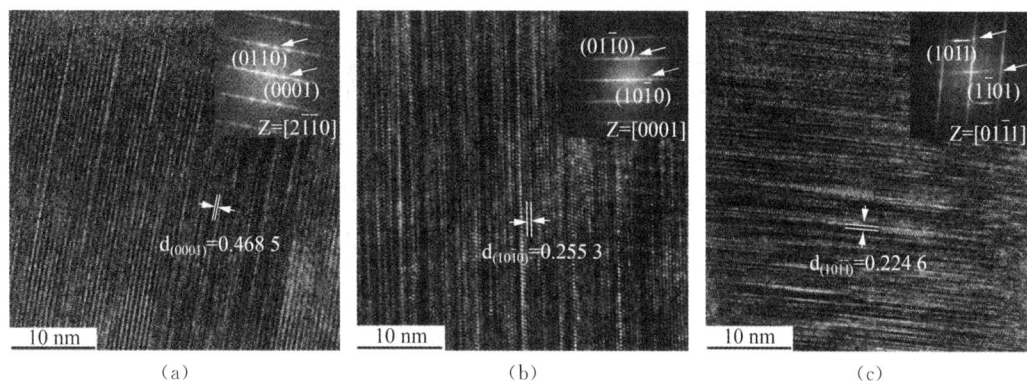

图 3.58 （0001）基面层错（a）、（1010）棱柱面层错（b）、（1011）锥体层错

（c）HRTEM 像和插入的电子衍射花样

c. NaCl 晶体的位错 NaCl 是一典型的离子晶体（见图 2.53），它实际上是面心立方点阵，每个阵点对应一对 Na^+ 和 Cl^- 离子。

NaCl 晶体的滑移系是｛110｝〈110〉，对于最密排面｛100｝，由于正、负离子成对跨过滑移面，静电作用很强，一般不能滑移。

NaCl 晶体中单位位错的伯氏矢量 $\boldsymbol{b}=\dfrac{a}{2}$〈110〉，即联结相邻同类离子的最短距离。图 3.59 为（110）[110]滑移系上的刃型位错，可见它有两个多余的半原子面，这样晶体中在电荷分布上无错排，仍是中性的，但在晶体表面位错露头处会带电荷，或正或负，视何种电荷暴露在晶体的表面上（见图 3.60）而定。

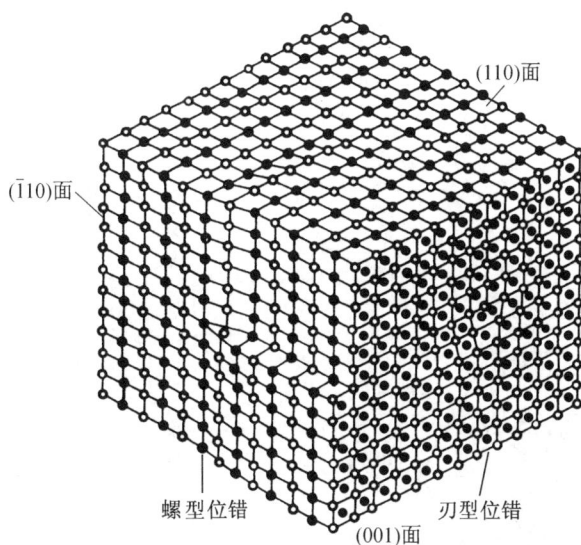

图 3.59 NaCl 晶体中的位错

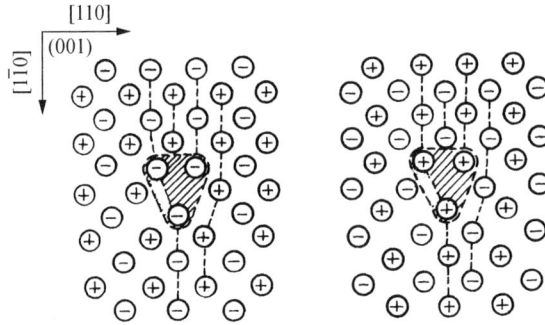

图 3.60 NaCl 中带电的位错

d. $\alpha\text{-}Al_2O_3$ **晶体的位错** 刚玉($\alpha\text{-}Al_2O_3$)的结构属三方晶系(见图 2.59)。从堆垛角度看,O^{2-} 近似作六方最密排,Al^{3+} 配列在八面体空隙上,且只填满这种空隙的 2/3。图 3.61 为(0001)面上的离子排列及位错反应示意图。从能量降低角度看,$\alpha\text{-}Al_2O_3$ 晶体的单位位错 $\boldsymbol{b}_0 = \frac{1}{3}<11\bar{2}0>$ 可以分解成两个伯氏矢量 $\boldsymbol{b}_1 = \frac{1}{3}<1\bar{0}10>$ 的不全位错,即

$$\frac{1}{3}[11\bar{2}0] \rightarrow \frac{1}{3}[10\bar{1}0] + \frac{1}{3}[01\bar{1}0]。 \tag{3.37}$$

从图中还可看出,伯氏矢量 $\boldsymbol{b}_1 = \frac{1}{3}<10\bar{1}0>$ 是 Al_2O_3 晶体中 O^{2-} 离子点阵晶格方向单位矢量。因此产生 $\boldsymbol{b}_1$ 位错并不引起 O^{2-} 离子堆垛顺序的变化,但却引起 Al^{3+} 离子堆垛顺序的变化,故两个 $\boldsymbol{b}_1$ 之间就产生堆垛层错。所以,上述反应也即扩展位错 $\boldsymbol{b}_0$ 的分解。

e. **金刚石型晶体的位错** 金刚石型晶体(如金刚石、硅和锗等)为共价晶体,属复杂立方晶体结构,可视为两个面心立方晶胞沿体对角线相对位移 1/4 长度穿插而成(见图 2.71)。

金刚石结构中,原子密排面仍为 $\{111\}$ 面,其堆垛次序为 $AaBbCcAaBbCc\cdots$ 如图 3.62 所示。同名面,如 A 与 a 在 $\{111\}$ 面上的投影位置互相重合,如果把一对同名面用一个字母表示,则 $\{111\}$ 面的堆垛次序可以简化为 $ABCABC\cdots$。

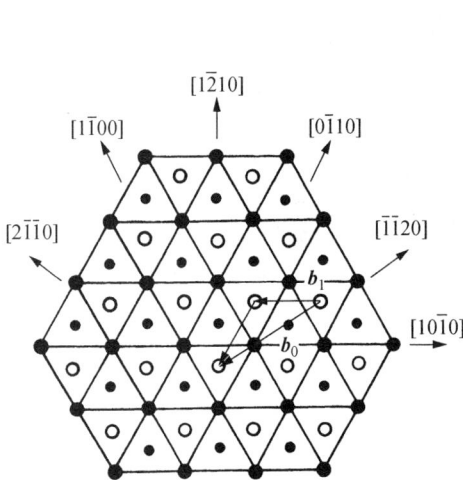

图 3.61 Al_2O_3(0001)面上的离子排列

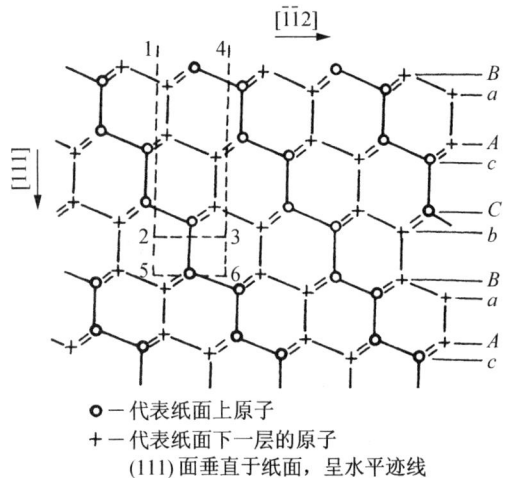

○—代表纸面上原子
+—代表纸面下一层的原子
(111)面垂直于纸面,呈水平迹线

图 3.62 金刚石结构垂直于($1\bar{1}0$)面的投影

金刚石结构中滑移面为密排面{111},全位错的伯氏矢量为$\frac{1}{2}$<110>,由于共价键的方向性强,使得沿<110>方向有较低的位错中心能量,位错趋向于沿<110>方向排列,因此,多数情况下它们是纯螺型位错或60°位错,如图3.63所示。由于点阵阻力大,位错很难运动。当层错能较低时,{111}面上的全位错也能分解成扩展位错。

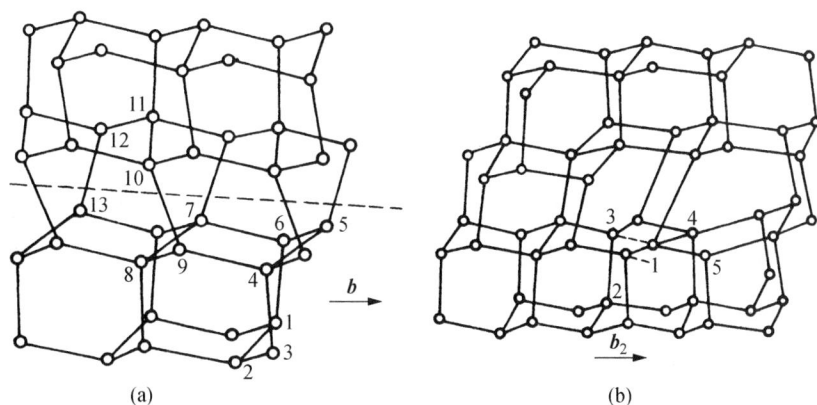

图 3.63 金刚石晶体中的位错
(a) 纯螺型位错;(b) 60°位错

f. 高分子晶体中的位错 如前所述,细长、柔软而结构复杂的高分子链很难形成完善的晶体。事实上,即使在很理想的条件下生成的单晶体或伸直链晶体,也不可避免地存在许多晶体缺陷,如图3.64(a)所示为在结晶中存在分子末端时,晶体中存在的细长空洞,它可视为两个边缘位错的交会。当与这个空洞相邻的分子移向空洞时,空洞的位置就发生移动,由于相邻分子依次移动,就形成了图3.64(b)所示的一对螺型位错,并有可能形成嵌镶块结构。

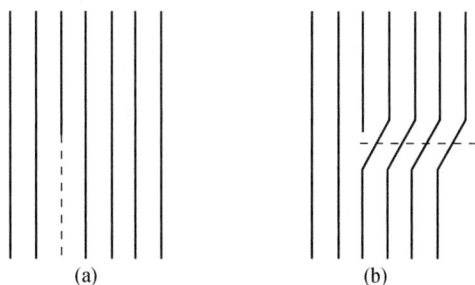

图 3.64 因结晶内的分子末端而引起的晶格缺陷

Holland V. F. 在聚乙烯的单晶中不仅观察到边缘位错,而且还观察到网状位错,并发现它是螺型位错。

3.3 长周期堆垛有序(LPSO)结构

密排原子层在空间的有序堆垛称为周期结构称为长周期堆垛有序(LPSO)结构或称为

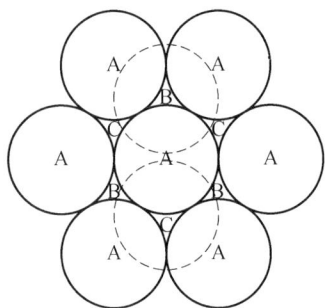

图 3.65 密堆的三种位置

LPSO 相。密堆结构在晶体学中常常用密排原子层的堆垛来说明。把同类原子当作等径钢球，在平面上构成六角密排层，如图 3.71 所示。密排层的堆垛位置只有 A，B 和 C 三种。若其中一层位置为 A(图 3.65)，继续堆垛时不是在 B，就是在 C 位置。这种密堆的特点是不能在同类位置连续堆垛两次的，只能三种位置错开。密排层的长程有序堆垛种类最基本的不外两种。一种是 ABCABC…顺序的堆垛，另一种是六角密排结构沿[0001]方向的 ABAB…顺序的堆垛。

在这些密排层的堆垛中很容易出现层错，例如在 C 层上引入一个 B 层而不是 A 层。如果这些层错是长程有序排列，可以降低整个系统的能量，产生稳定的基体结构。根据层错的周期不同和一个周期内密排层的堆垛方式不同，可以产生众多密堆结构。由于多型的各种结构能量差别很小，因此通常几种结构共存。

3.3.1 LPSO 结构描述的基本参数

LPSO 结构的特征描述可通过下面例子加以说明。例如，某种多型结构如下：

$$\overbrace{\text{A B C B C A C A B}}^{E}\text{A B C B C A C A B}……$$
$$\vee\ \vee\ \wedge\ \vee\ \vee\ \wedge\ \vee\ \vee\ \wedge\ \vee\ \vee\ \wedge\ \vee\ \vee$$
$$\underbrace{}_{L}$$

用字母表示出一种多型结构排列位置的循环，分别表明位置周期层数 E 与顺序周期层数 L；用符号"$\vee$"和"$\wedge$"分别表示层间排列顺序的正(ABCABC…)和反(ACBACB…)。从这两种符号循环中可看出，存在两种周期：一种是排列顺序正反变换的循环周期。这个周期的层数为 3，一般用字母 L 表示，其中的正排顺序层数用 m 表示，反排顺序层数用 P 表示。显然下式成立：

$$L = m + P。$$

另一种周期就是排列位置的循环周期，它的周期由 ABCBCACAB 组成，这个排列位置的周期层数用 E 来表示，此时 $E=9$。在这种情况下，$E=3L$。然而也有 $E=L$ 的情况，例如：

$$\overbrace{\text{A B A B A B}}^{E}……$$
$$\vee\ \wedge\ \vee\ \wedge\ \vee$$
$$2$$

其中，$E=L=2$。

3.3.2 LPSO 的分类及其判据

LPSO 结构可以按排列顺序的周期层数 L 和排列位置的周期层数 E 之间的关系分为两类。若 $E=L$ 时，它与一般六角结构类似，用"H"表示。若 $E=3L$ 时，它与菱形结构的配置相似。无论是单层情况，如 ABCABC…，还是具有相同顺序的三段结构单元，如 A…B…C…，它们领衔的仍是 ABCABC…，所以用菱形体的字头"R"表示。上述的第一个例子，$E=3L$ 即为

R 结构。第二个例子是，$E=L=2$，即为 H 结构。R 结构的特点是经过一个排列顺序周期后，起始位置的类别没有再现，而必须经过这样三个顺序循环之后，位置才能再现。H 结构不同，经过一个顺序循环之后，起始位置就能再现。

如何判定一个顺序循环之后的位置能否再现，下面给出判定的公式。对于 H 结构的判据为：

$$\Delta = m - P = 3n$$

或

$$\Delta = L - 2P = 3n。$$

当 $\Delta \neq 3n$ 时，则为 R 结构。当 Δ 被 3 除余数为 1 时则为 A……B……C…… 的情况，称为正 R 结构；当余数为 2 时则为 A……C……B…… 的情况，称为反 R 结构。正 R 结构上述第一个例子已给出。对于反 R 的例子给判据出如下：

$$ABCACABCBCABA$$

其中，每个排列顺序循环中 $m=3$，$P=1$，$\Delta=m-P=2$.

两种结构的判据式可归纳如下：

正 R 结构：$\Delta - 3\text{INT}(\Delta/3) = 1$

反 R 结构：$\Delta - 3\text{INT}(\Delta/3) = 2$

H 结构：$\Delta - 3\text{INT}(\Delta/3) = 0$

式中，$\text{INT}(X)$ 表示取整函数。

3.3.3 LPSO 结构的表示方法

LPSO 结构目前常用的有两种表示法：

（1）Жданов 表示法。

这种表示法主要表示多型结构各顺序循环的正反排列的层数和各循环的重复次数。例如：$[(3,1)(1,1)]_3$ 表示该结构有两类排列循环组成的多型结构。其中第一类是 $(3,1)$，表示该节中正排 3 次，反排 1 次；第二类是 $(1,1)$，表示正反排各 1 次。按累积式判据，$\Delta=2$，故为 R 结构。然而，这样还未构成一个位置的再循环，因此需要按上述排列顺序再循环 3 次，位置才能再现。因而 R 结构的外面括号必须有"3"的下标。这种表示法清楚地说明结构排列的细节。

（2）Ramsdell 表示方法。

这种方法是表示位置的循环总层数和结构的基本类型。例如，上例 $[(3,1)(1,1)]_3$ 的多型结构用 Ramsdell 方法表示为 18R，这种方法简便，但未给出具体排列顺序的特征。

表 3.3 为多型结构举例。

表 3.3　多型结构举例

分裂点数 （L）	斑点 排列	Ramsdell 类别	Жданов 类别	堆垛位置及顺序
1	不对称	8R	$(1,0)_3$	A B C A B C……
			$(0,1)_3$	A C B A C B……
2	对称	2H	$(1,1)$	A B A B A……

（续表）

分裂点数 （L）	斑点 排列	Ramsdell 类别	Жданов 类别	堆垛位置及顺序
3	不对称	9R	$(2,1)_3$	A B C B C A C A B A······
			$(1,2)_3$	A C B C B A B C A······
4	对称	4H	$(2,2)$	C A B A C A B A C······
	不对称	12R	$(3,1)_3$	A B C A C A B C B C A B A······
			$(1,3)_3$	A B A C B C B A C A C B A······
6	对称	6H	$(3,3)$	A B C A C B A······
			$(21)(12)$	A B C B C B A······
	不对称	18R	$(4,2)_3$	A B C A B A C A B C A C B C A B C B A
			$[(3,1)(1,1)]_3$	A B C A C A C A B C B C B C A B A B A

　　图 3.66 和图 3.67 分别给出镁合金中 18R 和 14H 长周期有序堆垛结构的透射电镜（TEM）明场像和对应的选区电子衍射（SAED）花样

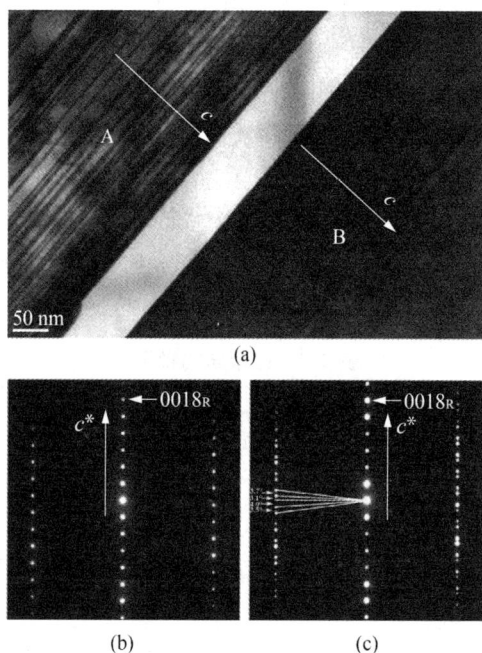

(a)

(b)　　　　　(c)

图 3.66　铸态 WGZ1051K 镁合金 18R 结构的 TEM 明场像(a)和
两种对应的 SAED 花样(b)和(c)

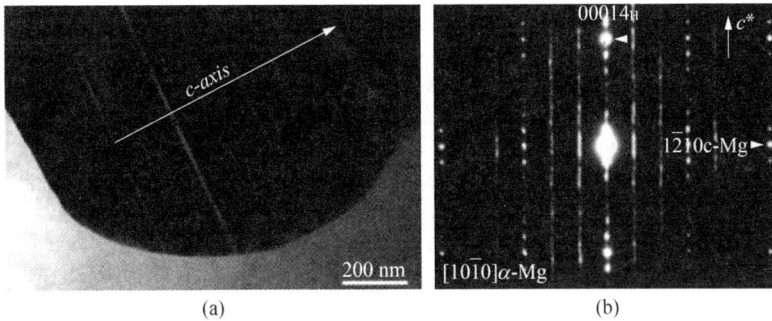

图 3.67 520ST 态 WZ101K 合金中 14H 结构的 TEM 明场像(a)及
对应的 SAED 花样(b)

3.4 表面及界面

严格来说,界面包括外表面(自由表面)和内界面。表面是指固体材料与气体或液体的分界面,它与摩擦、磨损、氧化、腐蚀、偏析、催化、吸附现象,以及光学、微电子学等均密切相关;而内界面可分为晶粒边界和晶内的亚晶界、孪晶界、层错及相界面等。

界面通常包含几个原子层厚的区域,该区域内的原子排列甚至化学成分往往不同于晶体内部,又因它系二维结构分布,故也称为晶体的面缺陷。界面的存在对晶体的物理、化学和力学等性能产生重要的影响。

3.4.1 外表面

晶体表面单位面积自由能的增加称为表面能 $\gamma(\mathrm{J/m^2})$。表面能也可理解为产生单位面积新表面所做的功:

$$\gamma = \frac{\mathrm{d}W}{\mathrm{d}S},$$

式中,dW 为产生 dS 新表面所做的功。表面能也可以单位长度上的表面张力(N/m)表示。

表面能与晶体表面原子排列致密程度有关。原子密排的表面具有最小的表面能,所以自由晶体暴露在外的表面通常是低表面能的原子密排晶面。

晶态固体的不同晶面具有不同的表面 Gibbs 能,原子最密堆积的表面即为表面 Gibbs 能最低的表面。对于体积一定的晶体,其外形或各个表面的形态呈何种几何特点时总的表面 Gibbs 能为最小? Wulff 曾经提出了 Wulff 结构来回答这个问题。其假想的二维晶体的形态如图 3.68 所示。

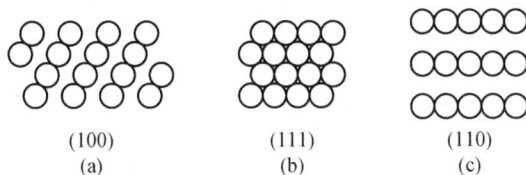

图 3.68 面心立方结构上的三种原子排列

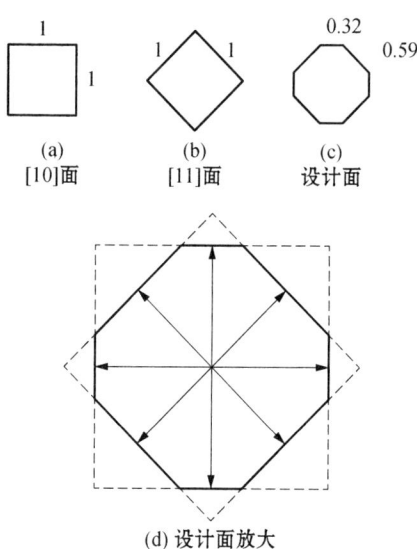

(a) [10]面   (b) [11]面   (c) 设计面

(d) 设计面放大

图 3.69 二维晶面结构模型

为了比较表面 Gibbs 能的大小,各个晶面必须取相同的面积。图 3.69(a)表示(10)型晶面,其单位长度的 Gibbs 能为 2.5×10^{-5} J·cm^{-1};图 3.69(b)表示(11)型的晶面,其单位长度的 Gibbs 能为 2.25×10^{-5} J·cm^{-1};如果它们的晶面均为 1 cm^2,则它们的总表面 Gibbs 能分别为 $4 \times 1 \times 2.5 \times 10^{-5} = 1 \times 10^{-4}$(J);$4 \times 1 \times 2.25 \times 10^{-5} = 9 \times 10^{-5}$(J)。图 3.69(c)表示 1 cm^2 的复合晶面,其总表面 Gibbs 能为 $4 \times 0.32 \times 2.5 \times 10^{-5} + 4 \times 0.59 \times 2.25 \times 10^{-5} = 8.51 \times 10^{-5}$(J)。即构成图 3.69(c)的晶面形态,比其他形态更稳定。因此,图 3.69(a)、(b)的晶面均有自发转化为图 3.69(c)晶面的倾向。

Benson 等进一步证明了 Wulff 结构的合理性,Drechsler 等则对面心和体心立方晶体最佳的平衡外形作了计算。实验表明,如果晶体体积足够小,则不规则外形的晶体在退火时呈现最佳的平衡外形。

实际晶体的外形是要受到其动力学过程及其他的非平衡态因素影响的,因而其外形常常不具有 Wulff 结构。在晶体溶解、蒸发、扩散或晶体生长等过程中,晶体的表面形态发生的变化与表面 Gibbs 能是密切相关的。

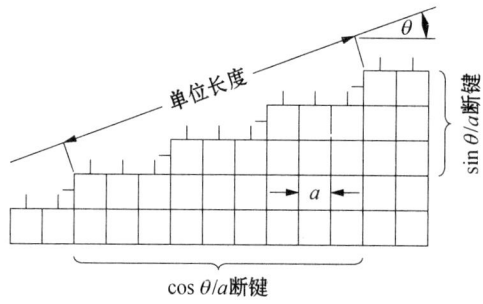

图 3.70 表面能的断键模型

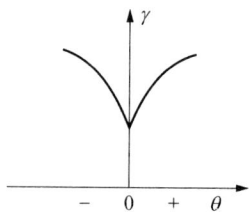

图 3.71 表面能与位向差角关系

若表面不是密排面,与密排面有一位向差,可把任意位向的表面分解为平行密排面的许多小台阶以降低能量,图 3.70 为一简单立方晶体的表面,与最密排面呈 θ 角。

单位面积表面中沿单位长度方向的断键数可由图示几何关系求出,在垂直方向断键数为

$$m = \sin\theta/a \text{。}$$

在水平方向的断键数为

$$m = \cos\theta/a \text{。}$$

沿单位宽度方向的断键数为

$$1/a \text{,}$$

则单位面积表面的断键数为

$$(\sin\theta/a + \cos\theta/a) \times 1/a \text{。}$$

每个断键提供 $\varepsilon/2$ 键能,故引起表面内能的增加,即表面能(γ)为

$$\gamma = (\sin\theta + \cos\theta) \times \frac{\varepsilon}{2a^2}。$$

上式说明,表面能 γ 与位向角 θ 有关,如图 3.71 所示。由图可知,当表面与密排面重合时,表面能最低,在图中出现尖点。对于三维晶体,可用立体图形表示 γ 与 θ 之间的关系,晶体放在原点,矢量方向表示晶面的法线方向,矢量模表示表面能的大小。这种图称为伍尔夫(Wulff)图或 γ 图。图 3.72 为面心立方晶体伍尔夫图的(110)截面。由此可见,{111}和{100}晶面具有最低的表面能。因此,面心立方晶体为由{100}和{111}晶面组成的十四面体。

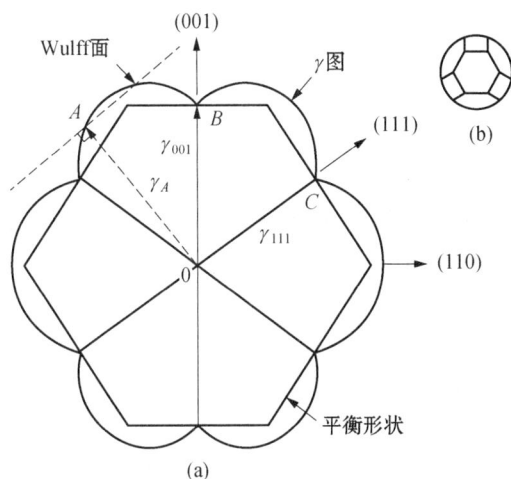

图 3.72　面心立方晶体 γ 图的(110)截面(a)和三维平衡形貌(b)

表面能除了与晶体表面原子排列致密程度有关外,还与晶体表面曲率有关。当其他条件相同时,曲率越大,表面能也越大。表面能的这些性质,对晶体的生长、固态相变中新相的形成都起着重要作用。

3.4.2　晶界和亚晶界

多数晶体物质由许多晶粒所组成,属于同一固相但位向不同的晶粒之间的界面称为晶界,它是一种内界面;而每个晶粒有时又由若干个位向稍有差异的亚晶粒所组成,相邻亚晶粒间的界面称为亚晶界。晶粒的平均直径通常在 $0.015\sim0.25$mm 范围内,而亚晶粒的平均直径则通常为 0.001mm 数量级。

为了描述晶界和亚晶界的几何性质,须说明晶界的取向及其两侧晶粒的相对位向。二维点阵中晶界的几何关系可用图 3.73 来描述,即晶界位置可用两个晶粒的位向差 θ 和晶界相对于一个点阵某一平面的夹角 ϕ 来确定。而三维点阵的晶界几何关系应由五个位向角度确定。设想将图 3.74(a)所示的晶体沿 xOz 平面切开,然后让右侧晶体绕 x 轴旋转,这样就会使两个晶体之间产生位向差。同样,右侧晶体还可以绕 y 或 z 轴旋转。因此,为了确定两个晶体之间的位向,必须给定三个角度。现在再来考虑位向差一定的两个晶体之间的界面。如

图 3.74(b)所示,若在 xOz 平面有一个界面,将这个界面绕 x 轴或 z 轴旋转,可以改变界面的位置;但绕 y 轴旋转时,界面的位置不变。显然,为了确定界面本身的位向,还需要确定两个角度。这就是说,一般空间点阵中的晶界具有五个自由度。

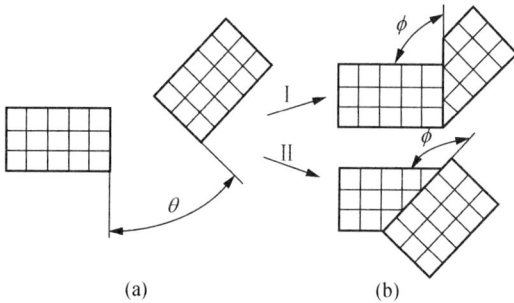

图 3.73 二维平面点阵中的晶界

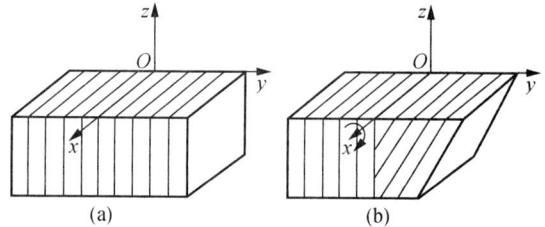

图 3.74 三维点阵中的晶界

根据相邻晶粒之间位向差 θ 角的大小不同可将晶界分为两类:① 小角度晶界——相邻晶粒位向差小于 $10°$ 的晶界;亚晶界均属小角度晶界,一般小于 $2°$;② 大角度晶界——相邻晶粒位向差大于 $10°$ 的晶界,多晶体中的晶界大多属于此类。

1. 小角度晶界的结构

按照相邻亚晶粒之间位向差的型式不同,可将小角度晶界分为倾斜晶界、扭转晶界和重合晶界等,它们的结构可用相应的模型来描述。

a. 对称倾斜晶界 对称倾斜晶界可看作把晶界两侧晶体互相倾斜的结果(见图 3.75)。由于相邻两晶粒的位向差 θ 角很小,其晶界可看成由一列平行的刃型位错所构成(见图 3.76),位错的间距 D 与伯氏矢量 b 之间的关系为:

$$D = \frac{b}{2\sin\frac{\theta}{2}}。 \tag{3.38}$$

当 θ 很小时, $\frac{b}{D} \approx \theta$ 。

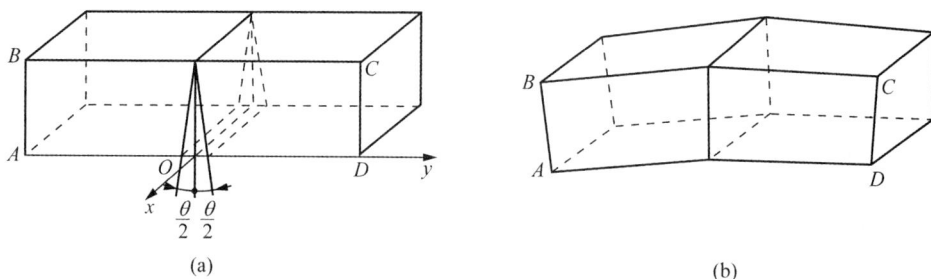

图 3.75 对称倾斜晶界的形成

(a) 倾斜前;(b) 倾斜后

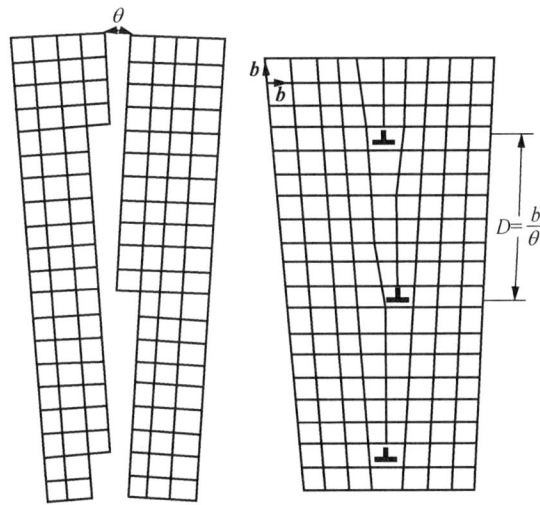

图 3.76 倾斜晶界

b. **不对称倾斜晶界** 如果对称倾斜晶界的界面绕 x 轴转了一角度 ϕ，如图 3.77 所示，则此时两晶粒之间的位向差仍为 θ 角，但此时晶界的界面对于两个晶粒是不对称的，因此，称为

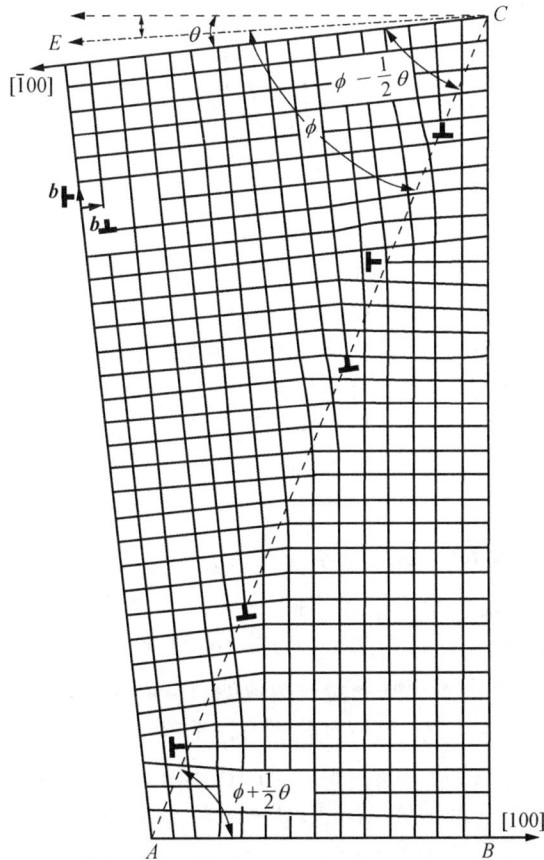

图 3.77 不对称倾斜晶界

不对称倾斜晶界。它有两个自由度 θ 和 ϕ。该晶界结构可看成由两组伯氏矢量相互垂直的刃型位错 $\boldsymbol{b}_\perp$、$\boldsymbol{b}_\vdash$ 交错排列而构成。两组刃型位错各自的间距 $D_\perp$ 和 $D_\vdash$ 可根据几何关系分别求得,即

$$D_\perp = \frac{b_\perp}{\theta\sin\phi}, \quad D_\vdash = \frac{b_\vdash}{\theta\cos\phi}。 \tag{3.39}$$

c. 扭转晶界   扭转晶界是小角度晶界的又一种类型。它可看成是两部分晶体绕某一轴在一个共同的晶面上相对扭转一个 θ 角所构成的,扭转轴垂直于这一共同的晶面,如图 3.78 所示。它的自由度为 1。

该晶界的结构可看成由互相交叉的螺型位错所组成,如图 3.79 所示。

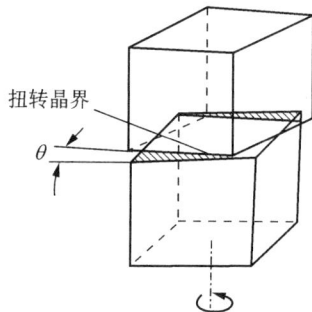

图 3.78   扭转晶界的形成过程

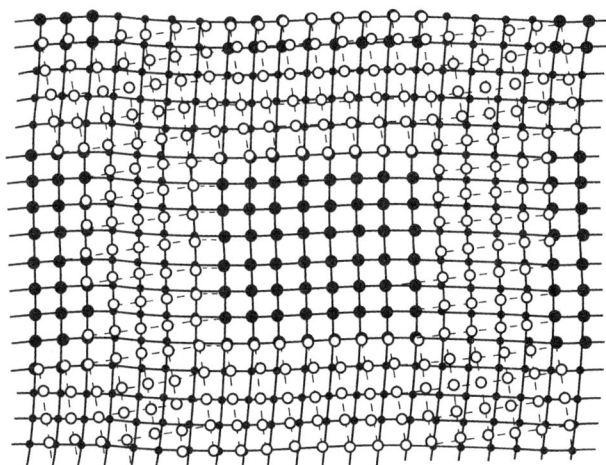

图 3.79   扭转晶界位错模型

纯扭转晶界和倾斜晶界均是小角度晶界的简单情况,两者不同之处在于倾斜晶界形成时,转轴在晶界内;而扭转晶界的转轴则垂直于晶界。在一般情况下,小角度晶界都可看成是两部分晶体绕某一轴旋转一角度而形成的,只不过其转轴既不平行于晶界也不垂直于晶界。对这样的任意小角度晶界,可看作由一系列刃型位错、螺型位错或混合位错的网络所构成,这已被实验所证实。

2. 大角度晶界的结构

多晶体材料中各晶粒之间的晶界通常为大角度晶界。大角度晶界的结构较复杂,其中原子排列较不规则,不能用位错模型来描述,对于大角度晶界结构的了解远不如小角度晶界清楚,有人认为大角度晶界的结构接近于图 3.80 所示的模型。图中表明,取向不同的相邻晶粒的界面不是光滑的曲面,而是由不规则的台阶组成的。分界面上既包含有同时属于两晶粒的原子 D,也包含有不属于任一晶粒的原子 A;既包含有压缩区 B,也包含有扩张区 C。这是由于晶界上的原子同时受到位向不同的两个晶粒中原子的作用所致。总之,大角度晶界上原子排列比较紊乱,但也存在一些比较整齐的区域。因此,晶界可看成由坏区与好区交替相间组合而成。随着位向差 θ 的增大,坏区的面积将相应增加。纯金属中大角度晶界的宽度不超过 3 个原子间距。

有人利用场离子显微镜研究晶界,提出了大角度晶界的"重合位置点阵"模型,并得到实验

证实。如图 3.81 所示,在二维正方点阵中,当两个相邻晶粒的位向差为 37°时(相当于晶粒 2 相对晶粒 1 绕某固定轴旋转了 37°),若设想两晶粒的点阵彼此通过晶界向对方延伸,则其中一些原子将出现有规律的相互重合。由这些原子重合位置所组成比原来晶体点阵大的新点阵,通常称为重合位置点阵。由于在上述具体图例中,每五个原子中即有一个是重合位置,故重合位置点阵密度为 1/5 或称为 1/5 重合位置点阵。显然,由于晶体结构及所选旋转轴与转动角度的不同,可以出现不同重合位置密度的重合点阵。表 3.4 列出了立方晶系金属中重要的重合位置点阵。

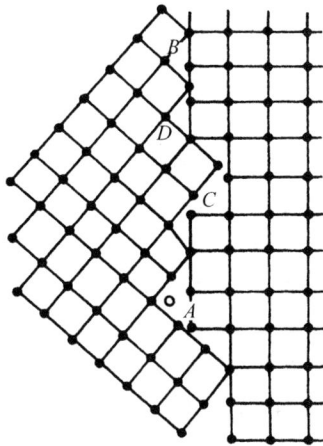

图 3.80　大角度晶界模型

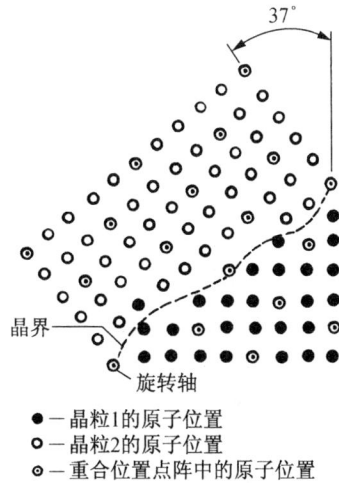

图 3.81　当两相邻晶粒位向差为 37°时,
存在的 1/5 重合位置点阵

● ——晶粒 1 的原子位置
○ ——晶粒 2 的原子位置
◉ ——重合位置点阵中的原子位置

表 3.4　立方晶系金属中重要的重合位置点阵

晶体结构	旋　转　轴	转动角度/(°)	重合位置密度
体心立方	〔100〕	36.9	1/5
	〔110〕	70.5	1/3
	〔110〕	38.9	1/9
	〔110〕	50.5	1/11
	〔111〕	60.0	1/3
	〔111〕	38.2	1/7
面心立方	〔100〕	36.9	1/5
	〔110〕	38.9	1/9
	〔111〕	60.0	1/7
	〔111〕	38.2	1/7

　　根据该模型,在大角度晶界结构中将存在一定数量重合点阵的原子。显然,晶界上重合位置越多,即晶界上越多的原子为两个晶粒所共有,原子排列的畸变程度越小,则晶界能也相应越低。然而从表 3.4 得知,不同晶体结构具有重合点阵的特殊位向是有限的。所以,重合位置点阵模型尚不能解释两晶粒处于任意位向差的晶界结构。

总之,对于大角度晶界的结构还正在继续研究和讨论中。

3. 晶界能

由于晶界上的原子排列是不规则的,有畸变,从而使系统的自由能增高。晶界能定义为形成单位面积界面时,系统的自由能变化$\left(\dfrac{\mathrm{d}F}{\mathrm{d}A}\right)$,它等于界面区单位面积的能量减去无界面时该区单位面积的能量。

小角度晶界的能量主要来自位错能量(形成位错的能量和将位错排成有关组态所做的功),而位错密度又决定于晶粒间的位向差,所以,小角度晶界能 γ 也和位向差 θ 有关:

$$\gamma = \gamma_0 \theta (A - \ln\theta), \tag{3.40}$$

式中,$\gamma_0 = \dfrac{Gb}{4\pi(1-\nu)}$ 为常数,取决于材料的切变模量 G、泊松比 ν 和伯氏矢量 b,A 为积分常数,取决于位错中心的原子错排能。由上式可知,小角度晶界的晶界能随位向差增加而增大(见图 3.82)。但注意,该公式只适用于小角度晶界,而对大角度晶界不适用。

实际上,多晶体的晶界一般为大角度晶界,各晶粒的位向差大多在 $30° \sim 40°$ 左右,实验测出各种金属大角度晶界能约在$(0.25 \sim 1.0)\mathrm{J/m^2}$ 范围内,与晶粒之间的位向差无关,大体上为定值,如图 3.82 所示。

晶界能可以界面张力的形式来表现,且可以通过界面交角的测定求出它的相对值。图 3.83 所示为当 3 个晶粒相遇时,它们两两相交于一界面,3 个界面相交于 1 个三叉界棱。在达到平衡状态时,O 点处的界面张力 γ_{1-2},γ_{2-3},γ_{3-1} 必须达到力学平衡,即其矢量和为零,故

$$\gamma_{1-2} + \gamma_{2-3}\cos\varphi_2 + \gamma_{3-1}\cos\varphi_1 = 0$$

或

$$\frac{\gamma_{1-2}}{\sin\varphi_3} = \frac{\gamma_{2-3}}{\sin\varphi_1} = \frac{\gamma_{3-1}}{\sin\varphi_2}。 \tag{3.41}$$

因此,若取其中某一晶界能作为基准,则通过测量 φ 角即可求得其他晶界的相对能量。

在平衡状态下,三叉晶界的各面角均趋向于最稳定的 $120°$,此时,各晶粒之间的晶界能基本相等。

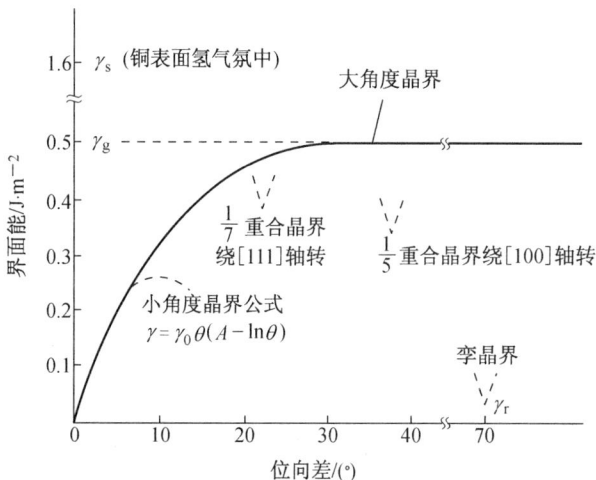

图 3.82 铜的不同类型界面的界面能

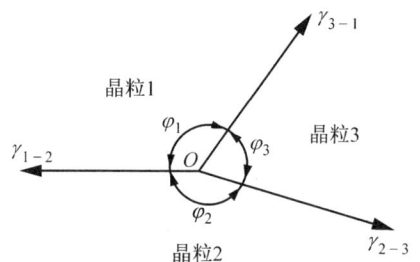

图 3.83 三个晶界相交于一直线
（垂直于图面）

4. 晶界的特性

（1）晶界处点阵畸变大，存在着晶界能，因此，晶粒的长大和晶界的平直化都能减小晶界面积，从而降低晶界的总能量，这是一个自发过程。然而晶粒的长大和晶界的平直化均须通过原子的扩散来实现，因此，随着温度升高和保温时间的增长，均有利于这两过程的进行。

（2）晶界处原子排列不规则，因此在常温下晶界的存在会对位错的运动起阻碍作用，致使塑性变形抗力提高，宏观表现为晶界较晶内具有较高的强度和硬度。晶粒越细，材料的强度越高，这就是细晶强化；而高温下则相反，因高温下晶界存在一定的黏滞性，易使相邻晶粒产生相对滑动。

（3）晶界处原子偏离平衡位置，具有较高的动能，并且晶界处存在较多的缺陷，如空穴、杂质原子和位错等，故晶界处原子的扩散速度比在晶内快得多。

（4）在固态相变过程中，由于晶界能量较高且原子活动能力较大，所以新相易于在晶界处优先形核。显然，原始晶粒越细，晶界越多，则新相形核率也相应越高。

（5）由于成分偏析和内吸附现象，特别是晶界富集杂质原子情况下，往往晶界熔点较低，故在加热过程中，因温度过高将引起晶界熔化和氧化，导致"过烧"现象的发生。

（6）由于晶界能量较高、原子处于不稳定状态，以及晶界富集杂质原子的缘故，与晶内相比，晶界的腐蚀速度一般较快。这就是用腐蚀剂显示金相样品组织的依据，也是某些金属材料在使用中发生晶间腐蚀破坏的原因。

3.4.3 孪晶界

孪晶是指两个晶体（或一个晶体的两部分）沿一个公共晶面构成镜面对称的位向关系，这两个晶体就称为"孪晶"，此公共晶面就称孪晶面。

孪晶界可分为两类，即共格孪晶界和非共格孪晶界，如图 3.84 所示。

共格孪晶界就是孪晶面（见图 3.84(a)）。在孪晶面上的原子同时位于两个晶体点阵的结点上，为两个晶体所共有，属于自然的完全匹配，是无畸变的完全共格晶面，因此它的界面能很低（约为普通晶界界面能的 1/10），很稳定，在显微镜下呈直线，这种孪晶界较为常见。

如果孪晶界相对于孪晶面旋转一角度，即可得到另一种孪晶界——非共格孪晶界（见图 3.84(b)）。此时，孪晶界上只有部分原子为两部分晶体所共有，因而原子错排较严重，这种孪晶界的能量相对较高，约为普通晶界的 1/2。

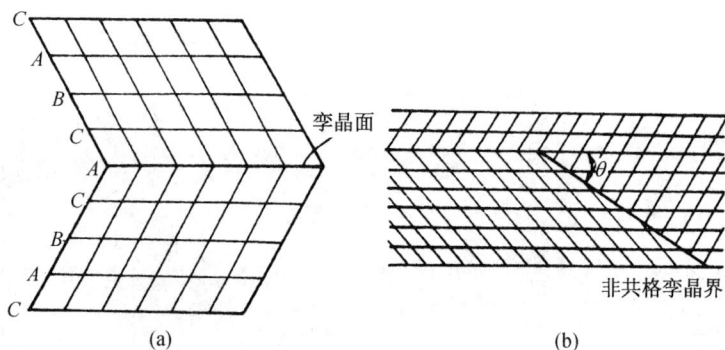

图 3.84 面心立方晶体的孪晶关系(a)和非共格孪晶界(b)

孪晶的形成与堆垛层错有密切关系。例如,面心立方晶体是以{111}面按$ABCABC\cdots$的顺序堆垛而成的,可用△△△△△$\cdots$表示。如果从某一层始,其堆垛顺序发生颠倒,就成为$ABCACBACBA\cdots$,即△△△▽▽▽▽$\cdots$,则上下两部分晶体就构成了镜面对称的孪晶关系(图3.84(a))。可以看出$\cdots CAC$处相当于堆垛层错,接着就按倒过来的顺序堆垛,仍属正常的fcc堆垛顺序,但与出现层错之前的那部分晶体顺序正好相反,故形成了对称关系。

依孪晶形成原因的不同,可分为"形变孪晶""生长孪晶"和"退火孪晶"等。正因为孪晶与层错密切相关,一般层错能高的晶体不易产生孪晶。无论在fcc晶体还是在bcc和hcp晶体中,由于孪晶是晶体中某个特定晶面,因此,通常"生长孪晶"和"退火孪晶"呈现笔直的孪晶界,而孪晶呈现长直条状。图3.85、图3.86、图3.87分别给出了fcc、bcc和hcp晶体中孪晶的TEM形貌像和对应的孪晶电子衍射花样。

图3.85 TWIP钢(fcc)中退火孪晶TEM明场像(a)和选区电子衍射花样(b)

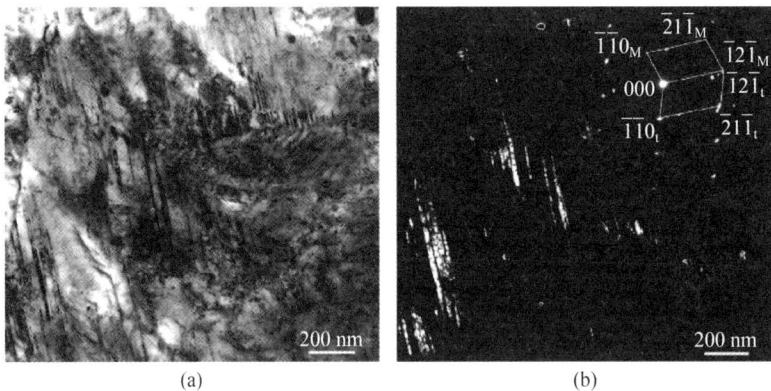

图3.86 高碳Q-P-T钢中孪晶马氏体(bcc)的TEM明场像(a)和暗场像(b)及插入的衍射花样

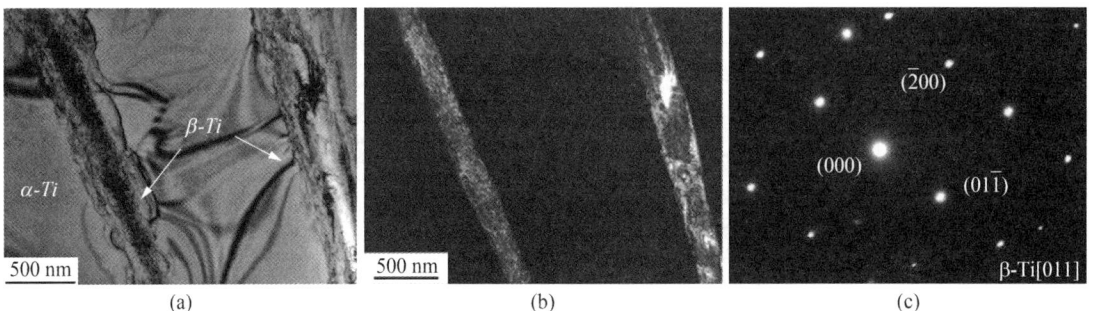

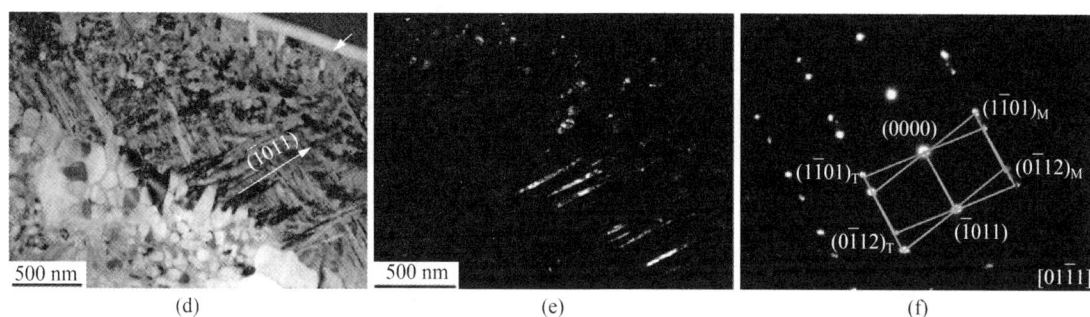

图 3.87　EBM Ti-6Al-4V 合金激光喷丸前的 bcc β-Ti 母相的明场像(a),暗场像(b)和选区电子衍射花样(c)以及经激光喷丸形成的 α 相(hcp)孪晶明场像(d),暗场像(e),选区电子衍射花样(f)

表 3.5　一些金属的孪生元素

金属	晶体结构	c/a 轴比	K_1	K_2	η_1	η_2	S	$(l'/l)_{max}$
Al,Cu Au,Ni Ag,γ-Fe	fcc		(111)	$(1\bar{1}1)$	$(11\bar{2})$	(112)	0.707	41.4%
α-Fe	bcc		(112)	$(1\bar{1}2)$	$(1\bar{1}\bar{1})$	(111)	0.707	41.4
Cd	hcp	1.886	$(10\bar{1}2)$	$(10\bar{1}2)$	$(\bar{1}011)$	$(10\bar{1}1)$	0.17	8.9
Zn	hcp	1.856	$(10\bar{1}2)$	$(10\bar{1}2)$	$(\bar{1}011)$	$(10\bar{1}1)$	0.139	7.2
Mg	hcp	1.624	$(10\bar{1}2)$	$(10\bar{1}2)$	$(\bar{1}011)$	$(10\bar{1}1)$	0.131	6.8
			$(\bar{1}1\bar{2}1)$	(0001)	$(\bar{1}\bar{1}26)$	$(11\bar{2}0)$	0.64	37.0
Zr	hcp	1.589	$(10\bar{1}2)$	$(10\bar{1}2)$	$(\bar{1}011)$	$(10\bar{1}1)$	0.167	8.7
			$(\bar{1}1\bar{2}1)$	(0001)	$(\bar{1}\bar{1}26)$	$(11\bar{2}0)$	0.63	36.3
			$(\bar{1}1\bar{2}2)$	$(\bar{1}\bar{1}24)$	$(\bar{1}\bar{1}23)$	$(22\bar{4}3)$	0.225	11.9
Ti	hcp	1.587	$(10\bar{1}2)$	$(10\bar{1}2)$	$(\bar{1}011)$	$(10\bar{1}1)$	0.167	8.7
			$(\bar{1}1\bar{2}1)$	(0001)	$(\bar{1}\bar{1}26)$	$(11\bar{2}0)$	0.638	36.9
			$(\bar{1}1\bar{2}2)$	$(\bar{1}\bar{1}24)$	$(\bar{1}\bar{1}23)$	$(22\bar{4}3)$	0.225	11.9
Be	hcp	1.568	$(10\bar{1}2)$	$(10\bar{1}2)$	$(\bar{1}011)$	$(10\bar{1}1)$	0.199	10.4

　　α 合金及 α+β 合金常见的孪生类型有{10-12}拉伸孪晶、{11-21}拉伸孪晶、{11-23}拉伸孪晶、{11-22}压缩孪晶、{11-24}压缩孪晶。其中,{10-12}、{11-21}和{11-22}孪晶是室温下常见的孪晶类型;{10-11}孪晶是在 400 摄氏度以上变形时生成的孪晶类型。

3.4.4　相界

　　具有不同结构的两相之间的分界面称为"相界"。

　　按结构特点,相界面可分为共格相界、半共格相界和非共格相界三种类型。

1. 共格相界

　　所谓"共格"是指界面上的原子同时位于两相晶格的结点上,即两相的晶格是彼此衔接的,界面上的原子为两者共有。如图 3.88(a)所示是一种无畸变的具有完全共格的相界,其界面能很低。但是理想的完全共格界面,只有在孪晶界且孪晶界即为孪晶面时才可能存在。对相界而言,其两侧为两个不同的相,即使两个相的晶体结构相同,其点阵常数也不可能相等,因此在形成共格界面时,必然在相界附近产生一定的弹性畸变,晶面间距较小者发生伸长,较大者产生压缩(见图 3.88(b)),以互相协调,使界面上原子达到匹配。显然,这种共格相界的能量相对于具有完善共格关系的界面(如孪晶界)的能量要高。

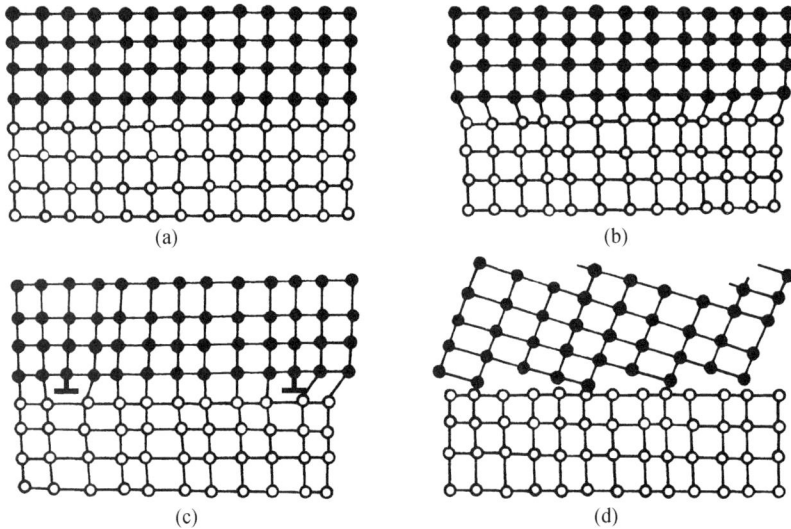

图 3.88　各种形式的相界

(a) 具有完善的共格关系的相界;(b) 具有弹性畸变的共格相界;(c) 半共格相界;(d) 非共格相界

2. 半共格相界

若两相邻晶体在相界面处的晶面间距相差较大,则在相界面上不可能做到完全的一一对应,于是在界面上将产生一些位错(见图 3.88(c)),以降低界面的弹性应变能,这时界面上两相原子部分地保持匹配,这样的界面称为半共格界面或部分共格界面。

半共格相界上位错间距取决于相界处两相匹配晶面的错配度。错配度 δ 定义为

$$\delta = \frac{a_\alpha - a_\beta}{a_\alpha}, \qquad (3.42)$$

式中,a_α 和 a_β 分别表示相界面两侧的 α 相和 β 相的点阵常数,且 $a_\alpha > a_\beta$。由此可求得位错间距

$$D = \frac{a_\beta}{\delta}。 \qquad (3.43)$$

当 δ 很小时,D 很大,α 和 β 相在相界面上趋于共格,即成为共格相界;当 δ 很大时,D 很小,α 和 β 相在相界面上完全失配,即成为非共格相界。

3. 非共格相界

当两相在相界面处的原子排列相差很大时,即 δ 很大时,只能形成非共格界面(见图 3.88(d))。这种相界与大角度晶界相似,可看成是由原子不规则排列很薄的过渡层构成的。

相界能也可采用类似于测晶界能的方法来测量。从理论上来讲,相界能包括两部分,即弹性畸变能和化学交互作用能。弹性畸变能的大小取决于错配度 δ 的大小;而化学交互作用则能取决于界面上原子与周围原子的化学键结合状况。相界面结构不同,这两部分能量所占的比例也不同。如对共格相界,由于界面上原子保持着匹配关系,故界面上原子结合键数目不变,因此这里应变能是主要的;而对于非共格相界,由于界面上原子的化学键数目和强度与晶内相比发生了很大变化,故其界面能以化学能为主,而且总的界面能较高。从相界能的角度来看,从共格至半共格到非共格相界依次递增。

3.5 聚合物的缺陷

聚合物中的点缺陷概念与金属和陶瓷不同,这是由于聚合物的链状大分子结构和结晶的特性决定的,聚合物的结晶态通常与非晶态共存。在聚合物的结晶区域能够观察到与金属中发现的点缺陷相似的缺陷存在,这包括:空位、间隙原子和离子。而且,高分子的链端被认为是缺陷,因为它们在化学组成上是不同于正常的链单元的。空位也与链端相关,其他的缺陷有可能来自聚合物链上的支链或从晶体中出现的链段。由聚合物的结晶原理可知,一个链段可以离开聚合物晶体,并在另一个点重新进入其他结晶区,成为松散的链。螺位错也发生在聚合物晶体中。杂质原子/离子或原子/离子群可以作为填隙物进入分子结构中;它们也可能与主链或短侧链分支相关联。此外,链式折叠层的表面被认为是界面缺陷,两个相邻晶体区域之间的边界也是界面缺陷。

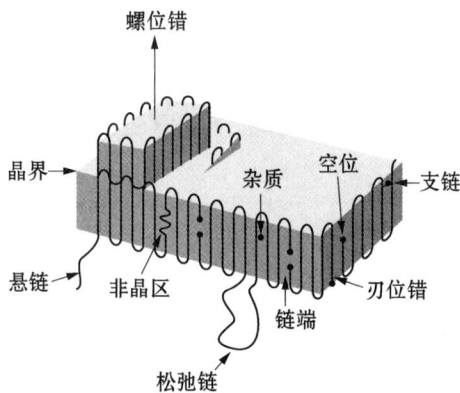

图 3.89 聚合物晶体缺陷示意图

第4章 材料的形变和再结晶

材料在加工制备过程中或制成零部件后的工作运行中都要受到外力的作用。材料受力后要发生变形,外力较小时产生弹性变形;外力较大时产生塑性变形,而当外力过大时就会发生断裂。图4.1为低碳钢在单向拉伸时的应力-应变曲线,图中 σ_e、σ_s 和 σ_b 分别为它的弹性极限、屈服强度和抗拉强度,是工程上具有重要意义的强度指标,$e\text{-}s$ 线段称为吕德斯应变曲线,或屈服延伸曲线,或屈服应变曲线。

在研究中,我们经常涉及工程应力-应变曲线和真应力-真应变曲线,如图4.2所示。应力是指单位

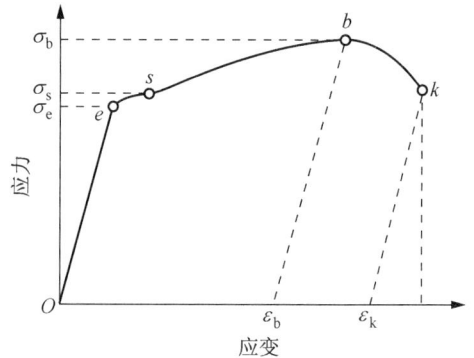

图 4.1 低碳钢在拉伸时的应力-应变曲线

截面面积所受的力。在拉伸中,拉伸试样在达到最大拉伸(抗拉)强度后,试样会缩颈,即样品的截面积会变小;如果不考虑缩颈,即认为截面积是恒定的初始截面积,得到的应力-应变曲线称为工程(名义)应力-应变曲线;如果考虑缩颈后截面积的变化,得到的应力-应变曲线称为真应力-真应变曲线。两者的关系如下:

$$\begin{cases} \sigma_T^T = \sigma_E^T(1+\varepsilon_E^T), \\ \varepsilon_T^T = \ln(1+\varepsilon_E^T)。 \end{cases}$$

该公式中,σ_E^T 为拉伸的工程应力,ε_E^T 为拉伸的工程应变,σ_T^T 为拉伸的真实应力,ε_T^T 为拉伸的真实应变。

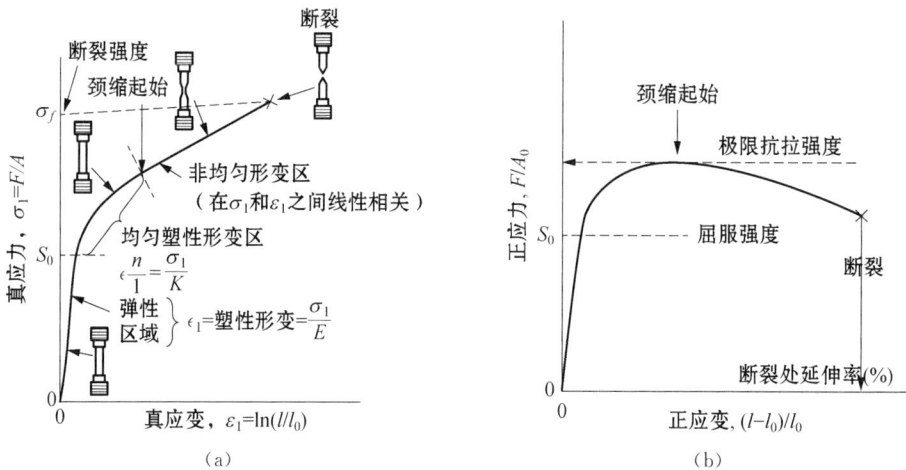

图 4.2 真应力-真应变曲线(a)和工程应力-应变曲线(b)

定义加工硬化速率(指数)为:

$$\theta = \frac{\partial \sigma_T^T}{\partial \varepsilon_T^T}。$$

材料经变形后,不仅其外形和尺寸发生变化,还会使其内部组织和有关性能发生变化,使之处于自由焓较高的状态。这种状态是不稳定的,经变形后的材料在重新加热时会发生回复和再结晶现象。因此,研究材料的变形规律及其微观机制,分析了解各种内外因素对变形的影响,以及研究讨论冷变形材料在回复、再结晶过程中组织、结构和性能的变化规律,具有十分重要的理论和实际意义。

4.1　弹性和黏弹性

从材料力学中得知,材料受力时总是先发生弹性变形,即弹性变形是塑性变形的先行阶段,而且在塑性变形中还伴随着一定的弹性变形。

4.1.1　弹性变形的本质

弹性变形是指外力去除后能够完全恢复的那部分变形,可从原子间结合力的角度来理解它的物理本质。

当无外力作用时,晶体内原子间的结合能和结合力可通过理论计算得出,它是原子间距离的函数,如图 4.3 所示。

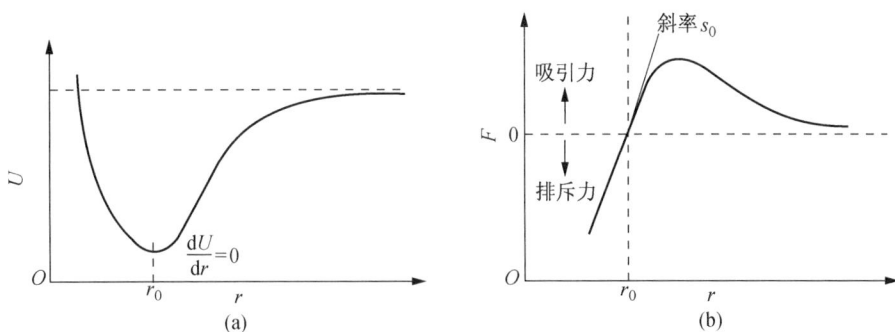

图 4.3　晶体的内原子间的结合能和结合力

(a) 体系能量与原子间距的关系;(b) 原子间作用力和距离的关系

原子处于平衡位置时,其原子间距为 r_0,势能 U 处于最低位置,相互作用力为零,这是最稳定的状态。当原子受力后将偏离其平衡位置,原子间距增大时将产生引力;原子间距减小时将产生斥力。这样,外力去除后,原子都会恢复其原来的平衡位置,所产生的变形便完全消失,这就是弹性变形。

4.1.2　弹性变形的特征和弹性模量

弹性变形的主要特征是:

(1) 理想的弹性变形是可逆变形,加载时变形,卸载时变形消失并恢复原状。

（2）金属、陶瓷和部分高分子材料不论是加载或卸载时，只要在弹性变形范围内，其应力与应变之间都保持单值线性函数关系，即服从胡克（Hooke）定律：

$$
\begin{aligned}
&\text{在正应力下} &\sigma &= E\varepsilon, \\
&\text{在切应力下} &\tau &= G\gamma,
\end{aligned}
\tag{4.1}
$$

式中，σ，τ 分别为正应力和切应力；ε，γ 分别为正应变和切应变；E，G 分别为弹性模量（杨氏模量）和切变模量。

弹性模量与切变弹性模量之间的关系为

$$
G = \frac{E}{2(1+\nu)},
\tag{4.2}
$$

式中，ν 为材料泊松比，表示侧向收缩能力，在拉伸试验时系指材料横向收缩率与纵向伸长率的比值。一般金属材料的泊松比在 $0.25 \sim 0.35$ 之间，高分子材料则相对较大些。

前已指出，晶体的特性之一是各向异性，各个方向的弹性模量不相同，因此，在三轴应力作用下各向异性弹性体的应力应变关系，即广义胡克定律可用矩阵形式表示为：

$$
\begin{Bmatrix} \sigma_x \\ \sigma_y \\ \sigma_z \\ \tau_{xy} \\ \tau_{xz} \\ \tau_{yz} \end{Bmatrix} = \begin{Bmatrix} C_{11} & C_{12} & C_{13} & C_{14} & C_{15} & C_{16} \\ C_{21} & C_{22} & C_{23} & C_{24} & C_{25} & C_{26} \\ C_{31} & C_{32} & C_{33} & C_{34} & C_{35} & C_{36} \\ C_{41} & C_{42} & C_{43} & C_{44} & C_{45} & C_{46} \\ C_{51} & C_{52} & C_{53} & C_{54} & C_{55} & C_{56} \\ C_{61} & C_{62} & C_{63} & C_{64} & C_{65} & C_{66} \end{Bmatrix} \begin{Bmatrix} \varepsilon_x \\ \varepsilon_y \\ \varepsilon_z \\ \gamma_{xy} \\ \gamma_{xz} \\ \gamma_{yz} \end{Bmatrix},
\tag{4.3}
$$

式中，36 个 C_{ij} 为弹性系数，或称刚度系数。

上式还可改写为：

$$
\begin{Bmatrix} \varepsilon_x \\ \varepsilon_y \\ \varepsilon_z \\ \gamma_{xy} \\ \gamma_{xz} \\ \gamma_{yz} \end{Bmatrix} = \begin{Bmatrix} S_{11} & S_{12} & S_{13} & S_{14} & S_{15} & S_{16} \\ S_{21} & S_{22} & S_{23} & S_{24} & S_{25} & S_{26} \\ S_{31} & S_{32} & S_{33} & S_{34} & S_{35} & S_{36} \\ S_{41} & S_{42} & S_{43} & S_{44} & S_{45} & S_{46} \\ S_{51} & S_{52} & S_{53} & S_{54} & S_{55} & S_{56} \\ S_{61} & S_{62} & S_{63} & S_{64} & S_{65} & S_{66} \end{Bmatrix} \begin{Bmatrix} \sigma_x \\ \sigma_y \\ \sigma_z \\ \tau_{xy} \\ \tau_{xz} \\ \tau_{yz} \end{Bmatrix},
\tag{4.4}
$$

式中，36 个 S_{ij} 为弹性顺度，或称柔度系数。

大多数情况下刚度矩阵与柔度矩阵互为逆矩阵：

$$
\boldsymbol{C} = \boldsymbol{S}^{-1}, \quad \boldsymbol{S} = \boldsymbol{C}^{-1} \quad 。
$$

依据对称性要求，$C_{ij} = C_{ji}$，$S_{ij} = S_{ji}$，独立的刚度系数和柔度系数均减少为 21 个。由于晶体存在对称性，独立的弹性系数还将进一步减小，因此对称性越高，系数越小。立方晶系的对称性最高，只有 3 个独立弹性系数；对于六方晶系为 5 个，正交晶系则为 9 个。

晶体受力的基本类型有拉、压和剪切，因此，除了 E 和 G 外，还有压缩模量或体弹性模量 K。它定义为压力 P 与体积变化率 $\dfrac{\Delta V}{V_0}$ 之比：$K = \dfrac{PV_0}{\Delta V}$，并且与 E，ν 之间有如下关系：

$$
K = \frac{E}{3(1-2\nu)}。
\tag{4.5}
$$

弹性模量代表着使原子离开平衡位置的难易程度,是表征晶体中原子间结合力强弱的物理量。金刚石一类的共价键晶体由于其原子间结合力很大,故其弹性模量很高;金属和离子晶体则相对较低;而分子键的固体如塑料、橡胶等的键合力更弱,故其弹性模量更低,通常比金属材料的低几个数量级。正因为弹性模量反映原子间的结合力,故它对组织结构敏感,因为不同晶体结构中最近邻的原子间距不一样,而对组织形貌是不敏感的。例如,bcc马氏体的切变模量约为 80 GPa,而 fcc 的奥氏体的切变模量约为 60 GPa,但同为 bcc 的片状马氏体(高的碳浓度)和等轴的铁素体(低的碳含量),它们的切变模量被视为相同。而且,弹性模量随温度升高(原子间距增大)而降低,反之则升高。因此,弹性变形量随温度升高而增加。

此外,对晶体材料而言,其弹性模量是各向异性的。在单晶体中,不同晶向上的弹性模量差别很大,沿着原子最密排的晶向弹性模量最高,而沿着原子排列最疏的晶向弹性模量最低。多晶体因各晶粒任意取向,总体呈各向同性。表 4.1 和表 4.2 列出部分常用材料的弹性模量等参数。

表 4.1　各种材料的弹性模量等参数

材　　料	$E/\times 10^3\,\mathrm{MPa}$	$G/\times 10^3\,\mathrm{MPa}$	泊　松　比　ν
铸铁	110	51	0.17
α-Fe,钢	207~215	82	0.26~0.33
Cu	110~125	44~46	0.35~0.36
Al	70~72	25~26	0.33~0.34
Ni	200~215	80	0.30~0.31
黄铜 70/30	100	37	—
Ti	107	—	—
W	360	130	0.35
Pb	16~18	5.5~6.2	0.40~0.44
金刚石	1 140	—	0.07
陶瓷	58	24	0.23
烧结 $\mathrm{Al_2O_3}$	325	—	0.16
石英玻璃	76	23	0.17
火石玻璃	60	25	0.22
有机玻璃	4	1.5	0.35
硬橡胶	5	2.4	0.2
橡胶	0.1	0.03	0.42
尼龙	2.8	—	0.40
蚕丝	6.4		
聚苯乙烯	2.5		0.33
聚乙烯	0.2		0.38

表 4.2　某些金属单晶体和多晶体的弹性模量与切变模量(室温)

金属类别	E/GPa			G/GPa		
	单晶		多晶体	单晶		多晶体
	最大值	最小值		最大值	最小值	
铝	76.1	63.7	70.3	28.4	24.5	26.1
铜	191.1	66.7	129.8	75.4	30.6	48.3
金	116.7	42.9	78.0	42.0	18.8	27.0
银	115.1	43.0	82.7	43.7	19.3	30.3
铅	38.6	13.4	18.0	14.4	4.9	6.18
铁	272.7	125.0	211.4	115.8	59.9	81.6
钨	384.6	384.6	411.0	151.4	151.4	160.6
镁	50.6	42.9	44.7	18.2	16.7	17.3
锌	123.5	34.9	100.7	48.7	27.3	39.4
钛	—	—	115.7	—	—	43.8
铍	—	—	260.0	—	—	—
镍	—	—	199.5	—	—	76.0

工程上,弹性模量是材料刚度的度量。在外力相同的情况下,材料的 E 越大,刚度越大,材料发生的弹性变形量就越小,如钢的 E 为铝的 3 倍,因此钢的弹性变形只是铝的 1/3。

(3) 材料的最大弹性变形量随材料的不同而异。多数金属材料仅在低于比例极限 σ_p 的应力范围内符合胡克定律,弹性变形量一般不超过 0.5%;而橡胶类高分子材料的高弹形变量则可高达 1000%,但这种弹性变形往往是非线性的。

4.1.3　弹性的不完整性

上面讨论的弹性变形,通常只考虑应力和应变的关系,而不甚考虑时间的影响,即把物体看作理想弹性体来处理。但是,多数工程上应用的材料为多晶体甚至为非晶态,或者是两者皆有的物质,其内部存在各种类型的缺陷,在弹性变形时,可能出现加载线与卸载线不重合、应变的发展跟不上应力的变化等有别于理想弹性变形特点的现象,称之为弹性的不完整性。

弹性不完整性的现象包括包申格效应、弹性后效、弹性滞后和循环韧性等。

1. 包申格效应

材料经预先加载产生少量塑性变形(小于 4%),而后同向加载则 σ_e 升高,反向加载则 σ_e 下降。此现象称之为包申格效应。它是多晶体金属材料的普遍现象。

包申格效应对于承受应变疲劳的工件是很重要的,因为在应变疲劳中,每一周期都产生塑性变形,在反向加载时,σ_e 下降,显示出循环软化现象。

2. 弹性后效

一些实际晶体,在加载或卸载时,应变不是瞬时达到其平衡值,而是通过一种弛豫过程来完成其变化的。这种在弹性极限 σ_e 范围内,应变滞后于外加应力,并和时间有关的现象称为弹性后效或滞弹性。

图 4.4 为弹性后效示意图。图中 Oa 为弹性应变，是瞬时产生的；$a'b$ 是在应力作用下逐渐产生的弹性应变，称为滞弹性应变；$bc=Oa$，是在应力去除时瞬间消失的弹性应变；$c'd=a'b$，是在去除应力后随着时间的延长逐渐消失的滞弹性应变。

弹性后效速率与材料成分、组织有关，也与试验条件有关。组织越不均匀，温度升高、切应力越大，弹性后效也越明显。

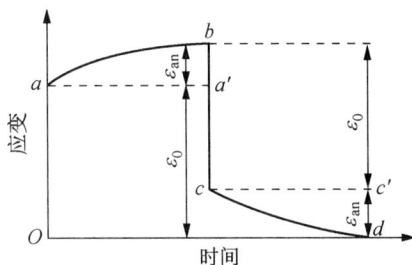

图 4.4 恒应力下的应变弛豫

3. 弹性滞后

由于应变落后于应力，在 σ-ε 曲线上使加载线与卸载线不重合而形成一封闭回线，称之为弹性滞后，如图 4.5 所示。

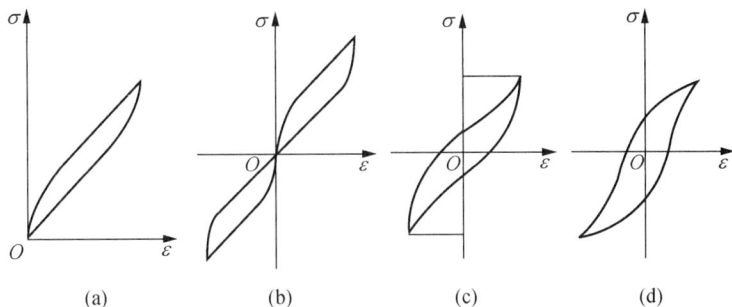

图 4.5 弹性滞后(环)与循环韧性
(a) 单向加载弹性滞后(环)；(b) 交变加载(加载速度慢)弹性滞后；
(c) 交变加载(加载速度快)弹性滞后；(d) 交变加载塑性滞后(环)

弹性滞后，表明加载时消耗于材料的变形功大于卸载时材料恢复所释放的变形功，多余的部分被材料内部所消耗，称之为内耗，其大小即用弹性滞后环的面积度量。有关内耗问题将在以后的"物理性能"课程中详谈。

4.1.4 黏弹性

变形形式除了弹性变形、塑性变形外还有一种黏性流动。所谓黏性流动是指非晶态固体和液体在很小外力作用下，会发生没有确定形状的流变，并且在外力去除后，形变不能回复。

纯黏性流动服从牛顿黏性流动定律：

$$\sigma = \eta \frac{d\varepsilon}{dt}, \tag{4.6}$$

式中，σ 为应力；$\dfrac{d\varepsilon}{dt}$ 为应变速率；η 称为黏度系数，它反映了流体的内摩擦力，即流体流动的难易程度，其单位为 Pa·s。

一些非晶体，有时甚至多晶体，在比较小的应力时可以同时表现出弹性和黏性，这就是黏弹性现象。黏弹性变形既与时间有关，又具有可回复的弹性变形性质，即具有弹性和黏性变形两方面的特征,而且外界条件(如温度)对材料(特别是高聚物)的黏弹性行为有显著的影响。

黏弹性是高分子材料的重要力学特性之一,故它也常被称为黏弹性材料。这主要是与其分子链结构密切相关。当高分子材料受到外力作用时,不仅分子内的键角和键长,即原子间的距离要相应发生变化,而且顺式结构链段之间也顺着外力方向舒展开;另一方面,分子链之间还产生相对滑动,产生黏性变形。当外力较小时,前者是可逆的弹性变形,而后者是不可逆形变。显然,这里时间因素必须加以考虑。与此有关的将在4.6和9.8节中进一步分析讨论。

为了研究黏弹性变形的表象规律,可以弹簧表示弹性变形部分,黏壶表示黏性变形部分,以两者的不同组合构成不同的模型。图4.6展示了其中两种最典型的模型:麦克斯韦(Maxwell)模型和瓦依特(Voigt)模型。前者是串联型的,而后者是并联型的。这里,弹簧元件的变形同时间无关,应力、应变符合胡克定律,当应力去除后应变即回复为零。黏壶由装有黏性流体的气缸和活塞组成。活塞的运动是黏性流动的结果,因此,符合牛顿黏性流动定律。

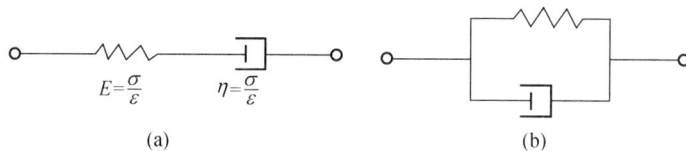

图4.6 黏弹性体变形模型
(a) Maxwell 模型;(b) Voigt 模型

Maxwell 模型对解释应力松弛特别有用。经计算可得出应力随时间变化关系式:

$$\sigma(t)=\sigma_0\exp\left(-\frac{Et}{\eta}\right)=\sigma_0\exp\left(-\frac{t}{\tau'}\right),\tag{4.7}$$

式中,$\tau'=\dfrac{\eta}{E}$,称为松弛常数。

Voigt 模型可用来描述蠕变回复、弹性后效和弹性记忆等过程。经计算,可得到

$$\sigma(t)=E\varepsilon+\eta\frac{d\varepsilon}{dt}。\tag{4.8}$$

黏弹性变形的特点是应变落后于应力。当加上周期应力时,应力-应变曲线就成一回线,所包含的面积即为应力循环一周所损耗的能量,即内耗。其图示类似于图4.5滞弹性引起的应力-应变回线。

4.2 晶体的塑性变形

应力超过弹性极限,材料发生塑性变形,即产生不可逆的永久变形。

工程上用的材料大多为多晶体,然而多晶体的变形是与其中各个晶粒的变形行为相关的。为了由简到繁,先讨论单晶体的塑性变形,然后再研究多晶体的塑性变形。

4.2.1 单晶体的塑性变形

在常温和低温下,单晶体的塑性变形主要通过滑移方式进行,此外,尚有孪生和扭折等方式。至于扩散性变形及晶界滑动和移动等方式主要见于高温形变。

1. 滑移

a. 滑移线与滑移带 当应力超过晶体的弹性极限后,晶体中就会产生层片之间的相对滑移,大量的层片间滑动的累积就构成晶体的宏观塑性变形。

为了观察滑移现象,将经良好抛光的单晶体金属棒试样进行适当的拉伸,使之产生一定的塑性变形,即可在金属棒表面见到一条条的细线,通常称为滑移带(见图 4.7)。这是由于晶体的滑移变形使试样的抛光表面上产生高低不一的台阶所造成的。进一步用电子显微镜作高倍分析发现:在宏观及金相观察中看到的滑移带并不是简单的一条线,而是由一系列相互平行的更细的线所组成的,称为滑移线。滑移线之间的距离仅约 100 个原子间距左右,而沿每一滑移线的滑移量可达约 1000 个原子间距左右,如图 4.8 所示。对滑移线的观察也表明了晶体塑性变形的不均匀性,滑移只是集中发生在一些晶面上,而滑移带或滑移线之间的晶体层片则未产生变形,只是彼此之间作相对位移而已。

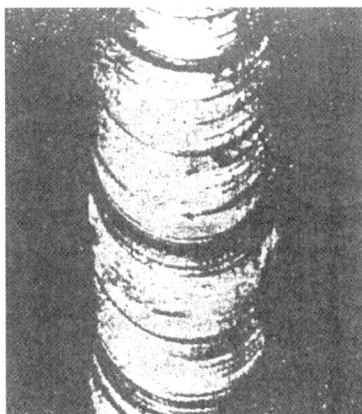

图 4.7 金属单晶体拉伸后的实物照片

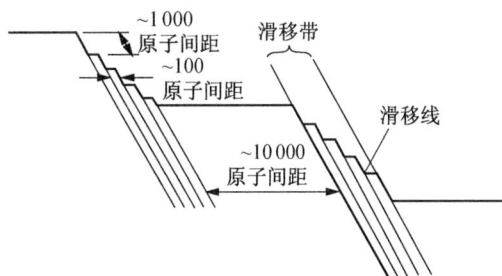

图 4.8 滑移带形成示意图

b. 滑移系和独立滑移系 如前所述,塑性变形时位错只沿着一定的晶面和晶向运动,这些晶面和晶向分别称为“滑移面”和“滑移方向”。晶体结构不同,其滑移面和滑移方向也不同。表 4.3 列出了几种常见金属的滑移面和滑移方向。

表 4.3 一些金属晶体的滑移面及滑移方向

晶体结构	金属举例	滑移面	滑移方向
面心立方	Cu,Ag,Au,Ni,Al	{111}	⟨110⟩
	Al(在高温)	{100}	⟨110⟩
体心立方	α-Fe	{110} {112} {123}	⟨111⟩
	W,Mo,Na(于 $0.08{\sim}0.24T_m$)	{112}	⟨111⟩
	Mo,Na(于 $0.26{\sim}0.50T_m$)	{110}	⟨111⟩
	Na,K(于 $0.8T_m$)	{123}	⟨111⟩
	Nb	{110}	⟨111⟩

（续表）

晶体结构	金属举例	滑移面	滑移方向
密排六方	Cd,Be,Te	{0001}	⟨11$\bar{2}$0⟩
	Zn	{0001}	⟨11$\bar{2}$0⟩
		{11$\bar{2}$2}	⟨11$\bar{2}$3⟩
	Be,Re,Zr	{10$\bar{1}$0}	⟨11$\bar{2}$0⟩
	Mg	{0001}	⟨11$\bar{2}$0⟩
		{11$\bar{2}$2}	⟨10$\bar{1}$0⟩
		{10$\bar{1}$1}	⟨11$\bar{2}$0⟩
	Ti,Zr,Hf	{10$\bar{1}$0}	⟨11$\bar{2}$0⟩
		{10$\bar{1}$1}	⟨11$\bar{2}$0⟩
		{0001}	⟨11$\bar{2}$0⟩

注：T_m—熔点，用热力学温度表示。

从表中可见，滑移面和滑移方向往往是金属晶体中原子排列最密的晶面和晶向。这是因为原子密度最大的晶面其面间距最大，点阵阻力最小，因而容易沿着这些面发生滑移；至于滑移方向为原子密度最大的方向是由于最密排方向上的原子间距最短，即位错 b 最小。例如：具有 fcc 的晶体其滑移面是 {111} 晶面，滑移方向为 ⟨110⟩ 晶向；bcc 的原子密排程度不如 fcc 和 hcp，它不具有突出的最密集晶面，故其滑移面可有 {110}，{112} 和 {123} 三组，具体的滑移面因材料、温度等因素而定，但滑移方向总是 ⟨111⟩；至于 hcp 其滑移方向一般为 ⟨11$\bar{2}$0⟩，而滑移面除 {0001} 之外还与其轴比（c/a）有关，当 $c/a < 1.633$ 时，则 {0001} 不再是唯一的原子密集面，滑移可发生于 {10$\bar{1}$1} 或 {10$\bar{1}$0} 等晶面。

一个滑移面和此面上的一个滑移方向合起来称为一个滑移系。每一个滑移系表示晶体在进行滑移时可能采取的一个空间取向。在其他条件相同时，晶体中的滑移系越多，滑移过程可能采取的空间取向便越多，滑移便容易进行，它的塑性便越好。据此，面心立方晶体的滑移系共有 {111}$_4$⟨110⟩$_3$＝12 个；体心立方晶体，如 α-Fe，由于可同时沿 {110}，{112}，{123} 晶面滑移，故其滑移系共有 {110}$_6$⟨111⟩$_2$＋{112}$_{12}$⟨111⟩$_1$＋{123}$_{24}$⟨111⟩$_1$＝48 个；而密排六方晶体的滑移系仅有 (0001)$_1$⟨11$\bar{2}$0⟩$_3$＝3 个。由于滑移系数目太少，hcp 多晶体的塑性不如 fcc 或 bcc 的好。

上述滑移系数目并不是完全独立的，其因晶体的对称性所致。独立滑移系为非派生出来的滑移系，它也可定义为这样一个体系，它改变材料的形状是其他滑移系组合所不能实现的。例如，hcp 基面滑移系是 3 个，但独立滑移系只有 2 个，因为滑移矢量 $[11\bar{2}0] = [2\bar{1}\bar{1}0] + [\bar{1}2\bar{1}0]$，它是派生出来的。

表 4.4 给出 bcc、fcc 和 hcp 三种晶体结构的独立滑移系。Fcc 有 12 个滑移系，但独立滑移系只有 5 个，bcc 晶体也是 5 个，而 hcp 晶体独立滑移系通常为 2 个，最多为 4 个。

表 4.4　bcc、fcc 和 hcp 三种晶体结构的独立滑移系

晶格类型	滑移面	滑移面数量	滑移方向	每个滑移面的滑移方向数量	独立的滑移系数量
fcc	{111}	4	⟨110⟩	3	5
bcc	{110}	6	⟨111⟩	2	5
	{211}	12	⟨111⟩	1	5
	{321}	24	⟨111⟩	1	5
hcp	{0001}	1	⟨11-20⟩	3	2
	{10-10}	3	⟨11-20⟩	1	2
	{10-11}	6	⟨11-20⟩	1	4

c. 滑移的临界分切应力　前已指出,晶体的滑移是在切应力作用下进行的,但其中许多滑移系并非同时参与滑移,而只有当外力在某一滑移系中的分切应力达到一定临界值时,该滑移系方可以首先发生滑移,该分切应力称为滑移的临界分切应力。

设有一截面积为 A 的圆柱形单晶体受轴向拉力 F 的作用,ϕ 为滑移面法线与外力 F 中心轴的夹角,λ 为滑移方向与外力 F 的夹角(见图 4.9),则 F 在滑移方向的分力为 $F\cos\lambda$,而滑移面的面积为 $A/\cos\phi$,于是,外力在该滑移面沿滑移方向的分切应力

$$\tau = \frac{F}{A}\cos\phi\cos\lambda, \tag{4.9}$$

式中,F/A 为试样拉伸时横截面上的正应力,当滑移系中的分切应力达到其临界分切应力值 τ_c 而开始滑移时,则 F/A 应为宏观上的起始屈服强度 σ_s,$\cos\phi\cos\lambda$ 称为取向因子或施密特(Schmid)因子,它是分切应力 τ 与轴向应力 F/A 的比值,取向因子越大,则分切应力也越大。

因此,滑移开始的条件可表述为:

$$\tau \geqslant \tau_c = \sigma_s\cos\phi\cos\lambda。$$

图 4.9　计算分切应力的分析图

显然,对任一给定 ϕ 角而言,若滑移方向是位于 F 与滑移面法线所组成的平面上,即 $\phi+\lambda=90°$,则沿此方向的 τ 值较其他 λ 时的 τ 值大,这时取向因子 $\cos\phi\cos\lambda=\cos\phi\cos(90°-\phi)=\frac{1}{2}\sin2\phi$,故当 ϕ 值为 45°时,取向因子具有最大值 $\frac{1}{2}$。图 4.10 为密排六方镁单晶的取向因子对拉伸屈服应力 σ_s 的影响,图中小圆点为实验测试值,曲线为计算值,两者吻合很好。从图中可见,当 $\phi=90°$或当 $\lambda=90°$时,σ_s 均为无限大,这就是说,当滑移面与外力方向平行,或者是滑移方向与外力方向垂直的情况下不可能产生滑移;而当滑移方向位于外力方向与滑移面法线所组成的平面上,且 $\phi=45°$时,取向因子达到最大值(0.5),σ_s 最小,即以最小的拉应力就能达到发生滑移所需的分切应力值。通常,称取向因子大的为软取向;而取向因子小的叫作硬取向。利用施密特定律,映像规则可帮助我们快速确定某外力作用下具有最大取向因子($\cos\phi\cos\lambda$)的滑移系$(hkl)[uvw]$,即首先在标准极射投影图(4.11(a))上找出所给的外力方向的取向三角形(见图 4.11(b)),然后根据镜面对称原理,即可找到最先开动的位错滑移面和

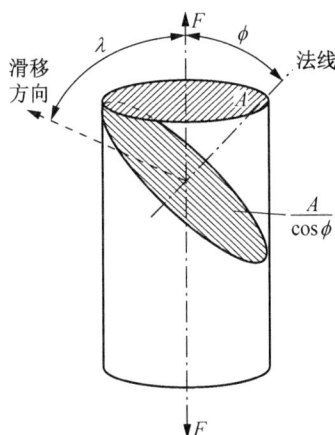

滑移方向,而且还可确定是单滑移、双滑移还是多系滑移。例如,图 4.11 显示出立方晶系 (001)标准投影图中心部位的 8 个三角形。当外力 P 位于在[001]-[0$\bar{1}$1]-($\bar{1}$11)三角形内时,以[001]-[0$\bar{1}$1]为映像面,获得最近邻的面($\bar{1}$11)(简示为 B),即为优先开动的滑移面;而以[001]-($\bar{1}$11)为映像面,获得最邻近的方向[$\bar{1}$01](简示为 Ⅳ),即为优先开动的滑移方向。因此,在此位向的外力 P 的作用下,优先开动的滑移系为($\bar{1}$11)[$\bar{1}$01](简表为 BIV)。图 4.11 标出了外力在每个三角形内优先开动的滑移系。

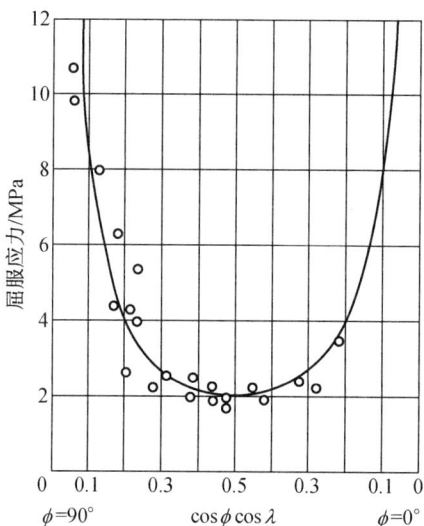

图 4.10 镁晶体拉伸的屈服应力与晶体取向的关系

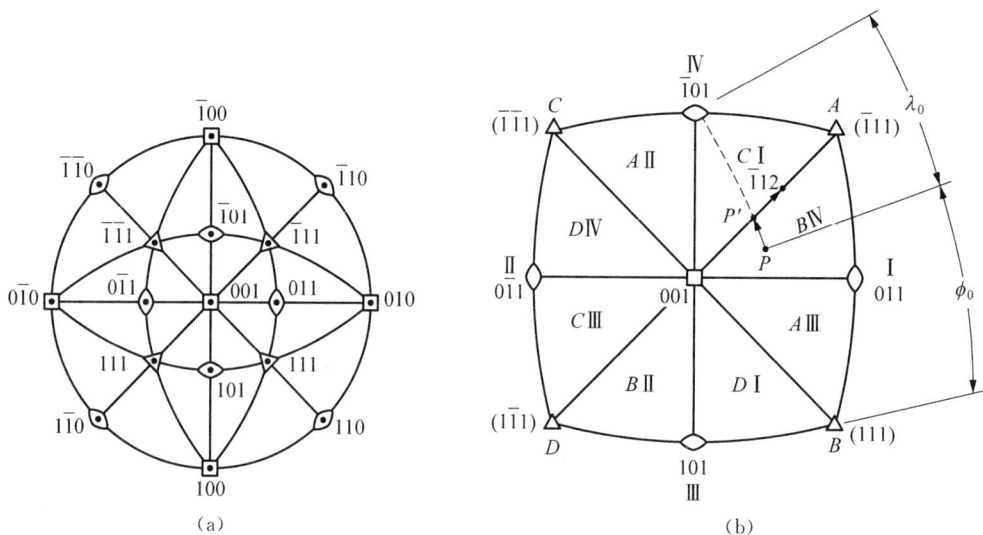

(a)

(b)

图 4.11 立方晶体的(001)标准投影图(a)和映像规则在面心立方晶体的应用(b)

综上所述,滑移的临界分切应力是一个真实反映单晶体受力起始屈服的物理量。其数值与晶体的类型、纯度以及温度等因素有关,还与该晶体的加工和处理状态、变形速度以及滑移系类型等因素有关。表 4.5 列出了一些金属晶体发生滑移的临界分切应力。

表 4.5　一些金属晶体发生滑移的临界分切应力

金　属	温　度	纯度/%	滑移面	滑移方向	临界分切应力/MPa
Ag	室　温	99.99	{111}	⟨110⟩	0.47
Al	室　温	—	{111}	⟨110⟩	0.79
Cu	室　温	99.9	{111}	⟨110⟩	0.98
Ni	室　温	99.8	{111}	⟨110⟩	5.68
Fe	室　温	99.96	{110}	⟨111⟩	27.44
Nb	室　温	—	{110}	⟨111⟩	33.8
Ti	室　温	99.99	{10$\bar{1}$0}	⟨11$\bar{2}$0⟩	13.7
Mg	室　温	99.95	{0001}	⟨11$\bar{2}$0⟩	0.81
Mg	室　温	99.98	{0001}	⟨11$\bar{2}$0⟩	0.76
Mg	330℃	99.98	{0001}	⟨11$\bar{2}$0⟩	0.64
Mg	330℃	99.98	{10$\bar{1}$1}	⟨11$\bar{2}$0⟩	3.92

d. 滑移时晶面的转动　单晶体滑移时,除滑移面发生相对位移外,往往伴随着晶面的转动,对于只有一组滑移面的 hcp,这种现象尤为明显。

图 4.12 为进行拉伸试验时单晶体发生滑移与转动的示意图。设想,如果不受试样夹头对滑移的限制,则经外力 F 轴向拉伸,将发生如图 4.12(b)所示的滑移变形和轴线偏移。但由于拉伸夹头不能作横向动作,故为了保持拉伸轴线方向不变,单晶体的取向必须进行相应地转动,滑移面逐渐趋于与轴向平行(见图 4.12(c))。其中,试样靠近两端处因受夹头之限制,晶面有可能发生一定程度的弯曲,以适应中间部分的位向变化。

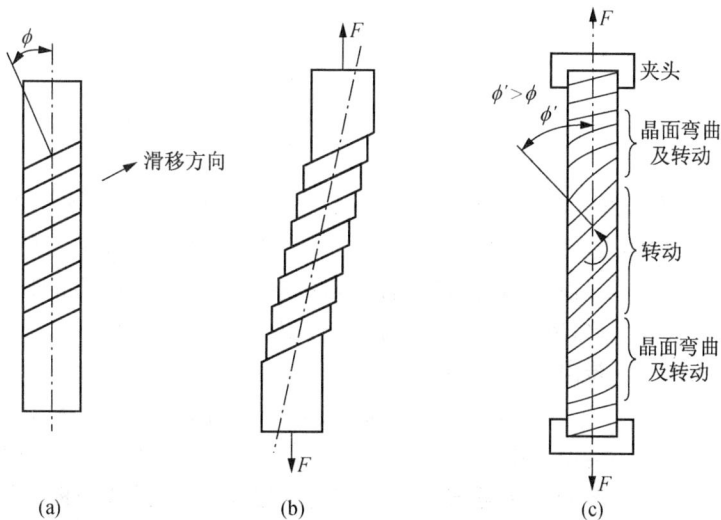

图 4.12　单晶体拉伸变形过程

(a) 原试样;(b) 自由滑移变形;(c) 受夹头限制时的变形

图 4.13 为单轴拉伸时晶体发生转动的力偶作用机制。这里给出了图 4.12(b)中部某层滑移后的受力的分解情况。在图 4.13(a)中,σ_1,σ_2 为外力在该层上下滑移面的法向分应力。

在该力偶作用下,滑移面将产生转动并逐渐趋于与轴向平行。图 4.13(b)为作用于两滑移面上的最大分切应力 τ_1,τ_2,各自分解为平行于滑移方向的分应力 τ'_1,τ'_2,以及垂直于滑移方向的分应力 τ''_1,τ''_2。其中,前者即为引起滑移的有效分切应力;后者则组成力偶而使晶向发生旋转,即力求使滑移方向转至最大分切应力方向。

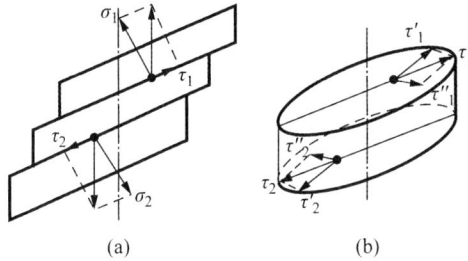

图 4.13 单轴拉伸时晶体转动的力偶作用

晶体受压变形时也要发生晶面转动,但转动的结果是使滑移面逐渐趋于与压力轴线相垂直,如图 4.14 所示。

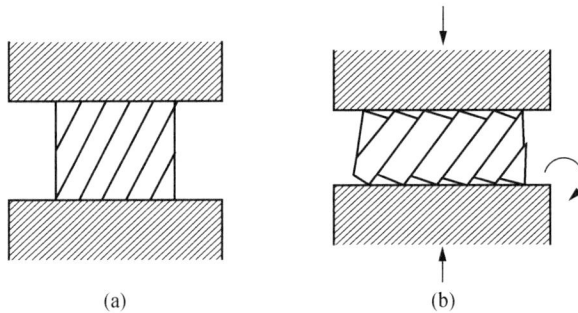

图 4.14 晶体受压时的晶面转动

(a) 压缩前；(b) 压缩后

由上述可知,晶体在滑移过程中不仅滑移面发生转动,而且滑移方向也逐渐改变,最后导致滑移面上的分切应力也随之发生变化。由于在 $\phi=45°$ 时,其滑移系上的分切应力最大,故经滑移与转动后,若 ϕ 角趋近 45°,则分切应力不断增大而有利于滑移;反之,若 ϕ 角远离 45°,则分切应力逐渐减小,而使滑移系的进一步滑移趋于困难。

e. 多系滑移 通过图 4.15 可具体说明 fcc 晶体中双滑移是如何产生的,在这个基础上,很容易理解多滑移的产生原因。根据前面的分析可知,在拉伸中晶体的转动使滑移方向力图趋向拉伸轴方向。由图 4.15 可知,外力在[001]-[$\bar{1}$11]-[011]组成的三角形内的[$\bar{1}$25]方向,根据映像规则可知,优先的滑移方向为[$\bar{1}$01],因此外力的方向在拉伸中将沿示意的虚线轨迹朝[-101]移动。当外力方向移动到另一个[001]-[$\bar{1}$11]-[$\bar{1}$01]三角形内时,根据映像规则,此时优

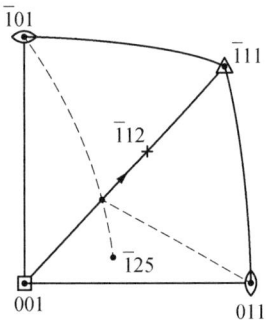

图 4.15 fcc 晶体中双滑移产生的原理图

先的滑移方向为[011],因此外力方向必须反向朝[011]方向移动。当外力方向移动回到原来的[001]-[$\bar{1}$11]-[011]三角形后,优先滑移方向又改变为[$\bar{1}$01]。因此,这种来回震荡的结果就是,当外力位于[001]-[$\bar{1}$11]直线上时,具有相同取向因子的两个方向的滑移系可同时开动,直至外力移动到[$\bar{1}$12]方向停止,此时三个方向即[$\bar{1}$01]、[$\bar{1}$12]和[011]方向均在(111)面上。

对于具有多组滑移系的晶体,滑移首先在取向最有利的滑移系(其分切应力最大)中进行,但由于变形时晶面转动的结果,另一组滑移面上的分切应力也可能逐渐增加到足以发生滑移的临界值以上,于是晶体的滑移就可能在两组或更多的滑移面上同时进行或交替地进行,从而产生多系滑移。

对于具有较多滑移系的晶体而言,除多系滑移外,还常可发现交滑移现象,即两个或多个滑移面沿着某个共同的滑移方向同时或交替滑移。交滑移的实质是螺型位错在不改变滑移方向的前提下,从一个滑移面转到相交接的另一个滑移面的过程,可见交滑移可以使滑移有更大的灵活性。

但是值得指出的是,在多系滑移的情况下,会因不同滑移系的位错相互交截而给位错的继续运动带来困难,这也是一种重要的强化机制。

f. 滑移的位错机制 第 3 章中已指出,实际测得晶体滑移的临界分切应力值较理论计算值低 3~4 个数量级,这表明晶体滑移并不是晶体的一部分相对于另一部分沿着滑移面作刚性整体位移,而是借助位错在滑移面上运动来逐步地进行的。通常,可将位错线看作是晶体中已滑移区与未滑移区域的分界。当移动到晶体外表面时,晶体沿其滑移面产生了位移量为一个 b 的滑移,而大量的(n 个)位错沿着同一滑移面移到晶体表面,就形成了显微观察到的滑移带($\Delta = nb$)。

晶体的滑移必须在一定的外力作用下才能发生,这说明位错的运动要克服阻力。

位错运动的阻力首先来自点阵阻力。由于点阵结构的周期性,当位错沿滑移面运动时,位错中心的能量也要发生周期性的变化,如图 4.16 所示。图中 1 和 2 为等同位置,当位错处于这种平衡位置时,其能量最小,相当于处在能谷中。当位错从位置 1 移动到位置 2 时,需要越过一个势垒,这就是说位错在运动时会遇到点阵阻力。由于派尔斯(Peierls)和纳巴罗(Nabarro)首先估算了这一阻力,故又称为派-纳(P-N)力。

派-纳力与晶体的结构和原子间作用力等因素有关,采用连续介质模型可近似地求得派-纳力

$$\tau_{\text{P-N}} = \frac{2G}{1-\nu}\exp\left[-\frac{2\pi d}{(1-\nu)b}\right] = \frac{2G}{1-\nu}\exp\left[-\frac{2\pi W}{b}\right]。 \tag{4.10}$$

图 4.16 位错滑移时核心能量的变化

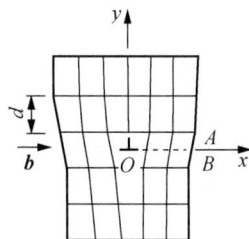

图 4.17 简单立方点阵中的刃型位错

它相当于在理想的简单立方晶体中,使一刃型位错运动所需的临界分切应力(见图 4.17)。式

中，d 为滑移面的面间距，b 为滑移方向上的原子间距，ν 为泊松比，而 $W = \dfrac{d}{1-\nu}$ 代表位错的宽度。

对于简单立方结构 $d = b$，如取 $\nu = 0.3$，则可求得 $\tau_{P-N} = 3.6 \times 10^{-4} G$；如取 $\nu = 0.35$，则 $\tau_{P-N} = 2 \times 10^{-4} G$。这一数值比理论剪切强度（$\tau \approx G/30$）小得多，而与临界分切应力的实测值具有同一数量级。这说明位错滑移是容易进行的。

由派-纳力公式可知，位错宽度越大，则派-纳力越小，这是因为位错宽度表示了位错所导致的点阵严重畸变区的范围，宽度大，则位错周围的原子就能比较接近于平衡位置，点阵的弹性畸变能低，故位错移动时其他原子所作相应移动的距离较小，产生的阻力也较小。此结论是符合实验结果的，例如，面心立方结构金属具有大的位错宽度，故其派-纳力甚小，屈服应力低；而体心立方金属结构的位错宽度较窄，故派-纳力较大，屈服应力较高；至于原子间作用力具有强烈方向性的共价晶体和离子晶体，其位错宽度极窄，则表现出硬而脆的特性。

此外，τ_{P-N} 与 $(-d/b)$ 成指数关系，因此，当 d 值越大，b 值越小，即滑移面的面间距越大，位错强度越小，则派-纳力也越小，因而越容易滑移。由于晶体中原子最密排面的面间距最大，密排面上最密排方向上的原子间距最短，这就解释了为什么晶体的滑移面和滑移方向一般都是晶体的原子密排面与密排方向。

值得指出的是，根据派-纳力可知，其大小与切变模量 G 有关。随着温度的降低，切变模量增大，所需的派-纳力增加，这就是为什么位错低温运动困难的原因。

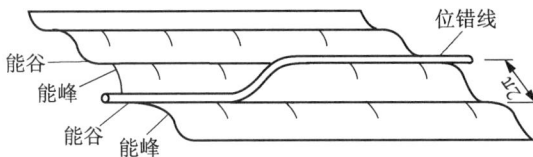

图 4.18 位错的扭折运动

在实际晶体中，在一定温度下，当位错线从一个能谷位置移向相邻能谷位置时，并不是沿其全长同时越过能峰。很可能在热激活帮助下，有一小段位错线先越过能峰，如图 4.18 所示，同时形成位错扭折，即在两个能谷之间横跨能峰的一小段位错。位错扭折可以很容易地沿位错线向旁侧运动，结果使整个位错线向前滑移。通过这种机制可以使位错滑移所需的应力进一步降低。

位错运动的阻力除点阵阻力外，还有位错与位错的交互作用产生的阻力；运动位错交截后形成的扭折和割阶，尤其是螺型位错的割阶将对位错起钉扎作用，致使位错运动的阻力增加；位错与其他晶体缺陷如点缺陷、其他位错、晶界和第二相质点等交互作用产生的阻力，对位错运动均会产生阻力，导致晶体强化。

2. 孪生

孪生是塑性变形的另一种重要形式，它常作为滑移不易进行时的补充。

a. 孪生变形过程　孪生变形过程的示意图如图 4.19 所示。从晶体学基础中得知，面心立方晶体可看成一系列 (111) 沿着 $[111]$ 方向按 $ABCABC\cdots$ 的规律堆垛而成。当晶体在切应力作用下发生孪生变形时，晶体内局部地区的各个 (111) 晶面沿着 $[11\bar{2}]$ 方向（即 AC' 方向），产生彼此相对移动距离为 $\dfrac{a}{6}[11\bar{2}]$ 的均匀切变，即可得到如图 4.19(b) 所示的情况。图中纸面相当于 $(\bar{1}10)$，(111) 面垂直于纸面；AB 为 (111) 面与纸面的交线，相当于 $[11\bar{2}]$ 晶向。从图

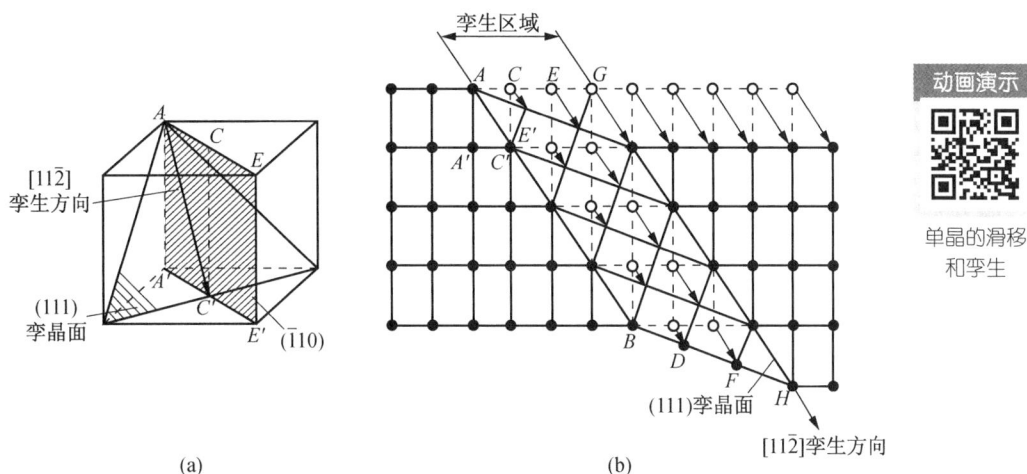

图 4.19　面心立方晶体孪生变形示意图

(a) 孪晶面和孪生方向；(b) 孪生变形时原子的移动

中可看出,均匀切变集中发生在中部,由 AB 至 GH 中的每个(111)面都相对于其邻面沿 $[11\bar{2}]$ 方向移动了大小为 $\dfrac{a}{6}[11\bar{2}]$ 的距离。这样的切变并未使晶体的点阵类型发生变化,但它却使均匀切变区中的晶体取向发生变更,变为与未切变区晶体呈镜面对称的取向。这一变形过程称为孪生。变形与未变形两部分晶体合称为孪晶;均匀切变区与未切变区的分界面(即两者的镜面对称面)称为孪晶界;发生均匀切变的那组晶面称为孪晶面(即(111)面);孪生面的移动方向(即 $[11\bar{2}]$ 方向)称为孪生方向。图 4.20 为密排六方结晶 Zn 金属在拉伸过程中形成的孪晶组织照片。

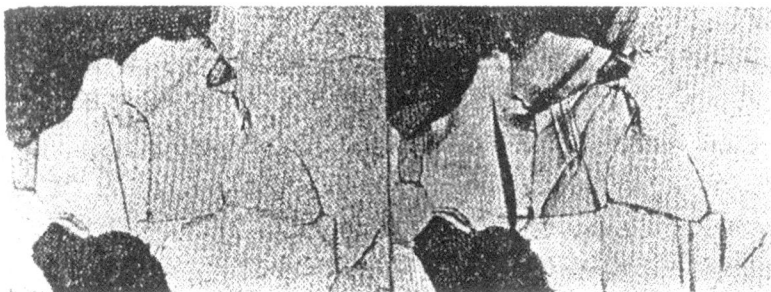

图 4.20　锌在拉伸过程中形成孪晶的生长

b. 孪生的特点　根据以上对孪生变形过程的分析,孪生具有以下特点:

(1) 孪生变形也是在切应力作用下发生的,并通常出现于滑移受阻而引起的应力集中区,因此,孪生所需的临界切应力要比滑移时大得多。

(2) 孪生是一种均匀切变,即切变区内与孪晶面平行的每一层原子面,均相对于其毗邻晶面沿孪生方向位移了一定的距离,且每一层原子相对于孪生面的切变量,跟它与孪生面的距离成正比。在孪生过程中存在两个不畸变面和两个不畸变方向,即该面上任何晶向在孪生后均不改变其长度,故该面的面积和形状均不变,它们一起被称为孪生的四要素。

（3）孪晶的两部分晶体形成镜面对称的位向关系。

c. 孪晶的形成　在晶体中形成孪晶的主要方式有三种:其一是通过机械变形而产生的孪晶,也称为"变形孪晶"或"机械孪晶",它的特征通常呈透镜状或片状;其二为"生长孪晶",它包括晶体自气态(如气相沉积)、液态(液相凝固)或固体中长大时形成的孪晶;其三是变形金属在其再结晶退火过程中形成的孪晶,也称为"退火孪晶",它往往以相互平行的孪晶面为界横贯整个晶粒,是在再结晶过程中通过堆垛层错的生长形成的。它实际上也应属于生长孪晶,系从固体中生长过程中形成。

变形孪晶的生长同样可分为形核和长大两个阶段。晶体变形时先是以极快的速度爆发出薄片孪晶,常称之为"形核",然后通过孪晶界扩展来使孪晶增宽。

就变形孪晶的萌生而言,一般需要较大的应力,即孪生所需的临界切应力要比滑移的大得多。例如,测得 Mg 晶体孪生所需的分切应力应为 $4.9\sim34.3$MPa,而滑移时临界分切应力仅为 0.49MPa,所以,只有在滑移受阻时,应力才可能累积起孪生所需的数值,导致孪生变形。孪晶的萌生通常发生于晶体中应力高度集中的地方,如晶界等,但孪晶在萌生后的长大所需的应力则相对较小。如在 Zn 单晶中,孪晶形核时的局部应力必须超过 $10^{-1}G$(G 为切变模量),但成核后,只要应力略微超过 $10^{-4}G$ 即可长大。因此,孪晶的长大速度极快,与冲击波的传播速度相当。由于在孪生形成时,在极短的时间内有相当数量的能量被释放出来,因而有时可伴随明显的声响。

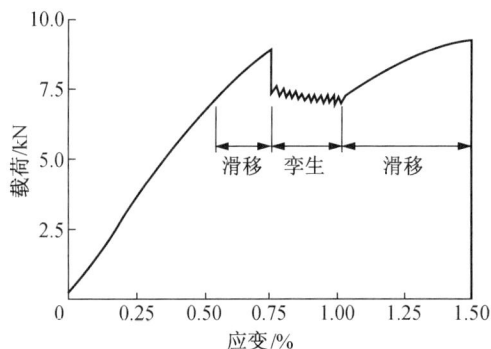

图 4.21　铜单晶在 4.2K 的拉伸曲线

图 4.21 是铜单晶在 4.2K 测得的拉伸曲线,开始塑性变形阶段的光滑曲线是与滑移过程相对应的,但应力增高到一定程度后发生突然下降,然后又反复地上升和下降,出现了锯齿形的变化,这就是孪生变形所造成的。因为形核所需的应力远高于扩展所需的应力,故当孪晶出现时就伴随着载荷突然下降的现象,在变形过程中孪晶不断地形成,这就形成了锯齿形的拉伸曲线。图 4.21 中拉伸曲线的后阶段又呈光滑曲线,表明变形又转为滑移方式进行,这是由于孪生造成了晶体方位的改变,使某些滑移系处于有利的位向,于是又开始了滑移变形。

通常,对称性低、滑移系少的密排六方金属如 Cd,Zn,Mg 等,往往容易出现孪生变形。密排六方金属的孪生面为 $\{10\overline{1}2\}$,孪生方向为 $\langle10\overline{1}1\rangle$;对具有体心立方晶体结构的金属,当形变温度较低、形变速度极快,或由于其他原因的限制使滑移过程难以进行时,也会通过孪生的方式进行塑性变形。体心立方金属的孪生面为 $\{112\}$,孪生方向为 $\langle111\rangle$;面心立方金属由于对称性高,滑移系多而易于滑移,所以孪生很难发生,常见的是退火孪晶,只有在极低温度($4\sim78$K)下滑移极为困难时,才会产生孪生。面心立方金属的孪生面为 $\{111\}$,孪生方向为 $\langle112\rangle$。孪生产生的条件可总结为:①位错滑移受阻是产生孪生的必要条件;②在形变温度时的足够低的层错能(孪晶能)是充分条件。上述"必要条件"解释了 fcc 和 bcc 晶体在低温滑移困难的条件下才产生孪晶,而滑移少的 hcp 晶体在室温就能产生孪晶。而"充分条件"说明了随温度的降低,fcc 晶体层错能(孪晶能)降低,即孪晶形成的临界切应力减小以致使拉伸外加应力能够克服之,形变孪生由此产生。对 bcc 晶体,由于层错能太高,即使低温层错能仍然很高但拉伸外加应力却无法克服之,因此需要高速应变(如冲击)产生极高的外加应力才能克服之,从而产生形变孪生。从层错能的观点,还能解释 fcc 合金(不是上述的纯晶体)在室温形变下也能产生孪晶。例如,孪生诱发塑性(TWIP)钢。由于合金元素的加入,使 TWIP 钢在室温下的层错能较小,伴随孪生临界应力较小以致拉伸外加应力能够克服之。

　　与滑移相比,孪生本身对晶体变形量的直接贡献是较小的。例如,一个密排六方结构的 Zn 晶体单纯依靠孪生变形时,其伸长率仅为 7.2%。但是,由于孪晶的形成改变了晶体的位向,使其中某些原处于不利的滑移系转换到有利于发生滑移的位置,从而可以激发进一步的滑移和晶体变形。这样,滑移与孪生交替进行,相辅相成,可使晶体获得较大的变形量。

　　d. 孪生的位错机制　　由于孪生变形时整个孪晶区发生均匀切变,故其各层晶面的相对位移是借助一个不全位错(肖克利不全位错)运动而造成的。以面心立方晶体为例(见图 4.22),如在某一 {111} 滑移面上有一个全位错 $\frac{a}{2}\langle 110\rangle$ 扫过,滑移两侧晶体将产生一个原子间距 $\left(\frac{\sqrt{2}}{2}a\right)$ 的相对滑移量,且 {111} 面的堆垛顺序不变,即仍为 $ABCABC\cdots$。但如在相互平行且相邻的一组 {111} 面上各有一个肖克利不全位错扫过,则各滑移面间的相对位移就不是一个原子间距,而是 $\frac{\sqrt{6}}{6}a$,由于晶面发生层错而使堆垛顺序由原来的 $ABCABC$ 改变为 $ABCACBACB$ (即△△△▽▽▽▽▽),这样就在晶体的上半部形成一片孪晶。

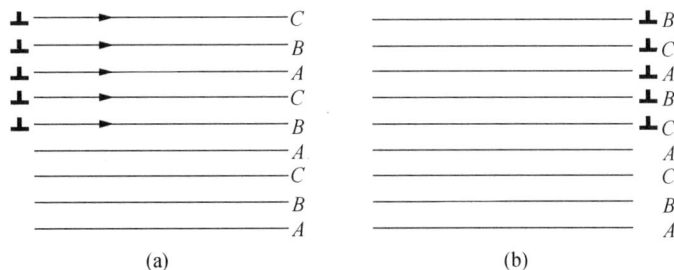

图 4.22　面心立方晶体中孪晶的形成

　　在过去的几十年中,大量的研究致力于与形变机制紧密关联的机械孪晶的萌生和生长。在面心立方金属中的已报道了几种孪生机制,最经典的是由柯垂耳(A. H. Cottrell)和比耳贝(B. A. Bilby)提出的极轴机制(the pole mechanism),但未被实验直接证明。图 4.23 是孪生的位错极轴机制示意图。其中,OA、OB 和 OC 三条位错线相交于结点 O。位错 OA 与 OB 不在滑移面上,属于不动位错(此处称为极轴位错);位错 OC 及其伯氏矢量 b_3 都位于滑移面上,它可以绕结点 O 做旋转运动,称为扫动位错,其滑移面称为扫动面。如果扫动位错 OC 为一个不全位错,且 OA 和 OB 的伯氏矢量 b_1 和 b_2 各有一个垂

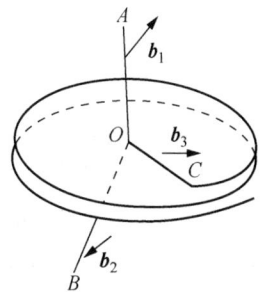

图 4.23　bcc 晶体中孪晶形成的极轴机制

直于扫动面的分量,其值等于扫动面(滑移面)的面间距,那么,扫动面将不是一个平面,而是一个连续蜷面(螺旋面)。在这种情况下,扫动位错 OC 每旋转一周,晶体便产生一个单原子层的孪晶,与此同时,OC 本身也攀移一个原子间距而上升到相邻的晶面上。扫动位错如此不断地扫动,就使位错线 OC 和结点 O 不断地上升,也就相当于每个面都有一个不全位错在扫动,于是会在晶体中一个相当宽的区域内造成均匀切变,即在晶体中形成变形孪晶。

最近在研究 Fe-22.0Mn-0.6C(wt.%)TWIP 钢在亚微米至微米尺度范围的单晶柱(pillar)压缩形变中证实了图 4.22 的形成机制。单晶柱被压缩形变后,他们清楚地观察到的五个孪晶,每一个均起源于柱表面,然后穿过单晶柱生长或终止于单晶柱内。图 4.24 显示出一个终止于单晶柱内的孪晶。从图中可清楚地看到由层错重叠导致的亮-暗交替的衬度条纹。在孪晶的尖端可见分离的不全位错(见图 4.24 插入的小图),由此提出形成孪晶的层错相继地终止于单晶柱内。他们提出的形变孪生的形核和生长机制如图 4.25 所示。

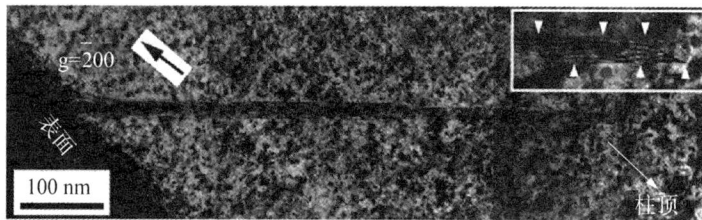

图 4.24　由单晶柱表面发射和滑移的不全位错所形成的纳米尺寸的孪晶,
插入的图中三个白箭头表示孪晶尖端最初三个不全位错

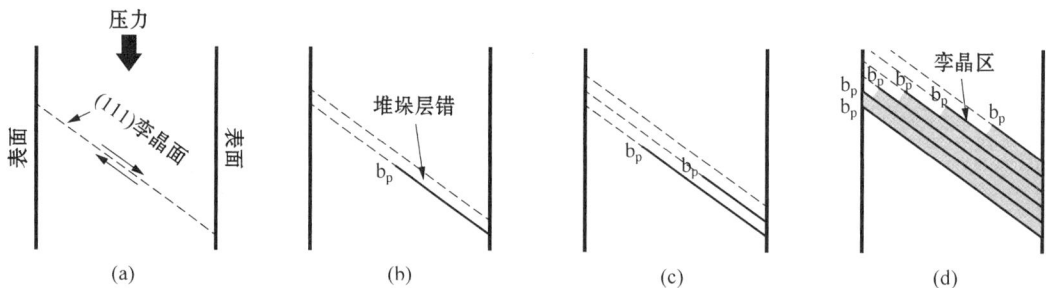

图 4.25　在压缩单晶柱中形变孪生形核和生长的示意图
(a) 无层错的孪生晶面;(b) 从单晶柱表面发射出一个伯氏矢量 b_p 的不全位错;(c) 在相邻孪晶面上发射出第二个
伯氏矢量相同的不全位错;(d) 在相邻孪晶面上发生出更多伯氏矢量相同的不全位错致使孪晶形成

3. 扭折

由于各种原因,晶体中不同部位的受力情况和形变方式可能有很大的差异,对于那些既不能进行滑移也不能进行孪生的地方,晶体将通过其他方式进行塑性变形。以密排六方结构的镉单晶进行纵向压缩变形为例,若外力恰与 hcp 的底面(0001)(即滑移面)平行,则由于此时 $\phi = 90°$,$\cos\phi = 0$,滑移面上的分切应力为零,晶体不能作滑移变形;若此时孪生过程阻力也很大,因而无法进行。在此情况下,如继续增大压力,则为了使晶体的形状与外力相适应,当外力超过某一临界值时晶体将会产生局部弯曲,如图 4.26 所示,这种变形方式称为扭折,变形区域则称为扭折带。

由图 4.26(a)可见,扭折变形与孪生不同,它使扭折区晶体的取向发生了不对称性的变化,在 ABCD 区域内的点阵发生了扭曲,其左右两侧则发生了弯曲,扭曲区的上下界面(AB,CD)是由符号相反的两列刃型位错所构成的,而每一弯曲区则由同号位错堆积而成,取向是逐渐弯曲过渡的,但左右两侧的位错符号恰好相反。因此,扭折带形成的原因:局部晶面的转动和伴随位错的形成和滑移以致位错在局部弯曲区集中所形成的弯曲带。所以,扭折是一种协调性变形,它能引起应力松弛,但晶体不致断裂。晶体经扭折之后,扭折区内的晶体取向与原来的取向不再相同,有可能使该区域内的滑移系处于有利取向,从而产生滑移。

扭折带不仅限于上述情况下发生,还会伴随着形成孪晶而出现。在晶体作孪生变形时,由于孪晶区域的切变位移,迫使与之接壤的周围晶体产生甚

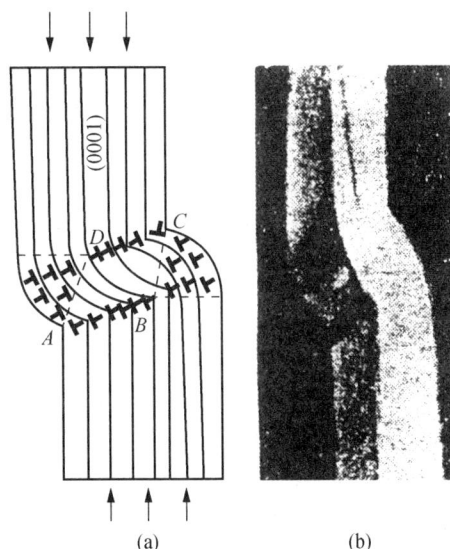

图 4.26　单晶镉被压缩时的扭折
(a) 扭折示意图;(b) 镉单晶中的扭折带

大的应变,特别是在晶体两端受有约束的情况下(例如拉伸夹头的限制作用),则与孪晶接壤地区的应变更大,为了消除这种影响来适应其约束条件,在接壤区往往形成扭折带以实现过渡,如图 4.27 所示。

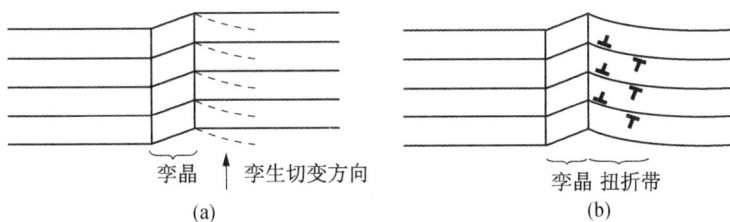

图 4.27　伴随着形成孪晶而产生的扭折带

4.2.2　多晶体的塑性变形

实际使用的材料通常是由多晶体组成的。室温下,多晶体中每个晶粒变形的基本方式与单晶体相同,但由于相邻晶粒之间取向不同,以及晶界的存在,因而多晶体的变形既须克服晶界的阻碍,又要求各晶粒的变形相互协调与配合,故多晶体的塑性变形较为复杂,下面分别加以讨论。

1. 晶粒取向的影响

晶粒取向对多晶体塑性变形的影响,主要表现在各晶粒变形过程中的相互制约和协调性。当外力作用于多晶体时,由于晶体的各向异性,位向不同的各个晶体所受应力并不一致,而作用在各晶粒的滑移系上的分切应力更因晶粒位向不同而相差很大,因此各晶粒并非同时

开始变形,处于有利位向的晶粒首先发生滑移,处于不利位向的晶粒却还未开始滑移。而且,不同位向晶粒的滑移系取向也不相同,滑移方向也不相同,故滑移不可能从一个晶粒直接延续到另一晶粒中。但多晶体中每个晶粒都处于其他晶粒包围之中,它的变形必然与其邻近晶粒相互协调配合,不然就难以进行变形,甚至不能保持晶粒之间的连续性,会造成空隙而导致材料的破裂。为了使多晶体中各晶粒之间的变形得到相互协调与配合,每个晶粒不只是在取向最有利的单滑移系上进行滑移,还必须在几个滑移系其中包括取向并非有利的滑移系上进行,其形状才能相应地作各种改变。根据 von-Mises 定理,多晶体塑性协调变形时要求至少有 5 个独立的滑移系进行滑移。这是因为任意变形均可用 ε_{xx}、ε_{yy}、ε_{zz}、γ_{xy}、γ_{yz}、γ_{xz} 6 个应变分量来表示,但塑性变形时,晶体的体积不变 $\left(\dfrac{\Delta V}{V}=\varepsilon_{xx}+\varepsilon_{yy}+\varepsilon_{zz}=0\right)$,故只有 5 个独立的应变分量,每个独立的应变分量是由一个独立滑移系来产生的。可见,多晶体的塑性变形是通过各晶粒的多系滑移来保证相互间协调的,即一个多晶体是否能够塑性变形,决定于它是否具备有 5 个独立的滑移系来满足各晶粒变形时相互协调的要求。这就与晶体的结构类型有关:滑移系甚多的面心立方和体心立方晶体能满足这个条件,故它们的多晶体具有很好的塑性;相反,密排六方晶体由于滑移系少,晶粒之间的应变协调性很差,所以其多晶体的塑性变形能力很低。

2. 晶界的影响

从第 3 章得知,晶界上原子排列不规则,点阵畸变严重,何况晶界两侧的晶粒取向不同,滑移方向和滑移面彼此不一致,因此,滑移要从一个晶粒直接延续到下一个晶粒是极其困难的,也就是说,在室温下晶界对滑移具有阻碍效应。

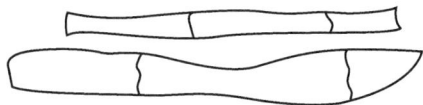

图 4.28　经拉伸后晶界处呈竹节状

对只有 2～3 个晶粒的试样进行拉伸试验表明,在晶界处呈竹节状(见图 4.28),这说明晶界附近滑移受阻,变形量较小,而晶粒内部变形量较大,整个晶粒变形是不均匀的。

多晶体试样经拉伸后,每一晶粒中的滑移带都终止在晶界附近。通过电镜仔细观察,可看到在变形过程中位错难以通过晶界被堵塞在晶界附近的情形,如图 4.29 所示。这种在晶界附近产生的位错塞积群会对晶内的位错源产生一反作用力。此反作用力随位错塞积的数目 n 而增大:

$$n=\frac{k\pi\tau_0 L}{Gb},\qquad (4.11)$$

式中,τ_0 为作用于滑移面上外加分切应力;L 为

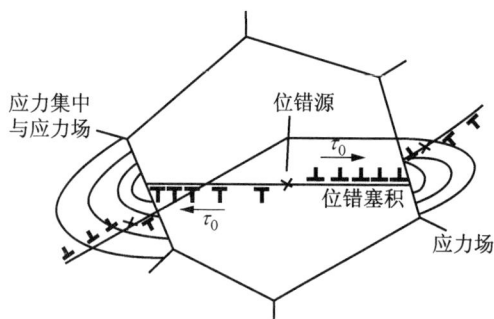

图 4.29　位错在晶界上被塞积的示意图

位错源至晶界之距离;k 为系数,螺型位错 $k=1$,刃型位错 $k=1-\nu$。当它增大到某一数值时,可使位错源停止开动,使晶体显著强化。

总之,由于晶界上点阵畸变严重且晶界两侧的晶粒取向不同,因而在一侧晶粒中滑移的位错不能直接进入第二晶粒,要使第二晶粒产生滑移,就必须增大外加应力,以启动第二晶粒中

的位错源动作。因此,对多晶体而言,外加应力必须大至足以激发大量晶粒中的位错源动作,产生滑移,才能觉察到宏观的塑性变形。

由于晶界数量直接取决于晶粒的大小,因此,晶界对多晶体起始塑变抗力的影响可通过晶粒大小直接体现。实践证明,多晶体的强度随其晶粒细化而提高。多晶体的屈服强度 σ_s 与晶粒平均直径 d 的关系可用著名的霍尔-佩奇(Hall-Petch)公式表示:

$$\sigma_s = \sigma_0 + Kd^{-\frac{1}{2}}, \tag{4.12}$$

式中,σ_0 反映晶内对变形的阻力,相当于极大单晶的屈服强度;K 反映晶界对变形的影响系数,与晶界结构有关。图 4.30 为一些低碳钢的下屈服点与晶粒直径间的关系,与霍尔-佩奇公式符合得甚好。

尽管霍尔-佩奇公式最初是一经验关系式,但也可根据位错理论,利用位错群在晶界附近引起的塞积模型导出。进一步实验证明,其适用性甚广。亚晶粒大小或是两相片状组织的层片间距对屈服强度的影响(见图 4.31);塑性材料的流变应力与晶粒大小之间;脆性材料的脆断应力与晶粒大小之间,以及金属材料的疲劳强度、硬度与其晶粒大小或层片间距之间的关系都可用霍尔-佩奇公式来表达。

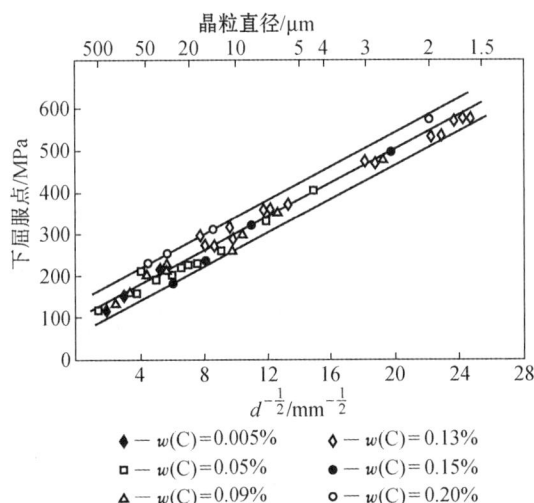

图 4.30　一些低碳钢的下屈服点与晶粒直径的关系

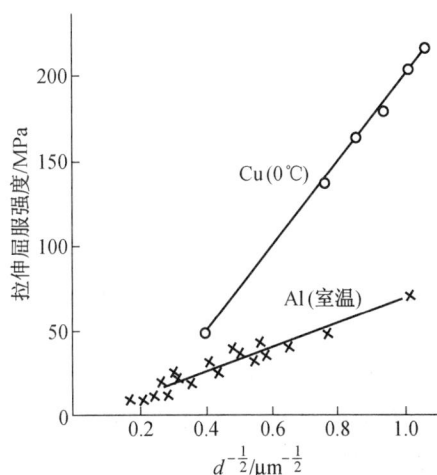

图 4.31　铜和铝的屈服值与其亚晶尺寸的关系

尽管晶粒细化所产生的更多晶界阻碍了位错运动,使塑性下降,但可显著提高屈服强度和冲击韧性,使材料具有良好的综合力学性能,因此,一般在室温使用的结构材料都希望获得细小而均匀的晶粒。

但是,当变形温度高于 $0.5T_m$(熔点)以上时,由于原子活动能力的增大,以及原子沿晶界的扩散速率加快,使高温下的晶界具有一定的黏滞性特点,它对变形的阻力大为减弱,即使施加很小的应力,只要作用时间足够长,也会发生晶粒沿晶界的相对滑动,成为多晶体在高温时一种重要的变形方式(详见 4.4.3 节)。此外,在高温时,多晶体特别是细晶粒的多晶体,还可能出现另一种称为扩散性蠕变的变形机制,这个过程与空位的扩散有关。因为晶界本身是空位的源和湮没阱,多晶体的晶粒越细,扩散蠕变速度就越大,对高温强度也越不利。

据此,在多晶体材料中往往存在一"等强温度 T_E",低于 T_E 时晶界强度高于晶粒内部,高

于 T_E 时则得到相反的结果(见图 4.32)。

值得注意的是,晶粒细化通常使强度提高,塑性下降。但在某种情况下,晶粒细化不仅使强度提高,而且也会使塑性增加,其归因于吕德斯应变的产生。对 Fe-0.1C-0.23Si-0.48Mn 低碳钢进行不同形变量的冷轧,然后对该板在 600℃ 进行再结晶退火 5~300 min,以获得不同的晶粒尺寸。将不同晶粒尺寸的板材制成拉伸的样品进行拉伸,拉伸曲线如图 4.33 所示。其中,晶粒尺寸为 21.8 μm 的样品的强度和塑性均高于 40.4 μm 尺寸的,由图可知,塑性提高来源于 21.8 μm 尺寸样品呈现出更大的吕德斯应变。其余的样品均显示出随晶粒的减小,强度提高,塑性下降,由此表明,bcc 铁素体晶粒细化产生的吕德斯应变效应小于晶粒尺寸减小对位错产生的阻碍效应。

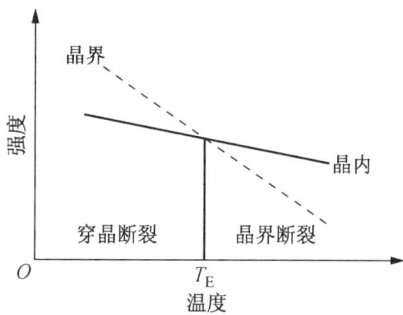

图 4.32　等强温度示意图

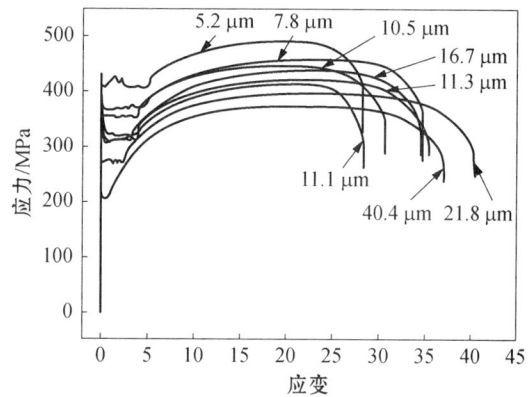

图 4.33　低碳钢不同晶粒尺寸对应的吕德斯应变

另一个值得关注的概念是,晶界通常作为位错运动的障碍或者吸收位错成为陷阱,因此随晶粒尺寸的减小,屈服强度提高,两者的关系遵循 Hall-Petch 公式。但是,在某些晶粒间特殊的位向下,位错可以穿越晶界,即从一个晶粒运动到相邻晶粒。几种位错越过晶界的机制被提出:①位错在晶界中形核;②位错直接穿越晶界;③位错通过在界面内的分解而被吸收;④位错的吸收和随后的再发射。研究者结合位错与晶界的几何和应力场两方面,提出了位错可以穿越晶界的判据,并通过动态拉伸 TEM 观察,论证了判据的正确性。图 4.34(a)是 TEM 动态拉伸下记录的图像,显示出 fcc 奥氏体不锈钢中两个晶粒晶界有 $\Sigma=3(60°/[111];孪晶界)$ 个位错穿越晶界。图 4.34(b)给出了对比的静态 TEM 照片。位错穿越晶界也被分子动力学

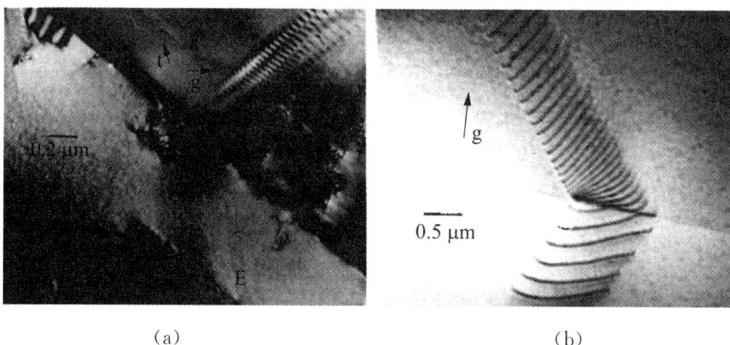

(a)　　　　　　　　　　　　　　　(b)

图 4.34　fcc 奥氏体不锈钢中下位错穿越晶界的动态观察(a)和静态观察(b)的 TEM 像

(MD)研究所证实。位错穿越晶界,使相邻晶粒中的位错密度改变,但这不影响 Hall-Petch 公式的成立。

位错穿越晶界也被分子动力学(MD)研究所证实。

4.2.3　合金的塑性变形

工程上使用的金属材料绝大多数是合金。其变形方式,总地说来和金属的情况类似,只是由于合金元素的存在,又具有一些新的特点。

按合金组成相不同,主要可分为单相固溶体合金和多相合金,它们的塑性变形又各具有不同的特点。

1. 单相固溶体合金的塑性变形

和纯金属相比最大的区别在于,单相固溶体合金中存在溶质原子。溶质原子对合金塑性变形的影响主要表现在固溶强化作用,提高了塑性变形的阻力,此外,有些固溶体会出现明显的屈服点和应变时效现象,现分述如下:

a. 固溶强化　溶质原子的存在及其固溶度的增加,使基体金属的变形抗力随之提高。图 4.35 表示 Cu-Ni 固溶体的强度和塑性随溶质含量的增加,合金的强度、硬度提高,而塑性有所下降,即产生固溶强化效果。固溶强化的强化效果可用下列表达式表示:

$$\tau = \frac{\mathrm{d}\tau}{\mathrm{d}x}x \quad \text{或} \quad \Delta\sigma_\mathrm{s} = A\frac{x}{a_0^2 b}, \tag{4.13}$$

式中,$\dfrac{\mathrm{d}\tau}{\mathrm{d}x}$ 为单位溶质原子造成点阵畸变引起临界分切应力的增量;x 为溶质原子的原子数分数;a_0 为溶剂晶体的点阵常数;b 为位错的伯氏矢量;A 为常数。

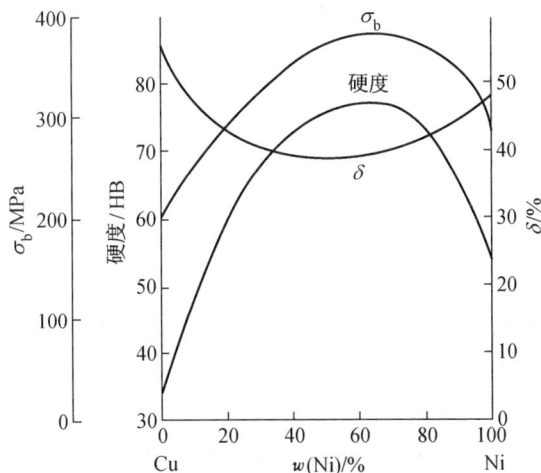

图 4.35　铜镍固溶体的力学性能与成分的关系

比较纯金属与不同浓度固溶体的应力-应变曲线(见图 4.36),可看到溶质原子的加入不仅提高了整个应力-应变曲线的水平,而且使合金的加工硬化速率增大。

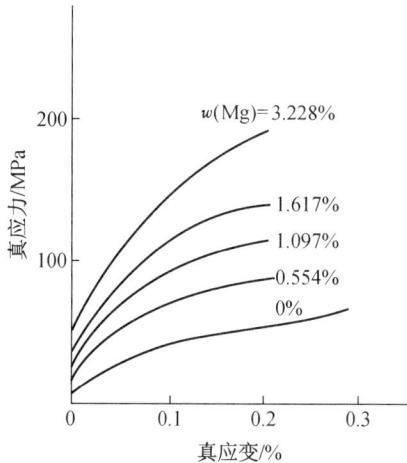

图 4.36　铝溶有镁后的应力-应变曲线

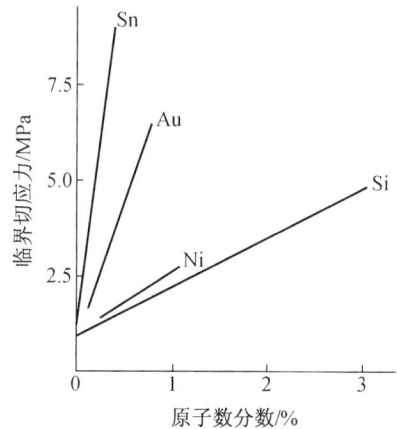

图 4.37　溶入的合金元素对铜单晶
临界分切应力的影响

不同溶质原子所引起的固溶强化效果存在很大的差别。图 4.37 为几种合金元素分别溶入铜单晶而引起的临界分切应力的变化情况。影响固溶强化的因素很多,主要有以下几个方面:

(1) 溶质原子的原子数分数越高,强化作用也越大,特别是当原子数分数很低时,强化效应更为显著。

(2) 溶质原子与基体金属的原子尺寸相差越大,强化作用也越大。

(3) 间隙型溶质原子比置换原子具有较大的固溶强化效果,且由于间隙原子在体心立方晶体中的点阵畸变属非对称性的,故其强化作用大于面心立方晶体的;但间隙原子的固溶度很有限,故实际强化效果也有限。

(4) 溶质原子与基体金属的价电子数相差越大,固溶强化作用越显著,即固溶体的屈服强度随合金电子浓度的增加而提高。

一般认为,固溶强化是由于多方面的作用,主要有溶质原子与位错的弹性交互作用、化学交互作用和静电交互作用,以及当固溶体产生塑性变形时,位错运动改变了溶质原子在固溶体结构中以短程有序或偏聚形式存在的分布状态,从而引起系统能量的升高,由此也增加了滑移变形的阻力。

b. 屈服现象与应变时效　图 4.38 为低碳钢典型的应力-应变曲线,它与一般拉伸曲线不同,出现了明显的屈服点。当拉伸试样开始屈服时,应力随即突然下降,并在应力基本恒定的情况下继续发生屈服伸长,所以拉伸曲线出现应力平台区。开始屈服与下降时所对应的应力值分别为上、下屈服点。在发生屈服延伸阶段,试样的应变是不均匀的。当应力达到上屈服点时,首先,在试样的应力集中处开始塑性变形,并在试样表面产生一个与拉伸轴约成 45° 交角的变形带——吕德斯(Lüders)带,与此同时,应力降到下屈服点。随后,这种变形带沿试样长度方向不断形成与扩展,从而产生拉伸曲线平台的屈服伸长。其中,应力的每一次微小波动,即对应一个新变形带的形成,如图 4.38 中放大部分所示。当屈服扩展到整个试样标距范围时,屈服延伸阶段就告结束。需指出的是,屈服过程的吕德斯带与滑移带不同,它是由许多晶粒协调变形的结果,即吕德斯带穿过了试样横截面上的每个晶粒,而其中每个晶粒内部则仍按各自的滑移系进行滑移变形。

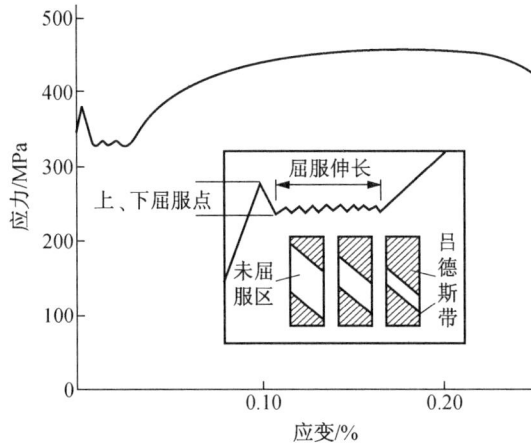

图 4.38 低碳钢退火态的工程应力-应变曲线及屈服现象

屈服现象最初是在低碳钢中发现的。在适当条件下,上、下屈服点的差别可达 10%～20%,屈服伸长可超过 10%。后来在许多其他的金属和合金(如 Mo,Ti 和 Al 合金及 Cd,Zn 单晶、α 和 β 黄铜等)中,只要这些金属材料中含有适量的溶质原子足以钉扎住位错,屈服现象均可发生。

通常认为,在固溶体合金中,溶质原子或杂质原子可以与位错交互作用而形成溶质原子气团,即所谓的 Cottrell 气团。由刃型位错的应力场可知,在滑移面以上,位错中心区域为压应力,而滑移面以下的区域为拉应力。若有间隙原子 C,N 或比溶剂尺寸大的置换溶质原子存在,就会与位错交互作用偏聚于刃型位错的下方,以抵消部分或全部的张应力,从而使位错的弹性应变能降低。当位错处于能量较低的状态时,位错趋向于稳定,不易运动,即对位错有着"钉扎作用",尤其在体心立方晶体中,间隙型溶质原子和位错的交互作用很强,位错被牢固地钉扎住。位错要运动,必须在更大的应力作用下才能挣脱 Cottrell 气团的钉扎而移动,这就形成了上屈服点;而一旦挣脱之后位错的运动就比较容易,因此应力减小,出现了下屈服点和水平台。这就是屈服现象的物理本质。

Cottrell 这一理论最初被人们广为接受。但在 20 世纪 60 年代后,Gilman 和 Johnston 发现:无位错的铜晶须、低位错密度的共价键晶体 Si,Ge,以及离子晶体 LiF 等也都有不连续屈服现象,这又如何解释? 因此,需要从位错运动本身的规律来加以说明,这就发展了更一般的位错增殖理论。

从位错理论中得知,材料塑性变形的应变速率 $\dot{\varepsilon}_p$ 与晶体中可动位错的密度 ρ_m、位错运动的平均速度 v 以及位错的伯氏矢量 b 成正比:

$$\dot{\varepsilon}_p \propto \rho_m \cdot v \cdot b。 \tag{4.14}$$

而位错的平均运动速度 v 又与应力密切相关:

$$v = \left(\frac{\tau}{\tau_0}\right)^{m'},$$

式中，τ_0 为位错作单位速度运动所需的应力；τ 为位错受到的有效切应力；m' 称为应力敏感指数，与材料有关。

在拉伸试验中，$\dot{\varepsilon}_p$ 由试验机夹头的运动速度决定，接近于恒值。在塑性变形开始之前，晶体中的位错密度很低，或虽有大量位错但被钉扎住，可动位错密度 ρ_m 较低，此时要维持一定的 $\dot{\varepsilon}_p$ 值，势必使 v 增大，而要使 v 增大就需要提高 τ，这就是上屈服点应力较高的原因。然而，一旦塑性变形开始后，位错迅速增殖，ρ_m 迅速增大，此时 $\dot{\varepsilon}_p$ 仍维持一定值，故 ρ_m 的突然增大必然导致 v 的突然下降，于是所需的应力 τ 也突然下降，产生了屈服降落，这也就是下屈服点应力较低的原因。

两种理论并不是互相排斥而是互相补充的。两者结合起来可更好地解释低碳钢的屈服现象。单纯的位错增殖理论，其前提要求原晶体材料中的可动位错密度很低。低碳钢中的原始位错密度 ρ 为 $10^8\,cm^{-2}$，但 ρ_m 只有 $10^3\,cm^{-2}$，低碳钢之所以可动位错如此之低，正是因为碳原子强烈钉扎位错，形成了 Cottrell 气团之故。

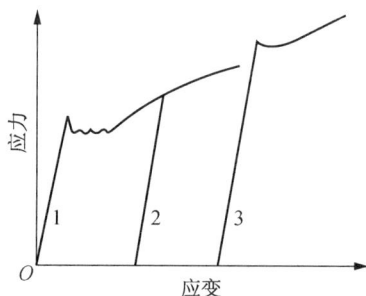

图 4.39　低碳钢的拉伸试验
1—预塑性变形；2—去载后立即再行加载；
3—去载后放置一段时期或在 200℃ 加热后再加载

与低碳钢屈服现象相关连的还存在一种应变时效行为，如图 4.39 所示。当退火状态的低碳钢试样拉伸到超过屈服点发生少量塑性变形后（曲线 1）卸载，然后立即重新加载拉伸，则可见其拉伸曲线不再出现屈服点（曲线 2），此时试样不会发生屈服现象。如果不采取上述方案，而是将预变形试样在常温下放置几天或经 200℃ 左右短时加热后再行拉伸，则屈服现象又复出现，且屈服应力进一步提高（曲线 3），此现象通常称为应变时效。

同样，Cottrell 气团理论能很好地解释低碳钢的应变时效。当卸载后立即重新加载，由于位错已经挣脱出气团的钉扎，故不出现屈服点；如果卸载后放置较长时间或经时效，则溶质原子已经通过扩散而重新聚集到位错周围形成了气团，故屈服现象又复出现。

2. 多相合金的塑性变形

工程上使用的金属材料基本上都是两相或多相合金。多相合金与单相固溶体合金的不同之处是除基体相外，尚有其他相存在。由于第二相的数量、尺寸、形状和分布不同，它与基体相的结合状况不一，以及第二相的形变特征与基体相的差异，使得多相合金的塑性变形更加复杂。

根据第二相粒子的尺寸大小可将合金分成两大类：若第二相粒子与基体晶粒尺寸属同一数量级，称为聚合型两相合金；若第二相粒子细小而弥散地分布在基体晶粒中，则称为弥散分布型两相合金。这两类合金的塑性变形情况和强化规律有所不同。

a. 聚合型合金的塑性变形　当组成合金的两相晶粒尺寸属同一数量级，且都为塑性相时，则合金的变形能力取决于两相的体积分数。作为一级近似，可以分别假设合金变形时两相的应变相同和应力相同。于是，合金在一定应变下的平均流变应力 $\bar{\sigma}$ 和一定应力下的平均应

变 $\bar{\varepsilon}$ 可由混合律表达:

$$\bar{\sigma} = \varphi_1\sigma_1 + \varphi_2\sigma_2,$$

$$\bar{\varepsilon} = \varphi_1\varepsilon_1 + \varphi_2\varepsilon_2,$$

式中, φ_1 和 φ_2 分别为两相的体积分数($\varphi_1+\varphi_2=1$); σ_1 和 σ_2 分别为一定应变时的两相流变应力; ε_1 和 ε_2 分别为一定应力时的两相应变。图 4.40 为等应变和等应力情况下的应力-应变曲线。

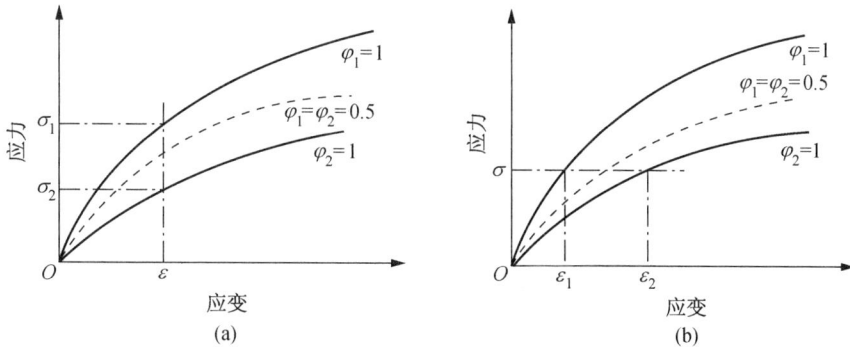

图 4.40　聚合型两相合金等应变(a)与等应力(b)情况下的应力-应变曲线

事实上,不论是应力或应变都不可能在两相之间是均匀的。上述假设及其混合律只能作为第二相体积分数影响的定性估算。实验证明,这类合金在发生塑性变形时,滑移往往首先发生在较软的相中,如果较强相数量较少时,则塑性变形基本上是在较弱的相中;只有当第二相为较强相,且体积分数 φ 大于 30% 时,才能起明显的强化作用。

如果聚合型合金两相中一个是塑性相,而另一个是脆性相时,则合金在塑性变形过程中所表现的性能,不仅取决于第二相的相对数量,而且与其形状、大小和分布密切相关。

以碳钢中的渗碳体(Fe$_3$C,硬而脆)在铁素体(以 α-Fe 为基的固溶体)基体中存在的情况为例,表 4.6 给出了渗碳体的形态与大小对碳钢力学性能的影响。

表 4.6　碳钢中渗碳体存在的情况对力学性能的影响

材料及组织	工业纯铁	共析钢　(w(C)=0.8%)					w(C)=1.2%
		片状珠光体(片间距≈630 nm)	索氏体(片间距≈250 nm)	屈氏体(片间距≈100 nm)	球状珠光体	淬火+350℃回火	网状渗碳体
σ_b/MPa	275	780	1 060	1 310	580	1 760	700
δ/%	47	15	16	14	29	3.8	4

b. 弥散分布型合金的塑性变形　当第二相以细小弥散的微粒均匀分布于基体相中时,将会产生显著的强化作用。第二相粒子的强化作用是通过其对位错运动的阻碍作用而表现出来的。通常可将第二相粒子分为"不可变形的"和"可变形的"两类。这两类粒子与位错交互作用的方式不同,其强化的途径也就不同。一般来说,弥散强化型合金中的第二相粒子(借助粉末冶金方法加入的)是属于不可变形的,而沉淀相粒子(通过时效处理从过饱和固溶体中析出)多属可变形的,但当沉淀粒子在时效过程中长大到一定程度后,也能起着不可变形粒子的作用。

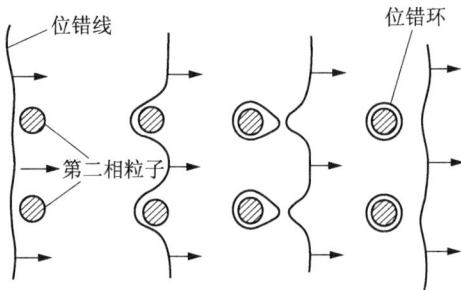

图 4.41　位错绕过第二相粒子的示意图

（1）不可变形粒子的强化作用。不可变形粒子对位错的阻碍作用如图 4.41 所示。当运动位错与其相遇时，将受到粒子的阻挡，使位错线绕着它发生弯曲。随着外加应力的增大，位错线受阻部分的弯曲加剧，以致围绕着粒子的位错线在左右两边相遇，于是正负位错彼此抵消，形成包围着粒子的位错环留下，而位错线的其余部分则越过粒子继续移动。显然，位错按这种方式移动时受到的阻力是很大的，而且每个留下的位错环要作用于位错源一反向应力，故继续变形时必须增大应力以克服此反向应力，使流变应力迅速提高。

根据位错理论，迫使位错线弯曲到曲率半径为 R 时所需的切应力

$$\tau = \frac{Gb}{2R}。$$

此时由于 $R = \frac{\lambda}{2}$，所以位错线弯曲到该状态所需的切应力

$$\tau = \frac{Gb}{\lambda}。 \tag{4.15}$$

这是一临界值，只有外加应力大于此值时，位错线才能绕过去。由上式可见，不可变形粒子的强化作用与粒子间距 λ 成反比，即粒子越多，粒子间距越小，强化作用越明显。因此，减小粒子尺寸（在同样的体积分数时，粒子越小，则粒子间距也越小）或提高粒子的体积分数都会导致合金强度的提高。

上述位错绕过障碍物的机制是由奥罗万（E. Orowan）首先提出的，故通常称为奥罗万机制，它已被实验所证实。

（2）可变形微粒的强化作用。当第二相粒子为可变形微粒时，位错将切过粒子使之随同基体一起变形，如图 4.42 所示。在这种情况下，强化作用主要决定于粒子本身的性质，以及其与基体的联系，其强化机制甚为复杂，且因合金而异，主要作用如下：

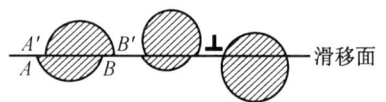

图 4.42　位错切割粒子的机制

① 位错切过粒子时，粒子产生宽度为 b 的表面台阶，由于出现了新的表面积，使总的界面能升高。

② 当粒子是有序结构时，则位错切过粒子时会打乱滑移面上下的有序排列，产生反相畴界，引起能量的升高。

③ 由于第二相粒子与基体的晶体点阵不同或至少是点阵常数不同，故当位错切过粒子时必然在其滑移面上造成原子的错排，需要额外作功，给位错运动带来困难。

④ 由于粒子与基体的比体积差别，而且沉淀粒子与母相之间保持共格或半共格结合，故在粒子周围产生弹性应力场，此应力场与位错会产生交互作用，对位错运动有阻碍。

⑤ 由于基体与粒子中的滑移面取向不相一致，则位错切过后会产生一割阶，割阶的存在会阻碍整个位错线的运动。

⑥ 由于粒子的层错能与基体不同，当扩展位错通过后，其宽度会发生变化，引起能量

升高。

以上这些强化因素的综合作用,使合金的强度得到提高。

总之,上述两种机制不仅可解释多相合金中第二相的强化效应,而且也可解释多相合金的塑性。然而不管哪种机制均受控于粒子的本性、尺寸和分布等因素,故合理地控制这些参数,可使沉淀强化型合金和弥散强化型合金的强度和塑性在一定范围内进行调整。

c. 位错穿越相界及其增塑效应 当合金由两相构成,相界被认为与晶界的作用相同,通常可将其作为位错运动的障碍或作为吸收位错的陷阱。位错穿越相界现象于2011年被提出,其基于在bcc马氏体和fcc残留奥氏体中的平均位错密度随形变的变化的X射线衍射测量,提出了位错越过马氏体/奥氏体界面(DAMAI)进入残留奥氏体的假设,为了强调残留奥氏体的增塑作用,称之为残留奥氏体吸收位错(DARA)效应,并于2021年,重新命名为DAMAI效应,直指本意。随后被TEM动态拉伸观察直接证明。图4.43选取出上述高碳淬火-分配-回火(Q-P-T)钢在拉伸应变8%过程中CCD记录图像的四张照片。图4.43(a)显示出拉伸前一个残留奥氏体(γ)和周围几个马氏体(α'),图4.43(b)到图4.43(d)显示出马氏体中大量位错越过相界进入相邻的残留奥氏体,导致马氏体中位错的显著减少(对应位错应变场的减小,伴随明场像中亮的衬度)和残留奥氏体中位错显著增加(对应位错应变场的增大,伴随明场像中暗的衬度)。

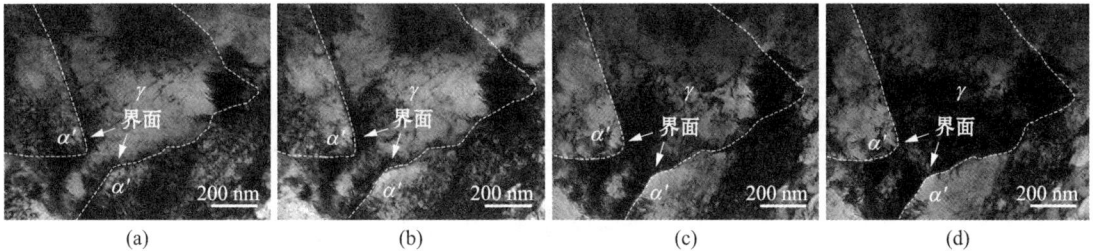

图 4.43 DAMAI 效应的 TEM 动态观察

位错穿越晶界的现象进一步被分子动力学模拟所证明。一个bcc Fe/fcc Fe_50Ni/bcc Fe双界面的模型被建立。其中,fcc $Fe_{50}Ni_{50}$(γ)与两侧的马氏体具有K-S位向关系,如图4.44(a)所示。马氏体和奥氏体的滑移面迹线夹角小于15°(实际为10.5°)的位错越过条件。图4.44(b)显示出设置的一个刃型位错在bcc马氏体中朝界面运动,然后进入界面分解成fcc的不全位错后开始进入fcc奥氏体(图4.44(c)),最后离开界面并沿着与bcc马氏体中滑移面几乎平行的滑移面(偏差10.5°)向奥氏体内运动(图4.44(d))。图4.44内的上插图更清楚地显示位错对应不同阶段的组态。随后的过程显示出,fcc位错撞击相界后,相界发射更多的位错,但这些位错被限于fcc奥氏体内,不能越过相界进入bcc马氏体内(图4.44(e))。动力学模拟从动力学角度说明了DAMAI效应的可行性。下面从热力学角度说明DAMAI效应的驱动力。正如所知,单位长度的位错应变能是正比于Gb^2的。其中,G是切变模量,b是位错的伯氏矢量。体心立方马氏体中的位错伯氏矢量为$\frac{a}{2}\langle 111\rangle$,而面心立方奥氏体中的位错伯氏矢量为$\frac{a}{2}\langle 110\rangle$,两者的$b^2$值相差甚微。马氏体(或铁素体)的切变模量约为80 GPa,奥氏体的切变

模量约为 $65\,GPa$，由于马氏体的切变模量远高于奥氏体中的，因此在形变中马氏体形成大量较高能量的位错在外应力的作用下通过相界面运动到奥氏体中去，这些体心立方的位错转变为较低能量的面心立方的位错使体系总应变能降低。因此，降低形变中马氏体的应变能是 DAMAI 效应的驱动力。DAMAI 效应显著减小了形变中马氏体内的位错密度，使马氏体处于"软化"状态，有效地提高了硬相马氏体的形变能力，显著提高了钢的塑性。

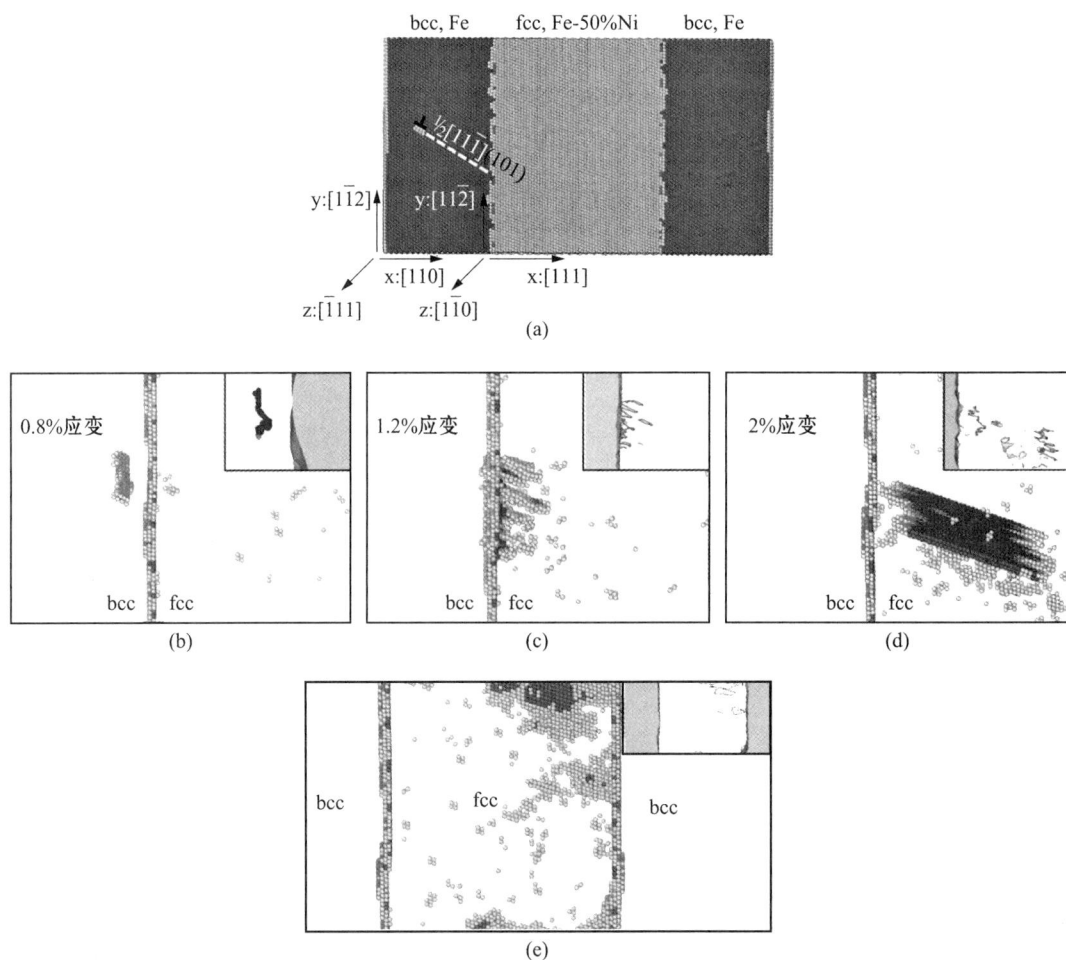

图 4.44　DAMAI 效应的分子动力学证明

4.2.4　塑性变形对材料组织与性能的影响

塑性变形不但可以改变材料的外形和尺寸，而且能够使材料的内部组织和各种性能发生变化。

1. 显微组织的变化

经塑性变形后，金属材料的显微组织发生明显的改变。除了每个晶粒内部出现大量的滑移带或孪晶带外，随着变形度的增加，原来的等轴晶粒将逐渐沿其变形方向伸长，如图 4.45 所示。当变形量很大时，晶粒变得模糊不清，晶粒已难以分辨而呈现出一片如纤维状的条纹，这

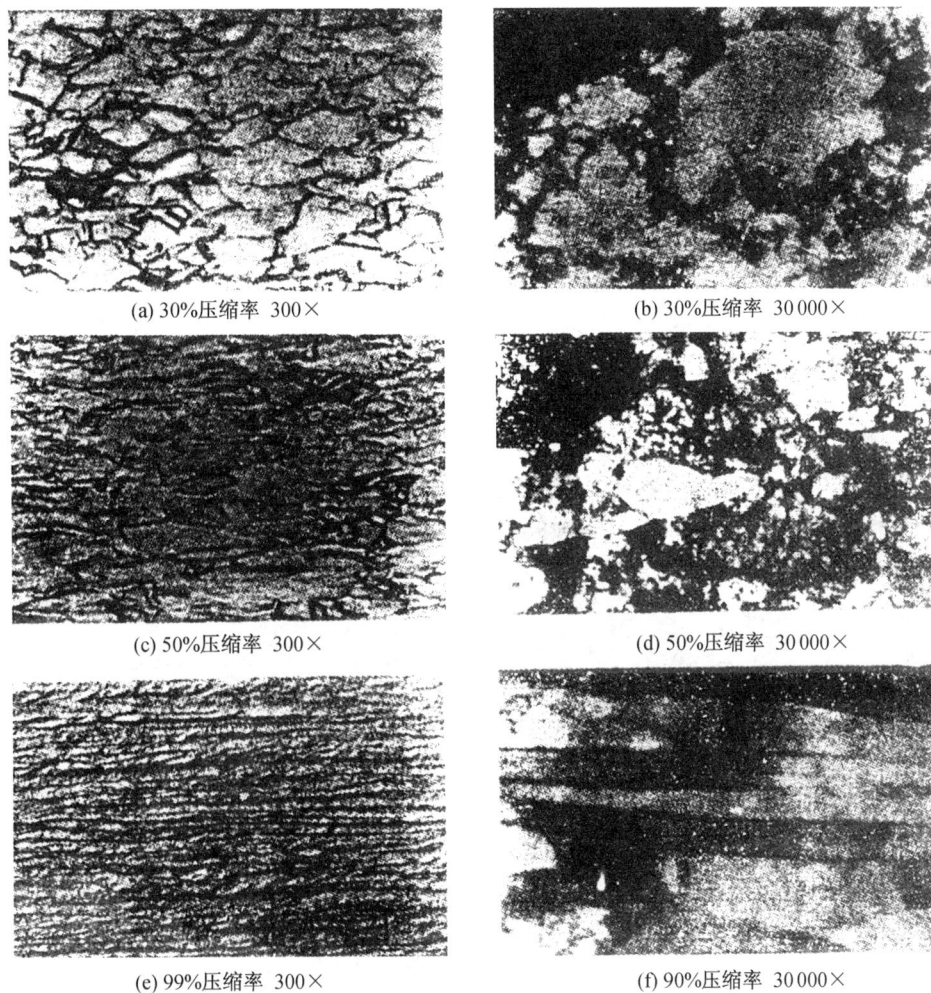

(a) 30%压缩率　300×

(b) 30%压缩率　30 000×

(c) 50%压缩率　300×

(d) 50%压缩率　30 000×

(e) 99%压缩率　300×

(f) 90%压缩率　30 000×

图 4.45　铜材经不同程度冷轧后的光学显微组织及薄膜透射电镜像

称为纤维组织。纤维的分布方向即是材料流变伸展的方向。注意:冷变形金属的组织与所观察的试样截面位置有关,如果沿垂直变形方向截取试样,则截面的显微组织不能真实反映晶粒的变形情况。

2. 亚结构的变化

前已指出,晶体的塑性变形是借助位错在应力作用下运动和不断增殖的。随着变形度的增大,晶体中的位错密度迅速提高,经严重冷变形后,位错密度可从原先退火态的 $10^6 \sim 10^7\,\mathrm{cm}^{-2}$ 增至 $10^{11} \sim 10^{12}\,\mathrm{cm}^{-2}$。

变形晶体中的位错组态及其分布等亚结构的变化,主要可借助透射电子显微分析来了解。经一定量的塑性变形后,晶体中的位错线通过运动与交互作用,开始呈现纷乱的不均匀分布,并形成位错缠结(见图 4.45(b))。进一步增加变形度时,大量位错发生聚集,并由缠结的位错组成胞状亚结构(见图 4.45(d)),其中,高密度的缠结位错主要集中于胞的周围,构成了胞壁,而胞内的位错密度甚低。此时,变形晶粒是由许多这种胞状亚结构组成,各胞之间存在微小的位向差。随着变形度的增大,变形胞的数量增多、尺寸减小。如果经强烈冷轧或冷拉等变形,则伴随纤维组织的出现,其亚结构也将由大量细长状变形胞组成(见图 4.45(f))。

研究指出,胞状亚结构的形成不仅与变形程度有关,而且还取决于材料类型。对于层错能较高的金属和合金(如铝、铁等),其扩展位错区较窄,可通过束集而发生交滑移,故在变形过程中经位错的增殖和交互作用,容易出现明显的胞状结构(见图 4.46);而层错能较低的金属材料(如不锈钢、α 黄铜),其扩展位错区较宽,使交滑移很困难,因此在这类材料中易观察到位错塞积群的存在。由于位错的移动性差,形变后大量的位错杂乱地排列于晶体中,构成较为均匀分布的复杂网络(见图 4.47),故这类材料即使在大量变形时,出现胞状亚结构的倾向性较小。

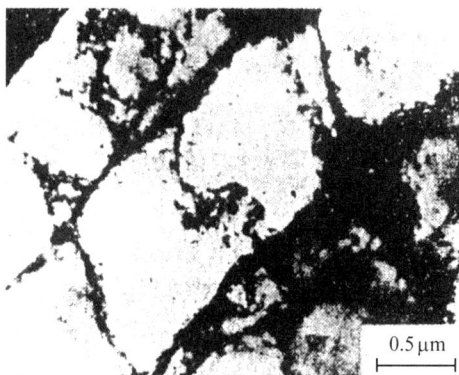

图 4.46 纯铁室温形变的胞状结构,20% 应变

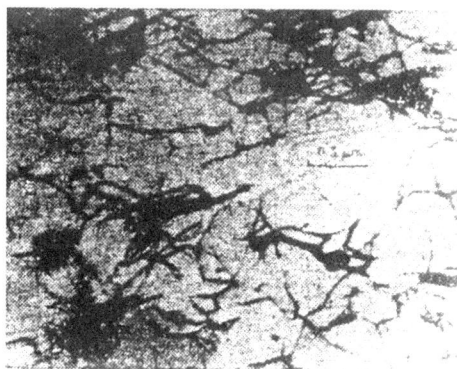

图 4.47 经冷轧变形 2% 后,不锈钢中位错的复杂网络(透射电镜像)

3. 性能的变化

材料在塑性变形过程中,随着内部组织与结构的变化,其力学、物理和化学性能均发生明显的改变。

a. 加工硬化 图 4.48 是铜材经不同程度冷轧后的强度和塑性变化情况,表 4.7 是冷拉对低碳钢(C 的质量分数为 0.16%)力学性能的影响。从上述两例可清楚地看到,金属材料经冷加工变形后,强度(硬度)显著提高,而塑性则很快下降,即产生了加工硬化现象。加工硬化是金属材料的一项重要特性,可被用作强化金属的途径。特别是对那些不能通过热处理强化的材料如纯金属,以及某些合金,如奥氏体不锈钢等,主要是借冷加工实现强化的。同时,由于材料具有加工硬化特性,形变才得以传递和扩展使整个零件在宏观上能够均匀变形。

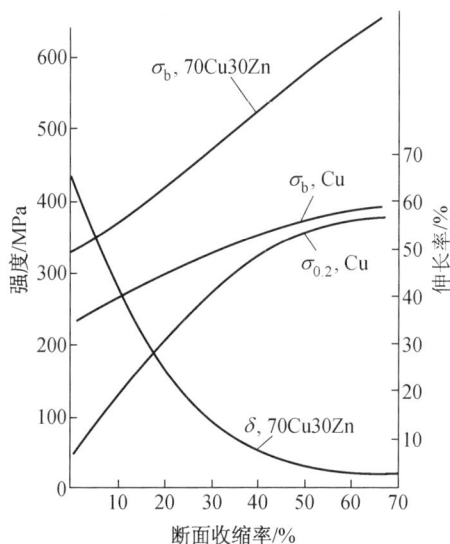

图 4.48 冷轧对铜材拉伸性能的影响

表 4.7　冷拉对低碳钢(C 的质量分数为 0.16%)力学性能的影响

冷拉截面减缩率/%	屈服强度/MPa	抗拉强度/MPa	伸长率/%	断面收缩率/%
0	276	456	34	70
10	497	518	20	65
20	566	580	17	63
40	593	656	16	60
60	607	704	14	54
80	662	792	7	26

图 4.49 是金属单晶体的典型应力-应变曲线(也称加工硬化曲线),其塑性变形部分由三个阶段组成:

Ⅰ阶段——易滑移阶段。当 τ 达到晶体的 τ_c 后,应力增加不多,便能产生相当大的变形。此段接近于直线,其斜率 θ_I $\left(\theta = \dfrac{\mathrm{d}\tau}{\mathrm{d}\gamma} \text{ 或 } \theta = \dfrac{\mathrm{d}\sigma}{\mathrm{d}\varepsilon}\right)$ 即加工硬化率低,一般 θ_I 为 $\sim 10^{-4}G$ 数量级(G 为材料的切变模量)。

Ⅱ阶段——线性硬化阶段。随着应变量增加,应力线性增长,此段也呈直线,且斜率较大,加工硬化十分显著,$\theta_{II} \approx G/300$,近乎常数。

Ⅲ阶段——抛物线型硬化阶段。随应变增加,应力上升缓慢,呈抛物线型,θ_{III} 逐渐下降。

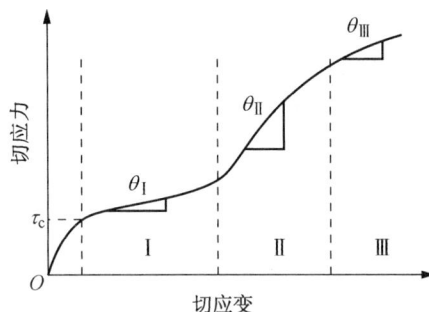

图 4.49　单晶体的切应力-切应变曲线
显示塑性变形的三个阶段

我们可以通过实验设计,证明单晶拉伸曲线的第Ⅰ阶段是单滑移所致,而第Ⅱ阶段是由多滑移所致。我们可制备几个 fcc 单晶试样,将它们位于不同的拉伸方向,如图 4.50 所示。利用映像规则,让拉伸轴分别平行于 D 方向(单滑移)、C、A 或 B 方向(多滑移),比较两者的拉伸曲线,多滑移(A,B,C 方向拉伸)不产生第Ⅰ阶段,而单滑移(D 方向拉伸)产生第Ⅰ阶段,由此证明了第一阶段由单滑移产生。第Ⅲ阶段的特征是由交滑移的启动所致。

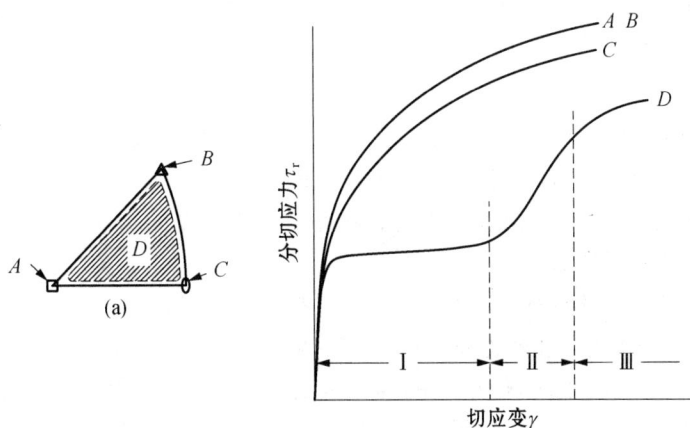

图 4.50　fcc 单晶拉伸曲线特征对应的位错滑移方式

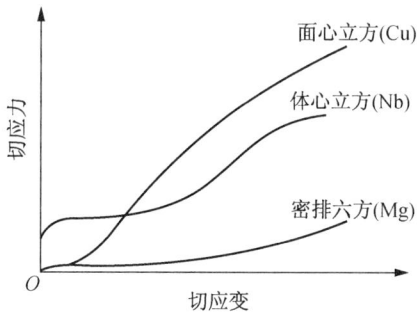

图 4.51 典型的面心立方、体心立方和
密排六方金属单晶体的应力-应变曲线

各种晶体的实际曲线因其晶体结构类型、晶体位向、杂质含量,以及试验温度等因素的不同而有所变化,但总的来说,其基本特征相同,只是各阶段的长短通过位错的运动、增殖和交互作用而受影响,甚至某一阶段可能就不再出现。图 4.51 为三种典型晶体结构金属单晶体的硬化曲线,其中面心立方和体心立方晶体显示出典型的三阶段加工硬化情况,只是当含有微量杂质原子的体心立方晶体,则因杂质原子与位错交互作用,将产生前面所述的屈服现象并使曲线有所变化,至于密排六方金属单晶体的第Ⅰ阶段通常很长,远远超过其他结构的晶体,以至于第Ⅱ阶段还未充分发展时试样就已经断裂了。

多晶体的塑性变形由于晶界的阻碍作用和晶粒之间的协调配合要求,各晶粒不可能以单一滑移系动作,而必然有多组滑移系同时作用,因此多晶体的应力-应变曲线不会出现单晶曲线的第Ⅰ阶段,而且其硬化曲线通常更陡,细晶粒多晶体在变形开始阶段尤为明显(见图 4.52)。

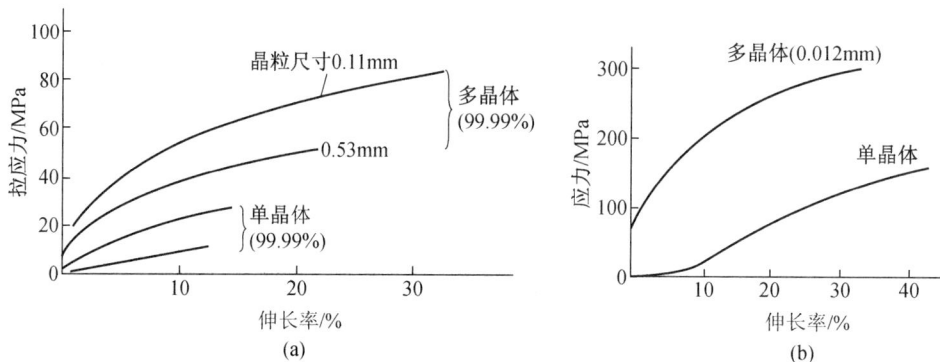

图 4.52 单晶与多晶的应力-应变曲线的比较(室温)
(a) Al; (b) Cu

有关加工硬化的机制曾提出不同的理论,然而,最终导出的强化效果的表达式基本相同,即流变应力是位错密度的平方根的线性函数:

$$\tau = \tau_0 + \alpha G b \sqrt{\rho}, \qquad (4.16)$$

式中,τ 为加工硬化后所需要的切应力;τ_0 为无加工硬化时所需要的切应力;α 为与材料有关的常数,通常取 0.3～0.5,G 为切变模量;b 为位错的伯氏矢量;ρ 为位错密度。

上式已被许多实验证实。因此,塑性变形过程中位错密度的增加及其所产生的钉扎作用是导致加工硬化的决定性因素。

b. 其他性能的变化 经塑性变形后的金属材料,由于点阵畸变、空位和位错等结构缺陷的增加,使其物理性能和化学性能也发生一定的变化。如塑性变形,通常可使金属的电阻率增高,增加的程度与形变量成正比,但增加的速率因材料而异,差别很大。例如,冷拔形变率为 82% 的纯铜丝电阻率升高 2%,同样形变率的 H70 黄铜丝电阻率升高 20%,而冷拔形变率

99%的钨丝电阻率升高为 50%。另外,塑性变形后,金属的电阻温度系数下降,磁导率下降,热导率也有所降低,铁磁材料的磁滞损耗及矫顽力增大。

由于塑性变形使得金属中的结构缺陷增多,自由焓升高,因而导致金属中的扩散过程加速,金属的化学活性增大,腐蚀速度也加快。

值得指出的是,上述应力-应变曲线的拉伸试验的应变速率通常为 $10^{-3}\ \mathrm{s}^{-1}$ 或 $10^{-4}\ \mathrm{s}^{-1}$,属准静态拉伸。而动态的高速变形速率(大于 $10^0\ \mathrm{s}^{-1}$)将同时产生应变速率硬化和绝热软化效应。例如:采用高应变速率($10^7\ \mathrm{s}^{-1}$)的激光喷丸对 TC17 钛合金进行表面强化处理,经计算的绝热升温达 768 K,致使表层温度最高可达 1 066 K,超过了 $0.4T_m$ 的再结晶温度,从而获得细小的纳米和亚微米晶。

4. 形变织构

在塑性变形中,随着形变程度的增加,各个晶粒的滑移面和滑移方向都要向主形变方向转动,逐渐使多晶体中原来取向互不相同的各个晶粒在空间取向上呈现一定程度的规律性,这一现象称为择优取向,这种组织状态则称为形变织构。

形变织构由于加工变形方式的不同,可分为两种类型:拔丝时形成的织构称为丝织构,其主要特征为各晶粒的某一晶向大致与拔丝方向相平行;轧板时形成的织构称为板织构,其主要特征为各晶粒的某一晶面和晶向分别趋于同轧面与轧向相平行。几种常见金属的丝织构与板织构如表 4.8 所列。

表 4.8　常见金属的丝织构与板织构

晶体结构	金属或合金	丝织构	板织构
体心立方	α-Fe,Mo,W 铁素体钢	$\langle110\rangle$	$\{100\}\langle011\rangle+\{112\}\langle110\rangle$ $+\{111\}\langle112\rangle$
面心立方	Al,Cu,Au,Ni,Cu-Ni Cu+<Zn 的质量分数为 50%	$\langle111\rangle$ $\langle111\rangle+\langle100\rangle$	$\{110\}\langle112\rangle+\{112\}\langle111\rangle$ $\{110\}\langle112\rangle$
密排六方	Mg,Mg 合金 Zn	$\langle2130\rangle$ $\langle0001\rangle$与丝轴成 $70°$	$\{0001\}\langle10\bar{1}0\rangle$ $\{0001\}$与轧制面成 $70°$

实际上,多晶体材料无论经过多么剧烈的塑性变形,也不可能使所有晶粒都完全转到织构的取向上去,其集中程度决定于加工变形的方法、变形量、变形温度,以及材料本身情况(金属类型、杂质、材料内原始取向等)等因素。在实用中,经常用变形金属的极射赤面投影图来描述它的织构及各晶粒向织构取向的集中程度。

由于织构造成了各向异性,故它的存在对材料的加工成型性和使用性能都有很大的影响,尤其因为织构不仅出现在冷加工变形的材料中,即使进行了退火处理也仍然存在,故在工业生产中应予以高度重视。一般来说,不希望金属板材存在织构,特别是用于深冲压成型的板材,织构会造成其沿各方向变形的不均匀性,使工件的边缘出现高低不平,产生了所谓"制耳"。但在某些情况下,又有利用织构提高板材性能的例子,如变压器用硅钢片,由于 α-Fe$\langle100\rangle$ 方向最易磁化,故生产中通过适当控制轧制工艺,可获得具有(110)[001]织构和磁化性能优异的硅钢片。

5. 残余应力

塑性变形中外力所作的功除大部分转化成热之外,还有一小部分以畸变能的形式储存在形变材料内部。这部分能量叫做储存能,其大小因形变量、形变方式、形变温度,以及材料本身性质而异,约占总形变功的百分之几。储存能的具体表现方式为:宏观残余应力、微观残余应力及点阵畸变。残余应力是一种内应力,它在工件中处于自相平衡状态,其产生是由于工件内部各区域变形不均匀性,以及相互间的牵制作用所致。按照残余应力平衡范围的不同,通常可将其分为三种:

(1) 第一类内应力,又称宏观残余应力。它是由工件不同部分的宏观变形不均匀性引起的,故其应力平衡范围包括整个工件。例如,将金属棒施以弯曲载荷(见图4.53),则上边受拉而伸长,下边受到压缩;变形超过弹性极限产生了塑性变形时,则外力去除后被伸长的一边就存在压应力,短边为张应力;又如,金属线材经拔丝加工后(见图4.54),由于拔丝模壁的阻力作用,线材的外表面变形较心部小,故表面受拉应力,而心部受压应力。这类残余应力所对应的畸变能不大,仅占总储存能的0.1%左右。

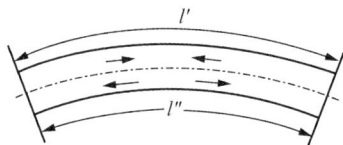

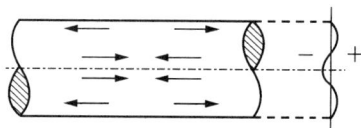

图4.53 金属棒弯曲变形后的残余应力   图4.54 金属拉丝后的残余应力

(2) 第二类内应力,又称微观残余应力。它是由晶粒或亚晶粒之间的变形不均匀性产生的。其作用范围与晶粒尺寸相当,即在晶粒或亚晶粒之间保持平衡。这种内应力有时可达到很大的数值,甚至可能造成显微裂纹并导致工件破坏。

(3) 第三类内应力,又称点阵畸变。其作用范围是几十至几百纳米,它是由于工件在塑性变形中形成的大量点阵缺陷(如空位、间隙原子、位错等)引起的。变形金属中储存能的绝大部分(80%~90%)用于形成点阵畸变。这部分能量提高了变形晶体的能量,使之处于热力学不稳定状态,故它有一种使变形金属重新恢复到自由焓最低的稳定结构状态的自发趋势,并导致塑性变形金属在加热时的回复及再结晶过程。

金属材料经塑性变形后的残余应力是不可避免的,它将对工件的变形、开裂和应力腐蚀产生影响和危害,故必须及时采取消除措施(如去应力退火处理)。但是,在某些特定条件下,残余应力的存在也是有利的。例如,承受交变载荷的零件,若用表面滚压和喷丸处理,使零件表面产生压应力的应变层,借以达到强化表面的目的,可使其疲劳寿命成倍提高。

4.3 回复和再结晶

如上一节所述,金属和合金经塑性变形后,不仅内部组织结构与各项性能均发生相应的变化,而且由于空位、位错等结构缺陷密度的增加,以及畸变能的升高,将使其处于热力学不稳定的高自由能状态。因此,经塑性变形的材料具有自发恢复到变形前低自由能状态的趋势。当冷变形金属加热时会发生回复、再结晶和晶粒长大等过程。了解这些过程的发生和发展规律,对于改善和控制金属材料的组织和性能具有重要的意义。

4.3.1　冷变形金属在加热时的组织与性能变化

冷变形后材料经重新加热进行退火之后,其组织和性能会发生变化。观察在不同加热温度下变化的特点,可将退火过程分为回复、再结晶和晶粒长大三个阶段。回复是指新的无畸变晶粒出现之前所产生的亚结构和性能变化的阶段;再结晶是指出现无畸变的等轴新晶粒逐步取代变形晶粒的过程;晶粒长大是指再结晶结束之后晶粒的继续长大。

图 4.55 为冷变形金属在退火过程中显微组织的变化。由图可见,在回复阶段,由于不发生大角度晶界的迁移,所以晶粒的形状和大小与变形态的相同,仍保持着纤维状或扁平状,从光学显微组织上几乎看不出变化。在再结晶阶段,首先是在畸变度大的区域产生新的无畸变晶粒的核心,然后逐渐消耗周围的变形基体而长大,直到形变组织完全改组为新的、无畸变的细等轴晶粒为止。最后,在晶界表面能的驱动下,新晶粒互相吞食而长大,从而得到一个在该条件下较为稳定的尺寸,这称为晶粒长大阶段。

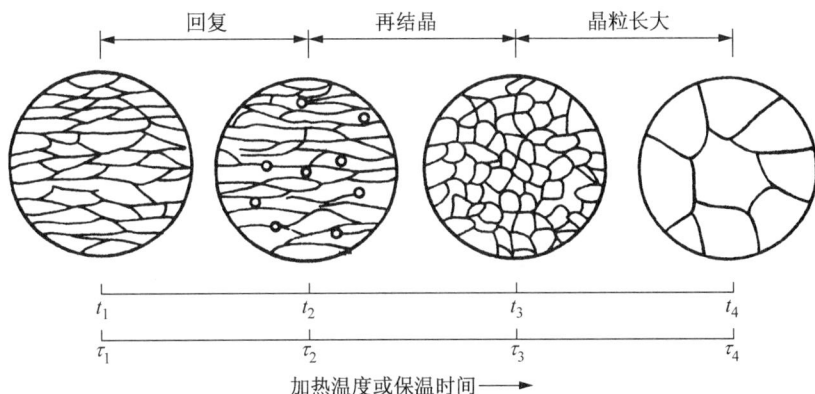

图 4.55　冷变形金属退火时晶粒形状和大小的变化

图 4.56 展示了冷变形金属在退火过程中性能和能量的变化。

(1) 强度与硬度:回复阶段的硬度变化很小,约占总变化的 1/5,而再结晶阶段则下降较大。可以推断,强度具有与硬度相似的变化规律。上述情况主要与金属中的位错机制有关,即回复阶段时,变形金属仍保持很高的位错密度,而发生再结晶后,则由于位错密度显著降低,故强度与硬度明显下降。

(2) 电阻:变形金属的电阻在回复阶段已表现明显的下降趋势。因为电阻率与晶体点阵中的点缺陷(如空位、间隙原子等)密切相关,所以点缺陷所引起的点阵畸变会使传导电子产生散

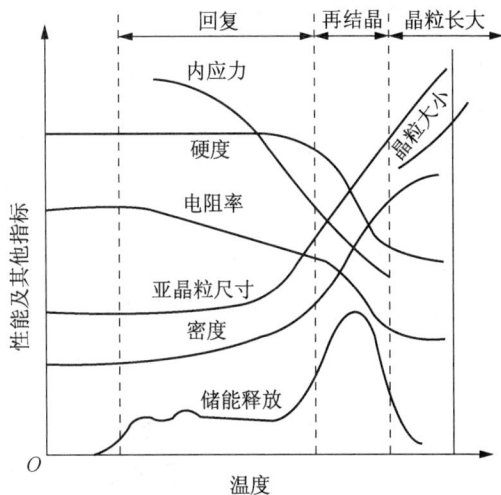

图 4.56　冷变形金属退火时某些性能和能量的变化

射,提高电阻率。它的散射作用比位错所引起的更为强烈。因此,在回复阶段电阻率的明显下降就标志着在此阶段点缺陷浓度有明显的减小。

（3）内应力:在回复阶段,大部或全部的宏观内应力可以消除,而微观内应力则只有通过再结晶方可全部消除。

（4）亚晶粒尺寸:在回复的前期,亚晶粒尺寸变化不大,但在后期,尤其在接近再结晶时,亚晶粒尺寸就显著增大。

（5）密度:变形金属的密度在再结晶阶段发生急剧增高,显然,除与前期点缺陷数目减少有关外,主要是因再结晶阶段中位错密度显著降低所致。

（6）储能释放:当冷变形金属加热到足以引起应力松弛的温度时,储能就被释放出来。在回复阶段,各材料释放的储存能量均较小,再结晶晶粒出现的温度对应于储能释放曲线的高峰处。

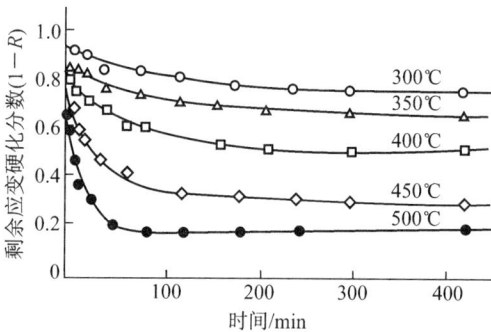

图 4.57　同一变形程度的多晶体铁在不同温度退火时,屈服强度的回复动力学曲线

4.3.2　回复

1. 回复动力学

回复是冷变形金属在退火时发生组织性能变化的早期阶段,在此阶段内物理或力学性能(如强度和电阻率等)的回复程度是随温度和时间而变化的。图 4.57 为同一变形程度的多晶体铁在不同温度退火时,屈服强度的回复动力学曲线。图中横坐标为时间,纵坐标为剩余应变硬化分数 $(1-R)$,R 为屈服强度回复率 $=(\sigma_m-\sigma_r)/(\sigma_m-\sigma_0)$,其中 σ_m,σ_r 和 σ_0 分别代表变形后、回复后和完全退火后的屈服强度。显然,$(1-R)$ 越小,即 R 越大,则表示回复程度越大。

回复动力学曲线表明,回复是一个弛豫过程。其特点为:① 没有孕育期;② 在一定温度下,初期的回复速率很大,随后即逐渐变慢,直到趋近于零;③ 每一温度的回复程度有一极限值,退火温度越高,这个极限值也越高,而达到此一极限值所需的时间则越短;④ 预变形量越大,起始的回复速率也越快,晶粒尺寸减小也有利于回复过程的加快。

这种回复特征通常可用一级反应方程来表达:

$$\frac{dx}{dt}=-cx, \tag{4.17}$$

式中,t 为恒温下的加热时间;x 为冷变形导致的性能增量经加热后的残留分数;c 为与材料和温度有关的比例常数;c 值与温度的关系具有典型的热激活过程的特点,可由著名的阿累尼乌斯(Arrhenius)方程来描述:

$$c=c_0 e^{-Q/(RT)}, \tag{4.18}$$

式中,Q 为激活能;R 为气体常数;T 为热力学温度;c_0 为比例常数。

将上式代入一级反应方程中并积分,以 x_0 表示开始时性能增量的残留分数,则得

$$\int_{x_0}^{x}\frac{\mathrm{d}x}{x}=-c_0\mathrm{e}^{-Q/(RT)}\int_0^t\mathrm{d}t,$$

$$\ln\frac{x_0}{x}=c_0t\mathrm{e}^{-Q/(RT)}.$$

在不同温度下,如以回复到相同程度作比较,此时上式的左边为一常数,两边取对数,可得

$$\ln t=A+\frac{Q}{RT},\tag{4.19}$$

式中,A 为常数。作 $\ln t$-$1/T$ 图,如为直线,则由直线斜率可求得回复过程的激活能。

实验研究表明:冷变形铁在回复时,其激活能因回复程度不同而有不同的激活能值。如在短时间回复时求得的激活能与空位迁移能相近,而在长时间回复时求得的激活能则与自扩散激活能相近。这说明对于冷变形铁的回复,不能用一种单一的回复机制来描述。

2. 回复机制

回复阶段的加热温度不同,冷变形金属的回复机制各异。

a. 低温回复　低温时,回复主要与点缺陷的迁移有关。冷变形时产生了大量点缺陷——空位和间隙原子,而从 3.1 节中得知,点缺陷运动所需的热激活较低,因而可在较低温度时就可进行。它们可迁移至晶界(或金属表面),并通过空位与位错的交互作用、空位与间隙原子的重新结合,以及空位聚合起来形成空位对、空位群和空位片——崩塌成位错环而消失,从而使点缺陷密度明显下降。故对点缺陷很敏感的电阻率此时也明显下降。

b. 中温回复　加热温度稍高时,会发生位错运动和重新分布。回复的机制主要与位错的滑移有关:同一滑移面上异号位错可以相互吸引而抵消;位错偶极子的两条位错线相消等。

c. 高温回复　高温($\sim 0.3T_m$)时,刃型位错可获得足够的能量产生攀移。攀移产生了两个重要的后果:① 使滑移面上不规则的位错重新分布,刃型位错垂直排列成墙,这种分布可显著降低位错的弹性畸变能,因此,可看到对应于此温度范围,有较大的应变能释放。② 沿垂直于滑移面方向排列并具有一定取向差的位错墙(小角度亚晶界),以及由此所产生的亚晶,即多边化结构。

显然,高温回复多边化过程的驱动力主要来自应变能的下降。多边化过程产生的条件:① 塑性变形使晶体点阵发生弯曲;② 在滑移面上有塞积的同号刃型位错;③ 须加热到较高的温度,使刃型位错能够产生攀移运动。多边化后刃型位错的排列情况如图 4.58 所示,故形成了亚晶界。一般认为,在产生单滑移的单晶体中多边化过程最为典型;而在多晶体中,由于容易发生多系滑移,不同滑移系上的位错往往缠结在一起,会形成胞状组织,故多晶体的高温回复机制比单晶体更为复杂,但从本质上看也包含位错的滑移和攀移。通过攀移使同一滑移面上异号位错相抵消,位错密度下降,位错重排成较稳定的组态,构成亚晶界,形成回复后的亚晶结构。

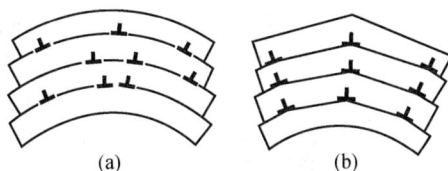

图 4.58　位错在多边化过程中重新分布
(a) 多边化前刃型位错散乱分布;
(b) 多边化后刃型位错排列成位错壁

从上述回复机制可以理解,回复过程中电阻率的明显下降,主要是由于过量空位的减少和位错应变能的降低;内应力的降低主要是由于晶体内弹性应变的基本消除;硬度及强度下降不

多则是由于位错密度下降不多,亚晶还较细小之故。

据此,回复退火主要是用作去应力退火,使冷加工的金属在基本上保持加工硬化状态的条件下降低其内应力,以避免变形并改善工件的耐蚀性。

4.3.3 再结晶

将冷变形后的金属加热到一定温度之后,在原变形组织中重新产生了无畸变的新晶粒,而性能也发生了明显的变化并恢复到变形前的状况,这个过程称之为再结晶。因此,与前述回复的变化不同,再结晶是一个显微组织重新改组的过程。

再结晶的驱动力是变形金属经回复后未被释放的储存能(相当于变形总储能的90%)。通过再结晶退火可以消除冷加工的影响,故在实际生产中起着重要作用。

1. 再结晶过程

再结晶是一种形核和长大过程,即通过在变形组织的基体上产生新的无畸变再结晶晶核,并通过逐渐长大形成等轴晶粒,从而取代全部变形组织的过程。不过,再结晶的晶核不是新相,其晶体结构并未改变,这是与其他固态相变不同的地方。

a. 形核 再结晶时,晶核是如何产生的?透射电镜观察表明,再结晶晶核是现存于局部高能量区域内的,以多边化形成的亚晶为基础形核。由此提出了几种不同的再结晶形核机制:

(1)晶界弓出形核。对于变形程度较小(一般小于20%)的金属,其再结晶核心多以晶界弓出方式形成,即应变诱导晶界移动,或称为凸出形核机制。

当变形度较小时,各晶粒之间将由于变形不均匀性而引起位错密度的不同。如图4.59所示,A,B两相邻晶粒中,若B晶粒因变形度较大而具有较高的位错密度时,则经多边化后,其中所形成的亚晶尺寸也相对较为细小。于是,为了降低系统的自由能,在一定温度条件下,晶界处A晶粒的某些亚晶将开始通过晶界弓出迁移而凸入B晶粒中,以吞食B晶粒中亚晶的方式,开始形成无畸变的再结晶晶核。

再结晶时,晶界弓出形核的能量条件可根据图4.60所示的模型推导。设弓出的晶界由位置Ⅰ移到位置Ⅱ时扫过的体积为dV,其面积为dA,由此而引起的单位体积总的自由能变化为ΔG,令晶界的表面能为γ,而冷变形晶粒中单位体积的储存能为E_s。假定晶界扫过地方的储存能全部释放,则弓出的晶界由位置Ⅰ移到位置Ⅱ时的自由能变化

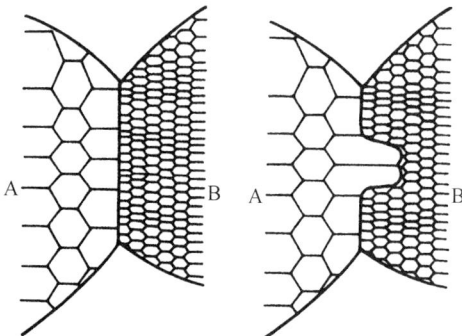

图4.59 具有亚晶粒组织晶粒间的凸出形核示意图

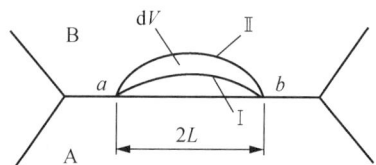

图4.60 晶界弓出形核模型

$$\Delta G = -E_s + \gamma \frac{dA}{dV}。 \qquad (4.20)$$

对一个任意曲面,可以定义两个主曲率半径 r_1 与 r_2,当这个曲面移动时,有

$$\frac{dA}{dV} = \frac{1}{r_1} + \frac{1}{r_2}。 \qquad (4.21)$$

如果该曲面为一球面,则 $r_1 = r_2 = r$,而

$$\frac{dA}{dV} = \frac{2}{r}。 \qquad (4.22)$$

故,当弓出的晶界为一球面时,其自由能变化

$$\Delta G = -E_s + \frac{2\gamma}{r}。 \qquad (4.23)$$

显然,若晶界弓出段两端 a,b 固定,且 γ 值恒定,则开始阶段随 ab 弓出而弯曲,r 逐渐减小,ΔG 值增大,当 r 达到最小值($r_{min} = \frac{ab}{2} = L$)时,$\Delta G$ 将达到最大值。此后,若继续弓出,由于 r 的增大而使 ΔG 减小,于是,晶界将自发地向前推移。因此,一段长为 $2L$ 的晶界,其弓出形核的能量条件为 $\Delta G < 0$,即

$$E_s \geqslant \frac{2\gamma}{L}。 \qquad (4.24)$$

这样,再结晶的形核将在现成晶界上两点间距离为 $2L$,而弓出距离大于 L 的凸起处进行。使弓出距离达到 L 所需的时间即为再结晶的孕育期。

(2) 亚晶形核。此机制一般是在大的变形度下发生。前面已述及,当变形度较大时,晶体中位错不断增殖,由位错缠结组成的胞状结构,将在加热过程中发生胞壁平直化,并形成亚晶。借助亚晶作为再结晶的核心,其形核机制又可分为以下两种:

① 亚晶合并机制。在回复阶段形成的亚晶,其相邻亚晶边界上的位错网络通过解离、拆散,以及位错的攀移与滑移,逐渐转移到周围其他亚晶界上,从而导致相邻亚晶边界的消失和亚晶的合并。合并后的亚晶,由于尺寸增大,以及亚晶界上位错密度的增加,使相邻亚晶的位向差相应增大,并逐渐转化为大角度晶界,它比小角度晶界具有大得多的迁移率,故可以迅速移动,清除其移动路程中存在的位错,使在它后面留下无畸变的晶体,从而构成再结晶核心。在变形程度较大且具有高层错能的金属中,多以这种亚晶合并机制形核。

② 亚晶迁移机制。由于位错密度较高的亚晶界,其两侧亚晶的位向差较大,故在加热过程中容易发生迁移并逐渐变为大角度晶界,于是就可将它作为再结晶核心而长大。此机制常出现在变形度很大的低层错能金属中。

上述两机制都是依靠亚晶粒的粗化来发展为再结晶核心的。亚晶粒本身是在剧烈应变的基体通过多边化形成的,几乎无位错的低能量地区,它通过消耗周围的高能量区长大成为再结晶的有效核心,因此,随着形变度的增大,会产生更多的亚晶而有利于再结晶形核。这就可解释:再结晶后的晶粒为什么会随着变形度的增大而变细的问题。

图 4.61 为三种再结晶形核方式的示意图。

b. 长大 再结晶晶核形成之后,它就借界面的移动而向周围畸变区域长大。界面迁移的推动力是无畸变的新晶粒本身与周围畸变的母体(即旧晶粒)之间的应变能差,晶界总是背离其曲率中心,向着畸变区域推进,直到全部形成无畸变的等轴晶粒为止,再结晶即告完成。

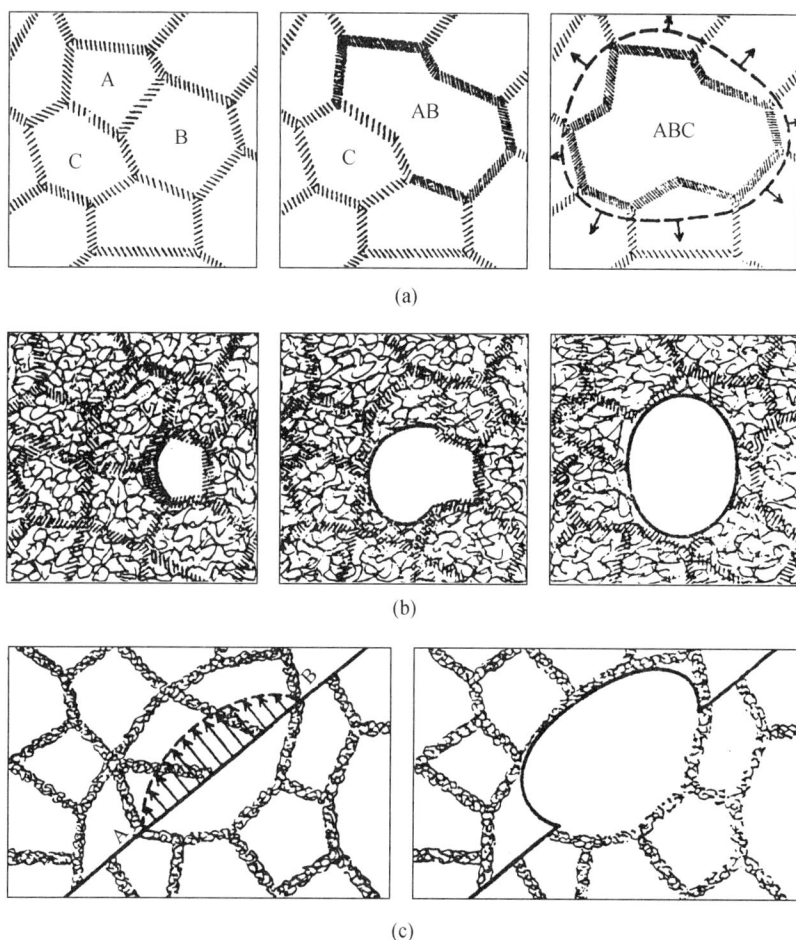

(a)

(b)

(c)

图 4.61　三种再结晶形核方式的示意图

（a）亚晶粒合并形核；（b）亚晶粒长大形核；（c）凸出形核

2. 再结晶动力学

再结晶动力学决定于形核率 $\dot{N}$ 和长大速率 G 的大小。若以纵坐标表示已发生再结晶的体积分数，横坐标表示时间，则由试验得到的恒温动力学曲线具有图 4.62 所示的典型"S"曲线特征。该图表明，再结晶过程有一孕育期，且再结晶开始时的速度很慢，随之逐渐加快，至再结晶的体积分数约为 50% 时速度达到最大，最后又逐渐变慢，这与回复动力学有明显的区别。

Johnson 和 Mehl 在假定均匀形核、晶核为球形、$\dot{N}$ 和 G 不随时间而改变的情况下，推导出在恒温下经过 t 时间后，已经再结晶的体积分数 φ_R，可用下式表示：

$$\varphi_R = 1 - \exp\left(\frac{-\pi \dot{N} G^3 t^4}{3}\right)。 \tag{4.25}$$

这就是约翰逊-梅厄方程，它适用于符合上述假定条件的任何相变（一些固态相变倾向于在晶界形核生长，不符合均匀形核条件，此方程就不能直接应用）。用它对 Al 的计算结果与实验符合。

但是，由于恒温再结晶时的形核率 $\dot{N}$ 是随时间的增加而呈指数关系衰减的，故通常采用阿弗拉密（Avrami）方程进行描述，即

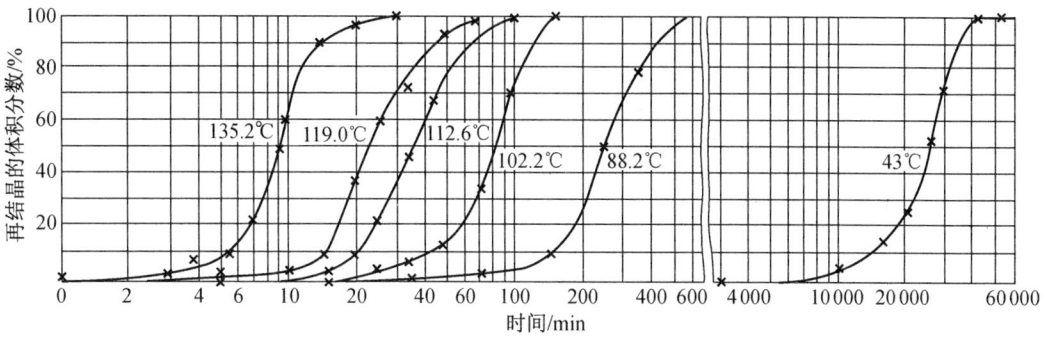

图 4.62　经 98% 冷轧的纯铜(质量分数 w_{Cu} 为 99.999%)在不同温度下的等温再结晶曲线

$$\varphi_R = 1 - \exp(-Bt^K)$$

或

$$\lg\ln\frac{1}{1-\varphi_R} = \lg B + K\lg t,\qquad(4.26)$$

式中,B 和 K 均为常数,可通过实验确定:作 $\lg\ln\dfrac{1}{1-\varphi_R}$-$\lg t$ 图,直线的斜率即为 K 值,直线的截距为 $\lg B$。

等温温度对再结晶速率 v 的影响可用阿累尼乌斯公式表示之,即 $v = A e^{-Q/(RT)}$,而再结晶速率和产生某一体积分数 φ_R 所需的时间 t 成反比,即 $v \propto \dfrac{1}{t}$,故此,

$$\frac{1}{t} = A' e^{-Q/(RT)},\qquad(4.27)$$

式中,A' 为常数;Q 为再结晶的激活能;R 为气体常数;T 为热力学温度。对上式两边取对数,则得

$$\ln\frac{1}{t} = \ln A' - \frac{Q}{R}\cdot\frac{1}{T}。\qquad(4.28)$$

应用常用对数($2.3\lg x = \ln x$),可得 $\dfrac{1}{T} = \dfrac{2.3R}{Q}\lg A' + \dfrac{2.3R}{Q}\lg t$。作 $\dfrac{1}{T}$-$\lg t$ 图,直线的斜率为 $2.3R/Q$。作图时常以 φ_R 为 50% 时作为比较标准(见图 4.63)。照此方法求出的再结晶激活能是一定值,它与回复动力学中求出的激活能因回复程度而改变是有区别的。

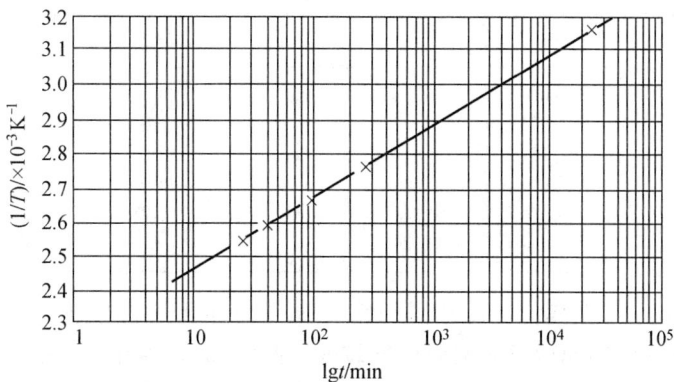

图 4.63　经 98% 冷轧的纯铜(质量分数 w_{Cu} 为 99.999%)在不同温度下等温再结晶时的 $\dfrac{1}{T}$-$\lg t$ 图

和等温回复的情况相似,在两个不同的恒定温度产生同样程度的再结晶时,可得

$$\frac{t_1}{t_2} = e^{-\frac{Q}{R}\left(\frac{1}{T_2} - \frac{1}{T_1}\right)} \tag{4.29}$$

这样,若已知某晶体的再结晶激活能及此晶体在某恒定温度完成再结晶所需的等温退火时间,就可计算出它在另一温度等温退火时完成再结晶所需的时间。例如,H70 黄铜的再结晶激活能为 251kJ/mol,它在 400℃的恒温下完成再结晶需要 1h,若在 390℃的恒温下完成再结晶就需要 1.97h。

3. 再结晶温度及其影响因素

由于再结晶可以在一定温度范围内进行,为了便于讨论和比较不同材料再结晶的难易,以及各种因素的影响,须对再结晶温度进行定义。

冷变形金属开始进行再结晶的最低温度称为再结晶温度,它可用金相法或硬度法测定,即以显微镜中出现第一颗新晶粒时的温度或以硬度下降 50% 所对应的温度,定为再结晶温度。在工业生产中,则通常以经过大变形量(~70%以上)的冷变形金属,经 1h 退火能完成再结晶($\varphi_R \geqslant 95\%$)所对应的温度,定为再结晶温度。

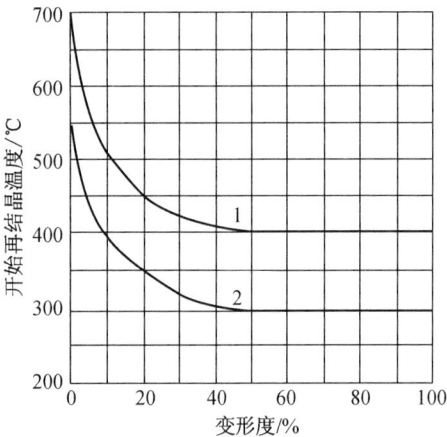

图 4.64 铁和铝的开始再结晶温度与预先冷变形程度的关系
1—电解铁;2—铝(质量分数 w_{Al} 为 99%)

再结晶温度并不是一个物理常数,它不仅随材料而改变,同一材料其冷变形程度、原始晶粒度等因素也影响着再结晶温度。

a. 变形程度的影响 随着冷变形程度的增加,储能也增多,再结晶的驱动力就越大,因此再结晶温度越低(见图 4.64),同时等温退火时的再结晶速度也越快。但当变形量增大到一定程度后,再结晶温度就基本上稳定不变了。对工业纯金属,经强烈冷变形后的最低再结晶温度 $T_R(K)$ 约等于其熔点 $T_m(K)$ 的 0.35~0.4。表 4.9 列出了一些金属的再结晶温度。

注意,在给定温度下发生再结晶需要一个最小变形量(临界变形度)。低于此变形度,不发生再结晶。

表 4.9 一些金属的再结晶温度(T_R)(工业纯,经强烈冷变形,在 1h 退火后完全再结晶)

金 属	再结晶温度/℃	熔点/℃	T_R/T_m	金 属	再结晶温度/℃	熔点/℃	T_R/T_m
Sn	<15	232	—	Cu	200	1 083	0.35
Pb	<15	327	—	Fe	450	1 538	0.40
Zn	15	419	0.43	Ni	600	1 455	0.51
Al	150	660	0.45	Mo	900	2 625	0.41
Mg	150	650	0.46	W	1200	3 410	0.40
Ag	200	960	0.39				

b. 原始晶粒尺寸 在其他条件相同的情况下,金属的原始晶粒越细小,则变形的抗力越大,冷变形后储存的能量较高,再结晶温度则较低。此外,晶界往往是再结晶形核的有利地区,故细晶粒金属的再结晶形核率 $\dot{N}$ 和长大速率 $\dot{G}$ 均增加,所形成的新晶粒更细小,再结晶温度也将降低。

c. 微量溶质原子　微量溶质原子的存在对金属的再结晶有很大的影响。表 4.10 列出了一些微量溶质原子对冷变形纯铜的再结晶温度的影响。微量溶质原子的存在能显著提高再结晶温度的原因,可能是溶质原子与位错及晶界间存在着交互作用,使溶质原子倾向于在位错及晶界处偏聚,对位错的滑移与攀移和晶界的迁移起着阻碍作用,从而不利于再结晶的形核和核的长大,阻碍了再结晶过程。

表 4.10　微量溶质元素对光谱纯铜(质量分数 w_{Cu} 为 99.999%)50%再结晶温度的影响

材　　　料	50%再结晶的温度/℃	材　　　料	50%再结晶的温度/℃
光谱纯铜	140	光谱纯铜中加入 Sn (w_{Sn}=0.01%)	315
光谱纯铜中加入 Ag (w_{Ag}=0.01%)	205	光谱纯铜中加入 Sb (w_{Sb}=0.01%)	320
光谱纯铜中加入 Cd (w_{Cd}=0.01%)	305	光谱纯铜中加入 Te (w_{Te}=0.01%)	370

d. 第二相粒子　第二相粒子的存在既可能促进基体金属的再结晶,也可能阻碍再结晶,这主要取决于基体上分散相粒子的大小及其分布。当第二相粒子尺寸较大,间距较宽(一般大于 1 μm)时,再结晶核心能在其表面产生。在钢中常可见到再结晶核心在夹杂物 MnO 或第二相粒状 Fe_3C 表面上产生;当第二相粒子尺寸很小且又较密集时,则会阻碍再结晶的进行,在钢中常加入 Nb、V 或 Al 形成 NbC,V_4C_3,AlN 等尺寸很小的化合物(<100 nm),它们会抑制形核。

e. 再结晶退火工艺参数　加热速度、加热温度与保温时间等退火工艺参数,对变形金属的再结晶有着不同程度的影响。

若加热速度过于缓慢时,变形金属在加热过程中有足够的时间进行回复,使点阵畸变度降低,储能减小,从而使再结晶的驱动力减小,再结晶温度上升。但是,极快速度的加热也会因在各温度下停留时间过短而来不及形核与长大,致使再结晶温度升高。

当变形程度和退火保温时间一定时,退火温度越高,再结晶速度越快,产生一定体积分数的再结晶所需要的时间也越短,再结晶后的晶粒越粗大。

至于在一定范围内延长保温时间会降低再结晶温度的情况,如图 4.65 所示。

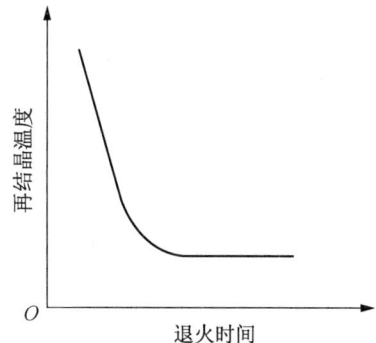

图 4.65　退火时间与再结晶温度的关系

4. 再结晶后的晶粒大小

再结晶完成以后,位错密度较小的新的无畸变晶粒取代了位错密度很高的冷变形晶粒。由于晶粒大小对材料性能将产生重要影响,因此,调整再结晶退火参数,控制再结晶的晶粒尺寸,在生产中具有一定的实际意义。

利用约翰逊-梅厄方程,可以证明再结晶后晶粒尺寸 d 与 $\dot{N}$ 和长大速率 $\dot{G}$ 之间存在着下列关系:

$$d = 常数 \cdot \left(\frac{\dot{G}}{\dot{N}}\right)^{\frac{1}{4}}。\tag{4.30}$$

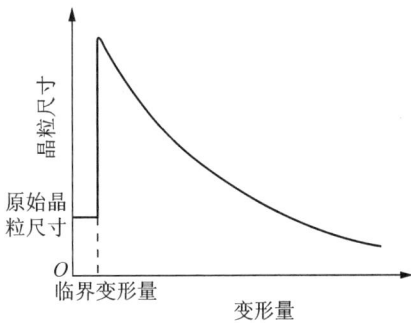

图 4.66 变形量与再结晶
晶粒尺寸的关系

由此可见,凡是影响 $\dot{N},\dot{G}$ 的因素,均影响再结晶的晶粒大小。$\dot{G}/\dot{N}$ 越小,则晶粒尺寸越小,即小的晶粒长大速度和大的形核率有利于晶粒细化。

a. 变形度的影响 冷变形程度对再结晶后晶粒大小的影响如图 4.66 所示。当变形程度很小时,晶粒尺寸即为原始晶粒的尺寸,这是因为变形量过小,造成的储存能不足以驱动再结晶,所以晶粒大小没有变化。当变形程度增大到一定数值后,此时的畸变能已足以引起再结晶,但由于变形程度不大,$\dot{N}/\dot{G}$ 比值很小,因此得到特别粗大的晶粒。通常,把对应于再结晶后得到特别粗大晶粒的变形程度称为"临界变形度",一般金属的临界变形度约为 $2\%\sim10\%$。在生产实践中,要求细晶粒的金属材料应当避开这个变形量,以免恶化工件的性能。

当变形量大于临界变形量之后,驱动形核与长大的储存能不断增大,而且形核率 $\dot{N}$ 增大较快,使 $\dot{N}/\dot{G}$ 变大,因此,再结晶后晶粒细化,且变形度越大,晶粒越细化。

b. 退火温度的影响 退火温度对刚完成再结晶时晶粒尺寸的影响比较弱,这是因为它对 $\dot{N}/\dot{G}$ 比值影响微弱。但提高退火温度可使再结晶的速度显著加快,临界变形度数值变小(见图 4.67)。若再结晶过程已完成,随后还有一个晶粒长大阶段很明显,则温度越高晶粒越粗。

如果将变形程度、退火温度及再结晶后晶粒大小的关系表示在一个立体图上,就构成了所谓"再结晶全图"(参见 4.3.5 节),它对于控制冷变形后退火的金属材料的晶粒大小有很好的参考价值。

此外,原始晶粒大小、杂质含量,以及形变温度等均对再结晶后的晶粒大小有影响,在此不一一叙述。

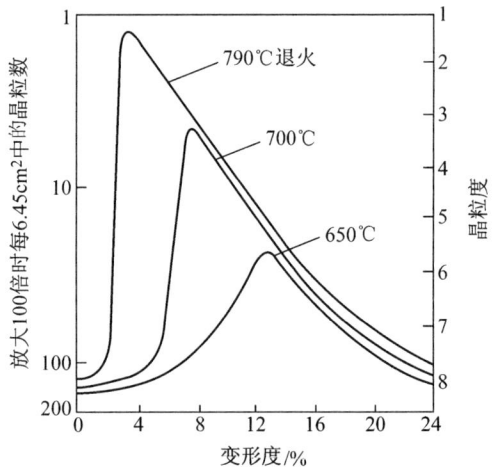

图 4.67 低碳钢(质量分数 w_C 为 0.06%)变形度及退火温度对再结晶后晶粒大小的影响

4.3.4 晶粒长大

再结晶结束后,材料通常得到细小等轴晶粒,若继续提高加热温度或延长加热时间,则将引起晶粒进一步长大。

对晶粒长大而言,晶界移动的驱动力通常来自总的界面能的降低。晶粒长大按其特点可分为两类:正常晶粒长大与异常晶粒长大(二次再结晶),前者表现为大多数晶粒几乎同时逐渐均匀长大;而后者则为少数晶粒突发性的不均匀长大。

1. 晶粒的正常长大及其影响因素

再结晶完成后,晶粒长大是一自发过程。从整个系统而言,晶粒长大的驱动力是降低其总界面能。若就个别晶粒长大的微观过程来说,晶粒界面的不同曲率是造成晶界迁移的直接原因。实际上晶粒长大时,晶界总是向着曲率中心的方向移动,并不断平直化。因此,晶粒长大过程就是"大吞并小"和凹面变平的过程。在二维坐标中,晶界平直且夹角为 120° 的六边形是二维晶粒的最终稳定形状。

正常晶粒长大时,晶界的平均移动速度 $\bar{v}$ 由下式决定:

$$\bar{v} = \overline{mp} = \bar{m}\frac{2\gamma_b}{\bar{R}} \approx \frac{d\bar{D}}{dt}, \tag{4.31}$$

式中,$\bar{m}$ 为晶界的平均迁移率;$\bar{p}$ 为晶界的平均驱动力;$\bar{R}$ 为晶界的平均曲率半径;γ_b 为单位面积的晶界能;$\frac{d\bar{D}}{dt}$ 为晶粒平均直径的增大速度。对于大致上均匀的晶粒组织而言,$\bar{R} \approx \bar{D}/2$,而 $\bar{m}$ 和 γ_b 对各种金属在一定温度下均可看作常数。因此上式可写成:

$$K\frac{1}{\bar{D}} = \frac{d\bar{D}}{dt}。 \tag{4.32}$$

分离变量并积分,可得

$$\bar{D}_t^2 - \bar{D}_0^2 = K't,$$

式中,$\bar{D}_0$ 为恒定温度情况下的起始平均晶粒直径;$\bar{D}_t$ 为 t 时间时的平均晶粒直径;K' 为常数。

若 $\bar{D}_t \gg \bar{D}_0$,则上式中 $\bar{D}_0^2$ 项可略去不计,则近似有

$$\bar{D}_t^2 = K't \quad 或 \quad \bar{D}_t = Ct^{1/2}, \tag{4.33}$$

式中,$C = \sqrt{K'}$。这表明在恒温下发生正常晶粒长大时,平均晶粒直径随保温时间的平方根而增大。这与一些实验所表明的恒温下的晶粒长大结果是符合的,如图 4.68 所示。

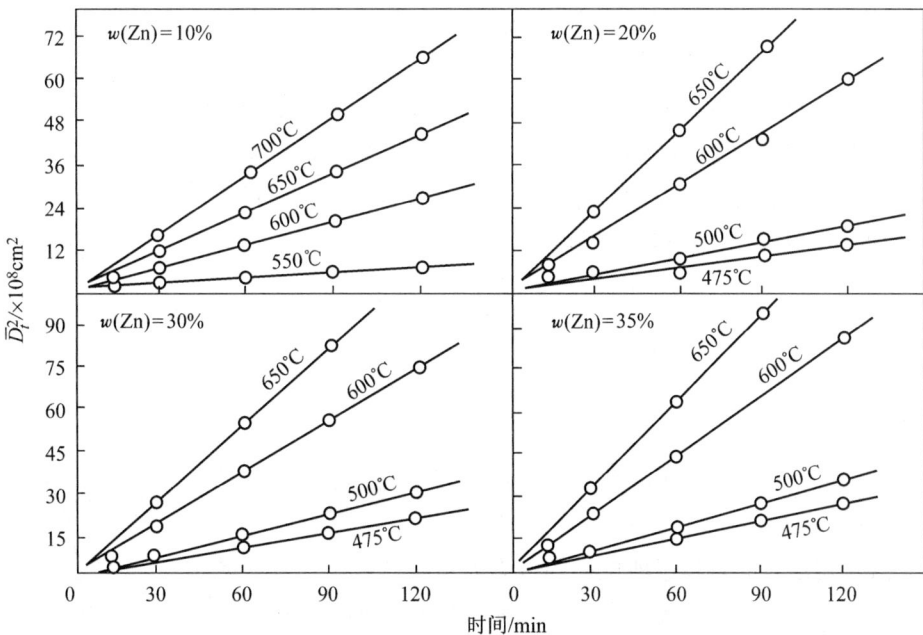

图 4.68　α 黄铜在恒温下的晶粒长大曲线

但当金属中存在阻碍晶界迁移的因素(如杂质)时。t 的指数项常小于 $1/2$,所以一般可表示为 $\overline{D}_t = Ct^n$。

由于晶粒长大是通过大角度晶界的迁移来进行的,因而所有影响晶界迁移的因素均对晶粒长大有影响。

a. 温度 由图 4.68 可看出,温度越高,晶粒的长大速度也越快。这是因为晶界的平均迁移率 $\overline{m}$ 与 $e^{-Q_m/(RT)}$ 成正比(Q_m 为晶界迁移的激活能或原子扩散通过晶界的激活能)。因此,将其代入(4.31)式,恒温下的晶粒长大速度与温度的关系存在如下关系式:

$$\frac{d\overline{D}}{dt} = K_1 \frac{1}{D} e^{-Q_m/(RT)}, \qquad (4.34)$$

式中,K_1 为常数。将上式积分,则

$$\overline{D}_t^2 - \overline{D}_0^2 = K_2 e^{-Q_m/(RT)} \cdot t \qquad (4.35)$$

或

$$\lg\left(\frac{\overline{D}_t^2 - \overline{D}_0^2}{t}\right) = \lg K_2 - \frac{Q_m}{2.3RT}。$$

若将实验所测得的数据绘于 $\lg\left(\dfrac{\overline{D}_t^2 - \overline{D}_0^2}{t}\right) - \dfrac{1}{T}$ 坐标中应构成直线,直线的斜率为 $-Q_m/(2.3R)$。

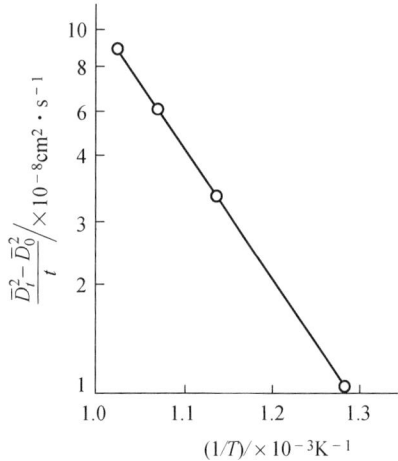

图 4.69 为 H90 黄铜的晶粒长大速度 $\dfrac{\overline{D}_t^2 - \overline{D}_0^2}{t}$ 与 $\dfrac{1}{T}$ 的关系,它呈线性关系,由此求得 H90 黄铜的晶界移动的激活能 Q_m 为 73.6kJ/mol。

图 4.69 α 黄铜(质量分数 w(Zn)为 10%)的晶粒长大速度 $\dfrac{\overline{D}_t^2 - \overline{D}_0^2}{t}$ 与 $\dfrac{1}{T}$ 的关系

b. 分散相粒子 当合金中存在第二相粒子时,由于分散颗粒对晶界的阻碍作用,从而使晶粒长大速度降低。为讨论方便,假设第二相粒子为球形,其半径为 r,单位面积的晶界能为 γ_b,当第二相粒子与晶界的相对位置如图 4.70(a)所示时,其晶界面积减小 πr^2,晶界能则减小 $\pi r^2 \gamma_b$,从而处于晶界能最小状态,同时此时粒子与晶界处于力学平衡的位置。第二相颗粒对晶界的钉扎了主要取决于颗粒的尺寸(半径 r)和数目(N)。假设颗粒的体积为 V,其宽度为 $2r$,则单位面积的颗粒数(n)可表述为

$$n = \frac{N}{V/2r} = \frac{N \cdot 2r}{V},$$

由于

$$\frac{N}{V} = \frac{\varphi}{4/3\pi r^3},$$

所以

$$n = \frac{\varphi}{4/3\pi r^3} \times 2r = \frac{3\varphi}{2\pi r^2}。$$

式中,φ 是体积分数。

晶界沿其移动方向对粒子所施加的拉力为

$$F = 2\pi r\cos\theta \cdot \gamma_b \sin\theta = \pi r\gamma_b \sin 2\theta, \qquad (4.36)$$

根据牛顿第二定律,此力也等于在晶界移动的相反方向粒子对晶界移动所施加的后拉力或约束力,当 $\theta = 45°$ 时,此约束力为最大,即

$$F_{max} = \pi r \gamma_b。 \tag{4.37}$$

因此,单位面积的第二相颗粒对晶界的总的约束力为

$$F_{total} = F_{max} \times n = \pi r \gamma_b \times \frac{3\varphi}{2\pi r^2} = \frac{3\varphi}{2r} \times \gamma_b。$$

由(4.31)式可知,晶界的平均驱动力为 $2\gamma_b / \overline{R}$,其应力等于颗粒对晶界的约束力,则有:

$$\frac{2\gamma_b}{\overline{R}} = \frac{3\varphi}{2r}\gamma_b。$$

令极限平均晶粒尺寸等于晶界平均曲率半径,即

$$\overline{D}_{lim} = \overline{R} = \frac{4r}{3\varphi}。 \tag{4.38}$$

由上式可知,第二相颗粒尺寸越小,或体积分数越大,极限平均晶粒尺寸越小,即第二相颗粒对晶粒细化的作用越强。即使如此,晶粒细化的尺寸总是大于第二相颗粒尺寸,因为第二相颗粒的体积分数很小,通常为 10^{-2} 数量级。上述的考虑来自 Zener,所以以他的名字命名上述的效应,称为 Zener(甑纳)拖曳(Zener drag")或 Zener 钉扎(Zener pinning)。

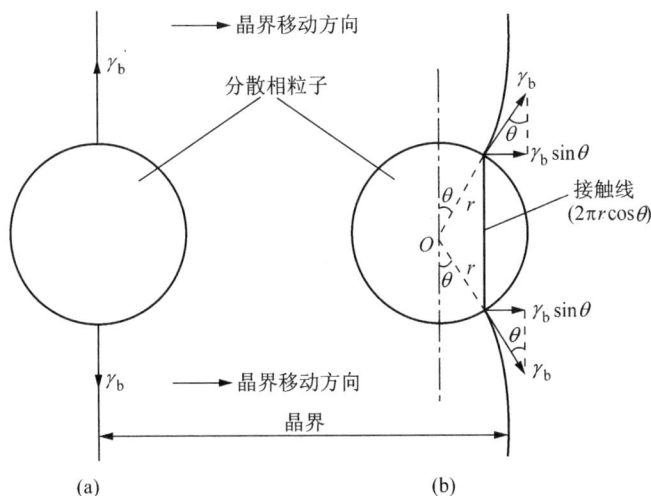

图 4.70　粒子钉扎晶界的 Zener 纳拖曳效应示意图

c. 晶粒间的位向差　实验表明,相邻晶粒间的位向差对晶界的迁移有很大影响。当晶界两侧的晶粒位向较为接近或具有孪晶位向时,晶界迁移速度很小。但若晶粒间具有大角晶界的位向差时,则由于晶界能和扩散系数相应增大,因而其晶界的迁移速度也随之加快。

d. 杂质与微量合金元素　图 4.71 所示为微量 Sn 在高纯 Pb 中,对 300℃时晶界迁移速度的影响。从中可见,当 Sn 在纯 Pb 中 $w(Sn)$ 由小于 1×10^{-6} 增加到 60×10^{-6} 时,一般晶界的迁移速度降低约 4 个数量级。通常认为,由于微量杂质原子与晶界的交互作用及其在晶界区域的吸附,形成了一种阻碍晶界迁移的"气团"(如 Cottrell 气团对位错运动的钉扎),从而随着杂质含量的增加,显著降低了晶界的迁移速度。但是,如图中虚线所示,微量杂质原子对某些具有特殊位向差的晶界迁移速度影响较小,这可能与该类晶界结构中的点阵重合性较高,从而不利于杂质原子的吸附有关。

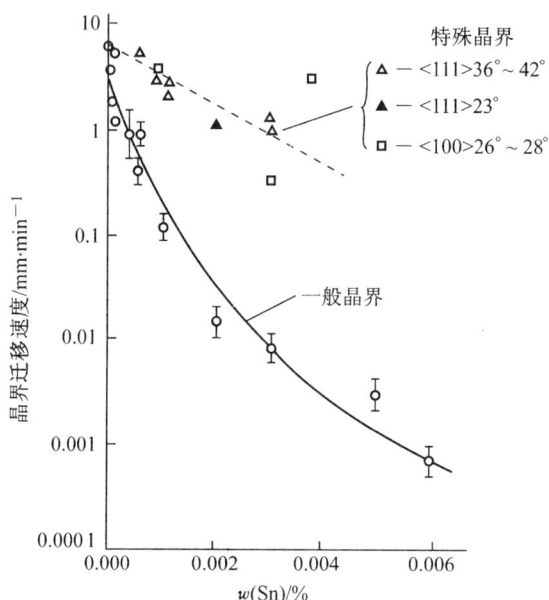

图 4.71 300℃时,微量锡对区域提纯的高纯铅的晶界迁移速度的影响

2. 异常晶粒长大(二次再结晶)

异常晶粒长大又称不连续晶粒长大或二次再结晶,是一种特殊的晶粒长大现象。

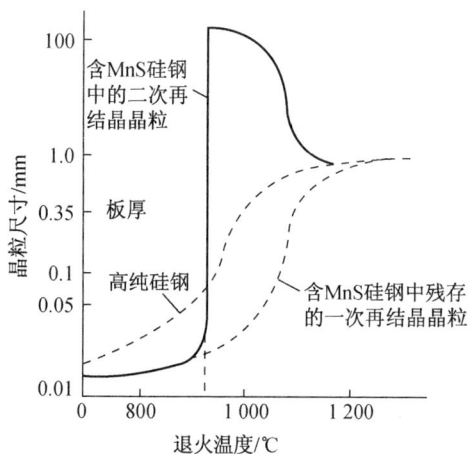

图 4.72 纯的和含 MnS 的 Fe-3Si 合金
(冷轧到 0.35mm 厚,ε=50%)
在不同温度退火 1h 的晶粒尺寸

发生异常晶粒长大的基本条件是正常晶粒长大过程被分散相微粒、织构或表面的热蚀沟等所强烈阻碍。当晶粒细小的一次再结晶组织被继续加热时,上述阻碍正常晶粒长大的因素一旦开始消除时,少数特殊晶界将迅速迁移,这些晶粒一旦长到超过它周围的晶粒时,由于大晶粒的晶界总是凹向外侧的,因而晶界总是向外迁移而扩大,结果它就越长越大,直至互相接触为止,形成二次再结晶。因此,二次再结晶的驱动力来自界面能的降低,而不是来自应变能。它不是靠重新产生新的晶核,而是以一次再结晶后的某些特殊晶粒作为基础而长大的。图 4.72 为纯的和含少量 MnS 的 Fe-3Si 合金(变形度为 50%)于不同温度退火 1h 后晶粒尺寸的变化。可从图中清楚地看到二次再结晶的某些特征。

4.3.5 再结晶退火后的组织

1. 再结晶退火后的晶粒大小

从前面讨论得知,再结晶退火后的晶粒大小主要取决于预先变形度和退火温度。通常,变形度越大,退火后的晶粒越细小,而退火温度越高,则晶粒越粗大。若将再结晶退火后的晶粒大小与冷变形量和退火温度间的关系绘制成三维图形,即构成静态再结晶图。

图 4.73 为工业纯铝的再结晶图。在图中发现在临界变形度下和二次再结晶阶段有两个粗大晶粒区。因此,尽管再结晶图不可能将所有影响晶粒尺寸的因素都反映出来,但对制定冷变形金属材料的退火工艺规范,控制其晶粒尺寸,有很好的参考价值。

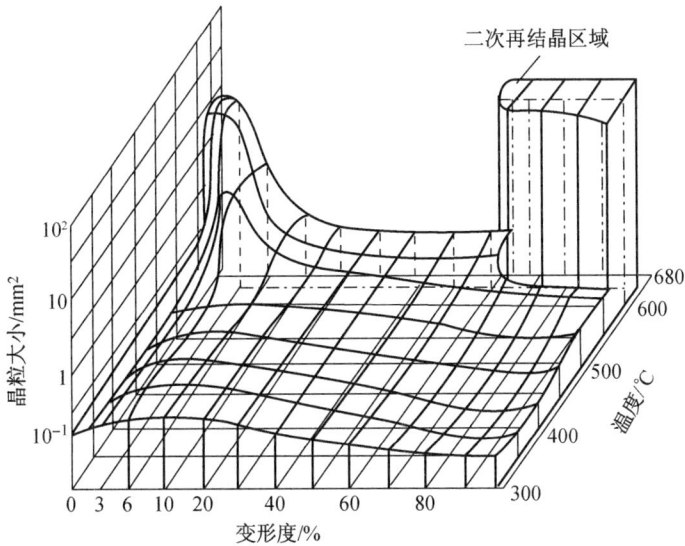

图 4.73 工业纯铝的再结晶图

2. 再结晶织构

通常具有变形织构的金属经再结晶后的新晶粒若仍具有择优取向,称为再结晶织构。

再结晶织构与原变形织构之间可存在以下三种情况:① 与原有的织构相一致;② 原有织构消失而代之以新的织构;③ 原有织构消失不再形成新的织构。

关于再结晶织构的形成机制,有两种主要的理论:定向生长理论与定向形核理论。

定向生长理论认为:一次再结晶过程中形成了各种位向的晶核,但只有某些具有特殊位向的晶核才可能迅速向变形基体中长大,即形成了再结晶织构。当基体存在变形织构时,其中大多数晶粒取向是相近的,晶粒不易长大,而某些与变形织构呈特殊位向关系的再结晶晶核,其晶界则具有很高的迁移速度,故发生择优生长,并通过逐渐吞食其周围变形基体达到互相接触,形成与原变形织构取向不同的再结晶织构。

定向形核理论认为:当变形量较大的金属组织存在变形织构时,由于各亚晶的位向相近,而使再结晶形核具有择优取向,并经长大形成与原有织构相一致的再结晶织构。

许多研究工作表明,定向生长理论较为接近实际情况,有人还提出了定向形核加择优生长的综合理论,这更符合实际。表 4.11 列出了一些金属及合金的再结晶织构。

表 4.11　一些金属及合金的再结晶织构

冷拔线材的再结晶织构

面心立方金属	$\langle 111 \rangle + \langle 100 \rangle$;以及$\langle 112 \rangle$
体心立方金属	$\langle 110 \rangle$
密排六方金属:	
Be	$\langle 1\bar{1}10 \rangle$
Ti,Zr	$\langle 11\bar{2}0 \rangle$

冷轧板材的再结晶织构

面心立方金属:	
Al,Au,Cu,Cu-Ni,Ni,Fe-Cu-Ni,Ni-Fe,Th Ag,Ag-30%Au,Ag-1%Zn,Cu-5%~39%Zn, Cu-1%~5%Sn,Cu-0.5%Be,Cu-0.5%Cd,	$\{100\}\langle 001 \rangle$
Cu-0.05%P,Cu-10%Fe	$\{113\}\langle 2\bar{1}1 \rangle$
体心立方金属:	
Mo	与变形织构相同
Fe,Fe-Si,V	$\{111\}\langle 2\bar{1}1 \rangle$;以及$\{001\}+\{112\}$且$\langle 110 \rangle$与轧制方向呈15°角
Fe-Si	经两阶段轧制及退火(高斯法)后$\{110\}\langle 001 \rangle$;以及经高温(>1100℃)退火后$\{110\}\langle 001 \rangle$,$\{100\}\langle 001 \rangle$
Ta	$\{111\}\langle 2\bar{1}1 \rangle$
W,<1800℃	与变形织构相同
W,>1800℃	$\{001\}$且$\langle 110 \rangle$与轧制方向呈12°角
密排六方金属	与变形织构相同

3. 退火孪晶

　　某些面心立方金属和合金,如铜及铜合金,镍及镍合金和奥氏体不锈钢等,冷变形后经再结晶退火,其晶粒中会出现如图 4.74 所示的退火孪晶。图中的 A,B,C 代表三种典型的退火孪晶形态:A 为晶界交角处的退火孪晶;B 为贯穿晶粒的完整退火孪晶;C 为一端终止于晶内

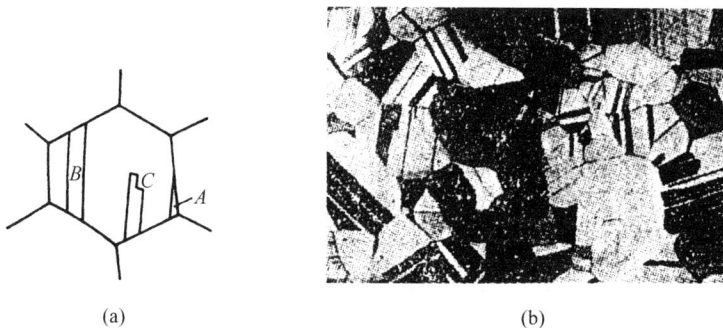

(a)　　　　　　　　　　　　　　　(b)

图 4.74　退火孪晶

(a) 示意图;(b) 纯铜的退火孪晶

的不完整退火孪晶。孪晶带两侧互相平行的孪晶界属于共格的孪晶界,由(111)组成;孪晶带在晶粒内终止处的孪晶界,以及共格孪晶界的台阶处均属于非共格的孪晶界。

在面心立方晶体中形成退火孪晶需在{111}面的堆垛次序中发生层错,即由正常堆垛顺序 $ABCABC\cdots$ 改变为 $AB\bar{C}BACBACBA\bar{C}ABC\cdots$ 如图 4.75 所示,其中 $\bar{C}$ 和 $\bar{C}$ 两面为共格孪晶界面,其间的晶体则构成一退火孪晶带。

关于退火孪晶的形成机制,一般认为退火孪晶是在晶粒生长过程中形成的。如图 4.76 所示,当晶粒通过晶界移动而生长时,原子层在晶界角处(111)面上的堆垛顺序偶然错堆,就会出现一共格的孪晶界,并随之而在晶界角处形成退火孪晶,这种退火孪晶通过大角度晶界的移动而长大。在长大过程中,如果原子在(111)表面再次发生错堆而恢复原来的堆垛顺序,则又形成第二个共格孪晶界,构成了孪晶带。同样,形成退火孪晶必须满足能量条件,层错能低的晶体容易形成退火孪晶。

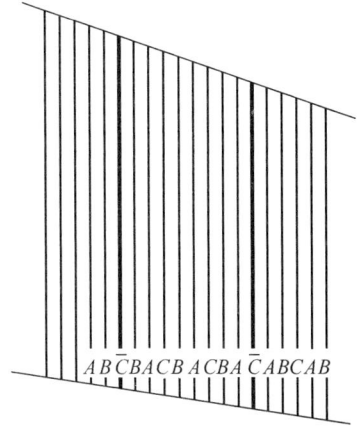

图 4.75 面心立方结构金属形成退火孪晶时(111)面的堆垛次序

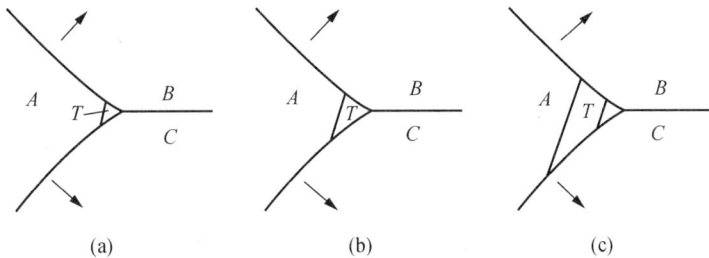

图 4.76 晶粒生长时晶界角处退火孪晶的形成及其长大

4.4 热变形与动态回复、再结晶

工程上常将再结晶温度以上的加工称为"热加工",而把再结晶温度以下而又不加热的加工称为"冷加工"。至于"温加工"则介于两者之间,其变形温度低于再结晶温度,却高于室温。例如,Sn 的再结晶温度为 $-3℃$,故在室温时对 Sn 进行加工系热加工,而 W 的最低再结晶温度为 $1200℃$,在 $1000℃$ 以下拉制钨丝则属于温加工。因此,再结晶温度是区分冷、热加工的分界线。

热加工时,由于变形温度高于再结晶温度,故在变形的同时伴随着回复、再结晶过程。为了与上节讨论的回复、再结晶加以区分,这里称之为动态回复和动态再结晶过程。因此,在热加工过程中,因形变而产生的加工硬化过程与动态回复、再结晶所引起的软化过程是同时存在的,热加工后金属的组织和性能就取决于它们之间相互抵消的程度。

4.4.1 动态回复与动态再结晶

热加工时的回复和再结晶过程比较复杂,按其特征可分为以下五种形式:

（1）动态回复 ⎫
（2）动态再结晶 ⎬ 它们是在热变形时，即在外力和温度共同作用下发生的；

（3）亚动态再结晶——在热加工完毕去除外力后，已在动态再结晶时形成的再结晶核心及正在迁移的再结晶晶粒界面，不必再经过任何孕育期继续长大和迁移；

（4）静态回复 ⎫
（5）静态再结晶 ⎬ 它们是热加工完毕或中断后的冷却过程中，即在无外力作用下发生的。

其中，静态回复和静态再结晶的变化规律与上一节讨论一致，唯一不同之处是，它们利用热加工的余热来进行，而不需要重新加热，故在这里不再进行赘述，下面仅对动态回复和动态再结晶进行论述。

1. 动态回复

通常高层错能金属（如 Al，α-Fe，Zr、Mo 和 W 等）的扩展位错很窄，螺型位错的交滑移和刃型位错的攀移均较易进行，这样就容易从结点和位错网中解脱出来而与异号位错相互抵消，因此，亚组织中的位错密度较低，剩余的储能不足以引起动态再结晶，动态回复是这类金属热加工过程中起主导作用的软化机制。

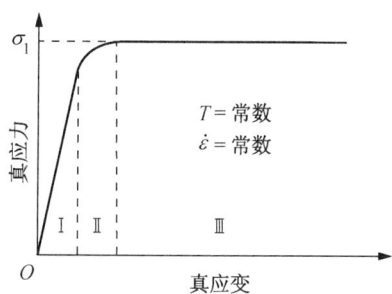

图 4.77 发生动态回复时真应力-真应变曲线的特征

a. 动态回复时应力-应变曲线 图 4.77 为发生动态回复时真应力-真应变曲线。动态回复可以分为三个不同的阶段：

Ⅰ——微应变阶段，应力增大很快，并开始出现加工硬化，总应变<1%。

Ⅱ——均匀应变阶段，斜率逐渐下降，材料并始均匀塑性变形，同时出现动态回复，"加工硬化"部分被动态回复所引起的"软化"所抵消。

Ⅲ——稳态流变阶段，加工硬化与动态回复作用接近平衡，加工硬化率趋于零，出现应力不随应变而增高的稳定状态。稳态流变的应力受温度和应变速率影响很大。

b. 动态回复机制 随着应变量的增加，位错通过增殖，其密度不断增加，开始形成位错缠结和胞状亚结构。但由于热变形温度较高，从而为回复过程提供了热激活条件。通过刃型位错的攀移、螺型位错的交滑移、位错结点的脱钉，以及随后在新滑移面上异号位错相遇而发生抵消等过程，从而使位错密度不断减小。而位错的增殖速率和消亡速率达到平衡时，因而不发生硬化，应力-应变曲线转为水平时的稳态流变阶段。

c. 动态回复时的组织结构 在动态回复所引起的稳态流变过程中，随着持续应变，虽然晶粒沿变形方向伸长呈纤维状，但晶粒内部却保持等轴亚晶无应变的结构，如图 4.78 所示。

动态回复所形成的亚晶，其完整程度、尺寸大小及相邻亚晶间的位向差，主要取决于变形温度和变形速率，有以下关系：

$$d^{-1} = a + b \lg Z。 \tag{4.39}$$

式中，d 是亚晶的平均直径；a，b 为常数；$Z = \dot{\varepsilon} e^{Q/(RT)}$，为用温度修正过的应变速率，其中 Q 为过程激活能；R 为气体常数。

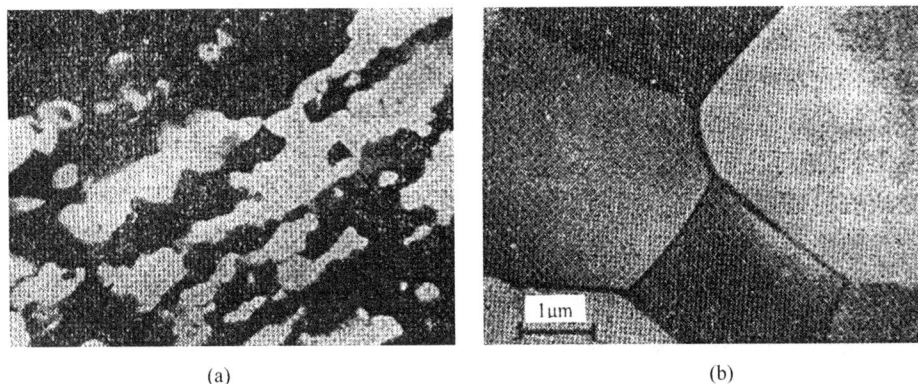

图 4.78　铝在 400℃挤压所形成的动态回复亚晶
(a) 光学显微组织(偏振光 430×)；(b) 透射电子显微组织

2. 动态再结晶

对于低层错能金属(如 Cu，Ni，γ-Fe，不锈钢等)，由于它们的扩展位错宽度很宽，难以通过交滑移和刃型位错的攀移来进行动态回复，因此发生动态再结晶的倾向性大。

a. 动态再结晶时应力-应变曲线　金属发生动态再结晶时真应力-真应变曲线具有图 4.79 所示的特征。在高应变速率下，动态再结晶过程也分三个阶段：

Ⅰ——微应变加工硬化阶段。$\varepsilon < \varepsilon_c$(开始发生动态再结晶的临界应变度)，应力随应变增加而迅速增加，不发生动态再结晶。

Ⅱ——动态再结晶开始阶段。$\varepsilon > \varepsilon_c$，此时虽已经出现动态再结晶软化作用，但加工硬化仍占主导地位。当 $\sigma = \sigma_{max}$ 后，由于再结晶加快，应力将随应变增加而下降。

Ⅲ——稳态流变阶段。$\varepsilon > \varepsilon_s$(发生均匀变形的应变量)，加工硬化与动态再结晶软化达到动态平衡。

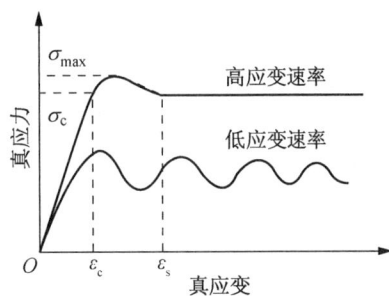

图 4.79　发生动态再结晶时
真应力-真应变曲线

在低应变速率情况下，稳态流变曲线出现波动，主要与变形引起的加工硬化和动态再结晶产生的软化交替作用及周期性变化有关。

注意：当 $t(℃)$ = 常数，随 $\dot{\varepsilon}$ 增加，动态再结晶的应力 - 应变曲线向上，向右移动，σ_{max} 所对应的 ε 增大；而当 ε = 常数，随 $t(℃)$ 提高，应力-应变曲线向下，向左移动，σ_{max} 所对应的 ε 减小。

b. 动态再结晶的机制　在热加工过程中，动态再结晶也是通过形核和长大完成的。动态再结晶的形核方式与 $\dot{\varepsilon}$ 及由此引起的位错组态变化有关。当 $\dot{\varepsilon}$ 较低时，动态再结晶是通过原晶界的弓出机制形核；而当 $\dot{\varepsilon}$ 较高时，则通过亚晶聚集长大方式进行，具体可参考静态再结晶形核机制。

c. 动态再结晶的组织结构　在稳态变形期间，金属的晶粒是等轴的，晶界呈锯齿状。在透射电镜下观察，则晶粒内还包含着被位错所分割的亚晶(见图 4.80)。这与退火时静态再结晶所产生的位错密度很低的晶粒显然不同。故同样晶粒大小的动态再结晶组织的强度和硬度要比静态再结晶组织的高。

动态再结晶后的晶粒大小与流变应力成反比(见图 4.81)。另外,应变速率越低,变形温度越高,则动态再结晶后的晶粒越大,而且越完整。因此,控制应变速率、温度、每道次变形的应变量和间隔时间,以及冷却速度,就可以调整热加工材料的晶粒度和强度。

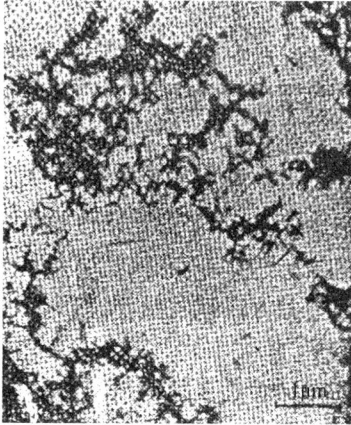

图 4.80 镍在 934℃变形时
($\dot{\varepsilon}=1.63\times10^{-2}\,\mathrm{s}^{-1}$,$\varepsilon=7.0$)动态再结晶
晶粒中被位错所分隔的亚结构

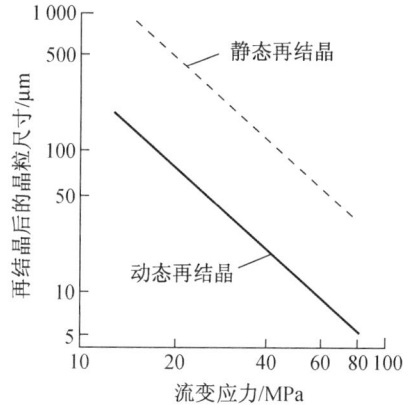

图 4.81 镍再结晶晶粒尺寸与
流变应力之间的关系

此外,溶质原子的存在常常阻碍动态回复,而有利于动态再结晶的发生;在热加工时形成的弥散分布沉淀物,能稳定亚晶粒,阻碍晶界移动,减缓动态再结晶的进行,有利于获得细小的晶粒。

4.4.2 热加工对组织性能的影响

除了铸件和烧结件外,几乎所有的金属材料在制成成品的过程中均须经过热加工,而且不管是中间工序还是最终工序,金属经热加工后,其组织与性能必然会对最终产品性能带来巨大的影响。

1. 热加工对室温力学性能的影响

热加工不会使金属材料发生加工硬化,但能消除铸造中的某些缺陷,如将气孔、疏松焊合;改善夹杂物和脆性物的形状、大小及分布;部分消除某些偏析;将粗大柱状晶、树枝晶变为细小、均匀的等轴晶粒,其结果使材料的致密度和力学性能有所提高。因此,金属材料经热加工后比铸态具有较佳的力学性能。

金属热加工时通过对动态回复的控制,使亚晶细化,这种亚组织可借适当的冷却速度使之保留到室温,具有这种组织的材料,其强度要比动态再结晶的金属高。通常把形成亚组织而产生的强化称为"亚组织强化",它可作为提高金属强度的有效途径。例如,铝及其合金的亚组织强化,钢和高温合金的形变热处理,低合金高强度钢控制轧制等,均与亚晶细化有关。

室温下金属的屈服强度 σ_s 与亚晶平均直径 d 有如下关系:

$$\sigma_s=\sigma_0+kd^{-p},\tag{4.40}$$

式中，σ_0 为不存在亚晶界时单晶屈服强度；k 为常数；指数 ρ 对大多数金属约为 $1\sim2$。

2. 热加工材料的组织特征

a. 加工流线　热加工时，由于夹杂物、偏析、第二相和晶界、相界等随着应变量的增大，逐渐沿变形方向延伸，在经浸蚀的宏观磨面上会出现流线（见图 4.82）或热加工纤维组织。这种纤维组织的存在，会使材料的力学性能呈现各向异性，顺纤维的方向较垂直于纤维方向具有较高的力学性能，特别是塑性与韧性。为了充分利用热加工纤维组织这一力学性能特点，用热加工方法制造零件时，所制定的热加工工艺应保证零件中的流线有正确的分布，尽量使流线与零件工作时所受到最大拉应力的方向相一致，而与外加的切应力或冲击力的方向垂直。

b. 带状组织　复相合金中的各个相，在热加工时沿着变形方向交替地呈带状分布，这种组织称为"带状组织"。例如，低碳钢经热轧后，珠光体和铁素体常沿轧向呈带状或层状分布，构成"带状组织"（见图 4.83）。对于高碳高合金钢，由于存在较多的共晶碳化物，因而在加热时也呈带状分布。带状组织往往是由于枝晶偏析或夹杂物在压力加工过程中被拉长所造成的。另外一种是铸锭中存在偏析，压延时偏析区沿变形方向伸长呈条带状分布，冷却时，由于偏析区成分不同而转变为不同的组织。

图 4.82　锻钢件中的流线

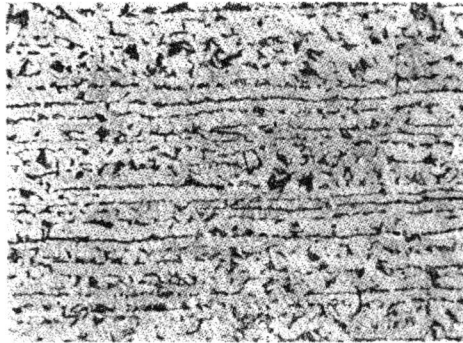

图 4.83　热轧低碳钢板的带状组织（$\times100$）

带状组织的存在也将引起性能明显的方向性，尤其是在同时兼有纤维状夹杂物情况下，其横向的塑性和冲击韧性显著降低。为了防止和消除带状组织，一是不在两相区变形；二是减小夹杂物元素的含量；三是可用正火处理或高温扩散退火加正火处理消除之。

4.4.3　热机械工艺控制（TMPC）

基于上述理论知识，在钢铁企业发展了热机械工艺控制，俗称控轧控冷技术，如图 4.84 所示。通过微合金化元素的加入（见图 4.85），提高再结晶温度，使微合金钢在再结晶温度区和随后的非再结晶区的热轧时避免了晶粒的长大，这称为控轧。合金元素的加入，可通过细化晶粒和合金碳化物的析出提高钢的强度。从图 4.85 可知，较少的 Nb 具有极好的细化晶粒作用，但 Nb 比 V、Ti 和 Al 具有更高的价格。在停止轧制后的冷却过程中，控制冷速可获得所需的组织。如果缓冷，可获得平衡组织。铁素体和珠光体，它们具有良好的塑性，但强度不高。

若增加冷速,可能获得亚稳状态的非平衡组织,而贝氏体和马氏体,它们具有更高的强度,但塑性相对较差。这称为控冷。

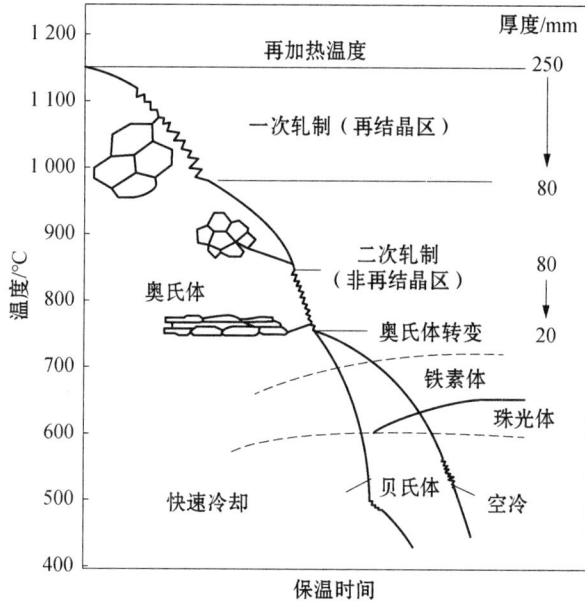

图 4.84　TMPC 原理图

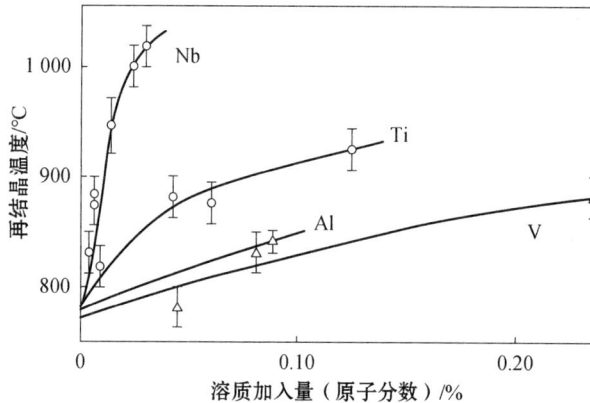

图 4.85　不同元素含量对再结晶温度的影响

4.4.4　蠕变

　　在高压蒸汽锅炉、汽轮机、化工炼油设备,以及航空发动机中,许多金属零部件和在冶金炉、烧结炉及热处理炉中的耐火材料均长期在高温条件下工作。对于它们,如果仅考虑常温短时静载下的力学性能,显然是不够的。这里须引入一个蠕变的概念,对其温度和载荷持续作用时间因素的影响加以特别考虑。所谓蠕变,是指在某温度下恒定应力(通常 $<\sigma_s$)下所发生的缓慢而连续的塑性流变现象。一般蠕变时应变速率很小,在 $10^{-10} \sim 10^{-3}$ 范围内,且依应力大小而定,对金属晶体,通常 $T > 0.3T_m$ 时,蠕变现象才比较明显。因此,对蠕变的研究,对于高温使用的材料具有重要的意义。

1. 蠕变曲线

材料蠕变过程可用蠕变曲线来描述。典型的蠕变曲线如图 4.86 所示。蠕变曲线上的任一点的斜率,表示该点的蠕变速率。整个蠕变过程可分为三个阶段:

Ⅰ——瞬态或减速蠕变阶段。Oa 为外载荷引起的初始应变,从 a 点开始产生蠕变,且一开始蠕变速率很大,随时间延长,蠕变速率逐渐减小,是一加工硬化过程。

Ⅱ——稳态蠕变阶段。这一阶段特点是蠕变速率保持不变,因而也称恒速蠕变阶段。一般所指蠕变速率就是指这一阶段的 $\dot{\varepsilon}_s$。

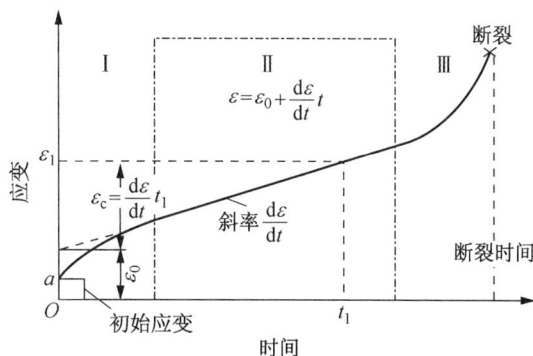

图 4.86　典型蠕变曲线

Ⅲ——加速蠕变阶段。在蠕变过程后期,蠕变速率不断增大直至断裂。

不同材料在不同条件下的蠕变曲线是不同的。同一种材料的蠕变曲线随着温度和应力的增高,蠕变第二阶段变短,直至完全消失,很快从 Ⅰ→Ⅲ,在高温下服役的零件寿命将大大缩短。

蠕变过程最重要的参数是稳态的蠕变速率 $\dot{\varepsilon}_s$,因为蠕变寿命和总的伸长均决定于它。实验表明,$\dot{\varepsilon}_s$ 与应力有指数关系,并考虑到蠕变同回复再结晶等过程一样也是热激活过程,因此可用下列一般关系式表示:

$$\dot{\varepsilon}=C\sigma^n\exp\left(-\frac{Q}{RT}\right),$$

$$Q=\frac{R\ln\dfrac{\dot{\varepsilon}_1}{\dot{\varepsilon}_2}}{\left(\dfrac{1}{T_2}-\dfrac{1}{T_1}\right)}, \tag{4.41}$$

式中,Q 为蠕变激活能;C 为材料常数;$\dot{\varepsilon}_1,\dot{\varepsilon}_2$ 为 T_1,T_2 温度下的蠕变速率;n 为应力指数,对高分子材料为 $1\sim2$,对金属在 $3\sim7$。显然,固定 σ,分别测定 $\dot{\varepsilon}$ 与 $\frac{1}{T}$,可从 $\ln\dot{\varepsilon}$ 与 $\frac{1}{T}$ 关系中求得蠕变激活能 Q。对大多数金属和陶瓷,当 $T=0.5T_m$ 时,蠕变激活能与自扩散的激活能十分相似,这说明蠕变现象可看作在应力作用下原子流的扩散,扩散过程起着决定性作用。

2. 蠕变机制

已知晶体在室温下或者温度在 $<0.3T_m$ 时变形,变形机制主要是通过滑移和孪生两种方式进行的。热加工时,由于应变率大,位错滑移仍占重要地位。当应变率较小时,除了位错滑移之外,高温使空位(原子)的扩散得以明显地进行,这时变形的机制也会不同。

a. 位错蠕变(回复蠕变)　在蠕变过程中,滑移仍然是一种重要的变形方式。在一般情况下,若滑移面上的位错运动受阻产生塞积,滑移便不能进行,只有在更大的切应力下才能使位错重新开动增殖。但在高温下,刃型位错可借助热激活攀移到邻近的滑移面上并可继续滑移,很明显,攀移减小了位错塞积产生的应力集中,也就是使加工硬化减弱了。这个过程和螺型位错交滑移能减少加工硬化相似,但交滑移只在较低温度下对减弱强化是有效的,而在 $0.3T_m$ 以上,刃型位错的攀移就起较大的作用了。刃型位错通过攀移形成亚晶,或正负刃型位错通过攀移后相互消失,回复过程能充分进行,故高温下的回复过程主要是刃型位错的攀移。当蠕变变形引起的加工硬化速率和高温回复的软化速率相等时,就形成稳定的蠕变第二阶段。蠕变速率与应力和温度之间遵循(4.41)式。

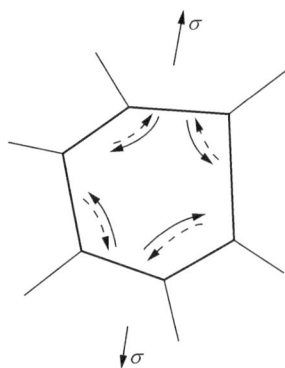

图 4.87　晶粒内部扩散蠕变
示意图

实线——空位运动方向;
虚线----原子运动方向

b. 扩散蠕变　当温度很高($\sim 0.9T_m$)和应力很低时,扩散蠕变是其变形机理。它是在高温条件下空位的移动造成的。如图 4.87 所示,当多晶体两端有拉应力 σ 作用时,与外力轴垂直的晶界受拉伸,与外力轴平行的晶界受压缩。因为晶界本身是空位的源和湮没阱,垂直于力轴方向的晶界空位形成能低,空位数目多;而平行于力轴的晶界空位形成能高,空位数目少,从而在晶粒内部形成一定的空位浓度差。空位沿实线箭头方向向两侧流动,原子则朝着虚线箭头的方向流动,从而使晶体产生伸长的塑性变形。这种现象称为扩散蠕变。

蠕变速率 $\dot{\varepsilon}$ 与应力 σ 和温度 T 可用下列关系式表示:

$$\dot{\varepsilon} = C\sigma e^{-\frac{Q}{RT}}, \tag{4.42}$$

式中,C 为材料常数;Q 为扩散蠕变激活能。

c. 晶界滑动蠕变　在高温下,由于晶界上的原子容易扩散,受力后易产生滑动,故促进蠕变进行。随着温度升高、应力降低、晶粒尺寸减小,晶界滑动对蠕变的贡献也就增大。但在总的蠕变量中所占的比例并不大,一般约为 10% 左右。

实际上,为保持相邻晶粒之间的密合,扩散蠕变总是伴随着晶界滑动的。晶界的滑动是沿最大切应力方向进行的,主要靠晶界位错源产生的固有晶界位错来进行,与温度和晶界形貌等因素有关。

4.4.5　超塑性

材料在一定条件下进行热变形,可获得伸长率达 $500\% \sim 2\,000\%$ 的均匀塑性变形,且不发生缩颈现象,材料的这种特性称为超塑性。

为了使材料获得超塑性,通常应满足以下三个条件:

(1) 具有等轴细小两相组织,晶粒直径 $< 10\,\mu m$,而且在超塑性变形过程中晶粒不显著长大;

(2) 超塑性形变在 $(0.5 \sim 0.65)T_m$ 温度范围内进行;

(3) 低的应变速率 $\dot{\varepsilon}$,一般在 $10^{-4} \sim 10^{-2}\,s^{-1}$ 范围内,以保证晶界扩散过程得以顺利进行。

1. 超塑性的特征

在高温下材料的流变应力 σ 不仅是应变 ε 和温度 T 的函数,而且对应变速率 $\dot{\varepsilon}$ 也很敏感,

并存在以下关系:

$$\sigma(\varepsilon, T) = K\dot{\varepsilon}^m, \tag{4.43}$$

式中, K 为常数; m 称为应变速率敏感指数。在室温下, 对一般的金属材料 m 值很小, 在 $0.01 \sim 0.04$ 范围, 温度升高, 晶粒变细, m 值可变大。要使金属具备超塑性, m 至少在 0.3 以上(见图 4.88)。故在组织超塑性中, 获得微晶是相当关键的。对共晶合金, 可经热变形, 让共晶组织发生再结晶来获得微晶; 对共析合金, 可经热变形或淬火后来获得; 而对析出型合金, 则经热变形或降温形变时析出来获得微晶组织。 m 值反应了材料拉伸时抗缩颈能力, 是评定材料潜在超塑性的重要参数。一般来说, 材料的伸长率随 m 值的增大而增大(见图 4.89)。

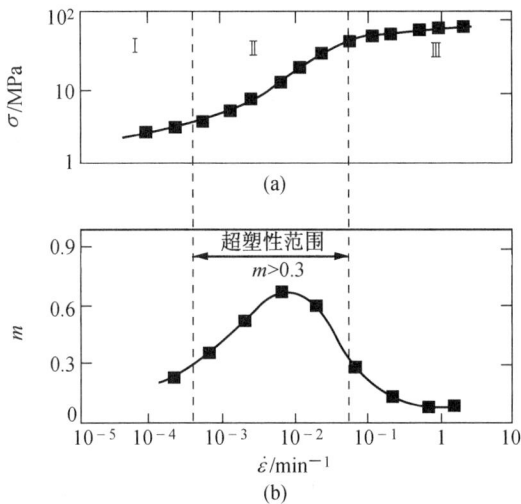

图 4.88 Mg-Al 合金在 350℃变形时 σ, m 与 $\dot{\varepsilon}$ 的关系(晶粒尺寸: 10.6 μm)

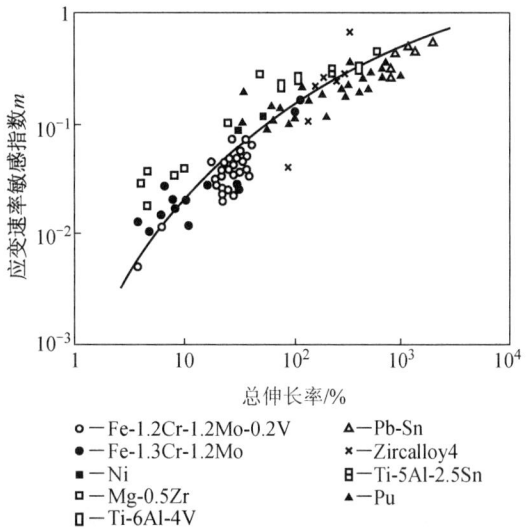

图 4.89 一些金属材料的伸长率与 应变速率敏感指数 m 的关系

为了获得较高的超塑性, 要求材料的 m 值一般不小于 0.5。 m 值越大, 表示应力对应变速率越敏感, 超塑性现象越显著。 m 值可由下式求得:

$$m = \left(\frac{\partial \lg\sigma}{\partial \lg\dot{\varepsilon}}\right)_{\varepsilon, T} \approx \frac{\Delta \lg\sigma}{\Delta \lg\dot{\varepsilon}} = \frac{\lg\sigma_2 - \lg\sigma_1}{\lg\dot{\varepsilon}_2 - \lg\dot{\varepsilon}_1} = \frac{\lg(\sigma_2/\sigma_1)}{\lg(\dot{\varepsilon}_2/\dot{\varepsilon}_1)}。 \tag{4.44}$$

2. 超塑性的本质

关于超塑性变形的本质, 多数观点认为系由晶界的转动与晶粒的转动所致。图 4.90 很好解释了超塑性材料在很大的应变之后为什么还能保持等轴晶位。从图中可以看出, 假若对一组由四个六角晶粒所组成的整体沿纵向施一拉伸应力, 则横向必受一压力, 在这些应力作用下, 通过晶界滑移、移动和原子的定向扩散, 晶粒由初始状态(Ⅰ)经过中间状态(Ⅱ)至最终状态(Ⅲ)。初始和最终状态的晶粒形状相同, 但位置发生了变化, 并导致整体沿纵向伸长, 使整个试样发生变形。

大量实验表明, 超塑性变形时组织结构变化具有以下特征:

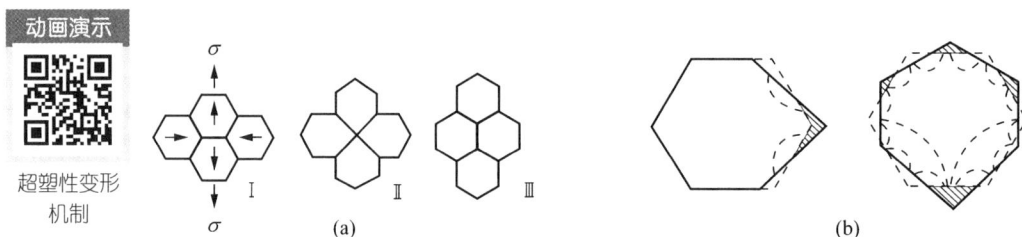

图 4.90　微晶超塑性变形的机制

图中虚线代表体扩散方向

(a) 晶粒转换机制二维表示法；(b) 伴随定向扩展的晶界滑移机制

(1) 超塑性变形时，没有晶内滑移也没有位错密度的增高。

(2) 由于超塑性变形在高温下长时间进行，因此晶粒会有所长大。

(3) 尽管变形量很大，但晶粒形状始终保持等轴。

(4) 原来两相呈带状分布的合金，在超塑性变形后可变为均匀分布。

(5) 当用冷形变和再结晶方法制取超细晶粒合金时，如果合金具有织构，则在超塑性变形后织构消失。

注意：除了上述的组织超塑性外，还有一种相变超塑性，即对具有固态相变的材料可以采用在相变温度上下循环加热与冷却，来诱导它们发生反复的相变过程，使其中的原子在未施加外力时就发生剧烈的运动，从而获得超塑性。

3. 超塑性的应用

超塑性合金在特定的 $T,\dot{\varepsilon}$ 下，延展性特别大，具有和高温聚合物及玻璃相似的特征，故可采用塑料和玻璃工业的成型法加工，如像玻璃那样进行吹制，而且形状复杂的零件可以一次成型。由于在形变时无弹性变形，成型后也就没有回弹，故尺寸精密度高，光洁度好。

对于板材冲压，可以用一阴模，利用压力或真空一次成型；对于大块金属，也可用闭模压制一次成型，所需的设备吨位大大降低。另外，因形变速率低，故对模具材料要求也不高。

但该工艺也有缺点，如为了获得超塑性，有时要求多次形变、多次热处理，工艺较复杂。另外，它要求等温下成型，而成型速度慢，因而模具易氧化。目前超塑性已在 Sn 基、Zn 基、Al 基、Cu 基、Ti 基、Mg 基、Ni 基等一系列合金及多种钢中获得，并在工业中得到实际应用。

4.5　陶瓷材料变形的特点

相对金属和高分子材料而言，脆、难以变形是陶瓷材料的一大特点，这与它的原子键合的类型和晶体结构密切相关。

陶瓷材料原子之间通常是由离子键、共价键所构成的。在共价键结合的陶瓷中，原子之间是通过共用电子对形式进行键合的，具有方向性和饱和性，并且其键能相当高。在塑性变形时，位错运动必须破坏这种强的原子键合，何况共价键晶体的位错宽度一般极窄，因此，位错运动遇到很大的点阵阻力（P-N 力），而位错在金属晶体中运动，却不会破坏由大量自由电子与金属正离子构成的金属键。所以，结合键的本质就决定了金属固有的特性是容易变形，而共价晶体固有特性是难以变形。

对离子键合的陶瓷材料,其离子晶体要求正负离子相间排列,在外力作用下,当位错运动一个原子间距时,由于存在巨大的同号离子的库仑静电斥力,致使位错沿垂直或平行于离子键方向很难运动。但若位错沿着 45° 方向运动,则在滑移过程中,相邻晶面始终由库仑力保持吸引(见图 4.91),因此,如 NaCl,MgO 等单晶体在室温压应力作用下,可承受较大的塑性变形。然而,多晶体陶瓷变形时,为了满足相邻晶粒变形相互协调、相互制约的条件,必须有至少 5 个独立的滑移系,这对即使具有 fcc 结构的 NaCl 型多晶体而言也难以实现。因 NaCl 单晶体的滑移系为 $\{110\}\langle 1\bar{1}0\rangle$,总共为 6 个,而在多晶体中它只有 2 个独立的滑移系(见表 4.12),因此对于离子键的多晶体陶瓷,往往很脆,且易在晶界形成裂纹,最终导致脆断。

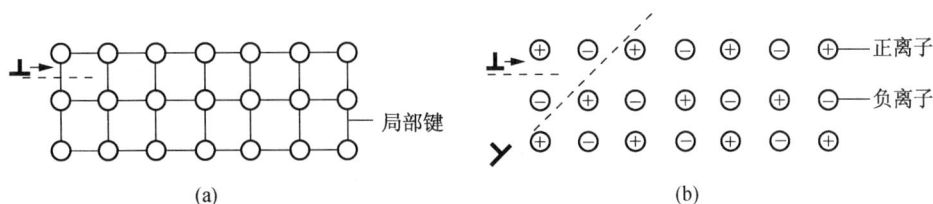

图 4.91　结合键对位错运动的影响

(a) 共价键；(b) 离子键

表 4.12　几种材料中的独立滑移系统

温度范围	晶体化合物	滑移系	独立系统数目	力学行为
低	MgO	$\{110\}\langle 1\bar{1}0\rangle$	2	部分脆性
	CaF_2,UO_2	$\{001\}\langle 110\rangle$	3	
高	金刚石	$\{111\}\langle 1\bar{1}0\rangle$	5	
	Al_2O_3,BeO,石墨	$\{0001\}\langle 11\bar{2}1\rangle$	2	部分脆性
	MgO	$\{110\}\langle 1\bar{1}0\rangle$ $\{001\}\langle 1\bar{1}0\rangle$ $\{111\}\langle 1\bar{1}0\rangle$	5	高温延展
	CaF_2,UO_2	$\{001\}\langle 1\bar{1}0\rangle$ $\{110\}\langle 1\bar{1}0\rangle$ $\{111\}\langle 1\bar{1}0\rangle$	5	高温延展
	TiO_2	$\{101\}\langle 10\bar{1}\rangle$ $\{110\}\langle 1\bar{1}0\rangle$	4	部分脆性
	$MgAl_2O_4$	$\{111\}\langle 1\bar{1}0\rangle$ $\{110\}\langle 1\bar{1}0\rangle$	5	

陶瓷脆性还与材料的工艺制备因素有关。烧结合成的陶瓷材料难免存在显微孔隙,在加热冷却过程中,由于热应力的存在,往往导致显微裂纹,并由氧化腐蚀等因素在其表面形成裂纹,因此,在陶瓷材料中先天性裂纹或多或少地总是存在。在外力作用下,在裂纹尖端会产生

严重的应力集中。按照弹性力学估算,裂纹尖端的最大应力可达到理论断裂强度,何况陶瓷晶体中可动位错少,位错运动又极其困难,故一旦达到屈服往往就脆断了。当然,这也导致陶瓷材料在拉伸和压缩情况下,其力学特性也有明显的不同。例如,Al_2O_3 烧结多晶体拉伸断裂应力为 280MPa,而压缩的断裂应力则为 2100MPa。因为在拉伸时,当裂纹一达到临界尺寸就失稳,扩展并立即断裂,故陶瓷的抗拉强度是由晶体中最大裂纹尺寸决定的;而压缩时裂纹闭合或稳态缓慢扩展,并转向平行于压缩轴,故压缩强度是由裂纹的平均尺寸决定的。

还必须指出以下几点:

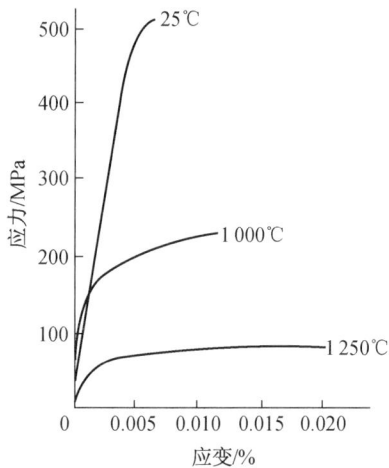

图 4.92　MgO 多晶体应力-应变曲线

(1) 非晶态陶瓷与晶态陶瓷不同,在玻璃化温度 T_g 以下,会产生弹性变形,在 T_g 以上,材料的变形则类似液体发生黏滞性流动,此时可用(4.6)式来描述其力学行为。

(2) 变形温度同样对陶瓷材料的力学行为产生显著影响。图 4.92 为多晶 MgO 的应力-应变曲线。从图中可以清楚看出,室温下几乎脆断,随变形温度提高致使塑性变形所需外加的力大幅下降,塑性变形能力变大,脆性则变小。在高温下,陶瓷除了塑性变形变得容易外,还会发生蠕变和黏性流动现象。

(3) 为了改善陶瓷的脆性,目前采取降低晶粒尺寸,使其亚微米或纳米化来提高其塑性和韧性,采取氧化锆增韧、相变增韧,或采用纤维,或颗粒原位生长增强等有效途径来改善之。

4.6　高分子材料的力学性能

材料的力学性能可分为两类:形变性能和断裂性能。形变性能又可分为弹性性能、黏性性能和黏弹性性能,断裂性能包括强度和韧性。为合理地选择和使用高分子材料,需要深入理解力学性能与分子结构之间的内在关系。

4.6.1　高分子材料力学性能的基本指标

1. 应力和应变

当材料受到外力的作用,但不产生惯性移动时,其几何形状和尺寸会发生变化,这种变化被称为应变。材料在宏观变形时,其内部的分子和原子间会发生相对位移,产生分子间和原子间对抗外力的附加内力,当平衡时,附加的内力与外力的大小相等,方向相反。将单位面积上的内力定义为应力。通常,根据材料的受力方式,将各向同性高聚物分成三类:拉伸、剪切、均匀压缩。

(1) 拉伸。材料受到的外力 F 是垂直于截面、大小相等、方向相反并作用于同一直线上的两个力,这时,材料的形变称为张应变。当材料发生较小的形变时,张应变 $\varepsilon = (l - l_0)/l_0 = \Delta l / l_0$。式中,$l_0$ 为材料的起始长度,l 为拉伸后的长度,Δl 为绝对伸长。ε 称为伸长率。σ 定义

为 $\sigma = F/A_0$，A_0 为高分子材料的起始截面积。当材料发生较大的形变时，材料的截面积也有较大的变化。此时，需要以真实的截面积 A 代替 A_0，相应的真实应力 σ' 称为真应力，$\sigma' = F/A$，A 是样品的瞬时截面积，相应的真应变 δ 则为

$$\delta = \int_0^l \frac{\mathrm{d}l_i}{l_i} = \ln \frac{l}{l_0}。 \tag{4.45}$$

（2）剪切。当材料受到的力 F 是与截面相平行的两个力时，而且这两个力大小相等、方向相反而且不在同一直线上时，发生的是剪切变形。在此剪切力的作用下，材料将发生偏斜，将偏斜角 θ 的正切定义为切应变 $\gamma = \Delta l/l_0 = \tan\theta$。当切应变很小的时候，$\gamma \approx 0$，此时剪切应力 $\sigma_s = F/A_0$。

（3）均匀压缩。在均匀压缩（如液体静压）时，材料的四周受到压力 P 而发生体积变化，体积由 V_0 缩小成 V，压缩应变由 $\gamma_V = (V_0 - V)/V_0 = \Delta V/V_0$ 表示。

2. 弹性模量

弹性模量亦称模量，是指单位应变所需的应力大小，是表征材料刚性的物理量。模量的倒数称为柔量，可以表征材料形变的难易程度。以 E、G、B 分别表示拉伸模量也称杨氏模量、剪切模量，体积模量亦称为本体模量：

$$E = \frac{\sigma}{\varepsilon},$$

$$G = \frac{\sigma_S}{\gamma},$$

$$E = \frac{P}{\gamma_V}。$$

3. 硬度

硬度是衡量材料表面抵抗机械压力的一个指标。硬度的大小与材料的抗张强度和弹性模量都有关。

硬度的测定有多种方法，按照加荷的方式可分为两种：动载法和静载法。前者是用弹性回跳法和冲击力将钢球压入试样。后者是以一定形状的硬质材料为压头，平稳地逐渐加荷将压头压入试样。按照压头形状和计算方法的不同又分为布氏硬度、洛氏硬度和邵氏硬度等。

4. 强度

（1）拉伸强度。拉伸强度也称抗张强度，是在一定的温度、湿度和加载速度下，在标准试样上沿轴向施加拉伸拉力直到试样断裂为止。拉伸强度定义为断裂前试样所承受的最大载荷 P 与试样截面积的比值。与此相似，若向试样施加单向压缩载荷则可得到压缩强度。

（2）抗弯强度。抗弯强度，是在规定的条件下对标准试样施加静弯曲力矩，直到试样折断为止的最大载荷 P，通过计算得到抗弯强度：

$$\sigma_t = \frac{P}{2} \frac{l_0/2}{bd^2/6} = 1.5 \frac{Pl_0}{bd^2}。 \tag{4.46}$$

弯曲模量为

$$E_t = \frac{\Delta P l_0^2}{4bd^3\delta_0}, \tag{4.47}$$

式中，l_0、b、d 分别为试样的长、宽、厚；ΔP、δ_0 为弯曲形变较小时的载荷和挠度。

（3）抗冲击强度。抗冲击强度亦简称冲击强度，其测试方法有多种，包括摆锤法、落重法、高速拉伸法等，是表征材料韧性的一种指标，定义为试样受冲击载荷而破裂时单位面积所吸收的能量，计算方式如下：

$$\sigma_i = \frac{W}{bd}, \tag{4.48}$$

其中，W 为所消耗的功。

4.6.2　高分子材料的高弹性和黏弹性

高弹性和黏弹性是高分子材料的特色，在三大材料中，只有高分子材料具有高弹性。具有高弹性的橡胶类材料，在较小外力下就能发生 100%～1000% 的大变形，而且形变可逆。高弹性来源于柔性大分子链因单键内旋转引起的构象熵的改变，又称熵弹性。黏弹性是指高分子材料既具有弹性固体的特性，又具有黏性流体的特性，使黏性和弹性相结合，高聚物产生了许多有趣的力学松弛现象，如应力松弛、蠕变、滞后损耗等行为。

1. 高弹性形变的特点

与金属、无机非金属材料相比，高分子材料的高弹形变有以下几个特点：

① 小应力作用下的大弹性形变，如在拉应力作用下伸长率达 100%～1000%（而普通金属的弹性形变不超过 1%）；弹性模量低，约 10^{-1}～10 MPa（而金属弹性模量约为 10^4～10^5 MPa）。

② 温度升高，高弹形变的弹性模量升高，弹性应力也随之升高，与此相反，普弹形变的弹性模量是随温度的升高而下降的。

③ 绝热拉伸（快速拉伸）时，高分子材料会放热而使自身温度升高，而金属材料会吸热而使自身温度降低。

④ 高弹形变有典型的力学松弛行为，而金属材料几乎无松弛现象。

高弹形变的这些特点归因于发生高弹性形变时具有独特的分子运动机理。

2. 高弹性的热力学分析

大家可能会观察到一个现象，当把橡胶条拉长，贴在额头上，会感觉到拉长的橡皮会发热，而回缩时会吸热。原因是什么？这要从高弹性的热力学机理进行分析。

取长为 l_0 的轻度交联的橡胶试样，在恒温条件下，施以一定的力 f，缓慢拉伸至 $l_0 + \mathrm{d}l$。缓慢的拉伸指的是橡胶试样始终具有热力学平衡构象，形变可逆。

根据热力学第一定律，拉伸过程中，体系内能的变化为 $\mathrm{d}U$：

$$\mathrm{d}U = \mathrm{d}Q - \mathrm{d}W, \tag{4.49}$$

其中，$\mathrm{d}Q$ 为体系吸收的热量。对于恒温可逆过程，根据热力学第二定律有：

$$\mathrm{d}Q = T\mathrm{d}S, \tag{4.50}$$

$\mathrm{d}W$ 为体系对外做的功，包括体积变化所做的膨胀功 $P\mathrm{d}V$ 和拉伸变形引起的伸长功 $-f\mathrm{d}l$

$$dW = PdV - fdl。 \tag{4.51}$$

将 dQ、dW 两式代入式(4.49)中得到：

$$dU = TdS - PdV + fdl。 \tag{4.52}$$

假设在拉伸过程中材料的体积不变，$PdV = 0$，则

$$dU = TdS + fdl， \tag{4.53}$$

在恒温恒容的条件下，对 l 求偏微商，则有：

$$\left(\frac{\partial U}{\partial l}\right)_{T,V} = T\left(\frac{\partial S}{\partial l}\right)_{T,V} + f， \tag{4.54}$$

即

$$f = \left(\frac{\partial U}{\partial l}\right)_{T,V} - T\left(\frac{\partial S}{\partial l}\right)_{T,V}， \tag{4.55}$$

上式即为橡胶等温拉伸的热力学方程，表明在拉伸形变时，材料的平衡张力由两部分组成，即内能变化 ΔU 和熵变 ΔS。

橡胶由高分子组成，在拉力的作用下，大分子链由原来的卷曲状态变为比较有规则的排列状态，构象熵是减少的；由于热运动，大分子链有自发地回复到原来卷曲态的趋势，由此产生弹性回复力。这种由构象熵引起的回复趋势，会随温度的升高而更加强烈，也就是温度升高，弹性应力随之升高。由于拉伸时，构象熵减少，$dS < 0$，由式(4.50)可知，dQ 是负值，表明拉伸过程中橡胶会放出热量，同时，由于分子链间的内摩擦产生热量，又由于橡胶是热的不良导体，放出的热量会使橡胶自身的温度升高。当力撤销后，橡皮筋自发地向自由能减少的方向转变，分子链回缩，此时相当于自发熵增，因此需要吸热，人体会感受到橡皮筋变冷。

3. 黏弹性

聚合物的黏弹性是指聚合物既有黏性又有弹性，其实质是一种力学松弛行为。非晶态线型聚合物，在温度 $> Tg$ 时，黏弹性表现得最为明显。

理想的黏性液体，即牛顿液体，其应力—应变行为遵从牛顿定律，$\sigma = \eta\gamma$，对虎克体，应力—应变关系遵从虎克定律，即应变与应力成正比，$\sigma = G\gamma$。聚合物既有弹性又有黏性，其形变和应力都是时间的函数。大多数非晶态聚合物的黏弹性遵从 Boltzman 叠加原理，即当应变是应力的线性函数时，若干个应力作用的总结果是各个应力分别作用的效果的总和。这种黏弹性称为线性黏弹性。由此可见，线性黏弹性可用牛顿液体模型及虎克体模型的简单组合来进行模拟。温度的升高加速了黏弹的过程，松弛时间减少。黏弹过程中时间—温度的相互转化效应可用 WLF 方程表示。黏弹性根据运动的状态，分为静态黏弹性和动态黏弹性。

（1）静态黏弹性。静态黏弹性是指在固定的应力（或应变）下形变（或应力）随时间的延长而发展的性质，典型的表现是蠕变和应力松弛。应力松弛指在温度、应变恒定的条件下，材料的内应力随时间延长而逐渐减小的现象，线型聚合物的应力松弛现象可用 Maxwell 模型来形象地说明，由一个胡克弹簧和一个牛顿黏壶串联而成。

蠕变指在温度、应力恒定的条件下，材料的形变随时间的延长而增加的现象。对于线型聚合物，形变不能完全回复，保留一定的永久形变。蠕变过程可用四元件模型来描述，它被看成是 Maxwell 模型和 Kelvin 模型串联而成的。对交联聚合物而言，形变可达一平衡值。可用 Kelvin 模型来描述，由一个胡克弹簧和一个牛顿黏壶并联。

（2）动态黏弹性。动态黏弹性是指在周期性应力变化作用下的聚合物力学行为。

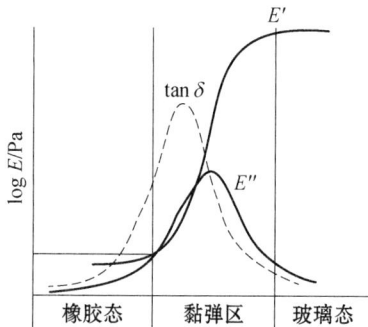

图 4.93　典型黏弹固体的 $\tan\delta$、E' 及 E'' 与频率的关系

聚合物在交变应力作用下，其形变落后于应力，存在滞后现象。由于滞后，在每一个循环中就有能量的损耗，称为力学损耗或内耗。

一个角频率为 ω 的简谐应力作用到试样上时，应变总是落后于应力一个相角 δ，称为内耗角。内耗角的正切值 $\tan\delta$ 是内耗值的量度，也称为阻尼因子。当外场作用的时间尺度与试样的松弛时间相近时，内耗达极大值，如图 4.93 所示。阻尼因子与根量间满足如下关系式：

$$\tan\delta = E''/E', \tag{4.56}$$

式中，E'' 表示能量的损耗，通常称为损耗模量，E' 表示应变作用下能量在试样中的储存，称为储能模量。

4.6.3　高分子材料的应力—应变曲线

高聚物应力—应变特性是研究其力学性能的重要手段。典型高分子材料拉伸应力—应变曲线，如图 4.94 所示。

图中曲线有以下几个特征：OA 段，弹性形变区，符合胡克定律，应力—应变呈直线关系变化，弹性模量通过直线斜率 $\mathrm{d}\sigma/\mathrm{d}\varepsilon = E$ 得到。经过 A 点后，应力—应变曲线偏离了直线，表明聚合物开始发生塑性形变，极大值 Y 点处称为材料的屈服点，其对应的应力、应变分别称为屈服应力（或屈服强度）σ_y 和屈服应变 ε_y。发生屈服时，试样上某一局部会出现"细颈"现象，材料应力略有下降，发生"屈

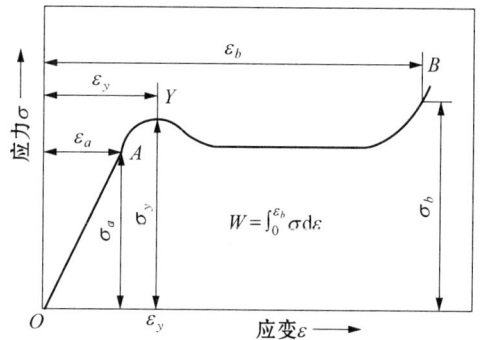

图 4.94　典型的拉伸应力—应变曲线

服软化"。而后随着应变增加，在很长一个范围内曲线基本平坦，"颈缩"区越来越大，直到拉伸应变很大时，材料应力又略有上升（硬化），到达 B 点发生断裂。与 B 点对应的应力、应变分别称为材料的拉伸强度（或断裂强度）σ_b 和断裂伸长率 ε_b，它们是材料发生破坏的极限强度和极限伸长率。曲线下的面积是表征材料韧性的一个物理量，由下面的等式计算得出：

$$W = \int_0^{\varepsilon_b} \sigma \mathrm{d}\varepsilon, \tag{4.57}$$

相当于拉伸试样直至断裂所消耗的能量，单位为 $J\cdot m^{-3}$，称断裂能或断裂功。

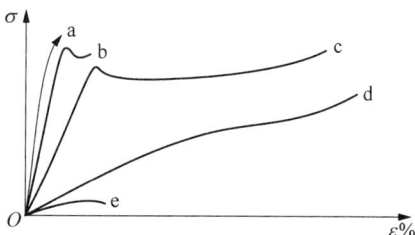

图 4.95　高分子材料应力—应变曲线的类型

高分子材料的应力—应变曲线归纳起来，可分为以下 5 类（见图 4.95）：

1. 硬而脆型

如图 4.95 曲线（a）所示，曲线的起始阶段应力与应变成正比，从直线的斜率可计算出试样的杨氏模量。在这段范围内停止拉伸，移去外力，试样将立刻完全回

复原状。从微观的角度看,这种高模量、小变形的弹性行为是由高分子的键长、键角变化而引起的。此类高聚物在很小的应变下,材料尚未出现屈服已经断裂,拉伸强度较高。在室温或室温之下,聚苯乙烯、聚甲基丙烯酸甲酯、酚醛树脂等表现出硬而脆的拉伸行为。

2. 硬而强型

如图 4.95 曲线 b 所示,这类材料断裂伸长率小,弹性模量高,拉伸强度高。应力—应变曲线上出现一个转折点 B,称为屈服点,应力在 B 点达到一个极大值,称为屈服应力。过了 B 点应力反而降低,试样应变增大。通常材料拉伸到屈服点附近就发生断裂(ε_b 大约为 5%),硬质聚氯乙烯制品属于此类。

3. 硬而韧型

如图 4.95 曲线 c 所示,此类材料在拉伸过程中展现出明显的屈服、冷拉或颈缩现象。屈服点之后,试样在不增加外力或者外力增加不大的情况下能发生很大的应变(甚至可能有百分之几百)。在后一阶段,曲线又出现较明显的上升,通常称之为应变硬化,直到最后断裂。断裂点 C 的应力称为断裂应力,对应的应变称为断裂伸长率。其弹性模量、屈服应力及拉伸强度都很高,断裂伸长率大,应力—应变曲线下的面积很大,韧性好,是优良的工程材料。随着形变的增大,缩颈部分向试样两端扩展,直至全部试样测试区都变成缩颈。很多工程材料属于这种硬而韧的材料,如聚酰胺、聚碳酸酯以及醋酸纤维素、硝酸纤维素等。

4. 软而韧型

如图 4.95 曲线 d 所示,此类材料断裂伸长率大(20%~1000%),但是弹性模量和屈服应力较低,如果在分子链伸展后继续拉伸,则由于分子链取向排列,使材料强度进一步提高,因而需要更大的力,所以应力又出现逐渐的上升,直到发生断裂,应力—应变曲线下的面积大。许多橡胶制品和增塑聚氯乙烯属于这种软而韧的材料,具有这种应力—应变特征。

5. 软而弱型

如图 4.95 曲线 e 所示,此类材料弹性模量低,拉伸强度低,断裂伸长率也不大。一些高分子材料和软凝胶状材料均具有这种特性。

实际高分子材料的拉伸行为比较复杂,可能是几种类型的组合。例如,有的材料拉伸时存在明显的屈服和"缩颈",有的则没有;有的材料拉伸强度高于屈服强度,有的则屈服强度高于拉伸强度等。材料拉伸过程还明显地受环境条件(如温度)和测试条件(如拉伸速率)的影响,因此,规定标准的实验环境温度和标准拉伸速率是很重要的。

图 4.96 是典型的半结晶高分子在单向拉伸时的应力—应变曲线。整个曲线可分为三段,第一阶段是应力随应变线性地增加,试样被均匀地

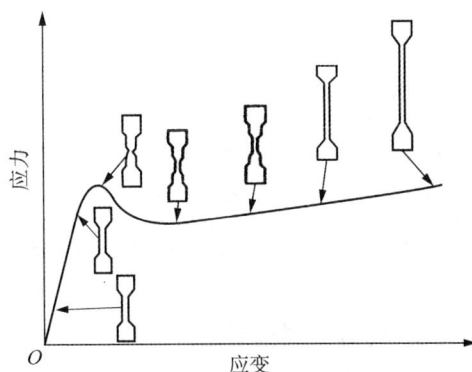

图 4.96　半结晶高分子在拉伸过程中应力—应变曲线及试样外形变化示意图

拉长,伸长率可达百分之几到百分之十几,随后进入屈服阶段。聚合物在屈服点的应变值通常比金属材料大得多,而且许多聚合物过了屈服点之后,均发生应变软化现象。

接着开始进入第二阶段,试样的截面突然变得不均匀,出现一个或几个细颈。在第二阶段,细颈与非细颈部分的截面积分别维持不变,而细颈部分不断扩展,非细颈部分逐渐缩短,直至整个试样完全变细为止。第三阶段,应力随应变的增加而增大,直到断裂点。这个变化过程可用图 4.97 较好地加以解释。

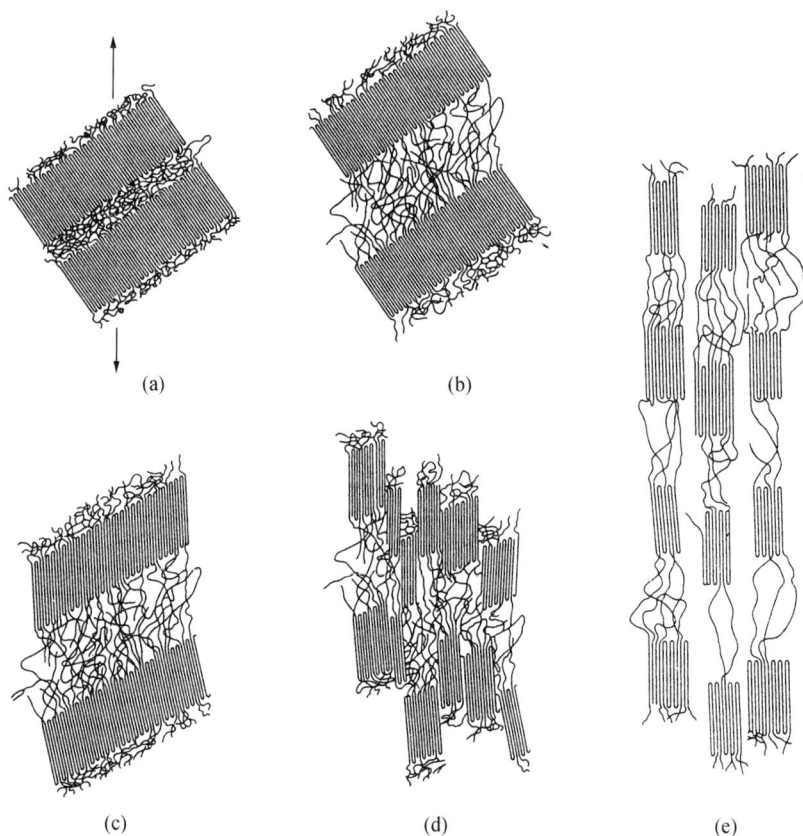

图 4.97　半结晶高分子的变形步骤

(a) 在变形之前,两邻近折叠链片晶及片晶间无定型区;(b) 在变形的第一阶段,无定型系带链伸展;(c) 在第二阶段,折叠链片晶倾斜;(d) 在第三阶段,晶体链段分离;(e) 在最后变形阶段,晶体和系带链沿着拉伸轴方向取向

当结晶高分子受拉发生变形时,分子排列发生很大变化,尤其在屈服点附近,分子链及其微晶沿拉伸方向开始取向和重排,甚至有些晶体可能破裂成更小的单位,然后在取向的情况下再结晶,即前后发生结晶的破坏、取向和再结晶过程,其过程颇为复杂。

4.6.4　高分子材料的断裂和强度

1. 脆性断裂和韧性断裂

高分子材料的断裂可分为脆性断裂和韧性断裂两大类。脆性断裂时,材料断裂表面较光滑或略有粗糙,断裂面垂直于主拉伸方向,试样断裂后,残余形变很小。韧性断裂时,断裂面与主拉伸方向多成 45°角,断裂表面粗糙,有明显的屈服(塑性变形、流动等)痕迹。

不同的高分子材料具有不同的抗拉伸和抗剪切能力。材料的最大抗拉伸能力定义为临界抗拉强度 σ_{nc};相似地,最大抗剪切能力称为临界抗剪切强度 σ_{tc}。若材料的 $\sigma_{nc} < \sigma_{tc}$,则在外应力作用下,材料的破坏主要表现为以主链断裂为特征的脆性断裂,例如聚苯乙烯、丙烯腈 — 苯乙烯共聚物的 $\sigma_{nc} < \sigma_{tc}$,为典型的脆性高分子材料。若材料的 $\sigma_{tc} < \sigma_{nc}$,应力作用下材料首先发生屈服,分子链段相对滑移,沿剪切方向取向,随后发生的断裂为韧性断裂,例如聚碳酸酯、聚醚砜、聚醚醚酮等,为典型的韧性高分子。

值得注意的是,高分子材料在外力作用下到底是发生脆性断裂还是韧性屈服,受实验条件的影响较大,包括温度、应变速率和压力。

2. 理论强度和实际强度

理论强度是从高分子的化学结构分析达到的可期望的材料极限强度,由于高分子材料的破坏是由化学键的断裂引起的,所以,可从拉断化学键所要做的功来计算其理论强度。

对碳链高分子材料而言,C—C 键的键能约为 $335 \sim 378$ kJ·mol^{-1},相当于每个键的键能为 $(5 \sim 6) \times 10^{-19}$ J。这些能量可近似看作为克服成键的原子引力 f,将两个 C 原子分离到键长的距离 d 所做的功 W。C—C 键长 $d = 0.154$ nm,由此算出一个共价键力 f 为

$$f = \frac{W}{d} = (3 \sim 4) \times 10^{-9} \text{ N}, \tag{4.58}$$

由 X 射线衍射实验测定材料的晶胞参数,可求得大分子链的横截面积。如求得聚乙烯分子链横截面积为 $S_0 = 20 \times 10^{-20}$ m^2,由此得到高分子材料的理论强度 $\sigma_{theo} = 2 \times 10^4$ MPa。

实际上,高分子材料的强度仅为几个到几十 MPa,比理论强度要小得多。为什么实际与理论强度相差如此之大? 研究证实,材料内部微观结构的缺陷和不均匀是导致强度下降的主要原因。实际的高分子材料,在制备过程中,存在许多缺陷,如表面划痕、杂质、微孔、晶界及微裂纹等,这些缺陷的尺寸很小但危害很大。例如,在玻璃态高聚物中存在大量尺寸在 100 nm 左右的孔穴,由于孔穴的应力集中效应,使孔穴附近的分子链所承受的应力超过实际材料所受平均应力的几十倍或几百倍,以至达到材料的理论强度,结果,破坏首先发生在此区域,继而扩展到整个材料。另外,影响高分子材料实际强度的因素还包括相对分子质量、结晶度、晶粒尺寸、交联和取向等。

4.6.5　高分子材料的抗冲击强度和增韧改性

1. 高分子材料的抗冲击强度

高分子材料的抗冲击强度描述的是材料在高速冲击作用下抵抗冲击破坏的能力,是衡量高分子材料韧性的一个重要指标。定义为标准试样受高速冲击作用断裂时,在单位断面面积(或单位缺口长度)上所消耗的能量。在抗冲击强度的测试中应用较广的测试方法有摆锤式冲击试验、落锤式冲击试验和高速拉伸试验。

值得关注的是,拉伸应力—应变曲线下的面积所表征的高分子材料的韧性大小,与抗冲击强度是不同的,但两者密切相关。拉伸强度 σ_b 高和断裂伸长率 ε_b 长的材料韧性也好,抗冲击强度大。它们的不同之处在于,首先是应变速率不同,拉伸的速率慢而冲击的速率极快;拉伸

曲线求得的能量为断裂时材料单位体积所吸收的能量,而冲击实验只关心断裂区表面所吸收的能量。

2. 高分子材料的增韧改性

橡胶增韧塑料的效果非常明显。无论是脆性塑料还是韧性塑料,添加几份橡胶,基体吸收的能量就会大幅度提高,特别是对脆性塑料而言,添加橡胶后基体会出现典型的脆—韧转变。橡胶粒子能提高脆性塑料的韧性,是因为橡胶粒子分散在基体中,形变时会成为应力集中体,促使周围基体发生脆—韧转变和屈服。其屈服的主要形式有:引发大量银纹(应力发白)和形成剪切屈服带,吸收大量变形能,提高了材料韧性,而且剪切屈服带还能终止银纹,阻碍其发展成为破坏性裂缝。橡胶增韧塑料的优点是使塑料基体的抗冲击强度大幅提高,存在的问题是:在增韧的同时,使材料强度下降,刚性变弱,热变形温度下降,及加工流动性变差等。

研究发现,橡胶增韧塑料的机理,在于体系吸收能量的能力提高,归因于在受力时橡胶粒子成为应力集中体,引发塑料基体发生屈服和脆—韧转变,从而提高材料吸收能量的能力,这说明增韧的核心和关键是如何诱发塑料基体屈服,发生脆—韧转变,只要能达到这个目的,都能实现增韧。基于此,塑料的增韧改性不再只用弹性体,也包括非弹性体的增韧改性。这一点也引起了人们的关注。目前,主要有刚性有机填料和刚性无机填料两类。

对于刚性有机填料的增韧改性,基体需要有一定的韧性,易于发生脆—韧转变,不能是典型的脆性塑料;由于基体本身有较好的韧性,增韧倍率一般只有几倍,但体系的实际韧性和强度都很高。关于增韧机理,有两种解释:一种是,刚性有机粒子作为应力集中体,使基体中应力分布状态发生改变,在很强压(拉)应力作用下,脆性有机粒子发生脆—韧转变,与其周围基体一起发生"冷拉"大变形,吸收能量。另一种,认为除了"冷拉"大变形吸收能量外,更重要的是刚性有机填料能促进基体发生脆—韧转变,提高基体发生脆—韧转变的效率,使基体中引发大量"银纹"或"剪切带"。

第5章　固体中原子及分子的运动

物质的迁移可通过对流和扩散两种方式进行。在气体和液体中物质的迁移一般是通过对流和扩散来实现的。但在固体中不发生对流，扩散是唯一的物质迁移方式，其原子或分子由于热运动从一个位置不断地迁移到另一个位置。扩散是固体材料中的一个重要现象，诸如金属铸件的凝固及均匀化退火，冷变形金属的回复和再结晶，陶瓷或粉末冶金的烧结，材料的固态相变，高温蠕变，以及各种表面处理，等等，都与扩散密切相关。要深入地了解和控制这些过程，就必须掌握有关扩散的基本规律。研究扩散一般有两种方法：① 表象理论——根据所测量的参数描述物质传输的速率和数量等；② 原子理论——扩散过程中原子是如何迁移的。本章主要讨论固体材料中扩散的一般规律、扩散的影响因素和扩散机制等内容。

固体材料涉及金属、陶瓷和高分子化合物三类；金属中的原子结合以金属键方式为主；陶瓷中的原子结合主要以离子键结合方式为主；而高分子化合物中的原子结合方式是共价键或氢键结合，并形成长链结构，这就导致了三种类型固体中原子或分子扩散的方式不同。描述它们各自运动方式的特征也是本章的主要目的之一。

5.1　表象理论

5.1.1　菲克第一定律

当固体中存在着成分差异时，原子将从高浓度处向低浓度处扩散。如何描述原子的迁移速率，阿道夫·菲克(Adolf Fick)对此进行了研究，并在 1855 年就指出：扩散中原子的通量与质量浓度梯度成正比，即

$$J = -D \frac{\mathrm{d}\rho}{\mathrm{d}x}。 \tag{5.1}$$

该方程称为菲克第一定律或扩散第一定律。式中，J 为扩散通量，表示单位时间内通过垂直于扩散方向 x 的单位面积的扩散物质质量，其单位为 $\mathrm{kg/(m^2 \cdot s)}$，$D$ 为扩散系数，其单位为 $\mathrm{m^2/s}$，而 ρ 是扩散物质的质量浓度，其单位为 $\mathrm{kg/m^3}$。式中的负号表示物质的扩散方向与质量浓度梯度 $\frac{\mathrm{d}\rho}{\mathrm{d}x}$ 方向相反，即表示物质从高的质量浓度区向低的质量浓度区方向迁移。菲克第一定律描述了一种稳态扩散，即质量浓度不随时间而变化。

史密斯(R. P. Smith)在 1953 年发表了运用菲克第一定律测定碳在 γ-Fe 中的扩散系数的论文。他将一个半径为 r，长度为 l 的纯铁空心圆筒置于 1000℃高温中渗碳，即筒内和筒外分别以渗碳和脱碳气氛，经过一定时间后，筒壁内各点的浓度不再随时间而变化，满足稳态扩散条件，此时，单位时间内通过管壁的碳量 $\frac{q}{t}$ 为常数。

根据扩散通量的定义，可得

$$J = \frac{q}{At} = \frac{q}{2\pi rlt}。$$

由菲克第一定律可得

$$-D\frac{\mathrm{d}\rho}{\mathrm{d}r} = \frac{q}{2\pi rlt}。$$

由此解得

$$q = -D(2\pi lt)\frac{\mathrm{d}\rho}{\mathrm{d}\ln r},$$

式中，q，l，t 可在实验中测得，故只要测出碳含量沿筒壁径向分布，则扩散系数 D 可由碳的质量浓度 ρ 对 $\ln r$ 作图求出。若 D 不随成分而变，则作图得一直线。但实验测得结果（如图 5.1 所示）表明 ρ-$\ln r$ 为曲线，而不是直线，这表明扩散系数 D 是碳浓度的函数。在高浓度区，$\frac{\mathrm{d}\rho}{\mathrm{d}\ln r}$ 小，D 大；在低浓度区 $\frac{\mathrm{d}\rho}{\mathrm{d}\ln r}$ 大，D 小。例如由该实验测得，在 $1\,000\,℃$ 且碳的质量分数为 0.15% 时，碳在 γ 铁中的扩散系数 $D = 2.5 \times 10^{-11}\,\mathrm{m^2/s}$；当碳的质量分数为 1.4% 时，$D = 7.7 \times 10^{-11}\,\mathrm{m^2/s}$。

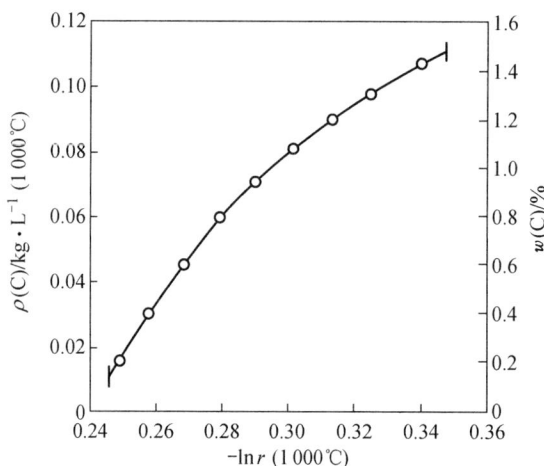

图 5.1 在 $1\,000\,℃$ 时 $\ln r$ 与 ρ 的关系

5.1.2 菲克第二定律

大多数扩散过程是非稳态扩散过程，某一点的浓度是随时间而变化的，这类过程可以由菲克第一定律结合质量守恒条件推导出的菲克第二定律来处理。图 5.2 表示在垂直于物质运动的方向 x 上，取一个横截面面积为 A，长度为 $\mathrm{d}x$ 的体积元，设流入及流出此体积元的通量分别为 J_1 和 J_2，作质量平衡，可得

$$流入质量 - 流出质量 = 积存质量$$

或

$$流入速率 - 流出速率 = 积存速率。$$

显然,流入速率＝J_1A,由微分公式可得:流出速率＝$J_2A=$ $J_1A+\dfrac{\partial(JA)}{\partial x}\mathrm{d}x$,则积存速率＝$-\dfrac{\partial J}{\partial x}A\mathrm{d}x$。该积存速率也可用体积元中扩散物质质量浓度随时间的变化率来表示,因此可得

$$\frac{\partial \rho}{\partial t}A\mathrm{d}x=-\frac{\partial J}{\partial x}A\mathrm{d}x,$$

$$\frac{\partial \rho}{\partial t}=-\frac{\partial J}{\partial x},$$

将菲克第一定律代入上式,可得

$$\frac{\partial \rho}{\partial t}=\frac{\partial}{\partial x}\left(D\,\frac{\partial \rho}{\partial x}\right)。 \tag{5.2}$$

该方程称为菲克第二定律或扩散第二定律。如果假定 D 与浓度无关,则上式可简化为:

$$\frac{\partial \rho}{\partial t}=D\,\frac{\partial^2 \rho}{\partial x^2}。 \tag{5.3}$$

考虑三维扩散的情况,并进一步假定扩散系数是各向同性的(立方晶系),则菲克第二定律普遍式为:

$$\frac{\partial \rho}{\partial t}=D\left(\frac{\partial^2 \rho}{\partial x^2}+\frac{\partial^2 \rho}{\partial y^2}+\frac{\partial^2 \rho}{\partial z^2}\right)。 \tag{5.4}$$

在上述的扩散定律中均有这样的含义,即扩散是由于浓度梯度所引起的,这样的扩散称为化学扩散;另一方面,我们把不依赖浓度梯度,而仅由热振动而产生的扩散称为自扩散,由 D_s 表示。自扩散系数的定义可由(5.1)式得出:

$$D_s=\lim_{\left(\frac{\partial \rho}{\partial x}\to 0\right)}\left(\frac{-J}{\frac{\partial \rho}{\partial x}}\right)。 \tag{5.5}$$

(5.5)式表示:合金中某一组元的自扩散系数是它的质量浓度梯度趋于零时的扩散系数。

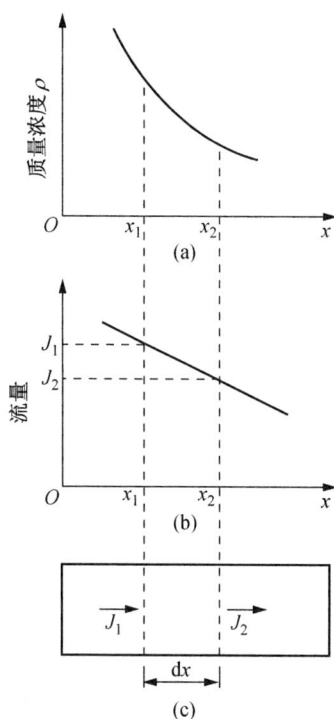

图 5.2　体积元中扩散物质
浓度的变化速率
(a) 浓度和距离的瞬时变化;
(b) 通量和距离的瞬时关系;
(c) 扩散通量 J_1 的物质经过体积元后的变化

5.1.3　扩散方程的解

对于非稳态扩散,则需要对菲克第二定律按所研究问题的初始条件和边界条件求解。显然,不同的初始条件和边界条件将导致方程的不同解。下面介绍几种较简单而实用的方程解。

1. 两端成分不受扩散影响的扩散偶

将质量浓度为 ρ_2 的 A 棒和质量浓度为 ρ_1 的 B 棒焊接在一起,焊接面垂直于 x 轴,然后加热保温不同的时间,焊接面($x=0$)附近的质量浓度将发生不同程度的变化,如图 5.3 所示。

假定试棒足够长,以保证扩散偶两端始终维持原浓度。根据上述情况,可分别确定方程的初始条件:

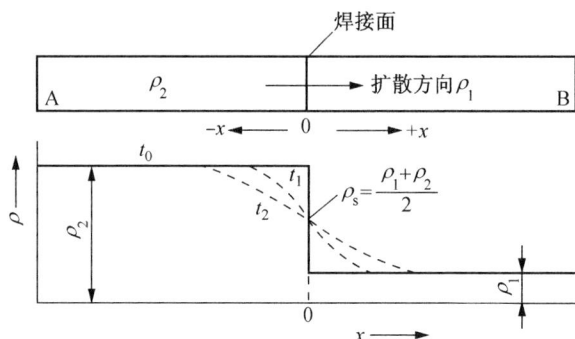

图 5.3　扩散偶的成分-距离曲线

$$t=0\begin{cases}x>0, & \text{则}\ \rho=\rho_1,\\ x<0, & \text{则}\ \rho=\rho_2\end{cases}$$

边界条件：

$$t\geqslant0\begin{cases}x=\infty, & \text{则}\ \rho=\rho_1\\ x=-\infty, & \text{则}\ \rho=\rho_2\end{cases}。$$

解偏微分方程有多种方法，下面介绍用中间变量代换，使偏微分方程变为常微分方程的方法。设中间变量 $\beta=\dfrac{x}{2\sqrt{Dt}}$，则有

$$\frac{\partial\rho}{\partial t}=\frac{\mathrm{d}\rho}{\mathrm{d}\beta}\frac{\partial\beta}{\partial t}=-\frac{\beta}{2t}\frac{\mathrm{d}\rho}{\mathrm{d}\beta},$$

而

$$\frac{\partial^2\rho}{\partial x^2}=\frac{\partial^2\rho}{\partial\beta^2}\left(\frac{\partial\beta}{\partial x}\right)^2 \quad (\text{分子,分母同乘以}\ \partial\beta^2)$$

$$=\frac{\partial^2\rho}{\partial\beta^2}\frac{1}{4Dt}=\frac{\mathrm{d}^2\rho}{\mathrm{d}\beta^2}\frac{1}{4Dt}。$$

将上面两式代入菲克第二定律(5.3)式得

$$-\frac{\beta}{2t}\frac{\mathrm{d}\rho}{\mathrm{d}\beta}=D\frac{1}{4Dt}\frac{\mathrm{d}^2\rho}{\mathrm{d}\beta^2},$$

整理为

$$\frac{\mathrm{d}^2\rho}{\mathrm{d}\beta^2}+2\beta\frac{\mathrm{d}\rho}{\mathrm{d}\beta}=0,$$

可解得

$$\frac{\mathrm{d}\rho}{\mathrm{d}\beta}=A_1\exp(-\beta^2)。$$

再积分，最终的通解为

$$\rho=A_1\int_0^\beta\exp(-\beta^2)\mathrm{d}\beta+A_2,\tag{5.6}$$

式中，A_1 和 A_2 是待定常数。

根据误差函数定义：

$$\mathrm{erf}(\beta)=\frac{2}{\sqrt{\pi}}\int_0^\beta\exp(-\beta^2)\mathrm{d}\beta。$$

可以证明，$\text{erf}(\infty)=1$，$\text{erf}(-\beta)=-\text{erf}(\beta)$，不同 β 值所对应的误差函数值见表 5.1。

表 5.1　β 与 $\text{erf}(\beta)$ 的对应值（β 为 0～2.7）

β	0	1	2	3	4	5	6	7	8	9
0.0	0.000 0	0.011 3	0.022 6	0.033 8	0.045 1	0.056 4	0.067 6	0.078 9	0.090 1	0.101 3
0.1	0.112 5	0.123 6	0.134 8	0.145 9	0.156 9	0.168 0	0.179 0	0.190 0	0.200 9	0.211 8
0.2	0.222 7	0.233 5	0.244 3	0.255 0	0.265 7	0.276 3	0.286 9	0.297 4	0.307 9	0.318 3
0.3	0.328 6	0.338 9	0.349 1	0.359 3	0.369 4	0.379 4	0.389 3	0.399 2	0.409 0	0.418 7
0.4	0.428 4	0.438 0	0.447 5	0.456 9	0.466 2	0.475 5	0.484 7	0.493 7	0.502 7	0.511 7
0.5	0.520 5	0.529 2	0.537 9	0.546 5	0.554 9	0.563 3	0.571 6	0.579 8	0.587 9	0.595 9
0.6	0.603 9	0.611 7	0.619 4	0.627 0	0.634 6	0.642 0	0.649 4	0.656 6	0.663 8	0.670 8
0.7	0.677 8	0.684 7	0.691 4	0.698 1	0.704 7	0.711 2	0.717 5	0.723 8	0.730 0	0.736 1
0.8	0.742 1	0.748 0	0.753 8	0.759 5	0.765 1	0.770 7	0.776 1	0.781 4	0.786 7	0.791 8
0.9	0.796 9	0.801 9	0.806 8	0.811 6	0.816 3	0.820 9	0.825 4	0.829 9	0.834 2	0.838 5
1.0	0.842 7	0.846 8	0.850 8	0.854 8	0.858 6	0.862 4	0.866 1	0.869 8	0.873 3	0.876 8
1.1	0.880 2	0.883 5	0.886 8	0.890 0	0.893 1	0.896 1	0.899 1	0.902 0	0.904 8	0.907 6
1.2	0.910 3	0.913 0	0.915 5	0.918 1	0.920 5	0.922 9	0.925 2	0.927 5	0.929 7	0.931 9
1.3	0.934 0	0.936 1	0.938 1	0.940 0	0.941 9	0.943 8	0.945 6	0.947 3	0.949 0	0.950 7
1.4	0.952 3	0.953 9	0.955 4	0.956 9	0.958 3	0.959 7	0.961 1	0.962 4	0.963 7	0.964 9
1.5	0.966 1	0.967 3	0.968 7	0.969 5	0.970 6	0.971 6	0.972 6	0.973 6	0.974 5	0.973 5

β	1.55	1.6	1.65	1.7	1.75	1.8	1.9	2.0	2.2	2.7
$\text{erf}(\beta)$	0.971 6	0.976 3	0.980 4	0.983 8	0.986 7	0.989 1	0.992 8	0.995 3	0.998 1	0.999

根据误差函数的定义和性质可得

$$\int_0^{\infty} \exp(-\beta^2)\mathrm{d}\beta = \frac{\sqrt{\pi}}{2}, \qquad \int_0^{-\infty} \exp(-\beta^2)\mathrm{d}\beta = -\frac{\sqrt{\pi}}{2}。$$

将它们代入 (5.6) 式，并结合边界条件可解出待定常数：

$$A_1 = \frac{\rho_1 - \rho_2}{2}\frac{2}{\sqrt{\pi}}, \quad A_2 = \frac{\rho_1 + \rho_2}{2}。$$

因此，质量浓度 ρ 随距离 x 和时间 t 变化的解析式为

$$
\begin{aligned}
\rho(x,t) &= \frac{\rho_1 + \rho_2}{2} + \frac{\rho_1 - \rho_2}{2}\frac{2}{\sqrt{\pi}}\int_0^{\beta}\exp(-\beta^2)\mathrm{d}\beta \\
&= \frac{\rho_1 + \rho_2}{2} + \frac{\rho_1 - \rho_2}{2}\text{erf}\left(\frac{x}{2\sqrt{Dt}}\right)。
\end{aligned}
\tag{5.7}
$$

在界面处（$x=0$），则 $\text{erf}(0)=0$，所以

$$\rho_s = \frac{\rho_1 + \rho_2}{2}。$$

即界面上质量浓度 ρ_s 始终保持不变。这是假定扩散系数与浓度无关所致，因而界面左侧的浓度衰减与右侧的浓度增加是对称的。

若焊接面右侧棒的原始质量浓度 ρ_1 为零，则 (5.7) 式简化为：

$$\rho(x,t) = \frac{\rho_2}{2}\left[1 - \text{erf}\left(\frac{x}{2\sqrt{Dt}}\right)\right], \tag{5.8}$$

而界面上的浓度等于$\frac{\rho_2}{2}$。

2. 一端成分不受扩散影响的扩散体

低碳钢高温奥氏体渗碳是提高钢表面性能和降低生产成本的重要生产工艺。此时,原始碳质量浓度为ρ_0的渗碳零件可被视为半无限长的扩散体,即远离渗碳源一端的碳质量浓度,在整个渗碳过程中不受扩散的影响,始终保持碳质量浓度为ρ_0。根据上述情况,可列出:

初始条件 　　　　　　　$t=0, x \geqslant 0, \quad \rho = \rho_0,$

边界条件 　　　　　　　$t>0, x=0, \quad \rho = \rho_s,$

　　　　　　　　　　　　$x=\infty, \quad \rho = \rho_0。$

即假定渗碳一开始,渗碳源一端表面就达到渗碳气氛的碳质量浓度ρ_s,由(5.6)式可解得:

$$\rho(x,t) = \rho_s - (\rho_s - \rho_0)\,\text{erf}\left(\frac{x}{2\sqrt{Dt}}\right)。 \tag{5.9}$$

如果渗碳零件为纯铁($\rho_0=0$),则上式简化为:

$$\rho(x,t) = \rho_s\left[1 - \text{erf}\left(\frac{x}{2\sqrt{Dt}}\right)\right]。 \tag{5.10}$$

在渗碳中,常需要估算满足一定渗碳层深度所需要的时间,可根据(5.9)式求出。以下给出具体例子和解法。

例 碳质量分数为0.1%的低碳钢,置于碳质量分数为1.2%的渗碳气氛中,在920℃下进行渗碳,如要求离表面0.002m处碳质量分数为0.45%,问需要多少渗碳时间?

解 已知碳在γ-Fe中920℃时的扩散系数$D=2\times10^{-11}\text{m}^2/\text{s}$,由(5.9)式可得

$$\frac{\rho_s - \rho(x,t)}{\rho_s - \rho_0} = \text{erf}\left(\frac{x}{2\sqrt{Dt}}\right)。$$

设低碳钢的密度为ρ,上式左边的分子和分母同除以ρ,可将质量浓度转换成质量分数,得

$$\frac{w_s - w(x,t)}{w_s - w_0} = \text{erf}\left(\frac{x}{2\sqrt{Dt}}\right)。$$

代入数值,可得

$$\text{erf}\left(\frac{224}{\sqrt{t}}\right) \approx 0.68,$$

由误差函数表可查得:

$$\frac{224}{\sqrt{t}} \approx 0.71, \quad t \approx 27.6\text{h}。$$

由上述计算可知,当指定某质量浓度$\rho(x,t)$为渗碳层深度x的对应值时,误差函数$\text{erf}\left(\frac{x}{2\sqrt{Dt}}\right)$为定值,因此渗碳层深度$x$和扩散时间$t$有以下关系:

$$x = A\sqrt{Dt} \quad \text{或} \quad x^2 = BDt, \tag{5.11}$$

式中,A 和 B 为常数。由上式可知,若要渗碳层深度 x 增加 1 倍,则所需的扩散时间为原先的 4 倍。

3. 衰减薄膜源

在金属 B 长棒的一端沉积一薄层金属 A,将这样的两个样品连接起来,就形成在两个金属 B 棒之间的金属 A 薄膜源,然后将此扩散偶进行扩散退火,那么在一定的温度下,金属 A 溶质在金属 B 棒中的浓度将随退火时间 t 而变。令棒轴和 x 坐标轴平行,金属 A 薄膜源位于 x 轴的原点上。初始扩散物质的浓度分布为: $\rho(x=0,t=0)=\rho$,$\rho(x \neq 0,t=0)=0$,具有 δ 函数形式。当扩散系数与浓度无关时,(5.3)式所示的菲克第二定律对衰减薄膜源的解可用下面高斯解的方式给出:

$$\rho(x,t)=\frac{k}{\sqrt{t}}\exp\left(-\frac{x^2}{4Dt}\right),\tag{5.12}$$

式中,k 是待定常数。通过对上式微分就可知道它是(5.3)式的解。从(5.12)式可知,溶质质量浓度是以原点为中心成左右对称分布的。假定扩散物质的单位面积质量为 M,则

$$M=\int_0^t\int_{-\infty}^{\infty}\rho(x,t)\mathrm{d}x\mathrm{d}t=\int_{-\infty}^{\infty}\rho(x,0)\mathrm{d}x。\tag{5.13}$$

令 $\frac{x^2}{4Dt}=\beta^2$,则

$$\mathrm{d}x=2\sqrt{Dt}\,\mathrm{d}\beta,\tag{5.14}$$

将(5.12)和(5.14)式代入(5.13)式,可得

$$M=2k\sqrt{D}\int_{-\infty}^{\infty}\exp(-\beta^2)\mathrm{d}\beta=2k\sqrt{\pi D}。$$

由高斯误差函数可知:

$$\int_0^{\infty}\exp(-\beta^2)\mathrm{d}\beta=\frac{\sqrt{\pi}}{2},$$

$$\int_0^{-\infty}\exp(-\beta^2)\mathrm{d}\beta=-\frac{\sqrt{\pi}}{2},$$

则待定常数

$$k=\frac{M}{2\sqrt{\pi D}}。\tag{5.15}$$

由此可见,高斯解与高斯误差函数之间的关联。将(5.15)式代入(5.12)式就获得薄膜扩散源随扩散时间衰减后的分布:

$$\rho(x,t)=\frac{M}{2\sqrt{\pi Dt}}\exp\left(-\frac{x^2}{4Dt}\right)。\tag{5.16}$$

图 5.4 显示出由上式计算的不同 $Dt\left(=\frac{1}{16},\frac{1}{4},1\right)$ 的扩散物质浓度分布特点。$\frac{M}{2\sqrt{\pi Dt}}$ 是分布曲线的振幅,它随扩散时间的延长而衰减。当 $t=0$ 时,分布宽度为零,振幅为无穷大。因此,对扩散物质初始分布有一定宽度(用 w 表示)的扩散问题,高斯解只是该问题的近似解。当扩散时间越长,扩散物质初始分布范围越窄,高斯解就越精确。保证高斯解有足够精度的条

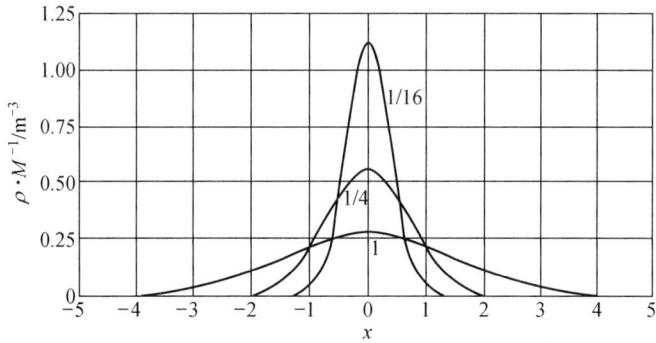

图 5.4　衰减薄膜源扩散后的浓度随距离变化的曲线(数字表示不同的 Dt 值)

件为：

$$t > \frac{w^2}{2D}。$$ (5.17)

如果在金属 B 棒一端沉积扩散物质 A(单位面积质量为 M)，经扩散退火后，其质量浓度为上述扩散偶的 2 倍,即

$$\rho = \frac{M}{\sqrt{\pi Dt}}\exp\left(\frac{-x^2}{4Dt}\right)。$$ (5.18)

因为扩散物质由原来向左右两侧扩散改变为仅向一侧扩散。

根据统计物理均分定理,从高斯解还可以求出任一时刻(t)原子的平均扩散距离 d:

$$d^2 = \frac{\int_{-\infty}^{+\infty} x^2 \rho(x,t)\mathrm{d}x}{\int_{-\infty}^{+\infty} \rho(x,t)\mathrm{d}x} = \frac{\frac{M}{2\sqrt{\pi Dt}}\int_{-\infty}^{+\infty} x^2 \exp\left(-\frac{x^2}{4Dt}\right)\mathrm{d}x}{M}。$$

因为

$$\int_0^{\infty} e^{-\alpha x^2} x^2 \mathrm{d}x = \frac{\sqrt{\pi}}{4}\alpha^{-\frac{3}{2}},$$

所以

$$d^2 = \frac{1}{2\sqrt{\pi Dt}}\frac{\sqrt{\pi}}{2}\left(\frac{1}{4Dt}\right)^{-\frac{3}{2}} = 2Dt,$$

$$d = \sqrt{2Dt}。$$

由此可见,从高斯解也可得到扩散距离与扩散时间的平方根关系。

上述衰减薄膜扩散源常被用于示踪原子测定金属的自扩散系数。由于纯金属是均匀的,不存在浓度梯度。为了感知纯金属中的原子迁移,最典型的方法是,在纯金属 A 的表面上沉积一薄层 A 的放射性同位素 A* 作为示踪物,扩散退火后,测量 A* 的扩散浓度。由于同位素 A* 的化学性质与 A 相同,在这种没有浓度梯度情况下测出 A* 的扩散系数,即为 A 的自扩散系数。

4. 成分偏析的均匀化

固溶体合金在非平衡凝固条件下,晶内会出现枝晶偏析,由此对合金性能产生不利的影响。通常须通过均匀化扩散退火来削弱这种影响。这种均匀扩散退火过程中组元浓度的变化可用菲克第二定律来描述。此节将介绍用分离变量法解偏微分方程的方法。

假定沿某一横越二次枝晶轴直线方向上的溶质质量浓度变化按正弦波来处理（见图 5.5(a)），则在 x 轴上浓度分布为：

$$\rho(x) = \rho_0 + A_0 \sin \frac{\pi x}{\lambda}, \tag{5.19}$$

式中，ρ_0 为平均质量浓度，A_0 为铸态合金中偏析的起始振幅，即 $A_0 = \rho_{max} - \rho_0$（见图 5.5(b)），$\lambda$ 是溶质质量浓度最大值 ρ_{max} 与最小值 ρ_{min} 之间的距离，即二次枝晶轴之间的一半距离。

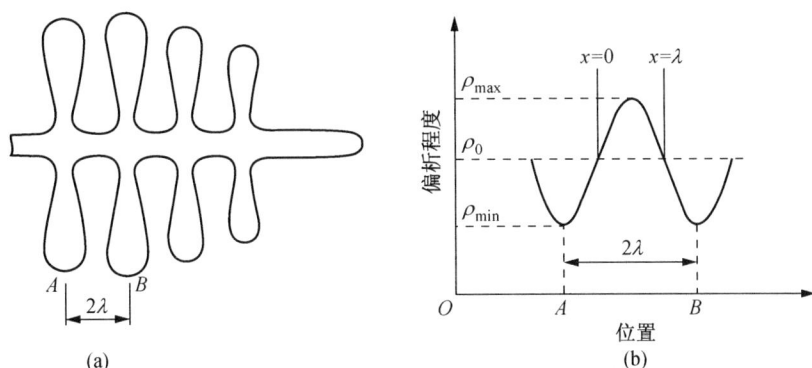

图 5.5　二次枝晶及溶质变化示意图
(a) 二次枝晶示意图；(b) 横跨枝晶从 A 到 B 的溶质变化（枝晶偏析按正弦波处理）

由于溶质原子从高浓度区流向低浓度区，最终浓度趋近于平均质量浓度 ρ_0，故认为此时波长 λ 不变，只是正弦波的振幅逐渐减小。由此可得边界条件（见图 5.5(b)）：

$$\rho(x=0, t) = \rho_0, \tag{5.20}$$

$$\frac{d\rho}{dx}\left(x = \frac{\lambda}{2}, t\right) = 0。 \tag{5.21}$$

(5.20)式简单地表明在 $x=0$ 的位置处，浓度为 ρ_0，保持不变，而(5.21)式说明正弦波波峰的位置在衰减时保持在 $x = \frac{\lambda}{2}$ 处。

由菲克第二定律：

$$\frac{\partial \rho}{\partial t} = D \frac{\partial^2 \rho}{\partial x^2}。$$

用分离变量法解菲克第二定律，令 $\rho(x,t) = X(x)T(t)$，则可得两个常微分方程：

$$\frac{d_2 X}{dx^2} + \left(\frac{\pi}{\lambda}\right)^2 X = 0,$$

$$\frac{dT}{dt} + D\left(\frac{\pi}{\lambda}\right)^2 T = 0。$$

其通解分别为：

$$X(x) = A\cos\frac{\pi x}{\lambda} + B\sin\frac{\pi x}{\lambda},$$

$$T(t) = \exp\left(-\frac{D\pi^2 t}{\lambda^2}\right)。$$

而

$$\rho(x,t) = \left(A\cos\frac{\pi x}{\lambda} + B\sin\frac{\pi x}{\lambda}\right)\exp\left(-\frac{D\pi^2 t}{\lambda}\right)。 \tag{5.22}$$

式中，A,B 为待定常数。注意到(5.22)式原点成分在 $x=0,t=0$ 时应为 ρ_0，故上式变为：

$$\rho(x,t) = \rho_0 + \left(A\cos\frac{\pi x}{\lambda} + B\sin\frac{\pi x}{\lambda}\right)\exp\left(-\frac{D\pi^2 t}{\lambda}\right)。 \tag{5.23}$$

由边界条件 $\frac{d\rho}{dx}\left(x=\frac{\lambda}{2},t\right)=0$，解得 $A=0$，所以

$$\rho(x,t) - \rho_0 = B\sin\frac{\pi x}{\lambda}\exp\left(-\frac{D\pi^2 t}{\lambda}\right)。$$

当 $t=0$ 时

$$\rho(x,t) - \rho_0 = B\sin\frac{\pi x}{\lambda}。$$

对比初始条件(5.19)式，可解得 $B=A_0$，所以最终解为：

$$\rho(x,t) - \rho_0 = A_0\sin\frac{\pi x}{\lambda}\exp\left(-\frac{D\pi^2 t}{\lambda^2}\right)。 \tag{5.24}$$

由于在均匀化扩散退火时只考虑浓度在 $x=\frac{\lambda}{2}$ 时的变化，此时 $\sin\left(\frac{\pi x}{\lambda}\right)=1$，所以

$$\rho\left(\frac{\lambda}{2},t\right) - \rho_0 = A_0\exp\left(\frac{-D\pi^2 t}{\lambda^2}\right)。$$

因为

$$A_0 = \rho_{max} - \rho_0，$$

所以

$$\frac{\rho\left(\frac{\lambda}{2},t\right) - \rho_0}{\rho_{max} - \rho_0} = \exp\left(\frac{-\pi^2 D t}{\lambda^2}\right)， \tag{5.25}$$

上式右边项称为衰减函数。若要求铸锭经均匀化扩散退火后，使成分偏析的振幅降低到 1%，即

$$\frac{\rho\left(\frac{\lambda}{2},t\right) - \rho_0}{\rho_{max} - \rho_0} = \frac{1}{100}，$$

则得

$$t = 0.467\frac{\lambda^2}{D}。 \tag{5.26}$$

从(5.26)式可知，在给定温度下（即 D 为定值），枝晶间距越小，则所需的扩散时间越少，因此可通过快速凝固来抑制枝晶生长或通过热锻、热轧来打碎枝晶，这都有利于减少扩散退火时间。若 λ 为定值时，采用固相线下尽可能高的扩散温度，使 D 值大大提高，从而有效地减少扩散时间。从(5.25)式可知，要完全消除偏析是不可能的，因为此时要求 $t\to\infty$。

5.1.4　置换型固溶体中的扩散

碳在铁中的扩散是间隙型溶质原子的扩散，在这种情况下可以不涉及溶剂铁原子的扩散，

因为铁原子扩散速率与原子直径较小与较易迁移的碳原子的扩散速率比较而言是可以忽略的。然而对于置换型溶质原子的扩散,由于溶剂与溶质原子的半径相差不会很大,原子扩散时必须与相邻原子间作置换,两者的可动性大致属于同一数量级,因此,必须考虑溶质和溶剂原子的不同扩散速率,这首先被柯肯达尔(Kirkendall)等人所证实。1947 年,他们设计了一个实验,其安排如图 5.6 所示。他们在质量分数 $w(Zn)=30\%$ 的黄铜块上镀一层铜,并在铜和黄铜界面上预先放两排钼丝(钼不溶于铜或黄铜)。将该样品经 785℃扩散退火 56d 后,发现上下两排钼丝的距离 l 减小了 0.25mm,并且在黄铜上留有一些小洞。假如 Cu 和 Zn 的扩散系数相等,那么,以原钼丝平面为分界面,两侧进行的是等量的 Cu 与 Zn 原子互换,考虑到 Zn 原子尺寸大于 Cu 原子,Zn 的外移会导致钼丝(标记面)向黄铜一侧移动,但经计算移动量仅为观察值的 1/10 左右。由此可见,两种原子尺寸的差异不是钼丝移动的主要原因,这只能是在退火时,因 Cu,Zn 两种原子的扩散速率不同,导致了由黄铜中扩散出去 Zn 的通量大于铜原子扩散进入的通量。这种不等量扩散导致钼丝移动的现象称为柯肯达尔效应。以后,又发现了多种置换型扩散偶中都有柯肯达尔效应,例如,Ag-Au,Ag-Cu,Au-Ni,Cu-Al,Cu-Sn 及 Ti-Mo 等。图 5.7 显示出 $w(Al)=12\%$ 的 Cu-Al 合金与 Cu 焊成的扩散偶的柯肯达尔效应,中间的黑线是原始焊接面,左边界面是标记面。该试样的处理条件是 900℃保温 1h,用 $w(CuCl_2)=8\%$ 的氨水溶液浸蚀。

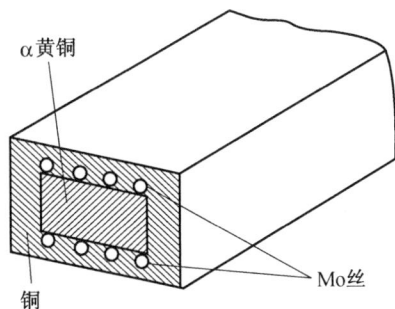

图 5.6　Kirkendall 实验

图 5.7　$w(Al)=12\%$ 的 Cu-Al 合金与
Cu 焊接成的扩散偶(500×)

达肯(Darken)在 1948 年首先对柯肯达尔效应进行了唯象的解析。他把标记飘移看作类似流体运动的结果,即整体地流过了参考平面(焊接面)。

若令 v_B=点阵整体的移动速度=标记的速度=v_m,则

v_D=原子扩散速度=原子相对于标记的速度,

$$v_t = v_B + v_D = v_m + v_D。 \tag{5.27}$$

若组元 $i(i=1,2)$ 的质量浓度为 ρ_i,扩散速度为 v,则其扩散通量

$$J = \rho_i v。 \tag{5.28}$$

对于两个组元,它们的扩散总通量分别为:

$$(J_1)_t = \rho_1(v_m + v_{1D}) = \rho_1 v_m - D_1 \frac{d\rho_1}{dx},$$

$$(J_2)_t = \rho_2(v_m + v_{2D}) = \rho_2 v_m - D_2 \frac{d\rho_2}{dx}. \tag{5.29}$$

在扩散过程中,假设密度保持不变,则须满足:

$$(J_1)_t = -(J_2)_t,$$

即

$$v_m(\rho_1 + \rho_2) = D_1 \frac{d\rho_1}{dx} + D_2 \frac{d\rho_2}{dx},$$

$$v_m = D_1 \frac{dx_1}{dx} + D_2 \frac{dx_2}{dx} = D_1 \frac{dx_1}{dx} + D_2 \frac{d(1-x_1)}{dx} = (D_1 - D_2) \frac{dx_1}{dx}. \tag{5.30}$$

式中,$x_1 \left(= \dfrac{\rho_1}{\rho}\right)$ 和 $x_2 \left(= \dfrac{\rho_2}{\rho}\right)$ 分别表示组元 1 和组元 2 的摩尔分数,并有 $x_1 + x_2 = 1$。同理可得

$$v_m = D_1 \frac{dx_1}{dx} + D_2 \frac{dx_2}{dx}$$

$$= D_1 \frac{d(1-x_2)}{dx} + D_2 \frac{dx_2}{dx} = (D_2 - D_1) \frac{dx_2}{dx}. \tag{5.31}$$

由上式可知,当组元 1 和组元 2 的扩散系数 D_1 和 D_2 相等时,标记漂移速度为零。将 (5.30) 式代入 (5.29) 式,得

$$(J_1)_t = \rho_1(D_1 - D_2) \frac{dx_1}{dx} - D_1 \frac{d\rho_1}{dx}$$

$$= x_1(D_1 - D_2) \frac{d\rho_1}{dx} - D_1 \frac{d\rho_1}{dx}$$

$$= -(-D_1 x_1 + D_2 x_1 + D_1) \frac{d\rho_1}{dx}$$

$$= -(D_1 x_2 + D_2 x_1) \frac{d\rho_1}{dx}$$

$$= -\widetilde{D} \frac{d\rho_1}{dx}. \tag{5.32}$$

同理可得

$$(J_2)_t = -\widetilde{D} \frac{d\rho_2}{dx}, \tag{5.33}$$

式中

$$\widetilde{D} = D_1 x_2 + D_2 x_1. \tag{5.34}$$

$\widetilde{D}$ 称为互扩散系数。

由此得到置换固溶体中的组元扩散通量仍具有菲克第一定律的形式,只是用互扩散系数 $\widetilde{D}$ 来代替两种原子的扩散系数 D_1 和 D_2,并且两种组元的扩散通量的方向是相反的。

测定某温度下的互扩散系数 $\widetilde{D}$、标记漂移速度 v 和质量浓度梯度,由达肯公式 (5.27) 式和 (5.28) 式就可计算出该温度下标记所在处成分的两种原子扩散系数 D_1 和 D_2 (又称本征扩

散系数）。达肯计算了 $w(Zn)=30\%$ 的 Cu-Zn 和纯铜的扩散偶在标记处质量分数 $w(Zn)=22.5\%$ 时,两组元的扩散系数:$D_{Cu}=2.2\times10^{-13}\,m^2/s$,$D_{Zn}=5.1\times10^{-13}\,m^2/s$,$D_{Zn}/D_{Cu}\approx2.3$。由(5.28)式可知,当 $x_2\to0$,即 $x_1\to1$ 时,则 $\widetilde{D}\approx D_2$;同理,当 $x_1\to0$ 时,即 $x_2\to1$,则 $\widetilde{D}\approx D_1$。这表明,只有在很稀薄的置换型固溶体中,互扩散系数 $\widetilde{D}$ 接近于原子的本征扩散系数 D_1 或 D_2。随着固溶体溶质原子浓度的增加,互扩散系数 $\widetilde{D}$ 与本征扩散系数 D 的差别就会增大。早期的研究已表明,当 $w(Zn)\to0$ 时,$\widetilde{D}_{Zn}\approx D_{Zn}=0.3\times10^{-13}\,m^2/s$,表明 Zn 质量分数从零增加到 22.5% 时,$\widetilde{D}_{Zn}$ 增加了约 17 倍。

5.2　扩散的热力学分析

菲克第一定律描述了物质从高浓度区向低浓度区扩散的现象,扩散的结果导致浓度梯度的减小,使成分趋于均匀。但实际上并非所有的扩散过程都是如此,物质也可能从低浓度区向高浓度区扩散,扩散的结果提高了浓度梯度。例如,铝铜合金时效早期形成的富铜偏聚区,以及某些合金固溶体调幅分解形成的溶质原子富集区等,这种扩散称为"上坡扩散"或"逆向扩散"。从热力学分析可知,扩散的驱动力并不是浓度梯度 $\frac{\partial\rho}{\partial x}$,而应是化学势梯度 $\frac{\partial\mu}{\partial x}$,由此不仅能解释通常的扩散现象,也能解释"上坡扩散"等反常现象。

在热力学中,化学势 μ_i 表示每个 i 原子的吉布斯自由能,即 $\mu_i=\left(\frac{\partial G}{\partial n_i}\right)$,$n_i$ 是组元 i 的原子数。原子所受的驱动力 F 可从化学势对距离求导得到:

$$F=-\frac{\partial\mu_i}{\partial x},\tag{5.35}$$

式中,负号表示驱动力与化学势下降的方向一致,也就是扩散总是向化学势减小的方向进行,即在等温等压条件下,只要两个区域中 i 组元存在化学势差 $\Delta\mu_i$,就能产生扩散,直至 $\Delta\mu_i=0$。

在化学势的驱动下,扩散原子在固体中沿给定方向运动时,会受到固体中溶剂原子对它产生的阻力,阻力与扩散速度成正比。当溶质原子扩散加速到其受到的阻力等于驱动力时,溶质原子的扩散速度就达到了它的极限速度,也就是达到了原子的平均扩散速度。原子的扩散平均速度 v 正比于驱动力 F:

$$v=BF,$$

比例系数 B 为单位驱动力作用下的速度,称为迁移率。扩散通量等于扩散原子的质量浓度与其平均速度的乘积:

$$J=\rho_i v_i。$$

由此可得

$$J=\rho_i B_i F_i=-\rho_i B_i\frac{\partial\mu_i}{\partial x}。$$

由菲克第一定律:

$$J = -D \frac{\partial \rho_i}{\partial x},$$

比较上两式,可得

$$D = \rho_i B_i \frac{\partial \mu_i}{\partial \rho_i} = B_i \frac{\partial \mu_i}{\partial \ln \rho_i} = B_i \frac{\partial \mu_i}{\partial \ln x_i},$$

式中,$x_i = \frac{\rho_i}{\rho}$。在热力学中,$\partial \mu_i = kT \partial \ln a_i$,$a_i$ 为组元 i 在固溶体中的活度,并有 $a_i = r_i x_i$,r_i 为活度系数,故上式为

$$D = kTB_i \frac{\partial \ln a_i}{\partial \ln x_i} = kTB_i \left(1 + \frac{\partial \ln r_i}{\partial \ln x_i}\right) 。 \qquad (5.36)$$

对于理想固溶体($r_i = 1$)或稀固溶体($r_i =$ 常数),上式括号内的因子(又称热力学因子)等于1,因而

$$D = kTB_i 。 \qquad (5.37)$$

由此可见,在理想或稀固溶体中,不同组元的扩散速率仅取决于迁移率 B 的大小。(5.37)式称为能斯特-爱因斯坦(Nernst-Einstein)方程。对于一般实际固溶体来说,上述结论也是正确的,可证明如下:

在二元系中,由吉布斯-杜亥姆(Gibbs-Duhem)关系:

$$x_1 d\mu_1 + x_2 d\mu_2 = 0,$$

式中,x_1 和 x_2 分别为组元1和组元2的摩尔分数。

由于 μ_i 是 x_i 的函数,从 $d\mu_i = RT d\ln a_i$ 可得

$$x_i d\mu_i = RT(dx_i + x_i d\ln r_i) 。$$

把此式代入上式,并注意到 $dx_1 = -dx_2$,整理可得

$$x_1 d\ln r_1 = -x_2 d\ln r_2,$$

上式两边同除以 dx_1,并有 $dx_1 = -dx_2$ 及 $\frac{dx_i}{x_i} = d\ln x_i$,则有

$$\frac{d\ln r_1}{d\ln x_1} = \frac{d\ln r_2}{d\ln x_2} 。 \qquad (5.38)$$

由(5.38)式和(5.36)式可知,组元1和组元2的热力学因子相等,它们的扩散速率 D_1 和 D_2 不同的原因是迁移率 B_1 和 B_2 的差异所致。

根据(5.36)式,当 $\left(1 + \frac{\partial \ln r_i}{\partial \ln x_i}\right) > 0$ 时,$D > 0$,表明组元是从高浓度区向低浓度区迁移的"下坡扩散";当 $\left(1 + \frac{\partial \ln r_i}{\partial \ln x_i}\right) < 0$ 时,$D < 0$,表明组元是从低浓度区向高浓度区迁移的"上坡扩散"。综上所述可知,决定组元扩散的基本因素是化学势梯度,不管是上坡扩散还是下坡扩散,其结果总是导致扩散组元化学势梯度的减小,直至化学势梯度为零。

引起上坡扩散还可能有以下一些情况:

(1) 弹性应力的作用。晶体中存在弹性应力梯度时,它促使较大半径的原子跑向点阵伸长部分,较小半径原子跑向受压部分,造成固溶体中溶质原子的不均匀分布。

(2) 晶界的内吸附。晶界能量比晶内高,原子规则排列较晶内差,如果溶质原子位于晶界

上可降低体系总能量,则它们会优先向晶界扩散,富集于晶界上,此时溶质在晶界上的浓度就高于在晶内的浓度。

(3) 大的电场或温度场也促使晶体中原子按一定方向扩散,造成扩散原子的不均匀性。

5.3　扩散的原子理论

5.3.1　扩散机制

在晶体中,原子在其平衡位置作热振动,并会从一个平衡位置跳到另一个平衡位置,即发生扩散,一些可能的扩散机制总结在图 5.8 中。

1. 交换机制

相邻原子的直接交换机制如图 5.8 中 1 所示,即两个相邻原子互换了位置。这种机制在密排结构中未必可能,因为它会引起大的畸变和需要太大的激活能。甄纳(Zener)在 1951 年提出环形交换机制,如图 5.8 中 2 所示,4 个原子同时交换,其所涉及的能量远小于直接交换,但这种机制的可能性仍不大,因为它受到集体运动的约束。不管是直接交换还是环形交换,均使扩散原子通过垂直于扩散方向平面的净通量为零,即扩散原子是等量互换。这种互换机制不可能出现柯肯达尔效应。目前,尚没有实验结果验证在金属和合金中的这种交换机制。在金属液体中或非晶体中,这种原子的协作运动可能容易实现。

2. 间隙机制

在间隙扩散机制中(如图 5.8 中 4 所示),原子从一个晶格中间隙位置迁移到另一个间隙位置。像氢、碳、氮等这类小的间隙型溶质原子易以这种方式在晶体中扩散。如果一个比较大的原子(置换型溶质原子)进入晶格的间隙位置(即弗仑克尔(Frenkel)缺陷),那么这个原子将难以通过间隙机制从一个间隙位置迁移到邻近的间隙位置,因为这种迁移将导致很大的畸变。为此,提出了"推填"(interstitialcy)机制,即一个填隙原子可以把它近邻的、在晶格结点上的原子"推"到附近的间隙中,而自己则"填"到被推出去的原子的原来位置上,如图 5.8 中 5 所示。此外,也有人提出另一种有点类似"推填"的"挤列"(crowdion)机制。若一个间隙原子挤入体心立方晶体对角线(即原子密排方向)上,使若干个原子偏离其平衡位置,形成一个集体,则该集体称为"挤列",如图 5.8 中 6 所示。原子可沿此对角线方向移动

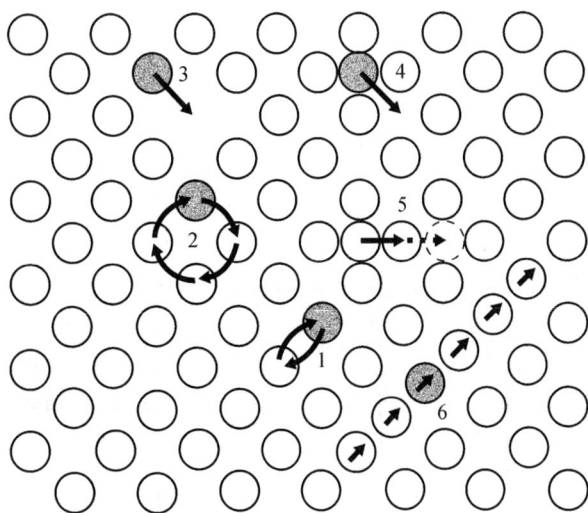

图 5.8　晶体中的扩散机制

1—直接交换;2—环形交换;3—空位;4—间隙;5—推填;6—挤列

而扩散。

3. 空位机制

前已指出,晶体中存在着空位,在一定温度下有一定的平衡空位浓度,温度越高,则平衡空位浓度越大。这些空位的存在使原子迁移更容易,故大多数情况下,原子扩散是借助空位机制的,如图5.8中3所示。前述的柯肯达尔效应最重要意义之一,就是支持了空位扩散机制。由于Zn原子的扩散速率大于Cu原子,这要求在纯铜一边不断地产生空位,当Zn原子越过标记面后,这些空位朝相反方向越过标记面进入黄铜一侧,并在黄铜一侧聚集或湮灭。空位扩散机制可以使Cu原子和Zn原子实现不等量扩散,同时,这样的空位机制可以导致标记向黄铜一侧漂移,如图5.9所示。在图5.7中所示的Cu与w(Al)为12%Cu-Al合金的扩散偶中,由于Cu的扩散系数大于铜铝合金中Al的扩散系数,于是Cu原子从标记面左边扩散至右边的通量大于Al原子从右边扩散至左边的通量,导致标记面右边的额外Cu原子将使铜铝合金膨胀,使扩散前原在焊接面上的标记与此分离,并向左侧移动。与此同时,铜铝合金中的空位向纯铜一侧扩散,由空位聚集而形成的小空洞在图5.7中显示出来。由于铜铝合金淬火得到了板条β-Cu_3Al相,故β相与纯铜之间的界面即可视为标记面。

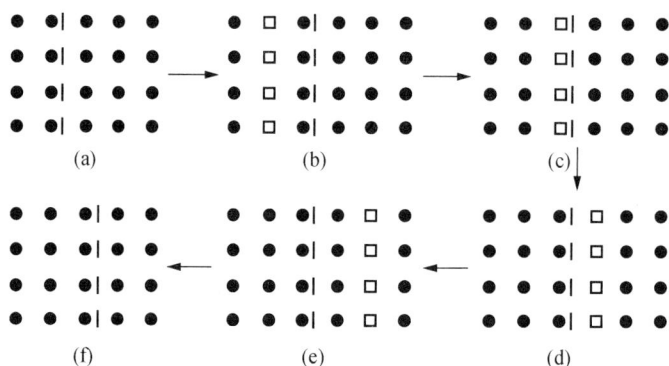

图5.9　标记漂移产生的示意图
(黑点:原子;方块:空位;虚线:标记)
(a) 初始态;(b) 空位的产生;(c),(d),(e) 空位平面向右位移;
(f) 空位的湮灭(比较(a)和(f)可知,标记向右位移)

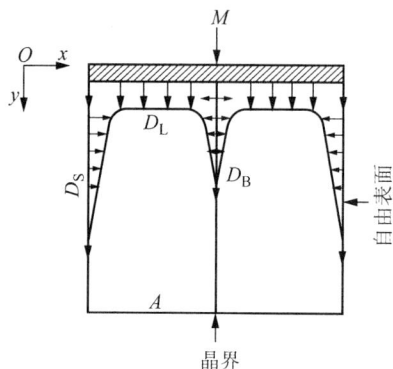

图5.10　物质在双晶体中的扩散

4. 晶界扩散及表面扩散

对于多晶材料,扩散物质可沿三种不同路径进行,即晶体内扩散(或称体扩散),晶界扩散和样品自由表面扩散,并分别用D_L和D_B和D_S表示三者的扩散系数。图5.10显示出实验测定物质在双晶体中的扩散情况。在垂直于双晶平面晶界的表面$y=0$上,蒸发沉积放射性同位素M,经扩散退火后,由图中箭头表示的扩散方向和由箭头端点表示的等浓度处可知,扩散物质M穿透到晶体内去的深度远比晶界和沿表面的要小,而扩散物质沿晶界的扩散深度比沿表面的要小,由此得出,$D_L < D_B < D_S$。由于晶界、表面及位错等都可视为晶体中的缺陷,缺陷产生的畸变使原子迁移比在完整晶体内容易,导致这些缺陷中的扩散速率大于完整晶体内的扩散速率,因此,常把这些缺陷中的扩散称为"短路"扩散。

5.3.2　原子跳跃和扩散系数

1. 原子跳跃频率

以间隙固溶体为例,溶质原子的扩散一般是从一个间隙位置跳跃到其近邻的另一个间隙位置。图 5.11(a)为面心立方结构的八面体间隙中心位置,图 5.11(b)为面心立方结构(100)晶面上的原子排列。图中 1 代表间隙原子的原来位置,2 代表跳跃后的位置。在跳跃时,必须把原子 3 与原子 4 或这个晶面上下两侧的相邻原子推开,从而使晶格发生局部的瞬时畸变,这部分畸变就构成间隙原子跳跃的阻力,这就是间隙原子跳跃时所必须克服的能垒。如图 5.12 所示,间隙原子从位置 1 跳到位置 2 的能垒 $\Delta G = G_2 - G_1$,因此只有那些自由能超过 G_2 的原子才能发生跳跃。

根据麦克斯韦-玻耳兹曼(Maxwell-Boltzmann)统计分布定律,在 N 个溶质原子中,自由能大于 G_2 的原子数

$$n(G > G_2) = N \exp\left(\frac{-G_2}{kT}\right),$$

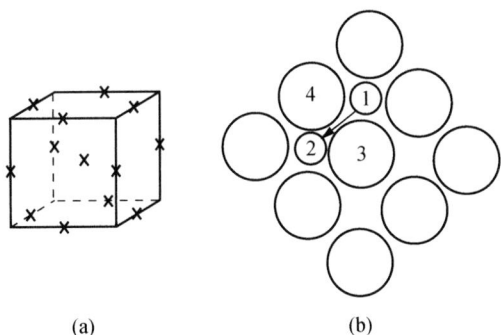

图 5.11　面心立方结构的八面体间隙及(100)晶面

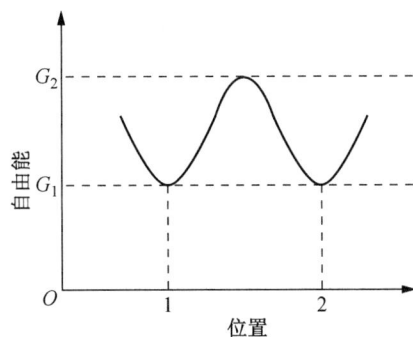

图 5.12　原子的自由能与其位置的关系

同样,自由能大于 G_1 的原子数

$$n(G > G_1) = N \exp\left(\frac{-G_1}{kT}\right),$$

则

$$\frac{n(G > G_2)}{n(G > G_1)} = \exp\left(\frac{-G_2}{kT} - \frac{-G_1}{kT}\right).$$

由于 G_1 处于平衡位置,即最低自由能的稳定状态,故 $n(G > G_1) \approx N$,上式变为:

$$\frac{n(G > G_2)}{N} = \exp\left(-\frac{G_2 - G_1}{kT}\right) = \exp\left(\frac{-\Delta G}{kT}\right). \tag{5.39}$$

这个数值表示了在 T 温度下具有跳跃条件的原子分数,或称几率。

设一块含有 n 个原子的晶体,在 dt 时间内共跳跃 m 次,则平均每个原子在单位时间内跳

跃次数,即跳跃频率

$$\Gamma = \frac{m}{n \cdot \mathrm{d}t}。 \tag{5.40}$$

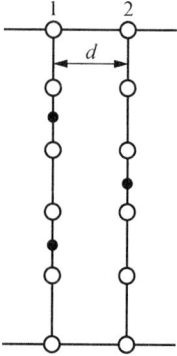

图 5.13 中示意画出含有间隙原子两个相邻的平行晶面。这两晶面都与纸面垂直。假定晶面 1 和晶面 2 的面积为单位面积,分别有 n_1 和 n_2 个间隙原子。在某一温度下间隙原子的跳跃频率为 Γ,由晶面 1 跳到晶面 2,或反之从晶面 2 跳到晶面 1,它们的几率均为 P,则在 Δt 时间内,单位面积上由晶面 1→2 或 2→1 的跳跃原子数分别为:

$$N_{1-2} = n_1 P \Gamma \Delta t,$$
$$N_{2-1} = n_2 P \Gamma \Delta t,$$

如果 $n_1 > n_2$,在晶面 2 上得到间隙溶质原子的净值

$$N_{1-2} - N_{2-1} = (n_1 - n_2) P \Gamma \Delta t,$$

图 5.13 相邻晶面间的间隙原子跳动

即

$$\frac{(N_{1-2} - N_{2-1}) A_{\mathrm{r}}}{N_{\mathrm{A}}} = \frac{(n_1 - n_2) P \Gamma \Delta t A_{\mathrm{r}}}{N_{\mathrm{A}}} = J \Delta t,$$

式中,$J = (n_1 - n_2) P \Gamma A_{\mathrm{r}} / N_{\mathrm{A}}$ 由扩散通量的定义得到,N_{A} 为阿伏伽德罗常数,A_{r} 为相对原子质量。

设晶面 1 和晶面 2 之间的距离为 d,可得质量浓度

$$\rho_1 = \frac{n_1 A_{\mathrm{r}}}{N_{\mathrm{A}} d}, \quad \rho_2 = \frac{n_2 A_{\mathrm{r}}}{N_{\mathrm{A}} d}。 \tag{5.41}$$

而晶面 2 上的质量浓度又可由微分公式写出:

$$\rho_2 = \rho_1 + \frac{\mathrm{d}\rho}{\mathrm{d}x} d。 \tag{5.42}$$

由(5.41)和(5.42)两式分别可得:

$$\rho_2 - \rho_1 = \frac{1}{d} (n_2 - n_1) \frac{A_{\mathrm{r}}}{N_{\mathrm{A}}}$$

和

$$\rho_2 - \rho_1 = \frac{\mathrm{d}\rho}{\mathrm{d}x} d。$$

对比上两式,可得

$$n_2 - n_1 = \frac{\mathrm{d}\rho}{\mathrm{d}x} d^2 \frac{N_{\mathrm{A}}}{A_{\mathrm{r}}},$$

所以

$$J = (n_1 - n_2) P \Gamma \frac{A_{\mathrm{r}}}{N_{\mathrm{A}}} = -d^2 P \Gamma \frac{\mathrm{d}\rho}{\mathrm{d}x}。$$

将上式与菲克第一定律比较,可得

$$D = P d^2 \Gamma, \tag{5.43}$$

式中前两项取决于固溶体的结构,而 Γ 除了与物质本身性质相关,还与温度密切有关。例如,可从 γ-Fe 中固溶的碳在 1198K 时的扩散系数求得跳跃频率为 $1.7 \times 10^9 / \mathrm{s}$,而碳在室温奥氏体 γ 中 Γ 仅为 $2.1 \times 10^{-9} / \mathrm{s}$,两者之比高达 10^{18},这充分说明了温度对跳跃频率的重要影响。(5.43)式也适用于置换型扩散。

2. 扩散系数

对于间隙型扩散,设原子的振动频率为 ν,溶质原子最邻近的间隙位置数为 z(即间隙配位数),则 Γ 应是 ν,z 和具有跳跃条件原子分数 $\mathrm{e}^{\Delta G/(kT)}$ 的乘积,即

$$\Gamma = \nu z \exp\left(\frac{-\Delta G}{kT}\right)。$$

因为

$$\Delta G = \Delta H - T\Delta S \approx \Delta U - T\Delta S,$$

所以

$$\Gamma = \nu z \exp\left(\frac{\Delta S}{k}\right)\exp\left(\frac{-\Delta U}{kT}\right),$$

代入(5.43)式可得

$$D = d^2 P\nu z \exp\left(\frac{\Delta S}{k}\right)\exp\left(\frac{-\Delta U}{kT}\right)。$$

令

$$D_0 = d^2 P\nu z \exp\left(\frac{\Delta S}{k}\right),$$

则

$$D = D_0 \exp\left(\frac{-\Delta U}{kT}\right) = D_0 \exp\left(\frac{-Q}{kT}\right), \tag{5.44}$$

式中,D_0 称为扩散常数;ΔU 是间隙扩散时溶质原子跳跃所需额外的热力学内能,该迁移能等于间隙原子的扩散激活能 Q。

在固溶体中的置换扩散或纯金属中的自扩散,原子的迁移主要是通过空位扩散机制。与间隙型扩散相比,置换扩散或自扩散除了需要原子从一个空位跳跃到另一个空位时的迁移能外,还需要扩散原子近旁空位的形成能。

前已指出,温度 T 时晶体中平衡的空位摩尔分数

$$X_{\mathrm{V}} = \exp\left(\frac{-\Delta U_{\mathrm{V}}}{kT} + \frac{\Delta S_{\mathrm{V}}}{k}\right),$$

式中,ΔU_{V} 为空位形成能;ΔS_{V} 为熵增值。在置换固溶体或纯金属中,若配位数为 Z_0,则空位周围原子所占的分数应为

$$Z_0 X_{\mathrm{V}} = Z_0 \exp\left(\frac{-\Delta U_{\mathrm{V}}}{kT} + \frac{\Delta S_{\mathrm{V}}}{k}\right)。 \tag{5.45}$$

设扩散原子跳入空位所需的自由能 $\Delta G \approx \Delta U - T\Delta S$,那么,原子跳跃频率 Γ 应是原子的振动频率 ν 及空位周围原子所占的分数 $Z_0 X_{\mathrm{V}}$ 和具有跳跃条件原子所占的分数 $\exp\left(\frac{-\Delta G}{kT}\right)$ 的乘积,即

$$\Gamma = \nu Z_0 \exp\left(\frac{-\Delta U_{\mathrm{V}}}{kT} + \frac{\Delta S_{\mathrm{V}}}{k}\right)\exp\left(\frac{-\Delta U}{kT} + \frac{\Delta S}{k}\right)。$$

将上式代入(5.43)式,得

$$D = d^2 \nu Z_0 \exp\left(\frac{\Delta S_{\mathrm{V}} + \Delta S}{k}\right)\exp\left(\frac{-\Delta U_{\mathrm{V}} - \Delta U}{kT}\right)。$$

令扩散常数

$$D_0 = d^2 P\nu Z_0 \exp\left(\frac{\Delta S_{\mathrm{V}} + \Delta S}{k}\right),$$

所以

$$D = D_0 \exp\left(\frac{-\Delta U_\mathrm{V} - \Delta U}{kT}\right) = D_0 \mathrm{e}^{-Q/(kT)}, \tag{5.46}$$

式中,扩散激活能 $Q = \Delta U_\mathrm{V} + \Delta U$。由此表明,置换扩散或自扩散除了需要原子迁移能 ΔU 外,还比间隙型扩散增加了一项空位形成能 ΔU_V。实验证明,置换扩散或自扩散的激活能均比间隙扩散激活能要大,如表 5.2 所列。

表 5.2　某些扩散系统的 D_0 与 Q(近似值)

扩散组元	基体金属	$D_0/\times 10^{-5} \mathrm{m}^2 \cdot \mathrm{s}^{-1}$	$Q/\times 10^3 \mathrm{J} \cdot \mathrm{mol}^{-1}$	扩散组元	基体金属	$D_0/\times 10^{-5} \mathrm{m}^2 \cdot \mathrm{s}^{-1}$	$Q/\times 10^3 \mathrm{J} \cdot \mathrm{mol}^{-1}$
碳	γ铁	2.0	140	锰	γ铁	5.7	277
碳	α铁	0.20	84	铜	铝	0.84	136
铁	α铁	19	239	锌	铜	2.1	171
铁	γ铁	1.8	270	银	银(体积扩散)	1.2	190
镍	γ铁	4.4	283	银	银(晶界扩散)	1.4	96

上述(5.45)式和(5.46)式的扩散系数都遵循阿累尼乌斯(Arrhenius)方程:

$$D = D_0 \exp\left(-\frac{Q}{RT}\right), \tag{5.47}$$

式中,R 为气体常数,其值为 8.314J/(mol·K);Q 代表每摩尔原子的激活能;T 为热力学温度。由此表明,不同扩散机制的扩散系数表达形式相同,但 D_0 和 Q 值不同。

5.4　扩散激活能

由前述分析表明,当晶体中的原子以不同方式扩散时,所需的扩散激活能 Q 值是不同的。在间隙扩散机制中,$Q = \Delta U$;在空位扩散机制中,$Q = \Delta U + \Delta U_\mathrm{V}$。除此以外,还有晶界扩散、表面扩散、位错扩散,它们的扩散激活能是各不相同的,因此,求出某种条件的扩散激活能,对于了解扩散的机制是非常重要的,下面介绍通过实验求解扩散激活能的方法。

扩散系数的一般表达式如前所述,即

$$D = D_0 \exp\left(-\frac{Q}{RT}\right),$$

将上式两边取对数,则有

$$\ln D = \ln D_0 - \frac{Q}{RT}。 \tag{5.48}$$

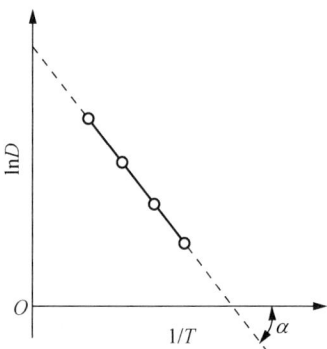

图 5.14　$\ln D$ -$1/T$ 的关系图

由实验值确定 $\ln D$ 与 $1/T$ 的关系,如果两者呈线性关系(如图 5.14 所示),则图中的直线斜率为 $-Q/R$ 值,该直线外推至与纵坐标相交的截距则为 $\ln D_0$ 值。

一般认为 D_0 和 Q 的大小与温度无关,只是与扩散机制和材料相关,将这种情况下的 $\ln D$ 与 $1/T$ 作图为一直线,否则,得不到直线。

显然,当原子在高温和低温中以两种不同扩散机制进行扩散时,由于扩散激活能不同,将在 $\ln D$ -$1/T$ 图中出现两段不同斜率的折线。另外,值得注意的是,在用 $Q = -R\tan\alpha$ 求 Q 值时,不能通过测量图中的 α 角来求 $\tan\alpha$ 值,而必须用 $\dfrac{\Delta(\ln D)}{\Delta(1/T)}$ 来求 $\tan\alpha$ 值,因为在 $\ln D$ -$1/T$ 图中横坐标和纵坐标是用不同量的单位表示的。

5.5 无规则行走与扩散距离

如果扩散原子是做直线运动,那么原子行走的距离应与时间成正比,但前述的计算表明,其与时间的平方根成正比,由此推断,扩散原子的行走很可能像花粉在水面上的布朗运动那样,原子可向各个方向随机地跳跃,是一种无规则行走(random walk)。

设想一个原子作 n 次跳跃,并以矢量 $\boldsymbol{r}_i$ 表示各次跳跃,从原点到原子最终位置的长度和方向用矢量 $\boldsymbol{R}_n$ 来表示,则有

$$\boldsymbol{R}_n = \boldsymbol{r}_1 + \boldsymbol{r}_2 + \boldsymbol{r}_3 + \cdots + \boldsymbol{r}_n = \sum_{i=1}^{n} \boldsymbol{r}_i \text{。} \tag{5.49}$$

为求 $\boldsymbol{R}_n$ 的模,将(5.49)式做点乘,即

$$
\begin{aligned}
R_n^2 &= \boldsymbol{R}_n \cdot \boldsymbol{R}_n \\
&= \boldsymbol{r}_1 \cdot \boldsymbol{r}_1 + \boldsymbol{r}_1 \cdot \boldsymbol{r}_2 + \boldsymbol{r}_1 \cdot \boldsymbol{r}_3 + \cdots + \boldsymbol{r}_1 \cdot \boldsymbol{r}_n + \\
&\quad\, \boldsymbol{r}_2 \cdot \boldsymbol{r}_1 + \boldsymbol{r}_2 \cdot \boldsymbol{r}_2 + \boldsymbol{r}_2 \cdot \boldsymbol{r}_3 + \cdots + \boldsymbol{r}_2 \cdot \boldsymbol{r}_n + \cdots + \\
&\quad\, \boldsymbol{r}_n \cdot \boldsymbol{r}_1 + \boldsymbol{r}_n \cdot \boldsymbol{r}_2 + \boldsymbol{r}_n \cdot \boldsymbol{r}_3 + \cdots + \boldsymbol{r}_n \cdot \boldsymbol{r}_n \text{。}
\end{aligned}
\tag{5.50}
$$

式(5.50)可以写成几类项的总和,第一类是对角项总和,即 $\sum \boldsymbol{r}_i \boldsymbol{r}_i$,共有 n 项;第二类包括 $\boldsymbol{r}_i \cdot \boldsymbol{r}_{i+1}$ 和 $\boldsymbol{r}_{i+1} \cdot \boldsymbol{r}_i$ 各项之和,每种有 $(n-1)$ 项,但 $\boldsymbol{r}_i \cdot \boldsymbol{r}_{i+1}$ 等于 $\boldsymbol{r}_{i+1} \cdot \boldsymbol{r}_i$,故共有 $2(n-1)$ 项,依次类推,可以得到

$$
\begin{aligned}
R_n^2 &= \sum_{i=1}^{n} \boldsymbol{r}_i \cdot \boldsymbol{r}_i + 2\sum_{i=1}^{n-1} \boldsymbol{r}_i \cdot \boldsymbol{r}_{i+1} + 2\sum_{i=1}^{n-2} \boldsymbol{r}_i \cdot \boldsymbol{r}_{i+2} + \cdots \\
&= \sum_{i=1}^{n} \boldsymbol{r}_i^2 + 2\sum_{j=1}^{n-1} \sum_{i=1}^{n-j} \boldsymbol{r}_i \cdot \boldsymbol{r}_{i+j} \text{。}
\end{aligned}
\tag{5.51}
$$

因为 $\boldsymbol{r}_i \cdot \boldsymbol{r}_{i+j} = |\boldsymbol{r}_i| |\boldsymbol{r}_{i+j}| \cos\theta_{i,i+j}$,$\theta_{i,i+j}$ 是这两个矢量之间的夹角,于是

$$R_n^2 = \sum_{i=1}^{n} \boldsymbol{r}_i^2 + 2\sum_{j=1}^{n-1} \sum_{i=1}^{n-j} |\boldsymbol{r}_i| \cdot |\boldsymbol{r}_{i+j}| \cos\theta_{i,i+j} \text{。} \tag{5.52}$$

对于立方对称的晶体,可假设所有跃迁矢量的大小都相等,则(5.52)式可写成:

$$R_n^2 = nr^2 + 2r^2 \sum_{j=1}^{n-1} \sum_{i=1}^{n-j} \cos\theta_{i,i+j} \text{。} \tag{5.53}$$

这个方程给出的 R_n^2 是指一个原子经过 n 次跃迁之后与原点距离的平方。但是扩散是大量原子经过 n 次跃迁之后的结果,因此要求出大量原子各自跃迁 n 次以后的平均值 $\overline{R_n^2}$,于是

$$\overline{R_n^2} = nr^2 \left(1 + \frac{2}{n} \overline{\sum_{j=1}^{n-1} \sum_{i=1}^{n-j} \cos\theta_{i,i+j}}\right) \text{。} \tag{5.54}$$

因为原子的跃迁是随机的,每次跃迁的方向与前次跃迁方向无关,对任一矢量方向的跃迁都具有相同的频率,而对任一矢量都有一个反向矢量对应,因此任何 $\cos\theta_{i,i+j}$ 的正值和负值都会以同样的频率出现,余弦项的平均值等于零,则可得

$$\overline{R_n^{\,2}} = n\,r^{\,2} \tag{5.55}$$

或

$$\sqrt{\overline{R_n^{\,2}}} = \sqrt{n}\,r_{\,\circ} \tag{5.56}$$

由上式可见,原子的平均迁移值与跳跃次数 n 的平方根成正比。前已导出 $D=Pd^2\Gamma$,如考虑三维跃迁,$P=1/6$,式中 d 即为原子跃迁的步长 r,跃迁频率 $\Gamma=n/t$,将其代入(5.55)式,得

$$\overline{R_n^{\,2}} = \frac{6n}{\Gamma}D = 6Dt \tag{5.57}$$

或

$$\sqrt{\overline{R_n^{\,2}}} = 2.45\sqrt{Dt}\,_{\circ} \tag{5.58}$$

原子的扩散是一种无规则行走,其理论推导的结果与扩散方程推导的结果一致,即扩散距离($\sqrt{\overline{R_n^{\,2}}}$)与扩散时间 t 的平方根成正比。

由(5.56)式可知,一个原子的平均位移(均方根位移)和它跃迁的次数的平方根成正比,而 $n=\Gamma t$,由此可见,原子平均位移对温度非常敏感。例如,γ 铁在 925℃渗碳 4h,碳原子每秒跃迁 1.7×10^9 次,其在 γ 铁八面体跃迁的步长为 0.253nm,则碳原子总迁移路程($n\,r$)约为 6.2km,而实际上渗碳厚度(均方根位移)约为 1.3mm,这是原子扩散以无规则跃迁的结果。假如在 20℃进行上述同样的处理,碳原子每秒只能跃迁 2.1×10^{-9} 次,总迁移路程减为 1.25×10^{-6}km,而平均位移为 1.4×10^{-9}mm,渗碳厚度几乎等于零。

5.6　影响扩散的因素

1. 温度

温度是影响扩散速率的最主要因素。温度越高,原子热激活能量越大,越易发生迁移,扩散系数也越大。例如,从表 5.2 可以查出,碳在 γ-Fe 中扩散时,$D_0=2.0\times10^{-5}\,\mathrm{m^2/s}$,$Q=140\times10^3\,\mathrm{J/mol}$,由(5.47)式可以算出在 1200K 和 1300K 时碳的扩散系数分别为:

$$D_{1200} = 2.0\times10^{-5}\exp\left[\frac{-140\times10^3}{8.314\times1200}\right] = 1.61\times10^{-11}\,\mathrm{m^2/s};$$

$$D_{1300} = 2.0\times10^{-5}\exp\left[\frac{-140\times10^3}{8.314\times1300}\right] = 4.74\times10^{-11}\,\mathrm{m^2/s}_{\circ}$$

由此可见,温度从 1200K 提高到 1300K,就使扩散系数提高 3 倍,即渗碳速度加快了约 3 倍,故生产上各种受扩散控制的过程,都要考虑温度的影响。

2. 固溶体类型

不同类型的固溶体,原子的扩散机制是不同的。间隙固溶体的扩散激活能一般均较小,例如,C,N 等溶质原子在铁中的间隙扩散激活能比 Cr,Al 等溶质原子在铁中的置换扩散激活能要小得多,因此,钢件表面热处理在获得同样渗层浓度时,渗 C,N 比渗 Cr 或 Al 等金属的周期短。

3. 晶体结构

晶体结构对扩散有影响,有些金属存在同素异构转变,当它们的晶体结构改变后,扩散系数也随之发生较大的变化。例如,铁在912℃时发生 $\gamma\text{-Fe}\rightleftharpoons\alpha\text{-Fe}$ 转变,α-Fe 的自扩散系数大约是 γ-Fe 的240倍。合金元素在不同结构的固溶体中扩散也有差别,例如,在900℃时,在置换固溶体中,镍在 α-Fe 比在 γ-Fe 中的扩散系数高约1400倍。在间隙固溶体中,氮于527℃时在 α-Fe 中比在 γ-Fe 中的扩散系数约大1500倍。所有元素在 α-Fe 中的扩散系数都比在 γ-Fe 中大,其原因是体心立方结构的致密度比面心立方结构的致密度小,原子较易迁移。

结构不同的固溶体对扩散元素的溶解限度是不同的,由此所造成的浓度梯度不同,也会影响扩散速率。例如,钢渗碳通常选取高温下奥氏体状态时进行,除了由于温度作用外,还因碳在 γ-Fe 中的溶解度远远大于在 α-Fe 中的溶解度,这使碳在奥氏体中形成较大的浓度梯度,而有利于加速碳原子的扩散以增加渗碳层的深度。

晶体的各向异性也对扩散有影响,一般来说,晶体的对称性越低,则扩散各向异性越显著。在高对称性的立方晶体中,未发现各向异性,而具有低对称性的菱方结构的铋,沿不同晶向的 D 值差别很大,最高可达近1000倍。

4. 晶体缺陷

在实际使用中的绝大多数材料是多晶材料,对于多晶材料,正如前已述,扩散物质通常可以沿三种途径扩散,即晶内扩散、晶界扩散和表面扩散。若以 Q_L,Q_S 和 Q_B 分别表示晶内、表面和晶界扩散激活能;D_L,D_S 和 D_B 分别表示晶内、表面和晶界的扩散系数,则一般规律是:$Q_L>Q_B>Q_S$,所以 $D_S>D_B>D_L$。

图5.15表示银的多晶体、单晶体自扩散系数与温度的关系。显然,单晶体的扩散系数表征了晶内扩散系数,而多晶体的扩散系数是晶内扩散和晶界扩散共同起作用的表象扩散系数。从图5.15可知,当温度高于700℃时,多晶体的扩散系数和单晶体的扩散系数基本相同;但当温度低于700℃时,多晶体的扩散系数明显大于单晶体扩散系数,晶界扩散的作用就显示出来了。值得一提的是,晶界扩散也有各向异性的性质。对银的晶界自扩散的测定后发现,晶粒的夹角很小时,晶界扩散的各向异性现象很明显,并且一直到夹角至45°时,这性质仍存在。

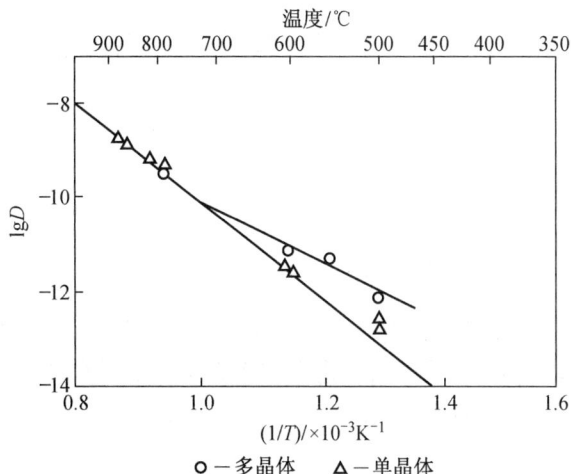

图5.15　Ag 的自扩散系数 D 与 $1/T$ 的关系

一般认为,位错对扩散速率的影响与晶界的作用相当,有利于原子的扩散,但由于位错与间隙原子发生交互作用,也可能减慢扩散。

总之,晶界、表面和位错等对扩散起着快速通道的作用,这是由于晶体缺陷处点阵畸变较大,原子处于较高的能量状态,易于跳跃,故各种缺陷处的扩散激活能均比晶内扩散激活能小,加快了原子的扩散。

5. 化学成分

从扩散的微观机制可以看到,原子跃过能垒时必须挤开近邻原子而引起局部的点阵畸变,也就是要求部分地破坏邻近原子的结合键才能通过。由此可想象,不同金属的自扩散激活能与其点阵的原子间结合力有关,因而与表征原子间结合力的宏观参量,如熔点、熔化潜热、体积膨胀或压缩系数相关,熔点高的金属的自扩散激活能必然大。

扩散系数的大小除了与上述的组元特性有关外,还与溶质的浓度有关,无论是置换固溶体还是间隙固溶体均是如此。在求解扩散方程时,通常把 D 假定为与浓度无关的量,这与实际情况不完全符合。但是为了计算方便,当固溶体浓度较低或扩散层中浓度变化不大时,这样的假定所导致的误差不会很大。

第三组元(或杂质)对二元合金扩散原子的影响较为复杂,可能提高其扩散速率,也可能降低,或者几乎无作用。值得指出的是,某些第三组元的加入不仅影响扩散速率而且影响扩散方向。例如,达肯将两种单相奥氏体合金 $w(C) = 0.441\%$ 的 Fe-C 合金和 $w(C) = 0.478\%$,$w(Si) = 3.80\%$ 的 Fe-C-Si 合金组成扩散偶。在初始状态,它们各自所含的碳没有浓度梯度,而且两者的碳浓度几乎相同。然而在 1 050℃ 扩散 13d 后,形成了浓度梯度,碳的分布如图 5.16 所示。由于在 Fe-C 合金中加入的 Si 使碳的化学势升高,以致碳向不含 Si 的钢中扩散,导致了碳的上坡扩散。

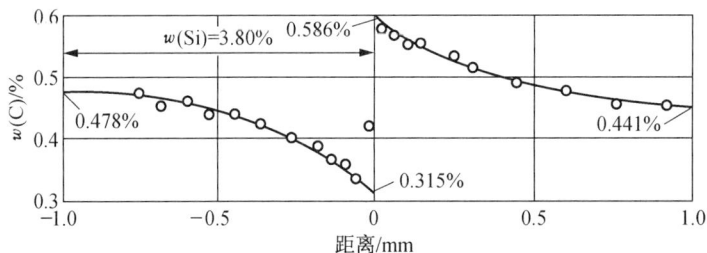

图 5.16 扩散偶在扩散退火 13d 后碳的浓度分布

6. 应力的作用

如果合金内部存在着应力梯度,应力就会提供原子扩散的驱动力,那么,即使溶质分布是均匀的,也可能出现化学扩散现象。如果在合金外部施加应力,使合金中产生弹性应力梯度,这样也会促进原子向晶体点阵伸长部分迁移,产生扩散现象。

5.7 反应扩散

当某种元素通过扩散,自金属表面向内部渗透时,若该扩散元素的含量超过基体金属的溶解度,则随着扩散的进行会在金属表层形成中间相(也可能是另一种固溶体),这种通过扩散形成新相的现象称为反应扩散或相变扩散。

由反应扩散所形成的相可参考平衡相图进行分析。例如,纯铁在 520℃ 氮化时,由 Fe-N 相图(见图 5.17)可以确定所形成的新相。由于金属表面 N 的质量分数大于金属内部,因而金属表面形成的新相将对应于 N 含量高的中间相。当 N 的质量分数超过 7.8% 时,可在表面形成密排六方结构的 ε 相(视 N 含量的不同可形成 Fe_3N,$Fe_{2-3}N$ 或 Fe_2N),这是一种氮含量变化范围相当宽的铁氮化合物,一般氮的质量分数大致在 7.8%~11.0% 之间变化,氮原子有序地位于铁原子构成的密排六方点阵中的间隙位置。越远离表面,氮的质量分数越低,随之是 γ' 相(Fe_4N),它是一种可变成分较小的中间相,其质量分数在 5.7%~6.1% 之间,氮原子有序地占据铁原子构成的面心立方点阵中的间隙位置。再往里是含氮更低的 α 固溶体,为体心立方点阵。纯铁氮化后的表层氮浓度和组织示于图 5.18 中。

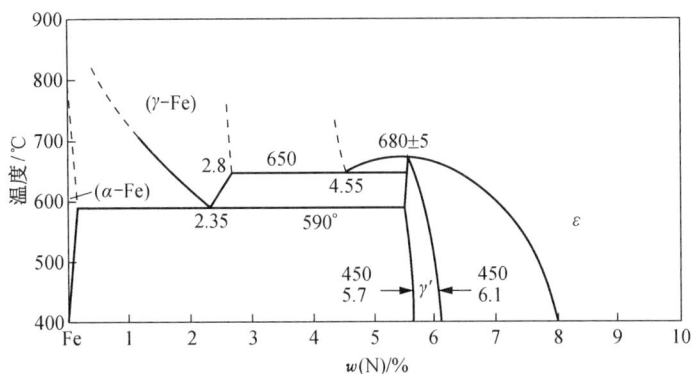

图 5.17　Fe-N 相图

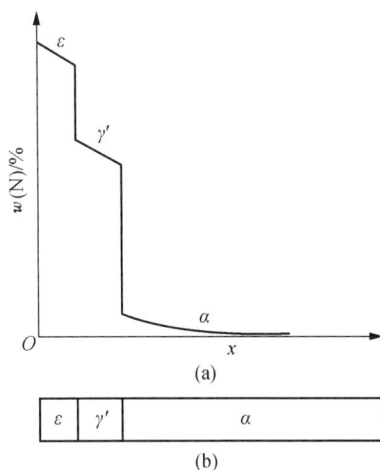

图 5.18　纯铁氮化后的表层氮浓度
分布(a)和对应的组织分布(b)

实验结果表明:在二元合金经反应扩散的渗层组织中不存在两相混合区,而且在相界面上的浓度是突变的,它对应于该相在一定温度下的极限溶解度。不存在两相混合区的原因可用相的热力学平衡条件来解释:如果渗层组织中出现两相共存区,则两平衡相的化学势 μ_i(i 表示组元)必然相等,即化学势梯度 $\dfrac{\partial \mu_i}{\partial x}=0$,这段区域中就没有扩散驱动力,扩散不能进行。同理,三元系中渗层的各部分都不能出现三相共存区,但可以有两相区。

5.8　离子晶体中的扩散

在金属和合金中,原子可以跃迁进入邻近的任何空位和间隙位置。但是在离子晶体中,扩散离子只能进入具有同样电荷的位置,即不能进入相邻异类离子的位置。离子扩散只能依靠空位来进行,而且空位的分布也有其特殊性。由于分开一对异类离子将使静电能大大增加,因此为了保持局部电荷平衡,需要同时形成不同电荷的两种缺陷,如一个阳离子空位和一个阴离子空位。形成等量的阳离子和阴离子空位的无序分布称为肖特基(Schottky)型空位,如图 3.3 表示 NaCl 晶体中形成的 Na^+ 离子空位和 Cl^- 离子空位。

用于金属平衡空位摩尔分数的计算方法,也能对阳离子平衡空位摩尔分数 x_{vc} 和阴离子平衡空位摩尔分数 x_{va} 作出同样的计算。在平衡态时,

$$(x_{va})(x_{vc}) = A\exp\Big(\frac{-\Delta G_{va} - \Delta G_{vc}}{RT}\Big)$$

$$= A\exp\Big(\frac{-\Delta G_s}{RT}\Big), \tag{5.59}$$

式中，ΔG_s 为形成一对肖特基型空位的形成能；A 为振动熵决定的系数，一般可以不考虑，认为 $A=1$。

当形成一个间隙阳离子所需的能量 ΔG_{ic} 比形成一个阳离子空位能 ΔG_{vc} 小很多时，则形成阳离子空位的电荷可通过形成间隙阳离子来补偿，这样的缺陷组合形成弗仑克尔(Frenkel)型无序态，或称弗仑克尔型空位，如图 5.19 所示。同样，当形成一个间隙阴离子所需的能量 ΔG_{ia} 远小于形成一个阴离子空位的能量 ΔG_{va} 时，则形成阴离子空位的电荷将由形成间隙阴离子来补偿，这是另一种弗仑克尔无序态的缺陷组合。设 x_{ic} 为间隙阳离子摩尔分数，当完全无序分布的平衡态时：

$$(x_{ic})(x_{vc}) = \exp\Big(\frac{-\Delta G_F}{RT}\Big), \tag{5.60}$$

式中，ΔG_F 为形成一对弗仑克尔缺陷(一个间隙离子和一个离子空位)所需的能量。

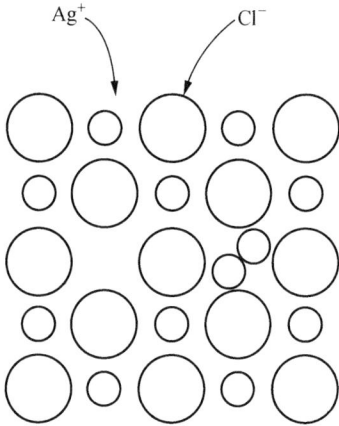

图 5.19 Frenkel 缺陷

当 $\Delta G_{ic} \approx \Delta G_{va}$ 时，在同时存在间隙阳离子和阴离子空位缺陷时，必须有足够的阳离子空位存在，以使电荷保持中性，当所有离子的电荷相等时，则有 $x_{vc} = x_{va} + x_{ic}$。同理，当 $\Delta G_{ia} \approx \Delta G_{vc}$，在同时存在间隙阴离子和阳离子空位缺陷时，必须有足够的阴离子空位存在，为保持电荷中性，则有 $x_{va} = x_{ia} + x_{vc}$。

当化合物中离子的化合价发生变化时也会出现与上述两种缺陷类型相似的情况。图 5.20 中示出两个实例。方铁矿(FeO)中部分 Fe^{2+} 离子被氧化为 Fe^{3+} 离子，为了在晶体中使电荷达到平衡不得不空出一些阳离子的位置，即出现阳离子欠缺，如图 5.20(a)所示。这样形成的化合物与纯 FeO 化合物对比，就出现氧过量而形成一种非化学计量(或称非当量)化合物。相反的情况也会出现。如在 TiO_2 中，由于一部分 Ti^{4+} 还原成 Ti^{3+}，为了平衡电荷就出现氧离子空位，导致了缺氧的情况。除此以外，当化合物中离子被不同价的离子所取代时，也会导致上述缺氧或过氧的情况。图 5.20(b)描述了添加 CaO 作为 ZrO_2 的稳定剂，低价的 Ca^{2+}

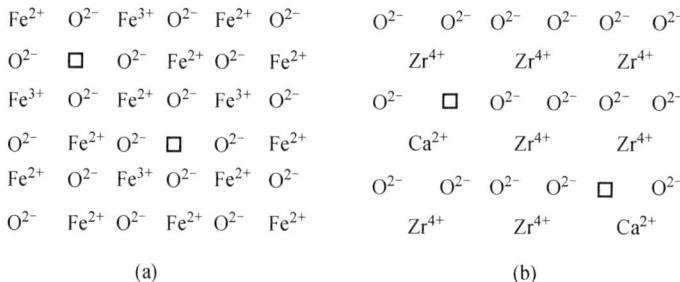

(a)

(b)

图 5.20 非当量化合物的结构示意图

(a) FeO；(b) 用 CaO 稳定的 ZrO_2

离子置换高价的 Zr^{4+}。为了保持电中性,必须出现相应的氧离子空位。

当固体材料在恒压的电场中,材料中的电子、离子将定向迁移而产生电流。在金属和半导体中电导是由电子流动实现的,而在离子晶体中,高温时的离子比紧束缚的电子更易活动,电导是由离子的定向扩散而实现的。在应用同位素原子测量扩散系数 D_T 时,若单位体积中某类型的离子数为 c,粒子电荷为 q_i 时,则扩散系数 D_T 与电导率 σ 存在下列关系式:

当以间隙机制进行扩散时,

$$\frac{\sigma}{D_T} = \frac{c\,q_i^2}{kT}, \tag{5.61}$$

当以空位机制进行扩散时,

$$\frac{\sigma}{D_T} = \frac{c\,q_i^2}{fkT}, \tag{5.62}$$

式中,f 为空位机制扩散的相关因子($f<1$)。由(5.61)式和(5.62)式可知,不同扩散机制具有不同 σ-D_T 间的关系。

图 5.21 表示 NaCl 中以同位素 Na 测定的扩散系数,以及已知导电率由(5.62)式计算得到的 Na 离子的扩散系数对温度的关系。NaCl 中由 Na 离子带运电荷,由空位机制进行扩散($f=0.78$)。在 550℃ 以上两者符合得很好,在 550℃ 以下由于不同于 Na 原子价的杂质存在,使两者出现明显的差异。

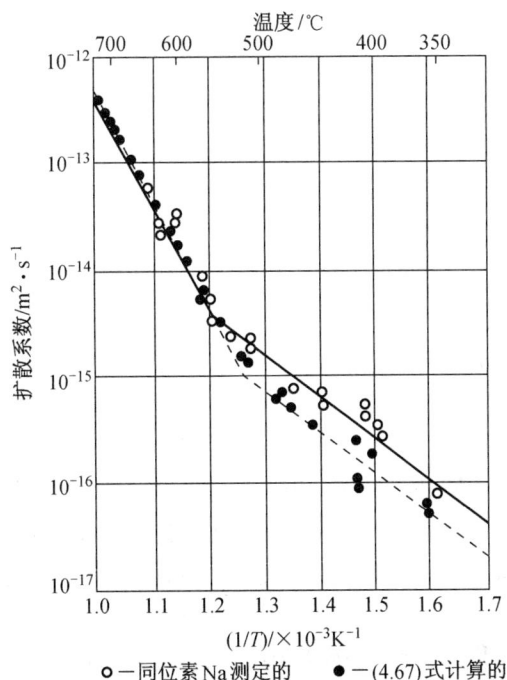

图 5.21 NaCl 中 Na 的扩散系数对 $1/T$ 的关系

在离子晶体中,由于离子键的结合能(见表 5.3)一般大于金属键的结合能,扩散离子所需克服的能垒比金属原子大得多,而且为了保持局部的电中性,必须产生成对的缺陷,这就增加了额外的能量,再则扩散离子只能进入具有同样电荷的位置,迁移的距离较长,这些都导致了离子扩散速率通常远小于金属原子的扩散速率。

表 5.3　某些离子材料中的扩散激活能

扩散原子	$Q/(kJ \cdot mol^{-1})$	扩散原子	$Q/(kJ \cdot mol^{-1})$
Fe 在 FeO 中	96	Cr 在 $NiCr_2O_4$ 中	318
Na 在 NaCl 中	172	Ni 在 $NiCr_2O_4$ 中	272
O 在 UO_2 中	151	O 在 $NiCr_2O_4$ 中	226
U 在 UO_2 中	318	Mg 在 MgO 中	347
Co 在 CoO 中	105	Ca 在 CaO 中	322
Fe 在 Fe_3O_4 中	201		

还应指出,阳离子的扩散系数通常比阴离子大。因为阳离子失去了它们的价电子,而且其离子半径比阴离子小,因而更易扩散。例如,在 NaCl 中,氯离子的扩散激活能约是钠离子的2 倍。

5.9　高分子的分子运动与力学状态

5.9.1　高分子运动的特点

在生活中经常会发现同一种高分子材料结构并没有变化,但是在不同的温度下,具有不同的力学行为。典型的如橡胶在低温下会变硬,而塑料在高温下会变软。这是由于不同条件下,高分子的分子运动发生了变化的缘故。与金属或陶瓷中的原子或离子运动不同,影响高分子力学行为的是分子运动。分子运动是联系高分子微观结构和宏观性质的桥梁。

高分子的分子运动主要有以下特点:

1. 分子运动单元的多重性

高分子具有长链结构,分子量不仅大,还具有多分散性。此外,它还可带有不同的侧基,加上支化,交联,结晶,取向,共聚等,使得高分子的运动单元具有多重性,也就是说高聚物的分子运动有多重模式。从分子链的运动单元进行分类,可分为链节运动、链段运动、侧基运动、支链运动、晶区运动以及整个分子链的运动等。从运动方式看,有键长、键角的变化,还有侧基、支链、链节的旋转和摇摆运动,还包括链段绕主链单键的旋转,链段的跃迁以及大分子的蠕动等。通常,把整个高分子链的运动称为布朗运动,除此以外的各种小尺寸运动单元的运动则称为微布朗运动。

整个分子链的运动是通过大分子链质量中心的相对位移——链段的协同运动来实现的,在宏观上表现为分子的流动。链段运动是高分子主链上的一部分相对于其他部分的运动,它的实现是在质心不变的情况下,通过单键内旋转实现的,最终使大分子伸展或卷曲。链节、支链、侧基或端基运动指的是几个化学键的协同运动,是相对于主链的摆动、转动以及它们自身的内旋转运动。这类运动对聚合物的韧性有重要影响。晶区的分子运动具体表现为晶区缺陷的运动、晶型转变、晶区的局部松弛、折叠链的"手风琴式"运动等。

通常，在较低温度下，热能不足以激活整个高分子链或链段的运动，只能使比链段小的一些运动单元发生运动，如图 5.22 所示。这时体现的有主链链节的运动，表示为键角和键长的微小变化，也有侧基的转动和侧基内的运动。

当温度升高，热能可进一步激活部分链段的运动，尽管整个高分子链仍被冻结，这时高分子链可产生各种构象，以此对外界影响作出响应，或扩张伸直或蜷曲收缩。图 5.23 表示了一个包括 4 个碳原子的链段，在其附近正好有能容纳 4 个碳原子的自由体积空间，这时的温度使这些原子有足够的动能；通过首尾 2 个碳原子的单键内旋，实现了链段的扩散运动。

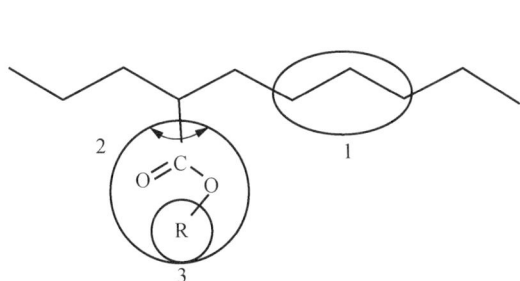

图 5.22　高分子中的几种小尺寸运动单元
1—主链链节的运动；2—侧基的转动；3—侧基内的运动

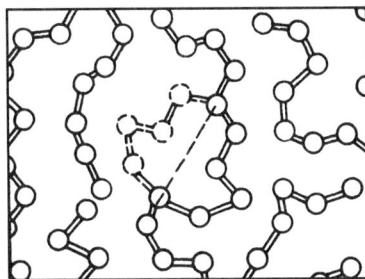

图 5.23　链段运动示意图

若温度进一步升高，则分子的动能更大，在外力的影响下有可能实现整个分子链的质心位移——流动，宏观力学性能就会发生很大变化，高分子化合物流动不像低分子化合物那样以整个分子为跃迁单元，而是像蛇那样前进，通过链段的逐步跃迁来实现整个大分子链的位移，如图 5.24 所示。

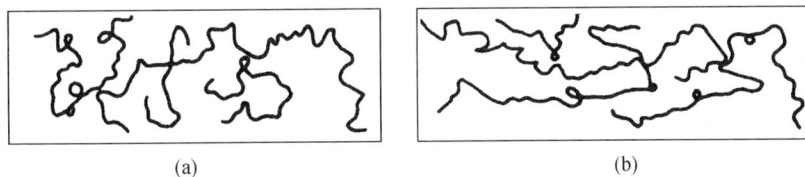

(a)　　　　　　　　　　　　　　(b)

图 5.24　分子链质量中心位移前后分子构象变化示意图
(a) 质心位移前；(b) 质心位移后

由此可见，对聚合物的物理和力学性能起决定性作用的是最基本的运动单元，有整链的运动和链段的运动，而整链运动是通过各链段协同运动来实现的。因此，链段运动最重要，判断材料是处于玻璃态还是高弹态的关键结构因素就是链段运动的状态，高分子材料的许多性能都与链段运动有直接关系，这是高分子特有的独立运动单元。

2. 分子运动的松弛特性

分子运动的松弛特性即高分子运动的时间依赖性。在外场的作用下，高聚物通过分子运动从一种平衡状态转变到另一种平衡状态是需要时间的，此过程所需要的时间为松弛时间（τ）。高聚物内部运动单元顺应外部条件的响应过程被称为松弛过程，这种响应在时间上滞后于外场刺激的现象称为松弛现象。松弛现象是分子运动在宏观上的表现。典型的实例是，将一根橡胶条一端固定,另一端用拉力使其发生变形。保持该形变量不变,可以发现,橡胶条内的应力会随拉伸时间的延长而减小。经相当长时间后,内应力才趋于稳定。

以形变回复为例:用外力把长度为 L 的橡皮拉长至 $L+\Delta x_0$,见图 5.25(a),当外力除去后,平衡被破坏,其长度增量不能立即变为零,其长度增量 Δx 随时间延长而变小。形变回复过程开始时较快,后来越来越慢,见图 5.25(b)。

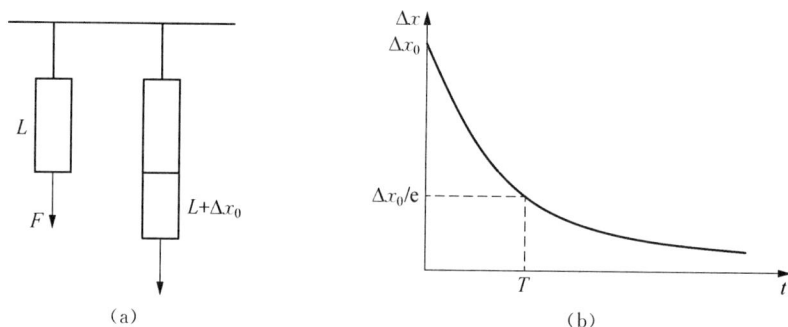

图 5.25　橡皮的拉伸与回复
(a) 用外力把长度 L 的橡皮拉长至 $L+\Delta x_0$;(b) 外力除去后,拉伸的橡皮回缩的长度与时间的关系

当橡皮被拉伸时,高分子链由卷曲状态变为伸直状态,即处于拉紧的状态。除去外力后,橡皮开始回缩,高分子链也由伸直状态逐渐过渡到卷曲状态。可知 $\Delta x \sim t$ 呈指数关系:

$$\Delta x(t)=\Delta x_0 e^{-t/\tau}, \tag{5.63}$$

观察时间(t)指从施加刺激至观察到响应的时间。当 $t=\tau$ 时,则有:

$$\Delta x(\tau)=\Delta x/e=0.368\Delta x_0, \tag{5.64}$$

这个时间观察到的松弛过程最明显,所以松弛时间 τ 就是当 $\Delta x(t)$ 变化到 $\Delta x_0/e$ 时所需要的时间,用它可以比较松弛过程的快和慢。

对于小分子而言,$\tau=10^{-8} \sim 10^{-10}$ s,即 $\tau \ll t$,也就是小分子物质松弛过程很短,分子运动很快,对外场的响应往往是瞬时就能完成的。而刚性分子的运动单元运动很困难,松弛过程很长,即 $\tau \gg t$,也观察不到松弛过程。而高分子材料的松弛时间一般很长,$\tau=10^{-1} \sim 10^{+4}$ s 或更大,可观察到明显的松弛过程。这是由于高分子链长,相对分子质量巨大,几何构型具有明显的不对称性,而且分子间相互作用很强,本体黏度很大,因此,其松弛过程慢,松弛时间就长。

值得注意的是,高分子链的结构单元有多种,不同的运动单元其松弛时间不同。因此,具有多重松弛时间谱。运动单元越大,运动中所受的阻力越大,松弛时间就越长。如高分子链中键长、键角的变化与小分子的运动相仿,松弛时间与小分子相当;而链段运动的松弛时间就比较长,可达到分钟的数量级;整链分子运动所需的时间更长,其松弛时间甚至可达几天、几个月。

由上可见,了解高分子材料的松弛时间谱意义重大,只有当松弛时间与外场的作用时间在相同或相似的数量级时,相应的分子运动模式才能被测试出来。如研究链段的运动,实验进行的速度应当控制在分钟数量级,太快或太慢的实验都测不出链段的运动。如果想研究分子整链的运动,测试的时间就需要足够长。

3. 分子运动的温度依赖性

分子运动的激烈程度取决于温度高低,温度的高低也强烈影响高分子材料的分子运动,主要体现在两个方面:其一,温度升高使分子的内能增加,运动单元做某一模式的运动需要一定的能量,当温度升高到运动单元的能量足以克服的能垒时,这一模式的运动就会被激发;其次,温度升高使聚合物的体积增加。分子运动需要一定的空间,当温度升高到使自由空间达到某种运动模式所需要的尺寸时,这一运动就容易进行,松弛时间变短。能量和体积的增加有利于分子运动,使松弛时间减少。松弛时间与温度的关系可用 Eyring 公式描述:

$$\tau = \tau_0 \exp(\Delta E / RT), \tag{5.65}$$

式中,τ_0 是常数,R 是气体常数,ΔE 是运动活化能,T 是热力学温度。由(5.65)式可见,随着温度的升高,τ 会变小,松弛过程就会加快。

由此可见,高分子的分子运动既与温度有关,也与时间有关。因此,观测同一个松弛现象,升高温度和延长外场作用的时间得出的效果是相同的,这就是"时—温等效原理"。如要观察 PMMA 的流动,可以在较高温度下,以较短时间(日常的时间标尺)观察到,也可以在室温下,以较长时间(几十年、几百年)观察到。

5.9.2　高聚物力学状态及转变

高分子不同的运动机制在宏观上表现为不同的力学状态。不同类型的高分子材料高聚物的力学状态也各不相同。下面按照非晶态(无定型)高聚物、结晶高聚物、体型高聚物分别进行介绍。

1. 非晶态线型高聚物的力学状态及转变

对于典型的非晶态聚合物试样,在一定的时间内对其施加一恒定的外力,其形状将发生变化,逐渐升高温度,重复上述实验,可以得到聚合物的形变与温度的关系曲线。该曲线称为温度—形变曲线或热机械曲线,如图 5.26 所示。按温度高低可将整条曲线分为五个区域,分别介绍如下:

A 区,这种状态称为玻璃态。该区的温度低,分子热运动的能力小,这时链段的运动处于冻结状态,由于温度低,只有侧基、链节、短支链等小的运动单元发生局部振动。此时,材料的

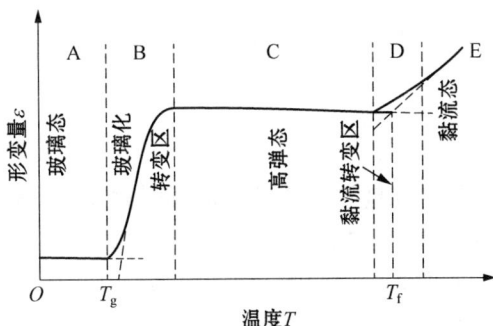

图 5.26　非晶态线型高分子材料的温度—形变曲线

弹性模量高($\approx 10^{10}$ N·m^{-2}),形变较小($\approx 0.1\% \sim 1\%$)。在此情况下,如果撤去外力,形变立即消失并恢复到原状。

B区,称为玻璃化转变区。在此区域,随着温度的升高,链段活动的能力增强,链段可通过绕主链上单键的内旋转而改变分子链的构象,使形变迅速增加,此时,模量会下降3~4个数量级。该区域对应的转变温度称为玻璃化转变温度,即 T_g。

C区,称为高弹态。随着温度的进一步升高,高分子链段具有更充分的运动能力。在外力作用下,一方面,链段运动使分子链呈现局部伸展的构象,此时材料可以发生大形变($\approx 100\% \sim 1000\%$);另一方面,此时的热能不足以使整个分子进行整运动,分子链相互缠结,链段又有卷曲回复的趋势。这两种作用的相互平衡,使温度—形变曲线上出现一个平台区。在该区间的高聚物,模量较低(为 10^6 N·m^{-2} 左右),形变较大,外力去除后,形变可以恢复。

D区,称为黏流转变区。在此转变区,随着温度的升高,链段热运动进一步加剧。链段沿外力方向的协同运动,使分子链不仅形态发生改变,而且会引起分子链解缠结,导致分子链重心发生相对位移,在宏观上表现出塑性形变和黏性流动,随着形变的迅速增加,弹性模量迅速下降到 10^4 N·m^{-2} 以下。该区间对应的转变温度称为黏流温度,记为 T_f。

E区,称为黏流态。随着温度的继续升高,高于 T_f 后,大分子链的重心发生相对位移占绝对优势,形变进一步发展,高分子材料呈黏稠的液体状,且无法回复。行为与小分子液体类似。通常,高分子材料的加工成型多在该区域内进行。

由上可见,在一定的外力下升温,非晶态线型高分子材料经历三种力学状态,即玻璃态、高弹态、黏流态,和两种转变过程,即玻璃化转变、黏流转变。

与这两种转变过程对应的两个非常重要的转变温度是玻璃化转变温度 T_g 和黏流温度 T_f。从分子运动的角度看,玻璃化转变温度 T_g 对应着链段的运动,温度 $< T_g$ 时,链段运动将被冻结,当温度 $> T_g$ 时链段开始运动。黏流温度 T_f 对应于整个分子链的运动,温度 $< T_f$,分子链的质心不发生相对位移,当温度 $> T_f$ 时分子链解缠结,出现整个分子链的滑移。

不同的高分子材料具有不同的玻璃化转变温度,在常温下会处于不同的力学状态。橡胶的 T_g 一般较低,在零下几十摄氏度,如天然橡胶的 T_g 是 -73℃,顺丁橡胶的 T_g 是 -108℃。也就是说,在常温下橡胶处于高弹态,T_g 是其最低使用温度。塑料的 T_g 比较高,如聚苯乙烯的 T_g 是 100℃,聚氯乙烯的 T_g 是 87℃,常温下是硬而脆的玻璃态,T_g 是其最高的使用温度。

需要注意的是,从热力学的相态角度来看,玻璃态、高弹态和黏流态均属液相,分子排列都是无序的。三态间的区别主要是变形能力的不同,即模量的不同。从分子热运动角度来看,三态的差别只是分子运动能力大小的不同。由此,从玻璃态到高弹态到黏流态的转变都不属于热力学的相变过程。

2. 结晶高分子的力学状态及转变

结晶高分子的力学状态与结晶度和高分子的相对分子质量的大小有直接的关系。由于高分子结晶的不完善性,结晶高分子通常是结晶区与非晶区共存。低结晶度高分子中结晶区域小,非晶区域大,结晶部分的力学状态由其熔点 T_m 决定,而非晶部分的力学状态由其玻璃化转变温度 T_g 决定。当温度高于 T_g 而低于 T_m($T_g < T < T_m$)时,非晶区的链段开始运动,但是由于晶区尚未熔融,微晶的存在限制了整个分子链的运动,材料处于高弹态。当温度升高达到 T_m 以上时,晶区才开始熔融。此时,分子整链相对移动($T > T_f$),材料进入黏流态。

在高结晶度的高聚物中(结晶度＞40％),其结晶相形成连续相,在低温时,材料处于类玻璃态,此时,材料可以用作为塑料或纤维。温度升高时,体现非晶部分的玻璃化转变不太明显,主要体现的是晶区的熔融转变。晶区熔融后,继续升高温度,如果 $T_f < T_m$,材料直接进入黏流态;如果 $T_f > T_m$,材料先变为高弹态,温度超过黏流温度时,再变为黏流态,如图 5.27 所示。

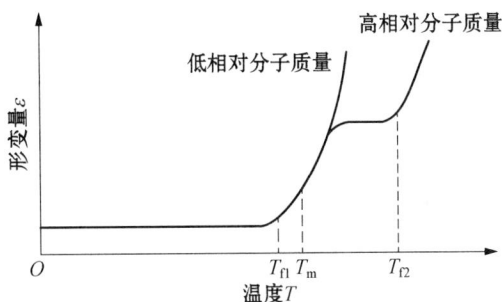

图 5.27　结晶高分子材料的温度-形变曲线

3. 体型高分子的力学状态

体型高分子材料的分子链间存在着交联的化学键,因而限制了整链的运动。其特点是不溶解、不熔融。在一定的条件下,其链段可以运动,根据链段运动与否能够判断其处于玻璃态还是高弹态。

当交联度较小的时候,交联点间的距离较长,链段能够运动,材料有坡璃化转变温度 T_g。根据 T_g 的高低,可以判断材料在室温下是处于高弹态还是玻璃态(见图 5.28(a))。当交联度较大时,交联点的间距太短,使链段运动困难,玻璃化转变难以发生,材料不能从玻璃态转变成橡胶态(见图 5.28(b))。这也解释了硫化橡胶作弹性体用时,要交联强度必须适度,使其在室温下呈现高弹态。而热固性树脂,例如酚醛、环氧树脂等,它们的交联度(或固化程度)较高,通常是一类高强度,硬而脆的塑料。

对于微交联的聚合物和体型高聚物,其 $\varepsilon \sim T$ 以及 $E \sim T$ 曲线与 M 的关系如下:

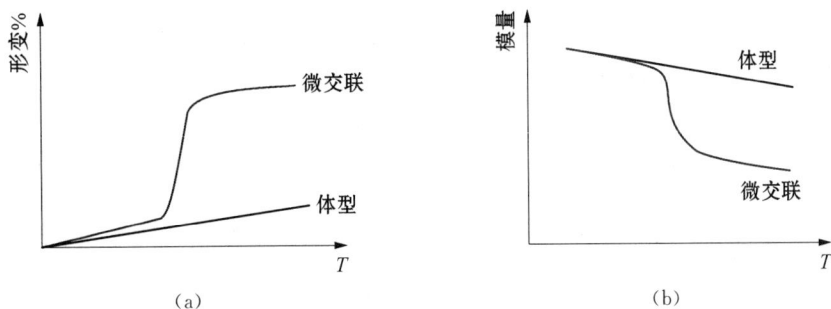

图 5.28　交联高分子材料的温度—形变曲线和温度—模量曲线

第6章　单组元相图及纯晶体的凝固

由一种元素或化合物构成的晶体称为单组元晶体或纯晶体,该体系称为单元系。对于纯晶体材料而言,随着温度和压力的变化,材料的组成相会发生变化。从一种相到另一种相的转变称为相变,由液相至固相的转变称为凝固。如果凝固后的固体是晶体,则又可称之为结晶;而由不同固相之间的转变称为固态相变,由气相到固相的转变称为气-固相变,这些相变的规律可借助相图直观简明地表示出来。单元系相图表示了在热力学平衡条件下,所存在的相与温度和压力之间的对应关系,理解这些关系有助于预测材料的性能。本章将从相平衡的热力学条件出发,来理解相图中相平衡的变化规律。在这基础上,进一步讨论纯晶体的凝固热力学和动力学问题,以及内外因素对晶体生长形态的影响。由于气相沉积技术在制备各种功能性薄膜材料中的广泛应用,本章将记述气-固相变和薄膜生长;鉴于单组元高分子(均聚物)的某些特殊性,将专列一节"高分子的结晶特征"。

6.1　单元系相变的热力学及相平衡

6.1.1　相平衡条件和相律

组成一个体系的基本单元,如单质(元素)和稳定化合物,称为组元。体系中具有相同物理与化学性质的且与其他部分以界面分开的均匀部分,称为相。通常把具有 n 个组元都是独立的体系称为 n 元系,组元数为一的体系称为单元系。

从相平衡条件可知,处于平衡状态的多元系中可能存在的相数将有一定的限制。这种限制可用吉布斯相律表示之:

$$f = C - P + 2, \tag{6.1}$$

式中, f 为体系的自由度数,它是指不影响体系平衡状态的独立可变参数(如温度、压力、浓度等)的数目; C 为体系的组元数; P 为相数。

对于不含气相的凝聚体系,压力在通常范围的变化对平衡的影响极小,一般可认为是常量。因此相律可写成下列形式:

$$f = C - P + 1。 \tag{6.2}$$

相律给出了平衡状态下体系中存在的相数与组元数及温度、压力之间的关系,对分析和研究相图有重要的指导作用。

6.1.2　单元系相图

单元系相图通过几何图形描述:由单一组元构成的体系在不同温度和压力条件下可能存在的相及多相的平衡。现以 H_2O 为例,说明单元系相图的表示和测定方法。

H_2O 可以以气态(水汽)、液态(水)和固态(冰)的形式存在。绘制 H_2O 的相图,首先在不同温度和压力条件下,测出水-气、冰-气和水-冰两相平衡时相应的温度和压力,然后,以温度为横坐标,压力为纵坐标作图,把每一个数据都在图上标出一个点,再将这些点连接起来,得到如图 6.1(a)所示的 H_2O 相图。根据相律

$$f = C - P + 2 = 3 - P。$$

由于 $f \geqslant 0$,所以 $P \leqslant 3$,故在温度和压力这两个外界条件变化下,单元系中最多只能有三相平衡。

图 6.1(a)中有三条曲线:水和蒸气共存的平衡曲线 O_1C;冰和水气共存的平衡曲线 O_1B;水与冰共存的平衡曲线 O_1A。它们将相图分为 3 个区域:水气区,水区和冰区。在每个区中只有一相存在,由相律可知,其自由度为 2,表示在该区内温度和压力的变化不会产生新相。在 O_1A,O_1B 和 O_1C 三条曲线上,两相平衡(共存),$P=2$,故 $f=1$。这表明:为了维持两相平衡,温度和压力两个变量中只有一个可独立变化,另一个必须按曲线作相应改变。O_1A,O_1B 和 O_1C 三条曲线交于 O_1 点,它是气、水、冰三相平衡点。根据相律,此时 $f=0$,因此要保持三相共存,温度和压力都不能变动。

如果外界压力保持恒定(如一个标准大气压),那么单元系相图只要一个温度轴来表示,如 H_2O 的情况见图 6.1(b)。根据相律,在气、水、冰的各单相区内($f=1$),温度可在一定范围内变动。在熔点和沸点处,两相共存,$f=0$,故温度不能变动,即相变为恒温过程。

在单元系中,除了可以出现气、液、固三相之间的转变外,某些物质还可能出现固态中的同素异构转变。例如,图 6.2(a)是纯铁相图,其中 δ-Fe 和 α-Fe 是体心立方结构,两者点阵常数略有不同,而 γ-Fe 是面心立方结构。图中三个相之间有两条晶型转变线把它们分开。对金属一般只考虑沸点以下的温度范围,同时,外界压力通常为一个标准大气压,因此,纯金属相图可用温度轴来表示,见图 6.2(b)。T_m(1 538℃)是纯铁的熔点;A_4 点(1 394℃)是 δ-Fe 和 γ-Fe 的转变点;A_3 点(912℃)是 γ-Fe 和 α-Fe 的转变点;A_2 点(768℃)是磁性转变点。

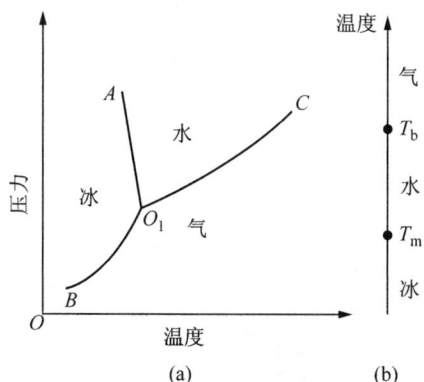

图 6.1 H_2O 的相图
(a) 温度与压力都能变动的情况;
(b) 只有温度能变动的情况

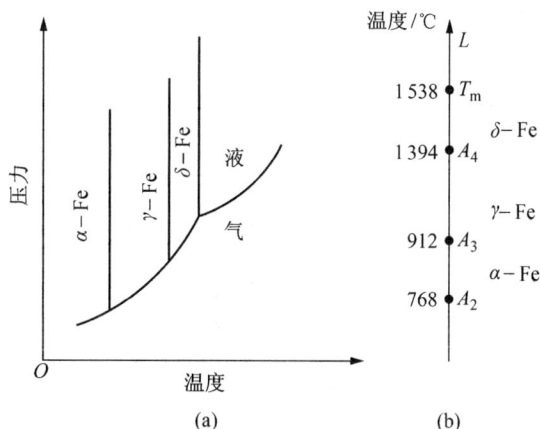

图 6.2 纯铁的相图(a)和
只有温度变动的情况(b)

除了某些纯金属,如铁等具有同素异构转变之外,在某些化合物中也有类似的转变,称为同分异构转变或多晶型转变。由于化合物结构较金属复杂,因此,更容易出现多晶型转变。例

如,全同聚丙烯在不同的结晶温度下,可形成单斜(α 型),六方(β 型)和三方(γ 型)3 种晶型。又如在硅酸盐材料中,用途最广、用量最大的 SiO_2 在不同温度和压力下可有 4 种晶体结构的出现,即 α-石英,β-石英,$β_2$-鳞石英,β-方石英,如图 6.3 所示。

上述相图中的曲线所表示的两相平衡时温度和压力的定量关系,可由克劳修斯(Clausius)-克拉珀龙(Clapeyron)方程决定,即

$$\frac{\mathrm{d}p}{\mathrm{d}T} = \frac{\Delta H}{T \Delta V_{\mathrm{m}}}, \tag{6.3}$$

式中,ΔH 为相变潜热;ΔV_{m} 为摩尔体积变化;T 是两相平衡温度。多数晶体由液相变为固相或高温固相变为低温固相时,会放热和收缩,即 $\Delta H < 0$ 和 $\Delta V_{\mathrm{m}} < 0$,由此 $\frac{\mathrm{d}p}{\mathrm{d}T} > 0$,故相界线的斜率为正。但也有少数晶体凝固时或高温相变为低温相时,$\Delta H < 0$,而 $\Delta V_{\mathrm{m}} > 0$,得 $\frac{\mathrm{d}p}{\mathrm{d}T} < 0$,则相界线的斜率为负,例如,图 6.1(a)中水和冰的相界线(AO_1)和图 6.2(a)中 γ-Fe 和 α-Fe 的相界线,斜率均为负。对于固态中的同素(分)异构转变,由于 ΔV_{m} 常很小,所以固相线通常几乎是垂直的,见图 6.2 和图 6.3。

上述讨论的是平衡相之间的转变图,但有些物质的相之间达到平衡有时需要很长时间,稳定相形成速度甚慢,因而会在稳定相形成前,先形成自由能较稳定相高的亚稳相,这称为奥斯特瓦尔德(Ostwald)阶段。例如,图 6.3 所示的 SiO_2 相图,在一个标准大气压时,α-石英⇌β-石英在 573℃ 转变能较快地进行,而且是可逆的,但图中示出的其他相变却是缓慢的,不可逆的,其原因是前者是位移型转变,后者是重建型转变。为实际应用方便,有时可扩充相图,使其同时包含可能出现的亚稳型二氧化硅,如图 6.4 所示,这样就不是平衡相图了。表 6.1 列出了 SiO_2 中可能出现的多晶型转变。室温下的稳定晶型是低温型石英,它在 573℃ 时由位移型转变成高温型石英;在 870℃ 时通过重建型转变缓慢地变成稳定的高温型鳞石英;直至 1 470℃,高温型鳞石英又一次通过重建型转变成为高温方石英。从高温冷却下来时,方石英和鳞石英会通过位移型转变形成亚稳相:高温型方石英在 200~270℃ 时转变为低温型方石英;高温型鳞石英在 160℃ 时转变成中间型鳞石英,后者到 105℃ 时再转变成低温型鳞石英。

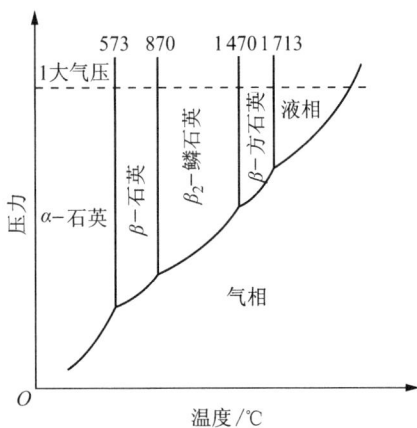

图 6.3 SiO_2 相平衡图

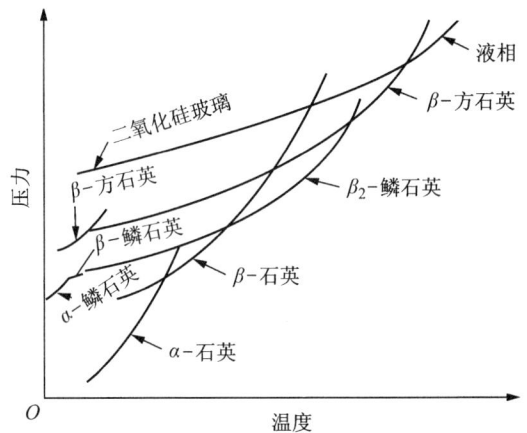

图 6.4 包含在 SiO_2 系统中出现亚稳相的相图

表 6.1　二氧化硅的多晶型转变

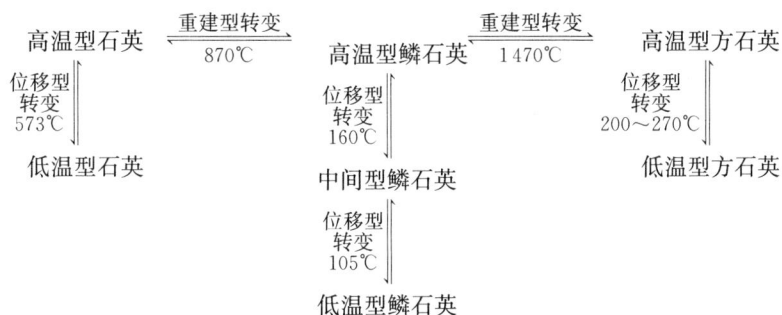

高温型石英 ⇌(重建型转变 870℃) 高温型鳞石英 ⇌(重建型转变 1470℃) 高温型方石英

位移型转变 573℃ → 低温型石英

位移型转变 160℃ → 中间型鳞石英

位移型转变 200~270℃ → 低温型方石英

位移型转变 105℃ → 低温型鳞石英

6.2　纯晶体的凝固

6.2.1　液态结构

凝固是指物质由液态至固态的转变。为此,了解凝固过程首先应了解液态的结构。由 X 射线衍射对金属的径向分布密度函数的测定表明(见表 6.2):液体中原子间的平均距离比固体中略大;液体中原子的配位数比密排结构晶体的配位数减小,通常在 8~11 的范围内。上述两点均导致熔化时体积略为增加,但对非密排结构的晶体如 Sb,Bi,Ga,Ge 等,则液态时配位数反而增大,故熔化时体积略为收缩。除此以外,液态结构的最重要特征是原子排列为长程无序、短程有序,并且短程有序原子集团不是固定不变的,它是一种此消彼长、瞬息万变、尺寸不稳定的结构,这种现象称为结构起伏,这有别于晶体的长程有序的稳定结构。

表 6.2　由 X 射线衍射分析得到的液体和固体结构数据的比较

金　属	液　体		固　体	
	原子间距/nm	配位数	原子间距/nm	配位数
Al	0.296	10~11	0.286	12
Zn	0.294	11	0.265	6
			0.294	6
Cd	0.306	8	0.297	6
			0.330	6
Au	0.286	11	0.288	12

6.2.2　晶体凝固的热力学条件

晶体的凝固通常在常压下进行,从相律可知,在纯晶体凝固过程中,液固两相处于共存,自由度等于零,故温度不变。按热力学第二定律,在等温等压下,过程自发进行的方向是体系自由能降低的方向。自由能 G 用下式表示:

$$G = H - TS,$$

式中,H 是焓;T 是热力学温度;S 是熵,可推导得:

$$dG = Vdp - SdT。$$

在等压时,$dp = 0$,故上式简化为:

$$\frac{dG}{dT} = -S。 \tag{6.4}$$

由于熵 S 恒为正值,所以自由能随温度增高而减小。

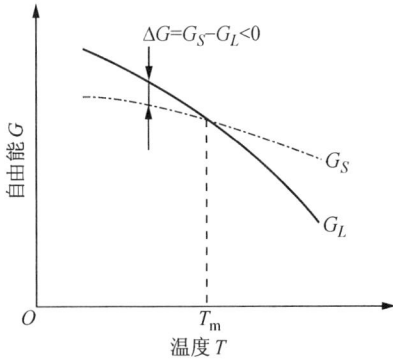

图 6.5 自由能随温度变化的示意图

纯晶体的液、固两相的自由能随温度变化规律如图 6.5 所示。由于晶体熔化破坏了晶态原子排列的长程有序,使原子空间几何配置的混乱程度增加,因而增加了组态熵;同时,原子振动振幅增大,振动熵也略有增加,这就导致液态熵 S_L 大于固态熵 S_S,即液相的自由能随温度变化曲线的斜率较大。这样,两条斜率不同的曲线必然相交于一点,该点表示液、固两相的自由能相等,故两相处于平衡而共存,此温度即为理论凝固温度,也就是晶体的熔点 T_m。事实上,在此两相共存的温度,既不能完全结晶,也不能完全熔化,要发生结晶则体系温度必须降至低于 T_m 温度,而发生熔化则必须高于 T_m。

在一定温度下,从一相转变为另一相的自由能变化

$$\Delta G = \Delta H - T\Delta S。$$

令液相到固相转变的单位体积自由能变化为 ΔG_V,则

$$\Delta G_V = G_S - G_L,$$

式中,G_S,G_L 分别为固相和液相单位体积自由能,由 $G = H - TS$,可得

$$\Delta G_V = (H_S - H_L) - T(S_S - S_L)。 \tag{6.5}$$

由于恒压下

$$\Delta H_P = H_S - H_L = -L_m, \tag{6.6}$$

$$\Delta S_m = S_S - S_L = \frac{-L_m}{T_m}, \tag{6.7}$$

式中,L_m 是熔化热,表示固相转变为液相时,体系向环境吸热,定义为正值;ΔS_m 为固体的熔化熵,它主要反映固体转变成液体时组态熵的增加,可从熔化热与熔点的比值求得。

将(6.6)和(6.7)式代入(6.5)式,整理后,得

$$\Delta G_V = \frac{-L_m \Delta T}{T_m}, \tag{6.8}$$

式中,$\Delta T = T_m - T$,是熔点 T_m 与实际凝固温度 T 之差。由上式可知,要使 $\Delta G_V < 0$,必须使 $\Delta T > 0$,即 $T < T_m$,故 ΔT 称为过冷度。晶体凝固的热力学条件表明,实际凝固温度应低于熔点 T_m,即需要有过冷度。

6.2.3 形核

晶体的凝固是通过形核与长大两个过程进行的,即固相核心的形成与晶核生长至液相耗

尽为止。形核方式可以分为两类：

(1) 均匀形核。新相晶核是在母相中均匀地生成的，即晶核由液相中的一些原子团直接形成，不受杂质粒子或外表面的影响；

(2) 非均匀(异质)形核。新相优先在母相中存在的异质处形核，即依附于液相中的杂质或外来表面形核。

在实际溶液中不可避免地存在杂质和外表面(例如容器表面)，因而其凝固方式主要是非均匀形核。但是，非均匀形核的基本原理是建立在均匀形核的基础上的，因而先讨论均匀形核。

1. 均匀形核

(1) 晶核形成时的能量变化和临界晶核。晶体熔化后的液态结构从长程来说是无序的，而在短程范围内却存在着不稳定的、接近于有序的原子集团(尤其是温度接近熔点时)。由于液体中原子热运动较为强烈，在其平衡位置停留时间甚短，故这种局部有序排列的原子集团此消彼长，即前述的结构起伏或称相起伏。当温度降到熔点以下，在液相中时聚时散的短程有序原子集团，就可能成为均匀形核的"胚芽"或称晶胚，其中的原子呈现晶态的规则排列，而其外层原子与液体中不规则排列的原子相接触而构成界面。因此，当过冷液体中出现晶胚时，一方面，由于在这个区域中原子由液态的聚集状态转变为晶态的排列状态，使体系内的自由能降低($\Delta G_V < 0$)，这是相变的驱动力；另一方面，由于晶胚构成新的表面，又会引起表面自由能的增加，这构成相变的阻力。在液-固相变中，晶胚形成时的体积应变能可在液相中完全释放掉，故在凝固中不考虑这项阻力。但在固-固相变中，体积应变能这一项是不可忽略的。假定晶胚为球形，半径为 r，当过冷液中出现一个晶胚时，总的自由能变化

$$\Delta G = \frac{4}{3}\pi r^3 \Delta G_V + 4\pi r^2 \sigma, \tag{6.9}$$

式中，σ 为比表面能，可用表面张力表示。

在一定温度下，ΔG_V 和 σ 是确定值，所以 ΔG 是 r 的函数。ΔG 随 r 变化的曲线如图 6.6 所示。由图可知，ΔG 在半径为 r^* 时达到最大值。当晶胚的 $r < r^*$ 时，则其长大将导致体系自由能的增加，故这种尺寸晶胚不稳定，难以长大，最终熔化而消失。当 $r \geqslant r^*$ 时，晶胚的长大使体系自由能降低，这些晶胚就成为稳定的晶核。因此，半径为 r^* 的晶核称为临界晶核，而 r^* 称为临界半径。由此可见，在过冷液体($T < T_m$)中，不是所有晶胚都能成为稳定的晶核，只有达到临界半径的晶胚时才能实现。临界半径 r^* 可通过求极值得到。由 $\dfrac{\mathrm{d}\Delta G}{\mathrm{d}r} = 0$ 求得：

$$r^* = -\frac{2\sigma}{\Delta G_V}。 \tag{6.10}$$

将(6.8)式代入(6.10)式，得

$$r^* = \frac{2\sigma \cdot T_m}{L_m \cdot \Delta T}。 \tag{6.11}$$

由(6.8)式可知，ΔG_V 与过冷度相关。由于 σ 随温度的变化较小，可视为定值，所以由(6.11)式可知，临界半径由

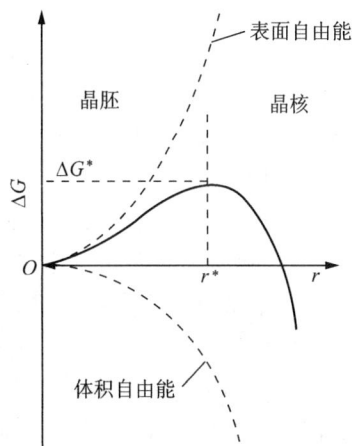

图 6.6 ΔG 随 r 的变化曲线示意图

过冷度 ΔT 决定,过冷度越大,临界半径 r^* 越小,则形核的几率增大,晶核的数目也增多。当液相处于熔点 T_m 时,即 $\Delta T = 0$,由上式得 $r^* = \infty$,故任何晶胚都不能成为晶核,凝固不能发生。

将(6.10)式代入(6.9)式,则得

$$\Delta G^* = \frac{16\pi\sigma^3}{3(\Delta G_V)^2}, \tag{6.12}$$

再将(6.8)式代入上式,得

$$\Delta G^* = \frac{16\pi\sigma^3 T_m^2}{3(L_m \cdot \Delta T)^2}, \tag{6.13}$$

式中,ΔG^* 为形成临界晶核所需的功,简称形核功,它与 $(\Delta T)^2$ 成反比,过冷度越大,所需的形核功越小。以临界晶核表面积

$$A^* = 4\pi(r^*)^2 = \frac{16\pi\sigma^2}{\Delta G_V{}^2}$$

代入(6.12)式,则得

$$\Delta G^* = \frac{1}{3}A^*\sigma. \tag{6.14}$$

由此可见,形成临界晶核时自由能仍是增高的($\Delta G^* > 0$),其增值相当于其表面能的 $1/3$,即液、固之间的体积自由能差值只能补偿形成临界晶核表面所需能量的 $2/3$,而不足的 $1/3$ 则需依靠液相中存在的能量起伏来补充。能量起伏是指体系中每个微小体积所实际具有的能量,会偏离体系平均能量水平而瞬时涨落的现象。

由以上的分析可以得知,液相必须处于一定的过冷条件时方能结晶,而液体中客观存在的结构起伏和能量起伏是促成均匀形核的必要因素。

(2)形核率。当温度低于 T_m 时,单位体积液体内,在单位时间所形成的晶核数(形核率)受两个因素的控制,即形核功因子 $\left(\exp\left(\frac{-\Delta G^*}{kT}\right)\right)$ 和原子扩散的几率因子 $\left(\exp\left(\frac{-Q}{kT}\right)\right)$。因此形核率

$$N = K\exp\left(\frac{-\Delta G^*}{kT}\right) \cdot \exp\left(\frac{-Q}{kT}\right), \tag{6.15}$$

式中,K 为比例常数;ΔG^* 为形核功;Q 为原子越过液、固相界面的扩散激活能;k 为玻耳兹曼常数;T 为热力学温度。形核率与过冷度之间的关系如图 6.7 所示。图中出现峰值,其原因是在过冷度较小时,形核率主要受形核率因子控制,随着过冷度增加,所需的临界形核半径减小,因此形核率迅速增加,并达到最高值;随后当过冷度继续增大时,尽管所需的临界晶核半径继续减小,但由于原子在较低温度下难以扩散,此时,形核率受扩散的几率因子所控制,即过峰值后,随温度的降低,形核率随之减小。

对于易流动液体来说,形核率随温度下降至某值 T^* 时突然显著增大,此温度 T^* 可视为均匀形核的有效形核温度。随着过冷度增加,形核率继续增大,未达图 6.7 中的峰值前,结晶已完毕。从多种易流动液体的结晶实验研究结果(见表 6.3)表明,对于大多数液体,观察到均匀形核在相对过冷度 $\Delta T^*/T_m$ 为 $0.15 \sim 0.25$ 之间,其中 $\Delta T^* = T_m - T^*$,或者说有效形核过冷度 $\Delta T^* \approx 0.2T_m$($T_m$ 用热力学温度表示),见图 6.8。

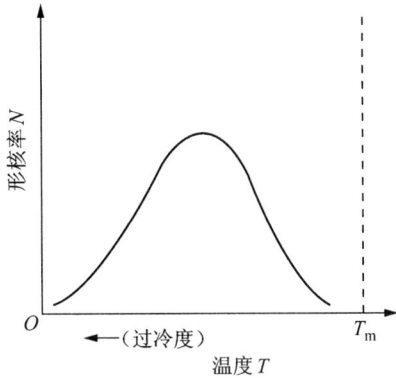

图 6.7　形核率与温度的关系

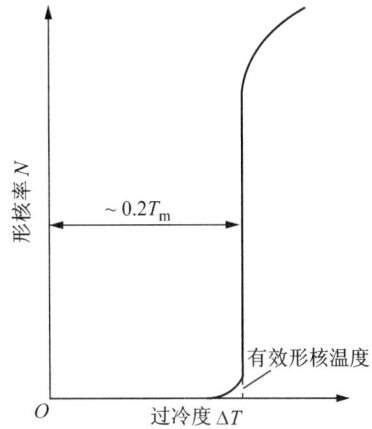

图 6.8　金属的形核率 N 与过冷度 ΔT 的关系

表 6.3　实验的成核温度

	T_m/K	T^*/K	$\Delta T^*/T_m$
汞	234.3	176.3	0.247
锡	505.7	400.7	0.208
铅	600.7	520.7	0.133
铝	931.7	801.7	0.140
锗	1 231.7	1 004.7	0.184
银	1 233.7	1 006.7	0.184
金	1 336	1 106	0.172
铜	1 356	1 120	0.174
铁	1 803	1 508	0.164
铂	2 043	1 673	0.181
三氟化硼	144.5	126.7	0.123
二氧化硫	197.6	164.6	0.167
CCl_4	250.2	200.2±2	0.202
H_2O	273.2	273.7±1	0.148
C_5H_5	278.4	208.2±2	0.252
萘	353.1	258.7±1	0.267
LiF	1 121	889	0.21
NaF	1 265	984	0.22
NaCl	1 074	905	0.16
KCl	1 045	874	0.16
KBr	1 013	845	0.17
KI	958	799	0.15
RbCl	988	832	0.16
CsCl	918	766	0.17

注：T_m/K 为熔点；T^*/K 为液体可过冷的最低温度；$\Delta T^*/T_m$ 为折算温度单位的最大过冷度。注意：$\Delta T^*/T_m$ 接近常数。

对于高黏滞性的液体,均匀形核速率很小,以致常常不存在有效形核温度。

均匀形核所需的过冷度很大,下面以铜为例,进一步计算形核时临界晶核中的原子数。已知纯铜的凝固温度 $T_m = 1356K$,$\Delta T = 236K$(见表 6.4),熔化热 $L_m = 1628 \times 10^6 J/m^3$,比表面能 $\sigma = 177 \times 10^{-3} J/m^2$,由(6.11)式可得

$$r^* = \frac{2\sigma T_m}{L_m \Delta T} = \frac{2 \times 177 \times 10^{-3} \times 1356}{1628 \times 10^6 \times 236} = 1.249 \times 10^{-9} m。$$

铜的点阵常数 $a_0 = 3.615 \times 10^{-10} m$,晶胞体积

$$V_L = (a_0^3) = 4.724 \times 10^{-29} m^3,$$

而临界晶核的体积

$$V_c = \frac{4}{3}\pi r^{*3} = 8.157 \times 10^{-27} m^3,$$

则临界晶核中的晶胞数目

$$n = \frac{V_c}{V_L} \approx 173。$$

因为铜是面心立方结构,每个晶胞中有 4 个原子,因此,一个临界晶核的原子数目为 692 个原子。上述的计算由于各参数的实验测定的差异略有变化,总之,几百个原子自发地聚合在一起成核的几率很小,故均匀形核的难度较大。

表 6.4　液体金属的最大过冷度及其比表面能

金　属	最大过冷度 /K	比表面能 $\sigma/\times 10^{-3} J \cdot m^{-2}$	金　属	最大过冷度 /K	比表面能 $\sigma/\times 10^{-3} J \cdot m^{-2}$
Al	195	121	Au	230	132
Mn	308	206	Ga	76	56
Fe	295	204	Ge	227	181
Co	330	234	Sn	118	59
Ni	319	255	Sb	135	101
Cu	236	177	Hg	77	28
Pd	332	209	Bi	90	54
Ag	227	126	Pb	80	33
Pt	370	240			

2. 非均匀形核

除非在特殊的试验室条件下,液态金属中不会出现均匀形核。如前所述,液态金属或易流动的化合物均匀形核所需的过冷度很大,约 $0.2T_m$。例如,纯铁均匀形核时的过冷度达 295℃。但通常情况下,金属凝固形核的过冷度一般不超过 20℃,其原因在于非均匀形核,即由于外界因素,如杂质颗粒或铸型内壁等促进了结晶晶核的形成。依附于这些已存在的表面可使形核界面能降低,因而形核可在较小过冷度下发生。

设一晶核 α 在型壁平面 W 上形成,如图 6.9(a)所示,并且 α 是圆球(半径为 r)被 W 平面所截的球冠,故其顶视图为圆,令其半径为 R。

若晶核形成时体系表面能的变化为 ΔG_S,则

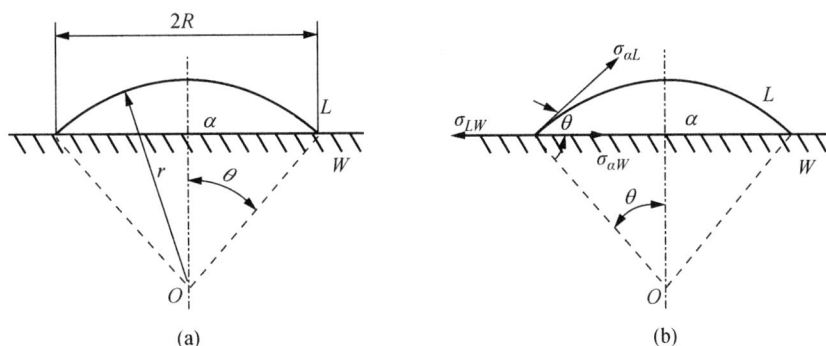

图 6.9 非均匀形核示意图

(图中:α 为晶核;L 为液相)

$$\Delta G_S = A_{aL} \cdot \sigma_{aL} + A_{aW} \cdot \sigma_{aW} - A_{aW} \cdot \sigma_{LW}, \tag{6.16}$$

式中,A_{aL},A_{aW} 分别为晶核 α 与液相 L 及型壁 W 之间的界面面积;σ_{aL},σ_{aW},σ_{LW} 分别为 α-L,α-W,L-W 界面的比表面能(用表面张力表示)。如图 6.9(b)所示,在三相交点处,表面张力应达到平衡:

$$\sigma_{LW} = \sigma_{aL} \cos\theta + \sigma_{aW}, \tag{6.17}$$

式中,θ 为晶核 α 和型壁 W 的接触角。由于

$$A_{aW} = \pi R^2 = \pi r^2 \sin^2\theta, \tag{6.18}$$

$$A_{aL} = 2\pi r^2 (1 - \cos\theta), \tag{6.19}$$

所以把上面三式代入(6.16)式,整理后可得

$$\Delta G_S = A_{aL}\sigma_{aL} - \pi r^2 \sin^2\theta \cos\theta \sigma_{aL}$$

$$= (A_{aL} - \pi r^2 \sin^2\theta \cos\theta)\sigma_{aL} \text{。} \tag{6.20}$$

球冠晶核 α 的体积

$$V_a = \pi r^3 \left(\frac{2 - 3\cos\theta + \cos^3\theta}{3} \right), \tag{6.21}$$

则 α 晶核由体积引起的自由能变化

$$\Delta G_t = V_a \Delta G_V = \pi r^3 \left(\frac{2 - 3\cos\theta + \cos^3\theta}{3} \right) \Delta G_V \text{。} \tag{6.22}$$

晶核形核时体系总的自由能变化

$$\Delta G = \Delta G_t + \Delta G_S \text{。} \tag{6.23}$$

把(6.20)式和(6.22)式代入(6.23)式,整理可得

$$\Delta G = \left(\frac{4}{3}\pi r^3 \Delta G_V + 4\pi r^2 \sigma_{aL} \right) \left(\frac{2 - 3\cos\theta + \cos^3\theta}{4} \right)$$

$$= \left(\frac{4}{3}\pi r^3 \Delta G_V + 4\pi r^2 \sigma_{aL} \right) f(\theta) \text{。} \tag{6.24}$$

将(6.24)式与均匀形核的(6.9)式比较,可看出两者仅差与 θ 相关的系数项 $f(\theta)$,由于对一定的体系,θ 为定值,故从 $\frac{dG}{dr} = 0$ 可求出非均匀形核时的临界晶核半径

$$r^* = -\frac{2\sigma_{aL}}{\Delta G_V} \text{。} \tag{6.25}$$

由此可见,非均匀形核时,临界球冠的曲率半径与均匀形核时临界球形晶核的半径公式相同。把(6.25)式代入(6.24)式,得非均匀形核的形核功

$$\Delta G_{het}^{*} = \Delta G_{hom}^{*}\left(\frac{2-3\cos\theta+\cos^3\theta}{4}\right)$$

$$= \Delta G_{hom}^{*} f(\theta)_{\circ} \tag{6.26}$$

从图6.9(b)可以看出,θ 在 $0°\sim180°$ 之间变化。当 $\theta=180°$ 时,$\Delta G_{het}^{*}=\Delta G_{hom}^{*}$(均匀形核的形核功),型壁(更一般地说是基底)对形核不起作用;当 $\theta=0°$ 时,则 $\Delta G_{het}^{*}=0$,非均匀形核不需做形核功,即为完全湿润的情况。在非极端的情况下,θ 为小于 $180°$ 的某值,故 $f(\theta)$ 必然小于1,则

$$\Delta G_{het}^{*} < \Delta G_{hom}^{*},$$

形成非均匀形核所需的形核功小于均匀形核功,故过冷度较均匀形核时小。

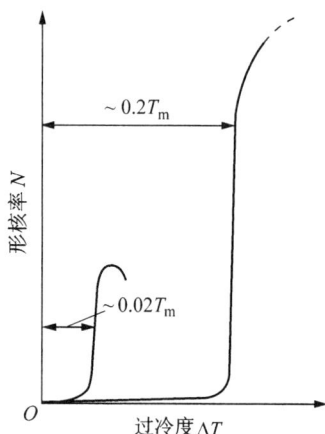

图6.10 均匀形核率和非均匀形核率随过冷度变化的对比(示意图)

图6.10示意地表明非均匀形核与均匀形核之间的差异。由图可知,最主要的差异在于其形核功小于均匀形核功,因而非均匀形核在约为 $0.02T_m$ 的过冷度时,形核率已达到最大值。另外,非均匀形核率由低向高的过渡较为平缓;达到最大值后,结晶并未结束,形核率下降至凝固完毕。这是因为非均匀形核需要合适的"基底",随新相晶核的增多而减少,在"基底"减少到一定程度时,将使形核率降低。

在杂质和型壁上形核可减小单位体积的表面能,因而使临界晶核的原子数较均匀形核少。仍以铜为例,计算其非均匀形核时临界晶核中的原子数。球冠体积

$$V_{cap} = \frac{\pi h^2}{3}(3r-h),$$

式中,h 为球冠高度,假定取为 $0.2r$;r 为球冠的曲率半径,取铜的均匀形核临界半径 r^*。用前述的方法可得 $V_{cap} = 2.284\times10^{-28}$ m^3,而 $V_{cap}/V_L \approx 5$ 个晶胞,最终每个临界晶核约有20个原子。由此可见,非均匀形核中临界晶核所需的原子数远小于均匀形核时的原子数,因此可在较小的过冷度下形核。

6.2.4 晶体长大

形核之后,晶体长大,其涉及长大的形态,长大方式和长大速率。形态常反映出凝固后晶体的性质,而长大方式决定了长大速率,也就是决定结晶动力学的重要因素。

1. 液-固界面的构造

晶体凝固后呈现不同的形状,如水杨酸苯脂呈现一定晶形长大,是由于它的晶边呈小平面,称为小平面形状,如图6.11所示。硅、锗等晶体也属此类型。而环己烷长成树枝形状,如图6.12所示,大多金属晶体属此类型,它不具有一定的晶形,称非小平面形状。经典理论认为,晶体长大的形态与液、固两相的界面结构有关。晶体的长大是通过液体中单个原子或若干个原子同时依附到晶体的表面上,并按照晶面原子排列的要求与晶体表面原子结合起来。按

原子尺度,把相界面结构分为粗糙界面和光滑界面两类,如图 6.13 所示。

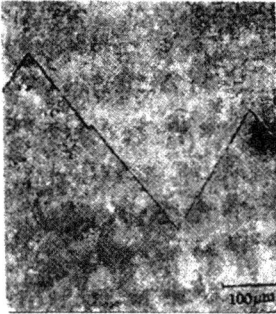

图 6.11　透明水杨酸苯脂晶体的
小平面形态　60×

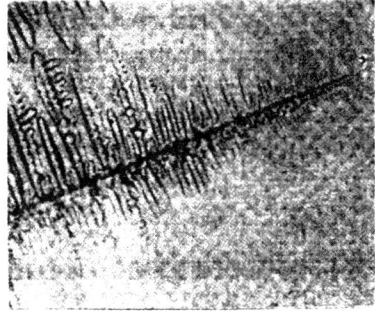

图 6.12　透明环己烷
凝固成树枝形晶体　60×

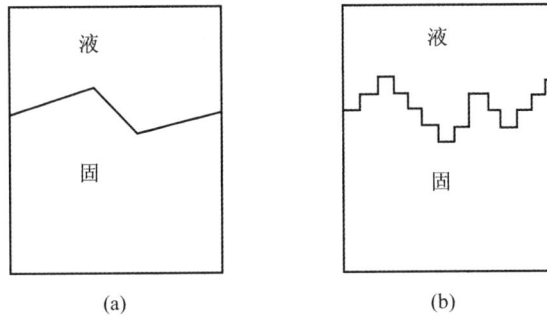

图 6.13　液-固界面示意图
(a)光滑界面;(b)粗糙界面

　　在光滑界面以上为液相,以下为固相,固相的表面为基本完整的原子密排面,液、固两相截然分开,所以从微观上看是光滑的,但在宏观上它往往由不同位向的小平面所组成,故呈折线状,这类界面也称小平面界面。

　　所谓粗糙界面,可以认为在固、液两相之间的界面从微观来看是高低不平的,存在几个原子层厚度的过渡层,在过渡层中约有半数的位置为固相原子所占据。但由于过渡层很薄,因此从宏观来看,界面显得平直,不出现曲折的小平面。

　　杰克逊(K. A. Jackson)提出了决定粗糙及光滑界面的定量模型。他假设液-固两相在界面处于局部平衡,故界面构造应是界面能最低的形式。如果有 N 个原子随机地沉积到具有 N_T 个原子位置的固-液界面时,则界面自由能的相对变化 ΔG_S 可由下式表示:

$$\frac{\Delta G_S}{N_T k T_m} = \alpha x(1-x) + x \ln x + (1-x)\ln(1-x), \tag{6.27}$$

式中,k 是玻耳兹曼常数;T_m 是熔点;x 是界面上被固相原子占据位置的分数;$\alpha = \dfrac{\xi L_m}{k T_m}$,其中 L_m 为熔化热;$\xi = \eta/\nu$,η 是界面原子的平均配位数,ν 是晶体配位数,ξ 恒小于 1。

　　将(6.27)式按 $\dfrac{\Delta G_S}{N_T k T_m}$ 与 x 的关系作图,并改变 α 值,得到一系列曲线,如图 6.14 所示,

由此得出如下的结论：

（1）对于 $\alpha \leqslant 2$ 的曲线，在 $x = 0.5$ 处界面能具有极小值，即界面的平衡结构约有一半的原子被固相原子占据而另一半位置空着，这时界面为微观粗糙界面。

（2）对于 $\alpha > 2$ 时，曲线有两个最小值，分别位于 x 接近 0 处和接近 1 处，说明界面的平衡结构应是只有少数几个原子位置被占据，或者极大部分原子位置都被固相原子占据，即界面基本上为完整的平面，这时界面呈光滑界面。

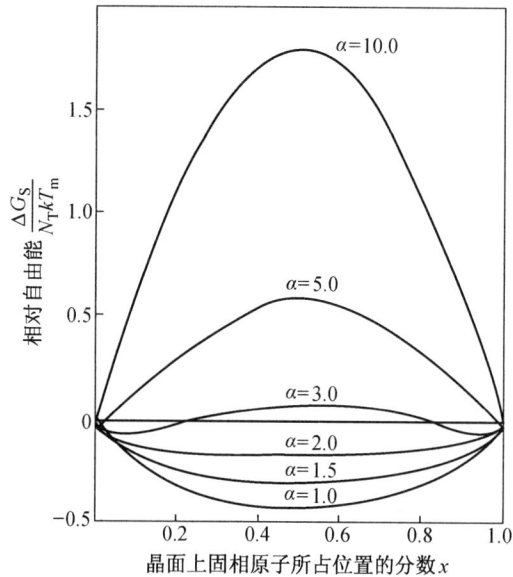

图 6.14　当 α 取不同值时 $\dfrac{\Delta G_{\mathrm{S}}}{N_{\mathrm{T}} k T_{\mathrm{m}}}$ 与 x 的关系曲线图

金属和某些低熔化熵的有机化合物，$\alpha \leqslant 2$ 时，其液-固界面为粗糙界面；多数无机化合物，以及亚金属铋、锑、镓、砷和半导体锗、硅等，当 $\alpha \geqslant 2$ 时，其液-固界面为光滑界面。但以上的预测不适用于高分子，由于它们具有长链分子结构的特点，其固相结构不同于上述的原子模型。

根据杰克逊模型进行的预测，已被一些透明物质的实验观察所证实，但并不完善，它没有考虑界面推移的动力学因素，故不能解释在非平衡温度凝固时过冷度对晶体形状的影响。例如，磷在接近熔点凝固（1℃范围内），长大速率甚低时，液-固界面为小平面界面，但过冷度增大，长大速率快时，则为粗糙界面。尽管如此，此理论对认识凝固过程中影响界面形状的因素仍有重要意义。

2. 晶体长大方式和长大速率

晶体的长大方式与上述的界面构造有关，可有连续长大、二维晶核、螺型位错长大等方式。

a. 连续长大　对于粗糙界面，由于界面上约有一半的原子位置空着，故液相的原子可以进入这些位置与晶体结合起来，晶体便连续地向液相中生长，故这种长大方式为垂直生长。一般情况，当动态过冷度 ΔT_{K}（液-固界面向液相移动时所需的过冷度，称为动态过冷度）增大时，平均长大速率 v_{g} 初始呈线性增大，如图 6.15(a)所示。对于大多数金属来说，由于动态过

冷度很小,因此其平均长大速率与过冷度成正比,即

$$v_{\mathrm{g}} = u_1 \Delta T_{\mathrm{K}}, \tag{6.28}$$

式中,u_1 为比例常数,视材料而定,单位是 m/s·K。有人估计 u_1 约为 10^{-2} m/s·K,故在较小的过冷度下,即可获得较大的长大速率。但对于无机化合物如氧化物,以及有机化合物等黏性材料,随过冷度增大到一定程度后,长大速率达到极大值后随后下降,如图 6.15(b) 所示。凝固时长大速率还受释放潜热的传导速率所控制,由于粗糙界面的物质一般只有较小的结晶潜热,所以长大速率较高。

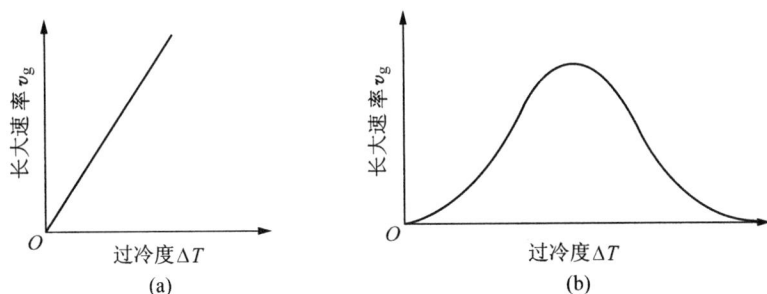

图 6.15　连续长大速率和过冷度的关系

b. 二维晶核　二维晶核是指一定大小的单分子或单原子的平面薄层。若界面为光滑界面,二维晶核在相界面上形成后,液相原子沿着二维晶核侧边所形成的台阶不断地附着上去,使此薄层很快扩展而铺满整个表面(见图 6.16),这时生长中断,需在此界面上再形成二维晶核,又很快地长满一层,如此反复进行。因此晶核长大随时间是不连续的,平均长大速率由下式决定:

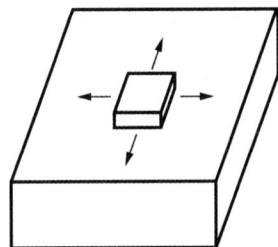

图 6.16　二维晶核长大机制示意图

$$v_{\mathrm{g}} = u_2 \exp\left(\frac{-b}{\Delta T_{\mathrm{K}}}\right), \tag{6.29}$$

式中,u_2 和 b 均为常数。当 ΔT_{K} 很小时,v_{g} 非常小,这是因为二维晶核心形核功较大。二维晶核也须达到一定临界尺寸后才能进一步扩展。故这种长大方式实际上甚少见到。

c. 借螺型位错长大　若光滑界面上存在螺型位错时,垂直于位错线的表面呈现螺旋形的台阶,且不会消失。因为原子很容易填充台阶,而当一个面的台阶被原子进入后,又出现螺旋形的台阶。在最接近位错处,只需要加入少量原子就完成一周,而离位错较远处需较多的原子加入。这样就使晶体表面呈现由螺旋形台阶形成的蜷线。借螺型位错长大的模型示于图 6.17 中。这种方式的平均长大速率为:

$$v_{\mathrm{g}} = u_3 \Delta T_{\mathrm{K}}^2, \tag{6.30}$$

式中,u_3 为比例常数。由于界面上所提供的缺陷有限,也即是添加原子的位置有限,故长大速率小,即 $u_3 \ll u_1$。在一些非金属晶体上观察到借螺型位错回旋生长的蜷线,表明了螺型位错长大机制是可行的。为此可利用一个位错形成单一螺旋台阶,生长出晶须,这种晶须除了中心核心部分以外是完整的晶体,故具有许多特殊优越的力学性能,如很高的屈服强度。已经从多种材料中生长出晶须,包括氧化物、硫化物、碱金属、卤化物及许多金属。

图 6.18 显示出上述三种机制 v_{g} 与 ΔT_{K} 之间的关系。

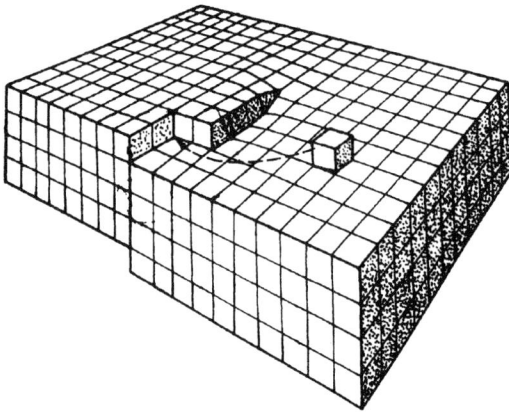

图 6.17　螺型位错台阶长大机制示意图

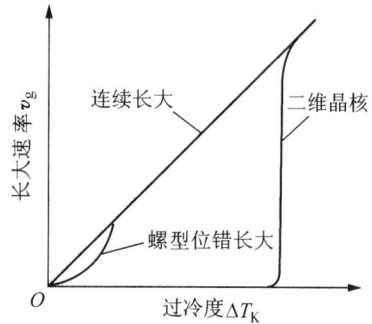

图 6.18　连续长大、螺型位错长大及二维晶核时长大速率和过冷度之间的关系比较示意图

6.2.5　结晶动力学及凝固组织

1. 结晶动力学

由新相的形核率 N 及长大速率 v_g 可以计算在一定温度下随时间改变的转变量,导得结晶动力学方程。假定结晶为均匀形核,晶核以等速长大,直到邻近晶粒相遇为止。因此,在晶粒相遇前,晶核的半径

$$R = v_g(t - \tau), \tag{6.31}$$

式中,v_g 为长大速率,其定义为 $\dfrac{dR}{dt}$;τ 为晶核形成的孕育时间。如设晶核为球形,则每个晶核的转变体积

$$V = \frac{4}{3}\pi v_g^3 (t - \tau)^3 。 \tag{6.32}$$

晶核数目可通过形核率的定义得到形核率

$$N = \frac{形成的晶核数 / 单位时间}{未转变体积} 。 \tag{6.33}$$

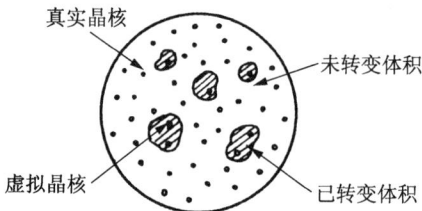

图 6.19　正在转变的体积中的真实晶核和虚拟晶核

在时间 dt 内形成的晶核数是 $N V_u dt$,其中 V_u 是未转变体积。鉴于 V_u 是时间的函数,难以确定,故考虑以体系总体积 V 替代 V_u 的情况,则 $NVdt$ 表示在体系的未转变与已转变体积中都计算了形成的晶核数。由于晶核不能在已转变的体积中形成,故将这些晶核称为虚拟晶核(phantom nucleus),如图 6.19 所示。所以,定义一个假想的晶核数 n_s(supposition nucleus)为真实晶核数 n_r(reality nucleus)与虚拟晶核数 n_p 之和,即

$$n_s = n_r + n_p 。 \tag{6.34}$$

在 t 时间内,假想晶核的体积

$$V_s = \int_0^t \frac{4}{3}\pi v_g^3 (t-\tau)^3 \cdot NV dt。$$

用体积分数表示，令 $\varphi_s = \dfrac{V_s}{V}$，则

$$\varphi_s = \int_0^t \frac{4}{3}\pi v_g^3 (t-\tau)^3 N dt。 \tag{6.35}$$

由于在任一时间，每个真实晶核与虚拟晶核的体积相同，所以

$$\frac{dn_r}{dn_s} = \frac{dv_r}{dv_s} = \frac{d\varphi_r}{d\varphi_s}。 \tag{6.36}$$

令在时间 dt 内单位体积中形成的晶核数为 dP，于是 $dn_r = V_u dP$ 和 $dn_s = V dP$。如果是均匀形核，dP 不会随形核地点不同而有变化，此时可得

$$\frac{dn_r}{dn_s} = \frac{V_u}{V} = \frac{V-V_r}{V} = 1-\varphi_r。 \tag{6.37}$$

合并(6.36)式和(6.37)式，得

$$\frac{d\varphi_r}{d\varphi_s} = 1-\varphi_r, \tag{6.38}$$

该微分方程解为

$$\varphi_r = 1-\exp(-\varphi_s)。 \tag{6.39}$$

假定 v_g 与 N 均与时间无关，即为常数，而孕育时间 τ 很小，以至可忽略，则对方程(6.35)积分，可得

$$\varphi_s = \frac{\pi}{3} N v_g^3 t^4。 \tag{6.40}$$

将(6.40)式代入(6.39)式，则有

$$\varphi_r = 1-\exp(-\frac{\pi}{3} N v_g^3 t^4)。 \tag{6.41}$$

上式称为约翰逊-梅尔(Johnson-Mehl)动力学方程，并可应用于在四个条件(均匀形核，N 和 v_g 为常数，以及小的 τ 值)下的任何形核与长大的转变，如再结晶。

在(6.41)式中，N 是温度 T 的函数，因此，由此式可得到不同温度下的相变动力学曲线，如图 6.20(a)所示。由图可见，在不同温度下的开始相变所需不同的孕育时间，称为孕育期。

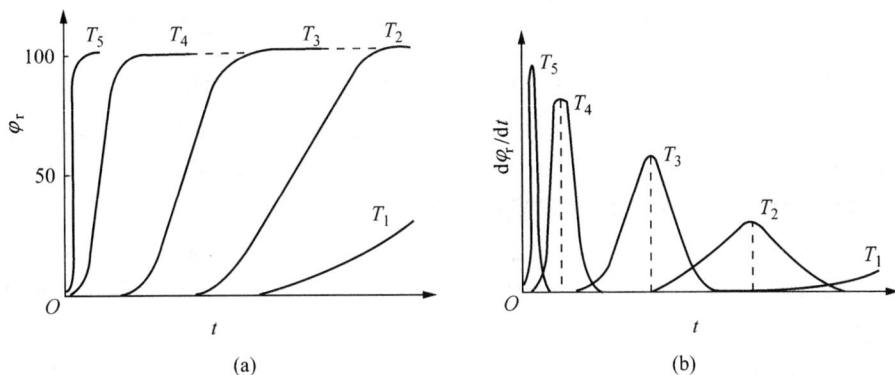

图 6.20　不同温度下的相变动力学曲线(a)和相变速率曲线(b)

对(6.41)式求导,可得不同温度下相变速率 $\dfrac{\mathrm{d}\varphi_r}{\mathrm{d}t}$ 与时间 t 的关系,如图 6.20(b) 所示。再对相变速率求导,并令 $\dfrac{\mathrm{d}^2\varphi_r}{\mathrm{d}t^2}=0$ 求极值,可得

$$\frac{\mathrm{d}^2\varphi_r}{\mathrm{d}t^2}=[4\pi N v_g^3 t^2-(4\pi N v_g^3 t^3/3)^2]\exp(-\pi N v_g^3 t^4/3)=0。$$

即
$$t^4=9/(4\pi N v_g^3)。$$

将上述求出的 t^4 代入 Johnson-Mehl 方程,可求出相变速率最大时对应的转变量 $\varphi_{r\max}=52.8\%\approx50\%$。

将 $\varphi_r=50\%$ 时的 t 标为 $t_{1/2}$,即 $t_{\max}=t_{1/2}$,通常认为 $\varphi_r=50\%$ 时的相变速率最大。

2. 纯晶体凝固时的生长形态

纯晶体凝固时的生长形态不仅与液-固界面的微观结构有关,而且取决于界面前沿液相中的温度分布情况,温度分布可有两种情况:正的温度梯度和负的温度梯度,分别如图 6.21(a),(b)所示。

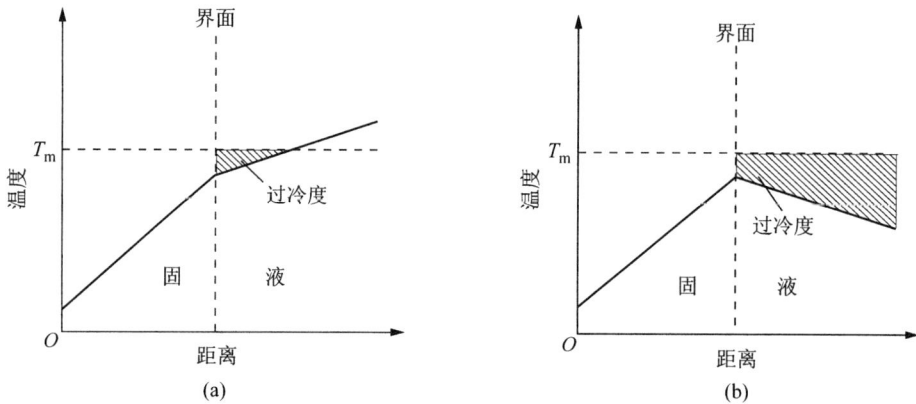

图 6.21 两种温度分布方式
(a) 正梯度;(b) 负梯度

a. 在正的温度梯度下的情况 正的温度梯度指的是随着离开液-固界面的距离 z 的增大,液相温度 T 随之升高的情况,即 $\dfrac{\mathrm{d}T}{\mathrm{d}z}>0$。在这种条件下,结晶潜热只能通过固相而散出,相界面的推移速度受固相传热速度所控制。晶体的生长以接近平面状向前推移,这是由于温度梯度是正的,当界面上偶尔有凸起部分而伸入温度较高的液体中时,它的生长速度就会减缓甚至停止,周围部分的过冷度较凸起部分大而会赶上来,使凸起部分消失,这种过程使液-固界面保持稳定的平面形态。但界面的形态按界面的性质仍有不同。

(1) 若是光滑界面结构的晶体,其生长形态呈台阶状,组成台阶的平面(前述的小平面)是晶体的一定晶面,如图 6.22(a)所示。液-固界面自左向右推移,虽与等温面平行,但小平面却与溶液等温面呈一定的角度。

(2) 若是粗糙界面结构的晶体,其生长形态呈平面状,界面与液相等温面平行,如图 6.22(b)所示。

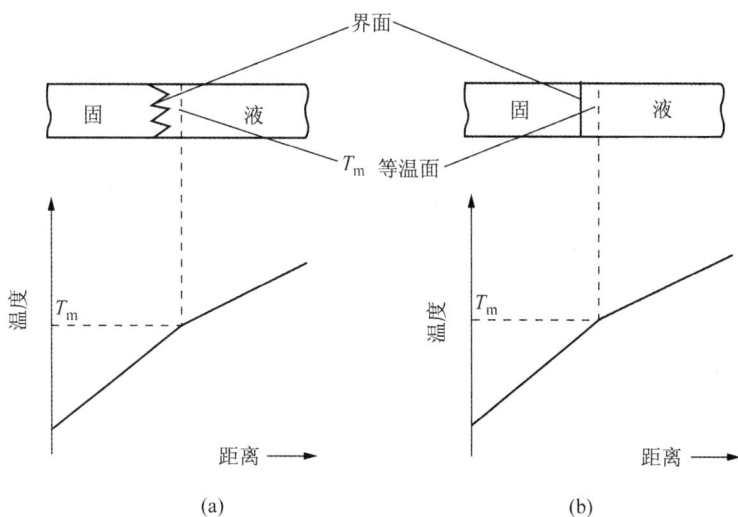

图 6.22　在正的温度梯度下观察到的两种界面形态
(a) 台阶状(光滑界面结构的晶体)；(b) 平面状(粗糙界面结构的晶体)

b. 在负的温度梯度下的情况　负的温度梯度是指液相温度随离液-固界面的距离增大而降低，即 $\dfrac{\mathrm{d}T}{\mathrm{d}z} < 0$。当相界面处的温度由于结晶潜热的释放而升高，使液相处于过冷条件时，则可能产生负的温度梯度。此时，相界面上产生的结晶潜热即可通过固相也可通过液相而散失。相界面的推移不只由固相的传热速度所控制，在这种情况下，如果部分的相界面生长凸出到前面的液相中，则能处于温度更低(即过冷度更大)的液相中，使凸出部分的生长速度增大而进一步伸向液体中。在这种情况下，液-固界面就不可能保持平面状而会形成许多伸向液体的分枝(沿一定的晶向轴)，同时在这些晶枝上又可能会长出二次晶枝，在二次晶枝再长出三次晶枝，如图 6.23 所示。晶体的这种生长方式称为树枝生长或树枝状结晶。树枝状生长时，伸展的晶枝轴具有一定的晶体取向，这与其晶体结构类型有关，例如：

面心立方　〈100〉

体心立方　〈100〉

密排六方　〈$10\bar{1}0$〉

树枝状生长在具有粗糙界面的物质(如金属)中表现最为显著，而对于具有光滑界面的物质来说，在负的温度梯度下虽也出现树枝状生长的倾向，但往往不甚明显；而某些 α 值大的物质则变化不多，仍保持其小平面特征。

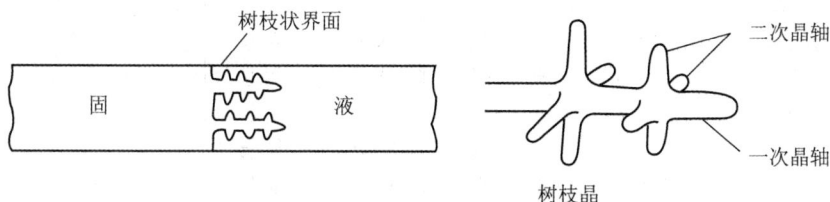

图 6.23　树枝状晶体生长示意图

6.2.6 凝固理论的应用举例

1. 凝固后细晶的获得

材料的晶粒大小(或单位体积中的晶粒数)对材料的性能有重要的影响。例如金属材料,其强度、硬度和韧性都随着晶粒细化而提高,因此,控制材料的晶粒大小具有重要的实际意义。应用凝固理论可有效地控制结晶后的晶粒尺寸,达到使用的要求。这里以细化金属铸件的晶粒为目的,可采取以下几个途径:

a. 增加过冷度 由约翰逊-梅尔方程可导出,在 t 时间内形成的晶核数 $P(t)$ 与形核率 N 及长大速率 v_g 之间的关系:

$$P(t) = k\left(\frac{N}{v_g}\right)^{3/4}, \tag{6.42}$$

式中, k 为常数,与晶核形状有关; $P(t)$ 与晶粒尺寸 d 成反比。由上式可知,形核率 N 越大,晶粒越细;晶体长大速率 v_g 越大,则晶粒越粗。同一材料的 N 和 v_g 都取决于过冷度,因 $N \propto \exp\left(-\frac{1}{\Delta T^2}\right)$,而连续长大时 $v_g \propto \Delta T$;以螺型位错长大时, $v_g \propto (\Delta T)^2$ 。由此可见,增加过冷度, N 迅速增大,且比 v_g 更快,因此,在一般凝固条件下,增加过冷度可使凝固后的晶粒细化。

b. 形核剂的作用 由于实际的凝固都为非均匀形核,因此为了提高形核率,可在溶液凝固之前加入能作为非均匀形核基底的人工形核剂(也称孕育剂或变质剂)。液相中现成基底对非均匀形核的促进作用取决于接触角 θ 。 θ 角越小,形核剂对非均匀形核的作用越大。由 (6.17)式 $\cos\theta = (\sigma_{LW} - \sigma_{aW})/\sigma_{aL}$ 可知,为了使 θ 角减小,应使 σ_{aW} 尽可能降低,故要求现成基底与形核晶体具有相近的结合键类型,而且与晶核相接的彼此晶面具有相似的原子配置和小的点阵错配度 δ ,而 $\delta = |a - a_1|/a$,其中 a 为晶核的相接晶面上的原子间距, a_1 为基底相接面上的原子间距。表6.5列出了一些物质对纯铝(面心立方结构)结晶时形核的作用,可以看出这些化合物的实际形核效果与上述理论推断符合得较好。但是,也有一些研究结果表明,晶核和基底之间的点阵错配并不像上述所强调的那样重要,例如,对纯金的凝固来说,WC,ZrC,TiC,TiN 等形核剂的作用较氧化钨、氧化锆、氧化钛的作用大得多,但它们的错配度相近;又如锡在金属基底上的形核率高于非金属基底,而与错配度无关,因此在生产中主要通过试验来确定有效的形核剂。

表 6.5 加入不同物质对纯铝不均匀形核的影响

化合物	晶体结构	密排面之间的 δ 值	形核效果	化合物	晶体结构	密排面之间的 δ 值	形核效果
VC	立方	0.014	强	NbC	立方	0.086	强
TiC	立方	0.060	强	W_2C	六方	0.035	强
TiB_2	六方	0.048	强	Cr_3C_2	复杂	—	弱或无
AlB_2	六方	0.038	强	Mn_3C	复杂	—	弱或无
ZrC	立方	0.145	强	Fe_3C	复杂	—	弱或无

c. 振动促进形核 实践证明,对金属溶液凝固时施加振动或搅拌作用可得到细小的晶

粒。振动方式可采用机械振动、电磁振动或超声波振动等,都具有细化效果。目前的看法认为,其主要作用是振动使枝晶破碎,这些碎片又可作为结晶核心,使形核增殖。但当过冷液态金属在晶核出现之前,在正常的情况下并不凝固,可是当它受到剧烈的振动时,就会开始结晶,这是与上述形核增殖不同的机制,现在对该动力学形核的机制还不清楚。

2. 单晶的制备

单晶体对研究材料的本征特性方面具有重要的理论意义,而且在工业中的应用也日益广泛。单晶是电子元件和激光器的重要材料,金属单晶已开始应用于某些特殊要求的场合,如喷气发动机叶片等。因此,单晶制备是一项重要的技术。

单晶制备的基本要求就是防止凝固时形成许多晶核,而使凝固中只存在一个晶核,由此生长获得单晶体。下面介绍两种最基本的制备单晶的方法。

a. 垂直提拉法　这是丘克拉斯基(J. Czochralski)1917 年的专利技术,是制备大单晶的主要方法,其原理如图 6.24(a)所示。加热器先将坩埚中原料加热熔化,并使其温度保持在稍高于材料的熔点以上。将籽晶夹在籽晶杆上(如想使单晶按某一晶向生长,则籽晶的夹持方向应使籽晶中某一晶向与籽晶杆轴向平行)。然后将籽晶杆下降,使籽晶与液面接触,籽晶的温度在熔点以下,而液体和籽晶的固液界面处的温度恰好为材料的熔点。为了保持液体的均匀和固液界面处温度的稳定,籽晶与坩埚通常以相反的方向旋转。籽晶杆一边旋转,一边向上提拉,这样液体就以籽晶为晶核不断地结晶生长而形成单晶。半导体电子工业所需的无位错 Si 单晶就是采用上述方法制备的。

b. 尖端形核法　布里奇曼(P. W. Bridgman)于 1926 年提出了制备单晶的尖端形核法。图 6.24(b)是尖端形核法原理图,这是在液体中利用容器的特殊形状形成一个单晶。该方法是将原料放入一个尖底的圆柱形坩埚中加热熔化,然后让坩埚缓慢地向冷却区下降,底部尖端的液体首先到达过冷状态,开始形核。恰当地控制凝固条件,就可能只形成一个晶核。随着坩埚的继续下降,晶体不断生长而获得单晶。

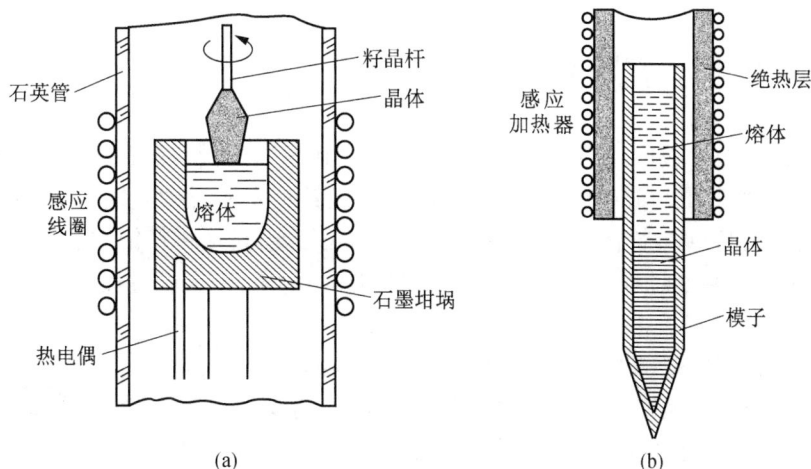

图 6.24　单晶制备原理图

(a) 垂直提拉法；(b) 尖端形核法

3. 非晶态金属的制备

非晶态金属由于其结构的特殊性而使其性能不同于普通的晶态金属。它具有一系列突出的性能,如特高的强度和韧性,优异的软磁性能,高的电阻率和良好的抗蚀性等。因此,非晶态金属引起广泛的关注。

金属与非金属不同,它的熔体即使在接近凝固温度时仍然黏度很小,而且晶体结构又较简单,故在快冷时也易发生结晶。但是,近年来发现在特殊的高度冷却条件下可得到非晶态金属,它又称金属玻璃。

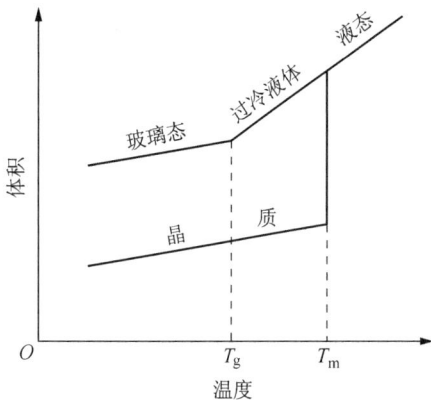

图 6.25 液态金属凝固成晶态和非晶态的体积变化

熔液凝固成晶体或非晶体时体积的不同变化,如图 6.25 所示。图中 T_m 为结晶温度,T_g 为玻璃(非晶)态温度。当液体发生结晶时,其体积发生突变,而液体转变为玻璃态时,其体积无突变而是连续地变化。材料的 T_m-T_g 间隔越小,越容易转变成玻璃态。如纯 SiO_2 的 $T_m = 1\,993$ K,$T_g = 1\,600$ K,$T_m - T_g = 393$ K;而金属的 $T_m - T_g$ 间隔很大,尤其高熔点金属的间隔更大,如纯钯的 $T_m = 1\,825$ K,$T_g = 550$ K,$T_m - T_g$ 高达 $1\,275$ K,故一般的冷却速度不易使金属获得非晶态。

最初,科学家应用气相沉积法把亚金属(Se,Te,P,As,Bi)制成玻璃态的薄膜。自 20 世纪 60 年代开始,发展了液态急冷方法,使冷速大于 10^7 ℃/s,从而能获得非晶态的合金(加入合金元素可使 T_m 降低,T_g 提高,如上述的钯加入原子数为 20% 的 Si 后,T_m 降至约 1100K,T_g 升至约 700K)。目前应用的有离心急冷法和轧制急冷法等,前者是把液态金属连续喷射到高速旋转的冷却圆筒壁上,使之急冷而形成非晶态金属;后者使液态金属连续流入冷却轧辊之间而被快速冷却。这些方法能使金属玻璃生产实现工业化。

6.3 气-固相变与薄膜生长

随着气相沉积技术被广泛用于制备各种功能性薄膜材料,材料的气-固相变也日益显示出其重要性。气-固相变虽与液-固相变有诸多相似性,但其蒸发和凝聚的控制,转变产物的结构和形态均有自身的特点。本节围绕气相沉积中的气-固相变,讨论材料饱和蒸气压与温度的关系,气相沉积中两个基本过程:蒸发和凝聚(沉积)的热力学条件,凝聚过程中的形核与生长。

6.3.1 蒸气压

固相与气相形成平衡时的压强称为饱和蒸气压(简称蒸气压)。固体在等温、等压封闭容器中,因蒸发过程使气相浓度增加,而凝聚过程又使气相冷凝成固体,当这两个过程以同样速率进行时,蒸气浓度维持定值,这种动态平衡时的蒸气压就是饱和蒸气压,用 p_e 表示。

气相沉积包括两个基本过程:材料在高温蒸发源上的蒸发和蒸发原子在低温的基片(承接蒸发气体原子的载片)上的凝聚。对于给定的材料,其饱和蒸气压是随温度而变的,这一点对于理解蒸发和凝聚的热力学条件是必要的。

由热力学克拉珀龙方程可推导出材料蒸气压与温度的关系,即蒸气压方程。因凝聚相(固相或液相)的体积远小于气相的摩尔体积,故克拉珀龙方程中两相体积变化 $\Delta V \approx V_{\text{气}}$,并把气相看作理想气体:$pV_{\text{气}} = RT$,则克拉珀龙方程可简化为:

$$\frac{1}{p} \cdot \frac{\mathrm{d}p}{\mathrm{d}T} = \frac{\Delta H}{RT^2}。$$

更进一步近似认为相变潜热 ΔH 与温度无关,则积分可得:

$$\ln p = -\frac{\Delta H}{RT} + A, \tag{6.43}$$

又可写成:

$$\lg p = A - \frac{B}{T}, \tag{6.44}$$

式中,T 为热力学温度(K);p(即 p_{c})的单位是微米汞柱(μmHg,$1\,\mu$mHg $= 0.133$Pa),A 和 B 分别为与材料性质有关的常数。表 6.6 是用于上式计算的 A,B 值。多种材料的蒸气压与温度之间的关系曲线示于图 6.26,图中也标出各种材料的熔点。蒸发源加热温度的高低,会改变蒸气压的数值而直接影响到镀膜材料的蒸发速率和蒸发方式。蒸发温度过低时,材料蒸发速率低,薄膜生长速率也低,而过高的蒸发温度,不仅会导致蒸发速率过高,而且使蒸发原子相互碰撞,甚至因蒸发材料内气体迅速膨胀而形成蒸发原子飞溅。因此,确定不同材料的蒸发温度是非常重要的。通常将蒸发材料加热到其蒸气压达几 Pa 时的温度作为其蒸发温度。由图 6.26 可见,除 Sr 和 Te 等外,大部分材料的蒸发温度高于熔点。

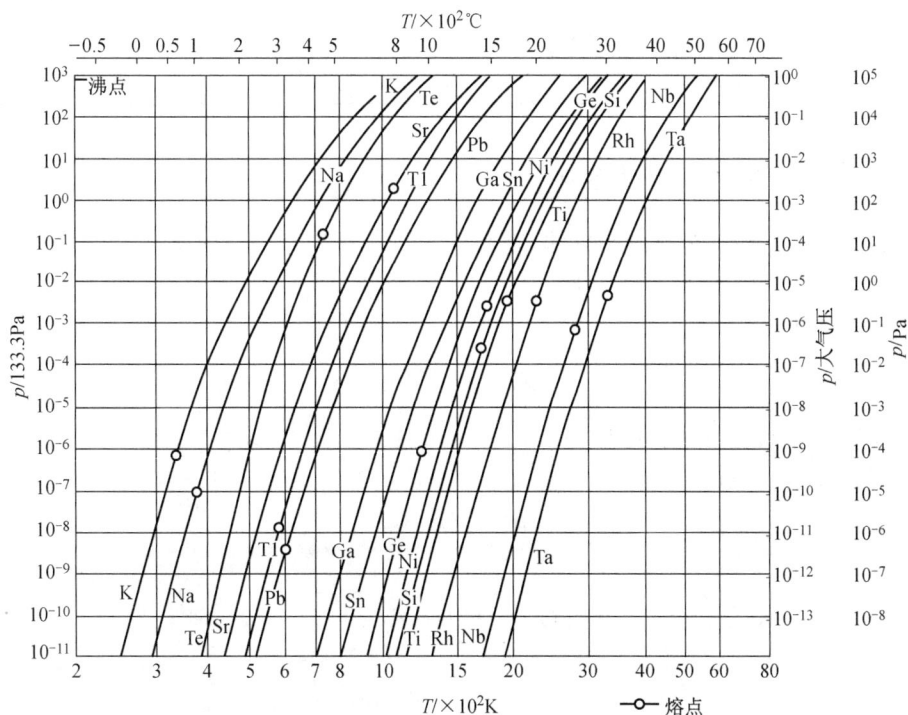

图 6.26 一些单质材料的蒸气压曲线

表6.6 一些单质材料蒸气压方程中的计算常数

金属	A	B	金属	A	B
Li	10.99	8.07×10^3	In	11.23	1.248×10^4
Na	1.72	5.49×10^3	C	15.73	4.0×10^4
K	10.28	4.48×10^3	Co	12.70	2.111×10^4
Cs	9.91	3.80×10^3	Ni	12.75	2.096×10^4
Cu	11.96	1.698×10^4	Ru	13.50	3.38×10^4
Ag	11.85	1.427×10^4	Rh	12.94	2.772×10^4
Au	11.89	1.758×10^4	Pd	11.78	1.971×10^4
Be	12.01	1.647×10^4	Si	12.72	2.13×10^4
Mg	11.64	7.65×10^3	Ti	12.50	2.32×10^4
Ca	11.22	8.94×10^3	Zr	12.33	3.03×10^4
Mo	11.64	3.085×10^4	Th	12.52	2.84×10^4
W	12.40	4.068×10^4	Ge	11.71	1.803×10^4
U	11.59	2.331×10^4	Sn	10.88	1.487×10^4
Mn	12.14	1.374×10^4	Pb	10.77	9.71×10^3
Fe	12.44	1.997×10^4	Sb	11.15	8.63×10^3
Sr	10.71	7.83×10^3	Bi	11.18	9.53×10^3
Ba	10.70	8.76×10^3	Cr	12.94	2.0×10^4
Zn	11.63	6.54×10^3	Os	13.59	3.7×10^4
Cd	11.56	5.72×10^3	Is	13.07	3.123×10^4
B	13.07	2.962×10^4	Pt	12.53	2.728×10^4
Al	11.79	1.594×10^4	V	13.07	2.572×10^4
La	11.60	2.085×10^4	Ta	13.04	4.021×10^4
Ga	11.41	1.384×10^4			

6.3.2 蒸发和凝聚的热力学条件

把金属气相近似地认为是理想气体,则有

$$dG=-SdT+Vdp。$$

在恒温($dT=0$)时,

$$\Delta G=\int_{p_e}^{p}Vdp,$$

式中,p_e 为饱和蒸气压;p 为实际压强。

对于理想气体

$$pV=nRT,$$

所以

$$\Delta G=\int_{p_e}^{p}\frac{nRT}{p}dp。$$

积分得

$$\Delta G=nRT\ln\frac{p}{p_e}。 \tag{6.45}$$

由(6.45)式,当 $p < p_e$,$\Delta G < 0$,蒸发过程可以进行;当 $p > p_e$,则凝聚过程可进行。从图 6.1 对蒸发和凝聚的热力学条件可得到更好的理解。由于蒸发源处的材料在高温加热时,材料的蒸气压很高(见 6.44 式),真空容器中的气压远小于该材料的蒸气压,因此满足蒸发条件。当该材料的蒸发气体原子碰到低温的基片时,此时材料在基片上的蒸气压很低,真空容器中的气压远大于该材料的蒸气压,因此满足凝聚条件。

6.3.3 气体分子的平均自由程

为了满足固体材料蒸发的条件,容器中的气压应低于材料蒸气压。容器中的气压设置,还必须使蒸发材料形成的气体原子减少与容器内残余空气分子的碰撞(由此引起散射而不能直接到达基片表面),因此容器中的压强须更低,或者说需要更高的真空度,该容器也就称为真空罩。

把真空罩中的气体分子视为理想气体,由统计物理可得,气体分子的平均自由程 L 和气体压强 p 成反比,在室温时并可近似认为:

$$L = \frac{6.5}{p},$$

式中,L 单位为 mm;p 单位为 Pa。在 1Pa 的气压下,气体平均自由程 $L = 6.5$mm,在 10^{-3}Pa 时,$L = 6\,500$mm 。

为了使蒸发材料的原子在运动到基片的途中与真空罩内的残余气体分子的碰撞率小于 10%,通常要求气体分子的平均自由程大于蒸发源到基片距离的 10 倍。对于一般的蒸发镀膜设备(如图 6.27 所示),蒸发源到基片的距离小于 650 mm,因此真空罩内的气压要求达到 $10^{-2} \sim 10^{-5}$Pa,视对薄膜质量要求而定。须指出的是,以上真空罩的气压指的是蒸发镀膜前真空罩的起始气压,又称背底真空。尽管蒸发镀膜时,由于处在蒸发源的材料因蒸发会造成真空罩内气压一定程度的升高,但其不会在本质上影响上述的结论。

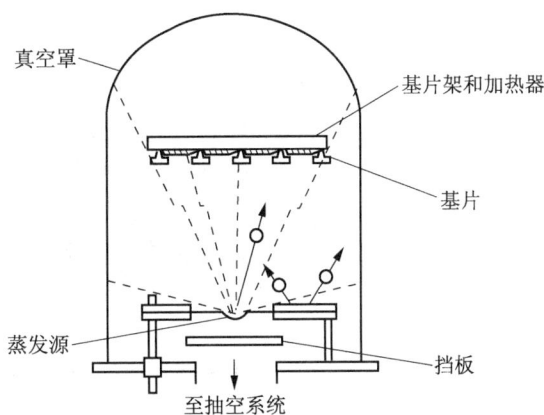

图 6.27 真空蒸发镀膜设备示意图

6.3.4 形核

材料在镀膜时,高温的蒸发原子飞向未加热的基片(室温温度),由于原子接触基片后温度急剧降低,此时气体原子的蒸气压也随之快速下降,以至真空罩中的气压远高于蒸发材料的蒸气压,气体原子将凝聚。当气体原子凝聚到某晶粒临界尺寸时,原子就可不断依附于其表面而生长。

气相凝结的晶核,其临界尺寸 r_c 可与液相凝固时同样地处理。当晶核为球形时,

$$r_c = \frac{2\sigma}{\Delta G_v},$$

式中,σ 为表面能;ΔG_v 为单位体积自由能。

值得指出的是,由于气相沉积的冷速很大,一般为 $10^7 \sim 10^{10}$ K/s,过冷度比凝固大得多,因此,气相沉积的临界晶粒尺寸很小,同时,由于气体源的热能在大的基片上快速散发,因而晶粒不易长大。室温沉积(即基片未加热)的晶粒大多为纳米尺寸晶粒,甚至为非晶,尤其是合金和高熔点化合物较易得到非晶。基片加热时沉积,晶粒才能显著长大。图 6.28 为 Ag 的室温蒸发沉积的透射电镜照片,该图清楚地显示出,随蒸发时间的增加,晶粒的长大和连续薄膜形成的过程。

气相沉积的形核率也与凝固类似,它受形核功因子和原子扩散几率因子共同影响。由于气相沉积过冷度很大,因此,形核率主要受形核功因子的影响,尤其是当基片未加热时,容易得到细晶。

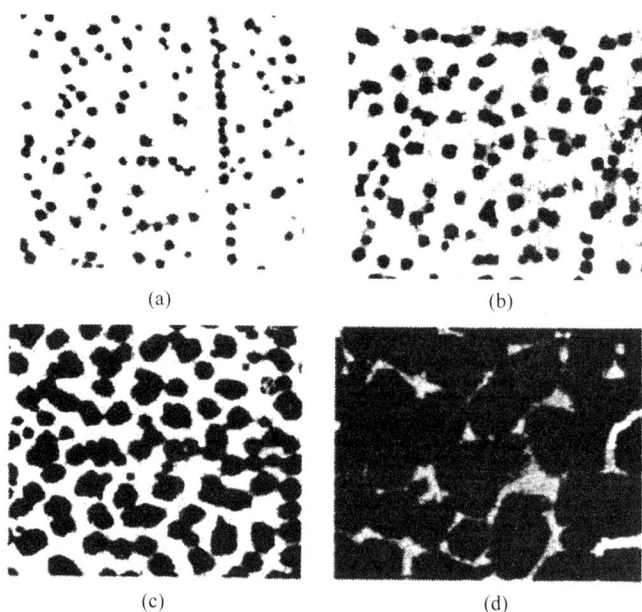

(a)   (b)

(c)   (d)

图 6.28 NaCl 基片上沉积 Ag 膜的电子显微照片

6.3.5 薄膜的生长方式

薄膜生长有三种基本类型:① 三维生长(Volmer-Weber)模型;② 二维生长(Frank-Van der Merwe)模型;③ 层核生长(Stranski-Krastanov)模型,如图 6.29 所示。

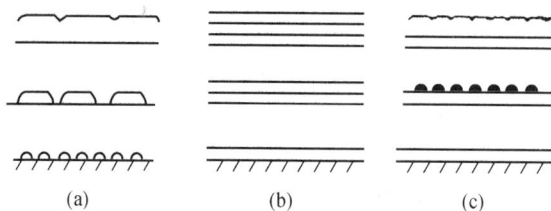

(a)   (b)   (c)

图 6.29 薄膜生长的三种类型

(a) 三维生长;(b) 二维生长;(c) 层核生长

在三维生长模型中,薄膜的生长过程可分为形核阶段、小岛阶段、网络阶段和连续薄膜阶段(如图 6.28 所示)。具体过程为:吸附于基片表面的沉积原子通过在基片表面的迁移,结合形成原子团簇,甚至形成稳定的晶核。各个稳定晶核通过捕获吸附原子或直接接受入射原子,在三维方向长大而成为小岛。小岛在生长过程中相遇合并成大岛,大岛进而形成网状薄膜。网状薄膜中的沟道,通过网状薄膜的生长或新的小岛在沟道中的形成,最终沟道逐渐填满而形成连接薄膜。

在二维生长模型中,基片为单晶体,吸附原子可与晶体形成共格外延生长。共格外延生长分为同结构外延生长和异结构外延生长。所谓同结构外延生长,指的是沉积薄膜以与基片具有相同的晶格类型,在它们的特定晶面(通常是低指数的密排面)上生长。而异结构外延生长则为沉积薄膜以与基片具有不同晶格类型,在它们的特定晶面上形成共格界面生长。

以上两种生长模型的结合就是层核生长,即首先在基片表面形成 1~2 个原子层,这种二维结构受基片晶格强烈的影响,晶格错配导致较大的晶格畸变,尔后在其上吸附原子以三维模型生长成小岛,并最终形成连续薄膜。

除了真空蒸发镀膜外,最常用的物理气相沉积(Physical Vapor Deposition,PVD)方法是溅射镀膜。溅射过程需要在真空系统中通入少量惰性气体(如氩气),在作为阴极的溅射材料(称为靶)和作为阳极的基片之间,施加高电压使氩气形成辉光放电并产生离子(Ar^+),Ar^+ 离子在电场中加速后轰击靶材(阴极),溅射出靶材的原子沉积到基片上形成薄膜。溅射和蒸发不同,被惰性气体离子撞击出的靶材粒子(称为溅射粒子,主要是原子,还有少量离子)的平均能量达几个电子伏特,比蒸发粒子的平均动能高得多(3 000K 蒸发平均动能仅为 0.26eV),通过增大惰性气体离子的入射能量,可提高溅射率。但通常的溅射方法,溅射效率不高。20 世纪 70 年代出现了磁控溅射技术,该技术可提高薄膜沉积速率,减小薄膜内气体含量和降低基片在制膜过程中的温升现象。

6.3.6　应用举例(巨磁电阻多层膜和颗粒膜)

正如我们所知,一般具有各向异性的磁性金属材料,如 Fe-Ni 合金,在磁场中其电阻会减小,人们把这种现象称为磁阻效应,通常用 $\Delta R/R$(R 为电阻,$\Delta R/R = [R(H) - R(U)]/R(U)$,$R(H)$ 和 $R(U)$ 分别为加磁场 H 和未加磁场下的电阻)来表示。一般说来,磁电阻变化率约为百分之几。1988 年,法国巴黎大学 Fert 等在用溅射方法制备的 Fe/Cr/Fe(铁磁/非磁/铁磁)多层膜中,观察到磁电阻变化率 $\Delta R/R$ 高达 -50%,比一般的磁电阻大一个数量级,而且为负值,各向同性,人们把这种大的磁电阻效应称为巨磁电阻(Giant Magnetoresistance,GMR)效应。1994 年,IBM 公司研制出巨磁电阻效应的读出磁头,将磁盘记录密度一下提高了 17 倍,达到 5Gbit/in^2,又有报道该密度为 11Gbit/in^2。

1992 年,Berkowtz 与 Xiao 等人分别发现,纳米 Co 粒子嵌在非磁性金属 Cu 基体的颗粒膜也存在巨磁电阻效应。1996 年,又发现铁磁性颗粒 Co(Ni)嵌在绝缘体(SiO_2)的颗粒膜也存在巨磁电阻效应。颗粒膜的制备比多层膜简单,磁电阻的机制比多层膜更为丰富,但磁电阻远低于多层膜(不到 10%),并且需要高的外磁场才能达到饱和磁电阻,因而限制了它的应用。

6.4 高分子的结晶特征

高分子中的晶体像金属、陶瓷及低分子有机物一样,在三维方向上具有长程有序排列,因此,高分子的结晶行为在许多方面与它们具有相似性。但由于高分子是长链结构,要使高分子链的空间结构均以高度的规整性列入晶格,这比低分子要困难得多,这样,使得高分子结晶呈现出不完全性和不完善性、熔融升温和结晶速度慢等现象。本节将简要描述高分子的结晶度和在结晶方面与低分子的异同性。

6.4.1 高分子的结晶度

与小分子晶体相比,高分子晶体的特点首先是结晶的不完善性,体现在两个方面:①长而柔顺,结构复杂的高分子链即使在严格条件下培养的单晶也有许多晶格缺陷;②高聚物的结晶体中总是由晶区和非晶区两部分组成;其次,聚合物结晶度差异很大,如高密度聚乙烯(HDPE)最大可达 90%,聚酰胺 PA 可达 60%,酯 PET 可达 60%。一般需要确定其结晶度。结晶度是指试样中结晶部分的重量百分数或体积百分数。定义为

质量结晶度:

$$\chi_c^m = \frac{m_c}{m_c + m_a}。 \tag{6.46}$$

体积结晶度:

$$\chi_c^V = \frac{V_c}{V_c + V_a}。 \tag{6.47}$$

式中,m_c、m_a 分别为结晶和非结晶部分的质量,V_c、V_a 分别为结晶和非晶部分的体积。

测定高分子结晶度的方法有密度法、X-射线衍射法、红外光谱法、核磁共振法、热分析法等,其中密度法较为简单易行。

(1)密度法:采用密度法时,应预先知道聚合物完全结晶和完全非晶时,在参照温度下的密度,然后测出样品的密度,最后按下式算出样品的结晶度。

$$C = \frac{\rho_1}{\rho}\left[\frac{\rho - \rho_2}{\rho_1 - \rho_2}\right]。$$

ρ_1 和 ρ_2 分别为完全晶体和完全非晶体的密度,ρ 为测定样品的密度。

(2)X 射线衍射法:这是比较准确的现代测试方法,它通过计数率(cps)所获得的结晶衍射峰面积积分同总的衍射峰面积积分的比来求得结晶度。

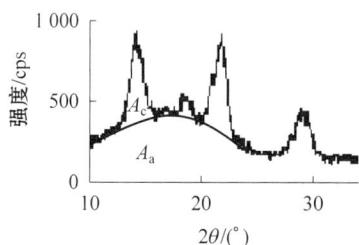

$$X_c = \frac{A_c}{A_c + kA_a} \times 100\%。$$

A_c 和 A_a 分别为完全晶体和完全非晶体的面积。

其原理是部分结晶的高聚物中结晶部分和无定形部分对 X 射线衍射强度的贡献不同,利用衍射仪得到衍射强度与衍射角的关系曲线,再将衍射图上的衍射峰分解为结晶和非结晶两部分。

与低分子材料结晶过程相似,高分子的结晶过程包括晶核生成和晶粒生长两个阶段。其中,晶核生成分为两种方式:均相成核和非均相成核。均相成核是指由热运动引起的分子链的局部有序生成的晶核;非均相成核依靠外来杂质,或依靠加入的成核剂,容器壁也可作为晶体的生长点。晶核形成后,高分子链便向晶核进一步扩散并进行规整堆砌而使晶粒生长逐渐变大。高分子的结晶过程按结晶速率可分为三部分:初始阶段为晶核的生成阶段,此时,结晶速度很慢,体积收缩小;随后为晶粒的生长阶段,此时结晶速度较快,材料的体积收缩明显;最后,结晶趋于完成,此时结晶速度又趋缓。

影响高分子结晶过程的因素有两个方面,一个是内因,即高分子本身的结构因素,分子链结构是否规整是决定高聚物能否结晶的必要条件;另一个是外因,即外部条件,包括合适的温度、应力、溶剂或成核剂等,这些将影响结晶是否容易发生,结晶的速度以及结晶度。表 6.7 给出了某些聚合物的结晶度。

表 6.7　某些聚合物的结晶度

聚合物	结晶度/%	聚合物	结晶度/%
低密度聚乙烯	45～74	聚对苯二甲酸乙二酯	20～60
高密度聚乙烯	65～95	纤维素	60～80
聚丙烯	55～60		

6.4.2　结晶高分子的熔融

结晶高分子材料的熔融最大的特点是没有明确的熔点,其熔化有一个温度范围,称为熔程(见图 6.30)。熔程的宽窄与晶体的结构、形貌、尺寸、结晶历程以及结晶的完善度有关。通常,在较高的温度下形成的结晶,其熔融温度高、熔程较窄;而在较低的温度下形成的结晶,熔融温度低且熔程较宽。这是因为高分子在高温下结晶,晶核的数量较少,晶体生长得大而相对完整,因而,其熔程较窄。反之,在低温下结晶时,晶核形成的数量多,晶粒的尺寸小,晶体结构不完整,因此熔程就宽,所以结晶高分子的熔融过程是一种热力学相变过程。

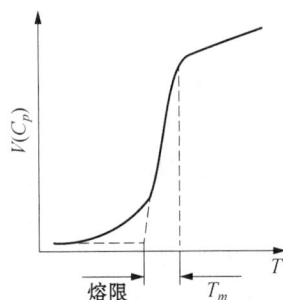

图 6.30　结晶高分子材料熔融过程中体积(或比热容)—温度曲线

由上面分析可知,结构是影响高聚物熔点的内在因素。高分子链的刚性越大,分子间作用力越强,则高分子材料的熔点越高,耐热性就越好。如果主链或侧链中含有极性基团、分子间或分子内能够形成氢键,会增大分子间作用力,熔点升高。如主链上含共轭双键、叁键或环状结构,分子链刚性就较大,高聚物熔点也高。其次,杂质等外在的因素对结晶高聚物的熔融行为也影响较大。如低分子添加剂,分子链中无规共聚的单体单元及分子链末端的官能团等会影响结晶状态,从而使熔点下降。

6.4.3 与低分子结晶的相似性

(1) 晶粒尺寸受过冷度影响。结晶高分子从熔点(T_m)以上冷却到熔点和玻璃化转变温度(T_g)之间的任何一个温度时,都能结晶。结晶需要过冷度,并随着过冷度的增加,形核率增加。高分子从熔体(液)冷却结晶时,通常形成球晶。球晶是由多层片晶经分叉,以捆束状形式逐渐形成的,在光学显微镜下观察时,球晶以球形对称的方式生长。在生产上,通过控制冷速来控制制品中的球晶尺寸,冷速越快,过冷度越大,球晶越小,密度也越大。图 6.31 是一组全同立构聚丁烯-1 熔体在不同冷却速度下获得的球晶偏光显微镜照片。过冷度小时形成的大球晶,其晶片较厚,晶片内部缺陷较少,但晶片之间的"联结链"少,杂质或低分子的浓度较高;相反,过冷度大时形成的小球晶,其晶片较薄,晶内缺陷较多,但晶片之间和球晶之间的"联结链"较多。"联结链"增多可提高结晶高分子的力学强度。

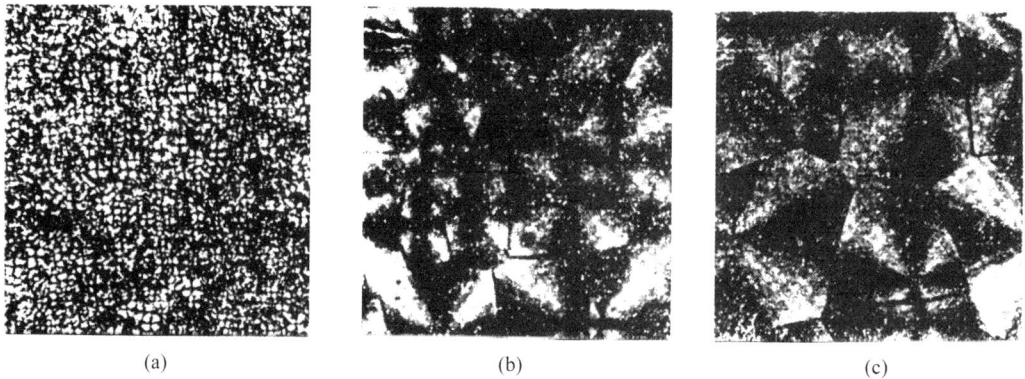

图 6.31 全同立构聚丁烯-1 熔体,在不同冷却速度下结晶得到的不同尺寸球晶的降温速率
(a) 迅速淬火至室温;(b) 10℃/min;(c) 1℃/min

(2) 高分子的结晶过程包括形核与长大两个过程。形核又分为均匀(均相)形核和非均匀(异相)形核两类。均匀形核是以熔体中的高分子链段靠热运动形成有序排列的链束为晶核;而非均匀形核则以外来的杂质、未完全熔化的残余结晶高分子、分散的小颗粒或容器的型壁为中心,吸附熔体中的高分子链作有序排列而形成晶核。

(3) 非均匀形核所需的过冷度较均匀形核小。因此,形核剂能有效地提高形核率,加快高分子的结晶速度。形核剂已被广泛应用于工业生产中,来改善高分子的性能。表 6.8 列出了某些形核剂对尼龙 6 结晶速度和球晶大小的影响。由表可见,当各种形核剂的量达到 1% 时,不仅结晶速度提高 2~3 倍,而且球晶大小与结晶温度(即过冷度)无关,这一点在生产上具有重要意义。控制冷速来控制球晶大小,由于方法简便有效而在生产上常被使用。但对于厚壁制件来说,由于高分子是不良导体,从而使制件从表层到内部产生较大的温度梯度,各部分的冷速不一致,导致制件内外球晶大小不均匀而影响产品的质量。如果采用形核剂,则制件各部分温度的不均匀对结晶过程的影响不大,从而可获得球晶尺寸较均匀的制品。图 6.32 是在混有几根碳纤维的高分子熔体的结晶过程中拍摄的照片。由照片可清楚地看到,沿着碳纤维的球晶远比其他部位密集得多,这直接证实了形核剂的作用。

表 6.8　形核剂对尼龙 6 结晶速度和球晶大小的影响

形核剂	形核剂含量 /%	在 200℃结晶的速度 $t_{1/2}$/min	球晶大小/μm	
			在 150℃结晶	在 5℃结晶
—	—	20	50~60	15~20
尼龙 66	0.2 1	10	10~15 4~5	5~10 4~5
聚对苯二甲酸乙二酯	0.2 1	6.5	10~15 4~5	5~10 4~5
磷酸铅	0.05 0.1	5.5	10~15 4~5	8~10 4~5

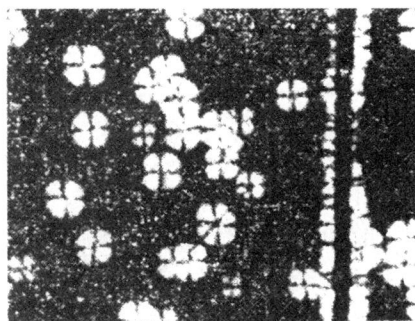

图 6.32　碳纤维在高分子熔体结晶中的形核作用

（4）高分子的等温结晶转变量也可用阿弗拉密方程来描述。高分子熔体冷却结晶时，体积不断收缩，通常可用膨胀仪测定高分子结晶过程中的体积收缩量。如果用 V_0，V_t 和 V_∞ 分别表示高分子在起始时刻、t 时刻和结晶终止时刻未结晶的质量体积，那么阿弗拉密方程为

$$\varphi_u = \frac{V_t - V_\infty}{V_0 - V_\infty} = e^{-kt^n},\tag{6.48}$$

式中，φ_u 为未结晶的体积分数；k 为结晶速率常数；n 为阿弗拉密指数，它是与形核的机制及晶体生长方式有关的结晶参数（见表 6.9）。

表 6.9　形核机制和晶体生长方式不同时的阿弗拉密（Avrami）指数

成核方式	均相形核	异相形核
三维生长（块(球)状晶体）	$n=3+1=4$	$n=3+0=3$
二维生长（片状晶体）	$n=2+1=3$	$n=2+0=2$
一维生长（针状晶体）	$n=1+1=2$	$n=1+0=1$

将（6.48）式取对数，得到

$$\lg(-\ln\varphi_u) = \lg k + n\lg t。$$

将 $\lg(-\ln\varphi_u)$ 对 $\lg t$ 作图可以得到如图 6.32 所示的直线。由直线的斜率和它在纵坐标上的截距可分别求得 n 和 k 值。

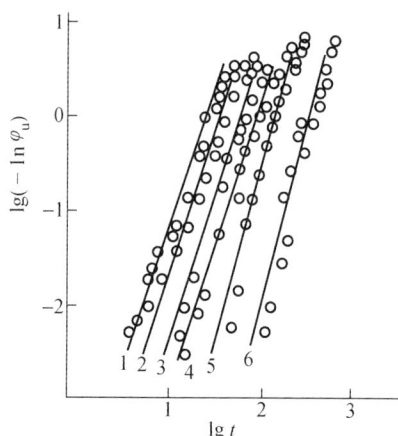

图 6.33　尼龙 1010 等温结晶的
$\lg(-\ln\varphi_u)$-$\lg t$ 图

1—189.5℃；2—190.3℃；3—191.5℃；
4—193.4℃；5—195.5℃；6—197.8℃

当(6.48)式中的 $\varphi_u = \dfrac{1}{2}$ 时,可得

$$k = \frac{\ln 2}{t_{1/2}^n}, \qquad (6.49)$$

式中,$t_{1/2}$ 为半结晶期,表示结晶过程进行到一半 $\left(\varphi_u = \dfrac{1}{2}\right)$ 时所需的时间。(6.49)式显示出结晶速率常数的意义和采用 $\dfrac{1}{t_{1/2}}$ 来衡量结晶速度的依据。

阿弗拉密方程曾被用于许多高分子的结晶过程,取得了不同程度的成功,但也出现了不少偏离方程的现象,如 n 不等于整数或结晶后期的实验数据偏离直线等,这说明高分子的结晶过程实际上比阿弗拉密的模型复杂得多。图 6.33 示出了尼龙 1010 不同等温结晶的 $\lg(-\ln\varphi_u)$ 对 $\lg t$ 的图。

6.4.4　与低分子结晶的差异性

高分子结晶具有不完全性。最易结晶的聚乙烯,其最高结晶度为 95%,而一般高分子大多只有 50% 左右。高分子结晶的不完全性及其结晶能力的大小起因于大分子链结构的特征。影响高分子结晶能力的结构因素有:

(1) 链的对称性。高分子链的结构对称性越高,越容易结晶。例如,聚乙烯和聚四氟乙烯分子的主链上全部是碳原子,碳原子周围成键的都是氢原子或氟原子,对称性高,故最容易结晶,它们的结晶能力强到在任何苛刻条件下(如在液氮中骤冷)都能结晶。但将聚乙烯氯化后,由于分子链的对称性受到破坏,故结晶能力大大下降,甚至完全丧失。

(2) 链的规整性。对于主链型完全是无规的,不具有对称中心的高分子,一般都失去了结晶能力。例如,自由基聚合的聚苯乙烯,聚甲基丙烯酸甲酯等就是完全不能结晶的非晶高分子。若用定向聚合的方法,使主链上的不对称中心具有规则的构型,如全同或间同立构高分子,则这种高分子将获得不同程度的结晶能力。

(3) 共聚效应。两种或两种以上不同单体分子形成的高分子称为共聚物。无规共聚通常会破坏链的对称性和规整性,从而使结晶能力降低甚至丧失殆尽。但是,如果两种共聚单元的均聚物(均聚物是由一种单体生成的高分子)有相同类型的结晶结构,那么共聚物也能结晶。嵌段共聚物的各嵌段基本上保持着相对的独立性,能结晶的嵌段将形成自己的晶区,如聚酯-聚丁二烯-聚酯嵌段共聚物,聚酯段仍可较好地结晶。

(4) 链的柔顺性。链的柔顺性是结晶时链段向结晶表面扩散和排列所必需的,因此,使链柔顺性降低的结构因素,均会影响高分子的结晶能力。例如,聚乙烯的主链柔顺性很好,如果含苯环后使聚对苯二甲酸乙二醇酯链的柔顺性降低,则结晶能力显著减弱。又如,支化破坏链的对称性和规整性,交联大大限制了链的活动性,这些都使高分子的结晶能力降低。

结晶高分子与低分子另一个差异是熔融过程中通常出现升温现象(边熔融边升温)。图 6.34(a),(b)分别示出了结晶高分子和低分子熔融过程质量体积-温度曲线。由图可知,结

晶高分子的熔融过程与低分子没有本质上的差异,热力学函数(如质量体积、比热容等)发生突变,只是程度上有差异,这一过程不像低分子那样发生在 0.2℃ 狭窄的温度范围,而存在一个较宽的熔融温度范围,这个温度范围称为熔限。在这个温度范围内,发生熔融升温的现象,这不像低分子那样几乎在液、固两相热力学平衡的恒温下结晶。这种熔融升温现象的产生是高分子结晶速度慢所致,而通常的降温速度难以使高分子中的链段充分扩散来结晶出较完善的晶体。而这些晶体在通常的升温速度下,比较不完善的晶体(晶片厚度薄,而且缺陷多)将在较低的温度下熔融,而比较完善的晶体需要在较高的温度下才能熔融,因而在通常的升温速度下,便会出现较宽的熔融温度。若在缓慢的升温条件下,如每升温 1℃,恒温保持 24h,直到体积不再改变后测定质量体积(对于金属测量,升温速度可高达每分钟 0.5~0.15℃)。所得结果表明,结晶高分子的熔融过程十分接近跃变过程(如图 6.35 所示),熔融过程可发生在 3~4℃ 较窄的温度范围内,而且在熔融过程的终点处,曲线出现明显的转折,可以此转折点来确定高分子的熔点。在缓冷条件下使熔限变窄的原因可解释为:不完善晶体在较低的温度下被破坏后,有足够的时间通过再结晶形成更完善和更稳定的晶体,这样所有较完善的晶体在较高的温度下和较窄的温度范围内被熔融。由热力学方法可导出熔点和晶片厚度之间的关系:

$$T_{m,l} = T_{m,\infty}\left(1 - \frac{2\sigma_e}{l\Delta H}\right),\tag{6.50}$$

式中,l 为晶片厚度;$T_{m,l}$ 和 $T_{m,\infty}$ 分别表示晶片厚度为 l 和 ∞ 时的熔点;ΔH 为单位体积结晶高分子的熔融热;σ_e 为比表面能。显然,l 越小,则 $T_{m,l}$ 越低。当 $l \to \infty$ 时,熔点达到极限值 $T_{m,\infty}$,即平衡熔点。由此可见,熔限($T_{m,\infty} - T_{m,l}$)范围的变化程度与晶片厚度有关。表 6.10 列出了聚乙烯具有不同晶片厚度时的熔点值,一般认为聚乙烯的 $T_{m,\infty}$ 为 145℃。

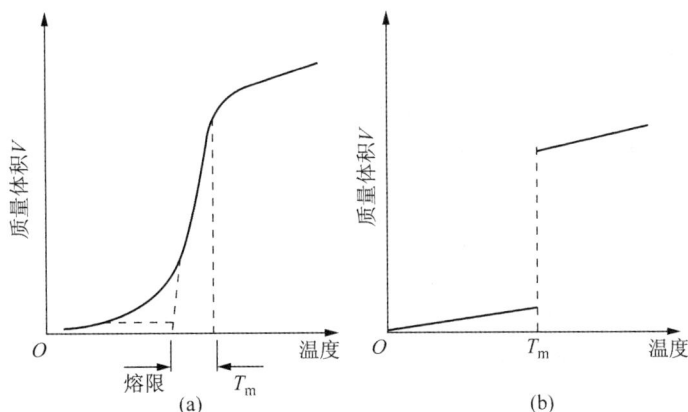

图 6.34　结晶高聚物熔融过程
质量体积(V)-温度(T)曲线(a)与低分子(b)的比较

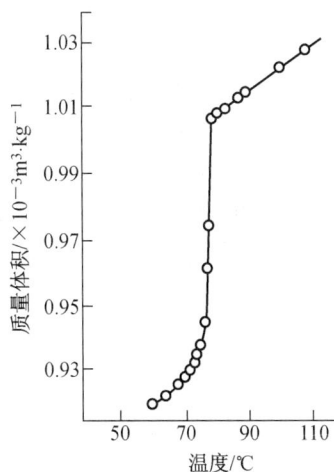

图 6.35　聚己二酸癸二酯的
质量体积-温度曲线

表 6.10　聚乙烯晶片厚度与熔点数据

l/nm	28.2	29.2	30.9	32.3	33.9	34.5	35.1	36.5	39.8	44.3	48.3
T_m/℃	131.5	131.9	132.2	132.7	134.1	133.7	134.4	134.3	135.5	136.5	136.7

第 7 章 二元系相图和合金的凝固与制备原理

在实际工业中,广泛使用的不是前述的单组元材料,而是由二组元及多组元组成的多元系材料。多组元的加入,使材料的凝固过程和凝固产物趋于复杂,这为材料性能的多变性及其选择提供了契机。在多元系中,二元系是最基本的,也是目前研究最充分的体系。二元系相图是研究二元体系在热力学平衡条件下,相与温度、成分之间关系的有力工具,它已在金属、陶瓷,以及高分子材料中得到广泛的应用。由于金属合金熔液黏度小、易流动,因此常可直接凝固成所需的零部件,或者把合金熔液浇注成锭子,然后热压开坯,再通过热加工或冷加工等工序制成产品。而陶瓷熔液黏度高、流动性差,所以陶瓷产品较少是由熔液直接凝固而成的,通常由粉末烧结制得。高分子合金可通过物理(机械)或化学共混制得,由熔融(液)状态直接成型或挤压成型。

本章将简单描述二元相图的表示和测定方法,复习相图热力学的基本要点,着重对不同类型的相图特点及其相应的组织进行分析,也涉及合金铸件的组织与缺陷,最后对高分子合金进行简单介绍。

7.1 相图的表示和测定方法

二元系比单元系多一个组元,它有成分的变化,若同时考虑成分、温度和压力,则二元相图必为三维立体相图。鉴于三坐标立体图的复杂性,并在研究中体系处于一个大气压的状态下,因此,二元相图仅考虑体系在成分和温度两个变量下的热力学平衡状态。二元相图的横坐标表示成分,纵坐标表示温度。如果体系由 A,B 两组元组成,横坐标一端为组元 A,而另一端表示组元 B,那么体系中任意两组元不同配比的成分均可在横坐标上找到相应的点。

二元相图中的成分按现在国家标准有两种表示方法:质量分数(w)和摩尔分数(x)。若 A,B 组元为单质,两者换算如下:

$$\left. \begin{array}{l} w_A = \dfrac{A_{rA}x_A}{A_{rA}x_A + A_{rB}x_B}, \\[3mm] w_B = \dfrac{A_{rB}x_B}{A_{rA}x_A + A_{rB}x_B}, \end{array} \right\} \tag{7.1}$$

$$\left. \begin{array}{l} x_A = \dfrac{w_A/A_{rA}}{w_A/A_{rA} + w_B/A_{rB}}, \\[3mm] x_B = \dfrac{w_B/A_{rB}}{w_A/A_{rA} + w_B/A_{rB}}, \end{array} \right\} \tag{7.2}$$

式中,w_A,w_B 分别为 A,B 组元的质量分数;A_{rA},A_{rB} 分别为组元 A,B 的相对原子质量;x_A,x_B 分别为组元 A,B 的摩尔分数,并且 $w_A+w_B=1$(或 100%),$x_A+x_B=1$(或 100%)。

若二元相图中的组元 A 和 B 为化合物,则以组元 A(或 B)化合物的相对分子质量 M_{rA}(或 M_{rB})取代(7.2)式中组元 A(或 B)的相对原子质量 A_{rA}(或 A_{rB}),以组元 A(或 B)化合物的分子质量分数来表示(7.2)式中对应组元的原子质量分数,可得到化合物的摩尔分数表达式。这种摩尔分数表达方式在陶瓷二元相图和高分子二元相图中较普遍使用。

本教材中二元相图的成分,若未给出具体的说明,均以质量分数示之。

二元相图是根据各种成分材料的临界点绘制的,临界点表示物质结构状态发生本质变化的相变点。测定材料临界点有动态法和静态法两种方法,如前者有热分析法、膨胀法、电阻法等;后者有金相法、X 射线结构分析等。相图的精确测定必须由多种方法配合使用。下面介绍用热分析法测量临界点来绘制二元相图的过程。

现以 Cu-Ni 二元合金为例。先配制一系列含 Ni 量不同的 Cu-Ni 合金,测出它们从液态到室温的冷却曲线,得到各临界点。图 7.1(a)给出纯铜,w(Ni)为 30%,50%,70% 的 Cu-Ni 合金及纯 Ni 的冷却曲线。由图可见,纯组元 Cu 和 Ni 的冷却曲线相似,都有一个水平台,表示其凝固在恒温下进行,凝固温度分别为 1 083℃ 和 1 452℃。其他 3 条二元合金曲线不出现水平台,而为二次转折,温度较高的转折点(临界点)表示凝固的开始温度,而温度较低的转折点对应凝固的终结温度。这说明 3 个合金的凝固与纯金属不同,是在一定温度范围内进行的。将这些与临界点对应的温度和成分分别标在二元相图的纵坐标和横坐标上,每个临界点在二元相图中对应一个点,再将凝固的开始温度点和终结温度点分别连接起来,就得到图 7.1(b)所示的 Cu-Ni 二元相图。由凝固开始温度连接起来的相界线称为液相线,由凝固终结温度连接起来的相界线称为固相线。为了精确测定相变的临界点,用热分析法测定时必须非常缓慢冷却,以达到热力学的平衡条件,一般控制在每分钟 0.15~0.5℃ 之内。

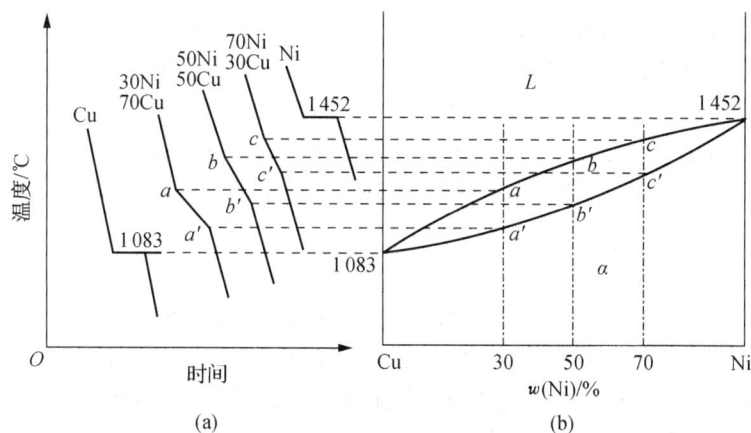

图 7.1　用热分析法建立 Cu-Ni 相图

(a) 冷却曲线;(b) 相图

相图中由相界线划分出来的区域称为相区,表明在此范围内存在的平衡相类型和数目。在二元相图中有单相区和两相区。根据相律可知,在单相区内,$f=2-1+1=2$,说明合金在此相区范围内,可独立改变温度和成分而保持原状态。若在两相区内 $f=1$,这说明温度和成分中只有一个独立变量,即在此相区内任意改变温度,则成分随之而变,不能独立变化;反之亦然。若在合金中有三相共存,则 $f=0$,说明此时三个平衡相的成分和温度都固定不变,属恒温转变,故在相图上表示为水平线,这称为三相平衡水平线,如陶瓷材料中 Al_2O_3-ZrO_2 二元相图中的水平线(见图 7.2),它表示了 $w(ZrO_2)=42.6\%$ 的液相在 1 710℃ 同时结晶出 Al_2O_3 固相和 ZrO_2 固相,三相在此温度共存。由相律可知,二元系最多只能三相共存。

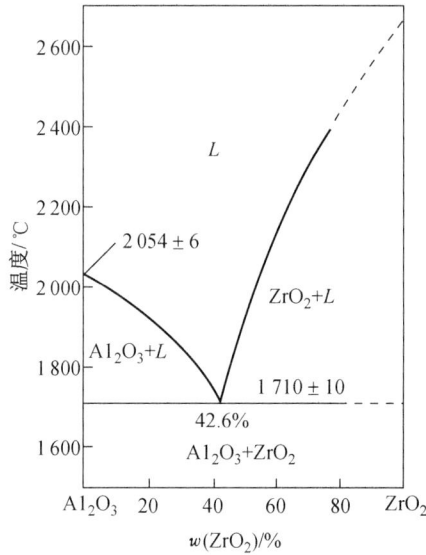

图 7.2　Al₂O₃-ZrO₂ 系相图

7.2　相图热力学的基本要点

相图通常是通过大量的实验测定后绘制出来的,但由于各种原因,可能使相图中的某些相区难以测定,或者使相图的测定存在误差。为此,需要应用相图热力学知识来计算相图,计算机的问世使这方面的工作得到长足的发展,但相图的热力学计算不是本节的学习目的。本节的主要目的是应用相图的热力学的基本原理来分析相图。在材料热力学课程中已详细地学习了相图热力学的基本知识,本节将对此进行扼要的小结,以作本章相关内容的提示。

7.2.1　固溶体的自由能-成分曲线

利用固溶体的准化学模型可以计算固溶体的自由能。固溶体准化学模型只考虑最近邻原子间的键能,因此对混合焓 ΔH_m 作近似处理。若假定固溶体的溶剂原子和溶质原子半径相同,两者的晶体结构也相同,而且无限互溶,由此可得组元混合前后的体积不变,即混合后的体积变化 $\Delta V_m = 0$。除此以外,准化学模型只考虑两种组元不同排列方式产生的混合熵,而不考虑温度引起的振动熵。由此可得固溶体的自由能

$$G = \underbrace{x_A \mu^{\circ}_A + x_B \mu^{\circ}_B}_{G^{\circ}} + \underbrace{\Omega\, x_A x_B}_{\Delta H_m} + \underbrace{RT(x_A \ln x_A + x_B \ln x_B)}_{-T\Delta S_m}, \tag{7.3}$$

式中,x_A 和 x_B 分别表示 A,B 组元的摩尔分数;μ°_A 和 μ°_B 分别表示 A,B 组元在 $T(\mathrm{K})$ 温度时的摩尔自由能;R 是气体常数;而 Ω 为相互作用参数,其表达式为:

$$\Omega = N_A z\left(e_{AB} - \frac{e_{AA} + e_{BB}}{2}\right), \tag{7.4}$$

式中,N_A 为阿伏伽德罗常数;z 为配位数;e_{AA},e_{BB} 和 e_{AB} 分别为 A-A,B-B,A-B 对组元的结合能。

由(7.3)式可知,固溶体的自由能 G 是 G°,ΔH_m 和 $-T\Delta S_m$ 三项的综合结果,是成分(摩尔分数 x)的函数,因此可按三种不同的 Ω 情况,分别作出任意给定温度下的固溶体自由能-成

分曲线,如图 7.3 所示。

图 7.3(a)是 $\Omega<0$ 的情况。在整个成分范围内,曲线为 U 形,只有一个最小值,其曲率 $\dfrac{\mathrm{d}^2G}{\mathrm{d}x^2}$ 均为正值。

图 7.3(b)是 $\Omega=0$ 的情况,曲线也是 U 形的。

图 7.3(c)是 $\Omega>0$ 的情况。自由能-成分曲线有两个最小值,即 E 和 F。在拐点 $\left(\dfrac{\mathrm{d}^2G}{\mathrm{d}x^2}=0\right)q$ 和 r 之间的成分内,曲率 $\dfrac{\mathrm{d}^2G}{\mathrm{d}x^2}<0$,故曲线为 $\bigcap$ 形;在 E 和 F 之间成分范围内的体系,都分解成两个成分不同的固溶体,即固溶体有一定的溶混间隙。关于这一点将在 7.3.4 节中给予分析。

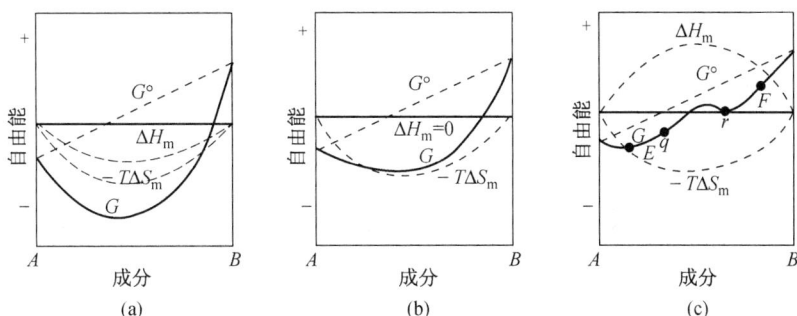

图 7.3　固溶体的自由能-成分曲线示意图
(a) $\Omega<0$;(b) $\Omega=0$;(c) $\Omega>0$

相互作用参数的不同,导致自由能-成分曲线的差异,其物理意义为:

当 $\Omega<0$,由(7.4)式可知,即 $e_{AB}<(e_{AA}+e_{BB})/2$ 时,A-B 对的能量低于 A-A 和 B-B 对的平均能量,所以固溶体的 A,B 组元互相吸引,形成短程有序分布,在极端情况下会形成长程有序,此时 $\Delta H_{\mathrm{m}}<0$。

当 $\Omega=0$,即 $e_{AB}=(e_{AA}+e_{BB})/2$ 时,A-B 对的能量等于 A-A 和 B-B 对的平均能量,组元的配置是随机的,这种固溶体称为理想固溶体,此时 $\Delta H_{\mathrm{m}}=0$。

当 $\Omega>0$,即 $e_{AB}>(e_{AA}+e_{BB})/2$ 时,A-B 对的能量高于 A-A 和 B-B 对的平均能量,意味着 A-B 对结合不稳定,A,B 组元倾向于分别聚集起来,形成偏聚状态,此时 $\Delta H_{\mathrm{m}}>0$。

7.2.2　多相平衡的公切线原理

在任意一相的吉布斯自由能-成分曲线上每一点的切线,其两端分别与纵坐标相截,与 A 组元的截距表示 A 组元在固溶体成分为切点成分时的化学势 μ_A;而与 B 组元的截距表示 B 组元在固溶体成分为切点成分时的化学势 μ_B。在二元系中,当两相(例如为固相 α 和固相 β)平衡时,热力学条件为 $\mu_A^\alpha=\mu_A^\beta$,$\mu_B^\alpha=\mu_B^\beta$,即两组元分别在两相中的化学势相等,因此,两相平衡时的成分由两相自由能-成分曲线的公切线所确定,如图 7.4 所示。

由图可知,

$$\left.\begin{aligned}\frac{\mathrm{d}G_\alpha}{\mathrm{d}x}&=\frac{\mu_B^\alpha-\mu_A^\alpha}{\overline{AB}}=\mu_B^\alpha-\mu_A^\alpha,\\[2mm]\frac{\mathrm{d}G_\beta}{\mathrm{d}x}&=\frac{\mu_B^\beta-\mu_A^\beta}{\overline{AB}}=\mu_B^\beta-\mu_A^\beta,\end{aligned}\right\}\tag{7.5}$$

式中，$\overline{AB}=1$，根据上述相平衡条件，可得两者切线斜率相等。对于二元系，在特定温度下可出现三相平衡，如出现 α，β 和 γ 三相平衡，其热力学条件为 $\mu_A^\alpha = \mu_A^\beta = \mu_A^\gamma$，$\mu_B^\alpha = \mu_B^\beta = \mu_B^\gamma$，根据上述分析可知，三相的切线斜率相等，即为它们的公切线，其切点所示的成分分别表示 α，β，γ 三相平衡时的成分，切线与 A，B 组元轴相交的截距就是 A，B 组元在该条件下的化学势，如图 7.5 所示。

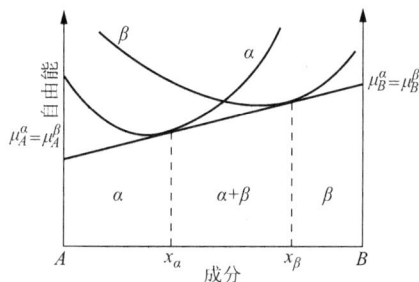

图 7.4　两相平衡的自由能曲线

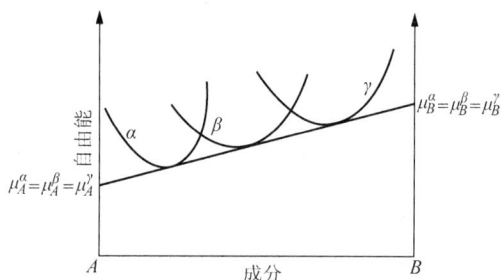

图 7.5　二元系中三相平衡时的自由能-成分曲线

7.2.3　混合物的自由能和杠杆法则

设由 A，B 两组元所形成的 α 和 β 两相，它们物质的量和摩尔吉布斯自由能分别为 n_1 摩尔，n_2 摩尔和 G_{m1}，G_{m2}。又设 α 和 β 两相中含 B 组元的摩尔分数分别为 x_1 和 x_2，则混合物中 B 组元的摩尔分数

$$x = \frac{n_1 x_1 + n_2 x_2}{n_1 + n_2},$$

而混合物的摩尔吉布斯自由能

$$G_m = \frac{n_1 G_{m1} + n_2 G_{m2}}{n_1 + n_2},$$

由上两式可得

$$\frac{G_m - G_{m1}}{x - x_1} = \frac{G_{m2} - G_m}{x_2 - x}。 \tag{7.6}$$

上式表明，混合物的摩尔吉布斯自由能 G_m 应和两组成相 α 和 β 的摩尔吉布斯自由能 G_{m1} 和 G_{m2} 在同一直线上，并且 x 位于 x_1 和 x_2 之间。该直线即为 α 相和 β 相平衡时的共切线，如图 7.6 所示。

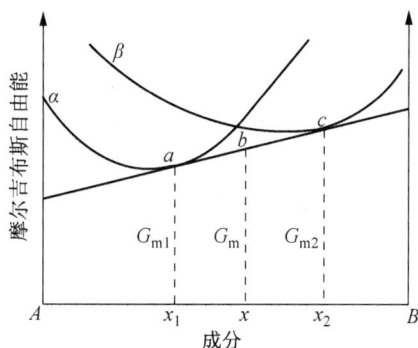

图 7.6　混合物的自由能

当二元系的成分 $x \leqslant x_1$ 时，α 固溶体的摩尔吉布斯自由能低于 β 固溶体，故 α 相为稳定相，即体系处于单相 α 状态；当 $x \geqslant x_2$ 时，β 相的摩尔吉布斯自由能低于 α 相，则体系处于单相 β 状态；当 $x_1 < x < x_2$ 时，共切线上表示混合物的摩尔吉布斯自由能低于 α 相或 β 相的摩尔吉布斯自由能，故 α 和 β 两相混合（共存）时体系能量最低。两平衡相共存时，多相的成分是切点所对应的成分 x_1 和 x_2，即固定不变。此时，可导出：

$$\left. \begin{array}{l} \dfrac{n_1}{n_1 + n_2} = \dfrac{x_2 - x}{x_2 - x_1}, \\[3mm] \dfrac{n_2}{n_1 + n_2} = \dfrac{x - x_1}{x_2 - x_1}。 \end{array} \right\} \tag{7.7}$$

(7.7)式称为杠杆法则,在 α 和 β 两相共存时,可用杠杆法则求出两相的相对量,α 相的相对量为 $\dfrac{x_2-x}{x_2-x_1}$,β 相的相对量为 $\dfrac{x-x_1}{x_2-x_1}$,两相的相对量随体系的成分 x 而变。

7.2.4　从自由能-成分曲线推测相图

根据公切线原理可求出体系在某一温度下平衡相的成分。因此,根据二元系的不同温度下的自由能-成分曲线可画出二元系相图。图 7.7 表示由 T_1,T_2,T_3,T_4 及 T_5 温度下液相(L)和固相(S)的自由能-成分曲线求得的 A,B 两组元完全互溶相图。图 7.8 表示了由上述 5 个不同温度下 L,α 和 β 相的自由能-成分曲线求得的 A,B 两组元形成共晶系相图。图 7.9、图 7.10 和图 7.11 分别示出包晶相图、溶混间隙相图和形成化合物相图与自由能-成分曲线的关系。

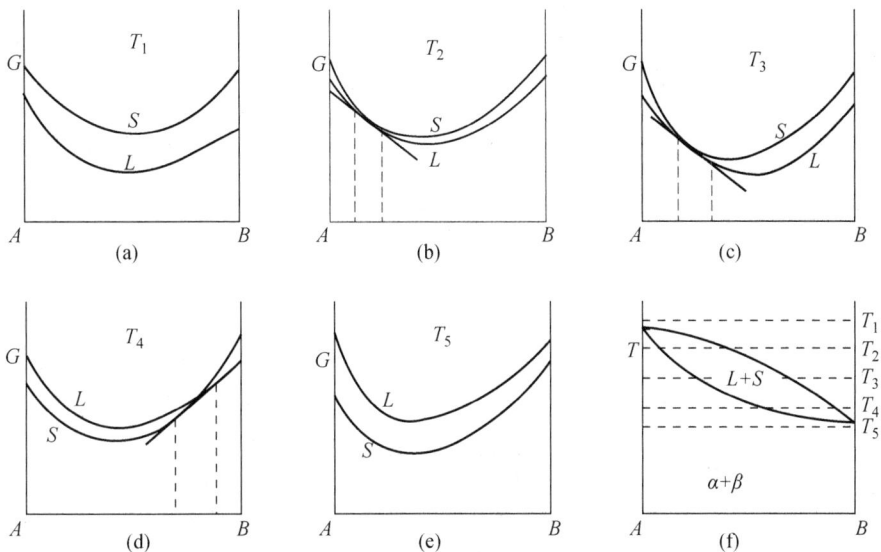

图 7.7　由一系列自由能曲线求得的两组元互相完全溶解相图

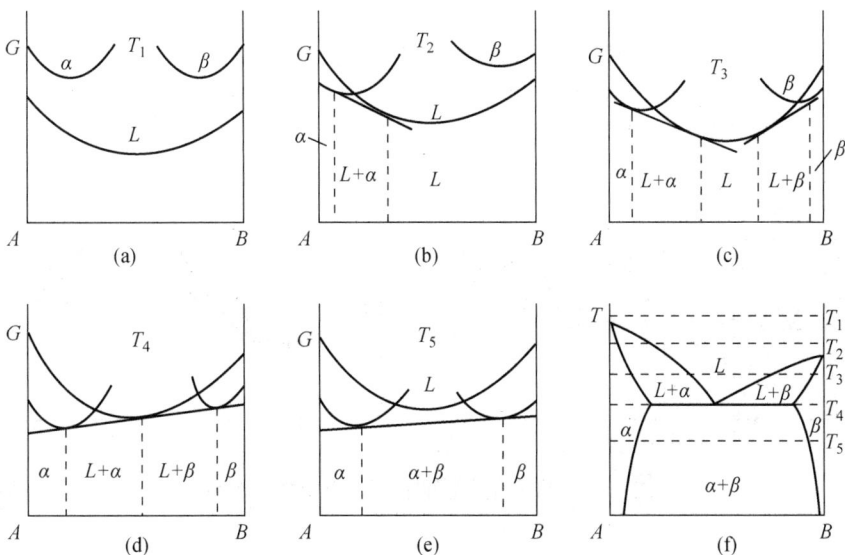

图 7.8　由一系列自由能曲线求得的两组元组成共晶系相图

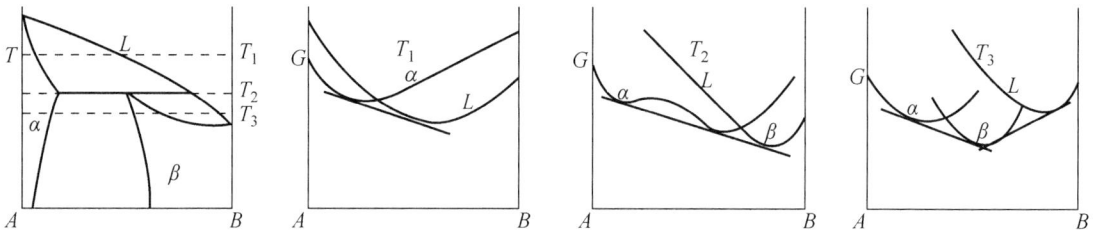

图 7.9 包晶相图与自由能的关系

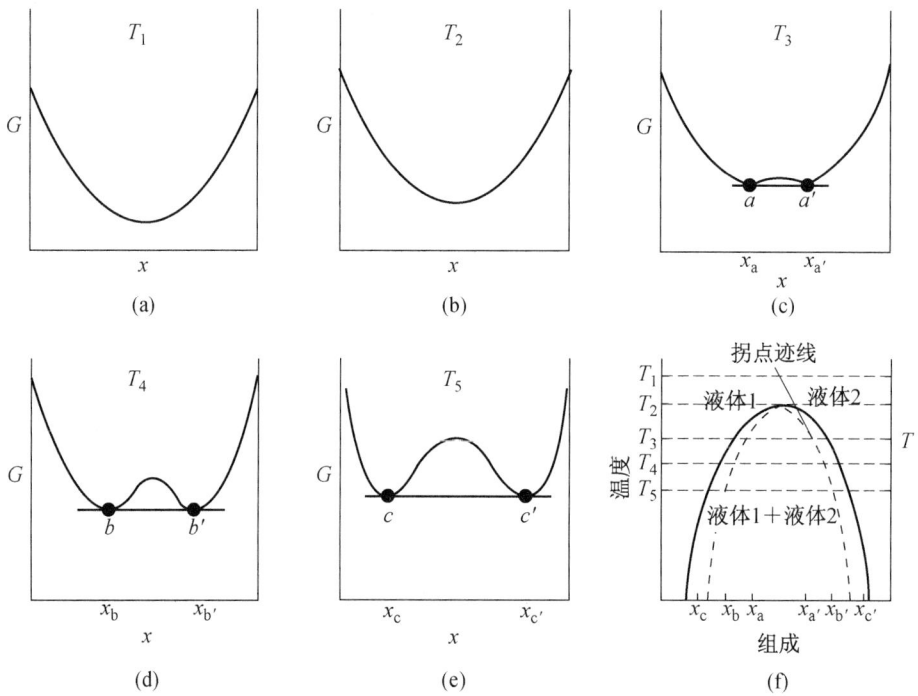

图 7.10 溶混间隙相图与自由能的关系

(图中:(a)～(e)表示吉布斯自由能系列曲线。这些曲线与(f)所示的相图相对应)

(a) $T=T_1$; (b) $T=T_2$; (c) $T=T_3$; (d) $T=T_4$; (e) $T=T_5$; (f) 相图

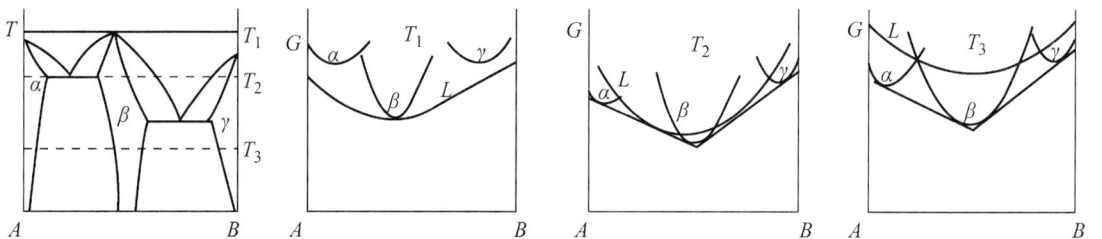

图 7.11 形成化合物的相图与自由能的关系

7.2.5　二元相图的几何规律

根据热力学的基本原理,可导出相图应遵循的一些几何规律,由此能帮助我们理解相图的构成,并判断所测定的相图可能出现的错误。

(1) 相图中所有的线条都代表发生相转变的温度和平衡相的成分,所以相界线是相平衡的体现,平衡相成分必须沿着相界线随温度而变化。

(2) 两个单相区之间必定有一个由该两相组成的两相区把它们分开,而不能以一条线接界。两个两相区必须以单相区或三相水平线隔开。也就是说,在二元相图中,相邻相区的相数差为 1(点接触情况除外),这个规则称为相区接触法则。

(3) 二元相图中的三相平衡必为一条水平线,它表示恒温反应。在这条水平线上存在三个表示平衡相的成分点,其中两点应在水平线的两端,另一点在端点之间。水平线的上下方分别与三个两相区相接。

(4) 当两相区与单相区的分界线与三相等温线相交,则分界线的延长线应进入另一两相区内,而不会进入单相区内。

7.3　二元相图分析

本节以匀晶、共晶和包晶 3 种基本相图为主要研究对象,深入讨论二元系的凝固过程及得到的组织,使我们对二元系在平衡凝固和非平衡凝固下的成分与组织的关系有较系统的认识。除此以外,对二元相图中的溶混间隙和相应的调幅分解进行了分析。最后,对其他二元系相图作介绍,并对二元相图的分析方法进行小结。

7.3.1　匀晶相图和固溶体凝固

1. 匀晶相图

由液相结晶出单相固溶体的过程称为匀晶转变,绝大多数的二元相图都包括匀晶转变部分。有些二元合金,如 Cu-Ni,Au-Ag,Au-Pt 等只发生匀晶转变;有些二元陶瓷如 NiO-CoO,CoO-MgO,NiO-MgO 等也只发生匀晶转变。在两个金属组元之间形成合金时,要能无限互溶必须服从以下条件:两者的晶体结构相同,原子尺寸相近,尺寸差小于 15%。另外,两者有相同的原子价和相似的电负性。这一适用于合金固溶体的规则,也基本适用于以离子晶体化合物为组元的固溶体形成,只是上述规则中以离子半径替代了原子半径。例如,NiO 和 MgO 之间能无限互溶,正是因为两者的晶体结构都是 NaCl 型的,Ni^{2+} 和 Mg^{2+} 的离子半径分别为 0.069 nm 和 0.066 nm,十分接近,两者的原子价又相同。而 CaO 和 MgO 之间不能无限互溶,虽然两者晶体结构和原子价均相同,但 Ca^{2+} 的离子半径太大,为 0.099 nm。Cu-Ni 和 NiO-MgO 二元匀晶相图分别示于图 7.12 和图 7.13 中。

匀晶相图还可有其他形式,如 Au-Cu,Fe-Co 等在相图上具有极小点,而在 Pb-Tl 等相图上具有极大点,两种类型相图分别如图 7.14(a)和(b)所示。对应于极大点和极小点的合金,由于液、固两相的成分相同,此时用来确定体系状态的变量数应去掉一个,于是自由度 $f = c - p + 1 = 1 - 2 + 1 = 0$,即恒温转变。

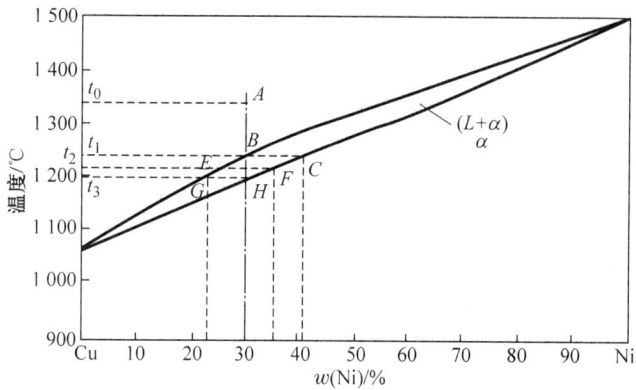

图 7.12　Cu-Ni 相图

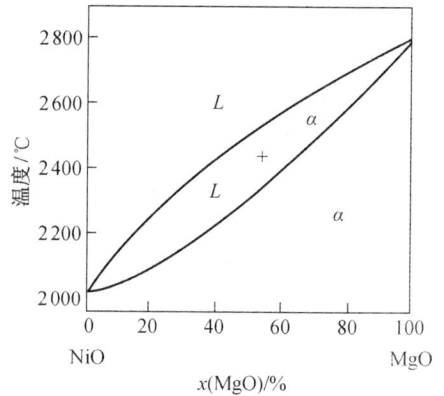

图 7.13　NiO-MgO 相图

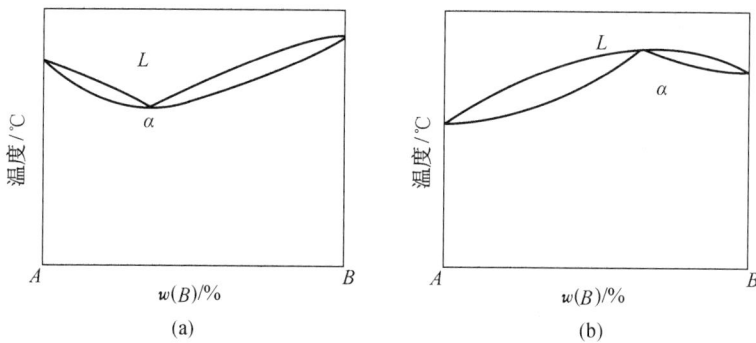

图 7.14　具有极小点与极大点的相图

(a) 具有极小点；(b) 具有极大点

2. 固溶体的平衡凝固

平衡凝固是指凝固过程中的每个阶段都能达到平衡，即在相变过程中有充分的时间进行组元间的扩散，以达到平衡相的成分，现以 $w(Ni)$ 为 30% 的 Cu-Ni 合金(见图 7.12)为例来描述平衡凝固过程。

液态合金自高温 A 点冷却，当冷却到与液相线相交的 B 点($t_1 = 1\,245℃$)后开始结晶，固相的成分可由连接线(tie line)BC 与固相线的交点 C 标出，此时含 Ni 量约为 41%。由此表明，成分为 B 的液相和成分为 C 的固相在此温度形成两相平衡。为了在液相内形成结晶核心，需要作表面功，同时在合金系中形成晶核的成分与原合金的成分不同，存在一定的自由能差，所以需要有一定的过冷度。因此，合金需略低于 t_1 温度时才产生固相的形核和长大过程，此时结晶出来的固溶体成分接近于 C。随温度继续降低，固相成分沿固相线变化，液相成分沿液相线变化。当冷却到 t_2 温度($1\,220℃$)时，由连接线 EF(水平线)与液、固相线相交点可知，液相线成分为 E，$w(Ni)$ 约为 24%，而固相线成分为 F，$w(Ni)$ 约为 36%。由杠杆法则可算出，此时液、固两相的相对量各为 50%。当冷却到 t_3 温度($1\,210℃$)时，固溶体的成分即为原合金成分($w(Ni)$ 为 30%)，它和最后一滴液体(成分为 G)形成平衡。当温度略低于 t_3 温度时，这最后一滴液体也结晶成固溶体。合金凝固完毕后，得到的是单相均匀固溶体。该合金整个凝固过程中的组织变化示于图 7.15 中。

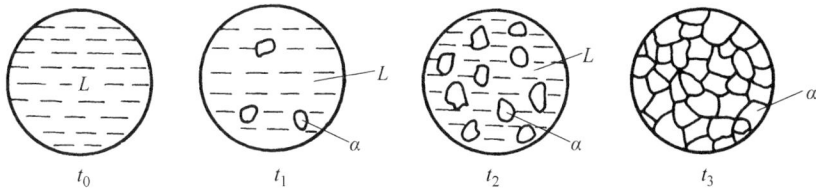

图 7.15　Cu-Ni 固溶体平衡凝固时组织变化示意图

固溶体的凝固过程与纯金属一样,也包括形核与长大两个阶段,但由于合金中存在第二组元,使其凝固过程较纯金属复杂。例如,合金结晶出的固相成分与液态合金不同,所以形核时除需要能量起伏外还需要一定的成分起伏。另外,固溶体的凝固在一个温度区间内进行,这时液、固两相的成分随温度下降不断地发生变化,因此,这种凝固过程必然依赖两组元原子的扩散。需要着重指出的是,在每一温度下,平衡凝固实质上包括三个过程:① 液相内的扩散过程。② 固相的继续长大。③ 固相内的扩散过程。

现以上述合金从 t_1 至 t_2 温度的平衡凝固为例,由图 7.16 具体描述之。图中 L 和 S 分别表示液相和固相,而 w_L 和 w_S 分别表示在相界面上液、固两相的成分,这瞬时建立起来的平衡成分是由 t_2 温度时液、固相线对应成分所决定的。z 表示与初始凝固端的距离。液相中结晶出固相后,固相周围液相的含 Ni 量就会降低至 w_L,而远离这部分固相的液相仍保持原来的成分。液相中由于存在浓度梯度就会引起组元的扩散,在扩散的同时,固相继续长大,这两个过程一直进行到所有液相的成分 $w(\text{Ni})=24\%$ 为止;同理,在固相中也存在浓度梯度,在上述过程中也要引起扩散,只是在固相内原子扩散速率较液相内慢得多,要使固相成分均为 w_S,需要较长的时间。

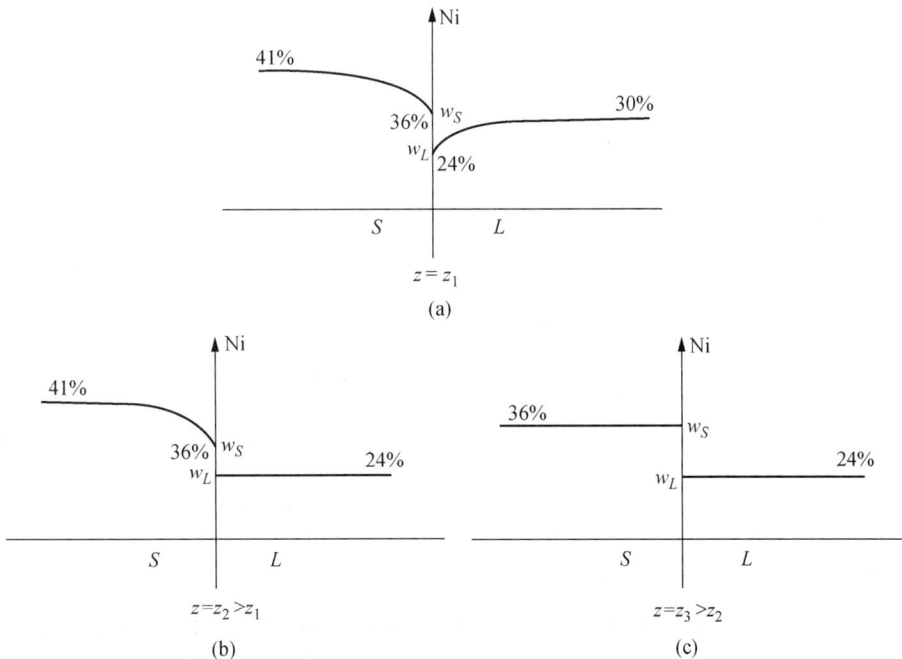

图 7.16　平衡凝固的三个过程

在凝固时,每一个晶核形成一颗晶粒,由于在每一温度下扩散充分进行,晶粒内的成分是均匀一致的,因此,平衡凝固得到的固溶体显微组织和纯金属相同,除了晶界外,晶粒之间和晶粒内部的成分却是相同的。

3. 固溶体的非平衡凝固

固溶体的凝固依赖组元的扩散,要达到平衡凝固,必须有足够的时间使扩散充分进行。但在工业生产中,合金溶液浇铸后的冷却速度较快,在每一温度下不能保持足够的扩散时间,使凝固过程偏离了平衡条件,这称为非平衡凝固。

在非平衡凝固中,液、固两相的成分将偏离平衡相图中的液相线和固相线。由于固相内组元扩散较液相内组元扩散慢得多,故偏离固相线的程度就大得多,这成为非平衡凝固过程中的主要矛盾。图 7.17(a)是非平衡凝固时液、固两相成分变化的示意图。合金 I 在 t_1 温度时首先结晶出成分为 α_1 的固相,因其含铜量远低于合金的原始成分,故与之相邻的液相含铜量势必升高至 L_1。随后冷却到 t_2 温度,固相的平衡成分应为 α_2,液相成分则改变至 L_2。但由于冷却较快,液相和固相,尤其是固相中的扩散不充分,其内部成分仍低于 α_2,甚至保留为 α_1,从而出现成分不均现象。此时,整个结晶固体的平均成分 α'_2 应在 α_1 和 α_2 之间,而整个液体的平均成分 L'_2 应在 L_1 和 L_2 之间。再继续冷却到 t_3 温度,结晶后的固体平衡成分应变为 α_3,液相成分变为 L_3,同样因扩散不充分而达不到平衡凝固成分,固相的实际成分为 α_1、α_2 和 α_3 的平均值 α'_3;液相的实际成分则是 L_1、L_2 和 L_3 的平均值 L'_3。合金冷却到 t_4 温度才凝固结束。此时固相的平均成分从 α'_3 变到 α'_4,即原合金的成分。若把每一温度下的固相和液相的平均成分点连接起来,则分别得到图 7.17(a)中的虚线 $\alpha_1\alpha'_2\alpha'_3\alpha'_4$ 和 $L_1L'_2L'_3L'_4$,它们分别称为固相平均成分线和液相平均成分线。液、固两相的成分及组织变化如图 7.17(b)所示。

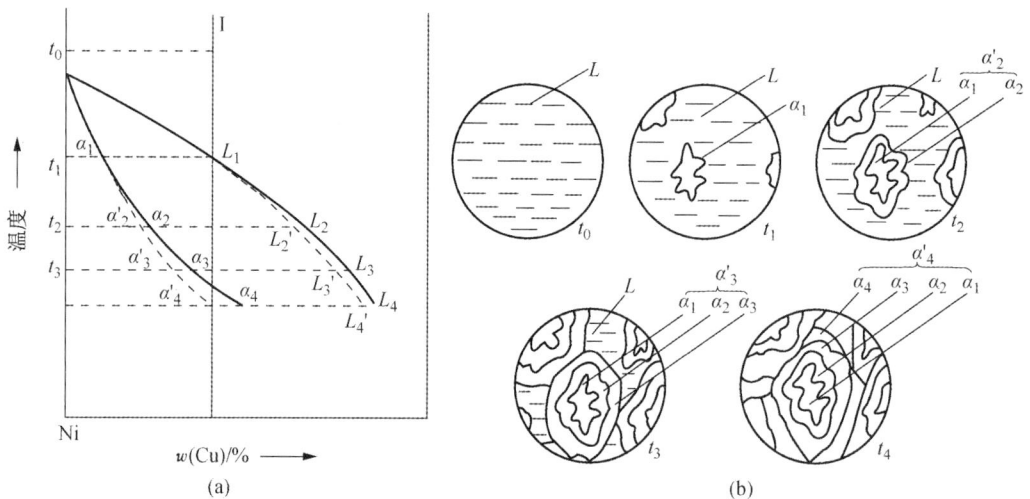

图 7.17　固溶体在非平衡凝固时液、固两相的成分变化及组织变化示意图

从上述对非平衡凝固过程的分析得到如下几点结论:

(1) 固相平均成分线和液相平均成分线与固相线和液相线不同,它们和冷却速度有关,冷却速度越快,它们偏离固、液相线越严重;反之,冷却速度越慢,它们越接近固、液相线,表明冷

却速度越接近平衡冷却条件。

（2）先结晶部分总是富高熔点组元（Ni），后结晶的部分是富低熔点组元（Cu）。

（3）非平衡凝固总是导致凝固终结温度低于平衡凝固时的终结温度。

固溶体通常以树枝状生长方式结晶，非平衡凝固导致先结晶的枝干和后结晶的枝间的成分不同，故称为枝晶偏析。由于一个树枝晶是由一个核心结晶而成的，故枝晶偏析属于晶内偏析。图 7.18 是 Cu-Ni 合金的铸态组织，树枝晶形貌的显示是由于枝干和枝间的成分差异引起浸蚀后颜色的深浅不同所致。如用电子探针测定，可以得出枝干是富镍的（不易浸蚀而呈白色）；分枝之间是富铜的（易受浸蚀而呈黑色）。固溶体在非平衡凝固条件下产生上述的枝晶偏析是一种普遍现象。

枝晶偏析是非平衡凝固的产物，在热力学上是不稳定的，通过"均匀化退火"或称"扩散退火"，即在固相线以下较高的温度（要确保不能出现液相，否则会使合金"过烧"）经过长时间的保温使原子扩散充分，使之转变为平衡组织。图 7.19 是经扩散退火后的 Cu-Ni 合金的显微组织，树枝状形态已消失，由电子探针微区分析的结果也证实了枝晶偏析已消除。

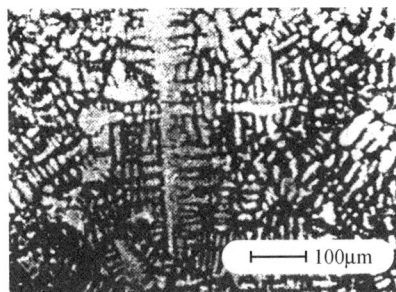

图 7.18　Cu-Ni 合金的铸态
组织（树枝晶）

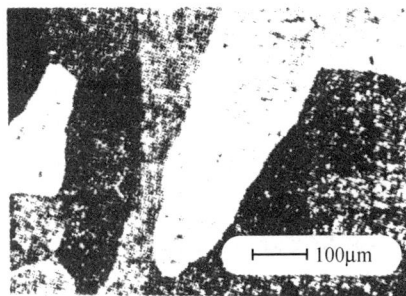

图 7.19　经扩散退火后的 Cu-Ni
合金的显微组织

7.3.2　共晶相图及其合金凝固

1. 共晶相图

组成共晶相图的两组元，在液态可无限互溶，而固态只能部分互溶，甚至完全不溶。两组元的混合使合金的熔点比各组元低，因此，液相线从两端纯组元向中间凹下，两条液相线的交点所对应的温度称为共晶温度。在该温度下，液相通过共晶凝固同时结晶出两个固相，这样两相的混合物称为共晶组织或共晶体。

图 7.20 所示的 Pb-Sn 相图是一个典型的二元共晶相图。具有该类相图的合金还有 Al-Si，Pb-Sb，Pb-Sn，Ag-Cu 等。共晶合金在铸造工业中是非常重要的，其原因在于它有一些特殊的性质：①比纯组元熔点低，简化了熔化和铸造的操作；②共晶合金比纯金属有更好的流动性，其在凝固之中防止阻碍液体流动的枝晶形成，从而改善了铸造性能；③恒温转变（无凝固温度范围）减少了铸造缺陷，如偏聚和缩孔；④共晶凝固可获得多种形态的显微组织，尤其是规则排列的层状或杆状共晶组织，可能成为优异性能的原位复合材料（in-situ composite）。

在图 7.20 中，Pb 的熔点（t_A）是 327.5℃，Sn 的熔点（t_B）是 231.9℃。两条液相线交于 E

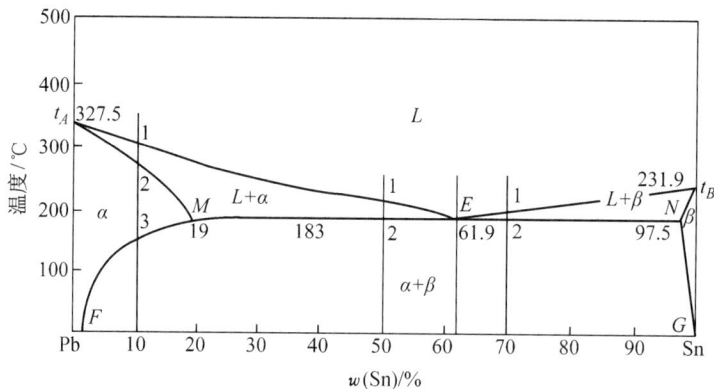

图 7.20　Pb-Sn 相图

点，该共晶温度为 183℃。图中 α 是 Sn 溶于以 Pb 为基的固溶体，β 是 Pb 溶于以 Sn 为基的固溶体。液相线 $t_A E$ 和 $t_B E$ 分别表示 α 相和 β 相结晶的开始温度，而 $t_A M$ 和 $t_B N$ 分别表示 α 相和 β 相结晶的终结温度。MEN 水平线表示 L、α、β 三相共存的温度和各相的成分，该水平线称为共晶线。共晶线显示出成分为 E 的液相 L_E 在该温度将同时结晶出成分为 M 的固相 α_M 和成分为 N 的固相 β_N，$(\alpha_M + \beta_N)$ 两相混合组织称为共晶组织，该共晶反应可写成：

$$L_E \longrightarrow \alpha_M + \beta_N$$

根据相律，在二元系中，三相共存时，自由度为零，共晶转变是恒温转变，故是一条水平线。图中 MF 和 NG 线分别为 α 固溶体和 β 固溶体的饱和溶解度曲线，它们分别表示 α 和 β 固溶体的溶解度随温度降低而减小的变化。

在图 7.20 中，相平衡线把相图划分为 3 个单相区：L、α、β；3 个两相区：$L+\alpha$、$L+\beta$、$\alpha+\beta$；而 L 相区在共晶线上部的中间，α 相区和 β 相区分别位于共晶线的两端。

2. 共晶合金的平衡凝固及其组织

现以 Pb-Sn 合金为例，分别讨论各种典型成分合金的平衡凝固及其显微组织。

a. $w(\text{Sn}) < 19\%$ 的合金　由图 7.20 可见，当 $w(\text{Sn}) = 10\%$ 的 Pb-Sn 的合金由液相缓冷至 t_1（图中标为 1）温度时，从液相中开始结晶出 α 固溶体。随着温度的降低，初生 α 固溶体的量随之增多，液相量减少，液相和固相的成分分别沿 $t_A E$ 液相线和 $t_A M$ 固相线变化。当冷却到 t_2 温度时，合金凝固结束，全部转变为单相 α 固溶体。这一结晶过程与匀晶相图中的平衡转变相同。在 t_2 至 t_3 温度之间，α 固溶体不发生任何变化。当温度冷却到 t_3 以下时，Sn 在 α 固溶体中呈过饱和状态，因此，多余的 Sn 以 β 固溶体的形式从 α 固溶体中析出，称为次生 β 固溶体，用 β_{II} 表示，以区别于从液相中直接结晶出的初生 β 固溶体。次生 β 固溶体通常优先沿初生 α 相的晶界或晶内的缺陷处析出。随着温度的继续降低，β_{II} 不断增多，而 α 和 β_{II} 相的平衡成分将分别沿 MF 和 NG 溶解度曲线变化。正如前已指出，两相区内的相对量，例如 $L+\alpha$ 两相区中 L 和 α 的相对量，$\alpha+\beta$ 两相区中的 α 和 β 的相对量，均可由杠杆法则确定。

图 7.21 为 $w(\text{Sn}) = 10\%$ 的 Pb-Sn 合金平衡凝固过程示意图。所有成分位于 M 和 F 点之间的合金，平衡凝固过程却与上述合金相似，凝固至室温后的平衡组织均为 $\alpha+\beta_{\mathrm{II}}$，只是两相的相对量不同而已。而成分位于 N 和 G 点之间的合金，平衡凝固过程与上述合金基本相似，但凝固后的平衡组织为 $\beta+\alpha_{\mathrm{II}}$。

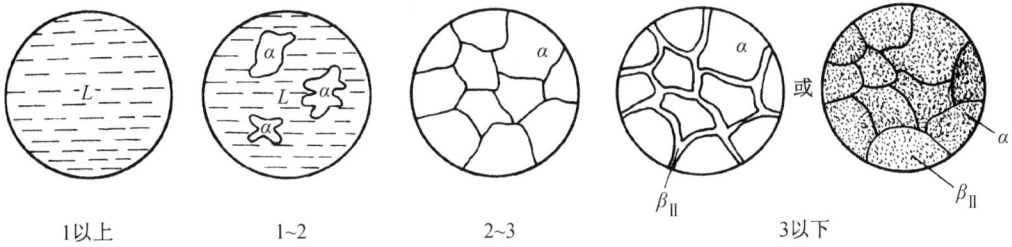

图 7.21　$w(Sn)=10\%$ 的 Pb-Sn 合金平衡凝固示意图

b. 共晶合金　$w(Sn)=61.9\%$ 的合金为共晶合金(见图 7.20)。该合金从液态缓冷至 183℃时,液相 L_E 同时结晶出 α 和 β 两种固溶体,这一过程在恒温下进行,直至凝固结束。此时结晶出的共晶体中的 α 和 β 相的相对量可用杠杆法则计算,在共晶线下方两相区($\alpha+\beta$)中画连接线,其长度可近似为 MN,则有

$$w(\alpha_M)=\frac{EN}{MN}\times100\%=\frac{97.5-61.9}{97.5-19}\times100\%=45.4\%\ ,$$

$$w(\beta_N)=\frac{ME}{MN}\times100\%=\frac{61.9-19}{97.5-19}\times100\%=54.6\%\ 。$$

继续冷却时,共晶体中 α 相和 β 相将各自沿 MF 和 NG 溶解度曲线变化而改变其固溶度,从 α 和 β 中分别析出 β_{II} 和 α_{II}。由于共晶体中析出的次生相常与共晶体中同类相结合在一起,所以在显微镜下难以分别出来。图 7.22 显示出该共晶合金呈片层交替分布的室温组织(经 $\varphi(HNO_3)$ 为 4%硝酸酒精浸蚀),黑色为 α 相,白色为 β 相。该合金的平衡凝固过程示于图 7.23 中。

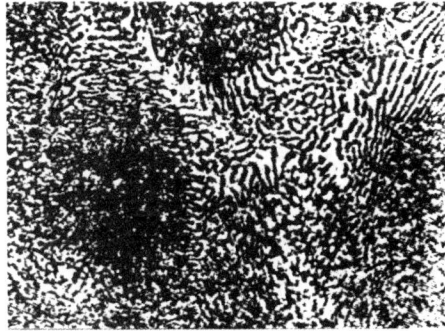

图 7.22　Pb-Sn 共晶组织　250×

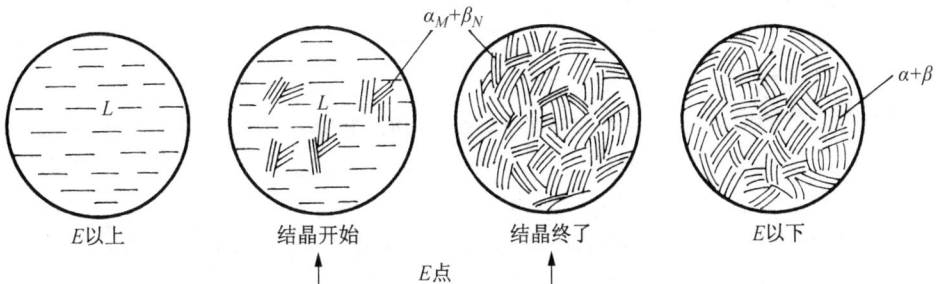

图 7.23　Pb-Sn 共晶合金平衡凝固过程示意图

c. 亚共晶合金 在图 7.20 中,成分位于 M,E 两点之间的合金称为亚共晶合金,因为它的成分低于共晶成分而只有部分液相可结晶成共晶体。现以 $w(Sn)=50\%$ 的 Pb-Sn 合金为例,分析其平衡凝固过程(见图 7.24)。

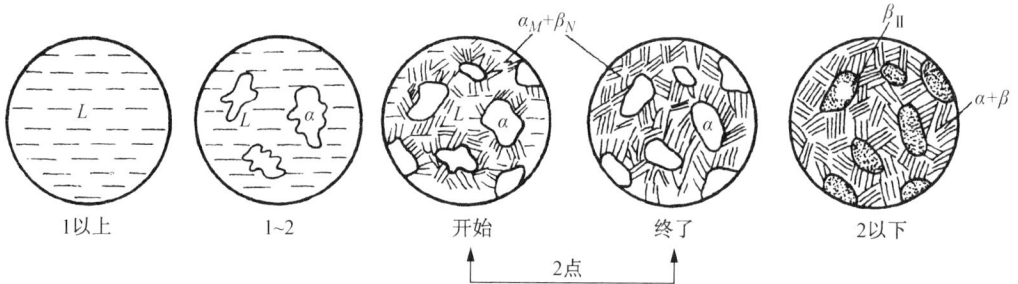

图 7.24 亚共晶合金的平衡凝固示意图

该合金缓冷至 t_1 和 t_2 温度之间时,初生 α 相以匀晶转变方式不断地从液相中析出,随着温度的下降,α 相的成分沿 $t_A M$ 固相线变化,而液相的成分沿 $t_A E$ 液相线变化。当温度降至 t_2 温度时,剩余的液相成分到达 E 点,此时发生共晶转变,形成共晶体。共晶转变结束后,此时合金的平衡组织为初生 α 固溶体和共晶体($\alpha+\beta$)组成,可简写成 $\alpha+(\alpha+\beta)$。初生相 α(或称先共晶体 α)和共晶体($\alpha+\beta$)具有不同的显微形态而成为不同的组织。两种组织相对含量,也称组织组成体相对量,也可用杠杆法则计算,即在共晶线上方两相区($L+\alpha$)中画连接线,其长度可近似为 ME,则用质量分数表示两种组织的相对含量:

$$w(\alpha+\beta)=w(L)=\frac{50-19}{61.9-19}\approx 72\%,$$

$$w(\alpha)=\frac{61.9-50}{61.9-19}\approx 28\%,$$

上述的计算表明,$w(Sn)=50\%$ 的 Pb-Sn 合金在共晶反应结束后,初生相 α 占 28%,共晶体($\alpha+\beta$)占 72%。上述两种组织是由 α 相和 β 相组成的,故称两者为组成相。在共晶反应结束后,组成相 α 和 β 的相对量分别为:

$$w(\alpha)=\frac{97.5-50}{97.5-19}\approx 60.5\%,$$

$$w(\beta)=\frac{50-19}{97.5-19}\approx 39.5\%。$$

注意:上式计算中的 α 组成相包括初生相 α 和共晶体中的 α 相。由上述计算可知,不同成分的亚共晶合金,经共晶转变后的组织均为 $\alpha+(\alpha+\beta)$。但随成分的不同,具有两种组织的相对量不同,越接近共晶成分 E 的亚共晶合金,共晶体越多,反之,成分越接近 α 相成分 M 点,则初生 α 相越多。上述分析强调了运用杠杆法则计算组织组成体相对量和组成相的相对量的方法,关键在于连接线所应画的位置。组织不仅反映相的结构差异,而且反映相的形态不同。

在 t_2 温度以下,合金继续冷却时,由于固溶体溶解度随之减小,β_{II} 将从初生相 α 和共晶体中的 α 相内析出,而 α_{II} 从共晶体中的 β 相中析出,直至室温,此时室温组织应为:$\alpha_{初}+(\alpha+\beta)+\alpha_{II}+\beta_{II}$,但由于 α_{II} 和 β_{II} 析出量不多,除了在初生相 α 固溶体中可能看到 β_{II} 外,共晶组织的特征保持不变,故室温组织通常可写为 $\alpha_{初}+(\alpha+\beta)+\beta_{II}$,甚至可写为 $\alpha_{初}+(\alpha+\beta)$。

图 7.25 是 Pb-Sn 亚共晶合金经 $\varphi(HNO_3)$ 为 4% 硝酸酒精浸蚀后显示的室温组织,暗黑

色树枝状晶为初生相 α 固溶体,其中的白点为 β_{II},而黑白相间者为($\alpha+\beta$)共晶体。

d. 过共晶合金　成分位于 E,N 两点之间的合金称为过共晶合金。其平衡凝固过程及平衡组织与亚共晶合金相似,只是初生相为 β 固溶体而不是 α 固溶体。室温时的组织为 $\beta_{初}+(\alpha+\beta)$,见图 7.26。

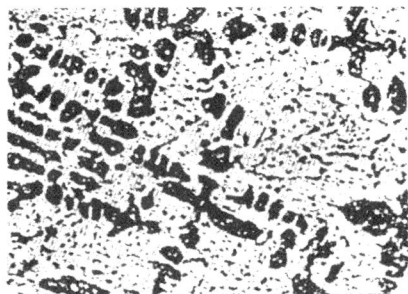

图 7.25　Pb-Sn 亚共晶组织　200×

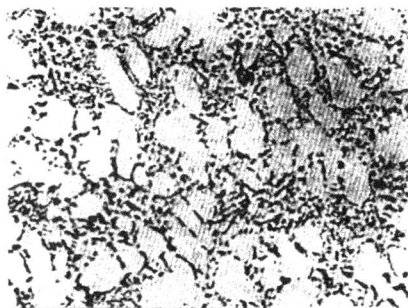

图 7.26　过共晶 Pb-Sn 合金的显微组织 β 初晶呈一个一个椭圆形分布在合金组织中,黑色物为 Pb-Sn 共晶　200×

根据对上述不同成分合金的组织分析表明,尽管不同成分的合金具有不同的显微组织,但在室温下,F-G 范围内的合金组织均由 α 和 β 两个基本相构成。所以,两相合金的显微组织实际上是通过组成相的不同形态,以及其数量、大小和分布等形式体现出来的,由此得到不同性能的合金。

3. 共晶合金的非平衡凝固

a. 伪共晶　在平衡凝固条件下,只有共晶成分的合金才能得到全部的共晶组织。然而在非平衡凝固条件下,某些亚共晶或过共晶成分的合金也能得全部的共晶组织,这种由非共晶成分的合金所得到的共晶组织称为伪共晶。

对于具有共晶转变的合金,当合金熔液过冷到两条液相线的延长线所包围的影线区(见图 7.27)时,就可得到共晶组织,而在影线区外,则是共晶体加树枝晶的显微组织,影线区称为伪共晶区或配对区。随着过冷度的增加,伪共晶区也扩大。

伪共晶区在相图中的配置对于不同合金可能有很大的差别。若当合金中两组元熔点相近时,伪共晶区一般呈图 7.27 中的对称分布;若合金中两组元熔点相差很大时,则伪共晶区将偏向高熔点组元一侧,如图 7.28 所示的 Al-Si 合金的伪共晶区那样。一般认为其原因是,由于共晶中两组成相的成分与液态合金不同,它们的形核和生长都需要两组元的扩散,而以低熔点为基的组成相与液态合金成分差别较小,则通过扩散而能达到该组成相的成分就较容易,其结晶速度较大,所以,在共晶点偏于低熔点相时,为了满足两组成相形成对扩散的要求,伪共晶区的位置必须偏向高熔点相一侧。

知道伪共晶区在相图中的位置和大小,对于正确解释合金非平衡组织的形成是极其重要的。伪共晶区在相图中的配置通常是通过实验测定的。但定性知道伪共晶区在相图分布的规律,就可能解释用平衡相图方法无法解释的异常现象。例如在 Al-Si 合金中,共晶成分的 Al-Si 合金在快冷条件下得到的组织不是共晶组织,而是亚共晶组织;而过共晶成分的合金则可能得到共晶组织或亚共晶组织,这种异常现象通过图 7.28 所示的伪共晶区的配置就不难解释了。

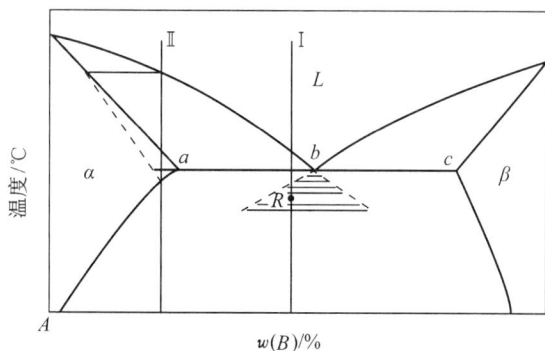

图 7.27　共晶系合金的不平衡凝固

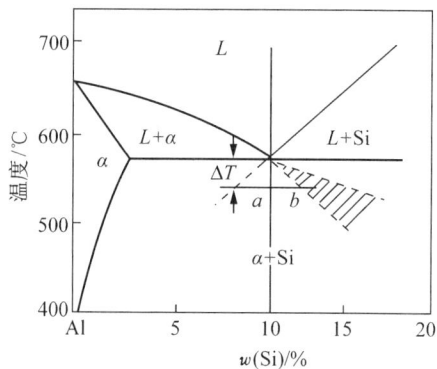

图 7.28　Al-Si 合金的伪共晶区

b. 非平衡共晶组织　某些合金在平衡凝固条件下获得单相固溶体,在快冷时可能出现少量的非平衡共晶体,如图 7.27 中 a 点以左或 c 点以右的合金。图中合金 II 在非平衡凝固条件下,固溶体呈枝晶偏析,其平均浓度将偏离相图中固相线所示的成分。图 7.27 中虚线表示快冷时的固相平均成分线。该合金冷却到固相线时还未结晶完毕,仍剩下少量液体。待其继续冷却到共晶温度时,剩余液相的成分达到共晶成分而发生共晶转变,由此产生的非平衡共晶组织分布在 α 相晶界和枝晶间,这些均是最后凝固处。非平衡共晶组织的出现将严重影响材料的性能,应该消除之。这种非平衡共晶组织在热力学上是不稳定的,可在稍低于共晶温度下进行扩散退火,来消除非平衡共晶组织和固溶体的枝晶偏析,得到均匀单相 α 固溶体组织。由于非平衡共晶体数量较少,通常共晶体中的 α 相依附于初生 α 相生长,将共晶体中另一相 β 推到最后凝固的晶界处,从而使共晶体两组成相间的组织特征消失,这种两相分离的共晶体称为离异共晶。例如,$w(Cu)=4\%$ 的 Al-Cu 合金,在铸造状态下,非平衡共晶体中的 α 固溶体有可能依附在初生相 α 上生长,剩下共晶体中的另一相 $CuAl_2$ 则分布在晶界或枝晶间而得到离异共晶,如图 7.29 所示。

应当指出,离异共晶可通过非平衡凝固得到,也可能在平衡凝固条件下获得。例如,靠近固溶度极限的亚共晶或过共晶合金,如图 7.27 中 a 点右边附近或 c 点左边附近的合金,它们的特点是初生相很多,共晶量很少,因而可能出现离异共晶。

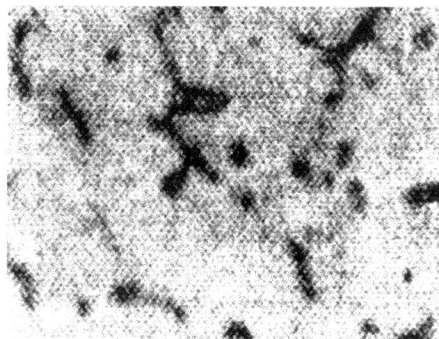

图 7.29　$w(Cu)$ 为 4% 的 Al-Cu 合金的
离异共晶组织　300×

7.3.3　包晶相图及其合金凝固

1. 包晶相图

组成包晶相图的两组元,在液态可无限互溶,而在固态只能部分互溶。在二元相图中,包晶转变就是已结晶的固相与剩余液相反应形成另一固相的恒温转变。具有包晶转变的二元合金有 Fe-C,Cu-Zn,Ag-Sn,Ag-Pt 等。

图 7.30 所示的 Pt-Ag 相图是具有包晶转变相图中的典型代表。图中 ACB 是液相线,

AD,PB 是固相线,DE 是 Ag 在 Pt 为基的 α 固溶体的溶解度曲线,PF 是 Pt 在 Ag 为基的 β 固溶体的溶解度曲线。水平线 DPC 是包晶转变线,成分在 DC 范围内的合金在该温度都将发生包晶转变:

$$L_C + \alpha_D \rightarrow \beta_P$$

包晶反应是恒温转变,图中 P 点称为包晶点。

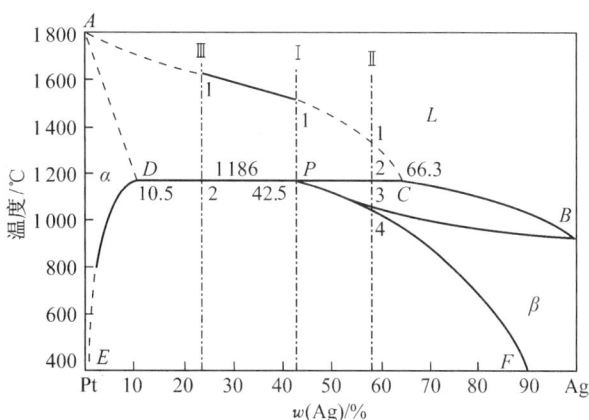

图 7.30　Pt-Ag 合金相图

2. 包晶合金的凝固及其平衡组织

a. $w(\text{Ag})$ 为 42.4% 的 Pt-Ag 合金(合金Ⅰ)　由图 7.30 可知,合金自高温液态冷至 t_1 温度时与液相线相交,开始结晶出初生相 α。在继续冷却的过程中,α 固相量逐渐增多,液相量不断减少,α 相和液相的成分分别沿固相线 AD 和液相线 AC 变化。当温度降至包晶反应温度 1186℃时,合金中初生相 α 的成分达到 D 点,液相成分达到 C 点。在开始进行包晶反应时的两相的相对量可由杠杆法则求出:

$$w(L) = \frac{DP}{DC} \times 100\% = \frac{42.5-10.5}{66.3-10.5} \times 100\% = 57.3\%,$$

$$w(\alpha) = \frac{PC}{DC} \times 100\% = \frac{66.3-42.5}{66.3-10.5} \times 100\% = 42.7\%,$$

式中,$w(L)$ 和 $w(\alpha)$ 分别表示液相和固相在包晶反应时的质量分数。包晶转变结束后,液相和 α 相反应正好全部转变为 β 固溶体。

随着温度继续下降,由于 Pt 在 β 相中的溶解度随温度降低而沿 PF 线减小,因此将不断从 β 固溶体中析出 α_{II}。于是该合金的室温平衡组织为 $\beta + \alpha_{II}$,凝固过程如图 7.31 所示。

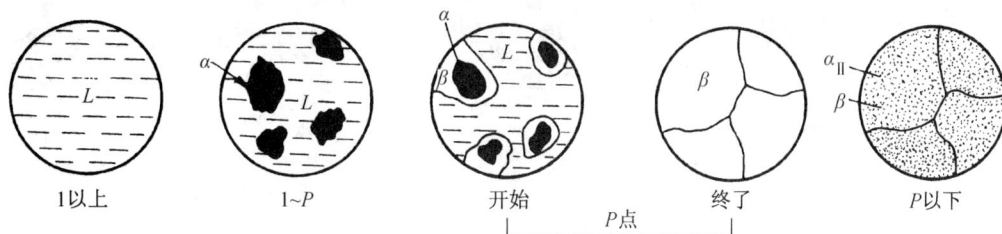

图 7.31　合金Ⅱ的平衡凝固示意图

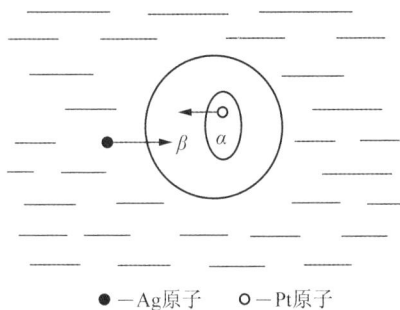

图 7.32　包晶反应时原子迁移示意图

在大多数情况下,由包晶反应所形成的 β 相倾向于依附初生相 α 的表面形核,以降低形核功,并消耗液相和 α 相而生长。当 α 相被新生的 β 相包围以后,α 相就不能直接与液相 L 接触。由图 7.30 可知,液相中的 Ag 含量较 β 相高,而 β 相的 Ag 含量又比 α 相高,因此,液相中 Ag 原子不断通过 β 相向 α 相扩散,而 α 相的 Pt 原子以反方向通过 β 相向液相中扩散,这一过程示于图 7.32 中。这样,β 相同时向液相和 α 相方向生长,直至把液相和 α 相全部吞食为止。由于 β 相是在包围初生相 α,并使之与液相隔开的形式下生长的,故称之为包晶反应。

也有少数情况,比如 α-β 间表面能很大,或过冷度较大,β 相可能不依赖初生相 α 形核,而是在液相 L 中直接形核,并在生长过程中 L,α,β 三者始终互相接触,以至通过 L 和 α 的直接反应来生成 β 相。显然,这种方式的包晶反应速度比上述方式的包晶反应速度快得多。

b. $42.4\% < w(Ag) < 66.3\%$ 的 Pt-Ag(合金Ⅱ)　合金Ⅱ缓冷至包晶转变前的结晶过程与上述包晶成分合金相同,由于合金Ⅱ中的液相的相对量大于包晶转变所需的相对量,所以包晶转变后,剩余的液相在继续冷却过程中,将按匀晶转变方式继续结晶出 β 相,其成分沿 CB 液相线变化,而 β 相的成分沿 PB 线变化,直至 t_3 温度全部凝固结束,β 相成分为原合金成分。在 t_3 至 t_4 温度之间,单相 β 无任何变化。在 t_4 温度以下,随着温度下降,将从 β 相中不断地析出 α_{II}。因此,该合金的室温平衡组织为 $\beta + \alpha_{II}$。图 7.33 显示出该合金Ⅱ的平衡凝固过程。

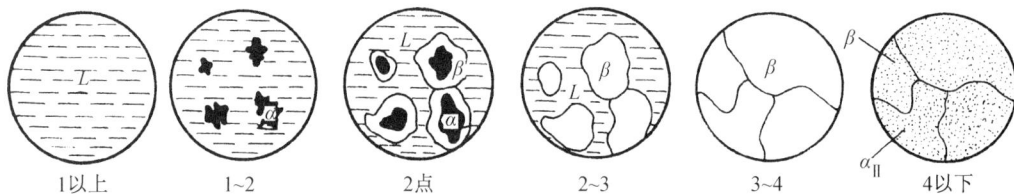

图 7.33　合金Ⅱ的平衡凝固示意图

c. $10.5\% < w(Ag) < 42.4\%$ 的 Pt-Ag 合金(合金Ⅲ)　合金Ⅲ在包晶反应前的结晶情况与上述情况相似。包晶转变前合金中 α 相的相对量大于包晶反应所需的量,所以在包晶反应后,除了新形成的 β 相外,还有剩余的 α 相存在。包晶温度以下,β 相中将析出 α_{II},而 α 相中析出 β_{II},因此该合金的室温平衡组织为 $\alpha + \beta + \alpha_{II} + \beta_{II}$,图 7.34 是合金Ⅲ的平衡凝固示意图。

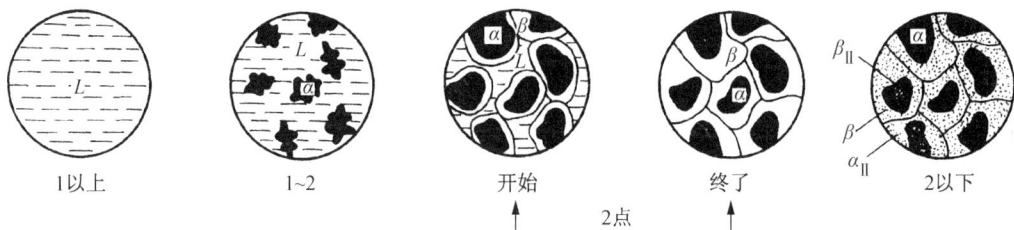

图 7.34　合金Ⅲ的平衡凝固示意图

3. 包晶合金的非平衡凝固

如前所述,包晶转变的产物 β 相包围着初生相 α,使液相与 α 相隔开,阻止了液相和 α 相中原子之间直接地相互扩散,而必须通过 β 相,这就导致了包晶转变的速度往往是极缓慢的,显然,影响包晶转变能否进行完全的主要矛盾是所形成新相 β 内的扩散速率。

实际生产中的冷速较快,包晶反应所依赖的固体中原子扩散往往不能充分进行,导致包晶反应的不完全性,即在低于包晶温度下,将同时存在参与转变的液相和 α 相,其中液相在继续冷却过程可能直接结晶出 β 相或参与其他反应,而 α 相仍保留在 β 相的芯部,形成包晶反应的非平衡组织。例如,$w(\text{Cu})$ 为 35% 的 Sn-Cu 合金冷却到 415℃ 时发生 $L+\varepsilon\rightarrow\eta$ 的包晶转变,如图 7.35(a)所示,剩余的液相 L 冷至 227℃ 又发生共晶转变,所以最终的平衡组织为 $\eta+(\eta+\text{Sn})$。而实际的非平衡组织(见图 7.35(b))却保留相当数量的初生相 ε(灰色),包围它的是 η 相(白色),而外面则是黑色的共晶组织。

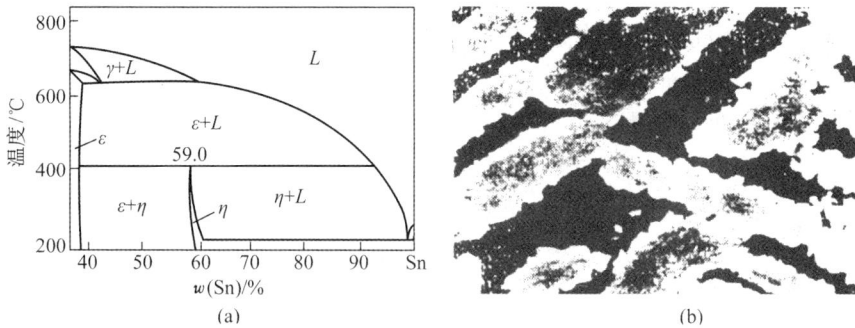

图 7.35　Cu-Sn 合金部分相图(a)及其不平衡组织(b)

另外,某些原来不发生包晶反应的合金,如图 7.36 中的合金 I,在快冷条件下,由于初生相 α 凝固时存在枝晶偏析而使剩余的 L 和 α 相发生包晶反应,所以出现了某些平衡状态下不应出现的相。

应该指出,上述包晶反应不完全性主要与新相 β 包围 α 相的生长方式有关。因此,当某些合金(如 Al-Mn)的包晶相单独在液相中形核和长大时,其包晶转变可迅速完成。包晶反应的不完全性,特别容易在那些包晶转变温度较低或原子扩散速率小的合金中出现。

与非平衡共晶组织一样,包晶转变产生的非平衡组织也可通过扩散退火消除。

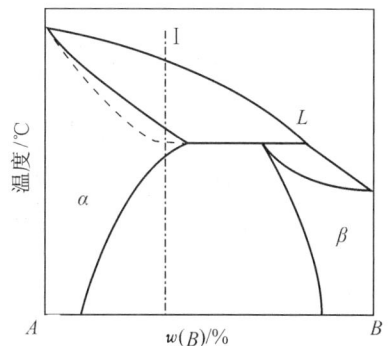

图 7.36　因快冷而可能发生的包晶反应示意图

7.3.4　溶混间隙相图与调幅分解

在不少的二元合金相图中有溶混间隙(miscibility gap),如 Cu-Pb,Cu-Ni,Au-Ni,Cu-Mn 和二元陶瓷合金中的 NiO-CoO,SiO$_2$-Al$_2$O$_3$ 等。图 7.10(f)中的溶混间隙显示了两种液相不相混溶性。溶混间隙也可出现在某一单相固溶区内,表示该单相固溶区在溶混间隙内将分解为成分不同而结构相同的二相。总之,溶混间隙转变可写成 $L\rightarrow L_1+L_2$,或 $\alpha\rightarrow\alpha_1+\alpha_2$,后者在转变成二相中,其转变方式可有两种:一种是通常的形核长大方式,需要克服形核能垒;另一种是通过没有形核阶段的不稳定分解,称为调幅分解(spinodal decomposition)。

在相图热力学一节中,已说明了组元相互作用参数 Ω 的物理意义,其中当 $\Omega > 0$,表示 A,B 组元倾向于分别聚集,形成偏聚状态。在 $\Omega > 0$ 时的自由能-成分曲线中有两个极小值和两个拐点。在两个拐点之间的成分范围内,$\dfrac{\mathrm{d}^2 G}{\mathrm{d}x^2} < 0$。根据不同温度下自由能-成分曲线中两个极小值对应的成分,可画出溶混间隙曲线(如图 7.10(f)中的实线),而由拐点对应的成分可确定拐点迹线(在相图中一般不画出来)。

从自由能-成分曲线可知,在两个极小值之间为热力学不稳定区,该区域的任一成分的固溶体相都会分解成为两个成分分别对应于两个极小值的相,但是在拐点迹线内和在拐点迹线外的溶混间隙区,分解方式是不同的,前者是自发地分离成为两种成分不同的固相,而后者则须克服新相形成的能垒,先形核然后长大。

对于在溶混间隙中拐点迹线内发生调幅分解的原因,可从经调幅分解前后自由能的变化 ΔG 来解释。设母相的成分为 x,分解的两个相成分为 $x + \Delta x$ 及 $x - \Delta x$,则

$$\Delta G = G_{a_1 + a_2} - G_a 。$$

对上式用二阶泰勒级数展开,可得

$$\Delta G = \frac{1}{2}\big[G(x+\Delta x) + G(x-\Delta x)\big] - G(x)$$

$$\approx \frac{1}{2}\left[G(x) + \frac{\mathrm{d}G}{\mathrm{d}x}\Delta x + \frac{\mathrm{d}^2 G}{\mathrm{d}x^2}\frac{(\Delta x)^2}{2} + G(x) + \frac{\mathrm{d}G}{\mathrm{d}x}(-\Delta x) + \frac{\mathrm{d}^2 G}{\mathrm{d}x^2}\frac{(-\Delta x)^2}{2}\right] - G(x)$$

$$= \frac{1}{2}\frac{\mathrm{d}^2 G}{\mathrm{d}x^2}(\Delta x)^2 。$$

由于上式中 $(\Delta x)^2$ 恒为正,所以当 $\dfrac{\mathrm{d}^2 G}{\mathrm{d}x^2} > 0$,即 ΔG 为正值。任意小的成分起伏(Δx),都使体系自由能增高,这表明了在拐点迹线以外的溶混间隙区内的母相要分离成成分不同的两相,必须克服新相形成的能垒。但在拐点迹线以内的溶混间隙区,由于 $\dfrac{\mathrm{d}^2 G}{\mathrm{d}x^2} < 0$,即 $\Delta G < 0$,由此表明:在此范围内,任意小的成分起伏 Δx 都能使体系自由能下降,从而使母相不稳定,进行无热力学能垒的调幅分解,由上坡扩散使成分起伏增大,从而直接导致新相的形成,即发生调幅分解。

7.3.5 其他类型的二元相图

1. 具有化合物的二元相图

在某些二元系中,可形成一个或几个化合物,由于它们位于相图中间,故又称中间相。根据化合物的稳定性,可分为稳定化合物和不稳定化合物。所谓稳定化合物是指有确定的熔点,可熔化成与固态相同成分液体的那类化合物;而不稳定化合物不能熔化成与固态相同成分的液体,当加热到一定温度时它会发生分解,转变为两个相。现举例说明两种类型化合物在相图中的特征。

a. 形成稳定化合物的相图 没有溶解度的化合物在相图中是一条垂线,可把它看作为一个独立组元而把相图分为两个独立部分。图 7.37 是 Mg-Si 相图,在 $w(\mathrm{Si})$ 为 36.6% 时形成

稳定化合物 Mg_2Si。它具有确定的熔点（1 087℃），熔化后的 Si 含量不变。所以可把稳定化合物 Mg_2Si 看作一个独立组元，把 Mg-Si 相图分成 Mg-Mg_2Si 和 Mg_2Si-Si 两个独立二元相图进行分析。如果所形成的化合物对组元有一定的溶解度，即形成以化合物为基的固溶体，则化合物在相图中有一定的成分范围，如图 7.38 所示的 Cd-Sb 相图。图中稳定化合物 β 相有一定的成分范围，若以该化合物熔点（456℃）对应的成分向横坐标作垂线（如图中虚线），则该垂线可把相图分成两个独立的相图。形成稳定化合物的二元系很多，如其他合金系 Cu-Mg，Fe-P，Mn-Si，Ag-Sr 等，陶瓷系有 Na_2SiO_3-SiO_2，BeO-Al_2O_3，SiO_2-MgO 等。

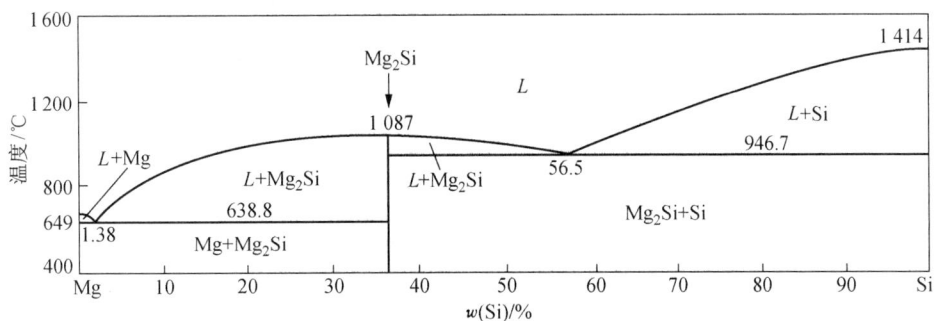

图 7.37　Mg-Si 相图

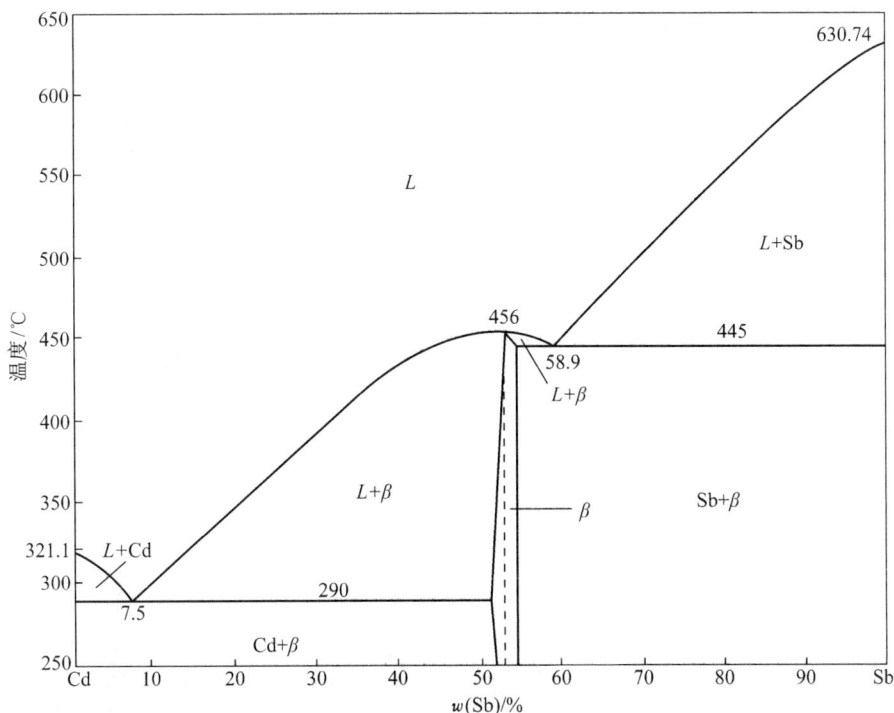

图 7.38　Cd-Sb 相图

　b. 形成不稳定化合物的相图　图 7.39 是具有形成不稳定化合物（KNa_2）的 K-Na 合金相图，当 $w(Na)=54.4\%$ 的 K-Na 合金所形成的不稳定化合物被加热到 6.9℃，便会分解为成分与之不同的液相和 Na 晶体，实际上它是由包晶转变 $L+Na→KNa_2$ 得到的。同样，不稳定化合物也可能有一定的溶解度,则在相图上为一个相区。值得注意的是,不稳定化合物无论是处于一条垂线上或存在于具有一定溶解度的相区中,均不能作为组元而将整个相图划分为两部分。具有不稳定化合物的其他二元合金相图有 Al-Mn,Be-Ce,Mn-P 等,二元陶瓷相图有 SiO_2-MgO,ZrO_2-CaO,BaO-TiO_2 等。

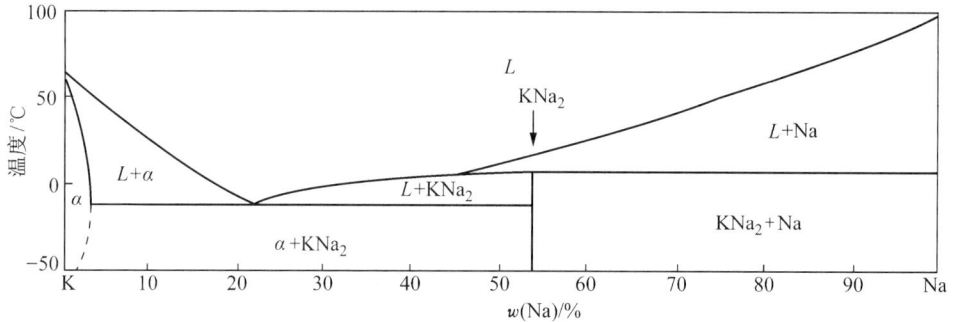

图 7.39 K-Na 相图

2. 具有偏晶转变的相图

偏晶转变是由一个液相 L_1 分解为一个固相和另一成分的液相 L_2 的恒温转变。图 7.40 是 Cu-Pb 二元相图,在 955℃发生偏晶转变:

$$L_{36} \rightleftarrows Cu + L_{87}$$

图中的 955℃等温线称为偏晶线,$w(Pb)=36\%$ 的成分点称为偏晶点。326℃等温线为共晶线,由于共晶点 $w(Pb)$ 为 99.94%,很接近纯 Pb 组元,在该比例相图中无法标出。具有偏晶转变的二元系有 Cu-S,Mn-Pb,Cu-O 等。

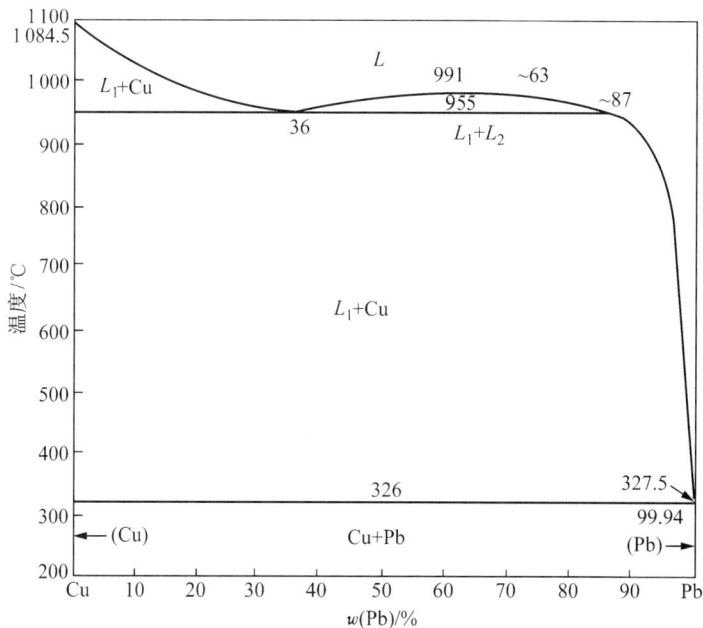

图 7.40 Cu-Pb 相图

3. 具有合晶转变的相图

具有这类转变的合金很少,如 Na-Zn,K-Zn 等。

合金转变是由两个成分不同的液相 L_1 和 L_2 相互作用形成一个固相,其示意图如 7.41 所示,在 asb 温度发生合晶转变:

$$L_{1a} + L_{2b} \rightleftharpoons \beta_s$$

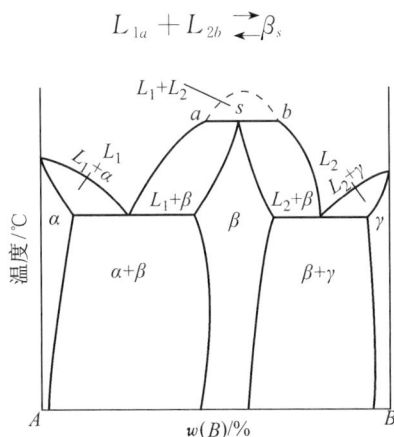

图 7.41 具有合晶转变的相图

4. 具有熔晶转变的相图

图 7.42 是具有熔晶转变的 Fe-B 二元相图。含微量硼的 Fe-B 合金在 1 381℃时进行了由一个固相恒温分解为一个液相和另一个固相,即

$$\delta \rightleftharpoons \gamma + L$$

这种转变称为熔晶转变。具有熔晶转变的合金也很少,Fe-S,Cu-Sb 等合金系具有熔晶转变。

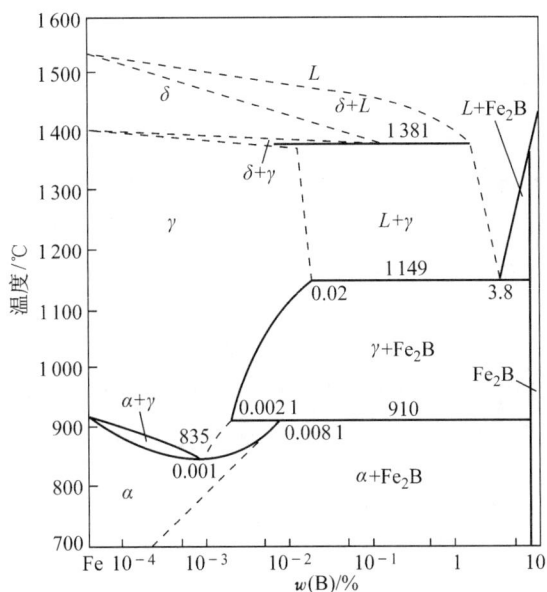

图 7.42 Fe-B 相图

5. 具有固态转变的二元相图

a. 具有固溶体多晶型转变的相图 当体系中组元具有同素(分)异构转变时,则形成的固溶体常常有多晶型转变,或称多形性转变。图 7.43 为 Fe-Ti 二元相图。Fe 和 Ti 在固态均发生同素异构转变,故相图在近钛一边有 β 相(体心立方)→α 相(密排六方)的固溶体多晶型转变;而在近铁的一边有 α(或 δ)→γ→α 的固溶体多晶型转变。

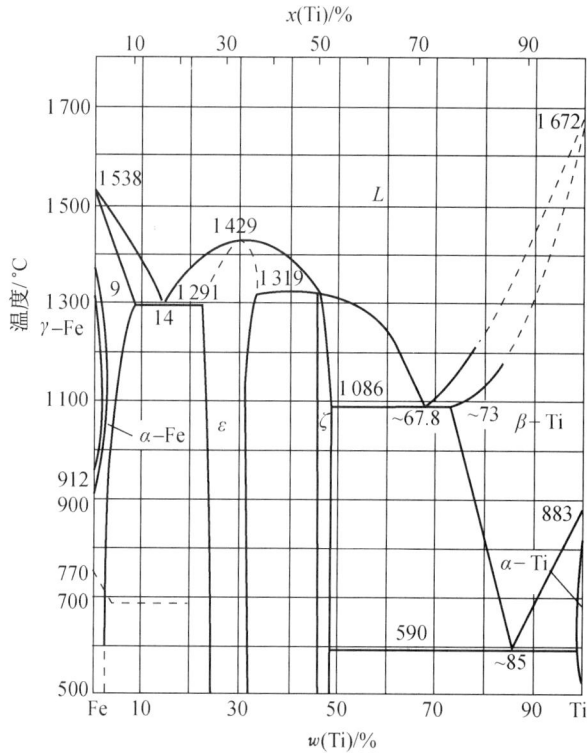

图 7.43 Fe-Ti 合金相图

b. 具有共析转变的相图 共析转变的形式类似共晶转变,是一个固相在恒温下转变为另外两个固相。如图 7.44 所示的 Cu-Sn 相图中 γ 为 Cu_3Sn,δ 为 $Cu_{31}Sn_8$,ε 为 Cu_3Sn,ζ 为 $Cu_{20}Sn_6$,η 和 η' 为 Cu_6Sn_5,它们都溶有一定的组元。该相图存在 4 个共析恒温转变:

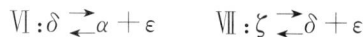

$$Ⅳ:\beta \rightleftarrows \alpha+\gamma \qquad Ⅴ:\gamma \rightleftarrows \alpha+\delta$$

$$Ⅵ:\delta \rightleftarrows \alpha+\varepsilon \qquad Ⅶ:\zeta \rightleftarrows \delta+\varepsilon$$

c. 具有包析转变的相图 包析转变相似于包晶转变,为一个固相与另一个固相反应形成第三个固相的恒温转变。如图 7.44 的 Cu-Sn 合金相图中,有两个包析转变:

$$Ⅷ:\gamma+\varepsilon \rightleftarrows \zeta$$

$$Ⅸ:\gamma+\zeta \rightleftarrows \delta$$

d. 具有脱溶过程的相图 固溶体常因温度降低而溶解度减小,析出第二相。如图 7.44

的 Cu-Sn 相图中，α 固溶体在 350℃时具有最大的溶解度：$w(Sn)$ 为 11.0%，随着温度降低，溶解度不断减小，冷至室温时 α 固溶体几乎不固溶 Sn，因此，在 350℃以下 α 固溶体在降温过程中要不断地析出 ε 相(Cu_3Sn)，这个过程称为脱溶过程。

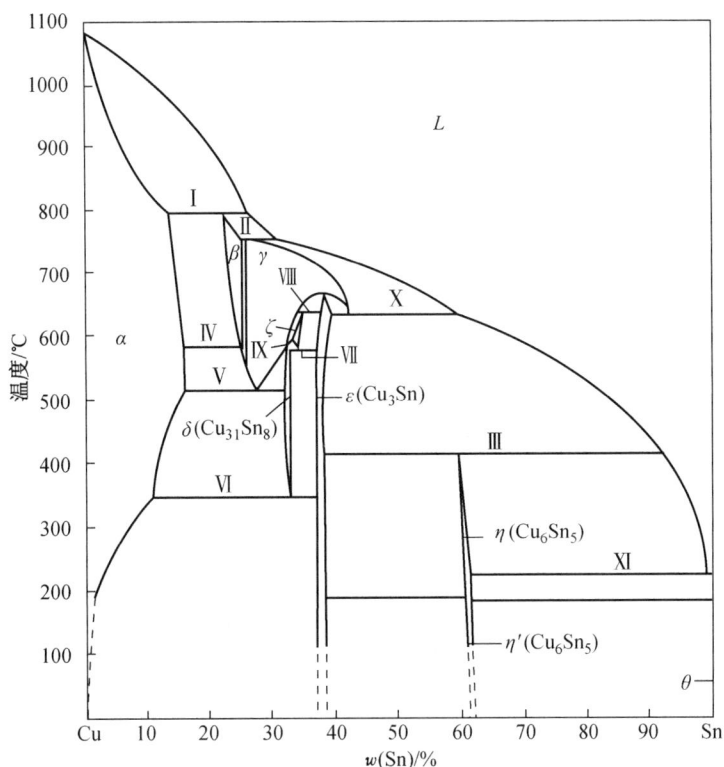

图 7.44　Cu-Sn 相图

e. 具有有序-无序转变的相图　有些合金在一定成分和一定温度范围内会发生有序-无序转变。一级相变的无序固溶体转变为有序固溶体时，相图上两个单相区之间应有两相区隔开，如图 7.45 所示的 Cu-Au 相图，$w(Au)$ 为 50.8% 的 Cu-Au 合金，在 390℃以上为无序固溶体，而在 390℃以下形成有序固溶体 α'($AuCu_3$)，除此以外，α''_1($AuCu\ I$)，α''_2($AuCu\ II$)和 α'''(Au_3Cu)也是有序固溶体。二级相变的无序固溶体转变为有序固溶体，则两个固溶体之间没有两相区间隔，而用一条虚线或细直线表示，如图 7.44 的 Cu-Sn 相图中，$\eta \rightarrow \eta'$ 的无序-有序转变仅用一条细直线隔开，但也有人认为，该转变属一级相变，两者之间应有两相区隔开。所谓一级相变，就是新、旧两相的化学势相等，但化学势的一次偏导数不等的相变；而二级相变定义为相变时两相化学势相等，一次偏导数也相等，但二次偏导数不等。可以证明：在二元系中，如果是二级相变，则两个单相区之间只被一条单线所隔开，即在任一平衡温度和浓度下，两平衡相的成分相同。

f. 具有固溶体形成中间相转变的相图　某些合金所形成的中间相并不是像前述的由两组元的作用直接得到的，而是由固溶体转变的中间相。图 7.46 是 Fe-Cr 二元相图。当 $w(Cr)$ 为 46%的 α 固溶体将在 821℃发生 $\alpha \rightarrow \sigma$ 的转变，则 σ 相是以金属间化合物 FeCr 为基的固溶体。

g. 具有磁性转变的相图　磁性转变属于二级相变，固溶体或纯组元在高温时为顺磁性，

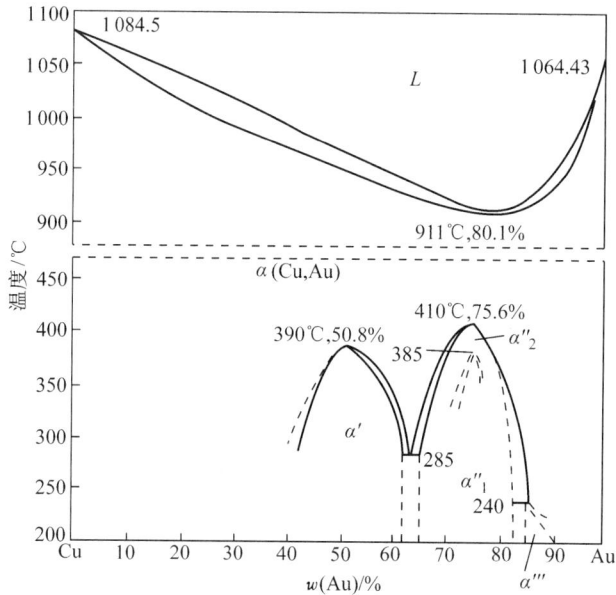

图 7.45 Cu-Au 相图

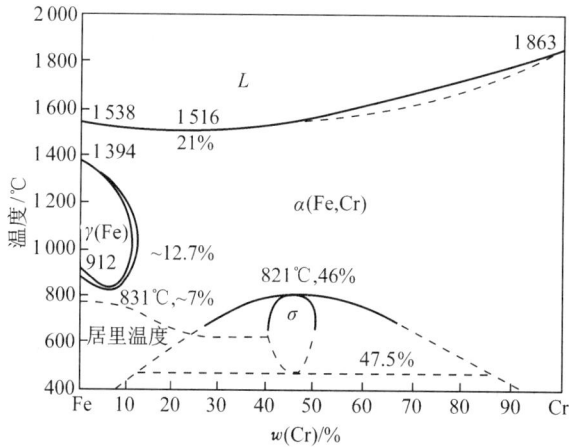

图 7.46 Fe-Cr 相图

在 T_c 温度以下呈铁磁性，T_c 温度称为居里温度，在相图上一般以虚线表示，如图 7.46 所示。

7.3.6 复杂二元相图的分析方法

复杂二元相图都是由前述的基本相图组合而成的，只要掌握各类相图的特点和转变规律，就能化繁为简。一般的分析方法如下：

（1）先看相图中是否存在稳定化合物，如有，则以这些化合物为界，把相图分成几个区域进行分析。

（2）根据相区接触法则，区别各相区。

（3）找出三相共存水平线，分析这些恒温转变的类型。表 7.1 列出了二元系各类三相恒温转变的图型，可借此有助于分析。

表 7.1　二元系各类恒温转变图型

恒　温　转　变　类　型		反　应　型	图　型　特　征
共　晶　式	共　晶　转　变	$L \rightleftharpoons \alpha + \beta$	α——L——β
	共　析　转　变	$\gamma \rightleftharpoons \alpha + \beta$	α——γ——β
	偏　晶　转　变	$L_1 \rightleftharpoons L_2 + \alpha$	L_2——L_1——α
	熔　晶　转　变	$\delta \rightleftharpoons L + \gamma$	γ——δ——L
包　晶　式	包　晶　转　变	$L + \beta \rightleftharpoons \alpha$	L——α——β
	包　析　转　变	$\gamma + \beta \rightleftharpoons \alpha$	γ——α——β
	合　晶　转　变	$L_1 + L_2 \rightleftharpoons \alpha$	L_2——α——L_1

（4）应用相图分析具体合金随温度改变而发生的相转变和组织变化规律。在单相区,该相的成分与原合金相同;在两相区,不同温度下两相成分分别沿其相界线而变化。根据所研究的温度画出连接线,其两端分别与两条相界相交,由此根据杠杆法则可求出两相的相对量。三相共存时,三个相的成分是固定的,可用杠杆法则求出恒温转变后组成相的相对量。

（5）在应用相图分析实际情况时,切记:相图只给出体系在平衡条件下存在的相和相对量,并不能表示出相的形状、大小和分布;相图只表示平衡状态的情况,而实际生产条件下合金和陶瓷很少能达到平衡状态,因此要特别重视它们在非平衡条件下可能出现的相和组织。尤其是陶瓷,其熔体的黏度较合金大,组元的扩散比合金慢,因此,许多陶瓷凝固后极易形成非晶体或亚稳相。

（6）由于某种原因相图的建立可能存在误差和错误,则可用相律来判断。实际研究中的合金,其原材料的纯度与相图中的不同,这也会影响分析结果的准确性。

7.3.7　根据相图推测合金的性能

合金的性能很大程度上取决于组元的特性及其所形成的合金相的性质和相对量,借助相图所反映出的这些特性和参量来判定合金的使用性能(如力学和物理性能等)和工艺性能(如铸造性能,压力加工性能,热处理性能等),对于实际生产有一定的借鉴作用。

1. 根据相图判断合金的使用性能

图 7.47 表示出几类基本型二元合金相图与合金力学性能和物理性能之间的关系。由图可见,形成两相机械混合物的合金,其性能是两组成相性能的平均值,即性能与成分呈线性关系。固溶体的性能随合金成分呈曲线变化。当形成稳定化合物(中间相)时,其性能在曲线上出现奇点。另外,在形成机械混合物的合金中,各相的分散度对组织敏感的性能有较大的影响。例如,共晶成分及接近共晶成分的合金,通常组成相细小分散,则其强度、硬度可提高,如图中虚线所示。

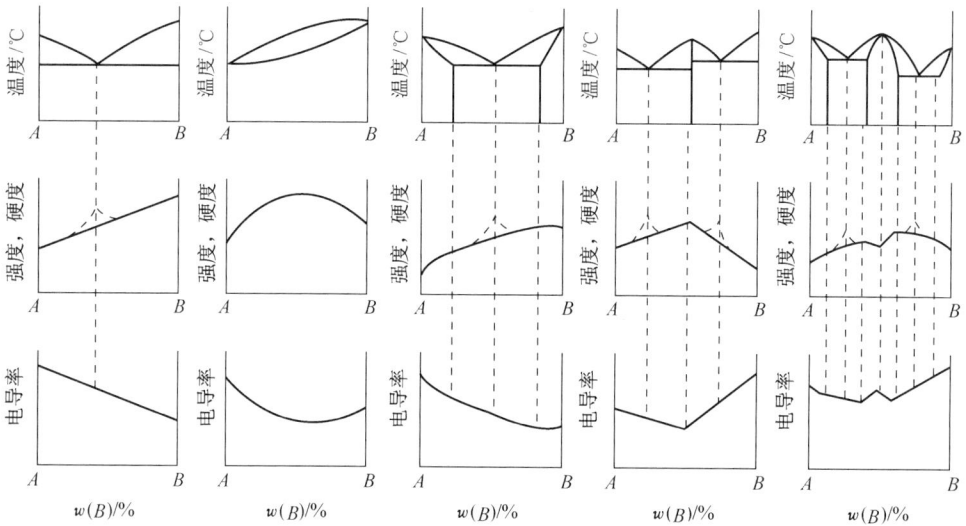

图 7.47　相图与合金硬度、强度及电导率之间的关系

2. 根据相图判别合金的工艺性能

图 7.48 表示了相图与合金铸造性能的关系。由于共晶合金的熔点低,并且是恒温转变,熔液的流动性好,凝固后容易形成集中缩孔,合金致密,因此,铸造合金宜选择接近共晶成分的合金。固溶体合金的流动性差,不如共晶合金和纯金属,而且液相线与固相线间隔越大,即结晶温度范围越大,树枝晶易粗大,对合金流动性妨碍严重,由此导致分散缩孔多,合金不致密,

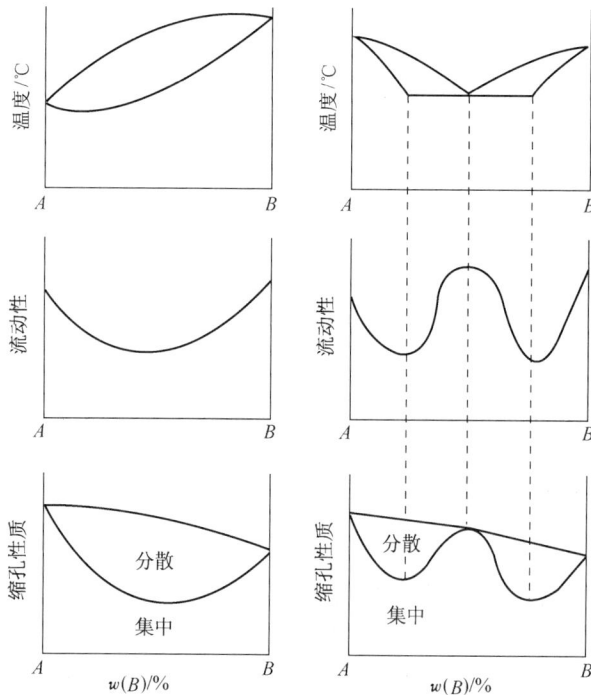

图 7.48　合金的流动性、缩孔性质与相图之间的关系

而且偏析严重,同时,先后结晶区域容易形成成分的偏析。

压力加工性能好的合金通常是单相固溶体,因为固溶体的强度低,塑性好,变形均匀;而两相混合物,由于它们的强度不同,变形不均匀,变形大时,两相的界面也易开裂,尤其是存在的脆性中间相对压力加工更为不利,因此,需要压力加工的合金通常是取单相固溶体或接近单相固溶体且只含少量第二相的合金。

借助相图能判断合金热处理的可能性。相图中没有固态相变的合金只能进行消除枝晶偏析的扩散退火,不能进行其他热处理;具有同素异构转变的合金可以通过再结晶退火和正火热处理来细化晶粒;具有溶解度变化的合金可通过时效处理方法来强化合金;某些具有共析转变的合金,如 Fe-C 合金中的各种碳钢,先经加热形成固溶体 γ 相,然后快冷(淬火),则共析转变将被抑制而发生性质不同的非平衡转变,由此获得性能不同的组织。

7.3.8 二元相图实例分析

SiO_2-Al_2O_3 系和 Fe-C 系分别是陶瓷和合金中最重要的两个二元系,现以它们的相图作为实例进行分析。

1. SiO_2-Al_2O_3 系的组织与性能

图 7.49 是 Al_2O_3-SiO_2 二元相图,它对陶瓷和耐火材料的研究是十分重要的。从 1909 年公布第一张 Al_2O_3-SiO_2 相图起,已发表了十几张有关的不同相图,争论的焦点是中间相莫来石(Mullite)是稳定化合物还是非稳定化合物,莫来石的成分是否固定,后一问题得到了统一,即莫来石的成分是不固定的,它的 $w(Al_2O_3)$ 在 72%~78% 之间波动,相当于分子式 $3Al_2O_3$-$2SiO_2$ 与 $2Al_2O_3 \cdot SiO_2$ 之间,因而在相图中有一个固溶范围。

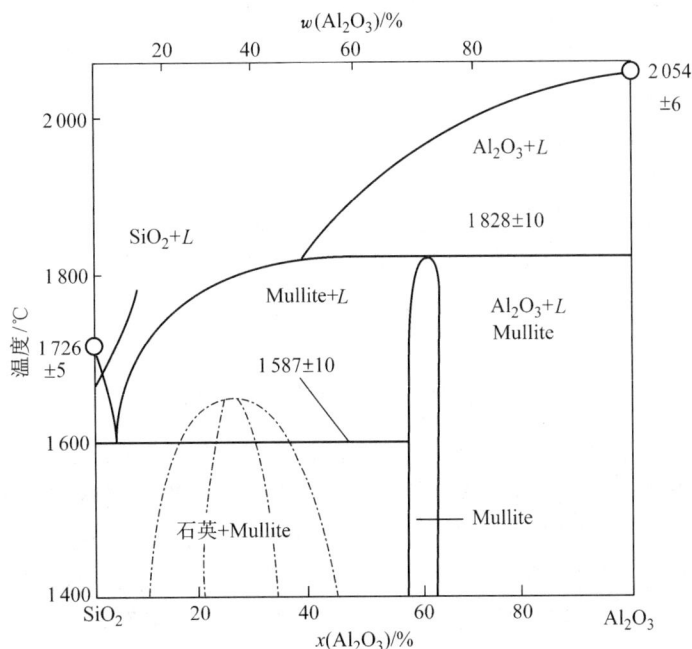

图 7.49 SiO_2-Al_2O_3 系相图

SiO_2-Al_2O_3 系相图中有三个化合物,均属复杂结构。组元 α-Al_2O_3(又称刚玉)属菱方点阵;组元 SiO_2 随多晶型的变化具有多种点阵类型(见表 7.2);中间相莫来石为单斜点阵。

在相图中有两个三相恒温转变,一个是在 1587℃ 发生的共晶转变:$L \rightarrow SiO_2$ + 莫来石;另一个是在 1828℃ 发生的包晶转变:$L + Al_2O_3 \rightarrow$ 莫来石。在相图富 SiO_2 一侧出现亚稳的溶混间隙,在该区内两相将通过调幅分解的方式自动分离,或通过形核长大的方式进行分离。在含有 SiO_2 的体系中,大多会出现这种亚稳态的两相分离。

表 7.2　SiO_2 的同分异构形态

稳定形态	点阵类型	温度范围/℃
α 石英	六方点阵	(室温)~573
β 石英	六方点阵	573~870
$β_2$ 鳞石英	菱方点阵	870~1470
β 方石英	正方点阵	1470~1713
硅酸玻璃	无晶形	1713 以上

a. $w(Al_2O_3) < 10\%$ 的陶瓷(亚共晶)　$w(Al_2O_3)$ 小于 10% 的 SiO_2-Al_2O_3 的陶瓷熔液冷至液相线温度,开始以匀晶方式结晶出 SiO_2(方石英),随着温度的降低,SiO_2 含量增多,而液相中的 Al_2O_3 含量也不断增多。当温度降至 1587℃ 时,液相的成分达到共晶成分——$w(Al_2O_3)$ 为 10%,发生共晶反应,生成由 SiO_2 和莫来石机械混合的共晶体。共晶反应结束后的组织为初生相方石英和共晶体。随着温度继续下降,初生相 SiO_2 和共晶体中的 SiO_2 均将发生同分异构转变,在 1470℃ 通过重建型转变成为高温鳞石英,然后,在 867℃ 再通过重建型转变成为高温石英,最终,在 573℃ 通过位移型转变成为低温石英。由于结构转变通过重建型方式是极其缓慢的,因此在共晶反应后的冷却过程中,高温方石英在 200~270℃ 通过位移型转变成为低温方石英,也可能高温方石英先通过重建型转变成为高温鳞石英(在某些相图已标出),随后在 160℃ 通过位移型转变成为中间型鳞石英,最终在 105℃ 通过位移型转变成为低温鳞石英。SiO_2 在室温时是低温方石英、低温鳞石英还是低温石英,这取决于冷却速度和是否外加溶剂促进重建型转变。在共晶反应结束后的冷却过程中,由于 SiO_2 和莫来石几乎不相互溶,两者没有脱溶现象。

b. $w(Al_2O_3) = 10\%$ 的陶瓷(共晶)　共晶成分 $w(Al_2O_3) = 10\%$ 的熔液在 1587℃ 时发生共晶反应,生成共晶体:SiO_2 + 莫来石,共晶体中两组成相的相对量可由杠杆法则计算得到:

$$w(SiO_2) = \frac{72-10}{72-0} \times 100\% = 86\%,$$

$$w(莫来石) = \frac{10-0}{72-0} \times 100\% = 14\%。$$

共晶转变结束后,SiO_2 将视不同的冷却速度从高温方石英转变成三种低温石英中的一种。

c. $10\% < w(Al_2O_3) < 55\%$ 的陶瓷(过共晶)　该成分内的陶瓷溶液冷却至液相线温度,开始按匀晶方式结晶出莫来石。随着温度下降,莫来石含量增多,溶液中的 Al_2O_3 含量减少,其成分沿液相线变化。当温度降至 1587℃ 时,液相成分达到共晶成分,发生共晶转变。共晶反应结束后的组织为莫来石和共晶体。在此成分范围内,初生相莫来石的最大相对量

$$w(莫来石_{max}) = \frac{55-10}{72-10} \times 100\% = 72.5\%。$$

同样,从共晶反应后,共晶体中的 SiO_2 要发生同分异构转变。

d. $55\% < w(Al_2O_3) < 72\%$ 的陶瓷　该成分内的陶瓷熔液冷却至液相线温度,先按匀晶方式结晶出 Al_2O_3,随着温度的降低,Al_2O_3 含量增多,液相量减少。当温度降至 $1828℃$ 时,则发生包晶反应:$L + Al_2O_3 \rightarrow$ 莫来石。包晶反应结束后,初生相 Al_2O_3 耗尽,但尚有液相剩余。液相继续按匀晶方式结晶出莫来石,它们和包晶反应生成的莫来石结合在一起。随之液相的成分按液相线变化,最终在 $1587℃$,当 $w(Al_2O_3)$ 为 10% 时,则发生共晶转变,生成共晶体。共晶反应后的组织为莫来石和共晶体。

e. $72\% < w(Al_2O_3) < 78\%$ 的陶瓷　该成分内的陶瓷熔液冷却,至液相线温度将结晶出 Al_2O_3,随温度继续冷却至 $1828℃$ 时发生包晶反应。如果取包晶成分 $w(Al_2O_3)$ 为 75% 的陶瓷,则包晶反应所需的液相和 Al_2O_3 的相对量分别为:

$$w(液相) = \frac{100 - 75}{100 - 55} \times 100\% = 55.6\%,$$

$$w(Al_2O_3) = 100\% - 55.6\% = 44.4\%。$$

包晶反应结束后,进入莫来石单相区,冷至室温仍为单相莫来石。

f. $w(Al_2O_3) > 78\%$ 的陶瓷　该成分内的陶瓷熔液冷至液相线将结晶出 Al_2O_3,随温度降至 $1828℃$ 时发生包晶反应。包晶反应结束后,液相耗尽,但尚有部分的初生相 Al_2O_3,故此时的组织为初生相 Al_2O_3 和包晶产物莫来石。随温度降至室温,由于莫来石和 Al_2O_3 均无溶解度变化,故室温组织仍为上述包晶反应后的组织。

在 SiO_2-Al_2O_3 二元系中,不同的 Al_2O_3 含量对应常用的几种耐火材料制品。硅砖的质量分数 $w(Al_2O_3)$ 为 $0.2\% \sim 1.0\%$,黏土砖 $35\% \sim 50\%$,高铝砖为 $60\% \sim 90\%$。

硅砖主要用途作为平炉的炉顶砖,常用的炉内温度为 $1625 \sim 1650℃$。由相图可知,在这个温度范围,实际上砖的一部分处于液态,对硅砖的寿命不利。由于这个原因,现可通过用特殊的原料或选择较好的处理方法制成氧化铝含量较低的高硅砖,来提高硅砖的使用温度和寿命。

耐火黏土砖在 $1587℃$ 以下时,由平衡相莫来石和二氧化硅组成。两相的相对量随耐火黏土砖中 Al_2O_3 的含量而变化,砖的性能也相应地变化。温度超过 $1600℃$ 将出现大量液相,故黏土砖不适于高于此温度时使用。

当 $w(Al_2O_3)$ 大于 10% 时的耐火材料,将随 Al_2O_3 含量增大而使其耐高温性能提高。耐火砖完全由莫来石或莫来石和氧化铝组成,故其耐火性能得到显著的改善。使用纯氧化铝可获得最高的耐火温度。烧结 Al_2O_3 用作实验室器皿,熔铸 Al_2O_3 用作玻璃池窑耐火材料。

2. 铁碳合金的组织及其性能

a. Fe-Fe$_3$C 相图　碳钢和铸铁是最为广泛使用的金属材料,铁碳相图是研究钢铁材料的组织、性能及其热加工和热处理工艺的重要工具。

碳在钢铁中可以有四种形式存在:碳原子溶于 α-Fe 形成的固溶体,称为铁素体(体心立方结构);或溶于 γ-Fe 形成的固溶体,称为奥氏体(面心立方结构);或与铁原子形成复杂结构的化合物 Fe_3C(正交点阵),称为渗碳体;碳也可能以游离态石墨(六方结构)稳定相存在。在通常情况下,铁碳合金是按 Fe-Fe_3C 系进行转变的,其中 Fe_3C 是亚稳相,在一定条件下可以分解为铁和石墨,即 $Fe_3C \rightarrow 3Fe + C$(石墨)。因此,铁碳相图可有两种形式:$Fe$-$Fe_3C$ 相图和 Fe-C

相图,为了便于使用,通常将两者画在一起,称为铁碳双重相图,如图 7.50 所示。

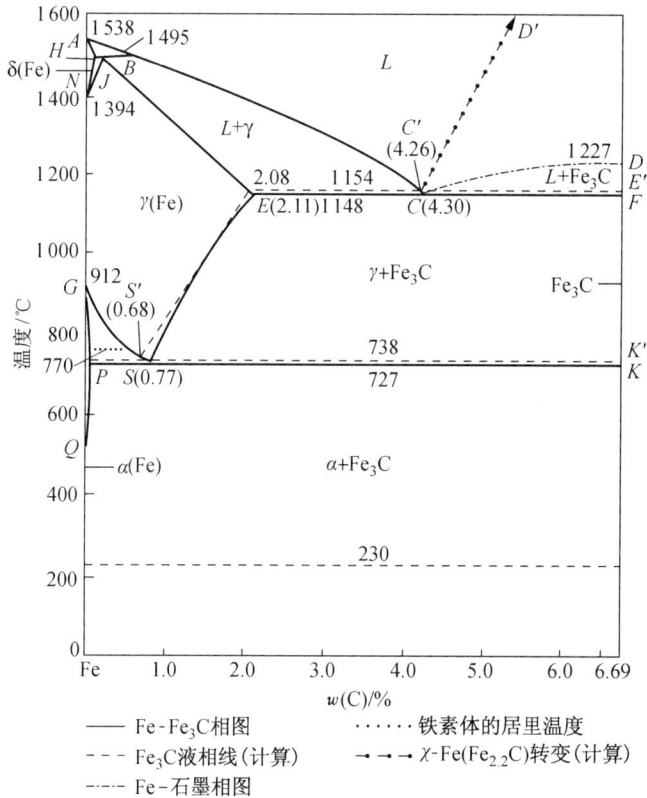

图 7.50　Fe-Fe₃C 相图

在 Fe-Fe₃C 相图中,存在 3 个三相恒温转变,即在 1 495℃ 发生的包晶转变:$L_B+\delta_H\rightarrow\gamma_J$,转变产物是奥氏体;在 1 148℃ 发生的共晶转变:$L_c\rightarrow\gamma_E+Fe_3C$,转变产物是奥氏体和渗碳体的机械混合物,称为莱氏体;在 727℃ 发生的共析转变:$\gamma_s\rightarrow\alpha_p+Fe_3C$,转变产物是铁素体与渗碳体的机械混合物,称为珠光体。共析转变温度常标为 A_1 温度。

此外,在 Fe-Fe₃C 相图中还有 3 条重要的固态转变线:

(1) GS 线——奥氏体中开始析出铁素体(降温时)或铁素体全部溶入奥氏体(升温时)的转变线,常称此温度为 A_3 温度。

(2) ES 线——碳在奥氏体中的溶解度曲线。此温度常称 A_{cm} 温度。低于此温度时,奥氏体中将析出渗碳体,称为二次渗碳体,用 Fe_3C_{II} 表示,以区别于从液体中经 CD 线结晶出的一次渗碳体 Fe_3C_I。

(3) PQ 线——碳在铁素体中的溶解度曲线。在 727℃ 时,碳在铁素体中的最大 $w(C)$ 为 0.0218%,因此,铁素体从 727℃ 冷却时也会析出极少量的渗碳体,以三次渗碳体 Fe_3C_{III} 称之,以区别上述两种情况产生的渗碳体。

图中 770℃ 的水平线表示铁素体的磁性转变温度,常称为 A_2 温度。230℃ 的水平线表示渗碳体的磁性转变。

b. 典型铁碳合金的平衡组织　铁碳合金通常可按含碳量及其室温平衡组织分为三大类:

工业纯铁、碳钢和铸铁。碳钢和铸铁是按有无共晶转变来区分的,无共晶转变即无莱氏体的合金,称为碳钢。在碳钢中,又分为亚共析钢、共析钢及过共析钢,有共晶转变的称为铸铁。

根据 Fe-Fe$_3$C 相图中获得的不同组织特征,将铁碳合金按含碳量划分为 7 种类型,如图 7.51 所示。

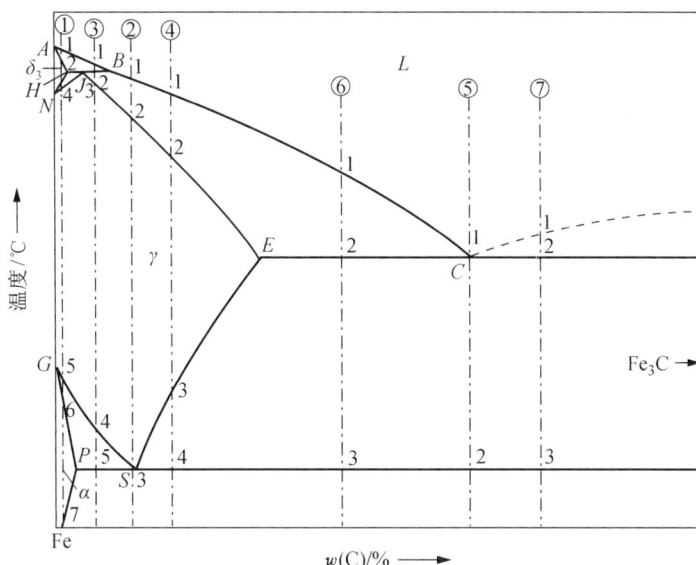

图 7.51　典型铁碳合金冷却时的组织转变过程分析

铁碳合金按含碳量划分为下列 7 种类型:

① 工业纯铁,$w(C) < 0.0218\%$;　　　　② 共析钢,$w(C) = 0.77\%$;

③ 亚共析钢,$0.0218\% < w(C) < 0.77\%$;④ 过共析钢,$0.77\% < w(C) < 2.11\%$;

⑤ 共晶白口铸铁,$w(C) = 4.30\%$;　　　⑥ 亚共晶白口铸铁,$2.11\% < w(C) < 4.30\%$;

⑦ 过共晶白口铸铁,$4.30\% < w(C) < 6.69\%$。

现对每种类型选择一个合金来分析其平衡凝固时的转变过程和室温组织。

(1) $w(C) = 0.01\%$ 的合金(工业纯铁)。此合金在相图的位置见图 7.51 中①。合金熔液冷至 1~2 点之间,由匀晶转变 $L \to \delta$ 结晶出 δ 固溶体。2~3 点之间为单相固溶体 δ。它继续在 3~4 点冷却则发生多晶型转变 $\delta \to \gamma$,奥氏相不断在 δ 相的晶界上形核并长大,直至 4 点结束,合金全部为单相奥氏体,并保持到 5 点温度以上。冷至 5~6 点间又发生多晶型转变 $\gamma \to \alpha$,变为铁素体。其同样在奥氏体晶界上优先形核并长大,并保持到 7 点温度以上。当温度降至 7 点以下,将从铁素体中析出三次渗碳体 Fe$_3$C$_{\text{Ⅲ}}$。工业纯铁的室温组织如图 7.52 所示。

(2) $w(C) = 0.77\%$ 的合金(共析钢)。此合金在相图的位置见图 7.51 中②。合金熔液在 1~2 点按匀晶转变结晶出奥氏体。在 2 点凝固结束后全部转变成单相奥氏体,并使这一状态保持到 3 点温度以上。当温度冷至 3 点温度(727℃)时,发生共析转变 $\gamma_{0.77} \to \alpha_{0.0218} + Fe_3C$,转变结束后奥氏体全部转为珠光体,它是铁素体与渗碳体的层片交替重叠的混合物。珠光体中的渗碳体称为共析渗碳体。当温度继续降低时,从铁素体中析出的少量 Fe$_3$C$_{\text{Ⅲ}}$ 与共析渗碳体长在一起无法辨认,其室温组织如图 7.53 所示。

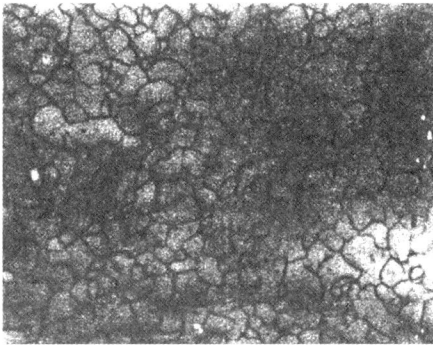

图 7.52 工业纯铁的显微组织 300×

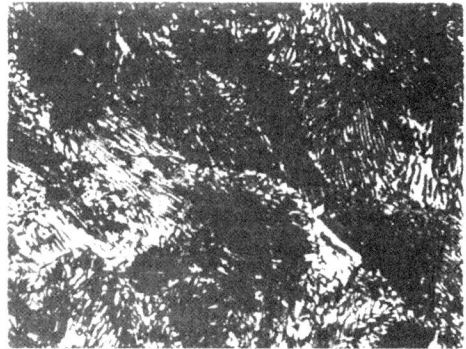

图 7.53 光学显微镜下观察的珠光体组织 600×

在室温下,珠光体中铁素体与渗碳体的相对量可用杠杆法则求得:

$$w(\alpha) = \frac{6.69 - 0.77}{6.69 - 0.000\,8} \times 100\% = 88\%,$$

$$w(Fe_3C) = 100\% - 88\% = 12\%,$$

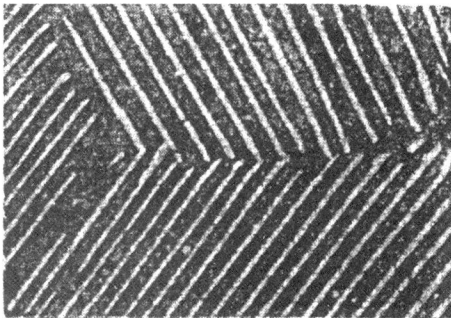

图 7.54 在透射电镜下观察的珠
光体组织(塑料一级复型) 8 000×

上式中的 $w(C) = 0.000\,8\%$ 为铁素体在室温时的碳溶解度极限。图 7.53 所示的珠光体中,白色片状是铁素体,黑色薄片是渗碳体,这种黑白衬度是由于金相浸蚀剂对铁素体、渗碳体及两者相界面浸蚀的速度不同所致,渗碳体不易浸蚀而凸出,其两侧的相界面在光学显微镜下无法分辨而合为一条黑线,因 Fe₃C 细薄而被黑线所掩盖。用比光学显微镜分辨率高得多的透射电镜观察珠光体组织,组成相 α 和 Fe₃C 并没有黑白之分,渗碳体的形态和层片宽度都很清晰,如图 7.54 所示。

在共析转变开始时,珠光体的组成相中任意一相——铁素体或渗碳体优先在奥氏体晶界上形核并以薄片形态长大,通常情况下,渗碳体作为领先相在奥氏体晶界上形核并长大,导致其周围奥氏体中贫碳,有利于铁素体晶核在渗碳体两侧形成,这样就形成了由铁素体和渗碳体组成的珠光体晶核。由于铁素体对碳的溶解度有限,它的形成使原溶在奥氏体中的碳绝大部分被排挤到附近未转变的奥氏体中和晶界上,因此,当这些地方的碳的质量分数到达一定程度(6.69%)时,又出现第二层渗碳体,这样的过程继续交替地进行,便形成珠光体领域,或称珠光体群。在生长着的珠光体领域和未转变的奥氏体之间的界面上,也可以与原珠光体领域不同位向的形核生长出珠光体领域,或者在晶界上长出新的珠光体领域,直至各个珠光体领域彼此相碰,奥氏体完全消失为止。同一珠光体领域中的层片方向一致,铁素体和渗碳体具有一定的晶体学位向关系:

$$(A) \begin{bmatrix} (001)_{Fe_3C} \parallel (2\,1\,\bar{1})_\alpha \\ [100]_{Fe_3C} \parallel [01\bar{1}]_\alpha \\ [010]_{Fe_3C} \parallel [111]_\alpha \end{bmatrix} \qquad (B) \begin{bmatrix} (001)_{Fe_3C} \parallel (5\,2\,\bar{1})_\alpha \\ [100]_{Fe_3C} \text{与} [13\bar{1}]_\alpha \text{差} 2.6° \\ [010]_{Fe_3C} \text{与} [113]_\alpha \text{差} 2.6° \end{bmatrix}$$

另外,珠光体的层片间距随冷却速度增大而减小,珠光体层片越细,其强度越高,韧性和塑性也越好。

如果层片状珠光体经适当退火处理,那么共析渗碳体可在铁素体的基体上呈球状分布,称为球状(或粒状)珠光体,如图 7.55 所示。球状珠光体的强度比层片状珠光体低,但塑性、韧性比其好。

(3) $w(C)=0.40\%$ 的合金(亚共析钢)。此合金在图 7.51 中③的位置上。合金在 1~2 点间按匀晶转变结晶出 δ 固溶体。冷却至 2 点(1 495℃),发生包晶反应: $L_{0.53}+\delta_{0.09}\rightarrow\gamma_{0.17}$。由于合金的碳含量大于包晶点的成分(0.17%),所以包晶转变结束后,还有剩余液相。在 2~3 点间,液相继续凝固成奥氏体,温度降至 3 点,合金全部由 $w(C)$ 为 0.40% 的奥氏体组成,继续冷却,单相奥氏体不变,直至冷至 4 点时,开始析出铁素体。随着温度下降,铁素体不断增多,其含碳量沿 GP 线变化,而剩余奥氏体的含碳量则沿 GS 线变化。当温度达到 5 点(727℃)时,剩余奥氏体的 $w(C)$ 达到 0.77%,发生共析转变形成珠光体。在 5 点以下,先共析铁素体中将析出三次渗碳体,但其数量很少,一般可忽略。该合金的室温组织由先共析铁素体和珠光体组成,如图 7.56 所示。

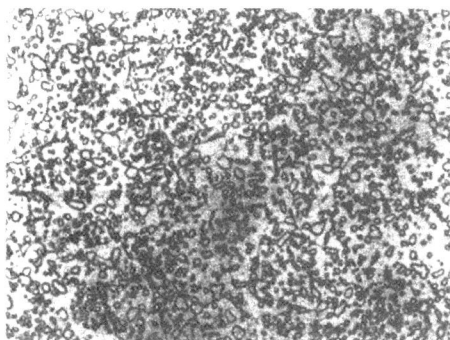
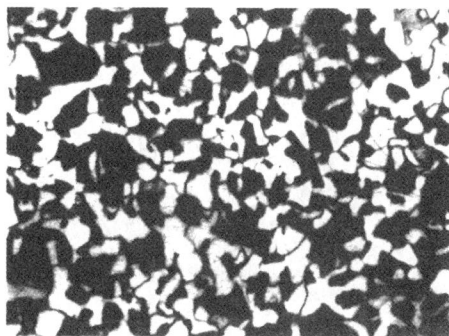

图 7.55　球状珠光体　400×　　　　　　　图 7.56　亚共析钢的室温组织　200×

(4) $w(C)=1.2\%$ 的合金(过共析钢)。此合金在相图中的位置是图 7.51 中④。合金在 1~2 点按匀晶过程结晶出单相奥氏体。冷至 3 点开始从奥氏体中析出二次渗碳体,直至 4 点为止。奥氏体的成分沿 ES 线变化;因 Fe₃C$_{II}$ 沿奥氏体晶界析出,故呈网状分布。当冷至 4 点温度(727℃)时,奥氏体的 $w(C)$ 降为 0.77%,因而发生恒温下的共析转变,最后得到的组织为网状的二次渗碳体和珠光体,如图 7.57 所示。

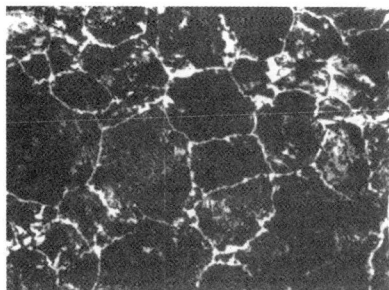
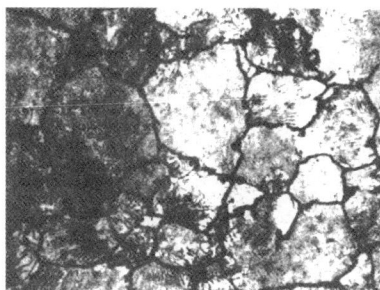

(a)　　　　　　　　　　　　　　　(b)

图 7.57　$w(C)=1.2\%$ 的过共析钢缓冷后的组织　500×

(a) 硝酸酒精浸蚀,白色网状相为二次渗碳体,暗黑色为珠光体;

(b) 苦味酸钠浸蚀,黑色为二次渗碳体,浅白色为珠光体

（5）$w(C)=4.3\%$的合金（共晶白口铸铁）。此合金在相图中的位置见图7.51中⑤。合金熔液冷至1点（1148℃）时，发生共晶转变：$L_{4.30}\rightarrow\gamma_{2.11}+Fe_3C$，此共晶体称为莱氏体（$L_d$）。继续冷却至1~2点间，共晶体中的奥氏体不断析出二次渗碳体，它通常依附在共晶渗碳体上而不能分辨，二次渗碳体的相对量由杠杆法则计算可达11.8%。当温度降至2点（727℃）时，共晶奥氏体的碳含量降至共析点成分0.77%，此时在恒温下发生共析转变，形成珠光体。忽略2点以下冷却时析出的Fe_3C_{III}，最后得到的组织是室温莱氏体，称为变态莱氏体，用L'_d表示，它保持原莱氏体的形态，只是共晶奥氏体已转变为珠光体，如图7.58所示。

（6）$w(C)=3.0\%$的合金（亚共晶白口铸铁）。此合金在相图中的位置见图7.51中⑥。合金熔液在1~2点结晶出奥氏体，此时液相成分按BC线变化，而奥氏体成分沿JE线变化。当温度到达2点（1148℃）时，初生奥氏体$w(C)$为2.11%，液相$w(C)$为4.3%，此时发生共晶转变，生成莱氏体。在2点以下，初生相奥氏体（或称先共晶奥氏体）和共晶奥氏体中都会析出二次渗碳体，奥氏体成分随之沿ES线变化。当温度降至3点（727℃）时，所有奥氏体都发生共析转变而成为珠光体。图7.59是该合金的室温组织。图中树枝状的大块黑色组成体是由先共晶奥氏体转变成的珠光体，其余部分为变态莱氏体。由先共晶奥氏体中析出的二次渗碳体依附在共晶渗碳体上而难以分辨。

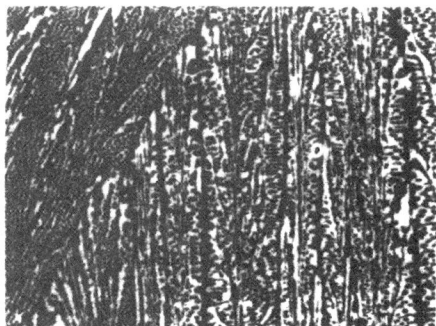

图7.58 共晶白口铸铁的室温组织
（白色基体是共晶渗碳体,黑色部分是由
共晶奥氏体转变而来的珠光体） 250×

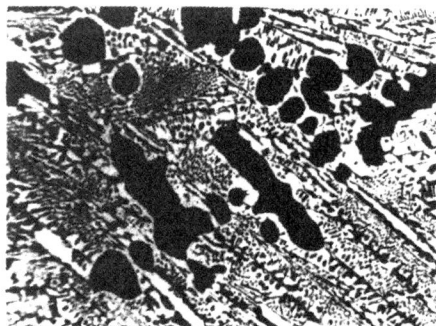

图7.59 亚共晶白口铸铁在室温下的组织
（深黑色的树枝状组成体是珠光体,
其余为变态莱氏体） 80×

图7.60 过共晶白口铸铁冷却到室温后的
组织（白色条片是一次渗碳体,
其余为变态莱氏体） 250×

（7）$w(C)=5.0\%$的合金（过共晶白口铸铁）。此合金在相图中的位置见图7.51中⑦。合金熔液冷却至1~2点之间结晶出渗碳体，先共晶相为一次渗碳体，它不是以树枝状方式生长，而是以条状形态生长，其余的转变同共晶白口铸铁的转变过程相同。过共晶白口铸铁的室温组织为一次渗碳体和变态莱氏体，如图7.60所示。

根据以上对各种铁碳合金转变过程的分析，可将铁碳合金相图中的相区按组织加以标注，如图7.61所示。

c. 碳量对铁碳合金的组织和性能的影响 随

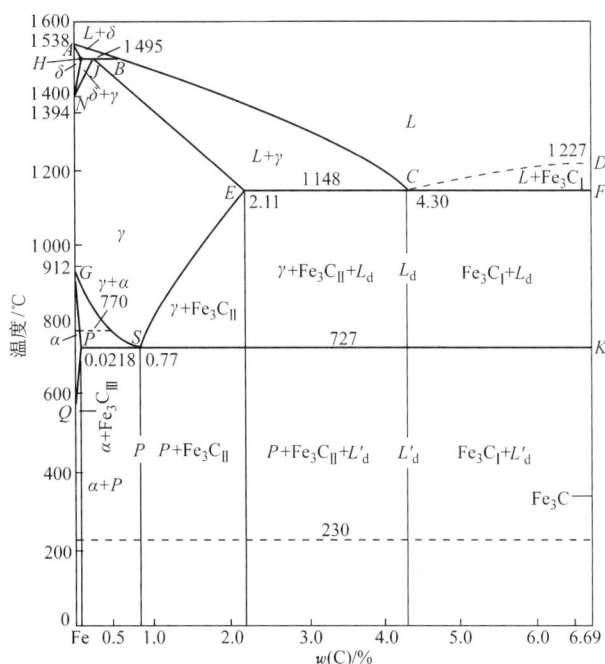

图 7.61　按组织分区的铁碳合金相图

着含碳量的增加,铁碳合金的组织发生以下的变化:

$$\alpha+Fe_3C_{III} \rightarrow \alpha+P(珠光体) \rightarrow P \rightarrow P+Fe_3C_{II} \rightarrow P+Fe_3C_{II}+L'_d \rightarrow L'_d \rightarrow L'_d+Fe_3C_I$$

含碳量对钢的力学性能的影响,主要是通过改变显微组织及其组织中各组成相的相对量来实现的。铁碳合金的室温平衡组织均由铁素体和渗碳体两相组成。铁素体是软韧相,而渗碳体是硬脆相。珠光体由铁素体和渗碳体组成。珠光体的强度比铁素体高,比渗碳体低,而珠光体的塑性和韧性比铁素体低,而比渗碳体高,而且珠光体的强度随珠光体的层片间距减小而提高。

在钢中渗碳体是一个强化相。如果合金的基体是铁素体,则随含碳量的增加,渗碳体越多,则合金的强度越高。但若渗碳体这种脆性相分布在晶界上,特别是形成连续的网状分布时,则合金的塑性和韧性显著下降。例如,当 $w(C)>1\%$ 以后,因二次渗碳体的数量增多而呈连续的网状分布,致使钢具有很大的脆性,塑性很低,抗拉强度也随之降低。当渗碳体成为基体时(如白口铁中),则合金硬而脆。

需要指出的是,工业上将碳钢分为低碳钢(C $<$ 0.25wt%)、中碳钢(0.25wt% $<$ C $<$ 0.6wt%)和高碳钢(0.6wt% $<$ C $<$ 1.4wt%)。低碳钢不作热处理,用于制造车身、薄板等,塑性好,可机加工,可焊接;中碳钢经热处理(淬火和回火)后强韧性好,可用于制造车轮、车轨、齿轮等;高碳钢需要进行硬化时效处理,可作为高硬度的工具钢、模具钢等。

由 Fe-Fe$_3$C 相图可知,铁素体、渗碳体、珠光体、莱氏体均是平衡组织。如果冷却速度足够快(称为淬火),就可获得贝氏体,冷速更快可获得马氏体,高温下的部分奥氏体不发生转变,在室温下保留,就成为残留奥氏体,这些不在平衡相图中出现的组织都是亚稳组织。有亚稳组织构成的钢铁材料比平衡组织构成的具有更高的强度和综合性能。例如,近 20 年快速发展的汽车用钢,研发出一系列低合金先进高强度钢:双相(DP)钢由铁素体+马氏体构成;相变诱发塑性(TRIP)钢由铁素体＋贝氏体＋残留奥氏体构成;淬火分配(Q&P)钢由马氏体＋残留奥氏体构成;淬火－分配－回火(Q-P-T)钢由马氏体＋残留奥氏体＋碳化物构成等。上述这些钢,显著减轻了汽车部件重量,相应减少了汽车的二氧化碳排放量。

7.4 二元合金的凝固理论

液态合金的凝固过程除了遵循金属结晶的一般规律外,由于二元合金中第二组元的加入,溶质原子要在液、固两相中发生重新分布,这对合金的凝固方式和晶体的生长形态产生重要影响,而且会引起宏观偏析和微观偏析。本节主要讨论二元合金在匀晶转变和共晶转变中的凝固理论,在此基础上,简述合金铸锭(件)的组织与缺陷。

7.4.1 固溶体的凝固理论

1. 正常凝固

合金凝固时,要发生溶质的重新分布,重新分布的程度可用平衡分配系数 k_0 表示。k_0 定义为平衡凝固时固相的质量分数 w_S 和液相质量分数 w_L 之比,即

$$k_0 = \frac{w_S}{w_L}。 \tag{7.8}$$

图 7.62 是合金匀晶转变时的两种情况。图 7.62(a)是 $k_0 < 1$ 的情况,也就是随溶质增加,合金凝固的开始温度和终结温度降低;反之,随溶质的增加,合金凝固的开始温度和终结温度升高,此时 $k_0 > 1$。k_0 越接近 1,表示该合金凝固时重新分布的溶质成分与原合金成分越接近,即重新分布的程度越小。当固、液相线假定为直线时,由几何方法不难证明 k_0 为常数。

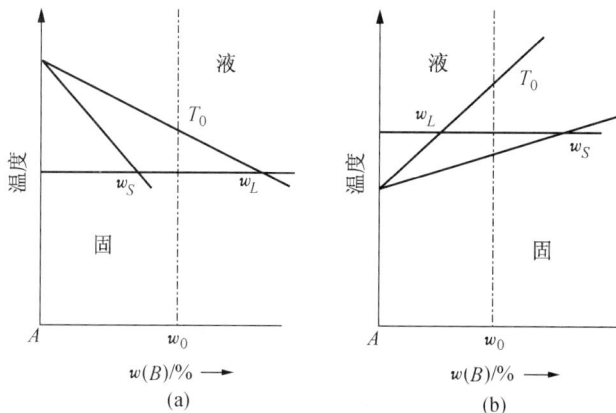

图 7.62 两种 k_0 的情况

(a) $k_0 < 1$; (b) $k_0 > 1$

将成分为 w_0 的单相固溶体合金的熔液置于圆棒形锭子内,由左向右进行定向凝固,如图 7.63(a)所示,在平衡凝固条件下,则在任何时间已凝固的固相成分是均匀的,其对应该温度下的固相线成分。凝固终结时的固相成分就变成 w_0 的原合金成分,如图 7.63(b)所示。

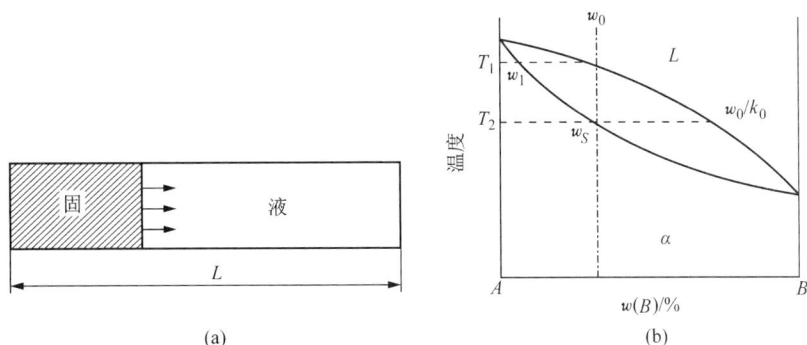

图 7.63 长度为 L 的圆棒形锭子(a)和平衡冷却示意图(b)

但在非平衡凝固时,已凝固的固相成分随着凝固的先后而变化,即随凝固距离 x 而变化。现以五个假设条件来推导固溶体非平衡凝固时,质量浓度 ρ_S 随凝固距离变化的解析式:

① 液相成分任何时候都是均匀的;

② 液-固界面是平直的;

③ 液-固界面处维持着这种局部的平衡,即在界面处满足 k_0 为常数;

④ 忽略固相内的扩散;

⑤ 固相和液相密度相同。

设圆棒的截面积为 A,长度为 L。若取体积元 $A\mathrm{d}x$ 发生凝固,如图 7.64(a)中所示的阴影区,体积元的质量为 $\mathrm{d}M$,其凝固前后的质量变化(见图 7.64(b),(c)):

$$\mathrm{d}M(\text{凝固前}) = \rho_L A \mathrm{d}x,$$
$$\mathrm{d}M(\text{凝固后}) = \rho_S A \mathrm{d}x + \mathrm{d}\rho_L A(L-x-\mathrm{d}x),$$

式中,ρ_L,ρ_S 分别为液相和固相的质量浓度。由质量守恒可得

$$\rho_L A \mathrm{d}x = \rho_S A \mathrm{d}x + \mathrm{d}\rho_L A(L-x-\mathrm{d}x)。$$

忽略高阶小量 $\mathrm{d}\rho_L \mathrm{d}x$,整理后得:

$$\mathrm{d}\rho_L = \frac{(\rho_L - \rho_S)\mathrm{d}x}{L-x}。$$

两边同除以液相(或固相)的密度 ρ,因假设固相和液相密度相同,故 $\dfrac{\rho_S}{\rho_L} = \dfrac{w_S}{w_L} = k_0$,并积分,有

$$\int_{\rho_0}^{\rho_L} \frac{\mathrm{d}\rho_L}{\rho_L} = \int_0^x \frac{1-k_0}{L-x}\mathrm{d}x。$$

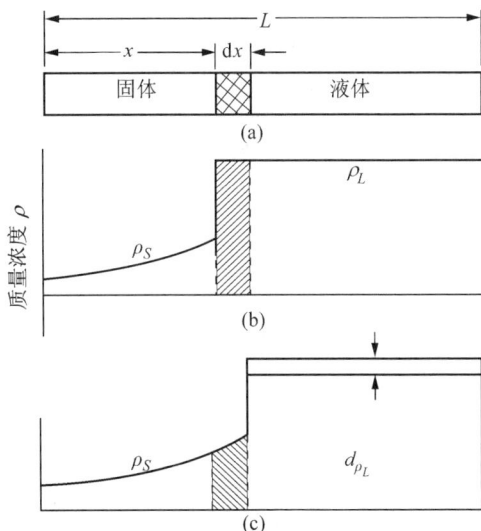

图 7.64 体积元 $\mathrm{d}x$ 的凝固(a),凝固前的溶质分布(b)及凝固后的溶质分布(c)

因为最初结晶的液相质量浓度为 ρ_0(即原合金的质量浓度),故上式积分下限值为 ρ_0,积分得

$$\rho_L = \rho_0 \left(1 - \frac{x}{L}\right)^{k_0 - 1}。 \tag{7.9}$$

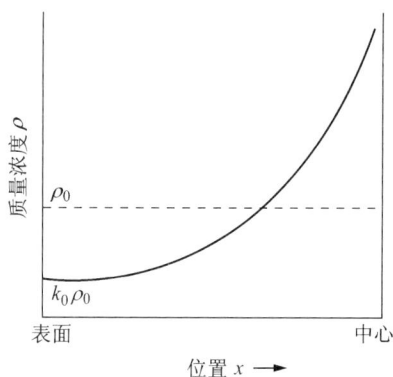

图 7.65　正常凝固后溶质质量浓度在铸锭内的分布

上式表示了液相质量浓度随凝固距离的变化规律。由于 $\rho_L = \dfrac{\rho_S}{k_0}$，所以

$$\rho_S = \rho_0 k_0 \left(1 - \frac{x}{L}\right)^{k_0 - 1}。\qquad (7.10)$$

(7.10)式称为正常凝固方程，它表示了固相质量浓度随凝固距离的变化规律。

固溶体经正常凝固后，整个锭子的质量浓度分布如图 7.65 所示($k_0 < 1$)，这符合一般铸锭中浓度的分布，因此称为正常凝固。这种溶质质量浓度由锭表面向中心逐渐增加的不均匀分布，称为正偏析，它是宏观偏析的一种，这种偏析通过扩散退火也难以消除。

2. 区域熔炼

前述的正常凝固，是把质量浓度为 ρ_0 的固溶体合金整体熔化后进行定向凝固，如果该合金通过由左向右的局部熔化，那么经过这种区域熔炼的固溶体合金，其溶质质量浓度随距离的变化又如何？下面将推导经一次区域熔炼后，溶质质量浓度随凝固距离变化的数学表达式。区域熔炼推导的假设条件与正常凝固方程一样。同样设原材料质量浓度为 ρ_0，均匀分布于整个圆棒中。令横截面面积 $A = 1$，所以单位截面积的体积元的体积为 dx，凝固体积的质量浓度 $\rho_S = k_0 \rho_L$，式中 ρ_L 为液体的质量浓度，凝固体积所含的溶质质量为 $\rho_S dx$ 或 $k_0 \rho_L dx$，而

$$\rho_L = \frac{\text{液体中的溶质质量}}{\text{液体体积}} = \frac{m}{V} = \frac{m}{l}。$$

当熔区前进 dx 后，液体(熔区)中溶质质量的增量(见图 7.66)

$$\begin{aligned}
dm &= m(x + dx) - m(x) \\
&= (\rho_x l - \rho_S dx + \rho_0 dx) - \rho_x l \\
&= \rho_0 dx - \rho_S dx = \left(\rho_0 - \frac{k_0 m}{l}\right) dx。
\end{aligned}$$

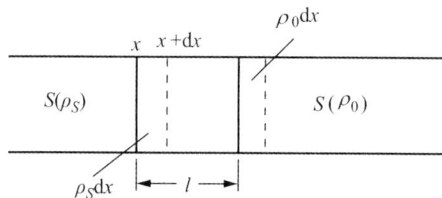

图 7.66　前进 dx 后熔区中溶质的变化

移项后积分，得

$$\int \frac{dm}{\rho_0 - \dfrac{k_0 m}{l}} = \int dx，$$

$$\left(-\frac{l}{k_0}\right) \ln\left(\rho_0 - \frac{k_0 m}{l}\right) = x + A，$$

上式中 A 为待定常数。在 $x = 0$ 处，熔区中溶质质量 $m = \rho_0 l$，所以

$$A = -\frac{l}{k_0} \ln \rho_0 (1 - k_0)。$$

把 A 代入原式中，整理可得

$$\rho_S = \rho_0 \left[1 - (1 - k_0) e^{\frac{-k_0 x}{l}}\right]。\qquad (7.11)$$

(7.11)式为区域熔炼方程,表示了经一次区域熔炼后随凝固距离变化的固溶体质量浓度。该式不能用于大于一次($n>1$)的区域熔炼后的溶质分布,因为经一次区域熔炼后,圆棒的成分不再是均匀的。该式也不能用于最后一个熔区的原因是,最后熔区再前进 dx,熔料的长度小于熔区长度 l,则不能获得 dm 的表达式。

多次区域熔炼($n>1$)的定量方程已由不同作者导出,图 7.67 是多次区域熔炼后溶质分布的示意图。由图可知,当 $k_0<1$ 时,凝固前端部分的溶质质量浓度不断降低,后端部分不断地富集,这使固溶体经区域熔炼后的前端部分因溶质减少而得到提纯,因此区域熔炼又称区域提纯。图 7.68 表示劳特(Lord)推导的结果,由图可知,当 $k_0=0.1$ 时,经 8 次提纯后,在 8 个熔区长度内的溶质比提纯前约降低了 $10^4 \sim 10^6$。目前很多纯材料由区域提纯来获得,如将锗经区域提纯,可得到一千万个锗原子中只含小于 1 个的杂质原子,它可作为半导体整流器的元件。由此可见,区域提纯是应用固溶体凝固理论的一个突出成就。区域提纯装置示意图如图 7.69 所示,区域熔化通过固定的感应加热器加热移动的圆棒来实现。多次区域提纯方法很简单,只要在图 7.69 示意的装置中,相隔一定距离平行地安装上多个感应加热器,将需提纯的圆棒定向地慢慢水平移动即可。

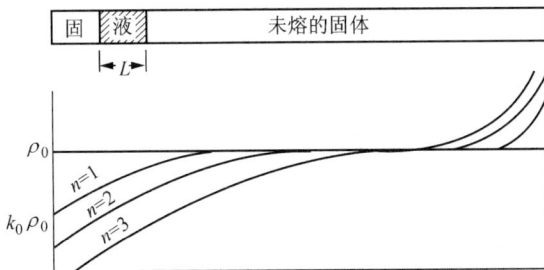

图 7.67　多次区域熔炼($n>1$)提纯示意图　　　图 7.68　多次区域熔炼对 $k=0.1$ 用 Lord 法计算的结果

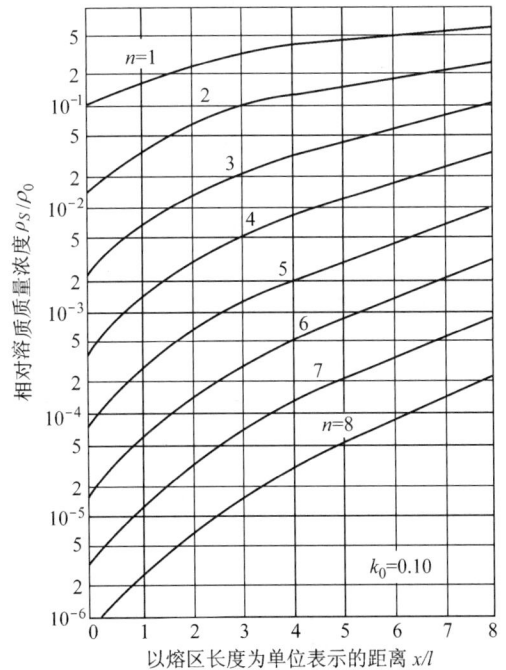

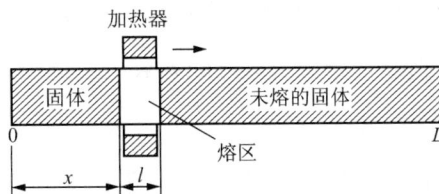

图 7.69　区域提纯示意图

从原理上说,正常凝固也能起到提纯的作用,由于正常凝固是把整个合金熔化,就会破坏前次提纯的效果,因此用正常凝固方法提纯固溶体远不如用区域熔炼方法。

3. 表征液体混合程度的有效分配系数 k_e

在推导正常凝固方程和区域提纯方程时,都采用了液体浓度是均匀的这一假设,这通常是合理的。因为液体可通过扩散和对流两种途径,尤其是对流更易使溶质在液体中获得均匀分布,然而,在实际中这个假设是个非常严格的约束。

合金凝固时,液态合金因具有低黏度和高密度而存在自然对流,其倾向使液体浓度均匀化;然而正是液体流动时的一个基本特性却部分地妨碍对流的作用。正如我们所知,当液体以低速流过一根水管时,液体中的每一点都平行于管壁流动,这称为层流。流速在管中心最大,并按抛物线规律向管壁降低,直至管壁处的液体流速为零为止。因此在管壁处总是存在着一个很薄的层流液体的边界层。这样的边界层在固-液界面处的液体中也同样存在,它阻碍了液体浓度的均匀化。凝固时,固-液界面上的溶质将从固体中连续不断地排入液体。为了得到均匀的液体浓度,这些溶质必须快速地在整个液体中传输。在界面处的边界层中,由于层流平行界面,故在界面的法线方向上不可能出现对流传输,溶质只能通过缓慢的扩散方式穿过边界层才能传输到对流液体中去。于是在边界层区域中获得了溶质的聚集,如图 7.70(a)中虚线所示,在边界层以外,通过对流可使液体质量浓度快速均匀化,其质量浓度为 $(\rho_L)_B$。由于在界面上达到局部平衡,故 $(\rho_S)_i = k_0 (\rho_L)_i$(式中采用质量浓度,并假设固相和液相的密度相同)。由此可见,溶质的聚集使 $(\rho_L)_i$ 迅速上升,必使 $(\rho_S)_i$ 也迅速上升,因此固体浓度的上升要比不存在溶质聚集时为快(见图 7.70(a))。随着溶质的不断聚集,边界层的浓度梯度也随之增大,于是通过扩散方式穿越边界层的传输速度增大,直至由界面处固体中排入边界层中溶质的量与从边界层扩散到对流液体中溶质的量相等时,聚集才停止上升,于是 $(\rho_L)_i / (\rho_L)_B$ 为常数。发生聚集的区域称为初始瞬态,或初始过渡区,如图 7.70(b)所示。

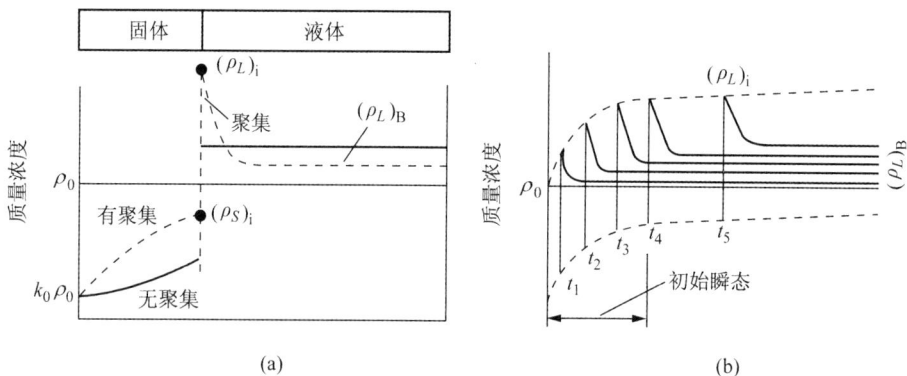

图 7.70 液体中溶质的聚集对凝固圆棒的成分的影响(a)及在初始瞬态内溶质聚集的建立(b)

为了表征液体中的混合程度,需定义有效分配系数 k_e:

$$k_e = \frac{(\rho_S)_i}{(\rho_L)_B} \text{。} \tag{7.12}$$

在初始过渡区建立后,有效分配系数为常数。由于 k_e 十分重要,现推导它和可测定参数之间的关系。

取固-液界面为参考点。液体流向界面上的观察者，因而在液体中的任意点上，由液体流动造成的溶质通量为 $-R\rho_L$，其中 ρ_L 为局部的液体质量浓度，而 R 为液体流向观察者的速度(若以液体任意一点为参考点，则 R 表示了界面速度)，负号表示流动的方向与扩散方向(z)相反。扩散和对流的方向如图 7.71 所示，与之相反方向的扩散和对流不存在。由扩散和对流造成的总通量

$$J = -R\rho_L - D\frac{d\rho_L}{dz} \text{。}$$

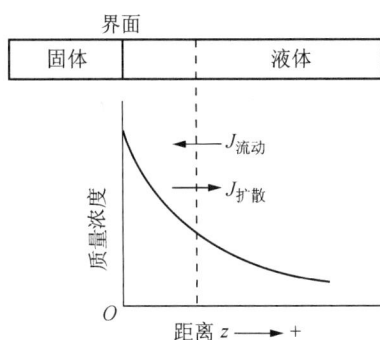

图 7.71　边界层两侧的扩散和对流方向

对上式的 z 求偏导数，并由推导菲克第二定律时的前续方程 $\dfrac{\partial \rho_L}{\partial t} = -\dfrac{\partial J}{\partial z}$，可得

$$D\frac{\partial^2 \rho_L}{\partial z^2} + R\frac{\partial \rho_L}{\partial z} = \frac{\partial \rho_L}{\partial t} \text{。}$$

在初始过渡区建立后，边界层中溶质的量将相对地保持不变，可假设 $\dfrac{\partial \rho_L}{\partial t}=0$，这一假设由实验证实不会引起很大偏差。因此，描述边界层中的溶质质量浓度 ρ_L 的二阶偏微分方程变为二阶常微分方程，因而 $\rho_L(z,t)$ 变为 $\rho_L(z)$，并有

$$\frac{d^2 \rho_L}{dz^2} + \frac{R}{D}\frac{d\rho_L}{dz} = 0 \text{。} \tag{7.13}$$

其通解为

$$\rho_L = P_1 + P_2 e^{-Rz/D}, \tag{7.14}$$

式中，待定系数 P_1 和 P_2 可由边界条件求出。

在 dt 时间内，液-固界面流动了 dz(或 Rdt)距离，此时，界面一侧固体中溶质总量为 $(\rho_S)_i ARdt$，其中 A 为试棒横截面面积；而界面前沿液体(边界层)中溶质总量为 $(\rho_L)_i ARdt$，两者之差，即多余的溶质通过扩散排入到边界层外的液体中去，其总量为 $-AD\dfrac{d\rho_L}{dz}dt$，这里忽略了进入固体中的扩散，则得

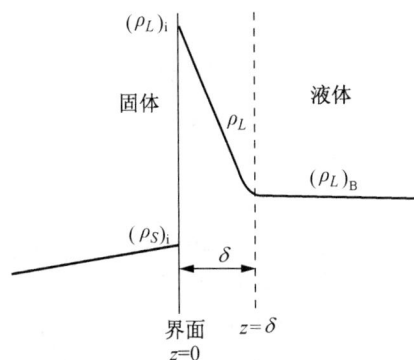

图 7.72　初始过渡层建立后，液体和固体内及其界面处的溶质分布

$$(\rho_L)_i ARdt - (\rho_S)_i ARdt = -AD\frac{d\rho_L}{dz}dt, \tag{7.15}$$

整理后，得

$$\frac{d\rho_L}{dz} = \frac{R}{D}[(\rho_S)_i - (\rho_L)_i] = \frac{R}{D}(k_0-1)(\rho_L)_i \text{。} \tag{7.16}$$

图 7.72 表示在初始过渡层建立后，液、固的体内及界面处的溶质分布情况，由图可知，当 $z=0$ 时，$\rho_L=(\rho_L)_i$，由(7.14)式可得

$$(\rho_L)_i = P_1 + P_2 \text{。} \tag{7.17}$$

对(7.14)式求导，并由 $z=0$ 时可得

$$\frac{\mathrm{d}\rho_L}{\mathrm{d}z} = -P_2 \frac{R}{D} \text{。} \tag{7.18}$$

将(7.18)和(7.17)式代入(7.16)式,整理可得

$$P_1 = \frac{k_0}{1-k_0} P_2 \text{。} \tag{7.19}$$

当 $z=\delta$(边界层厚度,见图 7.72)时, $\rho_L = (\rho_L)_B$,将其和(7.19)式代入(7.14)通解式:

$$(\rho_L)_B = P_1 + P_2 \mathrm{e}^{-R\delta/D}$$

$$= P_2 \left(\frac{k_0}{1-k_0} + \mathrm{e}^{-R\delta/D} \right) \text{,} \tag{7.20}$$

所以

$$P_2 = (\rho_L)_B \bigg/ \left(\frac{k_0}{1-k_0} + \mathrm{e}^{-R\delta/D} \right) \text{。} \tag{7.21}$$

将上式代入(7.19)式,则得

$$P_1 = (\rho_L)_B \left(\frac{k_0}{1-k_0} \right) \bigg/ \left(\frac{k_0}{1-k_0} + \mathrm{e}^{-R\delta/D} \right) \text{。} \tag{7.22}$$

将待定系数 P_1 和 P_2 代入通解(7.14)式,整理可得

$$\rho_L = (\rho_L)_B \left(\frac{k_0}{1-k_0} + \mathrm{e}^{-Rz/D} \right) \bigg/ \left(\frac{k_0}{1-k_0} + \mathrm{e}^{-R\delta/D} \right) \text{。} \tag{7.23}$$

当 $z=0$ 时, $\rho_L = (\rho_L)_i$,上式变为:

$$(\rho_L)_i = (\rho_L)_B \left(\frac{k_0}{1-k_0} + 1 \right) \bigg/ \left(\frac{k_0}{1-k_0} + \mathrm{e}^{-R\delta/D} \right)$$

$$= (\rho_L)_B / [k_0 + (1-k_0) \mathrm{e}^{-R\delta/D}] \text{。} \tag{7.24}$$

由于固-液界面建立起局部的平衡,所以 $\frac{(\rho_S)_i}{(\rho_L)_i} = k_0$,而由有效分配系数的定义 $k_e = (\rho_S)_i / (\rho_L)_B$,将它们代入(7.24)式,最终得到有效分配系数 k_e 的数学表达式:

$$k_e = \frac{k_0}{k_0 + (1-k_0) \mathrm{e}^{-R\delta/D}} \text{。} \tag{7.25}$$

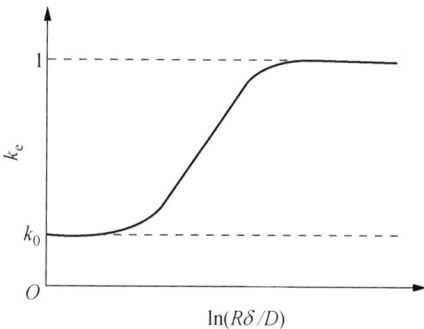

图 7.73　有效分配系数
随 $\ln(R\delta/D)$ 的变化

这是由伯顿(Burton)、普里姆(Prim)和斯利克特(Slichter)导出的著名方程。它说明了有效分配系数 k_e 是平衡分配系数 k_0 和量纲为一的参数 $R\delta/D$ 的函数。当 k_0 取某定值时,方程(7.25)式的曲线如图 7.73 所示。当 $R\delta/D$ 增大时, k_e 由最小值 k_0 增大至 1。下面分别讨论液体混合的三种情况:

(1)当凝固速度极快时, $R\to\infty$,即 $\mathrm{e}^{-R\delta/D}\to 0$,则 $k_e=1$,由此表明 $(\rho_S)_i = (\rho_L)_B = \rho_0$,如图 7.74(a)所示。它表示了液体完全不混合状态,其原因是边界层外的液体对流被抑制,仅靠扩散无法使溶质得到混合(均匀分布)。此时边界层厚度为最大,通常约为 $0.01\sim 0.02\mathrm{m}$。

(2)当凝固速度极其缓慢,即 $R\to 0$ 时,则 $\mathrm{e}^{-R\delta/D}\to 1$,即 $k_e=k_0$, $(\rho_L)_i = (\rho_L)_B$(见图 7.74(b)),

属于完全混合状态,液体中的充分对流使边界层不存在,从而导致溶质完全混合。

（3）当凝固速度处于上述两者之间,即 $k_0 < k_e < 1$ 时,在初始过渡区形成后,k_e 为常数,属于不充分混合状态（见图 7.74(c)）,它表示边界层外的液体在凝固中有时间进行部分的对流（不充分对流）,使溶质得到一定程度的混合,此时的边界层厚度较完全不混合状态薄,通常 δ 为 0.001m 左右。

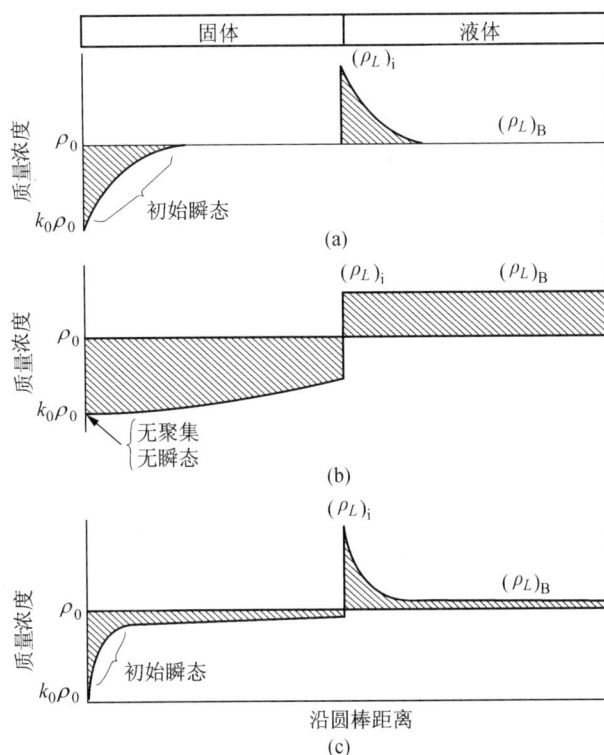

图 7.74　有效分配系数 k_e 值不同时,溶质的分布情况

(a) $k_e = 1$；(b) $k_e = k_0$；(c) $k_0 < k_e < 1$

考虑到液体的混合情况,因此前述的正常凝固方程和区域熔炼方程中的 k_0 将由 k_e 取代。不过要强调的是,这些方程仍然限于平直界面的假设。图 7.75 显示出 $k_e = k_0$ 和 $k_e = 2k_0$ 时正常凝固方程所得到的溶质分布曲线。由此可见,当希望获得最大程度的提纯时,则应当使 k_e 尽可能接近 k_0,也就是应当要求 $R\delta/D$ 尽可能地小。因此,要求一个小的界面运动速度 R 和高程度的混合以尽量减小界面层的厚度 δ。如果希望得到成分均匀分布的试棒,则要求 $k_e = 1$,也就是要求高

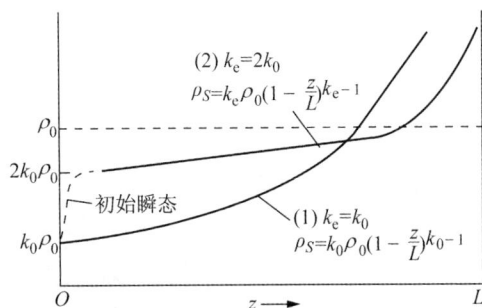

图 7.75　$k_e = k_0$ 和 $k_e = 2k_0$ 时的溶质分布曲线

的界面速度和无混合以获得最大的 δ。这样,在初始过渡区建立后,即可获得成分的均匀分布（圆棒两端对应初始过渡区和最后熔区宽度的溶质质量浓度除外）。

4. 合金凝固中的成分过冷

a. 成分过冷的概念　纯金属在凝固时,其理论凝固温度(T_m)不变。当液态金属中的实际温度低于T_m时,就引起过冷,这种过冷称为热过冷。在合金的凝固过程中,由于液相中溶质的分布发生变化而改变了凝固温度,这可由相图中的液相线来确定,因此,将界面前沿液体中的实际温度低于由溶质分布所决定的凝固温度时产生的过冷,称为成分过冷。成分过冷能否产生及其程度取决于液-固界面前沿液体中的溶质质量浓度分布和实际温度分布这两个因素。

图7.76示意出$k_0 < 1$时合金产生成分过冷的情况。图7.76(a)为$k_0 < 1$时二元相图一角及所选的合金成分为w_0。图7.76(b)为液-固界面($z = 0$)前沿液体的实际温度分布。图7.76(c)为液体中完全不混合($k_e = 1$)时液-固界面前沿溶质质量浓度的分布情况,其数学表达式可由下法得到:将边界条件$z = 0$,$\rho_L = \dfrac{\rho_0}{k_0}$;$z = \infty$,$\rho_L = \rho_0$,代入(7.14)式得通解方程中待定系数$P_1$和$P_2$,由此得到

$$\rho_L = \rho_0 \left(1 + \frac{1 - k_0}{k_0} e^{-Rz/D} \right) 。$$

两边同除以合金密度ρ,可得

$$w_L = w_0 \left(1 + \frac{1 - k_0}{k_0} e^{-Rz/D} \right) 。 \tag{7.26}$$

曲线上每一点溶质的质量分数w_L可直接在相图上找到所对应的凝固温度T_L,这种凝固温度变化曲线如图7.76(d)所示。然后,把图7.76(b)的实际温度分布线叠加到图7.76(d)上,就得到图7.76(e)中影线所示的成分过冷区。

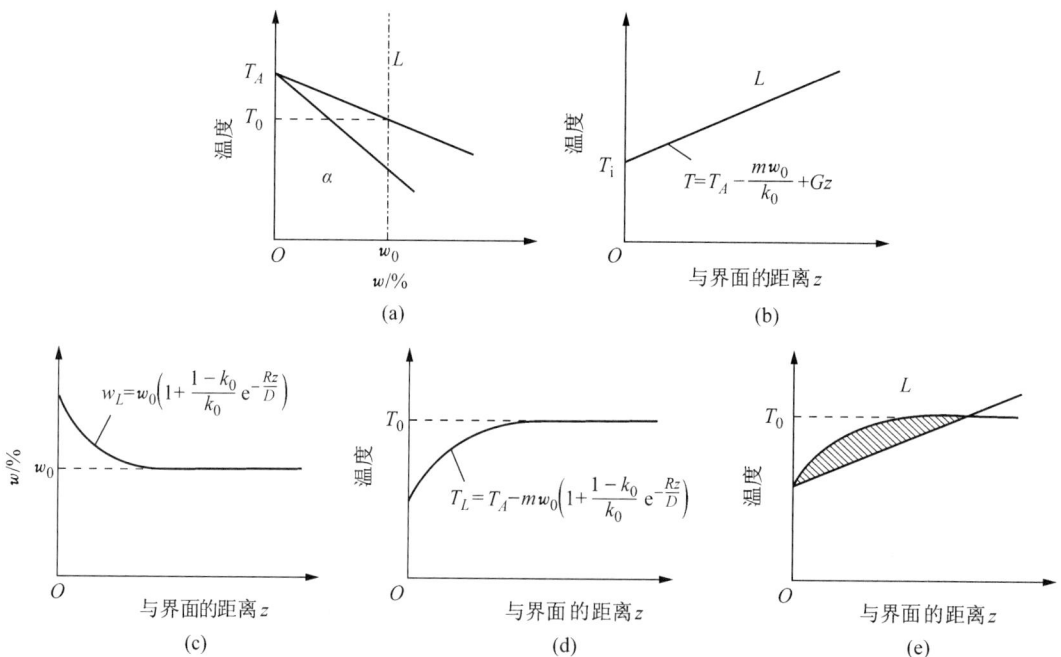

图 7.76　$k_0 < 1$合金的成分过冷示意图

b. 产生成分过冷的临界条件　假设 k_0 为常数,则液相线为直线,其斜率用 m 表示。由图 7.76(a)可得:

$$T_L = T_A - m w_L,\qquad(7.27)$$

式中,T_L 是成分为 w_L 合金的开始凝固温度,T_A 是纯 A 组元的熔点。把(7.26)式代入(7.27)式,则得

$$T_L = T_A - m w_0 \left(1 + \frac{1-k_0}{k_0} e^{-Rz/D} \right)。\qquad(7.28)$$

这就是图 7.76(d)中曲线的数学表达式。

现在确定图 7.76(b)中实际温度的数学表达式。设界面温度为 T_i,液体中自液-固界面开始的温度梯度为 G,则在距离界面为 z 处的液体实际温度

$$T = T_i + Gz。\qquad(7.29)$$

在初始过渡区建立后的稳态凝固条件下,界面温度 T_i 就是 $z=0$ 时的 T_L 温度;在液体完全不混合的情况下,液-固界面处固相的质量分数为 w_0,液相的质量分数为 $\frac{w_0}{k_0}$,所以界面温度 T_i 就是液相浓度为 $\frac{w_0}{k_0}$ 时所对应的温度,于是

$$T_i = (T_L)_{z=0} = T_A - \frac{m w_0}{k_0},\qquad(7.30)$$

因此

$$T = T_A - \frac{m w_0}{k_0} + Gz。\qquad(7.31)$$

显然,只有在 $T < T_L$,即实际温度低于液体的平衡凝固温度时,才会产生成分过冷。

成分过冷产生的临界条件(见图 7.76(e))为

$$\left. \frac{\mathrm{d}T_L}{\mathrm{d}z} \right|_{z=0} = G。\qquad(7.32)$$

对(7.28)式求导,可得 $z=0$ 处的表达式:

$$\left. \frac{\mathrm{d}T_L}{\mathrm{d}z} \right|_{z=0} = m w_0 \frac{1-k_0}{k_0} \frac{R}{D}。\qquad(7.33)$$

由(7.32)和(7.33)式得成分产生的临界条件:

$$G = \frac{R m w_0}{D} \frac{1-k_0}{k_0}。\qquad(7.34)$$

这就是由蒂勒(Tiller)、杰克逊(Jackson)、拉特(Rutter)和恰尔玛斯(Chalmers)在 1953 年首先导出的著名方程。大量实验证实,它可以很好地预报凝固时平直界面的稳定性。显然,产生成分过冷的条件是 $G < \left. \dfrac{\mathrm{d}T_L}{\mathrm{d}z} \right|_{z=0}$,于是有

$$\frac{G}{R} < \frac{m w_0}{D} \frac{1-k_0}{k_0},\qquad(7.35)$$

反之,则不产生成分过冷。

根据图 7.76(a)中简单的几何关系可导出:

$$G/R = \Delta T/D,\qquad(7.36)$$

式中，ΔT 为 w_0 成分合金的结晶开始温度与结晶终结温度之差，也就是该合金的凝固温度范围。

(7.35)式右边是反映合金性质的参数，w_0，m 大，而 k_0 小，均使凝固温度范围 ΔT 增大，有利于成分过冷。另外，扩散系数 D 越小，边界层中溶质越易聚集，这有利于成分过冷。(7.35)式左边则是受外界条件控制的参数。实际温度梯度越小，对一定的合金和凝固速度，即图 7.76(e)中的影线面积越大，成分过冷倾向也越大；若凝固速度增大，则液体的混合程度减小，边界层的溶质聚集增大，这也有利于成分过冷。

上面的推导是假定液体完全不混合的情况，即 $k_e = 1$，若是 $k_0 < k_e < 1$ 的液体部分混合情况，应进行修正，但上述的基本结论不变；若 $k_e = k_0$，在液体完全混合的情况，液-固界面的前沿没有溶质聚集，故不会出现成分过冷。

c. **成分过冷对晶体生长形态的影响**   前述的正常凝固和区域熔炼均要求液-固界面为平直界面，为此，要求很慢的凝固速度和很低的溶质质量浓度，一般要求溶质质量分数小于 1%。而在实际的合金铸锭或铸件的凝固速度 R 较大，一般大于 2.5×10^{-5} m/s，但铸锭或铸件的温度梯度 G 不大，一般小于 $300 \sim 500$ ℃/m。根据不出现成分过冷的临界条件(7.34)式计算，若金属在液相线温度下的扩散系数取 $D \approx 10^{-9}$ m^2/s，液相线斜率 $|m| > 1$℃/w，$R \approx 2.5 \times 10^{-5}$ m/s，则对于 $k_0 = 0.1$，溶质质量分数 w 为 1% 的合金，$G \approx 225\,000$℃/m，溶质质量分数 w 降低为 0.01%，则 $G \approx 2\,250$℃/m；若 $k_0 = 0.4$，对上述两种溶质含量的合金，不出现成分过冷的条件分别为 $G \approx 37\,500$℃/m 和 375℃/m，这些数据远大于实际凝固中的温度梯度，表明实际合金在通常的凝固中不可避免地出现成分过冷。当在液-固界面前沿有较小的成分过冷区时，平面生长就被破坏。界面某些地方的凸起，在它们进入过冷区后，由于过冷度稍有增加，促进了它们进一步凸向液体，但因成分过冷区较小，凸起部分不可能有较大伸展，使界面形成了胞状组织。图 7.77 是胞状生长示意图。如果界面前沿的成分过冷区甚大，则凸出部分就能继续伸向过冷液相中生长，同时在侧面产生分枝，形成二次轴，在二次轴上再长出三次轴等，这样就形成树枝状组织。图 7.78 和图 7.79 分别是典型的胞状组织和树枝状组织。在两种组织形态之间还存在过渡形态，即介于平面状与胞状之间的平面胞状晶，以及介于胞状与树枝晶之间的胞状树枝晶。当合金质量分数为 w_0 时，液相内的温度梯度和凝固速度是影响成分过冷的主要因素，有人通过实验，归纳得出它们对固溶体晶体生长形态的影响，如图 7.80 所示。

通过上述分析可知，由于成分过冷，可使合金在正的温度梯度下凝固得到树枝状组织，而在纯金属凝固中，要得到树枝状组织必须在获得的特殊负温度梯度下，因此，成分过冷是合金凝固有别于纯金属凝固的主要特征。

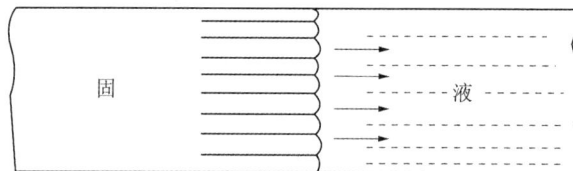

图 7.77   胞状生长示意图

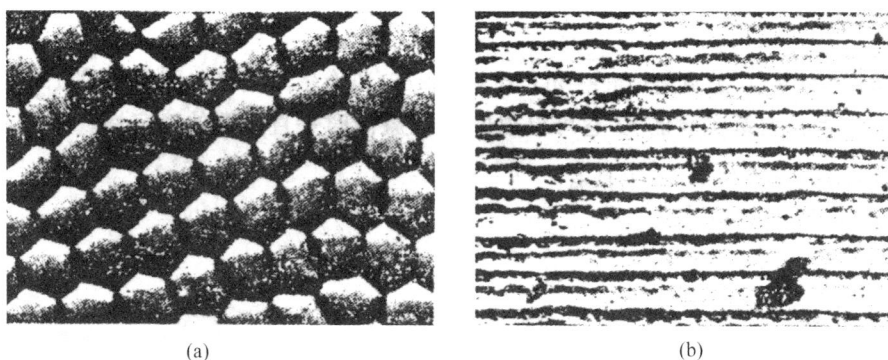

(a) (b)

图 7.78　规则的胞状组织(未抛光,未浸蚀)　150×

(a) 横向;(b) 纵向

图 7.79　合金铸件的扫描电子显微镜照片
(基体被选择性腐蚀掉而显示出 Co 树枝晶)　150×

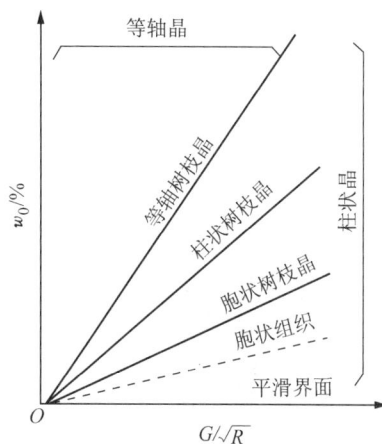

图 7.80　$G/\sqrt{R}$ 和 w_0 对固溶体
晶体生长形态的影响

7.4.2　共晶凝固理论

对于二元合金,共晶组织是由液相同时结晶出两个固相得到的。共晶组织形态众多,本节将简述对共晶组织的分类方法,着重讨论层片状共晶组织的形成机理及其生长动力学。

1. 共晶组织分类及其形成机制

100 多年来,人们发现了多种多样、绚丽多彩的共晶组织,经大致归类,分为层片状、棒状(纤维状)、球状、针状和螺旋状等,如图 7.81 所示。某些组织的立体模型如图 7.82 所示,这有助于对不同二维截面的共晶金相组织形态的理解。

以往有关共晶的分类,主要是按两组成相分布的形态或由具有相同位向的共晶领域(同一个共晶晶核生长的区域)的形态为依据。但是,这种划分无法反映出各类共晶合金组织形成的本质。后来,有人提出按共晶两相凝固生长时液-固界面的性质,即按反映微观结构的参数 α 值大小来分类(见第 6 章),可将共晶组织划分为 3 类:

(1) 金属-金属型(粗糙-粗糙界面)。由金属-金属组成的共晶,如 Pb-Cd,Cd-Zn,Zn-Sn,Pb-Sn 等,以及许多由金属-金属间化合物组成的合金,如 Al-Ag₂Al,Cd-SnCd 等均属于此类。

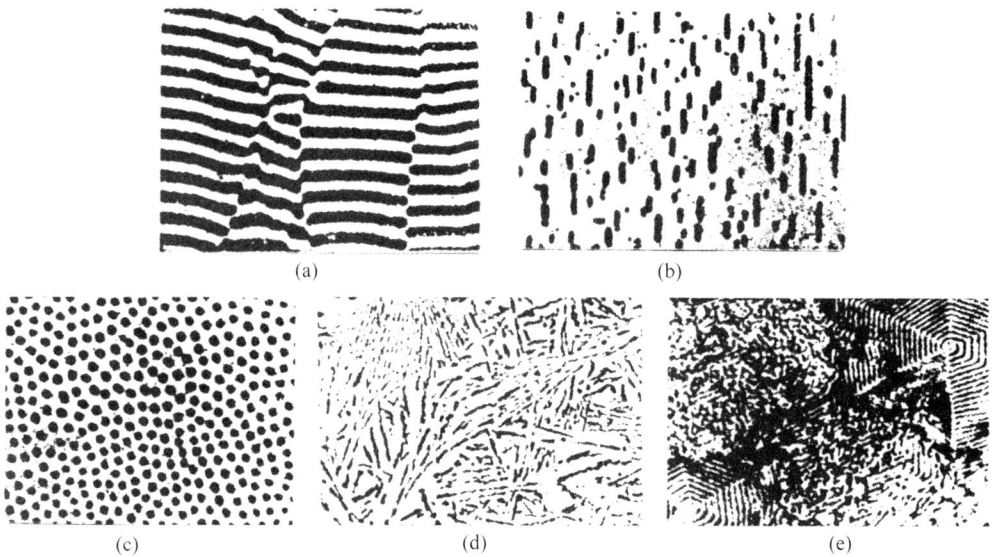

图 7.81　典型的共晶组织形态

（a）层片状；（b）棒状（条状或纤维状）；（c）球状（短棒状）；（d）针状；（e）螺旋状

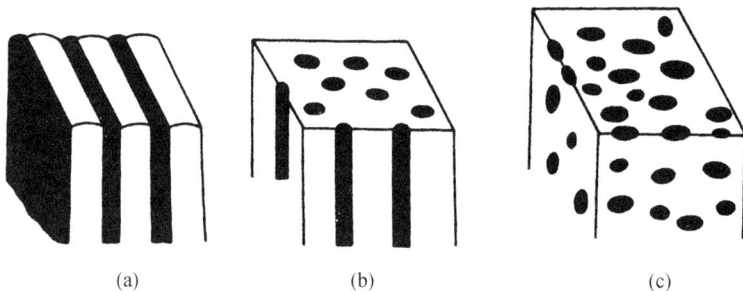

图 7.82　某些共晶组织的立体模型

（a）层片状共晶；（b）棒状共晶；（c）球状共晶

（2）金属-非金属型（粗糙-光滑界面）。在金属-非金属型中，两组成相为金属-非金属或金属-亚金属，其中非金属或金属性较差的一相在凝固时，其液-固界面为光滑界面，如 Al-Ge，Pb-Sb，Al-Si，Fe-C（石墨）等合金共晶属于此类。

（3）非金属-非金属型（光滑-光滑界面）。对此类共晶组织形态研究其少，而且不属于合金研究的范围，故不加以讨论。

a. 金属-金属型共晶　这类共晶大多是层片状或棒状共晶。形成层片状还是棒状共晶，虽然在某些条件下会受到长大速率、结晶前沿的温度梯度等参数的影响，但主要受界面能（界面能＝界面面积×单位面积界面能）所控制，取决于下面两个因素：

（1）共晶中两组成相的相对量（体积百分数）。如果层片之间或棒之间的中心距离 λ 相同，并且两相中的一相（设为 α 相）体积小于 27.6％时，有利于形成棒状共晶；反之有利于形成层片状共晶。具体数学推导如下：

推导模型见图 7.83。设棒的半径和片的厚度均为 r，长度为 l，根据 α 相棒状排成六方阵列，可计算出棒状共晶的六边形体积

$$V_{\alpha+\beta} = 6 \times \frac{1}{2}\lambda \times \frac{\sqrt{3}}{2}\lambda \times l = \frac{3\sqrt{3}}{2}\lambda^2 l \ ,$$

其中,

$$V_{\alpha} = 3\pi r^2 l \ 。$$

β-α 相界面积

$$A = 3 \times 2\pi r \times l = 6\pi r l \ 。$$

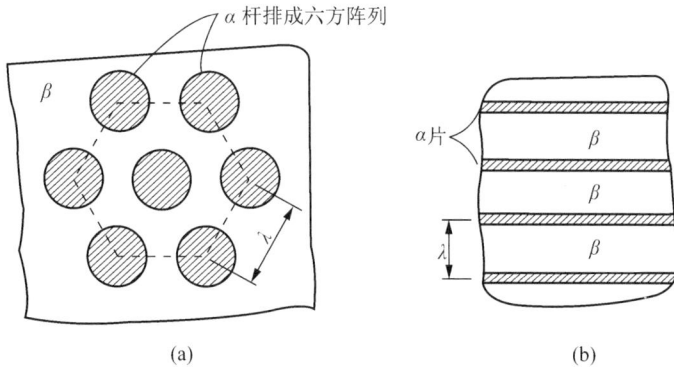

图 7.83　棒状共晶和层片状共晶形成条件的推导模型

(a) 棒状共晶；(b) 层片状共晶

设层片状共晶与棒状共晶的体积相同,注意棒状共晶六方阵列的对角线宽为 2λ,故层片状共晶也必须在相应的间距 2λ 中,计算与棒状共晶相同的体积,由下式可解出层片状共晶的宽度 x(即图 7.83(b)中水平方向的宽度):

$$\frac{3\sqrt{3}}{2}\lambda^2 l = 2\lambda x l \ ,$$

$$x = \frac{3}{4}\sqrt{3}\lambda \ 。$$

由图 7.83(b)可知,在 2λ 间距中有四个 β-α 界面,由此得到层片状共晶 β-α 相界面积为

$$4xl = 4 \times \left(\frac{3}{4}\sqrt{3}\lambda\right)l = 3\sqrt{3}\lambda l \ 。$$

若棒状共晶组织中 β-α 相界面积小于层片状共晶,即

$$6\pi l r < 3\sqrt{3}\lambda l,$$

得

$$r < \frac{\sqrt{3}}{2\pi}\lambda \ 。$$

由于 r 也表示层片状共晶中 α 相的厚度,反之,当 $r > \frac{\sqrt{3}}{2\pi}\lambda$ 时,层片状共晶中 β-α 相界面积小于棒状共晶时,则根据上述不等式可得体积分数

$$\varphi = \frac{3\pi r^2 l}{\frac{3\sqrt{3}}{2}\lambda^2 l} < \frac{3\pi\left(\frac{\sqrt{3}}{2\pi}\lambda\right)^2 l}{\frac{3\sqrt{3}}{2}\lambda^2 l} = \frac{\sqrt{3}}{2\pi} = 27.6\% \ 。$$

上式表明,当 α 相(或 β 相)体积分数小于27.6%时,棒状共晶组织中单位体积的 β-α 相界面积小于层片状共晶组织,有利于形成棒状共晶;反之可证明,当 α 相(或 β 相)体积分数大于27.6%时,有利于形成层片状共晶组织。这一理论计算得到许多实验的证实。

(2) 共晶中两组成相配合时的单位面积界面能。当共晶的两组成相以一定取向关系互相配合时,例如在 Al-CuAl$_2$ 共晶中 $(111)_{Al} \parallel (211)_{CuAl_2}$,$[\bar{1}01]_{Al} \parallel [\bar{1}20]_{CuAl_2}$,这种取向关系使层片相界面上的单位面积界面能降低。要维持这种有利取向,两相只能以层片状分布。

因此,当共晶中的一相体积分数在27.6%以下时,就要视降低界面积还是降低单位面积界面能更有利于降低体系的能量而定。若为前者,倾向于得到棒状共晶;若为后者,将形成层片状共晶。

现以层片状共晶为例,说明共晶组织形成的机制。

金属-金属型共晶,其两组成相与液相之间的液-固界面都是粗糙界面,各相的前沿液体温度均在共晶温度以下的0.02℃范围内,它们的液-固界面上的温度基本上相等,因而界面为平直状。

共晶合金结晶时,并非是两相同时出现,而是某一相在熔液中领先形核和生长,称为领先相。现设领先相为 α,首先 α 相在 ΔT_E 过冷度下从液体中形核并长大,其 B 组元质量分数为 $w_\alpha{}^S$,见图7.84。由于 $w_\alpha{}^S$ 小于液相的成分(共晶成分 w_e),多余的溶质将从结晶相 α 中排出,其结晶前沿的液体中 B 组元溶质便富集,其成分为 $w_\alpha{}^L$,该成分大于 β 相形成所需的成分 $w_\beta{}^L$,于是促使 β 相在 α 相上形核长大,结晶的 β 相成分为 $w_\beta{}^S$,其前沿液体中的成分为 $w_\beta{}^L$,该成分对应的 A 组元成分大于 α 相形成所需的成分,即 $w_\alpha{}^L$ 所对应的 A 组元成分,所以 β 相的形成使其前沿液体中富集 A 组元,这就有利于 α 相依附 β 相形核生长。这样的反复过程,通过交替形核生长,最终形成 α 和 β 相间排列的组织形态。在 α 和 β 两相并肩向液体中生长时,由于 α 相界面前沿的液相成分为 $w_\alpha{}^L$,β 相界面前沿的液相成分为 $w_\beta{}^L$,两相间的横向成分差为 $w_\alpha{}^L - w_\beta{}^L$。而远离 α 相界面的纵向液相成分为共晶成分 w_e,则 α 相界面前的液体中的纵向成分差为 $w_\alpha{}^L - w_e$,故共晶两相界面前沿的横向成分差比纵向成分差约大1倍,而且 α 相和 β 相横向扩散距离短,因此共晶中 α 和 β 相的交替生长主要是通过横向组元的扩散来实现的,如图7.85所示。上述分析方法通常称为赫尔特格林(Hultgren)外推法,这是一种常用的分析方法。

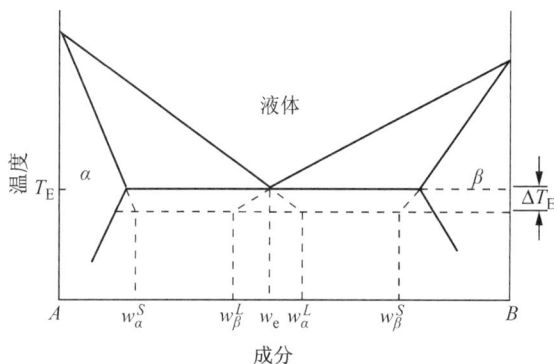

图7.84 将相界外推到界面的过冷温度
(赫尔特格林外推法)

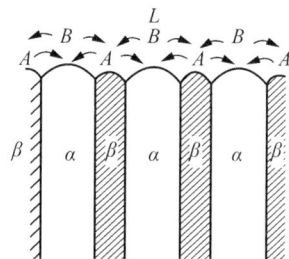

图7.85 层片状共晶凝固时
的横向扩散示意图

层片状共晶中两相的交替生长并不需要反复形核,很可能是由图 7.86 所示的"搭桥"方式来形成层片状共晶的,以至逐渐长成每个层片近似平行的共晶领域。由 X 射线衍射和选区电子衍射分析证实,在一个共晶领域中,每相的层片是属于同一个晶体生长得到的,而且,在层片状共晶中,两相之间常有一定的晶体学取向关系。

层片状共晶组织的粗细,一般以层片间距 λ 表示。结晶前沿液体的过冷度越大,则凝固速度 R 越大,而 R 与 λ 之间的关系为:

$$\lambda = \frac{k}{\sqrt{R}} , \tag{7.37}$$

式中,k 为常数,因不同合金而异。由此可见,过冷度越大,凝固速度越大,层片间距越小,共晶组织越细。

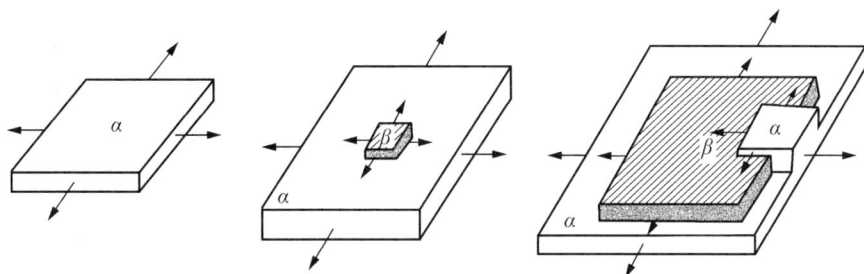

图 7.86　层片状共晶形核的搭桥机制

共晶的层片间距显著影响合金的性能。共晶组织越细,则合金强度越高,其可用霍尔-佩奇(Hall-Petch)公式来表示。设 σ 为屈服强度,σ^* 为与材料有关的常数,则有

$$\sigma = \sigma^* + m\lambda^{-\frac{1}{2}}, \tag{7.38}$$

式中,m 为常数。上述讨论结果大致也适用于棒状共晶。

b. 金属-非金属型共晶　这类共晶组织通常形态复杂,如针片状、骨骼状等,但经扫描电镜观察,显示出每个共晶领域内的针或片并非完全孤立,它们也是互相连成整体的。对于金属-非金属型共晶与金属-金属型共晶形态不同的原因解释,存在着不同的观点。有人认为,可能是由光滑与粗糙两种界面的动态过冷度不同引起的。金属型粗糙界面前沿液相的动态过冷度约为 0.02℃,而非金属型光滑界面前沿液相的动态过冷度约为 1~2℃。当液体中出现过冷,只需较小动态过冷度的金属相将领先形核并任意生长,从而迫使滞后生长的非金属相也相应地发生枝化或迫使其停止生长,从而得到不规则形态的显微组织。但上述的动态过冷度理论不能解释某些金属-非金属型共晶的形成方式。例如,Al-Si 共晶凝固时,长在界面前沿的领先相正好与动态过冷理论预测的相反,不是金属 α(Al)相,而是非金属 β(Si)相。实验测定表明,Al-Si 系共晶界面的过冷度,主要来源于成分过冷,而不是动态过冷,其成长方式是由两相的质量分数差异和成分过冷所决定的。Al-Si 共晶成分 w(Si) 为 11.7%,Al 和 Si 所形成的固溶体 α 和 β 的固溶度均约为 1%,所以共晶体 α 和 β 相的质量分数之比约为 9:1,导致共晶凝固时 α 相的液-固界面宽,β 相的液-固界面窄。当 α 相长大时,其界面处排出的 Si 原子向 β 相的界面前沿扩散时,因 β 相的界面窄,故其界面处 Si 浓度迅速增加,成分过冷倾向大,这有利于 β 相的快速生长。β 相因其生长的各向异性而形成取向不同的针状或枝晶。在 β 相长大

时,其界面处排出的 Al 原子在向邻近的 α 相界面前沿扩散时,因 α 相的界面宽,近邻 β 相的 α 相处长大速度大于远离 β 相的 α 相处,这就使 α 相的液-固界面呈现凹陷状。图 7.87(a),(b) 分别为 Al-Si 共晶生长形态的示意图及其二次电子形貌像。

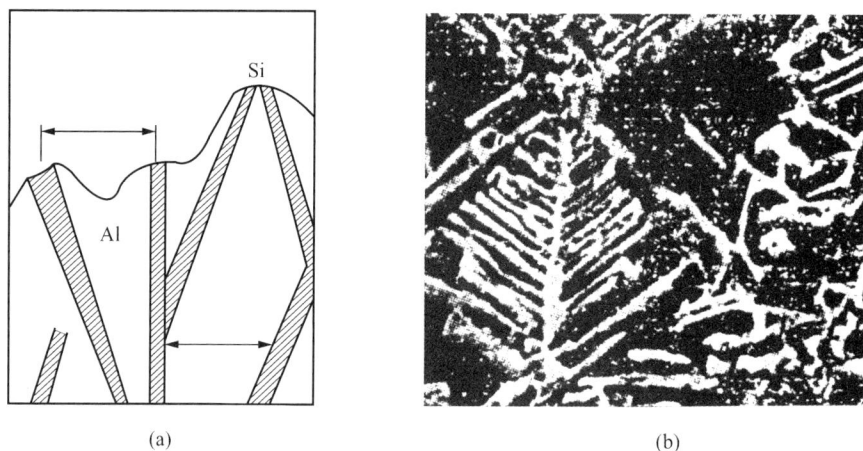

(a)   (b)

图 7.87   Al-Si 共晶长大示意图(a)及定向凝固 Al-Si 共晶深浸后的
二次电子像(b)(浸蚀剂:2%盐水水溶液)   500×

在金属-非金属型共晶中适当加入第三组元,共晶组织可能发生很大变化。例如,在 Al-Si 合金中加入少量的钠盐,可使 β(Si)相细化,分枝增多;又如往铸铁中加入少量镁和稀土元素, 使片状石墨球化,这种方法称为"变质处理"。变质处理方法是一种经济、实用并改善共晶合金 组织与性能的方法,故受到人们的重视。

2. 层片生长的动力学

由前述的层片状共晶形成机制可知,液相首先由某一相形核,该相称为领先相。假如是以 A 组元为基、固溶体 α 为领先相,它的形成将排出多余的 B 组元,当 α 相前沿液体中 B 组元富 集时,促进了以 B 组元为基的固溶体 β 的形成。一旦 β 形核长大,β 相将排出多余的 A 组元, 这又促进 α 相依附 β 相形核生长,如此重复的过程导致了两相相间的共晶组织形态。在共晶 生长中,由于动态过冷度很小和强烈的横向扩散,使液-固界面前沿不能建立起有效的成分过 冷,因此界面是平直状的。进一步了解界面移动的速度,这就是层片生长动力学所需解决的 问题。

当共晶合金凝固时,释放出来的单位体积自由能

$$\Delta G_B = \Delta S_f \Delta T_E, \tag{7.39}$$

式中,ΔS_f 是单位体积共晶液体的凝固熵,ΔT_E 为在共晶凝固时,液-固界面前沿注液体的过 冷度。

考虑图 7.88 所示的界面区域,层片间距为 s_0,层片垂直于纸面的深度为 1 个单位长度。 当图 7.88 所示的界面推进 dz 后,在体积($s_0 \cdot 1 \cdot dz$)中可得能量守恒,即释放出的自由能 $\Delta G_B \cdot s_0 \cdot 1 \cdot dz$,被用来产生两个 α-β 界面所需的自由能 $2\gamma_{\alpha\beta} \cdot 1 \cdot dz$ 和驱动扩散需要的自 由能 $\Delta G_d \cdot s_0 \cdot 1 \cdot dz$,由此可得

$$\Delta G_{\mathrm{B}} = \frac{2\gamma_{\alpha\beta}}{s_0} + \Delta G_{\mathrm{d}} \,\circ \tag{7.40}$$

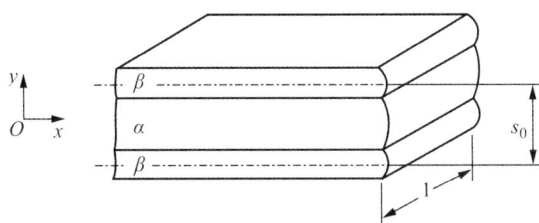

图 7.88　层片状共晶体长大模型

若假定所有释放出来的自由能都用来产生 α-β 界面,上式中 ΔG_{d} 为零,而层片间距将达到极小,即 $s_0 = s_{\min}$,故此时界面的面积最大。由此得到

$$s_{\min} = \frac{2\gamma_{\alpha\beta}}{\Delta G_{\mathrm{B}}} \,\circ \tag{7.41}$$

这一方程给出了共晶层片的最小可能间距。

将方程(7.39)和(7.41)式代入(7.40)式,可得

$$\Delta G_{\mathrm{d}} = \Delta S_{\mathrm{f}} \Delta T_{\mathrm{E}} \left(1 - \frac{s_{\min}}{s_0} \right) \,\circ \tag{7.42}$$

由前述的能量守恒可知,总过冷度 ΔT_{E} 决定了共晶反应所能获得的自由能,可将其分成两部分,其中一部分,ΔT_{s} 用于提供生成 α-β 界面能,另一部分,ΔT_{d} 用于提供驱动扩散所需的自由能,即

$$\Delta G_{\mathrm{B}} = \Delta G_{\mathrm{d}} + \Delta G_{\mathrm{s}} \,,$$
$$\Delta S_{\mathrm{f}} \Delta T_{\mathrm{E}} = \Delta S_{\mathrm{f}} \Delta T_{\mathrm{d}} + \Delta S_{\mathrm{f}} \Delta T_{\mathrm{s}} \,\circ \tag{7.43}$$

这一结果可用几何方法在相图上表示出来,如图 7.89 所示。用于扩散的成分差 Δw 示于图中,并可由液相线的斜率 m_α 和 m_β 计算出来:

$$\Delta w = \Delta T_{\mathrm{d}} \left(\frac{1}{|m_\alpha|} + \frac{1}{m_\beta} \right) \,\circ \tag{7.44}$$

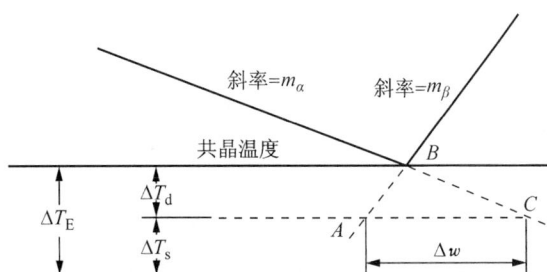

图 7.89　总过冷度 ΔT_E 与相图间的关系

下面要建立扩散浓度差与界面移动速度之间的关系。

由 α 片排出的 B 原子通量

$$J(\text{排出}) = R(\rho_\alpha^L - \rho_\alpha^S) \approx R(\rho_{\mathrm{e}} - \rho_\alpha) \,, \tag{7.45}$$

式中,ρ_a^L 和 ρ_a^S 分别是在 ΔT_E 过冷度下 α 相液、固相线外推对应的质量浓度(见图7.84),而 ρ_e 和 ρ_a 分别是 $\Delta T_E = 0$ 时液相(共晶成分)和 α 固相对应的质量浓度,R 是界面移动速度。为了计算这一被排出的溶质的侧向扩散,需要确定液体中溶质的三维分布。为了简化计算,视 α 与 β 片的侧向扩散主要发生在图7.88的 y 方向上,由此作出的一级近似可得

$$J(\text{扩散}) = \frac{D\Delta\rho}{s_0/2} \quad , \tag{7.46}$$

式中,$\Delta\rho$ 为 α 与 β 相前沿液体中的平均质量浓度差,$s_0/2$ 为扩散距离。在稳态下,从一个 α 片排出的B原子通量应等于将这些原子传输到 β 片中去的侧向扩散通量,即 $J(\text{排出}) = J(\text{扩散})$,可得

$$R(\rho_E - \rho_a) = D \frac{\Delta\rho}{s_0/2} \quad ,$$

两边同除以合金的密度 ρ,整理可得:

$$R = \frac{2D\Delta w}{s_0(w_E - w_a)} \quad 。 \tag{7.47}$$

将(7.42)式用过冷度表示,且由 $\Delta T_d = \frac{\Delta G_d}{\Delta S_f}$,可得

$$\Delta T_d = \Delta T_E \left(1 - \frac{s_{\min}}{s_0}\right) \quad 。 \tag{7.48}$$

将(7.48)式代入(7.44)式后,再代入(7.47)式,得

$$R = \left(\frac{1}{|m_a|} + \frac{1}{m_\beta}\right) \frac{2D\Delta T_E}{(w_E - w_a)s_0} \left(1 - \frac{s_{\min}}{s_0}\right) \quad 。 \tag{7.49}$$

将上式改写为下列形式:

$$\Delta T_E = AR \frac{s_0}{1 - s_{\min}/s_0} \quad , \tag{7.50}$$

式中

$$A = \frac{1}{\frac{1}{|m_a|} + \frac{1}{m_\beta}} \frac{(w_E - w_a)}{2D} ,$$

层片间距 s_0 的取值应使界面处的过冷度为最小,根据这一最佳化原理,对(7.50)式求极值得最佳值

$$s_{\text{opt}} = 2s_{\min} 。 \tag{7.51}$$

将 $s_{\min} = s_{\text{opt}}/2$,$s_0 = s_{\text{opt}}$ 以及 $\Delta S_f \Delta T_E = \Delta G_B = 2\gamma_{\alpha\beta}/s_{\min} = 4\gamma_{\alpha\beta}/s_{\text{opt}}$ 代入(7.49)式,最终得到界面移动速度方程:

$$R = \left(\frac{1}{|m_a|} + \frac{1}{m_\beta}\right) \frac{4\gamma_{\alpha\beta}D}{\Delta S_f(w_E - w_a)} \cdot \frac{1}{s_{\text{opt}}^2} 。 \tag{7.52}$$

由上述方程可改写为下列简式方程:

$$s_{\text{opt}} = \frac{k}{\sqrt{R}} \quad , \tag{7.53}$$

式中 k 为常数。这一结果表明,观察到的间距 s_{opt} 将随 R 单调地减小。

大量的共晶凝固实验研究表明:其结果和方程(7.53)符合得很好,Pb-Sn的实验结果示于

图 7.90 中。实验表明，要获得规则的共晶组织，层片间距 s 有一定的范围。一般在 $s \approx 10\mu m$ 以上，层片变得非常弯曲，并开始出现断条；在 $s \approx 0.5\mu m$ 以下，通常由于断条而难以保持为规则的组织。常见的规则共晶的层片间距约为 $1 \sim 3\mu m$。

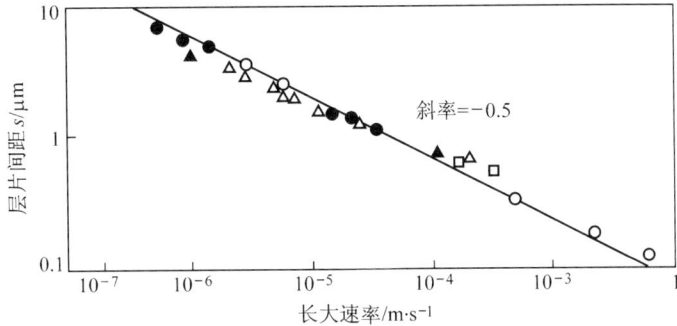

图 7.90　Pb-Sn 合金中层片间距与凝固速度间的关系

7.4.3　合金铸锭(件)的组织与缺陷

工业上应用的零部件通常由两种途径获得：一种是由合金在一定几何形状与尺寸的铸模中直接凝固而成，这称为铸件；另一种是通过合金浇注成方或圆的铸锭，然后开坯，再通过热轧或热锻，最终可能通过机加工和热处理，甚至焊接来获得部件的几何尺寸和性能。显然，前者比后者节约能源，节约时间，节约人力，从而降低生产成本，但前者的适用范围有一定限制。对于铸件来说，铸态的组织和缺陷直接影响它的力学性能；对于铸锭来说，铸态组织和缺陷直接影响它的加工性能，也有可能影响到最终制品的力学性能。因此，合金铸件(或铸锭)的质量，不仅在铸造生产中，而且对几乎所有的合金制品都是重要的。

1. 铸锭(件)的宏观组织

金属和合金凝固后的晶粒较为粗大，通常是宏观可见的。图 7.91 是铸锭的典型宏观组织示意图。它由表层细晶区、柱状晶区和中心等轴晶区 3 个部分所组成，其形成机理如下：

a. 表层细晶区　当液态金属注入锭模中后，型壁温度低，与型壁接触的很薄一层熔液产生强烈过冷，而且型壁可作为非均匀形核的基底，因此，立刻形成大量的晶核，这些晶核迅速长大至互相接触，形成由细小的、方向杂乱的等轴晶粒组成的细晶区。

b. 柱状晶区　随着"细晶区"外壳形成，型壁被熔液加热而不断升温，使剩余液体的冷却变慢，并且由于结晶时释放潜热，故细晶区前沿液体的过冷度减小，形核变得困难，只有细晶区中现有的晶体向液体中生长。在这种情况下，只有一次轴(即生长速率最快的晶向)垂直于型壁(散热最快的方向)的晶体才能得到优先生长，而其他取向的晶粒，由于受邻近晶粒的限制而不能

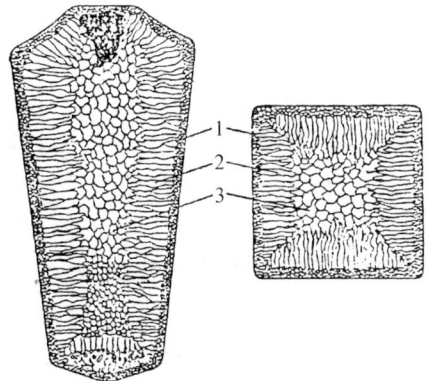

图 7.91　钢锭的 3 个晶区示意图
1—表层细晶区；2—柱状晶区；
3—中心等轴晶区

发展,因此,这些与散热相反方向的晶体择优生长而形成柱状晶区。由于各柱状晶的生长方向是相同的,例如,立方晶系的各柱状晶的长轴方向为⟨100⟩方向,这种晶体学位向一致的铸态组织,称为"铸造织构"或"结晶织构"。

纯金属凝固时,结晶前沿的液体具有正的温度梯度,无成分过冷区,故柱状晶前沿大致呈平面状生长。对于合金来说,当柱状晶前沿液相中有较大成分过冷区时,柱状晶便以树枝状方式生长,但是,柱状树枝晶的一次轴仍垂直于型壁,沿着散热最快的反方向。

c. 中心等轴晶区　柱状晶生长到一定程度,由于前沿液体远离型壁,散热困难,因此冷速变慢,而且熔液中的温差随之减小,这将阻止柱状晶的快速生长,当整个熔液温度降至熔点以下时,熔液中出现许多晶核并沿各个方向长大,就形成中心等轴晶区。关于中心等轴晶形成有许多不同观点,现概括如下:

(1)成分过冷。随着柱状晶的生长,发生成分过冷,使成分过冷区从液-固界面前沿延伸至熔液中心,导致中心区晶核的大量形成并向各方向生长而成为等轴晶,这样就阻碍了柱状晶的发展,形成中心等轴晶区。

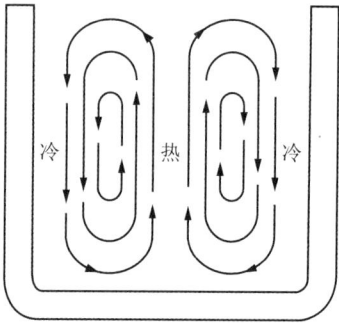

图 7.92　液体金属铸入铸模
后的对流

(2)熔液对流。当液态金属或合金注入锭模时,靠近型壁处的液体温度急剧下降,在形成大量表层细晶的同时,造成锭内熔液的很大温差。由于外层较冷的液体密度大而下沉,中心较热的液体密度小而上升,于是造成剧烈的对流,如图 7.92 所示。对流冲刷已结晶的部分,可能将某些细晶带入中心液体,作为仔晶而生长成为中心等轴晶。

(3)枝晶局部重熔产生仔晶。合金铸锭的柱状晶呈树枝状生长时,枝晶的二次晶通常在根部较细,这些"细颈"处发生局部重熔(由于温度的波动)使二次轴成为碎片,漂移到液体中心,成为"仔晶"而长大成为中心等轴晶。

应强调的是,铸锭(件)的宏观组织与浇注条件有密切关系,随着浇注条件的变化可改变 3 个晶区的相对厚度和晶粒大小,甚至不出现某个晶区。通常快的冷却速度,高的浇注温度和定向散热有利于柱状晶的形成;如果金属纯度较高、铸锭(件)截面较小时,柱状晶快速成长,有可能形成穿晶。相反,慢的冷却速度,低的浇注温度,加入有效形核剂或搅动等均有利于形成中心等轴晶。

柱状晶的优点是组织致密,其"铸造织构"也可被利用。例如,立方金属的⟨001⟩方向与柱状晶长轴平行,这一特性被用来生产用作磁铁的铁合金。磁感应是各向异性的,沿⟨001⟩方向较高。这可用定向凝固方法使所有晶粒均沿⟨001⟩方向排列。"铸造织构"还可被用来提高合金的力学性能。柱状晶的缺点是相互平行的柱状晶接触面,尤其是相邻垂直的柱状晶区交界面较为脆弱,并常聚集易熔杂质和非金属夹杂物,所以铸锭热加工时极易沿这些弱面开裂,或铸件在使用时也易在这些地方断裂。等轴晶无择优取向,没有脆弱的分界面,同时取向不同的晶粒彼此咬合,裂纹不易扩展,故获得细小的等轴晶可提高铸件的性能。但等轴晶组织的致密度不如柱状晶。表层细晶区对铸件性能的影响不大,由于它很薄,通常可在机加工时被除掉。

2. 铸锭(件)的缺陷

a. 缩孔　熔液浇入锭模后,与型壁接触的液体先凝固,中心部分的液体则后凝固。由于多数金属在凝固时发生体积收缩(只有少数金属如锑、镓、铋等在凝固时体积会膨胀),使铸锭(件)内形成收缩孔洞,或称缩孔。

　　缩孔可分为集中缩孔和分散缩孔两类,分散缩孔又称疏松。集中缩孔有多种不同形式,如缩管、缩穴、单向收缩等,而疏松也有一般疏松和中心疏松等,如图 7.93 所示。

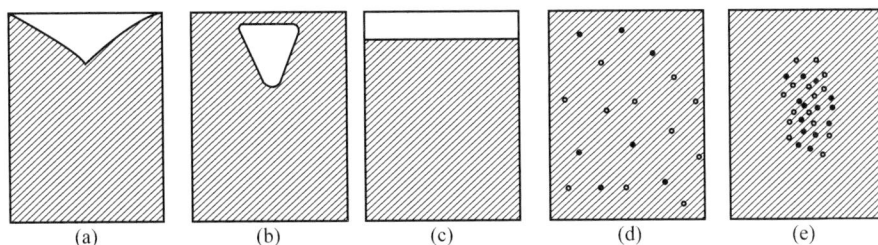

图 7.93　几种缩孔形式
(a) 缩管；(b) 缩穴；(c) 单向收缩；(d) 一般疏松；(e) 中心疏松

　　集中缩孔一般控制在钢锭或铸件的冒口处,然后加以切除。如果不正确的补缩方法或冒口设计不当,缩孔较深而切除不净时,这种缩孔残余对随后的加工与使用会造成严重影响。疏松是枝晶组织凝固本性的必然结果:在树枝晶生长过程中,各枝晶间互相穿插有可能使其中的液体被封闭。当凝固收缩得不到液体补充时,便形成细小的分散缩孔,因此,即使有了正确的冒口设计,它也会存在。

　　铸件中的缩孔类型与金属凝固方式有密切关系。

　　共晶成分的合金和纯金属相同,在恒温下进行结晶。在控制适当的结晶速率和液相内的温度梯度时,其液-固界面前沿的液相中几乎不产生成分过冷,液-固界面呈平面推移,因此凝固自型壁开始后,主要以柱状晶循序向前延伸的方式进行,这种凝固方式称为"壳状凝固",如图 7.94(a)所示。这种方式的凝固不但流动性好,而且熔液也易补缩,缩孔集中在冒口。因此,铸件内分散缩孔体积较小,成为较致密的铸件。

　　在固溶体合金中,当合金具有较宽的凝固温度范围、它的平衡分配系数 k_0 较小时,容易在液-固界面前沿的液相中产生成分过冷,使仔晶以树枝状方式生长,形成等轴晶,在完全固相区和完全液相区之间存在着宽的固相和液相并存的糊状区,因此,这种凝固方式称为"糊状凝固",如图 7.94(c)所示。显然,这种凝固方式熔液流动性差,而且,糊状区中晶体以树枝状方式生长,多次蔓生的树枝往往互相交错,使在枝晶最后凝固部分的收缩不易得到熔液的补充,而形成分散的缩孔,也使铸件的致密性变差,但不需要留有较大的冒口。

　　为了改善呈糊状凝固的补缩性,常采用细化铸件晶粒的方法,这可减少发达树枝晶的形成,也就削弱了交叉的树枝晶网,有效地改善液体的流动性。另外,由于疏松往往分布在晶粒之间,细化晶粒使每个孔洞的体积减小,也有利于铸件的气密性。这个原理常在铝基和镁基合金中应用。实际合金的凝固方式常是壳状凝固和糊状凝固之间的中间状态,如图 7.94(b)所示。

　　合金凝固时,液体内因溶入气体过饱和而析出,形成气泡,也会使铸件内形成孔隙,减小了铸件的致密度。因此,为了减小铸件内的孔隙度,也应注意液体内气体的含量。

　　b. 偏析　偏析是指化学成分的不均匀性。合金铸件在不同程度上均存在着偏析,这是由

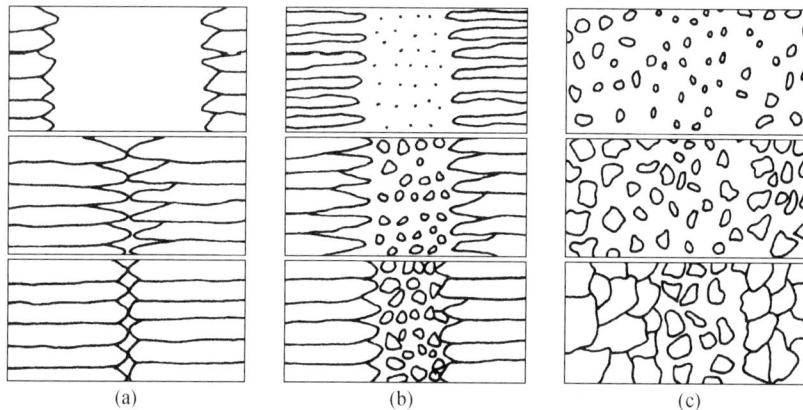

图 7.94 不同凝固方式示意图
(a) 壳状凝固；(b) 壳状-糊状混合凝固；(c) 糊状凝固

合金结晶过程的特点所决定的。前述的正常凝固，一个合金试棒从一端以平直界面进行定向凝固时，沿试棒的长度方向会产生显著的偏析，当合金的平衡分配系数 $k_0 < 1$ 时，先结晶部分含溶质少，后结晶部分含溶质多。但是，合金铸件的液-固界面前沿的液体中通常总存在成分过冷，界面大多为树枝状，这会改变偏析的形式。当树枝状的界面向液相延伸时，溶质将沿纵向和侧向析出，纵向的溶质输送会引起平行枝晶轴方向的宏观偏析，而横向的溶质输送会引起垂直于枝晶方向的显微偏析。宏观偏析经浸蚀后是由肉眼或低倍放大可见的偏析，而显微偏析是在显微镜下才能检视到的偏析。

(1) 宏观偏析。宏观偏析又称区域偏析。宏观偏析按其所呈现的不同现象又可分为正常偏析、反偏析和比重偏析 3 类。

① 正常偏析（正偏析）。当合金的分配系数 $k_0 < 1$ 时，先凝固的外层中溶质含量较后凝固的内层为低，因此合金铸件中心所含溶质质量浓度较高的现象是凝固过程的正常现象，这种偏析就称为正常偏析。

正常偏析的程度与铸件大小、冷速快慢及结晶过程中液体的混合程度有关。一般大件中心部位正常偏析较大，这是最后结晶部分，因而溶质质量浓度较高，有时甚至会出现不平衡的第二相，如碳化物等。有些高合金工具钢的铸锭的中心部位甚至可能出现由偏析所引起的不平衡莱氏体。

正常偏析一般难以完全避免，它的存在使铸件性能不良。随后的热加工和扩散退火处理也难以使它根本改善，故应在浇注时采取适当的控制措施。

② 反偏析。反偏析与正常偏析相反，即在 $k_0 < 1$ 的合金铸件中，溶质质量浓度在铸件中的分布是表层比中心高。

实践证明，只有当合金在凝固时体积收缩，并在铸件中心有孔隙时才能形成反偏析。而且，当铸件内有柱状晶或合金凝固的温度范围较大和在液体内溶有气体时，有利于反偏析的形成。根据实验，通常认为反偏析的形成原因是：原来铸件中心部位应该富集溶质元素，由于铸件凝固时发生收缩而在树枝晶之间产生空隙（此处为负压），加上温度的降低，液体内气体析出而形成压强，使铸件中心溶质质量浓度较高的液体沿着柱状晶之间的"渠道"被压向铸件表层，这样形成了反偏析。由于溶质质量浓度较高时，其熔点较低，因此，像 Cu-Sn 合金铸件，往往会在其表面出现"冒汗"现象，这就是反偏析的明显征兆。

扩大铸件内中心等轴晶带，阻止柱状晶的发展，使富集溶质的液体不易从中心排向表层；减小液体中的气体含量，都是一些控制反偏析形成的途径。

③ 比重偏析。比重偏析通常产生在结晶的早期，由于初生相与溶液之间密度相差悬殊，轻者上浮，重者下沉，从而导致上下成分不均匀，这称为比重偏析。例如，$w(Sb) = 15\%$ 的 Pb-Sb 合金在结晶过程中，先共晶 Sb 相密度小于液相，而共晶体（Pb+Sb）的密度大于液相，因此 Sb 晶体上浮，而（Pb+Sb）共晶体下沉，形成比重偏析。铸铁中的石墨漂浮也是一种比重偏析。

防止或减轻比重偏析的方法有：增大铸件的冷却速度，使初生相来不及上浮或下沉；或者加入第三种合金元素，形成熔点较高的、密度与液相接近的树枝晶化合物，在结晶初期形成树枝骨架，以阻挡密度小的相上浮或密度大的相下沉，如在 Cu-Pb 合金中加入 Ni 或 S（形成高熔点的 Cu-Ni 固溶体或 Cu_2S）；在 Sb-Sn 合金中加入 Cu（形成 Cu_6Sn_5 或 Cu_3Sn）能有效地防止比重偏析。

（2）显微偏析。显微偏析可分为胞状偏析、枝晶偏析和晶界偏析 3 种。

① 胞状偏析。前已指出，当成分过冷度较小时，固溶体晶体呈胞状方式生成。如果合金的分配系数 $k_0 < 1$，则在胞壁处将富集溶质；若 $k_0 > 1$，则胞壁处的溶质将贫化，这称为"胞状偏析"，由于胞体尺寸较小，即成分波动的范围较小，因此很容易通过均匀化退火消除"胞状偏析"。

② 枝晶偏析。如前所述，枝晶偏析是由非平衡凝固造成的，这使先凝固的枝干和后凝固的枝干间的成分不均匀。合金通常以树枝状生长，一棵树枝晶就形成一颗晶粒，因此枝晶偏析在一个晶粒范围内，故也称为晶内偏析。影响枝晶偏析程度的主要因素有：凝固速度越大，晶内偏析越严重；偏析元素在固溶体中的扩散能力越小，则晶内偏析越大；凝固温度范围越宽，晶内偏析也越严重。

③ 晶界偏析。晶界偏析是由于溶质原子富集（$k_0 < 1$）在最后凝固的晶界部分而造成的。当 $k_0 < 1$ 的合金在凝固时使液相富含溶质组元、又当相邻晶粒长大至相互接壤时，把富含溶质的液体集中在晶粒之间，凝固成为具有溶质偏析的晶界。

影响晶界偏析程度的因素大致有：溶质含量越高，偏析程度越大；非树枝晶长大使晶界偏析的程度增加，也就是说枝晶偏析可减弱晶界的偏析；结晶速度慢使溶质原子有足够的时间扩散并富集在液-固界面前沿的液相中，从而增加晶界偏析程度。

晶界偏析往往容易引起晶界断裂，因此，一般要求设法减小晶界偏析的程度。除控制溶质含量外，还可以加入适当的第三种元素来减小晶界偏析的程度。如在铁中加入碳来减弱氧和硫的晶界偏析；加入钼来减弱磷的晶界偏析；在铜中加入铁来减弱锑在晶界上的偏析。

7.4.4　合金的铸造和二次加工

图 7.95 总结了四种实际生产中最主要的铸造方法。在一些生产工艺里，模子可以重复利用，而在另外一些工艺中则被丢弃。砂模铸造工艺包含绿砂铸模，即将硅砂（SiO_2）和湿黏土相结合，并包裹在可移除的模型外。陶瓷铸造工艺用细晶粒陶瓷材料作为模具；将含有此种陶瓷的浆体倒在可重复利用的模型的周围，等其硬化之后将模型取出。精密铸造工艺将含有硅

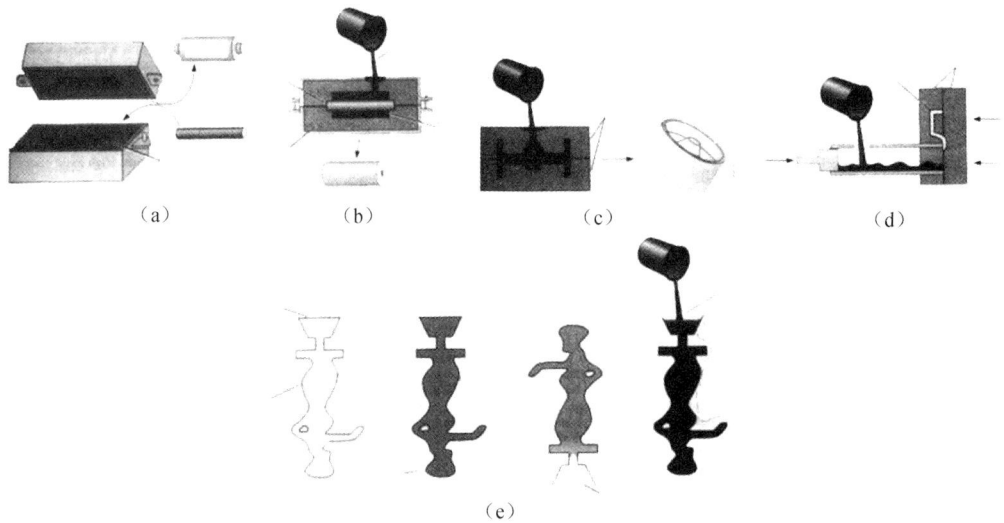

图 7.95 四种典型的铸造工艺
(a)和(b)绿砂铸造；(c)金属型铸造；(d)压模铸造；(e)失蜡铸造

胶(含纳米尺度的陶瓷颗粒)的浆体包裹在蜡质模型外面,等陶瓷硬化后(即生成弥散的硅胶凝胶),将蜡熔化倒出,就得到了可以倒入合金熔体的模子。精密铸造工艺又称为失蜡铸造工艺,最适合制备形状较为复杂和表面光洁的铸件。牙医和珠宝商最先采用精密铸造工艺,当前这种工艺被用于生产螺旋桨叶片、钛质高尔夫球棒和人造膝盖骨及臀骨。在另外一种失蜡铸造方法中,用类似于生产咖啡杯或包装材料的聚苯乙烯球粒加工成泡沫状模型,将松散的沙子包裹在其周围形成模子。当熔融的金属倒入模型后,高分子泡沫材料分解,使金属填充于模型中。

在金属型铸造和压模铸造工艺中,中空的模子是金属材质。当熔融金属倒入模子中凝固后,模子被打开,随后铸件被取出,模子可以重复使用。这个过程由于模子为金属材质,提供了高的冷却速率,从而可获高强度的铸件。陶瓷材质模子,包含了前述用于精密铸造的模子,它们与金属模子不同,具有很好的隔热能力,因此,最缓慢的冷却速率产生最低强度的铸件。成千上万的卡车和汽车发动机活塞用金属型铸造工艺铸造,此工艺具有低的表面粗糙度和好的尺寸精度等优势,而其较高铸造成本和难以得到复杂形状的缺点也限制了其应用。

在压模铸造工艺中,熔融的金属材料经高压压入模子中,并保持压力至凝固,其用于许多锌、铝和镁基合金的铸造。此工艺优势在于可以得到极低的表面粗糙度、非常好的尺寸精度,并可以制备复杂形状的铸件,以及很高的生产效率,但其需要采用耐高压金属模子,其制造费用很高,而且只能得到较小尺寸的部件。

如上所述,铸造是生产部件的有效方法,同时它可以得到用于后续成型(即棒材,条材,线材等)的铸锭和厚板。在钢铁工业中,成千上万吨钢材由高炉和电弧炉等生产。尽管生产工艺的细节不同,大多数金属(如铜和锌)和合金用相同的工艺从矿石中提炼出来。某些材料(如铝),由于其氧化物十分稳定,不能用置换方法制备而需用电解法提炼。

在很多情况下,我们需要回收利用金属和合金,废弃的金属被重熔和加工,去除了杂质并调整了合金成分比例。每年大量的钢铁、铝、锌、不锈钢、钛等被重新利用。

在铸锭工艺中,由炉子制得的熔化的钢铁或合金被浇铸于大模具中,其产物(铸锭)接着在另外的车间通过热轧方法得到有用形状的成品。连铸工艺的思路是在一系列步骤下将熔化的金属转变为具有一定形状(如板状、板状)的半成品。液态金属由漏斗倒入振动的水冷铜模中,钢铁的表面迅速冷却。这种半凝固的钢铁受振动脱离开模具,同时模具又被倒入新一批钢水。铸件脱离模具后逐渐冷却,其心部最后凝固。连铸件随后被切割成合适的长度。

对于钢铁和其他合金的板材、棒材、型材等产品还需将由铸锭开坯得到的扁钢坯进行二次加工才能得到,二次加工步骤如图 7.96 所示。目前的先进工艺已将铸和轧的工艺结合为连续操作,即形成连铸连轧工艺。

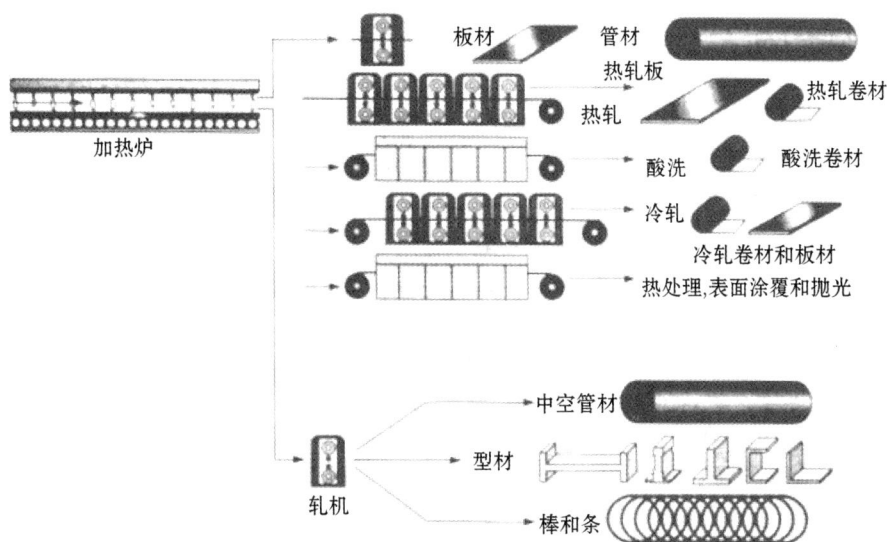

图 7.96 钢铁和其他合金的二次加工步骤示意图

7.5 高分子合金概述

高分子合金,又称多组元聚合物,是指含有两种或多种高分子链的复合体系,包括嵌段共聚物、接枝共聚物,以及各种共混物等。正如由不同金属混合制得合金一样,其目的是通过高分子间的物理、化学组合获得更多样化的高分子材料,使它们具有更高的综合性能,因此,把这种高分子复合体系形象地称为"高分子合金"(polymer alloy)。当组元有两个时,就称为二元聚合物。本节将简述高分子合金相容性的判据及合金相图的测定方法,高分子合金的主要制备方法,高分子合金的形态结构,以及二元系高分子合金性能与组元性能的一般关系,最后简介高分子合金的主要类型。

7.5.1 高分子合金的相容性

两种高分子共混在一起能否相容的判据与小分子相容性判据相同,即混合自由能小于零:

$$\Delta G = \Delta H - T\Delta S < 0, \tag{7.54}$$

式中,ΔH 和 ΔS 分别为混合焓和混合熵。对于高分子体系来说,如果异种分子间没有特殊的相互作用,那么 ΔH 值总是大于零的,即溶解时吸热。因此,混合热这一项始终不利于两者的混合。由此可见,混合前后的熵增程度将决定两种高分子是否能混合。事实上,对于两种高分子的混合,熵的增加远小于两种低分子混合的熵增加,其原因可由图 7.97 来直观地说明。图中小分子 A 和 B 都占据一个格子,高分子则可视为由若干个链节构成,每个链节占据一个格子。图 7.97(a)表示出小分子 A 和 B 混合的情况。由热力学公式 $S=k\ln\omega$ 可知,熵(S)是微观组态数(ω)的函数,微观组态数越大,熵值越大。在混合物中有 N_A 个 A 分子和 N_B 个 B 分子,由于在格子模型中任何一个 A 和 B 互换位置都是一种新排列,故它们可能采取的排列方式数目为 $\omega=(N_A+N_B)!\ /(N_A!\ N_B!)$。宏观体系中的 N_A,N_B 都是很大的数目,小分子溶液的分子排列方式很多,因此溶解导致熵的增加极大。图 7.97(b)是小分子 A 和高分子 B 相混合的情况。这时由于同一 B 链上的链节必须相互联结在一起,B 链节所处的位置就不能任意地和 A 对换。这样,比之于纯 A 和纯 B(纯组元的 $\omega=1,S=0$)的情况,熵仍然明显增加,但比之于相同体积的小分子 A 和 B 共混的情况,ΔS 就小得多。图 7.97(c)则是高分子共混的情况,这时,由于同一 A 链上的各链节和同一 B 链上的各链节都必须各自联结,互换位置,而构成新的排列方式更少,故高分子混合后熵的增加是非常有限的。在大多数情况下,不足以克服 ΔH 的贡献,即 $T\Delta S<\Delta H$,故高分子的混合不太可能达到相对分子质量级的混合,总是形成多相体系。这就是多组元聚合物常常是不相容的热力学原因。

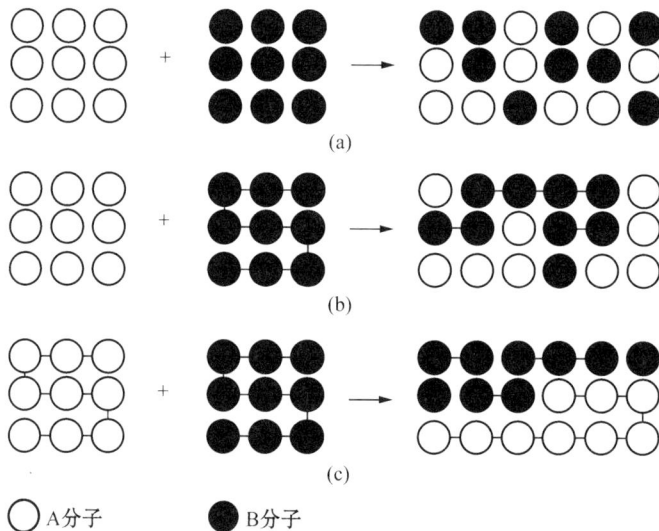

图 7.97　混合熵示意图

(a) 两种小分子混合;(b) 小分子和高分子混合;(c)两种高分子混合

　　高分子的混合一般不能完全相容来得到均相(单相),故必出现相分离;相分离的机制与低分子一样,也有两种:调幅分解和形核与长大机制。调幅分解是通过成分的上坡扩散达到最终的相分离;而形核与长大机制则是通过成分的下坡扩散最终形成两相。

7.5.2　高分子材料的溶解性能

　　在一定的温度下,一些线型或支化高分子化合物能分散到适宜的分散介质中形成均匀的溶液,即高分子溶液。高分子溶液属于均相、稳定体系。首先,在稳定性方面与真溶液相似。高分子溶液比溶胶稳定,在无菌、溶剂不蒸发的情况下,可以长期放置不沉淀。因此,高分子溶液是高聚物溶解于低分子溶剂中形成的二元或多元体系组成的真溶液。其次,高分子溶液的黏度比真溶液或溶胶大得多。由于高分子化合物具有线状或分枝状结构,加上高分子化合物高度溶剂化,故黏度较大。一般,浓度<5%的称为高分子稀溶液,浓度>5%的称为高聚物浓溶液。传统上,高分子溶液指的是高分子与溶剂的体系;广义上包含了高分子与高分子的作用体系。所以高分子溶液的应用,包含黏合剂、涂料、油漆、纺丝、增塑、高聚物相对分子质量测定、絮凝剂、分散剂、泥浆处理剂等方面。

高分子因其结构的多层次和结晶状态的复杂性,溶解过程有自身特点,可以分为非晶态聚合物的溶胀和溶解;交联聚合物的溶胀平衡;结晶聚合物的晶体熔融再溶解。

1. 非晶态聚合物的溶胀和溶解

由于大分子链与溶剂小分子之间尺寸相差悬殊,在足够量的溶剂条件下,一定量的非晶聚合物的溶解过程是先溶胀再溶解。首先是溶剂分子渗入聚合物内部,削弱大分子间相互作用力,即溶剂分子和高分子的某些链段混合,使高分子体积膨胀,这一过程称为溶胀;随后,链段和分子整链的运动加速,分子链松动、解缠结,最后高分子被分散在溶剂中,整个高分子和溶剂混合达到溶解。其中,无限溶胀就是溶解,而有限溶胀是不溶解。

2. 交联高分子只溶胀,不溶解

交联高分子的分子链间有化学键联结,形成三维的网状结构,网链尺寸大,溶剂分子小,所以溶剂分子能进入链间,使网链间距增大,材料体积膨胀(有限溶胀),但是整个材料就是一个大分子,因此不能溶解。

3. 结晶高聚物的溶解

结晶高分子的晶区分子排列规整,堆砌紧密,分子间作用力强,即使是小分子的溶剂分子也很难渗入。因此,其溶解比非晶态高聚物难,通常需要先升温至熔点附近,使晶区熔融,变为非晶态后再溶解。按照组成聚合物单元结构的极性不同,又可分成两种:①对于非极性结晶的高聚物,其溶解条件是,要有足够量的溶剂,加热到熔点附近,使结晶熔化,再通过溶胀,最后溶解;②对极性结晶高聚物,足够量的强极性溶剂,不用加热,通过溶剂化作用,也能实现对聚合物的溶解。

高聚物溶液的一般特性,可以总结为:高聚物溶解过程比小分子物质慢得多;高聚物溶液黏度比同浓度的小分子溶液黏度大得多;多数高聚物溶液能抽丝成膜;多数高聚物溶液遵循宏观热力学规律。

7.5.3　高分子材料的溶剂选择原则

高聚物的溶剂选择原则归纳如下:

1. 极性相近原则

高分子与溶剂(或高分子)的极性越相近,越易互溶,而形成高分子溶液。如非极性聚异戊二烯、丁苯橡胶等未硫化前,能溶于苯、甲苯、己烷等非极性溶剂中;而聚丙烯腈,分子链含有强极性的腈基,它能溶于二甲基甲酰胺(DMF)而不溶于苯。尼龙-6 为强极性的,应选择甲酸、甲酚等强极性溶剂。

2. 溶度参数相近原则

从热力学分析,聚合物的溶解过程就是高分子与溶剂相互混合的过程,在恒温恒压下,溶解自发进行的必要条件是混合自由能 $\Delta G_m < 0$,即

$$\Delta G_m = \Delta H_m - T\Delta S_m < 0, \tag{7.55}$$

式中,T 是溶解温度,ΔS_m 和 ΔH_m 分别为混合熵和混合焓。

溶解过程中,分子排列趋于混乱,使熵增加,即 $-T\Delta S_m < 0$。所以,ΔG_m 的正负主要取决于 ΔH_m 的正负及大小。分为两种情况:极性高聚物溶于极性溶剂中,如果有强烈相互作用,一般会放热,$\Delta H_m < 0$,从而溶解过程自发进行。大多数高聚物溶解时,$\Delta H_m > 0$,即溶解时体系吸热,从而溶解过程能否自发进行取决于 ΔH_m 和 $T\Delta S_m$ 的相对大小,只有当 $|\Delta H_m| < T|\Delta S_m|$ 时溶解才能自发进行。

根据 Hildebrand 的半经验公式,则

$$\Delta H_M = \varphi_1\varphi_2[\delta_1 - \delta_2]^2 V_M, \tag{7.56}$$

式中,V_M 为溶液总体积,φ_1,φ_2 分别为溶剂和高分子的体积分数,δ_1,δ_2 分别为溶剂和高分子的溶度参数。溶度参数定义为溶剂(或溶质高分子材料)内聚能密度的平方根,故也是分子间力的度量,单位为 $J^{1/2} \cdot cm^{-3/2}$。

由式(7.56)可见,$\Delta H_M(\Delta H_m)$ 越小越有利于溶解的进行,即当 δ_1 和 δ_2 的差越小,ΔH_m 越小,越有利于溶解,这就是溶度参数相近原则的实质。实验证明,对非晶态高聚物而言,若分子间没有强极性基团或氢键作用,高聚物与溶剂只要满足 $|\delta_1 - \delta_2| < 1.7 \sim 2.0 J^{1/2} \cdot cm^{-3/2}$,高聚物就能溶解。

需要说明的是,该式只对混合热为正值的体系才有意义,不适用于混合热为负值的体系。对溶剂与高分子之间有强偶极作用或有氢键生成的情况则不适用。例如,聚丙烯脂的 $\delta = 31.4$,二甲基甲酰胺的 $\delta = 24.7$,按溶解度参数相近原则二者似乎不相溶,实际上聚丙烯腈在室温下就可溶于二甲基甲酰胺,这是因为二者分子间能够生成强的氢键。相似的,有聚氯乙烯(溶度参数 19.6)不溶于氯苯(19.4),而易溶于溶剂四氢呋喃(20.3),这是由于两者之间可能发生一种"类氢键"作用。

7.5.4 高分子溶液的热力学性质

我们知道,理想溶液中溶质分子间、溶剂分子间、溶质和溶剂分子间的相互作用是相等的,溶解过程中没有体积变化,也无热量变化,溶液的蒸汽压服从拉乌尔定律:

$$\Delta H_M^i = 0; \quad \Delta V_M^i = 0; \quad p_1 = p_1^0 X_1。$$

高分子溶液的依数性与理想溶液有很大偏差,即使浓度很小(<1%)时,也不符合。其原因主要是:①高分子—溶剂体系的混合热不为 0;②高分子溶液的混合熵比理想溶液的混合熵要大:高分子是由许多重复单元组成的具有柔性的分子,具有许多独立运动的单元,所以一个高分子在溶液中可起到若干个小分子的作用,又不停地改变构象,因此在溶液中的排列方式比同数量的小分子排列要多得多。

1942 年,Flory 和 Huggins 提出"晶格模型"理论,混合熵可表示为

$$\Delta S_{\mathrm{m}} = -R(n_1 \ln \phi_1 + n_2 \ln \phi_2), \tag{7.57}$$

式中,ϕ_1 为溶剂的体积分数;ϕ_2 为溶质大分子的体积分数。

混合热可表示为

$$\Delta H_{\mathrm{m}} = \chi_1 R T n_1 \phi_1, \tag{7.58}$$

式中,χ_1 为高分子—溶剂相互作用参数,即 Huggins 参数。表征高分子与溶剂混合过程中相互作用能的变化或溶剂化程度。对于特定的高分子—溶剂体系,有一定的 χ_1 值。

由 ΔS_{m} 和 ΔH_{m} 表达式可得混合自由焓为

$$\Delta G_{\mathrm{m}} = RT (n_1 \ln \phi_1 + n_2 \ln \phi_2 + \chi_1 n_1 \phi_1)。 \tag{7.59}$$

上述的晶格模型,存在一定的缺陷,如没考虑高分子链段间、溶剂分子间、链段与溶剂分子间的相互作用不同引起的熵值减小。因此,在 20 世纪 50 年代又提出了稀溶液理论。

稀溶液理论认为:当 $\chi_1 = 1/2$ 时的稀溶液定义为 θ 溶液,此时,链段间的相互作用力等于链段与溶剂间的相互作用力,排斥体积接近于零,高分子链相当于处于无扰状态。只有当溶液处于 θ 状态或浓度趋于零时,高分子溶液才体现出理性溶液的性质。

高分子溶液、胶体溶液、小分子溶液的区别见表 7.3。

表 7.3　高分子溶液、胶体及小分子溶液的区别

比较项目	高分子溶液	胶体溶液	小分子溶液(真溶液)
分散质点的尺寸	大分子 $10^{-10} \sim 10^{-8}$ m	胶团 $10^{-10} \sim 10^{-8}$ m	低分子 $< 10^{-10}$ m
扩散与渗透性质	扩散慢,不能透过半透膜	扩散慢,不能透过半透膜	扩散快,可以透过半透膜
热力学性质	平衡、稳定体系,服从相律	不平衡、不稳定体系	平衡、稳定体系,服从相律
溶液依数性	有,但偏高	无规律	有,正常
光学现象	Tyndall 效应较弱	Tyndall 效应明显	无 Tyndall 效应
溶解度	有	无	有
溶液黏度	很大	小	很小

7.5.5　高分子体系的相图及测定方法

和低分子一样,相图可直观地描述高分子合金的相容性。高分子合金相图中的相界曲线称为双节线(binodal),它有两种情况,如图 7.98 所示。一种是曲线有最高点(T_{C}),当体系的温度 $T > T_{\mathrm{C}}$ 时,无论共混物的组成如何,均不会分相,故 T_{C} 是临界温度。又由于这一温度是双节线的最高点,故称为最高临界互溶温度(简称 $UCST$)。当体系的温度 $T < T_{\mathrm{C}}$ 时,成分在曲线内的 A/B 共混物都将分相。两相的相对量可由杠杆法则确定。另一种是曲线存在最低点 T_{C},曲线的上方为两相区,曲线下方为单相区,存在最低互溶温度(简称 $LCST$)。图

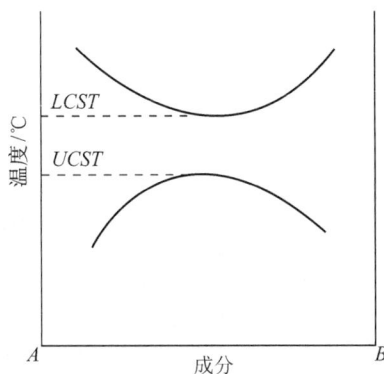

图 7.98　高分子合金相图

7.98 给出了兼有 UCST 和 LCST 的体系，即在温度较高或较低时体系均是分相的，只有当温度处于 UCST<T<LCST 这个范围时，任何成分的共混物才呈单相。

从原理上讲，一切对于体系的相结构敏感的方法都可以测定相界线，如热分析方法和动态力学法；或可对相结构、形态进行直接观察的手段，如扫描电子显微镜和透射电子显微镜。下面给出用散射光强 I 测定相界线的例子。对于一般的多相共混体系来说，分散相的尺寸常在几百纳米到几十微米的范围。这个尺寸的下限已与可见光的波长相当。因此，当光线通过这类材料时，就会发生强烈的光散射，出现混浊。当单相时，不会出现散射光强的突变。利用光散射的这一性质就可确定相界线。图 7.99(a) 给出了一个典型的结果。散射光强随温度变化的曲线发生突变的温度常称为"浊点"。将不同组元的共混物的浊点对组元作图，便可得到如图 7.99(b) 那样的相界。该方法测定的局限有三点：一是高分子组元的折光率应有较大的差异，而且还应注意折光率的温度系数，否则，若温度改变时两组元的折光率变得相等了，也会引起散射光强的剧降，这有可能被误认为产生了相变；二是当分散相的尺寸远小于可见光波长，如嵌段共聚物的微相分离的尺寸仅几个至几十个纳米，该方法就失效；三是散射光强的突变还受到动力学因素的控制，例如冷却或升温速度，相区尺寸变化的速度等，故该方法测得的相界不能称为平衡相图中的溶解度限线。因此，相界线的确定通常采用多种方法的配合。

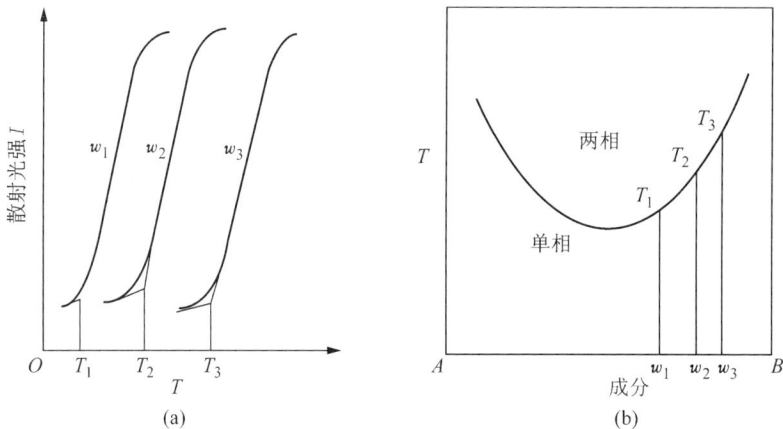

图 7.99　光散射法测定相界线
(a) 共混物散射光强 I 随温度的变化；(b) 浊点与组元的关系

高分子合金相图至今极少，其可能有两个原因：一是许多不相容的体系，其 LCST 或 UCST 都不在容易进行实验的温度范围，或高分子可能耐受的温度范围之内；另一原因是实验上的困难，利用上述光散射法确定相界应用得较多，但它有许多致命的弱点，限制了它的应用范围。图 7.100 给出了用上述方法测定氯化聚乙烯(CPE)和不同相对分子质量的有机玻璃(PMMA)共混物的相图。图中显示出，不同相对分子质量的 PMMA/CPE 合金曲线存在最低互溶温度，表明了这些合金在 T_c 温度(最低点)以上为两相区，T_c 温度以下为单相区；同时，随着 PMMA 相对分子质量的增加，T_c 温度将降低。

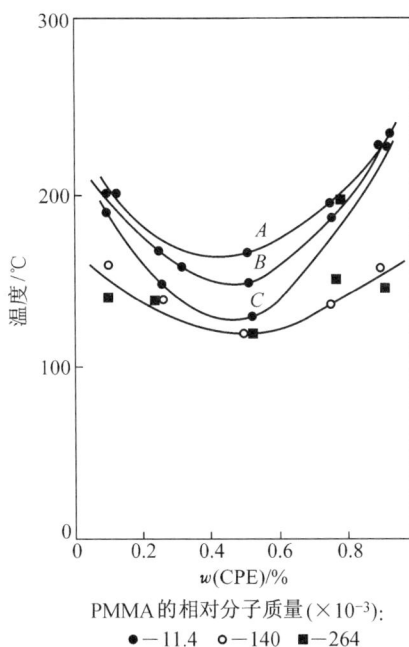

图 7.100　CPE 与不同相对分子质量的 PMMA 共混物的实验相图

7.5.6　高分子合金的制备方法

高分子合金的制备方法可分为物理方法和化学方法两种类型。在论述高分子合金制备方法之前,先复习高分子的聚合方法:加聚反应和缩聚反应。

高分子是一种以共价键连接大量重复结构单元所形成的长链结构为基础的化合物。例如,聚乙烯的分子链结构

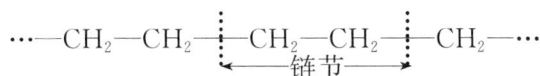

$$\cdots\text{—CH}_2\text{—CH}_2\text{—}{\Big|}\text{—CH}_2\text{—CH}_2\text{—}{\Big|}\text{—CH}_2\text{—}\cdots$$
$$\underleftrightarrow{\qquad\text{链节}\qquad}$$

可以简写为$\left[\text{CH}_2\text{—CH}_2\right]_n$,它是由许多结构单元重复连接构成的。这个结构单元就称为聚乙烯的链节。n 是链节的重复次数,又称聚合度。实际上各个聚合的分子链的长度是不一样的,因此它表示一个链上平均的链节数。链节之间是强的共价键,长链之间是弱的范德瓦耳斯力。上图是聚乙烯的二维结构示意图,图中单键碳原子之间的角度是 180°,而实际是 109°。高分子的长链结构可以由两种基本的聚合反应来获得。

1. 加聚反应

下面以乙烯为例,说明通过加聚反应形成聚乙烯的过程。单个乙烯分子称为单体,它结构中的两个碳原子以不饱和的双键共价结合,另外,它分别与两个氢原子构成稳定的 8 个电子壳层。如果加入一种引发剂,比如,加入一种过氧化氢 H_2O_2,它可分解成两个 OH^* 活性引发基团($\text{H}_2\text{O}_2\rightarrow 2\text{HO}$),而使碳的双键破坏,以致乙烯单体变成了链节。其中一个 OH 基团依附在链节上,这就是链的引发阶段。一旦引发,就进入自发的、连锁快速的生长阶段(生长 1 000 个链节构成的分子所需的时间约 $10^{-3}\sim 10^{-2}\,\text{s}$),因为碳的双键被破坏成单键,故碳原子的两端都形成了自由基。由于其价电子不饱和,便容易实现聚合,而且这种聚合反应释放的能量大于

破坏双键的能量,所以聚合过程可以不断地进行,直至链的生长终止。使链生长终止有两种方式:一种是链的活性端遇到 OH^* 而终止生长,如图 7.101 所列举的加聚反应过程;另一种是两个生长链相遇,结合成一个更长的链,反应就终止。由上述可知,加聚反应经历三个阶段,即链的引发,链的生长和链的终止。链的引发可以用引发剂引发,也可以用热引发或光引发。加聚反应产物的特点是,所形成的聚合物的成分与引发的单体成分相同。

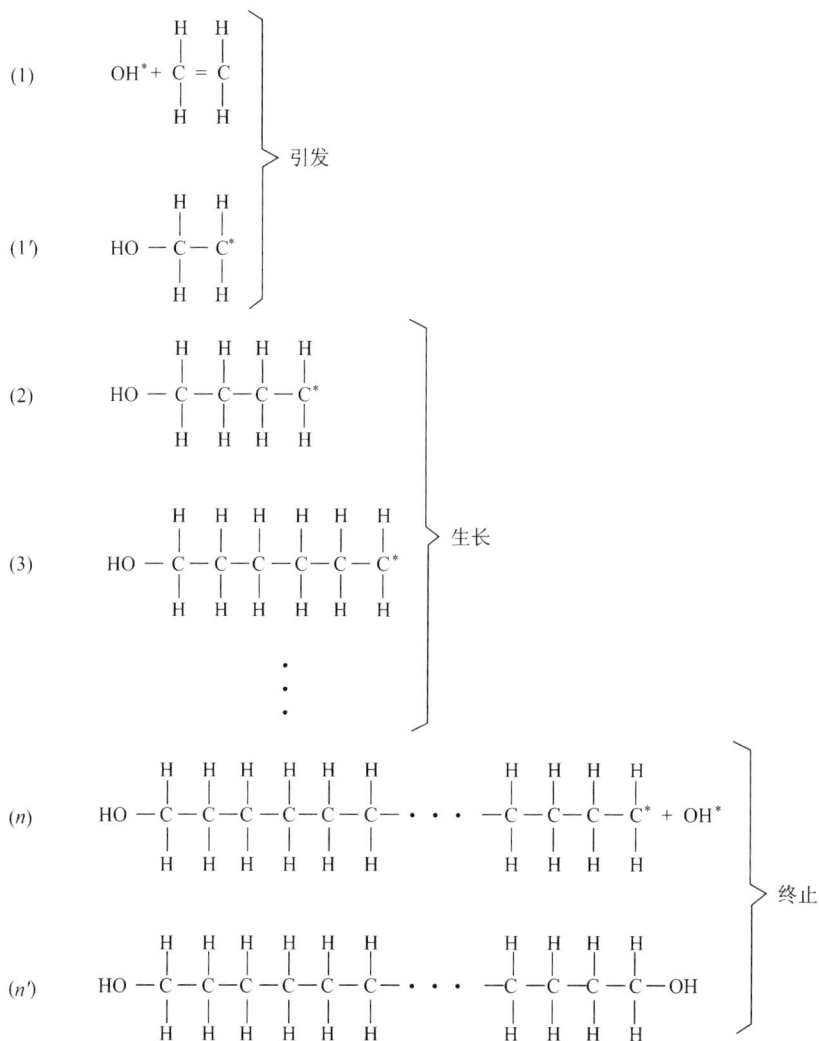

图 7.101 加聚反应的三个阶段

以上加聚反应的单体只是一种,这种反应称为均加聚反应(简称均聚),所得的产物称均聚物。由两种或多种单体参加的加聚反应,则称为共加聚反应(简称共聚),所得的产物称共聚物,如以下的丁二烯单体与苯乙烯共聚成为丁苯橡胶:

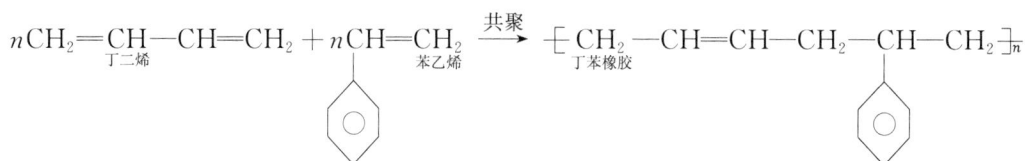

通过加聚反应得到的丁苯橡胶的成分是两种单体成分的组合,无新的成分出现。

2. 缩聚反应

一种或多种单体互相混合链接成聚合物,同时析出(缩出)某种低分子物质(如水、氨、醇、卤化物等)的反应称为缩聚反应,所生成的聚合物称为缩聚物,其成分与单体不同。缩聚反应比加聚反应复杂得多。缩聚反应是以一种逐步生长的方式进行的,它的聚合速度比加聚反应慢得多。图 7.102 是苯二甲酸和乙二醇两种单体通过缩聚反应生成聚酯纤维(即涤纶)和副产品甲醇(低分子)的过程。随着重复这样的过程,相对分子质量逐步增长,最终得到高相对分子质量的聚酯纤维。

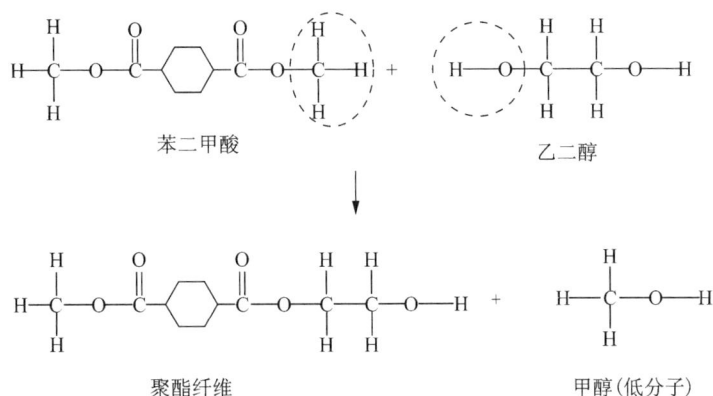

苯二甲酸　乙二醇

聚酯纤维　甲醇(低分子)

图 7.102　聚酯纤维的缩聚反应

缩聚反应是反应基团之间的反应,上述两种或多种单体之间的反应称为共缩聚。

若是同一种单体所进行的缩聚反应称为均缩聚,其产物称为均缩聚物。例如,n 个氨基己酸($NH_2(CH_2)_5COOH$)可通过均缩聚反应生成聚酰氨 6(尼龙 6):

$$n(NH_2(CH_2)_5COOH) \rightarrow H[NH(CH_2)_5CO]_n OH + (n-1)H_2O$$

前已论述了高分子链具有线型、支化、交联和三维网络等分子结构,分子结构的形式取决于聚合反应中单体能形成的键数,即单体的官能度。线型分子链由二官能度单体(即单体分子中具有二处能形成分子链的活性点)反应得到,如氯乙烯、乙二醇等均为二官能度单体。若有官能度大于 2 的单体参与反应,则得到支化分子链,如苯酚(三官能度)与甲醛(三官能度)经缩聚反应得支化结构,随聚合度进一步地加大,支化可发展为三维网络结构,即形成固化的酚醛树脂(由两种单体经缩聚反应得到的聚合物,其命名常在单体名称之后加上"树脂"两字。此外,"树脂"两字习惯上也泛指在化工厂或实验室合成出来的未经加工的高分子化合物)。

3. 物理共混法

物理共混法又称为机械共混法,是将不同种类高分子在混合(或混炼)设备中实现共混的方法。共混过程一般包括混合作用和分散作用。在共混操作中,通过各种混合机械供给的能量(机械能、热能)的作用,主要是对流和剪切作用,扩散作用较为次要,使被混物料粒子不断减小并相互分散,最终达到均匀分散而成为混合物。在机械共混操作中,一般仅产生物理变化,只是在强烈的机械剪切作用下,可能使少量高分子降解,产生大分子自由基,继而形成接枝或嵌段共聚物,此时伴随一定的化学过程。

物理共混法包括干粉共混、熔融共混、溶液共混及乳液共混等方法,最常用的是熔融共混法。熔融共混合法是将各高分子组元在黏流温度以上进行分散、混合,最终制成均匀分散的混合物,其工艺如图 7.103 所示。该方法的特点是共混效果好、适用面广,因而是最常用的共混方法。

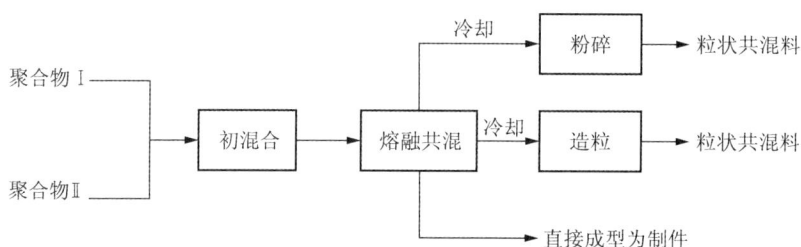

图 7.103　熔融共混过程示意图

4. 化学共混法

化学共混法主要有两种:共聚-共混法和互穿聚合物网络。

a. 共聚-共混法　共聚-共混法有接枝共聚-共混和嵌段共聚-共混之分。在制备高分子合金中,接枝共聚-共混法更为重要。

接枝共聚-共混法,其过程是将高分子 A 溶解于单体 B,再使 B 引发聚合,活性 B 大分子自由基可对 A 链产生链转移反应,使 A 链上产生自由基再引发 B 的聚合,这样就形成了支化 B 链。该方法的特点是在高分子 A 存在的情况下,单体 B"就地"聚合制得共混物,它与高分子 A 和高分子 B 直接共混得到的产物的主要区别是,前者由高分子 A 和 B 的接枝共聚物生成,它在聚合过程中对两相起了"乳化"稳定作用,也对最终产品增强两相的黏结力起了决定性作用。例如,抗冲聚苯乙烯(HIPS)就是在聚丁二烯(PB)存在下,苯乙烯单体"就地"聚合制得共混物,即聚苯乙烯(PS)是苯乙烯与丁二烯的接枝共聚物的共混物,正是由于接枝共聚物的存在,显著地提高了聚苯乙烯的抗冲性能。

b. 互穿聚合物网络　互穿聚合物网络(interpenetrating polymer networks ,IPN)是制备高分子合金的重要新方法。

制备 IPN 最通常的方法是,将交联高分子 A 用含有引发剂和交联剂的单体 B 溶胀(溶剂分子渗透进入高分子中,使高分子体积膨胀,称为溶胀),再行聚合,便得到 A 和 B 交互贯穿的网络,如图 7.104 所示。如果同时将高分子 A 和 B 的单体,各自的引发剂和交联剂全部混合,然后使之分别同时聚合,这样同步产生的 IPN 共混物又特称为 SIN。这里的聚合过程应是独立进行的。通常一为加聚反应;一为缩聚反应。IPN 技术已广泛用于制备减振材料、特种涂料、牙科材料、离子交换树脂、控制释放药物等。

5. 高分子合金加工成型工艺

高分子材料的成型工艺有很多,如铸模、挤压、薄膜和纤维成型,采用何种工艺在很大程度上取决于材料本身的特性,即材料是热塑性还是热固性。对于热塑性材料而言,可选用更多的

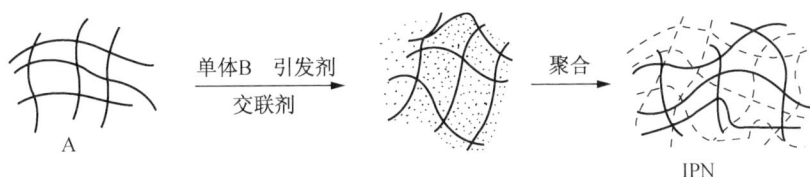

图 7.104　IPN 制备示意图

成型方法,高分子材料首先将其加热至接近或高于其熔点的温度,得到熔体或高弹体,然后注入模子中得到所需形状,热塑性弹性体也可用此方法成型。在这些工艺过程中,废料可以十分容易地被重新利用,在最大程度上减少了浪费。热固性高分子材料的成型方法则相对较少,这是由于一旦高分子网状结构形成,高分子材料就难以再次成型了。热塑性弹性体需要在高剪切设备中加工成型,其被加热至黏弹性变形,材料可形成永久的网状结构。在混合步骤之后,材料被加入固化剂(如氧化锌)。当材料脱离混合容器后易于弯曲,可进行小幅度挤压,轧制成型或浸入涂覆等处理。

以下是高分子材料成型的各种工艺,可以看到,大多数工艺只能用于热塑性材料。

a. 挤压成型　这是应用得最多的热塑性高分子制备工艺,见图 7.105(a)。挤压成型可用于两个场合,首先,它提供了连续制备简单形状材料的途径。第二,挤压成型保证了添加剂(如炭黑,填料等)均匀混合,可与后续其他的成型工艺相结合。螺旋加工设备包含了一个或一对螺丝(配对关系),迫使加热后的热塑性材料(固态或液态)和添加剂通过模子后形成薄膜,薄板,试管状,空管状材料,甚至可以生产塑料袋。在工业上挤压器可以有 $60 \sim 70$ ft(1 ft = 0.3048 m),直径 2 ft,并划分为热区和冷区。由于热塑性材料存在剪切收缩效应和黏弹性,因此控制成型温度和材料黏稠度对于挤压成型工艺来说便显得尤为关键。挤压成型还可以被用在导线和电缆的包覆上,热塑性材料和热固性材料都可以。

b. 吹塑成型　一个中空的预成型热塑性高分子材料被放入模子中,通入高压气体使其膨胀并贴合于模子表面,见图 7.105(b)。这种工艺用于生产塑料瓶,容器,汽车油箱和其他中空形状器件。

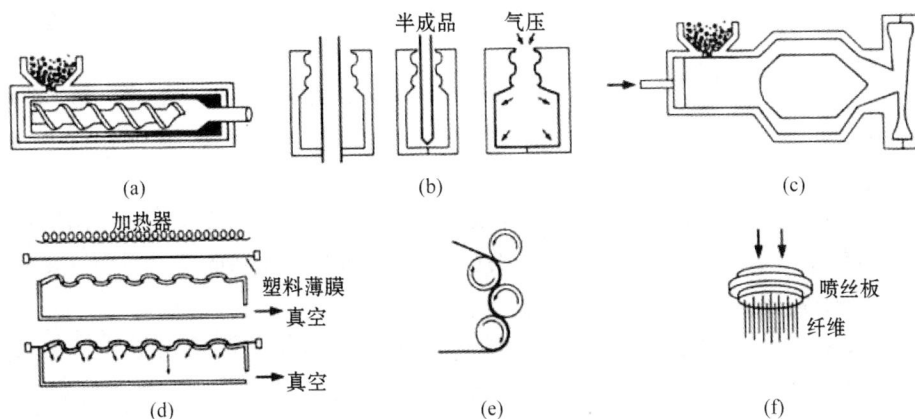

图 7.105　典型的热塑性材料成型工艺

(a) 挤压成型;(b) 吹塑成型;(c) 注射成型;(d) 热压成型;(e) 轧膜成型;(f) 纺丝成型

c. 注射成型 热塑性材料加热到熔点后被挤入一个封闭模子然后成为一定形状的模型,这种工艺类似于金属压模成型,一个活塞或特殊螺丝对原料加压挤入模具中,见图 7.105(c)。非常多的器具如杯子,梳子和开罐器齿轮都是用此方法制得的。

d. 热压成型 热塑性高分子薄板加热到热弹性温区后经压模可制得各种不同形状的产品,如蛋形卡纸和装饰嵌板,见图 7.105(d)。产品可在真空或大气压下由匹配模子中成型而得。

e. 轧膜成型 在轧膜成型中,熔融的塑料倒入开有小口的一系列轧轮中,这些轧轮可能带有浮雕花纹,可以轧挤出薄片状高分子材料(如聚氯乙烯),见图 7.105(e)。典型的产品有聚氯乙烯瓦片和防雨卷帘。

f. 纺丝成型 细丝,纤维和纱线可以通过纺丝成型的方法生产。熔融的热塑性高分子材料被强行从含有很多小孔的模子挤出。这个模子被称为喷丝板,可以旋转形成纱线,见图 7.105(f)。对于一些材料,包括尼龙,这些纤维可能最后被沿着平行于丝线的方向拉伸从而提高其强度。

g. 模压成型 热固性材料成型前先将固态高分子颗粒放入模子中,然后加热令其网状连接,并加入高压和高温使材料熔化充满模子,然后迅速固化。小的电源箱板,挡泥板,罩子,汽车边板都可以由此工艺生产,如图 7.106(a)所示。

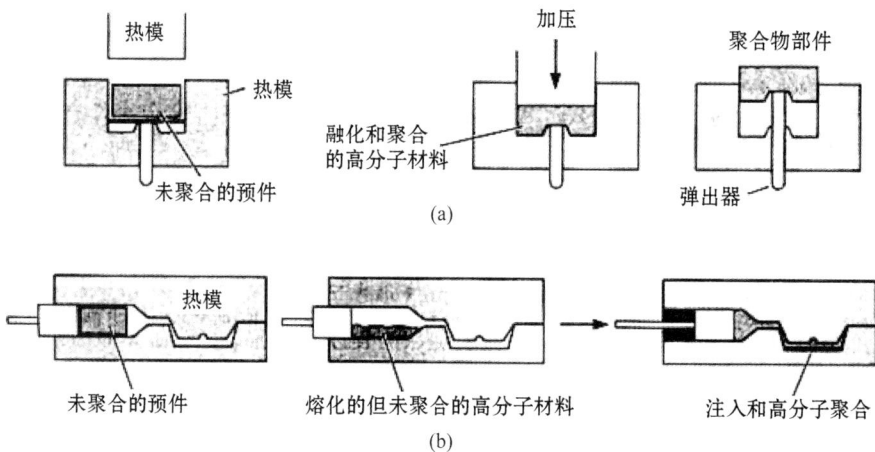

图 7.106　典型的热固性材料成型工艺
(a) 模压成型;(b) 传递成型

h. 传递成型 传递成型设备由一个双腔体构造而成,高分子材料加热后由高压压入第一个腔体,待其熔化后高分子熔体被注入旁边的腔体,这个过程对于热固性材料而言提供了注射成型方法某些优势,见图 7.106(b)。

i. 反应注射成型 液态热固性高分子树脂首先被注入混合容器中,然后直接进入一个加热模子成为一定形状的产品,成型和固化在模子中同时发生。在强化反应注射成型工艺里,含有细颗粒和短纤维的增强材料被注入腔体中成为复合材料。汽车保险杠,挡泥板和家具部件可以通过此方法制得。

j. 发泡成型 泡沫材料可以由聚苯乙烯,氨基甲酸酯,聚甲基丙烯酸甲酯和为数众多的其他材料制得。高分子原材料为球形,添加有起泡剂,如戊烷。在预膨胀过程中,球粒的直径膨胀了约 50 倍,经预膨胀的粒子随后被注入模子中,通过蒸气使粒子之间相熔合,从而得到密度只有约 0.02 g/cm³ 的超轻材料。发泡杯子,包装材料和绝缘材料都是这种工艺的应用。发动机保温器就是由发泡聚苯乙烯材料制成的。

k. 铸造成型　许多高分子材料可以在模子中铸造得到固化的成品。这些模子可能是平板玻璃用于生产更薄的薄片。旋转铸造是一种特殊的铸造方法,将熔融的高分子材料倒入绕两个轴旋转的模子中,离心力使材料贴于模子表面,可以生产很薄的帐篷顶棚。

7.5.7　高分子合金的形态结构

高分子合金可能是单相(均相)也可能是复相(非均相)的。单相合金与无规共聚物相对应,而复相合金与一般聚合共混物相对应。高分子合金的形态结构是指不同高分子所形成的相结构,其尺寸范围约为 0.01~10 μm,其对合金性能有重要的影响。组元相同,形态结构不同的高分子合金可能会有显著的性能差异。

二元高分子合金按相的连续性可分为单相连续结构、两相连续结构两种类型。

1. 单相连续结构

单相连续结构是两相中有一相呈连续分布,此连续相称为基体,另一相分散于基体之中。根据分散相相畴(phase domain)的形态,又分为分散相不规则、规则和胞状等 3 种情况:① 分散相由相畴形状不规则、大小不一的颗粒组成。机械共混法制得的产物一般具有这种形态。② 分散相的相畴形态比较规则,一般为球形,也有柱状形等。颗粒内不包含或只含极少量连续相成分。如苯乙烯质量分数为 80% 的苯乙烯-丁二烯的嵌段共聚物就属于此类。某些高分子合金的相畴不仅形状规则、大小均匀,而且相畴在空间的排列可达到宏观量级的长程有序,例如,苯乙烯质量分数为 30% 的苯乙烯-异戊二烯星形嵌段共聚物就具有长程有序结构。③ 分散相的相畴具有胞状结,即分散相中包含由连续相组元构成的更小的颗粒,把分散相颗粒当作胞,胞壁由连续相组元构成,胞内又包含连续相组元构成的更小的颗粒,所以取名为胞状结构。接枝共聚-共混法制得的高分子合金大多具有这种结构。图 7.107 给出的是高抗冲聚苯乙烯的典型的胞状结构电镜照片。在这种高分子合金中,连续相为聚苯乙烯,分散相为橡胶,并包含许多分散在其内的聚苯乙烯相畴(微区)。

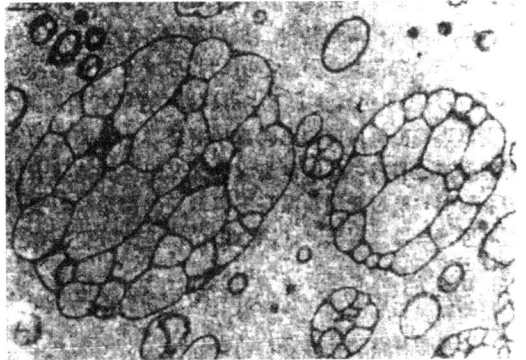

图 7.107　高抗冲聚苯乙烯的胞状结构

2. 两相连续结构

互穿网络的高分子合金具有典型的两相连续结构。合金中两种高分子的网络都是连续相,相互贯穿,使整个试样成为一个交织网络。如果合金中两种组元的相容性不好,则会发生一定程度的相分离。这时,两种高分子网络不是分子程度上,而是相畴程度上的互相贯穿,如

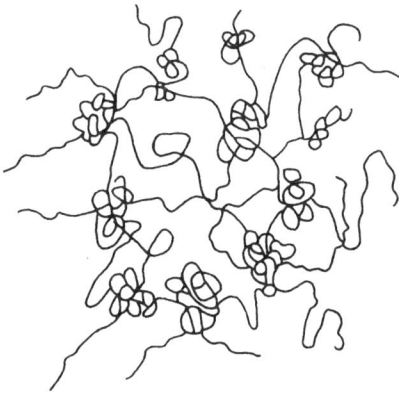

图 7.108 有一定相容性的互穿网络的
两相连续结构示意图

图 7.108 所示。两组分的相容性越好,相畴越小。

综合对二元高分子合金复相形态结构的观察,可归纳为以下的规律。分散相的形状随其含量的增加从球状→棒状→层状,这种规律和金属的共晶合金相似。其结构模型如图 7.109 所示。图 7.110 给出了苯乙烯-丁二烯-苯乙烯三嵌段共聚物(SBS)的形态结构电镜照片。图中黑色部分为聚丁二烯橡胶相,白色部分为聚苯乙烯塑料相。由图可见,当丁二烯含量较少时,橡胶相为分散相,其分散在塑料相基体中。橡胶相的形状随丁二烯含量的增加依次从球状→棒状→层状。当丁二烯的含量超过苯乙烯含量时,橡胶相将转变为连续相,成为基体,而塑料相将转变成为分散相。随着苯乙烯含量的减少,塑料相发生由层片状→棒状→球状的转变。高分子合金中,一种组元由连续相向分散相的转变或由分散相向连续相的转变,称为相反转。

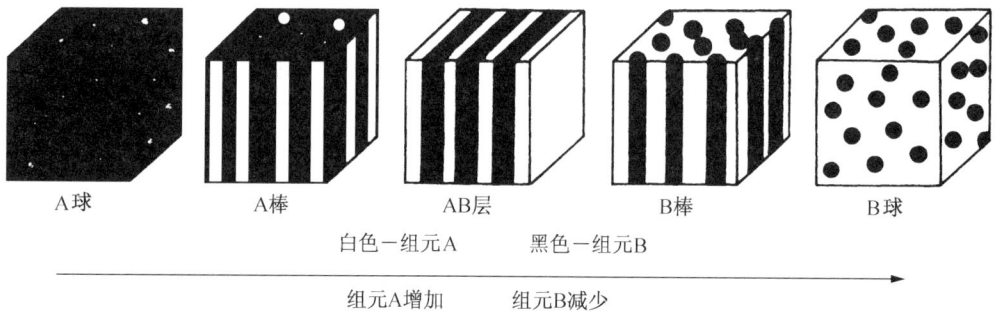

图 7.109 非均相高分子合金的形态结构模型

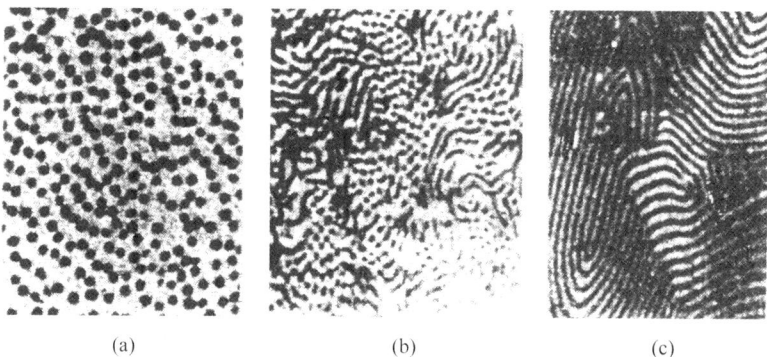

图 7.110 苯乙烯-丁二烯—苯乙烯三嵌段共聚物的形态结构电镜照片
图中:苯乙烯与丁二烯的质量浓度比为
(a) 80:20;(b) 60:40;(c) 50:50

从广义上说,结晶高分子也是复相体系,一相是晶相,另一相是非晶相。当结晶程度较低时,晶相为分散相,非晶相为连续相;当结晶程度较高时(超过 40%),晶相为连续相,非晶相为分散相。当二元高分子合金中有一组元能结晶,或两个组元都能结晶时,合金的形态结构的基本情况如图 7.111 和图 7.112 所示。图 7.111 示意出晶态-非晶态共混物的形态结构。当非晶相为基体时,晶粒或球晶分散在非晶区中。而当结晶程度较大时,晶相为连续相(基体),非晶相分散在球晶中,或非晶聚集成较大的相畴分布在球晶中。图 7.112 示意出晶态-晶态高分子合金的形态结构。当两种高分子的结晶度均较低时,非晶为连续相,两种晶粒或晶粒和球晶分散在非晶区中。当两种高分子的结晶度很高时,可能生成两种不同的球晶,也可能共同生成混合型的球晶,其中分布着非晶相。

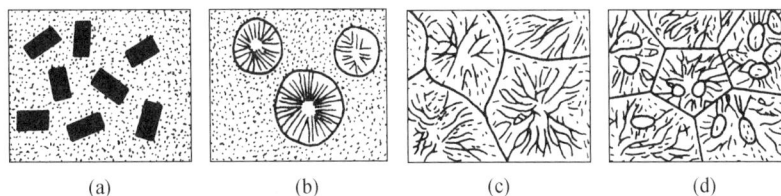

图 7.111　晶态-非晶态共混物形态结构示意图
(a) 晶粒分散在非晶区中;(b) 球晶分散在非晶区中;
(c) 非晶态分散在球晶中;(d) 非晶态聚集成较大的相畴分布在球晶中

图 7.112　晶态-晶态聚合物共混物的形态结构示意图
(a) 两种晶粒分散在非晶区中;(b) 球晶和晶粒分散在非晶区中;
(c) 分别生成两种不同的球晶;(d) 共同生成混合型的球晶

7.5.8　高分子合金性能与组元的一般关系

二元高分子合金性能与组元的关系可用"混合物法则"作近似估算,最常用的两个关系式如下:

$$p = p_1 w_1 + p_2 w_2, \tag{7.60}$$

$$\frac{1}{p} = \frac{w_1}{p_1} + \frac{w_2}{p_2}, \tag{7.61}$$

式中,p 为合金某一性能,如密度、电性能、模量等,p_1 和 p_2 分别为组元 1 及 2 相应的性能,w_1 和 w_2 分别为组元 1 及 2 的质量分数。大多数情况下(7.60)式给出合金性能的上限值,而(7.61)式给出下限值。对于单相高分子合金,如无规共聚物等,基本上符合(7.60)式。如果两组元的相互作用对合金性能产生影响,则可引入相互作用因子 I,于是对(7.60)式修正后的表达式为:

$$p = p_1 w_1 + p_2 w_2 + I w_1 w_2。 \tag{7.62}$$

相互作用因子可正可负,例如,对醋酸乙烯和氯乙烯的无规共聚物的玻璃化温度可近似表

达为:

$$T_g = T_{g1} w_1 + T_{g2} w_2 - 28 w_1 w_2,$$

式中,w 为质量分数。

对于双相高分子合金,分散相颗粒的大小和形状会对某些性能发生影响,则合金性能与组元的关系如下:

$$\frac{p}{p_1} = \frac{1 + AB\varphi_2}{1 - B\psi\varphi_2}, \tag{7.63}$$

式中,p 和 p_2 分别为合金及连续相的性能,φ_2 为分散相的体积分数,ψ 为与分散颗粒最大堆砌分数有关的常数,A 为分散相的形状因子,如对均匀的球形颗粒,$A=1.5$,B 为与两组元性能比值有关的常数。

对两相都是连续的高分子合金,其性能与组元的关系可表述如下:

$$p^n = p_1^n \varphi_1 + p_2^n \varphi_2, \tag{7.64}$$

式中,φ_1 和 φ_2 分别为组元 1 和 2 的体积分数,n 为常数,例如 IPN 混合物,其弹性模量符合 $n = \frac{1}{3}$。

随着组元成分的变化,高分子合金会出现相的反转,在相转变区,如弹性模量等性能较符合下式:

$$\lg p = \varphi_1 \lg p_1 + \varphi_2 \lg p_2. \tag{7.65}$$

上述各关系仅是基本的指导原则,实际关系要复杂得多,仍需要根据实验结果归纳出某种关系式。

7.5.9 高分子及其合金的主要类型

高分子材料按材料的用途可分为塑料、橡胶和纤维三类。塑料具有很宽的性能变化。某些塑料硬而脆,某些很柔顺,在外力下呈现弹塑性形变。因此,塑料高分子链可以有结晶度,也可以是线型、支化和交联的。具有高弹性的人造橡胶,其分子链的结构必须具有足够高的交联,这种交联通常是在高温下通过硫化来实现的。纤维高分子具有被拉成丝的性能,其长度与直径比一般至少可达 100/1。由于纤维在使用中将承受各种力学形变,因此,它们必须具有高的抗拉强度,高的弹性模量和抗磨性。这就要求纤维材料有高的相对分子质量。而且分子链的结构和组态应该允许产生高的结晶度,并转变为对称性的线型和无支化的分子链。在上述三种类型中的塑料,根据它们在高温时的力学特征可分为热塑性和热固性两类。

(1) 热塑性高分子。热塑性高分子被加热时软化,冷却时硬化,该特性可重复出现。这些材料通常是在热和压力共同作用下制备的。在分子水平上,当温度提高到使共价键破断的温度之下时,由于分子运动的增加使分子链之间的次键合力减小,以致在外力的作用下分子链之间的相对运动就容易得多,因此,热塑性材料具有相对软和良好的塑性及冲击韧性。大部分线型链和某些具有柔顺性的支链结构的高分子是热塑性聚合物。

(2) 热固性高分子。热固性高分子当冷却时呈现硬的特性,在随后的加热过程中也不软化。在最初的热处理过程中,在相邻分子链之间的共价键交联结构已形成,这些键把链锚住,以致阻止了分子链在高温下的振动和旋转。热固性高分子约有 $10\% \sim 50\%$ 的链节被交联。当温度加热超过使交联键断裂和高分子降解的温度时,热固性高分子的特性消失。热固性高分子通常比热塑性高分子更硬、更强和更脆,但具有更好的尺寸稳定性。大部分的交联和网络结构的高分子是热固性聚合物。

对于高分子合金可以用具有不同性能为基的聚合物来分类。

1. 以聚乙烯为基的高分子合金

聚乙烯(PE)是最重要的通用塑料之一,其优点是可塑性好,加工成型简便,缺点是软化温度低,强度不高,容易应力开裂,不容易染色等。采用共混法可有效地克服这些缺点。

以聚乙烯为主要成分的共混物有以下几种:不同密度聚乙烯之间的共混物;聚乙烯与乙烯-醋酸乙烯共聚物(EVA);聚乙烯与丙烯酸酯类共混物;聚乙烯与氯化聚乙烯(CPE)共混物等。例如,不同密度聚乙烯之间的共混物,可使熔化区加宽,冷却时延缓结晶,这对聚乙烯泡沫塑料的制备很有价值。控制不同密度 PE 的比例,能得到多种性能的泡沫塑料。

2. 以聚丙烯为基的高分子合金

聚丙烯(PP)耐热性优于 PE,可在 120℃ 以下长期使用,刚性好,耐折叠性好,加工性能优良。主要缺点是成型收缩率较大,低温容易脆裂,耐磨性不足,耐光性差,不容易染色等。合金化是克服这些缺点的有效途径。这类高分子合金主要有:PP/PE 共混物,PP/EPR(乙丙共聚物),PP/BR(顺丁胶)共混物等。例如,聚丙烯与顺丁胶共混可明显提高聚丙烯的韧性。当 PP 与质量分数为 15% 的 BR 共混时,抗冲强度可提高 6 倍以上,同时,脆化转折温度由 PP 的 30℃ 降至 8℃。PP/BR 的挤出膨胀比 PP,PP/PE,PP/EVA 等都小,所以制品的尺寸稳定性好。

3. 以聚氯乙烯为基的高分子合金

聚氯乙烯(PVC)是一种综合性能良好、用途极广的高分子。其主要缺点是热稳定性不好,100℃ 时即开始分解,因而加工性能欠佳,聚氯乙烯本身较硬脆,抗冲强度不足,耐老化性和耐寒性差。通常合金化改性的高分子合金主要有:PVC/EVA,PVC/CPE,PVC/PB(聚丁二烯),PVC/ABS(A:丙烯腈,B:丁二烯,S:苯乙烯,三元共聚而成)等。例如,PVC/ABS 合金具有抗冲强度高、热稳定性好、加工性能优良等特点。

4. 以聚苯乙烯为基的共混物

聚苯乙烯(PS)的特点是强度高,但缺点是脆,韧性差,容易应力开裂,不耐沸水。合金化后改性高分子合金主要有:抗冲聚乙烯(HIPS),ABS 树脂等。例如,聚苯乙烯与丁苯胶(SBR)制成的合金,克服了聚苯乙烯的脆性,极大地提高了抗冲强度。

7.5.10　高分子材料的降解和老化

由官能团等活性理论知道,高分子链上官能团的活性不受所在分子链长短的影响,因而许多小分子的有机反应,也可以应用到聚合物分子链上官能团的反应中。利用大分子上官能团的化学反应,可以将聚合物化学反应分成三类:①聚合度不变的反应,如各种侧基的反应;②聚合物增加的反应:如接枝、扩链、嵌段和交联等反应;③聚合度减小的反应,如老化、降解、解聚等。

与小分子相比,影响低分子化学反应的因素很多,如温度、压力、酸碱性等也会影响聚合物的化学反应,特别是聚合物相对分子质量高且具有多分散性、结构复杂,加上高分子的化学反应具有自身的特点。

(1)聚集态的影响。高分子官能团的反应能力受到聚合物相态(晶相或非晶相)、大分子的形态等因素的影响。高结晶度的聚合物反应较难,这是由于结晶区分子链紧密堆积,小分子扩散困难,化学反应难以进行,扩散成为反应速度的决定因素。

(2)分子链上相邻的官能团的影响。邻近基团会产生静电效应、空间位阻,也可能产生基团隔离或孤立化,而改变官能团反应能力,甚至使反应不能进行,如聚乙烯醇与三苯基乙酰氯反应,乙酰化度达到50%后,反应的速率就会大大下降。

(3)相容性的影响。聚合反应过程中的相容性包括:①参加反应的聚合物与生成的聚合物之间的相容性;②参加反应的聚合物,生成的聚合物与反应介质间的相容性。例如,聚乙烯醇的缩醛化反应,其中反应物聚乙烯醇的亲水性好,其缩醛化产物的亲水性不好,为使反应进行,一般用水和甲醇的混合溶液,所以使用混合溶液也是利用聚合物化学反应的一个特点。

典型的聚合物化学反应包括聚酯的醇解和水解、纤维素的化学改性、聚合物的降解和交联等。

高分子的降解是指将聚合度变小的化学反应。高分子材料及其制品在使用过程中,受环境因素的影响(如光、热、力、超声波等物理作用,氧、水、微生物等化学侵蚀),性能(强度、弹性、硬度、颜色等)逐渐劣化的现象称为高分子材料的老化,包括变软发黏、变脆发硬、机械强度降低等。老化与金属的腐蚀很相似。

1. 热氧化降解

聚合物的热氧化过程实质是热和氧综合作用的结果。高分子材料在长时间的使用过程中,容易被氧化变质,受热的作用会促进氧化作用,碳碳双键、烯丙基和叔碳上的碳氢键容易被氧化。这些键被氧化成过氧化物后开始分解,而形成活性中心,这种活性中心是自由基,自由基的产生会引发交联或降解化学反应。

为提高高分子材料对热和氧的稳定性,首先要设计具有稳定结构的高分子链。其次,在制备高分子时,需加入热稳定剂和抗氧剂。抗氧剂包括仲芳胺、酚类、苯醌类、叔胺、三级膦类等,往往是多种类型配合使用。

常用的抗氧化剂有:

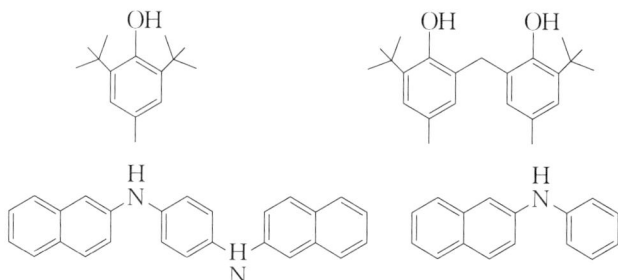

常用的热稳定剂有金属皂类、有机锡等。

2. 光氧化降解

聚合物长时间受到太阳光的照射,就会发生光降解和光氧化降解反应,使得聚合物的分子链断裂,导致老化现象的发生。分子链的断裂取决于光的波长和聚合物的键能。在太阳光中,短波长的远紫外线(120～280 nm)可被大气中的臭氧吸收,到达地球表面的近紫外(300～400 nm)时,其能量在 400～300 kJ·mol^{-1},而各种键的离解能为 167～586 kJ·mol。可见,如高分子材料长时间在户外放置,一些共价键会断裂,如 PET 在光照的情况下,一定的时间后,会由透明状变成琥珀色,并释放少量的 CO 和 CO_2。

在氧存在的情况下,高分子材料易与之发生光氧化过程。水、微量的金属元素等都能加速光氧化过程。为了防止高分子材料的光降解和光氧化反应,一般需要使用光稳定剂。常用的光稳定剂按照机理可以分成三类:①紫外线吸收剂,能够吸收紫外光,放出荧光、磷光或放出热量,常用的有邻羟基二苯甲酮衍生物、水杨酸酯类等;②光屏蔽剂,能够屏蔽或反射紫外光,如炭黑,TiO_2、ZnO 等;③紫外线淬灭剂,这类物质能从受激的聚合物中吸收能量,以光或热散发出去,使聚合物分子回复到基态。常用的淬灭剂有如镍、钴的有机螯合物或络合物。

3. 水解和生化降解

水解是常见的化学降解反应。一般,主链含有杂质原子的缩聚物较易水解,如聚酯、聚碳酸酯的水解等。大分子主链上含有酰胺极性基团的尼龙在高温和一定的湿度情况下,也易发生水解反应。所以,这些材料在使用和加工过程中需要注意其水解问题。反之,利用这一反应,可以将废弃聚合物转化成单体再回收利用,如涤纶在过量乙二醇中高温醇解,能够生成对苯二甲酸乙二酯。聚乳酸易水解,可以用作外科手术的缝合线,手术后,不需要拆线,在体内会自然水解形成参与人体代谢的乳酸。

一般的合成高分子都有极好的耐微生物侵蚀性,但是制品中如有其他成分的加入,会提升其生物侵蚀性,如软质聚氯乙烯制品,由于含有大量增塑剂会遭受微生物的侵蚀。某些来源于动物、植物的天然高分子材料,如酪蛋白纤维素、葡萄糖等,容易受多种细菌和霉菌的作用而发生降解,所以将这种结构引入到高分子链,能够赋予材料生物降解的特性。

4. 力化学降解

聚合物在加工过程中,碳链聚合物中的 C—C 键也会断裂。典型的是天然橡胶的加工。天然橡胶分子量本身高达几百万,为了便于成型加工,需要塑炼,其目的就是通过剪切力的作用,使其分子量降低,会低到几十万。在聚合物机械降解过程中,分子量会随时间的延长而降低,到一定的值后,便不再降低。

7.5.11　高分子材料的燃烧特性

多数高分子材料都是容易燃烧起火的,包括大部分的合成材料,如聚乙烯、聚苯乙烯、环氧树脂、丁苯橡胶、丁腈橡胶等。我们有必要了解聚合物的可燃性、阻燃机理,因为常用的阻燃剂对更好地预防火灾,降低危害是非常有用的。

1. 高分子材料的燃烧过程

高分子材料的燃烧需要空气和热源,涉及非常复杂的物理和化学变化。材料着火后,产生的热量使自身或周围的可燃物质继续燃烧,本质上属于热氧化反应过程。若着火后,其自身的燃烧热未能使自身继续燃烧则称为阻燃、自熄或不延燃。燃烧的过程大致归纳为受热、分解、引燃、燃烧和火焰传播等几个阶段。

从聚合物的燃烧过程可知,热量、氧气和可燃物质是决定燃烧行为的重要因素,其内在机理是自由基反应。通常,烃类聚合物燃烧热最大,含氧聚合物的燃烧热则较小。聚合物的燃烧速率与高反应活性羟基自由基($\cdot OH$)的产生和浓度密切相关。如果通过一定的方式抑制$\cdot OH$ 的产生,就能达到阻燃的效果。事实上,高分子材料的阻燃机理非常复杂,通常是多种机理综合作用的结果。

在高聚物的燃烧中,会不同程度地产生挥发性化合物和烟雾,使人窒息或中毒,例如含氮聚合物、聚氨酯、聚酰胺、聚丙烯腈的燃烧,会产生有毒的氰化氢。含氯的氯代聚合物,如 PVC 等的燃烧,也会产生氯化氢。

2. 氧指数

聚合物的燃烧性能差别很大,可以分为:易燃、缓燃、自熄和阻燃四类。通常用极限氧指数进行评判。所谓氧指数是在规定的条件下,试样在氧气和氮气的混合气中,维持稳定燃烧所需的最低氧气百分浓度。氧指数越小说明高聚物越易燃烧,极限氧指数越高的高分子材料越不容易燃烧。

空气中的氧含量在 21% 左右,因此,一般氧指数<22% 的属于易燃材料;在 22%~27% 的为可燃材料,具有自熄性;>27% 的为难燃材料。如聚乙烯、聚苯乙烯等的极限氧指数小于20%,是易燃高分子材料;而聚氯乙烯、聚四氟乙烯等的极限氧指数分别是 45% 和 95%,属于难燃材料。这种划分只有相对意义,实际高分子材料的阻燃性能,还与其他物理性能如热导率、分解温度以及燃烧热等参数有关。

3. 常用的阻燃剂

阻燃剂是指能够提高易燃或可燃物的自熄性或难燃性的功能助剂。常用的分成以下类:

(1) 无机阻燃剂。一般不挥发,受热分解,分解时吸热,生成不燃气体 CO_2,H_2O 等。如氢氧化铝、氢氧化镁、膨胀石墨、氧化锑等。优点是,毒性小、抗腐蚀、发烟量少;缺点是,添加量大,损害了高分子材料的机械性能。同时,为了解决界面问题,需要表面处理,加工麻烦。

(2) 卤素阻燃剂。这类阻燃剂是目前世界上产量最大的有机阻燃剂,包括溴系和氯系阻燃剂,如溴化聚苯乙烯、溴化环氧等。其中,溴系阻燃剂广为接受,因为其有许多优点:阻燃效率高、价格适中,这是由于 C—Br 键的键能较低,大部分溴系阻燃剂的分解温度在 200~300 ℃,正好是一般常用聚合物的分解温度。缺点是,这些材料燃烧时,会产生大量的有毒气体以及烟雾,产生次生灾害,燃烧的产物还会污染环境,破坏臭氧层。

(3) 磷系和氮系阻燃剂。这类阻燃剂包括有机磷盐、氧化磷、磷酸酯等。磷系能够促进聚合物脱水碳化,减少聚合物由于热分解而产生的可燃性的气体的量,生成的碳膜能够隔绝外面的空气和热量。氮系阻燃剂有三聚氰胺及其衍生物。其优点是,无卤、低烟、不产生毒气。但是单独使用效果有限,常与其他阻燃体系复配发挥协同作用。

7.6　陶瓷合金概述

　　用于工程的陶瓷可分为结构陶瓷和功能陶瓷两大类,前者主要利用陶瓷的力学性能,后者主要利用陶瓷的光、电、磁、热等物理性能。大多陶瓷都由两个组元及多组元组成,因此,这些陶瓷材料也可称为陶瓷合金。陶瓷材料按品质又可分为传统陶瓷和先进陶瓷,传统陶瓷主要的原料是石英、长石和黏土等自然界存在的矿物,先进陶瓷的原料一般采用一系列人工合成或提炼处理过的化工原料。

　　陶瓷材料的原子间结合力主要为离子键、共价键或离子-共价混合键,这就导致陶瓷材料的本征脆性,在受力时只有很小的形变或没有变形发生。这种本征特性限定了陶瓷材料不能采用金属材料常用的各种工艺进行制备,而必须通过粉体的制备、粉体的成型和烧结的方法,这类似于金属硬质合金的粉末冶金制备方法。本节将简述陶瓷的粉体的合成、陶瓷的成型和烧结的方法和原理、陶瓷材料的力学性能和物理性能,不限制陶瓷的组元数目。

7.6.1　陶瓷粉体的合成

　　氧、硅、铝三种元素占地壳中元素总量的 90%,它们以硅酸盐和铝硅酸盐蕴藏在自然界,成为陶瓷工业产品的主要原料。

　　高岭石$[Al_2(Si_2O_5)(OH)_4]$为基的矿物是高级黏土的主要成分。

　　具有层状结构的含水硅酸镁$[Mg_2(Si_2O_5)_2(OH)_2]$的滑石是制造电工、电子元件和瓷砖的重要原料。

　　无水 SiO_2 是玻璃、釉料、搪瓷、耐火材料、磨料以及白瓷制品中的主要成分。SiO_2 具有多晶型,作为原料使用的主要是石英。

　　除黏土和石英外,长石也是传统陶瓷的主要原料。长石是含有 K^+,Na^+ 或 Ca^{2+} 的一种无水铝硅酸盐,作为助熔剂促进形成玻璃相。主要长石材料有钾长石 $K(AlSi_3)O_8$,钠长石 $Na(AlSi_3)O_8$ 和钙长石 $Ca(Al_2Si_2)O_8$ 等。

　　陶瓷粉体的制备也称为粉体的合成,它可以分为两类,一类是机械破碎法,另一类是物理化学法。

1. 机械破碎法

　　机械破碎法可采用多种方式的机器,如颚式破碎机(粗碎设备)、轮碾机(中碎设备,也可用于混合物料)、球磨机(细碎设备,也可用于混料)、气流粉碎机(超细碎设备,最小颗粒尺寸为 $0.1\sim0.5\,\mu m$),气流粉碎可在氮气、二氧化碳或惰性气体气氛中进行。

2. 物理化学法

　　(1) 固相法:固相法利用固态物质间的反应来制取粉体。在制备陶瓷粉件原料中常用的反应包括化合反应、热分解反应和氧化物还原反应,这几种反应在实际工艺过程中经常同时发生。使用固态法制备的粉体有时颗粒尺寸偏大,需进一步加以粉碎才能作为原料使用。下面举例说明各种方法的使用。

化合反应一般是两种或两种以上的固态物质经混合后在一定的温度与气氛条件下生成另一种或多种复合固态物质的粉体,有时也可能伴随某些气体的逸出。例如钛酸钡陶瓷粉体的合成,其将相同摩尔数的 $BaCO_3$ 和 TiO_2 固体粉体混合均匀,在 $1\,100\sim1\,150℃$ 之间保温 $2\sim4\,h$,生成钛酸钡原料并放出二氧化碳,反应式如下:

$$BaCO_3 + TiO_2 = BaTiO_3 + CO_2$$

热分解反应是通过加热金属的硫酸盐、硝酸盐,由热分解制得优异性能的高纯氧化物粉体。例如:$\alpha-Al_2O_3$ 粉体的制备通过铝硫酸铵盐 $[Al_2(NH_4)_2(SO_4)_2 \cdot 24H_2O]$ 在空气不同温度下加热制得,具体热分解反应如下:

$Al_2(NH_4)_2(SO_4)_4 \cdot 24H_2O \rightarrow Al_2(SO_4)_3 \cdot (NH_4)_2SO_4 \cdot H_2O + 23H_2O \uparrow$（约 200℃ 加热）

$Al_2(SO_4)_3 \cdot (NH_4)_2SO_4 \cdot H_2O \rightarrow Al_2(SO_4)_3 + 2NH_3 \uparrow + 2H_2O \uparrow$（$500\sim600℃$）

$Al_2(SO_4)_3 \rightarrow \gamma-Al_2O_3 + 3SO_3 \uparrow$（$800\sim900℃$）

$\gamma-Al_2O_3 \rightarrow \alpha-Al_2O_3$（$1\,300℃,1.0\sim1.5\,h$）

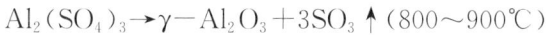

先进陶瓷材料中的碳化硅和氮化硅的粉体通常采用氧化物还原法制备。例如,SiC 粉体是将石英砂（SiO_2）与碳粉混合,在电阻炉中用碳来还原 SiO_2 后生成碳化硅。炉内所发生的基本反应是:

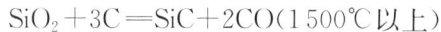

$$SiO_2 + 3C = SiC + 2CO（1\,500℃ 以上）$$

其反应过程为:

$$SiO_2 + C = SiO + CO$$

生成一氧化碳,其与碳反应直接生成碳化硅:

$$SiO + 2C = SiC + CO$$

SiO 也可被碳还原成元素硅:

$$SiO + C = Si + CO$$

此时,硅蒸气与碳继续反应生成碳化硅:

$$Si + C = SiC$$

（2）液相法:液相法广泛应用于先进陶瓷中超微粉原料的制备。它可以更好地控制粉体化学成分,进行离子水平上的均匀混合。液相法主要有沉淀法、溶胶-凝胶（Sol-gel）法等。

沉淀法是在金属盐溶液中添加或生成沉淀剂,并使溶液挥发,对所得到的酸盐和氢氧化物通过加热分解得到所需的陶瓷粉体。例如,钛酸钡 $BaTiO_3$ 微粉可采用直接沉淀法制成。将 $Ba(OC_3H_7)_2$ 和 $Ti(OC_5H_{11})_4$ 溶解在异丙醇或苯中,加水水解,得到颗粒直径为几纳米的化学计量 $BaTiO_3$ 结晶粉体。

溶胶-凝胶法是将金属氧化物或氢氧化物的溶胶在 $90\sim100℃$ 加热形成凝胶物质,再经过滤、脱水、干燥和适合温度烧结,可制得高纯度超细氧化物粉体。例如,用溶胶-凝胶法制得 ThO_2 粉体经烧结后的制品致密度极高,可达到理论密度的 99%。

（3）气相法:气相法制备陶瓷粉体有两种方法:物理气相沉积法（PVD）和化学气相沉积法（CVD）。

物理气相沉积法是将原料用电弧或等离子体高温加热至气化,然后在加热源与环境之间很大的温度梯度下急冷,凝聚成粉状颗粒（蒸发与凝聚原理见 6.3 节）。

化学气相反应法是采用挥发性金属化合物蒸气通过化学反应合成所需物质粉体的方法。例如,$SiCl_4$ 与 NH_3 在 $500\sim900℃$ 通过化学气相反应可生成 $0.1\,\mu m$ 的非晶态粉体,然后在更高温度进行热处理可得到高纯超细 Si_3N_4 粉体。

7.6.2　陶瓷粉体的成型和烧结

陶瓷的制备基本步骤如图 7.113 所示,除上述的粉体的合成外,随后包括粉体细化和干燥、铸造成型、固化烧结、二次加工和生成最终产品。例如,单向模压成型是在压力作用下将粉体压制成一定形状的坯体,如图 7.114(a)所示,由于压力的作用,粉体颗粒产生位移,填充孔隙,因此减少孔隙和提高了坯体密度,经烧结后由于晶界和块体扩散提高烧结陶瓷的密度,表面扩散和蒸发凝聚使晶粒生长,烧结后陶瓷的显微组织一般形成等轴晶,如图 7.114(b)所示。

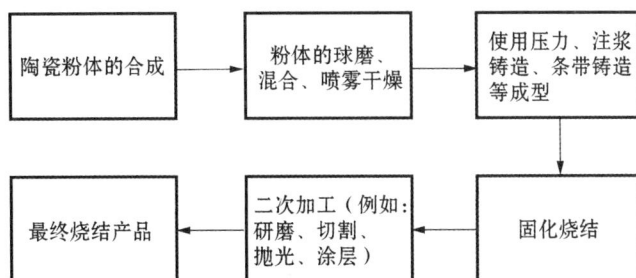

图 7.113　陶瓷制备的基本步骤

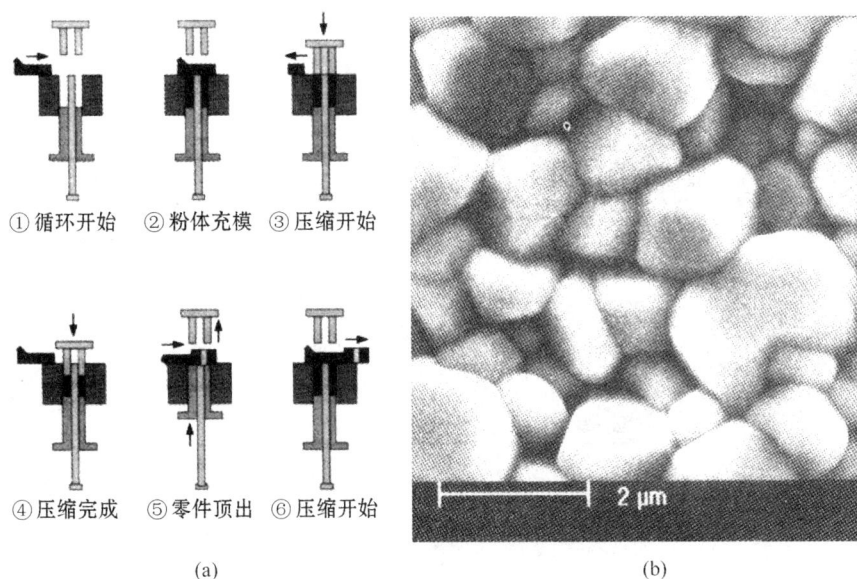

①循环开始　②粉体充模　③压缩开始

④压缩完成　⑤零件顶出　⑥压缩开始

(a)　　　　　　　　　(b)

图 7.114　陶瓷的成型(a)和烧结后的显微组织(b)

7.6.3　玻璃的制备

玻璃的制造工艺比较特殊,不同于上述陶瓷的成型和烧结方法。板材玻璃是在熔融态时生产的,该技术包括熔融玻璃通过水冷的轧辊或浮过液锡表面,如图 7.115 所示。液锡处理使玻璃表面极其光滑。浮法玻璃工艺是玻璃加工领域中突破性的发展。

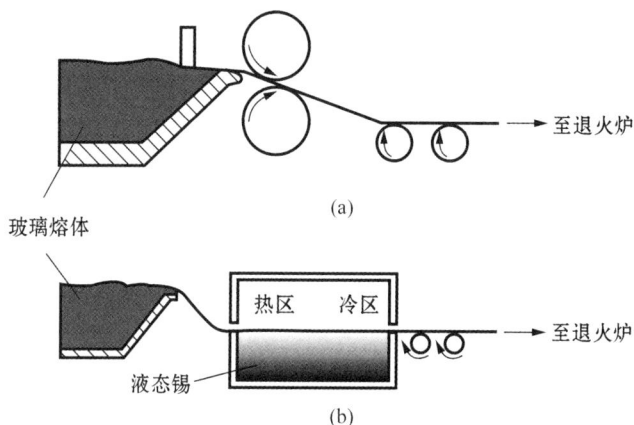

图 7.115 生产板材玻璃的技术
(a) 轧辊成型；(b) 浮过液锡表面成型

某些特殊形状的玻璃，如器皿和光学玻璃透镜等，它们生产的方法（见图 7.116）是熔融玻璃通过模具铸造，然后以尽可能慢的速度冷却来减小残余应力和避免玻璃件的开裂。玻璃纤维是液态玻璃通过白金(Pt)模具的小孔拉拔而成的，如图 7.117 所示。玻璃后期的退火是为了减小残余应力。

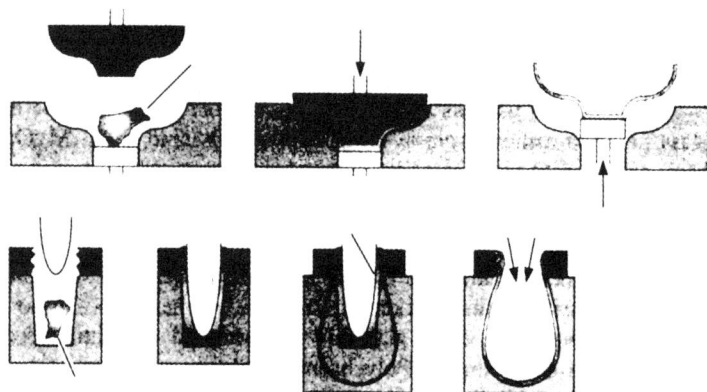

图 7.116 特殊形状玻璃的生产技术
(a) 挤压成型；(b) 挤压结合吹气成型

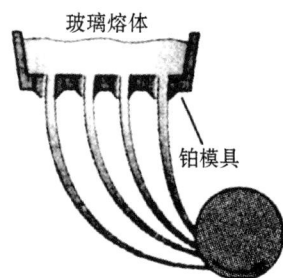

图 7.117 玻璃纤维的拉拔技术

7.6.4 陶瓷材料的性能

陶瓷的性能包括力学性能和光、电、磁、热等物理性能。下面将分别简述之。

1. 力学性能

与金属材料不同，陶瓷材料在室温拉伸载荷作用下不出现塑性变形阶段，即弹性形变结束后立即发生脆性断裂，如图 7.118 所示。陶瓷中原子的结合为离子键或共价键，具有明显的方向性和很少的滑移系，同号离子相遇时具有因静电能产生的很大排斥力，因此，大多陶瓷材料在室温下难以产生塑性变形,只有在高温才呈现明显的塑性变形。只有极为少数的简单晶体结构的陶瓷材料,如具有 NaCl 结构的 MgO,KCl 等在室温下具有塑性。某些超细化晶粒的陶瓷,如 Al_2O_3,ZrO_2 等,在高温下会出现超塑性,这对于难以加工的陶瓷材料来说具有重要的工程意义。

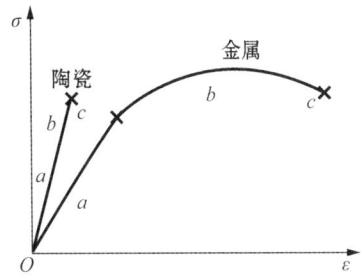

图 7.118 金属材料与陶瓷材料的应力-应变曲线

对于脆性的陶瓷材料通常不是用抗拉强度来表示材料的力学性能,而是用抗压强度(或称压缩强度)来表示,它是工程材料的一个常测指标。陶瓷材料的抗压强度远高于抗拉强度,一般可以利用抗压强度对构件设置预应力,从而使承受拉应力状态下的材料能增强抗力。目前改善陶瓷材料脆性和增韧的方法有以下几种:加入分散的晶须、纤维或弥散的第二相增韧;加入 ZrO_2,通过 ZrO_2 的马氏体相变增韧;表面强化增韧等。

陶瓷的高硬性使它们在室温和高温得到广泛的应用。例如,金刚石是自然界材料中最硬的,工业金刚石被用作研磨和抛光的磨料,由 CVD 制备的金刚石和类金刚石涂层作为切割工具的抗磨损涂料,当然,也被用作珠宝。SiC 具有优异的高温(高于钢的熔点)抗氧化能力,因此,它经常被用于金属合金切割工具的涂层;SiC 在金属基和陶瓷基复合材料中以颗粒或纤维状增强基体的强度。Si_3N_4 具有类似 SiC 的性能,只是高温强度稍低一些。硼硅酸盐玻璃含有 15% B_2O_3,具有十分优异的物理和化学稳定性,用作实验室玻璃器具和高放射性废料的储存容器。钙铝硼硅酸盐玻璃通常作为复合材料的增强纤维,如玻璃纤维。铝硅酸盐玻璃含 20% Al_2O_3 和 12% MgO,以及含有 3% B_2O_3 的高硅玻璃可以抵御高温和热冲击。镁铝硅酸盐玻璃作为高强度纤维用于复合材料。熔融石英或高纯 SiO_2 具有最高的抗高温、抗热冲击和化学冲击性。水泥和黄沙混合而成的混凝土被大量用于建筑。

玻璃陶瓷为晶体材料,由非晶玻璃转化而得,通常有很高的结晶度(≥70%～99%)。玻璃陶瓷的特殊结构令其具备了很高的强度和韧性,并且在通常情况下具有低的热膨胀系数和很好的耐高温性能。可能最重要的玻璃陶瓷是基于 Li_2O-Al_2O_3-SiO_2 体系,这些材料被用于烹饪器具和炉子的陶瓷器件。其他玻璃陶瓷被用于通信、计算机和光学领域。

2. 物理性能

材料的物理性能涉及光、电、磁和热等效应,具体机理将在第 10 章论述,下面简述涉及这些性能的一些主要陶瓷体系。

(1) 导电和介电材料:导电陶瓷的电导率远大于一般陶瓷。绝大部分陶瓷属于绝缘体,但具有间隙结构的碳化物呈现良好的导电性能,其导电机理属电子电导;而某些陶瓷材料在一定的温度或压力条件下呈现离子电导特性,这类固体电解质称为快离子导体或快离子陶瓷。由于离子传导对周围物质的活度、温度、压力的敏感性,因此可以利用快离子导体制作多种固态离子选择电极,气(液)敏、热敏、湿敏和压敏传感器;利用快离子导体内某些离子的氧化-还原着色效应可制作着色电色显示器,以及利用它的充电和放电效应可制作电池、电化学开关、记忆元件等。例如,非化学计量比的 SnO_2、CuO_2、SiC 等是电子电导体;ZrO_2、$LaCrO_3$、$LaMnO_3$ 等是利用离子导电成为固体氧化物燃料电池的元件;$BaTiO_3$、$SrTiO_3$ 等是具有正温度系数的热敏材料;SnO_2 是一种对气体敏感的气敏材料;尖晶石型 $MgCrO_4$-TiO_2 等是对水蒸气敏感的湿敏材料;ZnO 等是电阻值随加其上的电压而发生非线性变化的压敏材料;CdS 及其掺杂 Cu、Ag、Au 陶瓷是可见光范围内的光电导材料;$SrTiO_3$ 和 $La_{2-x}Ba_xCuO_4$ 等陶瓷是具有高超导临界转变温度(T_c)的超导材料。

介电是指对电流的分割和绝缘能力。介电陶瓷是指在电场作用下具有极化能力,并能在体内建立起电场的功能材料,主要有绝缘陶瓷、电容器陶瓷和微波陶瓷等。例如,$Pb(Mn_{1/3}Nb_{2/3})O_3$ 和 $Pb(Zn_{1/3}Nb_{2/3})O_3$ 是高介电常数电容器陶瓷;$Pb(Zr_xTi_{1-x})O_3$(PZT)是新型压电陶瓷;$(Pb,La)(Zr,Ti)O_3$(PLZT)是新型电致伸缩陶瓷。

(2)磁性陶瓷:磁性陶瓷通常泛称铁氧体,主要用于高频技术,如无线电、电视、电子计算机、微波和离子加速器等。例如,Fe_2O_3 和以其为主加入 MnO、MgO、CuO 等的复合氧化物是铁氧体软磁陶瓷;$BaFe_{12}O_{19}$ 和 $SrFe_{12}O_{19}$ 等是铁氧体硬磁陶瓷。

(3)蓄热和隔热陶瓷:大多陶瓷材料热容在低温时随温度的提高而增加,如低介电常数的 Al_2O_3 在 1 000℃左右达到 $3R$(25 J·$(mol·K)^{-1}$),它可用于硅芯片的电子封装材料。氧化铝、氧化锆、氧化镁、碳化硅、融石英、氮化硼等使用温度达 2 000℃,可作为高温隔热材料。

(4)光学玻璃:玻璃对可见光是透明的,因此具有广泛的用途。纯 SiO_2 需加热到非常高的温度以获得成型所需的黏流性。大多数商用玻璃都是 SiO_2 基陶瓷;添加物如苏打(Na_2O)可以破裂其网状结构,从而降低熔点易于成型,同时加入 CaO 以降低水在玻璃中的溶解度。大多数常见商用玻璃含有大约 75% SiO_2,15% Na_2O 和 10% CaO,被称为青板玻璃。

玻璃特殊的光学性质(例如光敏性)也可以获得。变色玻璃对紫外线不透明,可作为太阳眼镜材料之用。多色彩饰玻璃不仅对紫外光,而且对所有光均是敏感的。类似的,半导体纳米晶(如 CdS)在 SiO_2 基玻璃中形核。这些玻璃不仅给我们呈现了丰富的色彩,还具有许多有用的光学特性。

第8章 三元相图

工业上应用的金属材料多半是由两种以上的组元构成的多元合金,陶瓷材料也往往含有不止两种化合物。由于第三组元或第四组元的加入,不仅引起组元之间溶解度的改变,而且会因新组成相的出现致使组织转变过程和相图变得更加复杂,因此,为了更好地了解和掌握各种材料的成分、组织和性能之间的关系,除了了解二元相图之外,还须掌握三元甚至多元相图的知识。而三元以上的相图却又过于复杂,测定和分析深感不便,故有时常将多元系作为伪三元系来处理,因此用得较多的是三元相图。

将三元相图与二元相图比较,前者组元数增加了一个,即成分变量为两个,故表示成分的坐标轴应为两个,需要用一个平面来表示,再加上一个垂直该成分平面的温度坐标轴,这样三元相图就演变成一个在三维空间的立体图形。这里,分隔每一个相区的是一系列空间曲面,而不是平面曲线。

要实测一个完整的三元相图,工作量很繁重,加之应用立体图形并不方便,因此,在研究和分析材料时,往往只需要参考那些有实用价值的截面图和投影图,即三元相图的各种等温截面、变温截面及各相区在浓度三角形上的投影图等。立体的三元相图也就是由许多这样的截面和投影图组合而成的。

本章主要讨论三元相图的使用,着重于截面图和投影图的分析。

8.1 三元相图的基础

三元相图与二元相图的差别,在于增加了一个成分变量。三元相图的基本特点为:

(1) 完整的三元相图是三维的立体模型。

(2) 三元系中可以发生四相平衡转变。由相律可以确定,二元系中的最大平衡相数为3,而三元系中的最大平衡相数为4。三元相图中的四相平衡区是恒温水平面。

(3) 除单相区及两相平衡区外,三元相图中三相平衡区也占有一定的空间。根据相律得知,三元系三相平衡时存在一个自由度,所以三相平衡转变是变温过程,反映在相图上,三相平衡区必将占有一定的空间,不再是二元相图中的水平线。

8.1.1 三元相图成分表示方法

二元系的成分可用一条直线上的点来表示;表示三元系成分的点则位于两个坐标轴所限定的三角形内,这个三角形叫做成分三角形或浓度三角形。常用的成分三角形是等边三角形,有时也用直角三角形或等腰三角形表示成分。

1. 等边成分三角形

图8.1为等边三角形表示法,三角形的三个顶点A,B,C分别表示3个组元,三角形的边AB,BC,CA分别表示3个二元系的成分坐标,则三角形内的任一点都代表三元系的某一成

分。例如,成分三角形 ABC 内 S 点所代表的成分可通过下述方法求出:

设等边三角形各边长为 100%,依 AB,BC,CA 顺序分别代表 B,C,A 三组元的含量。由 S 点出发,分别向 A,B,C 顶角对应边 BC,CA,AB 引平行线,相交于三边的 c,a,b 点。根据等边三角形的性质,可得

$$Sa + Sb + Sc = AB = BC = CA = 100\%,$$

其中,$Sc = Ca = w_A(\%)$,$Sa = Ab = w_B(\%)$,$Sb = Bc = w_C(\%)$。于是,Ca,Ab,Bc 线段分别代表 S 相中三组元 A,B,C 各自的质量分数。反之,如已知 3 个组元质量分数时,也可求出 S 点在成分三角形中的位置。

2. 等边成分三角形中的特殊线

在等边成分三角形中有下列具有特定意义的线:

(1) 凡成分点位于与等边三角形某一边相平行的直线上的各三元相,它们所含的与此线对应顶角代表的组元的质量分数相等。如图 8.2 所示,平行于 AC 边的 ef 线上的所有三元相含 B 组元的质量分数都为 $Ae = w_B(\%)$。

(2) 凡成分点位于通过三角形某一顶角的直线上的所有三元系,所含此线两旁另两顶点所代表的两组元的质量分数比值相等。如图 8.2 中 Bg 线上的所有三元相含 A 和 C 两组元的质量分数比值相等,即 $w_A/w_C = Cg/Ag$。

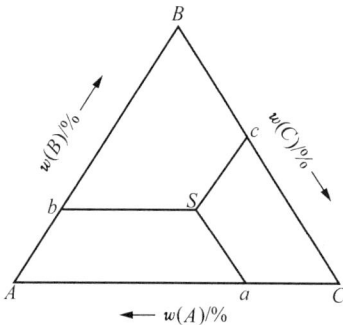

图 8.1 用等边成分三角形表示三元合金的成分

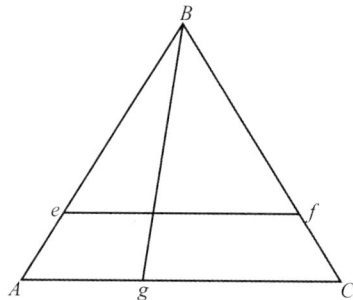

图 8.2 等边成分三角形中的特殊线

3. 成分的其他表示方法

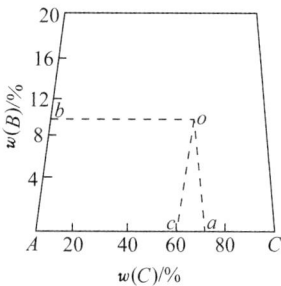

图 8.3 等腰成分三角形

a. 等腰成分三角形 当三元系中某一组元含量较少,而另两个组元含量较多时,合金成分点将靠近等边三角形的某一边。为了使该部分相图清晰地表示出来,可将成分三角形两腰放大,成为等腰三角形。如图 8.3 所示,由于成分点 o 靠近底边,所以在实际应用中只取等腰梯形部分即可。o 点合金成分的确定与前述等边三角形的求法相同,即过 o 点分别作两腰的平行线,交 AC 边于 a,c 两点,则 $w_A = Ca = 30\%$,$w_C = Ac = 60\%$;而过 o 点作 AC 边的平行线,与腰相交于 b 点,则组元 B 的质量分数 $w_B = Ab = 10\%$。

b. 直角成分坐标 当三元系成分以某一组元为主,其他两个组

元含量很少时,合金成分点将靠近等边三角形某一顶角。若采用直角坐标表示成分,则可使该部分相图清楚地表示出来。设直角坐标原点代表高含量的组元,则两个互相垂直的坐标轴即代表其他两个组元的成分。例如,图 8.4 中的 P 点成分为 $w(\mathrm{Mn})=0.8\%$,$w(\mathrm{Si})=0.6\%$,余量为 Fe 的合金。

c. 局部图形表示法　如果只需要研究三元系中一定成分范围内的材料,就可以在浓度三角形中取出有用的局部(见图 8.5)加以放大,这样会表现得更加清晰。在这个基础上得到的局部三元相图(见图 8.5 中的 Ⅰ,Ⅱ 或 Ⅲ)与完整的三元相图相比,不论测定、描述或者分析,都要简单一些。

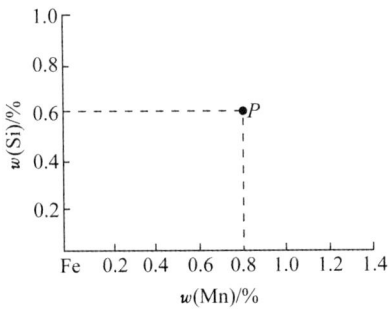

图 8.4　直角成分三角形　　　　图 8.5　浓度三角形中的各种局部

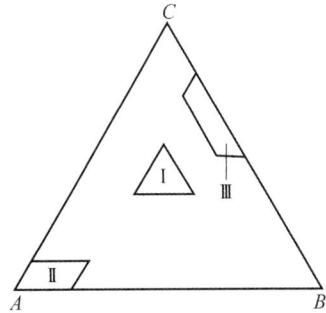

8.1.2　三元相图的空间模型

如前所述,包含成分和温度变量的三元合金相图是一个三维的立体图形。最常见的是以等边的浓度三角形表示三元系的成分,过浓度三角形的各个顶点分别作与浓度平面垂直的温度轴,构成一个外廓是正三棱柱体的三元合金相图。由于浓度三角形的每一条边代表一组相应的二元系,所以三棱柱体的三个侧面分别是三组二元相图。在三棱柱体内部,由一系列空间曲面分隔出若干相区。

图 8.6 是一种最简单的三元相图的空间模型。A,B,C 三个组元组成的浓度三角形和温度轴构成了三棱柱体的框架。a,b,c 三点分别表明 A,B,C 三个组元的熔点。由于这三个组

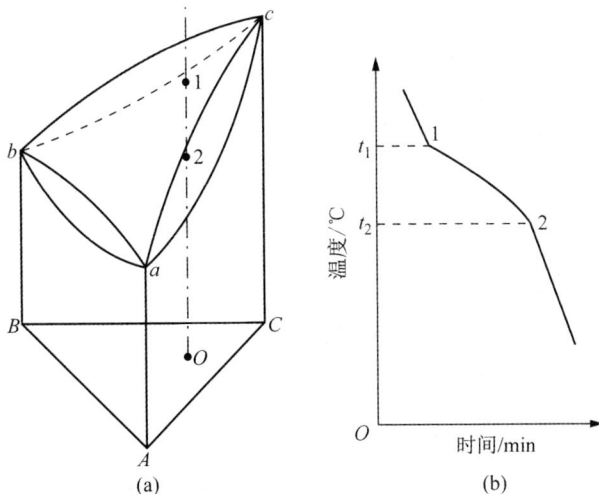

图 8.6　三元匀晶相图及合金的凝固

(a) 相图；(b) 冷却曲线

元在液态和固态都彼此完全互溶,所以 3 个侧面都是简单的二元匀晶相图。在三棱柱体内,以 3 个二元系的液相线作为边框构成的向上凸的空间曲面是三元系的液相面,它表明不同成分的合金开始凝固的温度;以 3 个二元系的固相线作为边框构成的向下凹的空间曲面是三元系的固相面,它表明不同成分的合金凝固终了的温度。液相面以上的区域是液相区,固相面以下的区域是固相区,中间区域如图中 O 成分三元系在与液相面和固相面交点 1 和 2 所代表的温度区间为液、固两相平衡区。

显然,即使是上述这样最简单的三元相图都是由一系列空间曲面所构成的,故很难在纸面上清楚而准确地描绘出液相面和固相面的曲率变化,更难确定各个合金的相变温度。在复杂的三元系相图中要做到这些更是不可能的。

因此,三元相图能够实用的办法是使之平面化。

8.1.3 三元相图的截面图和投影图

欲将三维立体图形分解成二维平面图形,必须设法"减少"一个变量。例如可将温度固定,只剩下两个成分变量,所得的平面图表示一定温度下三元系状态随成分变化的规律;也可将一个成分变量固定,剩下一个成分变量和一个温度变量,所得的平面图表示温度与该成分变量组成的变化规律。不论选用哪种方法,得到的图形都是三维空间相图的一个截面,故称为截面图。

1. 水平截面

三元相图中的温度轴与浓度三角形垂直,所以固定温度的截面图必定平行于浓度三角形,这样的截面称为水平截面,也称为等温截面。

完整水平截面的外形应该与浓度三角形一致,截面图中的各条曲线是这个温度截面与空间模型中各个相界面相截而得到的相交线,即相界线。图 8.7 是三元匀晶相图在两相平衡温度区间的水平截面。图中 de 和 fg 分别为液相线和固相线,它们把这个水平截面划分为液相区 L、固相区 α 和液固两相平衡区 L+α。

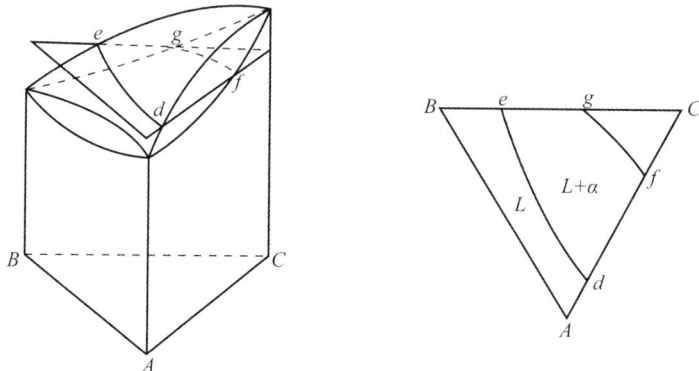

图 8.7　三元合金相图的水平截面图

2. 垂直截面

固定一个成分变量并保留温度变量的截面,必定与浓度三角形垂直,所以称为垂直截面,或称为变温截面。常用的垂直截面有两种:一种是通过浓度三角形的顶角,使其他两组元的含量比固定不变,如图8.8(a)的 Ck 垂直截面;另一种是固定一个组元的成分,其他两组元的成分可相对变动,如图8.8(a)的 ab 垂直截面。ab 截面的成分轴的两端并不代表纯组元,而代表 B 组元为定值的两个二元系 A+B 和 C+B。例如图8.8(b)中原点 a 成分为 $w(B)=10\%$,$w(A)=90\%$,$w(C)=0\%$;而横坐标"50"处的成分为 $w(B)=10\%$,$w(A)=40\%$ 和 $w(C)=50\%$。

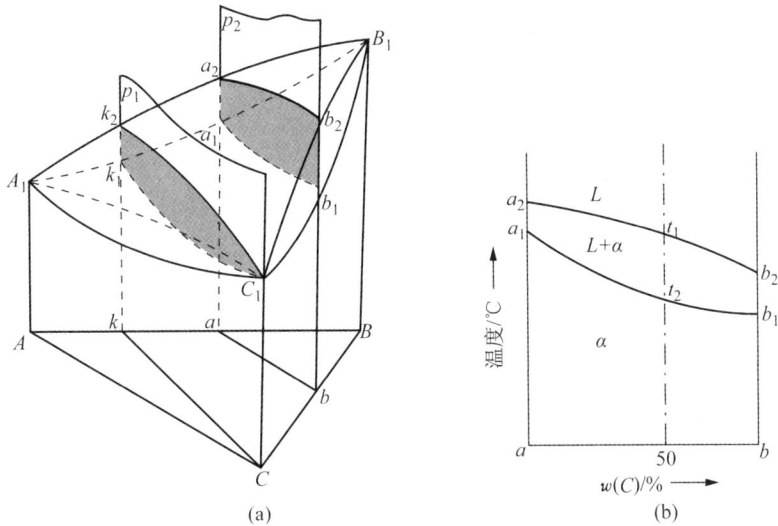

图 8.8 三元匀晶相图上的垂直截面

必须指出的是:尽管三元相图的垂直截面与二元相图的形状很相似,但是它们之间存在着本质上的差别。二元相图的液相线与固相线可以用来表示合金在平衡凝固过程中液相与固相浓度随温度变化的规律,而三元相图的垂直截面就不能表示相浓度随温度而变化的关系,只能用于了解冷凝过程中的相变温度,不能应用直线法则来确定两相的质量分数,也不能用杠杆定律计算两相的相对量。

3. 三元相图的投影图

把三元立体相图中所有相区的交线都垂直投影到浓度三角形中,就得到了三元相图的投影图。利用三元相图的投影图可分析合金在加热和冷却过程中的转变。

若把一系列不同温度的水平截面中的相界线投影到浓度三角形中,并在每一条投影上标明相应的温度,这样的投影图就叫等温线投影图。实际上,它是一系列等温截面的综合。等温线投影图中的等温线好像地图中的等高线一样,可以反映空间相图中各种相界面的高度随成分变化的趋势。如果相邻等温线的温度间隔一定,则投影图中等温线距离越密,表示相界面的坡度越陡;反之,等温线距离越疏,说明相界面的高度随成分变化的趋势越平缓。

为了使复杂三元相图的投影图更加简单明了,也可以根据需要,只把一部分相界面的等温线投影下来。经常用到的是液相面投影图或固相面投影图。图8.9为三

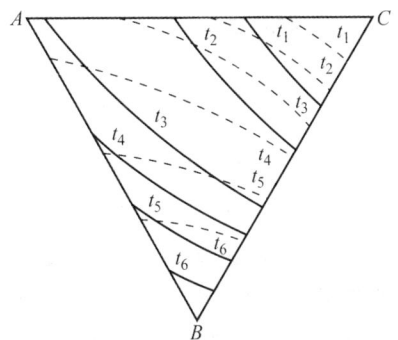

图 8.9 三元匀晶相图投影图示例

元匀晶相图的等温线投影图,其中实线为液相面投影,而虚线为固相面投影。

8.1.4 三元相图中的杠杆定律及重心定律

在研究多元系时,往往要了解已知成分材料在不同温度的组成相成分及相对量,又如在研究加热或冷却转变时,由一个相分解为两个或三个平衡相,那么新相和旧相的成分间有何关系,两个或三个新相的相对量各为多少,等等,要解决上述问题,就要用杠杆定律或重心定律。

1. 直线法则

在一定温度下三组元材料两相平衡时,材料的成分点和其两个平衡相的成分点必然位于成分三角形内的一条直线上,该规律称为直线法则或三点共线原则,可证明如下。

如图 8.10 所示,设在一定温度下成分点为 o 的合金处于 $\alpha+\beta$ 两相平衡状态,α 相及 β 相的成分点分别为 a 及 b。由图中可读出三元合金 o,α 相及 β 相中 B 组元含量分别为 Ao_1,Aa_1 和 Ab_1;C 组元含量分别为 Ao_2,Aa_2 和 Ab_2。设此时 α 相的质量分数为 w_α,则 β 相的质量分数应为 $1-w_\alpha$。α 相与 β 相中 B 组元质量之和及 C 组元质量之和应分别等于合金中 B,C 组元的质量。由此可以得到

$$Aa_1 \cdot w_\alpha + Ab_1 \cdot (1-w_\alpha) = Ao_1,$$
$$Aa_2 \cdot w_\alpha + Ab_2 \cdot (1-w_\alpha) = Ao_2。$$

移项整理得

$$w_\alpha(Aa_1 - Ab_1) = Ao_1 - Ab_1,$$
$$w_\alpha(Aa_2 - Ab_2) = Ao_2 - Ab_2。$$

上下两式相除,得

$$\frac{Aa_1 - Ab_1}{Aa_2 - Ab_2} = \frac{Ao_1 - Ab_1}{Ao_2 - Ab_2}。$$

图 8.10 共线法则的导出

这就是解析几何中三点共线的关系式。由此证明 o,a,b 三点必在一条直线上。同样可证明,以等边三角形作成分三角形时,上述关系依然存在。

2. 杠杆定律

由前面推导中还可导出:

$$w_\alpha = \frac{Ab_1 - Ao_1}{Ab_1 - Aa_1} = \frac{o_1b_1}{a_1b_1} = \frac{ob}{ab}。$$

这就是三元系中的杠杆定律。

由直线法则及杠杆定律可作出下列推论:当给定材料在一定温度下处于两相平衡状态时,若其中一相的成分给定,另一相的成分点必在两已知成分点连线的延长线上;若两个平衡相的成分点已知,材料的成分点必然位于此两个成分点的连线上。

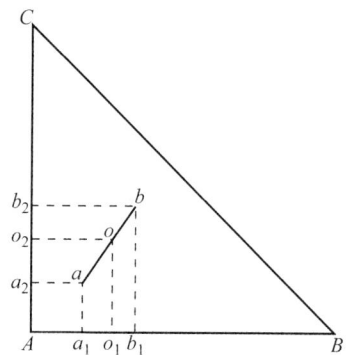

3. 重心定律

当一个相完全分解成三个新相,或是一个相在分解成两个新相的过程时,研究它们之间的成分和相对量的关系,则须用重心定律。

根据相律,三元系处于三相平衡时,自由度为 1。在给定温度下这三个平衡相的成分应为确定值。合金成分点应位于三个平衡相的成分点所连成的三角形内。图 8.11 中 O 为合金的成分点,P,Q,S 分别为三个平衡相 α,β,γ 的成分点。计算合金中各相相对含量时,可设想先把三相中的任意两相,例如 α 和 γ 相混合成一体,然后再把这个混合体和 β 相混合成合金 O。根据直线法则,α-γ 混合体的成分点应在 PS 线上,同时又必定在 β 相和合金 O 的成分点连线 QO 的延长线上。由此可以确定,QO 延长线与 PS 线的交点 R 便是 $\alpha+\gamma$ 混合体的成分点。进一步由杠杆定律可以得出 β 相的质量分数

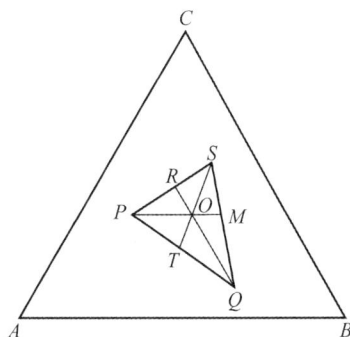

图 8.11 重心定律

$$w_\beta = \frac{OR}{QR}。$$

用同样的方法可求出 α 相和 γ 相的质量分数分别为:

$$w_\alpha = \frac{OM}{PM},$$

$$w_\gamma = \frac{OT}{ST}。$$

结果表明,O 点正好位于成分三角形 PQS 的质量重心,这就是三元系的重心定律。

除几何作图法外,也可直接利用代数方法计算三个平衡相的相对量。

工业上应用的金属材料多半是由两种以上的组元构成的多元合金。由于第三组元或第四组元的加入,不仅引起组元之间溶解度的改变,而且会因新组成相的出现致使组织转变过程和相图变得更加复杂。因此,为了更好地了解和掌握各种材料的成分、组织和性能之间的关系。除了了解二元相图之外,还需掌握三元甚至多元相图的知识。而三元以上的相图却又过于复杂,测定和分析深感不便,故有时常将多元系作为伪三元系来处理,因此用得较多的是三元相图。

三元相图与二元相图比较。组元数增加了一个,即成分变量为两个,故表示成分的坐标轴应为两个,需要用一个平面来表示,再加上一个垂直该成分平面的温度坐标轴,这样三元相图就演变成一个在三维空间的立体图形。这里,分隔每一个相区的是一系列空间曲面,而不是平面曲线。要实测一个完整的三元相图,工作量很繁重,加之应用立体图形并不方便。因此,在研究和分析材料时,往往只需要参考那些有实用价值的截面图和投影图,即三元相图的各种等温截面、变温截面及各相区在浓度三角形上的投影图等。立体的三元相图也就是由许多这样的截面和投影图组合而成的,故着重于截面图和投影图的分析。

8.2　三元相图概述

三元相图具有与二元相图相似的诸多转变,但由于增加了一个成分变量,即成分变量是两

个,从而使相图形状变得更加复杂。在上述对三元相图的理解和凝固分析的基础上,通过以下的小结可具备对各种三元相图和合金凝固分析的能力。

根据相律,在不同状态下,三元系的平衡相数可以从单相至四相。三元系中的相平衡和相区特征归纳如下。

1. 单相状态

当三元系处于单相状态时,根据吉布斯相律可算得其自由度数为 $f=4-1=3$,它包括一个温度变量和两个相成分的独立变量。在三元相图中,自由度为 3 的单相区占据了一定的温度和成分范围,在这个范围内温度和成分可以独立变化,彼此间不存在相互制约的关系。它的截面可以是各种形状的平面图形。

2. 两相平衡

三元系中两相平衡区的自由度为 2,说明除了温度之外,在共存两相的组成方面还有一个独立变量,即其中某一相的某一个组元的含量是独立可变的,而这一相中另两种组元的含量,以及第二相的成分都随之被确定,不能独立变化。在三元系中,一定温度下的两个平衡相之间存在着共轭关系。无论在垂直截面还是水平截面中,都由一对曲线作为它与两个单相区之间的界线。两相区与三相区的界面是由不同温度下两个平衡相的共轭线组成的,因此在水平截面中,两相区以直线与三相区隔开,这条直线就是该温度下的一条共轭线。

3. 三相平衡

三相平衡时系统的自由度为 1,即温度和各相成分只有一个是可以独立变化的。这时系统称为单变量系,三相平衡的转变称为单变量系转变。三元系中三相平衡的转变有:

(1) 共晶型转变:

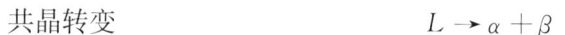
共晶转变 $L \rightarrow \alpha + \beta$

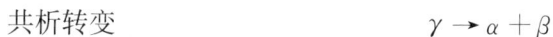
共析转变 $\gamma \rightarrow \alpha + \beta$

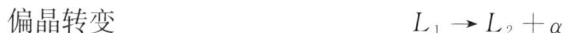
偏晶转变 $L_1 \rightarrow L_2 + \alpha$

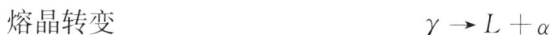
熔晶转变 $\gamma \rightarrow L + \alpha$

(2) 包晶型转变:

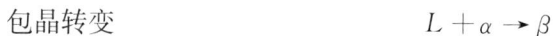
包晶转变 $L + \alpha \rightarrow \beta$

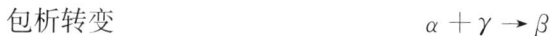
包析转变 $\alpha + \gamma \rightarrow \beta$

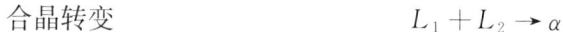
合晶转变 $L_1 + L_2 \rightarrow \alpha$

在空间模型中,随着温度的变化三个平衡相的成分点形成三条空间曲线,称为单变量线。每两条单变量线中间是一个空间曲面,三条单变量线构成一个空间不规则三棱柱体,其棱边与单相区连接,其柱面与两相区接壤。这个三棱柱体可以开始或终止于二元系的三相平衡线,也可以开始或终止于四相平衡的水平面。图 8.12 所示为共晶三角形移动规律(a)和包晶三角形移动规律(b)。任何三相空间的水平截面都是一个共轭三角形,顶点触及单相区,连接两个顶点的共轭线就是三相区和两相区的相区边界线。三角空间的垂直截面一般都是一个曲边三角形。

以合金冷却时发生的转变为例,无论发生何种三相平衡转变,三相空间中反应相单变量线的位置都比生成相单变量线的位置要高,因此其共轭三角形的移动都是以反应相的成分点为前导的,在垂直截面中则应该是反应相的相区在三相处的上方,生成相的相区在三相区的下方。具体来说,对共晶型转变($L{\rightarrow}\alpha+\beta$),因为反应相是一相,所以共轭三角形的移动以一个顶点领先,如图 8.12(a)所示。共晶转变时三相成分的变化轨迹为从液相成分作切线和 $\alpha\beta$ 边相交,三相区的垂直截面则是顶点朝上的曲边三角形;对于包晶型转变($L+\beta{\rightarrow}\alpha$),因为反应相是两相,生成相是一相,所以共轭三角形的移动是以一条边领先,如图 8.12(b)所示。包晶转变时的三相浓度的变化轨迹为从液相成分作切线只和 $\alpha\beta$ 线的延长线相交,而从 α 相成分作切线则和 $L\beta$ 边相交,三相区的垂直截面则是底边朝上的曲边三角形。

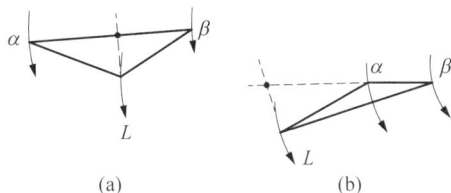

图 8.12　共晶三角形移动规律(a)和
包晶三角形移动规律(b)

4. 四相平衡

根据相律,三元系四相平衡的自由度为零,即平衡温度和平衡相的成分都是固定的。三元系中四相平衡转变大致可分为三类:

(1) 共晶型转变:

共晶转变　　　　　　　　　　$L \rightarrow \alpha + \beta + \gamma$

共析转变　　　　　　　　　　$\delta \rightarrow \alpha + \beta + \gamma$

(2) 包共晶转变:

包共晶转变　　　　　　　　　$L + \alpha \rightarrow \beta + \gamma$

包共析转变　　　　　　　　　$\delta + \alpha \rightarrow \beta + \gamma$

(3) 包晶型转变:

包晶转变　　　　　　　　　　$L + \alpha + \beta \rightarrow \gamma$

包析转变　　　　　　　　　　$\delta + \alpha + \beta \rightarrow \gamma$

四相平衡区在三元相图中是一个水平面,在垂直截面中是一条水平线。

四相平面以 4 个平衡相的成分点分别与 4 个单相区相连;以 2 个平衡相的共轭线与两相区为界,共与 6 个两相区相邻;同时又与 4 个三相区以相界面相隔。各种类型四相转变平面与周围相区的空间结构关系如图 8.13 所示。

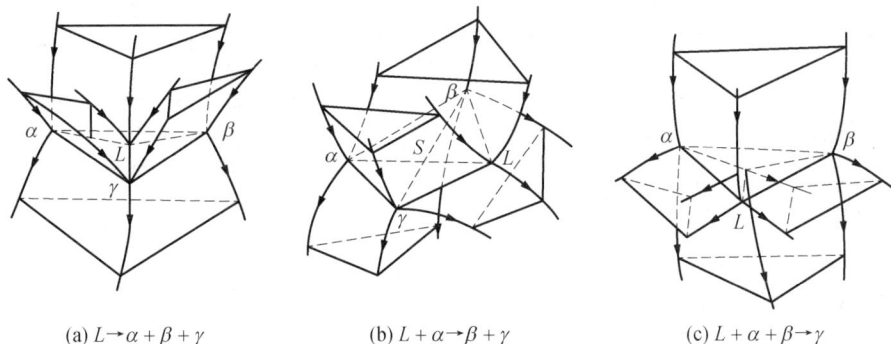

(a) $L{\rightarrow}\alpha+\beta+\gamma$　　　　　(b) $L+\alpha{\rightarrow}\beta+\gamma$　　　　　(c) $L+\alpha+\beta{\rightarrow}\gamma$

图 8.13　三种四相平衡区的空间结构

各种类型四相平面的空间结构各不相同,这就是说在四相转变前后合金系中可能存在的三相平衡是不一样的,同时各种单变量线的空间走向也不相同。因此,只要根据四相转变前后的三相空间,或者根据单变量线的走向,就可以判断四相平衡转变的类型。表 8.1 中列出了各种四相平衡转变的特点(单变量线投影以液相面交线为例)。

实际上,有不少材料的组元数目会超过 3 个,如果组元数增加到 4 个、5 个甚至更多个,就不可能用空间模型来直接表示它们的相组成随温度和成分的变化规律。通常可把系统的某些组元的含量固定,使其成分只剩一个顶多两个自变量,利用实验或计算的方法,绘制出由温度轴和成分轴为坐标的二维或三维图形,称这样的相图为伪二元或伪三元相图。

表 8.1　三元系中的四相平衡转变

转变类型	$L \rightarrow \alpha + \beta + \gamma$	$L + \alpha \rightarrow \beta + \gamma$	$L + \alpha + \beta \rightarrow \gamma$
转变前的三相平衡			
四相平衡			
转变后的三相平衡			
液相面交线的投影			

8.3　三元相图应用举例

8.3.1　Fe-Cr-C 铸铁合金

Fe-Cr-C 系三元合金,如铬不锈钢 0Cr13,1Cr13,2Cr13 以及高碳高铬型模具钢 Cr12 等在工业中被广泛应用。此外,Fe-Cr-C 耐磨合金往往具有较高的 C 含量和较高的 Cr 含量,因此,该类 Fe-Cr-C 合金又称高铬铸铁。Fe-Cr-C 系耐磨合金,由于其硬度高且综合性能好而被广泛应用,其耐磨机制主要是在结晶过程中产生的初生碳化物 M_7C_3(正交点阵,$a=0.69$ nm,$b=0.119$ nm、$c=0.45$ nm)。该碳化物作为硬质颗粒与较硬的过共晶基体组织配合以实现其良好的耐磨性能。其中的碳含量和铬 / 碳比(Cr/C)将直接影响初生碳化物生成的数量、性质、晶粒尺寸和分布,从而影响熔敷层的耐磨性能。因此,通过调整 Cr/C 以获得不同碳化物含量和分布的微观组织结构,从而获得更好的耐磨性能。

采用等离子熔敷技术在 Q235 钢表面制备出不同碳浓度和 Cr/C 的 Fe-Cr-C 合金熔敷层。所用的熔敷合金粉末为不同 Cr/C 含量的合金粉末 Ⅰ(试样)、Ⅱ(试样)、Ⅲ(试样),其 Cr/C 分别为 4.2、5.1 和 4.8,为过共晶成分,化学成分如表 8.2 所示。

表 8.2　不同 Cr/C 含量的合金粉末成分

试样/成分	C	Cr	Mn	Si	B	Fe	Cr/C
Ⅰ	3.67	15.49	0.68	0.68	0.17	余量	4.2
Ⅱ	3.5	16.83	0.63	1.12	0.21	余量	4.8
Ⅲ	3.35	17.23	1.14	1.10	0.21	余量	5.1

各种元素对高铬铸铁组织和性能的作用如下:

(1) C。碳在 Fe-Cr-C 系合金中能少量溶入 α-Fe 中,也能在铬含量较高时与 Cr、Fe 等形成复合碳化物:$(Cr,Fe)_7C_3$、$(Cr,Fe)_{23}C_6$、$(Cr,Fe)_3C$。碳对高铬铸铁韧性的影响:当含碳量大于共晶碳含量时,韧性都较差,但摩擦性能提高。

(2) Cr。铬是决定碳化物类型的主要因素,Cr 含量＞12％为 M_7C_3 型碳化物。Cr 在基体中的溶解量随 C 加入量增加而增加。当 Cr＝15％时,基体可溶解 8％～12％的 Cr,碳化物中可溶解 35％～40％的 Cr。Cr 可增加淬透性、耐磨性和耐蚀性。在含碳量一定的情况下,铬含量提高了淬透性,抑制珠光体形成,增加奥氏体含量,提高铸铁的韧性。

(3) Si。Si 是非碳化物形成元素,Si 使碳化物细化。硅元素可增加碳的活性,容易促使石墨的形成。Si 可使铸件的淬透性下降,促使珠光体的形成,影响材料的耐磨性。

(4) Mn。在 Mn 含量较低时,由于锰是强奥氏体形成元素,它既可溶于基体,提高合金的淬透性,又可溶于碳化物,降低碳化物硬度。由于 Mn 显著降低了 M_s 点温度,增加淬火后残留奥氏体量,降低淬火后的最高硬度,而且过量 Mn 溶于碳化物中使碳化物变得更脆,易产生裂纹。通常,将 Mn 控制在 1.0％以下。

(5) B。B 元素能细化晶粒,改善碳化物的形态和分布,提高硬度和耐磨性。B 显著提高淬透性,抑制珠光体的形成,增加奥氏体的含量。

图 8.14 为三种试样在相同放大倍数下的微观组织形貌,基于表 8.2,三种试样对应的 Cr/C 分别为 4.2、4.8 和 5.1。可见,随着 Cr/C 的增加,先共晶(初生)块状碳化物(Cr_7C_3)含量逐渐增加,细小的共晶基体逐渐减少。

组织的形成可通过 Fe-Cr-C 投影图(图 8.15)得到理解。由图 8.15 三元相图可知,依据合金成分的不同,Fe-Cr-C 合金可以分为亚共晶、共晶和过共晶 Fe-Cr-C 合金。亚共晶 Fe-Cr-C 合金的铬含量在 11％～30％之间,C 含量在 2％～3.3％之间,其初生相是奥氏体($\gamma^{(P)}$)。当合

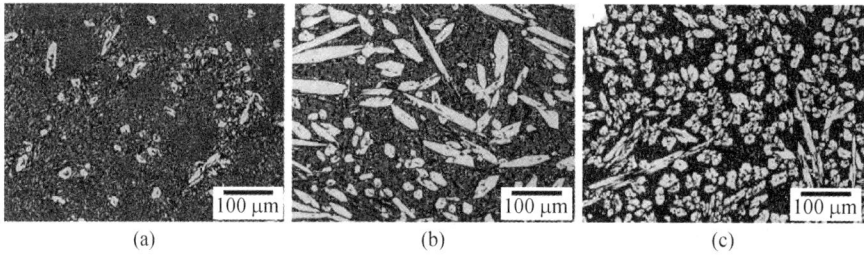

图 8.14 三种试样的典型组织形貌的金相照片((a)、(b)、(c)分别对应试样 Ⅰ、Ⅱ、Ⅲ)

金凝固时,温度降至共晶转变温度(线 U_1-U_2)时,液相中将析出奥氏体($\gamma^{(P)}$)树枝晶,随后形成 $\gamma^{(E)}$+M_7C_3 共晶碳化物。当合金中 C 含量高于 2.8%,Cr 含量高于 30% 时,合金的初生相为 M_7C_3 碳化物。此时,该类合金通常被称为过共晶 Fe-Cr-C 合金。该合金凝固时,在液相中首先析出 M_7C_3 碳化物(初生碳化物)。在随后的凝固过程中,发生共晶反应($L\rightarrow\gamma^{(E)}$+M_7C_3)。当冷却温度降至 U_2 线时仍残留有液相,在部分成分范围内还会发生三相中包晶反应:

$$L + M_7C_3 \rightarrow M_3C$$

由图 8.15 可知,随着 Cr 含量的升高,合金发生共晶反应时的 C 含量会随之降低,室温形成的共晶奥氏体基体不稳定,通过调节合金成分,使合金中马氏体转变起始温度 M_s 低于室温,避免合金在过冷时形成珠光体和马氏体,成为亚稳的残留奥氏体,有利于韧性的提高。

三组成分试样的 XRD 谱如图 8.16 所示,图中纵坐标为 X 射线衍射强度,横坐标为 $2\theta(°)$。

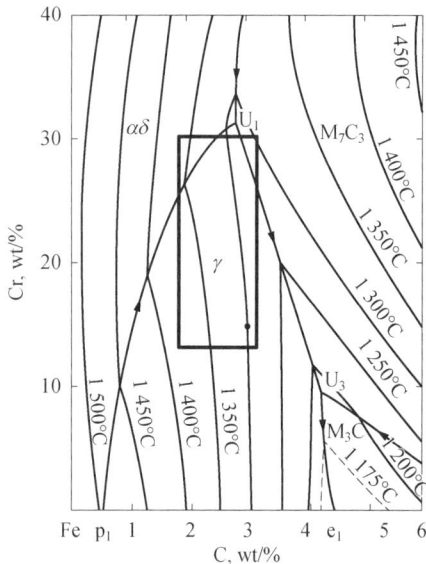

图 8.15 Fe-Cr-C 投影图

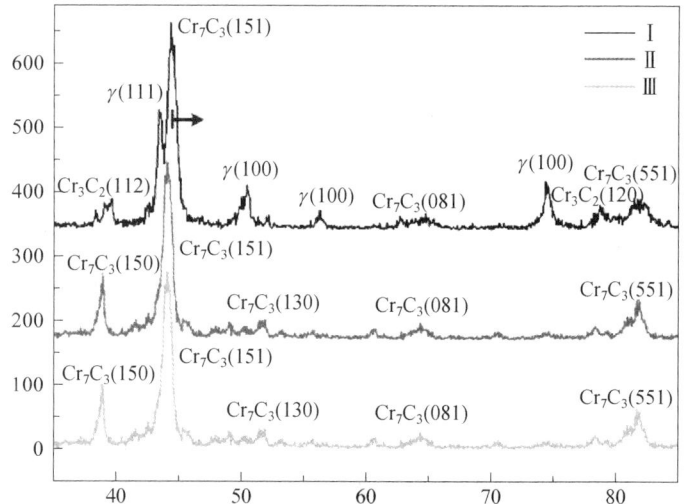

图 8.16 三组试样的 XRD 谱

由 XRD 谱可知,不存在 Fe_3C,表明珠光体被抑制形成,同时也不存在 BCC 马氏体,表明共晶中的奥氏体(γ)被保持到室温,成为亚稳的残留奥氏体。从图 8.16 中的 M_7C_3 衍射的相对强度可知,随 Cr/C 比提高,M_7C_3 的含量增加,这与图 8.14 金相照片所显示的含量是一致的。从中可以看出,三种合金熔敷层中的主要相是 Cr_7C_3 和奥氏体,由于试样 Ⅰ、Ⅱ 和 Ⅲ 熔敷层中的 Cr/C 分别为 4.2、4.8 和 5.1,而 Cr 的浓度都大于 12%,完全满足 M_7C_3 型碳化物的形成条件,所以熔敷层中的 Cr 原子主要以 Cr_7C_3 型碳化物的形式存在,其中既有初生碳化物相,也有共晶反应中与奥氏体共同生长的共晶碳化物。在试样 I 中出现了碳化物 Cr_3C_2,结合图 8.17 所示的 Fe-Cr-C 合金系三元相图投影图可知,在冷却过程中,随着共晶反应的发生,其中的共晶碳化物与共晶奥氏体共同生长,但是由于生成碳化物消耗大量的 Cr 而在金属溶液中出现了 C 的富积,从而析出碳化物 Cr_3C_2,而不发生上述的三相包晶反应的产物 MC_3。而 Cr_3C_2 的硬度高至 1 700 HV 以上,高温化学性质稳定,主要作为耐高温热喷涂材料在耐高温材料领域被广泛应用,相比于碳化物 M_7C_3,其含 C 量更高,硬度高而脆性大,在耐磨领域不如碳化物 M_7C_3。

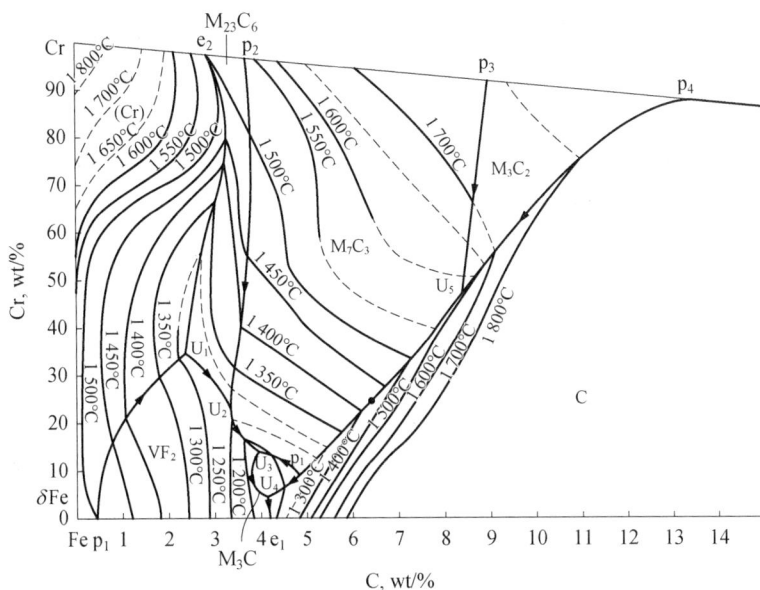

图 8.17　Fe-Cr-C 系三元合金系相图投影图

　　图 8.18(a)显示了三组试样在摩擦磨损实验中摩擦系数与时间和平均磨损量的关系。由图可知,三种试样的平均摩擦系数 I＞II＞III,而试样 I 的摩擦系数变化幅度最大。由于在试样 I 中,其基体组织中存在少量的碳化物且分布不均匀,和大量较软的奥氏体,导致在较大

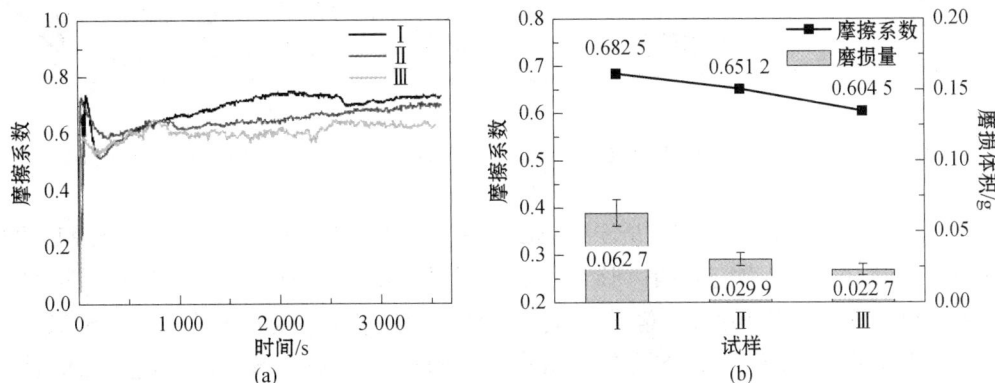

图 8.18　三组试样的摩擦系数随摩擦时间的变化(a)和平均摩擦系数与磨损量的关系(b)

应力作用下容易发生应力集中而破裂脱落,部分剥落的碳化物颗粒保留在摩擦副中,从而导致摩擦系数发生较大波动。从图 8.18(b)中三个试样的磨损量可以看出,试样Ⅲ的耐磨性最好,试样Ⅱ次之,而试样Ⅰ的耐磨性能最差。

8.3.2 Al-Cu-Mg 包共晶合金

Al-Cu-Mg 三元包共晶合金是十分重要的工程材料,参与包共晶反应的初生相或生成相往往是金属间化合物相,具有十分优异的力学或物理化学性能,通过研究包共晶反应规律从而控制凝固组织中化合相的形态、分布及尺度,可以显著提高最终材料的综合性能。

图 8.19 为 Al-Cu-Mg 三元相图液相面投影图的富 Al 部分。图中细实线为等温(x℃)线。带箭头的粗实线是液相面交线投影,也是三相平衡转变的液相单变量线投影。其中,一条单变量线上标有两个方向相反的箭头,并在曲线中部画有一个黑点(518℃),说明空间模型中相应的液相面在此处有凸起。图中每个液相面都标有代表初生相的字母,这些字母的含义为:

α-Al 以 Al 为溶剂的固溶体;θ($CuAl_2$),β(Mg_2Al_3),γ($Mg_{17}Al_{12}$),S($CuMgAl_2$),T($Mg_{32}(Al,Cu)_{49}$);Q($Cu_3Mg_6A_{17}$)。

根据四相平衡转变平面的特点,该三元系存在下列四相平衡转变:

$$L \rightarrow \alpha + \theta + S(E_T)$$
$$L + Q \rightarrow S + T(P_1)$$
$$L \rightarrow \alpha + \beta + T(E_V)$$
$$L + S \rightarrow \alpha + T(P_2)$$

图 8.20 为 Al-Cu-Mg 三元相图富 Al 部分固相面的投影图。它有以下几个内容。

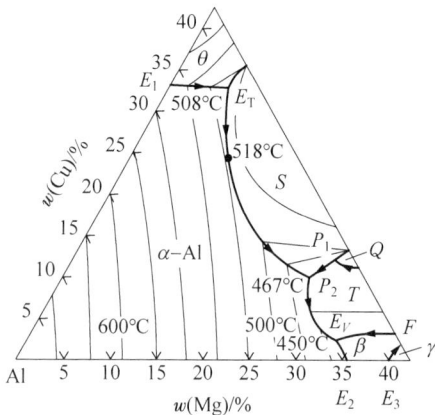

图 8.19　Al-Cu-Mg 三元相图液相面投影图

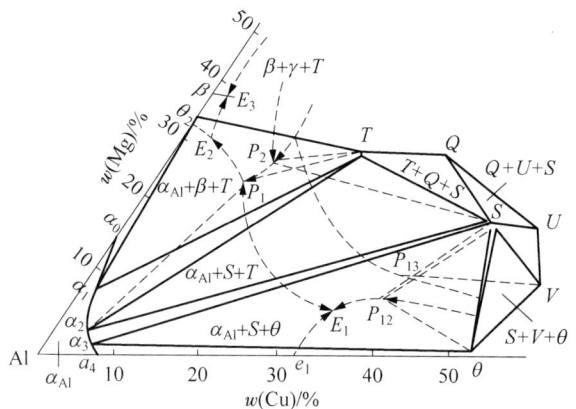

图 8.20　Al-Cu-Mg 三元相图富 Al 部分固相面的投影图

(1) 7 个四相平衡水平面。四边形 $P_{13}SUV$ 为包共晶四相平衡转变 $L + U \rightarrow S + V$ 的投影面,其中三角形 SUV 为固相面;四边形 $P_{12}SV\theta$ 为包共晶四相平衡转变 $L + V \rightarrow S + \theta$ 的投影图,其中三角形 $S\theta V$ 为固相面;三角形 $P_{13}QU$ 为包晶四相平衡转变 $L + U + Q \rightarrow S$,其中三角形 QUS 为固相面;四边形 P_2TQS 为包共晶四相平衡转变 $L + Q \rightarrow S + T$。其中,三角形 TQS 为固相面;三角形 $\alpha_3S\theta$ 为共晶四相平衡转变 $L \rightarrow \alpha_{Al} + S + \theta$ 的投影;四边形 $P_1TS\alpha_2$ 为包共

晶四相平衡转变 $L+S \rightarrow \alpha_{Al}+T$。其中,三角形 $\alpha_2 TS$ 为固相面;三角形 $\alpha_1 T\beta$ 为共晶四相平衡转变 $L \rightarrow \alpha_{Al}+\beta+T$ 的投影。

(2) 4 个三相平衡转变终了面。共晶三相平衡 $L \rightarrow \alpha_{Al}+\theta$ 转变,温度自 548℃ 降至 508℃ 时,各相浓度分别沿着 $e_1 E_1 \alpha_4 \alpha_3$ 变化,连接 $\alpha_3 \alpha_4$ 与 θ 的曲面为其转变终了面,投影为 $\alpha_3 \alpha_4 \theta$;共晶三相平衡 $L \rightarrow \alpha_{Al}+S$,温度自液相单变线 $E_1 P_1$ 上的最高温度 518℃,分别移向 508℃ 及 467℃,各相浓度分别沿着 $P_1 E_1$ 及 $\alpha_2 \alpha_3$ 曲线上的最高点向两边变化,连接 $\alpha_2 \alpha_3$ 与 S 的曲面为其转变终了面,投影为 $\alpha_2 \alpha_3 S$;共晶三相平衡 $L \rightarrow \alpha_{Al}+T$,温度自 467℃ 降至 450℃ 时,各相浓度分别沿着 $P_1 E_2$ 及 $\alpha_2 \alpha_1$ 变化,连接 $\alpha_2 \alpha_1$ 与 T 的曲面为转变终了面,投影为 $\alpha_1 \alpha_2 T$;共晶三相平衡 $L \rightarrow \alpha_{Al}+\beta$,温度自 451℃ 降至 450℃,各相浓度分别沿着 $e_2 E_2$ 及 $\alpha_0 \alpha_1$ 变化,连接 $\alpha_0 \alpha_1$ 与 β 的曲面为其转变终了面,投影为 $\alpha_0 \alpha_1 \beta$。

(3) 一个初生相凝固终了面。初生相 α_{Al} 凝固终了面的投影为 $Al\alpha_0 \alpha_1 \alpha_2 \alpha_3 \alpha_4$。选取初生相在不同相区的成分分别为 Al-15.0Mg-9.6Cu 与 Al-19.5Mg-17.8Cu 的三元包共晶合金作为例子,进行了不同冷却速度下的凝固试验,研究此类合金的凝固路径、组织形貌特征及转变规律。图 8.21 为利用 Thermo-Calc 软件计算得到的 Al-Cu-Mg 三元合金富 Al 角液相面投影图,所选取的 Al-15.0Mg-9.6Cu 与 Al-19.5Mg-17.8Cu 两种合金成分在图中已标出。另外,图中 PE 点即为该合金系的包共晶转变点:Al-11.31Cu-24.45Mg,该点于 470.16℃ 发生三元包共晶反应 $L+S \rightarrow \alpha_{Al}+T$。 将熔融的金属液(880~890℃)同时浇注到石墨和石英砂两种不同材质的铸型中,冷却速率分别为 5.69℃/s 和 0.45℃/s。

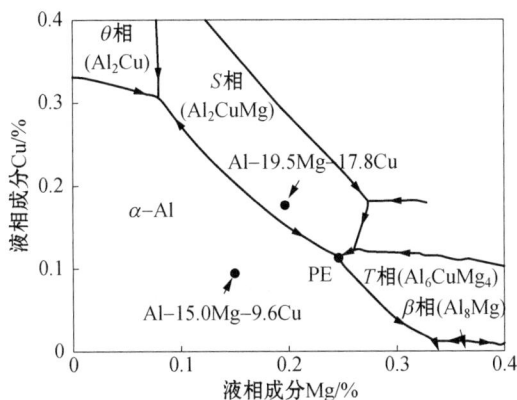

图 8.21 Al-Cu-Mg 三元合金富 Al 角液相面投影图

根据液相面投影图(图 8.19),所选合金的凝固组织可能由 α_{Al}、S 相(Al_2CuMg)、T 相(Al_6CuMg_4)和 β 相(Al_8Mg_5)组成。为确定凝固组织中的相组成,对 Al-15.0Mg-9.6Cu 与 Al-19.5Mg-17.8Cu 的砂型凝固试样中的各相进行能谱分析,结果如图 8.22 和图 8.23 所示。图 8.23(a)为试验获得的 Al-19.5Mg-17.8Cu 三元包共晶合金凝固组织,其中黑色相为 α_{Al} 相,能谱分析如图 8.23(b)所示;最亮相内 Al、Cu、Mg 三种元素的原子比约为 2:1:1,相应成分为 S 相(Al_2CuMg),能谱分析如图 8.23(c)所示;浅灰色相内 Al、Cu、Mg 三种元素的原子比约为 6:1:4,相应成分为 T 相(Al_6CuMg_4),能谱分析如图 8.22(d)所示。图 8.23(a)为试验获得的 Al-15.0Mg-9.6Cu 三元包共晶合金凝固组织,其中黑色相内为初生相 α_{Al} 相,能谱分析如图 8.23(b)所示;最亮相内 Al、Cu、Mg 三种元素的原子比约为 2∶1∶1,相应成分为 S 相,能谱分析如图 8.23(c)所示;深灰色相内 Al、Cu、Mg 三种元素的原子比约为 6∶1∶4,相应成分为 T 相,能谱分析如图 8.23(d)所示。

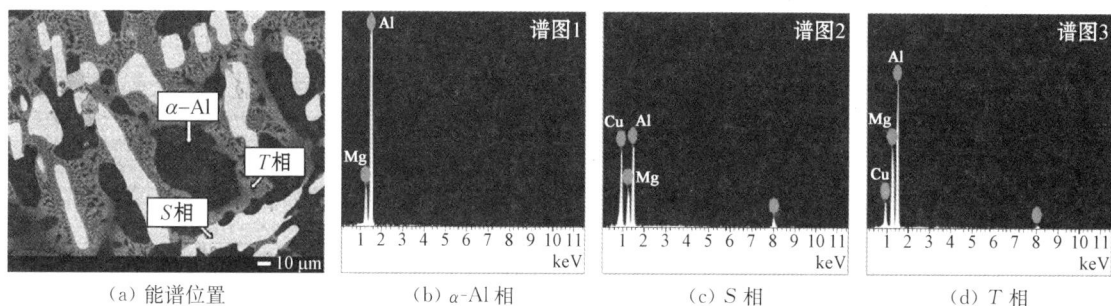

(a) 能谱位置　　　　(b) α-Al 相　　　　(c) S 相　　　　(d) T 相

图 8.22　Al-19.5Mg-17.8Cu 三元包共晶合金凝固试样能谱分析

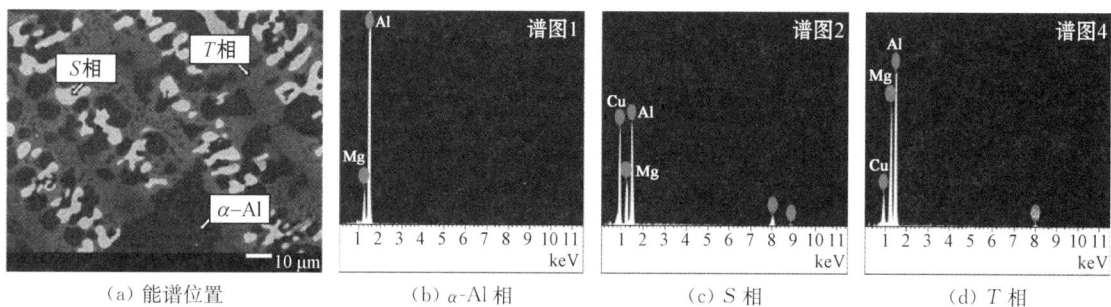

(a) 能谱位置　　　　(b) α-Al 相　　　　(c) S 相　　　　(d) T 相

图 8.23　Al-15.0Mg-9.6Cu 三元包共晶合金凝固试样能谱分析

图 8.24(a)、(b)为 Al-15.0Mg-9.6Cu 合金在石墨铸型和砂型中的凝固组织,可以看到该合金的凝固组织为明显的树枝晶组织,并且砂型凝固组织的晶粒尺度明显大于石墨型凝固组织。图中黑色的区域为初生相 α_{Al},当达到共晶沟后形成两相共晶($\alpha_{Al}+S$),两相共晶中的 S 相呈团块状,并没有与另一相 α_{Al} 相间生长,而是依附于初生相 α_{Al} 生长,所以此时生成的两相共晶为离异共晶组织。到达包共晶点后,发生包共晶反应 $L+S \rightarrow \alpha_{Al}+T$,而后继续沿共晶沟凝固生成两相共晶($\alpha_{Al}+T$),从中可以看到包共晶组织与而后发生的两相共晶反应的相均为($\alpha_{Al}+T$),但是二者形貌是不同的。包共晶组织是灰黑相间的共生组织,而($\alpha_{Al}+T$)共晶为离异共晶。图 8.25(a)、(b)为合金 Al-19.5Mg-17.8Cu 在石墨铸型和砂型中的凝固组织。同样可以看到,在相同的放大倍数下,砂型凝固组织晶粒尺度远大于石墨型组织。与 Al-15.0Mg-9.6Cu 合金凝固组织不同的是,该合金的初生相为数量较多的白色条块状的 S 相,随后发生($\alpha_{Al}+S$)的共晶凝固,此阶段生成的两相共晶组织同样为离异共晶。随后发生包共晶反应,在 S 相周围形成黑白相间的包共晶组织($\alpha_{Al}+T$),最后发生两相共晶凝固,生成两相共晶组织($\alpha_{Al}+T$),该阶段生成的 T 相依附于包共晶组织中的 T 相并与 α_{Al} 相间生长,但是尺寸要比包共晶组织大得多。由于溶质原子在 S 相中扩散较慢,残余 S 相(高亮相)被保存下来,其周围分布着三元包共晶组织,呈不规则的团块状分布于基体中。需要注意的是,同种铸型的凝固组织对比发现,合金 Al-19.5Mg-17.8Cu 的残余 S 相尺寸和数量要远大于 Al-15.0Mg-9.6Cu 合金,这是由于二者所在相区不同从而导致初生相不同造成的。合

金 Al-15.0Mg-9.6Cu 的残余 S 相来源于包共晶反应后剩余的 $(\alpha_{Al}+S)$ 的共晶,而合金 Al-19.5Mg-17.8Cu 的残余 S 相来源于包共晶反应后剩余的 $(\alpha_{Al}+S)$ 的共晶和初生 S 相。

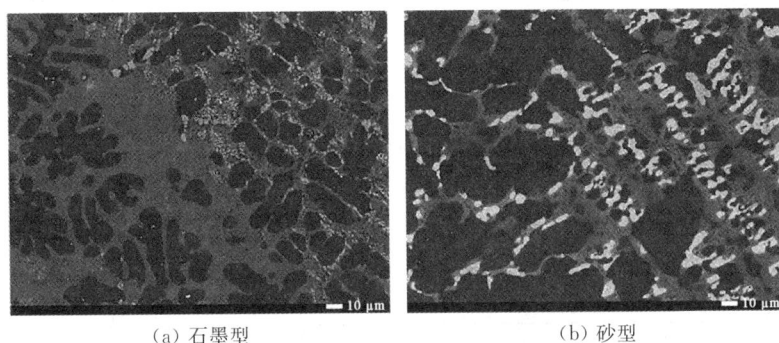

(a) 石墨型   (b) 砂型

图 8.24   Al-15.0Mg-9.6Cu 合金在石墨铸型(a)和砂型(b)中的凝固组织

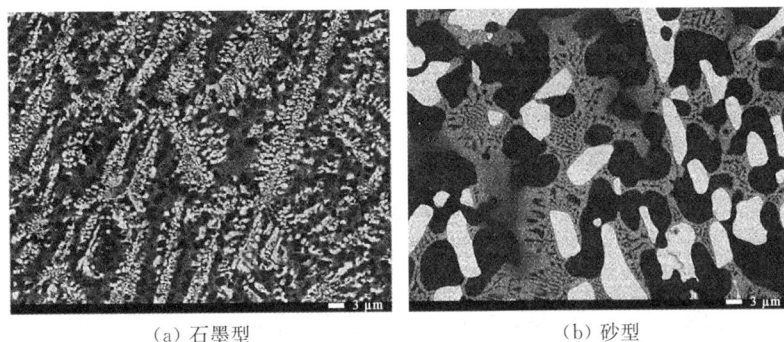

(a) 石墨型   (b) 砂型

图 8.25   合金 Al-19.5Mg-17.8Cu 在石墨铸(a)型和砂型(b)中的凝固组织

  通过以上组织分析表明,合金 Al-19.5Mg-17.8Cu 的凝固过程为:随着温度的下降,初生相为 S 相,随后发生两相共晶凝固 $L \rightarrow \alpha_{Al}+S$,此两相共晶为离异共晶组织;接着在残余液体中发生包共晶凝固 $L+S \rightarrow \alpha_{Al}+T$,生成的 α_{Al} 相与 T 相依附在原有的初生 S 相周围呈较规则的条带状共生生长,由于 S 相中溶质原子扩散较慢,包共晶凝固反应结束后往往存在剩余的初生 S 相;最后,发生 $L \rightarrow \alpha_{Al}+T$ 两相共晶反应,T 相与 α_{Al} 相并没有以"共生方式"生长,而是 α_{Al} 相依附于之前 $(\alpha_{Al}+S)$ 两相共晶生长,T 相依附于包共晶组织中的 T 相生长。该合金成分在试验的凝固速率下,凝固路径没有"走到"最终的三元共晶反应 $L \rightarrow \alpha_{Al}+T+\beta$,而是结束于 $L \rightarrow \alpha_{Al}+T$ 两相共晶凝固。所以合金 Al-19.5Mg-17.8Cu 整个凝固过程为:$(L+S) \rightarrow$ $(L+\alpha_{Al}+S) \rightarrow (L+\alpha_{Al}+S+T) \rightarrow (L+\alpha_{Al}+T)$。需要指出的是,当凝固速率足够快时,是有可能到达三元共晶点 $(\alpha_{Al}+T+\beta)$ 的。如成分为 Al-11.80Cu-24.22Mg 的合金,在水淬的条件下,凝固后期生成少量的三元共晶组织 $(\alpha_{Al}+T+\beta)$。

  根据以上显微组织分析,对合金 Al-19.5Mg-17.8Cu 可能的凝固机制进行了分析,图 8.26 为 Al-19.5Mg-17.8Cu 三元包共晶合金的凝固过程示意图。首先,在合金液体中生成初生 S 相并长大,如图 8.26(a)所示;而后,两相共晶组织 $(\alpha_{Al}+S)$ 开始在初生相周围析出,并且 S 相依附于初生相 S 形成离异共晶,如图 8.26(b)所示。当温度下降到包共晶反应温度时,发生三元包共晶反应 $L+S \rightarrow \alpha_{Al}+T$,消耗了部分 S 相,伴随着生成了包共晶组织 $(\alpha_{Al}+T)$,并且两者相间共生生长,如图 8.26(c) 中圆圈部分所示。随着温度进一步降低,开始生成两相共晶组织($\alpha_{Al} + T$),呈团块状,由于非均质形核相对于均质形核要容易得多,所以该两相共晶反应时生成的 T 相依附在已有的两相包共晶组织($\alpha_{Al} + T$) 周围,如图 8.26(d) 所示。

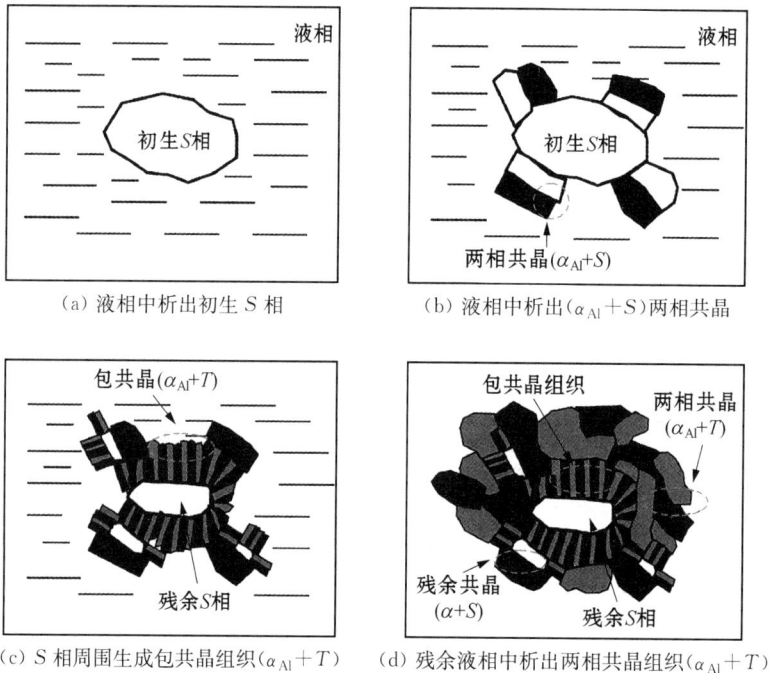

(a) 液相中析出初生 S 相　　　　(b) 液相中析出($\alpha_{Al} + S$)两相共晶

(c) S 相周围生成包共晶组织($\alpha_{Al} + T$)　　(d) 残余液相中析出两相共晶组织($\alpha_{Al} + T$)

图 8.26　Al-19.5Mg-17.8Cu 三元包共晶合金的凝固过程示意图

最后还需说明的是,本章讨论的是三元系相图,但实际上有不少材料的组元数目会超过 3 个,如果组元数增加到 4 个、5 个甚至更多个,就不可能用空间模型来直接表示它们的相组成随温度和成分的变化规律。通常可把系统的某些组元的含量固定,使其成分只剩一个,最多两个自变量,利用实验或计算的方法,绘制出由温度轴和成分轴为坐标的二维或三维图形,其分析和使用方法,与前面讨论的二元和三元相图相似。我们称这样的相图为伪二元或伪三元相图。

第9章 固态相变基础及材料的亚稳态

固态相变是金属材料热处理的基础。例如,马氏体相变可以使钢淬火强化;过饱和固溶体分解使合金时效强化等。因此,研究固态相变有重要的实际意义。金属固态相变与凝固过程的相同之处:

① 以新相和母相的自由能差作为相变的驱动力。

② 大多数固态相变也都包含形核和长大两个基本过程,并遵循结晶过程的一般规律。但因其为固态下的相变过程,故又具有不同于液态金属结晶的一系列特点。

材料的稳定状态是指其体系自由能最低时的平衡状态,通常,相图中所显示的即是稳定的平衡状态。但由于种种因素,材料会以高于平衡态时自由能的状态存在,即处于一种非平衡的亚稳态。同一化学成分的材料,其亚稳态时的性能不同于平衡态时的性能,而且亚稳态可因形成条件的不同而呈多种形式,它们所表现的性能迥异。在很多情况下,亚稳态材料的某些性能会优于其处于平衡态时的性能,甚至出现特殊的性能。因此,对材料亚稳态的研究不仅有理论上的意义,更具有重要的实用价值。

本章以前面介绍的相图内容为基础,以液固相变作为对照,主要介绍固态相变的分类、固态相变的特点、固态相变的形核与长大、固态相变动力学以及最后介绍几种常见的非平衡固态相变类型;最后介绍几类材料的亚稳态,包括纳米晶材料、准晶态材料和非晶态材料。

9.1 固态相变的主要分类

材料固态组织结构转变极为复杂,种类繁多。研究者们根据相变的共同点和差异点,将固态相变划分为不同的类型,目前常见的固态相变主要分类方法如图 9.1 和图 9.2 所示。

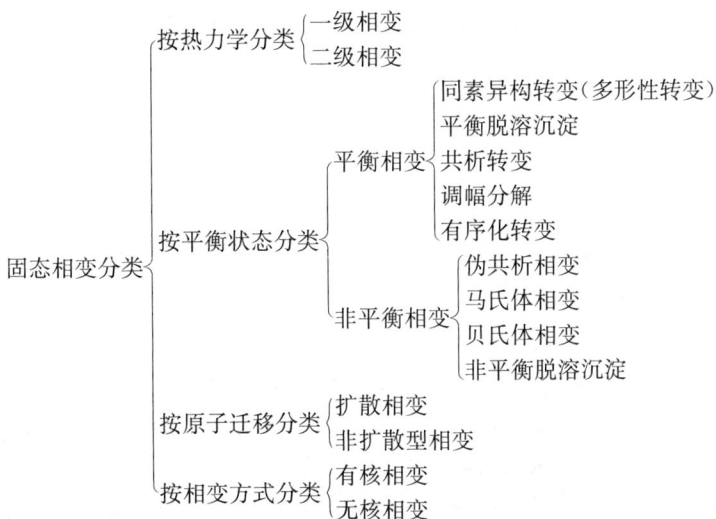

图 9.1 Christian 提出的固态相变分类

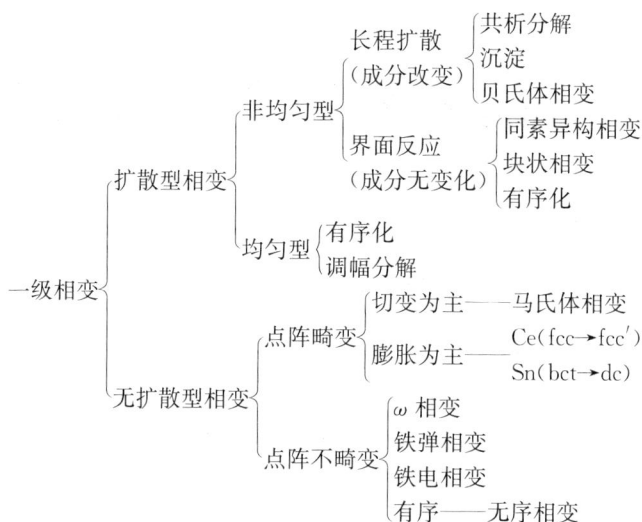

图 9.2　徐祖耀提出的一级相变简明分类

下面将按 Christian 提出的固态相变分类，对各分类相变作简要介绍。

9.1.1　按热力学分类

相变的热力学分类是按温度和压力对自由焓的偏导数在相变点是否连续，将相变分为一级相变、二级相变或高级相变。

n 级相变的定义为，在相变点热力学势的第 $n-1$ 阶导数连续，而 n 阶导数不连续。一级相变是指相变时新相 α 和旧相 β 的化学势相等，而化学势的一阶偏导不相等，即

$$\mu^{\alpha}=\mu^{\beta},\left(\frac{\partial \mu^{\alpha}}{\partial T}\right)_{p} \neq\left(\frac{\partial \mu^{\beta}}{\partial T}\right)_{p},\left(\frac{\partial \mu^{\alpha}}{\partial p}\right)_{T} \neq\left(\frac{\partial \mu^{\beta}}{\partial p}\right)_{T}。$$

因 $\left(\frac{\partial \mu}{\partial T}\right)_{p}=-S,\left(\frac{\partial \mu}{\partial p}\right)_{T}=V$，表明一级相变时伴随有熵变和体积改变。

二级相变是指相变时新旧两相的化学势相等，其一阶偏导也相等，但二阶偏导不相等，即

$$\left(\frac{\partial^{2} \mu^{\alpha}}{\partial T^{2}}\right)_{p} \neq\left(\frac{\partial^{2} \mu^{\beta}}{\partial T^{2}}\right)_{p},\left(\frac{\partial^{2} \mu^{\alpha}}{\partial p^{2}}\right)_{T} \neq\left(\frac{\partial^{2} \mu^{\beta}}{\partial p^{2}}\right)_{T},\frac{\partial^{2} \mu^{\alpha}}{\partial T \partial p} \neq \frac{\partial^{2} \mu^{\beta}}{\partial T \partial p}。$$

因 $\left(\frac{\partial^{2} \mu^{\alpha}}{\partial T^{2}}\right)_{p}=-\left(\frac{\partial S}{\partial T}\right)_{p}=-\frac{C_{p}}{T}$，故 $C_{p}^{\alpha} \neq C_{p}^{\beta}$，$C_{p}$ 为等压热容。

$\frac{\partial^{2} \mu}{\partial p^{2}}\Big)_{T}=\left(\frac{\partial V}{\partial p}\right)_{T}=\frac{V}{V}\left(\frac{\partial V}{\partial p}\right)_{T}=V \cdot k$，故 $k^{\alpha} \neq k^{\beta}$，$k$ 为压缩系数。

$\frac{\partial^{2} \mu}{\partial T \partial p}=\left(\frac{\partial V}{\partial T}\right)_{p}=\frac{V}{V}\left(\frac{\partial V}{\partial T}\right)_{p}=V \cdot \alpha$，故 $\alpha^{\alpha} \neq \alpha^{\beta}$，$\alpha$ 为膨胀系数。

故二级相变时，熵和体积不变，但等压热容、压缩系数、膨胀系数改变。

几乎所有伴随晶体结构变化的固态相变都是一级相变，而有些固溶体的有序无序相、铁磁性合金的磁性转变以及超导体转变属于二级相变。

一级相变和二级相变中几个物理量的变化（吉布斯自由能、熵、比热容）情况如图 9.3 所示。

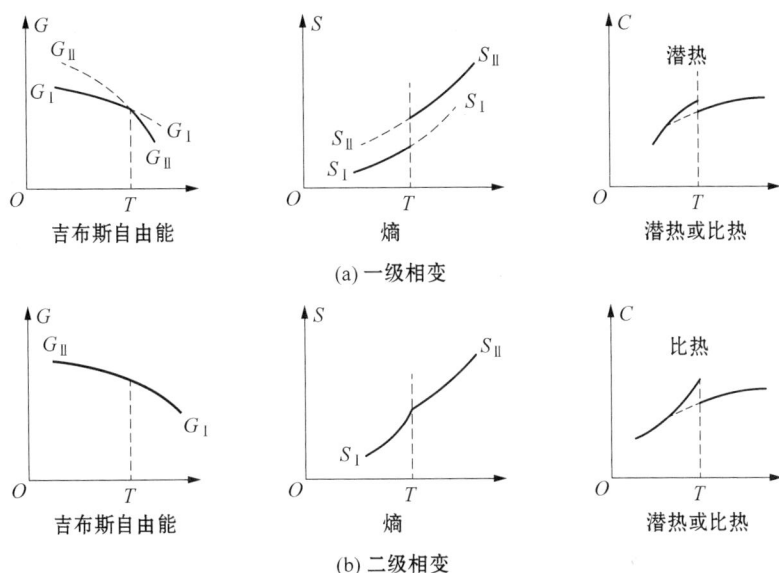

图 9.3　一级相变和二级相变中相关物理量的变化

二级以上的相变称为高级相变,一般高级相变很少,如玻色—爱因斯坦凝聚相变是少数能看到的三级相变。

9.1.2　按平衡相变和非平衡相变分类

根据金属材料的平衡状态图,可将固态相变分为平衡相变和非平衡相变。

1. 平衡相变

定义:在极为缓慢的加热或冷却条件下形成符合平衡状态图的平衡组织的相变,属于平衡相变。平衡相变一般有以下 5 种类型。

(1) 同素异构转变和多型性转变。纯金属在温度和压力改变时,由一种晶体结构转变为另一种晶体结构的过程,称为同素异构转变。金属的多型性是金属固态相变复杂性的根源。许多固态金属元素和非金属元素具有多种晶体结构,在元素周期表中,具有多型性转变的元素列在表 9.1 中。所有 70 余种金属元素中只有 12 种金属元素具有多种晶型,而其余的非金属元素中只有两种元素具有多种晶型。

表 9.1　元素的同素异构转变

元素符号	元素名称	原子序数	晶型	元素符号	元素名称	原子序数	晶型
Fe	铁	26	α　体心立方 γ　面心立方 δ　体心立方 ε　密集六角	Ce	铈	58	α　面心立方 β　密集六角
Cr	铬	24	α　体心立方 β　密集六角	Ca	钙	20	α　面心立方 β　密集六角

（续表）

元素符号	元素名称	原子序数	晶型	元素符号	元素名称	原子序数	晶型
$C_{金刚石}$ $C_{石墨}$	碳	6	钻石立方 六角	La	镧	57	α 密集六角 β 面心立方
W	钨	74	α 体心立方 β 复杂立方	Co	钴	27	α 密集六角 β 面心立方
Np	镎	93	α 正 交 β 四 方 γ 体心立方	U	铀	92	α 正 交 β 四 方 γ 体心立方
Mn	锰	25	α 复杂立方 β 复杂立方 γ 面心四方 δ 面心立方	Zr	锆	40	α 密集六角 β 体心立方
Hf	铪	72	α 密集六角 β 体心立方	S	硫	16	α 正 交 β 单 斜

在固溶体中发生的同素异构转变称为多型性转变,如低碳钢在加热或冷却时发生的铁素体向奥氏体或奥氏体向铁素体的转变即属于这种固溶体的多型性转变。又如图 6.3 中 SiO_2 在不同温度下形成不同结构的固相,亦属于多型性转变,或称之为同分异构转变。

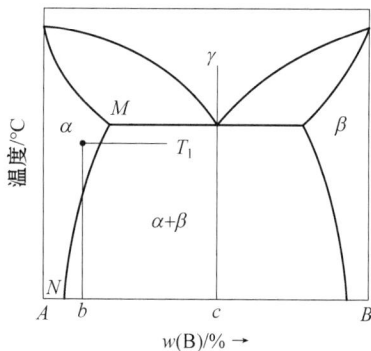

图 9.4 具有脱溶沉淀的
二元合金平衡状态图

（2）平衡脱溶沉淀。在高温相中固溶了一定量的合金元素,当温度下降时,该合金元素在固溶体中的溶解度下降,在缓慢冷却的条件下,过饱和固溶体中析出新相的过程,称为平衡脱溶沉淀。设 A-B 二元合金平衡相图如图 9.4 所示,当成分为 b 的合金被加热至 T_1 温度时,B 组元将全部溶入 α 相中而形成单一固溶体。若自 T_1 温度缓慢冷却,过饱和的 B 组元将以 β 相的形态沿固溶度曲线 MN 不断析出,这一过程即为平衡脱溶沉淀。其特点是母相 α 不消失,随着新相 β 的析出,母相的成分和体积分数不断变化,新相的结构和成分与母相不同,且新相的成分一般也有变化。又如,奥氏体中析出二次渗碳体,铁素体中析出三次渗碳体,都属于这种转变。

（3）共析转变。冷却时,固溶体同时分解为两个不同成分和结构的相的转变称为共析转变。如图 9.4 中 c 成分的合金自 γ 状态缓慢冷却,当低于临界温度时将发生共析转变,即 $\gamma \rightarrow \alpha + \beta$。共析转变生成的两个相的结构和成分都和母相不同,如钢中的珠光体转变 $\gamma \rightarrow \alpha + Fe_3C$,是两相共析和共生的过程。

（4）调幅分解。某些合金在高温时形成均匀的单相固溶体,缓慢冷却到某一温度范围时可分解为与原固溶体结构相同但成分不同的两个相,这种转变称为调幅分解,可用反应式 $\alpha \rightarrow \alpha_1 + \alpha_2$ 表示。调幅分解的特点是,在转变初期形成的两个微区之间,并没有明显界面和成分的突变,通过上坡扩散,最终使原来的均匀固溶体变为两个成分不均匀的固溶体。

（5）有序化转变。在平衡条件下,固溶体中各组元原子在晶体点阵中的相对位置由无序到有序(指长程有序)的转变过程称为有序化转变。在 Au-Cu、Cu-Zn、Fe-Al、Fe-Ni 等合金中都可以发生有序化转变。

2. 非平衡相变

在非平衡加热或冷却条件下,即快速加热或冷却,上述平衡相变被抑制,将发生平衡状态图上不能反映的转变类型,获得不平衡组织或亚稳态的组织,这种转变称为非平衡相变。固态材料中发生的非平衡相变主要有以下 5 种。

（1）伪共析转变。图 9.5 是 Fe-C 合金平衡状态图的左下角部分。当奥氏体自高温缓慢冷却到 GS 或 ES 线以下时将析出铁素体或渗碳体,同时奥氏体中的碳含量向 S 点靠拢,当达到 S 点时将通过共析相变转变为珠光体。但若以较快速度冷却,上述平衡转变就来不及进行,非共析成分的奥氏体被过冷到 GS 和 ES 的延长线以下温度(图中阴影区)时将同时析出铁素体和渗碳体,获得单一的珠光体组织。这种珠光体组织中的铁素体和渗碳体的比例与平衡共析转变得到的珠光体不同,随着奥氏体中碳含量的变化而变化。若是亚共析钢冷却得到伪珠光体,其中的铁素体含量较多;若是过共析钢,则其伪珠光体中的渗碳体含量较多。

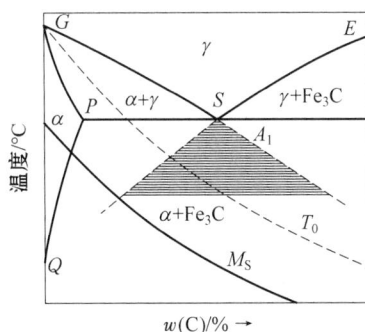

图 9.5　Fe-C 合金平衡状态图（一部分）

（2）非平衡脱溶沉淀。前已述及,相图中具有溶解度变化的体系,从单相区冷却经过溶解度饱和线进入两相区时(见图 9.6 所示的例子),就要发生脱溶分解。在温度较高时可发生平衡脱溶,析出平衡的第二相;如温度较低,则可能先形成亚稳的过渡相;如快速冷却至室温或低温(称为淬火或称固溶处理),还可能保持原先的过饱和固溶体而不分解,但这种亚稳态很不稳定,在一定条件下会发生脱溶析出过程(称为沉淀或时效),生成亚稳的过渡相。在脱溶析出的初期阶段,新相的成分和结构均与平衡脱溶沉淀相有所不同,这一过程称为非平衡脱溶沉淀（或时效）。

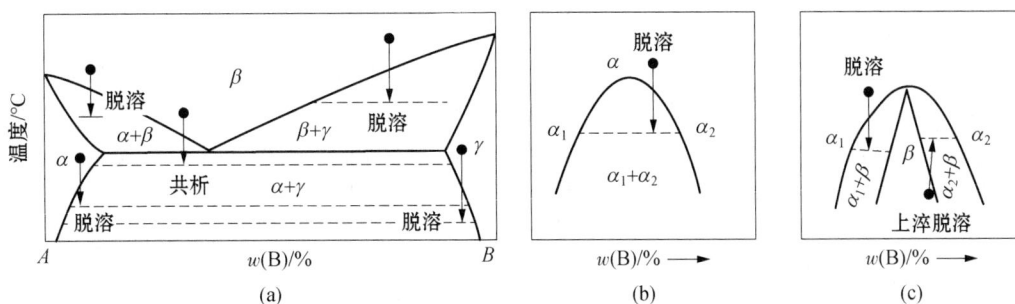

图 9.6　相图中脱溶转变举例

下面举例说明脱溶过程中的亚稳相。过饱和固溶体脱溶分解过程是复杂多样的,因成分、温度、应力状态及加工处理条件等因素而异,通常不直接析出平衡相,而是通过亚稳态的过渡相逐步演变过来,前述的调幅分解就是一个例子。对于形核-长大型脱溶,也往往是分成几个阶段发展的,这里以典型的 Al-4.5％Cu 合金为例来分析之。人们对固溶体脱溶(通常称作"时效析出")的最早研究就是从这个合金开始的,经过长期的、多方面的分析研究,对它的认识也是最完善的。Al-Cu 合金相图如图 9.7 所示,Al-4.5％Cu 合金在室温的平衡组成相应为 α 固

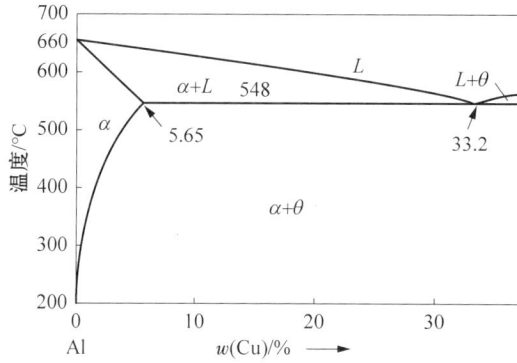

图 9.7　Al-Cu 二元相图

溶体和 $CuAl_2$ 金属间化合物(θ 相)。若将合金加热到 540℃,使 θ 相溶入,呈单相 α 固溶体,再从这温度快冷(淬水)到室温,可得到单相的过饱和 α 固溶体(这称为固溶处理),此时脱溶不发生,为亚稳状态。如再加热到 100~200℃保温(时效处理),则过饱和 α 将发生脱溶分解,并随保温时间的增长而形成不同类型的过渡相。早期应用 X 射线衍射方法进行了大量的研究,得出此合金经固溶处理后时效时,其沉淀相是按 G. P. 区→θ''(或称 G. P. Ⅱ)→θ'→θ(即 $CuAl_2$)的顺序逐步进行的(G. P. 系纪念最早对此作出贡献的 Guinier 和 Preston 两位学者而命名的),而透射电子显微学的发展,使人们对此过程的结构和组织变化有了更直接的了解。图 9.8(a)是时效初期(540℃淬水后,在 130℃时效 16 h)形成 G. P. 区的透射电镜像,G. P. 区呈圆片状,直径约 8 nm,厚仅 0.3~0.6 nm,是沿着基体{100}面分布的铜原子富集区,它们在基体中的密度高达 10^{17}~10^{18}/cm^3。由于观察时试样取向是以{100}晶面平行于电子束方向的,故平行于这组{100}面的 G. P. 区就表现为图中所显示的暗色或白色细条,而平行于另两组{100}面的 G. P.则是倾斜的,其有效厚度还不足以产生可以观察到的衬度。当时效时间延长至 24 h 时,合金中就形成过渡相 θ'',如图 9.8(b)所示。θ'' 相为圆盘形,直径约 40 nm,厚约 2 nm,其成分接近 $CuAl_2$,为四方结构,$a=b=0.404$ nm,与基体的晶胞尺寸一致,而 $c=0.78$nm(与析出物薄片相垂直的方向),较两个基体晶胞 $2c_\alpha=0.808$ nm 略小一些,故 θ'' 虽与 α 基体保持共格,但产生一定的弹性畸变,图 9.8(e)表示 θ'' 与基体间的共格应变场情况,这种应变场是合金时效强化的重要因素。图 9.8(b)的透射电镜像取自样品表面平行于(100)晶面(即电子束垂直于(100)面)的情况,故平行于(010)或(001)的 θ'' 可被观察到,呈暗色或白色细针状,而与表面平行的 θ'' 则不可见,但图像中出现暗色斑块则是由于基体中弹性应变而引起的衍射衬度变化。图 9.8(c)是以 160℃经 8h 时效后的电子显微像,合金中析出 θ' 相,此时 θ'' 逐渐减小以至消失,θ' 为沿{100}面析出的较大圆片,它们与基体之间已不能保持共格,藉界面位错联系,故 θ' 周围的应变场减弱,合金的硬度开始下降,表明已经过时效了。θ' 也是四方结构,a,b 点阵常数仍与 α 基体接近,但 $c\approx0.58$nm。平衡相 θ(图 9.8(d))为 $a=b=0.606$ nm,$c=0.487$ nm,与 α 基体晶胞相差甚大,故与基体不共格,含有平衡相 θ 的 Al-Cu 合金已明显软化。

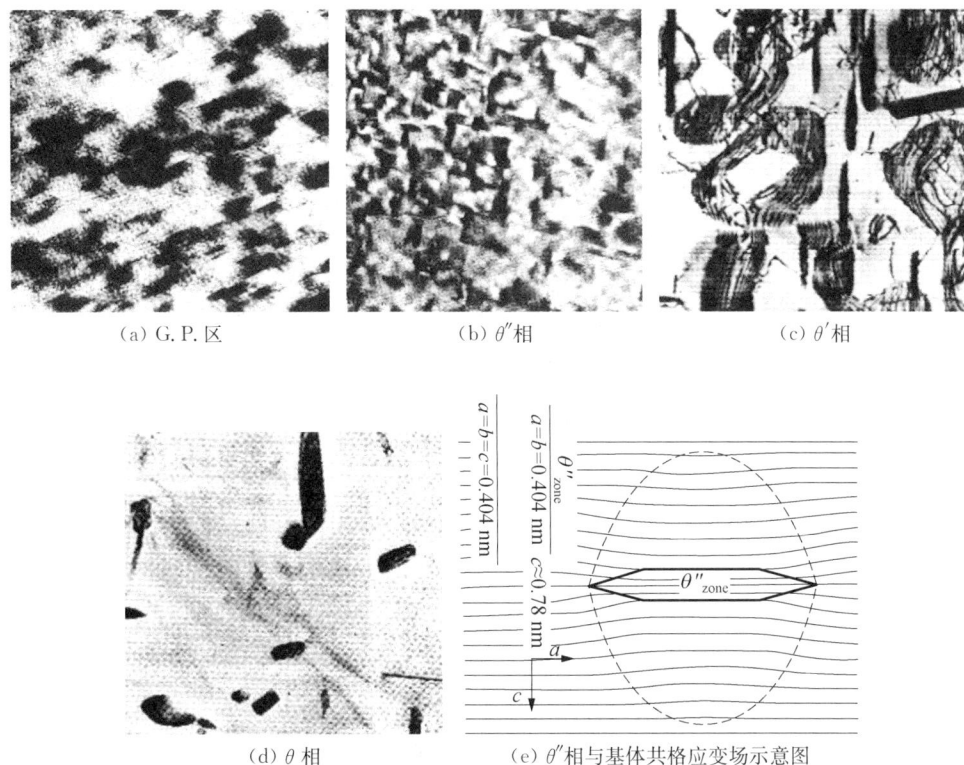

(a) G. P. 区　　　　(b) θ'' 相　　　　(c) θ' 相

(d) θ 相　　　　(e) θ'' 相与基体共格应变场示意图

图 9.8　Al-质量分数 ω(Cu)为 4.5% 时合金在 540℃下淬水后的显微组织

　　以上是 Al-Cu 合金中可能出现的脱溶相及其演变顺序,但如时效温度改变或合金成分变化,脱溶过程及形成的过渡相也会发生变化。表 9.2 列举了一些合金系的脱溶分解情况,可见不同的合金存在着差异。

表 9.2　一些合金的脱溶顺序

基体	合金	脱溶沉淀的顺序	平衡沉淀相
铝	Al-Ag	G. P. 区(球形)→γ'(片状)	→γ'(Ag$_2$Al)
	A-Cu	G. P. 区(圆盘)→θ''(圆盘)→θ'	→θ(CuAl$_2$)
	Al-Zn-Mg	G. P. 区(球)→M'(片状)	→MgZn$_2$
	Al-Mg-Si	G. P. 区(棒状)→β'	→β'(Mg$_2$Si)
	Al-Mg-Cu	G. P. 区(棒或球)→S'	→S(Al$_2$CuMg)
铜	Cu-Be	G. P. 区(圆盘)→γ'	→γ(CuBe)
	Cu-Co	G. P. 区(球)	→β
铁	Fe-C	ε-碳化物(圆盘)	→Fe$_3$C
	Fe-N	α''(圆盘)	→Fe$_4$N
镍	Ni-Cr-Ti-Al	γ'(球或立方体)	→γ'[Ni$_3$(Ti,Al)]

（3）马氏体转变。马氏体转变是一类非扩散型的固态相变，其转变产物（马氏体）通常为亚稳相。马氏体名称源自钢中加热至奥氏体（γ 固溶体）后快速淬火所形成的高硬度的针片状组织，为纪念冶金学家 Martens 而命名。马氏体转变的主要特点是有宏观形状效应，即表面浮凸现象、原子协同作小范围位移、以类似于孪生的切变方式形成亚稳态的新相（马氏体），新旧相化学成分不变并具有共格关系。目前已知，不仅在钢中，而且在其他一些合金系以及纯金属和陶瓷材料中都可能有马氏体转变，故其含义已被广泛应用了。表 9.3 列举了一些有色金属及其合金中的马氏体转变情况。

表 9.3　一些有色金属及其合金中马氏体转变情况

材料及其成分	晶体结构的变化	惯析面
纯 Ti	bcc→hcp	$\{8,8,11\}$ 或 $\{8,9,12\}$
Ti-11%Mo	bcc→hcp	$\{334\}$ 与 $\{344\}$
Ti-5%Mo	bcc→hcp	$\{334\}$ 与 $\{344\}$
纯 Zr	bcc→hcp	
Zr-2.5%Cb	bcc→hcp	
Zr-0.75%Cr	bcc→hcp	
纯 Li	bcc→hcp（层错）	$\{144\}$
	bcc→fcc（应力诱发）	
纯 Na	bcc→hcp（层错）	
Cu-40%Zn	bcc→面心四方（层错）	$\sim\{155\}$
Cu-(11%~13.1%)Al	bcc→fcc（层错）	$\sim\{133\}$
Cu-(12.9%~14.9%)Al	bcc→正交	$\sim\{122\}$
Cu-Sn	bcc→fcc（层错）	
	bcc→正交	
Cu-Ca	bcc→fcc（层错）	
	bcc→正交	
Au-47.5%Cd	bcc→正交	$\{133\}$
Au-50%Mn	bcc→正交	
纯 Co	fcc→hcp	$\{111\}$
In-(18%~20%)Tl	fcc→面心四方	$\{011\}$
Mn-(0~25%)Cu	fcc→面心四方	$\{011\}$
Au-56%Cu	fcc→复杂正交（有序⇌无序）	
U-0.40%Cr	复杂四方→复杂正交	
U-1.4%Cr	复杂四方→复杂正交	$(\overline{1}44)$ 与 $(1\overline{2}3)$ 之间
纯 Hg	菱方→体心四方	$(\overline{1}44)$ 与 $(1\overline{2}3)$ 之间

注：bcc—体心立方；fcc—面心立方；hcp—密排六方。

（4）贝氏体转变。贝氏体组织原先是对钢中过冷奥氏体在中温范围转变形成的亚稳产物的称法。贝恩（Bain）和戴文博（Davenport）在 1930 年测得钢中过冷奥氏体的等温转变动力学曲线，并发现在中温保温时会形成一种不同于珠光体或马氏体的组织，后人就命名其为贝氏体。贝氏体的光学组织形貌与其形成温度有关，在较高温度形成的呈羽毛状；温度低时则呈针状。于是把前者称为上贝氏体，后者称为下贝氏体。后来发现，除了钢中贝氏体组织之外，一些有色合金中也会发生贝氏体转变,形成类似的贝氏体组织。因此,研究贝氏体转变具有较普遍的意义。钢中贝氏体转变可有以下基本特征:

① 贝氏体转变发生于过冷奥氏体的中温转变区域,转变前有一段孕育期,孕育期长短与钢种及转变温度有关。贝氏体转变往往不能进行完全,转变温度越低则转变越不完全,未转变的奥氏体在随后冷却时形成马氏体或保留为残余奥氏体。

② 贝氏体转变是形核和长大方式,转变过程中可存在碳原子在奥氏体中的扩散(其扩散速率对贝氏体转变速率及生成的组织形态都有影响)、铁的自扩散及晶格切变。在不同转变温度起主导作用的因素不同,故形成不同类型的贝氏体。

③ 钢中的贝氏体是铁素体和碳化物组成的两相组织,随转变温度改变和化学成分不同,贝氏体的形貌也有变化。贝氏体中铁素体与母相奥氏体之间有一定的取向关系;铁素体与碳化物之间一般也存在取向关系。

(5) 块状转变。钢和合金中的块状转变也是一种非平衡转变。例如,在冷却速度足够快时,γ 相可能通过块状相变的机制转变为 α 相。块状转变最早是在某些有色金属、纯铁和铁基合金中发现的。它的特征是新旧两相晶体结构发生改变,但没有或很少有成分变化。新相一般呈块状,但也可能呈规则的条状或片状。块状转变时不出现表面浮凸效应,新旧相间也不具有一定的位向关系。一般认为,块状转变是热激活的,它遵循形核和长大规律。新相形核常发生在母相的晶界。块状转变虽是以原子不相协作方式,但通过非共格界面进行短程扩散后,母相即直接形成同成份的新相。

9.1.3　按原子迁移情况分类

按相变过程中原子迁移情况可将金属固态相变分为扩散型相变和非扩散型相变。

1. 扩散型相变

相变时,相界面的移动是通过原子近程或远程扩散而进行的相变称为扩散型相变,也称为"非协同型"转变。当温度足够高,原子活动能力足够强时,才能发生扩散型相变。在相变过程中,相界面为热激活迁移,它被原子扩散控制,是扩散激活能和温度的函数。同素异构转变、多型性转变、脱溶沉淀、共析转变、调幅分解和有序化转变等均属于扩散型相变。

扩散型相变又分为界面控制的扩散型相变和体扩散控制的扩散型相变两种。

(1) 界面控制的扩散型相变。纯金属的多型性转变只有晶体结构变化,而不发生成分的改变。新相的形成仅需要母相原子越过界面(短程扩散),依靠原子的自扩散完成的。界面推移速度取决于最前沿原子跃过相界面的频率和新旧相原子的化学位差。块状相变也属于此类相变。

(2) 体扩散控制的扩散型相变。由于新旧相成分不同,相界面的迁移除了受界面机制控制以外,还必须满足溶质原子重新分布的要求,因此,其界面的迁移需要溶质原子在母相晶格中长程扩散,如共析转变、脱溶沉淀等相变均属于此类相变。

扩散型相变的基本特点是:①相变过程中有原子扩散运动,相变速率受原子扩散速度所控制;②新相和母相的成分往往不同;③只有因新相和母相比容不同而引起的体积变化,没有宏观形状改变。

2. 非扩散型相变

相变过程中原子不发生扩散,参与转变的所有原子的运动是协调一致的相变称为非扩散型相变,也称为"协同型"转变。非扩散型相变时原子仅作有规则的迁移以使晶体点阵发生改组。迁移时,相邻原子相对移动距离不超过一个原子间距,相邻原子的相对位置保持不变。马氏体相变以及某些纯金属(如 Pb、Ti、Li、Co)在低温下进行的同素异构转变即为非扩散型相变,这类固态相变均在原子已不能(或不易)扩散的低温条件下发生的。

非扩散型相变的一般特征是:①存在由于均匀切变引起的宏观形状改变,可在预先制备的抛光试样表面上出现浮突现象;②相变不需要通过扩散,新相和母相的化学成分相同;③相界面在推移过程中保持共格或半共格关系,新相和母相之间存在一定的晶体学位向关系;④某些材料发生非扩散相变时,相界面移动速度极快,可接近声速。

9.1.4 按相变方式分类

按相变方式可将固态相变分为有核相变和无核相变。

1. 有核相变

有核相变是通过形核—长大方式进行的。新相晶核可以在母相中均匀形成,也可以在母相中某些有利部位优先形成。新相晶核形成后不断长大而使相变过程得以完成。新相与母相之间有相界面隔开。大部分的金属固态相变均属于有核相变。

2. 无核相变

无核相变时没有形核阶段。无核相变以固溶体中的成分起伏为开端,通过成分起伏形成高浓度区和低浓度区,但两者之间没有明显的界线,成分由高浓度区连续过渡到低浓度区。以后依靠上坡扩散使浓度差逐渐增大,最后导致由一个单相固溶体分解成为成分不同而点阵结构相同的以共格界面相联系的两个相,合金中的调幅分解即为无核相变。

就金属材料相变过程的实质而言,其中所发生的变化不外乎有以下三个方面:结构、成分和有序化程度,有些相变只具有某一种变化,而有些相变则同时兼有两种或两种以上的变化。同一种金属材料在不同条件下可发生不同的相变,尤其是在非平衡条件下获得的相变,从而获得不同的组织和性能。

常见的固态相变的种类和特性简要总结见表 9.4。

表 9.4　固态相变的种类和特征

固态相变的特征	相变特征
纯金属的同素异构转变	温度或压力改变时,由一种晶体结构转变为另一种晶体结构,是重新形核和生长的过程,如 α-Fe $\longleftrightarrow$ γ-Fe,α-Co $\longleftrightarrow$ β-Co
固溶体中多形性转变	类似于同素异构转变,如 Fe-Ni 合金中 $\gamma \longleftrightarrow \alpha$,Ti-Zr 合金中 $\beta \longleftrightarrow \alpha$
脱溶转变	过饱和固溶体的脱溶分解,析出亚稳定或稳定的第二相

（续表）

固态相变的特征	相变特征
共析转变	一相经过共析分解成结构不同的二相,如 Fe-C 合金中 $\gamma \rightarrow \alpha + Fe_3C$,共析组织呈片状
包析转变	不同结构的两相,经包析转变成另一相,如 Ag-Al 合金中 $\alpha + \gamma \rightarrow \beta$,转变一般不能进行到底,组织中有 α 相残余
马氏体转变	相变时,新、旧相成分不发生变化,原子只作有规则的重排(切变)而不进行扩散,新、旧相之间保持严格的位向关系,并呈共格,在抛光表面上可看到浮凸效应
块状转变	金属或合金发生晶体结构改变时,新、旧相成分不改变,相变具有形核和生长特点,只进行少量扩散,其生长速度甚快,借非共格界面的迁移而生成不规则的块状产物,如纯铁、低碳钢、Cu-Al 合金、Cu-Ga 合金等有这种转变
贝氏体转变	兼具马氏体转变及扩散型转变的特点,产物成分改变,转变速度缓慢
调幅分解	为非形核分解过程,固溶体分解成晶体结构相同但成分不同(在一定范围内连续变化)的两相
有序化转变	合金元素原子从无规则排列到有规则排列,但结构不发生变化

9.2　固态相变的特点

大多数金属固态相变(除调幅分解)都是通过形核和长大过程完成的。因此,金属液态结晶理论及其基本概念原则上仍适用于金属固态相变。但是,由于相变是在"固态"这一特定条件下进行的,固态的母相约束作用不可忽视;其次固态晶体的原子呈有规则排列,并具有许多晶体缺陷,对形核起促进作用。因此,金属固态相变具有许多不同于金属液态结晶过程的特点。

9.2.1　相界面

金属固态相变时,新相与母相的界面为两种晶体的界面,按其结构特点可分为共格界面、半共格(部分共格)、非共格界面,如图 9.9 所示。新相与母相的界面结构对金属固态相变的形核和长大过程以及相变后的组织形态等都有很大的影响。

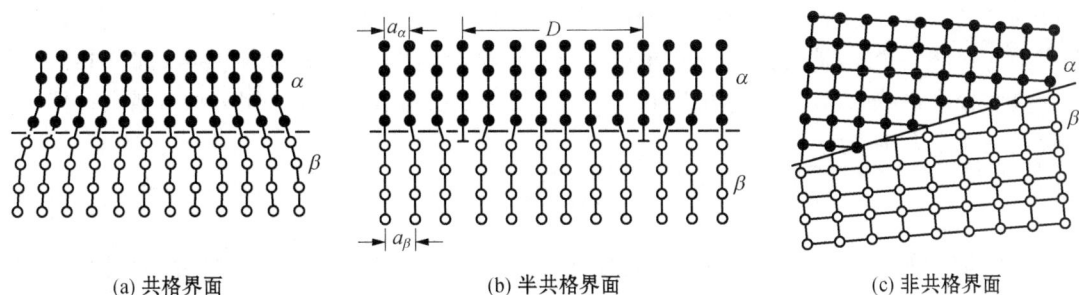

(a) 共格界面　　　　　(b) 半共格界面　　　　　(c) 非共格界面

图 9.9　固态相变界面结构示意图

1. 共格界面

共格界面上的原子同时位于两相晶格的结点上,即两相界面上的原子排列完全匹配,界面上的原子为两相所共有,如图 9.9(a)所示。只有孪生界面才是理想的完全共格界面。

第一类共格:当两相之间的共格联系依靠正应变来维持时(见图 9.10(a));

第二类共格:当两相之间的共格联系依靠切应变来维持时(见图 9.10(b))。

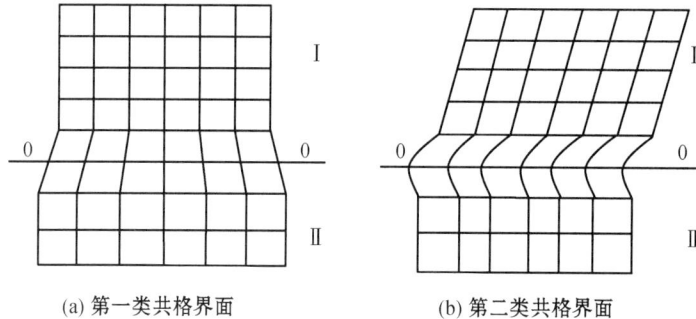

(a) 第一类共格界面　　　　(b) 第二类共格界面

图 9.10　第一类共格界面和第二类共格界面

无论哪种共格,晶界两侧都有一定的畸变。

共格界面的特点:共格界面的界面能很小,但因界面附近有畸变,所以弹性畸变能大。

共格界面必须依靠弹性畸变来维持,当新相不断长大而使共格晶面的弹性畸变能增大到足够量时,也可能超过母相的屈服极限而产生塑性变形,结果使共格联系遭到破坏。

共格界面上的弹性应变能大小决定于相邻两界面处原子间距的相对差值 δ(称为错配度)。若以 α 表示其中一相沿平行于界面的晶向上的原子间距,$\Delta\alpha$ 表示两相在此方向上的原子间距之差,则错配度为

$$\delta = \Delta\alpha / \alpha 。 \tag{9.1}$$

δ 越大,则弹性应变能越大。

2. 半共格界面

半共格界面上的两相原子部分地保持匹配,如图 9.9(b)所示。

当 δ 增大到一定程度时,便难于继续维持完全共格,于是将在界面上产生一些位错,以降低界面的弹性应变能,这时界面上的两相原子变成部分地保持匹配,即半共格(部分共格)界面。可以看出,一维点阵的错配可以在不产生长程应变场的情况下用一组刃型位错来补偿,这组位错的间距 D 应为

$$D = \frac{\alpha_\beta}{\delta} 。 \tag{9.2}$$

在界面上除了位错核心部分以外,其他地方几乎完全匹配,在位错核心部分的结构是严重扭曲的,并且点阵面是不连续的。

3. 非共格界面

非共格两相界面处的原子排列相差很大,即错配度很大时,只能形成非共格界面,如图 9.9(c)所示。这种界面与大角度晶界相似,是由原子不规则排列的很薄的过渡层所构成的。

通常,$\delta < 0.05$ 两相可构成完全共格界面;

$\delta = 0.05 \sim 0.25$ 半共格界面;

$\delta > 0.25$ 易形成非共格界面。

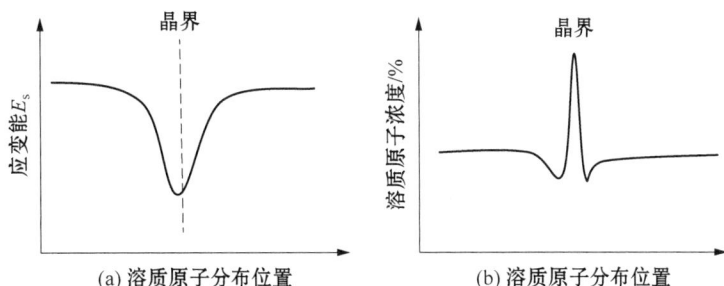

图 9.11 溶质原子在晶界上的不均匀分布

固态相变时两相界面能与界面结构和界面成分变化有关。两相界面上原子排列的不规则性会导致界面能升高,同时界面也有吸附溶质原子的作用。因为溶质原子在晶格中存在时会引起晶格畸变而产生应变能,而当溶质原子在晶界处分布时,则会使界面应变能降低,如图 9.11(a)所示。因此,溶质原子总是趋向于在晶界处偏聚,而不是均匀分布,如图 9.11(b)所示。

9.2.2 位向关系

固态相变时,为了减少新相与母相之间的界面能,两种晶体之间往往存在一定的位向关系,他们常以低指数的、原子密度大而又彼此匹配较好的晶面互相平行。

例如,钢中发生奥氏体到马氏体转变时,母相奥氏体的密排面$\{111\}_\gamma$与马氏体的密排面$\{110\}_\alpha$相平行;奥氏体的密排方向$\langle 110 \rangle_\gamma$与马氏体的密排方向$\langle 111 \rangle_\alpha$相平行。此种位向关系称为 K-S 关系,可记为

$$\{111\}_\gamma \, /\!/ \, \{110\}_\alpha \quad \langle 110 \rangle_\gamma \, /\!/ \, \langle 111 \rangle_\alpha$$

一般地说,当两相界面为共格或半共格界面时,新相和母相之间必然有一定的位向关系;如果两相之间没有确定的位向关系,则界面肯定为非共格界面。

9.2.3 惯习面

固态相变时,新相往往在母相的一定晶面上开始形成,这个晶面称为惯习面,通常以母相的晶面指数表示。

例如,在亚共析钢中,先共析铁素体从粗大的奥氏体晶粒中析出时,除沿奥氏体晶界析出外,还沿奥氏体的$\{111\}$晶面析出,呈魏氏组织。故$\{111\}\gamma$即为析出先共析铁素体的惯习面。

马氏体总是在母相特定的晶面上析出的。伴随着马氏体相变的切变,一般与此晶面平行,此晶面为基体与马氏体相所共有,称为马氏体相变的惯习面。该惯习面是在宏观上无畸变,无倾转的晶面,称为不变平面。例如含$(0\sim0.4\%)$C的碳钢,马氏体相变的惯习面是母相奥氏体的$\{111\}$晶面;$(0.5\%\sim1.4\%)$C的碳钢,马氏体相变的惯习面是奥氏体的$\{225\}$晶面;高于1.4%C的碳钢,马氏体相变的惯习面为奥氏体的$\{259\}$晶面。

9.2.4 应变能

1. 体积应变能

固态相变时,因新相与母相的比容不同,新相形成时的体积变化将受到周围母相的约束而产生弹性应变,额外地增加了一项应变能,即体积应变能,如图9.12所示。由比容差引起的应变能与新相粒子的几何形状有关,如图9.13所示。其影响因素有:

新相与母相的比容差:新、旧两相的比容不同,转变时产生体积变化也不同;

新相的形状:新相呈球状时应变能最大,呈圆盘(片)状时应变能最小,呈棒(针)状时应变能居中。

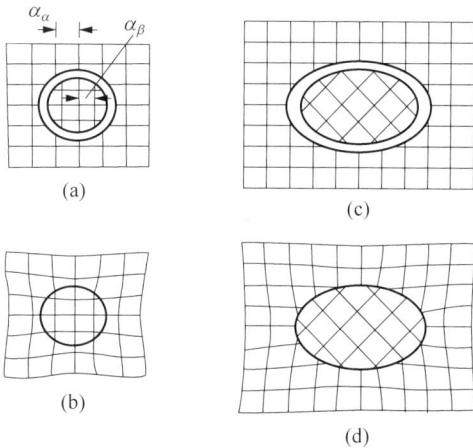

图9.12 母相基体中共格析出相(a,b)和非共格析出相(c,d)导致的体积应变

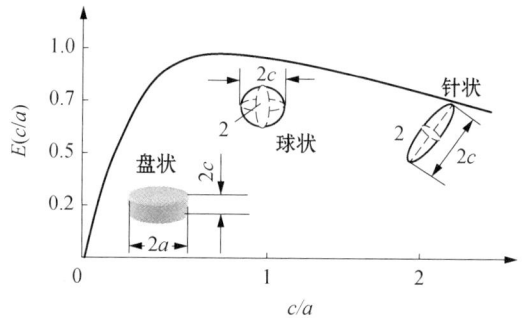

图9.13 新相粒子几何形状对相对应变能的影响
a—椭圆体赤道面半径;$2c$—长轴长度

2. 界面应变能

两相界面上的不匹配也产生弹性应变能:此应变能以共格界面最大,如图9.12(b)所示。除了体积应变造成的应变能之外,新旧相之间界面要为此共格从而产生界面弹性应变能、半共格界面次之(因形成界面位错而使弹性应变能下降)、非共格为零。

由于应变能的作用,使固态相变阻力增大,比液体金属结晶困难得多。为使相变得以进行,必须有更大的过冷度。

9.2.5 晶体缺陷的影响

固态相变时,母相中存在的各种晶体缺陷如晶界、相界、位错和空位等对相变有显著的促进作用。新相往往在缺陷处优先形核,而且晶体缺陷对晶核的生长及组元扩散等过程有很大的影响。

原因:晶体缺陷是能量起伏、结构起伏和成分起伏最大的区域,在此区域形核时,原子扩散激活能低,扩散速度快,相变应力容易被松弛。

实验表明:母相晶粒越细、晶界越多,晶内缺陷越多,则转变速度越快。

9.2.6 原子的扩散

多数情况下,由于新相和母相成分不同,固态相变必须通过某些组元的扩散才能进行。液态相变时金属的扩散系数可达 10^{-7} cm/s;固态相变时金属的扩散系数仅为 $10^{-12} \sim 10^{-11}$ cm/s。

原子扩散速度对固态相变有显著影响。受扩散控制的固态相变在冷却时可以产生很大程度的过冷。

过冷度增大,相变驱动力增大,相变速度也增大;但过冷度增大到一定程度,由于原子扩散能力下降,相变速度反而减慢;若进一步增大过冷度,可使扩散型相变被抑制,在低温下发生无扩散型相变,形成亚稳定的过渡相。例如,碳钢从奥氏体状态快速冷却时,可抑制扩散型相变,而在低温下以切变方式发生无扩散的马氏体相变,生成亚稳定的马氏体组织。

9.2.7 过渡相

过渡相,又称中间亚稳相或亚稳态。因固态相变阻力大,原子扩散困难,尤其当转变温度较低,新、旧相成分相差很大时,难以形成稳定相,因而形成成分和结构介于新相和母相之间的过渡相,以降低形核功,使形核容易进行。例如:

(1)奥氏体在进行分解时,应发生 $\gamma \rightarrow \alpha + C$(石墨),但实际上在缓慢冷却时也只能发生 $\gamma \rightarrow \alpha + Fe_3C$,而在一定温度下,$Fe_3C \rightarrow 3Fe + C$,所以 Fe_3C 是亚稳定过度相。

(2)奥氏体快冷转变为马氏体,其成分虽然与奥氏体相同,但晶体结构介于 α-Fe 和 γ-Fe 之间,所以马氏体是一过渡相。

过渡相虽然在一定条件下可以稳定存在,但其自由能仍高于平衡相,故有继续转变,直至达到平衡相为止的倾向。原则上讲,亚稳态迟早要转化为最终平衡态,如马氏体在一定条件下可以分解为 α 和 Fe_3C。问题是这一弛豫过程将持续多长时间,这是典型的动力学问题,在这里不做展开。

9.3 固态相变的形核

在固态相变中,当一个或几个新相由母相中形成时,其过程大体分为形核和长大两个阶段,核往往是以经典形核的方式靠热激活使核胚达到临界尺寸。无扩散型相变为非热激活形核,称为非热形核或变温形核,即在过冷度不大时那些尺寸较小达不到临界值的核胚,在快冷时由于过冷度突然增大,而使它们超过临界值成为晶核。也有不需要形核的固态相变,如调幅分解,它在整个固溶体内均匀地发展成为结构相同而成分不同又无明确界限的两相,只有溶质的贫化和富化,并无形核过程。

研究指出,固态相变与液态金属结晶过程类似,很少发生均匀形核,新相核心主要是在母相的晶界、层错、位错等晶体缺陷处形成,因此称为非均匀形核。为便于分析,先讨论均匀形核的情况。

9.3.1 均匀形核

1. 形核理论

固态相变的形核与凝固相比增加了一项应变能。按经典形核理论,系统总的自由能 ΔG 变化为

$$\Delta G = V \cdot \Delta g_v + S\sigma + \omega V, \tag{9.3}$$

式中,V—新相体积;Δg_v—新相和母相单位体积自由能之差;S—新相表面积;σ—单位面积界面能;ω—新相单位体积弹性应变能。

(9.3)式右侧第一项 $V \cdot \Delta g_v$(化学自由能)为相变的驱动力,当温度低于转变温度时,Δg_v 为负值;$S\sigma$ 为界面能,ωV 为应变能(注意与液固相变时的区别,这一项在固态相变中是不可忽略的),两者均为相变的阻力。只有当 $|V \cdot \Delta g_v| > S\sigma + \omega V$ 时,(9.3)式右侧方为负值,形核才有可能。这只有在一定的过冷度下,当高能微区中形成大于临界尺寸的新相核胚时才能实现。临界核胚的尺可由(9.3)式导出,为

$$r^* = \frac{2\sigma}{|\Delta g_v| - \omega}。 \tag{9.4}$$

由于固态相变中存在弹性应变能 ω,因此只有当 $\omega < |\Delta g_v|$ 时相变才能发生,亦即过冷度必须大于一定值,固态相变才能发生,这是与液→固相变的一个根本区别。

由此,形成临界晶核的形核功为

$$\Delta G^* = \frac{16\pi\sigma^3}{3(|\Delta g_v| - \omega)^2}, \tag{9.5}$$

由(9.4)式和(9.5)式可见,当应变能和表面能增大时,临界核胚增大,形核功升高。因此,具有低的界面能但有高的应变能的共格核胚,倾向于呈盘状或片状;而具有高的界面能但有低的应变能的非共格核胚,则易成等轴状。如因体积胀大而引起的应变能较大或界面能的异向性很显著时,也可呈片状或针状。

2. 形核率

形核率是指在单位时间单位体积母相中形成的新相晶核数,用 I 表示。

以 C_0 表示单位体积母相中能够形成新相核心的原子位置数,以 C^* 表示均匀形核时单位体积中具有临界尺寸晶核的个数,根据玻尔兹曼统计力学,两者之间应有如下关系:

$$C^* = C_0 \exp\left(-\frac{\Delta G^*}{kT}\right), \tag{9.6}$$

式中,ΔG^* 为临界晶核形核功,k 为玻尔兹曼常量。

根据经典形核理论,对于临界晶核,只要有一个原子跳跃进去,它就可以自发长大,设单个原子跳跃进入临界晶核的频率为 β,临界晶核表面能够接受原子的位置数为 A^*,则单位时间内在单位体积中形成的晶核个数,即形核率可写为

$$I = \beta A^* C^*。 \tag{9.7}$$

由于 β 与晶核表面积和原子扩散速率及振动频率有关,可表示为

$$\beta = \omega C_0 \exp\left(-\frac{Q}{kT}\right), \tag{9.8}$$

式中,ω 是原子的振动频率,等于晶核接触的原子数目与跳动频率的乘积;Q 是原子的扩散激活能。

因此,固态相变的形核率 I 可表示为

$$I = \omega A^* C_0 \exp\left(-\frac{Q + \Delta G^*}{kT}\right)。 \tag{9.9}$$

由于 $\exp\left(-\dfrac{\Delta G^*}{kT}\right)$ 主要受形核功的控制,而形核功 ΔG^* 与过冷度的平方成反比,过冷度越大,则形核功越小,形核率增加,故 $\exp\left(-\dfrac{\Delta G^*}{kT}\right)$ 随过冷度的增加,也即随温度的降低而增大。$\exp\left(-\dfrac{Q}{kT}\right)$ 主要取决于原子的扩散能力,温度越高(过冷度较小),则原子的扩散能力越大。形核功项和原子扩散项随温度变化对形核率的影响如图 9.14 所示。

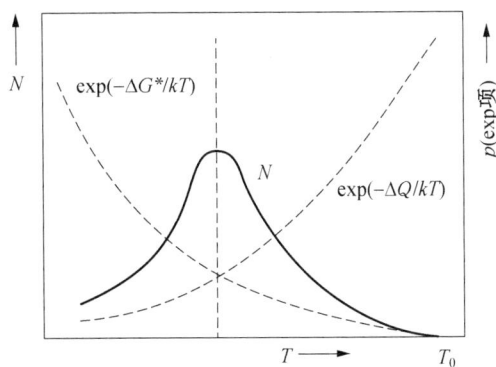

图 9.14　均匀形核率与转变温度之间的关系

由图可知,综合以上两个影响因素,当温度下降,过冷度较小时,形核率随过冷度的增加而增大,降到一定温度后,形核率达到极大值,随后形核率又随过冷度的继续增加而减小,当过冷度非常大时,形核率接近于零。这是因为温度越高,过冷度较小时,原子有足够高的扩散能力,此时的形核率主要受形核功的影响,过冷度增加,临界晶核半径减小,形核功减小,晶核易于形成,因而形核率增大;但当过冷度很大时,控制因素发生转化,原子的扩散能力起主导作用,所以尽管过冷度继续增加,形核功进一步减小,但原子扩散越来越困难,形核率也明显下降。

9.3.2　非均匀形核

金属固态相变多为非均匀形核,各种晶体缺陷均可作为形核位置,缺陷储存的能量可使形核功降低,因而比均匀形核要容易得多。核胚在晶体缺陷处形成时,系统的自由能变化为

$$\Delta G = V \cdot \Delta g_v + S\sigma + \omega V - \Delta g_d, \tag{9.10}$$

式中,前三项能量与均匀形核时相同,分别为化学自由能、界面能与应变能,最后一项 $-\Delta g_d$ 为非均匀形核时由于晶体缺陷消失或被破坏所释放的能量。因此,有晶体缺陷存在的时候可促进形核。下面分别说明不同晶体缺陷对形核的作用。

1. 空位形核

空位通过影响扩散或利用本身能量提供形核驱动力而促进形核。此外,空位群可凝聚成位错而促进形核。空位对形核的促进作用已为很多实验所证实。

例如,在过饱和固溶体脱溶分解的情况下,当固溶体从高温快速冷却下来,与溶质原子被过饱和地保留在固溶体内的同时,大量的过饱和空位也被保留下来。它们一方面促进了溶质原子扩散,同时又作为沉淀相的形核位置而促进非均匀形核,使沉淀相弥散分布于整个基体中。

在观察时效合金的沉淀相分布时,常看到在晶界附近有"无析出带",无析出带中看不到沉淀相,这是因为靠近晶界附近的过饱和空位因为扩散到晶界上消失了,所以这里未发生非均匀形核和析出过程。

2. 位错形核

位错促进形核,有三种形式。

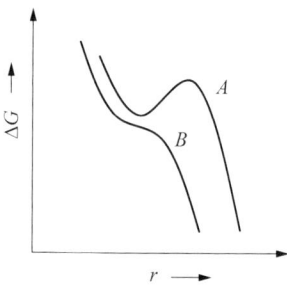

图 9.15 在位错线上形核的
自由能变化曲线(A 为
Δg_v 较小的情况)

① 第一种为新相在位错线上形核,新相形成处位错线消失,释放出来的能量使形核功降低而促进形核,位错的能量与柏氏矢量值 b 有关,b 值越大促进形核的作用也越大。在位错线上形核时,系统自由能变化 ΔG 和晶核半径 r 的关系如图 9.15 所示。曲线 A 表示 Δg_v 较小的情况,当 Δg_v 很大时得到曲线 B,此时没有形核位垒,若无扩散限制,形核可自发进行。

② 第二种形式是位错不消失,依附在新相界面上,成为半共格界面中的位错部分,补偿了错配,因而降低了界面能,故使形核功降低。

③ 第三种形式是在新相与基体成分不同的情况下,由于溶质原子在位错线上偏聚(形成气团),有利于沉淀相核心的形成,因此对相变起催化作用。

根据估算,当相变驱动力甚小而新相和母相之间的界面能约为 2×10^{-5} J/cm^2 时,均匀形核的形核率仅为 10^{-70}/(cm$^3 \cdot$ s);如果晶体中位错密度为 10^8/cm,则由位错促成的非均匀形核的形核率约高达 10^8/(cm$^3 \cdot$ s)。可见,当晶体中存在较高的位错密度时,固态相变很难以均匀形核进行。

3. 晶界形核

多晶体中两个相邻晶粒的边界叫做界面;三个晶粒的共同交界是一条线,叫做晶棱;四个晶粒交于一点,构成一个界隅。界面、界棱和界隅都不是几何意义上的面、线和点,它们都占有一定的体积。这里用 δ 代表边界厚度,L 代表晶粒平均直径,可近似地估算界面、界棱和界隅在多晶体中所占的体积分数分别为 (δ/L)、$(\delta/L)^2$、$(\delta/L)^3$。界面、界棱和界隅都可以提供其所储存的畸变能来促进形核。在界面形核时,只有一个界面可供晶核吞食;在界棱形核时,可有三个界面供晶核吞食;在界隅形核时,被晶核吞食的界面有六个。所以,从能量角度来看,界隅提供的能量最大,界棱次之,界面最小。然而,从三种形核位置所占的体积分数来看,界面反而居首位,而界隅最小。

为了减少晶核表面积,降低界面能,非共格形核时各界面均呈球冠形。界面、界棱和界隅上的非共格晶核应分别呈双凸透镜片、两端尖的曲面三棱柱体和球面四面体等形状,如图 9.16 所示。

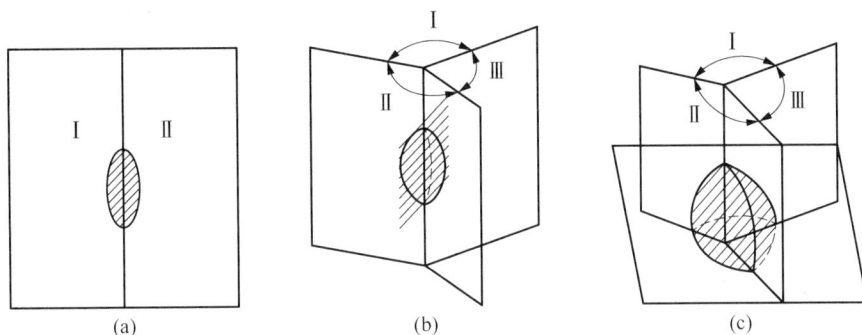

图 9.16　晶界上非共格晶核的形状
（a）界面形核；（b）界棱形核；（c）界隅形核

　　大角晶界具有较高的界面能，在晶界上形核可利用晶界能量，使形核功降低。由于大角晶界两侧的晶粒通常没有对称关系，故晶核一般不可能同时与两侧晶粒共格，而是一侧共格，另一侧非共格，以降低界面能，减少形核功。共格一侧具有平直界面，和母相具有一定的位向关系，如图 9.17 所示。钢中由奥氏体相沿晶界析出铁素体相核心即为此种情况。

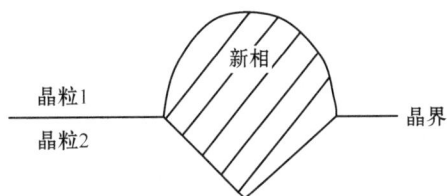

图 9.17　晶界形核时晶核的形状

　　设 α 为母相，β 为新相，则晶界形核时系统自由能的总变化可表达为

$$\Delta G = -V\Delta g_v + S_{\alpha\beta}\sigma_{\alpha\beta} + V\omega - S_{\alpha\alpha}\sigma_{\alpha\alpha}, \tag{9.11}$$

式中，$S_{\alpha\beta}$ 为 β 相表面积；$\sigma_{\alpha\beta}$ 为 β 相与 α 相的单位界面积的界面能；$S_{\alpha\alpha}$ 为被 β 相吞食掉的 α 相界面面积；$\sigma_{\alpha\alpha}$ 为 α 相晶界的单位界面积界面能。将式（9.11）整理为

$$\Delta G = -V\Delta g_v + V\omega + S_{\alpha\beta}\sigma_{\alpha\beta}\left(1 - \frac{S_{\alpha\alpha}}{S_{\alpha\beta}} \cdot \frac{\sigma_{\alpha\alpha}}{\sigma_{\alpha\beta}}\right)。 \tag{9.12}$$

　　令 $\chi = \sigma_{\alpha\alpha}/\sigma_{\alpha\beta}$，由此可导出晶界形核的形核功 W 为

$$W = \Delta G_{\max} = \frac{16}{3} \cdot \frac{\pi\sigma_{\alpha\beta}^3\left(1 - \frac{S_{\alpha\alpha}}{S_{\alpha\beta}} \cdot \chi\right)^3}{(\Delta g_v - \omega)^2}。 \tag{9.13}$$

　　对于界面形核，由界面张力平衡（见图 9.18）可知，界面能之间存在下列关系：

$$2\sigma_{\alpha\beta}\cos\theta = \sigma_{\alpha\alpha},$$

$$\chi = \frac{\sigma_{\alpha\alpha}}{\sigma_{\alpha\beta}} = 2\cos\theta。 \tag{9.14}$$

　　若晶核为双球冠形，R 为曲率半径，则有

$$S_{\alpha\alpha} = \pi R^2\sin^2\theta = \pi R^2(1 - \cos^2\theta),$$

$$S_{\alpha\beta} = 4\pi R^2(1 - \cos\theta),$$

$$\frac{S_{\alpha\alpha}}{S_{\alpha\beta}} = \frac{1}{4}(1 + \cos\theta) = \frac{1}{4}\left(1 + \frac{1}{2}\chi\right)。 \tag{9.15}$$

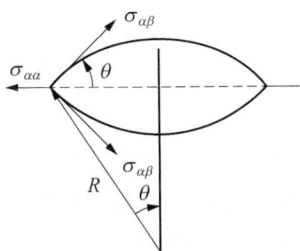

图 9.18　界面形核时晶核表面面积及被吞食晶界的面积

根据式(9.13),当 $1 - \dfrac{S_{\alpha\alpha}}{S_{\alpha\beta}} \cdot \chi = 0$ 时,$W = 0$。满足这一条件时,由式(9.15) 得

$$\frac{1}{2}\chi^2 + \chi - 4 = 0 。 \tag{9.16}$$

该二次方程的解为 $\chi = 2$、$\chi = -4$。由此可知,只要 $\chi = \dfrac{\sigma_{\alpha\alpha}}{\sigma_{\alpha\beta}} \geqslant 2$,形核便不再需要额外的能量。

对于界棱形核和界隅形核,计算结果表明,当 $\chi = \dfrac{\sigma_{\alpha\alpha}}{\sigma_{\alpha\beta}} \geqslant \sqrt{3}$ 以及 $\dfrac{2\sqrt{2}}{\sqrt{3}}$ 时,形核无能量障碍。

9.4 固态相变的晶核长大

9.4.1 新相长大机制

新相晶核的长大,实质上是界面向母相方向的迁移,其长大机制与晶核的界面结构有关,具有共格、半共格或非共格界面的晶核,长大机制各不相同。

1. 半共格界面的迁移

因为半共格界面具有较低的界面能,故长大过程中往往继续保持为平面。新相长大可通过半共格界面上的界面位错运动,使界面做法向迁移,从而实现新相晶核的长大。包含界面位错的半共格界面的可能结构如图 9.19 所示。

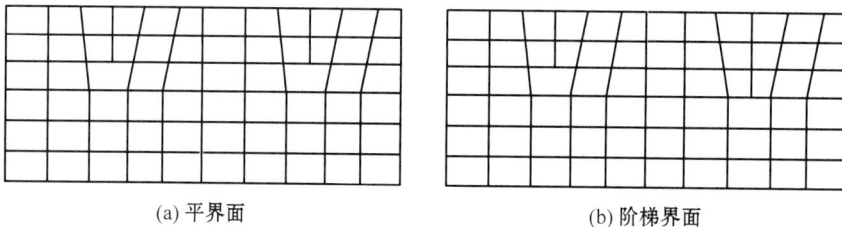

(a) 平界面　　　　　　　　(b) 阶梯界面

图 9.19　半共格界面的可能结构

图 9.19(a)为平界面,若刃型位错的柏氏矢量 b 沿界面方向,则其不能通过滑移而必须借位错攀移才能跟随界面移动,但是平界面位错攀移困难,故其牵制界面迁移,阻碍晶核长大。

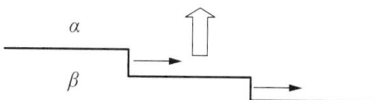

图 9.20　晶核以阶梯式长大示意图

图 9.19(b)为阶梯界面面间位错分布在阶梯状界面上,其位错的滑移运动使阶梯跨过界面侧向迁移,而使界面沿其法线方向发展,从而使新相长大,如图 9.20 所示。

2. 非共格界面的迁移

非共格界面处原子排列混乱,为不规则排列的过渡薄层。

目前主要存在两种观点:

(1)此界面可在任何位置接受原子和输出原子,随母相原子不断地向新相中转移,界面本身则作法向迁移,新相连续长大。

(2)非共格界面可能呈台阶状或包含突出部分,台阶平面为原子排列最密的晶面,台阶高度约为一个原子高度,故其长大是以台阶的侧向移动而在小范围内进行的。台阶的横向移动引起晶面在垂直方向上推移,使新相长大,如图 9.21 所示。

图 9.21　台阶状非共格晶粒

3. 扩散型相变与无扩散型相变

(1)扩散型相变。大多数固态相变是依靠扩散来进行的,其特点是相变过程中有原子扩散运动,转变速率受扩散控制即决定于扩散速度;在合金的相变中,新相和母相的成分往往不同;只有因新相和母相比容不同引起的体积变化,没有形状改变。例如,纯金属的同素异构转变、固溶体中的多形性转变、脱溶转变、共析转变、调幅分解和有序化转变等。

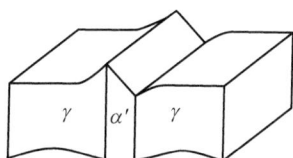
图 9.22　马氏体相变的表面浮凸示意图

(2)无扩散型相变。相变是通过切变完成的。其晶核长大是通过半共格晶面上母相一侧原子的切变来完成的。即大量原子有规则地沿某一方向作小于一个原子间距的迁移,并保持原有的相邻关系不变,故称其为"协同型"转变。其特点是,存在由于均匀切变引起的形状改变(因为相变过程中原子为集体的协同运动,所以晶体发生外形变化)。如预先制备一个抛光的试样表面,则在发生这种转变后,其表面上出现浮凸效应,如图 9.22 所示。

无扩散型相变有如下特征:

相变不需要通过扩散,新相和母相的化学成分相同;

新相和母相之间存在一定的晶体学位相关系;

相界面移动速度极快,可接近声速。

例如,钢和一些合金(Fe-Ni、Cu-Al、Ni-Ti)中的马氏体转变;某些纯金属(Zr、Ti、Li、Co)在低温下进行的同素异构转变。

固态相变不一定属于单纯的扩散型或非扩散型相变。例如,贝氏体转变既具有扩散型相变的特征,也具有无扩散型相变的特征。相变过程中既有切变又有扩散。

如按照长大是否涉及界面滑动,可以把相变分为两大类。以滑动界面迁移方式进行的相变称为协同型相变,这种相变强调了原子越过界面的协调性,在转变过程中任一个原子的最近邻在转变前后基本不变,所以母相和新相的成分是相同的,并且转变不涉及扩散,如马氏体相变,形变孪晶等转变属此类相变。相反,原子越过界面的非协调运输称为非协同型转变。这类转变,母相和新相的成分可以相同也可以不相同。若成分没有变化,原子以多大速率越过界面,即界面的迁移速率有多大,则新相就以多大速率长大,这种转变称为界面控制转变;当母相和新相成分不同时,新相的长大需要长程扩散,这种转变速率受长程扩散速率所控制,称为扩散控制转变。表 9.5 归纳了按不同长大方式进行的非匀相转变的分类。

表 9.5　按不同长大方式进行的非匀相转变的分类

类别	协同型	非协同型		
温度变化的影响	非热激活	热激活		
界面类型	滑动型 (共格或半共格)	非滑动型 (共格、半共格、非共格)		
母相与新相的成分	成分相同	成分相同	成分不同	
扩散过程	无扩散	短程扩散 (越过界面)	长程扩散(通过母相点阵)	
界面或扩散控制	界面控制	界面控制	主要是界面控制	主要是扩散控制	混合控制
示例	马氏体转变、孪生、对称倾转晶界	块状转变、有序化、多形性转变、再结晶、晶粒长大	脱溶、溶解、贝氏体转变	脱溶、溶解	脱溶、溶解、共析分解、胞状脱溶

9.4.2　新相长大速度

新相的长大速度取决于相界面的移动速度。对于无扩散型相变,其界面迁移是通过点阵切变完成的,不需要原子扩散,故其长大激活能为零,因此新相的长大速度很高。而对于扩散型相变,其界面迁移需要借助原子的扩散,故新相的长大速度较低。扩散型相变中的新相长大又分两种情况:一是新相形成时无成分变化,只有原子的近程扩散;二是新相形成时有成分变化,新相长大需要通过溶质原子的长程扩散。下面分别讨论这两种情况:

1. 无成分变化的新相长大

这类相变的新相长大过程如其界面迁移是通过点阵切变完成的,不需要原子扩散,故其长大激活能为零,因此长大的速度很高。

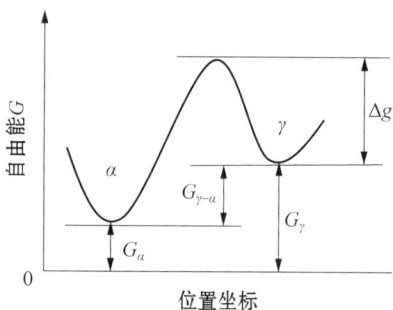

图 9.23　固态相变势垒示意图

如果相变过程有两相界面附近原子的短程扩散,即当母相中的原子通过短程扩散越过相界面进入新相时便导致相界面向母相中迁移,使新相逐渐长大,显然其长大速度受界面扩散所控制。图 9.23 所示为原子在两相中的自由能和越过相界的激活能。图中 Δg 表示 γ 相中的一个原子越过相界跳到 α 相上所需的激活能,振动原子中能够具有这一激活能的几率为 $\exp\left(-\dfrac{\Delta g}{kT}\right)$。若原子震动频率为 υ_0,则 γ 相界面上的原子跳到 α 相上的频率为

$$\upsilon_{\gamma \to \alpha} = \upsilon_0 \exp\left(-\frac{\Delta g}{kT}\right), \tag{9.17}$$

同样地,α 相界面上的原子跳到 γ 相上的频率为

$$\upsilon_{\alpha \to \gamma} = \upsilon_0 \exp\left(-\frac{\Delta g + \Delta G_{\gamma \to \alpha}}{kT}\right), \tag{9.18}$$

这样,原子从 γ 相跳跃到 α 相的净跳跃频率为 $\upsilon = \upsilon_{\gamma \to \alpha} - \upsilon_{\alpha \to \gamma}$。 若原子跳跃一次的距离为 λ,每当相界上有一层原子从 γ 相跳跃到 α 相上后,α 相便增厚 λ,则在单位时间内 α 相的长大速度为

$$u = \lambda \upsilon = \lambda \upsilon_0 \exp\left(-\frac{\Delta g}{kT}\right)\left[1 - \exp\left(-\frac{\Delta G_{\gamma \to \alpha}}{kT}\right)\right], \tag{9.19}$$

当过冷度很小时,$\Delta G_{\gamma \to \alpha} \to 0$。根据近似计算,$e^x \approx 1 + x$(当 $|x|$ 很小时),所以

$$\exp\left(-\frac{\Delta G_{\gamma \to \alpha}}{kT}\right) \approx 1 - \frac{\Delta G_{\gamma \to \alpha}}{kT}, \tag{9.20}$$

将式(9.20)代入式(9.19)中,则有

$$u = \frac{\lambda \upsilon_0}{k}\left(\frac{\Delta G_{\gamma \to \alpha}}{T}\right)\exp\left(-\frac{\Delta g}{kT}\right), \tag{9.21}$$

可见,当过冷度很小时,新相长大速度与新相和母相的自由能差成正比。但实际上两相自由能差是过冷度或温度的函数,故新相长大速度随温度降低而增大。

当过冷度很大时,$\Delta G_{\gamma \to \alpha} \gg kT$,根据 $e^{-x} \approx \dfrac{1}{e^x} \to 0$($x$ 很大时),式(9.19)变为

$$u = \lambda \upsilon_0 \exp\left(-\frac{\Delta g}{kT}\right)。 \tag{9.22}$$

由此可见,新相长大速度取决于原子越过相界面的激活能 Δg。 一般来说,原子越过非共格界面的激活能远小于越过半共格界面的激活能。由式(9.22)可知,当过冷度很大时,新相长大速度随温度降低呈指数函数减小。

综上所述,在整个相变温度范围内,新相长大速度与温度的关系如图 9.24 所示,出现两头小中间大的趋势,即过冷度与新相长大速度有极大值的关系。

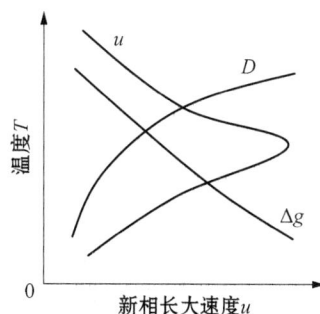

图 9.24 新相长大速度与温度的关系曲线

2. 有成分变化的新相长大

其界面迁移需要借助原子的扩散,故新相的长大速度较低。当新相和母相的成分不同时新相的生长需要通过溶质原子的长程扩散,其长大速率受扩散控制。生成新相时的成分变化有两种情况,如图 9.25 所示。

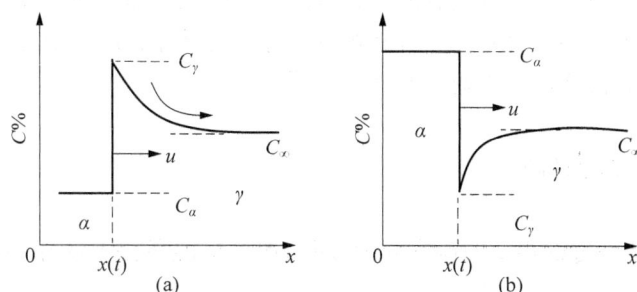

图 9.25 新相生长过程中溶质原子的浓度分布曲线

一种是新相 α 溶质原子浓度 C_α 低于母相 γ 中的 C_∞ 如图 9.25(a)所示;一种是新相 α 中溶质原子浓度 C_α 高于母相 γ 的浓度 C_∞,如图 9.25(b)所示。在某一转变温度下,相界处母相 γ 和新相 α 的成分由相图决定,设其分别为 C_γ 和 C_α。

由于 C_γ 大于或小于母相 γ 的原始浓度 C_∞,故在界面附近的母相中存在一定的浓度梯度 $C_\gamma - C_\infty$ 或 $C_\infty - C_\gamma$。在此浓度梯度推动下,将引起溶质原子在母相内的扩散,使母相内的浓度差降低,破坏了相界的浓度平衡(C_α、C_γ),引起相间扩散,于是使新相长大以恢复相界浓度平衡。此种情况下,界面的移动速度将由溶质原子的扩散速度所控制,即新相长大速度取决于原子的扩散速度。

以图 9.25(b)为例,假定 γ 和 α 的相界面为一平面,设在 dt 时间内相界面向 γ 相一侧推移 dx 距离,则新增加的 α 相单位界面面积所占体积内所需的溶质量为 $|C_\gamma - C_\alpha|dx$。这部分新增加的溶质量是依靠溶质原子在 γ 相中的扩散所提供的。设溶质原子在 γ 相中的扩散系数为 D,并假定其不随位置、时间和浓度而变化,相界面附近 γ 相中的浓度梯度为 $\left(\dfrac{\partial C_\gamma}{\partial x}\right)_{x_0}$,由菲克第一定律可知,扩散通量为 $D\left(\dfrac{\partial C_\gamma}{\partial x}\right)_{x_0}dt$,故有

$$|C_\gamma - C_\alpha|dx = D\left(\frac{\partial C_\gamma}{\partial x}\right)_{x_0}dt,\tag{9.23}$$

则

$$u = \frac{dx}{dt} = \frac{D}{|C_\gamma - C_\alpha|}\left(\frac{\partial C_\gamma}{\partial x}\right)_{x_0}。\tag{9.24}$$

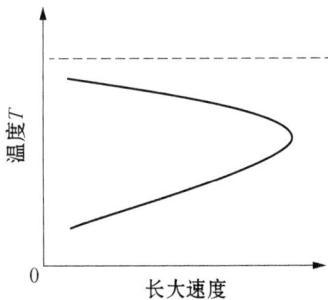

图 9.26 新相长大速度与温度的关系曲线

这表明,新相长大速度 u 与扩散系数 D 和相界面附近母相中溶质原子的浓度梯度 $\left(\dfrac{\partial C_\gamma}{\partial x}\right)_{x_0}$ 成正比,而与两相在相界面上的平衡浓度差 $|C_\gamma - C_\alpha|$ 成反比。扩散型相变的新相长大速度随转变温度变化而变化。由上述讨论可知,界面迁移速度受相变驱动力 Δg 控制;而扩散型相变的界面迁移速度也要受到扩散速度 D 的控制,可表示为 $\Delta g \times D$。但是 Δg 和 D 都是过冷度的函数,当过冷度增大时 Δg 增大,而 D 降低。

因此,新相长大的速度与过冷度的关系呈现为具有极大值的曲线,如图 9.26 所示。

随转变温度下降(过冷度增大)新相长大速度先增大,表明这时热力学因素(Δg)起主导作用;但当转变温度降低太多时,由于 D 值显著减小,扩散变得困难,则动力学因素占主导地位,新相长大速度减慢,在过冷度很大时甚至接近于零。

9.5 固态相变动力学

相变动力学通常是讨论相变的速率问题,即描述在恒温条件下新相的转变分数与时间的关系。

9.5.1　相变动力学方程

相变动力学取决于新相的形核率和长大速度。对照第 6 章中结晶动力学方程的推导过程,同样可以获得在固态相变中新相的体积分数(X)和时间(t)的变化关系,即 Johnson-Mehl 方程:

$$X = 1 - \exp\left(-\frac{\pi}{3} I G^3 t^4\right)。 \tag{9.25}$$

此式应用有四个约束条件:任意形核、形核率 I 为常数、长大速度 G 为常数以及孕育期 τ 很小。

由此可见,上述 Johnson-Mehl 方程与实际的相变过程有差距。固态相变时尽管可以将长大速率看做常数,但形核率并不是常数(因为许多固态相变往往是晶界等处优先形核,而不是任意形核,故形核率是变化的)。因此,改用如下由 Avrami 提出的经验方程式:

$$X = 1 - \exp(-bt^n), \tag{9.26}$$

式中,b 和 n 均为系数,b 取决于相变温度、母相成分和晶粒大小;n 取决于相变的类型(其数值一般在 1 至 4 之间)。如果母相晶粒较大,晶界形核很快饱和,假设晶核的长大速度 G 为常数,则形核位置饱和后,转变过程仅由长大过程控制,这时因形核率 I 已经降低到零,则 Avrami 方程式分别为

界面形核时　　　　　　　$X = 1 - \exp(-2AGt)$,

界棱形核时　　　　　　　$X = 1 - \exp(-\pi L G^2 t^2)$,

界隅形核时　　　　　　　$X = 1 - \exp\left(-\frac{4}{3}\pi C G^3 t^3\right)$,

式中,A、L、C 分别为单位体积中的界面面积、界棱长度、界隅数。若母相晶粒直径为 D,则 $A = 3.35Dd^{-1}$、$L = 8.5D^{-2}$、$C = 12D^{-3}$。

9.5.2　转变动力学曲线

1. S 曲线

Johnson-Mehl 方程和 Avrami 方程都是描写等温转变过程,在不同的温度下均有等温转变动力学曲线。针对式(9.25)中不同的 G 和 I 值(取决于不同温度)而绘出的新相转变体积分数与时间的关系曲线(相变动力学曲线),如图 9.27(a)所示。这些相变动力学曲线均呈"S"形,即相变初期和后期的转变速度较小,而相变中期的转变速度最大,具有形核和长大过程的所有相变均具有此特征。

2. TTT 曲线

若将图 9.27(a)中的数据改绘成时间(Time)—温度(Temperature)—转变量(Transformation)的关系曲线,则如图 9.27(b)所示,得到一般常用的"等温转变曲线",亦称"TTT 曲线"(或 TTT 图)。

由于该图中的曲线常呈"C"字形,所以又称为"C"曲线:这是扩散型相变典型的等温转变曲线,转变开始阶段决定于形核,它需要一段孕育期。在转变温度高时,形核孕育期很长,转变

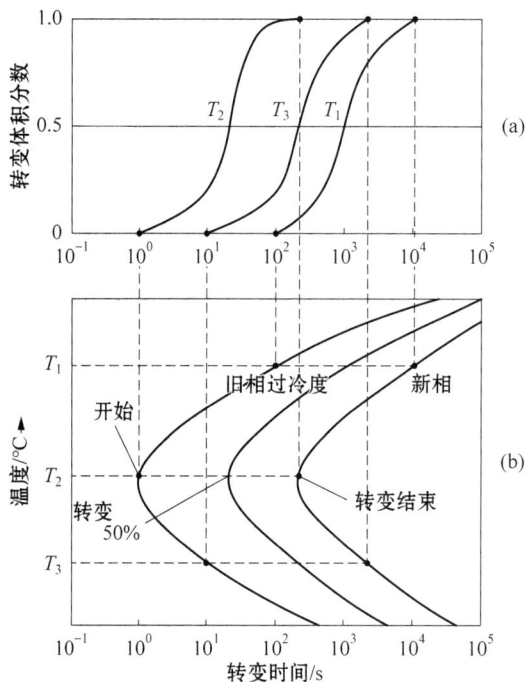

图 9.27 相变动力学曲线(a)和等温转变图(b)

延续的时间亦长;随温度下降,孕育期缩短,转变加速,至某一中间温度时,孕育期最短,转变速度最快;温度再降低,孕育期又逐渐加长,转变过程持续的时间也加长;当温度很低时,转变基本上被抑制而不能发生。

3. CCT 曲线

TTT 曲线可以直接用来指导等温热处理工艺的制订。但是实际热处理常常是在连续冷却条件下进行的,此时过冷奥氏体的转变规律与 TTT 曲线差别很大。连续冷却时,过冷奥氏体是在一个温度范围内发生转变的,几种转变往往相互重叠,得到不均匀的混合组织。过冷奥氏体的连续冷却转变图—CCT 曲线(Continuous Cooling Transformation)则是分析连续冷却过程中奥氏体的转变过程以及转变产物的组织和性能的重要依据。通常,综合应用膨胀法、端淬法、金相硬度法、热分析法和磁性法来测定 CCT 曲线。

以碳钢为例,与等温转变 TTT 曲线相比,过冷奥氏体的连续冷却转变 CCT 曲线有如下特点:

(1) 连续冷却转变 CCT 曲线都处于同种材料的等温转变 TTT 曲线的右下方。这是由于连续冷却转变时转变温度较低、孕育期较长所致。

(2) 从形状上看,连续冷却转变 CCT 曲线不论是珠光体转变区还是贝氏体转变区都只有相当于等温转变 TTT 曲线的上半部。

(3) 碳钢连续冷却时可使中温的贝氏体转变被抑制。共析碳钢的 CCT 曲线示于图 9.28中,图中的细线为共析碳钢的 TTT 曲线(见图 9.28)。由图可见,共析碳钢的 CCT 曲线(粗线)只有高温的珠光体转变区和低温的马氏体转变区,而无中温的贝氏体转变区,这是由于贝氏体转变的孕育期较长所致。

（4）合金钢连续冷却时可以有珠光体转变而无贝氏体转变，也可以有贝氏体转变而无珠光体转变，或者两者兼而有之。

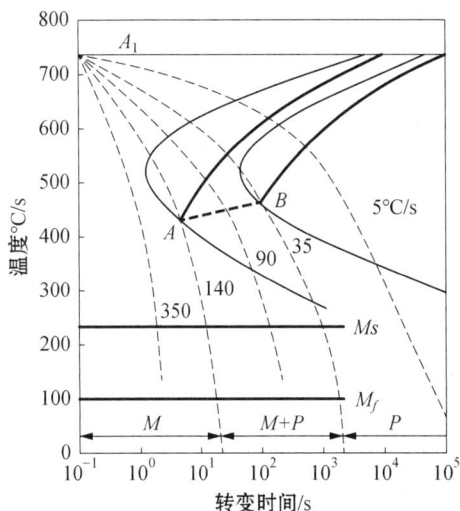

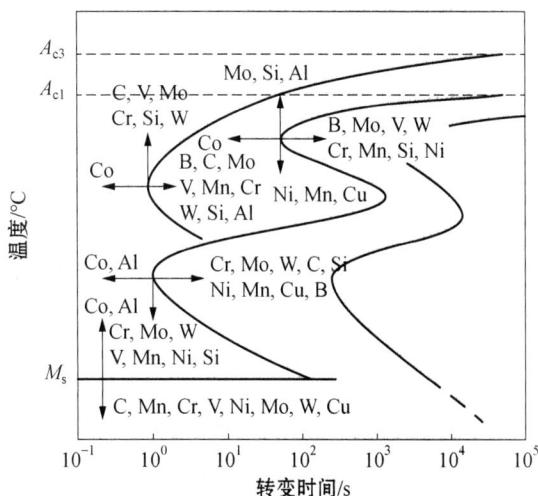

图 9.28 共析碳钢的 CCT 曲线（图中细线为 TTT 曲线）   图 9.29 合金元素对过冷奥氏体等温转变图的影响

4. TTT 曲线影响因素

（1）合金元素的影响。合金元素对 TTT 曲线的影响最大。一般来说，除 Co 和 Al 以外的合金元素均使 TTT 曲线右移，即增加过冷奥氏体的稳定性。各种合金元素对 TTT 曲线的影响示于图 9.29 中。但是，合金元素的作用大小还与其在奥氏体中的溶解状态、形成的碳化物状态、奥氏体化温度、合金元素含量以及多种合金元素的相互作用等因素有关。

（2）奥氏体晶粒尺寸的影响。由于珠光体转变的形核位置主要是奥氏体晶界，奥氏体晶粒细小时，其晶界总面积增大，有利于形核，从而促进转变，使珠光体转变曲线左移。而贝氏体转变中 α 相的形核位置可以是晶界，也可以在晶内，所以奥氏体晶粒尺寸对贝氏体转变的影响较小。

（3）原始组织、加热温度和保温时间的影响。工业用钢在相同加热条件下，原始组织越细小，所得到的奥氏体成分越均匀，冷却时新相形核及长大过程中所需的扩散时间就越长，TTT 曲线因此右移，并且 M_s 点下降，当原始组织相同时，提高奥氏体化温度或延长奥氏体化时间，将促使碳化物溶解、奥氏体成分均匀和奥氏体晶粒长大，导致 TTT 曲线右移。

（4）奥氏体塑性变形的影响。奥氏体的塑性变形会显著影响珠光体转变动力学。一般来说，形变量越大，珠光体转变孕育期就越短，即加速珠光体转变。

9.6 纳米晶材料

霍尔-佩奇（Hall-Petch）公式指出了多晶体材料的强度与其晶粒尺寸之间的关系，晶粒越细小则强度越高。但通常的材料制备方法至多只能获得细小到微米级的晶粒，霍尔-佩奇公式的验证也只是到此范围。如果晶粒更为微小时,材料的性能将如何变化? 由于当时尚不能制得这种超细晶材料,故是一个留待解决的问题。自 20 世纪 80 年代以来,随着材料制备新技术的发展,人们开始研制出晶粒尺寸为纳米(nm)级的材料,并发现这类材料不仅强度更高(但不符合霍尔-佩奇公式),其结构和光、电、磁、热学、化学等各种性能都具有特殊性,引起了极大的兴趣和关注。纳米晶材料(或称纳米构造材料)已成为国际上发展新材料领域中的一个重要内容,并在材料科学和凝聚态物理学科中引出了新的研究方向——纳米材料学。

纳米材料这一名称含义甚广,总体上是指尺度(三维中至少有一维)为纳米级(<100 nm)或由它们为基本单元所组成的固体,包括纳米晶单体、纳米晶粒构成的块体(纳米晶材料)、纳米粉体、纳米尺度物体(如纳米线、纳米带、纳米管、纳米薄膜、纳米粒子及纳米器件等)。由于纳米化出现的表面效应、小体积效应、量子尺寸效应、界面效应、量子隧穿效应等,这些纳米材料会分别显示出不同于其通常状态的特殊性能,因而纳米材料已成为当前研究和开发应用的热点。

鉴于所涉及的范围太广,作为基础教材,这里主要以纳米晶材料为重点作简要的介绍。

9.6.1 纳米晶材料的结构

纳米晶材料的概念最早是由 H. Gleiter 提出的,这类固体由(至少在一个方向上)尺寸为几个纳米的结构单元(主要是晶体)所构成。图 9.30 表示纳米晶材料的二维硬球模型,不同取向的纳米尺度小晶粒由晶界联结在一起,由于晶粒极微小,晶界所占的比例就相应地增大。若晶粒尺寸为 5~10 nm,则按三维空间计算,晶界将占到 0.5 体积分数,即有约 50% 原子位于排列不规则的晶界处,其原子密度及配位数远远偏离了完整的晶体结构。因此纳米晶材料是一种非平衡态的结构,存在大量的晶体缺陷。此外,如果材料中存在杂质原子或溶质原子,则因这些原子的偏聚作用,使晶界区域的化学成分也不同于晶内成分。由于在结构上和化学上偏离正常的多晶结构,所表现的各种性能也明显不同于通常的多晶体材料。

人们曾对双晶体的晶界应用高分辨电子显微分析、广角 X 射线或中子衍射分析,以及计算机结构模拟等多种方法,测得双晶体晶界的相对密度是晶体密度的 75%~90%,而纳米晶材料的晶界结构不同于双晶体晶界,当晶粒尺寸为几个纳米时,其晶界的边长会短于晶界层厚度,存在大量的三叉晶界,故晶界处原子排列有明显的变化。图 9.31 表示应用正电子湮没技

●—晶内原子　○—界面处原子

图 9.30　纳米晶材料的二维模型

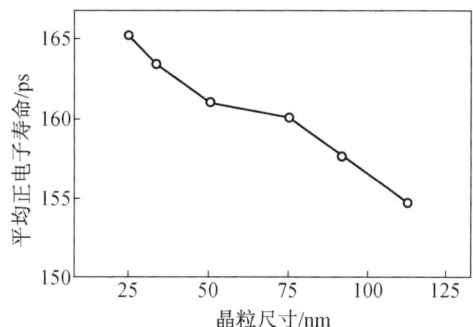

图 9.31　纳米晶 $Fe_{78}B_{13}Si_9$ 的晶粒大小与平均正电子寿命的关系

术测定的平均正电子寿命与晶粒尺寸的关系,可见随着晶粒尺寸的减小,寿命增加了。这表示晶界中自由体积的增加。研究表明,纳米晶材料不仅由其化学成分和晶粒尺寸来表征,还与材料的化学键类型、杂质情况、制备方法等因素有关,即使是同一成分、同样尺寸晶粒的材料,其晶界区域的原子排列还会因上述因素而明显地变化,其性能也相应地改变,图 9.30 所示只是一个被简单化了的结构模型。

纳米晶材料也可由非晶物质组成,例如:半晶态高分子聚合物是由厚度为纳米级的晶态层和非晶态层相间地构成的(见图 9.32),故是二维层状纳米结构材料。由不同化学成分物相所组成的纳米晶材料,通常称为纳米复合材料。图 9.33 表示 Ag-Fe 纳米复合材料的构造。从 Ag-Fe 二元相图可知,Ag 和 Fe 在液态和固态均不互溶,但在Ag-Fe 纳米结构中却出现一定的固溶度,形成 Fe 原子在 Ag 中的固溶体和 Ag 原子在 Fe 中的固溶体,溶质原子多数分布在界面地区及界面附近。除了所举的 Ag-Fe 系例子之外,其他互不固溶的体系构成的纳米复合材料中也出现类似的情况。这种亚稳态的纳米晶固溶体可在高能球磨等制备纳米晶的过程中形成,称为机械化学反应。另一类纳米复合材料是由化学成分不相同的超细晶和非晶组成的,其例子是纳米级的金属或半导体微粒(如 Ag,CdS 或 CdSe)嵌在非晶的介电质基体中(如 SiO_2),构成如图 9.34 的结构。第三类纳米复合材料由掺杂的晶界所组成。如果掺杂原子甚少,不足以构成一原子层,则它们将占于界面区的低能位置上,如图 9.35(a)中的 Bi 原子在纳米晶 Cu 的晶界中,每三个 Cu 原子包围一个 Bi 原子。如果掺杂原子的浓度较高,它们组成掺杂层于界面区域,如图 9.35(b)为纳米尺寸的 W 微细晶粒被 Ga 原子层所隔开。显然,晶界掺杂层原子排列是不规则的,形成这类晶界的原因,可能与应力诱导下溶质原子在晶界地区再分布有关,这样的再分布使晶界附近应力场储存能下降。掺杂晶界的形成可阻碍晶粒长大,有利于纳米晶的稳定性。

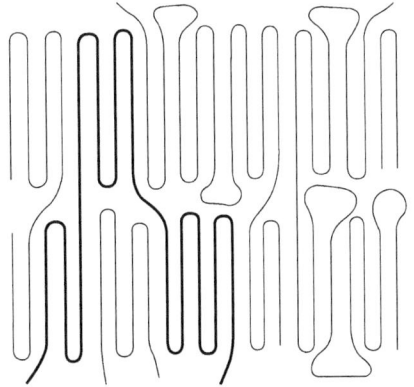

图 9.32　半晶态高分子聚合物结构示意图
(粗黑线表示属于相邻晶体间的一个分子键)

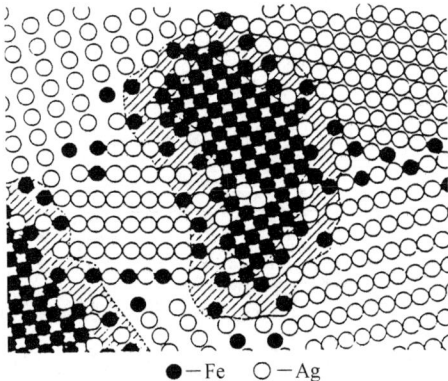

●—Fe　○—Ag

图 9.33　纳米晶 Ag-Fe 合金的构造示意图

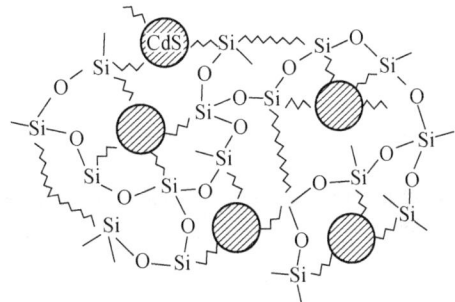

图 9.34　CdS 嵌在 SiO_2
非晶基体中的纳米复合材料结构

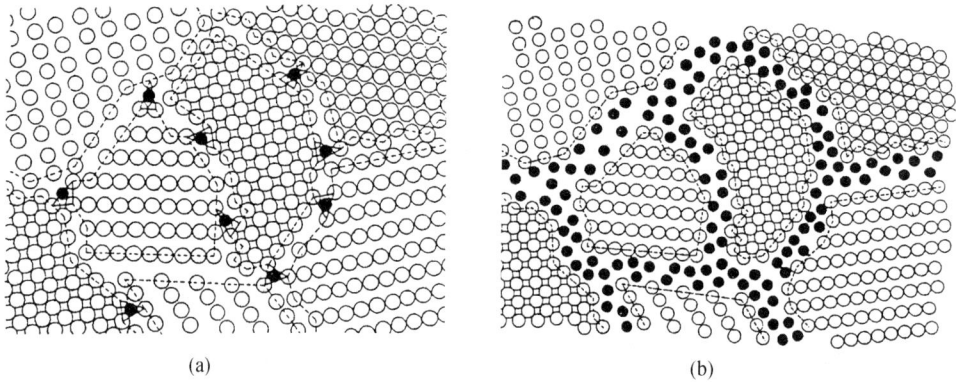

图 9.35 掺杂晶界的纳米复合材料结构示意图

(a) Bi(黑球)于纳米晶 Cu 中；(b) Ga(黑球)于纳米晶 W 中

9.6.2 纳米晶材料的性能

纳米结构材料因其超细的晶体尺寸(与电子波长、平均自由程等为同一数量级)和高体积分数的晶界(高密度缺陷)而呈现特殊的物理、化学和力学性能。表 9.6 所列的一些纳米晶材料与通常的多晶体或非晶态时的性能比较,明显地反映了其变化特点。

表 9.6 纳米晶金属与通常的多晶或非晶态的性能

性 能	单 位	金属	多晶	非晶态	纳米晶
热膨胀系数	$10^{-6}\,K^{-1}$	Cu	16	18	31
比热容(295K)	$J/(g \cdot K)$	Pd	0.24	—	0.37
密度	g/cm^3	Fe	7.9	7.5	6
弹性模量	GPa	Pd	123	—	88
剪切模量	GPa	Pd	43	—	32
断裂强度	MPa	Fe-1.8%C	700		8 000
屈服强度	MPa	Cu	83	—	185
饱和磁化强度(4K)	$4\pi \cdot 10^{-7}\,Tm^3/kg$	Fe	222	215	130
磁化率	$4\pi \cdot 10^{-9}\,m^3/kg$	Sb	-1	-0.03	20
超导临界温度	K	Al	1.2	—	3.2
扩散激活能	eV	Ag 于 Cu 中	2.0		0.39
		Cu 自扩散	2.04		0.64
德拜温度	K	Fe	467	—	3

纳米晶材料的力学性能远高于其通常的多晶状态,表 9.6 中所举的高碳铁(质量分数 $w(C)=1.8\%$)就是一个突出的例子,其断裂强度由通常的 700MPa 提高到 8 000MPa,增加达 1 140%,但此例甚突出,增幅之大不具有普遍性。一些实验结果表明,霍尔-佩奇公式的强度与晶粒尺寸关系并不延续到纳米晶材料,这是因为霍尔-佩奇公式是根据位错塞积的强化作用而导出的,当晶粒尺寸为纳米级时,晶粒中可存在的位错极少,甚至只有一个,故霍尔-佩奇公式就不适用了。此外,纳米晶材料的晶界区域在应力作用下会发生弛豫过程而使材料强度下降;

再者,强度的提高不能超过晶体的理论强度,晶粒变细使强度提高应受此限制。图 9.36 是纳米晶铜(25nm)的应力-应变曲线与通常的多晶 Cu(50μm)应力-应变曲线的比较,其屈服强度(σ_y)从原先的 83MPa 提高到 185MPa。图 9.37 为弥散分布于 Ni-Al 基体中的 Ni$_3$Al 纳米微晶对这种纳米复合材料流变应力的影响。需要指出的是,这类材料的强化作用不同于前述的细晶强化作用,它是纳米细粒的弥散强化作用。图 9.38 显示纳米晶硬质合金 WC-Co 的硬度提高情况,其耐磨性也提高了一个数量级。纳米晶材料不仅具有高的强度和硬度,其塑性、韧性也明显改善,例如陶瓷材料通常不具有塑性,但纳米 TiO$_2$ 在室温下能塑性变形,在 180℃时形变量可达 100%。

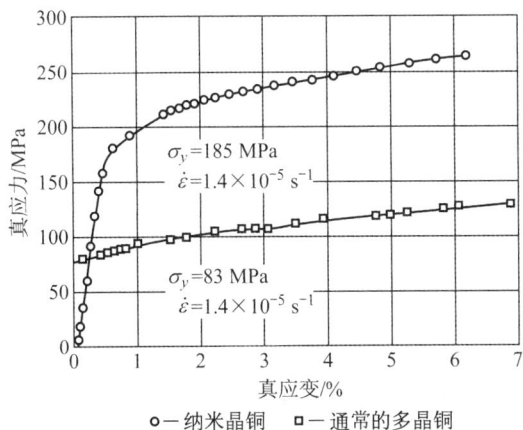

图 9.36 纳米晶铜与通常的多晶铜的
真应力－真应变曲线

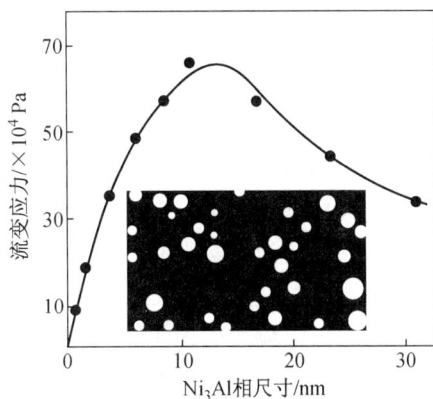

图 9.37 Ni$_3$Al 析出相尺寸对 Al 的原子数
分数为 13% 的 Ni-Al 合金流变应力的影响

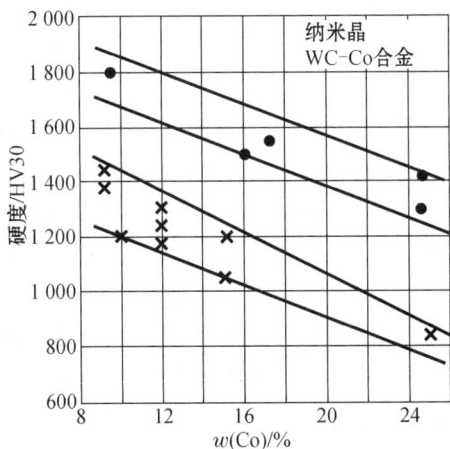

(a)

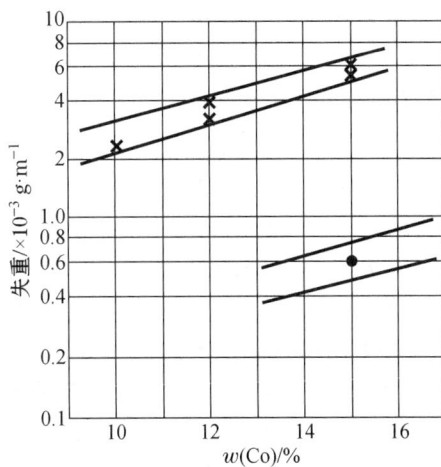

(b)

图 9.38 纳米晶与通常的 WC-Co 材料的硬度(a)和耐磨性(b)比较

纳米晶微粒之间能产生量子输运的隧道效应、电荷转移和界面原子耦合等作用,故纳米材料的物理性能也异常于通常的材料。纳米晶导电金属的电阻高于多晶材料,因为晶界对电子有散射作用,所以当晶粒尺寸小于电子平均自由程时,晶界散射作用加强,电阻及电阻温度系数增加。但纳米半导体材料却具有高的电导率,如纳米硅薄膜的室温电导率高于多晶硅 3 个数量级,高于非晶硅达 5 个数量级。纳米晶材料的磁性也不同于通常的多晶材料,纳米铁磁材料具有低的饱和磁化强度、高的磁化率和低的矫顽力,例如,部分晶化的 $Fe_{73.5}Si_{13.5}B_9Cu_1Nb_3$ 合金中形成 5～20nm 的 Fe-Si(B) 微晶分布于非晶基体上,具有高的起始磁导率($\sim 10^5$ H/m)、低的矫顽力($\sim 10^{-2}$ A/cm)、高的磁感应强度(达 1.7T),其磁性甚至超过最佳性能的坡莫合金,而后者的价格却甚为昂贵。纳米材料的其他性能,如超导临界温度和临界电流的提高、特殊的光学性质、触媒催化作用等也是引人注目的。

9.6.3　纳米晶材料的形成

纳米晶材料可由多种途径形成,主要归纳于以下四方面。

(1) 以非晶态(金属玻璃或溶胶)为起始相,使之在晶化过程中形成大量的晶核,生长成为纳米晶材料。

(2) 对起始为通常的粗晶的材料,通过强烈塑性形变(如高能球磨、高速应变、爆炸成形等手段)或造成局域原子迁移(如高能粒子辐照、火花刻蚀等)使之产生高密度缺陷,以致自由能升高,转变形成亚稳态纳米晶。

(3) 通过蒸发、溅射等沉积途径,如物理气相沉积(PVD)、化学气相沉积(CVD)、电化学方法等,生成纳米微粒然后固化,或在基底材料上形成纳米晶薄膜材料。

(4) 沉淀反应方法,如利用溶胶-凝胶(sol-gel),热处理时效沉淀法等,析出纳米微粒。

9.6.4　纳米碳管简介

1991 年,日本学者饭岛澄夫(Sumio Iijima)用高分辨透射电镜研究石墨电极放电时,发现了外径为 4～30nm、长约 $1\mu m$ 的空心微针,并确定它为纳米碳管(又称碳纳米管)。其结果在《自然》(Nature)杂志发表后,引起国际科学界极大的关注,从而导致了纳米科学技术的兴起。

此后的研究得知:纳米碳管可呈多层壁或单壁,如图 9.39 所示。饭岛最初发现的是多壁纳米碳管,它由若干个无接缝的单壁管同心地相套并封顶而构成。单壁碳管可看作由单张石墨烯片卷成的无接缝微管,其直径约在 0.4 到 2～3nm 范围,而管长目前已可达毫米级。卷成纳米碳管的石墨片具有平面的六方形单胞,每个碳原子与相邻的三个碳原子以共价键结合,而其第四个电子为自由电子(杂化电子),可在整个结构中自由运动。纳米碳管因其石墨片卷取的取向不同而有 3 种类型,饭岛称之为扶手椅型(armchair)、锯齿型(zigzag)和螺旋型(helical),如图 9.40 所示。图 9.41 展示了展开的单层石墨烯片的单壁碳纳米管的几何形状以及三种类型的纳米管侧壁。它们呈不同的电学特性,扶手椅型通常呈金属电性,而后两者可呈半导体电性或金属电性,由其卷取构局对能带结构的影响而定。

电导性是纳米碳管最诱人的特性之一。金属电性的纳米碳管因具有一维的电子结构,电子沿纳米管长度传输呈弹道式、没散射,故流量极大且不会发热,承受的最大电流密度达 10^{10} A·cm^{-2},热导率达 6 000W·$(m \cdot K)^{-1}$,如用作硅集成电路联结导线,导线宽度至少可减小一个数量级。纳米碳管的半导体特性如被利用制成纳米级晶体管等纳米电子器件,则有望开发出超速纳米计算机。纳米碳管还是理想的场发射电子源材料,把它应用于平板显示器、电镜的电子源等,能显著提高亮度和清晰度。

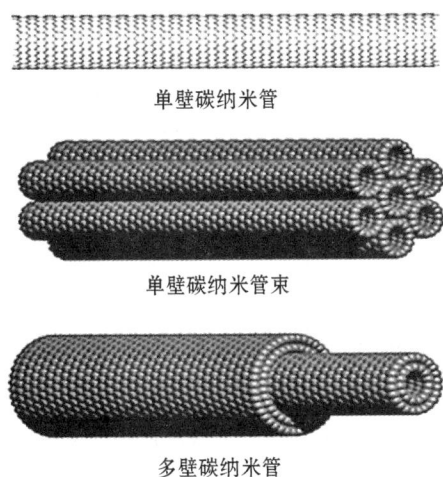

图 9.39　单壁和多壁碳纳米管

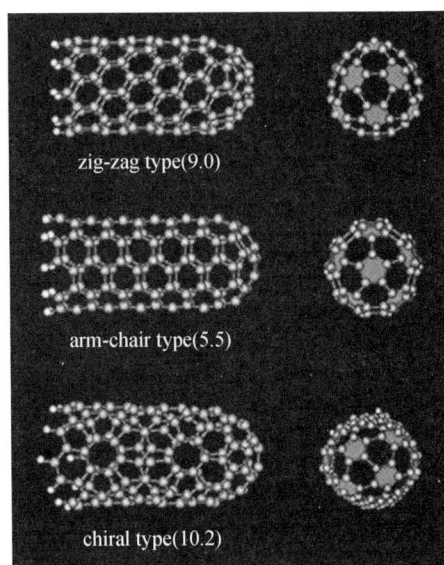

图 9.40　单壁纳米碳管的结构示意图
1—扶手椅型,2—锯齿型,3—螺旋型

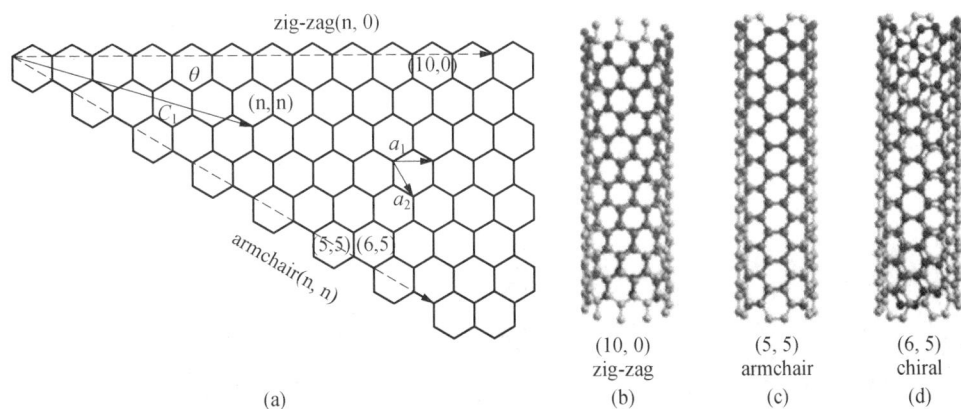

图 9.41　(a)展开的单层石墨烯片显示了单壁碳纳米管的几何形状;
(b)、(c)、(d)三种类型的纳米管侧壁:锯齿型,扶手椅型,螺旋型

　　纳米碳管的另一特点是有极高的弹性模量和强度,其 E 可达 1 000GPa,是目前所知的具有最高弹性模量的材料。其抗拉强度也高于碳纤维材料,且有极佳的弯曲特性。因此,用纳米碳管为增强体制成的轻质复合材料,其强度和刚性均优于目前的碳纤维增强复合材料。

　　纳米碳管的其他优良特性也正在研究开发中。总之,纳米碳管已显示出多方面的应用潜力。随着纳米碳管制备技术的不断发展和完善,其特性将进一步被充分发掘和利用,同时其制备成本也会逐步下降,使它具有商业竞争力,显示出广阔的开发、应用前景。

9.7　准晶态

　　经典的固体理论将固体物质按其原子聚集状态分为晶态和非晶态两种类型。晶体学分析得出:晶体中原子呈有序排列,且具有平移对称性,晶体点阵中各个阵点的周围环境必然完全相同,故晶体结构只能有 1,2,3,4,6 次旋转对称轴,而 5 次及高于 6 次的对称轴不能满足平移对称的条件,均不可能存在于晶体中。近年来,由于材料制备技术的发展,出现了不符合晶体的对称条件、但呈一定的周期性有序排列的类似于晶态的固体,1984 年,Shechtman 等首先报道了在快冷 $Al_{86}Mn_{14}$ 合金中发现具有 5 次对称轴的结构。于是,一类新的原子聚集状态的固体出现了,这种状态被称为准晶态(quasicrystalline state),此固体称为准晶(quasicrystal)。准晶态的出现引起国际上高度重视,很快就在其他一些合金系中也发现了准晶,除了 5 次对称,还有 8,10,12 次对称轴,在准晶的结构分析和有关理论研究中都有了新的进展。

9.7.1 准晶的结构

准晶的结构既不同于晶体,也不同于非晶态。图 9.42 是应用高分辨电子显微分析获得的准晶态 $Al_{65}Cu_{20}Fe_{15}$ 合金的原子结构像,可见其原子分布不具有平移对称性,但仍有一定的规则,其 5 次对称性明显可见,且呈长程的取向性有序分布,故可认为是一种准周期性排列。

如何描绘准晶态结构?由于它不能通过平移操作实现周期性,故不能如晶体那样取一个晶胞来代表其结构。目前较常用的是以拼砌花砖方式的模型来表征准晶结构,其典型例子见图 9.43,它表示了 5 次对称的准周期结构。它由两种单元(花砖)构成:一种是宽的棱方形,其角度为 70° 和 108°;另一种是窄的棱方形(角度为 36° 及 144°),它们的边长均为 a,其面积之比为 1.618∶1(即为黄金分割),把它们按一定规则使两种单元配合拼砌成具有周期性和 5 次对称性。图中细线单元为缩比的单元,缩比单元的边长与原先边长之比也为 1∶1.618。上述的拼砌模型是二维图形,可据此作出三维的拼砌单元,如图 9.44 所示,可认为它们是构成准晶(二十面体对称的准晶相)的准点阵。

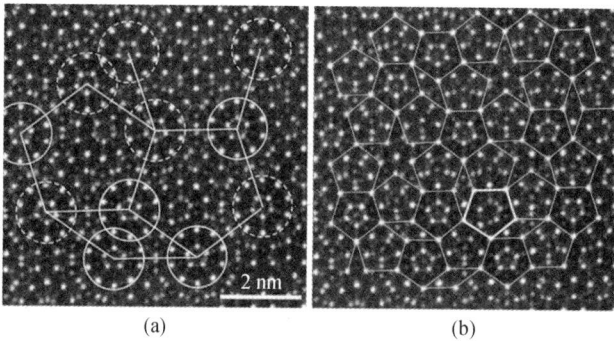

图 9.42 准晶态 $Al_{71.5}Cu_{16}Co_{12.5}$ 合金的高分辨电子显微像

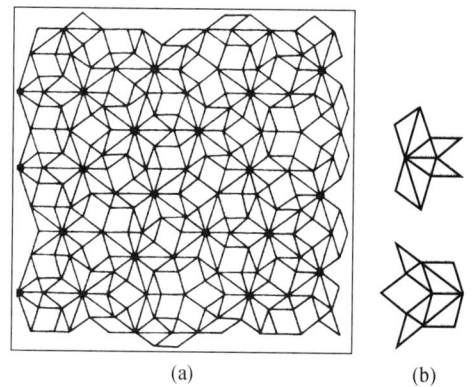

图 9.43 准晶结构的单元拼砌模型(a)和表示缩比单元与原单元的缩比关系(b)

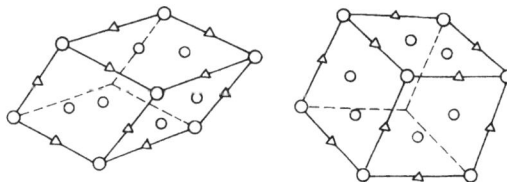

图 9.44 拼砌单元的三维模型

准晶结构有多种形式,就目前所知可分成下列几种类型:

(1) 一维准晶。这类准晶在一个取向是呈准周期性的而在其他两个取向是周期性的,例如 Al-Cu 系($Al_{65}Cu_{20}Mn_{15}$,$Al_{65}Cu_{20}Co_{15}$,$Al_{71.5}Cu_{16}Co_{12.5}$,$Al_{65}Cu_{20}Fe_{10}Mn_5$ 等),Al-Ni 系($Al_{80}Ni_{14}Si_6$),Al-Pd 系($Al_{75}Fe_{10}Pd_{15}$)的准晶相,它们具有 CsCl 型的基本结构而在[111]取向呈准周期的结构。这类准晶相常发生于二十面体相或十面体相与结晶相之间发生相互转变的中间状态,故属亚稳状态。但在 $Al_{65}Cu_{20}Fe_{10}Mn_5$ 的充分退火样品中也发现一维准晶相,此时应属稳定态了,它沿着 10 次对称轴呈六层的周期性,而垂直于此轴则呈八层周期性。

(2) 二维准晶。它们是由准周期有序的原子层周期地堆垛而构成的,将准晶态和晶态的结构特征结合在一起。按照它们的对称特点,可为八边形、十边形或十二边形准晶。八边形准晶相的结构很接近 β-Mn 型结构,其准周期原子层沿着 8 次对称轴周期地(按恒定的点阵常数 $a = 0.6315$ nm)堆垛上去。这类准晶的例子有 $Ni_{10}SiV_{15}$,Cr_5NiSi,Mn_4Si,$Al_3Mn_{82}Si_{15}$,Fe-Mn-Si 等,图 9.45 表示根据高分辨电子显微像作出的 Cr-Ni-Si 八边形准晶相的结构拼砌模型。十边形准晶已在很多合金中发现,它们的结构沿着 10 次轴周期地堆垛,其平移周期可为 0.4 nm(如 $Al_{65}Co_{15}Cu_{20}$,$Al_{70}Co_{15}Ni_{15}$,$Al_{70}Ni_{15}Rh_{15}$,$Al_{71}Fe_5Ni_{24}$,Al_4Ni,$Fe_{32}Nb_{18}$ 等),0.8 nm(如 $Al_{10}Co_4$),1.2 nm(如 Al_4Mn,$Al_{79}Fe_{2.6}Mn_{19.4}$,$Al_{65}Cu_{20}Mn_{15}$,$Al_{65}Cr_7Cu_{20}Fe_8$ 等),1.6 nm(如 Al_5Ir,Al_5Pd,Al_5Pt,Al_4Fe,$Al_{74}Mg_5Pd_{21}$,$Al_{80}Fe_{10}Pd_{10}$ 等) 等,这些间距相应于二层、四层、六层、八层等堆垛为一周期。图 9.46 表示 $Al_{72}Ni_{20}Co_8$ 十边形准晶结构的拼砌模型;图 9.47 显示 $Al_{59}Cr_{21}Fe_{10}Si_{10}$ 十边形准晶的高分辨电子显微像。目前发现的十二角形准晶还不多,如

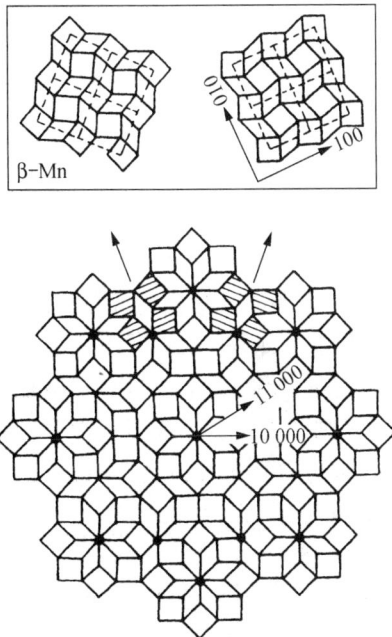

图 9.46　$Al_{72}Ni_{20}Co_8$ 十边形准晶结构的拼砌模型

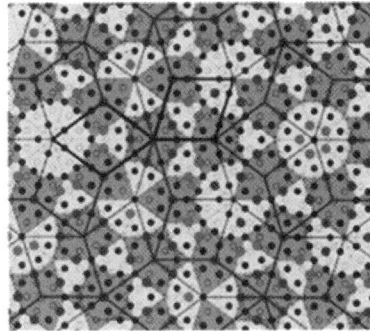

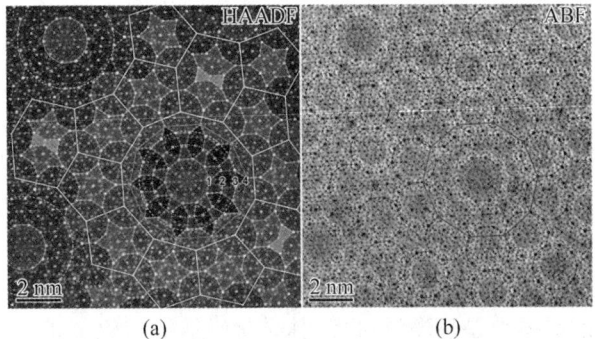

(a)　　　　　　　　(b)

图 9.45　Cr-Ni-Si 八边形准晶结构的拼砌模型
(斜线的砌块表示 β-Mn 结构单元)

图 9.47　$Al_{59}Cr_{21}Fe_{10}Si_{10}$ 十边形准晶的高分辨图像
(a) HAADF-STEM 图像;(b) ABF-STEM 图像

$Cr_{70.6}Ni_{29.4}$,Ni_2V_3,$N_{10}SiV_{15}$,Ta_xTe,其结构类似于 σ-CrFe 型,由六方-三角及三角-正方结构的原子层堆垛所构成。图 9.48 显示球形纳米颗粒自组装形成十二边形准晶的 TEM 图像。

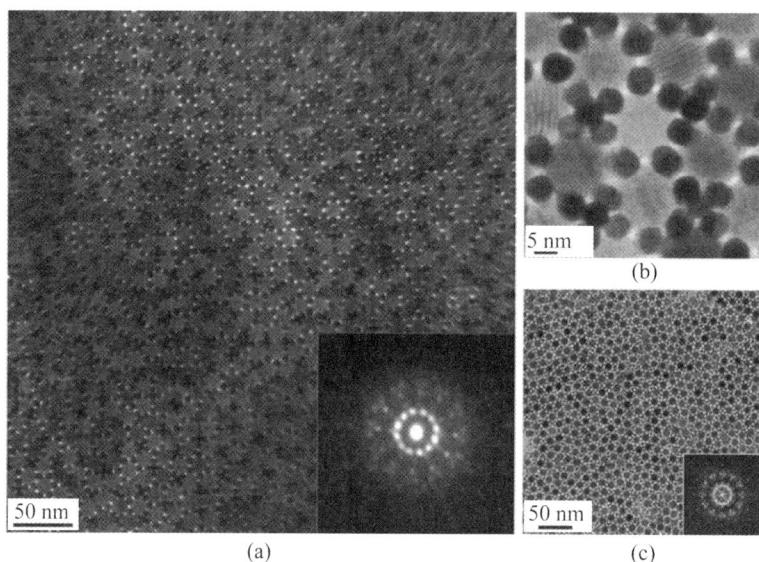

图 9.48　十二边形准晶的 TEM 图像
(a) Fe_2O_3 和 Au 纳米晶自组装的十二边形准晶超晶格(插图为对应选区电子衍射图);
(b) 高倍十二边形准晶体图;(c) PbS 和 Pd 纳米晶体自组装的十二边形准晶超晶格

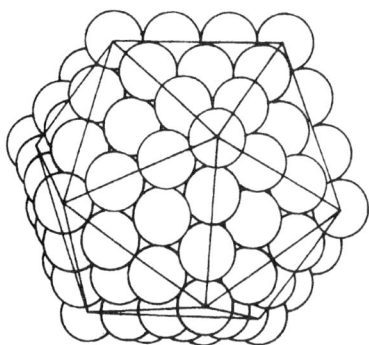

图 9.49　半个由 54 个原子构成的二十面体准晶结构单元

(3) 二十面体准晶。它可分为 A 和 B 两类。A 类以含有 54 个原子的二十面体作为结构单元;B 类则以含有 137 个原子的多面体为结构单元;A 类二十面体多数是铝-过渡族元素化合物,而 B 类极少含有过渡族元素。图 9.49 表示半个由 54 个原子构成的二十面体准晶结构单元。

9.7.2　准晶的形成

除了少数准晶(如 $Al_{65}Cu_{20}Fe_{10}Mn_5$,$Al_{75}Fe_{10}Pd_{15}$,$Al_{10}Co_4$ 等)为稳态相之外,大多数准晶相均属亚稳态产物,它们主要通过快冷方法形成。此外,经离子注入混合或气相沉积等途径也能形成准晶。准晶的形成过程包括形核和生长两个过程,故采用快冷法时其冷速要适当控制,冷速过慢则不能抑制结晶过程而会形成结晶相;冷速过大则准晶的形核生长也被抑制而形成非晶态。此外其形成条件还与合金成分、晶体结构类型等多种因素有关,并非所有的合金都能形成准晶,这方面的规律还有待进一步探索和掌握。

亚稳态的准晶在 定条件下会转变为结晶相,即平衡相。加热(退火)促使准晶的转变,故准晶转变是热激活过程,其晶化激活能与原子扩散激活能相近。但稳态准晶相在加热时不发生结晶化转变,例如 Al_6Cu_2Fe 为二十面体准晶,在 845℃ 下长期保温并不转变。

准晶也可能从非晶态转化形成。例如,Al-Mn 合金经快速凝固形成非晶后,在一定的加热条件下会转变成准晶,这表明准晶相对于非晶态是热力学较稳定的亚稳态。

9.7.3　准晶的性能

到目前为止,人们尚难以制成大块的准晶态材料,最大的也只是几个毫米直径,故对准晶的研究多集中在其结构方面,对性能的研究测试甚少报道。但从已获得的准晶都很脆这种特点来看,将它作为结构材料使用尚无前景。准晶的特殊结构对其物理性能有明显的影响,这方面或许有可利用之处,尚待进一步研究。

准晶的密度低于其晶态时的密度,这是由于其原子排列的规则性不及晶态严密,但其密度高于非晶态,说明其准周期性排列仍是较密集的。准晶的比热容较晶态大,例如,准晶态 Al-Mn 合金的比热容较相同成分的晶合金高约 13%。准晶合金的电阻率甚高而电阻温度系数则甚小,其电阻随温度的变化规律也各不相同,如 $Al_{90}Mn_{10}$ 准晶合金在 4 K 时电阻率为 70 $\mu\Omega \cdot cm$,在 300 K 时为 150 $\mu\Omega \cdot cm$,故呈正的电阻温度系数;而 $Al_{85.7}Mn_{14.3}$ 在 4 K 和 300 K 时均为 180 $\mu\Omega \cdot cm$,未有变化;$Al_{86}Mn_{14}$ 在 300 K 时的电阻率虽高于 4 K,但在 40 K 时却出现最低值,其变化很特殊;$Al_{77.5}Mn_{22.5}$ 则呈负的电阻温度系数,在 4 K 时为 980 $\mu\Omega \cdot cm$,在 300 K 时降为 880 $\mu\Omega \cdot cm$。这些现象说明电阻与温度的关系没有一定的规律可循,因合金成分不同而不同。

总之,对准晶合金的性能目前还了解甚少,但对准晶这一新兴领域已引起人们的高度重视,有关的研究工作正方兴未艾。

9.8　非晶态材料

本节所讨论的对象着重于常温下其平衡状态应为结晶态,但由于某些因素的作用而使之呈非晶态的材料,即是亚稳态的非晶态材料;对于常温下以非晶态(玻璃态)为稳定状态的材料,不属本节讨论范围。自从晶体 X 射线衍射现象被发现并应用以来,固态金属和合金都已被确定为结晶体。杜威兹(Duwez)等在 1959~1960 年间,用他们独创的快速冷凝方法获得了 Au-Si 和 Au-Ge 系非晶态合金(称为金属玻璃),引起科学界的轰动;而陈和包克(Chen and Polk)在 1972 年制成了塑性的铁基非晶条带,它不仅有高的强度和韧性,更显示了极佳的磁性,这项发明为非晶态合金的工程应用开辟了道路,一类重要的新型工程材料从此诞生。迄今为止,铸态 Pd、Zr、Fe、Ti、Cu 基等非晶合金的最大临界尺寸均超过厘米。这些年来,国际上对非晶态合金的研究从理论到生产应用等各方面都取得了重要的进展,本节的内容以非晶态合金为主。

9.8.1　非晶态的形成

非晶态可由气相、液相快冷形成,也可在固态直接形成(如离子注入、高能粒子轰击、高能球磨、电化学或化学沉积、固相反应等)。

液相在冷却过程中发生结晶或进入玻璃态(非晶态)时,一些性质的变化如图 9.50 所示。随着温度的降低,可分为 A,B,C 三个状态的温度范围;在 A 范围,液相是平衡相;当温度降至 T_f 以下进入 B 范围时,液相处于过冷状态而发生结晶,T_f 是平衡凝固温度;如冷速很大使形核生长来不及进行而温度已冷至 T_g 以下的 C 范围时,液相的黏度大大增加,原子迁移难以

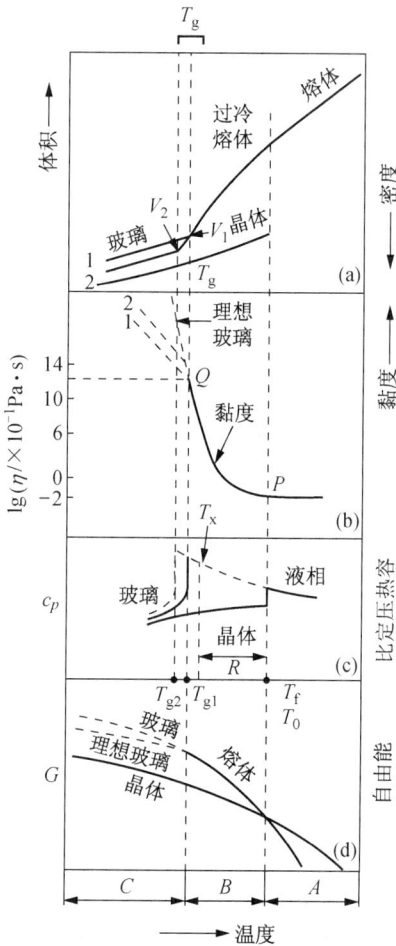

图 9.50 不同状态时材料性能的变化

进行,处于"冻结"状态,故结晶过程被抑制而进入玻璃态,T_g 是玻璃化温度,它不是一个热力学确定的温度,而是决定于动力学因素的。因此 T_g 不是固定不变的,冷速大时为 T_{g1},如冷速减低(仍在抑制结晶的冷速范围),则 T_{g1} 就降低至 T_{g2}(见图 9.50)。玻璃态的自由能高于晶态,故处于亚稳状态。从图 9.50 还可看到,液相结晶时体积(密度)突度,而玻璃化时不出现突变;但比定压热容 c_p 在玻璃化时却明显地大于结晶时 c_p 的变化。按 $\Delta H = \int_{T_1}^{T_2} c_p \mathrm{d}T$,对液相和固相时的 c_p 分别在 T_f 及 T_g 温度区间积分,可知玻璃态在 T_g 的结晶潜热明显低于 T_f 时的熔化潜热,因此,形成非晶时液相高的比热容是与其冷却过程熵的下降(即大的熵变 ΔS_m)直接相关的($\Delta H_m = T_m \Delta S_m$)。

合金由液相转变为非晶态(金属玻璃)的能力,既决定于冷却速度也决定于合金成分。能够抑制结晶过程实现非晶化的最小冷速称为临界冷速(R_c),对纯金属如 Ag,Cu,Ni,Pb 的结晶形核条件的理论计算得出,最小冷却速度要达到 $10^{12} \sim 10^{13}$ K/s 时才能获得非晶,这在目前的熔体急冷方法尚难做到,故纯金属采用熔体急冷还不能形成非晶态;而某些合金熔液的临界冷速就较低,一般在 10^7 K/s 以下,采用现有的急冷方法能获得非晶态。除了冷速之外,合金熔液形成非晶与否还与其成分有关,不同的合金系形成非晶能力也不同,同一合金系中通常只是在某一成分范围内能够形成非晶(当然,这成分范围与采用的急冷方法和冷速有关),表 9.7 列举了实验测得的一些合金成分范围,这是在一定的实验条件下测得的,仅供参考。从图 9.51 所举的几个合金系相图为例可以发现,非晶的成分范围往往是在共晶成分附近,即凝固温度较低、液相黏度较高的情况;此外,此合金系通常存在着金属间化合物。

表 9.7 合金系中形成非晶的成分范围举例

合金系($A_{1-x}B_x$)	Fe-B	P-Si	Ni-B	Pt-Sb	Ti-Si	Nb-Ni
非晶范围(原子数分数 x/%)	12~25	14~22	17~18.5 31~41	34~36.5	15~20	40~70
合金系($A_{1-x}B_x$)	Cu-Zr	Ni-Zr	Fe-Zr	Ta-Ni	Al-La	La-Ge
非晶范围(原子数分数 x/%)	25~60	10~12 33~·80	9,72, 76	40~70	10,50~80	17~22
合金系($A_{1-x}B_x$)	La-Au	Gd-Fe	Mg-Zn	Ca-Al	U-Co	
非晶范围(原子数分数 x/%)	18~26	32~50	25~32	12.5~47.5	24~40	

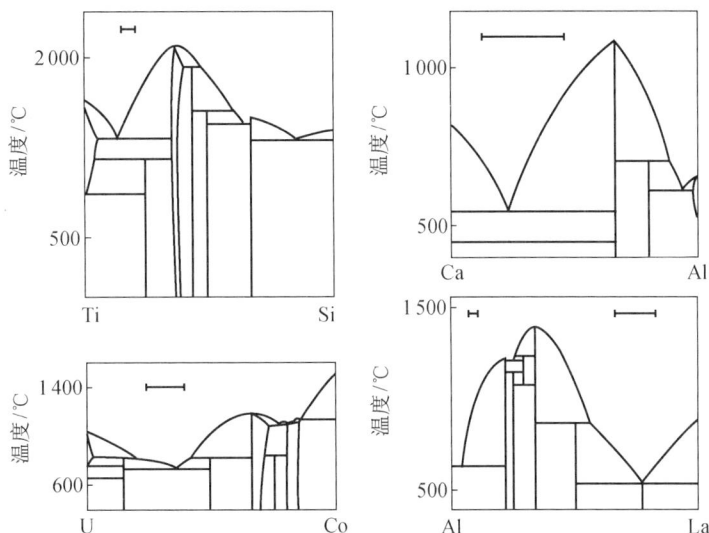

图 9.51　形成非晶态的合金系的平衡相图

（上侧线段所标为形成非晶范围）

合金成分与形成非晶能力的关系是一个十分复杂的问题,目前还未能得出较全面的规律,已了解的因素主要有:熔体的组成原子之间必须有较大的原子半径差异,至少~15%;组元的原子体积之差的影响可用

$$x_B^{\min}(V_B - V_A) \approx 0.1$$

表示:式中,$x_B^{\min}$ 是形成非晶时 B 组元的最小原子数分数,V_A 或 V_B 是组元 A 或 B 的原子体积。

临界冷速 R_c 与 T_g/T_f 比值有关(T_g 是玻璃化温度,T_f 是平衡凝固温度),此比值越高,则 R_c 越小,非晶态越容易形成,如图 9.52 所示;至于组元原子之间的键合、电子结构等性质

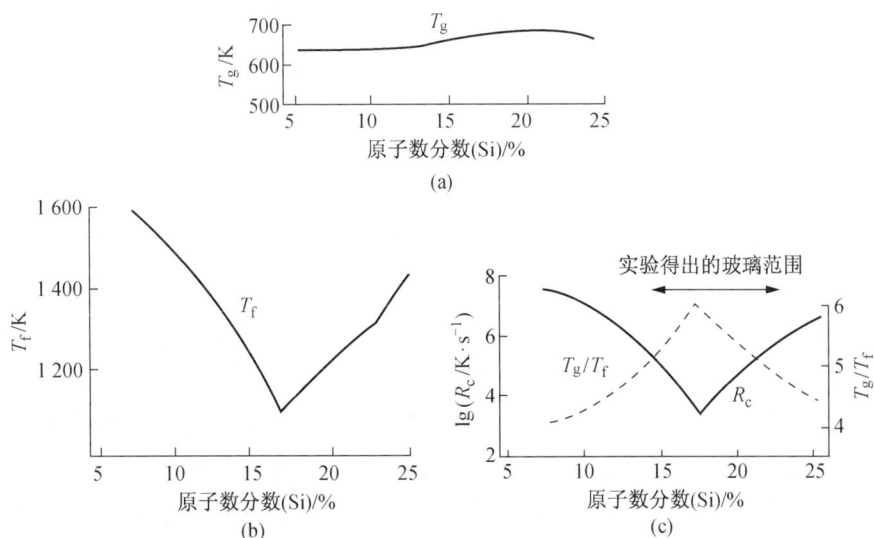

图 9.52　Pd-Si 固溶体的 R_c 与 T_g,T_f 之间的关系

的影响则如前面所指出的那样,可形成非晶的合金成分通常存在金属间化合物,这表明原子间键合较强并有特定指向的情况下,被急冷的熔体在动力学上有利于形成非晶相。

除了从熔体急冷可获得非晶态之外,晶体材料在高能辐照或机械驱动(如高能球磨、高速冲击等剧烈形变方式)等作用下也会发生非晶化转变,即从原先的有序结构转变为无序结构(对于化学有序的合金还包括转为化学无序状态),这类转变都归因于晶体中产生大量缺陷使其自由能升高,促使其发生非晶化。

现以高能球磨导致的非晶化为例来分析之。

对纯组元素粉按合金成分比例混和后直接进行高能球磨,所形成的非晶合金是"机械合金化"(Mechanical Alloying,简称为 MA)的产物;而对晶态合金粉末经高能球磨后转变为非晶态,则属机械研磨(Mechanical Milling,简称为 MM)的产物。

机械合金化形成非晶态须满足热力学和动力学两方面的条件。热力学条件是两组元具有负的混合焓,这样就使非晶态合金的自由能低于两组元晶态混合物的自由能;动力学条件则因机械合金化过程是藉固相扩散来进行的,故要求该系统为不对称的扩散偶:组元原子在对方晶格中有较高的扩散速率,才能通过固溶进一步发生非晶化,在图 9.53 中,化合物 A_mB_n 的自由能虽低于同样成分的非晶合金,但由于动力学原因而被抑制;而且,球磨过程导致的缺陷也在热力学和动力学两方面为非晶化提供了条件。

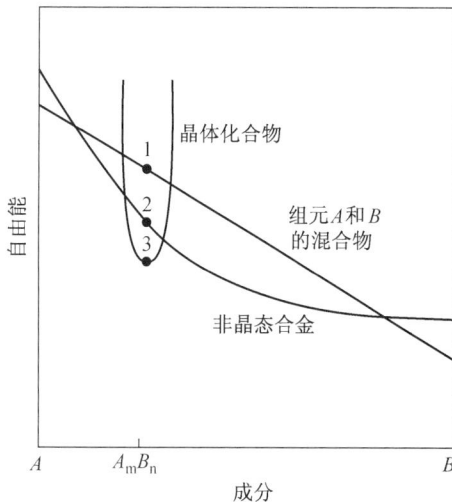

图 9.53 具有负混合焓的 A-B 两元素在不同状态下的自由能随成分变化曲线示意图

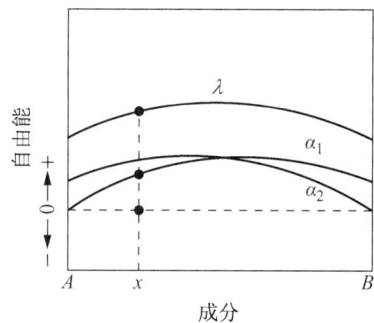

图 9.54 具有正混合焓的 A-B 两元素的成分-自由能变化曲线

但是,有些具有正混合焓的合金系也可能通过机械合金化形成非晶态。其自由能与成分变化的曲线如图 9.54 所示,非晶态的自由能不仅高于 A、B 组元晶态混合自由能(λ),也高于不同晶体结构的固溶体(α_1,α_2)的自由能,因此不存在向非晶态转变的化学驱动力。对某些原子半径相差较大的合金系,在机械合金化过程中由于动力学条件的限制而难以形成金属间化合物,但经高能球磨,A、B 两元素的晶粒不断细化至纳米级,除了晶粒内部形成大量缺陷之外,A,B 原子在对方晶粒边界地区通过扩散而形成复合纳米晶 A(B) 或 B(A) 过饱和固溶体,使其自由能增高而发生非晶转变,这过程随着球磨的进行而不断发展,导致了整体非晶化。

　　机械研磨与机械合金化不同,其起始状态是晶态合金而不是 A、B 组元,故不需要化学驱动力来形成非晶合金,其非晶化的能量条件是:

$$G_C + \Delta G_D > G_A,$$

式中,G_C 为晶态的自由能,G_D 是各种缺陷导致的自由能增量,G_A 则为非晶态的自由能。可见,G_D 是决定因素。G_D 包含多方面因素对球磨合金的贡献,主要有:点缺陷、位错、层错等晶体缺陷导致的晶格畸变能;晶粒超细化使晶界体积猛增,界面能升高;有序合金被磨成无序化产生的化学无序能、反位能和反向畴界能。

　　根据计算,晶态化合物与非晶态时的自由能相差通常大于 $5\,kJ/mol$(有的高达 $20\,kJ/mol$),而位错等晶体缺陷虽因剧烈冷变形而增高,其自由能增加却只有 $1\sim2\,kJ/mol$,有人计算了位错密度高达 $10^{14}\,cm^{-1}$ 的冷轧 NiTi,其储能为 $2.2\,kJ/mol$,故 ΔG_D 主要来自晶界能和无序化导致的增量。图 9.55 为 CoZr 的晶界能与晶粒尺寸之间的关系,该合金在非晶态与晶态时的自由能差 $\Delta G^{a\text{-}c}$ 约为 6kJ/mol 左右,故当晶粒尺寸减小到 $5\sim8$nm 时,由晶界能所提供的自由能增加已足以驱使 CoZr 发生非晶转变。对有序合金来说,机械研磨导致的无序化是促使非晶化的主要因素,其中,反位缺陷(anti-site defect)所引起的无序能可达到相当大的数值。所谓反位缺陷是指 $A_{1-x}B_x$ 有序合金中 A 原子占据了 B 原子的亚点阵位置,而 B 原子则占有 A 原子的亚点阵位置,出现了反位现象。反位无序能可从实验结果估算或理论计算求得,例如 CoZr 反位能约为 $6.8\sim13.5$kJ/mol(按形成焓的 21%～37%估算),可见其对非晶化有较大的作用。

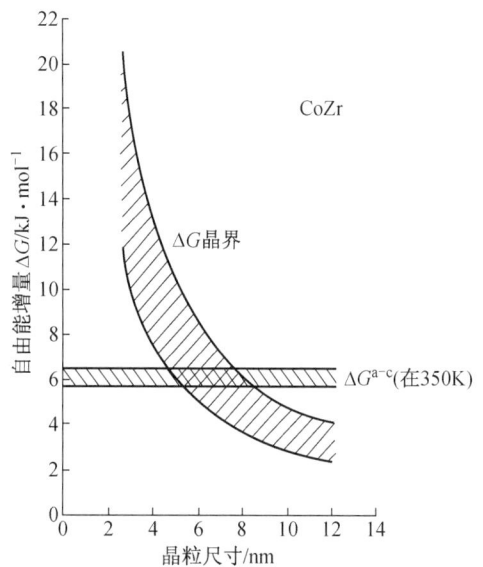

图 9.55　CoZr 合金的晶界能
ΔG^g 与晶粒尺寸的关系

9.8.2　非晶态的结构

　　非晶结构不同于晶体结构,它既不能取一个晶胞为代表,而且其周围环境也是变化的,故测定和描述非晶结构均属难题,只能统计性地表达之。常用的非晶结构分析方法是用 X 射线或中子散射得出的散射强度谱求出其"径向分布函数",可用下式表示:

$$G(r) = 4\pi r [\rho(r) - \rho_0],$$

式中,$G(r)$ 是以任一原子为中心、在距离 r 处找到其他原子的几率,$\rho(r)$ 是距离为 r 处单位体积中的原子数目,ρ_0 为整体材料中原子平均密度。

　　但径向分布函数不能区别不同类型的原子,故对合金应分别求得每类原子对的"部分原子对分布函数",其定义与上述相同,但针对特定的原子对而言,例如,二元合金中存在着三类原子对:$A\text{-}A$,$B\text{-}B$ 和 $A\text{-}B$,故须根据 A,B 两种原子的不同散射能力,至少进行三次散射实验才能分别求出部分原子对分布函数。图 9.56 是 $Ni_{81}B_{19}$ 非晶态合金的散射谱线及三类部分原子对分布函数,即 Ni-Ni 对、Ni-B 对和 $B\text{-}B$ 对。径向分布函数的第一个峰表示最近邻原子的间

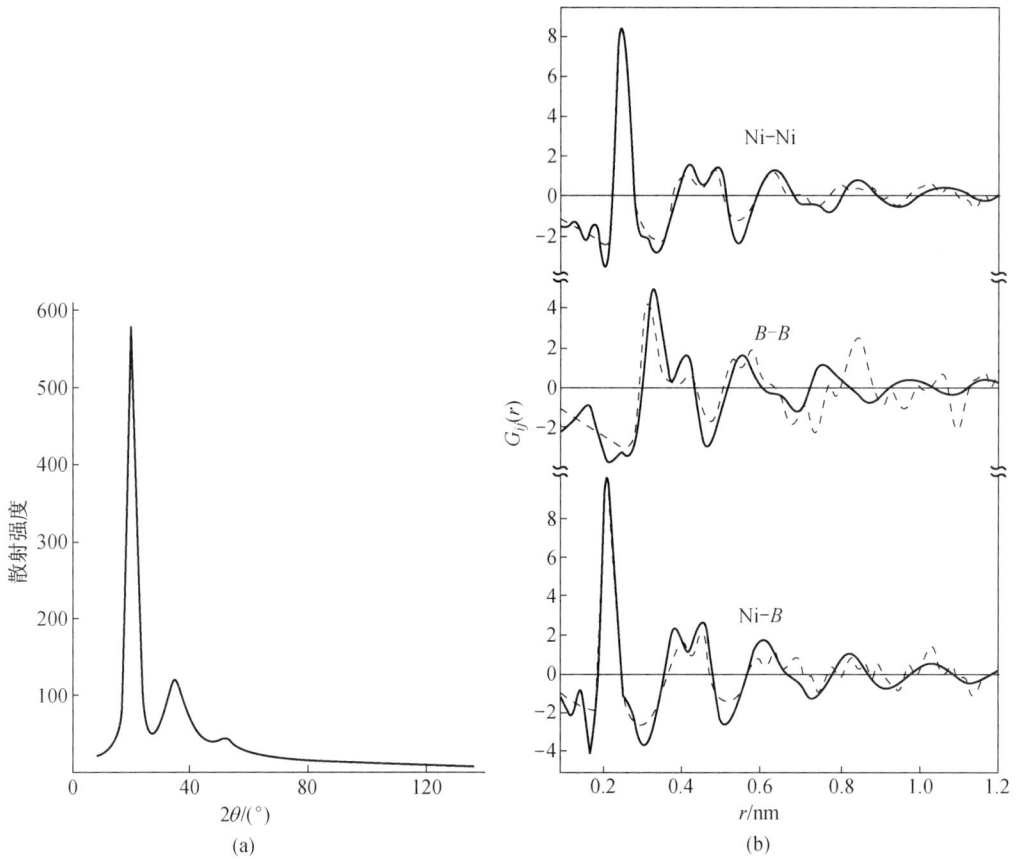

图 9.56 非晶态 $Ni_{81}B_{19}$ 的 X 射线散射谱(a)及三类"部分原子对分布函数"(b)
(实线为实验结果;虚线为理论计算结果)

距,而峰所包含的面积给出平均配位数。从图所示的间距可知,非晶态中的间距与凝聚态的间距相近,其配位数在 11.5～14.5 范围,这些结果表示非晶态合金(金属玻璃)也是密集堆积型固体,与晶体相近。从所得出的部分原子对分布函数可知:在非晶态合金中异类原子的分布也不是完全无序的,如 $B-B$ 最近邻原子对就不存在,故实际上非晶合金仍具有一定程度的化学序。表 9.8 列出了一些金属-类金属型非晶合金的有序参数,可清楚地显示出上述特点。有些人进一步应用计算机模拟来构成非晶态结构模型,并与实验结果相比较以确定其可信度,提出了诸如随机密堆模型、局域配位模型,等等,但这些模型都有其局限性,仅适用于某些类型化合物的非晶态,这说明非晶结构是甚为复杂多样的,目前对其了解还不深入,有待进一步研究来掌握之。

表 9.8 金属-类金属型非晶合金的原子间参数

合金	原子对	$\bar{r}$/nm	CN
$Co_{81}P_{19}$	P-Co Co-Co	0.232 0.254	8.9±0.6 10.0±0.4
$Fe_{80}B_{20}$	B-Fe Fe-Fe	0.214 0.257	8.6 12.4

（续表）

合金	原子对	$\overline{r}$ /nm	CN
Ni₈₁B₁₉	B-Ni	0.211	8.9
	Ni-Ni	0.252	10.5
Fe₇₅P₂₅	P-Fe	0.238	8.1
	Fe-Fe	0.261	10.7
Pd₈₄Si₁₆	Si-Pd	0.240	9.0 ± 0.9
	Pd-Pd	0.276	11.0 ± 0.7

注：$\overline{r}$—平均原子间距；CN—配位数。

9.8.3　非晶合金的性能

非晶合金的结构不同于晶态合金，在性能上也表现出与晶态有很大的差异。

1. 力学性能

非晶合金的力学性能主要表现为高强度和高断裂韧性。表 9.9 列出一些非晶态合金的屈服强度、弹性模量等性能，并与其他超高强度材料作对比，可见它们已达到或接近这些超高强度材料的水平，但弹性模量较低。非晶合金的强度与组元类型有关，金属-类金属型的强度高（如 Fe₈₀B₂₀ 非晶），而金属-金属型则低一些（如 Cu₅₀Zr₅₀ 非晶）。其中，金属-类金属型在精心选择高泊松比合金元素的基础上，近十年来研制出了一些具有较大压缩塑性的铁基非晶合金，如图 9.57 从 FeB-和 FeC(B)-到 FeP(C)基 bmg 存在脆性到延性的转变。基于 FeP(C)的非晶合金具有较大的压缩塑性，较高的泊松比、较低的剪切模量和较低的玻璃化转变温度。非晶合金的塑性较低，在拉伸时小于 1%，但在压缩、弯曲时有较好的塑性，压缩塑性可达 40%，非晶合金薄带弯达 180° 也不断裂。非晶合金塑性变形方式与应力大小有关，当拉伸应力接近断裂强度时，其形变极不均匀，沿着最大分切应力以极快速度形成很薄层（10～20nm 厚度）的切变带；在低应力情况下，不形成切变带而是以均匀蠕变方式变形，其蠕变速率很低，测得的总应变

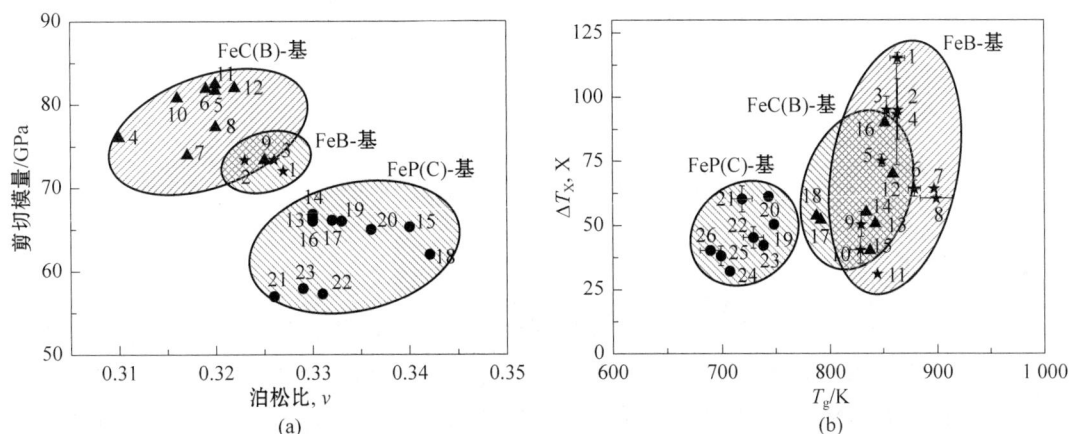

图 9.57　(a) 典型的 FeB-、FeC(B)-、FeP(C)基非晶合金的剪切模量与泊松比的关系；
(b) 一些典型的 FeB-、FeC(b)-、FeP(C)基块体非晶合金的 ΔT_x 与 T_g 的关系

量通常小于 1%。当温度升至接近 T_g 时,非晶合金有可能热加工变形,例如 $Fe_{40}Ni_{40}P_{14}B_6$ 合金,可热压使其应变达到 1 的数量级,此时合金呈黏滞性均匀流变。有些非晶合金在远低于晶化温度加热后会出现脆化现象,使原先可在室温弯曲变形的条带发生脆断,这是由于其韧-脆转变温度被提高到室温以上所致,例如,$Fe_{79.3}Be_{16.4}Si_{4.0}C_{0.3}$ 非晶合金在 350℃ 加热 2h 后,其韧-脆转变温度升到 97℃,故在室温呈脆性,如图 9.58 所示。

表 9.9　一些非晶合金及超高强度材料的拉伸性能

材　　料	屈服强度/GPa	密度/(g·cm^{-3})	弹性模量/GPa	比强度/(GPa/g·cm^{-3})
$Fe_{80}B_{20}$ 非晶	3.6	7.4	170	0.5
$Ti_{50}Be_{40}Zr_{10}$ 非晶	2.3	4.1	105	0.55
$Ti_{60}B_{35}Si_5$ 非晶	2.5	3.9	110	0.65
$Cu_{50}Zr_{50}$ 非晶	1.8	7.3	85	0.25
碳纤维	3.2	1.9	490	1.7
SiC 微晶丝	3.5	2.6	200	1.4
高分子 Kevlar 纤维	2.8	1.5	135	1.9
高碳钢丝	4.1	7.9	210	0.55

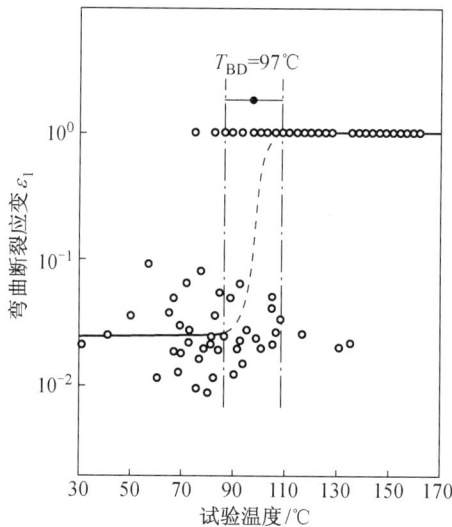

图 9.58　$Fe_{79.3}Be_{16.4}Si_{4.0}C_{0.3}$ 非晶条带经 350℃,
2h 加热后的弯曲应变量与试验温度的关系

2. 物理性能

非晶态合金因其结构呈长程无序,故在物理性能上与晶态合金不同,显示出异常的情况。非晶合金一般具有高的电阻率和小的电阻温度系数,有些非晶合金如 Nb-Si,Mo-Si-B,Ti-Ni-Si 等,在低于其临界转变温度时可具有超导电性。目前,非晶合金最令人注目的是其优良的磁学性能,包括软磁性能和硬磁性能。一些非晶合金很易于磁化,磁矫顽力甚低,且涡流损失少,是极佳的软磁材料,其中有代表性的是 Fe-B-Si 合金。2at.％Nb 的加入能够明显地降低材料矫顽力(如图 9.59(a-b)),在软磁材料中加入稀土元素可以使材料随着 Tb 元素的逐渐增加,饱和磁化强度和有效磁导率降低,矫顽力增大。虽然适当添加 Tb($x=0.04$ 或 0.05)可以增强非晶形成能力,但这些掺 Tb 的 Fe 基非晶合金的软磁性能却变差了。此外,使非晶合金部分晶化后可获得 $10\sim20$ nm 尺度的极细晶粒,因而细化磁畴,产生更好的高频软磁性能。有些非晶合金具有很好的硬磁性能,其磁化强度、剩磁、矫顽力、磁能积都很高,例如,Nd-Fe-B 非晶合金经部分晶化处理后($14\sim50$ nm 尺寸晶粒),达到目前永磁合金的最高磁能积值,这些是重要的永磁材料。

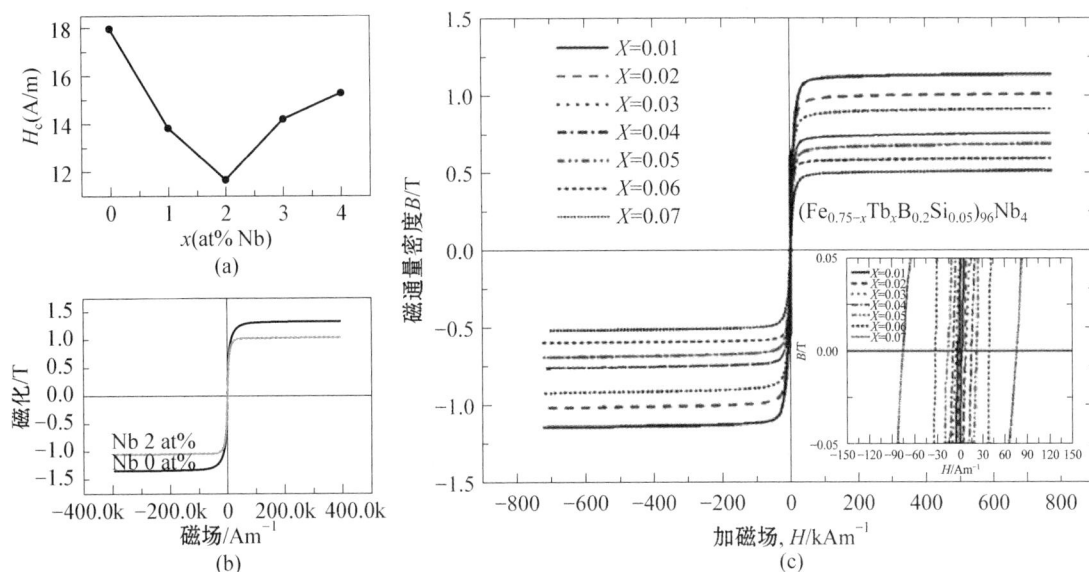

图 9.59 (a-b)$Fe_{75.5-x}C_{7.0}Si_{3.3}B_{5.5}P_{8.7}Nb_x$($x=0,2$ at%)非晶带矫顽力(H_c)随 Nb 的变化及 M-H 环的
变化规律;(c)熔纺($Fe_{0.75-x}Tb_xB_{0.2}Si_{0.05})_{96}Nb_1$($x=0.01\sim0.07$)非晶合金在 Tg-50 K
下退火 600 s 后的 B-H 迟滞曲线和 B-H 回路

3. 化学性能

许多非晶态合金具有极佳的抗腐蚀性,这是由于其结构的均匀性,不存在晶界、位错、沉淀相,以及在凝固结晶过程产生的成分偏析等能导致局部电化学腐蚀的因素。图 9.60 是 304 不锈钢(多晶)与非晶态 $Fe_{70}Cr_{10}P_{13}C_7$ 合金在 30℃的 HCl 溶液中腐蚀速度的比较。可见,304 不锈钢的腐蚀速度明显高于非晶态合金,且随 HCl 浓度的提高而进一步增大,而非晶合金即使在强酸中也是抗蚀的。

9.8.4 高分子的玻璃化转变及次级转变

1. 玻璃化转变

玻璃化转变是高分子材料的一个重要物理量。高

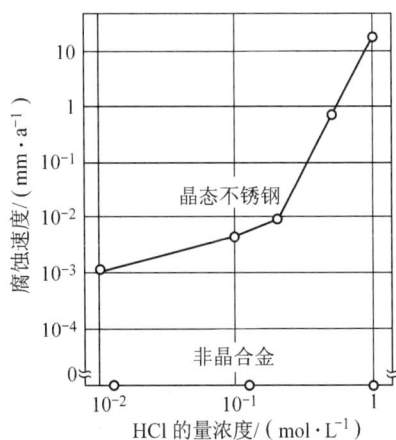

图 9.60 多晶 304 不锈钢和 $Fe_{70}Cr_{10}P_{13}C_7$
非晶态合金在 30℃ 的 HCl
溶液中的腐蚀速度

分子的玻璃化转变是指从玻璃态到高弹态之间的转变,玻璃化转变温度 T_g 是大分子的链段开始运动时的温度。高分子材料发生玻璃化转变时,许多物理性能发生突变,如比体积、比热容、膨胀系数、折光指数、热熔、导热系数、介电常数、介电损耗、模量、力学损耗、核磁共振吸收等。正因为如此,这些在玻璃化转变时产生突变的物性都能够用来测定聚合物的玻璃化转变温度。

玻璃化转变是一个典型的松弛过程。从松弛的角度出发,T_g 可定义为外场作用的时间 t 与过程的松弛时间 τ 相等时的温度。τ 随温度的降低而增大,随温度的升高而减小。因此,外力场作用的时间 t 增加时,T_g 的值减小;t 减小时,T_g 的值升高。例如,当测试或观测的时间 t 增大 10 倍,T_g 的值可下降 $5\sim 8℃$,所以在测定 T_g 时,必须固定升温速率,T_g 在相互比较时,升温速度必须相同。

根据 William,Landel 和 Ferry 提出的玻璃化转变的自由体积理论,链段运动的松弛时间 τ 主要取决于自由体积的大小,他们认为在相同的时间尺度下,不同聚合物在 T_g 时的自由体积分数是相等的。自由体积 V_f,为聚合物体积 V 与大分子固有体积 V_0 之差 $V_f = V - V_0$,而大分子固有体积是聚合物在绝对零度时的体积。将单位体积的自由体积定义为自由体积分数 f,$f = V_f / V_0$。实验表明,当 $T = T_g$ 时,$f_g = 0.025$。当温度为高于 T_g 的某一温度 T 时,自由体积分数 f 可以通过以下方程表示:

$$f_T = f_g + a_f(T - T_g),\tag{9.27}$$

由此,可得到经典的半经验方程——WLF 方程:

$$A_t = \lg \frac{\tau_T}{\tau_{T_g}} = \frac{-17.4(T - T_g)}{51.6 + (T - T_g)},\tag{9.28}$$

其中,A_t 为平移因子;τ_T 定义为温度 T 时链段运动的松弛时间;τ_{T_g} 是温度 T_g 时链段运动的松弛时间。WLF 方程定量地表示了时间尺度与 T_g 的关系。

由上可知,T_g 是链段运动的松弛时间 τ 与外场作用的时间 t 相等时的温度。因此,在时间尺度固定时,但凡能够加速链段运动的因素,如增大高分子链柔顺性、减小分子间作用力等结构因素,都使 T_g 下降。同时,T_g 与高聚物的相对分子量有关,当相对分子质量较低时,T_g 将随分子量的增加而提高,当相对分子质量大到一定程度时,T_g 就与相对分子质量无关。聚合物的相对分子质量一般都很大,所以 T_g 与相对分子质量无关。另外,T_g 与交联度也有关,交联度较小时,链段运动不受影响,此时 T_g 与交联度无关。当交联度较大时,随交联度的增加,T_g 也会提高,高度交联的聚合物,链段是无法运动的,所以没有 T_g。

对晶态高分子来说,玻璃化转变是指其中非晶部分的这种转变,因为结晶聚合物中含有非结晶部分,因此仍有玻璃化温度,但是由于微晶的存在,使非晶部分链段的活动能力受到牵制,一般结晶聚合物的 T_g 要高于非晶态同种聚合物的 T_g。同一种物质,由于结晶程度的不同,玻璃化转变温度有一定的变化。

例如 PET,对于无定形 PET 的 $T_g = 69℃$,而结晶 PET 的 $T_g = 81℃$(结晶度 $\approx 50\%$),随结晶度的增加 T_g 也增加。

例如,聚乙烯具有双重玻璃化转变,有两个 T_g,其中离晶区近的地方的玻璃化转变温度随着结晶程度的增加而升高,

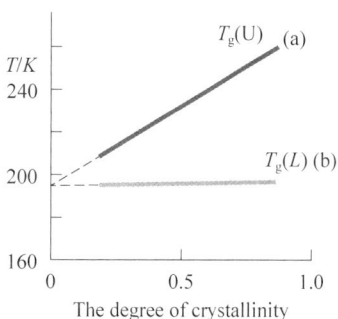

图 9.61　聚乙烯的双重玻璃化转变,其中一个与结晶度有关:(a) 离晶区近的地方;(b) 离晶区远的地方

归因于非晶区链段随结晶的程度增高,运动受限程度增加;而离晶区远的地方的链段运动是不受结晶程度的影响的。

聚合物在玻璃化转变时,很多物理性质都会出现突变或不连续变化,如体积、比容等;比热、导热系数等热力学性质;模量、形变等力学性能;以及介电常数等电磁性能。由此,通过测试这些物理性质与温度的关系,就能够测试 T_g。常用的测试玻璃化转变温度的方法有热分析法;热膨胀法;差热分析法 DTA 和示差扫描量热法 DSC;动态力学方法;扭摆法和扭辫法;振簧法;粘弹谱仪;NMR 核磁共振松弛法;介电松弛法等。

影响 T_g 的因素可以概括为结构因素和实验条件因素两类。结构因素包括:高分子链的柔顺性、高分子链的几何结构、高分子链的相互作用。实验条件因素,主要指外力和温度。从分子运动的角度看,T_g 是链段开始"冻结"的温度。因此,凡是导致链段的活动能力增加的因素均使 T_g 下降,而导致链段活动能力下降的因素均使 T_g 上升。

内因的影响,首先是主链结构。主链结构为—C—C—、—C—N—、—Si—O—、—C—O—等单键的非晶态聚合物,由于分子链可以绕单键内旋转,链的柔性大,所以 T_g 较低。当主链中含有苯环、萘环等芳杂环时,使链中可内旋转的单键数目减少,链的柔顺性下降,因而 T_g 升高。例如,PET 的 $T_g = 69℃$,PC 的 $T_g = 150℃$。

其次是侧基性质。当侧基-X 为极性基团时,由于使内旋转活化能及分子间作用力增加,因此 T_g 升高。极性越大,内旋转受阻程度及分子间相互作用越大,T_g 也随之升高。

$$
\begin{array}{ll}
\text{PAN } T_g = 104℃ & \text{—CN} \\
\text{PVC } T_g = 87℃ & \text{—Cl} \\
\text{PVA } T_g = 85℃ & \text{—OH} \\
\text{PP } T_g = -10℃ & \text{—CH}_3 \\
\text{PE } T_g = -68℃ & \text{—H}
\end{array}
$$

（左侧竖向箭头标注 T_g，右侧竖向箭头标注"取代基极性"）

若-X 是非极性侧基,其影响主要是空间阻碍效应。侧基体积愈大,对单键内旋转阻碍愈大,链的柔性下降,所以 T_g 升高。

$$
\begin{array}{lll}
\text{PE} & T_g = -68℃ & \text{—H} \\
\text{PP} & T_g = -10℃ & \text{—CH}_3 \\
\text{PS} & T_g = 100℃ & \text{—C}_6\text{H}_5
\end{array}
$$

若是对称性取代基,由于对称性使极性部分相互抵消,分子链的柔性增加,T_g 下降。如聚偏二氯乙烯（$\left(\!\!\begin{array}{c}\text{Cl}\\ \text{—CH}_2\text{—C—}\\ \text{Cl}\end{array}\!\!\right)_n$）的 T_g（$= -19℃$）比聚氯乙烯（$\left(\!\!\begin{array}{c}\text{—CH}_2\text{—}\overset{\text{H}}{\underset{\text{Cl}}{\text{C}}}\text{—}\end{array}\!\!\right)_n$）的 T_g（$= 87℃$）就低很多。

高分子链的几何结构对 T_g 的影响很大,例如,顺式的聚丁二烯（$\begin{array}{c}\text{—CH}_2\quad\text{CH}=\text{CH}\quad\text{CH}_2\quad\text{CH}=\text{CH}\quad\text{CH}_2\text{—}\end{array}$,$T_g = -102℃$）,比反式聚丁二烯（$\begin{array}{c}\text{—CH}_2\quad\text{CH}\quad\text{CH}_2\quad\text{CH}_2\quad\text{CH}\quad\text{CH}_2\text{—}\end{array}$,$T_g = -48℃$）。

高分子链的相互作用，分子内或分子间的氢键的存在，将使 T_g 增加。如

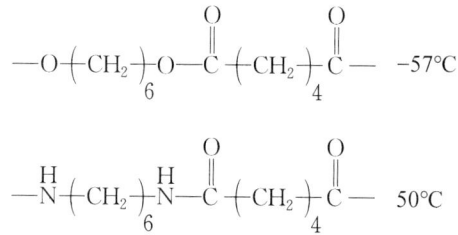

$$-O+CH_2\frac{}{}_6O-\overset{\overset{O}{\|}}{C}+CH_2\frac{}{}_4\overset{\overset{O}{\|}}{C}-\quad -57℃$$

$$\overset{H}{-N}+CH_2\frac{}{}_6\overset{H}{N}-\overset{\overset{O}{\|}}{C}+CH_2\frac{}{}_4\overset{\overset{O}{\|}}{C}-\quad 50℃$$

含有分子间氢键的聚己二酸己二胺的 $T_g(=50℃)$ 比相同碳元元素的聚己二酸己二醇酯高很多。

外因的影响，即温度和压力的影响。升温（降温）速率越快，测得的 T_g 越高。单向外力促使链段运动，使 T_g 降低。围压力越大，链段运动越困难，T_g 升高。测量的频率也有影响，用动态方法测量的 T_g 通常比静态方法的大，而且 T_g 随测量频率的增加而升高。

2. T_g 以下的次级转变

从分子运动的角度看，玻璃化转变及结晶熔融是高分子材料的主转变，是由链段运动状态的改变引起的，也称为 α-转变。在 T_g 以下，虽然链段的运动被冻结了，但仍存在多种形式的分子运动，这些运动状态的改变引起的松弛过程，称为次级松弛，或次级转变，包括小于链段的小尺寸结构单元的运动，如链节、侧基、键长、键角等。次级松弛过程的时间比较短，活化能较低，所以发生的温度就较低。按照转变出现的温度由高到低通常将各次级转变命名为 β、γ、δ 转变，结构不同，各种次级转变对应的分子运动单元也不同。因此，一种聚合物的 β 松弛可能与另一种聚合物的 β 松弛有完全不同的分子运动机理。

在各种次级转变中，β-转变对聚合物的性能影响明显，许多聚合物，在室温下虽然处于玻璃态，但是材料韧而不脆，这与材料具有较强的 β 转变峰有关，如聚碳酸酯、PVC 等。反之，如果聚合物具有 β-转变，并不表明一定具有韧性，如 PS、PMMA，它们在室温下是脆性的。所以，β-转变使玻璃态聚合物表现出韧性但必须满足一定的条件：β 转变峰要足够强、T_β 低于室温，同时 β-转变来源于主链的分子运动。

研究高分子的次级转变有重要的理论和现实意义。因为次级转变反映了材料在低温时的分子运动状态，所以通过次级转变的研究可分析高分子材料在低温时的物理性能，如对于塑料而言，具备良好的低温韧性，会有更高的使用价值。

第 10 章　材料的功能特性

　　固体材料从性能角度大体可分成两类:结构材料和功能材料。结构材料是以其强度和韧性为主要应用指标,而功能材料是以其某一特殊功能性,如电性能、热性能、磁性能或光性能等为主要应用指标。功能材料的性能与结构材料不同,取决于原子中的电子结构和电子的运动(旋转、散射、激发和跃迁等),而结构材料的性能不涉及电子的运动,取决于原子间的键合(如金属键、离子键、共价键、氢键等)和微观结构(包括晶体结构、晶粒尺寸、组织形态、位错亚结构和第二相特性等)。因此,本章将对材料功能特性的物理基础进行复习,注重论述功能材料的电、热、磁和光行为的表述、起因和影响因素。

10.1　功能材料的物理基础概述

10.1.1　能带

　　能带理论是目前研究固体中电子运动的一个主要理论基础。能带理论的出发点是固体中电子不再束缚于个别的原子,而是在整个固体内运动,称为共有化电子。对于单个原子,电子处在不同的分立能级上。但当大量的原子构成晶体后,各个原子的能级因电子云的重叠而产生分立。能级分立后,其最高和最低能级之间的能量差很小,以致可近似地把电子的能量看成是连续变化的,这就形成能带。因此,对固体而言,主要涉及能带而不是每个原子中的能级。图 10.1 表示能级和能带的对应关系。由图可知,越低的能带越窄,越高的能带越宽,这是由于最低能带对应最内层的电子,它们的电子轨道很小,而且不同原子间很少相互重叠,由此导致能带较窄。能量较高的外层电子轨道,当原子结合在一起时,由于它们首先受到扰动,因而在不同的原子间有较多的重叠,形成较宽的能带。在忽略不同原子态之间的相互作用时,原子能级与能带之间有简单的对应关系,这时相应的能带可以称为 ns 带,np 带,nd 带等,其中 n 是主量子数,$s,p,d,\cdots\cdots$ 是对应轨道角动量量子数的亚层电子能级。在这些能带之间存在一些电子不具有的能量区域,称为禁带(或带隙)。量子力学理论表明,由 N 个原子组成的固体,每个能带含有 N 个分裂的能级,而每个能级可以容纳具有相反自旋方向的两个电子。例如,$2s$ 能带含有 N 个分裂的能级和可容纳 $2N$ 个电子;而 3 个 $2p$ 能带中含有 $3N$ 个能级和可容纳 $6N$ 个电子。当然也可能存在部分填充的能带,例如,每个铜原子有一个 $4s$ 电子,但是,对于由 N 个原子构成的固体,$4s$ 能带含有 N 个 $4s$ 能级和可以容纳 $2N$ 电子,实际只有 N 个电子,因此在 $4s$ 能带内仅仅一半电子位置被填充。

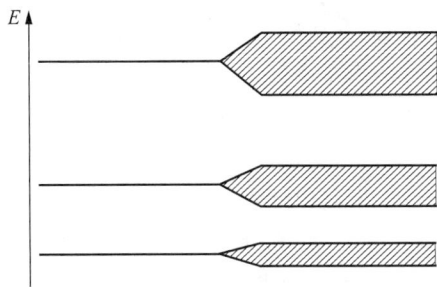

图 10.1　原子能级与能带之间的对应

10.1.2　费米能

与经典电子论不同,密度比一般气体分子高 10^4 倍的自由电子服从费米-狄拉克(Fermi-Dirac)分布,即在热平衡情况下自由电子处于能量状态 E 的几率

$$f = \frac{1}{e^{(E-E_F)/(kT)} + 1},\qquad(10.1)$$

式中,f 为费米-狄拉克分布函数,E_F 为 T 温度下的费米能,即体积不变时系统增加一个电子的自由能的增量,k 为玻尔兹曼常数。

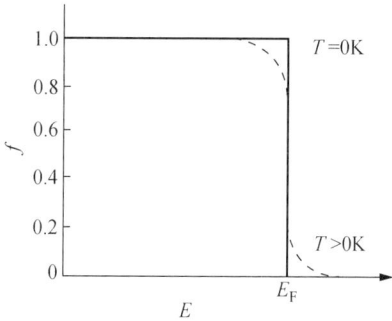

图 10.2　费米-狄拉克分布曲线

0 K 时 f 随 E 的变化如图 10.2 中的实线所示。由图可知,若 $E < E_F$,则 $f=1$;若 $E > E_F$,则 $f=0$。在 0 K 时,凡能量小于费米能的所有能态,全部为电子所占据($f=1$)。按能量最低原理,电子由最低能量开始逐一填满 E_F 以下的各个能级,而费米能则是 0 K 下自由电子的最高能级。对于 E 大于 E_F 的各个能态均不出现电子($f=0$),为空能态(或简称空态)。当 $T > 0$K 时,若 $E = E_F$,则 $f=1/2$;若 $E < E_F$,则 $1/2 < f < 1$;若 $E > E_F$,则 $0 < f < 1/2$,如图 10.2 中的虚线所示。f 变化剧烈的部分通常在 E_F 附近很小的能量区间(约为 0.1eV),即分布曲线由 $f=1(E < E_F)$ 快速过渡到 $f=0(E > E_F)$。换言之,在 $T > 0$K 时,E_F 以下的能级基本被电子填满,E_F 以上的能级基本是空的,对于一个未被填满的能级而言,可推测它必定在 E_F 附近。分布函数也表明,由于温度的升高,有少量能态与费米能接近的电子可以吸收热能而跃迁到能量较高的能态,此时高于费米能的原有空能级也有一部分被电子占据。通过吸收热能而能激发到高能态的电子是有限的,因为能量比费米能低很多的电子不可能通过吸收热能而被激发。

10.2　电性能

10.2.1　电性能的表述

所谓材料的电性能就是它们对外电场的响应。先从电导的表象描述开始,然后论述电导的机制和材料的电子能带结构如何影响它的电导能力。这些原理扩展到金属、半导体和绝缘体,注重半导体的特征,也涉及绝缘材料的介电性质。

固体材料最重要的电性能之一是容易传送电流。欧姆定理把电流与外加电压相联系:

$$V = IR,\qquad(10.2)$$

式中,R 是电流通过材料的阻力;V, I, R 的单位分别是伏特(V)、安培(A)和欧姆(Ω)。电阻受样品形状的影响,而对于大多数材料而言,它独立于电流。电阻率 ρ 与样品几何形状无关,但通过下式与电阻相关:

$$\rho = \frac{RA}{l},\qquad(10.3)$$

式中，l 是电压测量两端间的距离，A 是垂直于电流方向的横截面面积，ρ 的单位是欧·米（$\Omega\cdot m$）。从欧姆定理和上式可得：

$$\rho = \frac{VA}{Il}。 \tag{10.4}$$

有时用电导率来描述材料的电性能，它与电阻率成反比，即

$$\sigma = \frac{1}{\rho}。 \tag{10.5}$$

电导率表示一种材料传导电流的能力。σ 的单位是欧·米的倒数（$\Omega\cdot m$）$^{-1}$。因此用电阻率和电导率两者来讨论电性能是等同的。

除（10.2）式外，欧姆定理也可表示为：

$$J = \sigma\zeta， \tag{10.6}$$

式中，J 是电流密度，即样品单位面积的电流（I/A），ζ 是电场强度或两点间的电压除以距离，即

$$\zeta = \frac{V}{l}。 \tag{10.7}$$

两种欧姆定理表达的等价性很容易被证明。

固体材料呈现令人惊讶的电导率变化范围，最高可超过 27 个数量级。固体材料的一种分类方法就是根据它们的导电难易程度分为三类：导体、半导体和绝缘体。金属是良导体，具有典型的电导率为 10^7 数量级（$\Omega\cdot m$）$^{-1}$。在另一端是极低的电导率，范围为 $10^{-20}\sim10^{-10}$（$\Omega\cdot m$）$^{-1}$，这种材料称为电的绝缘体。具有中等电导率的材料称为半导体，电导率的范围为 $10^{-6}\sim10^4$（$\Omega\cdot m$）$^{-1}$。

电流起因于电荷粒子的运动，它是对外电场作用力的响应。正的电荷粒子沿电场方向加速运动，负的电荷则沿相反方向加速运动，在极大多数材料中，电流是由电子的流动所引起的，这称为电子传导。除此以外，对于离子材料，离子的净运动可能产生电流，这种情况称为离子传导。本节只讨论电子传导。

10.2.2　基于能带理论的传导

仅当具有能量大于费米能的电子可以被电场所作用，这些参加导电过程的电子称为自由电子，这种情况发生在金属中。在半导体和绝缘体中发现了另一种电荷电子缺位，称为空穴，空穴具有小于费米能的能量，也参加电子的传导。因此，电导率是自由电子和空穴数目的函数。而且，导体和非导体（半导体、绝缘体）的区别就在于自由电子和空穴的数目。

在金属中要成为自由的电子，它必须被激发到高于 E_F 的能态。对于具有任何一种能带结构的金属，如图 10.3 所示，在 E_F 最高填充态附近存在空态。因此，只需极小能量就可激发电子进入低位空态，由电场提供的能量，通常足够激发大量电子跃迁入低位空态进行电传导。

对于绝缘体和半导体，不存在临近满价带顶部的空态。因此，要成为自由电子，必须被激发并越过带隙（band gap），或称能隙，而进入导带低部的空态。这种事件发生的条件是给一个电子提供两态能差，即近似等于带隙能 E_g。对于许多材料，该带隙是几个电子伏特宽，这意味着需要非常大的电场被用来激发一个电子越过带隙。激发能经常不是来自电场，而是来自热或光，通常是前者。由热激发而进入导带的电子数取决于能隙宽度和温度。在给定的温度下，

能隙越宽,价电子能被激发进入导带的几率就越小。换言之,能隙越宽,在某温度下的电导率越低。因此,半导体和绝缘体的区分就在于能隙的宽度,对于半导体,它的能隙窄,而绝缘体的相对宽。显然,增加半导体或绝缘体的温度可使电子激发的热能增加,因此更多的电子被激发到导带,这就引起电导率的增强。

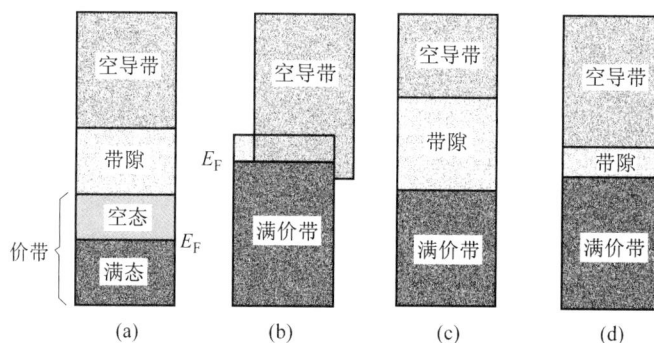

图 10.3 固体在 0K 时可能存在的电子能带结构

(a) 金属(如铜)的电子能带结构;(b) 满价带与空导带重叠的金属(如镁)电子能带结构;

(c) 满价带与空导带被带隙(>2eV)分隔的绝缘体电子能带结构;

(d) 满价带与空导带被带隙(<2eV)分隔的半导体电子能带结构

10.2.3 电子迁移率

当施加一个电场,就会产生力作用到自由电子上,因此,这些电子将沿电场的反向被加速运动,因为它们是负电荷。根据量子力学可知,在加速电子和理想晶体中的原子之间不存在相互作用。在这种环境下,只要电场存在,所有电子都应该加速,这会导致随时间的增加电流连续地增加。然而,我们知道,当电场被施加的瞬间,电流就达到一个恒定值,这表明存在某种"摩擦力",它阻碍了外场对电子的加速。这些摩擦力来自晶体点阵中缺陷对电子的散射,包括杂质原子、空穴、间隙原子、位错,甚至原子本身的振动。每种事件均会引起电子损失动能和改变运动方向。但是,存在与电场相反方向的净电子运动,这种电荷流就是电流。

散射现象被表示为一种对电流通道的阻力,几个参数被用于描述散射的程度,它们包括漂移速度和电子迁移率。漂移速度 v_d 表示外场作用力方向上的平均电子速度,它与电场 ζ 成正比:

$$v_d = \mu_e \zeta, \tag{10.8}$$

式中,比例常数 μ_e 称为电子迁移率,它的单位是平方米每伏特秒($m^2/V \cdot s$)。

大部分材料的电导率可描述如下:

$$\sigma = n|e|\mu_e, \tag{10.9}$$

式中,n 是单位体积的自由(传导)电子的数目,而 $|e|$ 是一个电子的电荷量的绝对值($1.6 \times 10^{-19}C$)。因此,电导率是正比于自由电子数和电子迁移率的。

10.2.4 金属的电阻率

正如前述,大部分金属是良导电体,几种常用金属的室温电导率列在表 10.1 中。金属具有高电导率是因为大量电子可被激发到费米能上面的空态而成为自由电子,因此,在电导率(10.9)式中 n 有大的值。

表 10.1 8 种常用金属和合金的室温电导率

金属	电导率/$(\Omega \cdot m)^{-1}$	金属	电导率/$(\Omega \cdot m)^{-1}$
银	6.9×10^7	黄铜(70Cu-30Zn)	1.6×10^7
铜	6.0×10^7	铁	1.0×10^7
金	4.3×10^7	低碳钢	0.6×10^7
铝	3.8×10^7	不锈钢	0.2×10^7

根据电阻率可方便地讨论金属中的电传导,其原因是电阻率与电导率成反比。由于晶体缺陷作为金属中传导电子的散射中心,增加缺陷的数目就提高了电阻率(或降低了电导率)。这些缺陷的浓度取决于温度、成分和金属的冷加工程度。事实上,实验已观察到,金属的总电阻率是热振动、杂质和塑性形变三者的加和,因为散射机制互相是独立的,这在数学上可表达如下:

$$\rho_{total} = \rho_t + \rho_i + \rho_d, \qquad (10.10)$$

式中,ρ_t,ρ_i,ρ_d 分别表示温度、杂质和形变对电阻率的贡献,上式有时被称为马西森定则(Matthiessen rule)。每个 ρ 变量对总电阻率的影响被显示在图 10.4 中。该图描述了退火态及形变态的铜和铜镍合金,它们的电阻率随温度的变化曲线,并在 $-100\,^\circ\!C$ 演示出每种电阻率贡献的叠加特征。

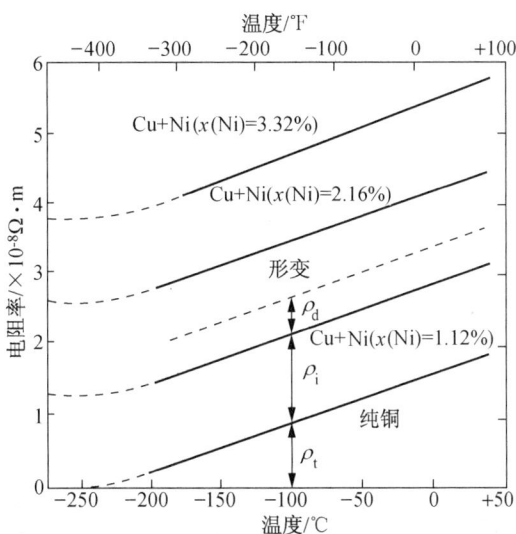

图 10.4 铜和三种 Cu-Ni 合金的电阻率与温度的关系

10.2.5 本征和非本征半导体的电导率

半导体的电导率不像金属那样高,然而由于具有某些独特的电性特征而使它们具有特殊的用途。这些材料特别敏感于极少量杂质的存在。本征半导体是一种其电行为基于高纯材料中的固有电子结构的材料。当电性受杂质原子支配时,这样的半导体称为非本征半导体。

本征半导体可用图 10.3(d) 中所示的 0K 时的电子能带结构来表征,该能带结构是完全充满的阶带,并被一个相对窄的带隙(一般小于 2eV)与空导带相隔离。两种基本的半导体是硅和锗,它们的带隙能量分别约 1.1eV 和 0.7eV。它们位于周期表的 ⅣA 组,均为共价键。某些化合物半导体材料也显示本征行为。在 ⅢA 和 ⅤA 组之间的元素就形成这样一组化合物,例如,砷化镓(GaAs)和锑化铟(InSb)。ⅡB和ⅥA中元素构成的化合物也呈现半导体行为,它们包括硫化镉(CdS)和碲化锌(ZnTe)。由于形成这些化合物的两种元素在周期表中的相对位置被分得更远,因此原子键合变得更显离子性和带隙能量的增加,即材料变得更显绝缘性。表10.2列出了某些化合物半导体的带隙能量。

表 10.2　半导体材料在室温时的带隙能量、电子迁移率、空穴迁移率和本征电导率

材料		带隙能量/eV	电导率/$(\Omega \cdot m)^{-1}$	电子迁移率/$m^2 \cdot (V \cdot s)^{-1}$	空穴迁移率/$m^2 \cdot (V \cdot s)^{-1}$
元素	Si	1.11	4×10^{-4}	0.14	0.05
	Ge	0.67	2.2	0.38	0.18
Ⅲ-Ⅴ 化合物	GaP	2.25	—	0.05	0.002
	GaAs	1.35	10^{-6}	0.85	0.45
	InSb	0.17	2×10^4	7.7	0.07
Ⅱ-Ⅵ 化合物	CdS	2.40		0.03	—
	ZnTe	2.26		0.03	0.01

在半导体中,每个被激发到导带中的电子均会在共价带的键中逃逸一个电子而留下一个空缺的位置,即在能带框架下,价带中出现一个空缺电子态,如图10.5(b)所示。在电场的影响下,晶体中逃逸电子的位置(空穴)可以认为是运动的,是通过其他价电子不断地填充不完整键来实现的(图10.5(c))。一个空穴被认为具有与一个电子不同的电荷,即为正的符号($+1.6 \times 10^{-19}$C)。因此,在电场下激发的电子和空穴以相反的方向运动,而且在半导体中均被缺陷所散射。

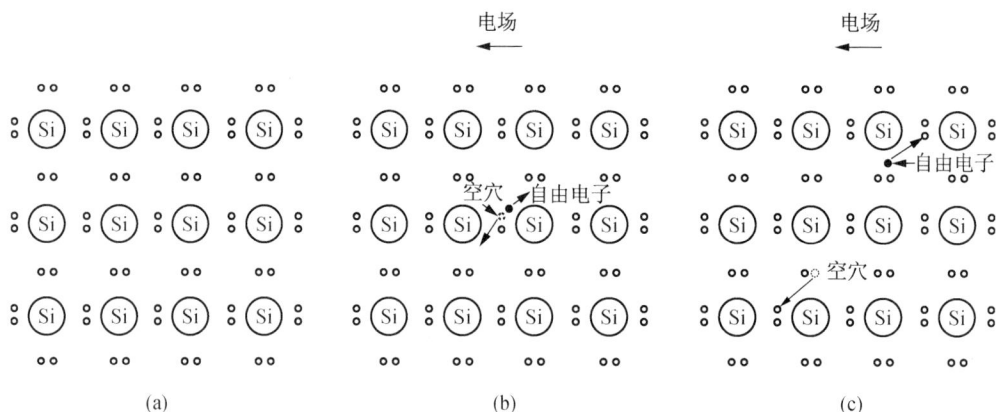

图 10.5　在本征 Si 中电导的电子键合模型
(a) 激发前;(b),(c) 激发后的电子和空穴在外电场下的运动

由于在本征半导体中存在电荷粒子(自由电子和空穴),表示电导率的(10.9)式必须加入一项说明空穴电流的贡献来加以修正,即

$$\sigma = n \mid e \mid \mu_e + p \mid e \mid \mu_h , \tag{10.11}$$

式中,p 是每立方米中的空穴数,而 μ_h 是空穴迁移率。对于本征半导体每个被激发的电子越过带隙,在其中的价带中留下一个空穴,因此,$n = p$,则

$$\sigma = n\,|\,e\,|\,(\mu_e + \mu_h) = p\,|\,e\,|\,(\mu_e + \mu_h)。 \tag{10.12}$$

室温本征电导率和电子、空穴的迁移率列于表10.2。

实际上商业半导体均是非本征的,即电行为是由杂质所决定的,这些杂质以极少的浓度存在,能引入额外的电子或空穴。例如,在10^{14}原子中仅有一个杂质原子的浓度足以使硅在室温非本征化。

为了说明非本征半导性是如何完成的,再次考虑基本的半导体硅。一个硅原子有4个价电子,它们中的每一个都与4个相邻原子中的各一个价电子共价结合。现在假设有一个5价的杂质置换硅,它们可能来自周期表中ⅤA族列,如P,As和Sb。这些杂质原子的5个价电子只有4个可参与共价结合,因为相邻原子只有4个可能的键。剩下未参与键合的电子被弱的静电吸引在杂质原子周围,如图10.6(a)所示。这个电子的键能相对小(0.01电子伏特数量级),因此它很容易脱离杂质原子,从而成为自由电子或传导电子。

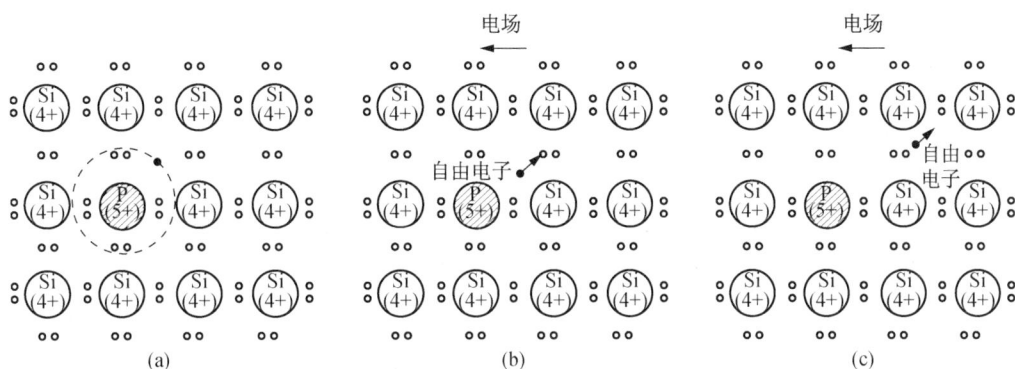

图 10.6 非本征 n-型半导体电子键合模型

(a)5价磷原子取代硅原子;(b)多余电子激发后成为自由电子;(c)自由电子在电场下的运动

这样一个电子的能态可从电子能带模型中得知。对于每一个弱键电子都存在单个能级,即能态,该能态恰位于导带底部下的带隙中(图10.7(a))。电子的键能对应于把电子从某杂质态激发到导带中某能态所需的能量。每个激发事件贡献出一个单电子到导带中去(这类的杂质称为施主(donor))。由于每个施主电子是从杂质能态激发出来的,因此在价带中没有对应的空穴产生。

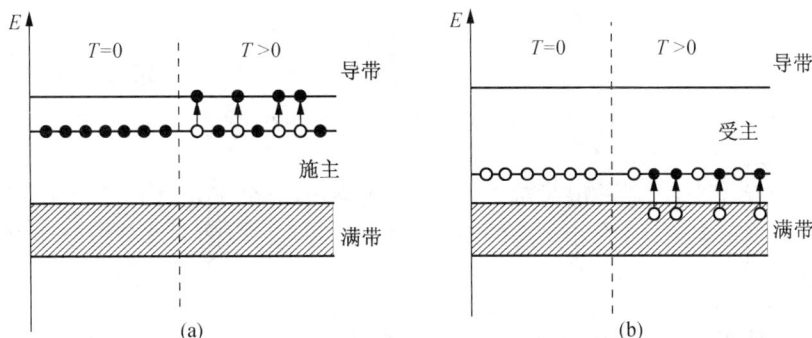

图 10.7 施主和受主

(a)n型;(b)p型

室温所获得的热能足以从施主态激发大量的电子；而且，本征传导中逃逸的电子是极少的，如图 10.5(b)所示。因此，导带中的电子数目远超过价带中的空穴数，即 $n \gg p$（逃逸的电子数），则(10.11)式中右边的第一项远大于第二项，故

$$\sigma \approx n \mid e \mid \mu_{\mathrm{e}},\qquad(10.13)$$

这类材料就称为 n-型非本征半导体，它们的导电性主要由电子浓度所决定。

若在硅和锗中加入 3 阶的置换杂质，如元素周期表ⅢA 中的 Al，B，Ga，相反的效应就会发生。在每个杂质原子周围共价键中缺少一个电子，这种空缺可看作弱束缚于杂质原子的空穴。它们可以通过相邻键中的电子转移来逃脱杂质原子的束缚(图 10.8)，本质上，是电子和空穴的互换位置。运动的空穴可认为处在激发态，并以类似于上述的施主电子方式参与传导过程。

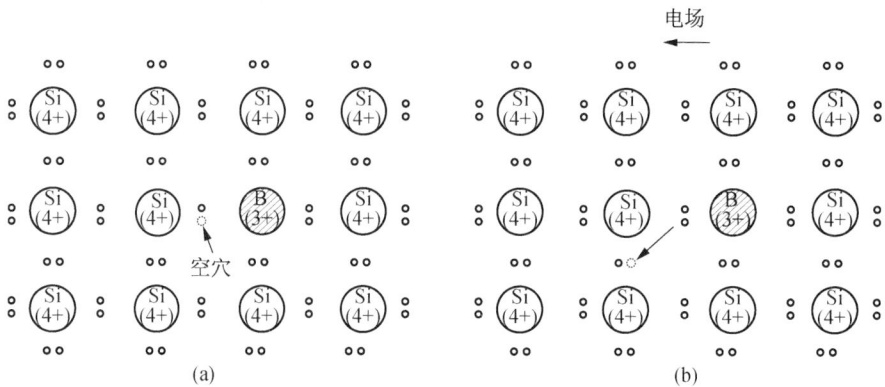

图 10.8　本征 p 型半导体电子键合模型

(a) 3 价电子的硼取代硅；(b) 空穴在电场下的运动

产生空穴的非本征激发也可用能带模型来表示。这类激发的每个杂质原子引入一个带隙的能量，但其非常接近价带顶部的能量(图 10.7(b))。空穴可以被想象为由价带中产生，其通过热把价带中的电子激发到杂质电子态。伴随这样的转变，仅产生价带中的空穴，而自由电子既不在杂质电子态产生也不在导带中产生。这类杂质称为受主(acceptor)，因为它能够从价带中接受一个电子，随后留下一个空穴。因此，由这类杂质产生的位于带隙中的能态就称为受主态。

对于这类非本征传导，空穴的浓度远高于电子浓度（即 $p \gg n$），因为空穴既可由受主的非本征激发产生又可由本征激发产生，这种材料称为 p 型半导体，因为正电荷粒子主要控制着电导，而电子仅由本征激发产生。此时，电导率

$$\sigma \approx p \mid e \mid \mu_{\mathrm{h}}。\qquad(10.14)$$

非本征半导体(p 型和 n 型)先从极其高纯的材料中制备出来，通常总杂质含量在 10^{-7} 原子个数％数量级，然后，运用各种技术有目的地加入杂质，来控制特定的施主或受主的浓度，在半导体材料中的这种合金化过程称为掺杂。

在非本征半导体中，大量的电荷携带者(电子或空穴，取决于杂质类型)可在室温由热激活产生。因此，非本征半导体具有相对高的室温电导率，这些材料的大部分被设计用于在常温下使用的电子器件。

10.2.6　绝缘体的电导率和介电性

绝缘材料的电子能带结构显示在图 10.3(c)中。满价带与空导带间有一个相当大的带

隙,通常其能量大于 $2eV$。因此,在常温下只有极少电子能由热能激发而越过带隙,这意味着具有极小的导电率。事实上,所有的陶瓷材料和共价键高分子是绝缘体。表 10.3 列出了室温下各种陶瓷和高分子的电导率。当然,许多材料是基于它们的绝缘性而被利用的,因此,高的电阻率也是人们所希望的。随着提高温度,绝缘体的电导率也增加,这类似于半导体。

表 10.3　11 种非金属材料的典型室温电导率

材料	电导率/$(\Omega \cdot m)^{-1}$	材料	电导率/$(\Omega \cdot m)^{-1}$
石墨	10^5	高分子	
陶瓷		酚醛	$10^{-9} \sim 10^{-10}$
氧化铝	$10^{-10} \sim 10^{-12}$	尼龙	$10^{-9} \sim 10^{-12}$
瓷器	$10^{-10} \sim 10^{-12}$	聚甲基丙烯酸甲酯(PMMA)	$<10^{-12}$
钙钠玻璃	$<10^{-10}$	聚乙烯	$10^{-13} \sim 10^{-17}$
云母	$10^{-11} \sim 10^{-15}$	聚苯乙烯	$<10^{-14}$
		聚四氟乙烯(PTFE)	$<10^{-16}$

介电材料通常是指,电阻率大于 $10^8 \Omega \cdot m$ 的一类在电场中以感应而非传导方式,呈现其电学性能的非金属材料。在电场的作用下介电材料呈现电偶极结构,即在分子或原子水平上存在正、负电荷的分离。由于偶极与电场的交互作用,介电材料常被用于电容器。

当电压被加载于电容器上,电容器中的一个板呈现正电荷,另一板呈现负电荷,其对应于电场从正到负的方向。电容 C 与储存在任一板上的电量相关,可表达为:

$$C = \frac{Q}{V}, \tag{10.15}$$

式中,V 为加载于电容器上的电压,电容的单位是库/伏(C/V),即法拉(F)。

现在考虑一个平行板电容器,板间为真空,电容可从下面关系式计算:

$$C = \varepsilon_0 \frac{A}{l}, \tag{10.16}$$

式中,A 为板的面积,l 为板距,参数 ε_0 称为真空介电常数(电容率),是一个普适常数,为 $8.85 \times 10^{-12} F/m$。

如果介电材料插入到两板之间,则

$$C = \varepsilon \frac{A}{l}, \tag{10.17}$$

式中,ε 为介质介电常数,它远大于 ε_0,相对介电常数 ε_r 等于两者之比:

$$\varepsilon_r = \frac{\varepsilon}{\varepsilon_0}, \tag{10.18}$$

ε_r 大于 1,其表现出在板间插入介电材料后电荷储存容量的增加。上述效应是法拉第于 1873 年首先研究的(图 10.9)。相对介电常数表征材料的一种性质,它在电容器的设计时作为主要参数加以考虑。

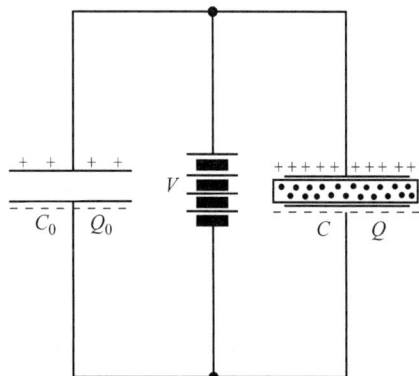

图 10.9　平行板电容

解释电容现象最好的方法是借助场矢量。首先,对每个偶极,存在正、负电荷的分离。电偶极动量(或极化强度)P 与每个偶极的关系如下:

$$P = qd, \tag{10.19}$$

式中,q 是每个偶极电荷的大小,d 是正、负电荷负分离的距离。实际上,偶极动量是一个具有从负电荷到正电荷方向的矢量。在外场的作用下,使电偶极的方向与外场一致,这种偶极方向调整的过程称为极化。

在电容器上,表面电荷密度 D,即电容板上单位面积的电荷量,是正比于电场 ζ 的。在真空状态时,则

$$D_0 = \varepsilon_0 \zeta, \tag{10.20}$$

式中,ε_0 是正比系数。在电介质情况下具有类似的表达:

$$D = \varepsilon \zeta 。 \tag{10.21}$$

有时,D 也称为介电位移。

电容的增加,或介电常数的增加可运用介电材料中极化简单模型加以解释。考虑图 10.9 中的电容器,真空状态,这里正电荷 $+Q_0$ 储存在板的顶部,而负电荷在板的底部。当介电材料被引入和电场被施加时,在板内的整个固体内将被极化。由于这种极化,在接近正电荷板的介电材料表面处存在负电荷净的累积 $-Q'$,类似的方法,在接近负电荷板的介电材料表面处存在正电荷的累积 $+Q'$,这样导致正负电荷板上电荷的增加。

在介电材料存在的情况下,电容器两板上表面电荷密度可表达为:

$$D = \varepsilon_0 \zeta + P, \tag{10.22}$$

式中,P 是极化强度,即由于介电材料的存在而增加的电荷密度。从上述分析可知,

$$P = \frac{Q'}{A},$$

式中,A 是每个板的面积,P 的单位与 D 相同(C/m^2)。

极化也可被认为是,介电材料单位体积总偶极矩,或是由于在外场的作用下许多原子或分子偶极相互之间调整而导致介电材料中的极化电场。对许多介电材料,P 正比于 ζ,即

$$P = \varepsilon_0 (\varepsilon_r - 1) \zeta, \tag{10.23}$$

在这种情况下,ε_r 与电场大小无关。表 10.4 列出了几种介电参数及其单位。

表 10.4　11 种介电材料的介电常数和介电强度

材料		介电常数		介电强度/$(V \cdot km^{-1})$
		60Hz	1Hz	
陶瓷	钛酸盐陶瓷	—	15~10 000	80~483
	云母	—	5.4~8.7	1 609~3 218
	冻石(MgO-SiO$_2$)	—	5.5~7.5	322~563
	钙钠玻璃	6.9	6.9	402
	熔融氧化硅	4.0	3.8	402
	瓷器	6.0	6.0	64~644
高分子	酚醛	5.3	4.8	483~644
	尼龙 66	4.0	3.6	644
	聚苯乙烯	2.6	2.6	805~1 126
	聚乙烯	2.3	2.3	724~805
	聚四氟乙烯(PTFE)	2.1	2.1	644~805

对于大部分高分子的介电常数值是低于陶瓷的,由于陶瓷可呈现较大的偶极矩,对于高分子的介电常数 ε_r 值通常在 2~5 之间。这些材料通常用于电线、电缆、发动机、发电机等的绝缘,除此以外,也可用于某些电容器。

例　考虑一个平行板电容器,板的面积 $1\text{in}^2(6.45\times10^{-4}\text{ m}^2)$ 和板间距为 $0.08\text{in}(2\times10^{-3}\text{ m})$,施加在板上的电压为 10V。若把具有相对介电常数为 6.0 的材料置于两板之间区域内,计算:

(a) 电容;

(b) 储存在每个板上的电荷量;

(c) 介电位移 D;

(d) 极化强度。

解　(a) $\varepsilon=\varepsilon_r\varepsilon_0=(6.0)(8.85\times10^{-12})=5.31\times10^{-11}\text{F/m}$,

故电容:$C=\varepsilon\dfrac{A}{l}=5.31\times10^{-11}\times\dfrac{6.45\times10^{-4}}{2\times10^{-3}}=1.71\times10^{-11}\text{F}$。

(b) $Q=CV=1.71\times10^{-11}\times10=1.71\times10^{-10}\text{C}$。

(c) $D=\varepsilon\zeta=\varepsilon\dfrac{V}{l}=\dfrac{5.31\times10^{-11}\times10}{2\times10^{-3}}=2.66\times10^{-7}\text{C/m}^2$。

(d) $P=D-\varepsilon_0\zeta=D-\varepsilon_0\dfrac{V}{l}=2.66\times10^{-7}-\dfrac{8.85\times10^{-12}\times10}{2\times10^{-3}}=2.22\times10^{-7}\text{C/m}^2$。

10.3　热性能

所谓热性能就是材料对热作用的响应。当固体以热的形式吸收能量,它的温度就会提高,它的尺寸也会增大。如果温度梯度存在,热能就会传到试样较冷的区域。热容、热膨胀和热导率是固体材料实际应用的至关重要的热性能。

10.3.1　热容

当固体材料被加热时呈现温度的提高,这意味着某种能量被吸收。热容是一种表示材料从外部环境吸收热的能力性质,它表示每升高 1K 温度所需的能量。热容以数学的形式可表达为

$$C=\frac{\mathrm{d}Q}{\mathrm{d}T},\tag{10.24}$$

式中,$\mathrm{d}Q$ 是产生 $\mathrm{d}T$ 温度变化所需的能量。如果考虑 1mol 的材料温度升高 1K 所需的热量,则称为摩尔热容,其单位是 $\text{J}\cdot(\text{mol}\cdot\text{K})^{-1}$。比热容(通常用小写字母 c 表示)有时被使用,它表示单位质量的热容,其单位是 $\text{J}\cdot(\text{kg}\cdot\text{K})^{-1}$。

根据热传递的环境条件,有两种真实的方法可以测定热容。一种是样品体积不变时的定容热容 C_V,另一种是外部压力不变时的定压热容 C_p,C_p 的值总是大于 C_V,但是,这种差异对于室温及以下温度时的固体材料是非常小的。

在大部分的固体中,热能消耗的主要方式是通过增加原子的振动能,而且,固体材料中的原子不断地以高频低幅振动。相邻原子的振动是通过原子键耦合的,而不是独立的。这些振动以传递点阵波的方式被协调。它们可以被认为是弹性波或简谐的声波,具有短的波长和很高的频率,并以声速在晶体中传播。材料的振动热能是由一系列这些弹性波所构成的,它们具有分布和频率的范围。仅仅某种能量值是被允许的(能量是量子化的),单个量子的振动能称

为声子。声子是类似于电磁辐射的量子,有时振动波本身就被称为声子。

在电子传导过程中,自由电子的热散射就是通过这些振动波产生的,这些弹性波在热传导过程中也参与了能量的传递。

对许多晶体结构较简单的固体,当它体积恒定时,振动对定容热容 C_V 的贡献随温度的变化规律显示在图 10.10 中。在 0K 时,C_V 等于零,但随温度的提高快速增加。这对应于提高了点阵波的能力,从而随温度的提高增强了它的平均能量。在低温时,C_V 和热力学温度 T 的关系为:

$$C_V = AT^3,$$

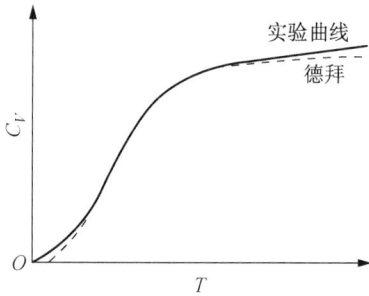

图 10.10　定容热容随温度的变化

式中,A 是与温度无关的常数。在德拜(Debye)温度 θ_D 以上,C_V 基本与温度无关,近似等于 $3R$(R 是气体常数)。因此,即使材料的总能量随温度提高而增加,但产生 1K 温度变化所需的能量值不变。德拜温度 θ_D 的值对许多材料是低于室温的,故 C_V 的室温值约为 25J·(mol·K)$^{-1}$。表 10.5 列出了若干材料的比定压热容。

表 10.5　常用材料的热性能

材料		c_p /J·(kg·K)$^{-1}$	α_l /×10^{-6}(℃)$^{-1}$	k /W·(m·K)$^{-1}$	L /×10^{-8}(Ω·W)·K^{-2}
金属	铝	900	23.6	247	2.24
	铜	386	16.5	398	2.27
	金	130	13.8	315	2.25
	铁	448	11.8	80.4	2.66
	镍	443	13.3	89.9	2.10
	银	235	19.0	428	2.32
	钨	142	4.5	178	3.21
	1025 钢	486	12.5	51.9	
	316 不锈钢	502	16.0	16.3	
	黄铜(70Cu-30Zn)	375	20.0	120	
陶瓷	氧化铝(Al_2O_3)	775	8.8	30.1	
	氧化铍(BeO)	1 050	9.0	220	
	氧化镁(MgO)	940	13.5	37.7	
	尖晶石($MgAlO_4$)	790	7.6	15.0	
	钙钠玻璃	840	9.0	1.7	
	熔融氧化硅(SiO_2)	740	0.5	2.0	
高分子	聚乙烯	2 100	60~220	0.38	
	聚丙烯	1 880	80~100	0.12	
	聚苯乙烯	1 360	50~85	0.13	
	聚四氯乙烯	1 050	100	0.25	
	酚醛	1 650	68	0.15	
	尼龙 66	1 670	80~90	0.24	
	聚异戊二烯		220	0.14	

对于增加固体总热容还存在其他热吸收机制,如增加自由电子动能而使电子吸收能量,又如在铁磁性材料中,当它被加热至居里温度以上时,电子自旋的随机化也吸收能量。但是在大部分的情况下,它们相对于振动的贡献是小的,本质上是不重要的。

10.3.2　热膨胀

大多数固体材料是热胀冷缩的,固体材料的长度随温度变化的表达式为

$$\frac{l_f - l_0}{l_0} = \alpha_l(T_f - T_0) \tag{10.25(a)}$$

或

$$\frac{\Delta l}{l_0} = \alpha_l \Delta T, \tag{10.25(b)}$$

式中,l_0 和 l_f 分别表示从 T_0 温度变化到 T_f 时的初始长度和最终长度。α_l 是线热膨胀系数,它表示材料加热时的膨胀性质,其单位是温度的倒数 K^{-1}。当然,加热或冷却反映出物体的三维尺度,即最终是体积的变化。体积随温度的变化可由下式计算:

$$\frac{\Delta V}{V_0} = \alpha_V \Delta T, \tag{10.26}$$

式中,ΔV 和 V_0 分别是体积变化和初始体积,α_V 表示体热膨胀系数。在许多材料中,α_V 的值是各向异性的,即它取决于测量的晶体学方向。对热膨胀是各向同性的材料 ,α_V 约等于 $3\alpha_l$。

从原子尺度看,热膨胀反映出原子间平均距离的增大。这种现象最好的题解是从势能与原子间距之间的关系着手,如图 10.11(a)所示。这种关系的曲线具有势能谷的形状,其谷底对应 0K 时的平衡原子间距 r_0。相继加热到较高温(T_1, T_2, T_3 等),由此使振动能从 E_1 到 E_2 再到 E_3 等。原子的平均振动振幅对应于每个温度的谷宽,因此平均原子间距可用平均位置表示,即随温度从 r_0 到 r_1(对应 T_1),再到 r_2 等。

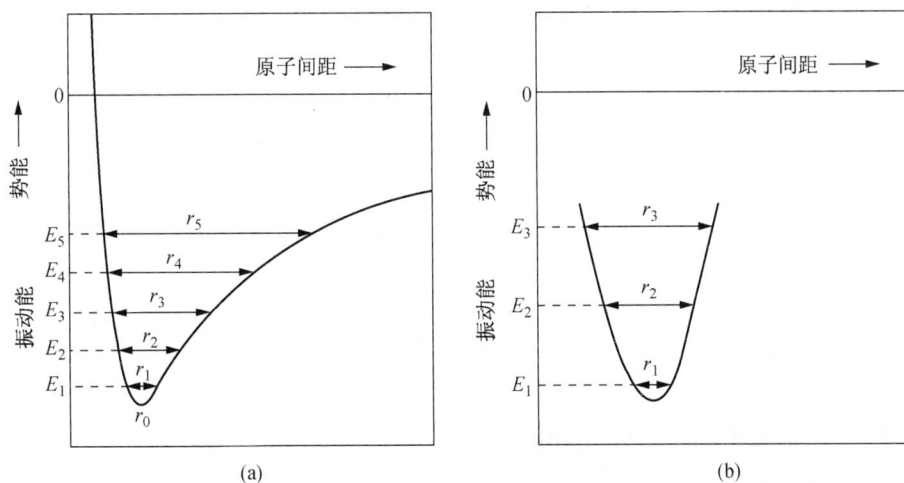

图 10.11　势能与原子间距的关系
(a) 非对称势能;(b) 对称势能

热膨胀实际是由该势能谷曲线不对称曲率所引起的,而不是随温度的提高原子振动振幅的增加所引起的。如果势能曲线是对称的(图 10.11(b)),原子的平均间距就不可能变化,因

此,无热膨胀效应。

对于每类材料(金属、陶瓷和高分子),原子键能越大,势能谷就越深和谷宽度越窄。因此,与低键能的材料相比,高键能材料随同样升高的温度时的原子间距的增加将会变小,导致一个较小的 α_l。表 10.5 列出了若干材料的线热膨胀系数。

10.3.3 热传导

热传导是一种热从物质的高温区向低温区传递的现象,表征材料传热能力的性质称为热导率(热传导系数),它以下式来定义:

$$q = -k \frac{\mathrm{d}T}{\mathrm{d}x},\qquad(10.27)$$

式中,q 为热通量,即单位时间单位面积的热流量(面积取作为垂直于热流方向),k 是热导率,而 $\mathrm{d}T/\mathrm{d}x$ 是通过传导介质的温度梯度。q 和 k 的单位分别是 $\mathrm{W \cdot m^{-2}}$ 和 $\mathrm{W \cdot (m \cdot K)^{-1}}$。(10.27)式对稳态热流是有效的,也就是热通量在不随时间改变的环境下是有效的,上式中的"负号"表示热流的方向是从高温向低温流动。(10.27)式类似于原子扩散的菲克第一定律,k 类似于扩散系数 D,温度梯度对应于浓度梯度 $\mathrm{d}\rho/\mathrm{d}x$。

热在固体中的传递是通过点阵振动波(声子)和自由电子得以实现的,热导率伴随两个机制的任意一个,总传导率是两种机制的贡献之和,即

$$k = k_l + k_e,\qquad(10.28)$$

式中,k_l 和 k_e 分别表示点阵振动传导率和电子热传导率。通常是,其中的一个占主导地位,伴随声子的热能沿它们运动方向传递。k_l 的贡献来自声子在物体内温度梯度中的运动,即声子从高温区到低温区的净运动。k_e 的贡献来自自由电子在物体内温度梯度中的运动,即样品热区中的自由电子增加了动能,然后,它们迁移到较冷的区,在这过程中自由电子的动能因与声子或晶体中缺陷碰撞而传递到原子,变成振动能。k_e 对总热导率的相对贡献随自由电子浓度的增加而增加,因此可获得更多的电子参与热传导过程。

在高纯金属中,热传递的电子机制远大于声子机制的贡献,因为电子不像声子那样容易被散射,而且有更高的运动速度。无疑,金属是极好的热导体,因为金属中存在大量参与热传导的自由电子。几种常用金属的热导率列于表 10.5 中。金属的热导率通常值的范围是 $20 \sim 400\,\mathrm{W \cdot (m \cdot K)^{-1}}$。

由于自由电子主导着金属中电和热传导,因此,两种传导率的关系应遵循维德曼-弗兰兹定律(Wiedemann-Franz law):

$$L = \frac{k}{\sigma T},\qquad(10.29)$$

式中,σ 是电导率,T 是热力学温度,L 是常数。L 的理论值是 $2.44 \times 10^{-8}\,(\Omega \cdot \mathrm{W}) \cdot \mathrm{K}^{-2}$,它与温度无关,并且当热能完全由自由电子传递时所有金属都是相同的值。表 10.5 列出了 L 的实验值,其与理论值符合得相当好。

具有杂质的合金化金属导致热导率的减小,同样的道理也适合于电导率的降低,即杂质原子,尤其在固溶体中,它们扮演着散射中心的角色,降低了电子运动的效率。

非金属陶瓷由于它们缺乏大量的自由电子而成为热绝缘体。因此,声子主要承担陶瓷中的热传导:k_e 远小于 k_l。而且,声子不像自由电子在热能传递中那样有效,其原因是声子更容

易被点阵缺陷所散射。若干个陶瓷材料的热导率值列于表 10.5,室温热导率值的范围约 $2\sim$ $50\mathrm{W}\cdot(\mathrm{m}\cdot\mathrm{K})^{-1}$。由于原子结构为高度无序无规时,声子散射更强烈,因此,玻璃和其他非晶陶瓷比晶体陶瓷具有较低的热导率。

随着温度的升高,点阵振动的散射变得更为显著,因此,大部分陶瓷材料的热导率随温度的升高通常是减小的,至少在相对低的温度是这样的。而对于较高的温度,热导率又开始增加,这是由于热辐射传递的作用,即大量红外辐射热可以通过陶瓷材料传递,这种效应随温度升高而增加。

大部分高分子的热导率是在 $0.3\mathrm{W}\cdot(\mathrm{m}\cdot\mathrm{K})^{-1}$ 数量级,如表 10.5 所列。对于这些材料,能量传递是通过链分子的振动、迁移或旋转来完成的。热传导的大小取决于高分子的结晶度。具有高结晶度和有序结构的高分子将比同样的非晶材料具有更大的热导率,其原因是,结晶态的分子链振动可更有效地被协调。

10.3.4　热应力

热应力是因温度变化所引起的应力。由于热应力会导致材料开裂和不希望的塑性变形,因此,了解热应力的起因和特征对材料合理的使用是非常重要的。

首先考虑一根均质和各向同性的杆,它被均匀地加热或冷却,即在杆中不存在温度梯度。对于自由膨胀和收缩,杆是无应力的。但是,如果杆的轴向运动被刚性端支撑而受约束,热应力就会产生。从 T_0 温度变化到 T_f 温度产生的热应力

$$\sigma = E\alpha_l(T_0 - T_\mathrm{f}) = E\alpha_l \Delta T, \tag{10.30}$$

式中,E 是弹性模量,α_l 是线热膨胀系数。在加热中($T_\mathrm{f} > T_0$)应力是压变力($\sigma < 0$),因为杆的膨胀受到约束。显然,如果杆在冷却过程中($T_\mathrm{f} < T_0$),将产生拉应力。在(10.30)式中应力在温度变化过程中均要求是弹性的压缩和伸长。

当一个固体被加热或冷却时,内部温度的不均匀分布取决于它的尺寸和形状、材料的热导率和温度变化的速度。热应力可以来自物体内的温度梯度。温度梯度的产生通常是快速地加热和冷却,在这种情况下,物体外部温度变化较内部更快,由此引起尺寸变化的差异就会约束相邻区域的自由膨胀或收缩。例如在加热时,样品外部更热,因此它比内部膨胀更大,表面就产生压应力,并与内部拉(张)应力所平衡。反之,在快速冷却时,表面产生拉应力。

对于延性金属和高分子,热诱发的应力可以被塑性变形所弱化。然而,大部分陶瓷无延性,因而热应力将会增加它们脆性断裂的可能性。脆性物体的快速冷却比快速加热更易遭受这种热冲击,因为冷却时物体表面是拉应力,此时裂纹的形成和表面裂纹的扩展更容易。

材料抗拒这种失效的能力称为热冲击抗力(themal shock resistance, TSR)。对于经历快速冷却的陶瓷体,热冲击抗力不仅取决于温度变化的大小,而且取决于材料的热学和力学性能。具有高断裂强度 σ_f 和高热导性,以及低的弹性模量和低的热膨胀系数的陶瓷应具有最佳的热冲击抗力。许多材料的热冲击抗力可近似表达为

$$\mathrm{TSR} \approx \frac{\sigma_\mathrm{f}k}{E\alpha_l}。 \tag{10.31}$$

热冲击可通过改变外部条件来防止,即减小冷却或加热速率以减小温度梯度而实现。(10.31)式中的热学和力学特性也会增强材料的热冲击抗力。在这些参数中,通过减小材料的热膨胀系数是提高陶瓷材料热冲击抗力的有效途径。

为了改善材料的力学强度和光学特性,去除陶瓷材料中的热应力通常是必要的,这可通过退火热处理来完成。

10.4 磁性能

最早发现的磁性是铁磁矿的强磁性。我国在公元前2500年已开始将磁铁矿应用于指南。几千年前已知道了神秘的磁性,但解释磁现象的原理和机制是相当复杂和微妙的,对磁性的理解,困惑了科学家相当长的时间。现代磁学的建立和磁性材料的发展是近100多年的事,它是与近代工业的发展相关联的。许多现代的电工、电子和计算机技术依赖磁学和磁性材料。本节将简述磁场的起因,讨论各种磁特性的表征参数,以及某些磁性材料。

10.4.1 磁性能的表象描述

运动的带电粒子产生磁力。长期来很方便地以场来考虑磁力,并用想象的磁力线来表示场源附近外力的位置和方向,例如,我们熟知用磁力线表示由一个电流环和一个磁棒产生的磁场分布。

在磁性材料中发现的磁偶极类似于前述的电偶极。磁偶极可以认作为由南北极构成的小磁棒,由此取代电偶极中的正负电荷,并且磁偶极矩可用箭头(由S极指向N极)表示。磁偶极被磁场所影响,其方式类似于电偶极被电场所影响。在磁场中,场力本身产生扭矩使偶极沿磁场偏转。

在讨论固体材料中磁矩的起源之前,我们先用几个磁场矢量来描述磁行为。外加的磁场,有时称为磁场强度,用 H 表示。如果磁场是由 N 匝线构成的螺旋线圈并通以电流所产生的,则

$$H = \frac{NI}{l}, \tag{10.32}$$

式中,I 为电流,l 为螺旋线圈的长度。H 的单位是安·匝/米,或安/米(A/m)。

磁感应强度即磁通量密度,用 B 表示,它表示了物质在外场的作用下,在其内部产生的内场强度的大小。B 的单位是特斯拉(T)。B 和 H 均是场矢量,不仅有大小,而且有方向。磁通量密度和磁场强度关系为:

$$\boldsymbol{B} = \mu \boldsymbol{H}, \tag{10.33}$$

式中,参数 μ 称为磁导率,它表征一种处于磁场中特殊介质的性质,μ 的单位是韦/(安·米)(Wb/(A·m))。

在真空中:

$$\boldsymbol{B}_0 = \mu_0 \boldsymbol{H}, \tag{10.34}$$

式中,μ_0 是真空磁导率,是一个普适常数,其值为 $4\pi \times 10^{-7}(1.257 \times 10^{-6})$ 亨/米(H/m),参数 B_0 表示在真空中的磁通量密度。

几种参数可以被用来描述固体的磁性能。其中之一就是一种材料的磁导率与真空磁导率之比:

$$\mu_r = \frac{\mu}{\mu_0}, \tag{10.35}$$

式中，μ_r 称为相对磁导率，其量纲为一。相对磁导率表征一种材料在外场 H 作用下能被磁化难易程度的度量。

另一个是场量 M，称为固体的磁化强度，其被定义为：

$$B = \mu_0 H + \mu_0 M，\tag{10.36}$$

在外磁场存在的情况下，在材料内部的磁矩倾向于沿外场调整其方向，从而增强磁通量密度，(10.36)式中的 $\mu_0 M$ 项就是这种贡献的度量。

M 的大小是正比于外场的，即

$$M = \chi_m H，\tag{10.37}$$

式中，χ_m 称为磁化率，其量纲也是一。磁化率和相对磁导率之间的关系是：

$$\chi_m = \mu_r - 1，\tag{10.38}$$

上述的磁场参数与介电相似。B 和 H 分别类似于介电位移 D 和电场 ζ，而磁导率 μ 对应于电导率 ε，磁化强度 M 对应于极化强度 P。

磁学单位很容易混淆，因为它们在实际使用中有两种单位制。一种是国际单位制(SI)制，另一种是厘米·克·秒(cgs)制。两种单位制的转换见表 10.6。

表 10.6　国际单位制和厘米·克·秒制中的磁学单位和转换因子

物理量	符号	国际单位		高斯(电磁学)单位	国际—高斯单位转换
		导出单位	基本单位	电磁单位	
磁感应强度	B	特斯拉(韦/米²)$(T(W_b/m^2))$	千克/(秒·库)$(kg\cdot(s\cdot C)^{-1})$	高斯(Gs)	1 特拉斯(T)$=10^4$ 高斯(Gs)
磁场强度	H	安·匝/米	库/(米·秒)$(C\cdot(m\cdot s)^{-1})$	奥斯特(Oe)	1 安/米(A/m)$=4\pi\times10^{-3}$ 奥斯特(Oe)
磁化强度	M(国际单位) I(高斯单位)	安·匝/米	库/(米·秒)$(C\cdot(m\cdot s)^{-1})$	麦克斯韦/厘米²(Mx/cm²)	1 安/米(A/m)$=10^{-3}$ 麦克斯韦/厘米²(Mx/cm²)
真空中的磁导率	μ_0	亨/米⁶(H/m⁶)	千克·米/库²$(kg\cdot m/C^2)$	无(1 emu)	$4\pi\times10^{-7}$ 亨/米(H/m)=1 emu
相对磁导率	μ_r μ	无	无	无	$\mu_r=\mu'$
磁化率	χ_m(国际单位) χ'_m(电磁单位)	无	无	无	$\chi_m=4\pi\chi'_m$

10.4.2　磁矩的起源

材料的宏观磁性能来自原子磁矩，而原子磁矩起因于三个来源，一个是关于电子绕原子核运动的电子轨道运动磁矩，磁矩方向为旋转轴方向；另一个磁矩来自电子的自旋，即每个电子都被认为绕自身轴自旋，磁矩的方向沿自旋轴，自旋磁矩只可能朝"上"或朝"下"两个方向；第三个磁矩来自质子和中子在原子核内的运动所产生的原子核磁矩，它比前两者约小 2 000 倍，对于宏观磁性而言，可以忽略。在一个原子中的每个电子可以被认为是一个小磁铁，具有永恒轨道和自旋磁矩。最基本的磁矩是玻尔磁矩 μ_B，它的值为 9.27×10^{-24} A·m²。对于在原子中的每个电子，自旋磁矩是$\pm\mu_B$(朝上为正,朝下为负),而轨道磁矩的贡献等于$m_1\mu_B$,m_1是电子的磁量子数。

在每单个原子中,某些电子对的轨道磁矩互相抵消,这也适用于自旋磁矩。例如,自旋向上的磁矩就能与向下的相互抵消。那么,对于一个原子的净磁矩就是每个电子的磁矩加和,包括轨道磁矩和自旋磁矩的贡献,由此说明了磁矩的抵消。对于一个具有完全填满电子壳层或亚壳层,当所有电子均被考虑时,存在轨道磁矩和自旋磁矩的完全抵消。因此,由这类原子构成的材料不可能被永久性磁化,它们包括惰性气体(He,Ne,Ar 等),以及某些离子材料。所有材料的磁性特征取决于电子和原子磁偶极对外磁场作用的响应。

10.4.3 磁性的分类

反(抗)磁性(diamagnetism)的磁性极弱,且是非永久性的,只有当外场存在时这种形式才能持续。它包括在外磁场下电子轨道运动的变化,由此诱发的磁矩量是极其小的,磁矩的方向与外磁场方向相反。因此,相对磁导率μ_r是小于1的,而磁化率是负的,即在反磁化固体内的B值是小于真空时的。对于反磁性材料的体积磁化率是-10^{-5}数量级。当反磁性材料置于强电磁铁的两极之间,它将被吸引到磁场弱的区域。

图 10.12(a)示出在无或有外磁场下反磁性材料的原子磁偶极组态。图中箭头表示原子偶极磁矩。对于呈现反磁性材料,B与外场H的关系示于图 10.13 中。表 10.7 给出了几种反磁性材料的磁化率。反磁性在所有材料中均存在,但因为它是如此之弱,以致只有在其他类型磁性均不存在时才能被发现。

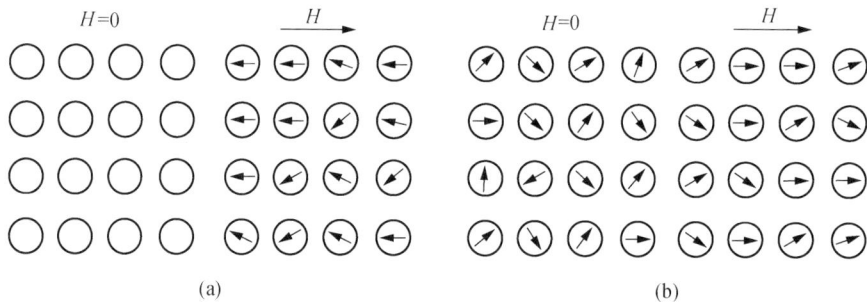

图 10.12 在无外磁场和有磁场时反磁性材料的原子偶极组态
(a) 无外场,无偶极存在;有外场,诱发的偶极沿外场相反的方向调整;
(b) 顺磁材料在无、有外场时的原子偶极组态

表 10.7 反磁性和顺磁性材料的室温磁化率

反磁性		顺磁性	
材料	磁化率 χ_m	材料	磁化率 χ_m
氧化铝	-1.81×10^{-5}	铝	2.07×10^{-5}
铜	-0.96×10^{-5}	铬	3.13×10^{-4}
金	-3.44×10^{-5}	氯化铬	1.51×10^{-3}
汞	-2.85×10^{-5}	硫化锰	3.70×10^{-3}
硅	-0.41×10^{-5}	钼	1.19×10^{-4}
银	-2.38×10^{-5}	钠	8.48×10^{-6}
氯化钠	-1.41×10^{-5}	钛	1.81×10^{-4}
锌	-1.56×10^{-5}	锆	1.09×10^{-4}

对于某些固体材料,通过电子自旋和/或轨道磁矩的不完全抵消,每个原子具有永久性偶极磁矩。在不存在外磁场的情况下,这些原子磁矩的位向是任意的,以致一块材料不具有净的宏观磁性。这些原子偶极是任意旋转的,当在外场作用下它们的位向被调整,由此产生顺磁性(paramagnetism),如图 10.12(b)所示。这些磁偶极间无交互作用。由于偶极沿外场方向被调整,增强了磁场,故造成相对磁导率 μ_{r} 稍大于 1,磁化率是正的,对于顺磁材料的磁化率约为 $10^{-5} \sim 10^{-2}$(见表 10.7)。B 与 H 关系曲线图也显示于图 10.13 中。

反磁性和顺磁性材料均被认为是非磁性材料,因为它们只有在外磁场作用下才呈现磁性。而且,在两者内部的磁通量密度 B 几乎与在真空中相同。

某些金属材料在无外场下具有永久性的磁矩,表现出很大的永久性磁化,这就是铁磁性(ferromagnetism)特征。过渡族金属,例如,铁(BCC α-Fe)、钴(Co)、镍(Ni)和某些稀土金属如钆(Gd)就属于铁磁性材料。铁磁性材料的磁化率可能高达 10^6。因此 $H \ll M$,由(10.36)式可得:

$$B \approx \mu_0 M。 \tag{10.39}$$

铁磁性材料的永久性磁矩来自它们未互相抵消的自旋磁矩,这种原子磁矩的特点是由它们的电子结构所决定的。铁磁性材料中也存在轨道磁矩对磁性的贡献,只是相对自旋磁矩而言,其贡献是很小的,而且,在铁磁性材料中,耦合交互作用使相邻原子的净自旋磁矩调整为相同方向,甚至可在无外场时发生。这种情况示于图 10.14 中。这种耦合交互作用力来自物质内部相邻原子的电子之间的静电相互交换作用,由于这种静电能对系统能量的影响,故迫使各原子的磁矩平行或反平行,这是由海森堡和弗仑克尔基于量子理论所证明的。这种自旋相互调整在晶体中相当大的体积区域内存在,该区域称为畴。

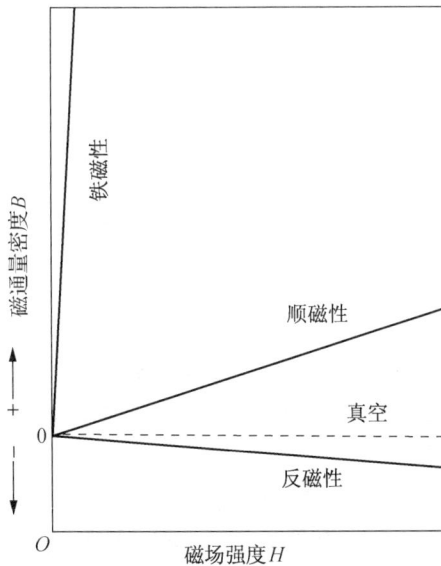

图 10.13　反磁性、顺磁性和铁磁性的磁
通量密度和磁场强度的关系

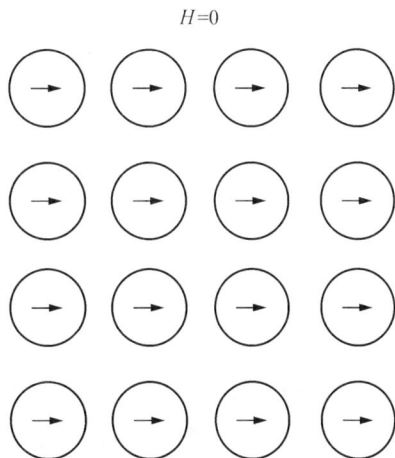

图 10.14　铁磁性材料的原子偶极的互相调整

铁磁性材料可能的最大磁化强度称为饱和磁化强度 M_{S},它表示在外场的作用下,固体样品中所有的磁偶极均被互相调整为同方向时的磁化强度,此时也对应饱和磁通量密度 B_{S}。饱和磁化强度等于每个原子的净磁矩和原子数的乘积。对于 Fe,Co,Ni,它们的玻尔磁矩分别是

2.22,1.72 和 0.60。

在反铁磁性材料中,相邻原子或离子之间的磁矩耦合是不同于铁磁性的,耦合导致它们反平行的调整。相邻原子或离子精确地反向调整称为反铁磁性(antiferromagnetism)。氧化锰(MnO)是呈现这种行为的一种材料。MnO 是具有 Mn^{2+} 和 O^{2-} 离子特征的陶瓷材料。O^{2-} 离子,由于自旋和轨道磁矩两者均完全抵消,因此,无净磁矩存在。但是 Mn^{2+} 离子具有净磁矩,由此产生自旋磁矩。在晶体结构中排列的 Mn^{2+} 离子,它们相邻离子的磁矩是反平行的。这种排列示于图 10.15 中。显然,相反的磁矩互相抵消,因此,材料总体不具有净磁矩。

某些陶瓷也呈现永久性磁化,称为铁氧体磁性(ferrimagnetism)。铁磁性和铁氧体磁性的宏观磁性特征是相似的,它们的差异仅在于净磁矩的起因不同。铁氧体磁性的原理可用立方磁性陶瓷(cubic ferrites)说明。这些离子材料可用化学式 MFe_2O_4 表示,式中 M 表示几种金属元素的任意一个。磁性陶瓷的雏形是 Fe_3O_4,它是矿物磁铁,有时称为天然磁铁。Fe_3O_4 的分子式可写为 $Fe^{2+}O^{2-}-(Fe^{3+})_2(O^{2-})_3$,在此式 Fe 离子以 1:2 比例的 +2 和 +3 价态存在。八面体的 Fe^{3+} 和四面体的 Fe^{3+} 自旋方向相反,它们的磁矩互相抵消,而 O^{2-} 离子在磁性上是中性的,因此,净自旋磁矩产生于八面体的 Fe^{2+} 离子。在 Fe 离子之间存在反平行耦合交互作用,类似于反铁磁性特性,如图 10.16 所示,由不完全抵消的自旋磁矩产生了净磁矩。

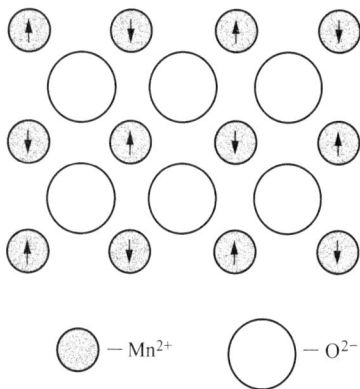

图 10.15　反铁磁性 MnO 中自旋磁矩
的反平行调整

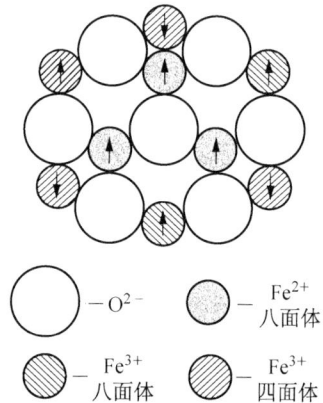

图 10.16　在 Fe_3O_4 中 Fe^{2+} 和 Fe^{3+}
离子的自旋磁矩组态

除此以外,铁磁性陶瓷还有六方铁磁性陶瓷和复杂晶体结构的石榴石。铁氧体磁性材料的饱和磁化强度并没有铁磁性材料那样高,但磁性陶瓷是不导电体,故有不同于导电磁性材料的用途。

材料的磁性特征受温度的影响。提高材料的温度将会导致原子热振动的增加而使磁性消失。原子磁矩是自由的转动,因此随温度的提高,原子热运动的增加会驱使原已被调整的磁矩方向任意化。对铁磁性、反铁磁性和铁氧化磁性材料,原子的热运动会干扰相邻原子偶极磁矩的耦合力,不管是否有外场存在,均会引起偶极错误的调整,这就导致了铁磁性和铁氧体的饱和磁化强度的降低。这种饱和磁化强度在 0K 为最大值,因为 0K 时热振动是最小的,随温度的增加,饱和磁化强度逐渐减小,然后骤急降到零,此时的温度称为居里温度 T_C。T_C 温度时,相互自旋耦合力被完全破坏,以致在 T_C 温度以上,铁磁性和铁氧体材料变成顺磁性。居里温度的高低随材料而异。例如,对于 Fe,Co,Ni 和 Fe_2O_3,它们的居里温度分别是 1 041K,

1393K,608K 和 858K。反铁磁性也受温度的影响。反铁磁性消失的温度称为尼尔温度 T_N。在 T_N 温度以上,反铁磁性材料也变成顺磁材料。

10.4.4　畴和磁滞

任何铁磁性或铁氧体材料在 T_C 温度以下时是由小体积区域构成的,在每一个区域内所有磁偶极矩都被调整为同方向,如图 10.17 所示。这种区域称为畴。每个畴都被磁化到饱和状态。相邻畴被畴界(或称畴壁)分隔,越过畴界,磁化方向逐渐变化,如图 10.18 所示。通常,畴的尺度是微观的,对于多晶样品,每颗晶粒可不止一个单畴。因此,在宏观大小的材料中存在大量的畴,所有畴可能具有不同的磁化方向。对于整个固体材料而言,磁化强度的大小是所有磁畴磁化的矢量之和,而每个畴对磁性的贡献的权重是它的体积分数。对于未磁化样品,基于权重的所有畴的磁化矢量之和为零,这是体系能量最低的状态。

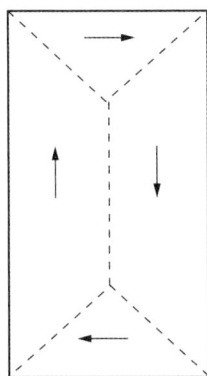

图 10.17　铁磁性或铁氧体材料中的磁畴

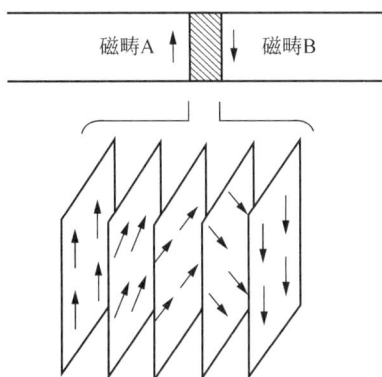

图 10.18　越过畴界时磁偶极位向的逐步变化

对于铁磁性和铁氧体材料,磁通量密度 B 和磁场强度 H 的关系是不成正比的。如果材料最初未磁化,那么 B 随 H 的变化如图 10.19 所示。曲线从原点开始。当 H 增加时,B 场开始缓慢增加,然后快速增加,最后趋于水平,此时已与 H 无关。

B 的最大值就是饱和磁通密度 B_S,其对应的磁化强度就是饱和磁化强度 M_S。由(10.33)式可知,磁导率 μ 是 B-H 曲线的斜率。从图 10.19 可发现,磁导率随磁场强度 H 而变化。有时,把 B-H 曲线在 $H=0$ 处的斜率指定为材料性能,称为初始磁导率 μ_i。

在外场 H 的作用下,畴界的运动使畴的形状和尺寸改变。在图 10.19 中,不同的畴结构在 B-H 曲线上的几处被表示出来。最初,各个畴的磁矩是任意位向,以至没有净的 $B(M)$ 场存在。当外场加入后,有利位向(磁矩与外场 H 方向接近的)的畴将消耗不利位向畴而长大。这个过程随外场的增大而连续进行,直至宏观试样变成一个单畴。当这个畴的磁矩方向与外场方向完全一致时,就获得饱和磁化强度。从图 10.20 中的饱和点(S)开始,当外场以相反方向减小时,曲线并不会按原路收回,磁滞效应就产生,此时 B 场落后于 H 外场,即以较低的速率减小。在零 H 场(曲线的 R 点)时,存在残留 B 场(B_R),称为剩磁,由此表明,在无外磁场 H 情况下材料维持磁化。磁滞和永久性磁化可用畴壁运动加以解释。在从饱和点(如图 10.20 中 S 点)以反向磁场方向减小时,畴结构变化也是相反的。首先,出现单畴朝外磁场反向旋转,随后,具有磁矩的畴沿新外磁场方向调整位向,并吞噬原先的畴而长大。该解释的关键就是畴壁运动阻力的出现,它导致反向磁场的增加,这就说明 B 落后于 H,即磁滞。当外磁场达到零时,仍存在具有原位向的某些畴,这就解释了剩磁 B_R 的存在。

为了把样品内的 B 场减小到零(图 10.20 中 C 点),必须施加与原磁场大小相等、方向相反的磁场($-H_c$),H_c 称为矫顽力。继续在相反方向施加外场,磁化饱和在相反情况下获得,它对应图 10.20 中 S' 点。此后,接着施加正向外场直至初始磁化饱和点(S 点),至此,完成了一个对称的磁滞环,同时也产生了负的剩磁($-B_R$)和矫顽力($+H_c$)。

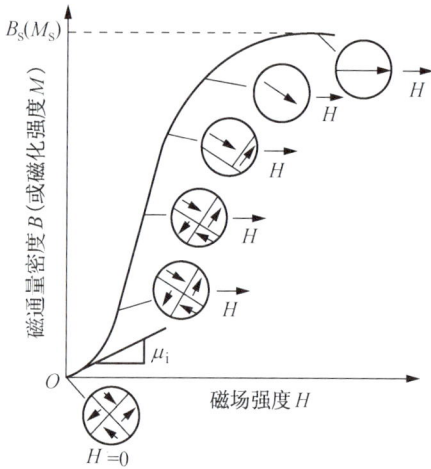

图 10.19　未初始磁化的铁磁性或
铁氧体材料 B(或 M)随 H 的变化

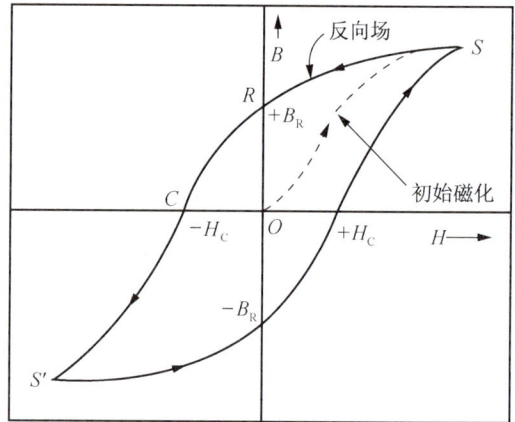

图 10.20　在正反磁场下
铁磁性材料的磁通量密度的变化

10.4.5　软磁和硬磁材料

对于铁磁性和铁氧体磁性材料,磁滞曲线的大小和形状具有非常重要的实用意义。一个磁带环内的面积表示在每次磁化与退磁循环中材料单位体积的磁能损失(耗),这种能量损失以在磁性样品中产生热的形式表现出来,由此使样品温度升高。

基于它们的磁滞特征,可将铁磁性和铁氧体磁性材料分为软磁和硬磁两类。软磁材料被用于承受交变磁场的装置,在这种装置中要求能量损失必须是低的。变压器芯就是人们熟知的例子。因此,在磁滞环内的面积必须是小的,它的特征是瘦窄。因此,软磁材料必须具有高的初始磁化率和低的矫顽力。具有这种特性的材料在较低的外磁场下就可以达到饱和磁化(即易磁化和易退磁),因而引起较低的磁滞能损失。

饱和磁化强度仅仅是由材料的成分所决定的。例如,在立方磁性陶瓷中,二价金属离子如 Ni^{2+} 取代 $FeO\text{-}Fe_2O_3$ 中的 Fe^{2+},将会改变磁化强度。然而,磁化率和矫顽力(H_c)也影响磁滞曲线的形状,但它们对结构而不是成分敏感。例如,当磁场改变大小或方向时,低的矫顽力对应于畴壁的容易移动。结构缺陷,如磁性材料中非磁性相粒子或孔洞,倾向于阻碍畴壁的运动,增加了矫顽力。因此,软磁材料必定不存在这类结构缺陷。

对于软磁材料须考虑的另一个性能就是电阻率。除了上述的磁滞能量损失外,能量损失可以来自随时间变化的交变磁场诱发的电流。这种电流称为涡流。通过增加电阻率可以减小软磁材料的能量损失。这种方法已通过使铁磁材料成为固溶体合金得以实现,例如 Fe-Si 和

Fe-Ni 合金。陶瓷铁磁材料通常应用于需要软磁材料的装置,因为它们本征是绝缘体,具有高的电阻率。但是,它们的应用稍微被限制,因为它们具有相对小的磁化率。

硬磁材料以永久磁体被运用,它必须具有高的抗退磁能力。基于磁滞行为,硬磁材料具有高的剩磁和高的磁滞能损。有时,以 B_R 和 H_C 的乘积粗略地表示材料的磁硬性。因此,B_R 与 H_C 乘积越大,材料的磁性越硬。而且磁滞行为与畴壁运动的难易程度相关。通过阻碍畴壁运动,矫顽力和磁化率将被增强,以致需要大的外场来退磁。而且,这些特征与材料的显微结构相关。在磁性材料中,细小的析出相可有效地阻碍畴壁的运动。几种铁磁性和铁氧体材料磁滞回线的比较示于图 10.21 中。

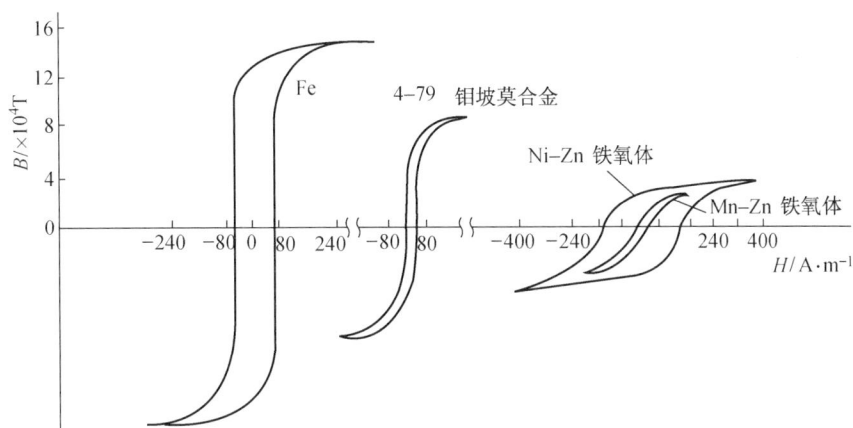

图 10.21 几种铁磁性和铁氧体材料的磁滞回线的比较

10.5 光学性能

所谓光学性能就是材料暴露在电磁辐射,尤其在可见光中的响应。本节首先讨论与电磁辐射相关的某些基本原理和概念,以及电磁辐射与固体材料可能的交互作用。然后,通过描述材料的吸收、反射和透射特性,来探索金属材料和非金属材料的光学行为。

10.5.1 电磁辐射

基于经典意义,电磁辐射被认为类似于波,是由互相重叠的电场和磁场构成的,两者均垂直于波的传播方向。光、热、无线电波和 X 射线都是电磁辐射的形式。每种辐射主要被波长的具体范围所表征。电磁波谱从 γ 射线横跨很宽的范围。波长增大的方向是 γ 射线 $(10^{-12}\,\mu m)\rightarrow X$ 射线→紫外线→可见光→红外线→无线电波 $(10^5\,\mu m)$。

可见光位于辐射光谱中非常窄的区域,它们的波长在 $0.4\,\mu m$ 至 $0.7\,\mu m$ 范围。可感知的颜色是由波长所决定的。例如,具有波长约为 $0.4\,\mu m$ 的辐射呈现紫色,而绿色和红色分别发生在约为 $0.5\,\mu m$ 和 $0.65\,\mu m$。几种颜色的光谱范围也列在图 10.22 中。白光是所有颜色的简单混合。本节讨论主要涉及可见光。

所有电磁辐射以相同速度穿过真空,光速为 $3\times10^8\,m/s$。光速 c 与真空电容率 ε_0 和真空磁导率 μ_0 的关系为:

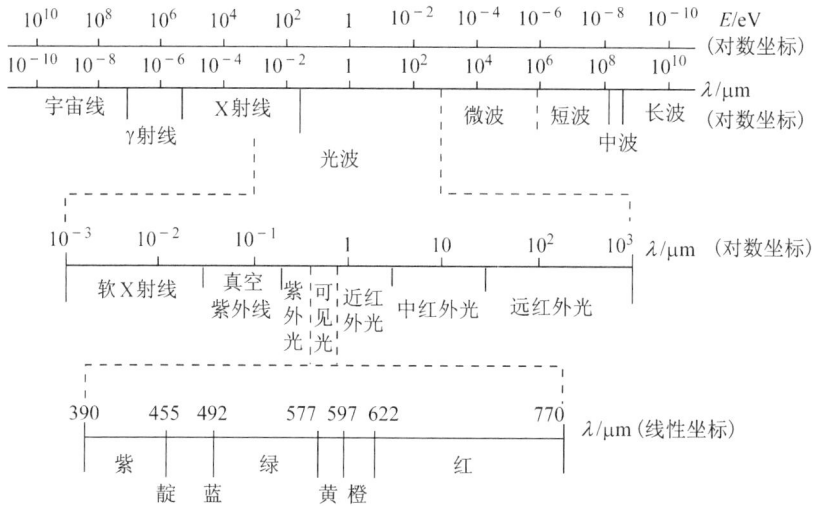

$$10^{10} \quad 10^8 \quad 10^6 \quad 10^4 \quad 10^2 \quad 1 \quad 10^{-2} \quad 10^{-4} \quad 10^{-6} \quad 10^{-8} \quad 10^{-10} \quad E/\text{eV}$$
(对数坐标)

$$10^{-10} \quad 10^{-8} \quad 10^{-6} \quad 10^{-4} \quad 10^{-2} \quad 1 \quad 10^2 \quad 10^4 \quad 10^6 \quad 10^8 \quad 10^{10} \quad \lambda/\mu\text{m}$$
(对数坐标)

宇宙线　γ射线　X射线　光波　微波　短波　中波　长波

$$10^{-3} \quad 10^{-2} \quad 10^{-1} \quad 1 \quad 10 \quad 10^2 \quad 10^3 \quad \lambda/\mu\text{m}\ (对数坐标)$$

软X射线　真空紫外线　紫外光　可见光　近红外光　中红外光　远红外光

390　455　492　577　597　622　770　$\lambda/\mu\text{m}$(线性坐标)

紫　靛　蓝　绿　黄　橙　红

图 10.22　电磁波谱

$$c = \frac{1}{\sqrt{\varepsilon_0 \mu_0}}, \tag{10.40}$$

因此,在电、磁常数和光速之间存在相关性。而且,电磁辐射的频率 ν,波长 λ 是光速的函数:

$$c = \lambda \nu, \tag{10.41}$$

频率单位为赫兹(Hz)。

根据微观粒子的波粒二重性,电磁辐射可认为由光子构成。光子的能量可以被量子化,并被定义为:

$$E = h\nu = \frac{hc}{\lambda}, \tag{10.42}$$

式中,h 是普朗克常量,其值 6.63×10^{-34} J·s。因此,光子的能量正比于辐射的频率,反比于波长。

当涉及辐射与物质交互作用的光学现象时,从光子观点解释经常是很方便的。在其他情况下,以波观点来解释更为合适。所以两种方法在本节讨论中均涉及。

10.5.2　光与固体的交互作用

当光从一种介质进入另一种介质(如从空气进入固体物质)将有几个事件发生。某些光辐射可以通过介质,某些被吸收,而某些在两介质之间界面处被反射。入射到固体介质表面的辐射光束强度 I_0 必须等于透射强度 I_T、吸收强度 I_A 和反射强度 I_R 之和,即

$$I_0 = I_T + I_A + I_R, \tag{10.43}$$

上述各强度单位为瓦特/米²(W/m²),对应于垂直传播方向的单位面积、单位时间的能量。

(10.43)式的另一种形式为

$$T + A + R = 1, \tag{10.44}$$

式中,T,A,R 分别表示透射率(I_T/I_0)、吸收率(I_A/I_0)和反射率(I_R/I_0)。

具有较小吸收、反射并能透光的材料是透明的。对于半透明材料,光在材料内部被散射而漫散透过,以致通过这种材料的样品不能清楚地看到其他物体。任何光不能透射的材料称为不透明物。

金属对可见光是完全不透明的,即所有光辐射完全被吸收或反射,另一方面,所有电绝缘材料均能被制成透明的,而且,某些半导体是透明的,另一些是不透明的。

10.5.3　原子和电子的交互作用

发生在固体材料内的光学现象涉及电磁辐射和原子、离子和/或电子之间的交互作用。这些交互作用中最重要的两种是电子极化和电子能量跃迁。

电磁波的一个组分是电场。对于可见频率范围,电场与路径上的每个原子周围的电子云相互作用,由此诱发电子极化,极化伴随电场组分方向的每次变化使得电子云相对原子核位移。这种极化的两种结果是:某些辐射能可以被吸收,且光波通过介质后其速度降低。

电磁辐射的吸收和发射涉及电子以一种能态到另一种能态的跃迁。为了讨论的缘故,首先考虑一个孤立的原子,对原子的电子能级示于图 10.23 中。电子通过吸收光子能量可以从占据能态 E_2 激发到更高的空能态 E_4。电子所经历的能量变化 ΔE 取决于辐射频率:

$$\Delta E = h\nu, \tag{10.45}$$

式中,h 是普朗克常量。在此,对几个概念的理解是重要的。第一个概念是,原子的能态是分裂的,在能级之间只有特殊的 ΔE 的能量存在,因此,只有那些对应于原子可能的 ΔE 频率电子才能通过电子跃迁被吸收。第二个重要的概念是,激发的电子不能无限长时间保持其激发态,在很短的时间后,电子要返回基态。在任何情况下,对于吸收和发射电子跃迁的能量总是守恒的。

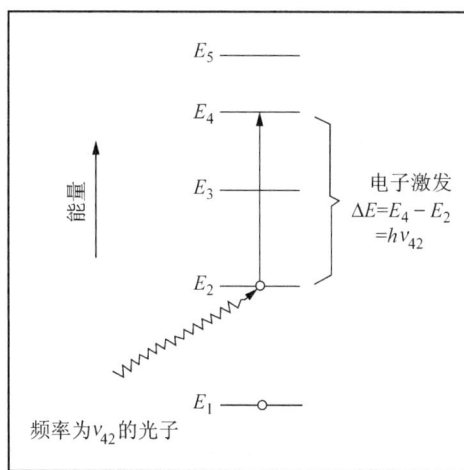

图 10.23　在孤立原子中电子吸收入射光子能量从一种能态激发到另一高能态

考虑金属的能带图(图 10.3(a)和图 10.3(b)),两种情况下的价带仅部分被电子填满。金属是不透明的,因为具有可见光频率范围内的入射辐射可把电子激发到高于费米能以上的未占据能态(空电子态),正如图 10.3(a)所示,因此,基于(10.45)式可知,入射辐射被吸收。总吸收是在固体极薄的外层发生,通常小于 $0.1\mu m$,因此,只有厚度小于 $0.1\mu m$ 的金属薄膜才能被可见光穿透。

可见光的所有频率均能被金属吸收,因为连续存在的空电子态允许电子跃迁,如图 10.24(a)所示。事实上,金属对于频谱低端的所有电磁辐射都是不透明的,从无线电波到红外线,以及可见光直至紫外线辐射的中部。金属对高频辐射(X 射线和 γ 射线)是透明的。

大部分吸收辐射能够以同样波长的可见光形式被再发射,它以反射光的形式出现。伴随再发射的电子跃迁示于图 10.24(b)中。大部分金属的反射率在 0.90 和 0.95 之间,在电子回落过程中小部分的能量以热形式损失。

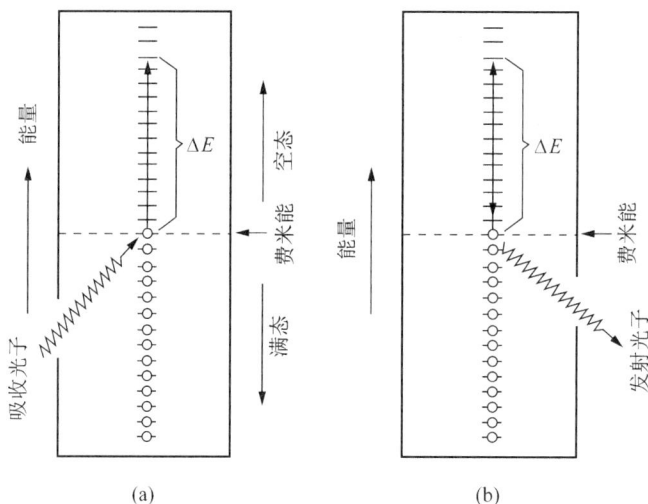

图 10.24　在金属材料中光子的吸收和再发射机制
(a) 吸收机制;(b) 再发射机制

由于金属是不透明和高反射的,可见颜色是由反射的波长分别所决定的,因此当金属暴露于白光时,明亮银色的外貌表明金属在整个可见光谱中是高反射的。换言之,对于反射光束,这些再次发射光子的频率和数目近似与入射光束相同。铝和银就是呈现这种反射行为的两种金属。铜和金分别呈现橘红色和黄色,是因为某些具有较短波长光子的能量不能作为可见光再发射。

非金属是共价键或离子键,它们对可见光可以是透明的。因此,除了反射和吸收外,折射和透射现象也须被考虑。

10.5.4　折射

进入透明材料内部的光,其速度减小,因此,在界面是弯折的,这种现象称为折射。折射率 n 被定义为真空中的光速 c 和介质中的光速 ν 之比,即

$$n = \frac{c}{\nu}, \tag{10.46}$$

式中,n 的大小取决于光的波长。这种效应可通过玻璃棱镜对白光的色散所演示。每种颜色的光,当它进入棱镜和离开棱镜时将以不同程度被偏离,这就导致不同颜色的分离。折射率不仅反映出光的光学路程,而且反映山在表面被反射的入射光分数。

就像(10.40)式定义真空中光速的大小那样,在介质中光速的大小被定义为:

$$\nu = \frac{1}{\sqrt{\varepsilon\mu}}, \tag{10.47}$$

式中，ε 和 μ 分别是介质的电容率和磁导率。从(10.46)式可得

$$n = \frac{c}{\nu} = \frac{\sqrt{\varepsilon \mu}}{\sqrt{\varepsilon_0 \mu_0}} = \sqrt{\varepsilon_r \mu_r}, \tag{10.48}$$

式中，ε_r 和 μ_r 分别是相对介电常数和相对磁导率。某些材料只有很弱的磁性，所以，$\mu_r \equiv 1$，则

$$n \equiv \sqrt{\varepsilon_r}, \tag{10.49}$$

因此，对于透明材料，存在折射率和介电常数的关系。正如以上所述，在可见光相对高的频率处，折射现象是与电子极化相关的。因此，介电常数的电子组分可以运用(10.49)式根据测出的折射率被计算出来。电子极化阻碍了在介质中的电子辐射，因此，原子和离子的尺寸显著影响这种效应的大小。通常，原子和离子越大，电子极化越大，电磁辐射速度越低，折射率也就越大。

对于具有立方晶体结构的陶瓷和玻璃，折射率与晶体取向无关，即是各向同性的。另一方面，非立方晶体的折射率是各向异性的，即沿着具有最高密度离子的取向，折射率是最大的。

10.5.5　反射

当光辐射从一种介质进入另一种不同折射率的介质时，某些光在两种介质之间界面处被散射，即使两种介质是透明的，也是如此。反射率 R 表示在界面处反射光所占入射光的分数：

$$R = \frac{I_R}{I_0}, \tag{10.50}$$

式中，I_0 和 I_R 分别是入射束和反射束的强度。光是一种横波，在垂直于传播方向的平面上，电矢量可以任意取向。因此，可以把它分解为两种线偏振分量，一个振动方向垂直于光的入射面，称为 S 分量或 S 波，另一个振动方向平行于入射面，称为 P 分量或 P 波。对振动垂直于入射面的偏振光，可导出反射率

$$R_S = \frac{\sin^2(\alpha - \gamma)}{\sin^2(\alpha + \gamma)}, \tag{10.51}$$

式中，α 和 γ 分别为入射角和折射角。对于振动平行于入射面的偏振光，反射率

$$R_P = \frac{\tan^2(\alpha - \gamma)}{\tan^2(\alpha + \gamma)}, \tag{10.52}$$

如果入射光垂直于界面时，$\alpha = \gamma = 0$，上述两式相等，并有

$$R = \left(\frac{n_2 - n_1}{n_2 + n_1}\right)^2, \tag{10.53}$$

式中，n_1 和 n_2 是两种介质的折射率。上式表明，两种介质的折射率差别越大，反射率也越大。

当光从真空或空气进入固体(s)时，则

$$R = \left(\frac{n_s - 1}{n_s + 1}\right)^2, \tag{10.54}$$

由于空气的折射率接近 1，即 $n_1 \approx 1$，因此，固体的折射率越大，则反射率也越大。

10.5.6　吸收

非金属材料对于可见光可以是不透明的，也可以是透明的，它经常会出现颜色。从原理上讲，光辐射被这类材料吸收有三种基本机制，这些机制也影响这些非金属材料的透射特征。机

制之一是电子极化。电子极化吸收机制仅对组分原子弛豫频率附近的光频率才是重要的。另两种机制涉及电子的跃迁,它取决于材料的电子能带结构。其中一个是涉及电子激发越过带隙引起吸收,另一个是电子跃迁到带隙中的缺陷能级位置上。

通过激发近满价带中的电子,使其越过带隙,进入导带中的空态,正如图 10.25(a)所示,导带中的自由电子和价带中的空穴就产生了。而且,激发能 ΔE 是与吸收光子频率有关的(见(10.45)式)。这些伴随吸收的激发只有在光子能量大于带隙能量 E_g 时才能发生,也就是说,如果

$$h\nu > E_g \qquad (10.55)$$

或

$$\frac{hc}{\lambda} > E_g。 \qquad (10.56)$$

可见光最小波长约为 $0.4\mu m$,由于 $c=3\times10^8 m/s$ 和 $h=4.13\times10^{-15}eV \cdot s$,因此,可见光吸收对应的最大带隙能量

$$E_{gmax} = \frac{hc}{\lambda_{min}} = \frac{4.13\times10^{-15}\times3\times10^8}{4\times10^{-7}} = 3.1eV。$$

换言之,对于具有带隙能量大于 $3.1eV$ 的非金属材料,可见光不会被吸收,如果这些材料是高纯度的,则将呈现无色透明。

另一方面,可见光最大的波长约为 $0.7\mu m$,其对应的最小带隙能量

$$E_{gmin}\frac{hc}{\lambda_{max}} = \frac{4.13\times10^{-15}\times3\times10^8}{7\times10^{-7}} = 1.8eV。$$

这个结果意味着,对于带隙能小于 $1.8eV$ 的半导体材料,所有可见光均可通过价带到导带的电子跃迁而被吸收,因此,这些材料是不透明的。只有部分可见光谱被带隙能量在 $1.8\sim3.1eV$ 之间的材料所吸收,这些材料才呈现颜色。

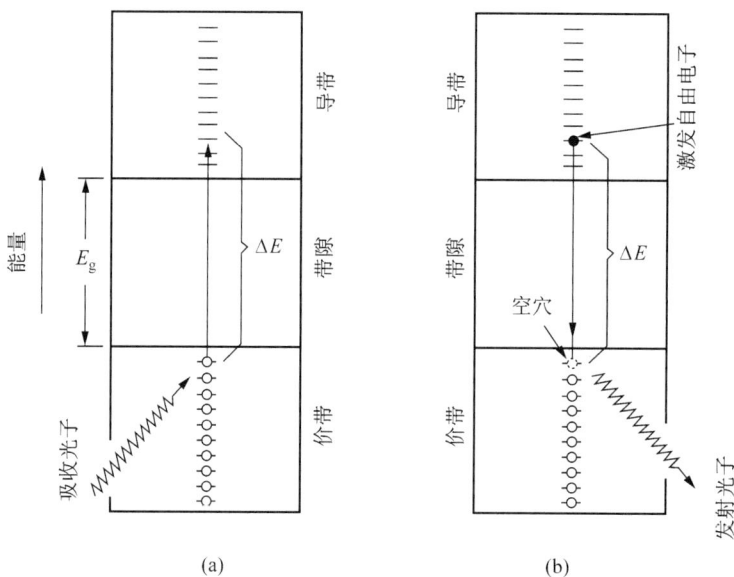

图 10.25　非金属材料的光子吸收和发射机制
(a) 光子吸收机制;(b) 光子发射机制

　　每种非金属材料在某种波长下变成不透明的,这种波长取决于材料的带隙能 E_g。例如,金刚石的带隙能是 5.6eV,对于波长小于 0.22μm 的辐射,它是不透明的。

　　可见光辐射的吸收也能在具有宽带隙的介电材料中发生,其机制不同于价带—导带电子跃迁。如果杂质或其他电活性缺陷存在,在带隙中的电子能级可能被引入,例如施主和受主能级。由于来自这些带隙内能级的跃迁,特殊波长的光辐射也能被吸收,如图 10.26(a)所示。

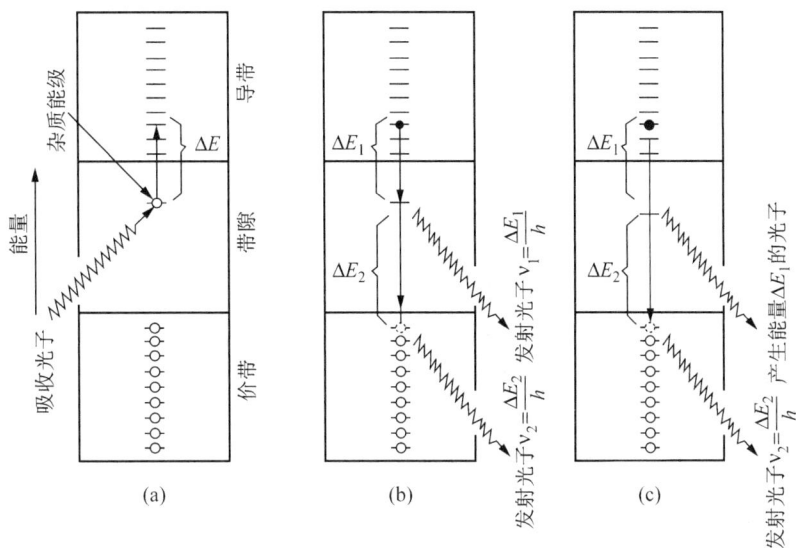

图 10.26　来自杂质能级的光子吸收和发射
(a) 光子吸收;(b) 两个光子的发射;(c) 两个光子的发射,其中一个伴随热能的释放

　　无疑,由电子激发吸收的电磁能量必须以某种形式释放出来。释放存在几种可能的机制。对于价带到导带的激发,这种释放可以直接通过电子和空穴的再结合来完成,反应过程为:电子+空穴→能量(ΔE)。该过程表示在图 10.25(b)中。除此以外,多级(multiple-step)电子跃迁也可以发生,这涉及在带隙中的杂质能级。如图 10.26(b)所示,一种可能性是两个光子的发射,一个光子的发射来自电子从导带中的某态下落到带隙中的杂质能级,另一个光子的发射来自电子从杂质能级进一步回落到价带(基态),或者,其中的一个跃迁可以发射一个光子,另一个跃迁伴随热的产生,如图 10.26(c)所示。

　　净吸收的辐射强度取决于介质的特征及辐射在介质中的路程。透射(非吸收辐射)强度 I'_T 随路程的增加连续减小。

$$I'_T = I'_0 e^{-\beta x}, \tag{10.57}$$

式中 I'_0 是无反射入射辐射的强度,而 β 是吸收系数(mm^{-1}),它具有材料的特征;而且 β 随入射辐射的波长而变化。x 是从入射表面进入材料的距离。具有大 β 值的材料被认为是高吸收材料。

10.5.7　透射

　　透射、吸收和反射现象,以及它们的关系可以通过光通过透明固体加以研究,如图 10.27 所示。当入射强度为 I_0 的光撞击透明样品的前表面,在样品后表面出射的透射强度

$$I_{\mathrm{T}} = I_0(1-R)^2 e^{-\beta l}, \tag{10.58}$$

式中,R 是反射率,l 是样品的长度。上述表达式假设在样品前后表面外的介质是相同的。

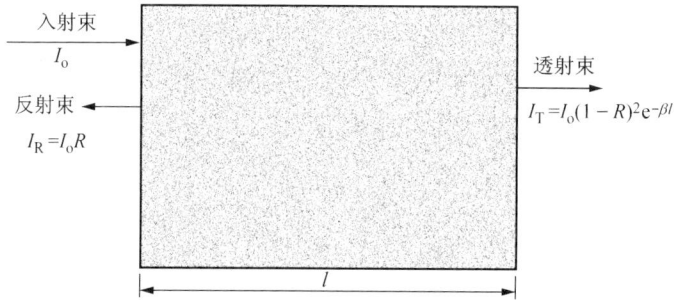

图 10.27 光通过透明固体后的透射强度

因此,通过透明样品后的透射强度所占入射束强度的分数取决于吸收和反射的损失。(10.44)式表明:反射率 R,吸收率 A 和透射率 T,三者之和等于 1,而且 R,A,T 中的每个变量取决于光的波长。图 10.28 演示出可见光谱的辐射通过透明绿玻璃后 R,A 和 T 三者的变化。例如,对于波长为 $0.4\mu m$ 的光,透射、吸收和反射分数分别约为 0.90,0.05 和 0.05,然而,对波长为 $0.55\mu m$ 的光,它们的分数分别为 0.50,0.48 和 0.02。

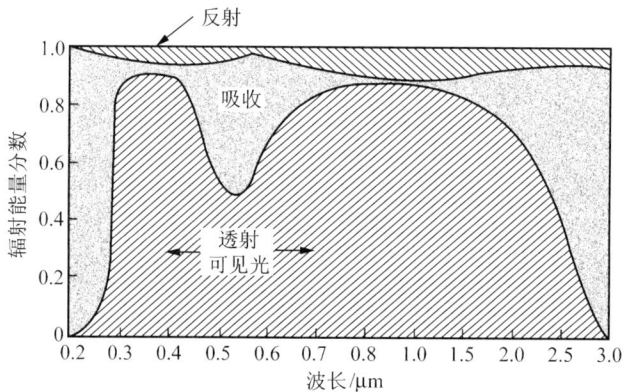

图 10.28 可见光谱的辐射通过透明绿玻璃后 R,A 和 T 三者的变化

10.5.8 颜色

透明材料呈现颜色是因为光的特殊波长具有选择性的吸收。可辨颜色是由于透射波长的结合。如果对于所有可见光波,吸收是均匀的(相同的),则材料呈现无色,如高纯无机玻璃、单晶金刚石。

通常任何选择性吸收都是电子激发产生的,这种情况的吸收出现于带隙能量在可见光的光子能量范围内($1.8 \sim 3.1eV$)的半导体材料。因此,能量大于 E_g 的部分可见光通过价带—导体电子跃迁而被选择吸收。当然,当激发电子回落到它原始的低能态时,某些辐射吸收被再发射。因此,颜色取决于透射束和再发射光束的频率分布。

例如,硫化镉(CdS)的带隙能约为 $2.4eV$,因此,它吸收的光子能量范围约在 $2.4 \sim 3.1eV$

之间,这对应于可见光谱中的蓝色和紫色部分;当光具有其他波长时,其中的某些能量再发射。无吸收光是由能量为 $1.8\sim2.4\text{eV}$ 的光子所组成的。因为透射束的波长约 $0.55\sim0.65\mu\text{m}$,所以 CdS 呈现橘黄色。

在绝缘体陶瓷中,特殊杂质也能在禁止带隙引入电子能级。由于杂质原子或离子产生电子激发,能量小于带隙能的光子可以被吸收。当然,某些再发射也是可能发生的。而且,材料的颜色是透射束波长分布的函数。例如,单晶 $\alpha\text{-Al}_2\text{O}_3$ 是无色的。红宝石具有明亮的红色,它是由 $\alpha\text{-Al}_2\text{O}_3$ 加入少量的 Cr_2O_3 而形成的。在 $\alpha\text{-Al}_2\text{O}_3$ 晶体结构中 Cr^{3+} 离子取代 Al^{3+} 离子,由此在红宝石很宽的能隙中引入杂质能级。由于电子跃迁到杂质能级或从杂质能级跃迁均会导致特殊波长被优先吸收。对含有少量的 Ti^{4+} 和 Fe^{2+} 的 $\alpha\text{-Al}_2\text{O}_3$(蓝宝石)和红宝石,透射率随波长的变化示于图 10.29 中。对于蓝宝石,透射率在整个可见光谱中随波长的变化不大,几乎是常数,说明这种材料几乎是无色的。但是,强烈的吸收峰(即透射光的最小值)在红宝石中发生,一个峰在蓝紫光区(约 $0.4\mu\text{m}$),另一个峰在黄绿光区(约 $0.6\mu\text{m}$)。透射光与再发射光的混合使红宝石呈现深红颜色。

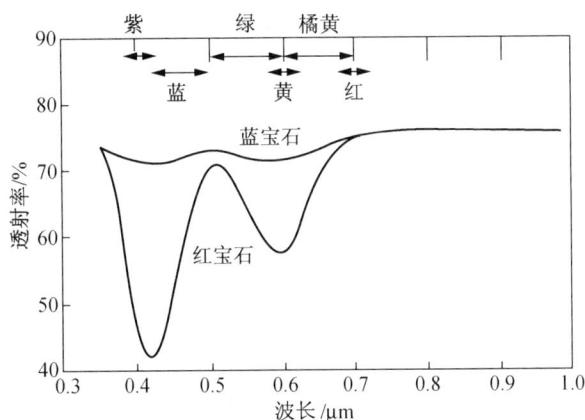

图 10.29 光辐射通过蓝宝石和红宝石后的透射率随波长的变化

10.5.9 受激发射和光放大

在一定温度下,物质中大多数处于基态,只有少量原子处在激发态。而处于激发态的原子是不稳定的,它有向低能态跃迁并发射光子的自发倾向,这种现象称为自发发射(或自发辐射)。

当原子处在频率为 ν 的入射光的辐照下,如果满足 $h\nu=E_n-E_m$ 条件,原子就能吸收一个光子从低能态 E_m 向高能态 E_n 跃迁,这一过程称为受激吸收。显然,如果入射光具有高密度的同态光子,原子也可能在满足 $nh\nu=E_n-E_m$ 条件下,接连吸收 n 个光子从低能态 E_m 跃到高能态 E_n 上去,这一过程称为多光子受激吸收。

除此以外,在入射光照射下,还会诱发原来就处在高能态上的原子跃迁到低能态,并发射出频率与入射光相同的光子,这一过程称为受激发射(或受激辐射)。上述三种过程示于图 10.30 中。一般情况下,这三种过程是同时存在的,但在一定条件下,有可能使某一过程占优。

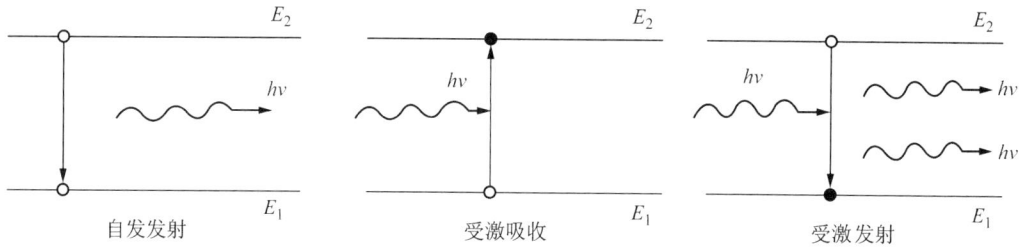

图 10.30　自发发射、受激吸收和受激发射

值得指出的是,自发发射是一种随机发射过程。每次发射的光子频率、偏振态、相位和运动方向都不一定相同。因此,自发发射是一种无序发射。受激发射也是一种随机发射的过程,但发出的光子频率、偏振态、相位和运动方向都与入射光子相同,因此,这是一种较为有序的发射,由受激发射所产生的光具有很好的相干性。

当某种频率的光入射到物质中时,可能同时发生受激吸收和受激发射,这是两个相反的并发生几率相等的过程。在通常情况下,低能态原子数总是远多于高能态的原子数,所以物质总是表现为受激吸收。若能设法使处在高能态的原子数大于处在低能态的原子数,就能使受激发射占优。此时,物质表现为在入射光的辐照下,发射出同频率的光,从而加强了原入射光,形成了光的放大。高能态上原子数大于低能态上原子数的情况称为反转分布或原子数反转,处于这种反转分布中的物质称为激活介质。激光器就是利用上述原理制成的。例如,在由梅曼等人于 1960 年制造的第一台红宝石激光器中,所用的红宝石(单晶 Al_2O_3)掺杂 0.05% 的 Cr_2O_3,使正 3 价铬离子置换了晶体中部分同价的铝离子,这些铬离子在晶体中形成杂质能级 E_2。此时晶体中存在三种能级,即基态能级(E_1),激发态能级(E_3)和亚稳态的杂质能级。在外界入射光的辐照下,基态 E_1 上的离子吸收绿光和蓝光(因此晶体呈淡红色)被激发到 E_3 能级。但铬离子在 E_3 上存在的时间极短(10^{-8} s),随即通过非弹性碰撞而将一部分能量在转移铝离子后降落到 E_2 能级上,无疑也会有一部分铬离子在返回到基态而重新发射出绿蓝光。总体上,在外界入射光的作用下,E_1 的铬离子数会不断减少,E_2 上的铬离子数会不断增加(因为原子在 E_2 上的寿命较长,约 10^{-3} s),于是在杂质能级和基态能级间实现了原子数的反转,即前者的原子数大于后者。如果此时有一个频率满足(E_2-E_1)/h 的外来光子(光信号)射入,就将诱发原子从 E_2 向 E_1 的跃迁,发射出另一同频率的光子,并产生连锁反应,这种雪崩效应产生强烈的受激发射,即形成激光,使入射的光信号得以放大。

10.6　金属和陶瓷的其他功能特性

10.6.1　内耗和阻尼

内耗现象一般定义为机械能在气态、液态或固态介质中的耗散。阻尼被定义为在振荡系统内部的一种能够减少、限制或防止振荡的效应。在物理系统中,阻尼是由储存在振荡中能量的耗散过程所产生的。例如机械系统中的黏性阻力,电子振荡器中的阻力,光在光学振荡器中的吸收和散射。振动能量通过固体传递时会衰减。衰减是由于固体内部的内摩擦(内耗)造成的。衰减的振幅表示固体的阻尼能力,因此固体材料的"内耗"或"阻尼"通常表示相同的意思。

从材料科学和机械工程的观点来看,内耗是构成固体材料的各元素在变形时所产生的抵抗运动的力。内耗决定了材料的阻尼特性。通常是指偏离胡克定律的能量耗散,循环加载时表现为一定的应力-应变滞后(见图 10.31)。被磁滞回线所包围的面积表示在一个周期内材料内部耗散的能量。一个循环中耗散的能量与从开始加载到最大值的存储能量之比是衡量内耗或阻尼的一种常用方法:

$$\psi = \frac{\Delta W}{W} \quad \text{或} \quad Q^{-1} = \frac{\Delta W}{2\pi W}, \tag{10.59}$$

$$\Delta W = \oint \sigma \, d\varepsilon, \tag{10.60}$$

$$W = \int_{\omega t=0}^{\omega t=\pi/2} \sigma \, d\varepsilon, \tag{10.61}$$

式中,ψ 被定义为比阻尼容量,Q^{-1} 表示阻尼或内耗,ΔW 表示在一次应力-应变循环中相应的能量吸收;W 为一个循环内最大的弹性储存能。t 是时间。σ 和 ε 分别为应力和应变。ω 是圆频率。

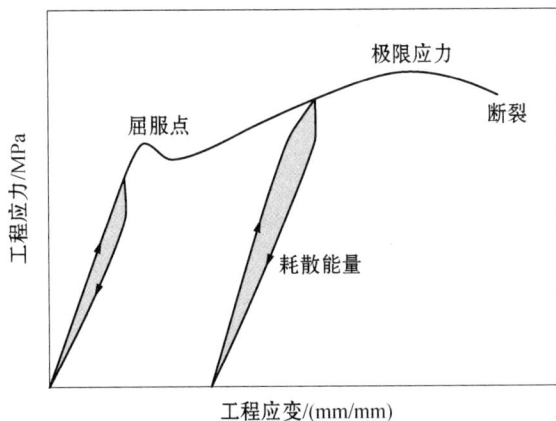

图 10.31 循环加载情况下的应力-应变滞后曲线

对于大多数金属材料来说,内耗相当小,即 $Q^{-1} \ll 1$(对大多数金属或合金,Q^{-1} 在 10^{-5}—10^{-1} 范围,而对于某些金属玻璃,如 Pd 基或 Zr 基金属玻璃,Q^{-1} 接近 1,甚至大于 1)。对于聚合物,Q^{-1} 在 10^{-2}—10^0 之间;有些大于 1。具有较大内耗(明显滞后)的材料,如橡胶聚合物和一些滞弹性(弹性后效)金属材料,也称为"滞弹性固体"。

对于理想的弹性固体,在突然加载和卸载的有限时间内,应变对恒定应力的响应表现出严格的一致性(遵循胡克定律),对比图 10.32(a)和(b)。在这种情况下,内耗为零。对滞弹的固态,在最初突然弹性变形后(未松弛),应变开始与时间相关,显示牛顿黏性行为,比较图 10.32(a)和(c)。在持续应力下,应变的增加服从牛顿黏弹性定律:$\sigma = \mu \dot{\varepsilon}$,这样的"蠕变"应变 $\varepsilon(t)$ 加载后逐渐达到饱和(松弛)。考虑单一松弛时间,随时间变化的应变为 $e^{-t/\tau}$。松弛和未松应变值(分别表示为 ε_R 和 ε_U)可表示松弛强度:$\Delta = (\varepsilon_R - \varepsilon_U)/\varepsilon_U$,其取决于内耗。卸载后,"松弛"应变可以随着时间的推移可完全恢复(见图 10.32(c))。对于某些滞弹-粘塑性材料,粘塑性应变与滞弹性应变同时出现。卸载后,应变只能部分恢复(见图 10.32(d))。

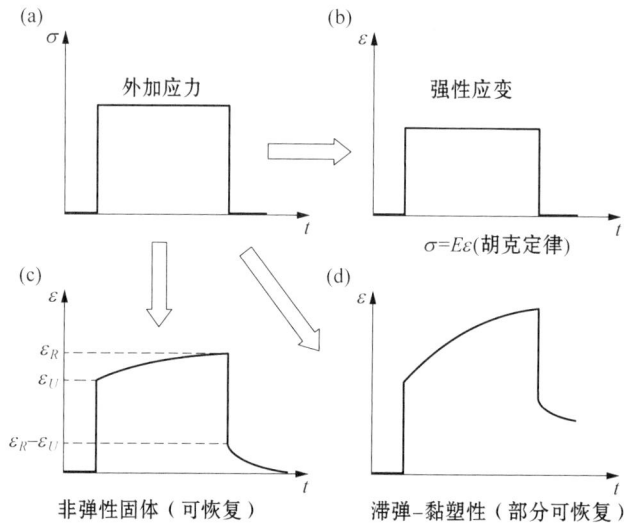

图 10.32　突变加卸载时应变对恒定应力的响应

(a) 外加应力；(b) 理想弹性固体；(c) 非弹性固体；(d) 滞弹-黏塑性材料

　　在工程实践中，循环加载非常重要。根据线性滞弹性理论，正弦变化的应力和应变可以用复数符号进行数学表达：

$$\sigma^* = \sigma_0 e^{i\omega t}, \tag{10.62}$$

$$\varepsilon^* = \varepsilon_0 e^{(i\omega t - \delta)}, \tag{10.63}$$

式中，σ_0、ε_0 分别为初始应力、应变幅值。f 是振动频率，对应圆频率 $\omega = 2\pi f$。相位滞后 δ 为损耗角。则复模量为：

$$E^* = \frac{\sigma^*}{\varepsilon^*} = \frac{\sigma_0}{\varepsilon_0} e^{i\delta(\omega)} = E(\omega)(\cos\delta + i\sin\delta) = E'(\omega) + iE''(\omega), \tag{10.64}$$

式中，实数量 $E(\omega)$、$E'(\omega)$ 和 $E''(\omega)$ 分别称为绝对动态模量，储能模量和损耗模量。由上式引入损耗因子$(\tan\delta)$为：

$$\tan\delta = \frac{E''}{E'}, \tag{10.65}$$

由于式(10.62)、式(10.63)中的实部组成了椭圆的参数方程，作为应力-应变滞后环，耗散能量 ΔW 的计算表明，损耗正切与以前更普遍定义的"内耗"或"阻尼"(10.59)是相同的。因此，

$$\tan\delta = \frac{\Delta W}{2\pi W} = Q^{-1}, \tag{10.66}$$

对金属和合金中的阻尼机理进行了综合的研究。动态滞后阻尼通常是扩散控制的，其特点是在施加和消除低应力时，小的残余应变能够完全恢复，尽管恢复速度相对较慢。静态滞后阻尼包括具有瞬时应力松弛和仅能通过反向应力消除的微小永久残余应变的系统。阻尼机理也可以根据其来源进行解释：缺陷阻尼、热弹性阻尼、磁性阻尼和黏滞阻尼(由微观或宏观塑性引起)。缺陷阻尼包括点缺陷阻尼、位错阻尼、晶界缺陷阻尼和界面缺陷阻尼，是一种内在固有的阻尼源，是缺陷在材料中的循环运动引起的内耗的结果。另外 3 种类型的阻尼机构是外在非固有阻尼源的例子，它们是由材料的块体响应所引起的。

除应力应变幅值和循环加载频率外,温度是影响材料阻尼性能的最主要因素。对于大多数金属材料,由于热协助脱钉的作用,降低了不全位错与钉扎缺陷之间的结合力,增加了某种程度损伤应变幅值的位错数量,极大地提高了阻尼能力。另一方面,随着温度的升高,变形金属材料会发生一些组织恢复和/或再结晶,导致缺陷密度降低,从而降低阻尼能力。因此,温度具有正反双重效应。此外,应变引起的相变(如马氏体相变)也会显著影响材料的阻尼性能。

对于金属玻璃,随着温度的升高,阻尼性能变化显著。在 $T_x - T_g$ 的温度窗口内(T_x 为结晶温度;T_g 为玻璃化转变温度)金属玻璃化合金变得黏稠,其行为类似于熔融石英玻璃。其阻尼能力 Q^{-1} 可达 $2 \sim 3$。

表 10.8 收集了一些有代表性的金属、合金、陶瓷和聚合物的阻尼能力,以便对阻尼性能进行定量测量时参考和对比。对于大多数金属和合金,它们的阻尼能力通常远小于 1,即 $Q^{-1} \ll 1$。但有些金属和合金表现出较大的阻尼能力,如 Mg 和 Mn-7Cu 合金。橡胶和聚合物通常比大多数金属材料表现出更大的阻尼能力。应该注意,金属玻璃中获得的非常大的阻尼能力($Q^{-1} > 1$)是由于它们在玻璃化转变温度以上具有黏弹性性质。

高阻尼材料的典型应用是控制或降低机械系统、移动车辆、海军舰艇和潜艇、飞机和航天飞机等的振动和噪声。高阻尼材料能最大程度地吸收和阻隔振动和噪声。另一方面,一些高精度的仪器或振动传感器应采用低阻尼材料。在工程应用中,阻尼材料的强度和刚度也非常重要。一般来说,高强度、高刚度的金属材料阻尼能力相对较低。具有更大阻尼能力的橡胶和一些聚合物总是柔性的。几种常用材料的阻尼能力与刚度的关系如图 10.33 所示。同时具有高阻尼能力和高刚度的材料(见图 10.33 右上角区域)是很少见的,也是新材料研究的目标。

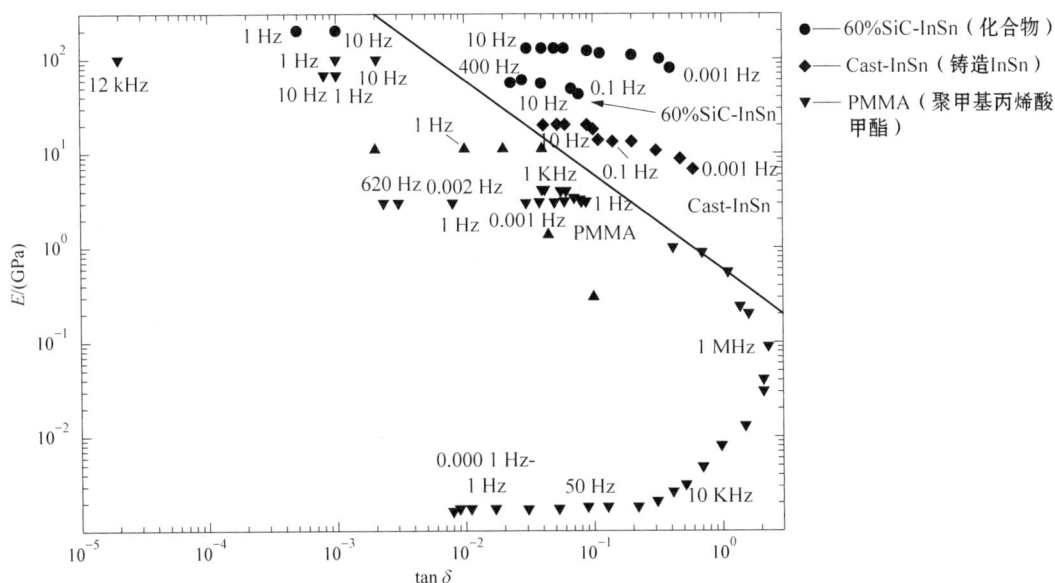

图 10.33　几种常用材料的阻尼能力与刚度关系曲线

表 10.8 一些有代表性的金属材料和陶瓷的阻尼能力

	材料	试验	ε_0 (×10⁻⁶)	$T/℃$	f/Hz	Q^{-1} (×10⁻³)	标注
纯金属	Al	轴向	0.2—50	25—440	—	0.03—6	纯
	Cu	扭转	20—100	20—250	—	5—100	纯,44%断面收缩
	Fe	扭转	~80	-150—70	0.83	2—20	热处理的
	Mg	弯曲	—	—	60—400	14—60	99%纯度,铸造
	Re	扭转		900—1600		20—100	热处理的
	Ti	扭转		400—650	0.5	1—70	晶粒尺寸=19 μm
合金	2014 Al alloy	扭转	—	10—130	2.2—124	0.1—0.6	热处理的
	Brass	弯曲			50—600	3—6	拉拔
	Co-20Fe	扭转	100—600			15—30	热处理的
	Fe-13Cr	扭转	150—900			6—60	锻造的
	Grey cast iron	扭转	60—540			30—90	
	Mn-7Cu	轴向	Low strain			100—700	热处理的
	Ti alloy	弯曲	60—1800	-200—250		0.08—1	
	Nitinol(55Ni-45Ti)		350	RT	Low freq.	41.3	
陶瓷	Al_2O_3	Axial		0—1200		0.01—1	单晶,预形变
	Al_2O_3-0.25% La_2O_3			900 1250		24—60	
	BN	弯曲	260	25—250		28—40	
	Carbon/Carbon				14900	92	复合材料
	Graphite		1—100	~25	~1000	5—15	
	SiC	弯曲		26	1—5000	1.1—2.5	晶须
	ZrO_2			0—230	4	2.0—10.5	耐火材料
金属玻璃	$Co_{70}Fe_5Si_{15}B_{10}$			27—427	2—6	1—70	淬火态
	$Fe_{10}Ni_{10}P_{11}B_6$			20—500	~1	0.5—20	熔纺无定形+退火
	$Pd_{77.5}Ag_6Si_{16.5}$			370	~0.1	900	熔纺无定形
	$Pd_{10}Ni_{10}P_{20}$			326—331	0.08	~2000	熔纺无定形
	$Zr_{52.5}Ti_5Cu_{17.9}Ni_{11.6}Al_{10}$			27—527	90—2500	0.1—8	熔纺无定形
	$Zr_{41.2}Ti_{13.8}Cu_{12.5}Ni_{10}Be_{22.5}$			427—452	1	500—3300	块体非晶
聚合物和橡胶	neoprene rubber					670	
	PTFE					189	
	PMMA					90	
	PA-66					40	
	Acetal					30	
	Epoxy					30	

10.6.2　压电

压电是在某些固体材料(如晶体、陶瓷和生物物质,如骨、DNA 和各种蛋白质)中积累的电荷对施加的机械应力的反应。材料的压电效应是一个可逆的过程,其表现出直接压电效应(当一些机械力或压力(应变)被应用于一个压电组件上,一些电荷或电压诱导在压电材料),也表现出逆压电效应(如果一些电荷或电压施加在压电材料,材料发生反应生成一些机械力和应变)。这些直接和反向压电效应形成了使用压电材料分别作为传感器和驱动器的基础。

1880 年,居里(Curie)兄弟用电气石、石英、黄玉、蔗糖和酒石酸钾的晶体首次证明了直接压电效应。石英和酒石酸钾钠具有最大的压电性。李普曼(Lippmann)在 1881 年根据热力学原理对反向压电效应进行了理论预测。压电与晶体结构之间的一些关系最初是居里建立的,但最严格的是沃格特(Voigt)在 1894 年确定的。

压电效应的产生与固体中的电偶极矩的产生密切相关,电偶极矩是系统中正负电荷分离的一种度量。在不对称电荷环境下(如 $BaTiO_3$ 和 $Pb[Zr_xTi_{1-x}]O_3$),晶格上的离子可能会产生电偶极矩。在低对称晶体中,由于晶胞中正离子和负离子的相对位移,在外力作用下发生形变时,导致正负电荷的不均匀运动,由此产生晶体的宏观极化。晶体表面电荷密度等于极化强度在表面法向的投影。后者可以很容易被计算,即晶胞的单位体积偶极矩的相加。因为每个偶极子都是一个矢量,所以偶极子密度 ρ 就是一个矢量场。相互靠近的偶极子倾向于被调整而形成区域,称为韦斯畴(Weiss domain)。畴的位向通常是随机的,但可以通过极化的过程来调整(类似,但不相同的磁极化)。当施加机械应力时,极化 P 发生变化,从而产生压电效应。这可能是由偶极诱导周围的重新配置或由在外部应力的影响下分子偶极矩的再取向引起的。

对于线性压电晶体,施加在表面的力 F 感生的电荷 Q 与力成正比:

$$Q = d \cdot F, \tag{10.67}$$

式中,d 为压电常数。显然,压电常数越大,压电效应越明显。

考虑到力和电荷都是矢量(各方向的力和各表面的电荷积累是不同的),压电线性本构方程可表示为

$$P_i^j = d_{ij} \cdot \sigma_j, \tag{10.68}$$

式中,P 和 σ 分别表示单位面积的电荷和力;下标 i 表示晶体的极化方向,即电荷表面垂直于 X 轴(或 Y 轴、Z 轴),三方标注为 $i=1,2,3$。上标或下标 j 表示直角坐标中的三个正应力和三个切应力,即,$j=1,2,\cdots,6$。P_{ij} 表示当力在 j 方向(即,沿 i 方向的极化强度)作用时,沿 i 方向的电荷累积的表面密度。σ_j 表示沿着 j 方向的应力,d_{ij} 是沿 j 方向施加应力,而在 i 方向产生电荷时的压电常数。

一般而言,晶体(压电材料)的压电特性可以用其压电常数矩阵表示:

$$d_{ij} = \begin{bmatrix} d_{11} & d_{12} & d_{13} & d_{14} & d_{15} & d_{16} \\ d_{21} & d_{22} & d_{23} & d_{24} & d_{25} & d_{26} \\ d_{31} & d_{32} & d_{33} & d_{34} & d_{35} & d_{36} \end{bmatrix}. \tag{10.69}$$

对于反向压电效应,线性压电本构方程可表示为

$$\varepsilon_h = d_{hk} \cdot E_k, \tag{10.70}$$

式中,ε_h 表示在 h 方向上的应变,$h=1,2,\cdots,6$。E_k 表示在 k 方向施加的电场,$k=1,2,3$。反

向压电效应的压电常数与正向压电效应的压电常数相等,并一一对应。

$$d_{hk} = \begin{bmatrix} d_{11} & d_{12} & d_{13} \\ d_{21} & d_{22} & d_{23} \\ d_{31} & d_{32} & d_{33} \\ d_{41} & d_{42} & d_{43} \\ d_{51} & d_{52} & d_{53} \\ d_{61} & d_{62} & d_{63} \end{bmatrix}。 \tag{10.71}$$

反向压电效应的压电常数矩阵是正向压电效应的转置矩阵。对于一个特定的晶体,由于晶体的对称性,矩阵的 18 个分量可以被简化。例如,石英晶体的压电常数矩阵可以表示为

对于正向压电效应: $d_{ij} = \begin{bmatrix} d_{11} & -d_{11} & 0 & d_{14} & 0 & 0 \\ 0 & 0 & 0 & 0 & -d_{14} & -2d_{11} \\ 0 & 0 & 0 & 0 & 0 & 0 \end{bmatrix}。 \tag{10.72}$

对于反向压电效应: $d_{hk} = \begin{bmatrix} d_{11} & 0 & 0 \\ -d_{11} & 0 & 0 \\ 0 & 0 & 0 \\ d_{14} & 0 & 0 \\ 0 & -d_{14} & 0 \\ 0 & -2d_{11} & 0 \end{bmatrix}。 \tag{10.73}$

由于压电效应与晶体的对称性有关,因此可以从晶体点群中识别出压电晶体。在晶体对称的 32 个点群中,有 11 个点群具有中心对称的(对称元素成为对称中心)。其中,压电张量的所有分量都等于零,故它们不是压电晶体。由于立方系统具有高度的对称性,所以以 432 点群(无对称中心)分类的晶体也不是压电晶体。压电晶体只能存在于表 10.9 所列的其他 20 个点群中。在这 20 个组晶体中(表现出正向压电效应),有 10 组是极性晶体,它们表现出自发的极化,不需机械应力的作用,因为与晶胞关联的电偶极矩不为零,并表现出热电性。如果偶极矩可以在电场作用下反转,则该材料也具有铁电性。

表 10.9　介电晶体类型

21 个没有对称中心的晶体,其中 20 个是压电晶体	极性晶体(热电性晶体)(10 种)	1,2,3,4,6,m,mm2,3m,4mm,6mm
	非极性晶体(11 种)	222,−4,422,−42m,32,−6,622,−6m2,23,−43m 432(without piezoelectric effect)
11 种有对称中心的晶体		−1,2/m,mmm,4/m,4/mmm,−3,−3m,6/m,6/mmm,m3m,m3

在大量的压电材料中,压电陶瓷因其显著的压电效应而备受关注。含有钙钛矿、钨青铜及其相关结构的陶瓷家族具有压电特性。钛酸钡($BaTiO_3$)是最早发现的压电陶瓷。它的固体从高温到低温可以存在五种相:六方、立方、正方、正方和菱方晶结构。除立方相外,所有相均表现出铁电效应。钛酸钡曾用于麦克风和其他传感器,但主要被锆钛酸铅(也称为 PZT)所取代。后者是目前使用的最常见的压电陶瓷。

钛酸锆铅($Pb[Zr_xTi_{1-x}]O_3$，$0 \leqslant x \leqslant 1$)是一种具有 $PbZrO_3$ 和 $PbTiO_3$ 钙钛矿结构的固溶体，如图 10.34 所示。钛酸铅是铁电性的，其居里温度为 492℃，锆酸铅是反铁电性的，居里温度为 232℃。两者的结合导致居里温度高于 350℃。通过改变 PZT 的成分和掺杂，可以调节其压电效应。它通常掺杂有产生氧(阴离子)空位的受体或产生金属(阳离子)空位并促进材料畴壁运动的供体。供体掺杂产生的软 PZT 具有较高的压电常数，但由于内耗在材料中造成较大的损失。受体掺杂产生了硬 PZT，其中畴壁运动被杂质压制，从而降低了材料中的损失，但降低了压电常数。与其他铁电材料相比，PZT 具有更好的压电和介电性能，其 d_{15}、d_{33}、d_{31} 分别高达 7×10^{-10} C/N、5×10^{-10} C/N、-2×10^{-10} C/N。其机电耦合系数达到 0.7。

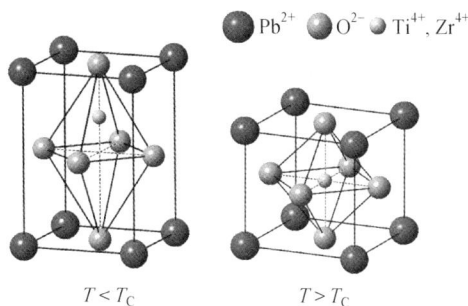

图 10.34　锆钛酸铅的晶胞结构

其他重要的压电材料有铌酸锂($LiNbO_3$)和聚偏二氟乙烯(PVDF)。前者为三角晶系，缺乏反演对称，如图 10.35 所示，具有明显的压电效应。后者是一种高度无电抗热塑性氟聚合物，由偏二氟乙烯聚合而成。其化学结构如图 10.36 所示。

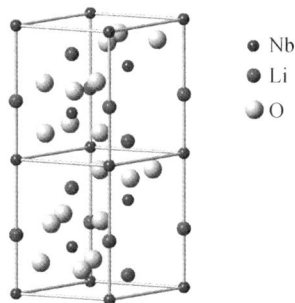

图 10.35　铌酸锂晶胞结构

图 10.36　PVDF 的化学结构示意图

1969 年发现 PVDF 具有较强的压电效应。极化 PVDF 薄膜(置于强电场下诱导净偶极矩)的压电常数高达 $6—7 \times 10^{-12}$ C/N，是其他聚合物的 10 倍。与 $BaTiO_3$、$LiNbO_3$ 和 PZT 等其他常用压电材料不同，PVDF 的 d_{33} 值为负。这意味着 PVDF 在同样的电场中会压缩而不是膨胀，反之亦然。

早在第一次世界大战时，压电材料就已应用于电声换能器中。人们利用压电效应使石英晶体中产生声波，采用的是郎之万(Langevin)提出的方法。酒石酸钾钠是第一个具有铁电材料性质的晶体，在第二次世界大战之前已广泛应用于水下声传感器中。此后，压电材料被广泛应用于信息通信、工业自动化、医疗诊断、自动化和交通控制等领域，以及国防工业。典型应用可分为以下几类：①用于汽车、自动化和医疗设备的传感器上，如压力和冲击波传感器、流量传感器、质量敏感传感器和加速度传感器。适用于这些应用的压电材料包括柔软的 PZT、$LiNbO_3$ 基片、PVDF 片和石英片的环、片和盘。②执行器和马达，如变压器、双晶片执行器、多层执行器、打印机和喷射系统，用于小型化、紧凑型马达和变压器、微型泵、精密定位设备和光学仪表、针驱动器和喷墨器，以及汽车燃油阀。棒、板、管、环、软硬 PZT 的多层陶瓷和 PZT

薄膜中都有应用。③声音与超声,即麦克风和扬声器、大功率换能器和产生冲击波、蜂鸣器、空气超声、超声成像、水声学和雾化器,用于电话、机械加工、超声波清洗、碎石、声音警报、测距仪、入侵警报、医疗诊断、声源的位置和探测器、石油雾化器、增湿器和气雾剂。这些应用主要是基于各种形状的软、硬 PZT 和 PZT 薄膜的使用。④频率控制和信号处理,即表面/体声波装置、机械频率滤波器、频率-时间标准,用于无线通信的无源信号处理、识别和传感、精确频率控制和滤波。这些应用包括 PZT、$LiNbO_3$、$LiTaO_3$ 和石英单晶。⑤自适应装置用于主动噪声、振动消除、自适应控制等。由于压电常数较大,各种形状的软 PZT 最适合这种应用。⑥燃气、燃料点火。最适合这些应用的材料是硬 PZT 气缸。

10.6.3　磁致伸缩

铁磁性材料在外加磁场作用下会伸长(或缩短),在去掉外加磁场后又恢复到原来的尺寸。这种现象称为磁致伸缩效应(或磁致伸缩)。1842 年,詹姆斯·焦耳(James Joule)在观察一个铁样本时首次发现了这种现象。物理上,当磁场作用在铁磁性材料上时,其体积和长度都会发生变化。但是长度的变化比体积大得多。某些过渡金属合金和铁氧体陶瓷的长度变化幅度约为 10^{-5} 至 10^{-6},而铽-镝-铁化合物($TbFe_2$、$TbFe_3$ 和 $Tb(Dy)Fe_2$)等巨磁致伸缩材料的长度变化幅度高达 10^{-3}。

磁致伸缩效应源于材料的磁化过程。它是晶格中的原子磁矩与弹性键长的相互作用的结果。对于铁磁性材料,其微观结构是由磁畴组成的,每个磁畴都是均匀的磁极化区。在区域内,在交换相互作用的影响下,磁矩沿局部各向异性所决定的方向排列。当施加磁场时,畴界会发生位移,畴会旋转,由于原子体积的形状各向异性,导致材料的尺寸发生变化。

在铁磁性材料中存在着几种不同类型的磁各向异性、磁晶各向异性、形状各向异性、磁弹性各向异性和交换各向异性。它们确定了磁性材料的易轴和各向异性磁致伸缩效应。如果在材料上施加一个与易磁化轴成角度的磁场,材料将倾向于重新调整其结构,使易磁化轴调整到磁场方向,从而使系统的自由能最小化。由于不同的晶体方向与不同的长度有关,这一过程导致了材料中的磁致伸缩。显然,磁致伸缩效应的大小取决于磁畴的方向和外加磁场的方向。对于多晶材料,较大的磁致伸缩只出现在择优晶体取向的微观结构中。

为了测量磁致伸缩,磁致伸缩系数(λ)被引入,其等于沿着磁化方向伸长(L_H)与材料原始总长度(L_0)之比,其表达为

$$\lambda = \frac{L_H - L_0}{L_0},\qquad(10.74)$$

磁致伸缩系数的单位一般取 ppm。如果 $\lambda > 0$,则材料沿磁化方向延伸,称为正磁致伸缩,例如铁。如果 $\lambda < 0$,材料就会缩短,称为负磁致伸缩,例如镍。

反磁致伸缩效应(也称为磁弹性效应或维拉里(Villari)效应)是指材料在受到外部机械应力时磁性状态的变化。它主要用于应力和扭转传感器。

此外,铁磁材料中还存在其他磁致伸缩效应。当一根有电流流过的铁磁棒置于纵向磁场中时,它就会扭曲。这个效应是由德国物理学家魏德曼(Wiedemann)在 1858 年发现的。魏德曼效应就是一种由电流产生的纵向磁场和圆形磁场结合形成的磁场中的磁致伸缩效应。如果电流(或磁场)是交变的,杆子就会开始扭转振荡。杆的扭转角(θ)可以由电流密度和杆的磁弹

性特性(用线性方法)来定义:

$$\theta = j\frac{h_{15}}{2G},\qquad(10.75)$$

式中,j 为电流密度;G 为剪切模量;h_{15} 为磁弹性参数,其与纵向磁场值成正比。

马泰乌奇(Matteucci)效应在热力学上与魏德曼效应相反。它最初被发现是通过一个交流脉冲电压出现在交流磁场施加平行于高磁化率棒轴的两端上。在这种情况下,杆被扭转并固定。在更一般的表达式中,马泰乌奇效应是磁化致伸缩材料在受扭矩作用时磁化率的螺旋各向异性。当铁磁丝被扭曲时,其首选磁化方向转变为螺旋路径。如果与应力相关的磁应变能密度大于磁各向异性,则所有自旋均沿该方向旋转。这种应力值称为饱和扭矩。应用扭矩将纵向磁通与轴向磁通耦合,在其末端产生电压下降。通过加工后处理(扭转或扭转下退火)引入螺旋畴结构,该效应最大化。马泰乌奇效应用于机械传感器。

此外,吉尔曼(Guillemin)效应也与磁致伸缩有关。它与由磁致伸缩材料制成的一根弯曲磁棒在受到沿磁棒轴线方向施加的磁场作用时变直的趋势有关。

可见,特定铁磁材料的磁致伸缩幅度与磁化初始阶段的外部磁场强度有关。外加磁场引起的材料磁化强度的变化会改变材料的磁致伸缩应变(即磁致伸缩系数),直至达到饱和值(即最大值:λs),如图 10.37 所示。此外,温度、合金成分、晶体有序度和晶体取向对铁磁材料的磁致伸缩系数均有显著影响。例如,多晶镍的饱和磁致伸缩随温度的变化,如图 10.38 所示。合金的成分是改变影响磁致伸缩系数的相互作用的另一种方法。加入非磁性金属后,镍合金的磁致伸缩减小。但钴、锰、铁的加入对磁致伸缩有积极的影响,因为饱和矩随加入量的增加而增大。Pd 被确定是增加镍的磁致伸缩的元素。对于 $Fe_{50}Co_{50}$ 合金,有序态的磁致伸缩明显大于无序态的磁致伸缩。在测量单晶时,可以发现磁致伸缩应变随晶体取向而变化。因此,控制晶粒择优取向(如单向凝固)可以促进更大的磁致伸缩。

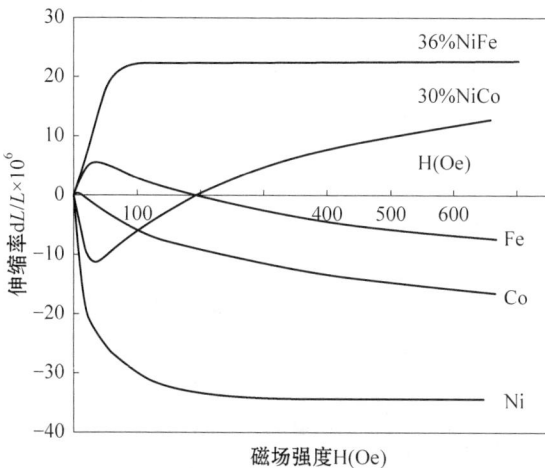

图 10.37　一些常见物质的磁致伸缩(dL/L)随磁场强度(H)的变化曲线

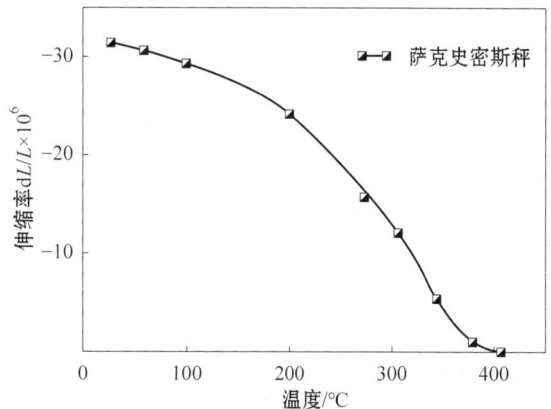

图 10.38　多晶镍的磁致伸缩随温度变化

在铁磁性金属中,铽和镝在 20 世纪 60 年代被发现具有非常大的磁致伸缩。由于其各向异性大,相变温度低,不适合实际应用于一般需要在常温下相对较小的磁场作用下的工作。它

们的化合物 $TbFe_2$ 和 $DyFe_2$ 在室温下不仅被观察到有高的磁致伸缩,而且有高的各向异性,这需要高的场强度来饱和磁化。因此,这些化合物仍然不适合作为实际应用。为了弥补这一缺陷,开发了伪二元合金 $(Tb_{0.3}Dy_{0.7})Fe_2$,该合金在室温下各向异性常数很小,从而提高了磁导率,降低了矫顽力。早期的工作表明,沿着 $[111]$ 轴的磁致伸缩在 240 K 和 15 kOe 下可达 $2\,000 \times 10^{-6}$,在室温和同样磁场强度下磁致伸缩可达 $1\,640 \times 10^{-6}$。

磁致伸缩效应的本质是电脉冲可以转换为机械脉冲,反之亦然。这使得它可以用于生产机电换能器,特别是用于获得高强度超声波、磁致伸缩振荡器和高稳定性滤波器、存储延迟线路等。近二十年来,利用稀土-铁巨磁致伸缩材料研制出了大功率水声声纳换能器,在水下通信和海洋探测中发挥了重要作用。也可用于微位移驱动、减振、降噪、智能机翼、机器人、阀门、泵、燃油喷射、浮动采油等。

10.7　功能高分子材料

10.7.1　导电高分子材料

根据组成的不同,导电高分子材料可分成两类,一类是复合型。由普通的聚合物与导电物质(银、炭黑、石墨烯等)复合,制备得到的具有一定导电性能又有良好加工性能的复合材料,如防静电的塑料袋,导电胶等;另一类是本征型。是依靠分子结构而导电的,如聚苯胺(PAN)、聚噻吩(PTP)、聚吡咯(PPY)、聚乙炔(PPA)等。在聚乙炔等导电高分子被制备以前,高分子一直被认为是绝缘的。这是由于通常的高分子链以共价键相连,电子不能在高分子链上移动的,呈现电中性。20 世纪 70 年代,美国化学家艾伦·马克迪尔米德(A. G. Macdiarmid),物理学家艾伦·黑格尔(A. J. Heeger)和日本化学家白川英树(H. Shirakawa)等研究发现,掺杂碘的聚乙炔具有金属的特性,由此颠覆了高聚物只能用作绝缘材料的观念,三位科学家一起荣获了 2000 年诺贝尔化学奖。从此,导电高分子的研究和应用成为高分子领域的热点,已经在多个领域得到应用。所以,本征型导电高分子是指其本身或经过"掺杂"后具有导电性的一类高分子材料,其特点是既具有高分子的特征,同时又具有导电的特征。下面重点介绍本征型导电高分子材料。

1. 导电高分子的主要类型及导电机理

与金属及非金属导电机理不同,导电高分子是分子导电,而金属及非金属是晶体导电。本征型导电高分子根据导电机理的不同,可以分为三类:一是,载流子为电子的电子导电聚合物;二是,载流子为正负离子的离子导电聚合物;三是,以氧化还原反应为方式的进行电子转移的氧化还原型导电聚合物。下面分别加以叙述:

(1) 电子导电聚合物。电子导电聚合物的载流子是聚合物中的自由电子或空穴。这类导电聚合物的分子结构具有大的共轭 π 电子体系,主链上由单键和双键胶体组成,定域的 σ 键保证高分子主链上的化学连接,半定域半离域的 π 键的存在提供了自由电子离域迁移的条件,但是,π 电子虽然具有一定的离域能力,但并不是自由活动的电子,只有当共轭链的结构足够长时,才具有一定的导电能力,如聚乙炔由长链的碳分子以 sp2 键链接而成,每一个碳原子有一个价电子未配对,且在垂直于 sp2 面上形成未配对键。其电子云互相接触,会使得未配对电子很容易沿着长链移动,实现导电能力。图 10.39 是常见导电高分子的名称及结构式。

聚乙炔PA

聚对苯PA

聚吡咯PP

聚对苯硫PPS

聚噻吩PT

聚对苯乙炔PPV

聚3-甲基噻吩P3MT

聚咔唑PCB

聚硫萘PTIN

聚1,6-庚二炔PHF

聚3-烷基塞吩

聚喹啉PQ

聚3-磺烷基噻吩
R：$CH_2CH_2SO_3Na$
P_3ETSNa

聚苯胺

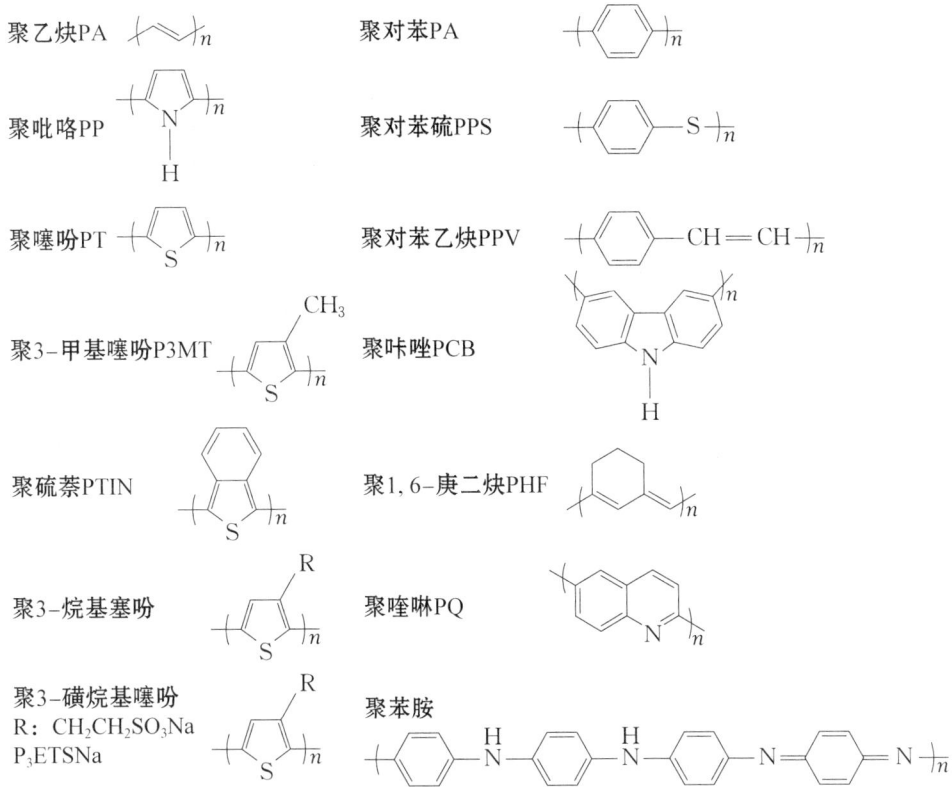

图 10.39　常见导电高分子的名称及结构通式

（2）离子型导电聚合物。离子型导电高分子需要满足两个条件：聚合物具有可定向移动的离子；聚合物本身对离子具有一定的溶剂化能力。无论是线型、支化、还是交联聚合物，完整的晶体结构不可能存在，一般是非晶态或半结晶态。非晶区扩散传导离子导电理论认为，离子导电聚合物的导电方式通过非晶区的传输过程传导离子实现导电。在 T_g 以下，聚合物呈现固态，分子链处于冻结状态，离子不能在聚合物中进行扩散，没有导电能力。在 T_g 以上，聚合物的链段开始运动，聚合物中含有的小分子离子在电场的作用下，在聚合物链上作一定的定向扩散运动，从而具有导电性。温度越高，聚合物的流动性越强，导电能力也越高，但是机械强度会有所下降。

（3）氧化还原型导电聚合物。氧化还原型导电聚合物的侧链或主链上带有可进行可逆氧化还原反应的活性基团，通常其导电机理可认为是：当电极电位达到活性基团的还原电位（或氧化电位）时，靠近电极的活性基团将首先被还原（或氧化），而从电极得到（或失去）一个电子。与此相对应，生成的还原态（或氧化态）基团通过同样的还原反应（氧化反应），将得到的电子传给相邻的基团，如此循环往复，将电子从一侧电极传送到另一侧电极，完成电子的定向移动，实现导电。如将金属元素引入高聚物主链得到的金属有机高聚物，当其中的过渡金属原子存在混合氧化态时，电子直接在不同氧化态的金属原子间传递，从而实现导电，如聚二茂铁（见图 10.40），当加入电子受体，使其中的部分二价铁被氧化成三价铁，形成混合价态，就从电绝缘体变成半导体。

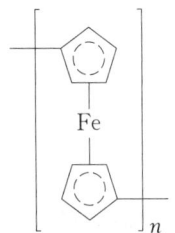

图 10.40　聚二茂铁的结构式

2. 导电高分子的掺杂

实际上,纯的导电高分子的导电性一般不高,这是由于纯的导电高分子分子链中各 π 键的轨道之间存在着一定的能级差,受此限制,在电场作用下,电子不能在共轭的高分子链上自由移动。为了提高这类导电高分子的导电能力,需要使用氧化剂或还原剂对聚合物进行处理,通常把这一过程称为"掺杂"。掺杂是将部分电子从聚合物分子链中迁移出来或注入聚合物分子链中,通过这种方法,出现能量居中的半充满能带,减小能带间的能量差,从而减小载流子(自由电子或空穴)迁移的阻力,使空穴或额外电子可以在分子链上移动,实现导电能力的大大提升。导电高分子的掺杂与无机半导体的掺杂的对比具有本质的不同,见表 10.10。

表 10.10　导电高分子的掺杂与无机半导体掺杂的对比

无机半导体中的掺杂	导电高分子中的掺杂
本质是原子的替代	是一种氧化还原过程
掺杂量极低(万分之几)	掺杂量一般在百分之几到百分之几十之间
掺杂剂在半导体中参与导电	只起到对离子的作用,不参与导电
没有脱掺杂过程	掺杂过程是完全可逆的

在导电高分子中掺杂后,其导电能力受到掺杂剂的种类、掺杂量、温度、共轭链长度等多种因素的影响。掺杂的方式有多种,主要有氧化还原掺杂,电化学掺杂,以及质子酸掺杂。典型的氧化还原掺杂示意图如图 10.41 所示。

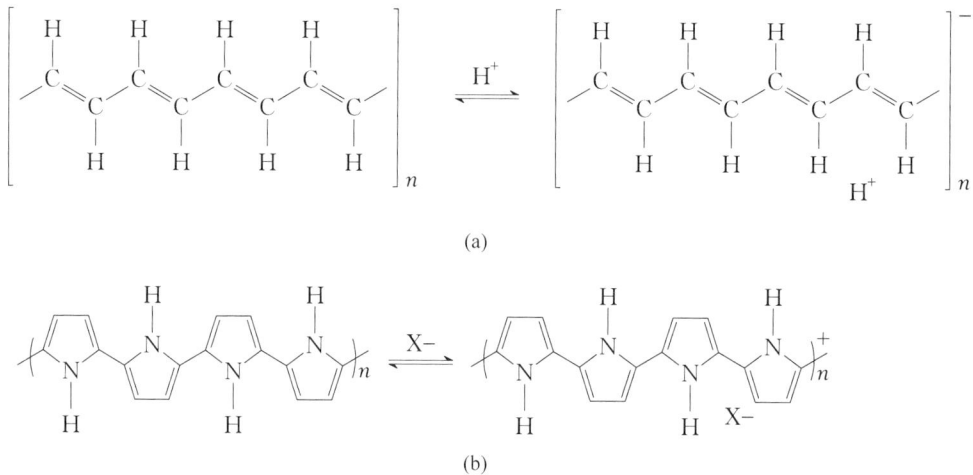

(a)

(b)

图 10.41　典型聚合物的掺杂示意图
(a) 聚乙炔(还原或 n-掺杂);(b) 聚吡咯(氧化或 p-掺杂)

(1) 氧化还原掺杂。通过其他物质与共轭聚合物发生氧化还原反应,给出或接受电子,促进电荷的转移,而提高导电性。根据物质给出或接受电子的能力不同,将掺杂分成 n 型(和 p 型两种方式。n 型掺杂,也叫还原掺杂,指的是共轭聚合物与给电子的物质,如碱金属 Na、K 等作用,形成的掺杂;相对应的,当共轭聚合物与易于接受电子的物质,如 I_2 等相互作用,形成的掺杂就叫 p 型掺杂,即氧化掺杂。具体的是,I_2 分子从共轭聚合物如聚乙炔抽取一个电子形成 I_3^-,聚乙炔分子形成带正电荷的自由基阳离子,在外加电场作用下双键上的电子可以非常容易地移动,结果使双键可以成功地沿着分子移动,实现其导电能力。导电高分子的导电性能受掺杂用量的影响。掺杂率小时,电导率随着掺杂率的增加而迅速增加;当达到一定值后,随掺杂率增加的变化电导率变化很小,此时为饱和掺杂率。不同的共轭聚合物与掺杂剂的作用是不同的,有些可进行氧化掺杂,有些进行还原掺杂,有些共轭聚合物两种掺杂都能进行。

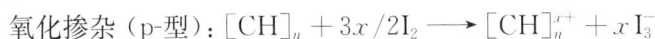

氧化掺杂（p-型）：$[CH]_n + 3x/2I_2 \longrightarrow [CH]_n^{x+} + xI_3^-$

还原掺杂（n-型）：$[CH]_n + xNa \longrightarrow [CH]_n^{x-} + xNa^+$

（2）电化学掺杂。将导电聚合物涂在正电极或副电极上,用电化学的方法也能进行掺杂。外加一定的电场,当掺杂阴离子 ClO_4^-、BF_4^-、PF_6^- 等时,涂上的聚合物会发生氧化反应,当掺杂阳离子如 Li^+ 时,发生的是还原反应。

常用的掺杂剂有 $LiClO_4$、$NaCl(C_2H_5)4N(BF_4)$ 等。与氧化还原掺杂相比,电化学掺杂更可控。与其他的掺杂方式相比,电化学掺杂的优势还体现在,能够实现导高分子的合成与掺杂的同时进行,这是由于高聚物单体可在一定的电场下发生电化学聚合,如果将单体涂敷在电极上,会形成品质很好的膜。

（3）质子酸掺杂。这种掺杂方式是通过导电高分子与质子酸反应实现的掺杂,称为质子酸掺杂。如聚苯胺、聚吡咯等,与氧化还原掺杂不同,质子酸掺杂不改变聚合物主链上电子的数目,仅造成能级的重排。研究得最多的就是聚苯胺的掺杂（见图 10.42）,掺杂的酸既包括无机酸（盐酸、硫酸等）,也包括有机酸（十二烷基苯磺酸、苯磺酸）等。

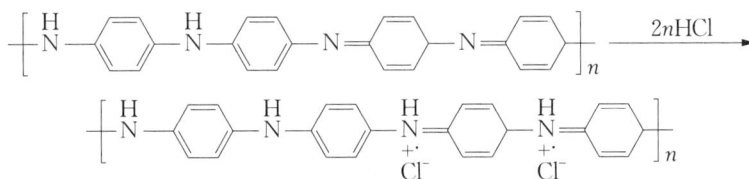

图 10.42　聚苯胺的质子酸掺杂

对金属晶体而言,温度升高导电性降低,这是由于温度升高引起的晶格振动阻碍了其在晶体中的自由运动;而对于聚乙炔这些导电的高分子,温度升高导电性增加,这是因为温度的升高有利于电子从分子热振动中获得能量,克服其能带间隙,实现导电过程。

3. 导电高分子的应用

导电高分子不仅可以掺杂,而且还可以脱掺杂,并且掺杂—脱掺杂的过程完全可逆。对于共轭聚合物掺杂不仅改变电导率,还能带来许多新的性能,其中特别引人注目的是颜色的变化,通过可逆的氧化还原过程实现颜色的变化,称为电致变色。如聚苯胺膜涉及的是质子酸的掺杂和脱掺杂,由于存在多种不同的掺杂状态,在电场作用下可以发生多种颜色变化（见图 10.43）。导电高分子材料比金属导体轻,对光电具有各向异性,易于成膜加工,可利用外界条件,如光、电、热、压力等改变或调节导电体的物理性质,可通过设计分子结构合成特种功能的导电性材料。虽然导电高分子材料的发展只有五十多年的历史,但由于这门学科本身有着极其巨大的学术价值和应用前景,所以吸引了世界各国的科学家从事该领域的研究。在隐身技术、显示器、电池、电子器件、生物医药、传感器等方面得到广泛的应用。下面主要介绍在电致变色和电致发光两方面的应用。

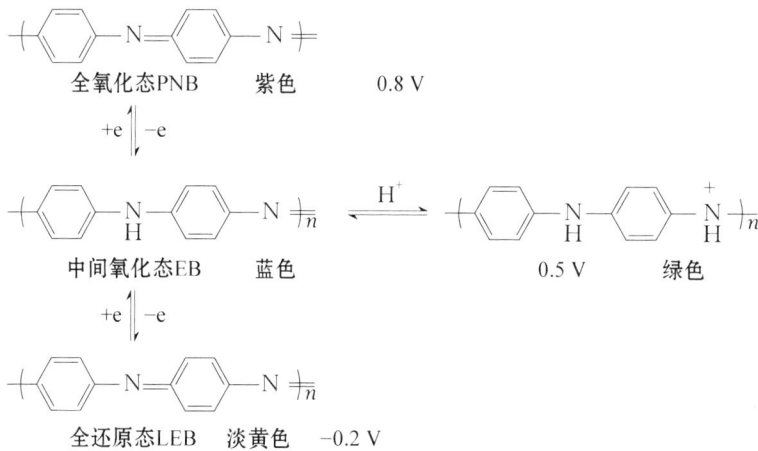

图 10.43　聚苯胺在不同氧化态下的颜色变化

10.7.2　电致变色高分子材料

电致变色材料指的是当对材料施加外加电压时,材料表现出色彩的变化。这种现象的本质是在电场作用下材料的化学结构发生了改变,从而引起材料吸收光谱的变化。

从材料的组成来看,电致变色材料可分为两类:无机和有机电致变色材料。无机电致变色材料,主要是一些过渡金属的氧化物和水合物。有机电致变色材料又可分为有机小分子和高分子变色材料。导电高分子的电致变色是可逆变色,应用很广。

与其他无机或有机小分子电致变色材料相比,有机高分子电致变色材料最大的优点是保持了高分子的良好加工性。高分子电致变色材料按结构可分成四类:①主链共轭型导电高分子材料;②侧链带有电致变色结构的高分子材料;③小分子电致变色材料与聚合物的共混物;④接枝物、高分子化的金属配合物。

1. 主链共轭型导电高分子材料

主链共轭的导电高分子在发生氧化还原掺杂时,分子轨道能级发生改变,引起颜色的变化,这种掺杂过程完全是可逆的。由此可见,导电高分子都有可能是电致变色材料,如聚吡咯、聚噻吩、聚苯胺及其衍生物,它们在可见光区都有较强的吸收带,这些线性共轭聚合物发生氧化还原掺杂时,由于分子电子轨道能级的变化,其最大吸收波长将发生改变,吸收光谱变化的范围也在可见光区,因此在掺杂和非掺杂状态下颜色要发生可逆的变化,如聚吡咯的氧化态呈蓝紫色,还原态呈黄绿色,通过外加电场下掺杂和脱掺杂可以控制聚吡咯的颜色变化。导电聚合物既可以氧化掺杂(也叫 p-型),也可以还原掺杂(n-型)。在作为电致变色材料使用时,两种掺杂方法都可以使用,但是以氧化掺杂比较常见。电致变色材料的颜色取决于导电聚合物中价带和导带之间的能量差,颜色变化的幅度取决于在掺杂前后能量差的变化。聚噻吩的氧化态呈蓝色,还原态呈红色。表 10.11 是部分导电高分子材料的颜色变化。

表 10.11　部分导电高分子材料的颜色变化

高分子材料	氧化态颜色	还原态颜色
聚吡咯	蓝紫色	黄绿色
聚噻吩	蓝色	红色
聚苯胺	深蓝	绿色

其中,聚吡咯由于化学性质不稳定,实际应用较少。而聚噻吩和聚苯胺化学性质稳定性好,电致变色性能优良。聚噻吩的电致变色性能比较显著,响应速度快,得到了广泛的关注。通过控制取代基,能够调节聚噻吩的颜色,如聚 3-甲基—噻吩在氧化态呈深蓝色而在还原态时呈红色。而聚 3,4-二甲基—噻吩在还原态时则呈淡蓝色,更加可贵的是通过调节噻吩环上的取代基,还可以改善其溶解性能,以改善其加工性能。如以聚噻吩的低聚物接枝在聚乙烯侧链,能够得到柔性的薄膜材料,其吸收光谱带变窄,颜色更纯。

聚苯胺属于应用最广泛的导电高分子材料之一,其最大优势在于在电极电位改变过程中,聚苯胺呈现多种明显的颜色变化。在−0.2~1.0 V电压范围内,聚苯胺的颜色变化依次为淡黄—绿—蓝—深蓝(黑)。聚苯胺的制备通常是在酸性溶液中利用化学或电化学方法实现的,它的电致变色性与溶液的酸度紧密相关。在苯环上,或者在氨基氮原子上引入取代基可以调节聚苯胺电致变色性能,如聚邻苯二胺(淡黄—蓝)、聚苯胺(淡黄—绿)、聚间氨基苯磺酸(淡黄—红)。

2. 侧链带有电致变色结构的高分子材料

这种高分子材料的主链通常由柔性较好的饱和碳链构成,起固定小分子,调节材料的力学性能和加工性的作用;侧链是具有电致变色性能的小分子,为材料提供电致变色功能的作用。这种电致变色材料是通过接枝或共聚等反应,将小分子电致变色化学结构通过化学键的作用连接到聚合物的侧链上。

侧链带有电致变色结构的高分子材料,能够保持原有小分子的电致变色性能,将高分子材料的稳定性和小分子变色的高效率集于一体,具有很好的应用前景。这种材料的电致变色原理与带有的电致变色小分子是相同的,如带有紫罗精(1,1′—双取代基—4,4′—联吡啶)结构的高分子材料的颜色变化归因于不同氧化态时,紫罗精吸收光谱发生如同小分子状态时同样的变化而出现的。

3. 高分子化的金属配合物电致变色材料

将具有电致变色作用的金属配合物通过高分子化方法连接到聚合物主链上可以得到具有高分子特征的金属配合物电致变色材料。其电致变色特征主要取决于金属络合物,而力学性能则取决于高分子骨架。

最典型的就是高分子酞菁。当酞菁上含有官能团氨基和羟基时,可以利用其化学特性,采用电化学聚合方法得到高分子化的电致变色材料。例如 4,4′,4″,4-四氨酞菁镥、四(2-羟基—苯氧基)酞菁钴等通过氧化电化学聚合都得不到理想的高分子产物。

4. 共混型高分子电致变色材料

通过物理共混的方法,将小分子电致变色材料与高分子混合,高分子电致变色材料与常规高分子混合,高分子电致变色材料与其他电致变色材料进行混合,也能得到高分子电致变色材料。这种材料的电致变色性质、稳定性、可加工性等都有一定的改善,而且方法简单,产业化应用广泛。

10.7.3 电致发光高分子材料

具有共轭结构的导电高分子的另一个特性是其的光性能,包括光致荧光和电致发光。共轭结构导电高分子的光致荧光与一般有机化合物的光致荧光是相似的,都是在吸收一定波长的光后,发射较长波长的光。共轭结构高分子的共轭程度比有机化合物大得多,因而能隙较小,吸收光可以覆盖从紫外到红光的很宽光谱范围,因而大多共轭聚合物颜色都很深,表现出的荧光价值不高。

与光致发光相比,导电高分子的电致发光特性的实用价值更引人注目。20 世纪 80 年代以 8-羟基喹啉铝为发光物质的有机发光二极管(OLED)的突破,展现了 OLED 平板显示的诱人前景,也暴露了稳定性方面的不足。当 1990 年 Friend 报道了聚苯亚乙烯(PPV)的电致发光特性后,聚合物发光二极管(PLED)的研究掀起了新的热潮。三十年来,在理论上和技术上都有了长足的发展。

1. 电致发光的机理

电致发光,指的是在电极间施加一定的电压后,两电极间的聚合物薄膜发出一定颜色的光,其原理如图 10.44 所示。图中的 ITO(掺铟氧化锡)和 Ca(金属钙)电极分别是正、负电极,ITO 是透明的,因而从 ITO 侧可以进行颜色和强度的观测。

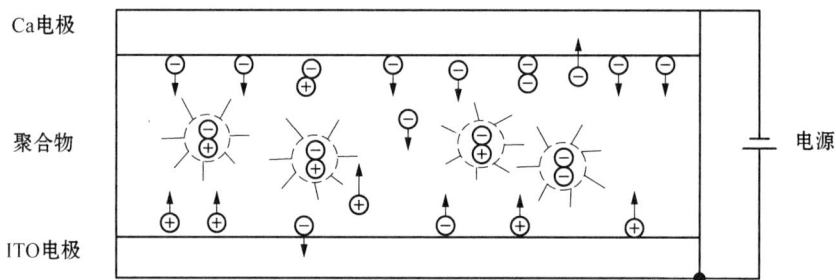

图 10.44 聚合物电致发光原理示意图

研究发现,聚合物的电致发光与光致荧光有类似的发光机理,即"激子"机理。在光致荧光中,激子是由光照产生形成的,而在电致发光中,激子是由从正负极注入的载流子(电子和空穴)的复合形成的。因此,聚合物发光二极管的发光过程可概括为:电子(或空穴)的注入→电子(或空穴)的迁移→电子(或空穴)的复合,即激子的形成→激子辐射跃迁而发光。遗憾的是,人们对电子(或空穴)以及它们复合所形成的激子的本质(电子)还不太清楚。其过程如图 10.45 所示。

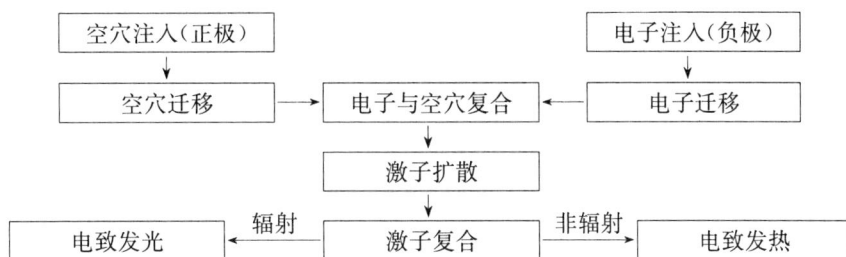

图 10.45　电致发光示意图

2. 电致发光高聚物聚苯亚乙烯（PPV）

聚苯亚乙烯即聚苯乙炔（polyphenylenevinylene，PPV）是苯和乙炔的交替共聚物。PPV 有着引人注目的特性：一是，PPV 具有导电性，因其具有苯环和乙烯交替的共轭结构，掺杂方法简单易行；二是，可用"可溶性前体"的简单方法来制备，比其他导电高分子如 PPP 的制备容易；三是，它是为数不多的浅色的导电聚合物之一，应用范围更广。PPV 被认为是导电性、溶解加工性、可应用性兼具的导电高分子材料品种。

在 20 世纪 90 年代，人们在测定 PPV 的电流—电压曲线时，发现加到一定的电压后，材料发出了黄绿色的光，从而揭开了聚合物发光二极管（PLED）研究的新篇章。PPV 的可溶性前体合成方法如图 10.46 所示。

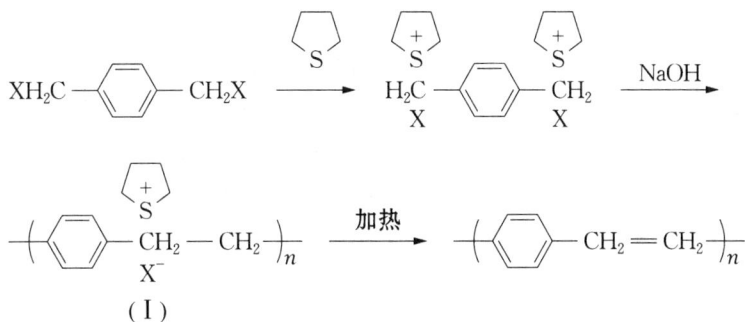

图 10.46　PPV 的可溶性前体合成方法

其中，X 可以是卤素 Br 或 CI，溶剂可以是四氢噻吩、二甲基硫醚或二乙基硫醚。聚合后，将聚合物（I）溶于水，除去 NaX，通过浇铸成膜或旋涂成膜，经 150～300℃真空处理，即得到最终产物 PPV。

3. 电致发光聚合物发光二极管（PLED）

最简单的高聚物发光二极管（PLED）如图 10.47（a）所示，由 ITO 导电玻璃正极、金属负极和高分子发光层组成。它们分别从正、负极注入空穴、电子，这些载流子在电场作用下相向运动，复合形成激子，发生辐射跃迁而发光。PLED 的发光效率受很多因素的影响，包括正、负极上的注入效率，正、负载流子数的匹配程度、载流子的迁移率等。

为了提高发光效率，可以在器件设计上进行改进：一是，设计多层结构。通过在发光层的两侧,各增加一个载流子的传输层,利用提升与相关电极能级的匹配,提高载流子的注入效率。这种结构的优势在于能够确保载流子的复合发生在发光层内,或者是发生在发光层与传输层的界面上,可以减少被电极表面陷阱截获的可能。这种多层结构设计,优势是弥补了单一高分子材料无法与两种电极材料能级匹配,无法有效地传输两种载流子的问题,从而有效地提升了器件的发光效率,如图 10.47(b)所示。二是,改变电极材料或进行电极表面修饰,以减小与相邻有机层之间的注入位垒,从而提高注入效率。

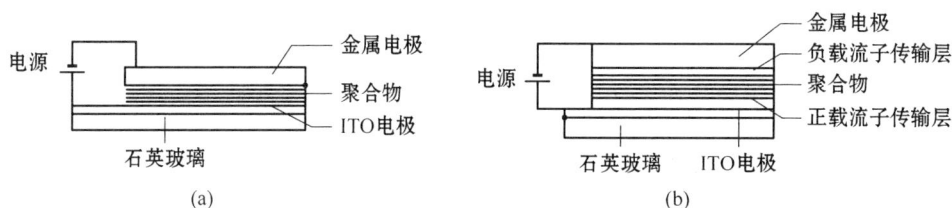

图 10.47　单层、多层结构 PLED 和电源节石英玻璃聚合物
(a) 单层结构；(b) 三层结构

　　PLED 所用的材料,包括正、负极材料,发光材料和载流子(电子或空穴)传输材料。发光材料研究得比较多的是聚苯亚乙烯 PPV 类高分子,包括被取代的 PPV 和 PPV 的共聚物。其中最具代表性的取代 PPV 的是 2-甲氧基—5-(2-乙基)已氧基取代 PPV(MEH-PPV),由于它能够溶解在普通的有机溶剂中,可以利用旋涂法成膜,应用非常方便。这是由于,苯环上的烷基取代或烷氧基取代基,不仅起到了增溶作用,还起到隔离发色团的作用,从而减小了激基缔合物生成的几率,有利于发光效率的提高。另一种典型的取代 PPV 的是 CN-PPV,即被苯环上双己氧基所取代,乙烯上被氰基取代的 PPV,它的发光波长为 710 nm(红光),CN-PPV 可与 PPV 组成双层 PLED,发光量子效率达到 4%。其他的电致发光聚合物,如取代聚对苯、聚吡啶、聚噻吩—亚乙烯、聚乙炔、聚芴等,这些聚合物的发光范围覆盖了可见光的各个波段,显示了有机聚合物在发光色彩上具有调控性。在发光效率上,以 PPV 类聚合物为最佳,但是其发光稳定性有望提高,主要因为分子链上的亚乙烯基容易氧化。

10.7.4　形状记忆高分子材料

　　1989 年,日本科学家高木俊宜首次提出了"智能材料"(Intelligent materials)的概念,指对环境变化具有感知、调节和修复功能的材料。根据材料的基本组成,智能材料可分为金属基、无机非金属基、高分子基智能材料和复合型智能材料。高分子基智能材料由于高分子的长链结构,多层次结构和多种分子间相互作用力,能够敏锐地感知外界环境的细微变化,并作出一定的响应,又称刺激响应聚合物材料。早在 1970 年,日本科学家田中丰一就观察到智能高分子的现象,他在加热聚丙烯酰胺凝胶时,发现凝胶在升温过程中,发生了从不透明到浑浊的现象,继续升高温度,凝胶又变成透明的,这是一种典型的温敏响应性聚合物。根据外部环境刺激因素,可将智能材料分为三类:物理刺激型、化学刺激型和生物刺激型。物理刺激型:包括应力、电场、磁场、光照、辐射等;化学刺激型:包括温度、湿度、酸碱度(pH 值)、离子浓度、化学物质等;生物刺激型:包括葡萄糖、蛋白质、酶、炎症因子等。近年来,具有多重刺激和多重响应的智能材料也越来越受到人们的关注。

由于智能高分子材料具有灵敏的外界刺激响应性,又具有与生物体高度相似的化学结构,在传感器、驱动器、人工肌肉、药物载体、柔性机器人等方面有广阔的应用前景。下面分别介绍几种典型的智能高分子材料:形状记忆高分子、智能高分子凝胶、智能高分子复合材料、智能高分子膜和智能高分子纤维等。

形状记忆材料是指具有一定的初始形状的制品,在一定的条件下(如温度、光、电、磁等)实施变形,并将这种变形状态保存下来,当材料再进行加热、光照或者改变电场或磁场等条件时,能使制品形状回复到其初始形状的材料。

形状记忆材料不仅有金属,也有聚合物。早在 1964 年,美国科学家 Rainer 等人就报道,聚乙烯经过 γ 射线辐射后,具有形状记忆效应。相较于合金等形状记忆材料,形状记忆高分子材料(shape memory polymer,SMP)除了质量轻、成本低、易着色等特性外,还具有以下特点:

(1) 形变量高。形状记忆合金的变形量一般<10%,而形状记忆高分子的形变量一般>400%;

(2) 形状记忆温度具有可调节性。对于形状记忆合金,由于组成是确定的,其形状的回复温度通常也是固定的;而形状记忆高分子材料可通过高聚物的化学组成和结构的设计进行调节,相应的其形状记忆的温度可以调节;

(3) 形状回复所需要的应力小。形状记忆合金的形状回复应力可达 1470 MPa,而形状记忆高分子通常只需要 $10\sim29$ MPa 的应力;

(4) 耐疲劳性能差。形状记忆高分子材料的重复形变次数一般不能超过 5000 次,而形状记忆合金能够达到上万次。

1. 形状记忆高分子的分类及机理

实质上,形状记忆聚合物是一种聚合物网络结构。形状记忆聚合物网络中包含两种功能的结构(见图 10.48),一种为负责触发形状记忆效果的结构,被称作开关结构;另一种为负责记忆聚合物原始形状的结构,称为固定结构。

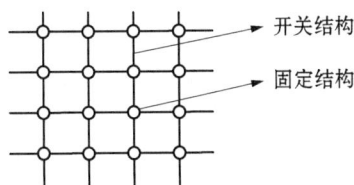

图 10.48 形状记忆高分子的基本结构特征

开关结构和固定结构对应了二相结构,即由记忆起始形状的固定相和随温度变化可逆地固定与软化的可逆相组成。

可逆相为物理交联结构,是结晶或非晶的分子链或链段,如 T_m 较低的结晶态,T_g 较低的玻璃态,而固定相可分为物理交联结构和化学交联结构。

以物理交联结构(即 T_m 或 T_g 较高的一相在较低温时形成的分子缠绕)为固定相的形状记忆高分子材料称为热塑性形状记忆高分子。其中一种是固定结构为相分离导致的微区结构的形状记忆聚合物。例如,聚氨酯嵌段共聚(PU)形状记忆聚合物(见图 10.49),其软段相作为可逆相而硬段富集相作为固定相。另外一种物理交联型形状记忆聚合物是以分子链缠结形成的物理交联点为固定相的形状记忆聚合物。其特点是高分子量,这使得聚合物内部存在大范围的物理缠结。在聚合物的形变过程中,这些缠结可以阻止分子链的相互滑移,起到固定相的作用(见图 10.50),如聚降冰片烯,其分子量高达 300 万,远高于普通的塑料。聚降冰片烯的形状记忆开关温度为其玻璃化转变温度 T_g($35\sim45℃$)。

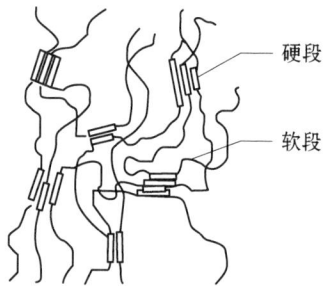

图 10.49　线形嵌段形状记忆聚合物 PU

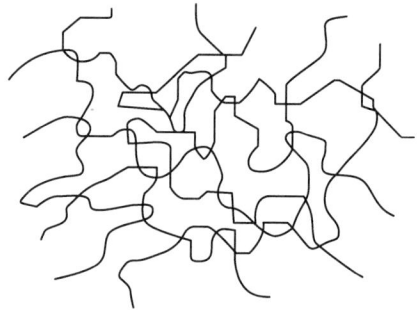

图 10.50　以分子链缠结为固定相的形状记忆聚合物

以化学交联结构为固定相的形状记忆高分子称为热固性形状记忆高分子。作为固定结构的化学交联键将分子链连接起来,并形成交联网络结构,固定结构为化学交联键,交联网络的熔点或玻璃化转变温度为形状记忆聚合物的开关温度(见图 10.51)。例如,形状记忆交联聚乙烯(即热收缩聚乙烯)的熔点为其开关温度,而形状记忆环氧树脂的玻璃化转变温度为开关温度。

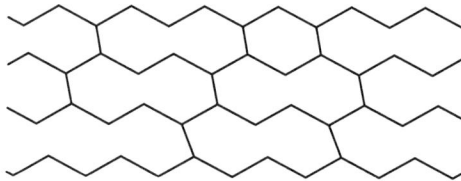

图 10.51　化学交联型形状记忆聚合物

由此可见,形状记忆高分子是一类新型的功能高分子,其形状记忆效应是指当外部条件(电、温度、光、酸碱度等)发生变化时,可相应地改变开关并将其形状固定。如果外界环境以特定的方式和规律再次发生变化,它们便可逆地恢复至起始态的一类高分子材料。其分类更多的是根据引起形状记忆效应的外界刺激条件进行分类的,主要分为四类(见图 10.52)。

图 10.52　形状记忆聚合物的主要类型

(1) 热致型形状记忆高分子(热致型 SMP)。其特征是在室温以上制品发生变形,并在室温以下固定形变,当温度升到某一特定温度时,高分子材料能迅速回复到初始形状。

热致型 SMP 的本质是利用温度控制形状记忆的过程。可通过两相结构模型解释其机理。两相模型的关键是两相,其中一相是固定相,能够记忆初始形状;另外一相是可逆相,指在外界温度变化时能够进行可逆的硬/软转变的相。固定相和可逆相有不同的软化温度,固定相相对较高。根据结晶或非晶结构不同,可能是高分子的熔点(T_m)或玻璃化转变温度(T_g)。固定相可以是物理交联结构,也可以是化学交联结构。可逆相是物理交联结构,可以是能在熔融温度T_m上下发生结晶/熔融可逆转变的结晶相结构,也可以是在T_g上下发生可逆的玻璃态与橡胶态转变的相结构。

高分子形状记忆的过程主要描述如下(见图 10.53):第一步,形变发生阶段,将温度升高至一定的温度,通常控制在可逆相和固定相软化温度之间,此时对材料施加外力,结果可逆相高分子链发生取向,高分子材料发生形变;第二步,形变保持阶段,将温度降至可逆相软化温度之下,可逆相中取向的高分子链被"冻结",高分子材料的宏观形变得到保持;第三步,形状回复阶段,将温度升到形状记忆温度范围内的某一温度,使可逆相中的高分子链发生硬/软转变,高分子链由于熵弹性的驱动回复到初始状态,材料的宏观形状回复到初始形态,完成高分子的热致形状记忆过程。在玻璃化温度T_g以下,聚合物为玻璃态,链段的运动是冻结的,表现不出形状记忆效应,当T升高到玻璃化温度以上时,链段解冻,开始运动,受

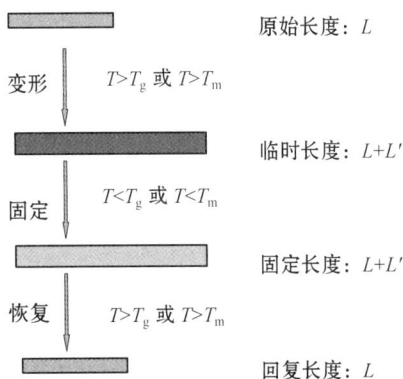

图 10.53　热致型形状记忆
高分子的形状记忆过程

力时,链段很快伸展开,外力去除后,又可以恢复原状。由链段所产生的这种高弹形变是聚合物具有形状记忆效应的先决条件。所以,热致型形状记忆聚合物具备的条件有:①聚合物本身应具有结晶和无定形的两相结构,且两相结构的比例适当;②在玻璃化温度或熔点以上的较宽温度范围内呈现高弹态,并具有一定强度,以利于变形;③在较宽的环境温度条件下具有玻璃态,保证在贮存条件下冻结应力不会释放。

(2)电致型形状记忆高分子(电致型 SMP)。在热致型 SMP 的基础上,通过其与导电填料(如石墨烯、金属、炭黑、导电高分子等)的复合制备得到。这种复合材料在电场的作用下,导电填料将电能传化为热能,使体系的温度升高,达到材料形状的效果。

(3)光致型形状记忆高分子(光致型 SMP)。这种类型的高分子的主链或侧链上光致变色基团,在光照射的情况下,光致变色基团能够发生异构化,使高分子链的微观结构发生变化,进而引起宏观结构的形变;当停止光照时,这种异构化会发生可逆的反应,使高分子链回到初始状态,从宏观上观察,材料回复到了初始形状。

(4)化学感应型形状记忆高分子(化学感应型 SMP)。指除了光、热、电以外,通过高分子材料周围环境的刺激和变化发生变形和形状回复的一种响应过程,包括湿度、pH 值、离子浓度响应等。如具有软硬段链结构的聚氨酯(polyurethane,PU)就是一种典型的湿度响应SMP,在玻璃化转变温度(T_g)以上高分子材料会发生形变,降温可以得到固定。这种形状记忆效应的原理,主要是由于空气中(或环境中)水分的吸入引起的,水分的吸入降低了 PU 分子间的相互作用力,使T_g降低,当这一温度降低到室温时,聚氨酯链段就开始运动,导致形状的回复。

2. 形状记忆高分子材料的应用

与形状记忆合金相比,形状记忆高分子由于形变量高、形状回复温度可调节、形状回复所

需要的应力小等优势得到广泛的关注,人们一直致力于开发其应用,目前主要的应用方向(见图 10.54)总结为以下几个方面。

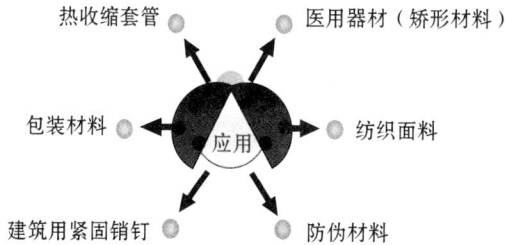

图 10.54 形状记忆高分子材料的应用方向

(1)生物医药。生物医药领域的应用是形状记忆高分子材料最令人瞩目的方向。最典型的就是,替代传统的石膏和绷带以起到固定作用。其优势在于,能够根据创伤部位的形状进行记忆设计,通过加热,软化高分子材料然后固定到创伤部位。伤愈后,只用通过加热,就可以方便地拆除。见图 10.55。

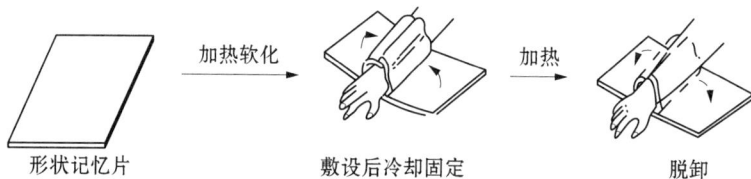

图 10.55 代替传统的石膏和绷带易于脱卸的形状记忆聚合物敷料

(2)热收缩套管。形状记忆高分子材料在工业上的典型应用,是制备热收缩套管(见图 10.56)。其原理是:通过辐射将含有交联剂的聚合物管材内部产生局部的交联结构,然后使其径向膨胀,冷却固化。在使用时,将管材套在需要包覆或者连接的物体上,加热到软化温度,套管就会收缩回到初始形状,将物体紧紧包裹。热收缩套管在日常生活和国防军工领域的应用非常广泛,如仪器内部的线路集合、电线电缆的端部密封、钢管线路连接处的防护等,意义重大。

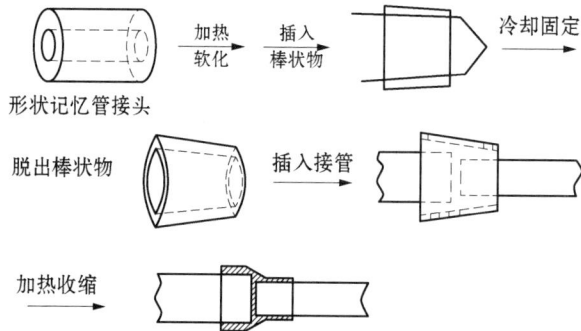

图 10.56 形状记忆热收缩管用于异径管的连接

形状记忆高分子材料在工业上的另一个典型应用,是铆钉的连接(见图 10.57)。

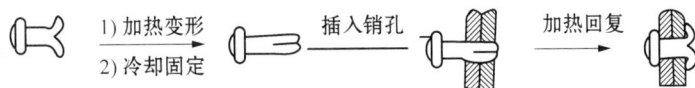

图 10.57　形状记忆铆钉的连接

(3) 包装材料。与热收缩套管用形状记忆高分子材料的原理相似,将形状记忆高分子材料加工成筒状薄膜,可以套在需要包装的产品外,通过简单的加热,薄膜会发生收缩而牢固地包裹在产品外,从而实现产品的自动化包装。

(4) 制备保暖透湿织物。形状记忆材料有记忆触发温度,当环境温度低于触发温度时,聚合物大分子链段的运动处于冻结状态,分子链排列致密,阻止了热、气体等的传递,因此低温下具有良好的保暖性。当环境温度高于触发温度时,高分子链段解冻,其链间间隙明显增大,织物的透气、透湿性显著提高,因此,高温下具有良好的透气透湿性。

形状记忆高分子的应用还有很多,如自动开闭阀门、火灾报警装置的热敏部件、汽车部件等。

10.7.5　智能高分子凝胶

高分子凝胶由高分子网络和液体组成,其中高分子以三维交联网状结构存在,交联网络中封闭着大量的液体,液体一般是高分子的良溶剂。高分子凝胶虽然含有大量液体,却没有流动性,能够像固体一样保持一定的形状。

从高分子化学的角度看:体型缩聚反应进行到一定程度时,反应体系的黏度会突然增加,并且出现具有弹性的凝胶,这种现象称作凝胶化。此时,体系中包含两部分,一部分是凝胶,是巨型网络结构,不溶于一切溶剂;另一部分是溶胶,其分子量较小,被笼罩在凝胶的网络结构中。

从物理化学的角度讲:凝胶是一种特殊的分散体系,其中胶体颗粒或高聚物分子互相联结,形成网状结构,在网状结构的空隙中充满了液体(在干凝胶中的分散介质也可以是气体)。

根据交联方式的不同凝胶可以分为物理凝胶和化学凝胶两种。物理凝胶通过氢键、库仑力、配位键以及物理缠结形成网络结构。化学凝胶通过共价键形成交联(见图 10.58)。根据凝胶尺寸可分为微凝胶和宏观凝胶。依据介质是液体还是气体可分为凝胶和干凝胶(气凝胶),液体又可分为水和有机溶剂两类。以水为介质的凝胶称作水凝胶,以有机溶剂为介质的凝胶称作有机凝胶。目前,水凝胶的研究和应用占主要地位。

根据来源可分为天然凝胶和合成凝胶两大类。天然凝胶由生物体制备,例如琼脂、魔芋、肌肉、蛋白质;合成凝胶是通过人工合成的交联高分子,例如隐形眼镜、高吸水性树脂、芳香剂等。

事实上,自然界中生物体内的器官和组织构成中含有大量的生物高分子水凝胶,它们具有对外部的刺激迅速作出响应的特征。最典型的例子是海参:如果用手去碰一下它柔软的身体,它就会一下变得像木头一样坚硬,但如果将它在手中紧捏一会,它就会慢慢地溶变成滑溜溜的

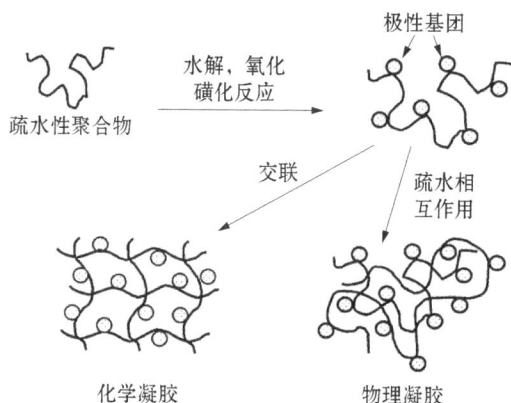

图 10.58　化学凝胶和物理凝胶合成示意图

图 10.59　海参体壁的器官是一种
生物高分子水凝胶

液体从你手中逃走。海参柔软的躯体在软和硬之间迅速变换的现象本质,是海参体壁的器官是一种生物高分子的水凝胶(见图 10.59),它在外界环境的刺激下会吸附钙离子,引起内部微结构的变化,使体壁变硬。启迪于这些自然界大量存在的生命现象及机理,近些年,智能高分子凝胶的设计和开发引起了人们的极大关注。

1. 智能高分子凝胶的响应原理

智能高分子凝胶也称为刺激响应性高分子凝胶,指的是一类在外界刺激后,其自身性质会发生比较明显变化的高分子凝胶。根据刺激来源的不同,可将智能高分子凝胶分为温度响应型、pH 值响应型、光响应型和电场响应型等不同的类型。

(1) 温度响应型。温度响应型智能高分子凝胶是指随着外界环境的温度改变,凝胶结构(主要是体积)会发生变化。一般的情况是,当温度高于某一临界值时,凝胶的体积会发生突跃性变化,即体积相转变。该临界温度被称为体积相转变温度(volume phase transition temperature,VPTT)。在水凝胶体系中,VPTT 也被称为最低临界溶解温度(low critical solution temperature,LCST)。根据这一温度前后的凝胶体积变化的不同方式,分为热缩型和热胀型温度响应高分子凝胶两种,前者是在温度>LCST 时发生体积收缩,后者则相反。

聚 N-异丙基丙烯酰胺(PNIPAM)基水凝胶是最典型的热缩型温度响应高分子水凝胶,其 LCST 温度在 32℃左右。其体积变化原因在于:在温度低于 LCST(32℃)时,PNIPAM 分子链上的氨基与水分子之间形成了大量的氢键,PNIPAM 分子链从卷曲状变为伸展状,水凝胶呈现溶胀状态,凝胶内部存在大量水;而当温度升高到 LCST 以上时,PNIPAM 分子链与水分子间的氢键被大量解离,高分子链收缩,凝胶的体积急剧收缩,大量水被排出到凝胶以外。

热胀型温度响应型高分子水凝胶(Macromolecules,1994,27,947),最典型的是聚丙烯酸(PAAc)和聚 N,N-二甲基丙烯酰胺(PDMAAm)所形成的互穿网络(interpenetrating network,IPN)结构的水凝胶。当温度<60℃时,凝胶体系上 PAAc 分子链上的羧基与 PDMAAm 侧链上的羰基之间形成了分子间氢键,体积收缩,水分子被排除;当温度>60℃时,这些分子间的氢键发生解离,凝胶网络发生溶胀,体积膨胀。

由上可见,温度响应型水凝胶的溶胀主要与高分子的亲疏水性、氢键的形成与破坏有关。

通过在热缩型水凝胶的高分子链上引入亲水性基团,能够增加高分子链与水形成的氢键的数目,相应地要破坏这些氢键就需要更多的能量,LCST 温度会提高。通过提高交联网络的密度,也会增加破坏氢键需要的能量,LCST 也会一定程度得到提高。

(2) pH 响应型。pH 敏感性凝胶一般是聚电解质凝胶,其分子中的基团随环境 pH 的变化显示出不同的解离程度,从而显示出不同的亲水性能,凝胶也就表现出溶胀和收缩两种性能。通常,这类凝胶的高分子主链中含有可电离的基团,如羧基、氨基等,属于聚电解质。这些具有可电离基团对 pH 刺激响应的作用主要有:①外界环境中 pH 值的变化,导致可电离基团解离程度的改变,引起凝胶体系内外的离子浓度差;②pH 值的变化引起的基团解离,会破坏凝胶内部存在的氢键,引起凝胶网络的交联点的减少,相应使凝胶溶胀;③可电离的离子化会产生荷电基团,这些带有相同电荷的基团之间的静电排斥力,对凝胶网络的溶胀产生影响。重要的是,通过对 pH 的调控,控制可电离基团的解离过程,最终达到调控凝胶的溶胀和收缩过程。典型的 pH 响应型智能高分子凝胶,包括聚丙烯酸(PAA)、聚甲基丙烯酸(PMAA)、聚二乙基氨基甲基丙烯酸乙酯(PDEAEMA)等。

根据组成凝胶的高分子链上带电基团的电荷不同,pH 响应型水凝胶主要分两种:阴离子型和阳离子型。也就是,阴离子型高分子水凝胶中高分子链上有大量的阴离子基团,如羧基和磺酸基。聚甲基丙烯酸基水凝胶即是一种典型的阴离子型水凝胶,在碱性条件下,羧酸官能团发生电离,大量羧酸根负离子间的相互排斥作用,使凝胶发生溶胀。相反,在酸性或中性条件下,羧酸基团无法电离,相互间形成大量氢键,使网络呈收缩状态。同样的道理,阳离子型水凝胶表现出与此相反的溶胀—去溶胀过程,如聚[(2-二甲氨基)甲基丙烯酸乙酯](PDMA),在碱性时,凝胶网络高分子链形成了氢键,分子链塌缩,凝胶呈现收缩态。在酸性条件下,由于氨基的质子化,成为正电荷,相互的排斥作用使凝胶溶胀(见图 10.60)。由于 pH 敏感性凝胶对外界 pH 变化的特殊响应,使该类凝胶在很多领域都有研究和应用。pH 敏感性凝胶的应用研究主要集中在药物传递和控释,膜分离和水净化,以及传感器等领域。

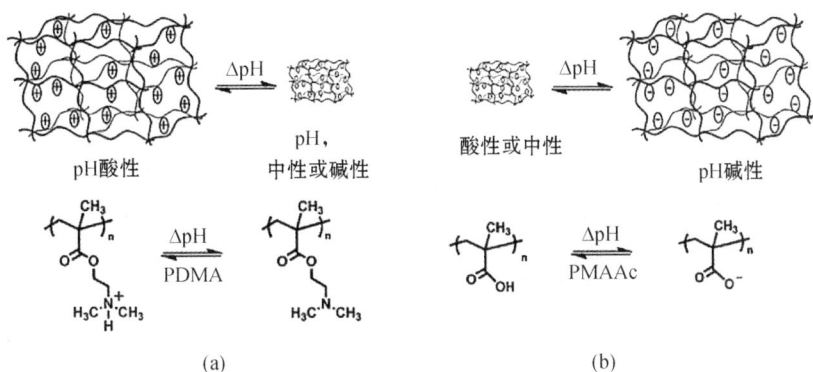

图 10.60　阴离子型和阳离子型 pH 响应水凝胶的溶胀—收缩过程
(a) 阳离子型 pH 响应水凝胶;(b) 阴离子型 pH 响应水凝胶

(3) 光响应型。光响应型凝胶指在光的照射下能够产生体积变化的凝胶。其中的光,包括紫外光、可见光、近红外光等。与其他响应智能高分子凝胶相比,光响应型的优点在于光没有破坏性、快速、剂量可控、准确度高。正因如此,光响应型要求凝胶外部材料的透光性必须较高,才能使光能够照射到凝胶上。

光响应型智能凝胶的响应过程是通过高分子链上光敏基团的反应来实现的,在光照下,光敏基团会发生异构化、光解离或光致二聚过程,这些基团的构象或偶极矩的变化,导致凝胶网络结构的变化,最终实现凝胶的溶胀和收缩。

光异构化(photoisomerization)最典型的是含有螺吡喃基团的凝胶,在光照下,这一基团从开环的亲水构象转变为闭环的疏水构象(见图 10.61)。这一过程能够发生的原因在于,闭环构象十分不稳定,只有在光照下,才能保持。当光照撤去后,基团会发生可逆转变成为开环状态,分子链的亲水性提高。

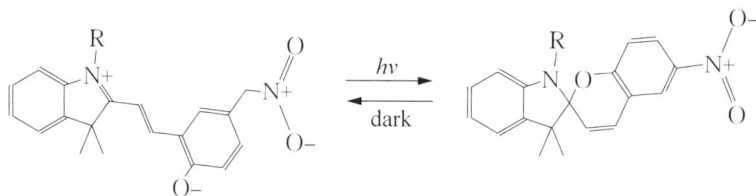

图 10.61　光照下螺吡喃分子的结构变化过程

光解离(photocleavage)过程是利用光敏基团遇光分解时产生的离子化作用,来实现光响应。这类凝胶在光照下,由于光敏基团遇光会分解,在凝胶的内部产生大量的离子,改变了凝胶体系内外的离子浓度,改变了凝胶的渗透压,使得凝胶产生溶胀或收缩现象。

光致二聚(photodimerization)过程主要是通过光照,高分子链上的基团间能够可逆地发生二聚和解聚的过程,达到凝胶的光响应性,典型的光敏分子有香豆素分子。

(4) 化学物质感应型。化学物质感应型凝胶是指通过分子设计使高分子链能够识别特定的化学物质,而且在化学物质进入凝胶体系时,引起凝胶的响应。这些化学物质,包括葡萄糖、胰岛素、酶等。典型的,例如将葡萄糖氧化酶固定在具有 pH 响应性的高分子链上,形成的凝胶遇到葡萄糖时,将其氧化为葡萄糖酸,就会引起凝胶内的 pH 值变化,通过 pH 的变化,引起凝胶体积发生变化(见图 10.62)。

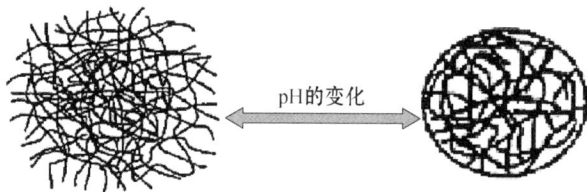

图 10.62　外界条件的变化引起凝胶的体积发生变化

2. 其他智能高分子材料

智能高分子材料的其他形式,包括智能高分子膜和智能高分子纤维。

(1) 智能高分子膜。智能高分子膜是以膜的形式对外界刺激具有感知和响应的高分子材料。智能高分子膜的关键是通过高分子膜的组成、结构和形态来实现对膜功能的控制,如智能高分子选择性分离膜、具有传感功能的传感膜和刺激响应性凝胶膜等,可用于物质的分离、人工皮肤的制取、光学器件的制造等。

智能高分子膜的常用制备方法,是将环境敏感型单体接枝在高分子链上,得到智能高分子膜。Imanishi 等人将聚丙烯酸接枝在聚碳酸酯薄膜上,制备得到了 pH 响应的智能高分子膜。当 pH<4 时,聚丙烯酸分子链因氢键解离而收缩,水通量随 pH 值的减小而增大;相反,pH 值增大时,由于接枝的分子链伸展溶胀,堵塞膜上的孔道,水通量降低。利用类似的方法,还可以制备温度响应、电场响应、光响应等智能高分子膜。

近年来,启迪于自然生物结构的 LB(Langmuir-Blodgett)膜也能用于智能高分子膜。自然生物体中有许多膜结构,具有优异的功能性,其中由双层磷脂膜组成的生物细胞膜就是最常见的生物膜。仿生物膜制备的 LB 膜,是一种超薄的有机薄膜,可通过在水和空气的界面上将两亲性高分子自组装成紧密有序的结构,形成单分子膜后转移到固体表面制得。LB 膜可用于气体的筛分,也可用于制备高灵敏度、高选择性的生物传感器等。

(2)智能高分子纤维。智能高分子纤维指能够感知外界环境变化,并对这些刺激作出响应的高分子纤维,如温度、湿度、磁场、电场、pH 值、光等。根据其外界刺激条件的不同,可将其分为 pH 响应型纤维、温度响应型纤维、光敏纤维等。

pH 响应型纤维,能在环境 pH 值变化的情况下产生体积或形态的变化,如通过气流-静电纺丝的方法制备了超细纤维丙烯腈-丙烯酸共聚物(poly(AN-co-AA))。这种纤维的直径会随 pH 值改变而发生明显的变化,具有良好的 pH 敏感性和溶胀-收缩的循环特性。

温度响应型纤维是指在纤维中引入温度响应型物质,使其在不同的温度下纤维的性能或形态产生变化。如日本企业 1992 年研制出一种聚氨酯纤维,其 T_g 为 0~60℃,将其制成薄膜并与织物复合后,该种织物的透湿率会随温度变化会发生相应的调节。这种织物在一定的温度内,随温度升高,透湿率大幅上升,也可在体温较高时有效地排汗。

与上面的设计相似,光敏纤维是在高分子链上引入生色基团或将高分子与光敏无致癌物进行混合而制备。光敏纤维可分成两种,光致变色和光导纤维。光致变色在不同波长的光照下呈现不同颜色,光导纤维则在光照下发生导电性的变化。

此外,还有压敏型凝胶和磁场敏感性凝胶。压敏性凝胶也称为触变胶,可看作是凝胶和溶胶的等温互变体系。其特点是:在不施加剪切力或压力作用时呈现凝胶态,不能流动;当施加剪切或用压力挤压时凝胶就变成可以流动的液体。一般压力敏感性凝胶网络间没有化学键存在,只存在物理交联作用。常用的制备方法有反复冷冻解冻法等。压力敏感性凝胶在航空航天领域有重要应用,例如金属化凝胶燃料和金属化凝胶推进剂。

磁场敏感性凝胶是指凝胶的溶胀和收缩随磁场的变化而变化。美国 MIT 研究组将铁磁体种植在凝胶内,当施加磁场时铁磁体发热,使周围凝胶温度升高诱发溶胀或收缩。去除磁场后,凝胶冷却,恢复至原来的尺寸。进一步将毫米到微米级凝胶珠分散在磁流体中,此时凝胶珠所占溶液体积分数甚小,溶液黏度主要取决于周围的磁流体,当这些微珠溶胀时,它们所占的溶液体积分数增大,使整个溶液黏度增大。此类流体借磁场激发可用于遥控离合器、振动阻尼器及模型系统等。

中英对照的关键词
Key Words in Chinese and English

第 1 章　原子结构与键合
Chapter 1　Atomic structure and interatomic bonding

材料的微观结构	Microstructure of materials	原子结构	Atomic structure
键合	Interatomic bonding	物质	Substance
物质的组成	Substance construction	分子	Molecule
原子	Atom	原子核	Atomic nucleus
质子	Proton	中子	Neutron
电子	Electron	电子结构	Electronic structure
薛定谔方程	Schroedinger's equation	波函数	Wave function
量子力学	Quantum mechanics	量子数	Quantum number
主量子数	Principal quantum number	角量子数	Azimuthal quantum number
磁量子数	Magnetic quantum number	自旋量子数	Spin quantum number
玻尔原子模型	Bohr atomic model	电子态	Electron state
电子构型	Electron configuration	泡利互不相容原理	Pauli exclusion principle
能量最低原理	Minimum energy principle	洪德定则	Hund's rule
元素周期表	Periodic table of elements	元素	Element
同位素	Isotope	原子序数	Atomic number
原子质量单位	Atomic mass unit (amu)	电负性	Electronegative
电正性	Electropositive	价电子	Valence electron
化学键	Chemical bond	主价键	Primary bonding
键能	Bonding energy	金属键	Metallic bond
自由电子	Free electron	电子云	Electron cloud
离子键	Ionic bond	阳离子	Cation
阴离子	Anion	库仑力	Coulombic force
共价键	Covalent bond	极性键	Polar bond
非极性键	Non-polar bond	物理键	Physical bond
次价键	Secondary bonding	范德华力	Van der Waals bond
极性分子	Polar molecule	氢键	Hydrogen bond
聚合物,高分子	Polymer	均聚物	Homopolymer
加聚反应	Addition polymerization	缩聚反应	Condensation polymerization
共聚物	Copolymer	分子链	Polymer chain

热塑性聚合物	Thermoplastic polymer	热固性聚合物	Thermosetting polymer
单体	Monomer（repeat unit）	聚合度	Degree of polymerization
官能度	Functionality	侧基团	Side group
交联	Crosslink	构型	Configuration
构象	Conformation	线型聚合物	Linear polymer
支化聚合物	Branch polymers	网络聚合物	Network polymer
全同立构	Isotactic configuration	间同立构	Syndiotactic configuration
无规立构	Atactic configuration	无规共聚	Random copolymer
交替共聚	Alternating copolymer	嵌段共聚	Block copolymer
接枝共聚	Graft copolymer	立体异构	Stereoisomerism

第 2 章　固 体 结 构
Chapter 2　The structure of solids

晶体结构	Crystal structure	晶体学	Crystallography
空间点阵	Space lattice	布拉维点阵	Bravais lattice
晶胞	Unit cells	晶系	Crystal system
三斜晶系	Triclinic system	单斜晶系	Monoclinic system
正交晶系	Orthogonal system	六方晶系	Hexagonal system
菱方晶系	Rhombohedral system	四方晶系	Tetragonal system
立方晶系	Cubic system	对称变换	Symmetry transformation
旋转操作	Rotation operation	旋转轴	Rotation axe
反演	Inversion	参考球	Reference sphere
乌氏网	Wulff's net	标准投影图	Standard projection
倒易点阵	Reciprocal lattice	布拉格定律	Bragg's law
X 射线衍射	X-ray diffraction(XRD)	晶格（点阵）参数	Lattice parameters
点阵常数	Lattice constant	米勒指数	Miller indices
晶面	Crystal plane	晶向	Crystal direction
晶面间距	Interplanar distance	金属晶体	Metal crystal
面心立方	Face-centered cubic(fcc)	体心立方	Body-centered cubic(bcc)
密排六方	Hexagonal close-packed(hcp)	原子半径	Atomic radius
离子半径	Ionic radius	配位数	Coordination number
配位多面体	Coordination polyhedron	致密度	Atomic packing factor(APF)
堆垛	Stacking	间隙位置	Interstitial interstice
八面体间隙	Octahedral sites	四面体间隙	Tetrahedral sites
单晶	Single crystal	晶界	Grain boundary
各向异性	Anisotropy	各向同性	Isotropic
同素异构	Allotropy	多晶型	Polymorphism
合金的相结构	Phase structure of alloys	固溶体	Solid solution

长程有序参数	Long-range order parameter	短程有序参数	Short-range order parameter
有序固溶体	Ordered solid solution	无序固溶体	Random solid solution
置换固溶体	Substitutional solid solution	间隙固溶体	Interstitial solid solution
固溶强化	Solution strengthening	中间相	Intermediate phase
尺寸因素	Size factor	价电子浓度	Valency electron concentration
正常价化合物	Electrochemical compound	电子化合物	Electron compound
间隙化合物	Interstitial compound	原子尺寸因素化合物	Atomic size factor compound
拓扑密堆相	Topological close-packed phase	Laves 相	Laves phase
σ 相	σ phase	超点阵	Superlattice
金属间化合物	Intermetallic compound	离子晶体	Ionic crystal
鲍林规则	Pauling's rule	萤石结构	Fluorite structure
氯化铯结构	Cesium chloride structure	α-Al_2O_3 型结构	Corundum structure
闪锌矿结构	Zinc blende structure	纤维锌矿结构	Wurtzite structure
尖晶石结构	Spinel structure	金红石结构	Rutile structure
钙钛矿结构	Perovskite structure	镁橄榄石结构	Forsterite structure
硅酸盐	Silicate	链状硅酸盐	Chain silicate
层状硅酸盐	Phyllo silicate	岛状硅酸盐	Island silicate
黏土矿	Clay mineral	云母	Mica
石英	Quartz	共价晶体	Covalent crystal
金刚石结构	Diamond structure	分子晶体	Molecular crystal
聚合物结晶度	polymer crystallinity	单晶	Single crystal
球晶	Spherulite	树枝状晶体	Tree-like crystal
折叠链模型	Chain-folded model	缨束状微晶胞模型	Fringed-micelle model
液晶	Liquid crystalline	近晶相	Smactic phase
向列相	Nematic phase	胆甾相	Cholesteric phase
柱状相	Columnar mesophase	准晶	Quasicrystal
非晶态	Noncrystalline	无定形	Amorphous

第 3 章 晶 体 缺 陷
Chapter 3 Imperfections in crystalline solids

点阵不完整性	Lattice imperfection	点缺陷	Point defect
点阵畸变	Lattice disorder	零维缺陷	Zero-dimensional defect
空位	Vacancy	溶质原子	Solute atom
间隙原子	Self-interstitial atom	杂质原子	Impurity atom
肖特基缺陷	Schottky defect	弗仑克尔缺陷	Frenkel defect
点缺陷的运动	Movement of point defects	平衡浓度	Equilibrium concentration
玻耳兹曼常数	Boltzmann's constant	固溶体	Solid solution

质量分数	Mass function	原子百分数	Atomic function
位错	Dislocation	一维缺陷	One-dimensional defect
位错线	Dislocation line	伯氏回路	Burgers circuit
伯氏矢量	Burgers vector	刃型位错	Edge dislocation
螺型位错	Screw dislocation	混合位错	Mixed dislocation
位错的弹性能	Elastic energy of dislocations	位错的线张力	Tension force of dislocations
位错的运动	Movement of dislocations	滑移	Slip
滑移变形	Slip deformation	滑移带	Glide/slip band
滑移面	Glide/slip plane	滑移方向	Glide/slip direction
滑移系	Slip system	滑移区	Slip zone
滑移线	Slip/sliding line	交滑移	Cross-slip
位错攀移	Dislocation climb	位错割阶	Dislocation jog
位错扭折	Dislocation kink	位错的交互作用	Interaction of dislocation
位错的割切	Crossing of dislocation	位错的增殖	Multiplication of dislocations
位错的交截	Dislocation intersetion	位错网络	Dislocation network
位错缠结	Dislocation tangle	位错堆积	Pile-up of dislocation
位错密度	Dislocation density	位错环	Dislocation loop
位错墙	Dislocation wall	位错的钉扎	Anchoring of dislocation
在实际晶体中的位错	Dislocation in real crystals	堆垛层错	Stacking fault
层错能	Stacking fault energy	内禀层错	Intrinsic stacking fault
外禀层错	Extrinsic stacking fault	全位错	Perfect dislocation
不全位错	Imperfect dislocation	部分位错或偏位错	Partial dislocation
扩展位错	Extended dislocation	面缺陷	Phanar defects
二维缺陷	Two-dimensional defect	表面能	Surface energy
亚晶界	Sub-grain boundary	小角度晶界	Small-angle grain boundary
倾斜晶界	Tilting boundary	扭转晶界	Twist boundary
大角度晶界	Large-angle grain boundary	重合位置点阵	Coincidence site lattice
晶界能	Grain boundary energy	孪晶界	Twin boundary
相界	Phase boundary	共格界面	Coherent interface
半共格界面	Semicoherent interface	非共格界面	Incoherent interface

第 4 章　材料的变形和再结晶
Chapter 4　Deformation and recrystallization of materials

弹性回复	Elastic recovery	胡克定律	Hooke's law
泊松比	Poisson's ratio	滞弹性	Anelasticity
弛豫	Relaxation	黏弹性	Viscoelasticity
弹性极限	Elastic limit	抗拉强度	Tensile strength

伸长率	Percentage elongation	断面收缩率	Percentage reduction of area
塑性变形	Plastic deformation	剪切强度	Shear strength
伸长性	Ductility	韧性	Toughness
真应变	True strain	真应力	True stress
工程应变	Engineering strain	工程应力	Engineering stress
屈服现象	Yielding phenomenon	屈服强度	Yield strength
应变时效	Strain age	滑移系	Slip system
分切应力	Resolved shear stress	临界分切应力	Critical resolved shear stress
取向因子	Orientation factor	晶格畸变	Lattice distortion
择优取向	Preferred orientation	变形织构	Deformation texture
霍尔-佩奇关系	Hall-Petch relationship	晶粒细化	Grain refinement
细晶强化	Strengthening by grain size reduction	应变硬化	Strain hardening
双交滑移	Double cross slip	多系滑移	Poly slip
孪晶	Twin crystal	孪晶滑移面	Twin gliding plane
孪生	Twinning	孪生变形	Twinning deformation
孪生面	Twinning plane	孪生方向	Twinning axis
冷加工	Cold working	应变硬化	Strain hardening
加工硬化	Work hardening	纤维组织	Fiber microstructure
弥散相	Disperse phase	弥散强化	Dispersion strengthening
弥散硬化	Disperse hardening	残余应力	Residual stress
加热	Heating	再结晶	Recrystallization
再结晶退火	Recrystallization annealing	回复	Recovery
回复动力学	Recovery kinetics	多边形化	Polygonization
一次再结晶	Primary recrystallization	二次再结晶	Secondary recrystallization
再结晶温度	Recrystallization temperature	再结晶图	Recrystallization diagram
晶粒长大	Grain growth	正常晶粒长大	Normal grain growth
异常晶粒长大	Abnormal grain growth	热加工	Hot working
动态回复	Dynamic recovery	动态再结晶	Dynamic recrystallization
蠕变	Creep	超塑性	Superplasticity
脆性断裂	Brittle fracture	极限强度	Ultimate (tensile) strength
弹性体	Elastomer	黏度系数	Viscosity coefficient
形成颈缩	Necking-down		

第5章 固体中原子及分子的运动
Chapter 5 Motion of atoms and molecules in solids

B的质量分数	Mass fraction of B	B的摩尔分数	Mole fraction of B
稳态扩散	Steady state diffusion	非稳态扩散	Nonsteady-state diffusion

间隙扩散	Interstitial diffusion	杂质扩散	Impurity diffusion
自扩散	Self diffusion	互扩散	Interdiffusion
晶界扩散	Grain boundary diffusion	空位扩散	Vacancy diffusion
表面扩散	Surface diffusion	体扩散	Volume diffusion
菲克第一定律	Fick's first law	菲克第二定律	Fick's second law
扩散通量	Diffusion flux	扩散率	Diffusion rate
浓度梯度	Concentration gradient	驱动力	Driving force
化学势梯度	Chemical potential gradient	热激活	Thermal activation
扩散系数	Diffusion coefficient	激活能	Activation energy
无规行走	Random walk	原子跳跃	Atomic jumping
扩散机理	Diffusion mechanism	浓度分布曲线	Concentration profile
扩散相变	Diffusion transformation	阿累尼乌斯方程	Arrhenius equation
相对分子质量	Relative molecular mass	相对原子质量	Relative atomic mass
成分	Composition	侯野面	Matano interface
摩尔浓度	Molarity	柯肯达尔效应	Kirkendall effect
混溶间隙	Miscibility gap	动力学	Kinetics
自由能	Free energy	体积自由能	Volume free energy
阳极	Anode	阴极	Cathode
退火	Annealing	黄铜	Brass
青铜	Bronze	碳钢	Carbon steel
渗碳	Carburizing	铁素体	Ferrite
陶瓷	Ceramic	陶瓷材料	Ceramic materials
玻璃	Glass	玻璃态转变温度	Glass transition temperature
熔点	Melting point(temperature)	弹性体	Elastomer
弹性变形	Elastic deformation	气体常量	Gas constant
弹性模量	Modulus of elasticity	杨氏模量	Young's modulus
松弛模量	Relaxation modulus		

第 6 章　单元相图及纯晶体的凝固
Chapter 6　One-component system phase diagrams and solidification of pure crystals

相图	Phase diagram	单元系	One-component system
热力学	Thermodynamics	相平衡	Phase equilibrium
自由能	Free energy	吉布斯相律	Gibbs phase rule
相律	Phase rule	凝固	Solidify
凝固点	Solidifying point	凝固前沿	Solidification front
凝固曲线	Solidification curve	凝固速度	Solidification rate
凝固线	Line of solidification	凝固温度	Solidification temperature
形核	Nucleation	形核位置	Nucleation site

形核中心	Nucleation center	核胚	Embryo
驱动力	Driving force	过冷	Supercooling（Undercooling）
过冷度	Supercooling temperature	过热	Superheating
均匀形核	Homogeneous nucleation	非均匀形核	Heterogeneous nucleation
临界半径	Critical radius	外延生长	Epitaxial growth
冷却速率	Cooling rate	结晶度	Crystallinity
晶粒生长	Grain growth	晶粒尺寸	Grain size
微晶	Crystallite	（树）枝晶	Dendrite
枝晶生长	Dendritic growth	二次枝晶间距	Secondary dendrite arm spacing
系统，体系	System	合金钢	Alloy steel
高强度低合金钢	High strength, low alloy steels	变质处理	Inoculation
显微组分	Microconstituent	显微术	Microscopy
显微组织，微观组织	Microstructure	应变能	Strain energy
表面能	Surface free energy	三官能基单体	Trifunctional monomer
上临界温度	Upper critical temperature	玻璃化	Vitrification

第 7 章　二元系相图及合金的凝固与制备原理
Chapter 7　Binary equilibrium phase diagrams and principles of solidification and preparation of alloys

相	Phase	平衡相	Equilibrium phase
二元相图	Binary phase diagram	相变	Phase transformation
热激活转变	Thermally activated transformation	转变速率	Transformation rate
杠杆定律	Lever rule	同成分转变	Congruent transformation
等温转变相图	Time-temperature-transformation(T-T-T)	无限混溶相图	Isomorphous phase diagram
连续冷却相变图	Continuous cooling transformation (CCT) diagram	变温转变	Athermal transformation
位移型相变	Displacive transformation	连接线	Tie line
液相线	Liquidus line	固相线	Solidus line
溶解度	Solubility limit	溶解曲线	Solvus line
有限溶解度	Limited solubility	溶解度极限	Solubility limit
固溶处理	Solution heat treatment	固溶度曲线	Solvus line
过饱和固溶体	Supersaturated solid solution	G-P 区	Guinier-Preston zones
三相平衡点，不变点	Invariant point	连铸	Continuous casting
连轧	Continuous rolling	匀晶转变	Isomorphous transformation
共晶反应	Eutectic reaction	共晶相	Eutectic phase

共晶结构	Eutectic structure	包晶	Peritectic
包晶反应	Peritectic reaction	包析	Peritectoid
包析反应	Peritectoid reaction	初相	Primary phase
基体相	Matrix phase	中间固溶体	Intermediate solid solution
端际固溶体	Terminal solid solution	铁素体	Ferrite
渗碳体	Cementite	奥氏体	Austenite
奥氏体化	Austenitizing	珠光体	Pearlite
粒状体	Spheroidite	细晶珠光体	Fine pearlite
粗晶珠光体	Coarse pearlite	球化处理	Spheroidizing
球状渗碳体	Spheroidite	混合物	Blends
分支	Branching	马氏体	Martensite
回火马氏体	Tempered martensite	亚共析钢	Hypoeutectoid steel
先共析铁素体	Proeutectoid ferrite	过共析钢	Hypereutectoid steel
先共析渗碳体	Proeutectoid cementite	微量元素	Microconstituent
铸铁	Cast iron	白口铸铁	White cast iron
灰铸铁	Gray cast iron	球墨铸铁	Ductile iron
可锻铸铁	Malleable cast iron	浇铸温度	Pouring temperature
铸锭组织	Ingot structure	激冷层	Chill zone
平面生长	Planar growth	柱状晶	Columnar grain
柱状晶区	Columnar zone	等轴晶	Equiaxed grain
等轴晶区	Equiaxed zone	定向凝固	Directional solidification
凝固区间	Freezing range	铸造缩孔	Cavity shrinkage
气孔	Gas porosity	管状缩孔	Pipe shrinkage
陶瓷合金	Ceramic alloy	先进陶瓷	Advanced ceramics
水泥	Cement	混凝土	Concrete
成型	Molding(plastics)	成型	Forming
泡沫塑料,发泡	Foam	热成型	Thermoforming
轧膜成型	Calendaring	吹塑成型	Blow molding
注射成型	Injection molding	纺丝成型	Spinning
锻造	Forging	烧结	Sintering
粉体,粉末	Powder	粉末冶金	Powder metallurgy
冷等静压	Cold isostatic pressing(CIP)	热等静压	Hot isostatic pressing (HIP)
喷雾干燥	Spray drying	(第)二次加工	Secondary processing
转变速率	Transformation rate	共格沉淀	Coherent precipitate
分散相	Dispersed phase	纤维	Fiber
纤维增强	Fiber reinforcement	颗粒增强复合材料	Particle reinforced composite
混合复合材料	Hybrid composite	硬度	Hardness
比模量	Specific modulus	比强度	Specific strength

激光	Laser	反射指数	Index of refraction
熔化潜热	Latent heat of fusion	亚稳的	Metastable
宏观组织	Macrostructure	宏观偏析	Macrosegregation
微观偏析	Microsegregation	分子化学	Molecular chemistry(polymer)
化学计量	Stoichiometry	非化学计量的化合物	Nonstoichiometric compound
有色合金	Nonferrous alloy	自然时效	Natural aging
过时效	Overaging	氧化	Oxidation
热转变点	Thermal arrest	软化温度	Softening point
光电导性	Photoconductivity	青板玻璃	Sodalime glass
显微照片	Photomicrograph	焊接	Welding
钎焊	Soldering	热应力	Thermal stress
应力集中	Stress concentration	热冲击	Thermal shock

第 8 章　三 元 相 图
Chapter 8　Ternary phase diagrams

三元相图	Ternary phase diagram	三维空间	Three-dimensional space
空间模型	Space pattern	投影图	Projection drawing
等温截面	Isothermal section	水平截面	Horizontal section
垂直截面	Vertical section	成分三角形	Composition triangle
直线法则	Linear law	重心法则	Barycentre rule
等温线	Isothermal line	等高线	Contour line
共轭面	Conjugate curved surface	固液界面	Solid-liquid interface
四相平衡反应	Four-phase equilibrium reactions		

第 9 章　固态相变基础及材料的亚稳态
Chapter 9　Foundation of solid phase transformation and metastable state of materials

亚稳态	Metastable state	无序态	Disorder state
过渡相	Transition phase	纳米晶材料	Nano-crystalline material
准晶态	Quasicrystalline state	非晶态	Amorphous state
玻璃化温度	Vitrification point	掺杂	Doping
高能球磨	High-energy ball-milling	机械研磨	Mechanical milling
机械合金化	Mechanical alloying	磁化强度	Intensity of magnetization
磁化率	Magnetic susceptibility	磁导率	Magnetic conductivity
矫顽力	Coercive force	平衡相	Equilibrium phase
淬火	Quenching	回火	Tempering
过饱和	Super-saturated	调幅分解	Spinodle decomposition

脱溶	Precipitation	胞状析出	Cellular precipitation
时效硬化	Age hardening	变体	Variant
有序合金	Ordered alloy	无序合金	Disordered alloy
不变平面应变	Invariant plane strain	板条束	Packet
热弹性马氏体	Thermoelastic martensite	板条马氏体	Lath martensite
惯析面	Habit plane	西山关系	Nishiyama relationship
形状记忆效应	Shape memory effect	贝氏体	Bainite
贝恩畸变	Bain distortion		

第 10 章 材料的功能特性
Chapter 10 Functional characteristics of materials

能级	Energy level	费米能级	Fermi energy
电子能级	Electron state(level)	电子能带	Electron energy band
电子组态	Electron configuration	带隙	Energy band gap
导带	Conduction band	价带	Valence band
电子能带	Electron energy band	能隙	Energy band gap
电场	Electric field	电导率	Electrical conductivity
受主态	Acceptor state	受主能级	Acceptor level
施主态	Donor state	施主能级	Donor level
自由电子	Free electron	电位移	Dielectric displacement
空穴	Hole	掺杂	Doping
本征半导体	Intrinsic semiconductor	非本征导体	Extrinsic semiconductor
绝缘体	Insulator	半导体	Semiconductor
电阻系数	Resistivity	集成电路	Integrated circuit
马西森定律	Matthiessen's rule	金属氧化物半导体场效应晶体管	Metal-oxide-semiconductor field-effect transistor (MOSFET)
正向偏压	Forward bias	离子传导	Ionic conduction
线热膨胀系数	Linear coefficient of thermal expansion	电阻	Electrical resistance
比热	Specific heat	热容	Heat capacity
电介质	Dielectric	电介质位移	Dielectric displacement
电容	Capacitance	介电常数,电容率	Permittivity(ε)
介电强度	Dielectric(breakdown) strength	介电常数	Dielectric constant
热传导	Thermal conductivity	热冲击抗力	Thermal shock resistance
玻尔磁子	Bohr magneton	玻尔磁矩	Bohr magnefic moment
磁化	Magnetization	磁化率	Magnetic susceptibility

磁畴	Domain	矫顽力	Coercivity
磁导率	Permeability(magnetic,μ)	相对磁导率	Relative magnetic permeability
饱和磁化	Saturation magnetization	磁感应强度	Magnetic induction
剩磁	Remanence	磁滞	Hysteresis(magnetic)
软磁材料	Soft magnetic material	硬磁材料	Hard magnetic material
磁场强度	Magnetic field strength	磁通量密度	Magnetic flux density
磁感应	Magnetic induction	反铁磁性	Antiferromagnetism
铁磁性	Ferromagnetism	亚铁磁性	Ferrimagnetism
顺磁性	Paramagnetism	抗磁性	Diamagnetism
原子轨道	Atomic orbit	玻耳兹曼常量	Boltzmann's constant
普朗克常量	Planck's constant	居里温度	Curie temperature
吸收	Absorption	吸收率	Absorptivity
反射	Reflection	透射	Transmission
折射	Refraction	折射率	Index of refraction
基态	Ground state	激发态	Excited state
发光	Luminescence	电致发光	Electroluminescence
光子	Photon	光电导率	Photoconductivity
透明	Transparent	半透明	Translucent
不透明	Opaque	颜色	Color
偶极子	Dipole(electric)	偏振	Polarization(orientation)
极性分子	Polar molecule	极化	Polarization(electronic)
弛豫频率	Relaxation frequency	弛豫时间	Relaxation time
声子	Phonon	光子	Photon
铁电物质	Ferroelectric	变色玻璃	Photochromic glass
内耗	Internal friction	阻尼	Damping
压电	Piezoelectricity	磁致伸缩	Magnetostriction
功能高分子	Functional polymer	导电高分子	Conductive polymer
电致变色	Electrochromism	电致发光	Electrofluorescence
形状记忆高分子	Shape memory polymer		

参 考 文 献

[1] 徐祖耀,李鹏兴. 材料科学导论[M]. 上海:上海科学技术出版社,1986.

[2] 潘金生,仝健民,田民波. 材料科学基础[M]. 北京:清华大学出版社,1998.

[3] 余永宁. 材料科学基础[M]. 北京:高等教育出版社,2006.

[4] 石德珂. 材料科学基础[M]. 第2版. 北京:机械工业出版社,2003.

[5] 蔡珣,戎咏华. 材料科学基础辅导与习题(第3版)[M]. 上海:上海交通大学出版社,2010.

[6] 阿斯基兰德. 材料科学与工程[M]. 陈皇钧译. 北京:晓园出版社,1995.

[7] 谢希文,过梅丽. 材料科学与工程导论[M]. 北京:北京航空航天大学出版社,1991.

[8] 蔡珣. 材料科学与工程基础[M]. 上海:上海交通大学出版社,2017.

[9] 胡赓祥,钱苗根. 金属学[M]. 上海:上海科学技术出版社,1980.

[10] 卢光熙,侯增寿. 金属学教程[M]. 上海:上海科学技术出版社,1985.

[11] 曹明盛. 物理冶金基础[M]. 北京:冶金工业出版社,1988.

[12] 约翰 D,费豪文. 物理冶金学基础[M]. 卢光熙,赵子伟译. 上海:上海科学技术出版社,1980.

[13] 金志浩,高积强,乔冠军. 工程陶瓷材料[M]. 西安:西安交通大学出版社,2000.

[14] 萨尔满 H,舒尔兹 H. 陶瓷学[M]. 黄照柏译. 北京:轻工业出版社,1989.

[15] 何贤昶. 陶瓷材料概论[M]. 上海:上海科学普及出版社,2005.

[16] 金格里 W D,波文 H K,尤尔曼 D R. 陶瓷材料概论[M]. 陈皇钧译. 北京:晓园出版社,1995.

[17] 田凤仁. 无机材料结构基础[M]. 北京:冶金工业出版社,1993.

[18] 小野木重治. 高分子材料科学[M]. 林福海译. 北京:纺织工业出版社,1983.

[19] 张留成. 高分子材料导论[M]. 北京:化学工业出版社,1993.

[20] 马德柱,徐种德,等. 高聚物的结构与性能[M]. 北京:科学出版社,1995.

[21] 江明著. 高分子合金的物理化学[M]. 四川:四川教育出版社,1988.

[22] 何曼君,陈维孝,董西侠. 高分子物理[M]. 修订版. 上海:复旦大学出版社,1990.

[23] 蓝立文. 高分子物理[M]. 西安:西北工业大学出版社,1993.

[24] 朱善农,等. 高分子链结构[M]. 北京:科学出版社,1996.

[25] 郑明新. 工程材料(第二版)[M]. 北京:清华大学出版社,1991.

[26] 徐光宪,王祥云. 物质结构(第二版)[M]. 北京:高等教育出版社,1989.

[27] 吕世骥,范印哲. 固体物理教程[M]. 北京:北京大学出版社,1990.

[28] 冯端,丘第荣. 金属物理学,第一卷(结构与缺陷)[M]. 北京:科学出版社,1998.

[29] 哈森 P. 物理金属学[M]. 北京:科学出版社,1984.

[30] 林栋梁. 晶体缺陷[M]. 上海:上海交通大学出版社,1984.

[31] 弗里埃德尔 J. 位错(增订版)[M]. 北京:科学出版社,1984.

[32] 钱临照,等. 晶体缺陷和金属强度(上册)[M]. 北京:科学出版社,1962.

[33] 肖纪美. 合金相与相变[M]. 北京:冶金工业出版社,1987.

[34] 李庆生. 材料强度学[M]. 太原:山西科学教育出版社,1990.

[35] 江伯鸿. 材料热力学[M]. 上海:上海交通大学出版社,1999.

[36] 侯增寿,陶岚琴. 实用三元合金相图[M]. 上海:上海科学技术出版社,1986.

[37] 黄昆著,韩汝琦改编. 固体物理学[M]. 北京:高等教育出版社,1988.

[38] 陈树川,陈凌冰. 材料物理性能[M]. 上海:上海交通大学出版社,1999.

[39] 吴自勤,王兵. 薄膜生长[M]. 北京:科学出版社,2001.

[40] 郑伟涛. 薄膜材料与薄膜技术[M]. 北京:化学工业出版社,2004.

[41] 蔡珣,石玉龙,周健. 现代薄膜材料与技术[M]. 上海:华东理工大学出版社,2007.

[42] 姚寿山,李戈扬,胡文彬. 表面科学与技术[M]. 北京:机械工业出版社,2005.

[43] 徐祖耀,李麟. 材料热力学(第二版)[M]. 北京:科学出版社,2000.

[44] 胡德林. 三元合金相图及其应用[M]. 西安:西北工业大学出版社,1982.

[45] 戎咏华,陈乃录,金学军,等. 先进高强度钢及其工艺的发展[M]. 北京:高等教育出版社,2019.

[46] 师昌绪,郭可信,孔庆平,等. 材料科学研究中的经典案例(第一卷)[M]. 北京:高等教育出版社,2014

[47] 潘金生,田民波,仝健民. 材料科学基础(修订版)[M]. 北京:清华大学出版社,2011.

[48] 程天一,章守华. 快速凝固技术与新型合金[M]. 北京:宇航出版社,1990.

[49] 刘有延,傅秀军. 准晶体[M]. 北京:科教出版社,1999.

[50] 徐祖耀. 马氏体相变与马氏体[M]. 北京:科学出版社,1981.

[51] 邓永瑞,许详,赵青. 固态相变[M]. 北京:冶金出版社,1996.

[52] 徐祖耀,刘世楷. 贝氏体相变与贝氏体[M]. 北京:科学出版社,1991.

[53] 李承基. 贝氏体相变理论[M]. 北京:机械工业出版社,1995.

[54] 李小龙,郭正洪,戎咏华,等. 基于屈服平台理论开发的 600 MPa 级高强塑性螺纹钢的研究[J]. 金属学报,50(2014)439-446.

[55] 杨平. 材料科学名人与典故与经典文献[M]. 北京:高等教育出版社,2012.

[56] 刘伟. Fe-Cr-C 系碳化物形态的微观力学模拟与耐磨性能研究[D]. 北京:中国矿业大学,2018.

[57] 胡赓祥,蔡珣,戎咏华. 材料科学基础(英文版),上册[M]. 李铸国,董杰,郭强,祝国珍编译. 上海:上海交通大学出版社,2021.

[58] 胡赓祥,蔡珣,戎咏华. 材料科学基础(英文版),下册[M]. 李铸国,疏达,郭正洪,王晓东,何国编译. 上海:上海交通大学出版社,2021.

[59] Askeland D R, Phule P P. The science and engineering of materials. 4th Ed [M]. USA, Thomson Learning, 2004.

[60] William D, Callister J. Materials science and engineering: An introduction. 5th Ed [M]. USA, John Wiley & Sons, 2000.

[61] Smith W F, Hashimi J. Foundations of materials science and engineering 4th Ed. [M]. New York, McGraw-Hill Book Co. , 2006.

[62] Cahn R W, Haasen P. Physical metallurgy. 4th Ed [M]. Elsevier Science BV, 1996.

[63] Smallman R E. Modern physical metallurgy. 4th Ed [M]. London, Butterworths, 1985.

[64] Kittel C. Introduction to solid state physics. 5th Ed [M]. USA, John Wiley & Sons, 1976.

[65] Brady J E, Humiston G E. General chemistry principles and structure. 3rd Ed [M]. USA, John Wiley & Sons, 1982.

[66] Barrett C S, Massalski T B. Structure of metals. 3rd Ed [M]. Pergamon Press, 1980.

[67] Kingery W D, Bowen H K, Uhlmann D R. Introduction to ceramics. 2nd Ed [M]. USA, John Wiley & Sons, 1976.

[68] Wells A F. Structural inorganic chemistry. 5th Ed [M]. London, Oxford, 1984.

[69] Bassett D C. Principles of polymer morphology [M]. Cambridge University Press, 1981.

[70] Bollmann W. Crystal defects and crystalline interfaces [M]. New York, Springer Verlag, 1970.

[71] Cottrell A H. Dislocations and plastic flow in crystals [M]. Oxford University Press, 1953.

[72] Read W T. Dislocations in crystals [M]. New York, McGraw-Hill, 1953.

[73] Bacon D J, Hull D. Introduction to dislocations. 3rd Ed [M]. Oxford, Pergamon, 1984.

[74] Hirth J P, Lothe J. Theory of dislocations. 2nd Ed [M]. New York, John Wiley, 1982.

[75] Dederichs P H, Schroeder K, Zeller R. Point defects in metals II [M]. New York, Springer Verlag, 1980.

[76] Haasen P. Physical metallurgy. 2nd Ed [M]. London, Cambridge University Press, 1986.

[77] Shewmon P G. Diffusion in solids [M]. USA, McGraw-Hill, 1963.

[78] Fred W Billmeyer. Textbook of polymer science [M]. A Wiley-Interscience Publication, 1984.

[79] Hertzberg R W. Deformation and fracture mechanics of engineering materials [M]. New York, John Wiley & Sons, 1976.

[80] Honeycomb R W K. The plastic deformation of metals. 2nd Ed [M]. London, Edward Arnold Ltd, 1984.

[81] Arsenault R J. Plastic deformation of materials [M]. V. 6, New York, Academic Press, 1975.

[82] Haessner F. Recrystallization of metallic materials. Stuttgart, Dr. Riederer Verlag Gmbh, 1978.

[83] Rhines F N. Phase diagrams in metallurgy [M]. New York, McGraw-Hill, 1956.

[84] Prince A. Alloy phase equilibria [M]. Elsevier Publishing Co. , 1966.

[85] Gorden P. Principles of phase diagrams in materials science [M]. New York, 1968.

[86] Gleiter H. Nanostructured materials [J]. Acta Metallurgica Sinica, 1997, 33, 165.

[87] Meyers M A, Inal O T. Frontiers in materials technologies [J]. Elsevier Science, 1985.

[88] Bakker H, Zhou G F, Yang H. Mechanically driven disorder and phase transformations in alloys [J]. in Progress in Materials Science, 1995, 39.

[89] Singh J, Copley S M. Novel techniques in synthesis and processing of advanced materials. TMS, 1995.

[90] William D. Callister, Jr. , Fundamentals of Materials Science and Engineering(Fifth, Edition), John Wiley & Sons, Inc. , 2001

[91] Ziyaur Rahman, Sogra F. Barakh Ali, Tanil Ozkan, Naseem A. Charoo, Indra K. Reddy, and Mansoor A. Khan, Additive Manufacturing with 3D Printing: Progress from Bench to Bedside, The AAPS Journal (2018) 20: 101.

[92] Yonghua Rong, Characterization of Microstructures by Analytical Electron Microscopy (AEM), Higher Education Press, Beijing and Springer-Verlag Berlin Heidelberg, 2011.

[93] Li Y X, Qiu D, Rong Y H, Zhang M H. TEM study on the microstructural evolution in an Mg-Y-Gd-Zn alloy during ageing [J]. Intermetallics, 2013,40(0): 45-49.

[94] Li Y X, Qiu D, Rong Y H, etc. Effect of long-period stacking ordered phase on thermal stability of refined grains in Mg-RE-based alloys [J]. Philosophical Magazine, 2014: 1-16.

[95] John D. Verhoeven, Fundamentals of Physical Metallurgy, John Wiley & Sons, 1975.

[96] Albert G. Guy and John J. Hren, Elements of Physical Metallurgy (Third Edition), Addison-Wesley Publishing Company, 1974.

[97] Liang Lan, Xinyuan Jin, Shuang Gao, Bo He, Yonghua Rong, Microstructural evolution and stress state related to mechanical properties of electron beam melted Ti-6Al-4V alloy modified by laser shock peening, Journal of Materials Science & Technology 50 (2020) 153-161.

[98] Xinyuan Jin, Liang Lan, Shuang Gao, Bo He, Yonghua Rong, Effects of laser shock peening on microstructure and fatigue behavior of Ti-6Al-4V alloy fabricated via electron beam melting, Materials Science & Engineering A 780 (2020) 139199

[99] Wu S Z, Yen H W, Huang M X et al. Scripta Materialia, 67(2012) 641

[100] X. L. Wu, K. M. Youssef, C. C. Koch, S. N. Mathaudhu, L. J. Kecs♯es, Y. T. Zhu, Deformation twinning in a nanocrystalline hcp Mg alloy, Scripta Mater. 64 (3) (2011) 213-216

[101] Z. Shen, R . H. Wagoner, W. A. T. Clark, Acta metal. 36(1988)3231-3242

[102] Zhang Ke, Zhang M, Guo Z, et al. A new effect of retained austenite on ductility enhancement in high-strength quenching-partitioning-tempering martensitic steel. Mater Sci Eng A 2011; 528:8486-91.

[103] J. Zhang, Y. Cui, X. Zuo, J. Wan, Y. Rong, N. Chen, J. Lu, Dislocations across interphase enable plain steel with high strength-ductility [J]. Science Bulletin. 2021, 66(11): 1058-1062

[104] John D. Verhoeven, Fundamentals of Physical Metallurgy, John Wiley & Sons, 1975

[105] Y. Yang, H. Zhang, H. Qiao, J. Alloys Compd. 722 (2017) 509-516

[106] R. E. Smallman, Modern Physical Metallurgy (Fourth Edition), Butterworths, 1985

[107] Albert G. Guy and John J. Hren, Elements of Physical Metallurgy (Third Edition), Addison-Wesley Publishing Company, 1974

[108] Shi, X. et al. Flexible, planar integratable and all-solid-state micro-supercapacitors based on nanoporous gold/manganese oxide hybrid electrodes via template plasma etching method. *Journal of Alloys and Compounds* 739, 979-986, doi:10.1016/j.jallcom.2017.12.292 (2018).

[109] Wang, Z. et al. All-climate aqueous fiber-shaped supercapacitors with record areal energy density and high safety. *Nano Energy* 50, 106-117, doi:10.1016/j.nanoen.2018.05.029 (2018).

[110] Guo, Y. et al. A self-healable and easily recyclable supramolecular hydrogel electrolyte for flexible supercapacitors. *Journal of Materials Chemistry A* 4, 8769-8776, doi:10.1039/c6ta01441k (2016).

[111] Kim, K. M., Nam, J. H., Lee, Y.-G., Cho, W. I. & Ko, J. M. Supercapacitive properties of electrodeposited RuO2 electrode in acrylic gel polymer electrolytes. *Current Applied Physics* 13, 1702-1706, doi:10.1016/j.cap.2013.06.016 (2013).

[112] Tang, Q. et al. Enhancing the Energy Density of Asymmetric Stretchable Supercapacitor Based on Wrinkled CNT@MnO2 Cathode and CNT@polypyrrole Anode. *Acs Applied Materials & Interfaces* 7, 15303-15313, doi:10.1021/acsami.5b03148 (2015).

[113] Aihara, Y., Appetecchi, G. B. & Scrosati, B. A new concept for the formation of homogeneous, poly(ethylene oxide) based, gel-type polymer electrolyte. *Journal of the Electrochemical Society* 149, A849-A854, doi:10.1149/1.1481524 (2002).

[114] Ibrahim, S., Yassin, M. M., Ahmad, R. & Johan, M. R. Effects of various LiPF6 salt concentrations on PEO-based solid polymer electrolytes. *Ionics* 17, 399-405, doi:10.1007/s11581-011-0524-8 (2011).

[115] Chen, Q. et al. Effect of different gel electrolytes on graphene-based solid-state supercapacitors. *Rsc Advances* 4, 36253-36256, doi:10.1039/c4ra05553e (2014).

[116] Ma, G. et al. A novel and high-effective redox-mediated gel polymer electrolyte for supercapacitor. *Electrochimica Acta* 135, 461-466, doi:10.1016/j.electacta.2014.05.045 (2014).

[117] Batisse, N. & Raymundo-Pinero, E. A self-standing hydrogel neutral electrolyte for high voltage and safe flexible supercapacitors. *Journal of Power Sources* 348, 168-174, doi:10.1016/j.jpowsour.2017.03.005 (2017).

[118] Schroeder, M. et al. An Investigation on the Use of a Methacrylate-Based Gel Polymer Electrolyte in High Power Devices. *Journal of the Electrochemical Society* 160, A1753-A1758, doi:10.1149/2.067310jes (2013).

[119] Chatterjee, J., Liu, T., Wang, B. & Zheng, J. P. Highly conductive PVA organogel electrolytes for applications of lithium batteries and electrochemical capacitors. *Solid State Ionics* 181, 531-535, doi:10.1016/j.ssi.2010.02.020 (2010).

[120] Chiu, K. F. & Su, S. H. Lithiated and sulphonated poly(ether ether ketone) solid state electrolyte films for supercapacitors. *Thin Solid Films* 544, 144-147, doi:10.1016/j.tsf.2013.03.135 (2013).

[121] Jain, A. & Tripathi, S. K. Experimental studies on high-performance supercapacitor based on nanogel polymer electrolyte with treated activated charcoal. *Ionics* 19, 549-557, doi:10.1007/s11581-012-0782-0 (2013).

[122] Liu, X. et al. Tough BMIMCl-based ionogels exhibiting excellent and adjustable performance in high-temperature supercapacitors. *Journal of Materials Chemistry A* 2, 11569-11573, doi:10.1039/c4ta01944j (2014).

[123] Na, W. et al. Hybrid ionogel electrolytes with POSS epoxy networks for high temperature lithium ion capacitors. *Solid State Ionics* 309, 27-32, doi:10.1016/j.ssi.2017.06.017 (2017).